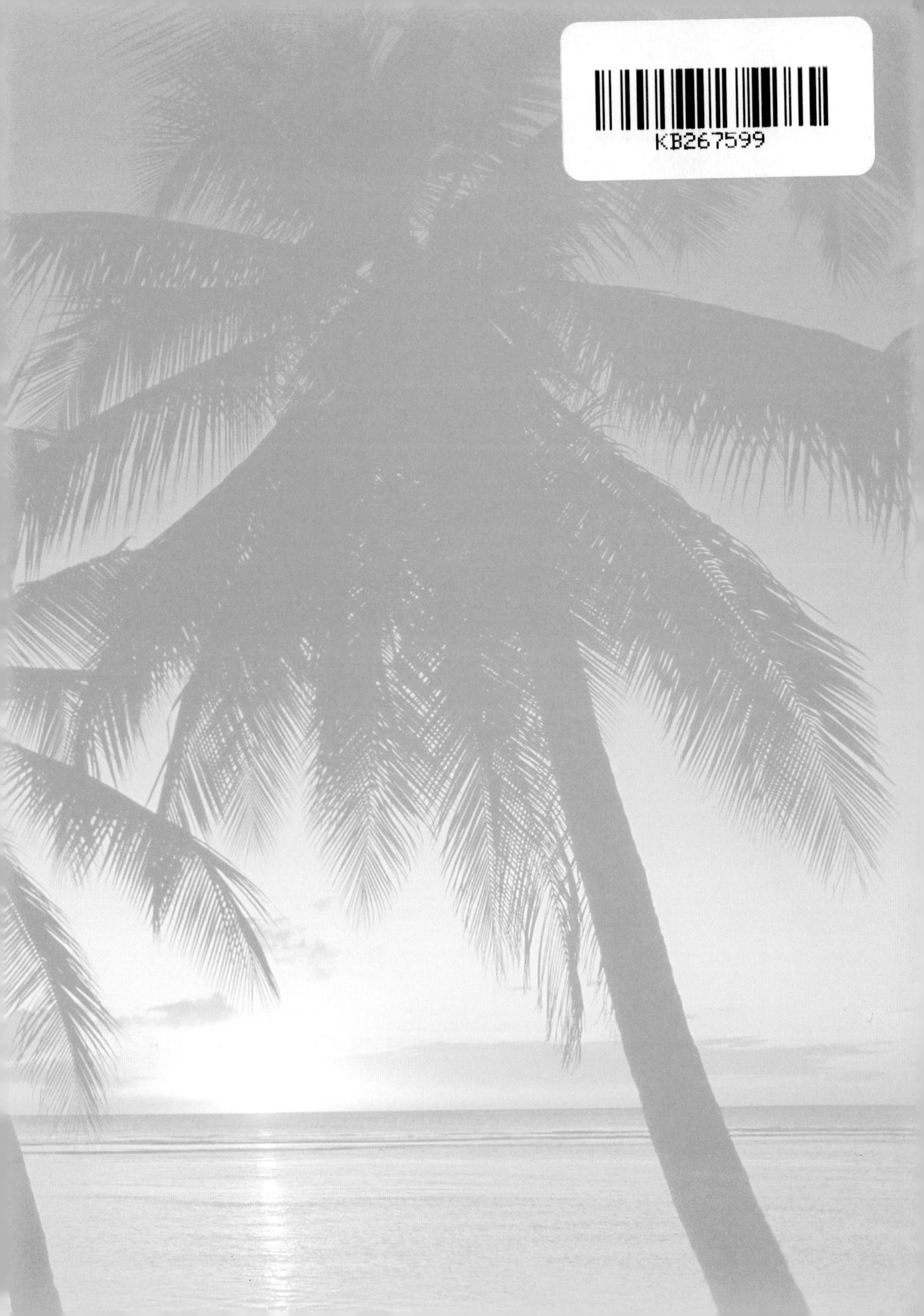

KB267599

# 1001 ESCAPES

죽기 전에 꼭 가야 할 세계휴양지 1001

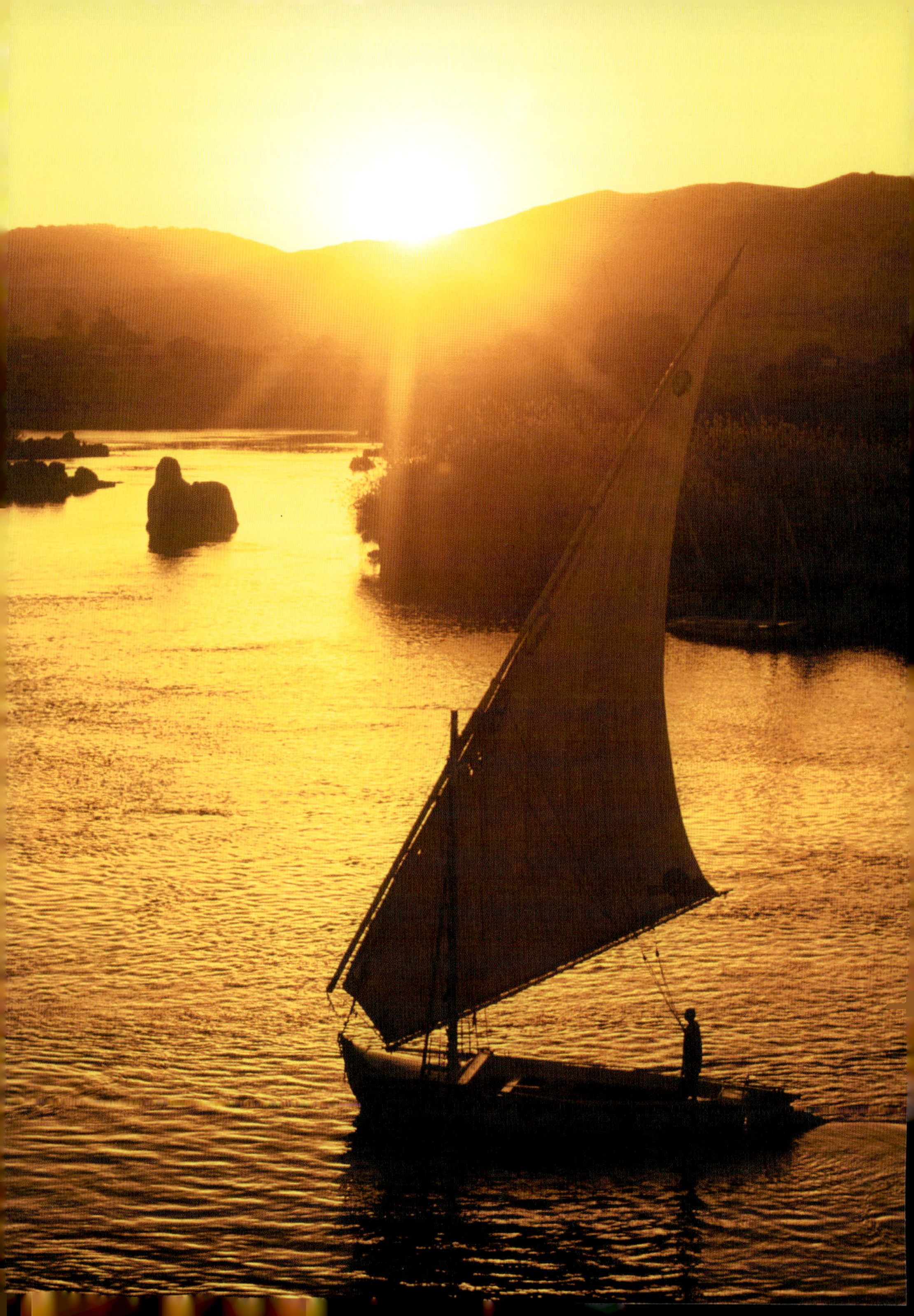

# 1001 ESCAPES

## 죽기 전에 꼭 가야 할 세계휴양지 1001

책임 편집 헬렌 아놀드

서문 캐서린 페어웨더
『하퍼스 바자』 트래블 에디터

옮김 박누리

펠루카선을 타고 나일강을 따라 느긋하게
내려가면서 그 분위기 있는 풍경에 젖어 보자.

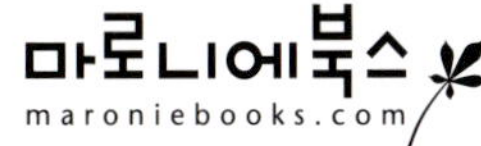

1001 ESCAPES
TO MAKE BEFORE YOU DIE

Copyright © 2009 Quintessence.


# 죽기 전에 꼭 가야 할
# 세계휴양지 1001

**책임 편집**  헬렌 아놀드
**서  문**  캐서린 페어웨더
**옮긴이**  박누리

초판 1쇄  2011년  2월 10일
초판 2쇄  2015년  1월 30일

**펴낸이**  이상만
**펴낸곳**  마로니에북스
**등  록**  2003년 4월 14일 제2003-71호
**주  소**  (413-756) 경기도 파주시 문발로 165
**전  화**  02-741-9191(대)
**편집부**  02-744-9191
**팩  스**  02-3673-0260
**홈페이지**  www.maroniebooks.com

* 책값은 뒤표지에 있습니다.

ISBN  978-89-6053-194-9
      978-89-91449-83-1(set)

Korean Translation Copyright © 2011 by Maroniebooks

# Contents

# 서문
## 캐서린 페어웨더

앵무새가 울고 고함원숭이들이 뛰어다니는 정글 캐노피 아래 트리하우스에서 명상을 하고 있다고 상상해보자. 여기는 스리랑카의 잊혀진 심장부, 일곱 개의 신성한 언덕을 내려다보고 있는 울포타이다. 사람의 손길이 닿지 않은 자연 풍경과, 휴대전화가 울리지 않는 인류 타락 이전의 낙원이 존재하는 곳이다. 전기도 뜨거운 물도 나오지 않지만, 쏟아지는 폭포수에 샤워를 할 수 있으며, 호수에서 연꽃과 나비들을 벗삼아 수영을 하고, 기름 등불의 불빛 아래 잠자리에 들 수 있는 그런 곳이다. 눈 깜짝할 사이에 시간이 흘러간다. 시트로넬라 향기와 "밤의 여왕"이라는 낭만적인 이름을 가진 선인장의 야광이 밤 공기를 채운다. 평화와 고요가 너무나 완벽해서 스스로의 심장 고동 소리가 귀에 들려올 정도이다.

이렇게 아무것도 하지 않으면서, 단지 "존재하는 일"에만 충실할 수 있었던 게 언제였던가. 아무 생각이 들지 않을 정도로 완전히 무장 해제를 하고 오직 나 자신과의 관계에만 집중하며, 누군가 다른 사람이 되어 볼 수 있었던 것이 과연 언제였던가. 바나나 잎을 보금자리 삼아, 개미를 관찰하는 것을 놀이 삼아, 조개껍질을 장신구 삼아 보내는 시간 속에서, 삶이 만들어낸 물리적, 감정적 찌꺼기들이 서서히 사라져간다.

울포타가 그렇듯 이 책에 실려 있는 많은 휴양지들의 매력은, 일상에서 해방되고 매일매일의 단조로운 익숙함에서 벗어날 수 있는 이러한 기회를 선사한다는 점이다. 선향의 그윽한 내음이나 선탠 오일 냄새가 사라지고 난 뒤에도 그 마법은 오랫동안 남아 미친 듯이 앞만 보고 달리는 모던 라이프에 완벽한 해독제가 되어 준다.

우리들에게 "휴가"라는 개념은 기어를 저단으로 내리고 "슬로우"의 미학을 만끽하는 것이다. 유콘 강에서 즐기는 카약은 그 완벽한 예가 될 것이다. 반복적인, 거의 명상적인 노의 리듬에 맞춰 그물처럼 얽혀 있는 후미진 만과 강 어귀를 느긋하게 돌아보자. 반짝이는 바다 위로 휘영청 보름달이 떠 있다. 문득 뒤를 돌아보면 수사슴 한 마리가 수영을 즐기고 있고, 고고하게 물에 떠 있는 영양도 보인다. 배 아래에는 범고래가 우아하게 춤을 추며 달콤한 수면 위로 이따금 모습을 드러낸다. 마치 시간의 흐름을 잊은 듯한 이런 순간들은, 날이 갈수록 영적으로 궁핍해지는 삶 속에서 더욱 소중해진다.

이 책에 실린 수많은 여정의 매우 느긋한 페이스 덕분에 잠시 자신을 돌아보고, 멈춰서서 사색하고, 영적인 자연 세계와 다시 관계를 맺는 것이 가능해진다. 나일 강을 느릿느릿 떠내려가는 돛단배 위에서 시간을 보내거나, 오스트레일리아의 아웃백을 가로질러 달리는 기차의 칙칙 폭폭 소리에 귀를 기울이거나, 통나무를 파낸 카누를 타고 오카방고의 범람원을 서서히 노저어 가자. 그 장소와 문화가 당신의 시공간 속으로 깊숙이 파고들게 될 것이다. 여기서 빠르게 일어나는 일이라고는 스트레스가 축복으로 변하는 변신 과정뿐이다.

그러나 당신이 생각하는 휴가가 내면의 자아를 다시 찾는 것이든, 혹은 내면의 자아로부터 완전히 벗어나는 것이든, 이 책에 실린 여정, 호텔, 휴양지 등은 모두 환상의 핵심 요소를 두루 갖추고 있다. 나는 두바이의 황금빛 부르즈 알 아랍의 건축학적 폴리, 에버슨 하이드어웨이의 유목을 활용한 창의성, 그리고 유르트에서 하룻밤을 보내는 요정 동화 같은 매력에 깊은 인상을 받았다. 모두 감각을 일깨우고, 식상한 것들에 물려 버린 입맛을 돋구는 곳들이다.

그 모든 유혹들이 전부 이 책 속에 있다. "모든 것에서 벗어나는" 것이 단순히 피나 콜라다, 해변, 티셔츠를 의미하는 것이 아니라 소중한 자산으로서의 시간으로 점점 변해왔다. 그리고 이제는 그 휴가가 진정성으로 울리는 것이 더욱 중요해졌다.

파도처럼 물결치는 사구, 구불구불한 해안선, 바람에 살랑이는 야자나무들은 영혼의 넥타르임에 틀림이 없지만, 잠자리에 들 때의 그 아늑함, 뜨거운 욕조에 몸을 담글 때의 천국과도 같은 기분, 출퇴근 길에 차창 밖으로 눈길을 사로잡는 풍경들 역시 큰 맥락에서 보면 마찬가지다. 우리는 모두 꿈을 필요로 한다. 그러니 가젤 도르의 신비로운 대문 앞에 설 일이 평생 없다 한들, 비코스 협곡의 하이킹을 완주하지 못한다 한들, 이런 곳이 존재한다는 것을 안다는 것만으로도 마음이 놓이고 이미 꿈이 이루어진 듯한 기분이 들 것이다.

캐서린 페어웨더, 런던

# 소개
### 헬렌 아놀드, 책임편집자



빛의 속도로 질주하는 듯한 21세기 라이프와 예술의 경지에 도달한 테크놀로지 덕분에, 전화 한 통화, 이메일 한 통이면 전 세계가 내 사무실인 세상이 되었다—당연히 현대 세계의 스트레스로부터 탈출하기란 날이 갈수록 어려워지고 있다. 아무리 벗어나려고 발버둥을 쳐도 휴대전화는 끊임없이 울리고, 다들 당신의 귀한 시간을 한 뼘이라도 차지하지 못해서 야단이다. 놀랄 일은 아니지만, 때로는 이 모든 것으로부터 정말로 벗어나고 싶게 마련이다.

이 책을 기획하면서 우리가 가장 초점을 맞춘 것은 "릴랙스"였다. 히말라야의 요가 휴양지부터 스코틀랜드의 외딴 섬까지, 번화한 대도시 한복판의 고요한 정원에서 한여름의 무더위를 피해 들어간 교회의 서늘하고 차분한 분위기까지, 명상과 사색, 휴식과 영성이 결합된 휴가에 중점을 두었다. 아드레날린이 솟아오르고 짜릿한 흥분을 맛볼 수 있는 휴가에 대해서는 다른 기회에 소개할 수 있을 것이다. 그러나, 그렇다고 해서 이 책에 포함된 휴양지들이 모두 밋밋하고 지루할 거라고 예상한다면 오산이다. 벨리즈 해안의 터키석빛 물에서 스노클링을 하면서 맨터레이나 바닷거북과 헤엄을 치거나, 안달루시아의 향기 그윽한 오렌지와 레몬 과수원을 말을 타고 거니는 것을 상상해보라.

30년 또는 40년 전만 해도, 평범한 직장인이 부탄이나 벵골 같은 오지를 여행한다는 것은 우선 재정적으로 불가능에 가까웠다. 그러나 비행기 운임이 저렴해지고 저가 항공사가 등장하고, 다양한 노선이 열리면서 과거에는 돈이 아주 많거나 시간이 아주 많았던—혹은 (대개의 경우에는) 돈과 시간이 둘 다 아주 많았던 사람들의 전유물이었던 오지 여행의 가능성이 일반인들에게도 활짝 열리게 되었다. 이 책에 실린 휴양지들은 모두 일상적이고, 평범하고, 진부한 매일매일에서 벗어나 아름답고 색다른 풍경 속에서 느긋하게 긴장을 풀고 배터리를 재충전한 뒤, 집에 돌아올 때에는 생기와 활력으로 넘칠 수 있는 기회를 제공할 것이다.

세계에는 릴랙스할 수 있는 곳들이 정말로 많다. 예를 들면 환상적으로 외진 등대에서 인파로부터 벗어나 나만의 굴을 팔 수 있다. 퀴폰 섬에 있는 퀴폰 라이트하우스 인에 가 보자. 뉴펀들랜드 북쪽에 있는 조그만 섬으로, 사랑스럽게 복원된 2개의 등대지기 숙소 외에는 말 그대로 아무것도 없다. 또 이 책에는 입이 벌어지는 호텔들도 포함되어 있다. 잉글랜드 전원 깊숙이 자리잡은 르 마누아나 홍콩의 상징이 되어버린 페닌슐라처럼 미슐랭 스타 레스토랑을 자랑하는 월드 클래스 호텔부터, 과거 어부의 오두막을 개조한 덴마크의 가정적인 쉰데르호 크로에 이르기까지 말이다. 또 벌어진 입이 다물어지지 않는 스웨덴의 아이스 호텔이나 인도 케랄라 트랜퀼 리조트의 트리 하우스처럼 특이한 숙박 시설도 빼놓지 않았다. 안락함과 럭셔리에서 정도의 차이는 있겠지만, 그 어디라도 모두 아름답고, 여유로우며, 한번 발을 들여 놓으면 떠나고 싶지 않은 곳들이다.

프랑스에는 옛 샤토를 개조한 호텔이 많아서, 루이 XIV세의 환상이 현실이 되는 경험을 해 볼 수 있다. 목가적인 가스코뉴 깊숙한 곳에 위치한 웅장한 18세기 샤토 라살이나 루아르 계곡의 샤토 드 몽트리외를 보라. 한편 포르투갈에는 그에 못지않게 인상적인 파라도르가 있다—옛 성, 궁전, 요새, 수도원을 환상적인 숙박 시설로 개조해 놓았다. 영국에는 빛바랜 친츠, 타닥타닥 소리를 내면서 타고 있는 벽난로 장작불 앞에서 졸고 있는 래브라도 사냥개, 완벽한 진앤토닉을 건네는 버틀러 등을 뽐내는 고풍스러운 컨트리 하우스 호텔이 넘쳐난다. 모로코의 마라케쉬에서는 오래된 가옥을 개조한 아름다운 리아드가 주위 골목길로부터 반가운 오아시스를 선사한다. 리아드 엘 펜은 가장 호화로운 리아드 중 하나지만, 예산에 맞는 다양한 리아드가 많으니 걱정할 필요는 없다.

건강에 대한 관심이 높아지고, 영혼과 육신의 조화에 대한 인식이 넓어지면서, 스파는 초절정의 인기를 누리고 있다. 더 이상 사치에 익숙한 왕실 여인들이나 심심한 가정주부들의 전유물이 아니라, 수많은 사람들을 끌어들이고 있다. 요즘 문을 여는 호텔 치고 스파가 없는 곳이 없을 정도로 이제는 필수요소가 되어 버렸다. 그러나 이 책에서 소개한 건강 휴가는 단순히 스파가 유행이라고 하니 예정에도 없던 월풀욕조와 우중충한 트리트먼트 룸을 뒤늦게 덧붙여 놓은 것이 아니다. 숙련된 테라피스트들의 손길에 몸을 맡기고 축복과도 같은 릴랙스의 경지로 떠오를 수 있는, 진정한 의미의 안식처이다. 또 지친 몸에 활기를 불어넣어 주거나 특정 문제 부위를 타겟으로 하는 치유 트리트먼트도 당연히 포함되었다. 최고의 사치를 경험해보고 싶다면 타이의 치바 솜나 히말라야 산기슭의 아난다로 가 보자. 좀더 검소하고 건강한 라이프스타일을 원하는 이들은 스파르타 식이기는 하지만 과격하리만치 효과가 입증된 오스트리아의 마이어&모어 스파를 체험해보자.

생태학에 눈을 뜬 이들을 위해서는 훌륭한 에코 로지와 친환경 휴양지들이 있다. 이쪽 방면으로는 특히 다양한 에코 로지들을 선보이는 중앙 아메리카가 단연 선두이다. 과테말라 열대우림의 심장부에 위치한 니툰 리저브에서는 환상적인 야생 동물 트레킹을 즐길 수 있으며, 모건스 록 하시엔다나 니카라과의 에코로지에서는 말을 타고 태평양 해안을 달릴 수 있다. 코스타리카에는 에코 로지가 수없이 많지만, 그 중에서도 이 책에 실린 곳들은 뭔가 특별한 구석이 있는 곳들이다. 예를 들면 엘 실렌시오는 흠잡을 데 없는 그린(Green) 수칙을 자랑하면서도 완벽하게 럭셔리하다. 라 쿠싱가 로지는 환경문제에 립서비스로만 그치는 것이 아니라, 실제로 통나무집과 가구를 만드는 데에 지속 가능한 플랜테이션에서 자란 나무만을 사용하였다.

그러나 모든 휴가가 느긋하게 빈둥거릴 필요는 없다. 그 지역을 가장 잘 알 수 있는 방법은 걷는 것이다. 물론 이 책에 포함된 환상적인 루트 중에는 비교적 힘든 것들도 있지만, 중간 레벨의 루트를 고를 수도 있고, 자기 자신의 수준에 받는 루트를 직접 선택할 수도 있다. 스페인 북부 산티아고 콤포스텔라의 유명한 순례길에서는 수 세기 전에 이 곳을 지나간 순례자들의 발자취를 따라가게 된다. 와일드하고 아름답지만 이름은 정말 로맨틱과는 거리가 먼 코르시카의 GR20 도로에서는 며칠 동안 걸어도 한 사람도 만날 수 없는 경우가 허다하다. 워킹은 마음에서 근심 걱정을 털어버리고 밤에는 피곤하긴 하지만 행복하게 침대로 무너져내려 꿈도 꾸지 않고 단잠을 잘 수 있는 완벽한 방법이다. 실제로 멋진 야외 풍경과 자연이 다양한 기후와 지형을 보여준다. 두바이 사막의 끊임없이 변하는 모래 언덕 사이로 낙타를 타고 걷거나, 새파란 카리브해의 피터 섬에서 스노클링을 하거나, 하와이의 할레아카 화산에서 자전거를 타고 내려오자. 초현실적이고 보는 이의 넋을 잃게 하는 아르헨티나의 페리토 모레노 빙하에 찬사를 보내자. 춤추는 북극광을 바라보고 있노라면 꿈을 꾸고 있는 듯한 기분이 들 것이다. 또는 보라보라의 호젓한 해안에서 로빈슨 크루소 흉내를 내는 것은 어떨까.

야생 그대로의 야생 동물을 보고 싶다면 아프리카로 가야 한다. 보이스카우트 캠핑은 잊으시길. 수많은 럭셔리 캠프가 있어 취향대로 고를 수 있으며, 안락함과 편안함을 희생하지 않고도 자연으로 되돌아갈 수 있다. 최고의 럭셔리 캠프 중 하나인 탄자니아의 셀러스 프로젝트에서는 떠들썩한 관광객용 지프 떼를 피해 민간 자연보호 구역에서 느긋한 시간을 보낼 수 있다. 또는 세렝게티의 심장부에 자리잡은 싱기타 파루파루 로지는 백만 마리가 넘는 야생 동물이 매년 이동하는, 거의 서사시와도 같은 장관을 목격하기에 완벽한 장소이다. 잠비아의 치아와는 럭셔리 그 자체이면서도 주위 풍경에 아름답게 녹아든 휴양지로, 카누 사파리로 유명하다.

물이 흐르는 소리는 듣고만 있어도 마음이 차분하게 가라앉는 것 같다. 그게 해안에 와서 부딪는 파도 소리든, 나룻배로 수로를 나아갈 때 노가 수면에 닿는 소리든 말이다. 스웨덴의 수상 호텔에 묵어보거나 프랑스의 아르데슈 강을 따라 카누를 저어 보자. 캐나다의 유콘 강에서 즐기는 카약이나 객실까지 가려면 스쿠버다이빙복을 입어야 하는 플로리다의 해저 호텔은 어떨까? 또는 프랑스 에비앙에서 건강에 좋기로 유명한 물을 맛보거나 잉글랜드의 바스에서 옛 귀족들처럼 건강에 좋은 물에 몸을 담글 수도 있다. 아이슬란드의 지열 온천에 들어가 근육통이 마술처럼 사라지는 것을 경험하는 것도 추천한다.

기대어 앉아 눈앞에 지나가는 풍경만 하염없이 보고 싶다면, 이 책에 실린 세계에서 가장 스펙터클한 열차 여행을 빼놓을 수 없다. 한편의 서사시와도 같은 러시아의 시베리아 횡단 철도나, 오스트레일리아 열대 퀸즐랜드의 쿠란다 열차에 올라보자. 다른 관점을 원한다면, 열기구를 타고 터키 중부 카파도키아의 바위투성이 풍경 위로 부드럽게 바람에 떠밀려 갈 수도 있고, 이집트에서 럭셔리한 나일 강 크루즈의 사치를 즐기는 것도 좋다. 캘리포니아의 빅서 고속도로를 느긋하게 달리다 보면 그림처럼 아름다운 풍경이 눈에 들어온다.

당신이 먹기 위해서 사는 타입인지, 살기 위해서 먹는 부류인지는 모르겠지만, 많은 사람들이 여행의 가장 중요한 즐거움 중 하나로 먹고 마시는 것을 꼽는다. 프랑스는 여전히 세계 미식의 중심지 중 하나로 꼽히며, 아마도 그 때문에 음식과 술에 초점을 맞춘 프랑스 휴양지들이 많은 것 같다. 루아르에서 와인 테이스팅에 참여해보고, 가스코뉴에서 아르마냑을 맛보고, 랭스의 퀴퀴한 궁륭 아래서 샴페인을 홀짝인다. 오스토 드 보마니에르에서 미슐랭 스타 디너를 즐기는 것은 어떨까. 미식가들과 와인애호가들은 음식의 천국에 와 있다고 생각할 것이다. 마데이라 섬에서 맛보는 마데이라는 일품이다. 런던의 보헤미안풍 정원에 자리잡고 있는 피터섬 묘목장에서 맛있는 유기농 음식을 먹어보자. 심지어 남아프리카 와인생산지 한복판의 르 카르티에 프랑세즈에서도 미셸링 스타 셰프의 요리를 만날 수 있다.

도시를 벗어나지 않고도 잠시 휴식을 취하고 싶다면, 녹음이 짙은 정원보다 더 좋은 곳이 어디에 있겠는가? 먼지로 악명 높은 마라케시의 심장부에 있는 자르댕 마조렐은 녹색의 오아시스이다. 독일 함부르크의 플란템 움 블루멘 정원은 도시의 휴식처로, 화창한 날 오후 시간을 보내기에 완벽한 공간이다.

그러나 궁극의 휴양은 역시 우주가 아닐까. 결코 인간에게 호의적인 공간은 아니고 (지금까지 알려진 바로는) 우리를 반겨줄 이도 없지만, "모든 것에서 벗어난다"는 의미에서는 역시 그 절대적인 탈출을 따라갈 수가 없다. 지금은 걸음마 단계에 불과하지만, 상업적인 우주 여행은 두둑한 배짱—그리고 두둑한 지갑—을 가진 이들에게 진짜 탈출을 선사한다. 아마도 몇 년 안에, 오늘날의 항공편처럼 우주선도 어느 정도 감당할 만한 비용이 되리라 예상한다.

이 책이 당신에게 즐거움과, 영감과, 떠날 수 있는 용기를 선물하기를 바라는 바이다. 마지막 책장을 덮으면서 당신만의 탈출을 계획해 보도록 하자.

Bon Voyage!

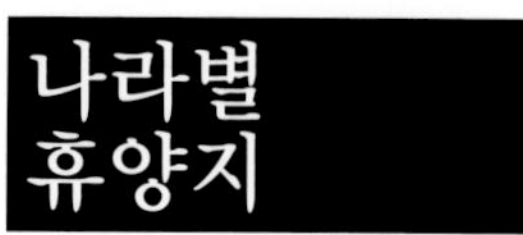
나라별
휴양지

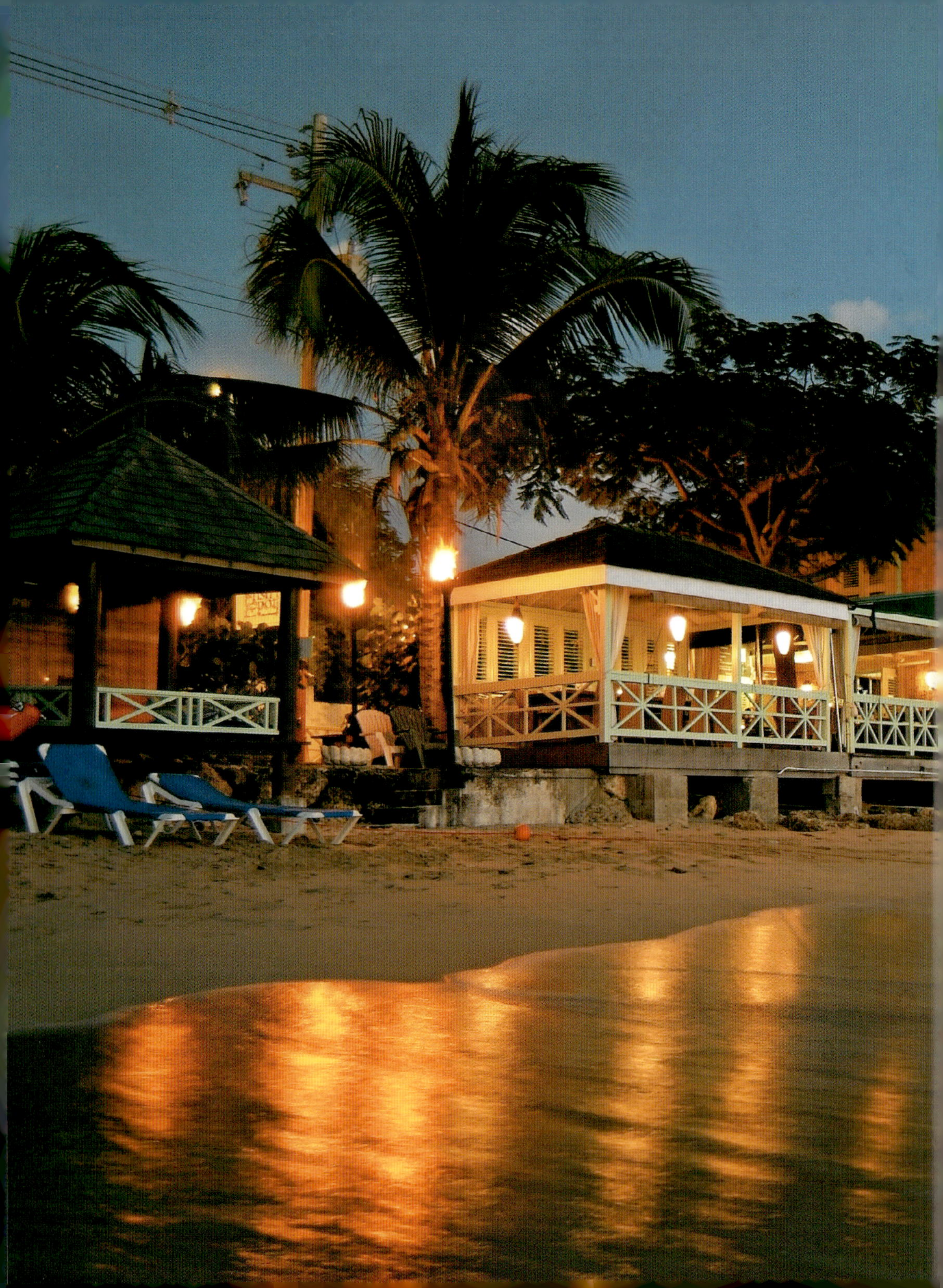

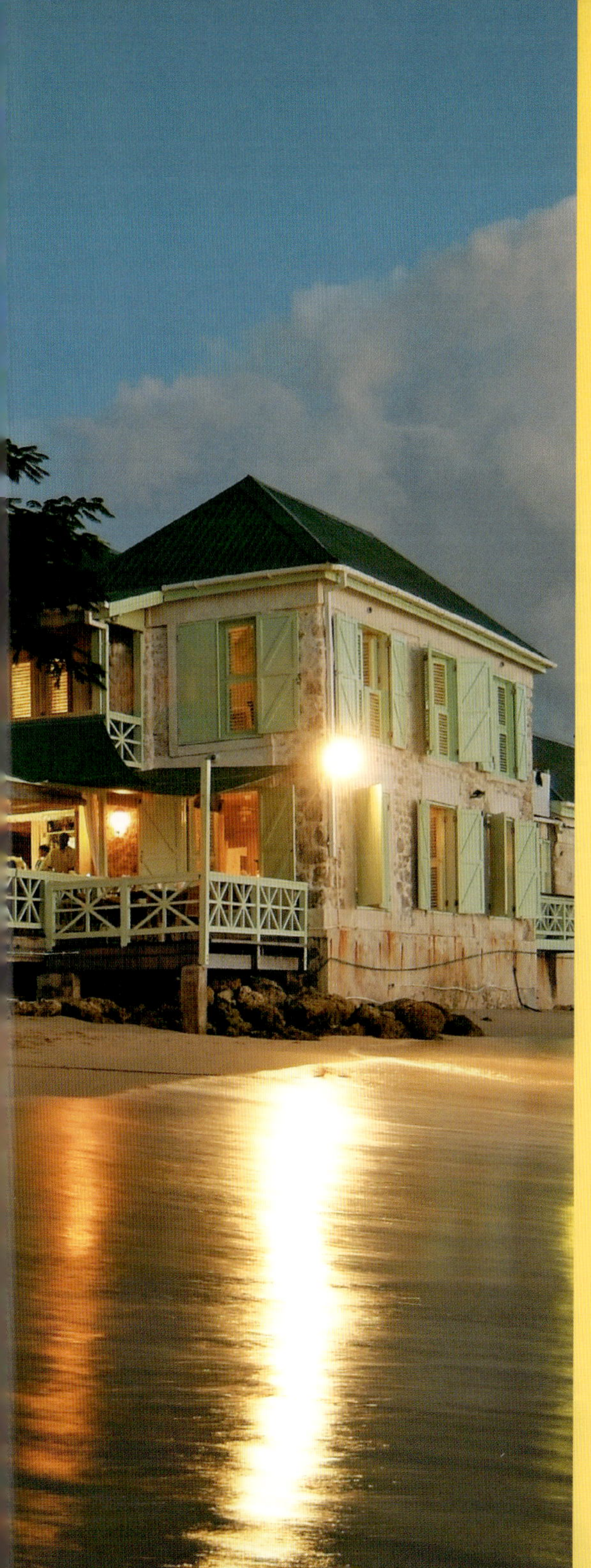



북아메리카와 남아메리카의 다양한 휴양지는
그 어디에도 뒤지지 않는다. 캐나다를
가로지르는 개썰매 여행이든, 화려한 뉴욕
시티 호텔에서의 호사스러운 스테이든,
카리브해의 외딴 해안에서 느긋하게 보내는
하루든, 아마존의 열대우림 속을 여행하든,
혹은 아르헨티나의 포도밭을 경험하든,
아메리카 대륙에는 이 모든 것이 있다.

# The AMERICAS

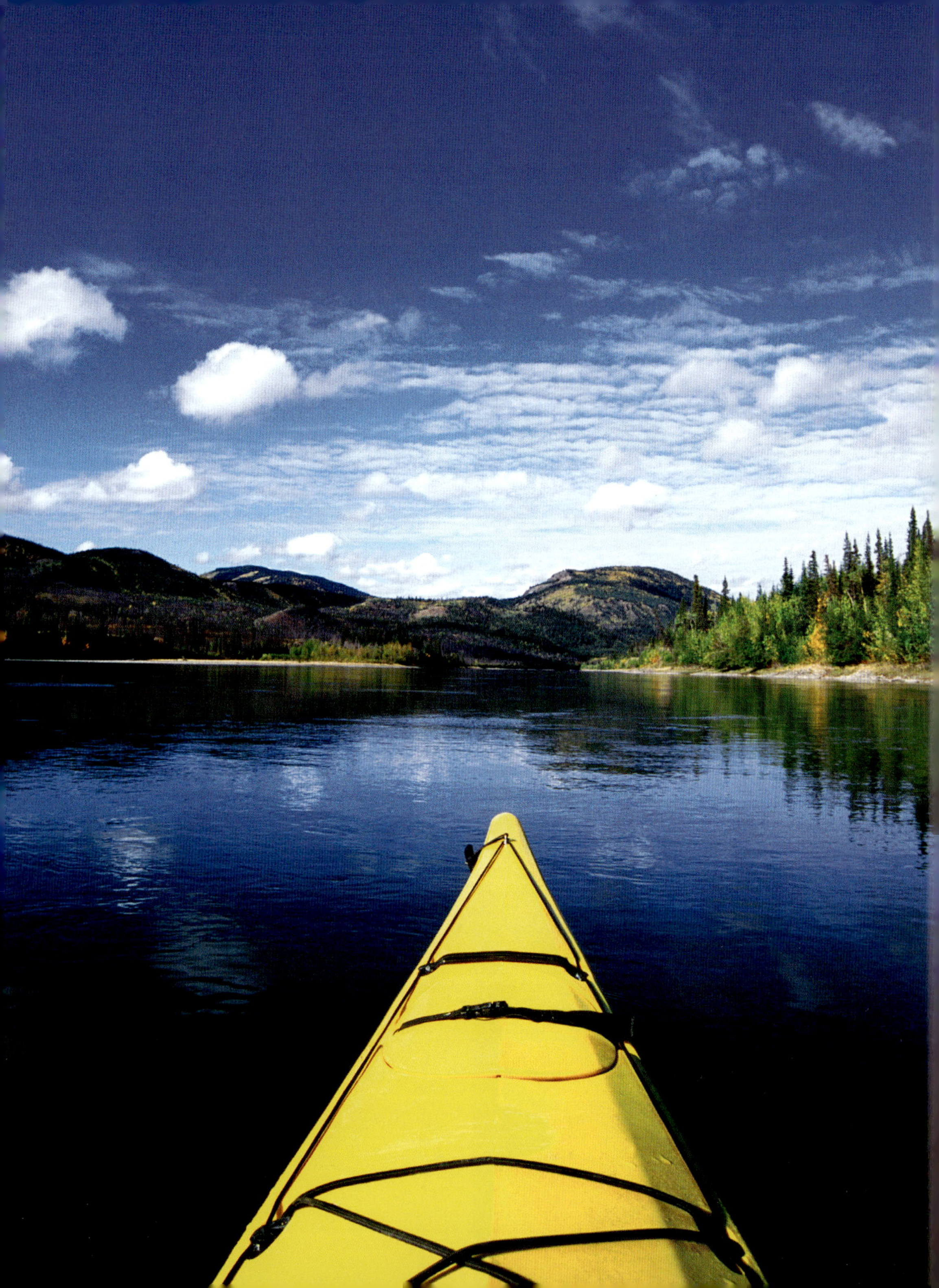

# 유콘 강 Canoe the Yukon River

**Location** 캐나다 유콘　　**Website** www.touryukon.com;
www.naturetoursyukon.com　　**Price** 💲💲

화이트호스 시를 벗어난 지 얼마 되지도 않았는데, 유콘 강의 청록빛 물이 모두 내 것이 된 듯하다. 머리 위로는 한 쌍의 흰머리수리가 날아오른다. 귀에 들려오는 소리라고는 강물을 저어 나아가면서 노가 철벅거리는 소리와 물방울이 뚝뚝 떨어지는 소리뿐이다. 심지어 캠프장에 도착해도 아무도 없다—캠프장을 에워싸고 있는 숲 속 깊은 곳에 사는 흑곰과 회색곰을 제외하면 말이다. 성수기에도 유콘 강은 사람이 북적이는 곳이 아니다.

항상 그랬던 것은 아니다. 텐트를 치다 보면 유콘 골드러쉬 시대의 산물인 녹슨 수공예품이 보일 것이다. 이 곳은 한때 금광으로 유명했던 클론다이크 지역이다. 전해지는 바로는, 1896년, 거대한 금맥이 클론다이크 강 줄기에서 발견되었다고 한다. 당시 미국은 불경기에서 헤어나오지 못하고 있었기 때문에, 광부들이 조그만 금덩어리가 든 상자들을 가지고 바깥세상으로 나오자 미친듯이 열광했다. 심지어 1897년 7월 17일자 「시애틀 포스트 인텔리젠서」 紙는 1면에서 "금이다! 금이다! 금이다! 금이다!" 하고 부르짖기까지 했다. "증기선 포틀랜드 호에 승선한 68명의 부자들. 쌓여 있는 노란 금속 무더기." 10만 명이 넘는 사람들이 금을 찾아 북쪽으로 달려갔다. 많은 이들이 칠쿠트 고개와 화이트 고개로 모여들었고, 유콘 강을 노저어 건너기 위해 배를 지었다. 1950년대에 클론다이크 고속도로가 건설될 무렵 유콘 강 기슭은 선미외륜기선과 나무로 지은 캠프로 북적거렸다. 이 거대한 배들의 다 허물어져 가는 잔해는 아직도 남아있어 오늘날에도 볼 수 있다. 세계의 도시들이 점점 더 사람들로 불어나는 동안, 이 작은 곳은 축복처럼 고요 속으로 잠겨 들었고, 인간이 아닌 말코손바닥사슴, 늑대, 곰들이 지배하는 외진 휴양지가 되었다. **PE**

◁ 빠르게 흐르는 유콘 강은 카누족들에게는 환희 그 자체다. 가만히 있어도 강이 다 알아서 해 주다시피 한다.

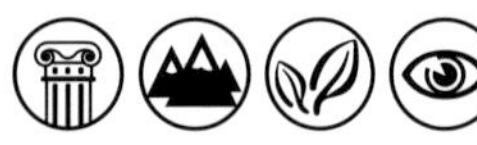

# 도슨 Explore Dawson City

**Location** 캐나다 유콘　　**Website** www.dawsoncity.ca
**Price** 💲

도슨은 19세기 말 클론다이크 골드러시 때 생겨난 도시로, 오늘날까지도 그 독특한, "와일드 웨스트"의 분위기가 물씬 풍긴다.

젊은 잭 런던을 비롯한, 한몫 잡을 희망에 부푼 이들이 수도 없이 도슨을 떠나 클론다이크로 향했다. 물론 꿈이 이루어진 사람은 거의 없었다. 몇 년도 채 못 되어 골드러시는 구름처럼 사라졌고 도슨의 인구도 줄어들기 시작했다. 1898년 도슨의 인구는 4만 명에 육박했지만, 현재는 2천 명에 불과하다. 그러나 그 매력은 조금도 줄어들지 않았다.

전통적인 스타일로 지어진 건물들이 한 단 높은 나무 보도를 깔아놓은 길 양 옆으로 줄지어 늘어서 있

> "빨리 마시든, 천천히 마시든
> 상관없다. 다만 반드시 입술에
> 발가락이 닿아야만 한다."
>
> 사워토 칵테일 클럽 규칙

다. 관광객들은 하이킹과 카약을 즐기거나 강에서 사금을 고르는 재미를 맛볼 수도 있다. 또는 다이아몬드 투스 거티(Diamond Tooth Gertie's)의 카지노에서 운을 시험해 볼 수도 있다. 도시를 돌아보며 이 도시에 얽힌 그 특별한 이야기들을 들을 수도 있고, 다채로운 이 도시 토박이들과 한두 마디 나눠보는 것도 좋다. 용감한 영혼이라면 다운타운 호텔의 사워도 살룬(Sourdough Saloon)에 가서 "사워토(sourtoe)" 칵테일—사람의 발가락(건조시켜서 소금에 절인)이 들어있는 위스키 샷—을 주문해 보자. 최초의 발가락은 금주법 시대에 알래스카로 밀주를 밀수출하려다 동상에 걸린 남자의 것이었다고 하는데, 지금은 전해지지 않는다. 어떤 지나치게 호기가 넘쳤던 술꾼이 칵테일 열 잔을 해치운 뒤, 의자에서 뒤로 굴러 떨어져 바닥에 머리를 부딪힌 뒤 발가락을 삼켜버렸다고 한다. **PE**

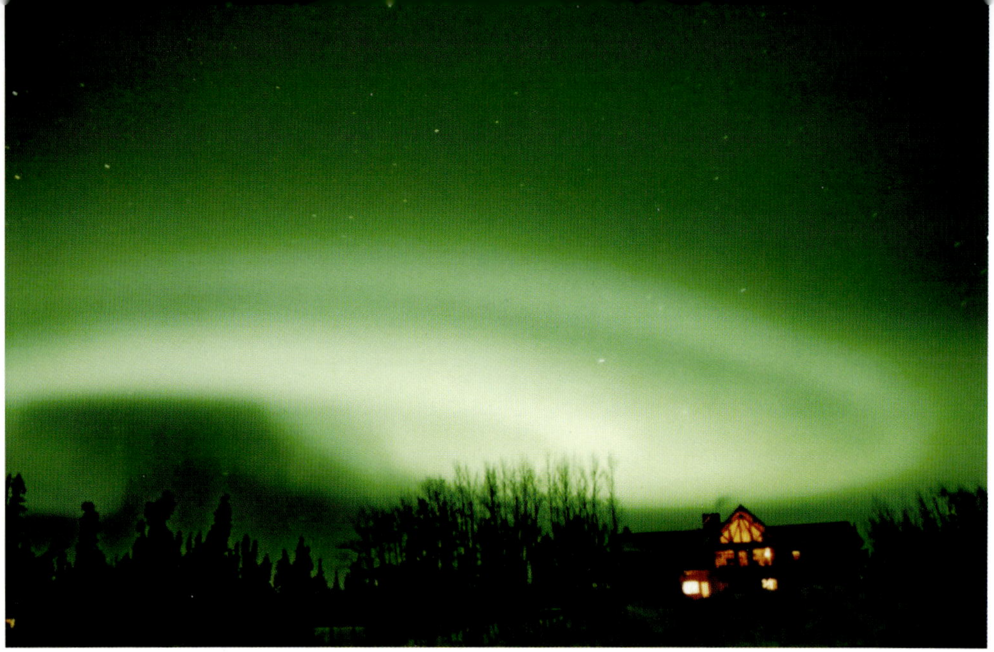

# 인온더레이크 Stay at Inn on the Lake

**Location** 캐나다 유콘 마쉬 레이크    **Website** www.exceptionalplaces.com    **Price** ⑤⑤

유콘의 주도 화이트호스에서 차를 타고 30분 달리면 마쉬 레이크 호반에 인온더레이크라는 이름의 통나무집이 서 있다. 당신이 상상할 수 있는 모든 것이 심지어 그것을 꿈꾸기도 전에 이루어지는 그런 곳이다. (벌써 와인 잔이나 차가운 맥주를 손에 들고) 통나무집의 널찍한 데크로 한 발짝 나오는 순간, 깊은 평온 속으로 가라앉는 것을 느낄 수 있을 것이다.

기지개를 켜고 눈 덮인 산봉우리, 사람의 손이 닿지 않은 숲, 수정처럼 맑은 호수(겨울에는 얼어붙는다)가 만들어내는 스펙터클한 풍경에 젖어보자. 너무 심심하다고 생각되면 창가에 구비되어 있는 쌍안경과 조류 가이드북을 들고 술 한 잔을 홀짝이면서 아비새(북미산 큰 새로 물고기를 잡아먹고 사람 웃음소리 같은 소리를 냄—역주)를 찾아보는 것은 어떨까? 저녁에는 투숙객들이 모두 긴 테이블에 함께 둘러앉아 4코스 디너를 먹는다. 여름철에는 호수에서 낚시, 카약, 카누를 즐기거나 인근의 야생 자연에서 하이킹, 산악자전거를 탈 수 있다. 근처에 있는 골프코스 입장권이 패키지에 포함되어

있으니 골프를 치러 가도 된다. 겨울이 되면 유콘의 낮은 상쾌하고, 하늘은 파랗다. 투숙객들은 스키(크로스컨트리, 백컨트리, 다운힐 등등이 모두 메뉴에 올라 있다)를 타거나 스노우모빌 혹은 개썰매를 몰거나, 눈신을 신거나, 얼음 낚시를 즐길 수 있다. 밤에는 뜨거운 욕조에 드러누워 별이 빛나는 하늘을 배경으로 녹색과 빨간색으로 춤을 추는 북극광을 구경하자.

연중 투숙이 가능하며, 메인 하우스와 독채 통나무집 중에서 선택할 수 있다. 가장 큰 통나무집에는 전용 데크와 뜨거운 욕조가 딸려 있으며, 둘다 북향이라 최고의 북극광 조망을 보장한다. 겨울에 와서 며칠 머무르면서 북극광이 하늘을 채우는 동안 김이 오르는 욕조에서 로맨틱한 저녁을 보내자. **PE**

↑ 인온더레이크의 가장 큰 매력 중 하나는 마법 같은 북극광을 감상할 수 있다는 점이다.

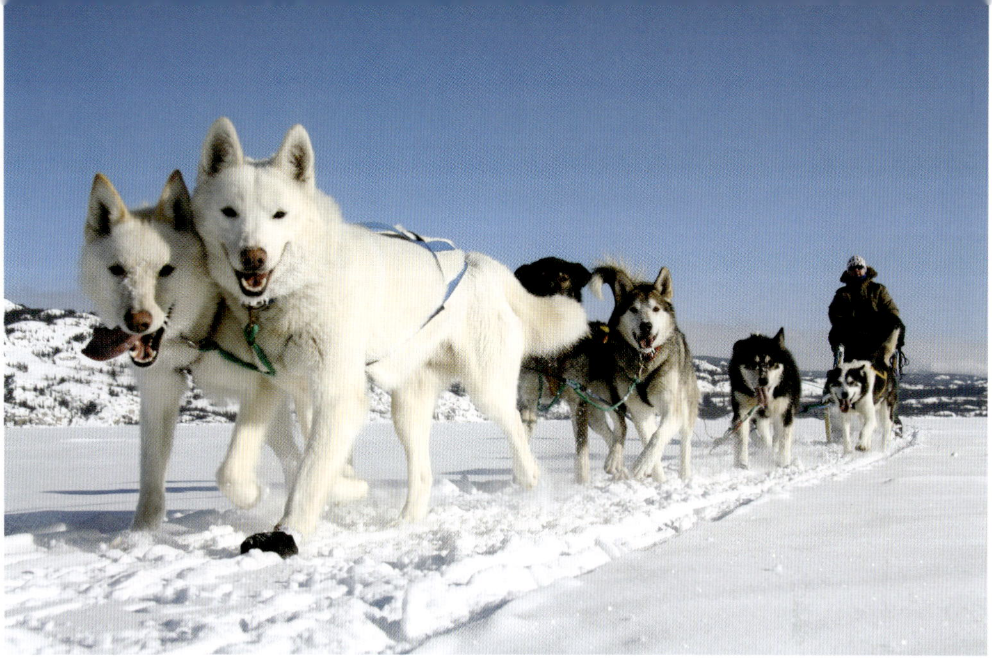

# 유콘 준주 Dogsled Across the Yukon Territory

**Location** 캐나다 유콘　　**Website** www.muktuk.com; www.uncommonyukon.com; www.bluekennels.de　　**Price** 💲💲

허스키 개들이 자박자박 눈 위를 걸어가는 소리, 그리고 썰매가 부드럽게 삐걱거리는 소리 외에는 놀라울 정도로 고요하다. 때때로 개들이 왼쪽 또는 오른쪽으로 일제히 머리를 돌린다—아마도 가문비나무 숲에서 새하얀 뇌조나 눈덧신토끼의 움직이는 소리를 들었을 것이다. 늑대가 앞서 같은 길을 걸어간 자국도 발견할 수 있다. 당신은 지금 지구상에 남아 있는 최후의 야생 자연 중 하나를 가로지르고 있는 것이다. 유콘 준주(准洲)는 그 면적이 캘리포니아보다 크지만, 주민은 불과 31,000명밖에 되지 않는다. 대신 7만 마리의 말코손바닥사슴이 살고, 그 밖에도 흑곰과 회색곰, 카리부(북미산 순록), 울버린(북미산 오소리의 일종), 달 양(북미 지역에 사는 몸집이 큰 흰 양) 등이 우글거린다.

　숲 속으로 뻗은 길을 벗어나 서서히 얼어붙은 강 위로 미끄러져 가보자. 어둠이 내려앉고 보름달이 하늘 높이 떠올라 가슴이 아플 정도로 아름다운 외지를 은빛으로 물들인다. 밤이 더 깊어지면, 별이 총총히 떠 있는 하늘을 배경으로 북극광이 춤을 추기 시작한다. 조금 더 있으면 아마도 시인 로버트 서비스가 노래한 〈유콘의 마법〉에 빠져들 것이다. "어떤 이들은 이 곳을 만들었을 때 신이 피곤했다고 한다/ 어떤 이들은 멋진 땅이기는 하지만 피하는 것이 좋다고 한다/ 맞는 말일지도 모른다/ 그러나 이 세상의 그 어떤 곳과도 바꾸지 않겠다고 하는 이들도 있다/ 나도 그 중 하나이다." 유콘을 찾는 관광객들은 무엇보다도 개썰매를 탈 수 있다—반나절부터 1주일, 혹은 그 이상도 말이다. 개집이 있는 편안한 숙소를 베이스캠프 삼을 수도 있고, 개들을 데리고 북쪽으로 끝없이 뻗은 트레일에서 캠핑을 할 수도 있다. 원한다면 "세계에서 가장 거친 개썰매 경주"라는 유콘 퀘스트에서 전문가들을 뒤따라 갈 수도 있다. 1984년에 시작된 이 대회는 매년 2월 주로 환경 조건이 가장 혹독할 때에 열린다. 페어뱅크스, 알래스카, 화이트호스를 잇는 무려 1,600km에 이르는 레이스이다. **PE**

⬆ 충성스러운 개들과 함께 유콘의 때묻지 않은 자연으로 떠나는 여행.

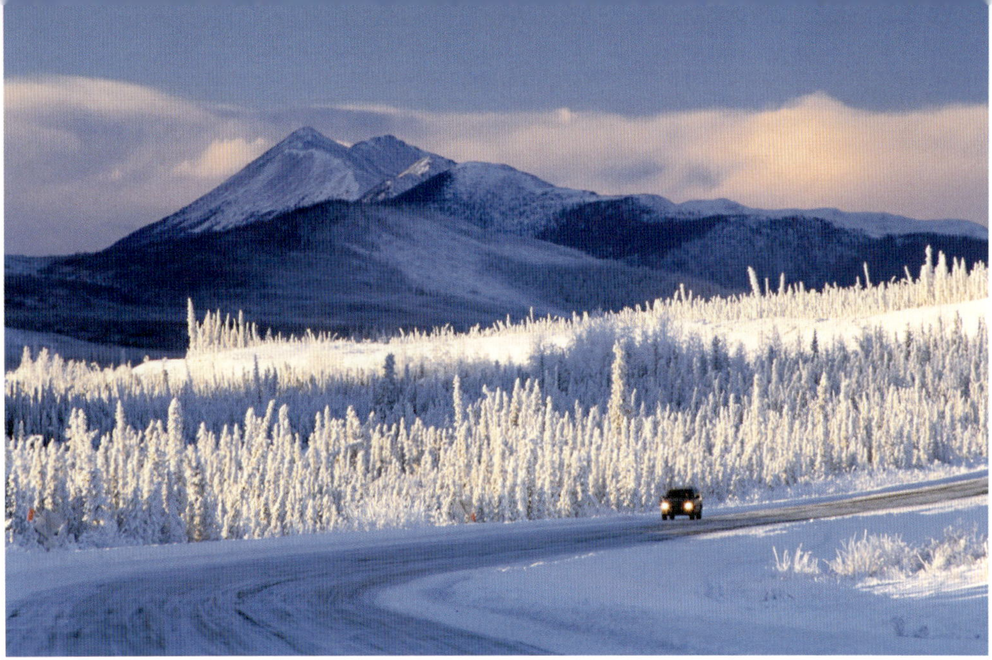

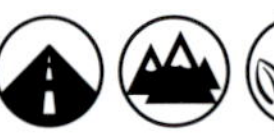

# 윈터로드 Drive the Ice Road from Inuvik to Tuk

**Location** 캐나다 노스웨스트 준주　　**Website** www.tuk.ca; www.inuvik.ca; www.explorenwt.com　　**Price** $$

천천히, 조심스럽게, 이누비크에서 나와 매킨지 강, 더 나아가 보포트 해로 이어지는 193km의 윈터로드로 들어선다. 계속 가면 투크토야크투크(Tuktoyaktuk), 보통 줄여서 투크라고 부르는 이누이트족 부락이 나온다. 북극해 해안에 맞닿아 있는, 캐나다의 최북단에 가까운 곳이다.

길은 넓고 매끄러워서 마치 스케이트장 같다. 기대했던 것과는 달리, 주위가 온통 하얗거나 하지는 않다. 투명한 얼음에 반사하는 태양은 샛노란 빛이다. 길 양쪽으로 치워 높이 쌓아놓은 눈이 청보랏빛 그림자를 드리운다. 처음에는 강둑에서 자라는 연약한 작은 나무들이 보이지만, 점점 그 수가 적어지면서 마침내 사라지고, 광활하고 평평한 풍경만이 남는다.

곳곳에 핑고(북극 지방의 화산 모양 얼음 언덕)가 솟아올라 있다—어떻게 보면 두더지가 파놓은 거대한 흙두둑처럼 보이는데, 높이가 45m에 달하는 것도 있다. 지하수 물줄기가 막혀서 얼어붙어서 영구 동토층 아래에서 팽창한 것이다.

마침내 강이 끝나고 바다로 나온다. 저 멀리 점점이 건물들이 보인다. 방향감각을 잃을 정도로 얼어붙은 공허를 가로질러 계속 차를 몰자. 마침내 마을의 메인 스트리트에 도착하면 좌초되어 누워있는 스쿠너(돛대가 두 개 이상인 범선)가 한 척 보인다. 이 배는 원래 마을 어린이들을 주일학교에 데려다주는 용도로 쓰였었다. 더 가면 마을 공동묘지가 보인다. 입구의 아치에는 "영원한 안식을 이들에게 주소서, 오 주여, 영원한 빛을 이들에게 비추소서"라고 새겨져 있다(아이러니컬하게도, "영원한 빛은" 살아있는 이들에게도 비춘다. 북극에 가까운 위도 덕분에 한밤중에도 백야 현상이 일어나기 때문이다). 은은한 분홍빛과 보랏빛으로 빛나는 보퍼트 해를 건너다보고 있는 십자가들 위로 빛이 내리쬔다. 언젠가 죽어서 땅에 묻혀야 한다면 이곳보다 더 좋은 곳은 없을 것 같다. **PE**

---

⬆ 계절에 따라 여행 계획을 세우자: 여름에는 길이 강으로 변하므로 육지로는 투크에 갈 수 있는 경로가 전혀 없다.

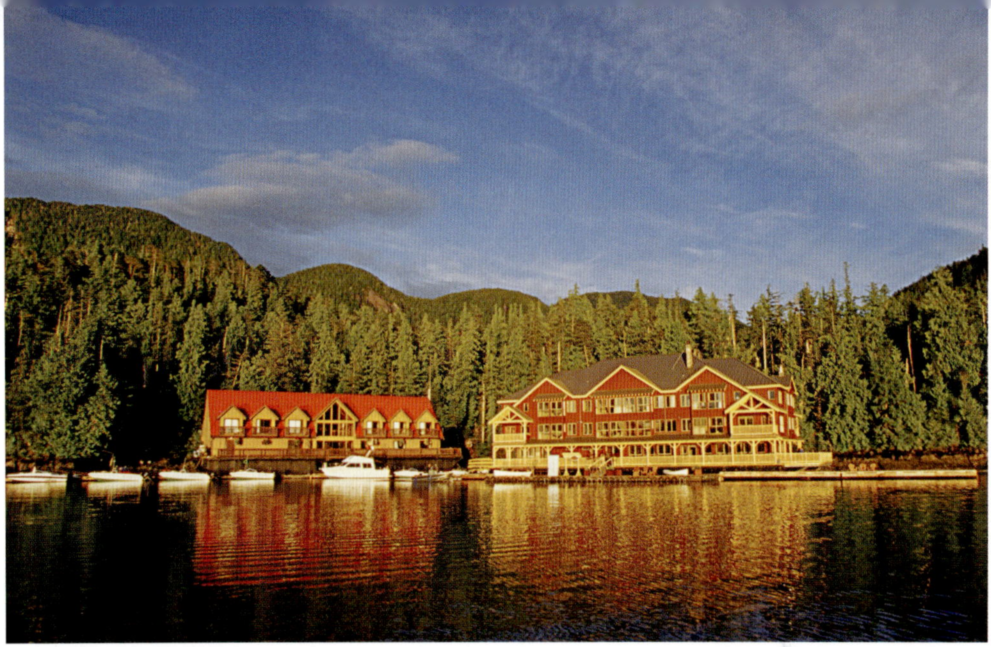

# 킹 퍼시픽 로지 Unwind at King Pacific Lodge

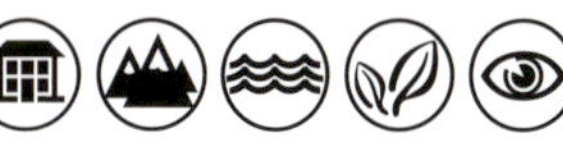

**Location** 캐나다 브리티시컬럼비아 주 프린세스 로열 아일랜드　　**Website** www.kingpacificlodge.com　　**Price** ⑤⑤⑤

캐나다의 그레이트베어 우림지대는 브리티시컬럼비아의 내해 항로(Inside Passage, 미국의 알래스카, 워싱턴 주와 캐나다의 브리티시 컬럼비아 주와 주변 섬들을 잇는 항로)를 따라 펼쳐져 있으며 그 크기가 옐로우스톤 국립공원의 두 배에 달한다. 이 완전한 원시 상태의 야생 자연 한가운데, 가장 가까운 포장도로라 해도 240km나 떨어진 곳, 프린세스 로열 아일랜드의 바너드 하버의 고요한 물 위에 킹 퍼시픽 로지가 떠 있다. 검은 늑대, 회색곰, 흑곰, 그리고 최대 30명의 숙박객을 받는다.

이곳으로 가는 비행기에서 창밖을 내려다보면 나무, 호수, 강 이외에는 아무것도 보이지 않는다. 외부 세계에서 완벽하게 차단되어 있는 덕분에 세계적인 명사들이 즐겨 찾는다(킹 퍼시픽의 단골 손님 중에는 영화배우 케빈 코스트너도 있다). 매년 여름이면 이 특별한 호텔은 겨울철 정박지인 해안도시 프린스루퍼트에서 북쪽으로 160km떨어진 프린세스 로열 아일랜드로 견인된다. 이곳에서는 17개의 객실에서 야생의 자연 또는 바다 조망을 즐길 수 있으며, 진정한 "야생"이라 부를 만한 것

은 무엇이든 접할 수 있다.

혹등고래는 킹 퍼시픽 로지에서 불과 몇 미터 떨어진 바너드 하버의 물에서 새끼를 낳는 것으로 알려져 있다. 투숙객들은 카약으로 무인도 탐험을 하거나 가이드와 함께 아직 이름도 지어지지 않은 산봉우리로 하이킹을 갈 수도 있다. 운이 좋으면 희귀한 커모드곰("스피릿곰"이라고도 한다)—열성 유전자 덕분에 흰 털을 가지고 있는 흑곰의 일종—을 볼 수도 있다. 킹퍼시픽로지는 오래된 해군 바지선 위에 지어졌으며, 해양건축사들로 구성된 팀이 설계를 맡았다. 토론토의 디자인회사가 인테리어를 맡아, 유목(流木)으로 만든 가구와 장식없는 목제 철책, 그리고 벽에는 이 지역 화가들이 그린 그림과 이누이트족의 태피스트리가 나란히 걸려 있다. 선체에는 육류와 생선을 저장하기 위한 냉동고와 냉장고가 있으며, 채소는 1주일에 한 번씩 비행기로 날라온다. **BS**

⬆ 킹 퍼시픽 로지 뒤로 펼쳐진 그레이트베어 우림지대는 사람의 손이 닿지 않은 드넓은 온대 야생 삼림지대이다.

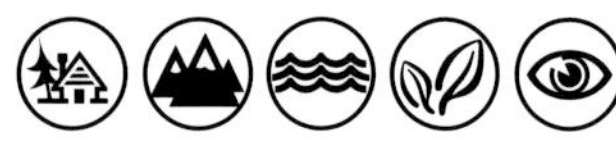

# 나이트인렛 로지
Relax at Knight Inlet Lodge

**Location** 캐나다 브리티시컬럼비아 주 글렌데일코브
**Website** www.knightinletlodge.com　**Price** 💲💲

# 클레요쿼트 와일더니스
Stay at Clayoquot Wilderness Resort

**Location** 캐나다 브리티시컬럼비아 주 밴쿠버 아일랜드
**Website** www.wildretreat.com　**Price** 💲💲💲💲

나이트인렛 로지는 나이트 만(灣) 어귀에서 60km 떨어진, 그림처럼 아름다운 글렌데일코브에 위치하며 수상 비행기나 보트로만 접근이 가능하다. 브리티시컬럼비아 주에서 회색곰이 가장 많이 사는 코스트 산맥의 온대 우림과 빙하에서 흘러나온 폭포 아래 정박해 있는, 물 위에 떠 있는 에코 로지이다. 나이트인렛의 12개 객실은 심플하면서도 널찍하며, 물가 가장자리에 흩어져 있는 일련의 건물들에 모두 분산되어 있다. 나이트인렛의 역사는 1940년대로 거슬러 올라간다. 대부분의 객실에는 킹 또는 퀸사이즈 베드 한 개와 싱글베드 한 개가 구비되어 있으며, 욕실이 딸려 있다. 큰 공동식당에서의 식사는 그야말로 수준급으로, 게, 연어, 갈비살 등의 요리를 맛볼 수 있다.

나이트인렛은 진지하게 곰 관찰을 하는 사람들이 회색곰과 그 새끼를 자연 서식지에서 보기 위해 찾는 곳이다. 매년 4월이면 곰들이 산속의 굴에서 냇가나 나이트 만으로 이어지는 강 어귀로 내려와 이 지역에 풍부한 나무 열매며 풀을 뜯어먹는다. 곰 관찰은 물가에 세워놓은 보트에 서서 관찰하는 것이나 땅 위에서 특별히 만든 나무 스탠드를 사용하는 등 계절에 따라 다양한 방법과 형태로 이루어진다. 나이트인렛 로지는 합법적인 사냥 대회를 제한하기 위해 지역 공동체 및 사냥꾼들과 협력하고 있다. 회색곰의 개체 수는 해마다 강을 따라 이동하는 태평양 연어의 숫자에 따라 달라지며, 나이트인렛은 이 지역의 강에서 연어의 수를 유지하기 위해 다방면으로 적극적으로 노력하고 있다.

이 지역은 얼룩이리, 바다사자, 수달, 대머리 독수리들의 서식지이기도 하다. 범고래, 혹등고래, 밍크 등을 볼 수 있는 고래 관찰 투어는 가장 까다로운 아웃도어 애호가도 불평을 할 수 없을 만큼 훌륭하다. **BS**

승마, 곰 & 고래 관찰 투어, 카약 트레킹—이것들은 클레요쿼트 와일더니스 리조트에서 즐길 수 있는 활동의 극히 일부에 지나지 않는다. 북미 유일의 럭셔리 사파리 스타일 리조트라 할 수 있는 클레요쿼트는 푸르른 우림지대에 둘러싸인 텐트 캠프로, 브리티시컬럼비아 주 토피노에서 그리 멀지 않은 이 지역은 2000년 UNESCO 생태보호지역으로 지정되었다.

20개의 텐트(12개는 2인용, 8개는 가족용이다)는 널찍하고 아늑하며, 리모컨이 달려 있는 프로판가스 나무 스토브와 애디론댁 스타일의 가구, 그리고 밤이면 환상적인 전원 분위기를 만들어내는 수많은 양초와 등유 램

> "클레요쿼트 사운드는
> 그 아름다움에 숨이 멎어버리는,
> 경이의 공간이다."
>
> 장 크레티엥, 캐나다 전 총리

프로 꾸며져 있다. 목장의 부엌에는 커다란 돌 벽난로와 화덕이 있어, 최대 6명까지 둘러앉아 요리의 거장들이 맛있는 요리들을 만드는 광경을 직접 볼 수 있다. "힐링 그라운드(The Healing Grounds)"라 이름붙인 공간은 세 개의 삼나무 욕조와 해수 욕조, 4개의 마사지와 트리트먼트 텐트, 그리고 워터테라피용 실내 트리트먼트 룸이 2개나 딸린 새 스파 건물을 자랑한다.

이국적이고, 길들여지지 않은 주위 환경과 풍부한 야생 동식물까지 더해지면, 오늘날의 도시 탐험가들은 이런 행운을 한번도 맛보지 못했다고 자신있게 말할 수 있다. **PS**

↱ 19세기 말 그레이트캠프에서 영감을 얻은 클레요쿼트는 야생의 자연 속에서 세련된 편안함을 제공한다.

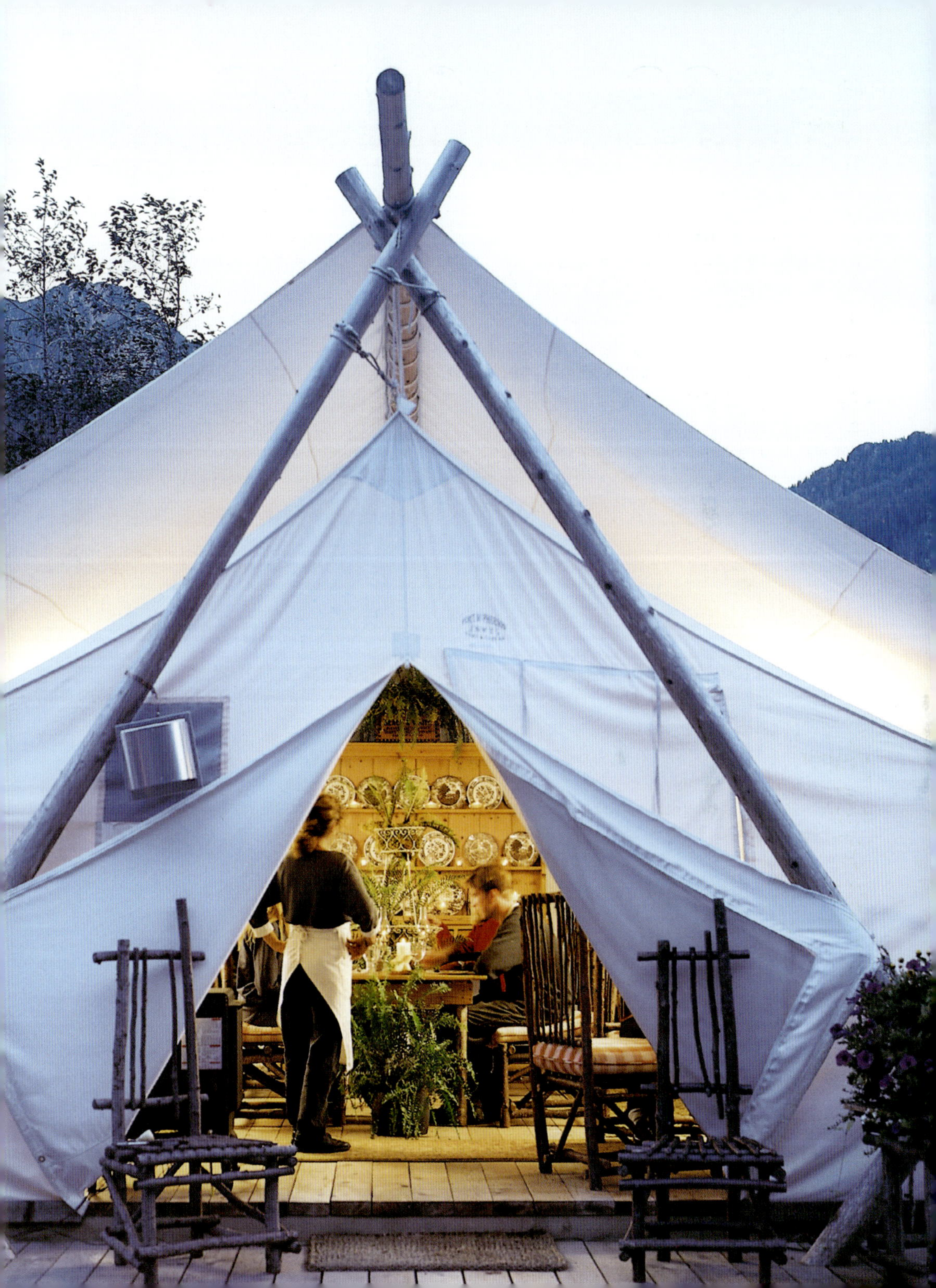

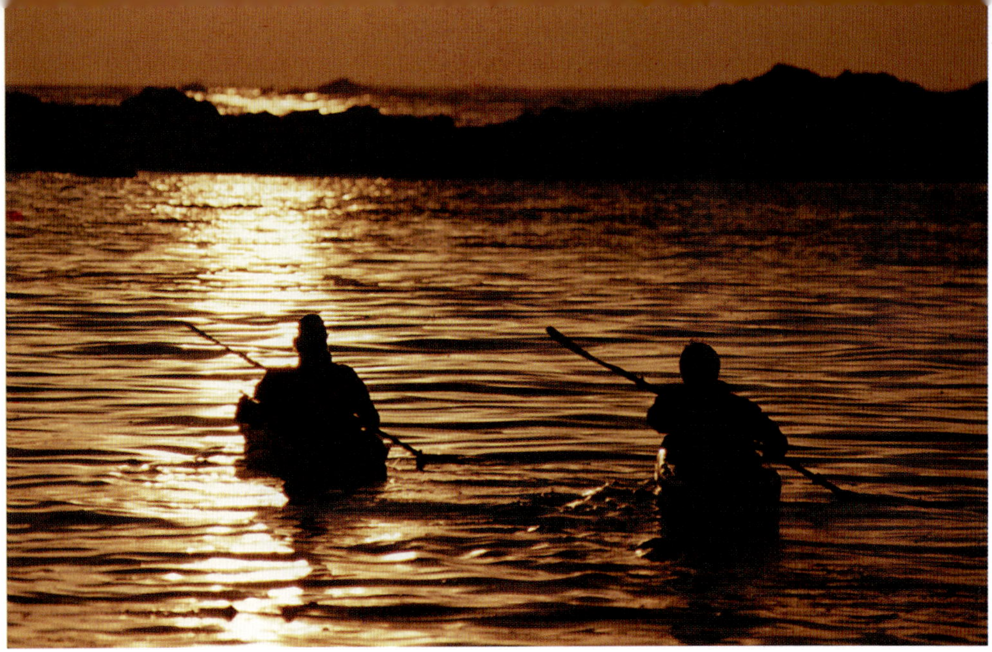

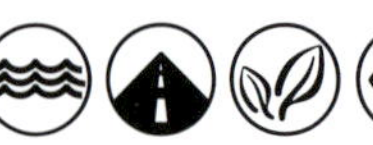

# 포에츠코브 Canoe at Poets Cove

**Location** 캐나다 브리티시컬럼비아 주 밴쿠버 아일랜드    **Website** www.poetscove.com    **Price** Ⓢ

"시인들의 만(灣)"이라는 로맨틱한 이름의 포에츠코브는 펜더 아일랜드의 남서쪽에 위치하며, 캐나다의 밴쿠버 아일랜드 덕분에 바닷놀로부터 보호를 받아, 마치 시간이 멈춰버린 듯한 고요하고 차분한 분위기를 만들어낸다. 46개의 예스러우면서도 모던한 휴가용 코티지는 대부분 데크 위에 뜨거운 욕조를 갖추고 있으며, 도시의 모든 것을 다 두고 떠나와서 자연 안에서 숨쉬기에 안성맞춤인 곳이다. 게다가 대부분의 주민들은 북섬에 거주하기 때문에 남섬 쪽은 무인도에 가깝다.

육지에서 페리—더 좋은 것은 프로펠러가 달린 수상 비행기—를 타고 조지아 해협을 건너가 보자. 계류용 링만 백여 개는 되는 베드웰 항구의 마리나는 시애틀의 부유한 요트족들 사이에서 이미 입소문이 났다. 낚시, 뱃놀이, 스쿠버다이빙을 하기에 좋은 곳으로, 특히 비수기에는 카누를 타고 물로 나가면 마치 만 전체가 내 것이 된 것 같은 기분이 든다. 데크에서 얼핏 기름막처럼 고요하고 잔잔한, 희미하게 반짝이는 물로 바로 미끄러져 나가기 전에 방수복을 따뜻하게 챙겨입도록 하자. 노가 수면에 닿는 순간 잔물결이 한없이 멀리까지 번져나간다. 너무나 고요해서 적막하다 못해 기이한 느낌마저 들 정도이다. 파도와 싸울 필요 없이 재빨리 속도를 올리면 지금 있는 곳이 태평양이라는 사실을 믿을 수가 없다. 그러나 아무리 믿어지지 않더라도 태평양은 태평양이니 크기가 카누의 두 배는 되는 범고래가 언제 어디서 나타날지 모르므로 항상 주의해야 한다.

해안선을 따라 우아하게 미끄러져 가면 입이 벌어질 정도로 아름다운 통나무집과 디자이너들이 설계한 거대한 별장들의 파노라마가 펼쳐진다. 북쪽으로 더 나아가 펜더아일랜드 브리지 아래를 지나면 빽빽한 숲속에 숨어 있는 가파른 언덕, 모티머 스핏이 나타난다. 믿을 수 없을 정도로 새파란 물을 혼자서 노를 저어 외진 해변들을 지나가며 자연과 완벽하게 하나가 되는 경험은 그야말로 마법 같다. **RCA**

↑ 두 명의 카누꾼이 저녁놀 속으로 포에츠코브의 고요한 물을 부드럽게 나아가고 있다.

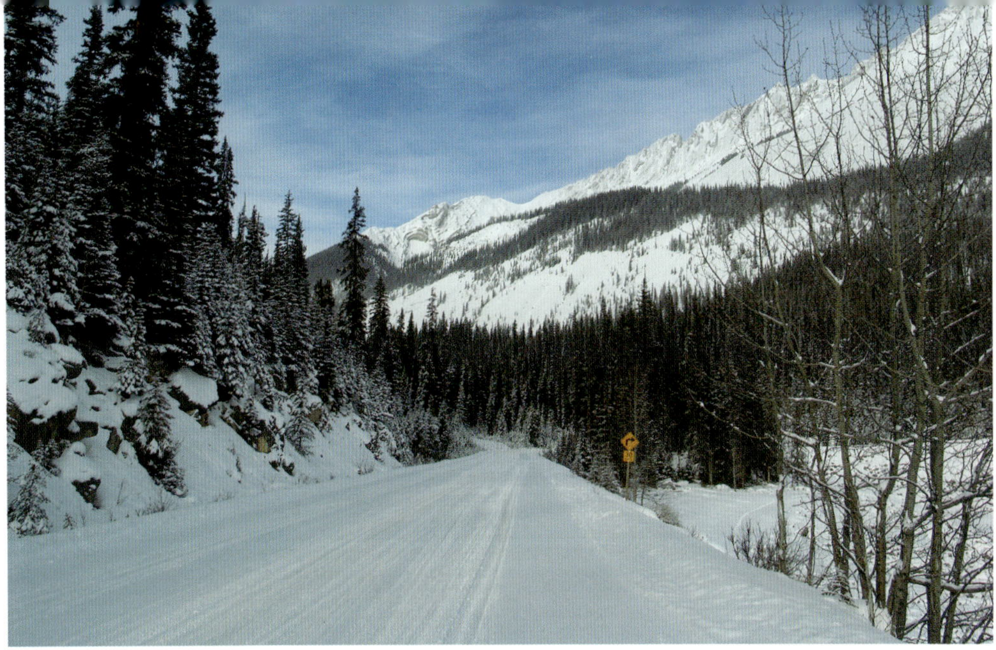

# 아이스필즈 파크웨이 Drive the Icefields Parkway

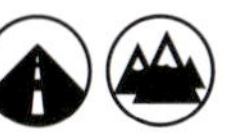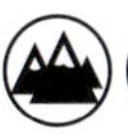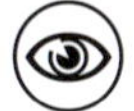

**Location** 캐나다 브리티시컬럼비아 주　　**Website** www.icefieldsparkway.ca　　**Price** Ⓢ

웅장한 캐나다 로키 산맥에 폭 파묻혀 있는, 재스퍼에서 레이크루이스를 잇는 남북으로 뻗어 있는 고속도로는 빼어난 자연경관을 자랑한다. "아이스필즈 파크웨이"라는 이름의 도로는 얼어붙은 자연을 가로지른다. 약 230km에 걸쳐 대륙분수계를 따라 재스퍼 국립공원과 밴프 국립공원를 가로질러 숨이 멎을 듯한 장관이 끝없이 이어진다.

작은 스키타운인 재스퍼를 뒤로 하면 곧 사륜구동이 아니고는 더 나아가기가 힘들어진다. 기온이 −25℃를 하회하기 때문에 모든 것이 갓 내린 눈과 바삭바삭 사각사각한 얼음으로 뒤덮여 있다. 세계에서 가장 스펙터클한 산악 고속도로 중 하나로 불리는 아이스필즈 파크웨이는 1940년에 완공되었으며, 연중 통행이 가능하지만 겨울철에는 태양열 주유소를 비롯하여 그나마 길가에 있는 몇 안 되는 건물들이 모두 폐쇄된다는 것을 염두에 둘 것.

제한속도는 시속 90km지만 길 자체도 위험투성이이다. 도로는 대부분 반쯤 녹아서 질퍽한 눈으로 덮여 있고, 곳곳에 얼음이 있어 노면 상태가 좋지 않다. 출발하기 전에 단단히 준비를 갖추는 것이 좋다. 휘발유를 채우고, 비상용품을 챙기고, 국립공원 통행허가증을 확인하고, 따뜻한 방한용 속옷을 입는 것이 좋다.

순왑타 강과 아타바스카 강을 따라 몬테인 숲을 거쳐 탱글 릿지 산마루로 올라간다. 공원의 나무와 눈 사이로 마음대로 어슬렁거리는 큰뿔야생양, 엘크, 카리부, 심지어 회색곰과 흑곰이 나타날지도 모르니 조심할 것. 사방이 순백인 풍경은 보는 이를 압도한다. 컬럼비아 빙원과 보우 빙하, 크로우풋 빙하, 아타바스카 폭포, 페이토 호수는 보는 이의 경탄을 자아낸다. 지역 주민들은 연 적설량이 10m에 달한다고 자랑하는데, 언뜻 보기에도 거짓말로 들리지는 않는다. **RCA**

⬆ 아이스필즈 파크웨이는 이 숨막히는 설원으로 들어가는 통행증이다.

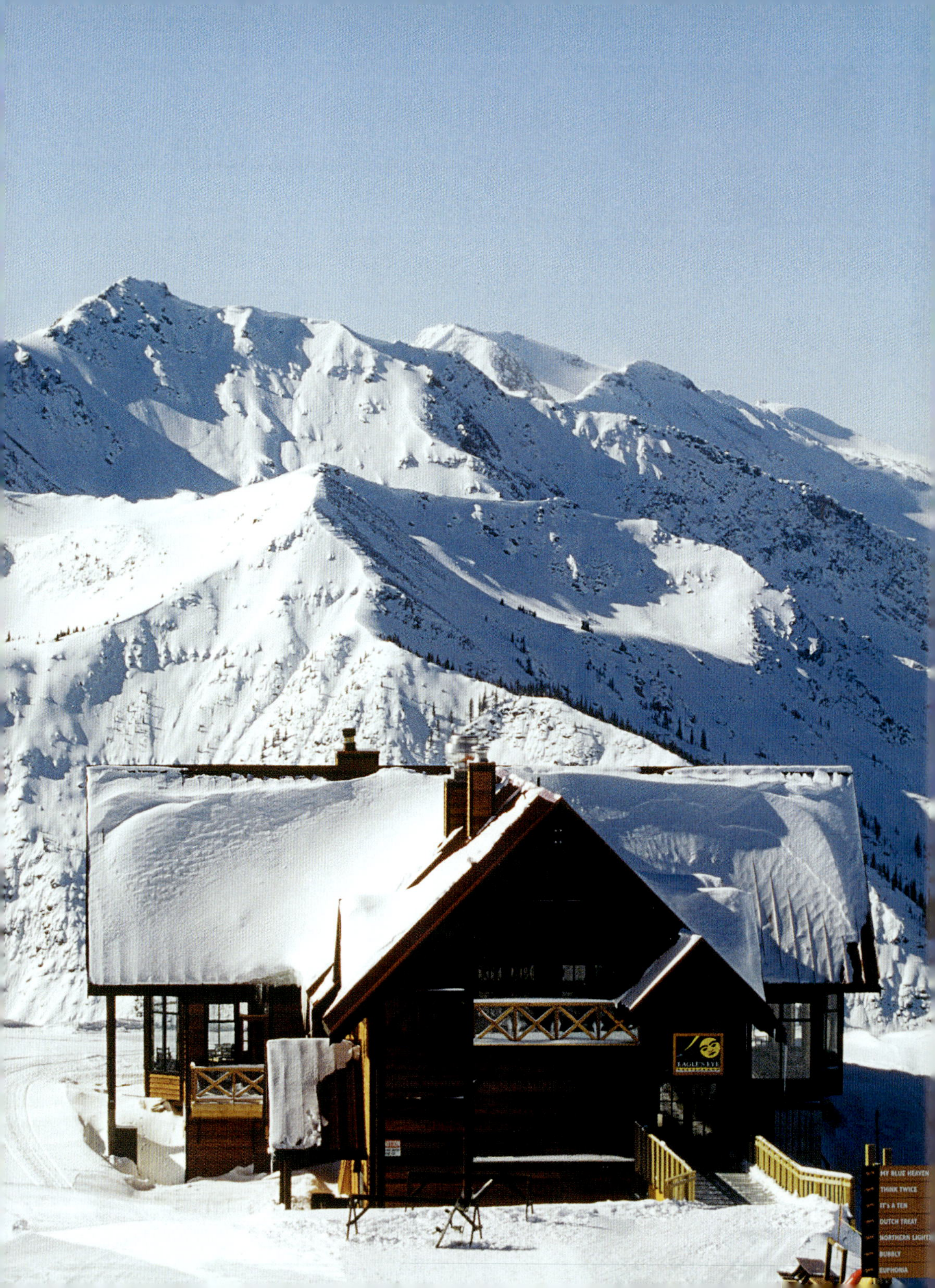
THINK TWICE
IT'S A TEN
DUTCH TREAT
NORTHERN LIGHTS
BUBBLY
EUPHORIA
MY BLUE HEAVEN
THINK TWICE
IT'S A TEN
DUTCH TREAT
NORTHERN LIGHTS
BUBBLY
EUPHORIA
EAGLE'S EYE
RESTAURANT

# 이글스아이 스위트
Visit Eagle's Eye Suites

---

**Location** 캐나다 브리티시컬럼비아 주 키킹호스마운틴
**Website** www.kickinghorseresort.com　**Price** ⑤⑤

브리티시컬럼비아 주 키킹호스마운틴의 샴페인 파우더는 1,100ha가 넘는 면적을 덮고 있으며, 100개가 넘는 스키 코스와 70개의 리프트가 운행되고 있다. 고도 2,345m, 로키 산맥과 퍼셀 산맥, 셀커크 산맥이 만나는 지점에 위치한 골든 마을 위쪽에 이글스아이 스위트가 자리잡고 있다. 스키 캐나다의 "베스트 프라이빗 마운틴 샬레" 1등상을 수상하였고, 캐나다에서도 가장 높은 고도를 자랑하는 레스토랑 중에서도 최고의 식사를 제공한다. 게다가 커다란 통나무 벽난로에 천장부터 바닥까지 이어진 창, 리조트를 둘러싼 산봉우리를 하나도 빠트리지 않고 볼 수 있는 360도 전망까지 더해지면 완벽이라 불러도 부족함이 없다.

키킹호스 리조트를 출발하여, 서라운드 음향 시스템을 갖춘, 가죽시트의 VIP 곤돌라를 타면 와인 한 잔이 몸을 데워주는 동안 부티크 별장으로 올라간다. 이글스아이 스위트의 최고 장점은 선택받은 소수만이 허락되는 사치스러움이다. 스위트는 딱 2개밖에 되지 않으며, 이름도 기가막힌 "선라이즈(일출)"와 "선셋(일몰)"이다. 욕조, 개인용 발코니, 바닥에 온돌을 놓은 욕실, 그리고 24시간 발렛 서비스가 제공된다.

산꼭대기에서 눈을 뜬다는 것은 곧, 그날 제일 먼저 스키를 타고 질주해 내려가는 사람이 될 수도 있다는 것을 의미한다. 한때는 헬리콥터 스키어들의 전유물이었던 수많은 루트를 비롯해, 잭슨 홀과 휘슬러의 가파른 경사면도 마음껏 누빌 수 있다. 여름철에 와서 인근의 키킹호스마운틴 회색곰 보호구역을 돌아보는 것도 좋다. 세계 최대의 회색곰 제한 서식지이다. 20분짜리 코스부터 6시간에 걸쳐 도그투스 릿지를 거쳐 고먼 레이크까지, 하이킹도 인기가 높다. **BS**

<∃ 산꼭대기의 이글스아이 스위트에서—럭셔리 그 자체에 감싸여—1등으로 일출을 감상해 보자.

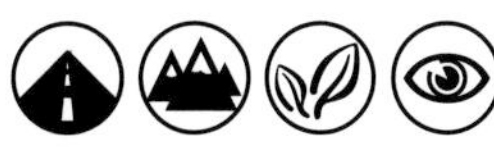

# 재스퍼 국립공원
Go Ice Walking in Jasper

---

**Location** 캐나다 앨버타 주 재스퍼 국립공원
**Website** www.pc.gc.ca/pn-np/ab/jasper　**Price** ⑤

여름철이면 로키 산맥의 협곡들은 거품을 몰아쉬며 거칠게 흐르는 강물로 채워진다—그리고 그 속도는 거의 치명적이다. 그러나 겨울이 되면, 물은 거짓말처럼 멈춘다. 세차게 내리쏟아지던 폭포도 새하얀 얼음이 되어 시간 속에서 얼어붙은 거대한 촛불처럼 녹아내린다. 관광객들은 얼음길 위에서 이 환상 세계를 어렵지 않게 감상할 수 있다.

여러 회사가 재스퍼 국립공원 내에서 가이드를 제공한다. 고무장화와 미끄럼 방지용 밑창도 빌려준다. 가장 인기가 좋은 트렉 중 하나는 맬라인 협곡을 가로지르는데, 이곳에서는 협곡 벽이 바닥에서부터 거의 30m

---

> "한 발짝, 한 발짝 걸을 때마다
> 얼음이 부서지는 소리가
> 부드럽게 메아리친다."
>
> 존 코로뱅크, 기자

---

높이까지 솟아오르며 지하수가 협곡의 석회암 벽으로 스며들어 얼어붙어서 생겨난 얼음의 소용돌이가 바위의 노두로부터 거대한 종유석처럼 내리꽂고 있다. 그 아래로는 물결무늬 조각상들이 줄지어 섰으며, 복잡한 설화석고 휘장이 외로운 작은 동굴 입구를 가리고 있다. 매끄럽게 반짝이는 얼음벽은 동굴과 틈을 숨기고 있다. 사방이 다 새하얀 것은 아니다. 때때로 얼음은 터키석 빛이기도 하고, 파란색이기도 하고, 가장 엷은 옥색이기도 하고, 그리고 언제나 시간마다 그 빛깔을 바꾼다.

얼음길 루트는 약 3.2km로, 어린이들에게도 어렵지 않다(어린아이들은 특히 천연 얼음 미끄럼틀을 아주 좋아한다). 그래도 대부분은 최소한 6~7세 이상은 되어야 참가할 수 있다는 규정이 있으니 참고할 것. 아, 헬멧에 달린 전등불에 의지해서 한 발짝씩 옮기는 이브닝 투어도 있다. **PE**

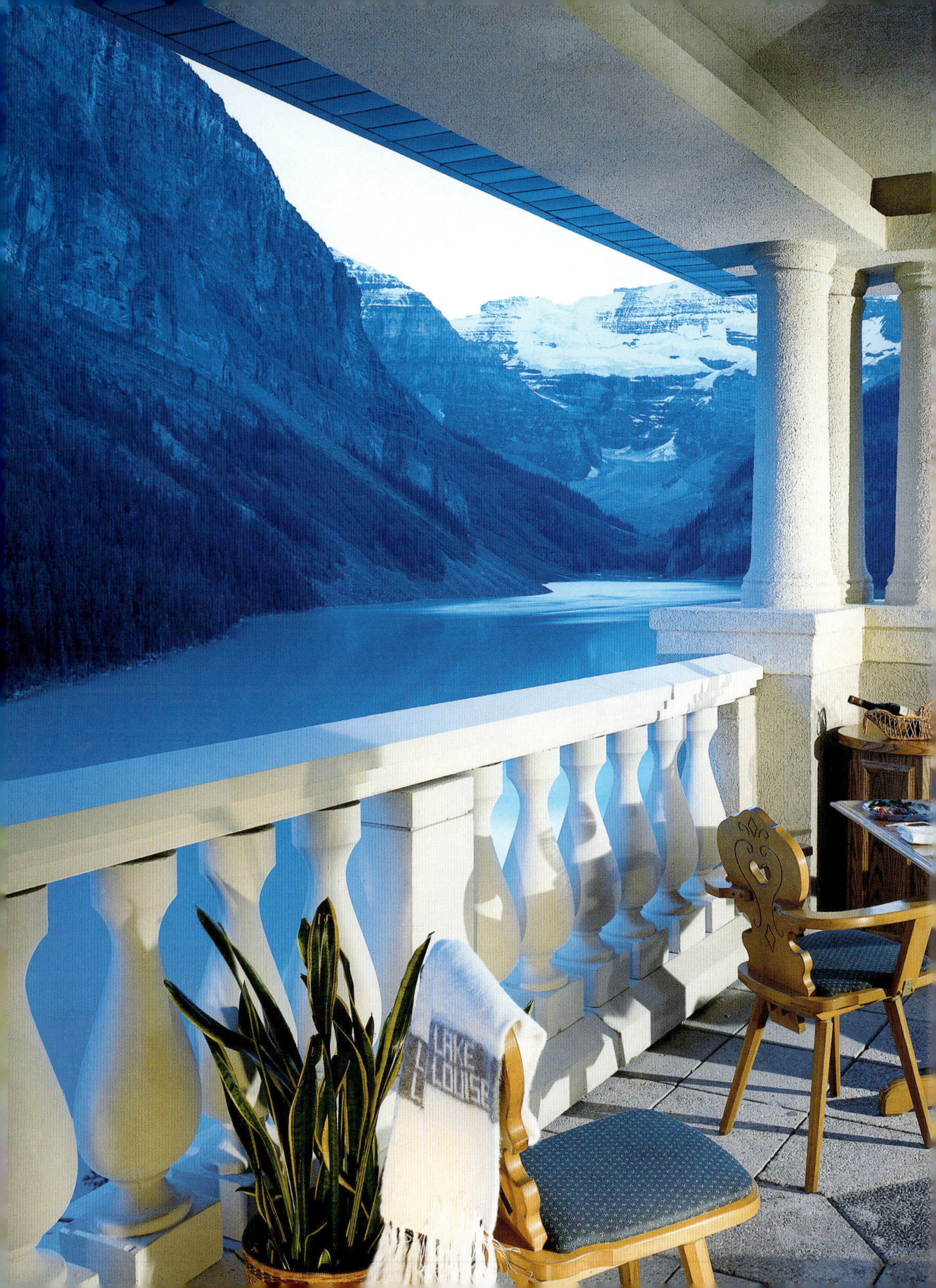
LAKE LOUISE

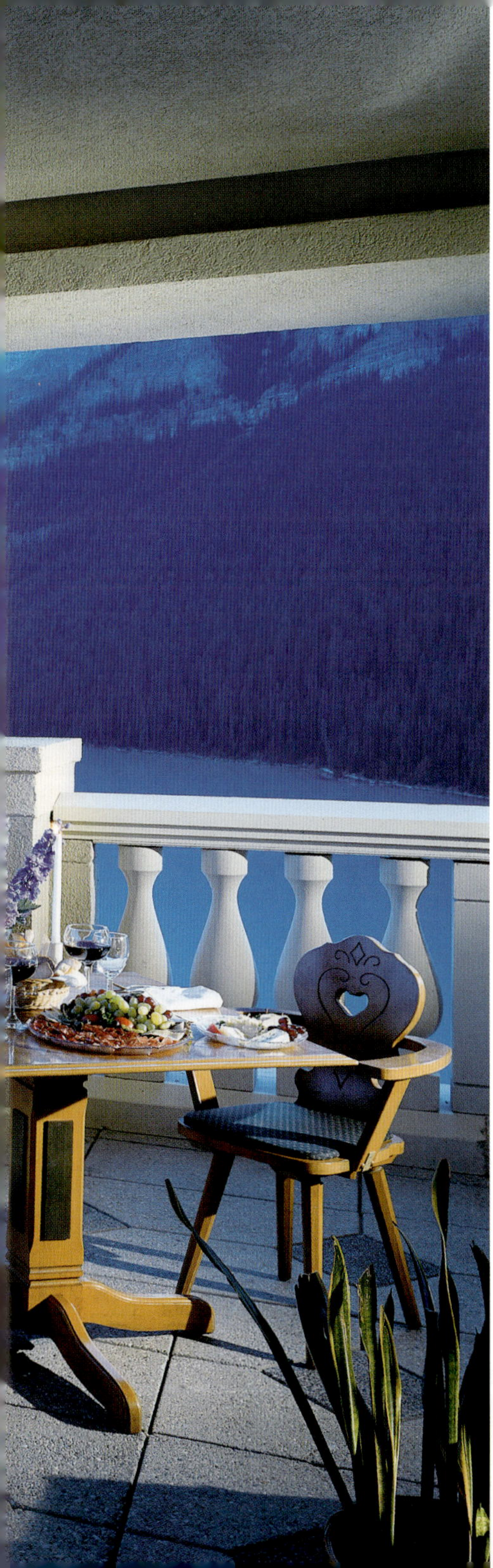

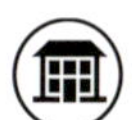   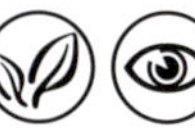

# 페어몬트 샤토 Stay at Fairmont Chateau

**Location** 캐나다 앨버타 주 레이크루이즈
**Website** www.fairmont.com/lakelouise   **Price** 💲💲

캐나다 태평양 철도회사(Canadian Pacific Railway)가 19세기 말에 설립한 이 인상적인 호텔은 캘거리에서 서쪽으로 자동차로 2시간 거리인 로키 산맥 속, 레이크 루이즈 호반에 서 있다. 세계에서 가장 훌륭한 산과 호수가 어우러진 경관 중 하나를 나 혼자 즐길 수 있는 것이다.

주민들에게는 "야생의 다이아몬드"라고 불리는 이 혁신적인 호텔은 1890년에 소박한 통나무집으로 시작해 첫 1년 동안 50명의 손님을 받았다. 레이크루이즈의 에메랄드녹색 물과 웅장한 빅토리아 빙하는 120년이 지난 오늘날까지도 별로 변하지 않았지만, 통나무집은 무려 552개의 호화로운 객실과 7개의 레스토랑—모두 이

> "하느님이 나의 증인이시다.
> 나는 지금까지 이런 장관은
> 평생 본 적이 없다."
>
> 토머스 윌슨, 캐나다 태평양 철도회사 직원, 1882

호텔의 과거를 연상시키는 양식으로 꾸며졌다—으로 탈바꿈했다. 조각한 목재와 정교한 세부장식은 모두 아츠앤크라프츠(Arts and Crafts, 19세기 말 기계만능주의에 대항하여 영국에서 일어난 수공예 부흥운동) 양식이 짙게 배어 있으며, 역사적인 사진들, 골동 샹들리에, 오래된 문서들이 예전에 이곳을 제 2의 고향으로 여겼던 영국 왕족들의 시절로 시간을 되돌려놓는 듯하다.

로키 산맥에서 가장 인기가 높은 하이킹 루트 중 하나인 루이즈 레이크쇼어 트레일(Louise Lakeshore Trail)이 샤토 바로 앞에서 시작해서 호수의 서쪽 해안선을 따라 올라간다. 또 레이크 루이즈의 잔잔한 물에서 카약을 즐길 수도 있다. **TM**

⬅ 페어몬트 샤토에서는 객실에 호수와 호수를 둘러싼 산의 경이로운 풍경이 덤으로 따라온다.

# 베이커 크릭 샬레 Unwind in Log Cabins at Baker Creek Chalets

**Location** 캐나다 앨버타 주 로키 산맥
**Website** www.bakercreek.com **Price** $$

진짜 "외딴 오두막집" 경험을 하고 싶다면 캐나다의 로키 산맥으로 가자. 갓 내린 눈이 잔뜩 쌓인 울창한 숲에 둘러싸여 있으면, 어딘가 포근하게 틀어박혀 있는 듯한 느낌이 든다. 휘슬러 같은 대형 리조트는 눈길도 주지 말고, 곧장 앨버타 주의 밴프 국립공원 내에 있는 레이크루이즈의 산봉우리로 달려가자. 이 리조트에 있다 보면 로비 윌리엄스나 브루스 윌리스 같은 명사들이 어디선가 나타나 쏜살같이 눈을 가르고 지나갈지도 모른다. 멋진 스키 슬로프들을 맘대로 즐길 수 있을 뿐 아니라 로키 산맥의 하이킹 본고장으로도 알려져 있는 곳이다.

11월부터 3월까지 계속되는 시즌 중에는 길 위에도 눈이 두텁게 쌓이며, 가장 붐비는 때는 역시 크리스마스와 연말연시다. 물론 이때도 눈에 띄는 사람이 많다고는 할 수 없지만 말이다. 스키 시즌은 비수기로 간주되어 요금도 더 싸고 인파도 적다. 맑고 파란 하늘, 상쾌한 공기, 텅빈 슬로프는 거의 꿈에 가깝다. 그러나 조심할 것. 기온이 −31℃까지 떨어지니 말이다.

소나무 숲의 고요한 한 귀퉁이, 가족이 운영하는 베이커 크릭 로지에서 따뜻한 시간을 보내자. 덫 사냥꾼들이 지냈을 법한 아늑한 통나무 오두막집에는 돌 벽난로와 2인용 월풀 욕조, 그리고 완벽한 부엌이 구비되어 있다. 직접 요리하고 싶지 않다면 사냥한 육류로 별미를 만드는 레스토랑 "비스트로"로 가보자.

매일 아침 눈으로 뒤덮인 숲을 살짝 내다보는 것은 마치 동화 속에 나오는 겨울의 요정 나라를 보는 것 같은 기분이다. 솔담비가 즐겁게 뛰놀고, 때때로 큰 사슴이 어슬렁어슬렁 지나가고, 눈에 보이지는 않지만 늑대들이 돌아다닌다. 개썰매를 타면 자연에 더욱 가까이 다가갈 수 있다. **RCA**

> "로키 산맥이
> 믿겨지지 않는 풍경을 선사하며
> 실제 크기의 두 배쯤으로 보인다."
>
> 베이커 크릭 샬레 소유주

⇱ 눈신을 신고 숲속을 산책하거나 레이크 루이즈 주변을 하이킹하자. 그리고 아늑한 벽난로 앞에서 쉬는 것이다.

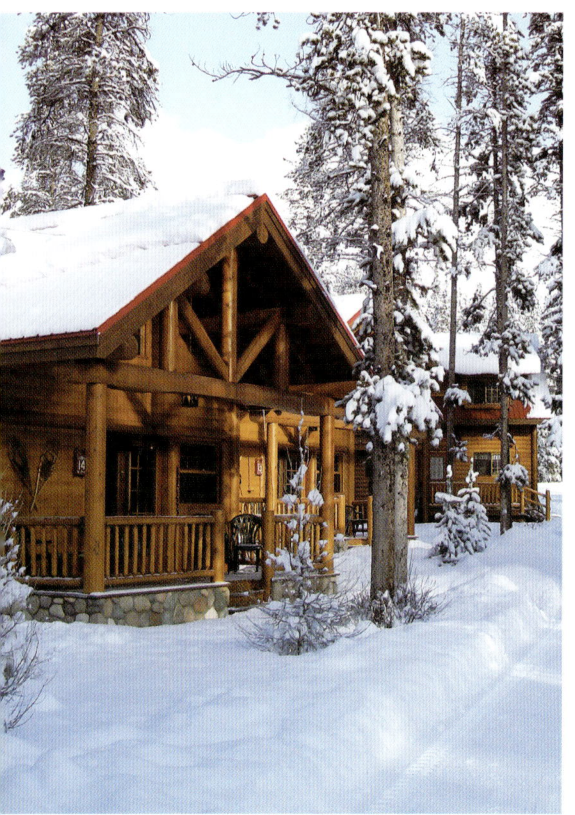

# 크리 빌리지 Enjoy Cree Village

**Location** 캐나다 온타리오 주 무스팩토리
**Website** www.creevillage.com　　**Price** Ⓢ

외딴 섬 무스팩토리에 가는 길은 결코 쉽지 않다. 극지방의 바로 가장자리, 반짝이는 강과 원시 상태 그대로의 숲을 망치는 도로 따위는 존재하지도 않는다. 코크레인에서 무소니까지 연결하는 북극곰 특급열차(Polar Bear Express)의 단선 철로만이 외로이 깔려 있을 뿐이다. 긴 여정 끝에 마지막으로 무스 강을 건네주는 나룻배를 타면, 크리 빌리지 에코 로지에 닿는다.

　힘들게 고생해서 올 가치가 있는 곳이다. 북반구 최초의 토착 지역 에코 로지로, 전통적인 크리족 주거를 21세기 비전에 맞게 재현했다고 보면 된다. 소나무와 삼나무를 사용해서 무스 강을 내려다보는 대성당의 창문처럼 지었다. 천연 양털 깔개부터 침대덮개, 유기농

> "해질녘의 보트 투어에 참여해서
> 북극광을 감상하거나, 크리족 노인들과
> 시간을 보내자."
>
> 『오드』誌

면시트와 자연분해 비누까지, 모크리벡족이 모든 디테일의 환경적 영향을 하나하나 세심하게 고려한 흔적이 보인다. 이 야생 자연 속의 휴양지는 마치 세상의 가장자리에 와 있는 것 같은 기분이 든다. 무스 강에서 보트를 타거나, 강 건너 타이드워터 주립공원으로 가서 독수리, 물수리, 곰, 카리부 등을 구경하자. 계절만 맞으면 제임스 만(灣)으로 가서 바다표범이나 흰돌고래를 볼 수도 있다. 크리 족 사람들과 하루를 함께 보내면서 이 외딴 공동체에서 전통과 풍습이 어떻게 되살아나고 있는지를 경험할 수도 있다.

　이곳은 크리족의 선조들이 살던 땅으로, 윗세대들이 파우와우(북미 원주민들의 집회)에서 춤추고 노래를 부르며, 가장 강한 사나이들이 눈신을 신고 몇 주씩이나 얼어붙을 것만 같은 날씨 속에서 무스를 사냥하던 곳이다. 도대체 길 따위가 왜 필요하겠는가? **AD**

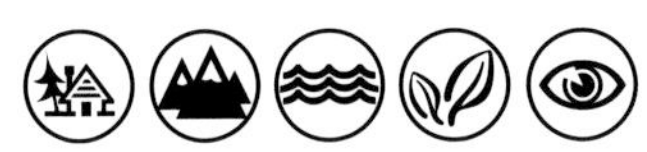

# 카프 자죄 Experience Cap Jaseux

**Location** 캐나다 퀘벡 주 생풀장스
**Website** www.capjaseux.com　　**Price** ❶

퀘벡 남부의 사게네(Saguenay) 피요르드는 세계에서 가장 긴 피요르드 중의 하나이자, 북아메리카에서 유일하게 배가 지나다닐 수 있는 피요르드이다. 거의 수직에 가까운 절벽은 높이가 평균 150m에 달한다. 캐나다의 위대한 자연 절경 중 하나로, 밧줄 다리, 공중 밧줄타기 코스, 카약, 보트, 암벽 등반 등을 테마로 하는 "Parc Aventures Cap Jaseux"의 드라마틱한 배경이 되어준다. 힘들지만 성취감으로 가득한 하루를 보내고 나면 안전 용구를 벗고 나만의 트리하우스로 기어 올라가 휴식을 취할 수 있다. 이층침대와 테이블 하나, 의자 몇 개, 석유 램프, 그리고 피요르드와 나무들이 만들어내는 캐노피를 내려다보는 파노라마가 있는 안식처다.

　"카프 자죄"는 생풀장스 인근 182헥타르에 달하는 흰 자작나무, 소나무, 검은 가문비나무 숲에 걸쳐 있으며, 공중의 좋은 지점에서 보면 사게네 피요르드의 드라마틱한 급경사면이 한눈에 들어온다. 70개가 넘는 구름다리가 숲을 가로지르고 있다―위험해보이지만 완벽하게 안전한 길로 플랫폼에서 플랫폼으로 건너가며 당신의 기술과 인내심을 시험하고, 자연을 매우 희귀한 관점에서 볼 수 있는 능력을 갈고 닦게 된다. 경험이 풍부한 가이드들이 항상 곁에 있으니 마음 놓아도 된다.

　철제 사다리들과 고정된 케이블을 타고 피요르드의 바위 면을 가로지르는 신나는 암벽등반 루트를 오를 수도 있다. 모험심이 좀 부족한 방문객들은 보트를 타고 사게네의 고요한 물을 둘러볼 수도 있다. 조금 몸을 움직여보고 싶다면, 카약을 타고 3시간짜리 코스를 돌거나 아니면 아예 하루 종일 20km 노를 저어 카프 오 레스트 등대까지 다녀올 수도 있다.

　많은 방문객들이 "카프 자죄"의 자랑인 밧줄 코스에 참가하고, 트리하우스로 기어올라가 쉬다가 다시 야간 활동에 참여하거나 아니면 사게네의 석양에 잠겨 그날의 모험을 돌이켜보는 것만으로도 만족스러워한다. **BS**

# 오텔드글라스 Relax at the Hôtel de Glace

**Location** 캐나다 퀘벡 주 상트-카트린-드-라자크-카르티에    **Website** www.hoteldeglace-canada.com    **Price** ⑤⑤

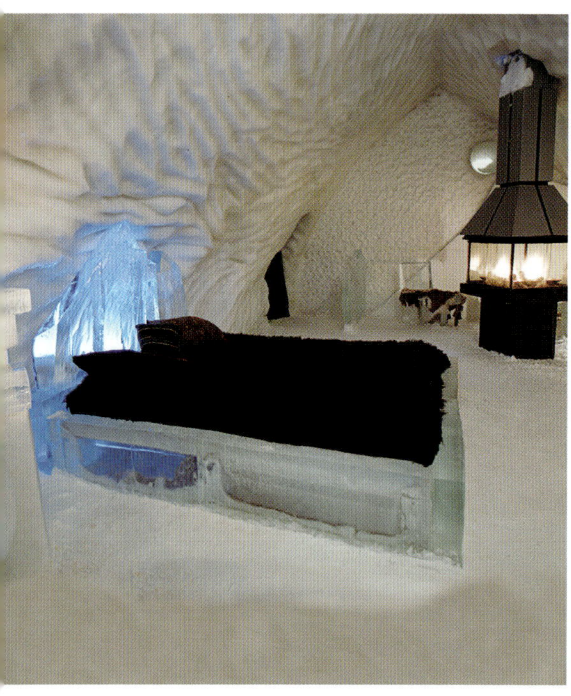

> "당신을 세상에서,
> 그리고 일상의 스트레스에서
> 떼내는 누에고치."
>
> 오텔드글라스 소유주

⬆ 실내 온도가 −5°C인 호텔방에서 보내는 하룻밤은 일생에 한번 할까말까 한 경험이다.

➡ 캐나다의 오텔드글라스는 평범한 복도마저 세련된 얼음의 아름다움으로 빛난다.

캐나다의 아이스호텔은 신나는 만큼이나 동시에 경이롭다—정말 겨울의 동화나라로 떠나는 것과 같다. 퀘벡 시에서 서쪽으로 30분만 달리면 등장하는 오텔드글라스—이곳은 프랑스어권이다—는 1년 중 1월부터 4월까지, 딱 3개월만 개장한다. 지구 온난화를 감안한다면 3월의 마지막 두 주는 피하는 것이 역시 현명한 선택일 것이다.

호텔의 외관 자체만으로도 압도적이다. 다만 그 한기는 어쩔 수 없다. 감사하게도, 조금이라도 발이 시리다 싶으면 언제든지 바로 옆에 있는 오베르주 뒤세스니 호텔로 뛰어가면 된다. 이곳을 방문하는 것은 단순한 투숙 목적만은 아니다. 주변 지역은 눈을 좋아하는 사람들을 위한 놀이터와도 같다. 개썰매, 스노우모빌, 스키, 스케이팅, 마사지 등을 모두 즐길 수 있다. 이 호텔은 〈내셔널 지오그래픽〉와 MTV 등에 등장한 바 있으며, 몇 장의 사진만으로도 이곳이 얼마나 흥미진진하고 패셔너블한 곳인지 확인할 수 있다.

오텔드글라스는 매년 12월, 20명으로 구성된 팀에 의해 스테인리스스틸 주형을 사용하여 해마다 다른 형태로 지어진다. 1.2m 두께의 벽과 0.6m 두께의 천장을 보면 옷을 따뜻하게 입어야 할 필요성이 더욱 절실해진다. 얼음으로 만든 의자와 침대 위에는 펠트를 깔지만 슬리핑백도 제공된다. 객실 벽을 깎아서 조각 예술로 장식하고, 촛불을 밝힌다. 심지어 결혼식을 올리기 위한 특별한 얼음 예배당까지 있다.

아이스 바에서는 얼음을 탄 위스키가 아니라 얼음에 담은 위스키를 마실 수 있다—잔을 모두 얼음으로 만들기 때문이다. 그리고 밤새 반짝반짝 빛나는 얼음 댄스 플로어에서 춤을 추는 것이다. 환상적인 플레이리스트에는 바닐라아이스, 아이스-T, 아이스큐브, 그 밖에 듣기만 해도 오싹한 클래식이 모두 준비되어 있다. **LD**

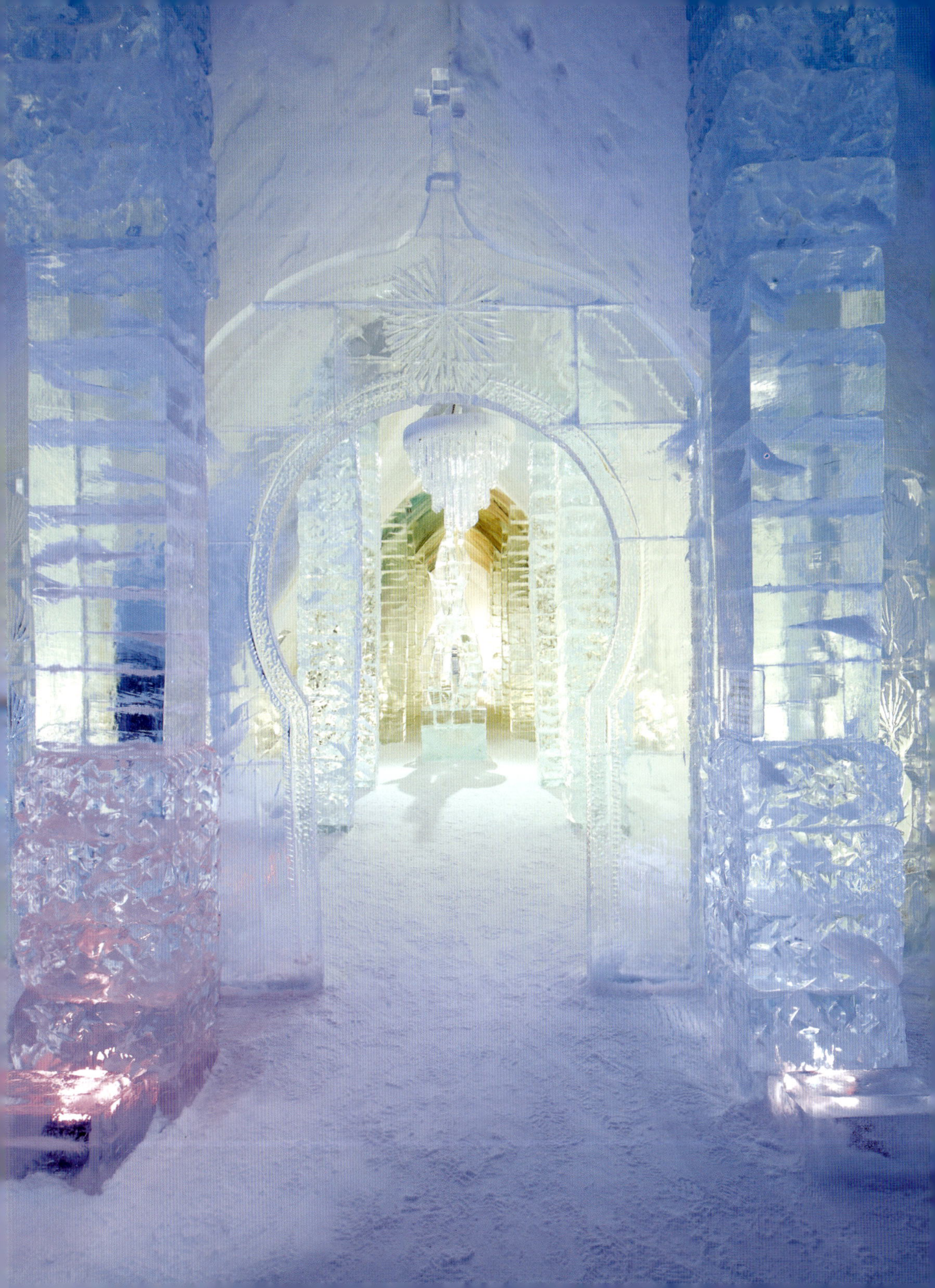

# 케이프도르 등대
Visit Cape D'Or Lighthouse

**Location** 캐나다 노바스코샤 주 케이프도르
**Website** www.capedor.ca　**Price** $

케이프도르 등대의 레스토랑에서 보는 전망은 영원히 기억에 남을 것이다. 레스토랑의 벽 삼면을 채우고 있는 15개의 유리창에서 펀디 만(灣), 스플릿 곶, 절벽의 높이가 90m에 달하는 오트 섬이 한눈에 들어온다. 이 지역에서 잡은 신선한 해산물 요리를 먹는 동안 세계에서 가장 높은 조류가 밀려왔다 사라지고, 송골매가 날아오르는 모습도 볼 수 있다.

현재의 콘트리트 등대는 1965년에 세워졌지만 케이프도르 최초의 등대는 1922년으로 거슬러 올라간다. 1989년 등대가 자동화되자, 등대지기의 숙소를 베드앤브렉퍼스트로 개조하였다. 숙박객들은 객실만 따로 쓸 수도 있고, 아예 건물 전체를 통째로 빌릴 수도 있다.

탑, 등대지기 숙소, 레스토랑, 자료관이 끝없이 으르렁거리는 바다를 내려다보고 있다. 번갈아 가며 나타나는 밀물과 썰물은 세상의 모든 강의 흐름과도 같다. 이것을 제대로 보고 싶으면, 오랜 세월 동안 뉴브런즈윅의 호프웰 록스나 스플릿 곶의 들쭉날쭉한 아름다움을 만들어낸 폭풍우 속에서 높이가 3m에 달하는 파도가 미친 듯이 날뛰는 것을 봐야만 한다. 해안선에서 좀 떨어진 내륙 쪽은 조석평저(潮汐平底)의 형성으로 인해 쌓인, 유기질이 풍부한 비옥한 토양에 포도밭과 사과 과수원이 펼쳐져 있다.

지역 주민들과 이야기를 나눠보면 케이프도르(Cape D'Or, 프랑스어로 "황금의 곶"이라는 뜻)라는 이름이 붙게 된 것은 바로 일몰 때문이라고 얘기해 줄 것이다. 매일 밤, 펀디 만의 얼음처럼 차가운 물 너머로 서쪽을 가만히 바라보면, 지는 해가 만들어내는 독특한 색깔이 눈에 들어오면서 모든 걱정거리가 사라지고, 얼굴의 주름이 펴지며, 고요만이 가득하다. **BS**

# 웨스트포인트 등대
Visit West Point Lighthouse

**Location** 캐나다 프린스에드워드아일랜드
**Website** www.westpointlighthouse.com　**Price** $ $

프린스에드워드 섬의 남서쪽 끝, 노스케이프 해안도로변에 서 있는 웨스트포인트 등대는 1875년 세워졌으며, 이 섬에서 가장 큰 사각형 등대이다. 정사각형에 위로 올라갈수록 좁아지는 양식으로 지어진 목조 등대로, 19세기 캐나다 동부 해안 지방에서 인기가 높았다. 독특한 넓고 검은 줄무늬와 박공지붕이 매력적이다.

자원봉사자들의 세심하고 꼼꼼한 복원 작업을 거친 끝에 1984년 처음으로 숙박객을 받기 시작했다. 옛 등대지기 숙소에 있는 여덟 개의 객실은 모두 개인 욕실이 딸려 있고, 그 중에서도 가장 인기가 좋은 방은 2층에 있다. 천장이 높고 창문으로는, 노섬벌랜드 해협으

> "웨스트포인트 등대는
> 독특한 건축, 민속, 난파선,
> 드라마틱한 풍경의 조합이다."
>
> 웨스트포인트 등대 소유주

로 통하는 서쪽 어귀 너머로, 걸리는 것 하나 없는 바다 조망이 눈에 들어온다.

동쪽 벽에 나 있는 층계를 올라가면 독특한 빨간 등불이 24시간 빛나고 있는 등대 꼭대기에 오를 수 있다. 바로 옆에 있는 등대 공예조합(The Lighthouse Craft Guild)에서 작은 기프트숍을 운영하고 있으며 박물관도 하나 있다. 매년 7월 셋째 주에는 생기 넘치는 등대 축제가 열린다. **BS**

→ 웨스트포인트 등대는 1875년에 처음 세워졌으며, 1963년 자동 전등이 설치되었다.

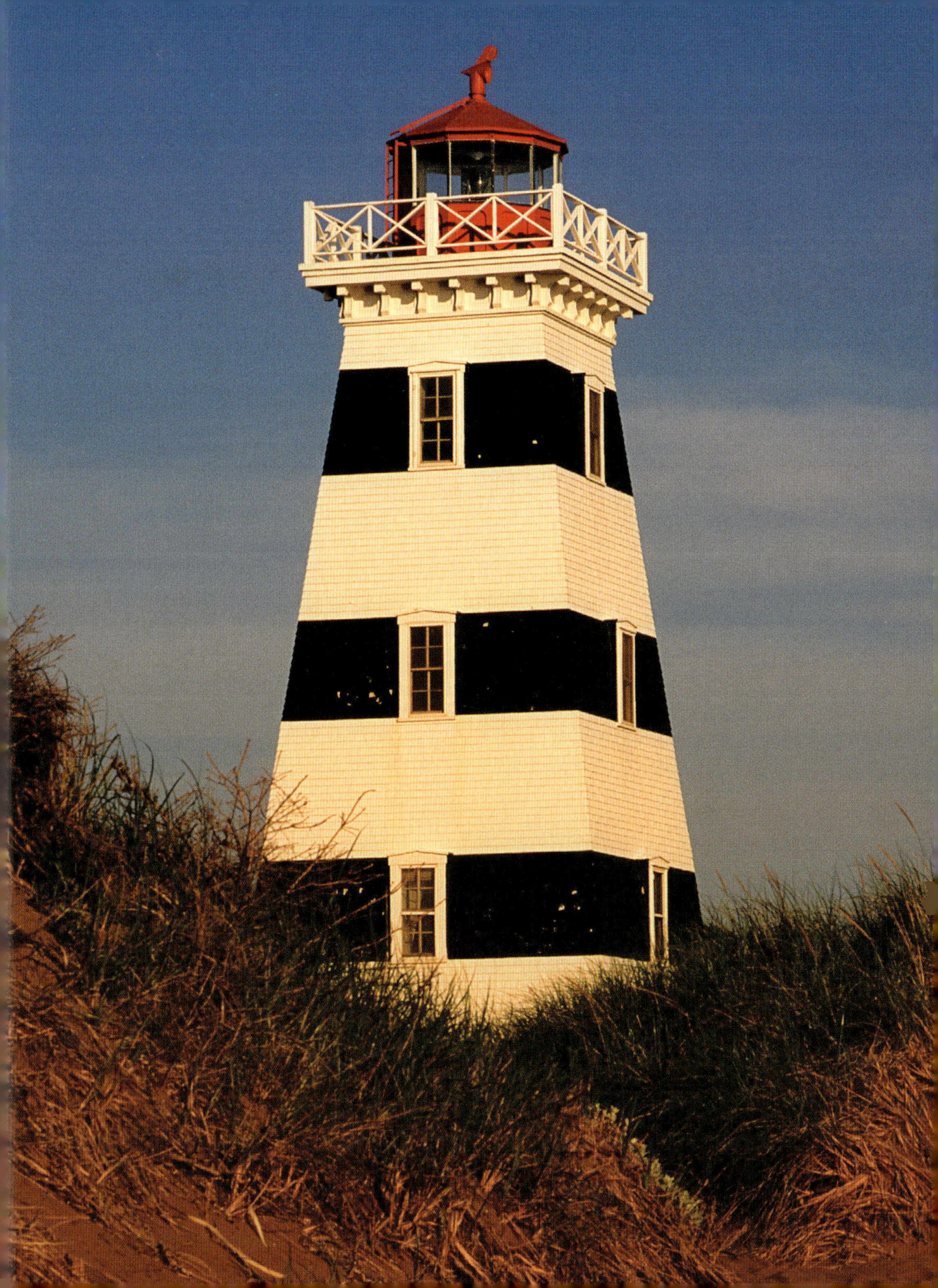

# 쿼폰 등대지기 숙소
Stay at Quirpon Lighthouse Inn

**Location** 캐나다 뉴펀들랜드 주 쿼폰 아일랜드
**Website** www.linkumtours.com　**Price** $$

뉴펀들랜드 북쪽에 있는 작은 섬 쿼폰은 그 길이가 3.2km밖에 되지 않는다. 토탄 늪, 스폰지 이끼, 터커모어 잡목 덤불이 땅을 덮고 있으며, 높이가 60m에 달하는 절벽이 작은 만(灣)과 드문드문 흩어진 모래 해변 위로 그늘을 드리우고 있다.

쿼폰 섬은 무인도나 다름없다. 현재 완전히 복원하여 여관으로 개조한 두 개의 등대지기 숙소를 제외하면 말이다. 11개의 객실에 25명의 손님을 받을 수 있다. 벽에는 핸드메이드 퀼트가 걸려 있으며, TV나 전화기는 없다. 5월부터 9월까지 개장하며, 세계적인 고래 이동 기간과 겹친다.

이 섬은 좁은 벨아일 해협—세인트로렌스 만에서 북대서양으로 이동하는 모든 물고기의 바닷속 고속도로라 할 수 있다—건너 벨 뉴펀들랜드 해안의 작은 어촌 쿼폰에서 45분간 페리를 타고 가야만 닿을 수 있다. 고래의 먹이가 풍부하기 때문에 밍크고래, 범고래, 혹등고래 등이 해안선 가까운 곳의 깊은 물까지 다가온다. 덕분에 당신의 눈 아래 지하의 절벽을 향해 몰려드는 고래떼를 직접 볼 수 있다. 심지어 고래들이 내뿜는 물에 맞았다고 하는 투숙객들도 있다. 벨아일 해협은 아이스버그 앨리(Iceberg Alley)라고도 불리는데, 그린란드 서부의 빙하에서 떠내려 온 빙산들이 지나가는 고속도로라 할 수 있다.

빙산 피하기와 혹등고래가 뿜는 물 맞기에 싫증이 나면 4.8km의 산책로를 걸어보자. 발굴되지 않은 바이킹의 뗏장 오두막을 지나 랑스오메도스(L'Anse aux Meadows)의 복원해 놓은 바이킹 유적지를 구경해보자. 크리스토퍼 컬럼버스보다 500년이나 앞선 북아메리카 최초의 유럽인 거주지이다. **BS**

# 케이프 앙기유 등대지기 숙소
Stay at Cape Anguille Lighthouse Inn

**Location** 캐나다 뉴펀들랜드 주 케이프 앙기유
**Website** www.linkumtours.com　**Price** $

앙기유 곶은 뉴펀들랜드의 서쪽 끝에 있는 곳으로, 세인트로렌스 만을 내려다보고 있다. 물수리와 독수리, 흰돌고래, 그리고 바람이 휩쓸고 간 평원이 만들어내는 원시 상태의 자연이다. 케이프 앙기유 등대와 등대지기 숙소는 포르토바스크 마을에서 차로 40분 정도 떨어져 있다. 여관과 안개 경보 건물은 1907년에, 탑은 그 다음 해에 공사를 시작했다. 1960년 탑과 안개 경보 건물 대신 현재의 건물이 그 자리에 들어섰다. 3개 건물 모두 2003년 국가 지정 건축 유적으로 선정되었다.

등대지기 숙소의 1층은 바닥의 높이를 서로 다르게 한 부엌, 넓은 식기실, 식당으로 구성되어 있으며, 위쪽

> "우리는… 모든 하이킹족이
> 멋진 지형과 스펙터클한 풍경을
> 즐길 수 있을 것이라 확신한다."
>
> explorenewfoundland.com

4개 층은 모두 침실이다. 2개의 침실은 바다를 향하고 있으며, 양들이 풀을 뜯는 초원 쪽 방들보다 약간 더 비싸다.

뉴펀들랜드의 서쪽 해안선은 이동하는 철새들의 주요 남북 이동 경로이며, 바닷가 절벽에서 돌아다니며 둥지를 짓고 알을 낳는 다양한 새떼를 구경할 수 있는 곳이다—개중에는 전 세계에 단 5,000마리만이 남아 있는 멸종 위기에 처한 물떼새도 포함되어 있다. 하이킹 경로는 뒷문에서 시작해서 가까이에 있는 롱레인지 산맥으로 올라가는 스탈라이트 트레일(the Starlite Trail)로 이어진다. **BS**

# 칠쿠트 트레일
## Hike Along the Chilkoot Trail

**Location** 미국 알래스카 주 다이에서부터 캐나다 브리티시컬럼비아 주 베넷까지 **Website** www.nps.gov/klgo **Price** ❶

1896년 8월, 캐나다의 유콘 준주 도슨 시티 근처에 있는 클론다이크 강의 지류에서 금이 발견되었다. 이곳에는 이미 그 전부터 노다지의 꿈을 안고 살고 있던 사람들이 있었고, 드디어 운을 시험할 기회가 온 셈이었다. 이들은 얼어붙은 강과 살을 에는 야생 자연 속에서 바깥세상과 단절된 채 겨울 내내 금맥을 캤다. 1897년 5월, 유콘 강의 얼음이 깨지자 이들 중 몇몇은 시애틀과 샌프란시스코로 향했다. 당시 미국은 불황의 늪에 빠져 있었다. 반백의 광부들이 가지고 온 작고 노란 덩어리들은 대중의 상상력에 불을 붙였다. 교사들은 학교를 버리고, 경찰관들은 자기 구역을 등진 채 금광을 찾아 떠났다. 약 10만 명이 클론다이크로 향한 것으로 추정된다.

사람들이 가장 많이 택한 길은 과거 틀리기트족의 교역로였던 칠쿠트 트레일(Chilkoot Trail)로, 알래스카 해안의 다이(Dyea)에서 캐나다의 브리티시컬럼비아 주와 유콘 준주의 호수들을 잇는 길이다. 고통스러우리만치 가파른 길만으로도 모자라서, 도슨에 기아가 닥칠 것을 우려한 캐나다 국경 수비대는 금을 찾으러 가는 사람들에게 1년치 생필품을 지참할 것을 요구했다. 짐꾼을 쓸 돈이 없는 사람들은 몇 달 동안 식량을 옮기러 왔다갔다해야만 했다.

오늘날 칠쿠트 트레일은 국립공원 영역에 속하며, 하이킹족들은 식량 한 봉지만 가지고 가면 된다. 전체 여정은 2~5일 정도 걸리며, 도중의 풍경은 정말로 특별하다. 해안의 우림지대에서 시작해서 빙하 호수가 터키석빛으로 빛나고 회색곰들이 돌아다니는 산악지대로 올라간다. 오늘날까지도 금 캐는 데 쓰였던 도구들이 길가에 널려 있다—곡괭이, 삽, 심지어 100여 년 전, 절박했던 사나이들이 버리고 간 접이 보트까지. 풍경만 놓고 보자면 칠쿠트는 잊지 못할 하이킹이 될 것이다. 그 뒤로 사라져간 역사는 가슴 아프다. **PE**

# 애포그낵 와일더니스 로지
## Enjoy Afognak Wilderness Lodge

**Location** 미국 알래스카 주 코디악 군도 **Website** www.afognaklodge.com **Price** ❸❸❸

알래스카 만을 가로지르고 바위투성이 작은 섬과 가문비나무와 작은 연못들로 덮여 있는 만들을 건너는 저공비행 끝에, 소형 플로트 수상 비행기는 실 만(Seal Bay)의 고요함 속으로 내려앉는다. 애포그낵 와일더니스 로지의 통나무집들이 옹기종기 모여 있는 것이 눈에 들어온다. 실 만은 울창한 숲과 시내, 피요르드에 둘러싸여 알래스카의 혹독한 날씨로부터 보호 받고 있는 셈이다. 가장 가까운 이웃도 24km나 떨어져 있다.

로이와 새논 랜달은 애포그낵 섬에 자급자족이 가능한, 그러면서도 스타일리쉬하고 럭셔리한 야생의 낙원을 만들었다. 자체 수력발전으로 전기를 공급하고, 채

> "이 숨막힐 듯 아름다운,
> '마법에 걸린' 숲을 보호하기 위해
> 주립 공원이 세워졌다."
>
> 애포그낵 와일더니스 로지 소유주

소를 키우며, 근방에서 잡은 생선과 사냥육류로 냉동고를 가득 채워두었다가, 건강하고 맛있는 요리를 만든다. 각각의 통나무집은 손으로 직접 벤 가문비나무로 짓는다. 널찍하고, 아늑하고, 우아한 가구로 꾸며져 있으며, 전원적인 편리함을 갖춘 곳이다. 창밖으로 보이는 풍경은 넋을 잃을 정도이며, 만을 지나가는 혹등고래나 범고래떼를 볼 수도 있고, 심지어 갈색곰이 문지방에 서 있을 수도 있다.

통나무집 안에도 볼 것이 많지만, 밖에 더 많다는 것은 말할 필요도 없다. 야생 동식물 관찰자들은 무스, 늑대, 갈색곰, 독수리, 엘크, 사슴, 수달, 알락쇠고래, 바다표범, 고래 등을 볼 수 있다. 가장 순수한 형태의 자연은 경탄할 만하다. **ML**

# 인앳랭글리 Stay at the Inn at Langley

**Location** 미국 워싱턴 주 산 후안 제도
**Website** www.innatlangley.com   **Price** 💲💲

시애틀 해안에서 바로 코앞에 보이는 산 후안 제도는 자연이 무성한 고요한 낙원을 제공한다. 인간의 손이 닿지 않은 미국의 태평양 연안 북서부 푸젯 사운드에 위치한 이곳은 시애틀이나 밴쿠버(캐나다 브리티쉬 컬럼비아 주) 어느 쪽에서든 금방 갈 수 있으며, 각각의 섬마다 고유한 특징과 매력을 지니고 있다. 고래 관람으로 인기가 높은 휘드베이 섬은 북서부 특유의 느긋한 분위기—건강한 삶, 멋진 야외 환경, 그리고 태평한 스타일—가 지배하는 곳이다.

고래 관람에 최적기는 5월부터 9월로, 이 근방 해역에 서식하는 종은 물론 이 기간에만 찾아오는 범고래도 볼 수 있다. 또한 독수리, 큰바다사자, 돌고래 등 다른 야생 동물들의 고향이기도 하다. 또 아웃도어 애호가들에게는 그야말로 낙원이나 다름없다. 스펙터클한 환경 속에서 하이킹, 자전거, 낚시, 보트, 캠핑, 스쿠버 다이빙 등을 모두 즐길 수 있다. 염려 놓으시라. "비가 부슬거리는" 시애틀과는 달리 산 후안 제도는 "비 그늘" 기후로, 연간 일조량이 250일 가까이 된다.

숨 막힐 듯 아름다운 새러토가 수로를 내려다보는 목조 여관, 인앳랭글리(26개 객실)에 묵어보자. 180도로 펼쳐지는 전망과 아늑한 목조 외부 포치에서 즐기는 사색은 물론, 바깥 경치를 바라볼 수 있는 욕조와 벽난로를 갖춘 객실 역시 빠지지 않는다. 셰프가 6코스 정찬을 차려놓는 식사 역시 놓칠 수 없다. 주말에는 이 지역에서 수확한 신선한 재료를 사용한다. 아침식사 때 방으로 배달되는 머핀은 그야말로 천상의 맛이다. 해가 떠오를 때면 바다는 고요하고, 잔잔하고, 새벽녘의 첫 햇살을 받아 반짝인다. "고요"라는 단어의 의미를 진정으로 이해하게 되는 것도 바로 이 순간이다. 에센시아 스파에서 느긋하게 휴식을 즐기거나 강돌로 만든 아늑한 양면 벽난로가 있는 레스토랑이나 방대한 컬렉션을 자랑하는 와인 셀러에 처박혀 지내보는 것도 좋다. **RCA**

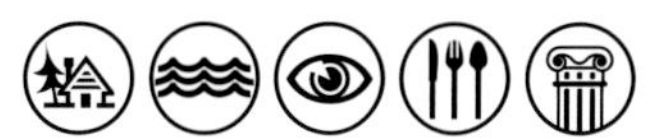

# 히세타 헤드 Stay at Heceta Head

**Location** 미국 오리건 주 히세타 헤드
**Website** www.hecetalighthouse.com   **Price** 💲💲

이 등대는 100년 넘게 외딴 히세타 헤드의 악명 높은 태평양 조류 위로 불을 밝혀 왔다. 바로 그 고독이 지금은 많은 사람들이 이곳을 찾는 가장 큰 이유이다. 64km에 달하는 오리건 사구(砂丘)로 둘러싸인 이곳은 세상사에서 탈출하고 싶을 때 찾아오기에 딱 좋다.

히세타 헤드는 태평양 연안에서는 마지막으로 남아 있는 몇 안 되는 등대지기의 오두막 가운데 하나이다. 1973년 미국 사적(史蹟)으로 등재되었다. 1995년 이래 코건 가족이 관리인으로 거주하며 찾아오는 손님들과 이 국가적인 보물의 내부를 함께 보살피고 있다. 밖에서는 파도가 부서질 때, 전망이 가장 좋은 매리너 1호나 2호 객실에 있노라면, 밀려드는 고독감이 거의 경이롭

---

> "아침식사는… 훌륭했다.
> 모두 7코스였던 것 같은데…
> 중간에 세다가 잊어버렸다."
>
> 뉴욕 타임즈

---

기까지 하다. 아늑하고 역사적인 내부는 퀸 베드룸이 6개로, 총 14명이 한꺼번에 투숙이 가능하다. 등대에서는 두 마리의 고양이를 키우고 있는데, 무릎 위에서 갸르릉 대는 고양이와 함께 아침식사를 하는 것이야말로 이곳에서의 스테이의 하이라이트일 것이다.

현재 히세타 헤드를 운영하고 있는 마이크와 캐롤은 둘 다 경력 있는 셰프로, 오리건 주에서 얻을 수 있는 최고의 재료로 만든 아침식사를 제공해오고 있다. 장인의 솜씨가 발휘된 치즈, 소시지, 캐롤의 특제 패스트리, 그리고 신선한 프라페가 빅토리아풍의 자잘한 나뭇가지 모양의 접시에 갓 따온 허브를 곁들여서 나온다. **LD**

↪ 히세타 헤드 등대는 1894년 이래 배들이 암초에 부딪히지 않도록 불을 밝혀왔으며, 1973년부터는 관광객도 받고 있다.

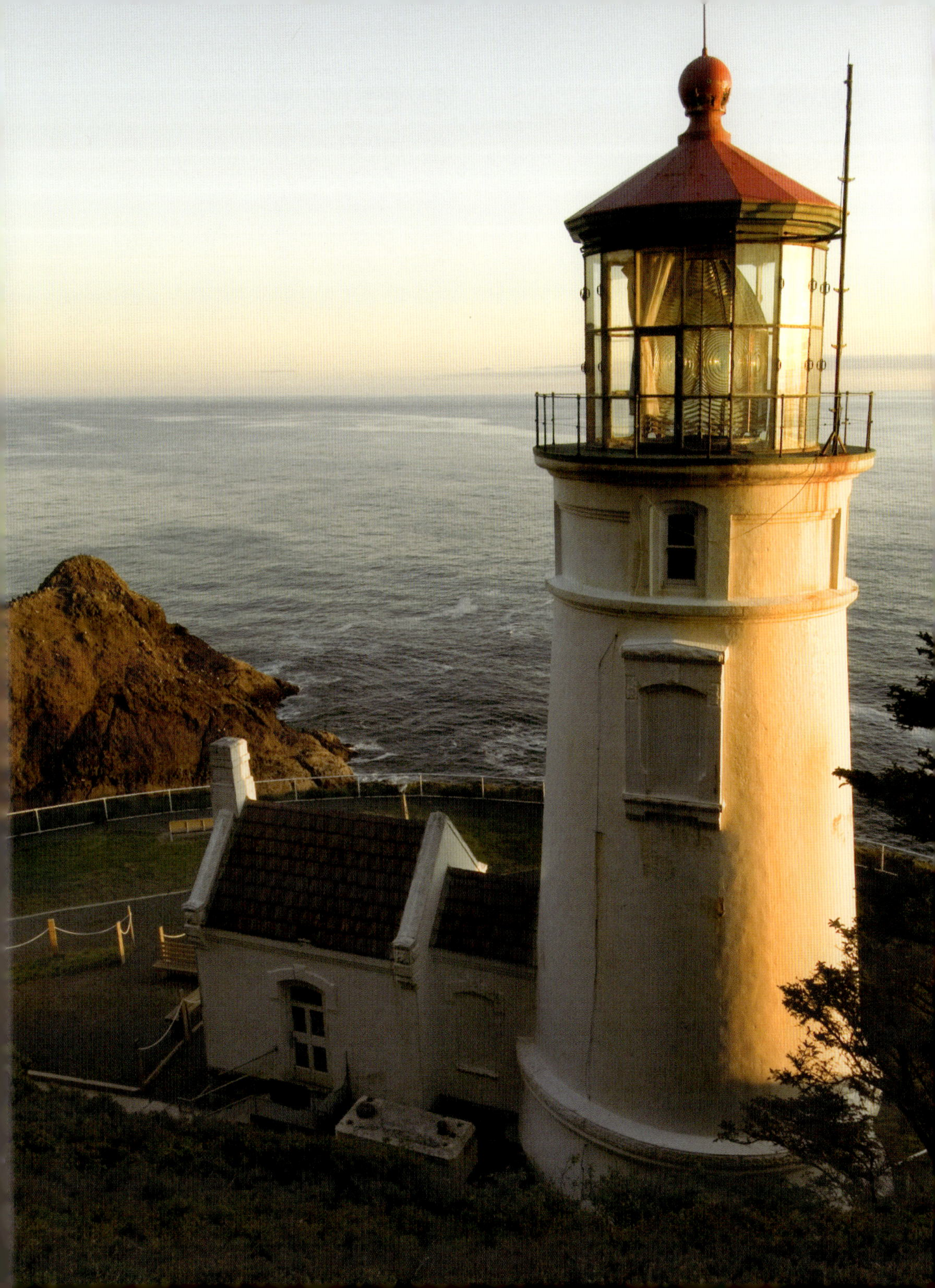

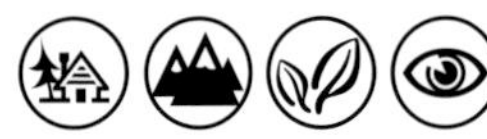

# 아망가니 Stay at Amangani

**Location** 미국 와이오밍 주 잭슨 홀
**Website** www.amanresorts.com  **Price** $$

저 드높은 로키 산맥, 옐로우스톤 국립공원 문턱에는 와이오밍 주 테튼 능선의 뾰족한 봉우리들이 깎아지른 듯 솟아 있다. 이것이야말로 서부의 전원적인 이상이다. 겨울이면 수천 마리의 말코손바닥사슴은 물론 제멋대로 돌아다니는 들소, 늑대, 그리즐리곰, 쿠거들이 이 골짜기에 모여든다.

잭슨 홀 주민들은 거의 병적인 아웃도어 매니아들이다. 겨울에는 스키나 스노보드는 물론 스노우슈, 개썰매, 스케이팅을 즐긴다. 여름이면 하이킹, 자전거, 카약, 그리고 그리 멀지 않은 옐로우스톤으로 가서 낚시까지 즐긴다. 잭슨 홀 마운틴 리조트는 스키 리조트라는 이미지가 강하며, 원시 그대로 남아 있는 듯한 자연

> "산 사나이에게 '구멍'이란
> 산에 둘러싸인
> 높은 골짜기를 가리킨다."
>
> 잭슨 홀 상공회의소

환경으로 유명하다.

이러한 절경을 만끽하기에 가장 좋은 곳은 아망가니이다. 이곳에서 보는 전망은 너무나 순수해서, 마치 극지방에 온 것 같은 기분이 들 정도이다. 이른 저녁이면 순백의 세계가 파르스름한 핑크빛으로 물들면서 거친 산봉우리들이 저녁놀을 꿰뚫는다. 완벽한 전망대는 쉬크한 라운지나 야외 온수 풀이다. 이 호텔은 히말라야 삼나무로 지어졌으며, 주변 환경에 완벽하게 녹아들도록 설계되었다. 거대한 오클라호마산 사암 기둥이 저아래 스키어들이 저녁 나절이면 벽난로 주위에 모여드는 라운지부터 높은 아메리카삼나무 천장까지 떠받치고 있다. 모든 스위트에는 바닥을 파서 만든 욕조가 있어 뜨거운 물 속에 드러누워 설경을 감상할 수 있다. 아망가니의 1970년대풍 레트로 미니멀리즘은 이 숨겨진 골짜기의 마법을 한층 더해준다. **LB**

# 홈 랜치 Unwind at Home Ranch

**Location** 미국 콜로라도 주 엘크리버밸리
**Website** www.homeranch.com  **Price** $$$

홈 랜치는 미국 서부 시대로 데려다주는 타임머신과도 같다. 투숙객들은 전통적인 목장에서의 휴가를 경험하게 된다―휴대폰도 없고, 텔레비전도 없고, 360도 어디를 돌아봐도 자연 풍광밖에 없는 그런 휴가 말이다. 이곳은 미국에 남아 있는 마지막 고산지 목장지대로 약 235헥타르의 포플러와 자작나무 상록수림에 야생 사슴과 독수리가 서식하며, 거친 엘크 강이 가로질러 흐르고 있다.

목장의 사치스런 숙박 시설은 메인 하우스에 위치한 6개의 아늑한 객실과 8개의 통나무집 캐빈으로 구성되어 있으며, 하루 종일 승마를 즐긴 뒤 딱딱해진 엉덩이를 풀어줄 수 있는 뜨거운 욕조가 비치되어 있다. 말을 타고 수목이 우거진 언덕 비탈로 가서 점심 피크닉을 즐길 수도 있고, 목초지에서 소떼를 몰아볼 수도 있으며, 승마를 배울 수도 있다. 목장은 물론 엘크 리버 밸리의 자연을 만끽할 시간이 충분하다. 해가 지면 캠프파이어가 피어오르고 카우보이의 밤 풍경이 눈앞에 펼쳐진다. 마침내 거위털 이불 속으로 기어들어가면, 장작을 땐 난로가 밤새 따뜻하게 온기를 지켜줄 것이다.

이 공간이 정말로 특별한 이유는 두 가지이다. 한 가지는 사방을 둘러싼 자연이고, 다른 한 가지는 외부 세계와의 완벽한 단절이다. 아주 단순하면서도 정작 일상에서 만나기는 쉽지 않은 즐거움이 가득하다. 어머니 자연이 상처 입기 이전, 휴대폰과 텔레비전이라는 문명의 재앙은 알지도 못했고 상상할 수도 없었던 때로 시간을 거슬러 올라간 것과 같은 느낌을 준다. 저녁 무렵, 앉아서 장작불의 타닥타닥 소리를 듣고 있노라면, 백년 전에도 그랬던 것처럼 불똥이 별빛 반짝이는 하늘로 타오르고, 잠자리에 들 때면 오직 고요함만이 대기를 채운다. 자연 그대로의 자연이란 정말로 아름답다. **LD**

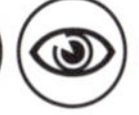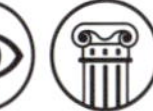

# 63 랜치 Relax at 63 Ranch

**Location** 미국 몬태나 주 엘레펀트 헤드 마운틴
**Website** www.sixtythree.com   **Price** $$

말을 타고 목장의 오솔길을 걷노라면, 길잡이꾼이 200년 전, 덫 사냥꾼과 광산 투기꾼들의 포장마차가 꼬리에 꼬리를 물고 이 언덕을 지나가던 이야기를 들려줄 것이다. 한번은 크로우족 인디언들이 마차 대열을 습격하여, 한 여인만이 살아남았는데 오랜 세월이 흐른 뒤에도 그녀의 비통한 울음소리를 들을 수 있었다고 말이다. 크로우족 인디언들은 이 지역을 "미친 여자들이 사는 산"이라고 불렀으며, 오늘날에도 여전히 "크레이지 마운틴"이라 부르고 있다.

몬태나 주는 더 이상 거친 야생이 숨쉬는 서부라고는 할 수 없지만, 가축을 가두어 두기 위해 둥그렇게 둘러친 나무 울타리며, 조그만 오두막집, 통나무집들은 이곳에 목장이 세워졌던 1863년의 풍경을 눈앞에 떠올리게 한다. 63 랜치는 1929년 이래 한 집안이 대물림하여 소유하고 있으며, 현재는 국가 역사 유적지로 지정되어 있다. 오늘날 말 위의 모험을 맛보고 싶어하는 관광객들이 찾는 곳은 810ha에 달하는 목장이다.

해발고도 1,707m의 엘레펀트 헤드 마운틴은 공기가 맑고 상쾌하며, 옐로우스톤 국립공원과 가까운 미션 크릭 캐년과 맞닿아 있다. 포플러, 면화, 산쑥, 그리고 야생화로 뒤덮여 있으며, 사람과 짐승의 발자국으로 다져진 오솔길이 끝 모르게 이어진다. 통나무로 만든 가구와 개별 욕실이 딸려 있는 시골 냄새 물씬 풍기는 통나무집에서 지내게 된다. 본관에서는 끼니 때마다 여러 손님들이 어울려 상다리가 부러지는 식사를 함께 하며, 저녁 나절에는 각종 게임이며 모닥불도 즐길 수 있다. 아침에는 말을 타고 폭포까지 느긋하게 산책을 할 수도 있고, 오후에는 승마나 하이킹, 산속의 개울에서 낚시를 하기도 하고, 올가미를 놓으러 갈 수도 있다. 그것도 귀찮다면 오두막집에서 뒹굴거리며 주변 경치만 마냥 바라보고 있어도 아깝지 않다. **SH**

↗ 몬태나 주의 63랜치에서는 언제라도 말이 사람보다 두 배는 많다.

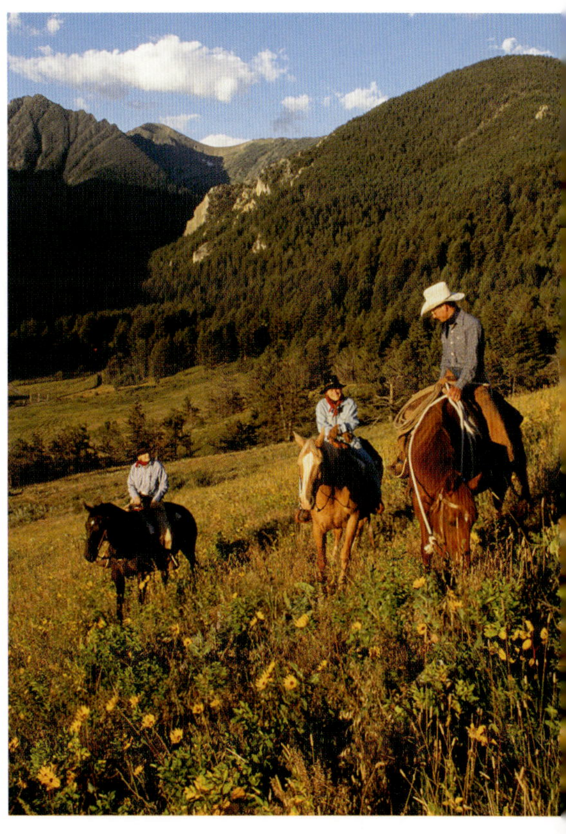

"오랜 역사를 간직한
이 몬태나 시골 목장을 방문하는 것은
시간을 거슬러 올라가는 것과 같다."

마크 비더, 『America's Horse』誌

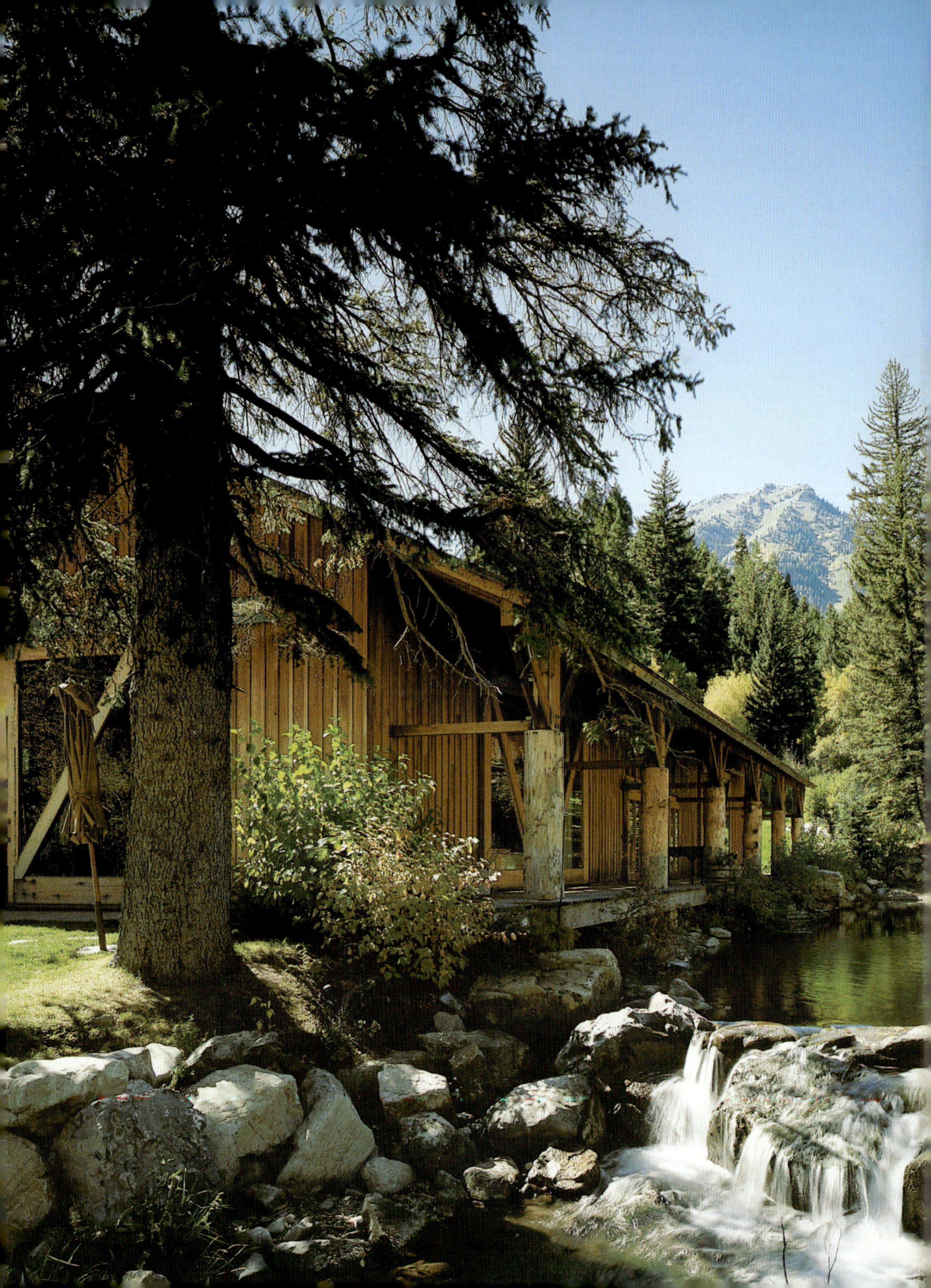

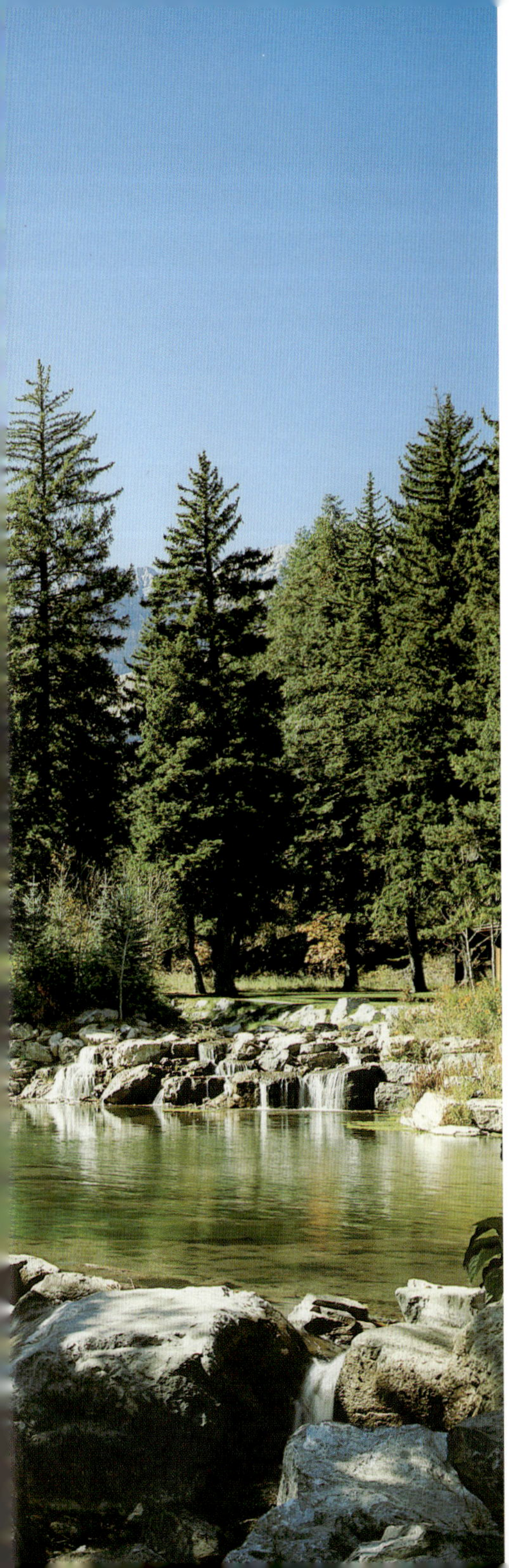

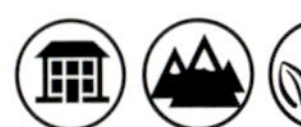

# 선댄스 리조트 Stay at Sundance

**Location** 미국 유타 주 프로보 근교
**Website** www.sundanceresort.com    **Price** 💲💲

"월드 베스트 호텔" 리스트에 정기적으로 이름을 올리는 로버트 레드포드의 선댄스 리조트는 그야말로 특별하다. 해발 3,660미터의 마운트 팀파노고스의 비탈에 자리한 2,425헥타르의 야생 자연 속에 파묻혀 있으며, 여름에는 졸졸 흐르는 강물 소리와 새들의 지저귐, 겨울에는 타닥타닥 타오르는 난롯가의 뜨거운 핫초콜렛이 담긴 머그잔이 반겨준다. 아늑한 객실은 아메리칸 퀼트와 북미 원주민들의 벽걸이로 장식되어 있으며, 자갓서베이가 극찬한 "더 폰드리"의 호화로운 브런치든, 별 다섯 개짜리 레스토랑이든 관계없이 음식은 환상적이다.

이 지역의 최고 매력이라면 역시 겨울 스포츠이다. 1월이면 매년 열리는 선댄스 영화제에 참가하기 위해 전

> "최소한 개발, 최대한 보존이
> 선댄스에 대한
> 우리의 신념이다."
>
> 로버트 레드포드, 배우 겸 감독

세계에서 몰려온 독립 영화계의 명사들과 함께 스키를 탈 수도 있다. 시즌이 끝나면 푸르른 녹음 속에서 하이킹, 마운틴바이킹, 승마를 즐길 수 있다. 럭셔리 스파는 수(Sioux) 족 인디언들의 호코카(Hocoka, 육체와 영혼을 재생시키는 성소)에서 영감을 얻었다.

지금처럼 에코 열풍이 불기 오래 전에 선댄스는 이미 앞서나가고 있었다. 욕실의 아베다 목욕용품에서부터 하이브리드카, 그리고 리조트를 둘러싸고 있는 언덕에서 진행되는 재생 에너지 프로젝트에 이르기까지 자연과 환경을 향한 열정이 흐르고 있다. **LD**

◧ 선댄스는 환경주의자들에게 안락하고 편안한 미식(美食) 천국이다.

# 서클 S 랜치 목장
Enjoy Circle S Ranch

**Location** 미국 캔자스 주 로렌스
**Website** www.circlesranch.com  **Price** 💲💲

서클 S 랜치의 소유주 잭 크론마이어에게 이 근처에서 할 만한 일이 있냐고 묻는다면, 그는 느긋한 캔자스 말투로 이렇게 대답할 것이다. "아무것도 없어요." 이것이 바로 이곳의 매력이다.

물론 꼭 그래야 한다면야 할 일이 없는 것은 아니다. 호크스 네스트 트레일을 따라 산책을 할 수도 있고, 언덕에 올라 살구나무(메리 크론마이어의 할머니가 심은) 아래서 뒹굴뒹굴할 수도 있고, 소풍을 갈 수도 있다. 풀이 높이 자라 있는 대평원에서 하이킹을 할 수도 있고, 코뿔소, 긴뿔소, 헤리퍼드, 앵거스 등의 소떼를 구경 나갔다가 8인용 욕조에 몸을 담그고 피로를 풀 수도 있다. 아니면 포치에 안락의자를 내다놓고 앉아서 종일 빈둥거릴 수도 있다.

이 목장은 메리 크론마이어 집안이 5대째 이어가고 있다. 그 중 3대는 아직도 서 있는 옛 학교 건물에서 교육을 받았다. 통나무로 지은 집의 거실을 장식하고 있는 땀 얼룩진 카우보이 모자는 메리의 숙부 밀라드의 것이다. 그러나 집 자체는 새로 지은 것이다. 캔자스에서 5대째 목수 집안에서 태어난 잭은 다양한 전통 건축 기법을 사용하여 1,022평방미터에 달하는 여관을 지었고, 부부가 함께 온갖 호화로운 설비란 설비는 모두 갖추어 놓았다. 두꺼운 목욕 타월과 호화로운 식사, 온갖 종류의 술을 구비해 놓은 바 같은 편의 시설 외에 대평원—지역 화가 언스트 얼머가 그린 오리지널 웨스턴 회화도 그 중 일부이다—의 손길이 느껴진다.

12개의 객실은 각각 독특하게 장식되어 있다. 예를 들면 카우보이 룸은 퀸사이즈 침대 위에 뿔이 걸려 있으며, 욕실에는 양동이를 헤드로 끼운 골판 모양의 양철 샤워기가 달려 있다. 물론 그냥 편하게 가고 싶다면, 네 발 달린 욕조에 누워 목장 풍경에 감탄할 수 있는 방도 많다. 아, 그리고 또 하나. 정말 축복처럼 고요하다. **PE**

# 더 포인트 리조트 호텔
Stay at The Point

**Location** 미국 뉴욕 주 어퍼 새러낵 레이크
**Website** www.thepointresort.com  **Price** 💲💲💲💲

종종 미국 최고의 리조트 호텔로 꼽히는 더 포인트는 고즈넉이 홀로 있고 싶을 때 안성맞춤인 곳이다. 애디론댁스 산맥의 숲으로 둘러싸인 어퍼 새러낵 레이크의 해안, 작은 반도를 따라 펼쳐진 4헥타르의 드넓은 대지 위에 1930년대 캠핑 스타일로 지어졌으며, 한때 윌리엄 에이브리 록펠러가 소유주이기도 했다.

총 11개의 객실은 애디론댁 스타일의 가구로 장식되었으며, 교회 풍의 높은 천장에 방 자체도 넓어 근사한 호숫가 별장에 온 듯한 느낌을 준다. 메인 로지에는 4개의 객실이 있는데, 그 중 하나인 알공킹(Algonquin)은 원래는 서재였다. 이글스 네스트과 게스트 하우스 건물

> "더 포인트는 따스한 환대와
> 우아함, 그리고 전원적인 고상함의
> 독특한 결합이다."
>
> 더 포인트 소유주

에도 각각 3개의 객실이 있다. 그리고 물 위에 떠 있는 보트하우스를 개조한 객실이 하나 더 있는데, 이 방에서는 커다란 캐노피 베드에 누워 호수 너머 광야의 숨막히는 절경을 한 눈에 감상할 수 있다.

저녁식사는 메인 홀과 객실 중에서 선택할 수 있다. 런던의 미셸린 3스타 셰프 알베르 루의 조련을 거친 더 포인트의 셰프들과 주방 스태프들이 세심하게 준비하는 메뉴는 매주 바뀐다. **BS**

➜ 한때 록펠러 가의 별장이었다는 사실만으로도 충분히 짐작할 수 있지만, 더 포인트는 호화로움 그 자체이다.

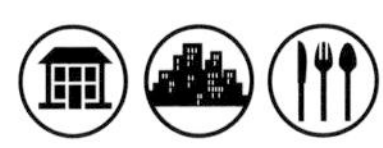  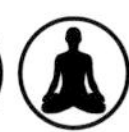 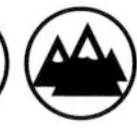 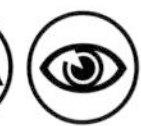

# 월도프

## Stay at the Waldorf-Astoria and Waldorf Towers

**Location** 미국 뉴욕 주 뉴욕
**Website** www.waldorfastoria.hilton.com　　**Price** ⑤⑤

뉴욕에서 가장 오래된 럭셔리 호텔 중의 하나인 월도프-아스토리아는 (크라이슬러 빌딩, 록펠러 센터와 함께) 뉴욕의 아르데코 "보석" 중 하나이기도 하다. 1,300개의 객실은 두 개의 공간—월도프-아스토리아와 월도프 타워즈—에 위치한다. 월도프 타워의 경우 장기 임대 손님을 위한 널찍한 스위트도 있다. 타워즈도 그렇고 아스토리아도 그렇고, 객실은 똑같이 사치스럽기 짝이 없다. 업무용 데스크, 싱싱한 생화, 대리석 욕실, 시트를 세 겹으로 깐 침대는 기본이다. 모든 객실이 다 호화롭지만, 특히 스위트는 주방, 테라스, 드레스룸, 식당, 초고속 인터넷, 그리고 익스프레스 체크아웃 서비

---

> "월도프 타워즈에 가보라…
> 대부분의 객실이 웬만한
> 뉴욕시티 아파트보다 넓다."
>
> 『뉴욕 타임즈』

---

스까지 갖추고 있다.

　월도프-아스토리아의 3개의 바는 근방에서 최고로 꼽힌다. 서 해리스 바(Sir Harry's Bar)는 입맛을 돋구는 칵테일, 불앤베어스(Bull and Bear's)는 스테이크와 독특한 원형 마호가니 바로 유명하다. 오스카스(Oscar's)와 어마어마한 로비 바로 옆에 있는 피콕 앨리(Peacock Alley)에서는 아침, 점심, 저녁을 모두 즐길 수 있다. 참, 로비에 있는 아스토리아의 상징인 시계도 놓치지 말 것! 마지막으로 섬세하고 정교한 일본 요리를 대접하는 이나기쿠는 화룡점정이라 할 수 있다. 전통적인 최고급 휴식을 원한다면, 월도프가 답이다. **PS**

---

◁ 위풍당당하게 서 있는 47층짜리 월도프 건물은 아르데코 랜드마크라 할 수 있으며, 흠잡을데 없는 장식을 뽐낸다.

# 마야카마 마운틴탑 리트릿

## Meditate at Mayacama Mountaintop Retreat

**Location** 미국 캘리포니아 주 소노마
**Website** www.mayacamamountain.com　　**Price** ⑤⑤

캘리포니아 소노마 와인재배 지역의 심장부에 위치한 마야카마 마운틴탑 리트릿은 둘이 함께 전원적인 휴양을 떠나기에 좋은 곳이다. 트리하우스처럼 지어 놓은 작은 오두막에서는 2헥타르가 넘는 자연 그대로의 시골 풍경을 감상할 수 있으며, 아늑하고, 고요하고, 로맨틱하고, 평화로워서 정말 중요한 것들을 다시 마주 대해야 할 때를 위한 완벽한 공간이다. 신혼여행을 온 부부들은 그 호젓함을 사랑하고, 자연 애호가들은 근처의 오솔길을 걸으면서 새와 나비, 토끼들을 관찰한다. 스트레스에 찌든 도시인들은 느긋하게 신경을 이완시킬 수 있는 평화와 고요를 만끽할 수 있다. 이곳의 객실은 딱 하나, "클레르 드 륀 코티지"이다. 딱 2명이 잘 수 있는 단순하고 청결한 실내에는 퀸사이즈 침대 하나와 나무 바닥, 아메리카 인디언 스타일의 러그가 깔려 있다.

　릴랙스라는 과정에서 주의를 분산시킬 만한 것은 아무것도 존재하지 않는다. 폭포로 향하는 오솔길 끝에는 뜨거운 야외 욕조가 보글보글 거품을 뿜는다. 주위에는 햇살을 받은 나무들이 졸졸거리며 흐르는 시내를 내려다보고 있다. 폭포 위로 걸려있는 구름다리를 건너가 협곡의 반대편에 있는 스타게이저 하우스에서 황혼을 바라보며 유기농 와인 한 잔을 맛보는 것을 잊지 말 것. 땅거미가 지면 맑디 맑은 하늘에 별이 빛나기 시작한다.

　코티지는 켄우드와 산타 로사 사이, 슈가로프 릿지 국립공원 바로 가장자리에 위치하며, 소노마에서도 가까워서 저녁 먹으러 나가기에 딱 좋다. 또 소노마에서 머드욕과 핫스톤 마사지를 받을 수도 있으며, 코티지에서 마사지를 예약해도 된다. 코티지에 들어서면 유기농 와인, 구르메 커피, 차, 그리고 천연 비누와 샴푸가 담겨 있는 바구니가 놓여 있다. 그 외에는 이 지역의 야생 동물들과, 세상이 멈춘 듯한 고요 외에는 아무것도 없다. **LD**

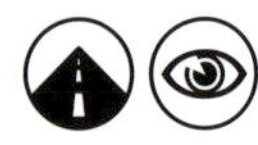

# 코스트 스타라이트

Ride the Coast Starlight Train Through California

**Location** 미국 워싱턴 주 시애틀에서 캘리포니아 주 로스앤젤레스까지
**Website** www.amtrak.com   **Price** 💲💲

세계 최고의 이름 없는 기차여행은 무엇일까? 노선거리가 2,253km에 이르는 코스트 스타라이트 호는 시애틀에서 출발해 로스앤젤레스에 이르기까지 36시간 동안 미국 서해안의 주요 도시들을 연결한다. 미국 서부를 방문하는 여행객들은 당연히 유명한 빅서(Big Sur, 샌프란시스코 남쪽으로 이어지는 미국 서부의 관광 명소 지역)를 따라 자동차 여행을 택한다. 그러나 기차를 타고서도 똑같은 풍광을 훨씬 더 편안하게 즐길 수 있다. 매일 급행 열차가 하루하루 다른 풍경을 보여주는 서부의 산, 사막, 그리고 도시들을 가로질러 달린다. 비옥한 골짜기와 캐스케이드 산맥의 눈덮인 산봉우리들, 태평양의 바위투성이 해안을 지나친다. 샌프란시스코, 새크라맨토, 산타바바라도 노선에 포함되어 있다.

이 환상적인 열차 노선은 만성 적자로 최근 운영이 불투명했었다. 그러나, 암트랙(Amtrak, 전미 철도여객수송 공사)이 마침내 코스트 스타라이트에 투자를 하기로 결정하면서, 개인용 침대차와 일반 객차가 업그레이드되었으며, 식당차의 메뉴 역시 신선한 지역 별미를 포함시키는 등 대대적으로 개량되었다. 승객들은 모여 앉아서 여행 이야기를 꽃피우는 즐거움을 나눌 수 있다. 아이들을 위한 아케이드룸(Arcade Room)도 설치되었으며, 밤 여행을 하는 승객들은 리노베이션을 거친 퍼시픽 팰러 카(Pacific Parlor Car)에서 지역 특산 와인을 시음하거나 애프터눈티를 마실 수 있다.

문화에 관심이 많은 사람이라면 암트랙과 전미 국립공원 협회가 연계하여 내놓은 트레일스앤드레일스(Trails & Rails) 프로그램을 즐겨보자. 자원봉사자들이 기차에 올라 유명한 자연 경관에 대하여 친절히 설명해 준다. **LC**

⤶ 오늘의 할 일이 "릴랙스"라면, 코스트 스타라이트에서 감상할 수 있는 풍광은 멋진 배경이 될 것이다.

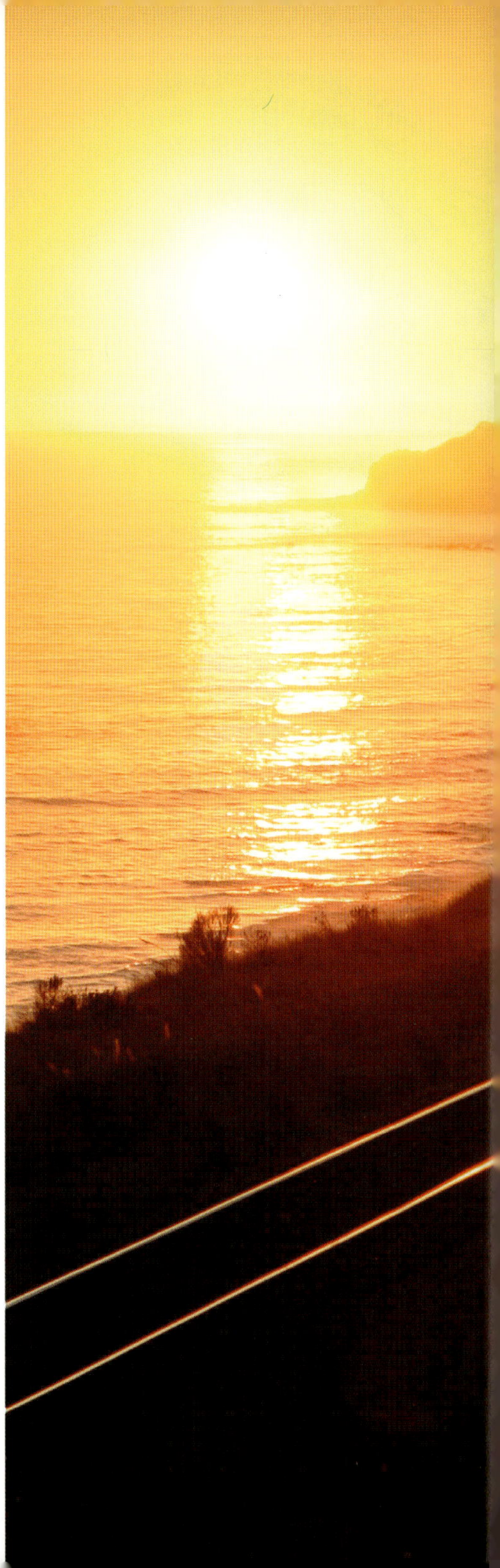

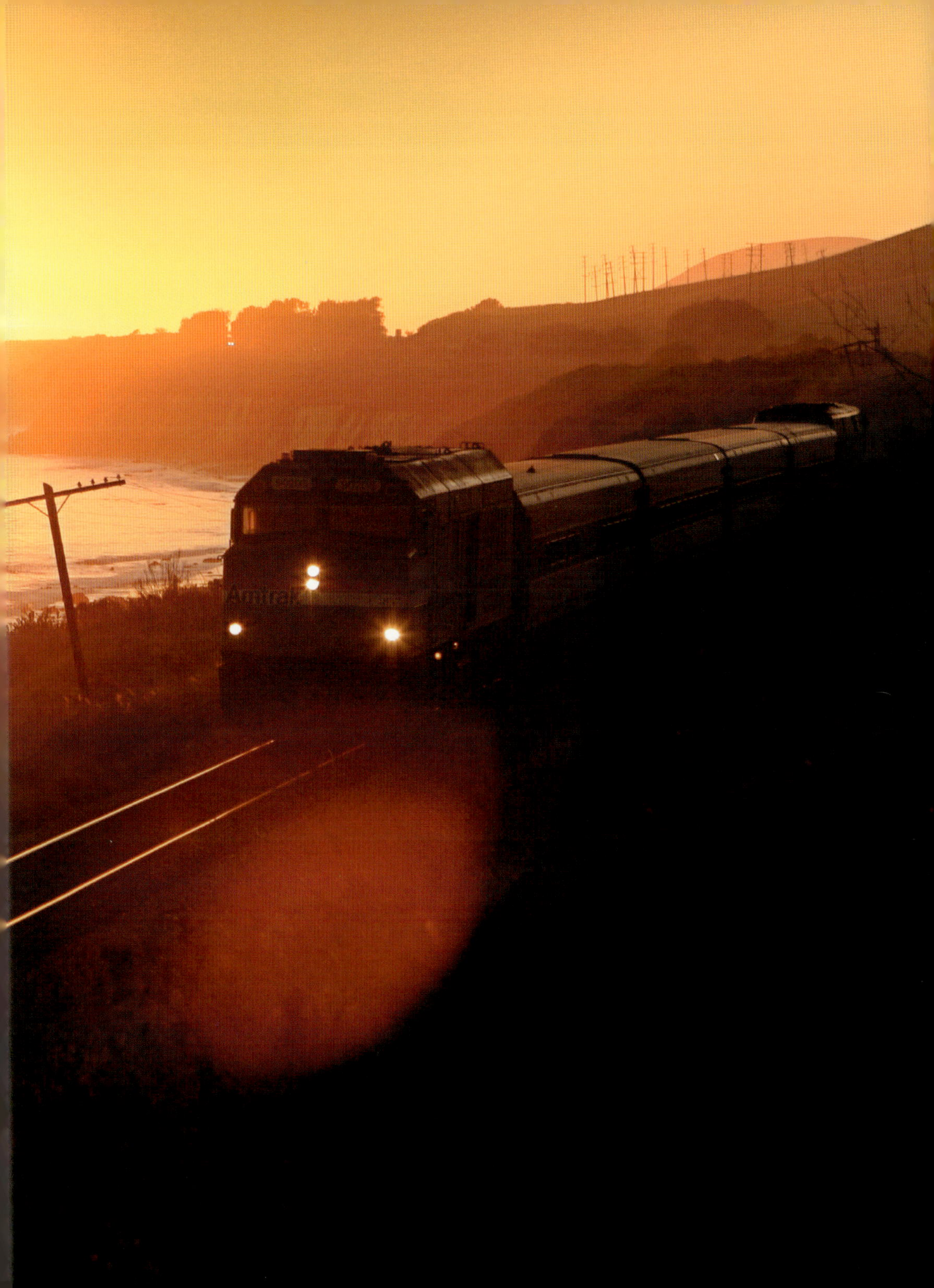
Amtrak

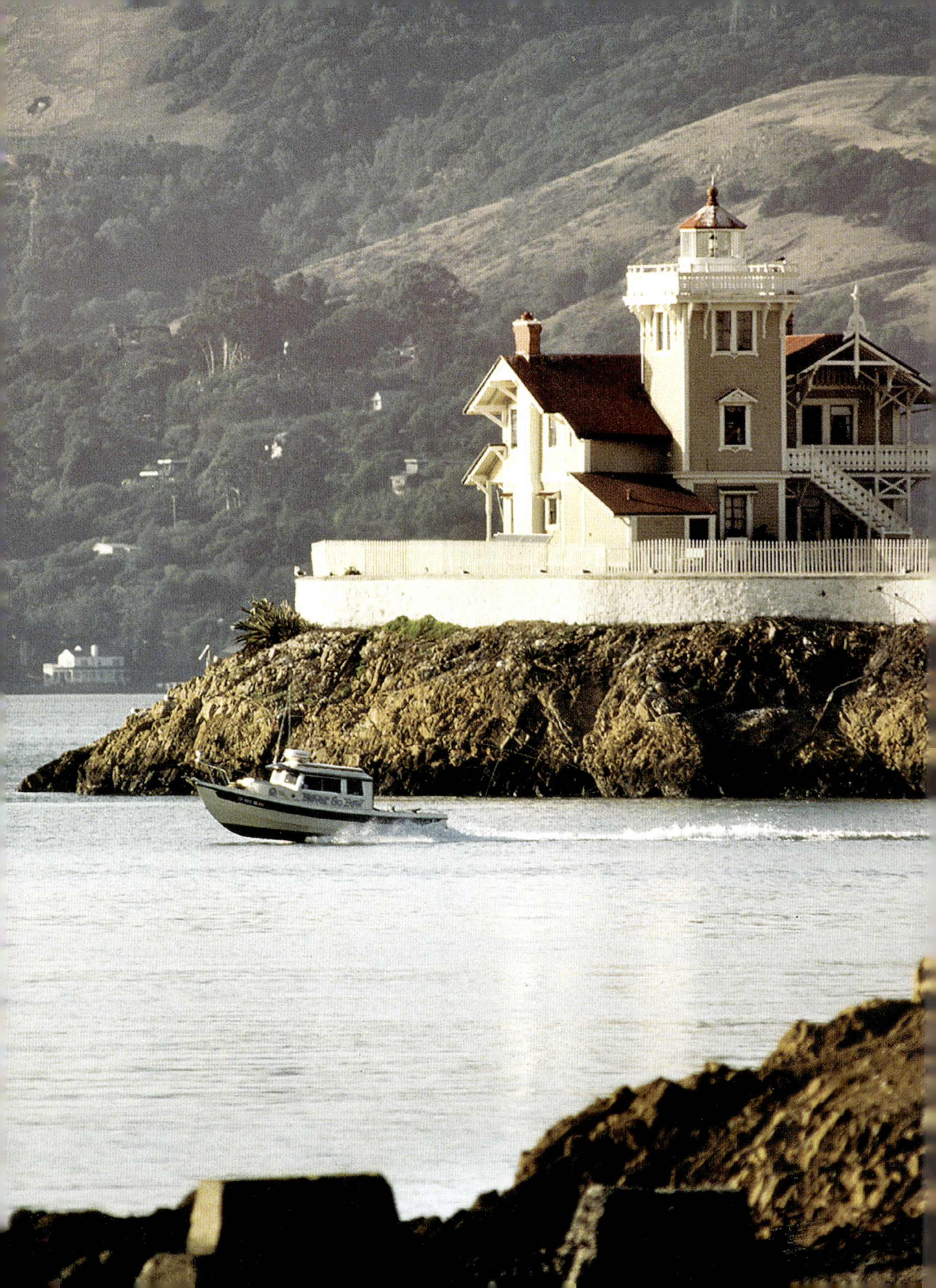

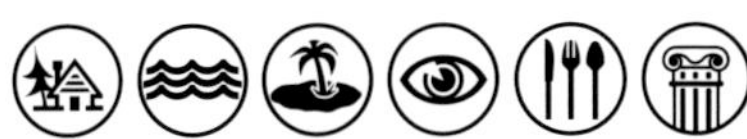

# 이스트 브라더
Stay at East Brother

**Location** 미국 캘리포니아 주 샌프란시스코
**Website** www.ebls.org　**Price** ⑤⑤

이스트 브라더 라이트 스테이션은 완벽하게 복원된 빅토리아 시대 등대로, 샌프란시스코 만의 작은 섬에 서 있다. 바다표범들과 함께 이 섬에서 하룻밤을 지내보라. 그 이상 호화로운 일상 탈출은 상상할 수조차 없다.

　샌프란시스코 다운타운에서 보트로 몇 분밖에 떨어져 있지 않지만, 도착 자체가 모험이다. 승객들은 다음과 같은 경고를 듣게 된다. "물 위에서 흔들리는 배에서 (조류간만에 따라 높이 1.2~3.6m의) 수직 사다리를 오르려면 강한 체력이 필요할 수 있습니다." 객실은 총 5개이며, 1박 이하의 투숙객들은 샤워실을 이용할 수 없다(이 섬에는 빗물을 받아서 저장하는 물탱크 이외에는

---

> "서해안에서
> 가장 평화로운
> 베드 앤 브렉퍼스트 중 하나…"
>
> 샌프란시스코 크로니클

---

달리 담수공급원이 없다).

　그런데 왜 여기를 추천하냐고? 우선, 등대 자체가 비길 데 없는 경험이기 때문이다. 이곳에서는 타말파이어스 산, 샌프란시스코의 스카이라인, 그리고 마린 해변까지 한눈에 들어온다. 게다가 비영리 시설이긴 하지만, 의외로 놀랄만큼 편안하게 지낼 수 있다. 투숙객이 도착하면 샴페인과 오되브르가 기다리고 있으며, 저녁에는 와인을 곁들인 코스 디너, 아침에는 구르메 브렉퍼스트를 즐길 수 있다. 가장 인기가 높은 객실은 물가 바로 옆에 있는, 나무로 벽을 댄 안개고동(foghorn, 항해 중인 배에게 안개를 조심하라는 뜻에서 부는 고동) 객사이다. **SH**

⬅ 이스트 브라더는 지난 133년 동안 샌프란시스코 베이를 드나드는 배들을 안전하게 지켜왔으며, 오늘날에도 그 기능을 계속하고 있다.

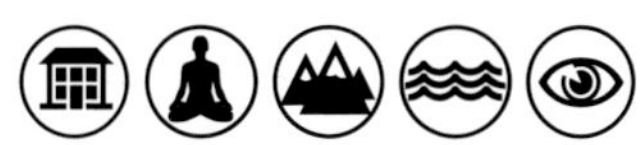

# 시바난다 요가
Enjoy Yoga at Sivananda

**Location** 미국 캘리포니아 주 그래스 밸리
**Website** www.yogafarm.org　**Price** ⑤

파티꾼들이여 조심하라. 캘리포니아 북부의 시에라 구릉지대에 꼭꼭 숨어 있는 이곳은 영육의 건강을 위해 휴식을 원하는 이들에게는 천국이나 마찬가지다. 요가 팜(Yoga Farm)이라는 별명으로 불리는 이곳은 정해진 스케줄에 따라 긴장을 풀고 싶은 이들에게 연중 문을 열고 있다. 새벽 5시 30분이면 어김없이 울리는 차임벨 소리에 침대에서 기어나와 아침 수련—명상, 기도, 교제—을 해야 하며 밤 10시면 잠자리에 들어야 한다. 그 사이에는 두 번의 푸짐하고 정성이 듬뿍 담긴 채식 식사(날씨가 좋은 날에는 아름다운 야외에서!)와 두 번의 요가 수업을 듣게 되며, 아름다운 주변 풍경과 마음을 가라앉히는 분위기 속에 젖어 있을 수 있는 시간도 충분하다.

　시바난다 요가 운동은 전 세계에 수련 센터가 있는데, 초심자와 중급자 모두 평화로운 요가 라이프스타일을 즐길 수 있다. 이곳은 숨막힐 듯이 아름다운 시에라 산맥의 구릉지대, 수백 년 된 참나무숲 속에 자리하고 있다. 옆에는 호수도 있어서, 길고 뜨거운 여름철에는 들어가서 수영을 할 수도 있고, 그냥 물가에 앉아 쉬면서 열기를 식힐 수도 있다.

　놀랍게도 이곳에서는 휴대폰이 터지지 않는다. 다만 위성 무선 인터넷은 가능하다. 어쨌든 바쁘고 정신없는 일상을 뒤로 하고 떠나오는 것이 목적인 곳이니 말이다. 연중 조직화된 테마형 휴양 프로그램(예를 들면, 어린이 요가 캠프, 아유르베다 재활 주말 등)이 운영되지만, 개인적으로도 얼마든지 원하는 만큼 머무를 수 있다. 숙박은 호수가 내려다보이는 매력적이고 잘 갖추어진 오두막 숙소와 메인빌딩의 기숙사형 객실 중에서 선택할 수 있다. 물론 호화롭지는 않다. 그러나 영양가 있고, 건강하고, 귀중한 경험을 할 수 있다는 점에서 요가나 그에 따르는 라이프스타일에 관심이 있는 이들에게는 정말 멋진 곳이다. **LC**

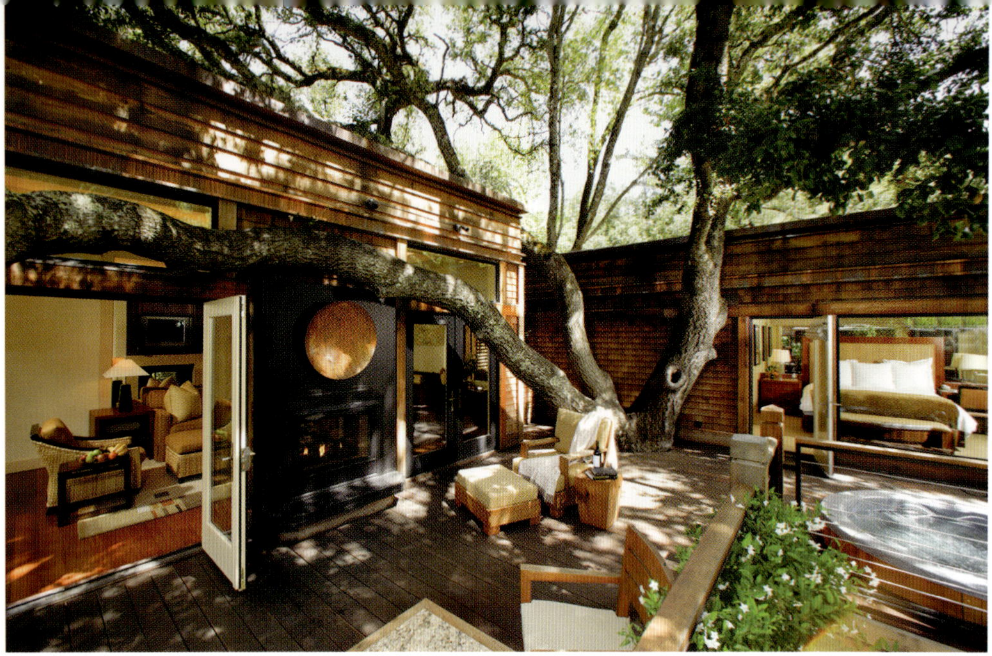

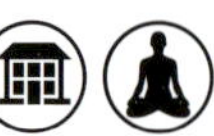

# 칼리스토가 랜치 Bask in the Natural Spa at Calistoga Ranch

**Location** 미국 캘리포니아 주 나파 밸리　　**Website** www.calistogaranch.com　　**Price** ⑤⑤⑤

샘프란시스코에서 약 2시간 거리인 칼리스토가 랜치에 도착하자마자 드는 생각은 "정말 넓다"는 것이다. 면적이 64헥타르나 되는데, 이 중에서 방문객들에게 개방된 구역은 따로 정해져 있다. 사슴에서 방울뱀까지 땅에 사는 것은 없는 게 없는 곳이다(다행히 방울뱀은 가장 먼 곳에 있으니 걱정하지 않아도 된다).

46개의 객실은 캘리포니아 소나무 숲 속에 아늑하게 둥지를 틀고 있으며, 그 경치로 말하면 근방에서 최고로 꼽힌다. 가장 작은 객실도 600평방미터에 야외 샤워실을 갖추고 있다. 가장 큰 객실인 에스테이트 로지(Estate Lodge)는 자그마치 2,400평방미터나 되며 숲을 등지고 롬멜 호수의 숨막히는 장관이 바로 옆에 펼쳐져 있다. 에스테이트 로지는 두 개의 침실, 실내와 야외에 각각 한 개의 거실, 두 개의 반신욕실, 두 개의 벽난로, 야외 욕조 등을 갖추고 있어 신혼 여행객들에게 인기가 높다.

투숙객들만 입장이 허용되는 식당에서는 셰프 에릭 웹스터가 단순하지만 수준 높은 미국 요리를 선보인다.

와인 애호가들도 환호성을 지를 것이다. 인근의 나파밸리 와인은 물론 (칼리스토가의 빈티지들은 올드월드와 뉴월드를 가리지 않고 훌륭하다) 리조트가 소유하고 있는 자체 포도밭도 있어서 와인 시음 클래스와 투어도 참여할 수 있다.

칼리스토가 랜치에는 자동차는 들어갈 수 없으며, 리조트 내에서의 이동은 골프 카트로 이루어진다. 칼리스토가의 천연 스파인 배스하우스(Bathhouse)에서 느긋하게 즐기고 있을 때 자동차 소음으로 방해를 받을 일도 없다. 배스하우스의 물은 이 지역의 온천에서 끌어올리며, 다양한 종류의 부티크 트리트먼트도 제공한다. 포도밭이 한눈에 들어오는 요가 데크와 풀장은 미국에서도 가장 세련된 목장에서 하루를 시작하거나 마무리하기에 좋은 곳이다. **PS**

⏫ 나파 밸리 지역을 여행 중이라면, 칼리스토가 랜치는 한번 들러볼 만한 곳이다.

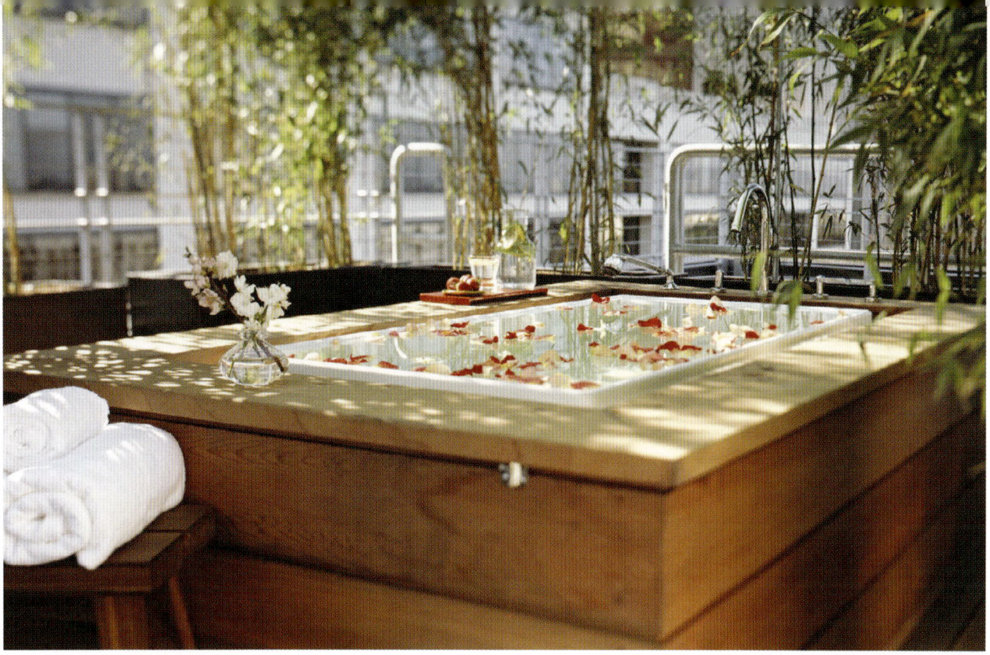

# 스파 비탈리 Unwind at Spa Vitale

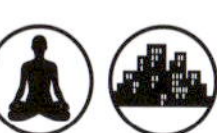

**Location** 미국 캘리포니아 주 샌프란시스코    **Website** www.hotelvitale.com/spavitale    **Price** $

샌프란시스코라는 대도시 한복판에서 알몸으로 야외욕을 즐긴다는 것은 상상하기 힘들 것이다. 사실 누군가 훔쳐보지 않을까 걱정하지 않고도 도심에서 이런 방법으로 스트레스를 풀 수 있는 곳은 전 세계를 통틀어도 많지 않을 것이다. 그러나 마음 놓으시라. 여기서는 그런 문제는 신경 쓸 필요조차 없으니 말이다. 호텔 비탈리는 환상적인 대나무 루프가든으로 당신을 감싸준다. 키가 큰 낭창한 대나무들이 인근 고층빌딩에서 몰래 내려다볼지도 모르는 수많은 시선들을 완벽하게 차단해주며, 사실 이 작은 오아시스와 도시 자체가 희한하게도 떨어져 있기도 하다.

스파 비탈리는 호텔 비탈리 안에 있는 스파로 펜트하우스 내에 있다. 트리트먼트 룸이 3개뿐이며, 작고 아담해서 으리으리하고 상업적인 다른 스파들과 확연히 비교된다. 당연히 분위기가 친근하고, 세심할 수밖에 없다. 스파 비탈리의 가장 큰 매력은 옥상에서의 전신욕인데, 단순하지만 충격적인 컨셉이다. 호리호리한 대나무 숲 아래 위치한 깊은 욕조가 두 개. 욕조와 욕조 사이에도 나무들을 심어놓아 친구끼리 함께 가서 서로 어색하지 않게 목욕할 수 있다. 그러나 이런 특수한 경우가 아니고서는 한번에 욕조 한 개만 사용하도록 하기 때문에, 혼자서 옥상 전체를 다 차지하고 즐길 수 있다.

폭신폭신한 흰 목욕가운과 타월을 받아서 욕조로 나가면 섬바디(Sumbody) 사에서 스파 비탈리 전용으로 개발한 제품으로 향을 그윽하게 낸 목욕물이 한가득 찰랑거리고 있다. 욕조 옆에는 허벌 드링크와 각종 목욕용품, 그리고 정성들여 준비한 신선한 과일이 더욱 폭신한 흰 타월과 함께 준비되어 있다. 옷을 벗고 욕조로 들어가서 피어오르는 수증기 속으로 몸을 깊이 담그고 눈 위에 오이 조각을 올려놓기만 하면 된다. 저 아래서 들려오는 도시의 소음들도 진정 독특한 경험이 되어버리는 공간이다. **LC**

⬆ 도시 심장부의 축복: 스파 비탈리의 옥상 욕조는 사치스러운 야외 목욕을 경험하게 해준다.

# 빅서 해안고속도로
Drive Through Big Sur

**Location** 미국 캘리포니아 주 빅서
**Website** www.montereyinfo.org　**Price** $

빅서 해안고속도로는 로스앤젤레스와 샌프란시스코를 잇는 1번 도로의 지선(支線)으로, 사람의 손이 닿지 않은 자연이 그대로 남아있다. 시작점은 1번 도로인 퍼시픽 코스트 고속도로를 따라 로스앤젤레스 북쪽으로 약 320km에 위치한 산 루이스 오비스포와 작은 어촌 모로 베이 둘 중 어느쪽이나 상관없다. 230km에 걸쳐 뻗어 있는 고속도로에는 지나다니는 차가 거의 없으며, 중간중간에 작은 마을과 호텔 한두 개가 있을 뿐이다. 그 중 하나인 포스트 랜치 인(Post Ranch Inn)은 유명인사들이 가끔 바람 쐬러 오는 곳이기도 하다.

야생동물 보호구역에는 최근 캘리포니아 콘도르가

> "보도만 걸어온 인간에게는
> 거칠고 바위투성이 해안은
> 언제나 황량하고 무시무시하다."
>
> 헨리 밀러, 작가

다시 돌아와 절벽 위 높은 곳에서 빙빙 원을 그리며, 그 아래서는 해달과 바다사자들, 그리고 때때로 이동 중인 고래도 볼 수 있다. 사슴과 여우들은 흔히 눈에 띄며, 수줍음이 많고 사람을 피하는 쿠거도 살고 있다.

2차선의 좁은 도로가 산의 옆구리에 들쭉날쭉하게 솟아 있는 절벽을 따라 구불구불하게 이어진다. 포인트 서(Point Sur) 등대를 지나는 가파른 내리막길로 접어들면서 눈앞에 펼쳐지는 장관은 압권이다. 그 끝에는 그림처럼 아름다운 카멜—미 서해안의 전원적인 해변 마을의 심장—이 서 있다. 카멜은 그 아름다운 해변으로 유명하며, 영화배우 클린트 이스트우드가 이곳 주민(시장을 지낸 적도 있다)이다. **RCA**

→ 1932년 이후 빅서의 외딴 해안 마을들은 마침내 이 멋진 해안고속도로로 연결되었다.

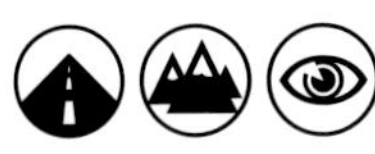

# 데스밸리 Drive Through Death Valley

**Location** 미국 캘리포니아/네바다 주
**Website** www.nps.gov/deva **Price** ◑

데스밸리의 바짝 마른 솔트플랫은 마치 달의 표면처럼 사람의 흔적이라고는 찾아볼 수 없지만, 그럼에도 불구하고 소름 끼치도록 아름답다. 캘리포니아와 네바다, 두 개 주 225km에 걸쳐 뻗어 있는 국립공원은 지구상에서 가장 인간에게 가혹한 땅 중 하나이다. 120만 헥타르에 달하는 거대한 사막에 "죽음의 계곡"이라는 이름을 붙인 것은 1849년 겨울 이곳에서 실종된 개척민들이었다. 이 주변의 다른 지역들 역시 라스트챈스캐년, 배드워터, 데블스골프코스 등 만만치 않게 섬뜩한 이름을 자랑한다. 데블스골프코스는 울퉁불퉁하고 날카로운 암염(巖鹽)이 삐죽삐죽 솟아 있어, "악마가 아니고서는 이런 곳에서 도저히 골프를 칠 수 없다"고 하여 이런 이름이 붙었다.

데스밸리는 수백만 년 전, 내륙해가 증발하고 그 자리에 소금만 남으면서 생성되었다. 사막의 대부분이 해수면보다 낮기 때문에, 그 온도가 55℃에 달한다. 놀랍게도 이러한 극한 조건에서도 살아가는 생물체가 있다. 1,000여 종의 식물이 이곳에서 번식하고 있으며, 그 중 50종은 세계 어디에서도 볼 수 없는 이곳의 토착종이다. 동물들도 있다. 코요테, 방울뱀, 전갈, 캥거루쥐(물 없이도 살 수 있다), 검은독거미, 심지어 솔트크리크에는 송사리류도 살고 있다.

황량한 풍경을 가로질러 차를 달리다가 솔트플랫에서 잠시 멈춰 사진을 찍거나, 화산재 구릉지대를 일주하는 14km의 "아티스트 드라이브"(아름다운 각양 색색의 돌들 때문에 이런 이름이 붙었다)를 돌아보자. 데스밸리에는 숙박시설이 딱 한 군데 있다. 퍼니스 크릭에 있는 인앤터랜치 모텔이다. 모텔은 별로 볼 게 없지만, 1927년에 지어진 역사적인 건축물이다. 극한의 대지에 찾아오는 고독이, 데스밸리 어디에나 넘친다. **RCA**

◄ 데스밸리—미국에서 가장 뜨겁고, 가장 건조하고, 가장 저지대에 위치한 사막—에 오신 것을 진심으로 환영합니다.

# 지온 국립공원 See Zion National Park

**Location** 미국 유타 주 지온 국립공원
**Website** www.zionmountainresort.com **Price** ⑤⑤

유타에서 가장 오래된 공원 중 하나인 지온 국립공원이 처음으로 전국적인 관심의 대상이 된 것은 1860년대 모르몬 교도 개척자들 때문이었다. 그 중 한 사람이었던 아이작 비허닌이 이 협곡에 성경의 시온 산을 딴 이름을 붙였다.

협곡 바닥을 고요하게 흐르면서 폭포와 야생 평야의 오아시스를 만들어내고 있는 버진 강을 보고 있노라면 이 강이 높이 600m에 이르는 붉고 흰 나바오 사암을 인정사정 없이 깎아내린 장본인이라는 사실이 믿겨지지 않는다. 시간만 허락된다면 면적이 593평방킬로미터에 달하는 이 거대한 공원이 제공하는 다양한 스포츠—하이킹, 자전거, 승마, 암반타기, 라펠링 등—를 즐겨보라.

> "자연 한복판에 위치해 있지만,
> 통나무집에 한발자국만 들어가면
> 온갖 사치를 다 누릴 수 있다."
>
> nationalparkreservations.com

이 모든 야외활동—혹은, 원한다면 단순히 명상이라도—을 시작하는 데 가장 좋은 곳은 지온 국립공원의 동문(東門)에서 차로 3분간 가면 도착할 수 있는 전원적인 지온 마운틴 리조트다. 커플이라면 아늑한 통나무집, 가족이나 인원수가 많은 그룹이라면 널찍한 로지에서 숙박할 수 있다. 어느 쪽이든 산맥을 아우르는 멋진 전망을 자랑한다. 바로 방문객들이 개인용 파티오에서 뒹굴거리거나 액티브한 하루를 보내고 뜨거운 욕조에서 피로를 풀고 있는 동안, 가까이에서는 버팔로떼가 탁 트인 들판을 어슬렁거리며 풀을 뜯고 있다. 지온 마운틴 리조트는 다른 국립공원이나 기념물—특히 브라이스 협곡이나, 저 유명한 그랜드캐년의 북쪽 가장자리—에 가기에도 매우 편리한 위치를 자랑한다. **SG**

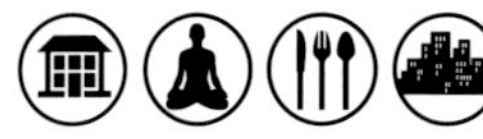

# 포시즌스 Stay at the Four Seasons

**Location** 미국 네바다 주 라스베이거스
**Website** www.fourseasons.com  **Price** 💲💲

네바다 사막에 세워진 악명 높은 "죄악의 도시"는 텔레비전에서 비추는 그대로이다. 한마디로 모든 것이 도를 지나친다. "더 스트립(The Strip)"이라는 별명으로 더 잘 알려진 전설적인 라스베이거스 대로가 이 모든 것이 일어나는 바로 그 곳이다.

라스베이거스 주민들에 따르면 "더 스트립"에 위치하면서 정신없는 카지노가 없는 유일한 호텔은 바로 포시즌스이다. 맨들레이 베이 빌딩의 상위층에 자리하고 있는 이 호화로운 호텔은 객실이 "겨우" 400개밖에 되지 않기 때문에 선택 받은 사람들만이 머무를 수 있다. 스트립이 내려다보이는 호화롭고 아늑한 스위트에서 뒹굴거리면서 바닥부터 천장까지 통유리를 끼운 창문으로

> "진정한 럭셔리 리조트는
> 딱 한 군데다… 맨들레이 베이의
> 꼭대기 다섯 개 층이다."
>
> 『뉴욕 타임즈』

저 아래 라스베이거스의 광란을 느긋하게 감상해보자. 화려한 객실에는 42인치 플라즈마 TV와 DVD플레이어, 대리석 욕실이 갖추어져 있다.

레스토랑 "베란다"는 야외 브렉퍼스트를, 저녁에는 비프 카르파치오와 송로버섯 뇨키를 비롯한 이탈리안 디너를 선보인다. "찰리 팔머스"에서 서프앤터프를 즐겨도 좋다. 엘레강트한 바에서 잔잔한 재즈에 젖어보자. 스파에서는 패션플라워 오일로 황금빛 바디 트리트먼트를 받으면서 라스베이거스에서만 맛볼 수 있는 샴페인을 홀짝거리자. 완벽하고 군더더기 없는 서비스와 환상적이라는 표현이 어울릴 정도로 외부와 차단된 풀을 갖춘 이 호텔은 숙박료는 눈이 튀어나올 정도로 비싸지만, 그만한 값어치를 한다. 멕 라이언, 리즈 위더스푼, 심지어 마이클 잭슨까지 이 불야성의 도시를 찾아 이곳에서 아늑한 은둔을 즐기곤 했다. **RCA**

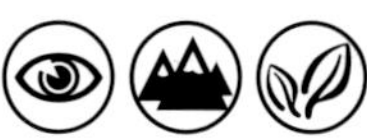

# 그랜드캐년 See the Grand Canyon

**Location** 미국 아리조나/네바다 주
**Website** www.nps.gov/grca  **Price** ❗

이것은 단순히 거대한 협곡도 아니고, 그저 몇 천 년의 침식작용의 결과도 아니고, 세계에서 가장 웅장한 볼거리 중 하나는 더더욱 아니다. 그랜드캐년은 이곳을 찾는 사람이라면 누구나 겸손해지게 만드는 경험이다. 자동차를 운전해서 지나가든, 하이킹이나 승마를 하든, 자전거를 타든, 또는 급류 래프팅을 하든, 그랜드캐년은 가장 원시적이고 가장 아름다운 자연 그 자체이다. 너무나 거대하고 모든 시간 감각이 사라져 인간 세상의 온갖 문제들은 아무것도 아닌 듯한 느낌이 들게 된다.

일단 그 규모만으로도 입이 딱 벌어진다. 협곡의 길이 445km, 깊이 1.6km, 너비는 29km에 이른다. 그랜드캐년은 콜로라도 강의 침식작용으로 생성되었으며, 그 대부분이 그랜드캐년 국립공원—미국에서 국립공원으로 지정된 최초의 구역 중 하나이다—에 속해 있다. 매년 5백만 명의 관광객이 찾는 그랜드캐년은 세계에서 가장 인기있는 자연 명소 중 하나가 되었다.

그랜드캐년을 찾은 사람들은 정교하고 컬러풀한 협곡 풍경에 감탄을 금치 못한다. 그랜드캐년에서 가장 경건한 행사는 일출과 일몰이며, 암석 위로 내리는 빛과 그림자의 변화가 하나의 예술작품을 만들어낸다. 그랜드캐년 국립공원은 공원 밖은 물론 그 내부에도 수많은 숙박시설이 있으며, 다양한 활동을 즐길 수 있다. 등산로를 따라 쉬엄쉬엄 걸으면서 절벽 가장자리를 따라 솟구치는 갈가마귀를 구경하거나 저 아래 성난듯이 으르렁대는 급류의 물소리를 들어보자. 노새 타기 체험도 할 수 있다. 아마도 가장 잊지 못할 경험은 유리로 바닥을 깐 스카이워크일 것이다. 후알파이족 인디언들이 자신들의 보호거주구역에서 운영하고 있으며, 말발굽 모양의 스틸 프레임에 유리를 끼워 21미터 공중에 설치해 놓았다. 심장이 약한 사람은 절대 도전하지 말 것! **SH**

↪ 시간을 잊게 하는 그랜드캐년의 웅장함은 현대인들을 일상의 스트레스로부터 벗어나 심신에 활력을 되찾게 해준다.

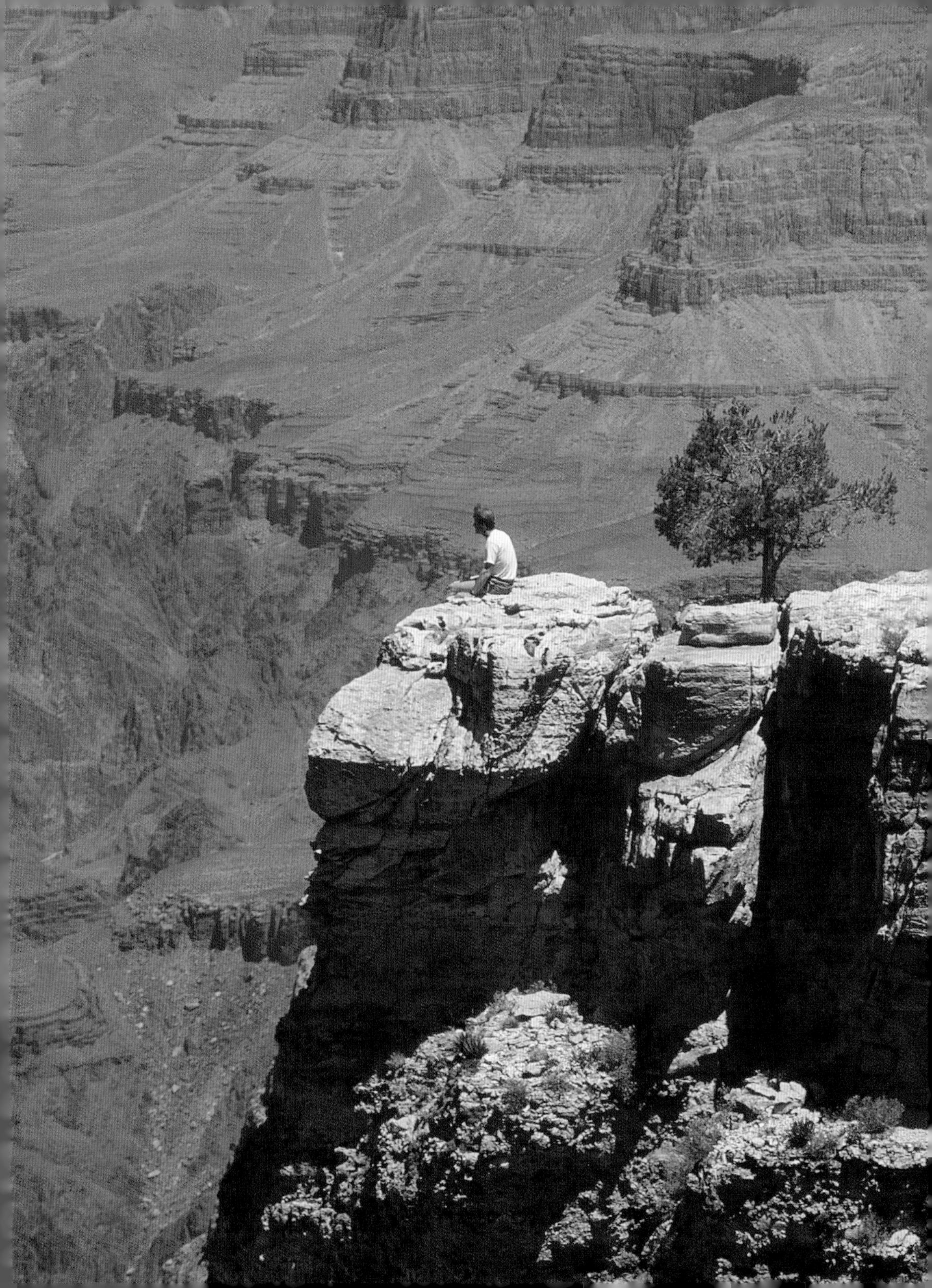

# 모뉴먼트 밸리 Explore Monument Valley

**Location** 미국 우타/애리조나 주
**Website** www.navajonationparks.org   **Price** ❶

애리조나 사막의 이 매력적인 한 귀퉁이는 한 번이라도 카우보이 영화를 본 적이 있거나, 막스 에른스트의 초현실주의적인 환상작품을 본 적이 있거나, 혹은 폴 오스터의 1989년 작 소설 『달의 궁전』을 읽은 적이 있는 사람이라면 매우 친근하게 느껴질 것이다. 모텔의 네온 사인이나 길가의 밥집처럼, 한번도 본 적은 없지만 거기에 있을 것이라는 사실을 알고 있는, 그런 존재 말이다. 굴딩스로지 호텔—영화감독 존 포드도 머무른 적이 있다—은 특히 그렇다. 텔레비전을 켜고, 호텔이 보유하고 있는 어마어마한 서부영화 컬렉션 중 하나—포드의 〈역마차〉(1939)나 〈추격자〉(1956)가 좋겠다—를 보자. 화면에 등장하는 골짜기 사이사이를 보고 있는 동

> "마법을 거는 장소가 있어서,
> 당신을 땅에 뿌리내린 듯 꼼짝 못하게
> 한다면, 이곳이 바로 그곳이다."
>
> 로스앤젤레스 타임스

안, 그 너머로 실제 배경에 석양이 비친다.

그 독특한 형상—영화에도 자주 등장했던 트윈미튼스, 하늘을 찌르는 듯한 토템폴, 그리고 이어오브더윈드의 아치 등—을 눈여겨보는 데는 시간이 좀 걸리지만 (특히, 비수기인 겨울에는) 그만한 가치가 있다. 단층이 진 작은 산들의 독특한 바위들은 그 자체로 영겁을 나타낸다. 뾰족한 첨탑들과 날렵한 탑은 연약하고 풍파에 닳아버린 듯하다.

콜로라도 고원의 일부인 모뉴먼트 계곡은 커틀러 레드 실트암의 산화철에서 그 깊은 노을빛 붉은색을 얻으며, 산화망간이 파랑, 녹색, 회색으로 층을 이루어 나타난다. 그랜드캐년에서 가까우며, 주변은 모두 나바호족 인디언 거주 지역이다—모뉴먼트 밸리는 자연스럽고, 영적이고, 미 서부에서 경험할 수 있는 모든 것을 끌어 당기는 곳이다. **CM**

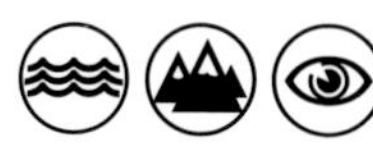

# 파월 호수 Discover Lake Powell

**Location** 미국 우타/애리조나 주
**Website** www.lakepowell.com   **Price** ❶

1960년대, 콜로라도 강에 댐을 건설하여 글렌캐년을 수몰시키고 대신 파월 호수를 만들겠다는, 논란의 여지가 넘치는 계획이 발표되자 환경운동가들과 인류학자들이 격렬하게 반발했다(정부가 어느 날 갑자기 그랜드캐년에 물을 채우겠다고 발표한다고 상상을 해보라). 그러나 그 결과물이 놀랄만한 절경이라는 것을 부정할 수 있는 이는 아무도 없을 것이다.

수정처럼 맑은 터키석 빛 수면에 우뚝 솟은 협곡의 짙은 붉은색 벽이 찰랑찰랑 비친다. 그 중간중간 보는 이의 입에서 탄성이 나올 만한 아치며, 웅장한 첨탑이며, 사암 언덕이며, 호수로 흘러드는 수많은 작은 물줄기들, 그리고 모래가 깔린 호반이 보인다. 파월 호수는 유타 주 남부와 애리조나 북부에 걸쳐 뻗어 있으며 길이는 300km, 호반 둘레는 무려 3,220km나 된다. 물이 차 있는 96개의 소협곡 중 일부는 보트로만 접근이 가능하다.

사실, 파월 호수의 아름다움을 감상하기 위해 주거용 보트보다 더 좋은 방법도 없다. 워윕, 불프록, 앤틸로프 포인트에 있는 마리나에서 대여가 가능하다. 하우스보트만이 배를 정박시킬 곳을 찾아 먼 곳까지 샅샅이 훑어보는 자유를 가능하게 할 것이다. 뜨거운 물이 나오는 욕조와 14명까지 즐길 수 있는 바까지 갖추어진 호화로운 보트부터 아주 기본적인 설비만 갖추어진 보트까지 다양하다. 뜨거운 여름에는 수상 스포츠를 즐길 수도 있다. 단 낚시는 좀 서늘한 계절—4월부터 6월, 10월부터 11월—에 하는 편이 더 낫다. 가장 인기가 높은 정박지는 스펙터클한 경관을 자랑하는 레인보우 브릿지 내셔널 모뉴먼트에서 가깝다. 높이 88m, 너비 84m로의 이 숨막힐 듯한 지질 구조물과 지극히 영적인 공간은 세계에서 가장 큰 자연 가교(架橋)이다. **SG**

▸ 탐험가 존 웨슬리 파월의 이름을 딴 파월 호수의 둘레는 미국의 서부해안 전체 길이보다 더 길다.

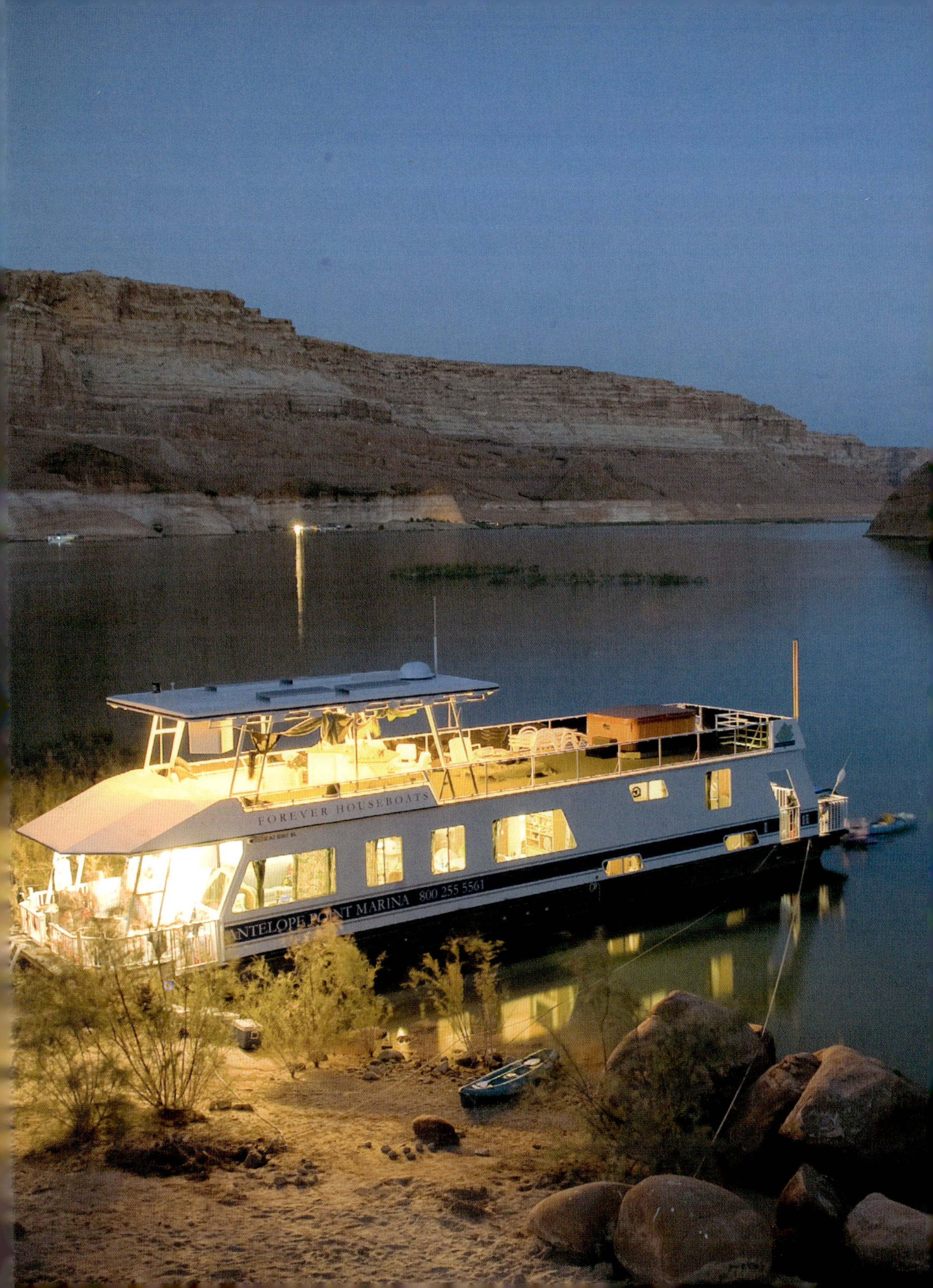
FOREVER HOUSEBOATS
ANTELOPE POINT MARINA   800 255 5561

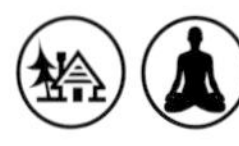

# 던튼핫스프링스 리조트
## Stay at Dunton Hot Springs

**Location** 미국 콜로라도 주 산 후안 산맥
**Website** www.duntonhotsprings.com　**Price** ⑤⑤

산 후안 산맥에 포근하게 감싸 안겨 있는, 오래된 광산 촌을 개조하여 만든 이 로맨틱한 리조트는 신선한 경험을 제공한다. 1889년, 버치 캐시디와 선댄스 키드가 텔러라이드의 은행을 턴 뒤 숨어 있었던 곳이라 전해지는 이 마을은, 정말 지겨우리만치 한적해 보이지만, 실제로는 전혀 그렇지 않다. 잠시도 가만히 있지 못하는 사람조차 불평을 할 수 없을 만큼 다양한 액티비티를 경험할 수 있다. 말 한 마리를 끌고 들로 나가, 천둥 같은 소리를 내며 떨어지는 폭포나 죽은 듯이 고요한 호수를 발견할 수도 있고, 사막 하이킹을 갈 수도 있고, 헬리스키나 스노우모빌을 탈 수도 있다. 강에서 래프팅을 하

> "던튼핫스프링스는 우리가 매긴 랭킹에서
> 세계 10위 안에 들어간다—로맨틱하고,
> 마법 같은 경험이다.."
>
> LuxuryTravelMagazine.com

면서 아드레날린을 분출할 수도 있고, 햇볕 좋은 오후에 왯돌로레스(Wet Dolores)에서 제물낚시를 즐길 수도 있다. 손으로 지은 진짜 통나무집에는 멋진 가구가 갖추어져 있으며, 오래된 살룬에서 제공하는 맛있는 향토 유기농 요리를 맛볼 수 있다. 티피(아메리카 인디언들이 사용하는 원뿔형 천막—역주)에서 심신을 치유하는 엘레미 요법을 받을 수도 있다. 게다가 수천년 전 유티족 인디언들이 그랬듯, 치료 효과가 있는 자연 온천에 몸을 담그고 쉬어보라.

　모뉴먼트 밸리와 나바호족 보호구역의 캐년 드 셸리, 그리고 던튼의 포도원인 맥킬모 캐년 등 다양한 볼거리들이 지척에 위치한다. 게다가 마을 전체가 내 것인 듯한 기분은 또 어떤가? 던튼핫스프링스는 42명까지 전용 임대가 가능하기 때문에 결혼식이나 가족 모임에 제격이다. **LP**

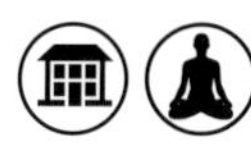

# 미이 아모
## Relax at Mii Amo

**Location** 미국 애리조나 주 세도나
**Website** www.miiamo.com　**Price** ⑤⑤

세도나는 미국 전역에서 강렬한 영적 에너지로 널리 알려진 곳이다. 아마도 붉은 오렌지빛 바위들과 새파란 하늘, 그리고 초록색 식물들이 만들어내는 강렬한 색채 조화 때문일지도 모른다. 애리조나에서도 이 지역은 뉴에이지 운동으로 유명하며, 정말로 뭔가 특별한 것이 느껴지는 곳이다.

　그 중에서도 수퍼스타라 할 수 있는 미이 아모는 보인튼 캐년 내부에 위치하며, '카치나 우먼'이라 불리는, 바람에 깎인 바위가 내려다 보고 있다. 미이 아모는 2007년『트래블+레저』誌 선정 세계 최고의 스파로 뽑혔으며, 직원, 위치, 트리트먼트, 설비 등 전 평가항목에서 만점인 10점을 받았다. 미이 아모에는 16개의 카시타와 스위트가 있으며 모두 개인용 정원이 딸려 있어, 보인튼 캐년의 전망을 감상할 수 있다. 만약 영혼의 여행을 떠나야 할 필요를 느낀다면, 미이 아모가 바로 그곳이다. 영혼을 찾는 수련 시간에 참가해서 내면의 자아를 연결시키고, 스파 한가운데에 있는 크리스탈 그로토에서 에너지를 재생시키며, 세도나에서 채취한 광물 크리스탈로 하는 미이 아모만의 마사지를 받아보라. 이곳은 마법이 일어나는 곳이다.

　"미이 아모"라는 이름은 미국 인디언들의 말로 "여행"이라는 뜻이다. 그리고 실제로 미이 아모는 육체와 영혼을 새로운 경지로 데려갈 다양한 방법들을 제공한다. 꼭 전통적인 페이셜 트리트먼트부터 아우라 리딩에 이르는 치유법이 아니더라도, 이곳에서 3일, 4일, 혹은 7일에 걸친 휴가를 즐기는 것만으로도 충분하다. 간단한 스파 패키지, 세도나 일대를 하이킹하는 휘트니스 패키지, 스웨트로지 수련까지 포함된, 뉴에이지와 아메리카 인디언 문화의 영향을 받은 패키지 등을 경험해 보라. 세 가지 다 참여한다면 가장 좋겠지만! **LD**

▣ 미이 아모의 건축 양식은 숨이 막힐 듯한 애리조나의 붉은 바위 풍경과 완벽한 조화를 이룬다.

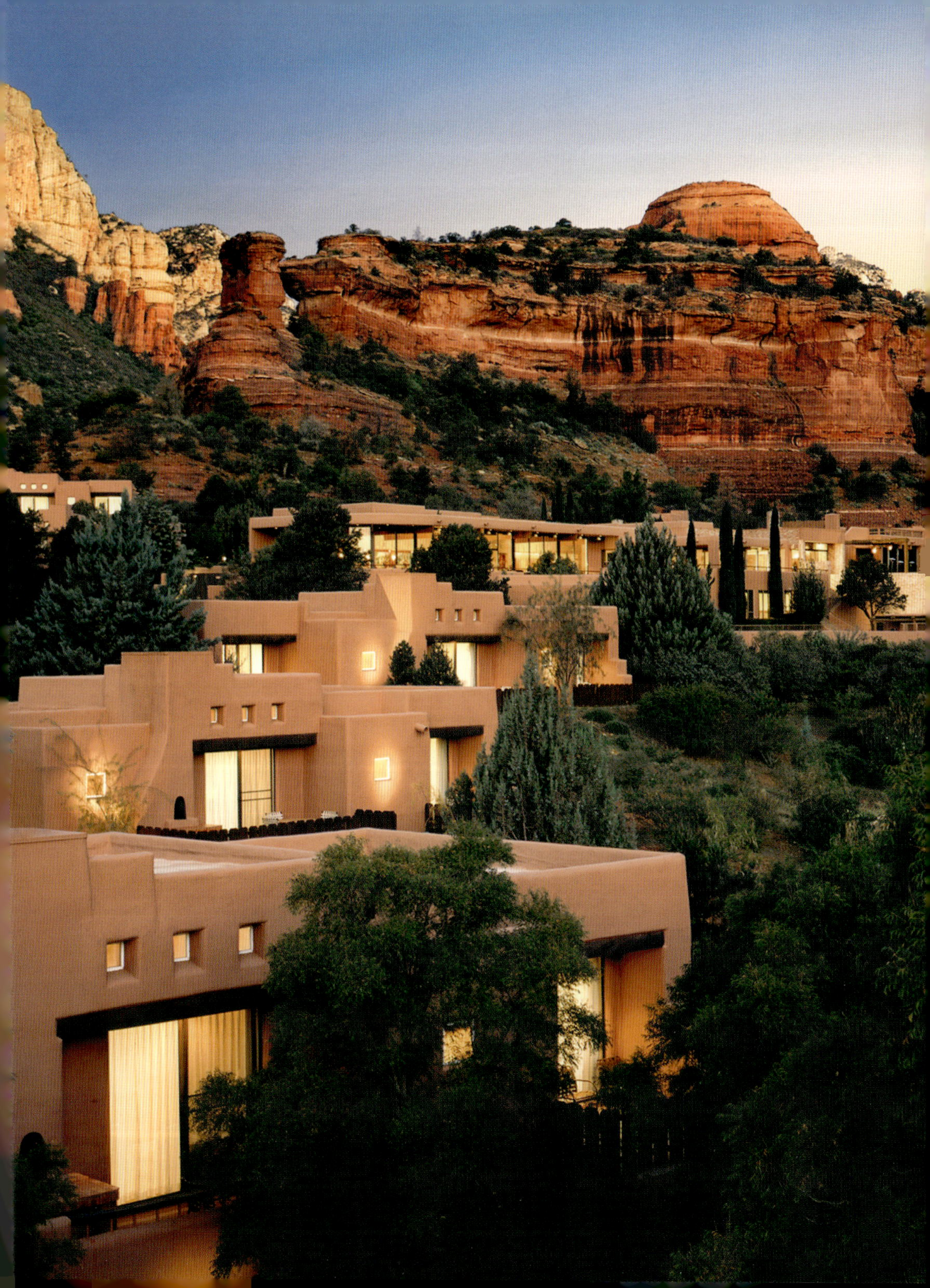

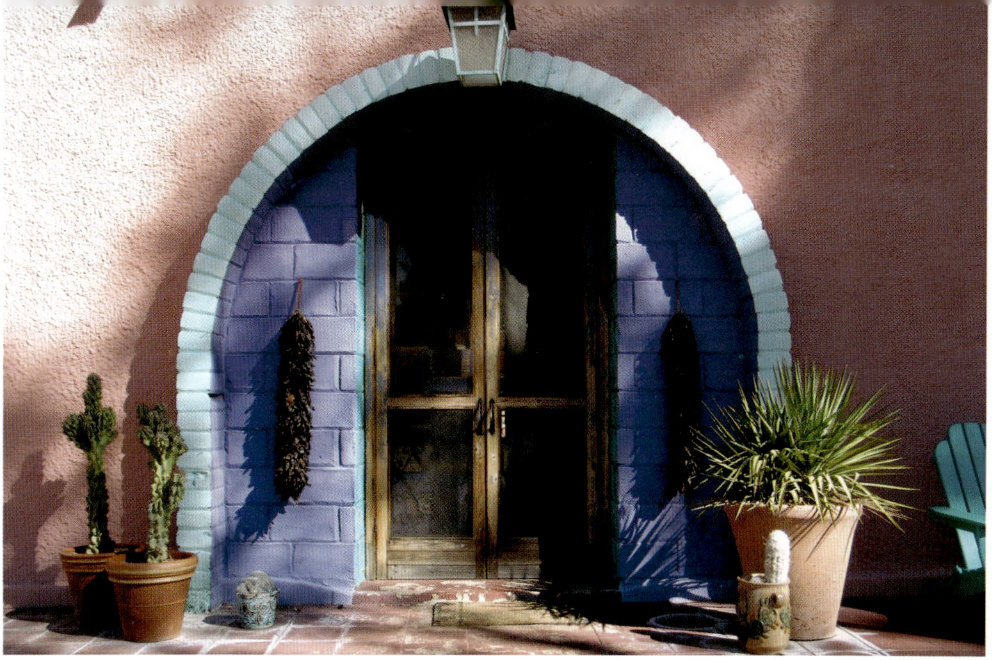

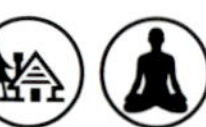

# 란초 데 라 오사 Stay at Rancho de la Osa

**Location** 미국 애리조나 주 소노라 사막   **Website** www.ranchodelaosa.com   **Price** $$

1885년에 전통적인 하시엔다 양식으로 지어진 란초 데 라 오사는 소노라 사막에 자리잡고 있으며 애리조나-멕시코 국경에서 불과 1.6km밖에 떨어져 있지 않다. 미국 문명에서 수 킬로미터 떨어져 있으며, 가장 가까운 이웃은 상점이 하나밖에 없는 작은 마을인 사사베이다.

유행의 첨단을 걸으면서도 느긋한 공간으로, 내면에 잠재되어 있는 카우보이 본능을 마음껏 분출시키기에 완벽한 곳이다. 어도비로 지은 건물과 애디론댁 의자에 형광핑크, 노랑, 파랑 등의 선명한 컬러가 독특한 현대 멕시코적인 분위기를 자아낸다. 서늘한 칸티나는 커다란 솜브레로와 장식용 피냐타, 서부식 안장을 장착한 스툴 등으로 꾸며놓았다. 뜨거운 태양 아래 헤로니모의 옛 터에서 말을 달린 뒤 먼지를 뒤집어쓰고 들어와 시원한 코로나 맥주를 들이킨다면 (아마 존 웨인도 할 수만 있었다면 그렇게 했을 거다) 정말 천국이 따로 없다. 온몸이 쑤시고 목은 탈 때 여자 승마꾼들의 재잘거리는 소리, 목동들의 허풍, 그리고 컴펄서리 컨트리 음악을 들으면서 한잔 쭉 들이키는 것이야말로 진정 행복한 것이다. 느긋하게 빈둥거리고 싶은 날에는 수영장, 객실 마사지, 그리고 도저히 거부할 수 없는 달콤한 시에스타도 있다. 조금 움직이고 싶은 날에는 하이킹, 자전거, 새 관찰, 심지어 목동들의 방울뱀 사냥도 구경할 수 있다.

식사는 하시엔다에서 먹을 수도 있고, 야외에서 먹을 수도 있다. 발사믹 식초를 바른 연어나 야외에서 그릴에 구운 스테이크는 둘이 먹다 하나가 죽어도 모를 만큼 근사하다. 이곳에는 편안함 따위는 집어치우고 진짜 카우보이가 된 듯한 느낌이 있다.

밤이 되면 단순하면서도 독특하게 꾸민 방으로 들어가기 전에 반드시 치러야 할 의식이 있다. 별이 총총히 떠 있는 구름 한 점 없이 맑은 밤하늘을 올려다보는 것 말이다. 그 누구라도 한동안 눈을 뗄 수 없는 이 아름다운 풍경은 아무데서나 감상할 수 없는 가장 놀라운 장관이다. **RCA**

⬆ 최후의 그레이트 하시엔다 중 하나인 란초 데 라 오사는 애리조나에서 가장 오래된 건축물이라는 설도 있다.

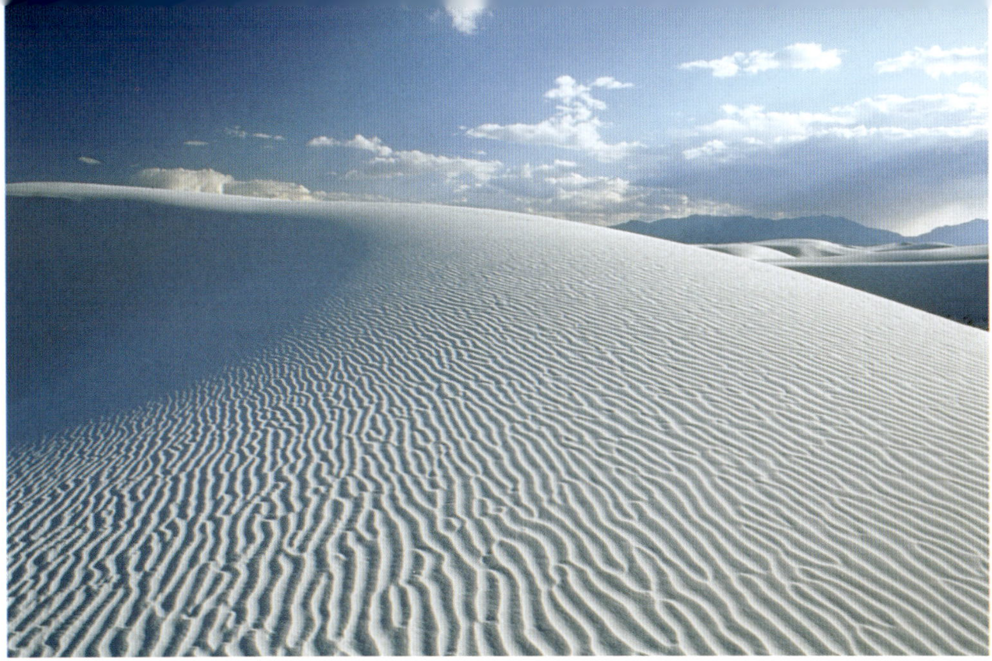

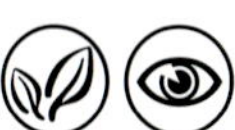

# 화이트샌즈 사막 Discover White Sands Desert

**Location** 미국 뉴멕시코 주 툴라로사 분지　　**Website** www.nps.gov/whsa　　**Price** ❶

미군 미사일 시험발사 기지라고 하면 고요한 오아시스와는 거리가 멀게 들린다. 그러나 특이하게도, 화이트샌즈 내셔널 모뉴먼트—1945년 최초로 원자폭탄을 실험한 군 기지와 인접한 면적 712평방킬로미터의 고운 모래 사막—는 당신이 꿈꿀 수 있는 가장 고요하고 평화로운 곳이다—시험발사 시간만 피한다면 말이다. 완벽한 평온과 파괴가 이렇듯 가까이에 존재할 수 있다는 역설은 그 아름다움을 더더욱 강조할 뿐이다.

여름에는 한낮의 온도가 38℃까지 올라가며, 물결처럼 펼쳐진 사구(砂丘)의 모래가 새하얗게 빛나 눈이 멀어버릴 것만 같다. 태양이 저 멀리 산 안드레아스 산맥 뒤로 넘어가면 대지는 신비로운 장밋빛으로 물든다. 밤이 되면 210종의 새, 44종의 포유동물, 26종의 파충류와 양서류, 곤충들이 사막의 모래 언덕 위로 기어나온다. 도마뱀, 오릭스, 거북, 스라소니, 캥거루쥐들이 모래 위를 재빠르게 움직이며 미로와도 같은 자국을 남긴다. 마치 전날 밤에 무슨 일이 있었는지를 기록하는 캔버스처럼 말이다.

이 지역의 환상적인 역사와 지리에 대해서 좀더 알고 싶다면 70번 고속도로변에 위치한 박물관을 찾아가 보자. 이 사막은 세계 최대의 석고 사구 지대로, 높이가 1,200m나 된다. 환상(環象) 자동차도로를 따라 달리다가 잠시 차를 세우고 새하얀 사구로 잠깐 걸어 들어가 보자. 이곳의 빛은 정말로 특별해서 사진을 하는 사람이라면 아마 최고의 작품을 얻을 수 있을 것이다. 아마추어가 사진을 찍기에는 정말 이상적인 곳이다. 해가 지기 시작하면, 파블라 블랑카를 찾아보라. 파블라 블랑카는 모래 속에서 아파치 족과 싸우다 목숨을 잃은 약혼자 헤르난도 데 루나를 찾아 사막을 헤매었다는 16세기의 미녀 마누엘라의 유령이다.

사람이 살지 않는 극한의 환경이지만, 화이트샌즈는 마치 꿈과 같은 공간이기도 하다. 이 아름답고 깨끗한 모래언덕은 마치 다른 세계의 그것과 같은 환상을 불러일으킨다. **RCA**

⬆ 부드러운 흰 모래언덕과 깊은 침묵은 화이트샌즈를 기묘하리만치 고요한 공간으로 만든다.

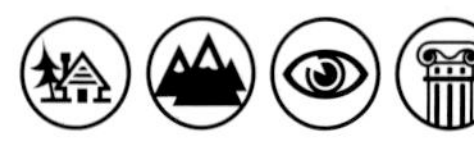

# 시볼로 크릭 랜치
## Stay at Cibolo Creek Ranch

**Location** 미국 텍사스 주 프레지디오 근교
**Website** www.cibolocreekranch.com  **Price** ⑤⑤

이 광대한 영지(14,975헥타르)는 21세기로부터의 완벽한 도피를 가능케 한다. 미국-멕시코 국경 바로 북쪽의 산속, 19세기 기병대 진지를 개조하여 만든 이 랜치에서 묵는 것은 옛 개척시대로 한 걸음 내딛는 것과 같다.

어도비 벽돌과 목화나무로 지은 요새는 원래 대목장주가 아파치족과 코만치족을 막기 위하여 세운 것이다. 현재는 매우 세심하게 복원되어, 호화로운 객실이 골동품과 향토 아이템들—구운 살티요 타일 바닥, 그대로 드러난 대들보, 빈티지 램프, 멕시코풍 담요, 그리고 벽난로—로 가득차 있다. 그러나 텔레비전이나 전화는 존재하지 않는다. 요새는 미국 국가 역사 기념물로 지정되어 있어서, 목장 안을 슬슬 걷다 보면 그 옛날의 포장마차, 돌벽, 농기구, 오래된 수공예품들을 발견할 수 있다.

시볼로 크릭은 지리학적으로도 흥미로운 곳이다. 드넓은 영지는 홀로 뚝 떨어져 있는, 매우 개인적인 공간이며 빅 벤드 국립공원의 협곡과 가까운 키나티 산맥과 시에네가 산맥 속에 자리잡고 있다. 고도는 1,830m에 달한다. 이 지역은 퓨마, 영양, 사슴 같은 야생동물들이 살고 있으며, 붉은 화강암 봉우리와 절벽, 먼지가 피어오르는 사막, 그리고 봄날의 신록이 푸르른 과수원 등의 눈을 사로잡는 풍경들도 다양하다. 멕시코 요리에서 영감을 얻은 맛있는 음식과 수영장, 스파, 휘트니스 클럽도 갖추고 있다. 그러나 이곳은 관광객들을 위한 "무늬만 목장"이 절대로 아니다. 시볼로는 여전히 농장을 운영중이며, 뿔이 긴 소와 말, 버팔로 등을 사육하고 있다.

이곳에서는 평화와 모험의 완벽한 조화를 맛볼 수 있다. 승마, 수영, 낚시, 하이킹, 사냥 등 매우 다양한 야외 활동을 즐길 수 있지만, 개인용 테라스에서 베란다 그늘 아래 조용히 느긋한 휴식을 즐기며 스펙터클한 풍경을 감상하는 것도 자유다. **SH**

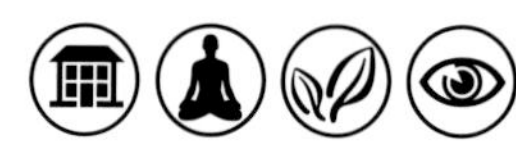

# 라히타스 리조트와 스파
## Enjoy Lajitas Resort and Spa

**Location** 미국 텍사스 주 프레지디오 근교
**Website** www.lajitas.com  **Price** ⑤⑤

텍사스에서도 가장 아름다운 지역을 가로질러 라히타스에 도착하면, 마치 문명으로부터 100만 마일은 떨어진 곳에 와 있는 듯한 느낌이 든다. 한때는 코만치족과 판초 비야의 무대였던 이곳은 멕시코와의 접경지대를 흐르는 강가에 위치하며, 웬만한 도시는 480km는 족히 떨어져 있다(리조트에 개인용 제트기를 이착륙할 수 있는 비행장이 갖추어져 있다).

텍사스 배들랜즈로 알려져 있는 이 황무지 곳곳에 여러 종류의 선인장이 서 있으며, 말라붙은 강바닥은 코요테와 퓨마, 방울뱀들의 둥지이다. 한마디로 진짜 카우보이 컨트리인 것이다. 물자의 거래로 먹고 살았던

> "텍사스는 모든 의미에서 하나의 국가이다.
> 텍사스 밖으로 나간 텍사스인은
> 외국인일 수밖에 없다."
>
> 『뉴욕 타임즈』

잊혀진 소도시는 오늘날 10,000ha의 럭셔리한 리조트로 탈바꿈했다. 스파에서는 호화로운 사막모래 스크럽을 제공하며, 구르메 레스토랑에서는 멕시코 전통 요리나 방울뱀 케이크 같은 카우보이 음식을 맛볼 수 있다. 심지어 "국제" 골프코스도 있다. 11A번 홀은 옵션인데, 미국에서 티오프를 해서 리오그란데 너머 멕시코에서 "원 파"를 할 수도 있는 것이다.

카누나 서부식 승마, 이 지역 보안관과 액션 사격을 즐긴 뒤 "스타게이저 메사(Stargazer Mesa)"에서 카우보이식 야외 브렉퍼스트를 맛보자. 이곳의 분위기에 흠뻑 젖어 옛 판자길을 걸어 써스티 고트 살룬(Thirsty Goat Saloon)으로 가자. 써스티 고트라는 이름은 라히타의 네발 달린 읍장, 맥주라면 사족을 못쓰는 염소 클레이 헨리에게서 비롯된 것이다. **RCA**

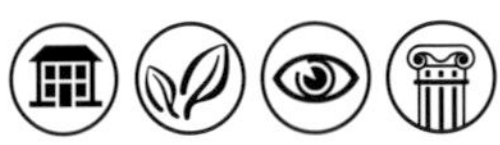

# 오크 앨리 플랜테이션
## Stay at Oak Alley Plantation

**Location** 미국 루이지애나 주 뉴올리언즈 인근
**Website** www.oakalleyplantation.com　　**Price** ⓢⓢ

　　눈부시게 아름다운 오크 앨리는 복원 공사를 거쳐 과거의 영광을 되찾았으며, 심지어 손님들에게 숙박까지 제공한다. 하얀 기둥을 세운 대저택이 남부 미인의 전설에서 막 튀어나온 듯하다. 1839년에 세워진 이 저택은 "그레이트리버로드의 귀부인"으로 불려왔다. 그림처럼 아름다운 부지와 수많은 유령 이야기 덕분에 영화 〈뱀파이어와의 인터뷰〉 촬영지로는 완벽한 선택이었다. 밤이 되면 부지에 약간 으스스하면서도 묘한 분위기가 돌고, 오래된 참나무 가로수길 아래 안개 속을 돌아다니는 스칼렛 오하라의 유령을 본 것 같은 느낌이 든다. 물론, 초자연적인 현상에 회의적인 이들은 카메라를 싫어하는 아르마딜로를 잘못 본 것이라고 하겠지만 말이다.

　　나무로 지은 포치와 자동식 모기장 문이 달린 작고 아늑한 나무 코티지—한때는 플랜테이션 노동자들의 숙소였던—에서 하룻밤을 보내자. 벌레들이 웅웅대는 소리를 배경으로 석양을 바라보면서 민트줄렙을 홀짝이기에 이상적인, 평화롭기 그지없는 휴가이다. 점심을 해결할 수 있는 레스토랑은 있지만, 저녁 식사를 할 만한 곳을 찾는 것이 문제이다. 인근에는 간간이 눈에 들어오는 침례교회 외에는 아무것도 없으니 말이다. 동네 주민들이 찾는 식당은 저녁 7시면 문을 닫는다. (당신이 들어서는 순간 식당 안에 있던 손님들은 약속이나 한 듯 입을 다물어도 당황하지 말 것.) 다행히, 아침식사는 걱정하지 않아도 된다. 오크 앨리의 따뜻한 스태프들이 베이컨, 달걀, 그릿츠 등 푸짐한 아침식사를 차려줄 것이니 말이다. "남부의 환대"란 오늘날까지도 남아 있는 듯하다. **RCA**

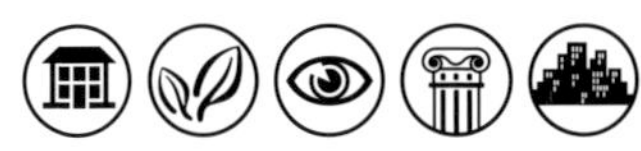

# 소니엇 하우스
## Unwind at Soniat House

**Location** 미국 루이지애나 주 뉴올리언즈
**Website** www.soniathouse.com　　**Price** ⓢⓢ

　　허리케인 카트리나가 몰고 온 비극에도 불구하고 뉴올리언즈 시는 여전히 꼭 가 봐야 할 관광 명소이다. 그 다양한 문화 유산—덕분에 멋진 건축, 이국적인 케이준 푸드, 부두교 전승, 어디에서나 들려오는 재즈 등이 탄생했다—을 자랑하는 "빅 이지"는 확실히 개성이 넘치는 도시이다. 그러나 요란한 사육제로 유명한 이 파티 도시에도 조용한 지역은 있다—매력적인 주택가의 건물들은 트레이드마크인 아름다운 발코니로 장식되어 있으며, 마치 철로 짠 레이스에 감싸여 있는 듯하다.

　　프렌치 쿼터는 골동품 부티크, 기념품부터 빈티지 주얼리와 미술 작품까지 웬만한 것은 다 파는 숍, 그리

---

> "소니엇 하우스는
> 구세계의 우아함을 뿜어내는 동시에…
> 인터넷 액세스를 제공한다."
>
> 『타임』誌

---

고 기묘한 부두 상점이 미로처럼 얽혀 있다. 샬트르 가에 있는 소니엇 하우스는 북적이는 인파로부터는 멀찍이 떨어져 있지만, 뉴올리언즈 시내의 명소들에는 걸어갈 수 있을 정도로 가까운 곳에 위치한다. 불에 그을린 듯한 오렌지색 파사드는 눈속임일 뿐이다. 안으로 들어서면 1830년대에 지어진 3개의 유서깊은 크레올 타운하우스를 합친 부티크 호텔이 기다리고 있다. 캐노피를 드리운 4개의 기둥 달린 침대와 앤티크에 현대적인 터치가 더해져 환상적인 분위기를 자아낸다. 생강꽃과 목련, 히비스커스를 심어놓은 실내 안뜰은 신선한 공기를 선사한다. 흐르는 물과 널돌이 푹푹 찌는 듯한 더위 속에서 시원한 오아시스가 되어 준다. 밤에는 안뜰에서 반짝이는 빛이 로맨틱한 운치를 더해 준다. **RCA**

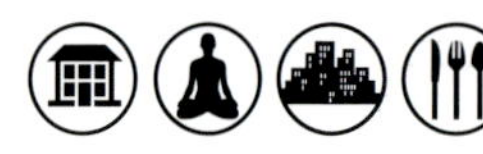

# 더 시타이 Relax at The Setai

**Location** 미국 플로리다 주 마이애미
**Website** www.setai.com   **Price** ⑤⑤⑤⑤

상하이에서 들여온 잿빛과 검은색의 돌로 벽을 쌓고, 물이 흐르는 바닥에는 화강암으로 징검돌길을 만들고, 캄보디아에서 가져온 크메르 상과 중국 시장에서 산 옥 장식품이 여기저기 놓여 있다. 바로 마이애미 해변 한복판에 서 있는 더 세타이이다.

태양 아래 빈둥거리면서 지나가는 사람들을 구경하기에 안성맞춤인 지점이 많다. 로비의 칵테일 바에서 칠리 패션 마티니를 홀짝거리거나, "더 레스토랑"의 쇼 키친 옆에서 스시를 먹을 수도 있다. 또는 풀장 가장자리에 있는 해변 바의 인기 좋은 자리를 선점하는 건 어떨까. 1930년대에 지어진 이 호텔의 원래 이름은 "뎀시 밴더빌트 호텔"이었으며, 아늑하기 그지없는 휴식처이

> "세계적인 호텔이 즐비한 도시에서
> 세련미와 서비스의 새로운
> 기준을 제시하였다."
>
> 『콩데 니스트 트래블러』

다. "스탠다드" 급인 스튜디오 스위트조차 검은 화강암 독립욕조와 레인샤워가 구비되어 있으며 라바짜 에스프 레소머신, 고급 실크 드레이프도 눈에 들어온다.

40층짜리 건물을 채우고 있는 더 큰 스위트들은 그야말로 궁전 같다. 전용 발코니가 딸려 있어 보기만 해도 잠이 올 듯한 대서양의 전망이 한눈에 빨려들어 온다. 침실 4개짜리 펜트하우스는 두말할 나위도 없다. 레니 크라비츠가 디자인한 레코딩 스튜디오에 전용 와인 셀러, 규격 풀장이 있는 파티용 테라스까지 갖추고 있는 궁극의 사치이다. **LP**

↱ 젠과 아르데코 스타일이 만난 더 시타이는 서늘하고 차분하다—그러나 몇 발자국만 나가면 번화한 사우스 비치가 나온다.

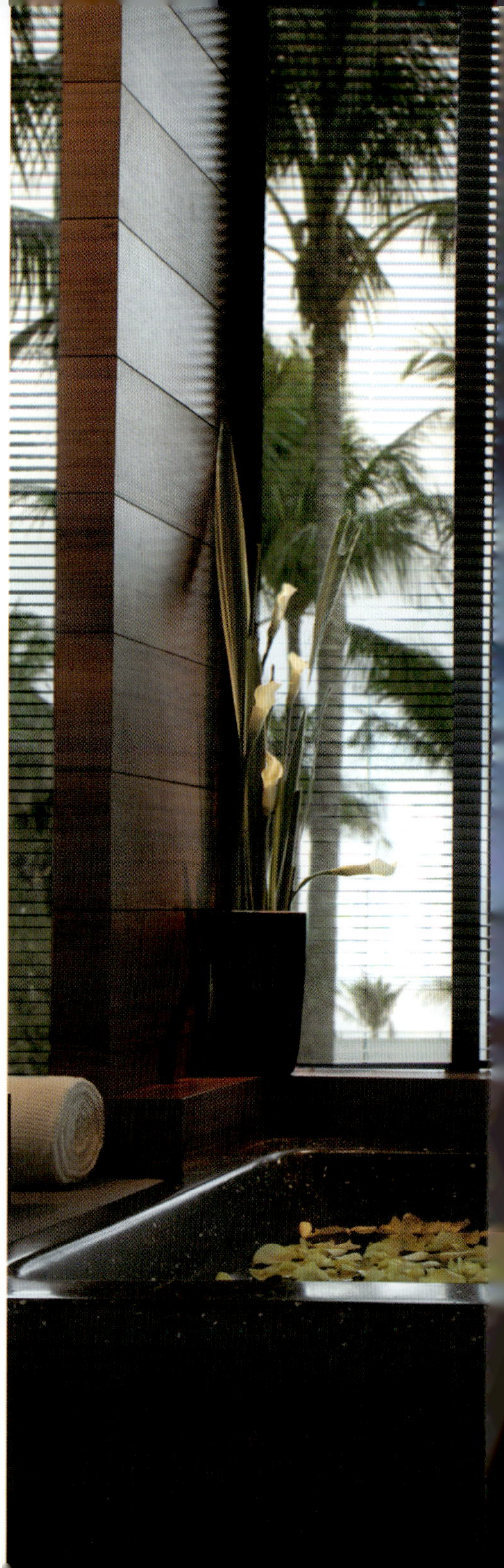

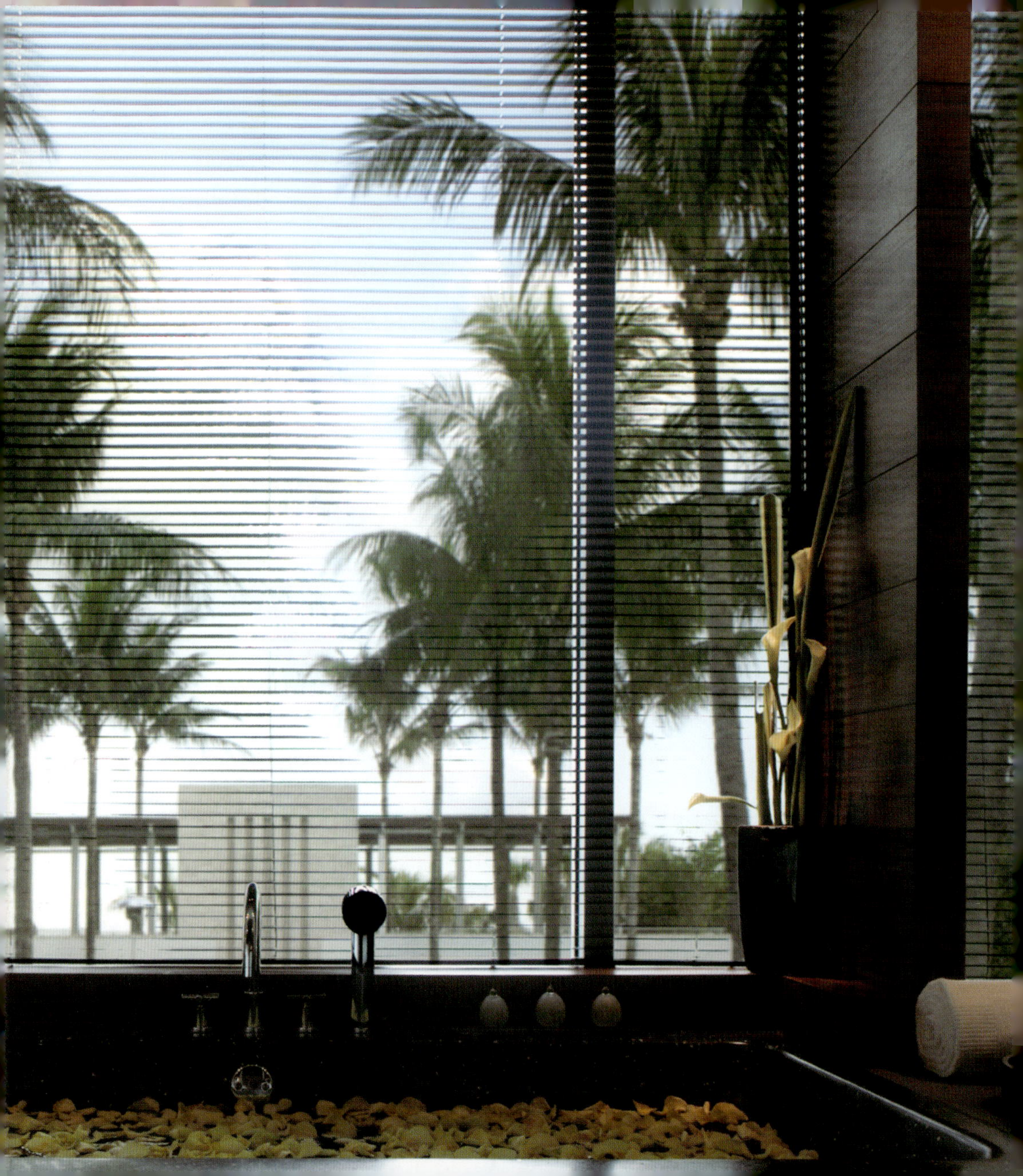

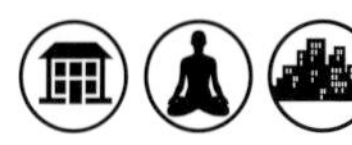

# 더 생추어리 Stay at The Sanctuary

**Location** 미국 플로리다 주 마이애미
**Website** www.sanctuarysobe.com  **Price** 🌑🌑

마이애미의 사우스 비치가 유명한 데는 여러 가지 이유가 있겠지만, 절대로 "조용해서"는 아닐 것이다—적어도 생추어리 호텔이 들어서기까지는 말이다. 젠 스타일의 서늘함과 조용한 스칸디나비아 디자인의 엣지가 느껴지는 울트라-럭셔리 모던 부티크 호텔로, 비싼 값을 내지 않고도 고급스러운 분위기에 젖어볼 수 있는 곳이다.

오픈에어 안뜰을 중심으로 설계된 이 호텔에는 대나무로 둘러싸인 조그만 분수가 수없이 많다. 31개의 객실은 모던하면서도 마음을 차분히 가라앉히는 운치가 있으며, 거의 예술적인 경지의 이탈리안 키친과 PDP TV, 무선 인터넷, 월풀욕조, 가득 채워져 있는 냉장고,

---

> "말로
> 표현하기에는
> 너무 쿨한 곳…"
>
> 『뉴욕타임즈』

---

그리고—일부 룸에는—스팀 샤워까지 구비되어 있다. 그렇다, 여기는 마이애미, 향락의 도시인 것이다. 생추어리의 경우, 향락이란 주말에 상당히 활기를 띠는 옥상의 바와 환상적인 인피니티 풀이다.

스타일리쉬한 로비 한복판에 위치한 이탈리안 레스토랑 "수고"는 마이애미 시민들 사이에도 인기가 높은 곳이다. "생추어리 스파 앤 살롱"은 지친 몸에 호화로운 관심을 기울이기에 완벽한 곳이다. 손님들은 또 다양한 컨시어지 서비스를 누릴 수 있다—벤틀리로 공항에서 픽업을 해 주는가 하면, 조깅 파트너를 물색해 주기도 하고, G4 개인용 비행기를 빌려 주기도 한다. 친근하면서도 호사스러운, 딱 사우스비치 스타일 아닌가? **PS**

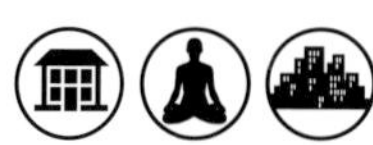

# 더 스탠다드 Relax at The Standard

**Location** 미국 플로리다 주 마이애미
**Website** www.standardhotels.com  **Price** 🌑🌑

앙드레 발라즈의 스탠다드 호텔 그룹이 공통으로 장담하는 것이 있다—바로 특별한 경험이다. 마이애미 스탠다드는 놀랄 만큼 조용한 주택가 벨 아일에 위치하고 있다. 스칸디나비아 스타일의 스파/호텔에서 "고요함"은 그야말로 상투적인 표현이다. 풀장에서는 음악이 금지되어 있다—마이애미 해변의 호텔로는 최초이다.

긴장을 풀고 느긋하게 쉴 수 있는 곳으로, 울트라-릴랙싱하고 격식에 얽매이지 않는다. 하이드로테라피 에이리어는 더 스탠다드의 자랑이다. 플런지풀, 핫텁, 3.5m 높이에 두께 7.5cm의 물기둥이 있어 몸의 피로를 풀기 딱 좋다. 염소를 첨가하지 않은 "사운드 풀"에서는 수중 스피커로 DJ가 틀어주는 음악들이 흘러나온다. 하맘, 아로마 스팀룸, 삼나무 사우나, 로마식 폭포 핫텁, 머드 라운지도 있다—도대체 몸을 말리고 나오기가 싫어질 정도이다. 아직도 몸이 뻣뻣하다면 로리 알렉산드라 벨에게 예약을 하고 침을 맞도록 하자.

음식도 아주 훌륭하다. 레스토랑 "리도"는 신선한 과일과 유기농 농장에서 가져오는 달걀로 맛있는 아침 식사를 제공한다. 그릴 "베이사이드"에서는 건강에 좋은 지중해풍 스프레드를 맛볼 수 있다. 또다른 레스토랑에서는 수퍼셰프 에릭 리퍼트의 꼼꼼한 감독 하에 직접 재배한 허브로 맛을 낸 생선 요리들을 선보인다. 어디서나 발라즈의 비전을 접할 수 있다. 그는 기존의 새하얀 대리석, 테라초 바닥과 스틸 엘리베이터에 자신만의 터치—한스 베그너의 흔들의자, 덴마크에서 수입한 빈티지 가구, 아르네 야콥센의 촛대, 아알토 티 트롤리 같은 진짜 스타일리쉬한 터치들을 더했다. 밝은색의 목재, 빳빳한 흰 침구, 모랫빛 색조, 최첨단 설비를 들여 놓은 객실 자체도 이에 걸맞게 힙하고 미니멀하다. 그 결과 신나면서도 살짝 미친듯한 분위기가 만들어졌다—건강 문화와 색다른 안락함이 결합하여, 누가 보아도 눈썹을 치켜올릴 만하다. **PS**

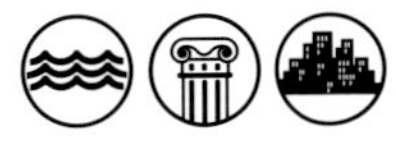

# 베네티안 풀 Discover Venetian Pool

**Location** 미국 플로리다 주 마이애미
**Website** www.venetianpool.com　**Price** ⑤

베네티안 풀은 살아 있는 역사의 믿기지 않는 편린이자 (그러니까 미국 국가 역사 유적으로 지정되었겠지만) 마이애미 심장부의 아름다운 휴양지이다. 연철로 만든 원래의 대문 안으로 한 발짝 들여놓는 순간 마치 다른 시대—"도시란 이래야 한다"는 로맨틱한 비전과 변덕스러운 건축의 시대—로 순간이동한 느낌이 든다.

　베네티안 풀은 1920년대 코럴 게이블즈(Coral Gables) 외곽의 모델 교외 개발 지역에서 사용할 산호를 채굴하던 곳이었다. 그러다가 피니어스 파이스트라는 멋진 이름을 가진 건축가와 그의 예술 고문 덴먼 핑크가 베네치아의 석호에서 영감을 받은 풀장을 조성하기로 했다. 이들은 300만 리터의 샘물—그리고 생생한

> "다른 곳과 완전히 다른 수영장에
> 가 보고 싶다면 코럴 게이블스의
> 베네티안 풀을 절대로 빼놓지 말 것."
>
> 『사우스 플로리다 선–센티넬』

상상력—을 들여서 지중해풍의 고요함을 창조해낸 것이다.

　스페인풍의 건물과 열대 정원, 산호 덩어리를 파들어간 동굴이 수영장을 둘러싸고 있다. 동굴, 테이블야자나무, 그리고 바위로 만든 다이빙 플랫폼도 있다. 극락조, 푹시아, 부겐빌레아 속에서 거닐거나 베네치아 스타일의 다리를 건너 인공 섬으로 가서 바람에 흔들리는 코코넛 야자를 구경하자. 어디에나 고사리와 꽃들 사이에 라틴 아치와 분수가 있다. 해가 지면, 베네치아 등롱과 수중 조명이 깜박이며 로맨틱한 빛으로 물들인다.

　1989년 수백만 달러를 들인 복원 프로그램 끝에, 이제 방문객들은 이 플로리다의 판타지 월드를 원형 그대로 볼 수 있게 되었다. **SH**

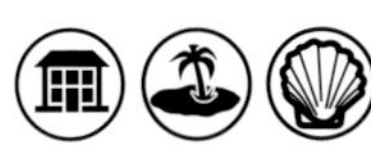

# 리틀 팜 Unwind at Little Palm

**Location** 미국 플로리다 주 리틀 토치
**Website** www.littlepalmisland.com　**Price** ⑤⑤

플로리다에는 일년 내내 화창한 날씨—덕분에 "선샤인 스테이트"라는 별명을 얻었다—부터 아름다운 카리브 해 풍의 모래톱까지 즐길 수 있는 것들이 너무나 많다. 그러나 북적이는 인파에서 벗어나 진짜 휴식을 원한다면 리틀 토치의 리틀 팜 아일랜드 리조트로 가보도록 하자. 외부 세계에서 몇 억 광년은 떨어져 있는 듯한 이 리조트—보트 또는 수상비행기로만 갈 수 있다—는 엘레강스와 캐주얼 쿨이 지배하는 곳이다. 직원들조차 패션 잡지에서 막 튀어나온 것처럼 보인다.

　말뚝 위에 올라앉은 이엉 지붕 코티지 스위트에는 모기장을 드리운 침대와 풍부한 동물무늬 패브릭, 럭셔리한 욕실을 자랑한다. 심지어 야외 샤워까지 갖추어져 있다. 플로리다보다는 발리에 와 있는 것 같은 기분이 든다. 풀장 가장자리에서, 야자수가 늘어선 해변에서, 나무에 걸어놓은 해먹에서 하루를 보내보자. 조용해 보이지만, 할 수 있는 것들이 아주 많다. 스노클링, 맹그로브에서의 카약, 심지어 호텔의 보스턴 웨일 모터보트를 타고 인근 섬들을 돌아보고 올 수도 있다.

　또 리틀 팜은 정말 환상적으로 로맨틱하다. 웰컴 샴페인 바구니를 들고 부두로 나가보자. 형광 핑크색의 석양을 구경한 뒤 해변에서 티키 횃불의 따뜻한 빛을 받으며 촛불을 밝힌 테이블에서 저녁식사를 하게 된다. 참치 타르타르, 로즈마리 양갈비, 새우 리조토 같은 맛있는 음식들을 즐긴다. 아침식사는 이보다 더 훌륭하다. 에그 베네딕트, 바닷가재, 훈제 연어, 그리고 믿을 수 없을 정도로 훌륭한 패스트리가 나온다. 이것으로도 모자란다면, 몸집이 작은 키(Key) 흰꼬리사슴을 꼭 보도록 하자. 부지 내에서 자유롭게 돌아다니는데, 특히 밤에는 저녁식사 테이블로 와서 빵을 훔쳐 먹기까지 한다. 커다란 눈과 촉촉한 코를 가진 사랑스러운 동물로, 집에 한 마리 데려가고 싶은 충동을 참을 수 없다. **RCA**

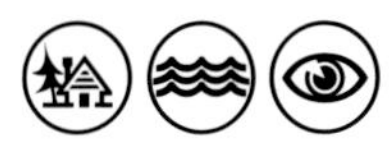

# 줄스 언더시 로지 Visit Jules' Undersea Lodge

**Location** 미국 플로리다 주 키 라르고
**Website** www.jul.com   **Price** ⑤⑤

금붕어 어항의 딱 정반대라고 생각하면 된다. 줄스 언더시 로지는 전 세계 유일한 수중 호텔로, 객실에 앉아서 물고기들이 왔다갔다 하는 광경을 볼 수 있다. 줄스 언더시 로지는 원래 과학자들이 푸에르토리코 해안의 대륙붕을 연구하는 연구소였다. 해양 전문가 이언 코플릭과 닐 모니는 플로리다의 키 라르고 해저 공원의 에메랄드 석호 밑바닥에 있는 이 시설을 로지로 탈바꿈시키기로 마음먹었다. 그들은 이 로지에 〈해저 이만리〉의 작가인 쥘 베른의 이름을 붙였으나, 뜨거운 물이 나오는 샤워, DVD 플레이어, 전자레인지, 냉장고를 들여놓는 것도 잊지 않았다.

보통 4명이 머무르지만, 좀 비좁은 것도 괜찮다면 6명까지도 숙박이 가능하다. 이 곳에 가는 것도 쉽지는 않다—스쿠버다이빙으로 6m를 내려가야 한다. 그러나 숙련된 다이버가 아니라고 해서 걱정할 필요는 없다. 줄스의 스태프들이 3시간 안에 필요한 건 다 가르쳐 줄 테니 말이다. 심지어 이 곳에서 결혼식을 올리는 커플들도 있다—공증 변호사가 주례를 위해 기꺼이 다이빙을 한다. 물론 침대가 썩 로맨틱하지 않다는 것은 인정해야겠다. 이불과 베갯잇 모두 "해저"가 테마니 말이다. 곰인형을 잊어버리고 왔다면 푹신한 물고기 인형도 있다. 의외로 이 해저 휴양지에는 유명인사들이 많이 찾아왔다. 캐나다 총리 피에르 트뤼도, 록 밴드 에어로스미스의 스타 스티브 타일러, 그리고—정말 그 이름까지 일부러 맞춘 것 같은—록 밴드 피쉬(Phish)의 드러머 존 피쉬맨(Fishman) 등이 이 곳에서 휴가를 보냈다.

그러나 이 곳의 가장 큰 매력은 진짜 물고기들이다. 아침에 일어나면 전자리상어, 파랑비늘돔, 바라쿠다, 도미 등이 창문 밖에서 당신을 들여다보고(!) 있다. 도대체 관찰을 하는 주체가 당신일까? 아니면 유리벽 안에 있는 이상한 인간들의 행태를 관찰하고 있는 물고기들일까? **PE**

# 이슬라모라다 Explore Islamorada

**Location** 미국 플로리다키스 제도 이슬라모라다
**Website** www.casamorada.com   **Price** ⑤⑤

플로리다키스 제도의 첫 번째 산호초—험프리 보가트와 로렌 베이콜로 유명해진 키 라르고—를 그냥 지나쳐서 조용하고 소박한 "보랏빛 섬" 이슬라모라다에 멈추자. 이슬라모라다에 있는 가장 스타일리시한 휴양지 "카사 모라다"는 그림 같은 산호초로 탈출해서 쿨한 카리브 해의 분위기를 즐길 수 있는 부티크 휴양지를 만들기로 결심한 사업가들의 작품이다. 공기 속에 레게 리듬이 떠다니고, 요란스럽지 않은 하얀 실내 장식, 키가 큰 야자나무 등, 정말 처음부터 끝까지 열대 분위기가 난다. 침실은 심플한 세련미 그 자체다—새하얀 리넨 침구로 뒤덮인 우아한 연철 침대, 한 줄기 눈부신 난초꽃, 그리고 물론 깊은 푸른색 바다 풍경도 빼놓을 수

---

"고요함과
스타일이
뿜어져 나오는 곳."

『뉴욕타임즈』

---

없다. 호텔의 조그만 인공 섬은 하얀 모래로 덮여 있으며, 손님들이 밤시간에 모일 수 있는 멋진 풀장과 아늑한 바가 있다. 아침식사에는 갓 구운 머핀과 베이글, 케이크, 신선한 과일이 하루를 시작할 수 있도록 든든하게 배를 채워 준다. 해먹에 드러누워 빈둥거리거나, 얕은 물에서 낚시를 나가거나, 바다로 가서 고등어, 참치, 돛새치를 찾아보자. 무엇보다도, 이슬라모라다는 "세계 스포츠낚시의 수도"이다. 또다른 옵션은 180km에 달하는 플로리다키스 제도의 산호초를 탐험해 보거나, 그림 같이 아름다운 도로를 달려 키 웨스트로 드라이브를 가는 것이다. 이 도로만 따로 놓고 봐도 1900년대 초 토목공사의 걸작이다. **RCA**

↳ 이슬라모라다에서의 완벽한 날을 마무리하는 완벽한 방법—한 손에 칵테일 잔을 들고 석양을 즐기는 것.

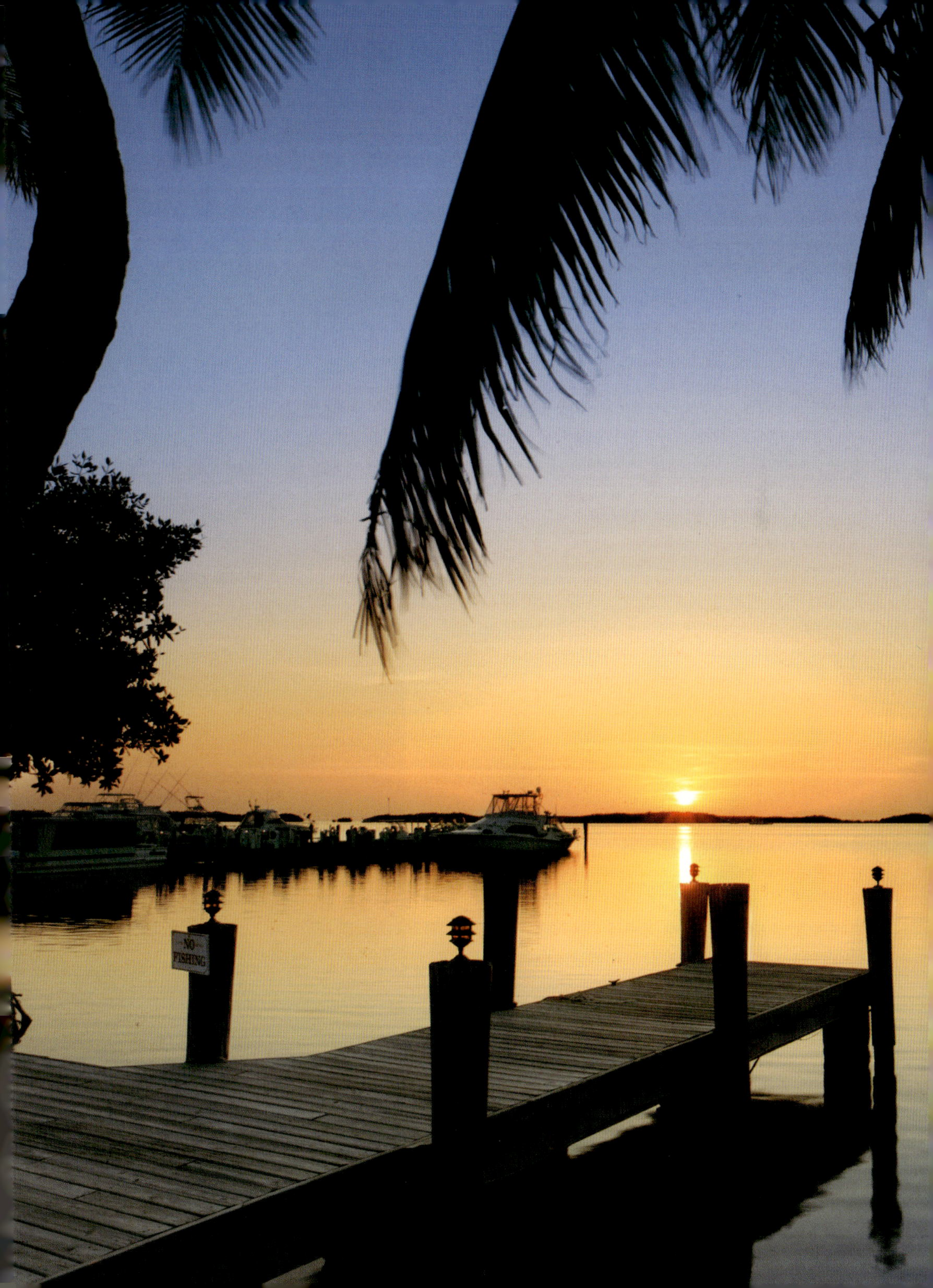
NO
FISHING

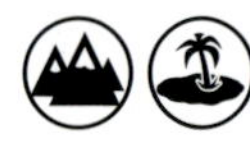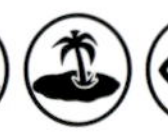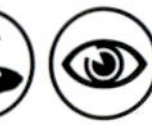

# 할레아칼라 화산
## Discover Haleakala Volcano

**Location** 미국 하와이 주 마우이
**Website** www.nps.gov/hale   **Price** $

마우이는 설명할 필요가 없다. 서핑 천국과 동의어인 이 전원적인 하와이 섬은 그러나 헬리콥터 투어부터 승마, 또는 거북과 상어들과 함께 하는 다이빙, 높이가 3,000m나 되는 화산에서 자전거 타고 내려오기 등 서핑 외에도 여러 가지를 즐길 수 있는 기회를 제공한다. 할레아칼라 화산은 면적 122평방킬로미터의 할레아칼라 국립공원에 위치하며, 태양이 화산 꼭대기 뒤에서 떠오른다고 믿었던 옛 하와이 사람들이 "태양의 집"이라고 불렀던 데에서 그 이름이 유래하였다. 최고의 전망을 원한다면 봉우리로 올라가서 너비가 3km, 깊이가 800m나 되는, 솜털 같은 구름으로 감싸인 분화구를 구

> "시각적으로 광활한 산봉우리는
> 도저히 이해의 범위를
> 넘어선다."
>
> U.S. 국립공원 관리청

경하자. 어떤 이들은 자전거로 화산을 올라가기도 한다 (최고 기록은 3시간이다). 그러나 가장 재미있는 것은 역시 45km나 되는 구불구불한 아스팔트 길을 페달을 밟아 내려오는 것이다. 부지런한 사람들은 정상으로 올라가서 일출을 보기도 한다. 새벽 2시 30분에는 출발해야 하지만, 충분히 그럴 만한 가치가 있다. 꼭대기에서 좀 호젓한 시간을 보내고 싶으면, 여행사들이 문을 닫는 일요일에 혼자서 올라가길. 아, 그리고 봄과 가을의 "신혼여행" 시즌도 피할 것. 환상적인 일출을 구경한 뒤에는 쌩쌩 바람을 가르며 내려오면서, 믿기지 않을 정도로 아름다운 해안 풍경을 만끽하자. 해방감과 스릴도 함께 말이다. **RCA**

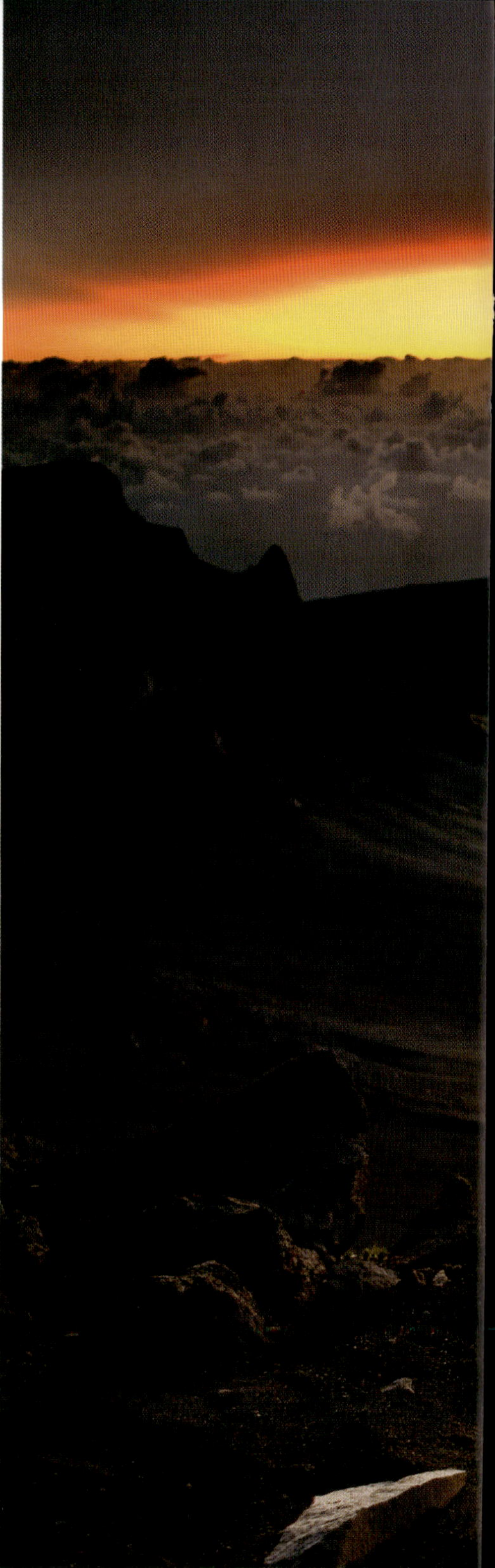

▢➜ 마우이의 지형은 마치 다른 세상 같다—우주 비행사들은 1969년 달 착륙을 앞두고, 이 곳에서 보행 연습을 했다.

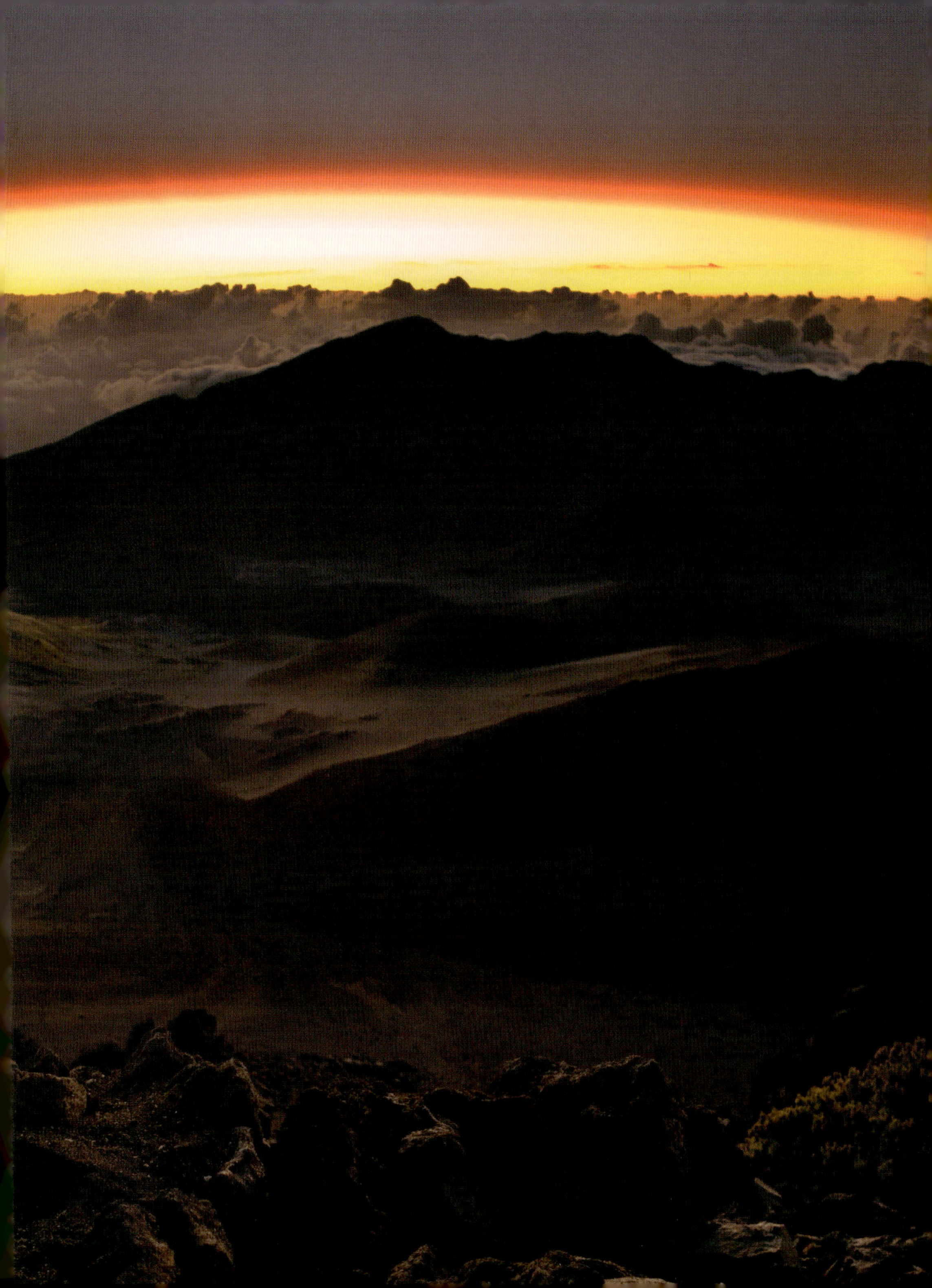

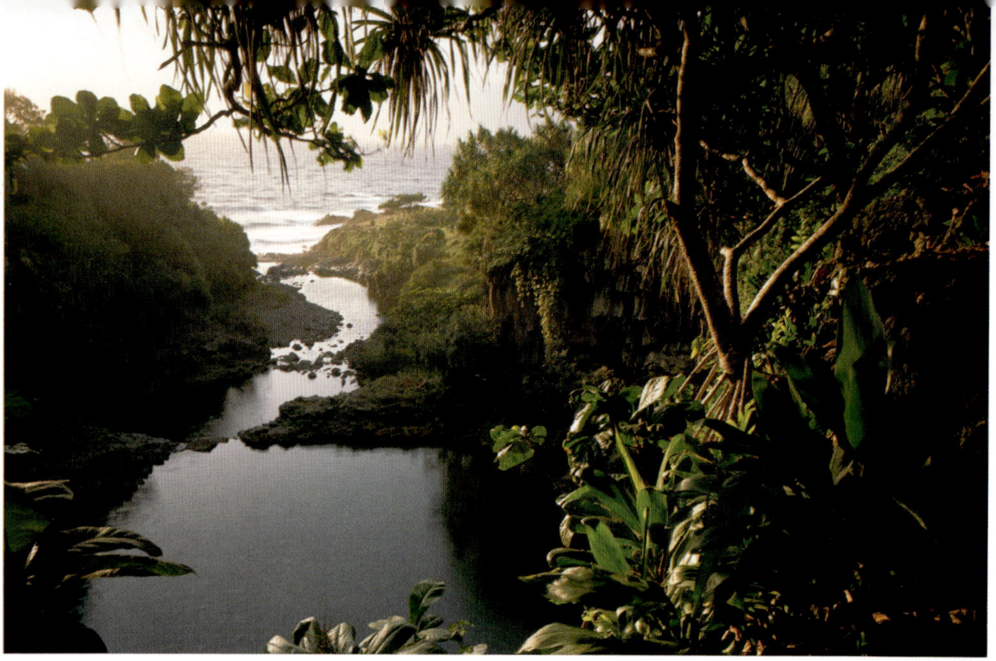

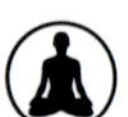

# 하나 Unwind at Hana

**Location** 미국 하와이 주 마우이    **Website** www.slh.com/hanamaui    **Price** $$

느긋하고 쿨하면서, 또 동시에 번쩍번쩍 화려하기도 하고, 또 한편으로는 야외활동의 천국인, 하와이 제도에서 가장 유명한 섬 마우이는 누구에게나 특별한 의미를 선사한다. 그러나 정말로 인파에서 벗어나고 싶다면 조용하고 사람의 손을 타지 않은 하나로 가야 한다. 절벽 가장자리를 따라 구불구불 계속 모퉁이를 돌아야 하는 악명 높은 "하나로 가는 길"을 공략하도록 하자.

자그마치 84km에 걸쳐 600개의 커브와 54개의 다리가 줄지어 있는 이 좁은 길은 마음 약한 사람은 함부로 도전하면 안 된다. 단순히 풍경이 아름답기만 한 것이 아니다—드라마틱한 절벽, 활짝 핀 열대의 꽃들, 그리고 그 향기가 신나는 드라이브를 보장해준다. 그리고 그 보상은 당연히 "하나"이다—아주, 아주 조용한 곳이다. 마치 마우이의 번화한 상업중심가로부터 몇 백만 마일은 떨어져 있는 것 같다. 실제로 이 곳에는 몇 채의 프라이빗 빌라—우디 해럴슨과 오프라 윈프리 같은 사람들이 주인이라고 한다—를 제외하면 딱히 눈에 들어오는 것이 많지 않다. 마을 한복판에 있는 하나—마우이

리조트, 학교, 교회, 도서관이 전부이다. 낮에는 서핑, 수영, 울창한 열대림 속에서 트레킹을 하면서 시간을 보내고, 밤에는 호텔의 레스토랑과 바만이 유일하게 여흥을 즐길 수 있는 곳이다. 예스러운 하와이 전통 오두막들이 거친 태평양 해안선을 내려다보고 있다. 바다와 자연이 만나 천연 에어컨이라 할 수 있는 무역풍을 만들어낸다. 걱정할 필요는 없다. 에어컨을 제외한 모든 현대적인 설비는 다 갖추어져 있으니 말이다. 스타일리쉬하게 느긋한 휴가를 보내고픈 이들이 바랄 만한 것은 무엇이든—럭셔리한 온수 웰니스풀부터 비교를 거부하는 태평양 풍경을 자랑하는 휘트니스룸, 옥외 화산암 월풀까지—다 있다고 해도 과장이 아니다. 아, 그리고 스파 "호누아"가 있다. 이 스파의 철학은 진정한 균형과 건강은 대지와 자연의 선물로부터 온다는 것이다. 하와이 사람들 사이에서는 보살핌과 웰빙의 공간으로 알려져 있는 하나에 더할나위 없이 잘 어울리는 컨셉이다. **RCA**

⬆ 태평양에서 진정한 평화를 찾도록 하자—하나—마우이에는 마음을 차분히 가라앉혀 주는 멋진 것들이 아주 많다.

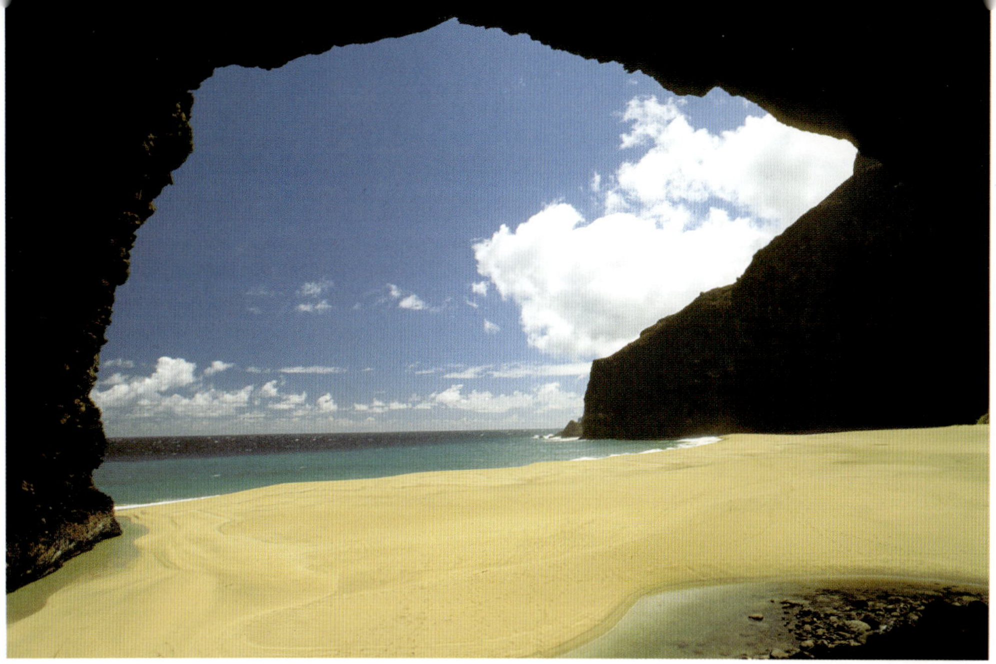

# 호노푸 해변 Walk Along Honopu Beach

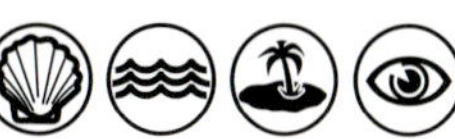

**Location** 미국 하와이 주 카우아이   **Website** www.kauai-hawaii.com   **Price** ❗

풋내기 요트광들은 명함도 내밀지 말 것—호노푸 해변에 닿을 수 있는 유일한 공식적인 방법은 헤엄치는 것뿐이다. 뭍으로는 갈 수가 없는데다, 그 배경이 마치 마법처럼 아름다워, 〈킹콩〉, 〈레이더스〉, 〈남태평양〉 같은 수많은 영화 촬영지가 되었다. (물론, 당국에서 촬영 스태프들에게는 수영으로만 이 해변에 들어올 수 있다는 정책을 예외로 해 주어야 했다.)

거친 산 바위와 매력적인 새파란 남태평양의 물로 둘러싸인 두 곳의 깊은 황금빛 해변은 험준한 암벽에 뚫린 거대한 돌 아치로 연결되어 있다. 그 앞으로는 마치 반짝이는 커튼처럼 폭포가 쏟아지고 있다. 숲이 울창한 나 팔리 해안에 위치한 호노푸 해변은 모험가들에게는 자연이 내린 선물이나 다름없다. 거의 수직으로 깎아지른 듯한 절벽을 올라가면 더더욱 험한 지형이 눈앞에 나타난다—호노푸 해변을 에워싸고 있는, 전설과도 같은 정글은 1962년 허리케인 후 복원한 것이다. 도저히 헤쳐 지나갈 수 없을 정도로 빽빽한 야생 자연은 원주민 메후엔족의 최후의 거주지이기도 하다—덕분에 호노푸 정글에는 "잃어버린 부족의 계곡"이라는 별명도 붙어 있다. 호노푸는 하와이 제도에서 가장 오래된 섬인 카우아이의 푸르른 열대 자연 속에서도 가장 비밀스러운 부분 중 하나이다. 화산 하나가 깎아지른 듯한 암벽과 울창한 정글, 폭포와 에메랄드빛 내륙, 테마파크에 와 있는 것이 아닌가 착각이 들 정도로 완벽한 시냇물과 수로 등 카우아이의 스펙터클한 자연 지형을 만들어냈다. 서늘한 산 공기 덕분에 해안의 훈훈한 기후로부터 반가운 피서지가 되어 준다.

호노푸 해변 자체에도 전설이 있다. 이 곳은 과거 메후엔 족 귀족들이 영원한 안식처였던 신성한 묘지였다고 한다. 오늘날에는 태평양에서 가장 멋진 해양 생물들을 관찰할 수 있는 완벽한 곳으로, 순수한 자연의 경이와 사색에 잠겨 기분 좋은 고독을 만끽할 수 있는 공간이다. **VG**

⤊ 모든 것에서 벗어나고 싶을 때에는, 오리발을 신고 호노푸 해변으로 가자.

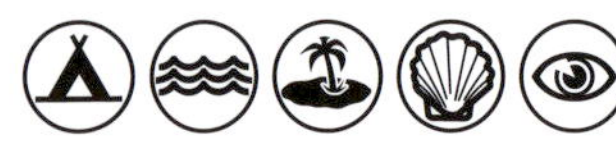

# 바하 캠프 Relax at Baja Camp

**Location** 멕시코 이슬라 디 에스피리투 산토
**Website** www.bajacamp.com **Price** $$

이 럭셔리한 텐트식 에코 캠프는 멕시코의 코르테스 해, 라파스에서 보트로 한 시간 정도 걸리는 외딴 섬에 자리잡고 있다. 고층 호텔이나 시끄러운 클럽은 없다. 그저 해안에 밀려오는 잔잔한 파도 소리가 자장가가 되어 당신을 별이 총총히 박힌 하늘 위로 데려다 줄 것이다. 커다란 10인용 텐트 안에는 침대와 깃털처럼 부드러운 침구류, 그리고 따뜻한 물이 나오는 샤워 시설이 갖추어져 있다. 가장 큰 텐트는 그보다 크기가 두 배 정도 크며, 식당 겸 라운지로 쓰인다—한 손에 마르가리타 잔을 들고 푹신한 의자에 묻혀서 지는 해를 바라보기에는 완벽한 곳이다.

막 잡은 싱싱한 어패류는 이곳에서 제공하는 지중해

> "이 부근의 해역은 해양 생물이
> 너무나 다양하고도 풍부하여 자크 쿠스토가
> "세계의 수족관"이라고 불렀을 정도이다."
>
> 인디펜던트 紙

식 및 멕시코식 요리의 하이라이트이다. 아침에는 입이 딱 벌어질 정도로 다양한 열대과일을 맛볼 수 있고, 저녁 때는 칠레 와인과 캘리포니아 와인 사이에서 행복한 고민을 할 수 있다. 바다사자들과 함께 스킨스쿠버다이빙을 즐기거나, 다이빙을 해서 맨터레이, 상어, 그리고 쏜살같이 지나가는 오색의 물고기떼를 구경해보자. 아니면 카약을 타고 인근의 동굴을 탐험할 수도 있다. 캠프 보트를 타고 해류 낚시를 나가거나, 스포츠낚시로 청새치, 다랑어, 방어, 마히마히 등을 잡아보자.

사실, 바하 캠프의 숙박객들이 불평할 수 있는 것은 딱 하나밖에 없다—바로 오래 머무를 수 없다는 것이다. 바하 캠프는 6월부터 9월까지만 오픈한다. **AD**

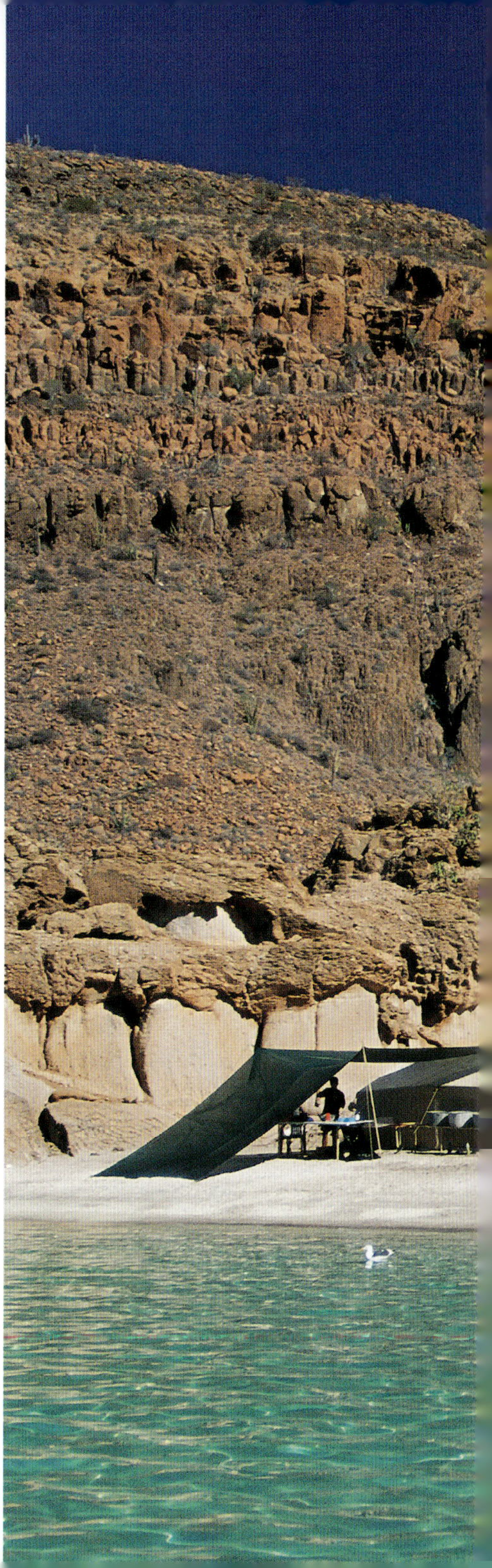

↪ 코르테스 해의 이 꿈 같은 무인도에 자리한 바하 캠프에 투숙할 수 있는 손님의 수는 매우 제한되어 있다.

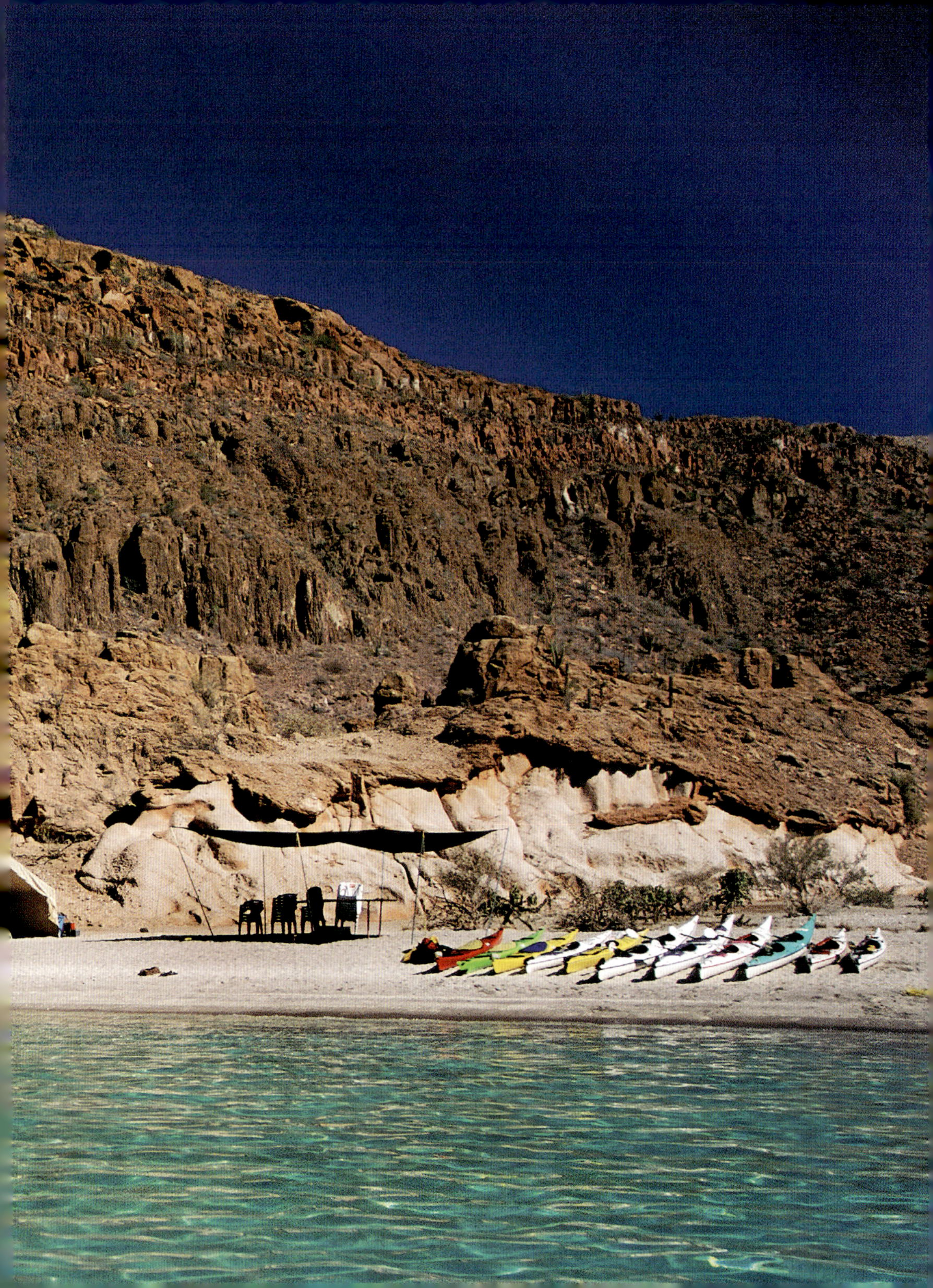

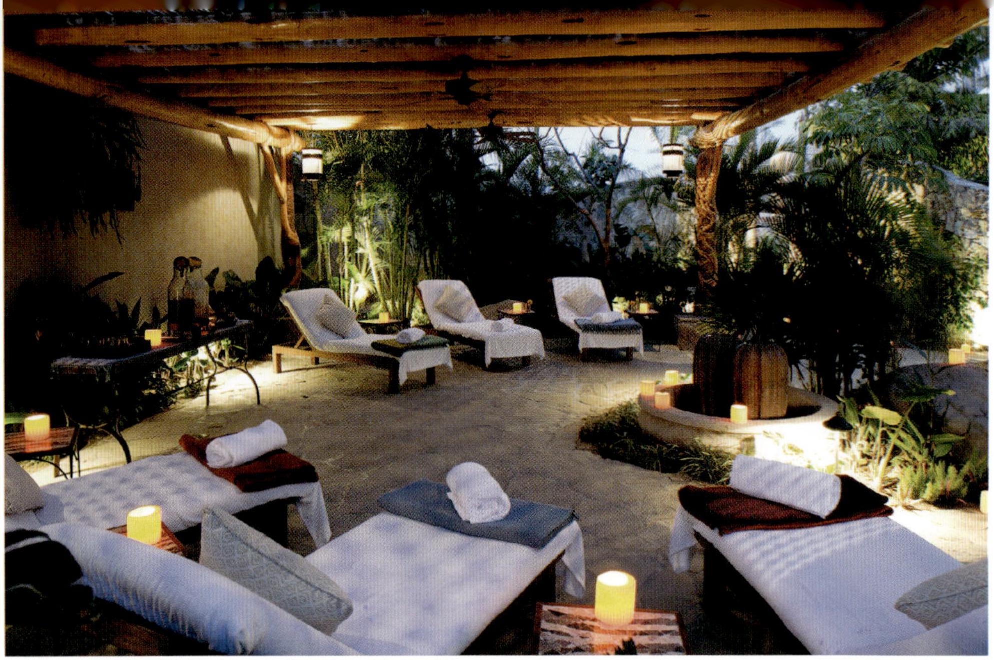

# 에스페란사 리조트 Enjoy Esperanza Resort

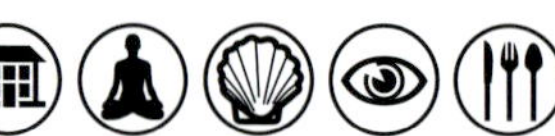

**Location** 멕시코 로스 카보스    **Website** www.esperanzaresort.com    **Price** ⑤⑤

체크인을 하기가 무섭게 호텔 매니저가 무료로 머리와 목을 마사지해 주는 순간, 정말 제대로 찾아왔다는 느낌이 들지 않을 수 없다. 햇빛을 받아 반짝반짝 빛나는 코르테스 해와 숨이 막힐 정도로 자연 그대로의 아름다움을 간직한 태평양을 내려다보고 있는 에스페란사 리조트는 7헥타르의 대지 위에 50개의 카시타(작은 빌라)와 6개의 럭셔리 스위트를 갖추고 있다.

카시타들과 리조트의 각종 설비를 전통적인 조약돌 길로 이어놓아, 겉에서 보면 마치 멕시코의 시골 마을 같다. 내부는 멕시코 고유의 예술 작품과 수공예 가구, 고급 이탈리아산 침구류로 장식하여 우아하기 그지없다. 대부분의 카시타에는 바다 조망을 즐길 수 있는 널찍한 야외 테라스가 딸려 있으며, 실내에는 가득 찬 미니바와 엔터테인먼트 센터, 그리고 호화로운 목욕용품이 구비된 넓은 욕실이 있다. 여섯 개의 럭셔리 빌라 중 일부는 독립구획으로 나누어 놓은 해변에 위치하며, 면적도 더 넓고 개인용 풀과 개인 집사 서비스까지 사용할 수 있다.

에스페란사의 지중해식 레스토랑은 코르테스 해를 내려다보는 절벽을 파들어가 지어졌으며, 어떤 테이블에서나 180도의 전경을 감상할 수 있다. 바에서는 애피타이저와 스낵류는 물론 방대한 데킬라와 시가 메뉴를 제공한다. 100가지가 넘는 데킬라를 갖추고 있으므로, 바에 들어서는 것 자체가 살짝 위험할 수도 있지만, 워낙 즐길 수 있는 야외활동이 다양하여 숙취 걱정은 하지 않아도 된다.

고래 구경을 가거나, 바닥에 유리를 깐 보트를 타고 바다로 나가거나, 낚시, 서핑, 다이빙, 윈드서핑 등을 즐겨보자. 물을 별로 좋아하지 않는다고? 사막과 텅빈 해안을 따라 가이드 투어에 나서거나 테니스, 골프, 승마 등을 하면 된다. 아, 그리고 언제든지 환상적인 천연 스파에서 호화로운 마사지를 받을 수 있다는 것도 잊지 말 것. **PS**

⬆ 전원적인 스파에서는 테라피 마사지와 원기를 회복시켜 주는 각종 트리트먼트를 제공한다.

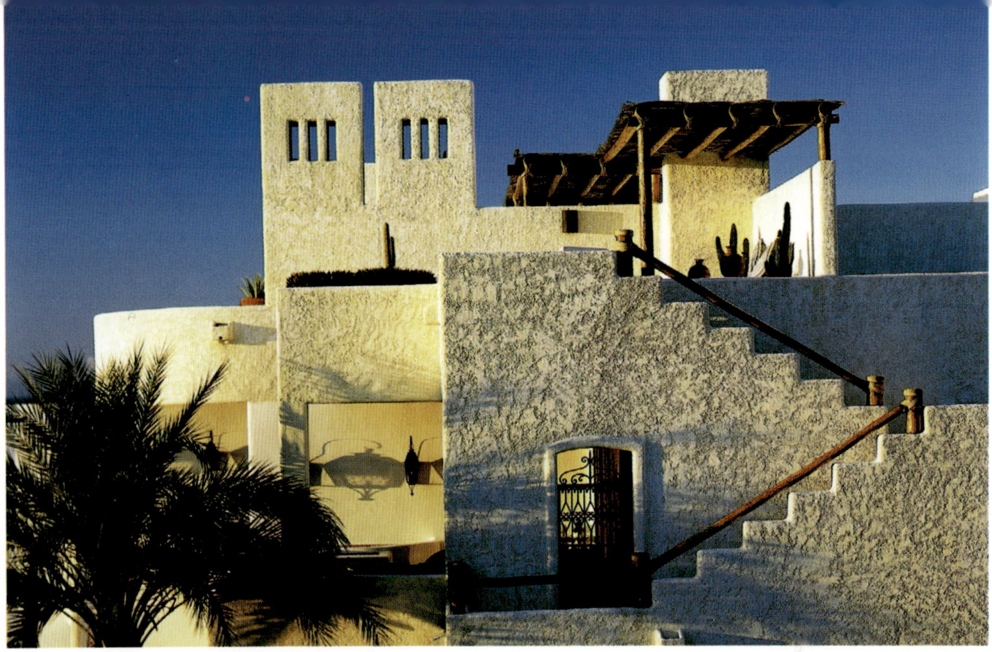

# 라스 벤타나스 Stay at Las Ventanas Al Paraiso

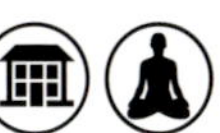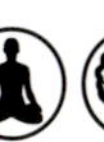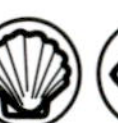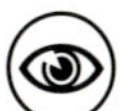

**Location** 멕시코 로스 카보스　　**Website** www.lasventanas.com　　**Price** ⑤⑤⑤

라스 벤타나스에 갈 때는 반드시 카메라폰을 챙겨갈 것. 집에 있는 사람들에게 "나 지금 누구누구 봤어!"라고 말해도 아무도 믿어주지 않을 테니까 말이다. 로스엔젤레스에서 라스 벤타나스를 거쳐 바하칼리포르니아의 최남단으로 가는 비행기는 록스타, 패션디자이너, 심지어 전(前) 대통령들로 가득하다.

제니퍼 로페즈는 『하퍼스 바자』와의 인터뷰에서 그녀가 가장 사랑하는 사치는 라스 벤타나스의 스파라고 말했으며, 제시카 심슨은 『롤링 스톤』 기자에게 라스 벤타나스의 인피니티 풀을 세계 최고로 꼽았다. 왜 세계의 명사들이 이곳으로 몰려오는 것일까? 우선 365일 동안 내리쬐는 햇빛에 줄지어 늘어선 렌트용 포르셰 박스터, 24시간 개인 집사 서비스, 그리고 궁전 같은 수영장 빌라—라스 벤타나스에서 통용되는 통화는 단 하나, "라 부에나 비다(la buena vida, 멋진 인생)"뿐이다.

건식조경이 마치 이곳을 위해 존재하는 것처럼 잘 어울리며, 로버트 트렌트 존스 주니어가 디자인한 18홀 골프코스가 리조트 내부로 구불구불 뻗어 사막으로 덮인 구릉지대까지 이어져 있다. 하얀 칠을 한 어도비 벽돌로 지은 나지막한 빌라들이 끝없이 펼쳐진 로스 카보스의 해안 위에 앉아 있다. 매년 벌어지는 고래 퍼레이드를 위해 방파제에 달아놓은 정밀 쌍안경부터 투숙객들에게만 제공되는 "핫 타입" 미출간 소설에 이르기까지, 라스 벤타나스는 모든 것을 생각하고, 구비해 놓았다. 로맨티스트라면 궁극의 해변 프로포즈를 위해 백마를 타고 나갈 수도 있다. 바로 이런 걸 "서비스"라고 하는 거다.

아 그리고, 아무도 당신이 개인용 제트기를 타고 왔는지 따위에 대해서는 상관하지 않는다. 그것이 손님을 대하는 자세이기 때문이다. 제니퍼 로페스가 좋아할 만한 것이라면, 다른 모든 사람들도 좋아할 만한 것이어야 한다는 것이 이곳의 법이므로. **TM**

⬆ 멕시코–지중해식 건축은 이 특별한 호텔이 사막 위에 서 있다는 사실을 반영한다.

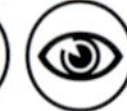

# 코퍼 캐년 Hike the Copper Canyon

**Location** 멕시코 치후아후아
**Website** www.coppercanyonguide.com  **Price** ❶

멕시코 치후아후아 주 시에나 마드레의 코퍼 캐년은 세계에서 가장 큰 협곡계이다. 그랜드 캐년보다 더 크고 깊은 6개의 협곡이 서로 얽혀 거대한 미로를 만들고 있다. 깎아지른 듯한 바위 벽과 폭포, 동굴, 그리고 최고의 하이킹 구역으로 이루어진, 경탄을 자아내는 풍경이다. 코퍼 캐년이라는 이름은 협곡 주위에서 자라는 구릿빛 이끼에서 비롯되었다.

코퍼 캐년은 반(半)유목 생활을 하는 타라후마라 인디언들의 거주지로, 이들은 16세기 스페인 정복자들이 온 이후 이곳에 정착하였다. 세월이 흐르면서 예수회 선교사들 역시 코퍼 캐년을 근거지로 삼았고, 메노파(외적으로는 은둔을, 내적으로는 엄격한 집단 규율을 특징으로 하는 재세례파 종파 중 하나)들도 협곡 여기저기에 자리를 잡았다. 물론 보다 전형적인 멕시코 부락들도 있다. 그 중 일부는—다수의 카우보이들로 인해—독특한 변경지대의 느낌을 풍긴다.

하이킹을 시작하려면 세계에서 가장 흥분되는 철도를 타야 한다. 우뚝 솟아 있는 협곡 벽과 절벽들을 지나 총 여든여섯 개의 터널과 서른일곱 개의 다리를 건너 엘 푸에르테(El Fuerte)에서 내려다보는 절경은 그야말로 기가 막히다. 이 지역에는 협곡 가장자리를 따라가는 코스와 협곡 바닥을 훑는 코스를 막론하고 수많은 당일치기 하이킹 코스가 있으며, 1주일 이상 하이킹을 즐길 수 있도록 도와줄 전문 가이드들도 다수 있다.

울퉁불퉁한 오솔길을 따라 협곡 깊숙이 내려가면, 이곳에 사는 타라후마라 인디언들과 알고 지내는 가이드들의 소개를 받아 그들의 생활방식을 들여다볼 수도 있다. 하이킹은 사람의 손때가 묻지 않은 야생의 자연과 거대한 협곡의 장관을 즐길 기회를 제공한다. **LD**

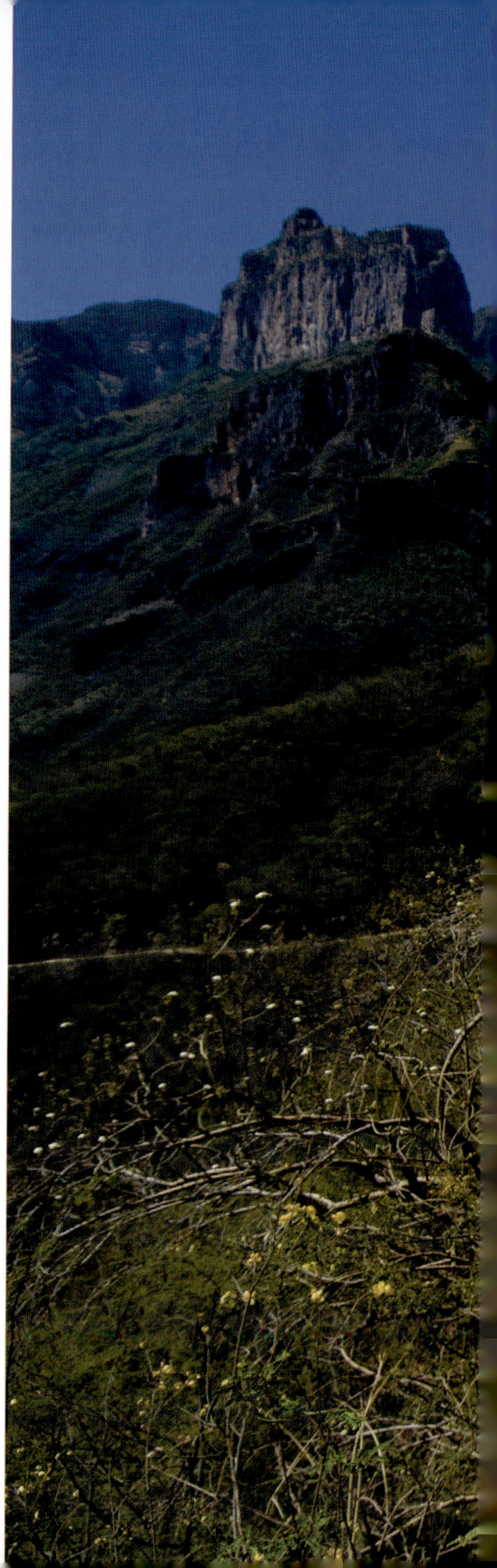

↪ 멕시코의 코퍼 캐년은 초보자와 경험자를 가리지 않고 풍부한 하이킹 & 워킹 기회를 선사한다.

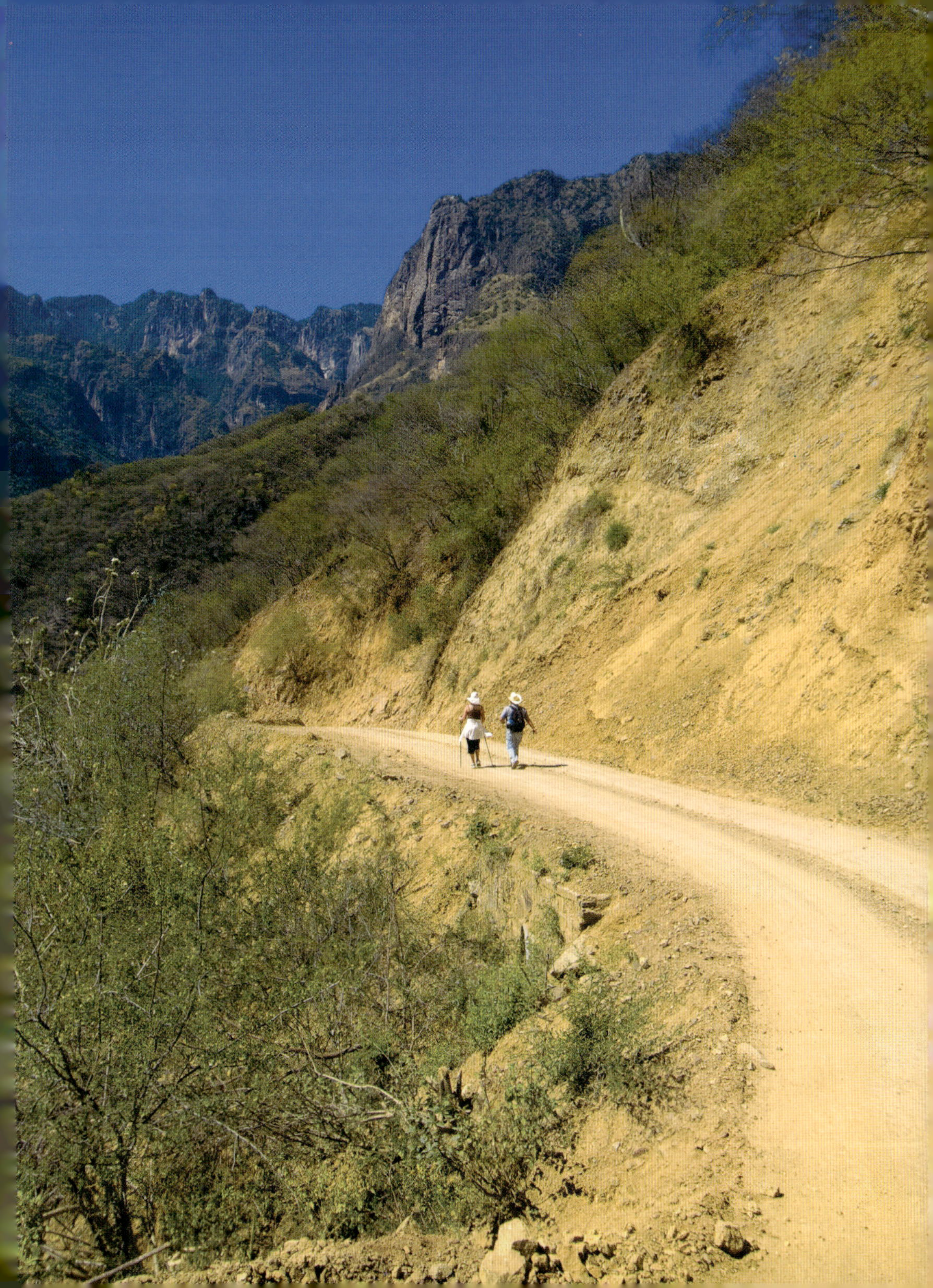

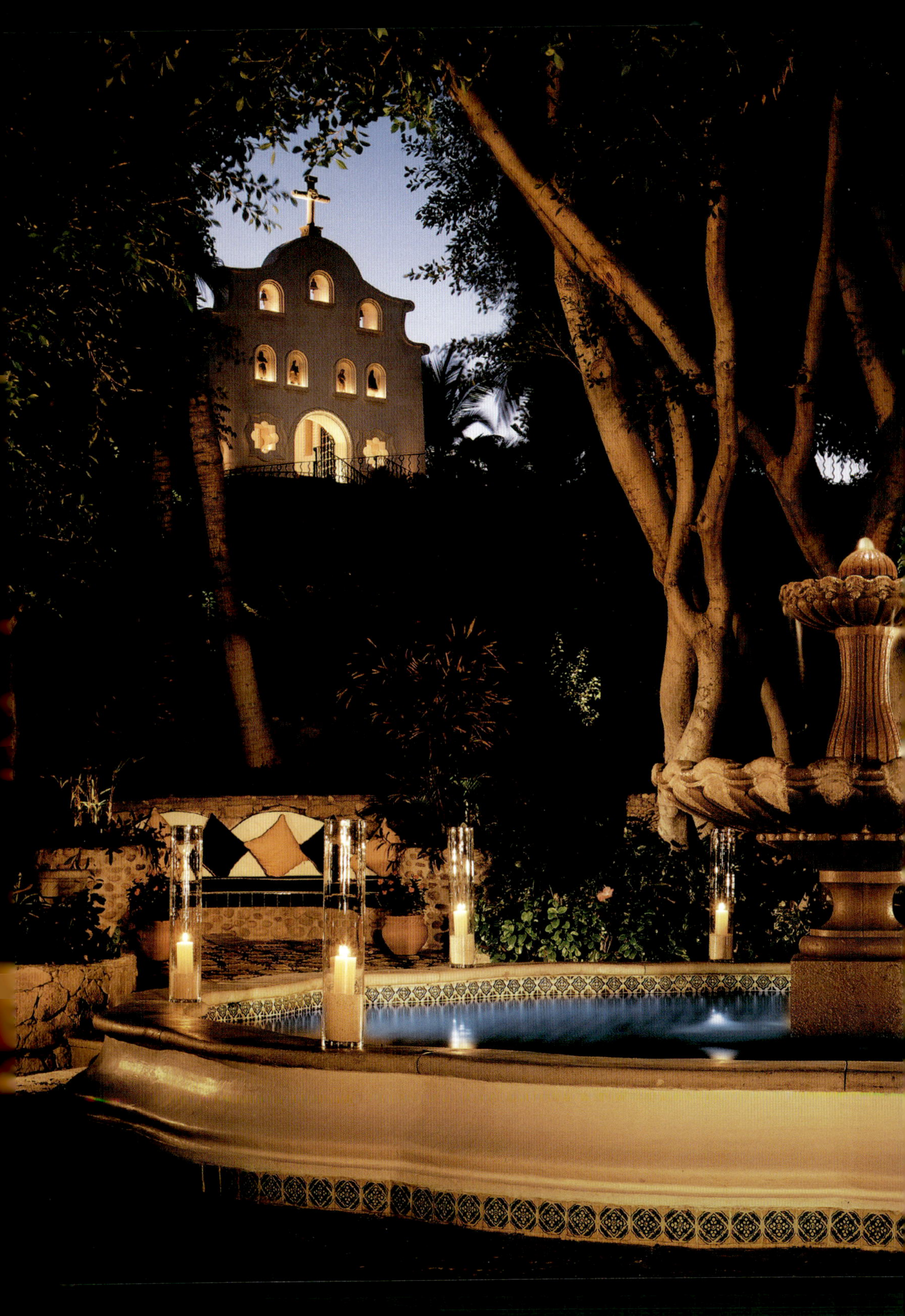

# 원앤온리 팔미야
## Stay at One & Only Palmilla

**Location** 멕시코 로스 카보스
**Website** www.oneandonlyresorts.com  **Price** ⑤⑤⑤

밀가루처럼 고운 모래 속에서 발가락을 꼼지락거리면서, 완벽한 마르가리타를 홀짝이면서, 인피니티 풀 너머 저 멀리 고래가 미끄러져가는 모습을 구경할 수 있는 곳은 지구상에 별로 많지 않다. 바하 반도 남쪽 끝, 산호세 델 카보와 카보 산 루카스 사이에 샌드위치처럼 끼어 있는 원앤온리 팔미야는 지극히 시크한 비치 리조트—그리고 그 이상이다. 이곳을 완벽하게 유니크한 공간으로 만드는 것은 바로 감탄이 절로 나오는 로케이션—태평양과 코르테스 해가 만나서 합쳐지는 로스 카보스 해협—이다.

이곳의 분위기는 말 그대로 진정한 휴식에 딱이다.

---

> "이 지역 최고급 리조트 중의
> 하나로… 수 에이커에 달하는
> 인피니티 풀을 갖추고 있다."
>
> 『뉴욕 타임즈』

---

이국적인 꽃나무에 둘러싸인 객실은 파도를 내려다보는 테라스 또는 발코니가 딸려 있으며, 긴 의자가 비치되어 시에스타를 즐기기엔 안성맞춤이다. 또한 고래나 별을 구경하기 위한 망원경도 사용할 수 있다.

팔미야는 1956년, 작고 외딴 낚시용 오두막으로 문을 열었으며, 존 웨인이나 빙 크로스비 같은 이들이 즐겨 찾는 곳이었다. 그러나 지금은 데미 무어나 존 트라볼타와 마주칠 확률이 더 높다. 오늘날 라 팔미야는 최고급 스파, 아름답게 단장한 경내, 골프 코스 등을 갖춘 럭셔리 비치사이드 오아시스인 동시에 세계 최고의 낚시를 즐길 수 있는 곳이기도 하다. 빙 크로스비가 얼마나 이곳을 좋아했을지 짐작이 간다. **LP**

◄ 팔미야의 석조 분수, 흰 벽, 그리고 주물로 만든 문은 옛 식민시대 멕시코를 떠오르게 한다.

# 호텔리토 데스코노시도
## Enjoy Hotelito Desconocido

**Location** 멕시코 할리스코
**Website** www.hotelito.com  **Price** ⑤⑤⑤

만약 궁극의 친환경주의를 찾고 있다면, 바로 이곳이 답이다. 자연 애호가들의 천국인 호텔리토 데스코노시도는 시에라 마드레 산맥과 태평양 사이 습지에 있는 거대한 조류 및 거북 보호지구 한가운데에 위치해 있다. 호텔의 메인 로지에서 배를 저어 습지 어귀를 지나 선인장이 여기저기 솟아 있는 해변의 오두막으로 향하는 길, 공기에서 마치 마법이 느껴지는 듯하다.

색색깔의 객실은 아주 간소하지만, 완벽하게 매력적이다. 전기도 없고, 유일한 편의시설이라곤 샤워, 싱크, 변기, 그리고 모기장을 친 침대가 전부이다. 그늘이 진 해먹이나 65km에 걸쳐 뻗어 있는 해변에서 누워 뒹굴뒹굴할 수도 있다. 해질녘이면 느긋하게 쉬고 있는 투숙객들이 지켜보는 가운데 새끼거북들이 바다로 헤엄쳐 들어간다. 음식—예를 들면 오징어 샐러드, 레몬에 절인 해산물 플레이트, 코코넛 케이크—역시 단순하고, 건강하고, 맛이 좋다.

해가 지고, 손전등 빛을 따라 보트가 습지 어귀 저편의 투숙객들을 싣고 매우 특별하게 장식된 엘 칸타리토 레스토랑에 당도하면 촛불 아래 저녁 식사가 기다리고 있다. 바에서 차가운 맥주나 마르가리타를 홀짝이면서 수다를 떨거나, 어슴푸레한 저녁노을 빛 속에서 포켓볼을 쳐보자. 어둠 속에는 수십 개의 작은 촛불이 반짝이고, 아침 식사 전에 갓 내린 멕시코 커피와 쿠키를 받고 싶으면 창문 밖의 깃발을 끌어올려두면 된다. 정말 특이하면서도 로맨틱하기 이를 데 없다.

이곳에서는 외부 세계와 연락을 주고받는 것이 불가능에 가깝지만, 그거야말로 이곳에 머무르는 이유 그 자체이다. 가장 가까운 마을도 수 킬로미터나 떨어져 있기 때문에, 호텔리토는 당신만의 세계에 있다는 느낌, 가장 달콤한 고립을 확실하게 보장해 준다. 마돈나, 믹 재거, 쿠엔틴 타란티노 등이 이곳을 찾은 것도 놀랄 일이 아니다. **RCA**

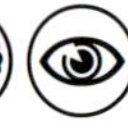

# 쿠이스말라 리조트
Rent a Villa at Cuixmala

**Location** 멕시코 할리스코    **Website** www.cuixmala.com
**Price** 💲💲

이것은 현대판 요정 이야기이다. 쿠이스말라는 황금빛 해변과 맞닿은, 그 면적만 1만 헥타르가 넘는 생태 보존 지역에 럭셔리한 빌라들이 자리잡고 있는 멋진 리조트 이다. 이곳은 여러 가지 의미에서 프라이버시의 안식처 이다. 이곳에 와서 머리를 누이고, 인적 없는 해변에서 게으름을 피우고, 자연과 가까워지라. 생태 보존지역에 둥지를 튼 새들과 동물들—재규어부터 바다거북, 이국 적인 얼룩말과 영양에 이르기까지—을 찾아보라.

가장 등급이 높은 하우스는 카사 라 로마로, 파랑과 노랑의 줄무늬로 장식한 돔이 특징이다. 카사 라 로마 는 마치 성처럼 보이며, 코스타 알레그레의 텅빈 해변 부터 규칙적으로 밀려오는 태평양의 해류까지 한눈에 들어온다. 빌라는 4개가 더 있는데, 모두 스태프가 상시 대기하며, 호화로운 멕시코식과 유럽식 디자인으로 꾸 며져 있다. 그 밖에도 공동 수영장과 클럽하우스, 레스 토랑을 갖춘 9개의 아늑한 카시타도 있다. 그저 편안하 게 쉬다가 말에 올라 망고와 파파야 나무, 감귤 과수원, 그리고 수많은 해변을 지나 유기농 농장을 탐험하러 가 자. 해변은 스킨스쿠버다이빙과 카약을 즐기기에 제격 이다. 코코넛야자나무 사이에 해먹을 매달아 놓고 시원 한 나무 그늘에서 쉴 수도 있다. 사람의 손때가 묻지 않 은 해변 위로 피크닉을 갔다가 보트를 타고 석호로 나가 점박이 돌고래와 고래, 그리고 석양을 감상하는 것도 좋다. 하루의 마무리는 역시 차가운 마르가리타다.

유명인사들은 당연히 이 유행의 첨단을 걷는 에코 리조트에 열광한다. 구르메 다이닝룸에서 제공되는 식 사는 목장이나 고지대 농장에서 유기농으로 재배한 것 이다. 영화 관람실에는 쿠션을 쌓아놓은 더블베드 사이 즈의 인도풍 세티가 2단으로 비치되어 있다. **AD**

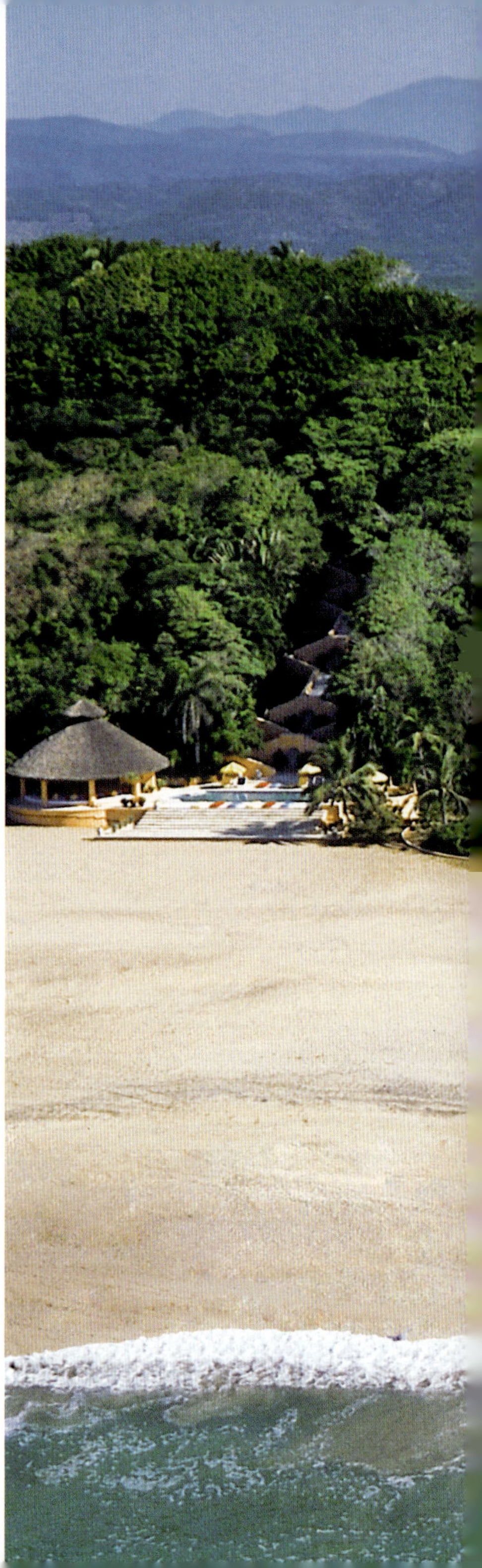

⊡ 위풍당당한 카사 다 로마는 원래 산업가 제임스 골드스미스 경이 열대 지방에 와서 홀로 휴양을 즐기던 별장이었다.

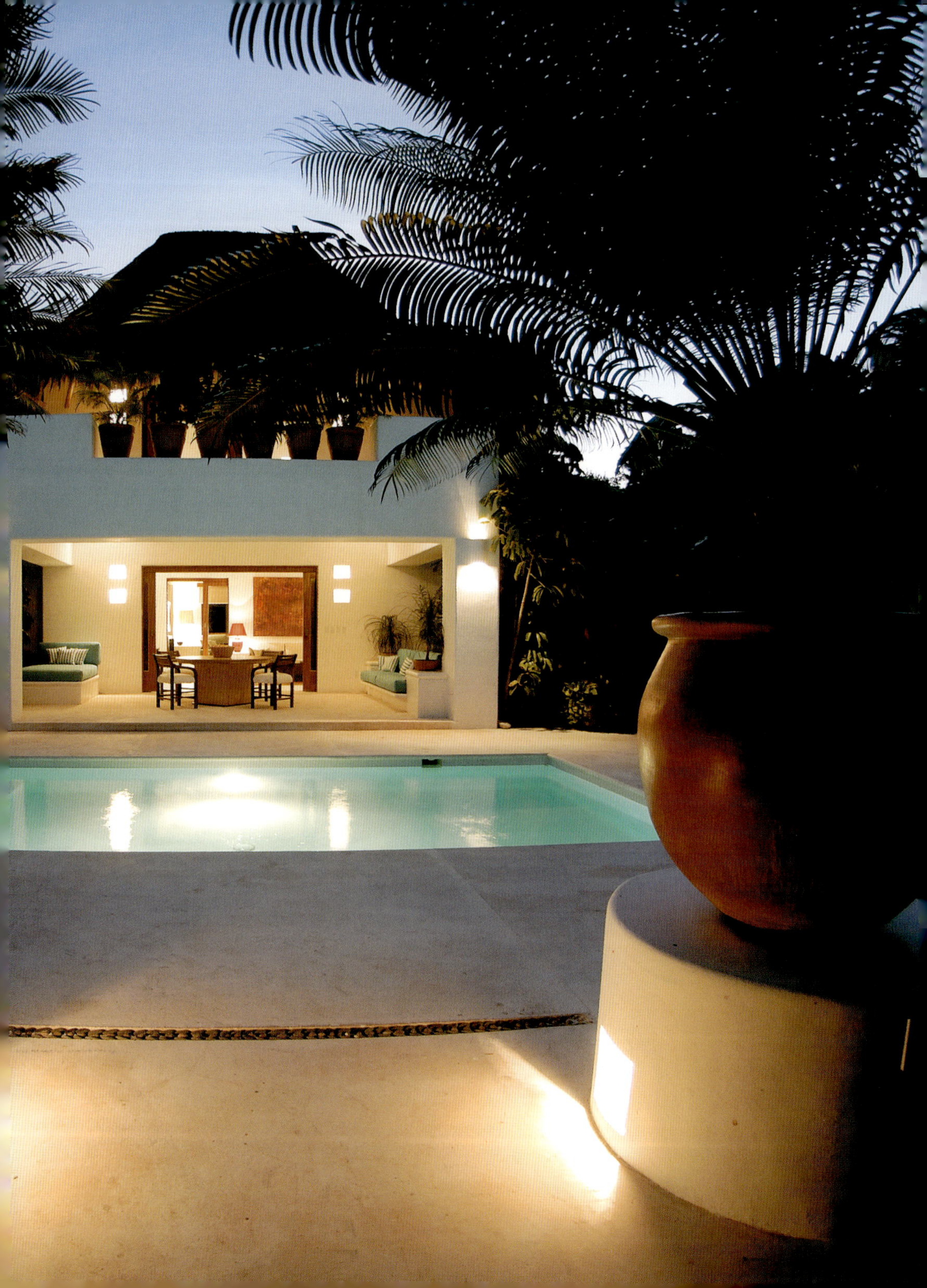

# 치미노 Relax at Chimino

**Location** 과테말라 라구나 페테스바툰
**Website** www.chiminosisland.com　　**Price** $

한밤중에 느닷없이 들려오는 말썽꾸러기 고함원숭이의 끽끽거리는 소리에 잠을 깰 수도 있고, 객실 창문 옆을 헤엄쳐 지나가는 악어의 모습에 기겁을 할 수도 있지만, 이것이야말로 세계 최고의 생태고고학 휴양 중 하나가 지닌 매력이 아니겠는가.

　치미노는 과테말라 정글 깊숙한 곳에 위치한 거대한 석호에 떠 있는 요새와도 같은 섬이다. 방문객들은 다섯 채의 현대적인 전원풍 가옥—이 지역에서 자연적으로 쓰러진 마호가니 목재로 지은—중 하나에서 머무르게 된다. 지붕에는 야자잎을 누덕누덕 이은 이엉을 얹었다. 한 채에서 다섯 명까지 투숙할 수 있는데, 각각 수백 미터 간격으로 떨어져 있으며, 석호를 내려다보고 있다. 내부에는 단순한 침대와 욕실이 갖추어져 있고, 뜨거운 물도 나온다. 마치 정글 한복판에 앉아있는 것 같은 느낌이 들지만, 주인은 벌레와 동물들로부터 안전한 곳이라고 안심시킨다. 비슷한 외양의 중앙 건물에는 바, 레스토랑, 테라스, 해먹 등이 있다. 물 위에는 일광욕, 수영, 카누, 낚시 등을 하기 위한 목조 데크가 떠 있다. 요리사가 석호에서 잡은 신선한 생선을 요리해서 이 지역의 전통 요리를 만들어준다.

　득실거리는 야생 동식물은 이 섬이 내뿜는 매력 중의 일부일 뿐이다. 지금은 지나치게 커진, 굴러떨어지는 돌 유적을 보려고 오는 방문객도 많다. 방갈로에서부터 인상적인 마야의 요새 유적까지 이어지는, 오가기 편한 길이 나 있다. 방어용 성벽과 의식에 쓰인 파라미드, 궁성 등을 모두 볼 수 있다. 이곳은 600~900년 사이에 마야의 왕족 일부가 살았던 근거지라고 추정된다. 이들은 마야 문명이 수수께끼처럼 스러져 가는 동안 이곳에 성채를 쌓고 스스로 틀어박혀 지냈다. 이들조차 느긋하게 휴식을 즐기기에 안성맞춤인 곳이라고 생각했을지도 모른다—정글 깊숙한 곳에서 고고학자들이 공놀이용 코트를 발굴해 낸 걸 보면 말이다. **SH**

# 라 란차 로지 Stay at La Lancha

**Location** 과테말라 티칼 호수 근교
**Website** www.blancaneaux.com　　**Price** $

프랜시스 포드 코폴라가 가장 최근에 지은 이국적인 정글 로지는 그의 영화 〈지옥의 묵시록〉에 나오는 몇몇 장면을 연상시킨다. 이 세계적인 영화 감독은 과테말라의 열대우림 깊숙한 곳에 있는 페텐이싸 호숫가에 라 란차를 열었다. 그러나 "공포, 공포(the horror, the horror)" 하고 중얼거리는 말론 브란도는 없다. 코폴라는 정글의 가파른 언덕배기에, 폭포가 딸린 복층 수영장, 호수를 굽어보는 옥외 레스토랑, 아름답게 장식된 마야풍 카시타(작은 빌라) 등을 갖춘, 멋진 휴양지를 창조해낸 것이다.

　카시타는 나무 사이로 호수 너머 전망까지 즐길 수 있는 기본적인 목조 데크와 발코니가 달려 있다. 내부

> "나는 내 방의 데크 바로 바깥에
> 고함원숭이가 사는, 사람의 손을
> 타지 않은 공간을 사랑했다."
>
> 프랜시스 포드 코폴라, 영화감독

에는 단순한 흰 벽, 타일을 깐 바닥, 높은 목조 천장, 그리고 대리석 욕실이 있다. 색채는 마야풍 벽걸이와 러그, 쿠션, 소파 등에서 얻는다. 레스토랑, 하루 종일 느긋하게 즐길 수 있는 바, 소파와 분수가 갖추어진 선 테라스, 그리고 호숫가에는 작지만 모래사장도 있다. 그냥 빈둥거리면서 쉬어도 되고, 보트나 카약을 타러 가도 되고, 낚시나 승마를 즐길 수도 있다. 심지어 스페인어 레슨을 받을 수도 있다. 더 멀리 들판 위에는 멋진 마야 유적들이 있다. 유적 구경은 물론 이른 아침에 새 관찰—큰부리새, 앵무새, 물총새, 벌새, 독수리 등—까지 할 수 있도록 호텔에서 모두 계획을 짜 준다. **SH**

▣ 라 란차의 레스토랑. 지붕에는 이엉을 얹었으며 숲을 향해 오픈되어 있다. 향토 요리와 이탈리아 음식을 맛볼 수 있다.

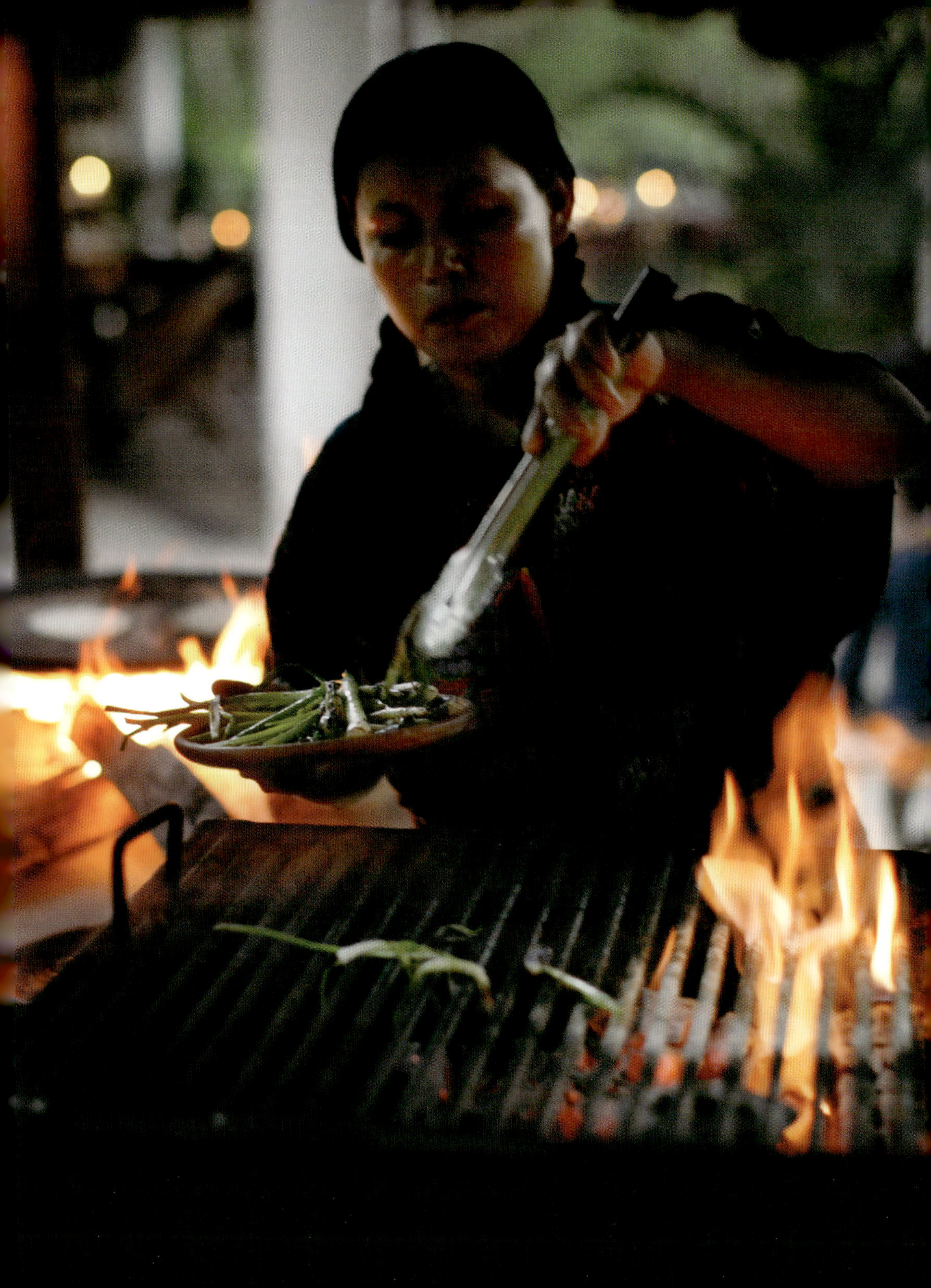

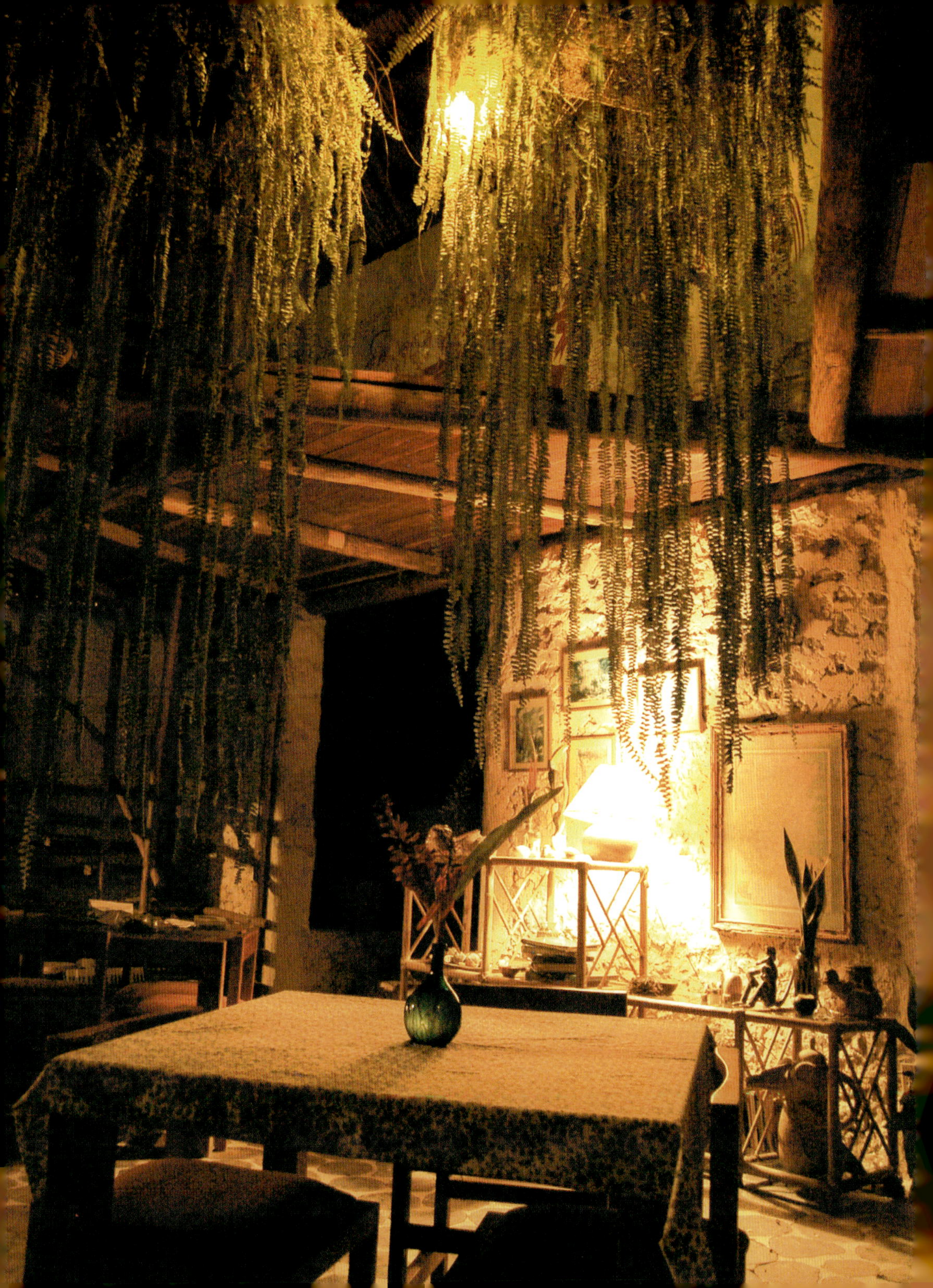

# 니툰 Unwind at Nitun Reserve

**Location** 과테말라 산안드레스　　**Website** www.nitun.com
**Price** 💲💲

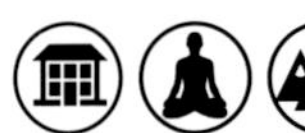
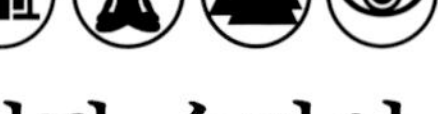

# 빌라 수마야 Enjoy Villa Sumaya

**Location** 과테말라 아티틀란 호수
**Website** www.villasumaya.com　　**Price** 💲💲

아주 고급스러운 휴양지라고는 할 수 없지만, 니툰에서 해먹에 드러누워 머리 위를 빙빙 도는 벌새들을 바라보고 있노라면 뭔가 특별한 평화로움이 느껴진다. 특별히 교육을 받은 직원들이 이 에코 로지 주변을 돌면서 새 먹이를 주기 때문에 투숙객들은 이 작고 컬러풀한 새들이 보여주는 공중곡예를 감상할 수 있다.

니툰은 과거 커피 플랜테이션 농장주가 페텐이싸 호반의 열대우림 속에 세웠다. 호숫가를 따라 나무에 둘러싸인 니툰은, 돌과 나무로 지은 건물에 야자수 잎을 엮은 이엉 지붕을 올린, 아주 신나는 공간이다. 내부는 상업용 호텔에서 상상할 수 있는 그것과는 완전히 다르다. 거친 돌과 통나무 바닥에 단순한 가구만이 비치되

> "잠시 녹색의 아름다움에 포근하게
> 둘러싸여 있으면… 해먹을 찾아 절대로
> 떠나고 싶지 않은 유혹이 찾아온다."
>
> 루카스 비그든, 언론인

어 있다. 니툰은 숲을 깎아 만든 럭셔리한 인조 공간이라기보다, 환경의 아늑한 일부로 느껴진다. 그러나 선풍기도 있고, 모기장도 있고, 뜨거운 물이 얼마든지 나오는 개인용 욕실도 있으니 걱정할 필요는 없다.

2층짜리 중앙 로지 건물에는 레스토랑, 바, 라운지가 갖추어져 있다. 오픈플랜(다양한 용도를 위해 건물 내부를 벽으로 나누지 않고, 칸막이를 최소한으로 줄인 평면 설계 양식–역주) 키친에서 준비하는 음식은 과테말라 최고 중 하나로 꼽힌다. 야생동식물을 관찰하러 숲으로 트레킹을 떠날 수도 있고, 호수에서 보트를 탈 수도 있다. 니툰은 자연보호 구역으로 둘러싸여 있으며, 엄격한 생태 규정에 따라 운영되고 있다. **SH**

⬅ 니툰 보호구역에서의 숙박은 이곳을 둘러싸고 있는 정글만큼이나 아늑하면서도 전원적이다.

과테말라에는 빽빽하게 우거진 정글 외에도 많은 것들이 있다. 이 분위기 있는 휴양지가 그 완벽한 예다. 빌라 수마야는 높이 1,370m 산 속의, 푸르른 과수원 정원이 세 개의 뾰족한 화산 봉우리를 마주보고 있는 아름다운 호숫가에 자리잡고 있다. 과테말라 심장부의, 숨막힐 듯 아름다운 풍경과 소박하면서도 그림 같은 호텔이 머물면서 주변을 탐험하기에 최고인 공간을 만들어낸다.

빌라 수마야는 아티틀란 호수의 가장자리에 서 있으며, 한때는 과테말라의 부유층 가문의 별장이었다. 그러다 호텔로 바뀐 뒤에는 너무나 고요하고 머무는 이에게 영감을 불어넣어, 요가와 명상을 위한 센터로 유명세를 타게 되었다. 이 모든 자연의 아름다움 한가운데에 위치한 호텔 건물들은 전통적인 이엉 지붕에 한쪽 벽을 터서 숨막히는 파노라마 전경을 감상할 수 있다. 구불구불한 돌길을 따라 테라스에 닿으면 일광욕용 의자, 뜨거운 물이 찰랑이는 욕조, 사우나, 페르골라 등이 보인다.

카바나는 단순하지만 편안하다. 전체적인 색조는 절제된 흙빛 갈색과 황토색이고, 바닥에는 핸드메이드 타일을 깔았으며, 고리버들 의자와 촛불, 해먹 등으로 꾸며 놓았다. 내부 장식은 마야풍 텍스타일과 이 지역의 민속예술이 주를 이룬다. 그러나 이곳을 찾으면 아마도 널찍한 베란다에서 호수 너머 풍경을 즐기며 대부분의 시간을 보내게 될 것이다.

호숫가에는 "푸른 호랑이 사원"이 있어 온갖 종류의 이벤트와 클래스—요가, 댄스, 명상, 마사지, 아로마테라피, 태극권, 기 치료, 샤머니즘 의식, 즉흥 드라마, 가족 재결합 등—에 참여할 수 있다. 분수 옆에 서 있는 예쁜 레스토랑에서 인터내셔널 푸드와 향토 요리를 결합한 건강한 음식을 제공한다. 특제 요리는 호수에서 잡은 신선한 생선이며, 매일 정원에 감도는 홈메이드 빵과 또띠야의 내음을 물리치기란 쉬운 일이 아니다. **SH**

# 패럿 네스트 Enjoy Parrot Nest Lodge

**Location** 벨리즈 카요    **Website** www.parrot-nest.com
**Price** Ⓢ

혹시 당신이 생각하는 "열대지방에서의 하룻밤"이 벨리즈의 열대우림 깊은 곳에 있는, 키가 30m나 되는 과나카스테 나무 꼭대기에 있는 이엉 지붕의 트리하우스에서 보내는 하룻밤이라면, 패럿 네스트 로지가 아닌 다른 곳을 찾을 필요가 없다.

관광 도시인 산이그나시오에서 차를 타고 조금만 가면 있는 패럿 네스트는 삼면이 모판 강으로 둘러싸여 있는, 전원적이면서도 편안한 세계이다. 조경이 잘 된, 푸르른 정원 한가운데 자리잡은 패럿 네스트는 이곳을 둘러싸고 있는 카요 지역의 수많은 자연의 경이를 탐험할 수 있는 이상적인 베이스캠프가 되어준다. 패럿 네스트에서는 벨리즈의 숲 깊숙한 곳으로 일일 또는 반일 투어를 떠날 수 있다. 리오 프리오 동굴로의 일일 투어 후에 동굴 근처에 있는 바위 연못의 미지근한 물에서 헤엄을 쳐보자. 또는 빅록 폭포나 최근에 발견된 카라콜의 마야 유적도 빼놓지 말 것.

반일 투어는 승마를 즐기거나 바튼 크리크 기지의 메노파 공동체에 들러보는 것을 추천. 패럿 네스트의 경험 많은 가이드의 도움을 받아 카누를 타고 배튼 크리크 동굴을 누벼보자. 동굴의 형성 과정과 그 속의 미로 같은 물길들을 자세히 설명해 줄 것이다. 아니면 아예 패럿 네스트가 소장하고 있는 거대한 튜브를 타고 모판 강을 내려가보는 건 어떨까. 튜브에 몸을 맡기고 슬슬 떠내려가면 스펙터클한 불렛 트리 폭포를 느긋하게 지나치며 감상할 수 있다. 그 도중에 모판 강에 사는 이구아나야 당연히 볼 수 있고 운이 좋으면 자이언트 수달을 볼 수 있을지도 모른다.

모판 강의 수정처럼 맑은 물은 오랜 시간 심신이 개운해지는 수영을 즐기기에 이상적이며, 이른바 "치유의 길"이라 불리는 트레킹 루트들을 따라가다 보면 이 지역의 풍부한 약용 식물들을 발견할 수 있을 것이다. **BS**

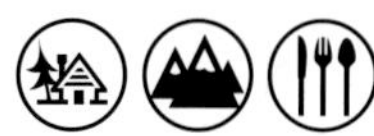

# 블랑카노 Stay at Blancaneaux

**Location** 벨리즈 산이그나시오
**Website** www.blancaneaux.com    **Price** ⓈⓈ

마야 산맥 가까이, 마운틴 파인 릿지 포레스트 보호구역 안에 아늑하게 자리잡고 있는 블랑카노는 한때 재규어 사냥에 쓰이던 산장이었다. 1981년 벨리즈가 독립한 뒤 이 지역의 매력에 흠뻑 빠진 영화 감독 프랜시스 포드 코폴라는 가족과 친구 모임을 위한 휴식 공간으로 이곳을 사들였다. 블랑카노 로지는 대대적인 개축 공사를 거쳐 1993년에 문을 열었다.

오늘날 블랑카노는 강을 굽어보는 카바나와 빌라를 자랑한다. 모두 스크린을 친 포치와 샤워실, 일본식 욕실을 갖추고 있다. 럭셔리 카바나는 여기에 벽으로 둘러싸인 정원과 옥외 샤워실이 더해지며, 인챈티드 코티지는 한증실은 물론 욕실 안에 벽난로까지 설치되어 있

> "아름다운 장식에, 스태프들은
> 환상적이고, 음식은 맛있고,
> 일상탈출이 완성되는 곳이다."
>
> 『데일리 텔레그래프』

다. 가족 단위 규모의 빌라는 총 7개인데, 심지어 코폴라의 개인 소장품으로 가득한 그의 전용 빌라에도 투숙할 수 있다. 레스토랑은 2개인데, 그 중 몬타냐는 남부 이탈리아 요리에 대한 코폴라의 사랑을 엿볼 수 있는 곳으로, 나파와 소노마에 있는 코폴라의 캘리포니아 와이너리에서 직접 공수한 멋진 와인들을 맛볼 수 있다.

블랑카노는 마구간이 따로 있으며, 숲에서의 승마 트레킹은 절대적으로 놓치면 안 되는 경험이다. 그리고 보호구역 가까이에 수많은 마야 유적이 있으니, 하루 종일 관광을 한 후에 스파에서 타이 마사지를 받아보는 건 어떨까. **PS**

↪ 블랑카노에는 2개의 수영장이 있다. 그 중 하나에 은은한 야간 조명이 비춰 이국적인 분위기를 자아내고 있다.

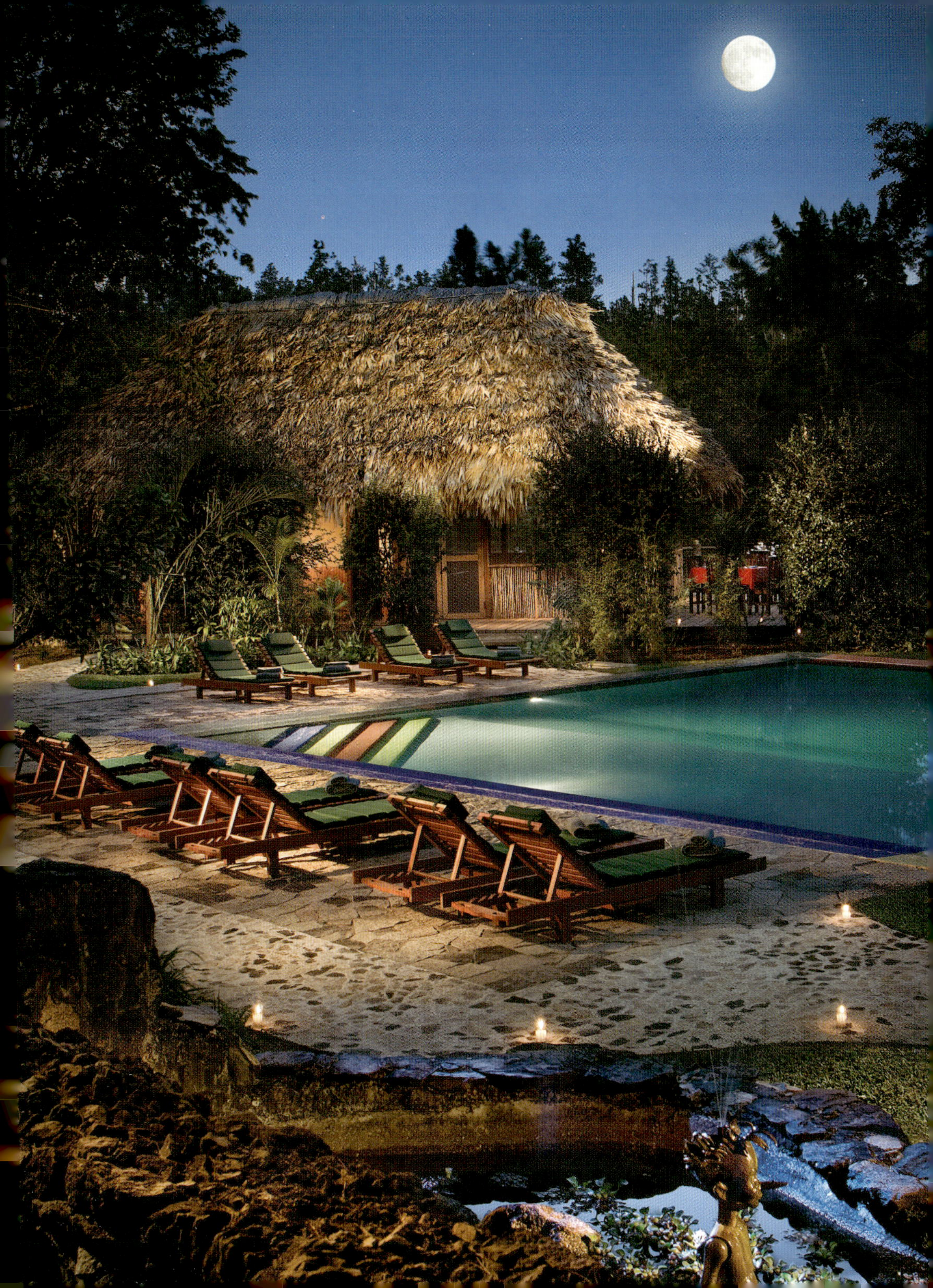

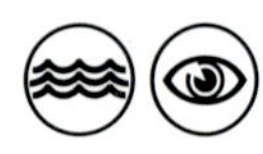

# 홀 챈 보호구역
## Snorkel at Hol Chan Reserve

**Location** 벨리즈 홀 챈 보호구역
**Website** www.holchanbelize.org　**Price** $

벨리즈의 달콤하고 무더운 열대 해안이 바로 건너다 보이는 곳에 세계 최고의 자연 절경 중 하나가 있다—자그마치 290km에 달하는 산호초이다. 규모로만 보면 오스트레일리아의 그레이트 배리어 산호초 다음으로 세계에서 가장 크다. 규모는 더 작을지 모르지만, 벨리즈는 지구 반대편에 있는 라이벌보다 결정적인 이점이 있다. 바로 접근이 용이하다는 것이다.

산호초가 해안에서 불과 300m밖에 떨어지지 않은 지점들이 여럿 있는데다 잔잔하고, 얕고, 거의 수정처럼 맑은 물 덕분에 쉽고 느긋하게 스킨스쿠버다이빙을 즐기기에 더 좋은 곳이 없다. 산호초는 생물학적으로 매우 치열한 환경이다. 선명한 빛깔—거의 형광색—의 물고기들부터 거대한 가오리나 이 기이한 물결 모양 산호 구조물을 들락거리는 바다거북에 이르기까지 다양하기 이를 데 없는 생물들의 서식지인 것이다.

카약과 스킨스쿠버다이빙 장비를 렌트해서 직접 산호초 탐험에 나선다고 해도 비용은 몇 벨리즈달러밖에 되지 않는다. 단체 투어에 참여하면 혼자 힘으로는 닿기 힘든 지점들도 들어가 볼 수 있다. 가장 유명한 곳은 홀 챈 보호구역으로, 수백 년 전 이 지역에 살았던 마야 부족이 뱃길로 쓰기 위해 산호초에 낸 좁은 틈의 이름을 딴 것이다.

오늘날에는 산호초 내부와 그 너머의 바다 사이로 움직이는 해양 생물들을 위한 병목이 되어 주고 있다. 특히 상어나 그루퍼, 바라쿠다 등 큰 물고기들이 이곳과 이름도 걸맞은 샤크 레이 앨리(Shark Ray Alley)에 많이 서식한다. 가이드들이 먹이를 주어 물고기들이 밖으로 모습을 드러내도록 유도한다. **JF**

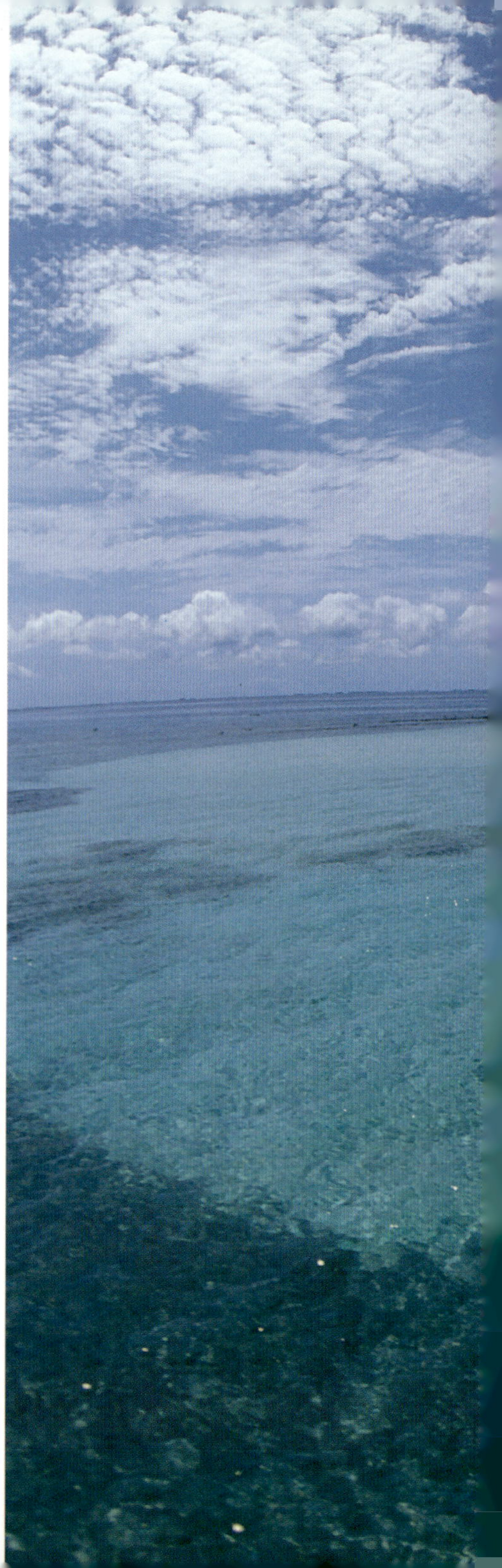

↪ 벨리즈를 둘러싸고 있는 얕은 터키석빛 물은 스킨스쿠버 다이빙을 위한 끝없는 기회를 제공한다.

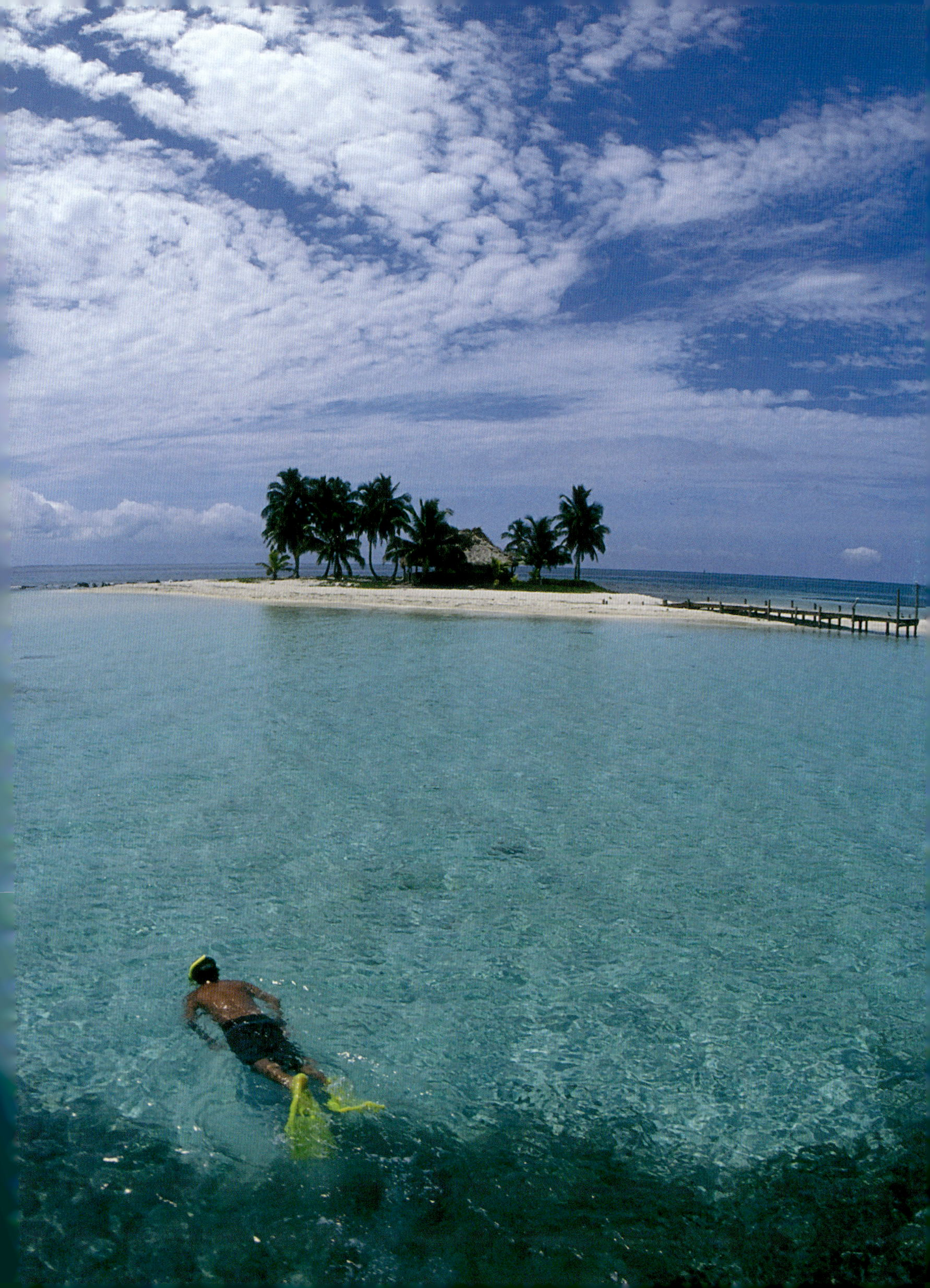

# 사발로스 로지
Stay at Sabalos Jungle Lodge

**Location** 니카라과 로스구아투소스 자연보존구역
**Website** www.sabaloslodge.com　**Price** $

국경도시 산카를로스에서 니카라과의 리오산후안 강의 커피색 물을 판가—멕시코와 중앙 아시아에서 사용하는 소형 보트—를 타고 2시간쯤 따라 내려가면 사발로스 로지의 강둑 오두막에 닿는다. 로스구아투소스 야생 동식물 보호구역의 짙은 녹음 속에 숨어 있는 7개의 오두막집은 가장 모험적이고 야생적인 숙박 경험을 제공한다. 이곳의 주인은 1980년대에 농업 개혁을 주도한 은발의 산디니스타(1979년 소모사 독재정권을 무너뜨린 니카라과의 민족해방전선 단원)인 야로 코이세울-프라슬린이다. 정글을 찾는 국적도 다양한 방문객들은 그의 혁명 이야기에 넋을 잃는다. 목조 복도를 걸어가

> "나는 진동하는 귀뚜라미와
> 쾌활한 개구리들의 울음소리를
> 배경으로 식사를 했다."
>
> 존 카울리, 『가디언』紙

면 옥외 식당과 정글 속에 흩어진 오두막으로 이어진다. 세련미와는 거리가 먼 오두막들은 부드러운 매트리스와 모기장, 개인용 욕실이 갖추어진 정도이며, 물과 전기는 공급된다—적어도 밤 9시까지는 말이다. 9시가 되면 발전기의 스위치를 내리기 때문에, 온 로지가 암흑 속에 가라앉는다.

침대에 누워서 정글 속 생물들이 연주하는 사운드트랙에 귀를 기울이고 있다 보면, 이곳이 수세기 동안 가장 대담한 해적들을 제외하고는 감히 찾아온 사람이 없는 처녀지란 사실을 상상하는 것이 매우 쉽다. 강을 따라 더 내려가면 해적들의 공격을 막기 위해 세운 요새인 엘 카스티요가 있다. 야생 동식물 탐사를 나가거나 카약을 타러 가는 것도 좋지만, 사발로스 로지에서 머무르는 기간의 진정한 가치는 해먹에 누워 그 부드러운 흔들림을 만끽하는 것일 것이다. **JC**

# 모건즈록
Relax at Morgan's Rock Hacienda and Eco-lodge

**Location** 니카라과 산후안델수르
**Website** www.morgansrock.com　**Price** $$

기다리는 자만이 좋은 것을 얻는다는 말이 있다. 니카라과의 모건즈록만큼 이 말이 정확하게 맞아떨어지는 곳도 드물 것이다. 조그만 프로펠러 비행기를 타고 그라나다의 활주로에 내려, 울퉁불퉁한 도로를 두 시간 정도 달린다. 니카라과 호수를 지나고, 뼈만 앙상한 개들과 맨발의 어린아이들을 지나고, 사람들이 하나 가득 탄 버스들과 말이 끄는 수레들을 지나면, 비로소 열대 우림 깊숙한 곳에 숨어 있는 이 특별한 에코 리조트로 이어지는 비포장도로가 나온다.

이곳에 도착하는 순간 마치 에덴동산에 발을 들여놓는 듯한 착각에 빠진다. 거대한 나비들이 짙은 녹음을 배경으로 날아다닌다. 매혹적인 풀이 그 아래 눈부시게 빛나는 바다의 그림처럼 완벽한 풍경을 더욱 돋보이게 한다. 14개의 오두막으로 자연의 진가를 느낄 수 있는 고급 투어리즘을 제공하는 곳이다. 럭셔리한 서비스만큼이나 재식림과 지속 가능한 개발에도 관심이 많은 모건즈록 로지는 완전한 자급자족을 목표로 하고 있다.

에코-디자이너 오두막에 도착하는 것부터가 미니 인디애나 존스급의 모험이다. 지붕 모양으로 늘어져 우거진 나뭇가지 위로 공중 22m에 설치된 구름다리를 건너가야 하기 때문이다. 오두막도 환경과 완벽한 조화—에메랄드빛 톤에 벽에는 그물을 늘어뜨렸고, 기둥은 유칼립투스 나무 등—를 이룬다. 태평양의 소음과 그 낭랑한 파도소리가 저 아래 해안에 부딪히는 소리도 압도적이지만 그 외에도 온갖 종류의 자연의 소리가 이곳을 에워싸고 있다. 아침 6시에 배달되는 커피는 놀라울 정도로 반갑다. 바다로 돌아가는 어린 거북들을 따라갈 시간을 알려주니 말이다. 할 일이 너무나도 많다—서핑, 카약, 낚시, 심지어 승마까지 말이다. **RCA**

▣ 모건즈록에는 마구간이 따로 있어서, 말을 타고 여러 생태계를 가로질러 마침내 해변에 닿을 수 있다.

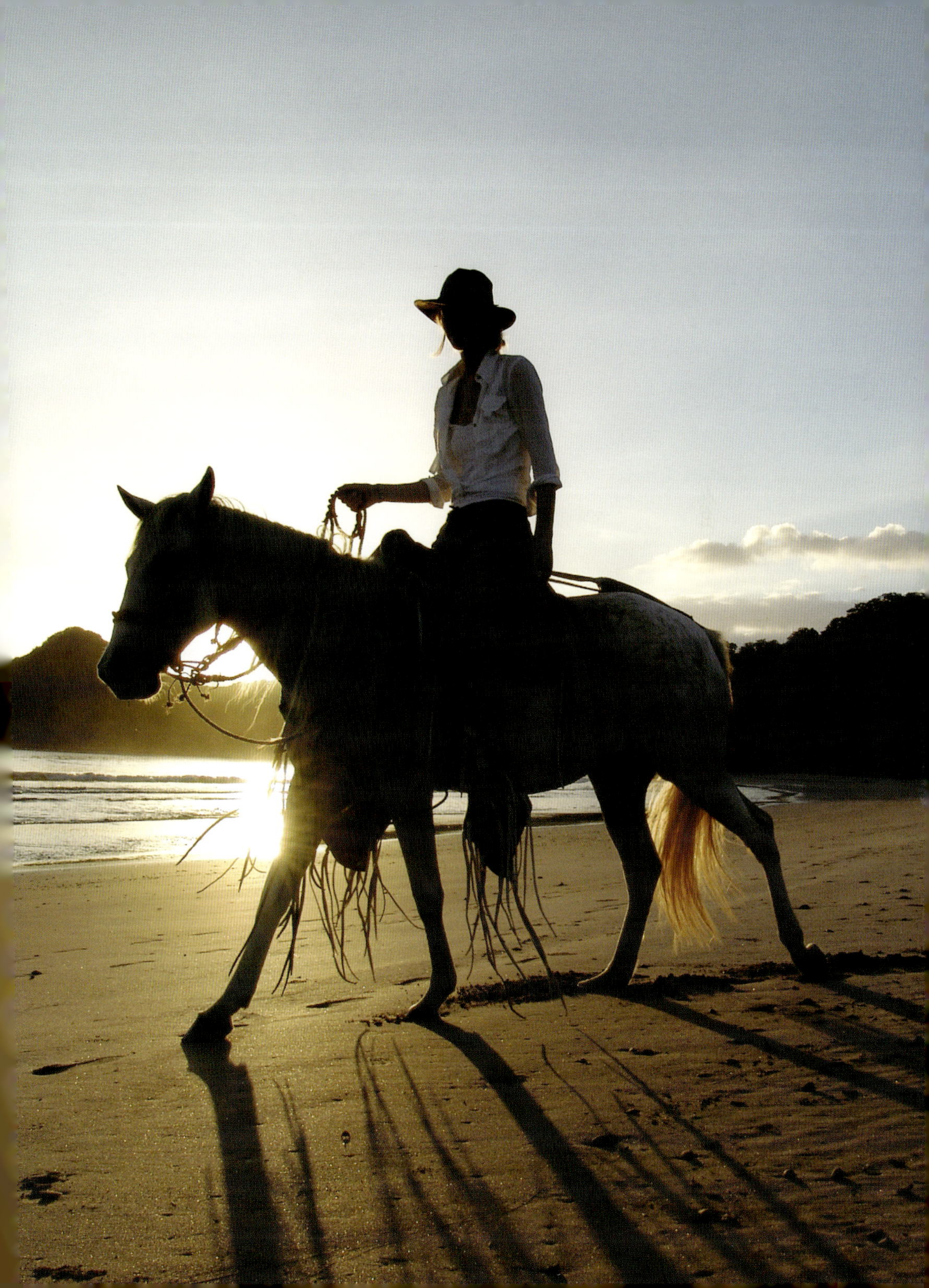

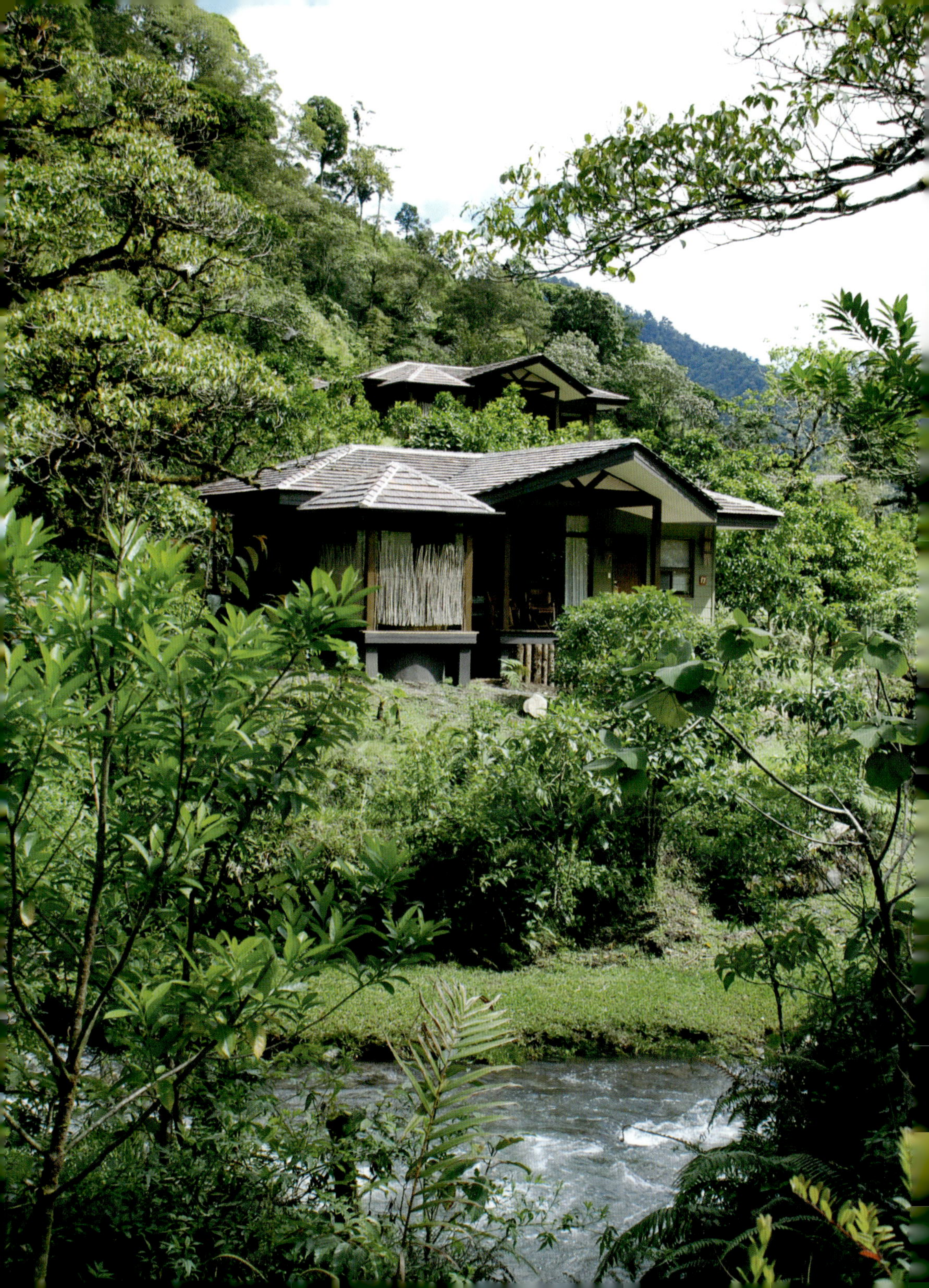

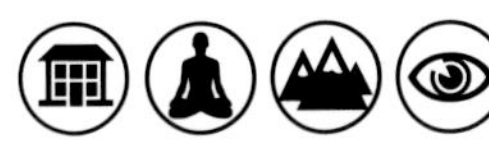

# 엘 실렌치오 Stay at El Silencio

**Location** 코스타리카 바호스 델 토로
**Website** www.elsilenciolodge.com    **Price** ⑤⑤⑤

자체 소유하고 있는 운무림 보호지역 깊숙이 자리잡은 엘 실렌치오는 16개의 우아한 빌라로 이루어진 세련된 휴양지이다. 각각의 빌라는 정글로 뒤덮인 언덕배기에 자리잡고 있어, 커다란 창문을 통해 산과 숲의 풍경을 완벽하게 조망할 수 있다. 자연 건축 자재를 사용한 심플한 설계이지만, 럭셔리 그 자체이다. 반짝반짝 윤이 나는 목재와 가로세로로 짠 대나무 소재가 널찍한 침실과 역시 윤을 낸 돌을 깔고 레인헤드 샤워를 갖춘 욕실과 잘 어울린다. 개인용 발코니로 나가면 옥외 욕조가 있어 뜨거운 물에 몸을 담글 수 있다. 생태계를 파괴하지는 않느냐고? 전혀 걱정할 필요 없다—엘 실렌치오는 완벽하게 탄소 중립이다. 엘 실렌치오는 또한 조용

> "에코투어리즘의 창시국에서도,
> 엘 실렌치오는 '책임있는 럭셔리'의
> 새로운 기준을 제시했다."
>
> concierge.com

하다. 코스타리카에서 가장 유명한 몬테베르데 운무림에는 해마다 엄청난 수의 관광객이 몰려들지만, 엘 실렌치오도 비슷한 수준으로 어마어마하게 다양한 야생 동식물을 자랑한다—다만 운무가 없을 뿐. 헌신적인 에코컨시어지가 빽빽한 숲을 지나 아름다운 3개의 폭포에 다다르는 마법 같은 코스를 안내한다.

엘 실렌치오를 베이스캠프 삼아 래프팅을 가거나, 커피 플랜테이션을 견학하거나, 포아스 화산의 김 오르는 터키석빛 분화구를 구경 가자. 그러나 엘 실렌치오의 진짜 마법은 아무것도 하지 않는 것이다—셰프 마르코 곤살레스가 창조한 예술적인 유기농 요리와 스파에서 느긋하게 뒹굴거리는 사치를 제외하면 말이다. **CD**

◁ 나무와 대나무를 사용한 빌라의 심플한 디자인은 주변 자연 환경과 잘 어울린다.

# 라 쿠싱가 Stay at La Cusinga Lodge

**Location** 코스타리카 파르케 나치오날 마리노 발레나
**Website** www.lacusingalodge.com    **Price** ⑤⑤

코스타리카에는 수없이 많은 에코 로지가 있다. 그러나 태평양 연안에 위치한 라 쿠싱가처럼 그 환경 기준을 엄격하게 준수하는 곳은 그리 많지 않다. 라 쿠싱가의 모든 오두막과 가구는 현지에 있는 지속가능한 플랜테이션에서 재배한 목재만을 사용하며, 전기는 수력과 태양열을 사용한다. 음식도 이 지역에서 수확하거나 바로 바다에서 잡아온 재료만을 사용한다. 그러나 걱정할 필요는 없다. "자연으로 돌아가자!"는 식의 스파르타식 강요는 없으니 말이다. 녹색의 교훈을 설교할지는 모르지만, 동시에 최고의 안락함과 맛을 제공하는 곳이다. 눈부시게 아름다운 자연 풍광 속에서 내가 지금 하고 있는 행위가 환경에 어떤 영향을 미칠지에 대해 죄책감을 느끼지 않고도 느긋하게 쉴 수 있다니 이 무슨 축복인가.

라 쿠싱가의 가장 큰 자산은 로케이션이다—매년 수천 마리의 혹등고래가 새끼를 낳으러 오는 만(灣)을 내려다보는 언덕 위에 자리잡고 있다. 주위는 온통 빽빽하고, 녹음이 짙은 열대우림으로, 오색찬란한 열대조류(라 쿠싱가는 "큰부리새"라는 뜻이다)가 나무 열매를 쪼아먹으며, 흰얼굴꼬리감기원숭이가 신이 나서 나무 꼭대기를 날아다닌다.

이곳의 럭셔리는 모두 유기농이다. 뜨거운 욕조는 없지만, 정글에는 수정처럼 맑은 연못이 있어 언제든지 무지개빛 물고기들과 함께 수영을 즐길 수 있다. 초콜릿빛 모래가 깔려 있는 해변 뒤쪽은 흔들리는 야자수 숲이다. 당연히 일광욕용 의자는 눈을 씻고 봐도 없다. 엔터테인먼트는 놀랍도록 아름다운 석양과 백만 마리의 매미들의 고동치는 울음소리, 그리고 고함원숭이의 고함소리 등이다. 라 쿠싱가는 코스타리카의 다른 자연 경관을 구경하러 가기에도 좋은 위치이다. 북쪽으로는 코스타리카에서 가장 높은 산인 체로 치리포가 있고, 남쪽으로는 생태학적으로 경이에 가까운 파르케 나치오날 코르코바도—아마존 유역을 제외하고는 가장 큰 처녀 열대우림지 중 하나—가 자리잡고 있다. **JF**

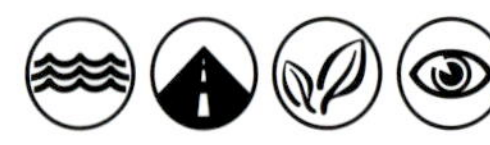

# 파쿠아레 강 Raft the Pacuare River

**Location** 코스타리카 파쿠아레 강
**Website** www.ticotravel.com   **Price** $

파쿠아레 강은 산 마르틴에서 시퀴레스까지 29km에 걸쳐 흐르며 그 도중에 52개의 급류가 있다. 개중에는 무려 8km에 이르는 파쿠아레 강 협곡도 있는데, 남아메리카에서 가장 신나는 화이트워터(하얗게 부서지며 빠르게 흐르는 급류) 중 하나로 꼽힌다. 공기를 불어넣은 뗏목을 타고 화이트워터와 격투를 벌이는 게 어떤 느낌인지 상상이 안 간다면, 급류 중 하나의 이름이 "핀볼"이라는 것을 떠올릴 것. 급류는 2등급부터 4등급까지 있지만, 강 자체는 가이드의 도움만 받는다면 초보자에게도 그리 어렵지 않다—다만 흠뻑 젖을 각오만 되어 있다면 말이다.

또 잔잔한 구간들도 있다. 아드레날린이 치솟고 젖먹던 힘까지 짜내 노를 저어 물보라가 튀는 소용돌이와 바위투성이 병목을 빠져나오면, 청록빛 물이 잔잔하게 흘러가는 고요한 발레 델 파쿠아레에 다다른다. 파쿠아레 강은 다양한 야생 동식물의 서식지인 탈라만카 산맥과 접해 있어, 물살에 몸을 맡기고 떠내려가는 동안 잠시 숨을 멈추고 사람의 손이 닿지 않은 야생의 자연에 감탄해 볼 수도 있다. 보기만 해도 어찔어찔한 협곡과 반짝이는 폭포들이 있는 처녀 우림을 지나가자, 큰부리새와 앵무새들이 지붕처럼 늘어진 나뭇가지들 위로 날아오르고, 원숭이들은 이 가지에서 저 가지로 뛰어다닌다. 오셀롯과 나무늘보도 볼 수 있고, 물 위와 나무들 사이로 춤추는 모르포 나비들의 그 선명한, 금속빛 파란색 날개가 반짝인다.

파쿠아레 강 래프팅 가이드는 쉽게 구할 수 있다. 대부분 카르타고 군의 투리알바 마을에서 일한다. 보통 4시간이면 29km 구간을 완주할 수 있지만, 이틀 동안 머무르면서 래프팅을 즐기는 이들도 있다. **PE**

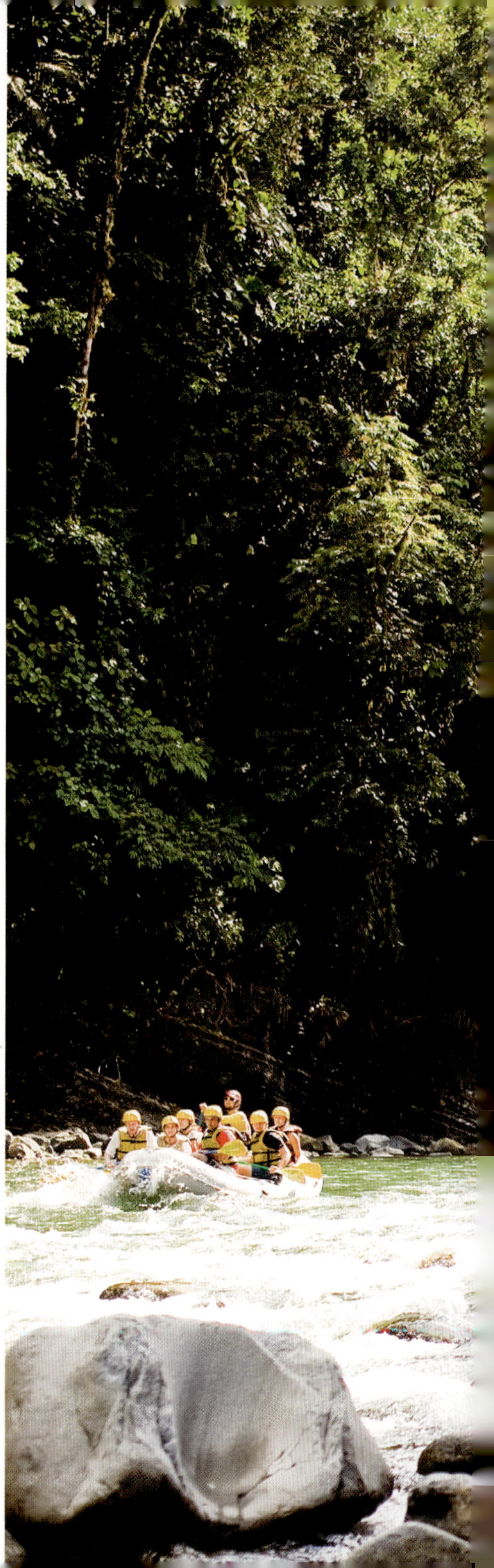

➡ 파쿠아레 강을 내려가는 래프팅은 코스타리카의 눈부시게 아름다운 자연에 흠뻑 젖어볼 수 있는 좋은 방법이다.

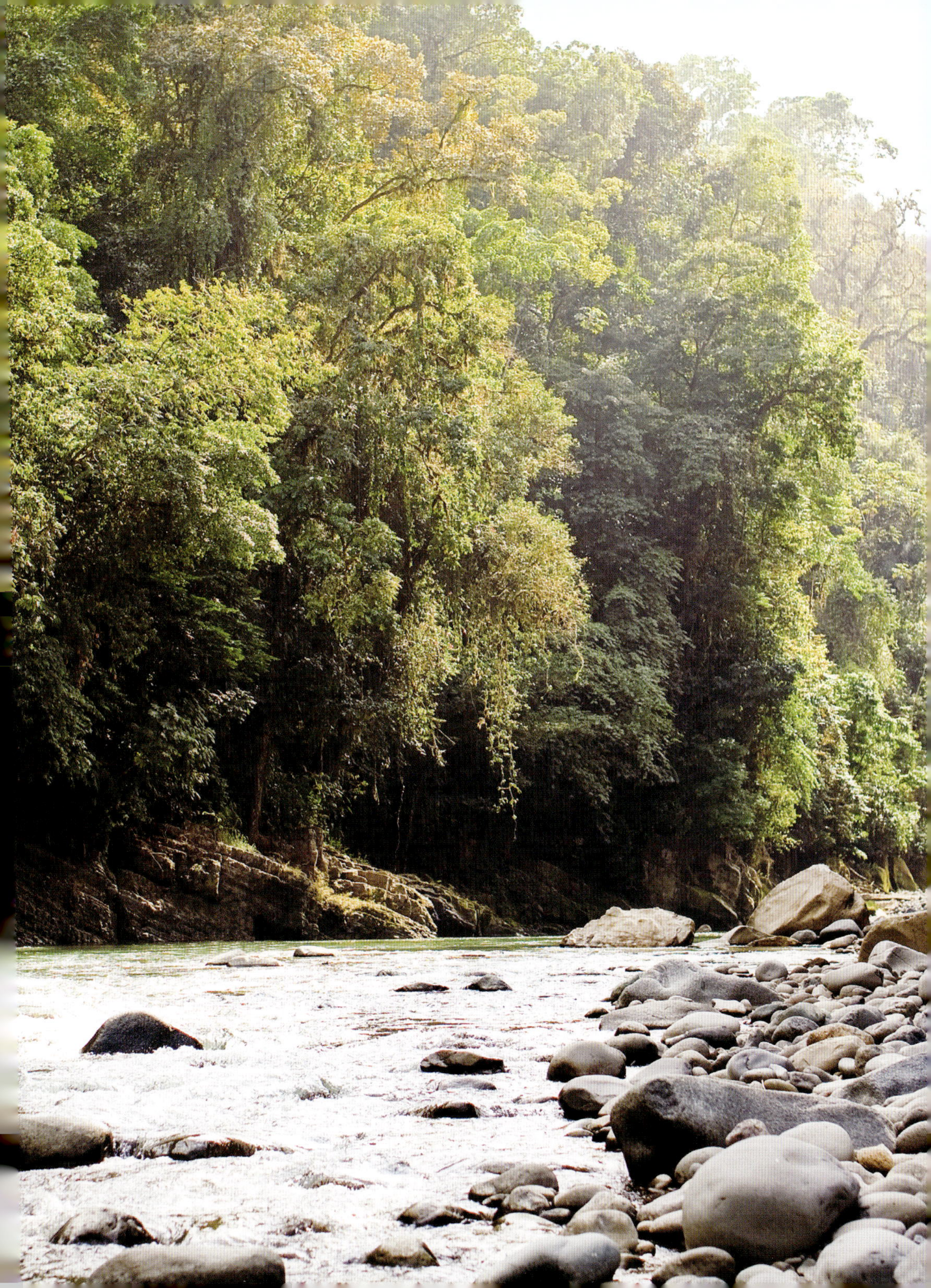

# 파쿠아레 로지
Unwind at Pacuare Lodge

**Location** 코스타리카 시키레스
**Website** www.junglelodgecostarica.com　　**Price** §§

래프팅을 하다가 급류로 진입해, 보이지 않는 물의 힘에 보트가 마구 돌기 시작하면, 흥분이나 공포를 느낄 겨를이 없다. 가이드의 지시에 따라 미친 듯이 노를 젓다 보면, 한 순간에 배가 엄청난 물살에 떠밀려 물 위로 솟구치고, 다음 순간에는 거짓말처럼 잔잔해진다. 한두 번 하다 보면 이 과정 자체가 거의 즐거워진다.

폭포에서 잠시 배를 멈추고 따뜻하고 얕은 물에서 느긋하게 놀고 있노라면, 주변은 전원 풍경 그 자체다. 빽빽한 처녀 열대우림이 강 위에서 솟아오르고, 난초를 피워내는 키가 큰 나무들에서 긴 리아나가 구불구불 내려와 강물에까지 다다른다. 또다시 한바탕 급류들을 헤치고 내려오면 정글의 공터에서 뭍을 만나면서 래프팅은 끝난다. 마치 기적처럼, 아름다운 옛 마야의 목조 유적과 차가운 레모네이드 잔이 담긴 쟁반을 든 스태프가 눈앞에 등장한다. 여기가 바로 파쿠아레 로지이다. 10,115ha에 달하는 깊은 보호림 속, 강이 크게 구부러지는 곳에 살짝 숨어 있다. 오직 래프팅으로만 올 수 있는 (단, 아이들은 지프차나 강 위에 매어 놓은 바구니로 건너올 수 있다) 파쿠아레에서의 시간은 모험으로 시작하지만, 깊은 평온으로 끝날 것이다.

정원 조망 룸은 야자잎으로 이엉을 엮어 지붕을 얹은 심플한 나무 오두막으로 4면이 모두 벽이 없이 이국적인 정원을 향해 트여 있다. 그렇지만 훨씬 더 웅장한 강 조망 오두막을 선택하면 더 널찍하고, 해먹이 달린 베란다와 스타일리쉬한 야외 샤워실도 딸려 있다. 황혼이 지면 촛불이 켜지고, 투숙객들은 한데 모여 환상적인 3코스 디너에 앞서 카이피리냐를 마신다. 저녁식사는 싱싱한 참치로 만든 카르파쵸, 필레 미뇽, 강한 불에 겉만 살짝 구운 틸라피아로, 이 지역 주민인 친절한 스태프들이 시중을 든다. 이렇게 외지면서도 이토록 로맨틱한 곳은 아마 또 없을 것이다. **CD**

# 라 팔로마 로지
Relax at La Paloma Lodge

**Location** 코스타리카 드레이크 베이
**Website** www.lapalomalodge.com　　**Price** §§

코스타리카의 호텔들은 보통 스스로 외진 곳에 위치해 있다고들 하지만, 실제로 맨그로브 늪을 지나 태평양을 향해 2시간이나 배를 타고 가야 하는 곳이 몇 군데나 될지. 코스타리카의 남쪽, 드레이크 베이(드레이크 경도 분명히 이곳의 전망을 즐겼을 것이다)의 아름다운 풍경을 내려다보는 정글 높이 숨어 있는, 라 팔로마 로지는 파르케 나치오날 코르코바를 탐험하러 온 자연 애호가들에게 주로 인기가 높다. 럭셔리한 동시에 환경과도 미적인 조화를 이루도록 설계되었다.

배를 타고 20분만 가면 국립공원 사무소에 도착하며, 여러 언어가 가능한 가이드들이 40,000ha가 넘는

---

> “코르코바도—지구상에서
> 생물학적으로
> 가장 강렬한 곳이다.”
>
> 『내셔널 지오그래픽』誌

---

처녀림과 2차 천연림으로 안내해준다. 그 밖에도 카약, 승마, 새 관찰 등의 투어를 즐길 수 있다. 그 중에서도 가장 매력적이고 잊을 수 없는 것은 야간 벌레 투어이다—물론 거미를 무서워하는 이라면 꿈도 못 꾸겠지만 말이다. 오사 반도에서 22여 해리 떨어진 카뇨 섬은, 이 지역 전체가 그렇긴 하지만, 이 세상 모든 고고학자의 꿈과도 같다. 컬럼버스 이전에 이곳에 살았던 원주민들은 이곳에 완벽한 형태의 구체(球體)를 옮겨다 놓았다. 그 크기는 축구공만한 것부터 높이가 2m에 달하는 것까지 다양하며, 오늘날까지도 역사의 수수께끼로 남아 있다.

더 조용한 시간을 원하는 이들이라면 7개의 딜럭스 “선셋 란초”도 있다. 절벽 위에 자리잡은 2층짜리 오두막으로, 정글의 멜로디와 태평양의 파도가 부서지는 소리 외에는 아무 것도 당신을 방해하지 않는다. **DN**

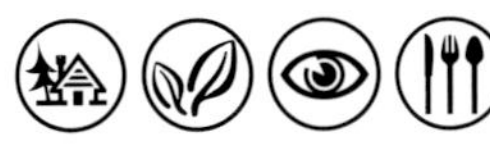

# 라파 리오스
## Enjoy Lapa Rios Eco-lodge

**Location** 코스타리카 오사 반도
**Website** www.laparios.com  **Price** $$

라파 리오스는 세계 최고의 생물학적 다양성을 자랑하는 곳 중의 하나인 오사 반도 깊숙이 자리잡고 있다. 152,000ha의 면적은 메조아메리카의 태평양 연안에 있는 현존하는 우림 중에서 최대이다. 푸마부터 오셀롯, 맥에 이르기까지 "멸종 위기 종의 연감" 격이며, 우림은 온갖 야생동식물로 넘쳐난다.

400여 헥타르의 사유(私有) 우림 속에 자리잡은 14개의 방갈로 로지는 모두 환경과 원주민 공동체를 지원하는, "지속 가능한 개발"이다. "그대로 내버려둔 숲이 베어낸 나무보다 훨씬 가치 있다"는 사실을 증명하기 위해 세워졌다. 메일 로지는 이엉 지붕을 올리고 고리버들 가구를 들여놓았다. 식당 위로 10m 가까이 올라가는 나무로 만든 나선형 계단을 오르면 전망대가 있어 열대우림에서부터 태평양 해안선까지 한눈에 들어온다.

이 지역 음식은 정말 놀랍기 그지없다. 붉돔, 부리토, 파히타 등을 바나나 잎에 싸서 낸다. 늘 웃고 있는 스태프들은 쾌활하며 영어를 갈고닦을 기회를 마다하지 않는다. 생선 세비쉬는 싱싱하고 부드러운 생선살에 이국적인 과일과 라임 즙을 섞고 고추와 고수 등으로 양념한 짜릿한 맛을 선사한다. 올리브 링귀네를 곁들여 내는 왕새우 그릴은 놀랄 만큼 달콤하며, 후식으로는 홈메이드 브라우니와 마카다미아넛, 그리고 이 지역에서 재배한 환상적인 커피가 나온다.

방갈로는 숨막힐 듯이 멋지다. 바닥에는 나무널을 깔고, 침구는 흰색과 짙은 녹색이며, 침대 위에는 로맨틱한 모기장이 드리워져 있다. 럭셔리는 최소한에 그친다—당연히 텔레비전도, 전화기도 없다. 옥외 샤워실에서 정글의 교향악에 잠시 귀를 기울이거나, 절벽 꼭대기에 있는 연못으로 가 보자. 큰부리새, 앵무새, 진홍색 마코앵무새가 참을성 있게 앉아 있는 동안 멀리서 고함원숭이들의 울음소리가 들려온다. 자연에 완전히 잠겨 보는 것은 상쾌한 동시에 매력적이다. **RCA**

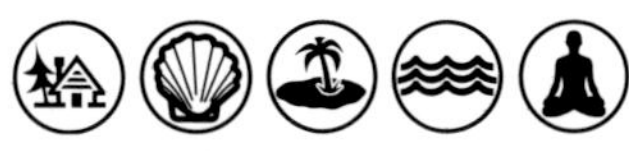

# 캠브리지 해변
## Stay at Cambridge Beaches

**Location** 버뮤다 서머셋
**Website** www.cambridgebeaches.com  **Price** $$

버뮤다의 저 유명한 핑크빛 모래 해변을 한번 보면 왜 캐서린 제타존스와 마이클 더글러스가 이 아열대의 낙원을 "고향"이라 했는지 금새 알 수 있다. 부서진 산호초 조각이 만들어내는 따스한 홍조 덕분에 파스텔빛 모래는 투명한 터키석빛 물 옆에서 문자 그대로 반짝반짝 빛난다.

버뮤다는 눈길 닿는 곳마다 컬러가 있다—밝은 파란빛 바닷물에는 깊은 푸른색 하늘이 비친다. 그 사이사이에 캔디 빛깔—녹색, 핑크색, 노랑색 등등—집들이 무성한 아열대의 녹음 속에 웅크리고 있다. 서머셋의 숨막힐 듯 아름다운 캠브리지 해변에서는 파스텔 핑

---

> "속물적 매력으로
> 치자면, 캠브리지 해변은
> 버뮤다에서 No.1 이다."
>
> 『뉴욕 타임즈』

---

크색으로 칠한 럭셔리 별장에서 머물 수 있다. 4군데의 모래 해변과 암초들 가장자리에는 야자수가 서 있다. 이곳은 물을 사랑하는 사람에게는 천국이나 마찬가지다. 수면 아래로 내려간 스킨스쿠버다이버들은 형형색색의 열대어와 정교한 산호초의 형태에 감탄을 금치 못한다. 다이버들은 바다밑 모래밭에 누워 있는 난파선의 잔해를 탐험할 수도 있다. 밤에는 물가의 야외 레스토랑 브리지즈로 사람들이 몰려든다.

불과 몇 미처 떨어진 곳에서 대서양의 파도가 부서지는 소리가 들린다. 궁극의 로맨틱 디너를 위해, 스태프들은 레스토랑이 소유하고 있는 섬에서 둘만을 위한 테이블을 준비해 주기도 한다. 스피드보트를 타고 모래가 깔린 작은 섬에 도착하면 촛불을 밝힌 테이블이 기다리고 있다. 식사를 마치면 리조트로 돌아가고, 섬에는 다시 파도만이 남는다. **JP**

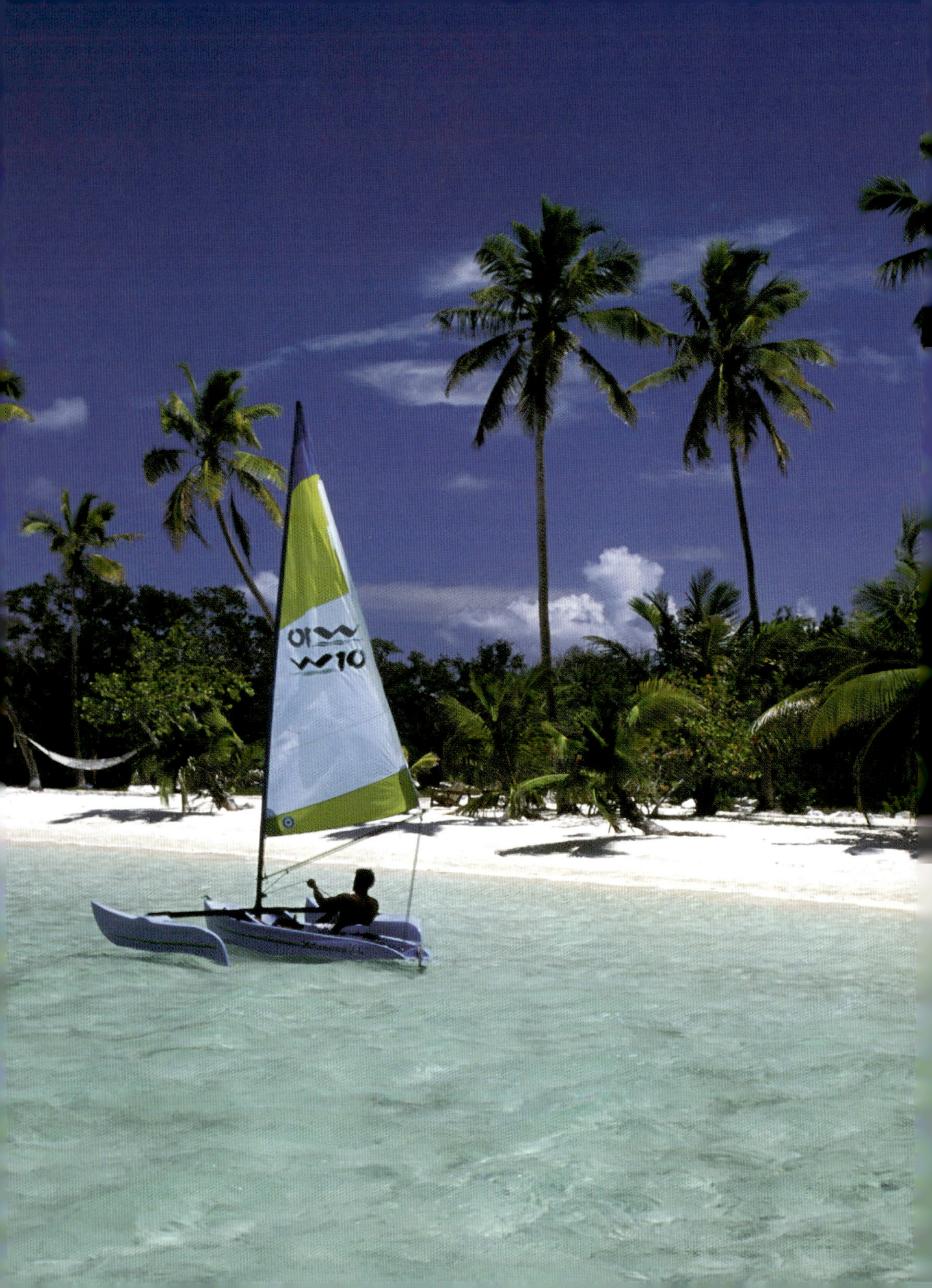
W10

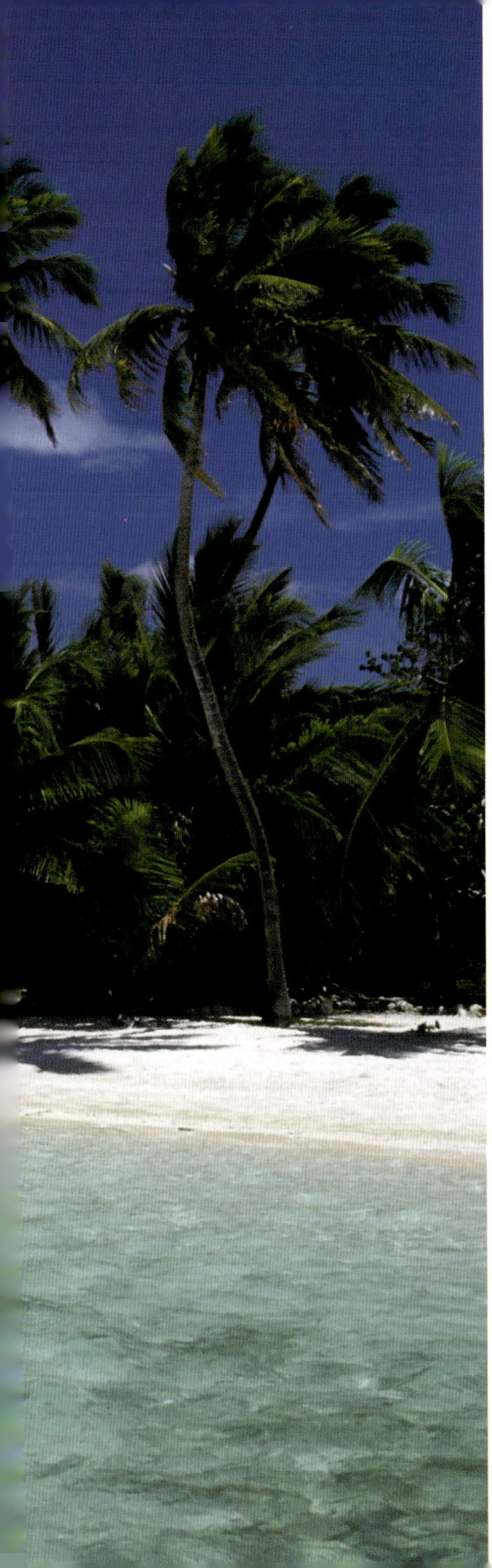

# 티아모 리조트 Relax at Tiamo Resort

**Location** 바하마 사우스안드로스아일랜드
**Website** www.tiamoresorts.com   **Price** 💲💲

안드로스 아일랜드의 백사장에 점점이 늘어선 목조 별장은 언뜻 보기에는 눈에 잘 띄지 않는다. 하지만 바로 이것이 최근 입소문을 타고 있는 "룩스" 리조트의 하나인 티아모 리조트이다. 티아모의 11개 별장은 시크하다—커다란 침대, 색색깔의 타일을 붙인 거울, 펑키한 샤워실이 그야말로 스타일리쉬하다. 그러나 티아모의 가장 큰 자산은 숲과 해변의 풍경을 파노라마로 감상할 수 있는 오픈 포치이다.

엄격한 에코프렌들리 철학을 고수하는 티아모 리조트는 거대한 태양열 전기 시스템을 갖추고 있으며, 샤워에는 태양열로 데운 빗물, 식수로는 우물물을 사용하고, 퇴비식 화장실 사용을 장려한다. 리조트 전체에 텔

> "가장 세련된
> 맨발의 럭셔리…
> 그리고 환경친화…."
>
> 『인디펜던트』誌

레비전이 없고, 전화도 객실에는 비치되어 있지 않으며, 이메일 사용은 아주 제한되어 있다. 식사 메뉴도 에코프렌들리다. 소라고둥, 바닷가재, 우럭 같은 멸종 위기종이 당신의 접시 위에 올라오는 일은 절대 없지만, 다른 맛있는 것들이 나오니 걱정할 필요는 없다.

이곳을 에워싸고 있는 자연경관은 "숨이 막힌다"는 말이 딱 어울린다. 클래식한 카리브 해의 백사장과 반짝이는 터키석빛 바다가 매일 당신을 맞는다. 잘 갖추어진 서재에서 책을 몇 권 빌려서 해먹에 드러누워 독서삼매경에 빠지거나, 그냥 해변에서 뒹굴거리며 햇빛을 즐기자. 티아모는, 어찌됐건, "퓨어 릴랙스"를 지향하는 곳이니 말이다. **PS**

⬅ 보다 향락적인 다른 카리브 해 리조트와는 대조적으로, 티아모는 평화롭고 친밀한 분위기를 자랑한다.

# 더 랜딩 Stay at The Landing

**Location** 바하마 하버 아일랜드
**Website** www.harbourislandlanding.com  **Price** $$

객실이 단 7개밖에 없는 하버 아일랜드의 부티크 호텔 더 랜딩은 패션디자이너 랄프 로렌이 자신의 광고 배경으로 선택한 곳이기도 하다. 각각 1800년, 1825년에 지어진 두 개의 가옥을 개조하여 만든 이 호텔은 요란스럽지 않은 럭셔리 그 자체라 할 수 있다. 게다가 불과 몇 발자국만 걸어가면 해변이다.

하버 아일랜드는 정기적으로 세계 최고의 해변 리스트에 이름을 올린다. 물론 이 호텔도 비슷한 리스트에 빈번하게 등장한다. 과거에 랄프 로렌 모델이기도 했던 유명 인테리어 디자이너 인디아 힉스—이 섬의 주민이기도 하다—는 4개의 기둥 달린 침대와 윤이 나는 짙은색 나무 바닥, 촛불을 밝힌 스톰 랜턴, 쿨화이트 톤의

> *"썰물이 마치 샤넬의*
> *썸머 트위드처럼 부드러운*
> *헤링본 무늬를 만들어낸다."*
>
> 『콩데 나스트 트래블러』誌

가구 등을 갖춘 전통적인 플랜테이션 스타일의 객실을 연출해냈다. 침구류는 모두 랄프 로렌 브랜드이며, 인디언 풍의 면 덮개를 덮어 놓았다. 텔레비전도, 전화기도 없는 더 랜딩에서는 진정한 의미의 현실 도피가 가능하다. 달콤하고 부드러운 빛이 페인트 칠한 나무 덧문을 통해 방안으로 들어온다. 그러나 진짜 입이 벌어지는 것은 신혼여행객들을 위한 스위트이다—독립된 욕실이 딸려 있다. 저녁에는 친근한 분위기가 넘치는 레스토랑에서 오스트레일리아 출신의 셰프 켄 곰즈가 선보이는 이 지역의 해산물 요리와 토비의 와인셀러가 자랑하는 멋진 와인의 궁합을 맛보도록 하자. 완벽한 저녁의 마무리로는 쿠바산 시가와 카리브 최고의 럼이다. 심플하면서도 우아함을 연출하기란 보통 어려운 게 아니지만, 더 랜딩에서는 너무나 쉬워보인다. **LD**

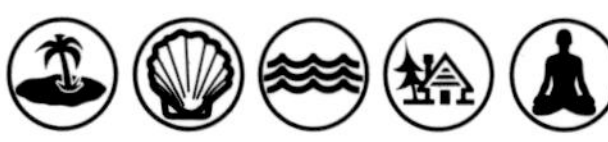

# 카말라메 케이 Explore Kamalame Cay

**Location** 바하마 카말라메 케이
**Website** www.kamalame.com  **Price** $$$

바하마 제도는 플로리다 해안에서 약 95km 떨어져 있으며, 설명이 필요없는 휴양지이지만, 700개가 넘는 섬 중에서 도대체 어디로 가야 한단 말인가? 인파가 북적이는 나소나 아틀란티스의 대형 리조트는 잠시 제껴두고 카말라메의 친밀함과 한적함을 선택해보면 어떨까. 카말라메 케이는 안드로스 아일랜드 해안에서 바로 건너다 보이는, 면적 39ha의 개인 소유 섬으로, 카리브해의 쿨한 분위기가 물씬 풍겨나온다.

심플하면서도 세련된 이 작은 낙원은 5km에 이르는 해변과 아름다운 터키석빛 바다, 그리고 코코넛야자, 히비스커스, 부겐빌레아 관목 사이에 아늑하게 자리잡은 원시적인 파스텔 빛의 바하마식 별장을 자랑한다. 돌로 지은 내부는 전원적인 분위기와 식민지풍의 시크함이 조화를 이룬다. 나무 들보를 얹은 6m 높이의 천장과 나지막하게 웅웅거리며 돌아가는 선풍기, 인도네시아산 가구, 거대한 욕조가 모두 고급스러우면서도 이국적인 느낌을 자아낸다.

185평방미터의 발리 스타일 스파에서 나와서 해먹에 누워 낮잠을 자거나, 아니면 커다란 소라 고둥을 찾으러 해변을 어슬렁거려도 좋다. 얕은 물에서 낚시를 하거나, 스킨스쿠버다이빙을 하거나, 맨그로브를 헤치며 카약을 타도 좋다. 아니면 세계에서 가장 맑은 물 속에 누워 있는 세계에서 세번째로 긴 보초를 구경하러 해저로 내려가 보아도 좋다. 컬러풀한 산호초 주위에는 열대어, 바다거북, 대서양수염상어, 얼룩매가오리 등이 우글거린다. "대양(大洋)의 혀"라는 이름이 붙어 있는 해구는 깊이가 최대 1,800m에 달하며, 작은 해마, 무지갯빛 비늘돔, 우아한 가오리들, 그 밖의 다른 물고기들이 평화롭게 미끄러져 간다. 해질녘에는 시원한 카리브비어 한 잔을 손에 들고 드러눕거나, 개인용 골프 카트를 타고 씽 하니 그레이트 하우스로 가서 바하마 빵, 바닷가재, 패스트리 등이 나오는 홈메이드 저녁식사를 즐겨보자. **RCA**

# 무샤 케이 Enjoy Musha Cay

**Location** 바하마 무샤 케이
**Website** www.mushacay.com  **Price** 💲💲💲💲

세계적인 마술사 데이비드 카퍼필드가 소유하고 있는 무샤 케이—자그마치 5천만 달러를 주고 사들였다고 한다—는 면적 60ha의, 선택받은 소수가 혼자만의 휴식을 원할 때 가장 오고 싶어한다는 휴양지 중의 하나이다.

2001년 처음 문을 연, 야자수가 늘어서 있고 파우더처럼 고운 모래가 깔린 해변 주위에는 터키석빛 바다가 외부인들을 완벽하게 차단한다. 카퍼필드는 무샤 케이를 둘러싸고 있는 섬까지 모두 사들여, 사람들이 살지 못하도록 확실히 했다. 여태껏 들어본 적이 없는 규모의 프라이버시라 할 수 있다. 사람의 발길이 닿은 적이 거의 없는 해변이 섬을 에워싸고 있으며, 잇닿아 있는 모래톱은 매일 아주 짧은 시간만 겉으로 드러나는데, 덕분에 무샤 케이에서 가장 가까운 섬까지 약 3km에 달하는 유쾌한 바다 산책을 즐길 수 있다. 총 5채의 튜더 양식 게스트하우스가 있고, 그 중 하나는 웅장한 장원 저택이다. 각각 개인용 해변이 딸려 있으며 연중 30명의 스태프가 항시 대기 중이다.

이곳에는 디너 메뉴가 없다. 대신 외국에서 트레이닝을 받은 셰프들이 매일 갓 잡은 싱싱한 해산물을 손님의 취향과 기호에 맞게 요리해준다.

더 랜딩스는 섬의 도크를 내려다보고 있는 일련의 건물들로 이곳에서 대부분의 활동이 이루어진다. 유리로 벽을 댄 식당과, 이엉 지붕을 얹은 오픈에어 파빌리온, 수영장, 심지어 도서관까지 갖추고 있다. 수상 스포츠로는 심해 낚시, 요트, 스쿠버다이빙 등이 있다. 나만의 개인 해변에 텐트를 치고 먹는 저녁식사부터, 보는 이의 넋을 잃게 하는 저녁하늘의 불꽃놀이까지, 무샤 케이는 위대한 마술사가 지상에 창조해 놓은 천국이나 다름없다. **BS**

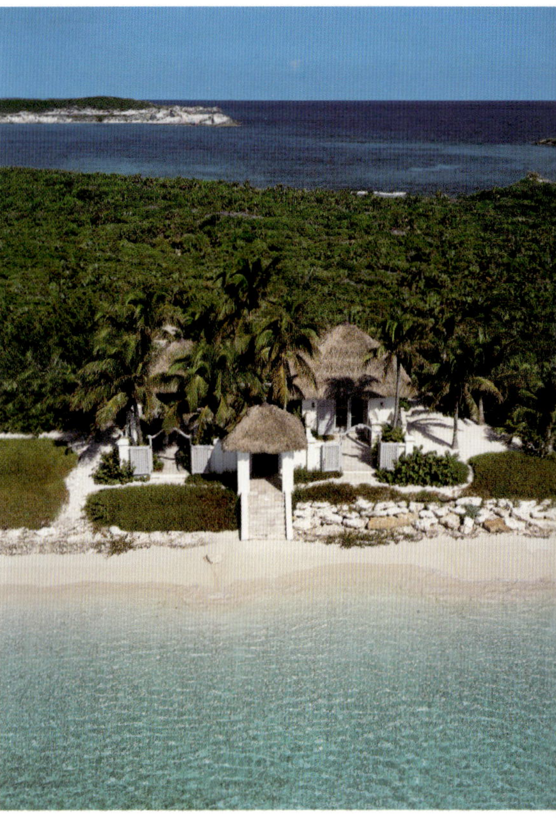

"무샤 케이는
궁극의 개인 섬 휴양지라는
타이틀에 도전한다.."

『타운 앤 컨트리』誌

↗ 무샤 케이에서는 말 그대로 모든 것이 해변에서 이루어진다—당신의 개인 낙원이라 해도 과언이 아니다.

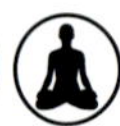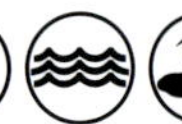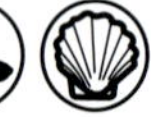

# 패럿케이 Unwind at Parrot Cay

**Location** 터크스케이커스 프로비덴시알레스
**Website** www.parrotcay.como.bz  **Price** 💲💲

터크스케이커스의 수도 프로비덴시알레스에서 스피드 보트로 35분 걸리는 패럿케이에 도착하면, 마치 제임스 본드 영화 속으로 한 걸음 들어선 듯한 착각에 빠진다. 패럿케이는 면적 405ha의 개인 소유 섬으로, 파우더처럼 고운 백사장과 하늘빛 바다, 미풍에 흔들리는 야자수가 파파라치의 방해를 받지 않고 평화로운 시간을 보내고픈 세계 최고의 셀러브리티들을 유혹한다.

　신중하고 흠 잡을 데 없는 스태프들이 당신을 재빨리 카트에 태워 보드워크(해변을 따라 판자를 깔아 만든 길)를 지나 객실로 안내할 것이다. 모든 객실들은 개인용 테라스, 해변의 빌라들은 개인용 풀과 환상적인 오픈에어 샤워실이 딸려 있다. 손만 뻗으면 닿을 곳에 아

---

"패럿케이의 해변은 그 그림 같은 사구와
불가능에 가까울 정도로 부드러운 모래
덕분에… 우스꽝스러울 정도로 사치스럽다."

『콩데 나스트 트래블러』

---

쿠아마린 빛의 카리브 해가 기다리고 있는 빌라는 절제된 우아함 그 자체다. 모래가 깔린 보드워크를 조금만 걸어가면 아름다운 인피니티풀이 내려다보이는 바와 레스토랑 구역이 나온다. 인터넷 사용이 가능한 도서관과 휘트니스센터, 2개의 테니스코트, 온갖 종류의 트리트먼트를 받을 수 있는 발리풍 샴발라 스파도 있다. 모든 것이 젠 스타일의 고요함 속에 잠겨 있다. 스파에는 스페셜 메뉴, 명상 정원, 자체 수영장과 선데크, 요가와 필라테스용 개별 파빌리온도 딸려 있다. **HA**

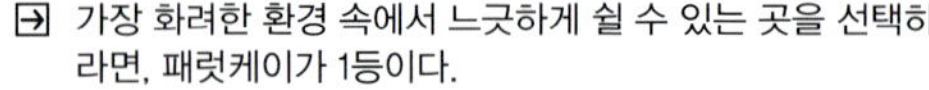

가장 화려한 환경 속에서 느긋하게 쉴 수 있는 곳을 선택하라면, 패럿케이가 1등이다.

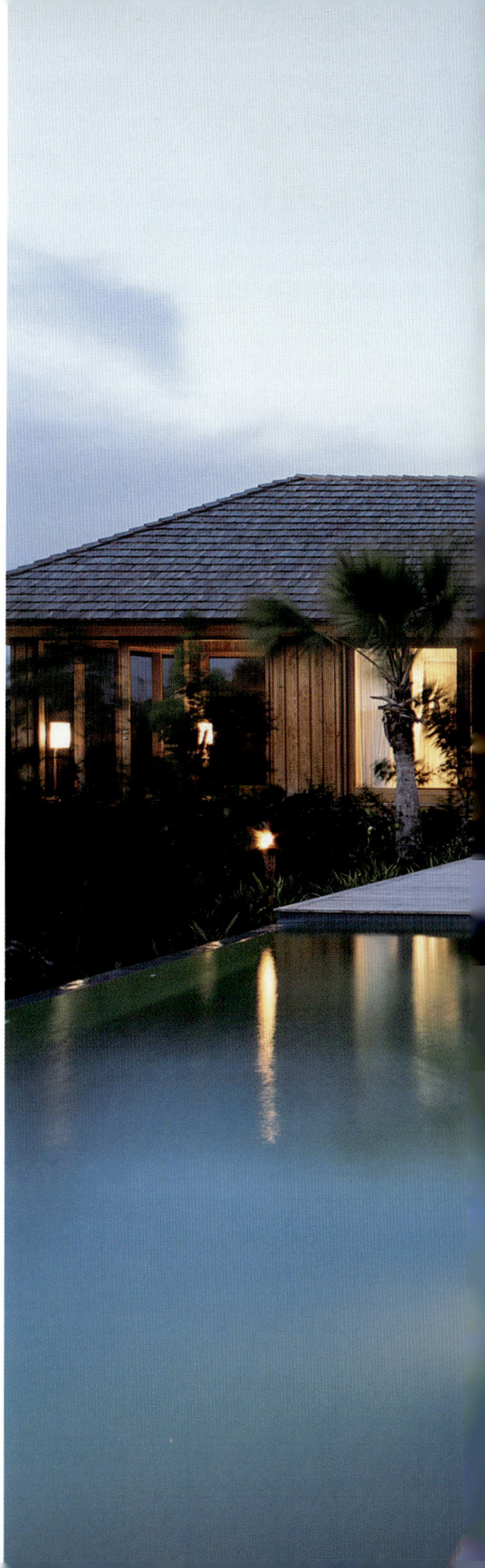

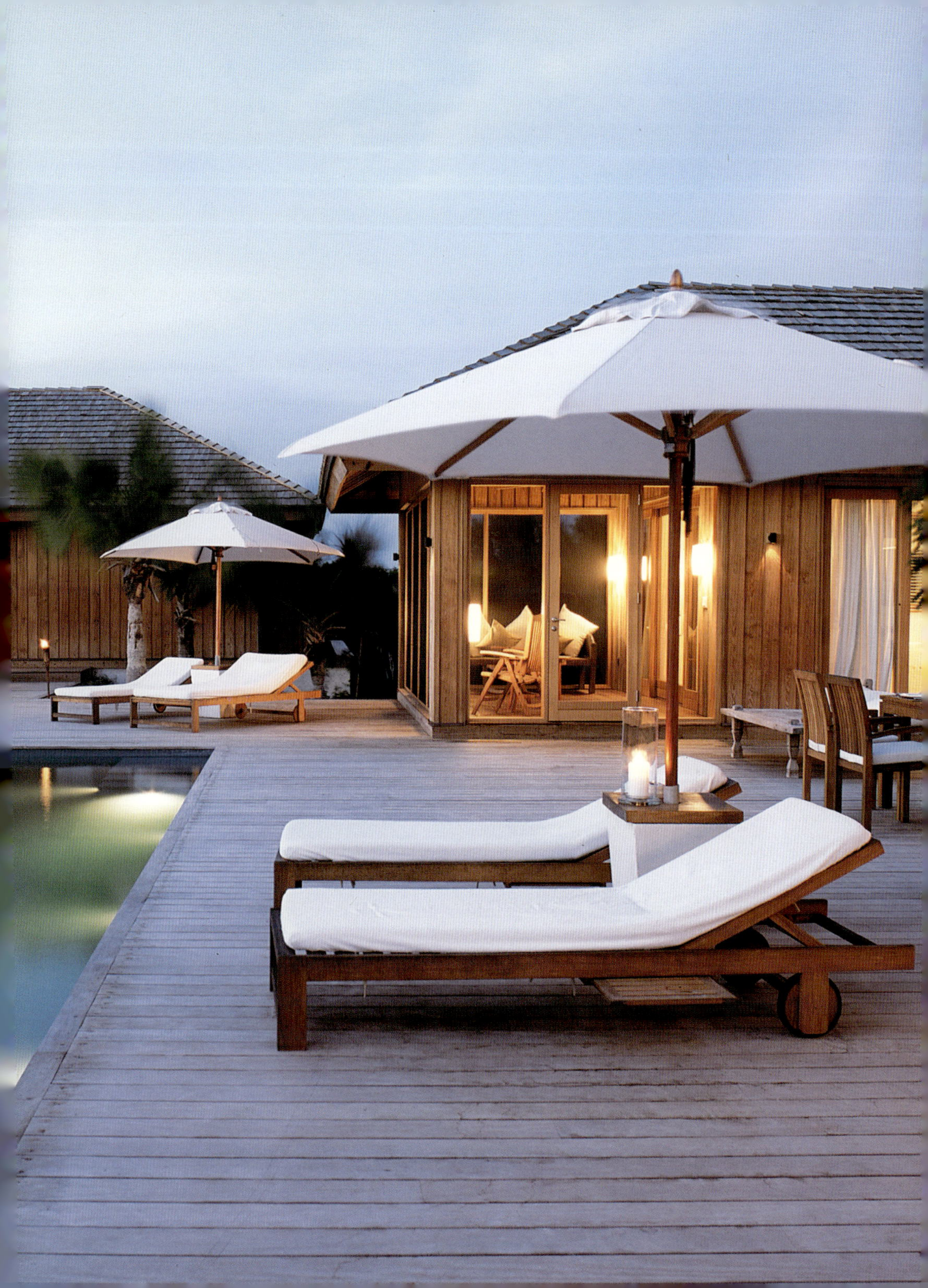

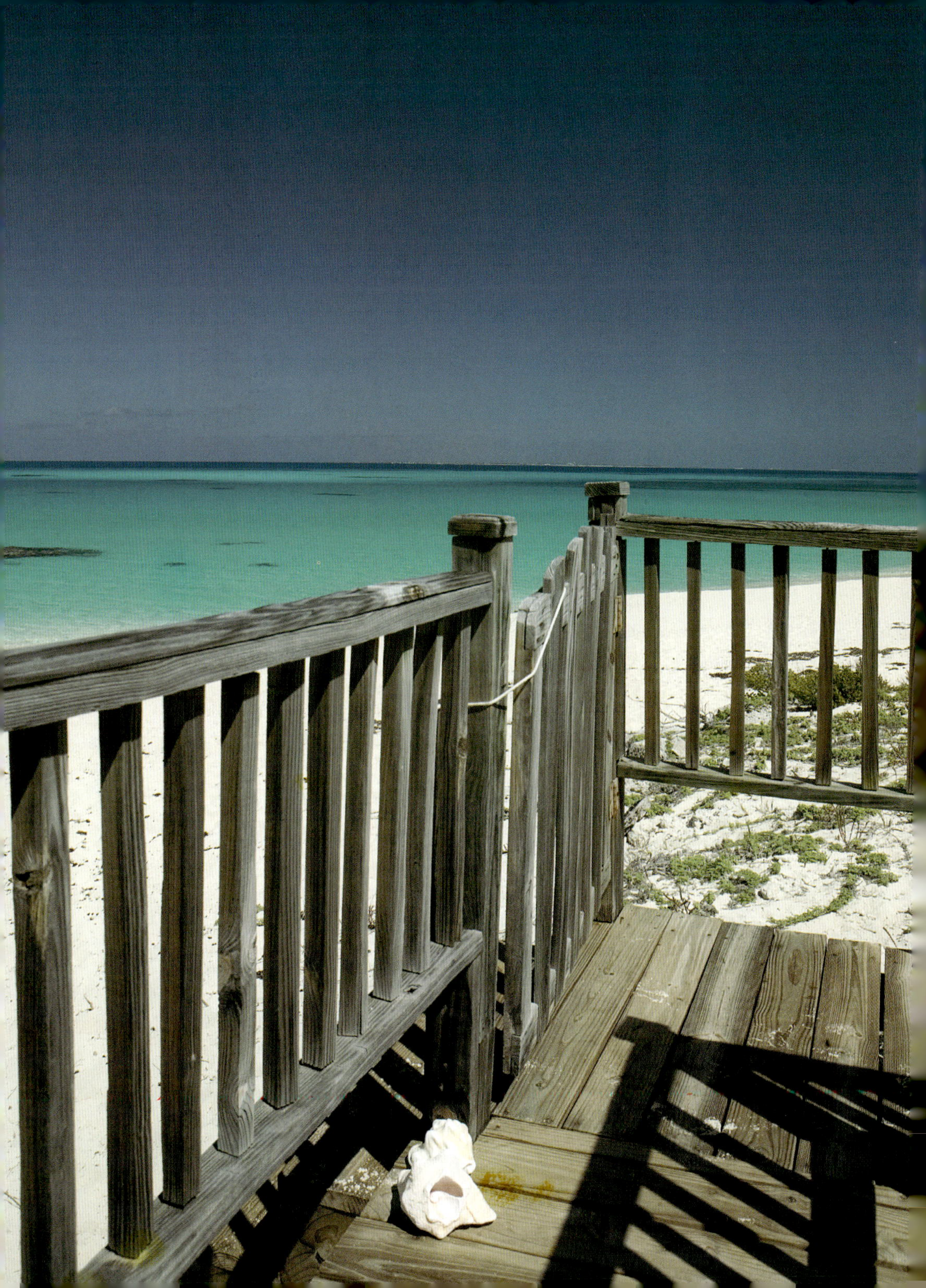

# 솔트 케이 Rent a Villa on Salt Cay

**Location** 터크스케이커스 솔트 케이
**Website** www.saltcay.org　　**Price** ⑤

솔트케이는 스스로 "시간이 잊어버린 섬"이라고 한다. 소금 무역이 쇠퇴한 이래 그 시절 그 모습 그대로 남아 있기 때문이다. 솔트 케이 주변의 카리브해 섬들은 몰려드는 관광객을 집어삼키고, 수많은 럭셔리 호텔들이 우후죽순처럼 생겨났지만, 솔트 케이만은 과거 속에 계속 머물러 있다. 여기서는 빌라를 렌트해도 열쇠가 없다—문을 잠글 필요가 없기 때문이다. 아침에는 닭 우는 소리에 잠을 깬다. 자동차도 거의 없고, 휴대폰도 터지지 않는다.

　이곳은 그냥 바깥 세상에 신경을 끄고 럼펀치, 석양, 그릴드 피쉬를 즐기기를 원하는 이들만을 위한 공간은 아니다. 다이버들은 원시적인 암초에 감탄을 금하

> "마르가리타에 기분이 들뜨고
> 햇빛에 살짝 그을러서, 행복한
> 캠퍼로 하루를 마감하게 된다."
>
> 『가디언』誌

지 못하며, 그 중에서도 길이 2,134미터에 달하는 컬럼버스 패시지는 최고로 인기가 좋다. 매년 12월부터 4월 중순까지 3,000~5,000마리의 북대서양혹등고래가 돌아다니는 이 섬들 주변은 세계 최대의 혹등고래 번식지이다.

　솔트케이의 주민은 약 80명밖에 되지 않는다. 투어리즘도 아직은 소규모에 불과하며, 어쩌면 당신이 이 섬에서 머무르는 동안은 유일한 이방인일지도 모른다. 섬의 백사장을 혼자 차지하고 로맨틱한 산책이나 조개껍질 줍기, 혹은 테크놀로지와 근대 사회가 밀려들어오기 전까지 우리가 즐겼던 모든 것을 할 수 있다. **LD**

◀ 만약 "제발 누가 세상 좀 멈춰줘! 내리고 싶다고!"라고 생각해 본 적이 있다면, 솔트 케이로 갈 시간이다.

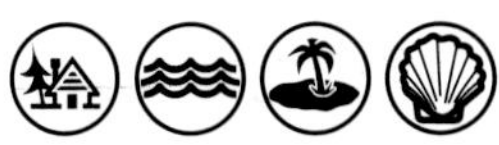

# 카요 레비사 Discover Cayo Levisa

**Location** 쿠바 콜로라도 군도
**Website** www.cubahotelbookings.com　　**Price** ❶

하바나에서 자동차로 두 시간을 달리면 팔마 루비아라는 작은 마을에 닿는다. 플로리다 해협을 마주보고 작은 섬들이 옹기종기 모여있는 콜로라도 군도 (Archipiélago de los Colorados)로 향하는 출발점이다. 열대 맹그로브로 빽빽한 정글과 설탕처럼 하얗고 부드러운 모래 해변에 둘러싸여 있는 이 섬들 중에서도 가장 전원적인 곳은 카요 레비사. 사람의 손이 닿지 않은 모래사장 건너편으로는 바로 검은 산호초가 건너다 보인다. 소나무 사이에 점점이 흩어져 있는 20개의 작은 방갈로 외에는 머무를 곳도 달리 없다. 이 지역에서 나는 자재로 지은 단순하고 소박한 집으로 바로 해변에 서 있다.

　저녁에 갈 곳으로는 아웃도어 바가 있다. 친철한 바텐더가 칵테일을 건네주고 쿠바 음악이 흐른다. 바와 그릴 외에는 레스토랑이 딱 하나 있을 뿐이다. 당신을 괴롭히는 것이라고는 오전 중에 도착해서 오후 늦게 떠나는 당일치기 관광객들뿐이다. 해양생물이 풍부하고, 언제든지 스킨스쿠버다이빙과 다이빙을 즐길 수 있다. 이 지역은 세계 최대의 산호초 중 하나가 있으며, 보트로 45분 거리에 무려 23개의 다이빙 스팟이 있다.

　카요 레비사의 신나는 점은, 쿠바의 다른 리조트와 완전히 다르다는 것이다. 대부분의 쿠바 리조트들은 몇몇 곳을 제외하면, 값싼 패키지 여행사들이 "단체"로 예약하는, 요금에 모든 것이 다 포함된 대규모 "파티" 장소이다. 그러나 카요 레비사는 그와는 대조적으로 사실상 하나의 섬을 나 혼자 소유하는 것이나 마찬가지다. 3km에 이르는 환상적인 백사장에는 맑고 따뜻한 아쿠아마린빛의 바다가 밀려든다. 이 섬은 곳곳이 기껏해야 너비가 몇백 미터밖에 되지 않는다. 콜로라도 군도에는 심지어 더 작은 섬도 있다—헤밍웨이가 낚시하기 가장 좋아했다는 카요 파라이소이다. 카리브 해의 꿈 같은 낙원. **LB**

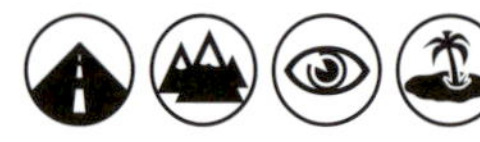

# 비냘레스 계곡 Explore the Viñales Valley

**Location** 쿠바 피나르 델 리오
**Website** www.cubahotelbookings.com    **Price** 🔴

너무나 웅장해서 아마 에덴동산이 이랬을 것이라는 생각이 들 정도인 계곡이 보고 싶다면, 쿠바로 가자. 담배, 사탕수수, 커피 플랜테이션이 줄지어 있는, 비옥하기 그지없는 피나르 델 리오의 서부는 짙은 녹음과 아름다운 강들, 그리고 천연 샘의 축복을 받은 땅이다. 숨이 멎을 것만 같은 시에라 데 로스 오르가노스 산맥 속에 비냘레스라는 예쁜 마을이 숨어 있다. 비냘레스 계곡은 UNESCO 보호 구역이기도 한데, 길 쪽에서 마을을 올려다보면 그 이유를 알 수 있다. 녹색의 풍경 속에서 드라마틱하게 떠오른 모고테—땅 속을 흐르는 강이 빚어낸, 나무로 뒤덮인 석회암 둔덕을 처음 보았을 때의 충격에 비견할 만한 것이 그리 많지 않으니 말이다.

> "하바나에서 150km밖에
> 떨어져 있지 않지만, 몇 백 년은
> 떨어져 있는 듯한 느낌이다."
>
> 레이나 마리아 로드리게스, 쿠바의 시인. 소설가

기묘할 정도로 조용하고, 습한 시골 풍경은, 걸어서 혹은 자전거나 말을 타고 탐험할 수 있다. 한적한 비냘레스 곳곳에는 소나무 아래 서 있는, 색색의 파스텔톤으로 칠한 식민지풍 방갈로가 줄지어 서 있다—쿠바에서 흔히 볼 수 있는 클래식한 작은 마을이다. 대부분의 집들은 훨씬 더 스마트하며, 집주인들은 자신의 집에 대해서 평균적인 쿠바의 농장보다 훨씬 자부심을 가지고 있다. 쿠바 시골의 후한 인심을 경험할 수 있는 가장 좋은 곳이기도 하다. 사람들은 친절하고, 상냥하고, 예의바르고, 무슨 일이든 기꺼이 도와준다—세상 물정에 밝고 약삭빠른 하바나 사람들과 자연스럽게 비교가 될 정도로 말이다. **LB**

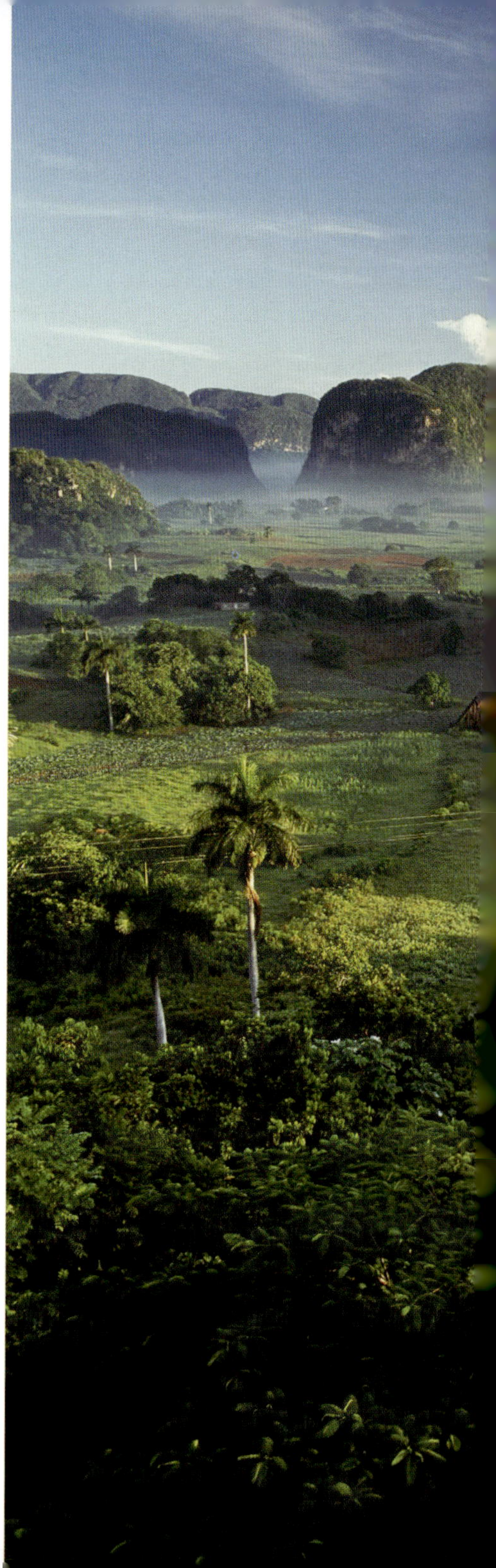

↱ 그 독특한, 꼭대기가 둥근 언덕 덕분에 이 계곡은 빼어난 자연의 아름다움을 보여준다.

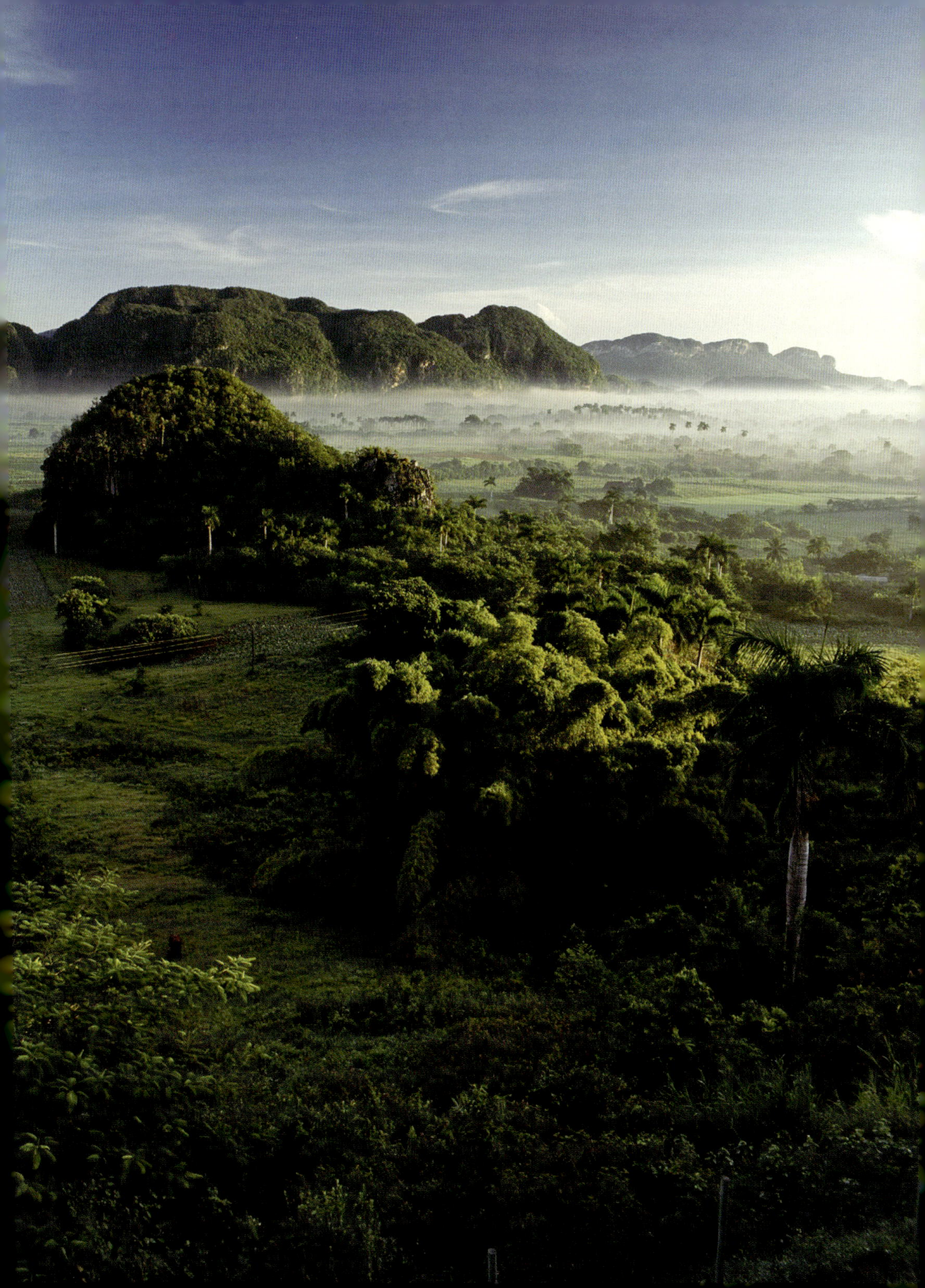

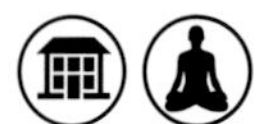 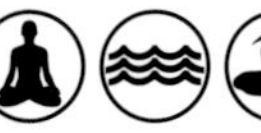  

# 로열 플랜테이션 Visit Royal Plantation

**Location** 자메이카 오초 리오스
**Website** www.royalplantation.com　**Price** 💲💲💲

자메이카의 오초 리오스에 있는 로열 플랜테이션으로 뱃머리를 돌리자. 옛 플랜테이션 하우스 특유의 분위기와 우아함을 모두 지니고 있는 이 호텔은 앤티크와 카리브 해의 수공예 예술, 패브릭, 가구 등의 환상적인 조합이다.

푸르른 열대의 식물과 바다, 부겐빌레아 꽃이 향긋하고도 이국적인 공기를 만들어낸다. 영화에나 나올 듯한 풍경이니, 정말로 영화 배경—〈키스의 전주곡〉(1993), 〈라이선스 투 웨드〉(2007)—으로 등장했다고 해도 별로 놀랍지 않다. 이곳에 왔던 명사들의 이름도 휘황찬란하다—윈스턴 처칠, 이언 플레밍, 노엘 커워드, 로빈 윌리엄스, 알렉 볼드윈, 멕 라이언 등 모두 이곳의 "로열" 트리트먼트를 즐기고 돌아갔다.

이곳에서 해야 할 일 리스트에는 딱 하나만 써 있다—긴장을 푸는 것. 해먹이나 두 곳의 해변 중 한 군데에 누워서 빈둥거리자. 월풀 욕조와 환상적인 조망을 자랑하는 옥상의 풀 데크는 어떨까. 아, 그리고 매우 품위 있는 애프터눈티와 둘이 먹다 하나가 죽어도 모를 스콘도 놓칠 수 없다. 궁극의 릴렉스를 위해서는 스파가 제격이다. 커플용 스페셜 "스크럽-어-덥-투인더텁" 트리트먼트를 강력 추천한다. 소금과 흑설탕 스크럽으로 시작해 스위트 프루트 펀치 밀크 셰이크를 곁들인 월풀 목욕, 그리고 열대의 향취가 가득한 마사지로 마무리한다. 멋진 프렌치 레스토랑 "르 파피용"에서는 바닷가재 라비올리와 거대한 홍다리얼룩새우를 맛보자. 그것도 온갖 무늬의 직물을 제멋대로 이어 씌운 루이 14세 스타일의 의자에 앉아서 말이다. 스태프에게 요청하면 바다와 반짝이는 별들에 둘러싸인 방파제 위에 로맨틱한 디너 테이블이 준비된다. 음식이 너무 맛있어서 어떻게 만드는지 알고 싶다면, 셰프 오웬 베인과 함께 하는 반일 요리 코스에 등록할 수도 있다. 나도 모르는 사이에 환상적인 빵열매 수프와 오븐에 구운 바닷가재 꼬리를 만들고 있을 것이다. **RCA**

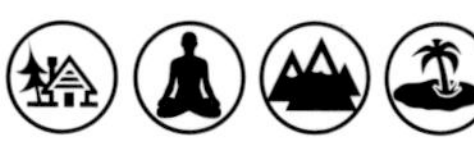

# 스트로베리 힐 Stay at Strawberry Hill

**Location** 자메이카 블루 마운틴스
**Website** www.strawberryhillresort.com　**Price** 💲💲

침대에서 뛰어나와 덧문을 활짝 열어젖히고, 팔꿈치를 꼬집어보자—그래, 꿈이 아니다. 블루 마운틴스에서 불어오는 서늘한 바람에 실려 들어오는 이국적인 열대 정원의 향기도 진짜다.

스트로베리 힐은 산 속 높이 자리잡은 18세기 식민지 플랜테이션 주위에 자리잡고 있다. 소유주는 밥 말리를 발굴해내고 아일랜드 레코즈 社를 설립한 음반 프로듀서 크리스 블랙웰이다. 아무나 올 수 없는 이 우아한 부티크 호텔은 오늘날 유명 뮤지션, 모델, 그리고 세계의 제트족(사업 목적 또는 단순한 여흥을 위해 여행을 많이 다니는 부유하고 패셔너블한 이들을 가리키는 말)들 사이에서 인기있는 장소가 되었다. 조지아 양식

> "더 그레이트 하우스에서는 벨벳처럼
> 부드러운 에메랄드빛 산봉우리를
> 360도로 감상할 수 있다.."
>
> 『가디언』 紙

의 화려한 목조 별장이 915m 아래 킹스톤 시의 환상적인 조망을 자랑하는 정원들 사이에 흩어져 있다. 프렌치 도어(바깥쪽으로 열어젖힐 수 있는 두 짝으로 된 유리문)를 열고 널찍한 개인용 베란다로 나가면 일일이 손으로 세공한 작품들이 19세기 목공예 양식을 세심하게 재현하고 있다. 침실은 패브릭, 사각사각 소리가 나는 새하얀 침구류, 윤을 낸 마호가니 가구와 바닥 등으로 장식된 쇼룸과도 같다. 당연히 모든 객실에 최고급 스테레오 시스템은 물론, 아일랜드 레코즈 사에서 발매된 CD가 넉넉히 갖춰져 있다.

잠시 시간이 나면 레스토랑의 오픈 데크에서 느긋하게 시간을 보내면서 이 지역 특산 향신료와 소스를 사용한 유명한 "뉴 자메이카 음식"을 먹어보자. 셰프 킹슬리 맥그리거가 모든 기대를 넘어서는 트레이드마크 요리를 몇 가지나 개발해서 기다리고 있다. **SH**

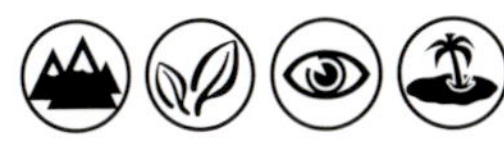

# 블루 마운틴스 Walk in the Blue Mountains

**Location** 자메이카 블루 마운틴스
**Website** www.great-adventures.com/destinations/jamaica/bluemo.html  **Price** 

자메이카와 눈이라니, 전혀 어울리지 않는 조합이지만, 해발 2,256m의 블루마운틴 정상에서는 눈과 서리를 심심치 않게 볼 수 있다. 블루 마운틴스는 자메이카에서 가장 큰 산맥으로 길이 38km, 너비는 22km에 달하며, 섬의 동쪽 1/3을 차지하고 있다. 섬의 나머지 부분에서 보면 봉우리 정상은 푸른 안개—블루 마운틴스라는 이름도 그래서 붙었다—에 싸여 있는 것처럼 보인다. 산비탈 아래쪽의 풍부하고 비옥한 토양에서 재배하는 커피의 브랜드도 블루 마운틴이다.

과거 스페인 정복자들이 플랜테이션을 버려두고 떠났을 때, 산으로 도망친 노예들에게 블루 마운틴스는 최적의 은신처였다. 500종이 넘는 식물이 꽃을 피우며, 그 중 절반은 이곳이 아니면 세계 어디에서도 볼 수 없는 희귀종이다.

블루 마운틴 정상까지의 하이킹은 주로 한밤중에 한다. 서너 시간 동안 가파른 비탈을 걸어가면 고도 915m에 다다르게 된다. 정상에 올랐을 즈음에는 바다 위로 일출을 볼 수 있다. 자메이카의 남쪽과 북쪽 바다를 빛으로 물들이며, 맑은 날에는 209km 떨어진 쿠바까지 보인다. 내려오는 길에는 머리 위로 마치 휘장처럼 드리운 나뭇가지들의 환상적인 풍경과 운무림, 그리고 숲지를 아침 햇빛 속에서 볼 수 있다.

물론 하이킹 경로가 하나밖에 없는 것은 아니다—수세기 동안 마을과 마을을 이어준 산길이 몇 백 개나 된다. 새나 식물을 관찰하고 싶은 이들이라면 특히 다양한 종을 찾아볼 수 있는 리오 그란데와 하드워 계곡을 추천한다. **LD**

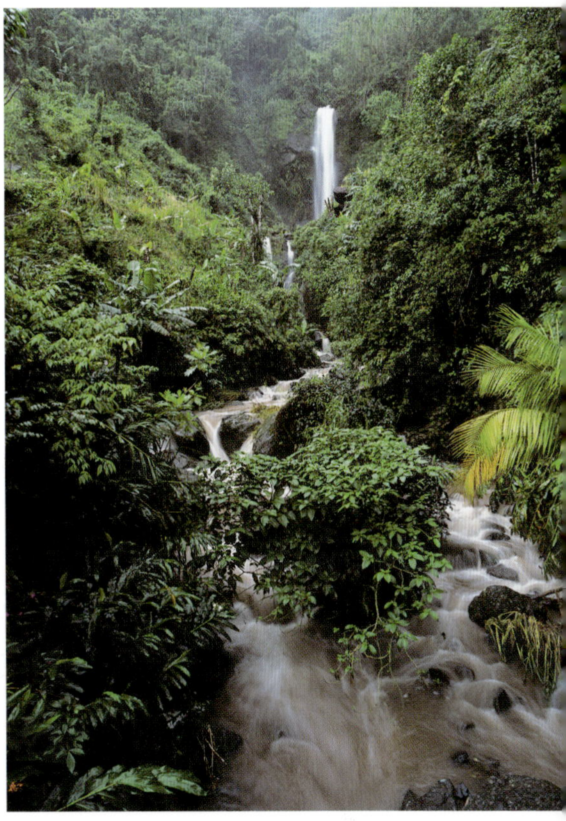

"…커피 농장의 풍경, 색색의 초록을
자랑하는 언덕들, 그리고 깎아지른 듯
뾰족한 봉우리들…"

폴리 로저 브라운, 『인디펜던트』紙

폭포와 세차게 흘러가는 냇물, 그리고 블루 마운틴스를 감싸고 있는 뿌연 안개.

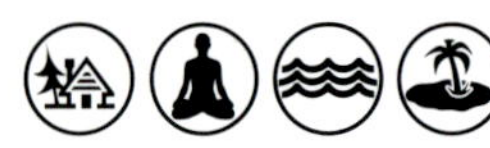

# 더 케이브스
## Stay at The Caves Resort

**Location** 자메이카 네그릴
**Website** www.thecavesresort.com    **Price** ⑤⑤⑤

4ha의 열대 정글과 해안 절벽, 돌이 깔린 산책길, 자연적으로 형성된 작은 동굴들. 더 케이브스 리조트는 자메이카에서도 가장 스펙터클한 휴양지 중의 하나이다. 그리어–앤과 버트램 솔터 부부가 설계한 더 케이브스는 바다에서 가까운 초록빛 정원 속에 숨어 있는 10채의 오두막으로 구성되어 있다.

절벽 바로 옆에는 수영장이 있고, 바다 조망이 가능한 옥외 미니스파, 저녁 식사를 할 수 있는 정자가 두 개(각각 완벽하게 구비된 바가 딸려 있다), 그리고 그 외에도 수영과 선탠을 할 수 있는 공간이 있다. 한편 바닷가는 작은 동굴이며 후미진 곳들이 많다. 개중에는

> "카리브해에서 가장
> 로맨틱한 휴양지 중 하나…
> 더 케이브스는 진정으로 특별하다.."
>
> 『힐러리』誌

절벽을 파고들어간 동굴들도 있다.

오두막은 각각 서로 다르게 설계되었으며, 밝은 아일랜드 컬러에 대나무 가구를 갖춰놓았다. 모두 자연 재료를 사용했는데, 주로 나무와 돌에 이엉 지붕을 얹었으며, 전원적이면서도 호화로운 분위기를 만들어낸다. 주위 지역은 그야말로 바다와 맞닿은 꿈나라와도 같다. 수영, 스킨스쿠버다이빙, 다이빙을 좋아하는 이들에게 완벽한 공간이다. 인근의 산호초에는 돌고래, 바다거북, 물고기가 우글거린다. 더 케이브스는 모터사이클 대여, 승마, 강에서 튜브 타기는 물론 스쿠버 자격증까지 마련해준다. **PS**

⮡ 더 케이브스는 훌륭한 시설과 환상적인 바다 전망을 갖추고 있지만, 화려한 밤 외출을 나가기에도 그리 먼 거리가 아니다.

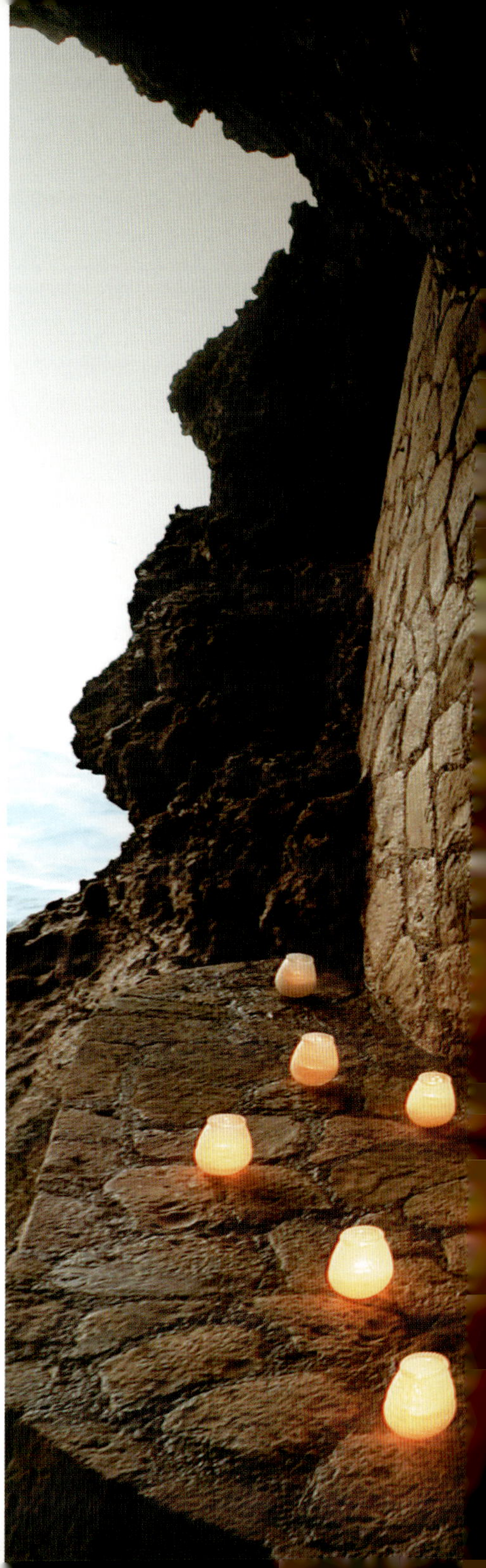

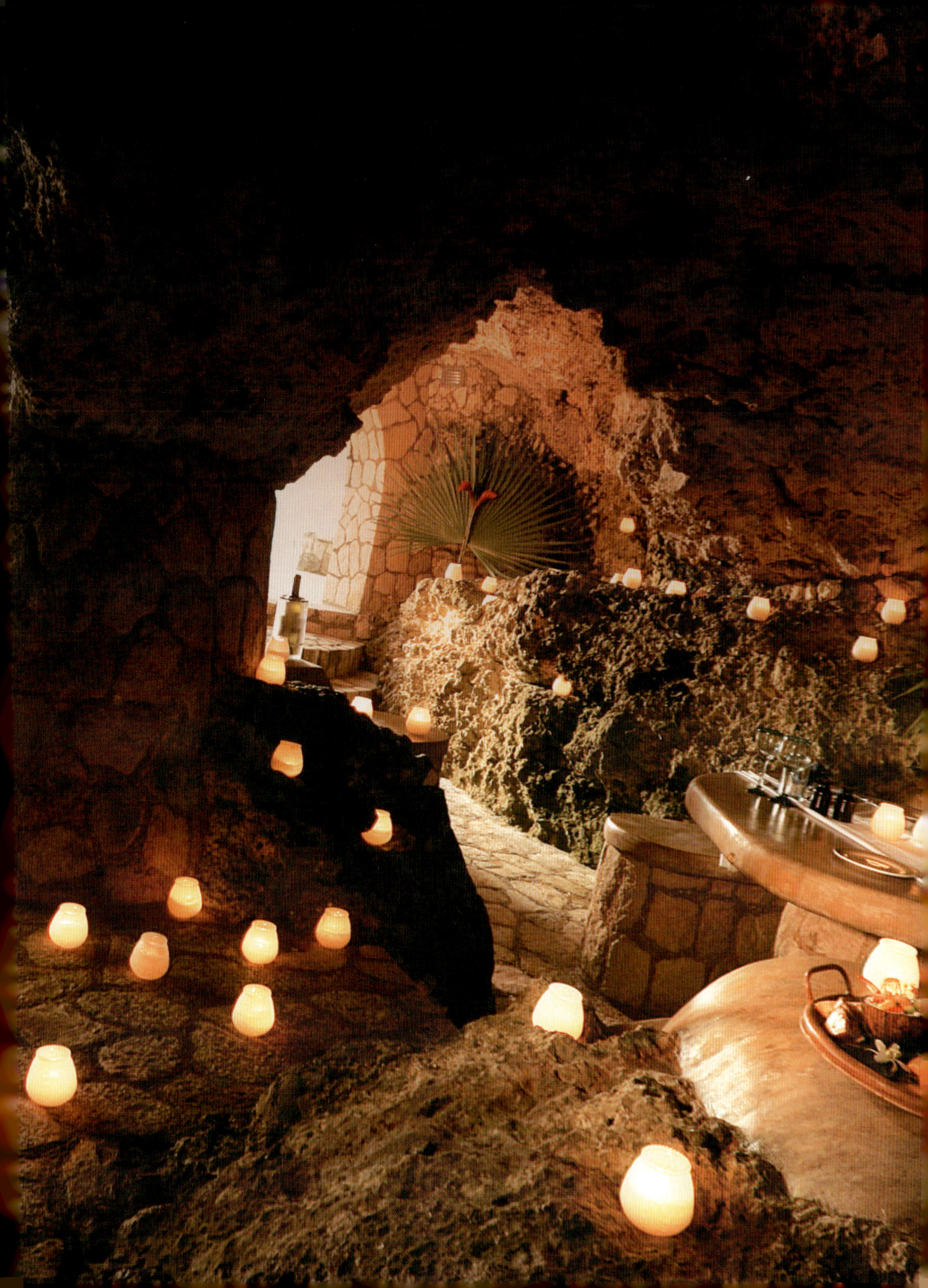

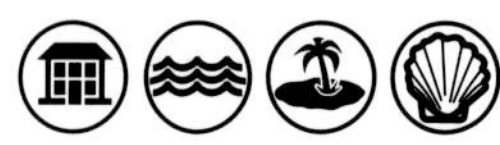

# 사바 록 Relax at Saba Rock Bar

**Location** 영국령 버진아일랜드 버진 고다
**Website** www.sabarock.com   **Price** $$

이 작은 섬에 와 보면 "외진", "전원적인" 등의 형용사가 절로 떠오른다. 보트나 수상 비행기로 올 수 있는 사바 록은 "이 세상의 끝"과도 같은 느낌이 드는데, 아마도 카리브 해에 아무렇게나 떠 있는 듯한 풍광 때문에 그럴 것이다. 영국령 버진아일랜드의 버진 고다 섬, 노스사운드에 있는 사바 록은 비터엔드 요트클럽과 사람이 살지 않는 국립공원인 프리클리 페어 아일랜드 사이에 위치한다. 엎어지면 코 닿을 곳에 저 유명한 유스타시아 암초가 있다—노랑머리 후악치, 전자리상어, 해마 등의 서식지로 스킨스쿠버다이버에게는 천국과도 같은 곳이다.

파란수염부터 캡틴키드에 이르기까지, 나올 이름은

> "지금까지 카리브 해에서
> 가장 사람의 손을 덜 탄 섬인
> 사바는 스펙터클하다."
>
> 『콩데 나스트 트래블러』誌

다 나오는 해적 이야기로 가득한 다채로운 역사를 지닌 사바 록은, 오늘날에도 요트족들이 가장 좋아하는 곳 중의 하나이다. 그 느긋한 카리브 해 특유의 분위기에 짙은색 나무로 만든 데크, 야자수, 수정처럼 맑은 물, 그리고 이 지역 특제 에어컨이라 할 수 있는 천장의 선풍기가 더해진다. 달콤한 무역풍이 선풍기가 부드럽게 웅웅거리는 소리와 어우러진다.

차가운 음료수를 마시며 세상이 돌아가는 것을 느긋하게 구경하거나, 아니면 해먹에 누워서 빈둥거리자. 밤이 되면 바와 레스토랑이 스틸 밴드와 함께 활기를 띠기 시작한다. 데크 아래에 누워만 있기 싫다면 9개의 객실과 스위트 중 하나로 들어가 보자. 사바 록이 지구상에서—아니, 해상에서 가장 쿨한 바 중의 하나라는 점에는 의심의 여지가 없다. **RCA**

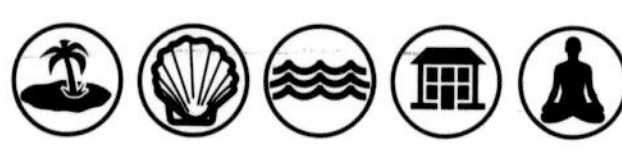

# 비라스 크릭 Visit Biras Creek

**Location** 영국령 버진아일랜드 버진 고다
**Website** www.biras.com   **Price** $$$

영국령 버진아일랜드는 바다에서 솟구친 6개 화산섬으로 이루어져 있다. 깎아지른 듯한 거친 해안선에는 원시 상태의 백사장이 점점이 흩어져 있다. 그 중에서도 가장 전원적인 곳은 버진 고다의 북동쪽 끝에 있는 소박한 휴양지인 비라스 크릭이다. 이 섬의 이름을 지은 크리스토퍼 컬럼버스는 그 둥근 모양을 보고 원래 "아기 가진 처녀"라 부르려 했으나, 처녀가 아기를 가진다는 것이 불가능하다는 사실을 떠올린 후에 "뚱뚱한 처녀"라는 뜻의 "버진 고다"로 바꾸었다.

비라스 크릭은 보트로만 접근할 수 있으며, 잔잔한 카리브 해와 대서양 사이에 끼어 있는, 독특한 위치를 자랑한다. 매혹적인 바다를 건너 방파제에 도착하면, 맹그로브 한가운데 아쿠아마린빛 물이 찰랑찰랑하며, 동료 투숙객들과 스태프들의 미소 띤 얼굴과 완벽하게 매력적인 분위기가 당신을 기다리고 있다.

어느 쪽으로 몸을 돌려도 선명한 파랑이 눈에 들어온다. 마치 천국을 파는 카탈로그의 윤기 흐르는 페이지를 넘기고 있는 것 같다. 여기에는 세 종류의 박자가 있다고들 한다. 느리게. 더 느리게. 그리고 완전히 멈춤. 자전거를 빌려서 주변 탐험에 나서거나, 보스턴 웨일러 모터보트를 타고 가까운 프리클리 페어 아일랜드의 외딴 해변을 찾아보거나, 눈에 들어오는 야생 동식물을 구경하자. 도마뱀붙이와 심술궂은 이구아나가 사람 따위는 모른 척하고 돌아다닌다. 맛있는 런치타임 그릴을 제외하면 하루 종일 해변에서 뒹굴거려도 방해할 사람도 없다. 잔잔한 바다에서 스킨스쿠버다이빙을 하거나, 휘트니스센터나 스파로 놀러간다면 또 모르지만 말이다.

최근 새단장을 마친 비라스 크릭은 릴레&샤토 그룹 회원사로, 무려 57ha에 달하는 면적은 열대의 개인 성역에 온 듯한 느낌을 준다. **RCA**

▷ 찬란한 아침 햇살에서건, 희미한 저녁 황혼에서건 강을 내려다보는 전망은 환상적이다.

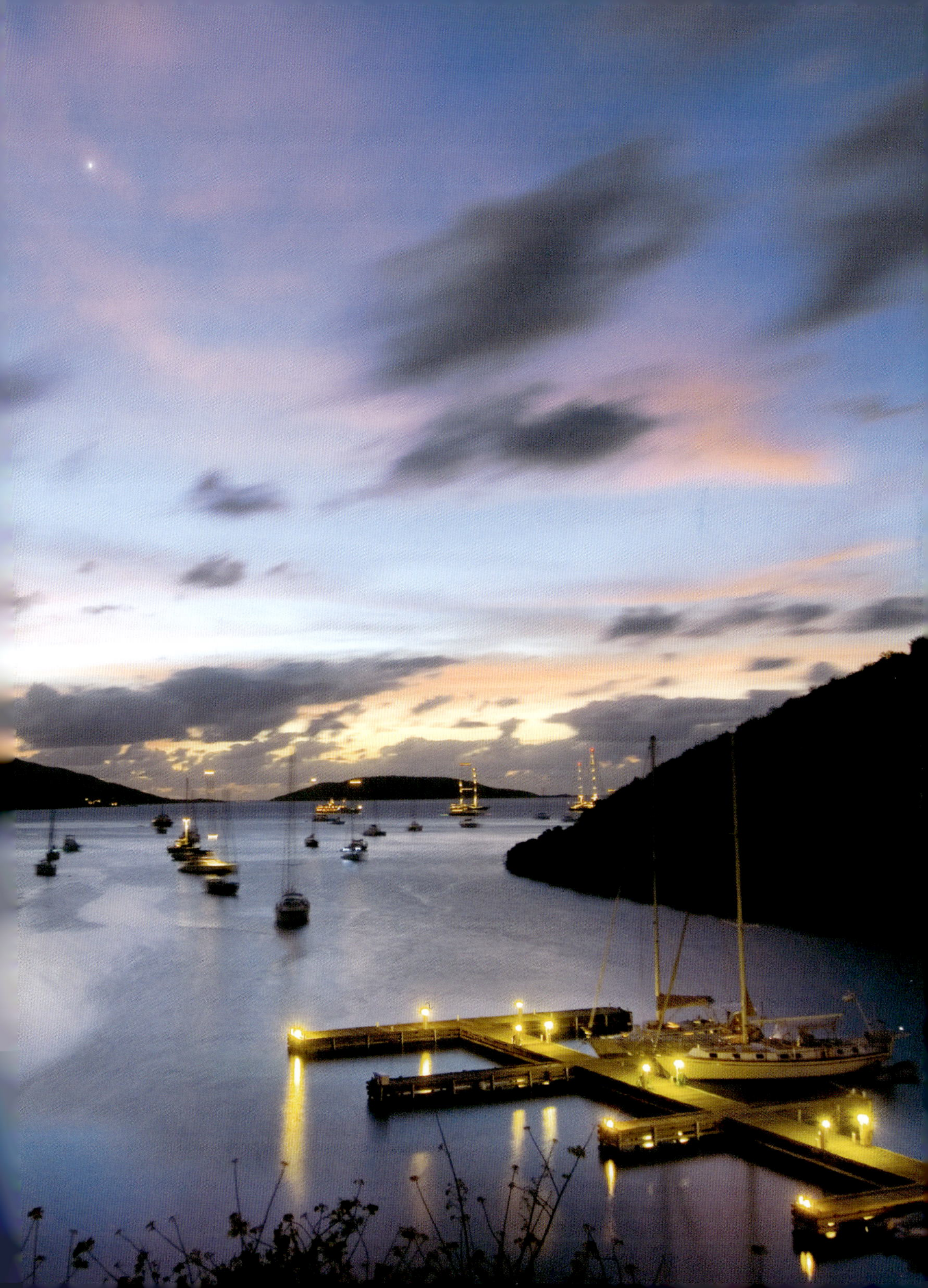

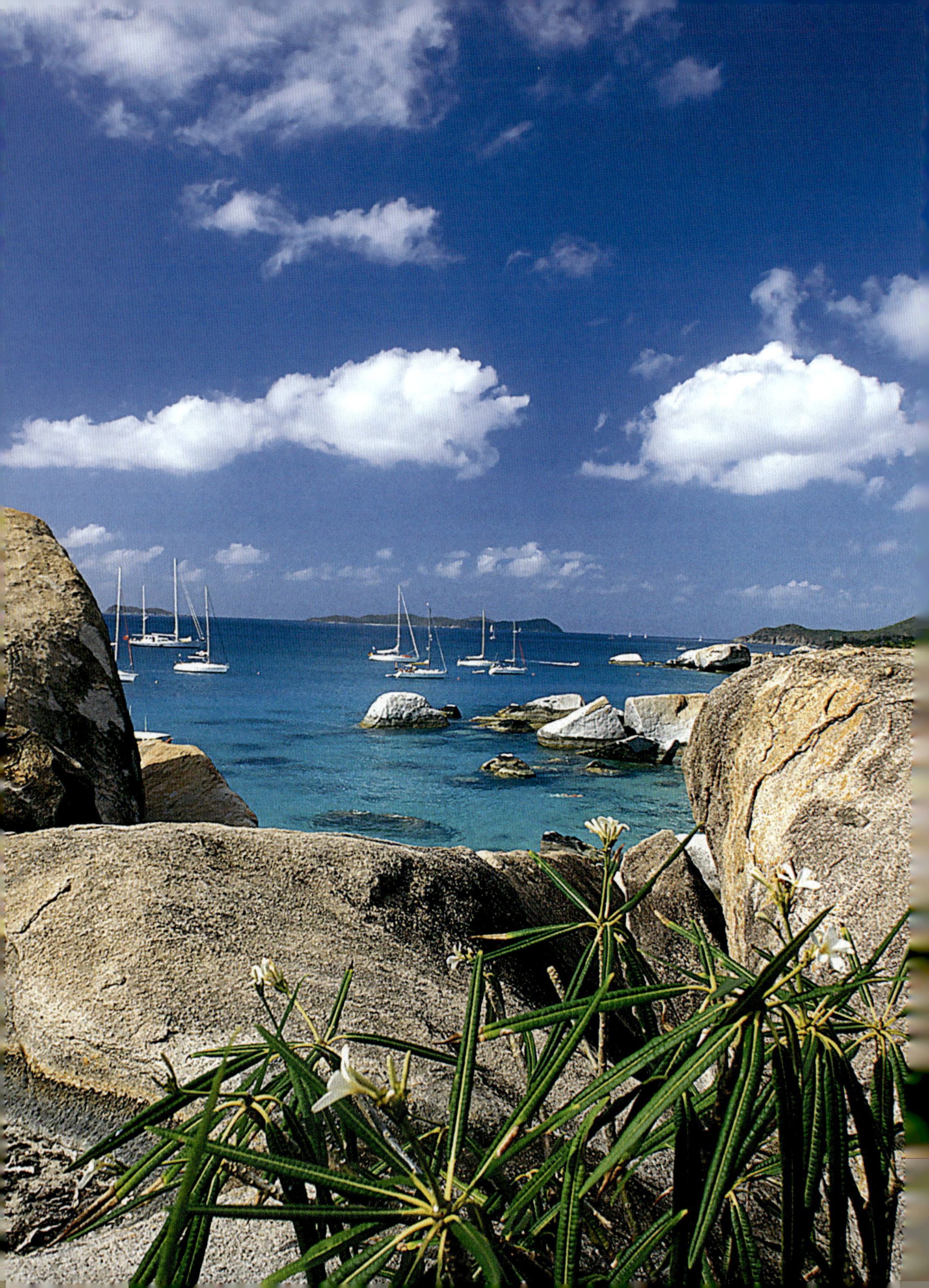

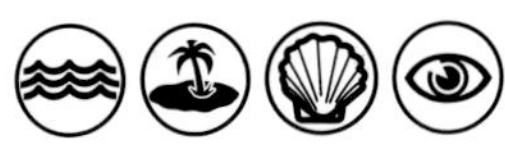

# 버진 고다 바스
## Enjoy Virgin Gorda's Baths

**Location** 영국령 버진아일랜드 버진 고다
**Website** www.bvi.com　**Price** $

버진아일랜드에는 살랑살랑 흔들리는 야자수가 늘어서 있는 외진 해변과 수없이 많은 작은 만(灣) 외에도 볼 것이 많다.

　버진아일랜드에서 세 번째로 큰 섬인 버진 고다에서 가장 인기있는 장소 중 하나는 "더 바스(The Baths)"라 부르는 자연의 기적이다. 약 7천만 년 전, 카리브 해의 해저에 흘러 쌓인 용암에 녹아버린 바위가 함께 굳으면서 나타난 거대한 화강암 바위에 의해 생성된 이국적인 연못과 동굴들이 바로 그것이다. 마그마가 장석과 석영으로 구성된 어마어마하게 큰 화강암 조각을 만들어냈다. 5천만 년 후, 대륙판이 움직이면서 해저가 뒤집히

> "해안을 따라 거대한 화강암
> 바위 무더기들이 불규칙한
> 모양으로 흩어져 있는 모래밭."
>
> 『콩데 나스트 트래블러』誌

고, 화강암이 겉으로 드러났다.

　자리가 다 차기 전에 아침 일찍 가는 것이 좋다. $3의 입장료를 내고 만으로 들어가 보자. 방향 감각을 잃기 쉬울 정도로 마법 같은 곳이다. 여러 줄기의 빛과 투명하고 얕은 물, 숨어 있는 공간들은 거의 초현실적이라 부를 만하다. 스킨스쿠버다이빙을 할 수 있을 정도로 깊은 연못도 있는데, 북쪽 놀은 조심할 것. 길을 따라 백사장으로 가면 곳곳에 바위가 흩어져 있다. 바스 아래 있는 해변 중 한 곳인 더 크롤(the Crawl)은 심지어 바위에 둘러싸인 자체 석호까지 있다. 산호초에는 바다거북, 가오리, 해마들이 분주히 오간다. **RCA**

　◧ 사람의 손에 훼손되지 않은, 이국적이고 푸르른 버진아일랜드는 바다, 태양, 모래와 함께 홀로 있을 수 있는 곳이다.

# 피터 아일랜드
## Snorkel at Peter Island

**Location** 영국령 버진아일랜드 피터 아일랜드
**Website** www.peterisland.com　**Price** $

오랜 시간의 비행 끝에 작은 8인용 프로펠러 비행기로 갈아타고 피터 아일랜드의 해변으로 향하는 것은 정말 신나는 일이다. 비행기에서 내리면 없는 것이 없는 열대의 낙원이 기다리고 있다. 골프 카트를 타고 호화로운 객실에 도착하면 사방이 아름다운 카리브해 풍경이다.

　리조트에 필수인 대형 스파, 라이브 뮤직, 럭셔리한 객실까지 모두 갖추고 있지만, 진짜 매력은 수정처럼 맑은 물이다. "망자의 해변"으로 달려가자. 전설의 해적 블랙비어드가 27명의 부하들에게 벌로 한 병의 럼주만 주고는 데드 체스트 아일랜드에 한 달 동안 가둬 놓았다고 한다. 한 명이 도망쳐서 겨우 육지에 닿을 수 있었고, 나머지는 역사가 기록하고 있는 대로다.

　모래밭을 몇 백 미터만 걸어가면 스킨스쿠버 천국에 빠지게 된다. 블루탱(농어목 양쥐돔과의 열대어), 오렌지색과 노란색의 나비고기, 반짝이는 보라색의 크레올 올래기가 만들어내는 무지개 사이에서 헤엄을 쳐보자. 더 멀리, "인디언스"라 불리는 해역으로 나가면 더 장관이다. 곰치, 바다거북, 나팔어 등이 뇌산호 사이를 지나다닌다. 이 해역에는 세계 최고로 꼽히는 솔트 아일랜드의 95m 깊이 다이빙 스팟처럼 법으로 지정된 다이빙 보호 구역이 곳곳에 있다. 페리에 올라타고 조스트 반 다이크 아일랜드로 가보자. 주민이 150명밖에 되지 않는, 사람의 때가 묻지 않은 오아시스이다. 엽서에나 나올 법한 다이아몬드 케이의 바다, 또는 작고, 원시적이고, 야자수가 서 있는 작은 섬으로 스킨스쿠버다이버들에게 인기가 좋은 환상 산호섬 샌디 스핏을 탐험해 보자.

　하루의 마무리는 소기 달러 바에서 럼과 코코넛으로 만든 칵테일 "페인킬러"를 추천한다. 아니면 요트인들이 즐겨 가는 바닷가의 판잣집 폭시즈로 가면 주인인 폭시가 칼립소 사이사이에 재미난 조크를 들려준다. **RCA**

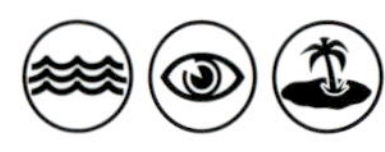

# 리틀케이맨 *Go Diving in Little Cayman*

**Location** 케이맨 제도 리틀케이맨
**Website** www.paradise-divers.com  **Price** 💲

리틀케이맨은 작은 섬이다—길이 16km, 너비 1.6km에 주민도 몇 명 되지 않는다. 그러나 이것은 물 밖에 보이는 것만을 이야기했을 때이다. 케이맨 제도는 수면 밖으로 삐죽이 나와 있는 해저 산맥의 봉우리들이다. 물 아래에는 절벽과 급경사면이 세계에서 가장 유명한 다이빙 구역을 만들어낸다. 그 중에서도 리틀케이맨의 블러디 베이 해양공원 내에 있는 블러디 베이(Bloody Bay)와 잭슨 블라이트(Jackson Blight)가 유명하다.

블러디베이의 경사면은 해수면 아래 6m 지점에서 시작하지만 곧 305m 이상까지 떨어진다. 혹자는 1,829m까지 떨어진다고 주장하기도 한다. 블러디 베이는 해면과 아주 독특한 빨강과 노랑의 산호초로 덮여 있다. 불가사리가 한없이 느리게 출렁이며, 곰치는 그 이빨투성이 머리를 절벽 틈새로 휙 내밀었다 눈 깜짝할 사이에 들어가곤 한다. 화려한 전자리상어와 나비 고기, 비늘돔 등이 재빠르게 지나가며 그 오색찬란한 색깔을 뽐낸다. 튜브처럼 생긴 돼지코를 가진 길죽한 주벅대치도 있다. 매가오리와 노랑가오리, 상어, 바라쿠다, 그루퍼가 헤엄을 치고, 케이먼 제도의 이름이 유래한 바닷거북들도 느릿느릿 돌아다닌다(1503년 크리스토퍼 컬럼버스가 이곳에 도착해서 "Las Tortugas"라는 이름을 붙였다). 이 모든 것이 믿기지 않을 정도로 푸르른 카리브 해를 배경으로 펼쳐진다.

물 위만 보면 리틀케이맨은 평화롭다. 다이빙이나 스킨스쿠버다이빙, 야생 동식물 관찰 외에는 특별히 할 일도 많지 않다. 호텔과 리조트가 몇 개 있어 따뜻한 카리브 해의 태양 아래 누워 빈둥거리라고 손짓한다. **PE**

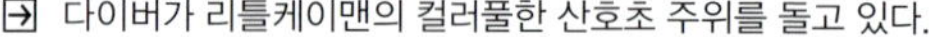

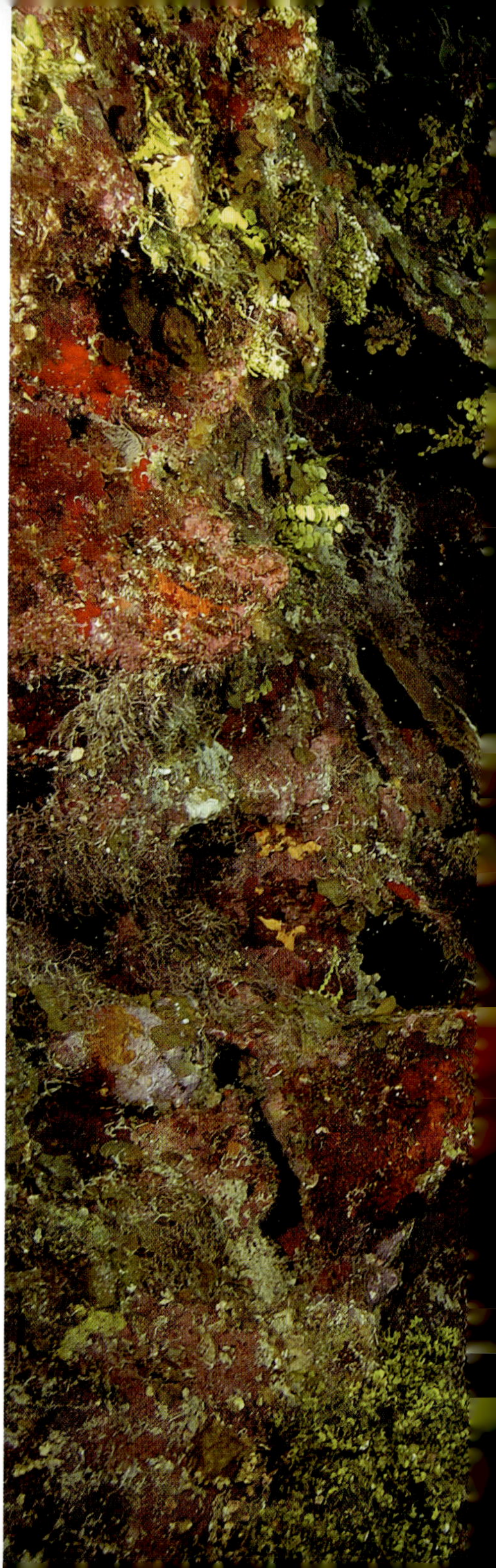

⤵ 다이버가 리틀케이맨의 컬러풀한 산호초 주위를 돌고 있다.

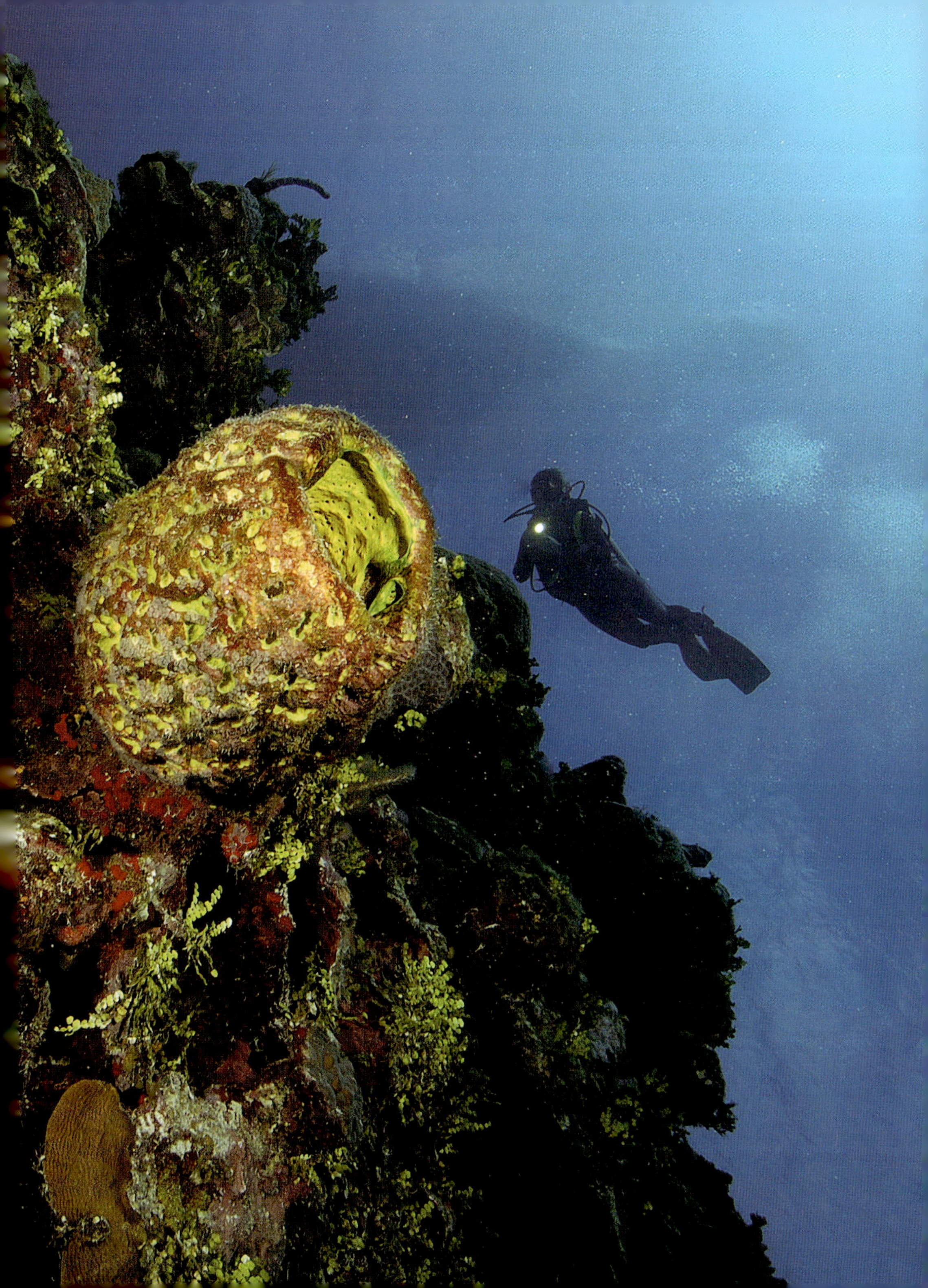

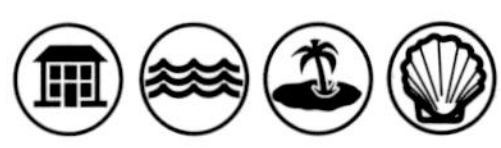

# 에덴 록 Stay at Eden Rock

**Location** 프랑스령 서인도제도 생바르텔르미
**Website** www.edenrockhotel.com **Price** 💲💲💲

옛날옛적에, 에덴 록은 생바르텔르미 섬의 초대 군수이자 그레타 가르보, 하워드 휴즈, 로버트 미첨의 친구이기도 했던 레미 드 에넹의 자택이었다. 오늘날에는 카리브 해에서 최고의 명소이자 가족 경영 호텔로 수십 년간 그 화려함과 세련됨을 자랑해왔다.

여기서 말하는 "화려함"이란 화려함의 극치를 말한다. 34개의 호화로운 스위트와 빌라 중 빌라 록스타에는 무려 1,500평방미터의 파티장과 골프 퍼팅용 그린, 영화관이 딸려 있다. 리조트가 소유하고 있는 요트 "프린세스" 호는 몸체 길이만 20m로 승무원 전원이 상시 대기 중이다. 이 요트를 타고 섬 투어를 하려면 엄청난 비용이 들겠지만, 적어도 아무리 쏜살같이 움직여도 지

---

> "카리브 해의 자연이 만든
> 웅장함과 아주 개인적인 만남을
> 가질 수 있는 시간."
>
> 『L.A 컨피덴셜』

---

나가는 배들(퍼프 대디가 타고 있을지도 모른다!)로부터 욕을 먹지는 않을 것이다.

이 시크한 섬은 예쁜 동굴들, 언덕진 해변, 그리고 다양한 바다 생물들이 우글거리는 해양 보호 구역을 자랑한다. 뭍에 올라가도 대단한 경관인 것은 마찬가지다—믹 재거나 머라이어 캐리가 이를 보장해 줄 것이다. 로맨틱한 것을 좋아하는 사람이라면 1930년대 힐리우드의 매력이 물씬 풍기는 가르보 스위트를 사랑해 마지않을 것이다. 나무와 하얀 가죽으로 만든 침대에 디자이너 필립 스타르크의 작품인 욕실이 딸려 있다. 제임스 본드에 심취해 있다면 개인용 풀과 데크, 뜨거운 욕조가 딸려 있고 물가 가장자리에 위치한 제임스 스위트도 있다. **LP**

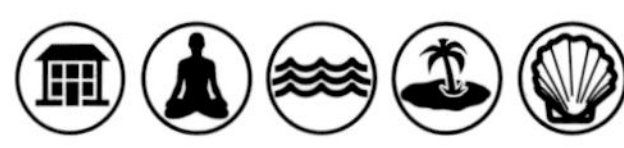

# 라 사만나 Unwind at La Samanna

**Location** 프랑스령 서인도제도 생마르탱
**Website** www.lasamanna.com **Price** 💲💲

생마르탱은 두 개의 국가—프랑스와 네덜란드—로 나뉜 독특한 섬이다. 두 개의 문화가 매력적으로 섞인 이중성은 프랑스 쪽에서는 음식—환상적인 제과점과 레스토랑이 넘쳐난다—을, 네덜란드 쪽에서는 카지노와 활기찬 밤거리가 기다리고 있음을 의미한다. 다행히도, 이것이 전부는 아니다. 두 개의 수도, 마리고와 필립스부르그로 가보자. 각각 특징있는 볼거리와 건축물들은 물론, 면적 3ha의 에덴 공원과 높이 426m의 파라다이스 피크에서 숨이 멎을 듯한 섬의 전경을 감상할 수 있다. 아니면, 고요하고 우아한 고급 리조트인 라 사만나로 숨어버릴 수도 있다.

위층의 객실들은 외부 세계로부터 완벽하게 차단된 옥상 테라스가 딸려 있다. 하얀 벽이 하늘색 쿠션과 대조를 이루며 반짝이고, 운치있는 테라스 너머 야자수가 살랑살랑 흔들리는 정원에서 해먹을 매달고 느긋하게 쉴 수 있다.

리조트의 보석은 엘리제 스파이다. 그리스 신화에서 "축복받은 이들을 위한 집"의 이름에서 유래했다. 8개의 마사지룸과 그보다 넓은 휴식 공간이 있으며, 지압부터 반사요법, 타이 마사지, 핫스톤 테라피에 이르는 다양한 트리트먼트는 물론 필라테스와 요가도 즐길 수 있다. 심지어 개인 트레이너에게 일대일 레슨을 받을 수도 있다.

해질 무렵에는 횃불과 라이브 뮤직으로 풀장 주위가 떠들썩해진다. 칵테일 아워가 돌아온 것이다. 언덕배기에 있는 호텔 레스토랑은 바이 롱그의 환상적인 전망을 감상할 수 있으며, 유럽과 카리브해 요리의 절묘한 퓨전을 선보인다. 바닷가재 라비올리와 맛있는 오리 콩피에 깜짝 놀랄 만한 와인 리스트가 함께 따라온다. 미식가의 꿈이 현실이 되는 순간이다. **RCA**

▱ 라 사만나의 해변에서 보는 완벽한 경치는 카리브 해에서도 최고로 꼽힌다.

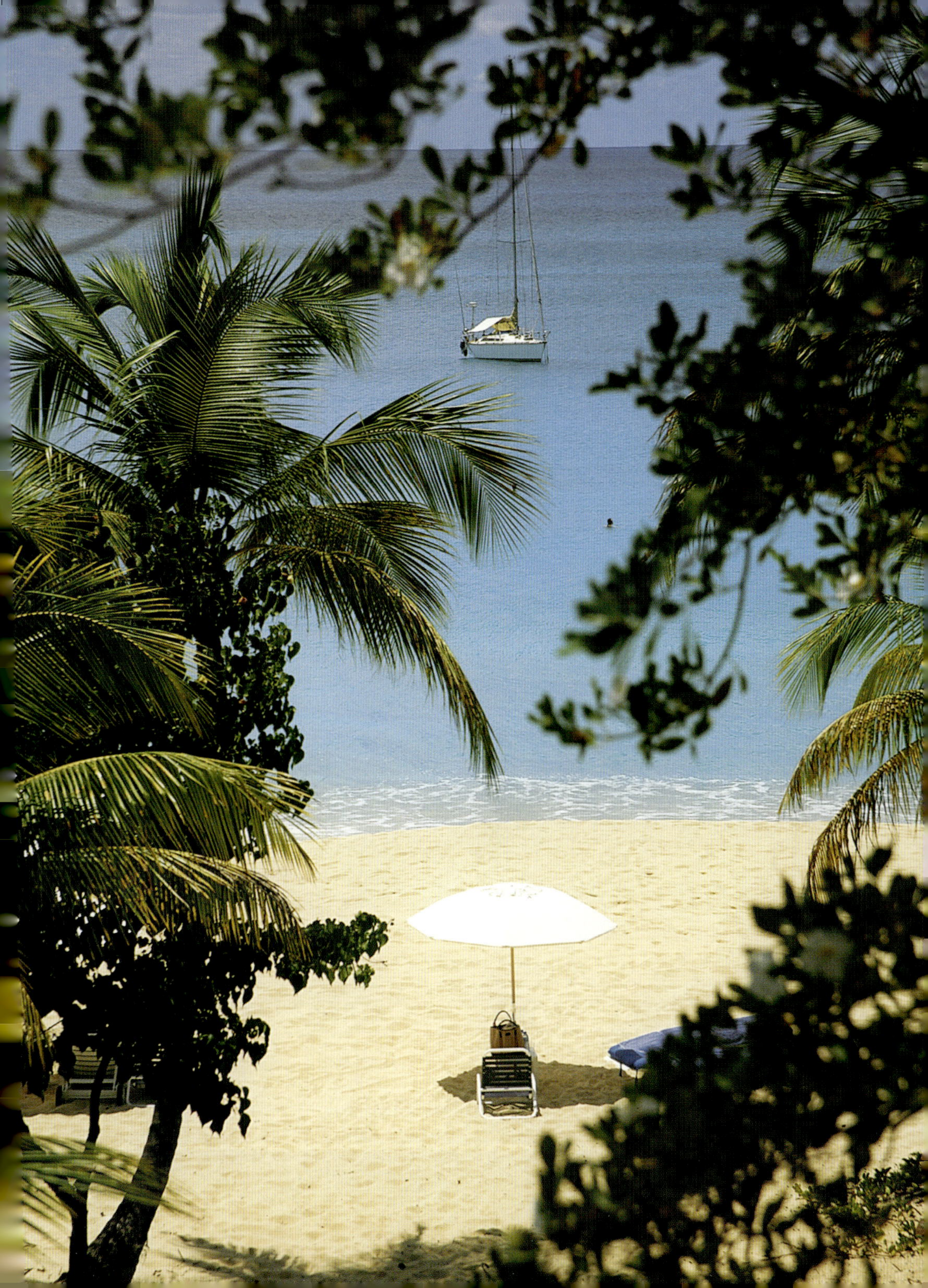

# 모르네트루아피통 국립공원 Hike in the Morne Trois Pitons National Park

**Location** 도미니카 공화국 모르네트루아피통국립공원
**Website** whc.unesco.org/en/list/814　**Price** ❗

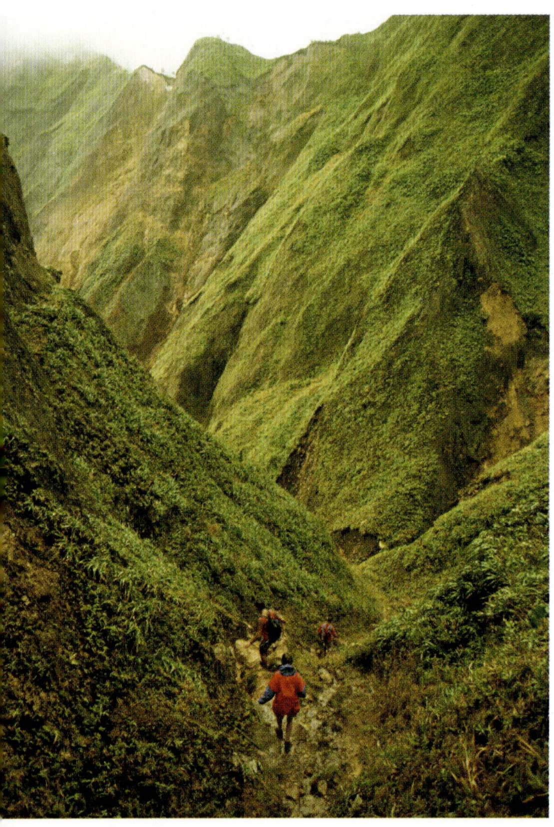



생태주의자들에게, 도미니카의 모르네트루아피통 국립공원은 에덴동산과도 같다. 길이가 무려 483km에 달하는, 카리브 해에서 가장 스펙터클한 하이킹 코스를 자랑한다. 세계 유산으로 지정된 모르네트루아피통 국립공원은 6,870ha의 면적 위에 강, 폭포, 사람의 손이 닿지 않은 열대우림, 산, 심지어 5개의 화산과 50개의 분기공, 그리고 수많은 온천들이 펼쳐져 있다. 그러나 이 중에서도 최고는 두꺼운 증기 구름 아래에 숨어 있는 보일링 레이크(Boiling Lake)이다. 모르네트루아피통의 보일링 레이크는 세계에서 두 번째로 큰 보일링 레이크로, 수심조차 알 수 없는 82°C~92°C의 우윳빛 물이 부글부글 끓고 있는 거대한 가마솥이다.

"트루아 피통"은 1,424m 높이의 세 쌍둥이 봉우리로, 아스라한 안개에 싸여 있다. 모르네트루아피통에서는 포유동물은 찾아볼 수 없지만, 대신 온갖 종류의 곤충, 조류, 갑각류, 파충류들이 살고 있다. 만약 운이 좋다면 이 섬에서만 서식하는 두 종류의 앵무새 중 하나 정도는 볼 수 있을지도 모른다. 그 중 하나인 임페리얼 앵무새는 도미니카의 국조(國鳥)이기도 하다.

보통 관광객들이 많이 찾는 루트는 7~8시간 정도 걸리는 "황폐한 계곡(the Valley of Desolation)"이라는 이름의 길이다. 바위를 기어오르고, 젖어서 미끌거리는 가파른 오르막길을 공략해야 한다. 라우다트라는 마을에서 시작해서 희귀한 열대 조류로 가득한 울창한 우림을 지나간다. 이끼가 덮인 계곡 자체도 겉으로는 황량해 보이지만, 사실은 온천과 머드풀, 미니 간헐천 등이 넘치는, 지열 활동의 온상이다. 천연 스파 트리트먼트를 받고 싶으면, 머드 마스크를 바르고 온천 폭포에 몸을 담그거나 차가운 호수에서 수영을 하는 것도 좋다. **JK**

◪ 하이킹족들이 모르네트루아피통 국립공원의 "황폐한 계곡"에서 길을 헤쳐나가고 있다.

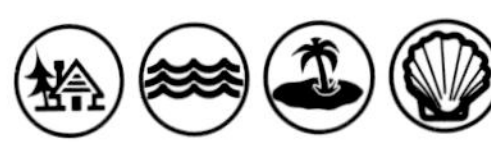

# 잔돌리 인 Stay at Zandoli Inn

**Location** 도미니카 공화국 풍생장 근교
**Website** www.zandoli.com   **Price** ⑤⑤

잔돌리는 그 이름처럼("zandoli"는 이 지역에 사는 작은 도마뱀이다) 도미니카 공화국의 남동쪽 해안의 바위 위에서 햇빛을 받고 있다. 호텔이라기보다는 오히려 2.4ha의 열대우림과 바다의 속삭임에 둘러싸인, 5개의 방과 냉탕이 딸린 빌라 같다. 해가 지면, 일랑일랑꽃의 짙은 향기가 오픈 베란다와 심플하면서도 스타일리쉬한 침실을 나누고 있는 얇은 커튼을 뚫고 밀려 들어온다. 그 광경만으로도 벌써 긴장이 풀리며 느긋해지는 것 같지 않은가.

소(小)앤틸리스 제도에서 가장 산지가 많고 바위투성이인 도미니카는 과달루페와 마르티니크 사이에 끼어 있으며, 그 지형만 들어도 돌아다니기에 쉽지 않다는 걸 알 수 있다. 잔돌리는 섬 남동쪽 해안의 로소(Roseau)에서 21km밖에 떨어져 있지 않지만, 더 먼 것처럼 느껴진다. 환상적인 하이킹로가 있어서 대추야자 나무, 바닐라 덩굴, 육두구와 아보카도 나무들이 빽빽한 숲 속에서 머리 위를 날아가는 열대 조류를 관찰하거나 벌새 둥지를 찾거나 아니면 그냥 커다랗고 선명한 색깔의 토착 야생화를 들여다보다가 넋을 잃기 일쑤다. 객실이 5개밖에 되지 않기 때문에, 이곳에서 머무르는 것 자체가 매우 친밀한 경험이다. 바위투성이 해안선은 명상을 즐기기에 좋다. 잔돌리는 신혼여행객들에게도 인기가 높다. 중요한 것은, 텔레비전도, 라디오도, 전화기도 없다는 것이다.

녹색은 또다른 테마이다. 환경친화적인 정화제만을 사용하는 담수 냉탕이 있어서 언제든지 뛰어들어 더위를 식힐 수 있다(호텔 근처의 바위에서는 스킨스쿠버다이빙도 할 수 있다). 샤워에 쓰이는 물은 태양열로 데운다. 저녁 때는 투숙객들이 모두 한데 모여 저녁을 먹는데, 이 지역 특산 요리가 제공된다. 물론 이 지방에서 나는 싱싱한 과일들도 얼마든지 먹을 수 있다. 칵테일 아워에는 석양을 바라보며 럼 펀치와 쿠불리 맥주를 마실 수 있다. **LD**

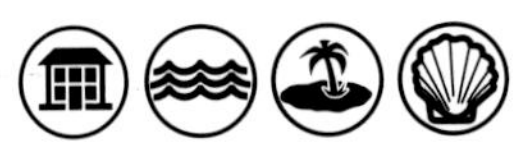

# 칼라일 베이 Visit Carlisle Bay Resort

**Location** 앤티가 칼라일 베이
**Website** www.carlisle-bay.com   **Price** ⑤⑤⑤

앤티가에는 365개의 해변이 있어, 1년 내내 매일 다른 해변에 갈 수 있다. 그리고 365개의 해변이 모두 카리브 해에서도 최고로 꼽힌다. 리워드 제도의 중심인 앤티가는 셀러브리티들이 자주 찾는 곳이다—오프라 윈프리, 덴젤 워싱턴, 모건 프리먼, 에릭 클랩튼이 모두 이곳에 별장을 갖고 있다. 도나텔라 베르사체처럼 단순히 휴가만 보내러 오는 명사들에게는 칼라일 베이가 있다—섬의 남부에 있는 럭셔리한 낙원이다.

카리브 해 특유의 다듬어지지 않은 장식과는 달리, 칼라일은 향토색과 도시적이고 현대적인 쿨함을 적절히 조화시켰다. 호텔 실내는 호화롭기 그지없다. 입구에는 플랜테이션 양식의 덧문이 달린 파빌리온이 있고, 곳곳

> "긴장을 풀기에
> 완벽한 장소.
> 마치 성소와도 같은 곳."
>
> 『데일리 텔레그라프』紙

에 커다란 이국적인 꽃이 장식되어 있으며, 미끈한 짙은색의 가구는 파삭파삭 소리가 날 것 같은 새하얀 패브릭으로 덮여 있다. 우아한 객실들은 은은한 회색과 라벤더색으로 꾸몄으며, 짐 톰슨의 풍성한 생사(生絲) 커튼, 퇴폐적으로까지 보이는 소파, 두 사람이 들어갈 수 있는 거대한 타원형 욕조가 갖춰져 있다. 세련된 에스프레소 머신에, 침대 옆에는 광섬유 독서 램프까지 달려 있다. 레스토랑은 두 곳—인디고 온더비치와 아시안 퓨전 이스트—이 있으니 취향대로 고를 수 있다.

게다가 입이 딱 벌어지는 수영장과 세련된 스파, 유행의 첨단이라 해도 과언이 아닐 도서관, 45석 규모의 영화관, 상쾌한 보드카, 코코넛럼, 파인애플인디고쿨러를 마실 수 있는 풀사이드 바도 빼놓을 수 없다. 아, 정말이지 한번 오면 떠나고 싶지 않은 곳이다. **RCA**

# 허미티지 베이

## Enjoy Hermitage Bay

**Location** 앤티가 허미티지 베이
**Website** www.hermitagebay.com　　**Price** ⑤⑤⑤

수도인 세인트존스에서 자동차로 20분 거리에 있는 허미티지 베이는 100년 전만 해도 사유지였던, 눈에 잘 띄지 않는 만(灣)을 내려다보는 곳에 위치해 있다. 25개의 발리풍의 목조 가옥이 외딴 언덕 비탈에 서서 하늘빛 카리브 해를 내려다보고 있다. 허미티지는 마호가니 바닥, 인피니티 냉탕, 흠잡을 데 없는 서비스는 물론 앤티가 최고의 해변 중 하나를 소유하고 있다.

널찍한 실내는 최고급 침구와 커다란 평면 TV, 아이팟 도킹스테이션, 무선 브로드밴드 인터넷을 갖췄다. 그러니 육중한 나무 문을 양쪽으로 활짝 열고 집 둘레를 빙 둘러싼 베란다로 나가 만과 그 너머 바다의 파노라마

> "언덕의 객실에서
> 보이는 풍경은 혼자서만
> 보고 싶을 정도이다."
>
> 『데일리 텔레그라프』誌

풍경을 보면서 무엇을 할까 고민할 때까지는 좀 시간이 걸린다.

허미티지 베이가 얼마나 휴식과 웰빙에 집중하고 있는지는, 모터를 사용한 수상 스포츠가 전면 금지되어 있다는 것만 봐도 알 수 있다. 대신 요트나 윈드서핑처럼, 다른 사람들에게 덜 방해되고 더 느긋한 레포츠를 즐길 수 있다. 실내 스파가 아닌, 일부러 이엉 지붕을 설치해 놓은 목조 방파제에서 수상 마사지를 받을 수도 있다. 오직 스위트로만 구성된, 4헥타르에 달하는 리조트 위로 해가 지고 나면, 귀에 들려오는 소음이라고는 오직 파도가 부딪는 소리뿐이다. **BS**

# 점비 베이 리조트

## Stay at Jumby Bay Resort

**Location** 앤티가 점비 베이
**Website** www.jumbybayresort.com　　**Price** ⑤⑤⑤⑤

점비 베이 리조트는 면적 1,215ha의 사유지 섬으로, 최근 수백만 달러의 비용을 들여 리노베이션을 거친 끝에, 최고급 리조트로 다시 태어났다. 차분한 베이지와 크림색 톤의 객실은 영국 식민지 시대풍의 가구와 기가 막히게 잘 어울린다. 커다란 침대와 어마어마하게 큰 욕실도 빼놓을 수 없다. 점비 베이의 거의 모든 스위트에는 전용 현관과 뜰, 티크목 가구로 꾸민 넓은 테라스, 그리고 개인용 냉탕이 딸려 있다. 예약을 하면 자기 방에서 트리트먼트도 받을 수 있다. "비치 파빌리온"의 마사지 테라피스트들은 동서양의 마사지 테크닉에 모두 정통하다.

자연애호가들에게 점비 베이는 편안한 만큼 신나는 곳이기도 하다. 하얀 왜가리와 파란 펠리컨 등의 야생동물이 돌아다닌다. 그 중에서도 최고는 패스처 베이 해변으로, 멸종위기종인 대모거북이 알을 낳는 보호 구역이다. 투숙객들은 거북 관찰 투어에 참가하거나 보호 활동에 직접 참여할 수도 있다. 야외 활동을 좋아하는 이라면 스킨스쿠버다이빙(레슨도 받을 수 있다), 요트, 윈드서핑, 카약, 수상스키, 다이빙, 보트 대여, 트레일 워킹, 크로켓 등 다양한 레포츠를 즐길 수 있다. 아, 그리고 비치 파빌리온에서 딜럭스 테라피를 받는 것도 잊지 말자. 만약 운동을 하고 싶다면 휘트니스센터도 이용할 수 있다.

"더 베란다"는 아름답고, 바람이 잘 통하며, 아침과 점심, 가벼운 저녁식사를 모두 제공한다. 230년 된 식민지 시대 장원 저택을 개조해서 만든 "에스테이트 하우스"는 좀더 고급스러운 경험을 제공한다—하루 종일 일광욕을 즐긴 다음에 말이다. **PS**

⟶ 점비 베이의 패스처 베이 해변은 멸종 위기종인 대모 거북이 알을 낳는 곳이기도 하다.

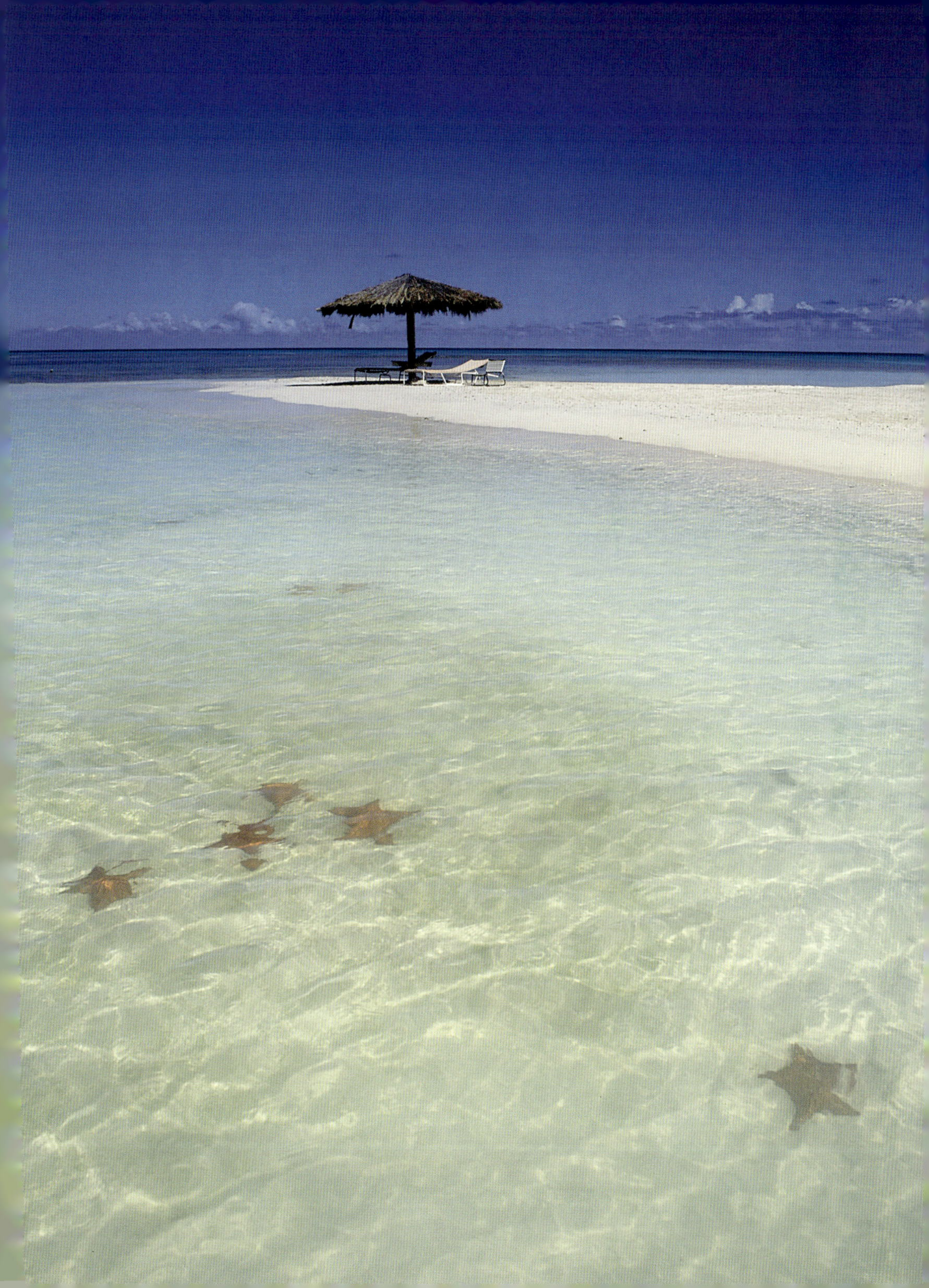

   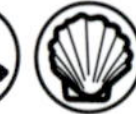

# 록 코티지 빌라
Relax at Rock Cottage Villa

**Location** 앤티가 블루워터스　**Website** www.bluewaters.net
**Price** 💲💲💲

카리브 해의 바위투성이 노두(露頭)에 자리잡고 있는 록 코티지는 며칠 동안 틀어박혀 있어도—행복하게도—단 한 사람도 마주치지 않을 수 있는 그런 곳이다. 앤티가의 북쪽 해안, 솔저스 베이에 위치한 이 사유지는 자그마치 270도의 바다 조망이 가능하다고들 한다. 이 말이 사실인지 아닌지는 모르겠지만, 거대하고 반짝이는 바다의 스펙터클한 파노라마를 감상할 수 있는 휴양지라는 데에는 이견이 없다.

　하얗게 칠한 벽과 대리석 타일, 그리고 나무 덧문에 짙푸른 바다와 에메랄드녹색의 잎새들이 더해져 록 코티지는 카리브 해가 보여주어야 할 것들을 모두 체현하

> "상상할 수 있는
> 가장 완벽한
> 카리브해 휴가."
>
> 『더 메일 온 선데이』誌

고 있다. 태양의 위치에 따라 선데크와 저녁식사 장소를 선택할 수 있는 것은 물론 개인용 월풀 욕조와 5개의 널찍하고 바람이 잘 통하는 객실이 있다—모두 커다란 침대가 놓여 있다. 가장 눈길을 끄는 것은 위층에 있는 "히즈 앤 허즈(His and Hers)" 욕실이다. 덧문 달린 창가에 두 개의 세면대가 놓여 있는데, 창밖으로는 바로 바람에 흔들리는 야자수가 서 있고, 그 아래로는 깊고 푸른 바다가 보인다. 물론 마지못해 욕실에서 나올 수는 있겠지만, 그렇다고 코티지 건물 밖으로까지 나올지는 의문이다. 섬을 떠나고 싶은지는 아예 물어 볼 필요도 없을 것이다. 단, 개인용 모터보트를 빌려서 하루 종일 제임스 본드 놀이를 하고 싶다면 이야기가 다르겠지만 말이다. **NS**

⮕ 이 아름답고 특별한 곳에서 시간 감각이 사라지고 있는 것을 느낀다면, 당신은 옳은 선택을 한 것이다.

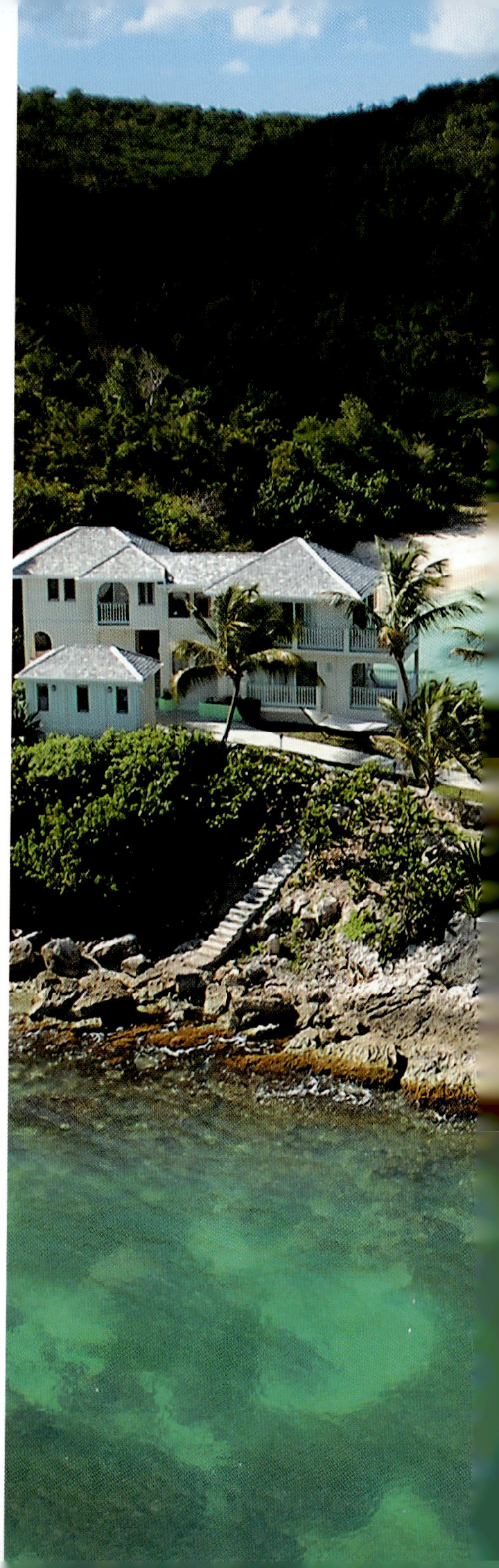

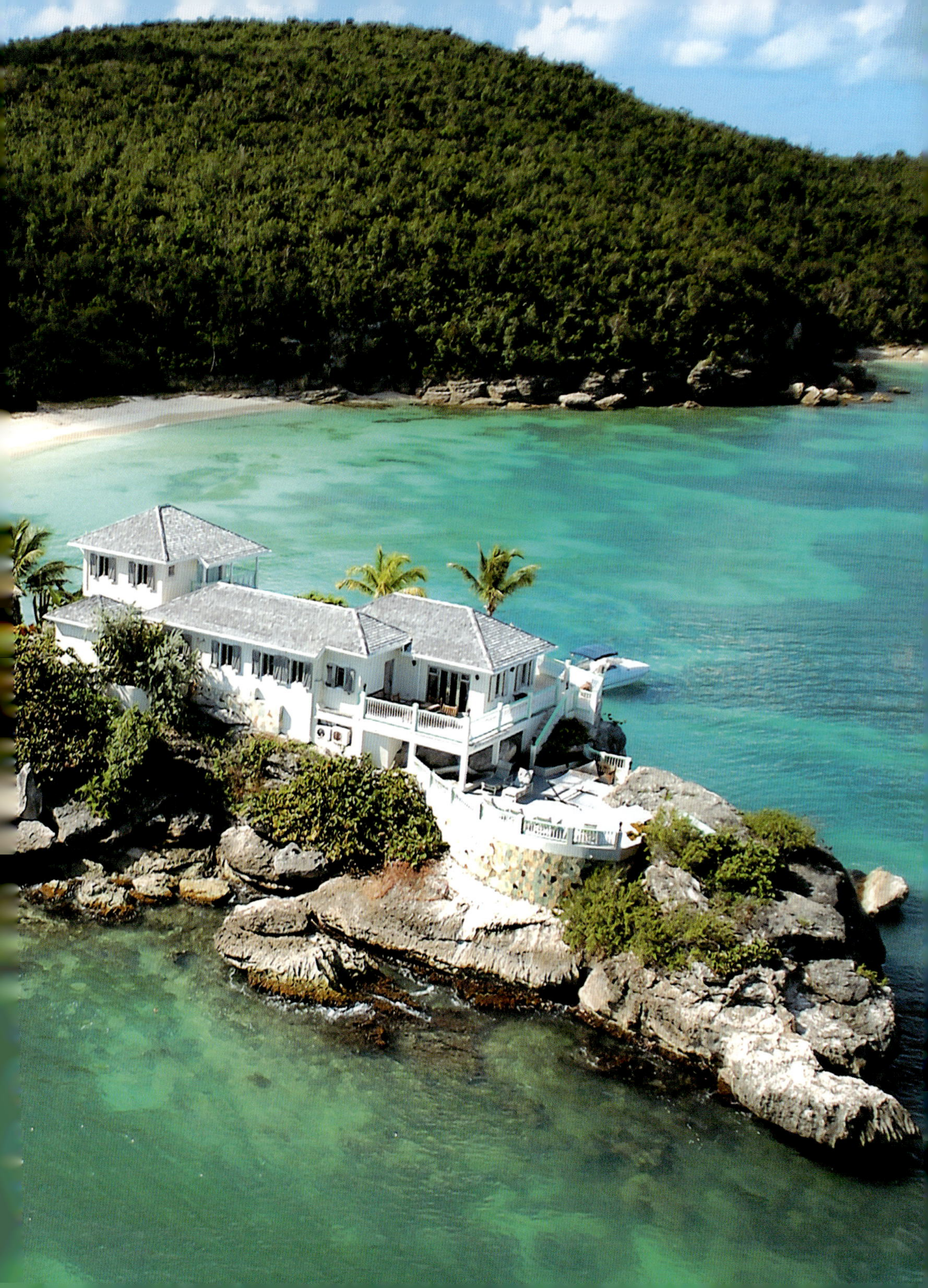

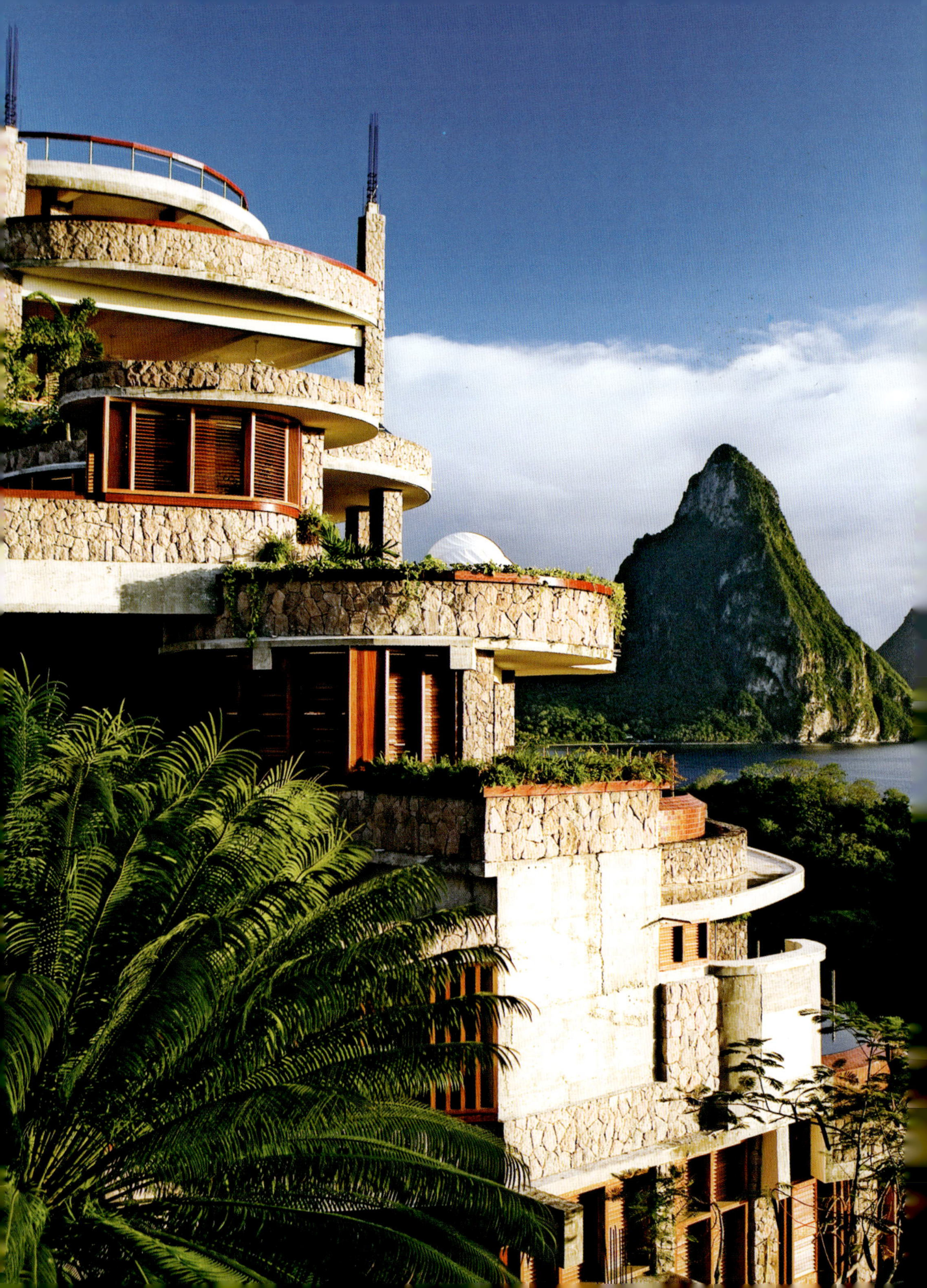

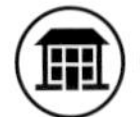

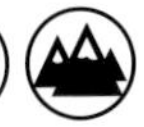

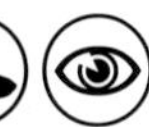

# 제이드 마운틴스

Relax at Jade Mountain

**Location** 세인트루시아 앙세 샤스타네

**Website** www.jademountainstlucia.com **Price** $$$

제이드 마운틴스의 스위트는 한쪽 벽이 완전히 트여 있어, 방 안에서 세계 최고의 자연 풍경 중 하나—UNESCO가 지정한 세계 유산인 세인트 루시아의 파이톤 산맥과 그 아래 반짝이는—를 그대로 감상할 수 있다. 그뿐인가. 84평방미터의 개인용 인피니티 풀이 객실의 절반까지 밀고 들어온다.

천장 높이는 4.5m. 벽은 돌, 콘크리트, 산호로 만들어졌다. 모서리나 직선이 거의 없고, 바닥은 단단한 열대산 목재이다. 커다란 캐노피 베드와, 일일이 수작업으로 만든 다양한 스타일의 가구들, 레인 샤워와 6개의 바디 스프레이가 구비된 샤워실까지. 게다가 2인용 "크로마테라피(색채 치료)" 핫월풀 욕조에서는 바깥 풍경을 감상하는 동시에 물 안에서 빛나는 색색깔의 조명을 가지고 장난칠 수도 있다. 크로마테라피 조명은 인피니티 풀에도 설치되어 있으므로 자신이 원하는 색으로 조절하면 된다.

> "건축가 닉 트루베츠코이는…
> 카리브해에 떠 있는 듯한
> 공간을 창조해냈다."
>
> 『콩데 나스트 트래블러』誌

인피니티 풀 스위트로 구성된 이 일류 리조트는 세인트 루시아의 푸른 언덕 높이 자리잡고 있으며, 그 주인은 부와 창의성을 동시에 소유한 건축가이다. 해변, 레스토랑, 수영장, 스파 등 럭셔리 리조트가 일반적으로 구비하고 있는 것들은 다 갖추고 있지만, 솔직히 이 특별한, 테크놀로지의 방해를 받지 않는 스위트에서 한 발자국이라도 나오고 싶은 마음이 들지는 의문이다. **SH**

← 제이드 마운틴에서 당신만의 인피니트풀에 누워 UNESCO 세계 유산의 경이로운 풍광을 감상하자.

# 잘루시 플랜테이션

Stay at Jalousie Plantation

**Location** 세인트루시아 더 파이톤스

**Website** www.thejalousieplantation.com **Price** $$$

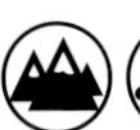

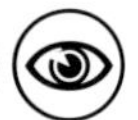

현재 주인이 사탕수수 플랜테이션을 사들였을 때, 잘루시에 접근할 수 있는 유일한 교통수단은 카누뿐이었다. 현재는 공항에서 택시를 타고 가파르고 구불구불한 길을 달리든가, 아니면 헬리콥터를 빌려서 세인트루시아가 자랑하는 경이로운 자연, 두 개의 쌍둥이 봉우리인 더 파이톤스 가까이로 날아가는 방법이 있다. 세인트루시아에서 가장 아름다운 자연 경관인 열대우림 속에 위치하고 있기 때문에, 로케이션만으로도 이미 숨겨진 보석이라 할 수 있다.

더 파이톤스 계곡에 자리잡고 있는 잘루시 플랜테이션은 78ha의 열대우림과 115개의 객실을 소유하고 있으며, 객실은 퍼스트클래스 빌라, 스위트, 그리고 주의 깊게 복원한 18세기 사탕수수 압착장을 개조한 방들로 구성된다. 모든 방이 모던 카리브해 스타일로 꾸며졌다—약간 요란스럽긴 하지만, 매우 편안하다. 그리고 어느 방에서나 산과 바다를 아우르는 파노라마와도 같은 조망이 가능하다. 또 개인용 냉탕과 선데크도 갖추고 있다. 시그니처 마사지, 바디랩, 핫스톤 트리트먼트와 페이셜 트리트먼트, 인근의 유황 온천수를 사용한 바디 스크럽 등을 열대 우림을 감상하면서 즐길 수 있다.

해변으로 가면 산봉우리만큼이나 드라마틱하게 경사진 모래사장이 당신을 기다린다. 덕분에 수영을 하기에는 제격이다—게다가 물은 얼마나 잔잔한지. 호텔에서는 스쿠버다이빙 레슨을 받을 수도 있고, 모든 투숙객들에게 무료로 1회의 초보자 혹은 자격증 소지자 다이빙을 제공한다. 태양 아래 할 수 있는 모든 종류의 수상 스포츠가 가능하다. 도전 정신을 조금 발휘해 보고 싶다면, 더 파이톤스 등반은 어떨까? 가이드가 산 정상까지 안내해 주는 것은 물론, 내려온 뒤에는 유황 온천, 화산, 또는 세인트루시아의 폭포들을 보여줄 것이다. 아, 거기다 티키 오두막에서 마시는 칵테일의 그 맛이란. **LD**

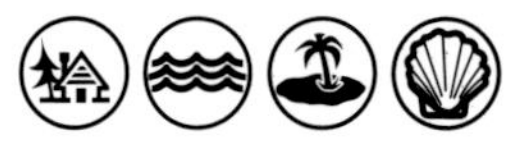

# 리틀굿하버 Stay at Little Good Harbour

**Location** 바베이도스 셔먼스
**Website** www.littlegoodharbourbarbados.com　**Price** ⑤⑤

이 부티크 호텔은 섬의 북서부, 셔먼스라는 작은 어촌에 있다. 작은 샬레 스타일의 숙박용 오두막집들이 중앙의 풀을 에워싸듯 서 있다. 바로 앞이 해변이며, 그 장식은 우아하지만 결코 요란스럽지 않다. 식사를 직접 만들어 먹을 수 있는 빌라는 식민지 풍으로, 분홍색 지붕에 선 테라스와 바다 조망까지 갖추고 있다. 분위기는 어디까지나 느긋하고 친근하다.

　룸서비스는 없지만, 머무는 기간 동안 최대한 편안하게 해 주려고 노력하는 스태프들이 있으니 걱정할 필요는 없다. 이곳의 모토는 "가장 어려운 결정은 오늘 저녁에 뭘 먹을까 하는 것"이다. 레스토랑 "피쉬 팟"은 이 결정을 한층 더 까다롭게 만든다. 이곳은 지역 주민들

---

> "파도가 바로
> 당신의 발 아래에서 부서진다.
> 카리브 해의 클래식이다."
>
> 제임스 헨더슨, 『파이낸셜 타임즈』

---

만 알음알음으로 찾아오는 곳으로, 사람들이 많이 다니는 길에서는 조금 떨어져 있지만 대신 어시장에서 가까워 그날 잡은 고기 중에서 가장 좋은 놈을 확보하는 데에 어려움이 없다. 그릴에 구운 황새치, 크레올 소스로 맛을 낸 어린 조개, 프라이팬에 살짝 튀긴 바닷가재 중에서 오늘의 요리를 골라보자. 아, 그렇지만 환상적인 크렘 브륄레를 먹을 배는 남겨놓을 것.

　리틀굿하버는 휴양지가 많은 바베이도스에서도 진짜 휴양지이다. 맑은 물, 백사장 해변, 차분한 분위기 덕분에 벌새, 야자수 사이를 날아다니는 원숭이, 나비들 사이에서 느긋한 휴식을 즐기기에 이상적인 곳이다. 단, 옷차림에는 신경을 좀 써야 한다—리틀굿하버는 럭셔리 부티크 호텔 그룹인 미스터앤미세스스미스의 회원사로, 유명 브랜드의 카프탄 착용이 필수. **LD**

# 코튼 하우스 Relax at Cotton House

**Location** 세인트빈센트앤그레나딘 무스티크
**Website** www.cottonhouseresort.com　**Price** ⑤⑤⑤

열대의 섬이라는 로케이션부터 토탈 프라이버시가 보장되는 분위기까지, 코튼 하우스는 어느 것 하나 빠지는 데가 없다. 녹음이 짙은 주변 풍경과 우거진 숲, 백사장 위로 솟구친 드라마틱한 절벽, 깊고 맑은 푸른 바다 때문에 영국의 가수 겸 영화배우 데이빗 보위부터 패션 디자이너 타미 힐피거에 이르기까지 수많은 명사들이 이곳을 찾았다.

　디자이너 올리버 메셀—영국의 마가렛 공주의 시숙이기도 하다—이 18세기에 지어진 창고와 설탕 공장을 개조하여 코튼 하우스가 탄생했다. 면적이 5ha에 달하는 원시 상태의 해변 정원이 있으며, 투숙객들은 5개의 완벽하게 재건된 조지아 양식의 가옥 중 하나를 선택하거나, 개인용 풀이 딸려 있는 2개의 복층 원베드룸 스위트에서 지낼 수 있다. 호화로운 이집트산 면 시트와 그물 캐노피가 킹사이즈베드(심지어 4개의 기둥이 달린 주물 침대도 있다)를 장식하고 있다. 평면 TV와 DVD 플레이어 같은 현대 문명의 이기도 갖추어져 있으며, 객실마다 발코니 또는 파티오가 딸려 있다. 침실 5개짜리 비치 하우스인 쿠티노 하우스의 위층에 있는 "탑"은 단연 빼어나지만, 진정한 최고의 사치는 침대 2개짜리 코튼 힐스다. 장화 모양의 개인용 수영장 둘레에는 하얀 널돌과 티크목 일광욕 의자가 놓여 있다. 덕분에 느긋하게 헤엄을 치거나 정원 너머 바다를 감상할 수 있다. 원래는 사탕수수 압착장이었던 바에는 색색깔의 칵테일과 음료수가 준비되어 있다.

　휘트니스센터에서는 헬스와 뷰티 트리트먼트를 받을 수 있지만, 대서양과 카리브 해가 손만 뻗으면 닿을 수 있는 곳에 있는데 차라리 항해를 나가든가, 스킨스쿠버다이빙이나 스노클링을 나가는 게 낫지 않겠는가. 모터보트를 타고 피크닉을 갈 수도 있고 말이다. 물론 무스티크의 보호구역인 작은 만에 큰대자로 누워서 빈둥거리는 것도 충분하겠지만. **PS**

# 라 수프리에르 등반로 Hike La Soufrière Trail

**Location** 세인트빈센트앤그레나딘 라 수프리에르
**Website** www.state.gov/r/pa/ei/bgn/2345.htm  **Price** ❗

카리브 해변에서 휴가를 보내면서 세인트빈센트의 높이 1,210m의 활화산을 등산한다는 것은 언뜻 상상이 가지 않겠지만, 실제로 이 지역에서 경험할 수 있는 흥미진진한 모험 중의 하나이다.

그 재미를 최대한 즐기기 위해서는, 투어 그룹에 끼거나 개인 가이드를 구하자. 항구에서 해안 도로를 따라 바나나, 코코넛, 애로루트 플랜테이션을 차례로 지나면 등반로 초입에 닿는다. 여기서부터는 나무들 위로 벌거벗은 산꼭대기가 보인다. 등반로 양쪽에는 대나무와 열대우림의 나무고사리들이 빽빽하며, 거대한 나무뿌리, 두꺼운 덩굴식물, 그리고 오랜 옛날에 이곳을 흘렀던 용암이 곳곳에 보인다. 경사를 따라 올라가면서 숲은 점점 사라지고, 좀더 바위산다운 풍경이 펼쳐진다. 분화구 가장자리에 다다르면 자갈 덮인 비탈밖에 없다. 등반 시간은 건강 상태와 컨디션에 따라 2~3시간 정도 걸린다.

정상에서 내려다보는 풍경은 그야말로 숨이 막힌다. 분화구 가장자리에서 바닥까지의 깊이는 213m이며, 반대편으로 바다를 향해 길쭉하게 뻗어 있는 섬 전경이 눈에 들어온다. 보통은 분화구 꼭대기에 앉아서 파노라마 같은 풍경에 감탄하며 점심을 먹는다. 내려오는 길은 덜 힘들지만, 더 미끄러우니 조심할 것—한두 시간이면 내려올 수 있다.

정상까지 올라갔는데도 아직 에너지가 남아 있다, 하는 이들은 45분을 더 걸어가서 분화구의 호수에서 멱을 감기도 한다. 미네랄이 풍부한 머드 목욕도 할 수 있지만, 경로가 꽤 험해서 고정된 로프를 잡고 올라가야 한다. 몇 시간 여유가 있다면, 분화구 주변을 하이킹하면서 섬 전체를 돌아보도록 하자. 라 수프리에르가 마지막으로 폭발한 것은 1979년인데, 전문가들에 의하면 언제라도 다시 활동을 시작할 수 있다고 한다. **SH**

↗ 현재 휴지(休止) 상태인 라 수프리에르 화산은 그 아름다움—그리고 그 예측 불가능성으로 유명하다.

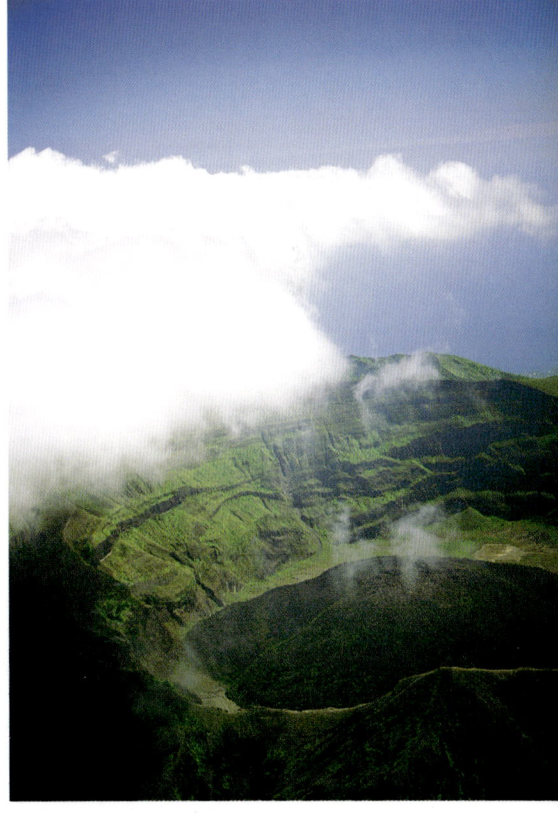

"세인트빈센트는 자연 속의 산책로, 열대림… 그리고 활화산까지 있는, 자연애호가의 꿈에서나 나올 법한 곳이다."

소피 램, 『인디펜던트』紙

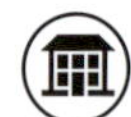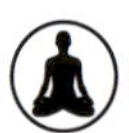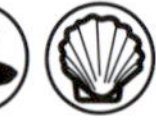

# 래플스 카누안
Unwind at Raffles Canouan

**Location** 세인트빈센트앤그레나딘 카누안 아일랜드
**Website** www.rafflescanouan.com   **Price** §§

면적 121ha, 새하얀 모래로 덮인 해변 세 군데, 세계에서 가장 큰 산호초 중 하나가 딸린 래플스 카누안은 너무나 거대해서, 무료 골프 카트를 타고 돌아다녀야 할 정도이다.

신혼여행지로는 안성맞춤이다—돌로 지어진 17세기 교회에서 맺어진 부부만 여러 쌍이다. 이미 『브라이즈, 콩드 나스트 트래블러』와 『엘리트 트래블러』誌 등 여러 잡지에서 높은 평점을 받았다. 트럼프 인터내셔널 골프 클럽은 세계 최고의 골프 코스 중 하나이며, 스파는 애프터선 페이셜 트리트먼트는 물론 얼굴의 황금빛 광채가 지속되도록 영원한 젊음의 비밀을 약속한다.

> "카리브 해에
> 이만한 스케일의 리조트는
> 참으로 오랜만이다."
>
> 『콩데 나스트 트래블러』誌

카누안 아일랜드는 카리브 해에서도 가장 엘리트 휴양지 중의 하나로 꼽힌다. 환상적인 서비스와 완벽하게 배정되는 옛 식민지풍의 객실, 해변가의 레스토랑 외에도 특별함이 넘치는 곳이다. 보트를 렌탈해서 인근의 암초들을 탐험하며 진정 홀로 보내는 휴가가 무엇인지 만끽해 보기도 하고, 스킨스쿠버다이빙을 가거나, 위엄있는 바다거북들과 함께 수영을 하면서 왜 카누안이 "바다거북의 섬"이라 불리는지도 직접 알아내보자. 저녁에는 레스토랑에서 신선한 해산물 요리를 먹을 수 있다. 단, 해가 진 뒤에는 복장 규정이 있으니 유의할 것—청바지나 반바지는 금지다. **LD**

↪ 수영을 하고, 멋진 음식을 먹고, 스파에서 다시 젊어지는 것을 느끼고, 골프를 치고—래플즈 카누안에서는 이 모든 것이 가능하다. 심지어 결혼도 할 수 있다!

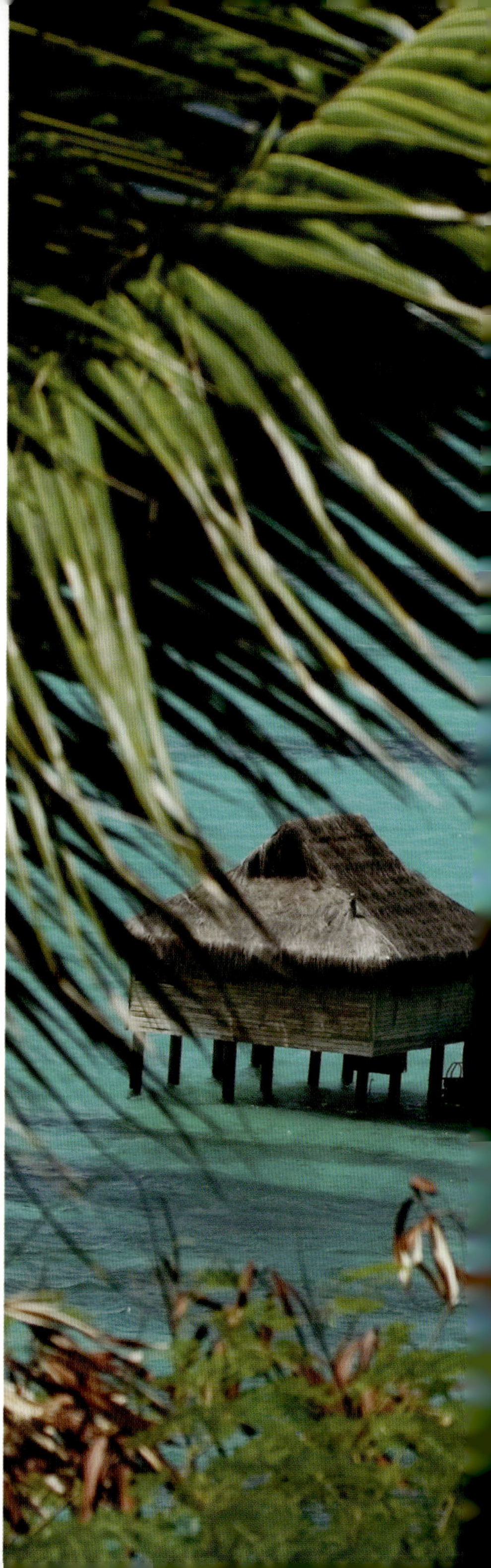

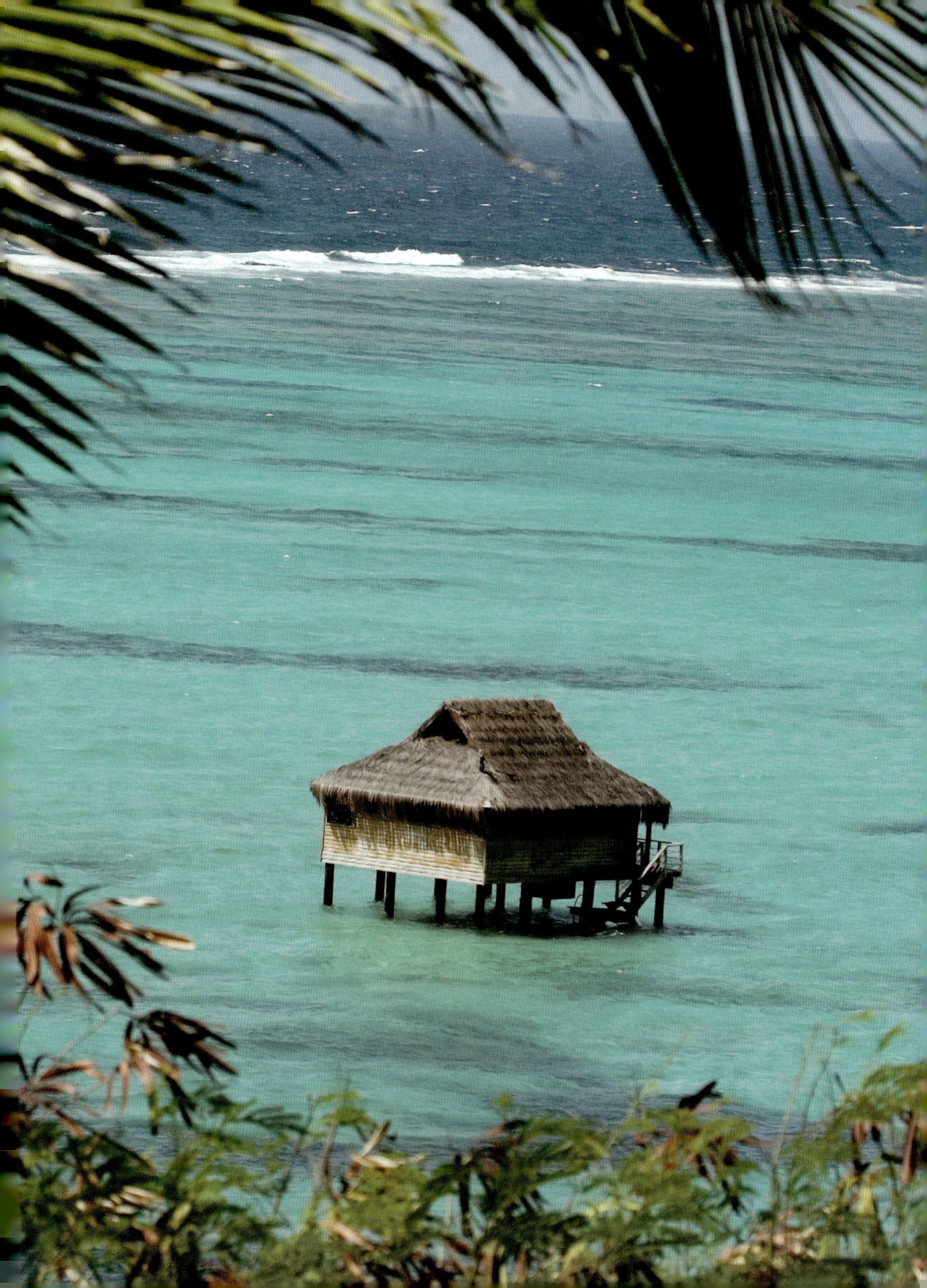

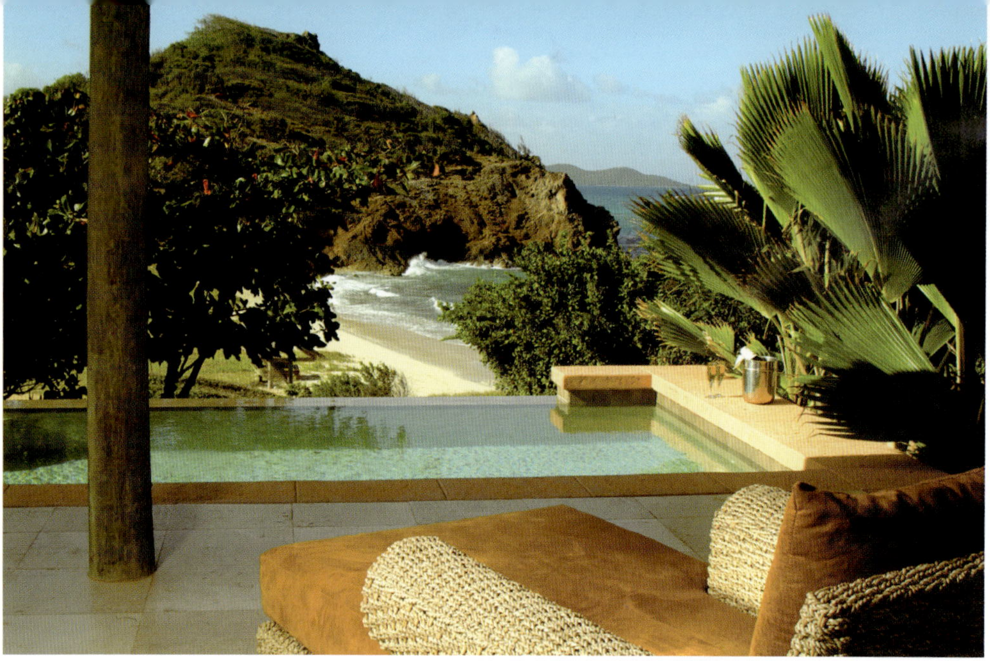

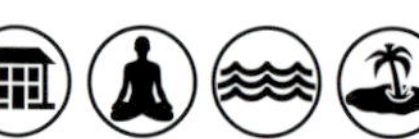

# 팜 아일랜드 Visit Palm Island

**Location** 세인트빈센트앤그레나딘 팜 아일랜드　　**Website** www.palmislandresortgrenadines.com　　**Price** ⑤⑤⑤

카리브 해의 섬 하나가 당신의 장난감이라고 상상해보라. 맨발로 해변을 걷고, 새하얀 모래가 깔린 해안선을 따라 보트를 젓기도 하고, 아니면 55ha에 달하는 섬 전체를 탐험하며 야자나무와 이국적인 관목 사이를 헤치고 야생 동식물을 구경할 수도 있다. 팜 아일랜드는 세인트빈센트앤그레나딘의 최남단에서 가까우며, 32개의 작은 섬과 암초로 이루어진 전원적인 군도로, 아름다운 자연과 맑은 물로 유명하다.

모두 42개의 저층 숙소는 해안선의 식물들과 잘 어울리며, 도시에 남겨두고 온 일상과 완벽하게 분리될 수 있다. 객실에는 텔레비전도, 전화기도 없다—다만 해변과 다른 섬들의 멋진 조망만이 있을 뿐이다. 주문 제작한 수제 대나무 가구와 등나무로 짠 천장, 천장에 달린 선풍기, 나무가 그대로 겉으로 드러난 들보, 화려하고 넉넉한 패브릭 등이 갖추어져 있다. 팜 아일랜드에서는 숙박비에 아침, 점심, 저녁식사 비용이 모두 포함되어 있으며, 두 곳의 레스토랑에서 훌륭한 식사를 할 수 있다. 뿐만 아니라 애프터눈티, 칵테일, 해변에서의 바비큐 등도 기대할 만하다.

아, 그리고 얼마나 로맨틱한지. 섬 어디서나 원하는 곳에서 점심을 먹을 수 있으며, 저녁식사는 물가의 램프 빛 아래에 펼쳐진다. 해변의 해먹에 누워 일광욕을 하는 것 외에 다른 야외 활동을 원하는 이들을 위해 테니스, 미니골프, 자전거 코스, 그 밖의 비(非)모터 수상 스포츠—윈드서핑, 스킨스쿠버다이빙, 카약, 쌍동선(선체를 두 개 연결한 빠른 범선)—도 제공된다. 한적하고 조용하게 보내고 싶은 날에는 스파, 살롱, 수영장, 휘트니스센터, 도서관도 있다. 스쿠버다이빙이나 인근 섬으로의 피크닉으로 팜 아일랜드 너머를 탐험하는 것도 어렵지 않다. 그러나 이 중에서도 가장 럭셔리한 옵션은 리조트가 보유하고 있는 개인용 보트 "더 핑크 레이디"호를 타고 즐기는 이브닝 크루즈일 것이다. 갑판에서 샴페인을 홀짝이며 카리브 해로 너머로 저무는 석양을 감상하면서 말이다. **SH**

⬆ 당신만의 카리브 리조트—팜 아일랜드에서 로빈슨 크루소 풍의 환상에 젖어보자.

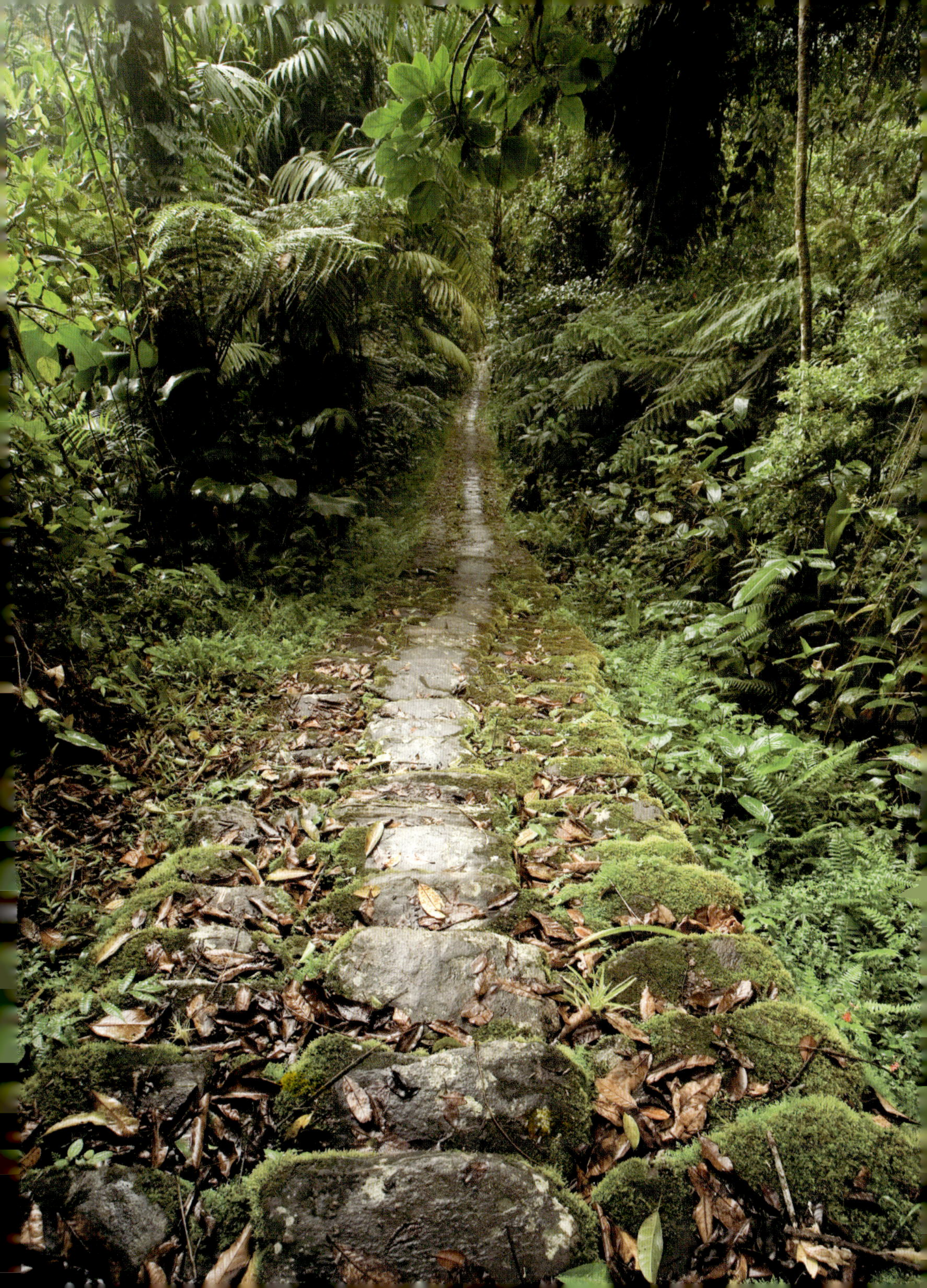

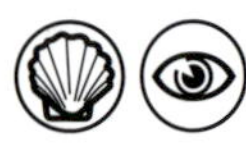

# 타이로나 해변
## Walk Along Tayrona Beach

**Location** 콜롬비아 산타마르타 근교
**Website** wikitravel.org/en/El_Parque_Tayrona　　**Price** ❶

콜롬비아 해안의 최북단에 타이로나 국립공원이 있다. 면적이 150평방킬로미터에 달하며, 남아메리카 최고의 해변 중 몇몇이 이곳에 포함되어 있다. 세계에서 가장 높은 해안 산맥 중 하나인 시에라네바다 데 산타마르타 산기슭에 마치 파우더처럼 고운 흰 모래가 펼쳐져 있고 터키석빛 카리브 해의 파도가 찰랑인다.

그러나 이곳에 닿는 것은 쉽지 않다. 가장 가까운 마을인 산타 마르타에서 택시나 버스를 타고 엘 자이노에 있는 공원 입구까지 온다. 여기서부터는 밴을 타고 도보 트레일 시작점까지 가서, 하이킹으로 나머지 길을 가는 것이다. 단 가다가 발이 아프면 노새를 대여할 수 있다.

아레치페스의 해변은 걸어서 약 40분 정도 걸린다. 거칠고 길들여지지 않은 바닷가로, 파도가 조각해 놓은 바위 위로 물결이 사정없이 철썩이고, 위험한 역조 때문에 수영은 꿈도 못 꾼다. 그러나 바위투성이 길을 계속 걸어 라 피시나나 엘 카보의 해변에 이르면 물이 좀 덜 험하다. 엘 카보에서 가파른 트레일을 한 시간 정도 더 올라가면 스페인 정복자들이 오기도 전부터 있었던 버려진 마을, 엘 푸에블리토가 나온다. 산길을 오르면서 티티원숭이를 볼 수도 있고, 공원에 사는 200여 종의 조류 중 일부도 눈에 들어올 것이다. 정글 깊숙이 어딘가에는 재규어도 돌아다닌다고 한다.

아레치페스에서 45분 정도 떨어진 카냐베랄에는 절벽을 파고 지은 "에코햅"—전통 코구이족의 양식으로 지은, 이엉 지붕을 얹은 둥근 오두막—이 있어 밤을 지낼 수 있다. 그렇지 않으면 그냥 해먹을 대여해서 나무 사이에 매달고 카리브 해가 들려주는 자장가에 잠들 수도 있다 **PF**

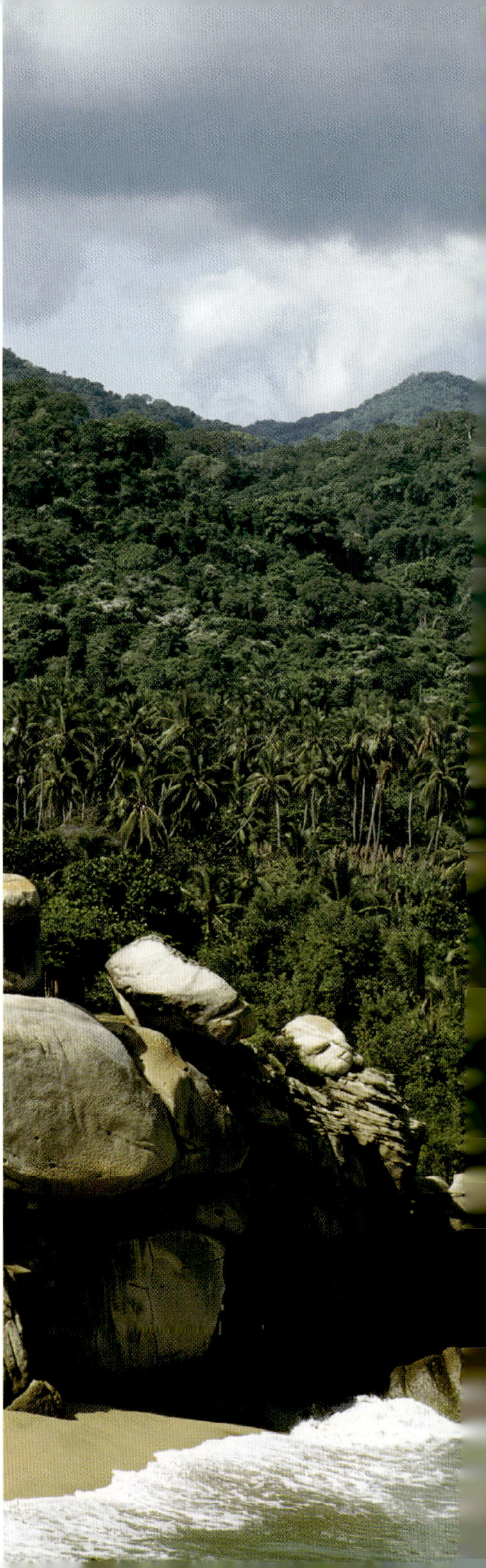

▣ 콜롬비아의 타이로나 국립공원의 울창한 우림은 거의 바다 까지 닿아 있다.

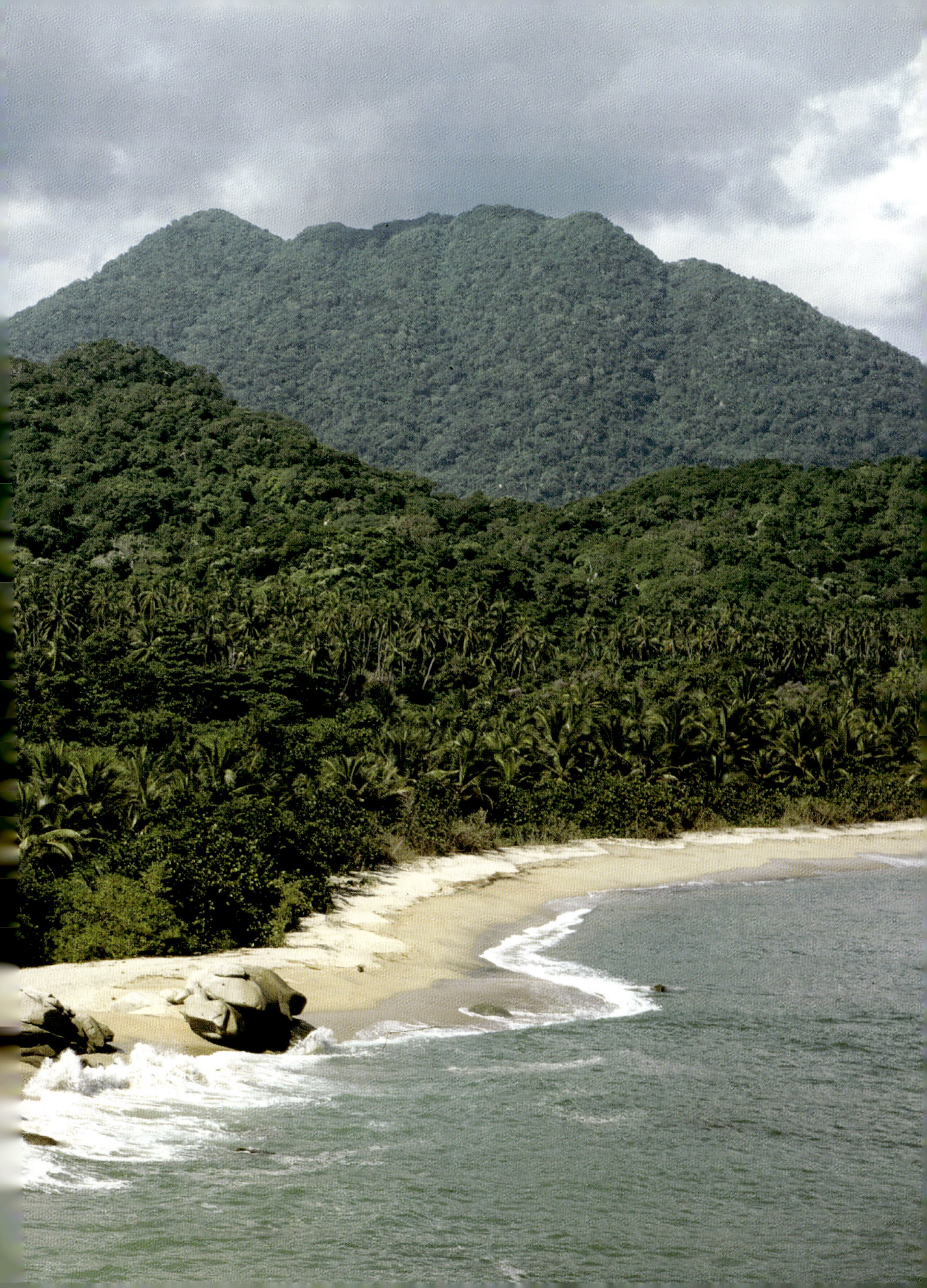

# 갈라파고스 Cruise the Galapagos

**Location** 에콰도르 갈라파고스 군도    **Website** www.celebrityxpeditions.com    **Price** 💲💲💲💲

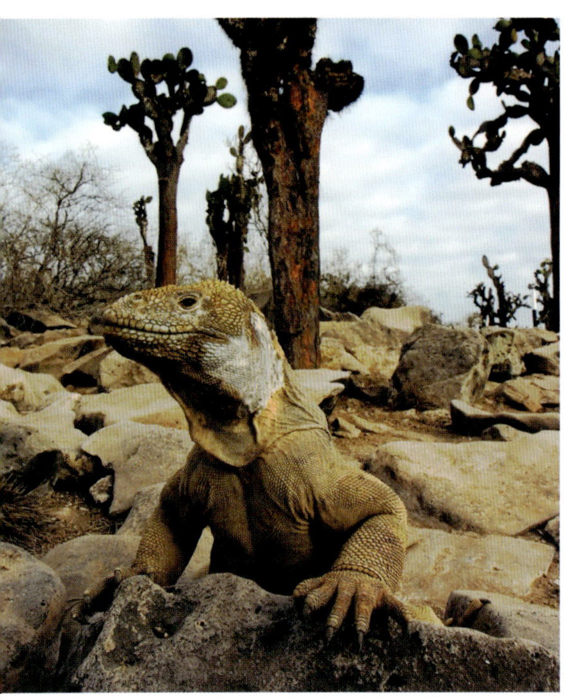

> "거대한 테라핀 거북을 보았다;
> (거북은) 나의 존재를 거의 눈치채지 못했다;
> 울퉁불퉁한 용암과 잘 어울린다."
>
> 찰스 다윈, 『갈라파고스 일기』

⬆ 산타페 뭍 이구아나는 갈라파고스 군도가 원산인 특이종이다.

⬈ 용암이 원뿔 모양으로 굳은 뒤 파도에 침식된 키커 바위는 크루즈 관광객들이 즐겨 찾는 명소이다.

남미 에콰도르 해안에서 약 965km 떨어진, 19개의 작고 관목으로 뒤덮인 섬들로 구성된 갈라파고스 군도로의 여행은 마치 꿈과도 같다. 춤추는 부비새(Booby)나 느릿느릿 움직이는 바다사자, 사람을 도통 무서워하지 않는 커다란 이구아나 등 이국적인 생물들을 바로 눈앞에서 볼 수 있는 기회인 것이다—참으로 경이롭고 황홀한 경험이다.

갈라파고스의 수도인 산타크루즈에는 호텔도 두어 개 있지만, 그보다는 크루즈를 타고 하루에 두 개 이상의 섬을 둘러보면서 다윈의 진화설에 영감을 주었던 동물들을 관찰하는 쪽을 적극 추천한다. 너무나 특별해서 최고—98인승 크루즈 요트 셀러브리티 익스퍼디션—를 위해 돈을 쓸 가치가 있는 곳이다. 카지노도 없고, 화려한 이브닝 프로덕션 쇼도 없지만, 널찍한 객실과 맛있는 저녁 메뉴, 그리고 몇 시간 관목 속에서 트레킹을 한 뒤 배로 돌아오면 차가운 타월과 과일 주스가 기다리고 있을 것이다.

갈라파고스를 방문하는 인간은 두려움을 모르는 동물들에게 진정한 위협이 되기 때문에, 관광객들은 매우 엄격한 규정을 따라야 한다. 국립공원에 등록된 가이드가 동행하지 않으면 배에서 내릴 수 없으며, 일단 배에서 내리면 (중간중간의 이동은 고무보트로 이루어진다) 정해진 경로에서 절대로 이탈할 수 없다. 그러나 별로 지키기에 어려운 규정은 아니다. 경로만 따라도 엄청나게 많은 것—군함새 수컷이 지나가는 암컷을 유혹하기 위해 빨간 가슴을 부풀린다는 것이나, 부비새의 춤은 사실은 짝짓기 의식이라는 것 등등—을 보고 배울 수 있으니 말이다. 갈라파고스에 사는 바다 이구아나는 모두 검은색인데, 에스파뇰라의 바다 이구아나만 짝짓기 철이 되면 빨강과 녹색으로 변한다는 사실을 알고 있는가? 또 산타크루즈의 고원에 사는 바위처럼 생긴 기대한 코끼리거북은 19세기에 고래잡이들에 의해 거의 멸종되다시피 했었다. 여름에는 절벽으로 가서 공중으로 날아오르는 알바트로스도 볼 수 있다. **JA**

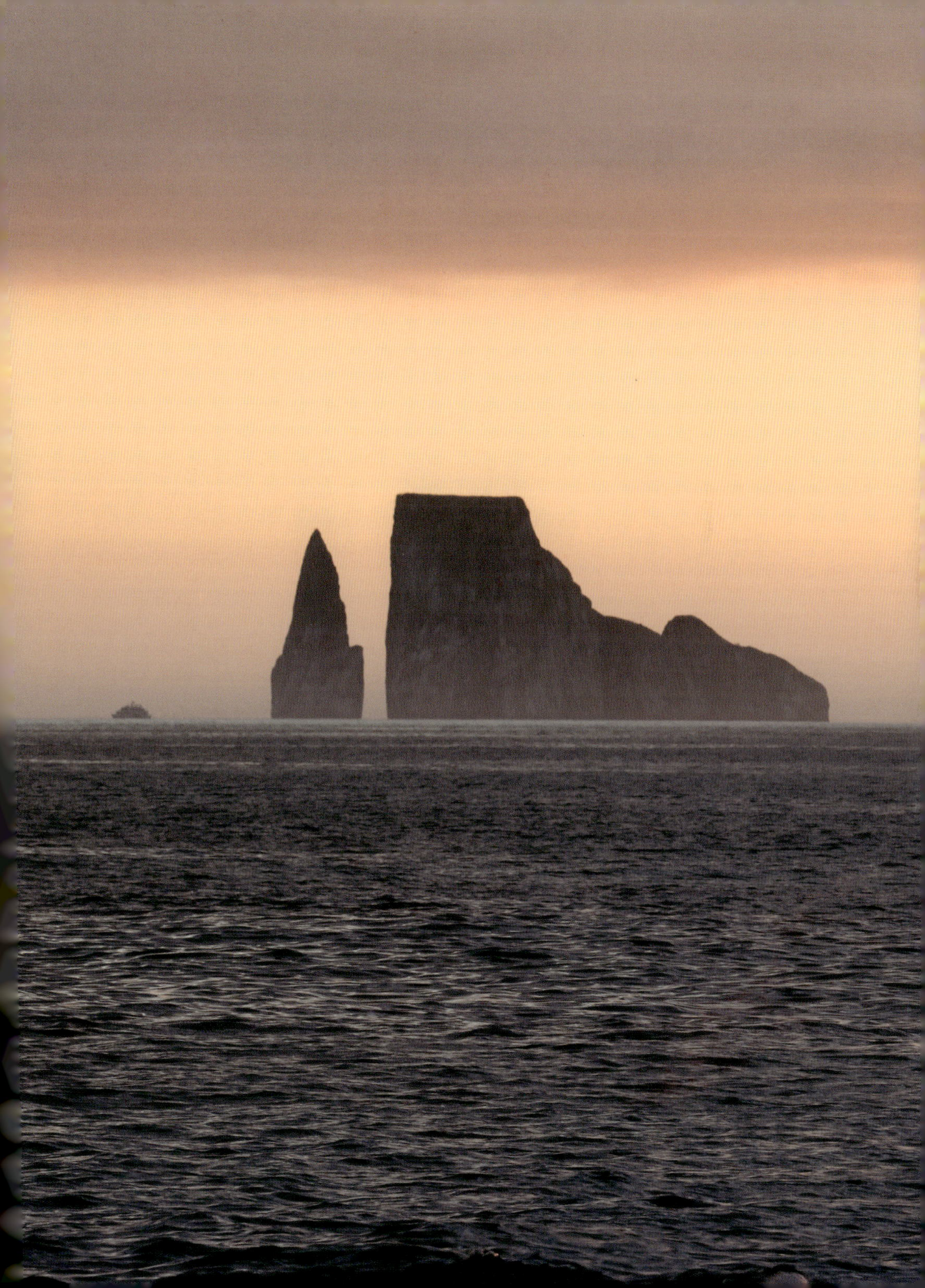

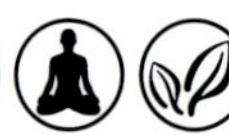

# 하시엔다 아구아사나 Stay at Hacienda Aguasana

**Location** 베네수엘라 파리아
**Website** www.pixotomy.com    **Price** Ⓢ

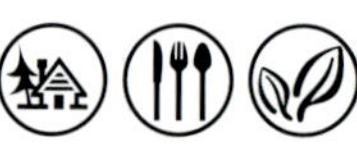

# 하시엔다 부카레 Relax at Hacienda Bukare

**Location** 베네수엘라 파리아
**Website** www.bukare.com/inght/hacienda.html    **Price** ⓈⓈ

화려한 5스타 호텔의 럭셔리 스파는 잊어버리자. 자연으로 돌아가 베네수엘라 동북쪽, 푸르른 파리아 지방에 자리잡은 하시엔다 아구아사나에서 궁극의 사치를 즐겨보는 건 어떨까. 완만한 산지와 말과 물소떼가 풀을 뜯는 초원에 둘러싸인 이 평화롭고 외딴 하시엔다에는 지열로 물을 데우는 연못 크기의 풀이 17개나 있어 다양한 수온에서 수영을 즐길 수 있다. 유황 냄새가 나는 풀도 있고 핫머드가 보글보글 거품을 내는 풀도 있다. 피부에 좋다는 머드가 솟아오르는 얕은 우물도 있어, 머리부터 발끝까지 긴 손잡이가 달린 주걱으로 머드를 떠서 바를 수도 있다. 뜨거운 태양 아래에서 머드가 마를 때까지 기다렸다가 아무 풀이나 뛰어들어 씻어내면, 피부



가 아기처럼 보드라워진다. 또 안티스트레스 마사지와 지압 트리트먼트도 받을 수 있다.

하시엔다 아구아사나는 심플하면서도 안락한 객실 여러 개와 수영장 한 개가 있다. 이곳에서 잠든다는 것은 일몰을 바라보면서 뜨거운 풀 안에서 뒹구는 것을 의미한다. 조금만 걸어가면 길들지 않은, 이국적인 정글이 있으며, 생생한 식물과 꽃들 때문에 탐험할 만한 가치가 있다. 또 근처에는 플라야 메디나와 플라야 푸이푸이 같은 전원적인 해변이 있다.

그러나 하시엔다 아구아사나 그 자체는 완전한 휴식을 위한 곳이다. 드러누워서 피부가 쭈글쭈글해질 때까지 혹은 잠잘 시간이 될 때까지 물에 몸을 담그는 것 외에는 그야말로 할 일이 아무것도 없다. **JK**

크리스토퍼 컬럼버스가 1498년 세 번째 신대륙 여행 당시 처음 발을 딛었을 때만큼이나 오늘날까지도 야생적이고 이국적인 베네수엘라 북부의 파리아 지방은 초콜렛 애호가들의 천국이다. 지역 주민들이 "초콜렛 코스트"라 부르는 해안의 훈훈한 심장부에 하시엔다 부카레가 있다. 게스트하우스이자 지금도 여전히 운영 중인 코코아 플랜테이션으로, 핸드메이드 초콜렛을 생산하고 있다.

4개의 심플하지만 널찍한 객실은 완벽하게 손질된 정원을 내려다보고 있다. 정원 곳곳에 그늘이 드리워져 있고, 해먹이 매달려 있으며, 작은 순환 풀도 있다. 정원을 둘러싸고 있는 것은 카카오 나무 숲이다. 베네수엘라판 윌리 윙카는 박식한 플랜테이션 소유주 빌리 에서이다. 에서는 방문객들을 위해 1시간 코스의 공장 견학 투어를 제공하고 있으며, 방문객들은 코코아 수확과 생산에 대해 배운 뒤 초콜렛을 맛보게 된다. 그 달콤쌉싸름한 행복을 만끽하고 싶으면 나무에서 바로 딴 카카오 열매를 갉아먹어보자. 가장 날 것 상태의 초콜렛으로 항산화 물질 함유량이 높아 건강에 매우 좋다고 알려져 있다. 또 수면을 촉진시키고 우울증을 완화시키는 세로토닌를 포함하고 있다. 그러나 다이어트 중이라면 절대 조심해야 한다. 몸무게에 신경써야 하는 사람들은 아예 생각도 하지 말 것. 이곳에서 생산하는 초콜렛은 최고급—코코아 고형물 함유량이 거의 90%에 달한다—이지만, 이곳에서는 눈뜨는 순간부터 하루 종일 탐욕스러운 성찬이 계속되니 말이다.

아침식사에는 초콜렛 스프레드를 잔뜩 바른 빵과 진하고 크리미한 핫초콜렛이 나오며, 저녁식사에도 짙은 초콜렛 소스에 담근 육즙이 많은 쇠고기가 포함되어 있다. 해먹에서 느긋하게 뒹굴기리디기 (눈곱민큼의 죄책감을 느낄 필요도 없이) 부카레의 다양한 초콜렛을 실컷 먹자. 어찌됐건, 초콜렛이 이렇게 순수하다면 건강에 나쁠 리가 없다. **JK**

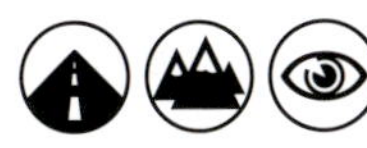

# 하이럼 빙검 Ride the Hiram Bingham Train

**Location** 페루 쿠스코에서 마추픽추까지
**Website** www.perurail.com　**Price** 💲💲

하이럼 빙검 호를 타고 쿠스코에서 마추픽추까지 가는 열차 여행은 잉카의 옛 땅을 발견하는 가장 스펙터클한 방법 중의 하나이다. 매년 수천 명의 관광객들이 흔히 그렇듯 사흘 동안 꼬박 트레킹을 하는 것보다는 훨씬 덜 힘들다.

1911년 이 고대 도시의 유적을 발견한 예일대학교의 고고학자 하이럼 빙검(1875~1956)의 이름을 딴 이 기차는 1주일에 6일, 오전 9시에 출발하기 때문에 전통적인 6시 출발 열차들보다 훨씬 여유롭게 떠날 수 있다. 쿠스코에서 빠져나와 가파른 오르막길을 천천히 올라간 뒤, 안데스 산맥 기슭의 초록빛 들판과 다채로운 마을들을 지나며 끊임없이 모습을 바꾸는 "신성한 계곡"의 환상적인 풍경을 가로질러 달려간다. 열차의 럭셔리한 실내에서 눈앞에 펼쳐지는 풍경을 감상하는 동안 미모사(샴페인과 오렌지주스로 만드는 칵테일)와 브런치가 제공된다. 환상적인 산지 풍경으로부터 아름다운 우룸밤바 강에 이르기까지, 3시간 반의 여행 동안 승객들은 창밖에서 눈을 떼지 못한다.

오후 12시 30분, 마추픽추에 도착하면, 이미 다른 방문객들은 관광을 마치고 쿠스코로 돌아갈 채비를 하고 있다. 게다가 기차를 타러 다시 돌아가야 하는 시간은 해질녘이기 때문에 비교적 한산한 분위기에서 좀더 시간을 가지고 둘러볼 수 있다는 장점이 있다.

도착하면 일단 개인 가이드를 고용해 투어를 한 뒤, 마추픽추 생추어리 로지(Machu Picchu Sanctuary Lodge)에서 애프터눈티를 마시고 그 다음에는 자유롭게 돌아다니면서 구경을 하자. 이 세련된 관광 브랜드에 어울리게, 돌아오는 길에는 칵테일과 디너가 제공된다. **HA**

> "4일간 지옥행군 트레킹을
> 하는 대신, 기차를 타고
> 이 특별한 곳으로 가자."
>
> 『콩데 나스트 트레블러』誌

↗ 특유의 파란색과 금색의 줄무늬를 칠한 하이럼 빙검 호가 구불구불한 산길을 올라가고 있다.

# 카사 안디나 프라이빗 컬렉션
## Stay at Casa Andina Private Collection

**Location** 페루 이슬라 수아시
**Website** www.casa-andina.com    **Price** ⑤⑤⑤

티티카카 호수 북쪽에 있는 이슬라 수아시는 고도가 거의 안데스 산맥만큼 높으며, 그 전망은 문자 그대로 숨이 멎을 것처럼 아름답다. 섬 전체가 사유지이며, 작고 전원적인 호텔에 딸린 24개 객실 어디에서나 거대한 푸른 호수를 볼 수 있다. 심지어 알파카와 비쿠냐(남아메리카 안데스산맥 고지대에 서식하는 라마의 일종)가 호텔 정원에서 풀을 뜯고 있다. 산들바람이 부는 야외에 줄무늬 해먹을 매달아놓고, 티티카카 호수에서도 가장 수심이 깊은 이 근방에서 새들이 물고기를 잡아먹는 것을 구경하자.

이 페루판 낙원의 단점이라면 가기가 쉽지 않다는 것이고, 장점이라면 덕분에 관광객들이 우글거리지 않는다는 것이다. 이 섬은 푸노에서 약 다섯 시간이 걸리며, 쾌속정으로만 접근할 수 있는데, 떠 있는 갈대로 만든 인공섬으로 전통 부족 공동체가 살고 있는 우로스 섬에서 중간에 잠깐 멈춘다.

수아시 섬에 머무르는 것은 진정한 휴식 그 자체이다. 카사 안디나 프라이빗 컬렉션 호텔은 전통적인 어도비벽돌과 토토라 갈대로 지어졌을지 모르지만, 와인 셀러에는 칠레와 아르헨티나 와인이 모엣샹동 샴페인과 함께 누워 있다. 보다 개인적인 시간을 보고 싶다면, 안데스 코티지에 머무르자. 두 개의 방과 호숫가의 테라스, 그리고 개인 집사 서비스를 즐길 수 있다. 차분한 크림색과 짙은 나무로 꾸민 실내는 누가 보아도 신혼여행객을 염두에 두고 설계한 것이다.

진짜 남아메리카풍 안식처를 찾고 있다면, 전통적인 안데스식 사우나도 있고, 무당과 함께 대지에 봉헌물을 바치는 특별한 경험을 할 수도 있다. 또는 카누나 나무 보트를 타고 호수의 고요함에 젖어 보거나, 꽃이 흐드러지게 핀 언덕배기에서 하이킹을 할 수도 있고, 밤에는 망원경으로 별을 관찰할 수도 있다. **LD**

# 아마존 강
## Cruise the Amazon River

**Location** 아마존 강
**Website** www.responsibletravel.com    **Price** ⑤⑤

아마존이 모험을 좋아하는 모든 여행가의 위시리스트의 우선순위에 올라있는 데는 다 이유가 있다. 세계 최대의 야생 자연은 아직 지구가 둥글다는 것이 밝혀지기 전으로 우리를 데려다 준다. 기술의 발달에도 불구하고, 우리는 이 웅장한 열대우림을 아직 샅샅이 훑어보지는 못했으며, 아직도 많은 부분이 사람의 발길이 닿지 않은 채로 남아 있다.

9개 국가, 4,650km에 걸쳐 흐르는 아마존 강은 우리의 질문에 대답을 주기보다는 더 많은 물음표를 던진다. 어디를 출발점으로 할 것인가가 그 중 하나인데, 대부분의 경우에는 페루의 이퀴토스 항에서 시작해서 10

---

> "장엄하고 지배적이고,
> 유일한 강이 그 곳에 존재하며,
> 그 아름다움은 견줄 대상이 없다."
>
> *카를로스 헤로만 아메사가, 〈브라질에 바치는 찬가〉*

---

일간 크루즈를 타고 강을 거슬러올라가 리마에 닿는 루트를 택한다. 또는 작은 보트를 타고, 잘 알려지지 않은 지류(支流)를 탐험할 수도 있다. 강둑을 따라 직경이 무려 1.8m나 되는 거대한 수련(睡蓮)이 자라고 있다. 숲으로 트렉이 나 있어서, 탐험을 하거나 원주민 부족을 찾아볼 수 있다. 어둠이 내리면 박쥐, 검은 카이만, 그리고 독이 있는 청개구리를 만날 기회가 찾아올 수도 있다. 진정 일생에 한번은 꼭 해 볼 만한 모험이지만, 책임감 있는 여행사를 통해 예약을 하는 것이 좋다. 아마존 열대우림은 위험한 속도로 파괴되고 있으며, 보존을 위해 우리가 할 수 있는 모든 일을 해야만 한다. **LD**

▣ 뱀처럼 꾸불꾸불한 갈색의 웅장한 강이 짙은 초록의 정글과 대비를 이룬다.

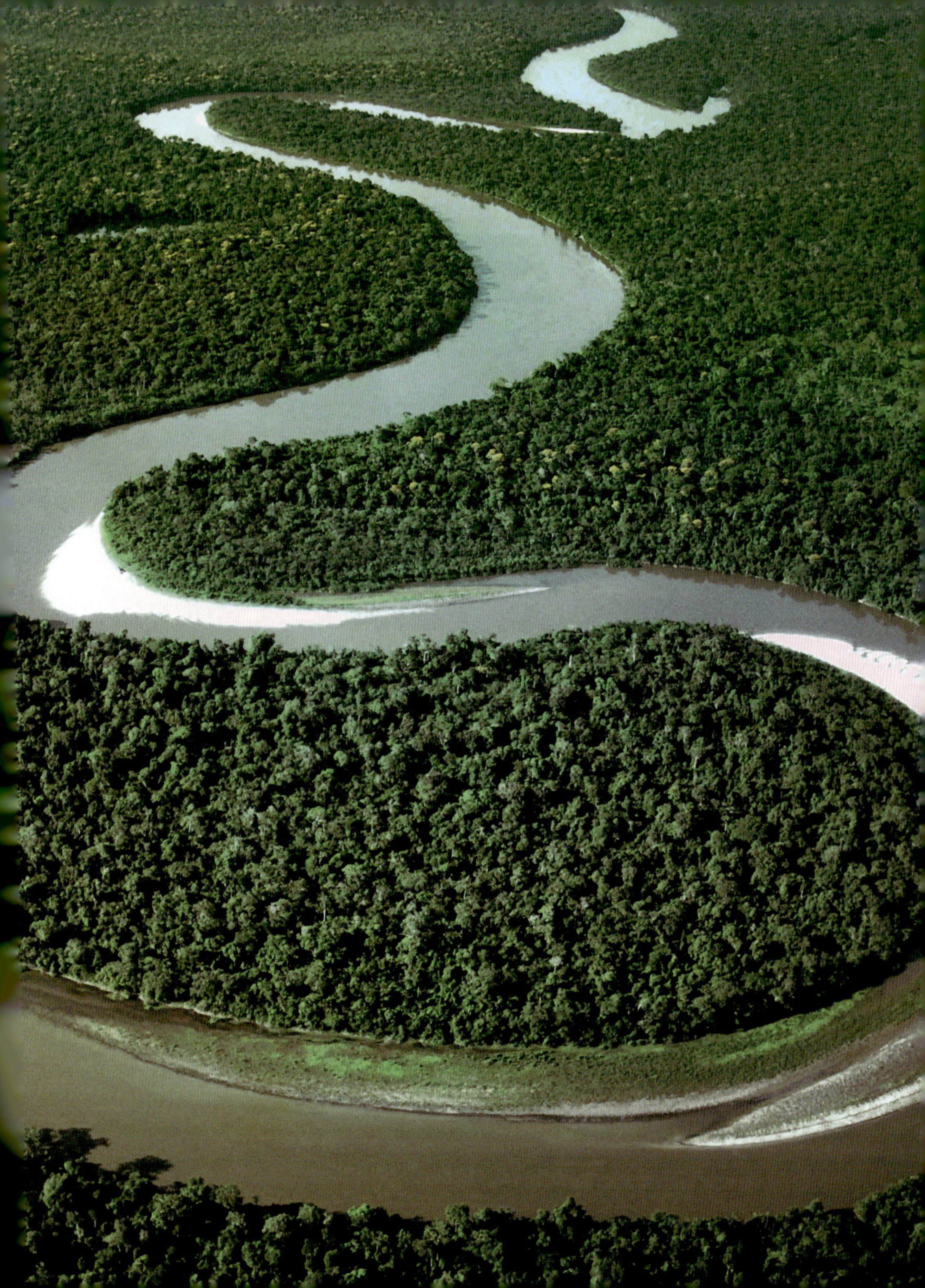

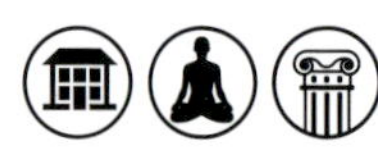

# 모나스테리오
## Relax at Hotel Monasterio

**Location** 페루 쿠스코
**Website** www.monasterio.orient-express.com **Price** $$

지젤 번천과 레오나르도 디카프리오가 A급 손님들을 초대해서 부드러운 리넨 베개 위에 머리를 뉘고 쉬게 했다. 제인 폰다, 벤 킹슬리, 골디 혼은 그 멋을 잔뜩 낸 바에서 유명한 하우스 칵테일, 피스코 사워(포도를 증류해서 만든 리큐르 피스코에 레몬이나 라임주스, 달걀 흰자, 설탕 시럽, 비터스 등으로 만든 칵테일)를 홀짝였으며, 콜롬비아 출신의 팝 스타 샤키라는 그늘진 뜰에서 모닝커피를 마셨다. 이곳은 어디일까? 남아메리카의 스타일 혁명의 선봉에 서 있는 럭셔리 중의 하나인 쿠스코의 호텔 모나스테리오이다.

16세기 수도원을 개조하고, 회랑으로 둘러싸인 정

> "5스타 호텔 모나스테리오는
> 남아메리카에서 가장 웅장한
> 건물 중 하나이다."
>
> 『인디펜던트』紙

원을 중심으로 지어진 모나스테리오는 조용하고 능률적인 분위기를 풍긴다. 차분한 아침식사 뷔페에는 그레고리오 성가가 울려퍼지고, 개인용 예배당도 사용할 수 있으며, 목욕 집사 서비스는 안데스의 공주가 된 것 같은 기분이 들게 해 준다. 호텔의 심장은 부드러운 분수와 300년 된 삼나무가 회랑과 정원에 둘러싸인 중앙 뜰이다.

이 호텔은 고산증(고지대에서는 몸의 산소가 30%까지 저하될 수 있다) 문제에 매우 현대적으로 접근한다. 기압을 줄이고 몸이 나른해지는 것을 막기 위해 필터를 통해 50개의 객실에 펌프로 산소를 주입한다. 이 모든 것이 쿠스코의 장점을 즐기는 인생의 일부이다. **DA**

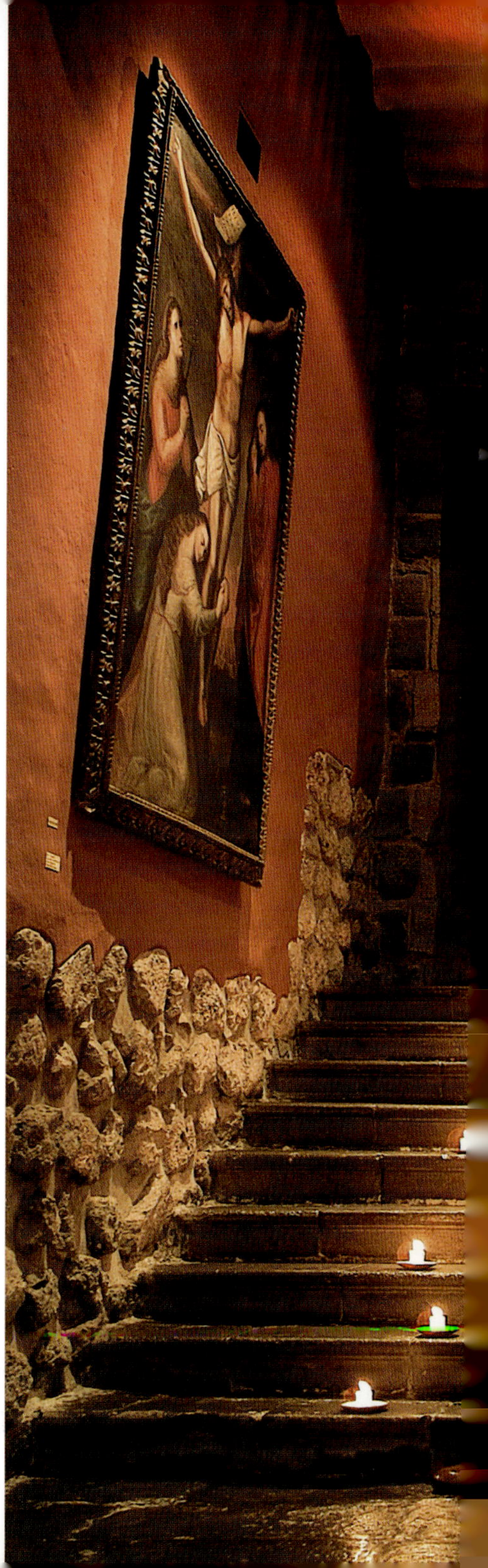

↱ 17세기 회화로 장식된 예배당은 모나스테리오에서 경험할 수 있는 즐거움 중의 하나이다.

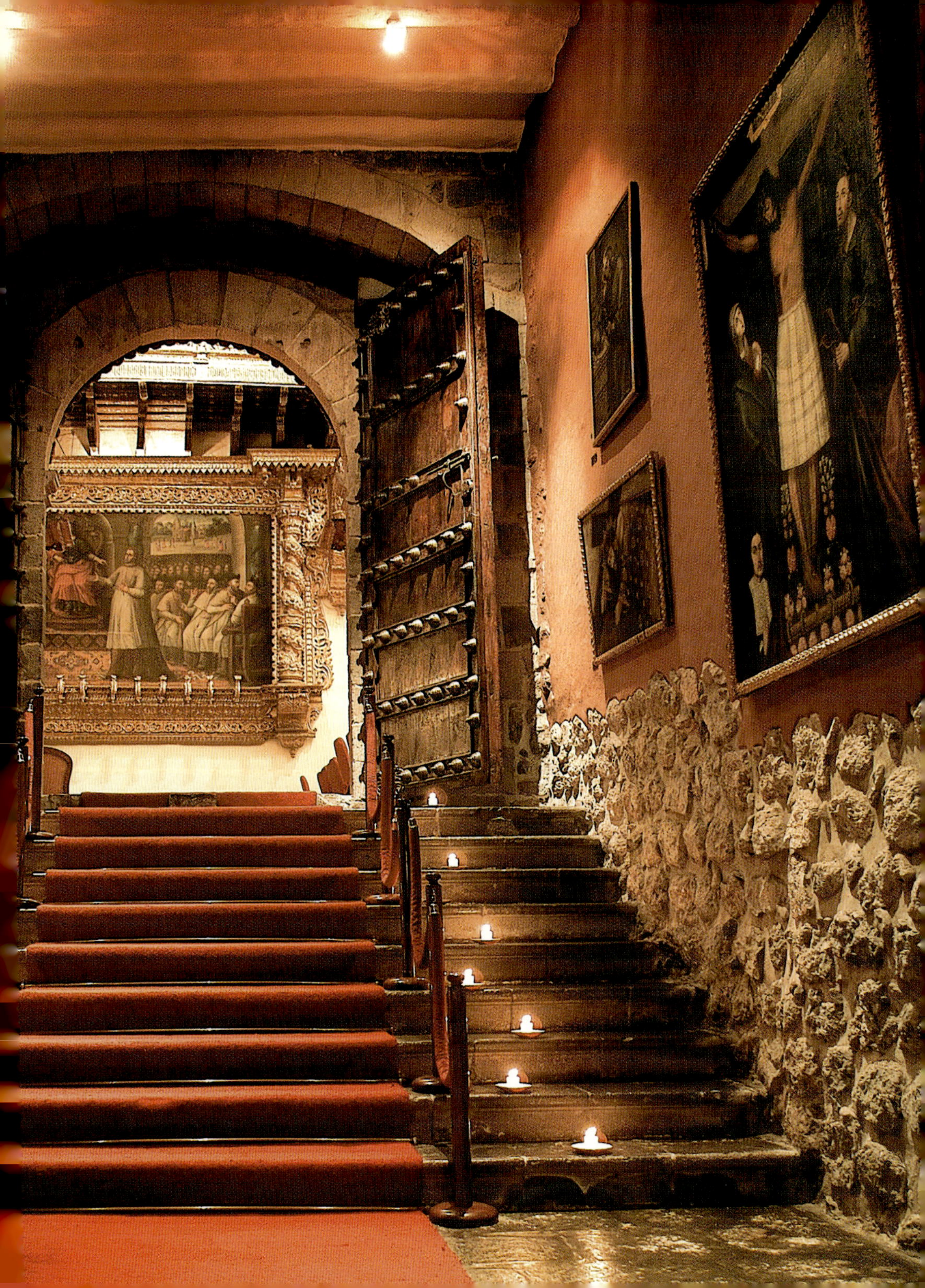

# 레세르바 아마조니카

Enjoy Reserva Amazonica Lodge

**Location** 페루 푸에르토 말도나도 근교
**Website** www.inkaterra.com　　**Price** 💲💲

인공위성 사진으로 페루의 아마존 지역을 내려다보면 푸에르토 말도나도 마을은 마치 끝없이 펼쳐진 녹색 위에 점점이 이어진 회색의 얼룩처럼 보이고, 황갈색의 강은 빽빽한 열대우림을 가로질러 저 멀리 흘러간다. 이렇게 봐서는 상상도 안 되겠지만, 강을 따라 한 시간만 내려가서 거친 진흙 강둑을 조금만 올라가면 페루에서 가장 매력적이고 흥미로운 호텔 중 하나가 모습을 드러낸다.

잉카테라의 레세르바 아마조니카 로지는 12,140ha에 이르는 민간 자연보호 구역의 일부이다. 야생 자연 한복판에 자리잡은 평화와 고요한 럭셔리의 천국이라 할 수 있다. 선명한 원색의 마코 앵무새가 끽끽거리는 소리에, 연약한 피그미 마모셋, 떼를 지어 움직이는 가위개미와 스펙터클한 진홍빛으로 피어난 정교한 극락조화까지 말이다. 이 모든 것들을, 심지어 객실에 발을 들여놓기 전에 이미 다 만날 수 있다.

30개의 시크한 카바나는 전통 건축에 촘촘한 망 스크린을 친 덕분에 무더운 열대야에도 모든 문을 열어 놓을 수 있고, 희미한 산들바람이 강에서 떠오른다. 전화, 인터넷, 심지어 전기(배급제이다)까지 없지만, 사려깊고 럭셔리한 터치는 물론, 언제 칵테일을 내와야 할지, 언제 얼음처럼 차가운 수건을 건네야 할지, 또는 언제 침대 옆에 빛나는 등유 램프를 켜놓아야 할지를 정확하게 알고 있는 스태프들 덕분에 불편하다는 생각은 들지 않는다.

운이 좋아서 2개의 "탐보파타 스위트" 중 하나에 머무를 수 있다면, 그 개인용 냉탕과 테라스 덕분에 정글 구경을 하고 와서 느긋하게 더위를 식히기에 이상적인 공간이다. 야간에 보트를 타고 강둑에 웅크리고 있는 카이만의 빛나는 눈을 볼 수도 있고, 속살거리는 나무 꼭대기를 잇는 지상 30m의 환상적인 캐노피 산책로를 걸어볼 수도 있다. **CR**

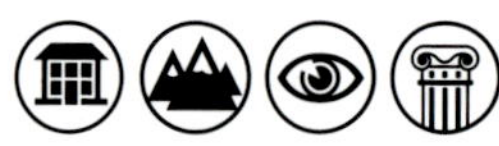

# 마추픽추 생추어리

Visit Machu Picchu Sanctuary Lodge

**Location** 페루 쿠스코
**Website** www.machupicchu.orient-express.com　　**Price** 💲💲💲

잉카 트레일을 통해 마추픽추로 가는 트레킹족의 숫자는 날이 갈수록 제한되고 있지만, 15세기에 지어진 이 잉카의 성벽도시는 세계에서 가장 인기가 높은 관광 명소 중 하나이다(2007년 7월에는 세계의 신 7개 불가사의에 선정되기도 했다).

해마다 마추픽추를 찾는 관광객은 70만 명에 이른다. 성수기에는 다른 것은 아무것도 없고 오직 새벽녘에 "태양의 문"을 기어오르는 방수복만 눈에 들어온다. 마추픽추 생추어리 로지는 북적이는 인파를 피해서 이 UNESCO 지정 세계 유산의 영성을 느껴보기에 이상적인 공간이다. 이 근방에서는 유일한 호텔로, 2개의 스위

---

> "안데스 주민들이 여전히
> 추앙하고 있는 신비의 산신(山神)을
> 떠올릴 수밖에 없다."
>
> 『인디펜던트』紙

---

트와 29개의 객실을 갖추고 있다.

말할 필요도 없이 전망은 스펙터클하다. 산 쪽 객실은 돈을 더 지불할 가치가 충분하고도 남지만, 그보다 더 좋은 방은 마추픽추를 내려다보는 개인 발코니가 딸린 "파노라마 룸"이다. 못지않게 인상적인 곳은 탐푸 레스토랑 바로, 고대의 유적을 내다보면서 구르메 디너를 즐길 수 있다.

호텔에서는 경험과 지식이 풍부한 가이드가 딸린 마추픽추 투어를 기획해 준다. 그러나 다른 것보다도 이 호텔은 "또다른 세계"로 탈출하여 홀로 있기 위한 공간이다. 그 독특한 분위기를 제대로 즐기기 위해서는 일찍 일어나서 희미한 새벽빛 속에서 마추픽추 주위를 긷는 것이다. 관광객들이 이미 "태양의 문"을 향해 몰려들고 있지만, 짧은 시간만큼은 완벽한 평화를 맛볼 수 있다. **DA**

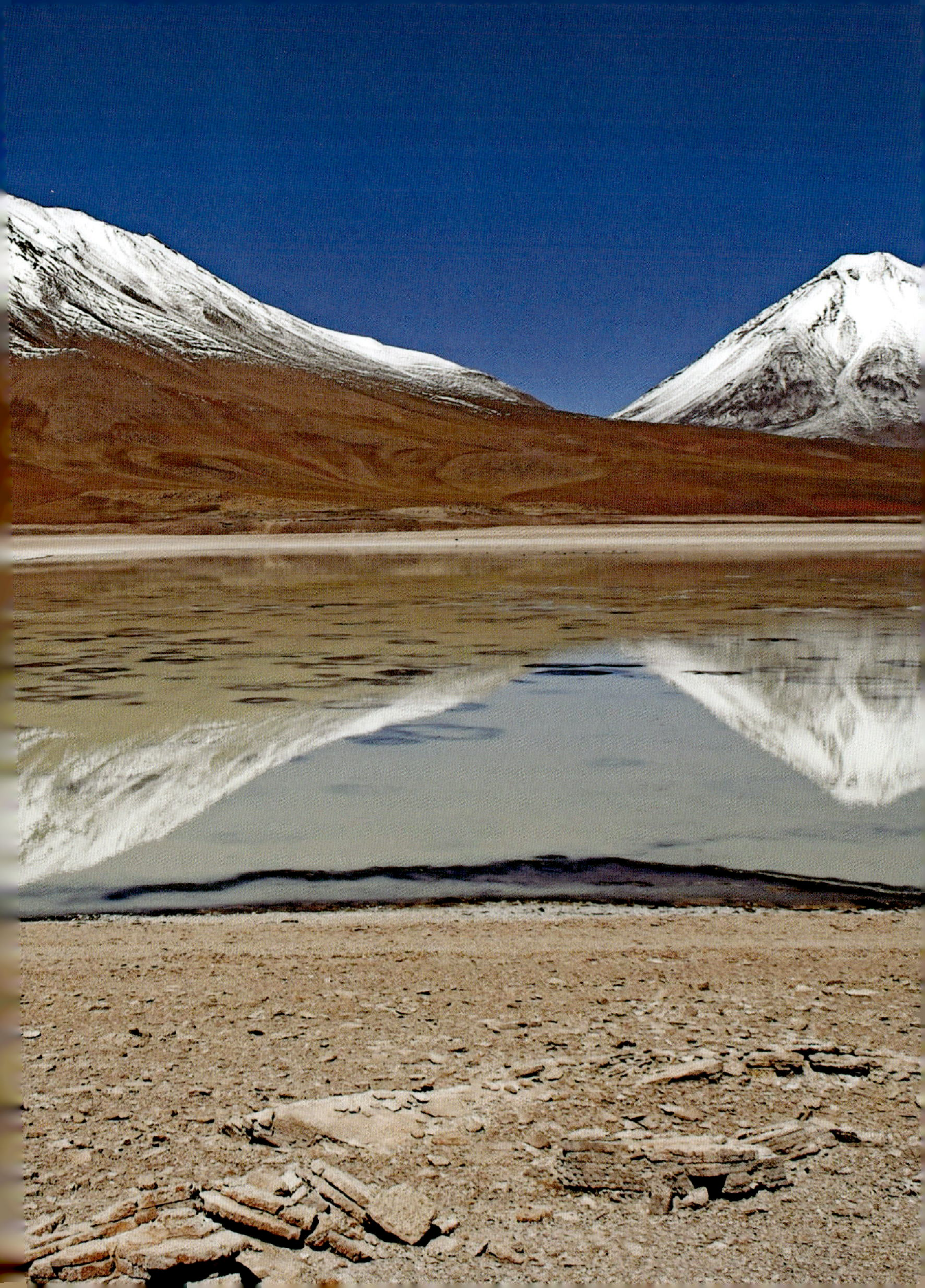

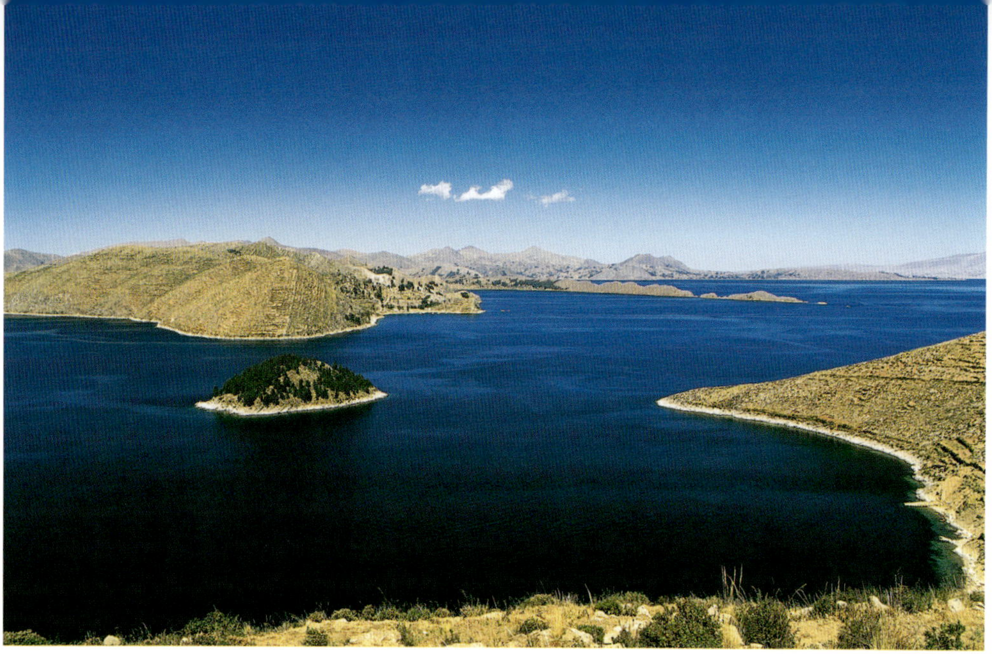

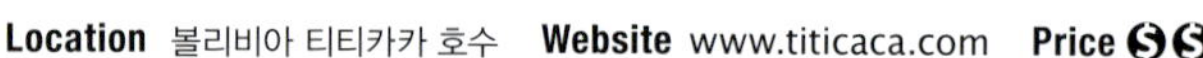

# 라 포사다 델 잉카 Relax at La Posada del Inca

**Location** 볼리비아 티티카카 호수 **Website** www.titicaca.com **Price** $ $

해발고도 3,820m, 페루와 볼리비아에 걸쳐 있는 숭배와 신비주의의 성소, 티티카카 호수를 찾는 것은 진정한 탈출이다. 시골 마을들 사이에 라 포사다 델 잉카가 웅크리고 있는 이슬라 델 솔("태양의 섬"이라는 뜻)은—전설에 의하면—잉카 문명이 태어난 곳이라고 한다.

이러한 내력을 지닌 라 포사다는 그 이름도 대단하지만("잉카의 여관"이라는 뜻), 그 이름이 전혀 무색치 않다. 하시엔다를 개조하여 17개의 객실을 만들었으며, 사유지에 위치한 일련의 작고 햇볕이 잘 드는 안뜰을 중심으로 테라코타 타일을 붙인 건물이 이슬라 델 솔의 신비한 분위기와 잘 맞아떨어진다. 이 하시엔다는 모든 것을 잊어버리고 스펙터클한 안데스 레알 산맥과 이슬라 데 라 루나("달의 섬"이라는 뜻)의 환상적인 풍경에 빠져들 수 있는, 고요한 섬 생활을 맛보게 해 준다.

콘도르가 머리 위로 솟구치고, 호수의 물이 부드럽게 찰싹인다. 어디를 둘러봐도 완벽하게 고요하다. 시설은 편안하면서도 전원적이다. 침실은 두툼한 목제 침대와 손으로 조각한 장식품들을 갖추고 있다. 모든 객실에는 뜨거운 물이 나오는 태양열 샤워가 구비된 욕실이 딸려 있다. 늦은 오후에 태양이 섬 위로 내려앉으면 투숙객들은 정원의 일광욕 의자에 누워 수다를 떨고, 책을 읽고, 느긋한 분위기를 만끽한다.

해가 지면, 어딘지 학교 카페테리아와 비슷한 느낌이 드는 모던한 공동 식당에서 저녁식사를 한다. 음식은 푸짐하긴 하지만 (호수에서 바로 낚은 신선한 송어는 꼭 먹어보자) 약간 비싼 편이다. 라파스에 있는 여행사 크릴론 투어스가 단독으로 운영을 맡고 있으며, 1일 3식 플러스 이동수단 포함 옵션으로만 숙박이 가능하다. 크릴론 투어스는 호수를 건너는 수중익선 서비스도 제공한다. 그러니 예산에 째째하게 굴지 말고 실컷 즐기도록 하자. 이런 종류의 휴양지는 찾을래야 찾기도 힘드니 말이다. **DA**

↑ 완벽한 휴양지, 티티카카 호반의 이슬라 데 솔. 여기보다 더 평화로운 곳은 별로 많지 않을 것이다.

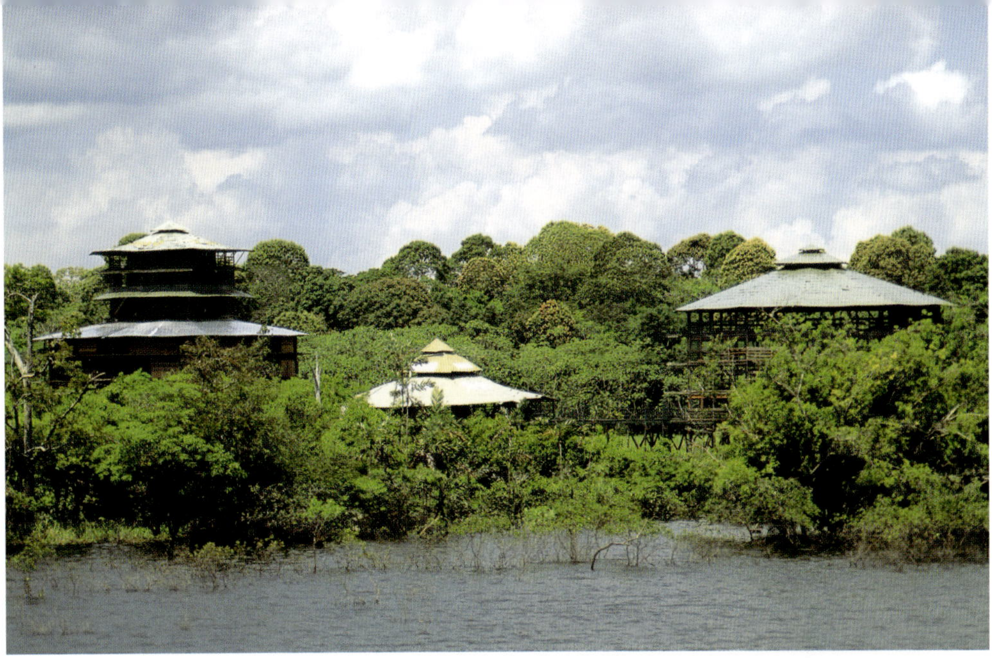

# 아리아우 트리하우스 Stay in a Treehouse at Ariau

**Location** 브라질 마나우스 근교  **Website** www.amazontowers.com  **Price** $ $

아마존의 열대우림 깊숙이 아리아우 아마존 타워가 서 있다—숲이 만들어내는 캐노피 한가운데 서 있는 유일한 호텔로, 세계에서 가장 큰 나무꼭대기 호텔이기도 하다. 3개의 숙박용 타워와 10개의 중력을 거부하는 트리하우스로 구성되어 있으며, 30m 높이의 마호가니 나무 위에는 세계에서 가장 특별한 허니문 스위트 중의 하나를 만날 수 있다.

5번 타워에서는 이곳을 에워싼 숲과 그 속에서 서식하고 있는 동물들—빨간 마코앵무새, 나무늘보, 거미원숭이 등등—을 360도 파노라마로 구경할 수 있다. 4호 타워의 레스토랑에서는 민물 피라루쿠(아마존강·오리노코강에 서식하는 세계 최대의 담수어) 같은 향토 요리들을 맛볼 수 있다. 레스토랑 벽에는 이곳을 찾은 손님들의 사인이 진열되어 있는데, 그 수가 나날이 늘어나고 있다—케빈 코스트너, 제니퍼 로페즈, 미국 대통령 지미 카터의 사인도 보인다. 어딘지 낯이 익어 보인다 해도 이상할 건 없다. 영화와 텔레비전에 워낙 많이 등장했으니 말이다. 헐리우드 영화 〈아나콘다〉와 리얼리티 TV쇼 〈서비이버〉에도 나왔다.

타워와 트리하우스의 거대한 조합은 프랑스의 유명한 박물학자 자크 쿠스토의 작품으로, 8km에 이르는 보행자용 통로로 서로 연결되어 있으며, 지구상에서 가장 생물학적으로 다양한 야생자연으로 통하는 관문이다. 세계에서 가장 큰 담수 제도(諸島)인 아나빌라나스 군도에서 하류로 조금만 내려가면 되며, 희귀한 분홍 돌고래의 서식지이기도 하다. 낮에는 호텔 소유 보트를 타고 피라냐 낚시를 나갈 수도 있다. 여가를 보내기에 너무 위험한 방법이라고 생각되면, 호텔의 풀에서 시원하게 수영을 하거나 그 특별한 전망을 즐기는 것도 좋다. **BS**

⬆ 아리아우 아마존 타워 호텔에서는 열대우림이 조감도처럼 눈앞에 펼쳐진다.

# 파센다 바랑코 알토 Bird-watch at Fazenda Barranco Alto

**Location** 브라질 마토 그로소 도 술
**Website** www.fazendabarrancoalto.com.br    **Price** 💲💲

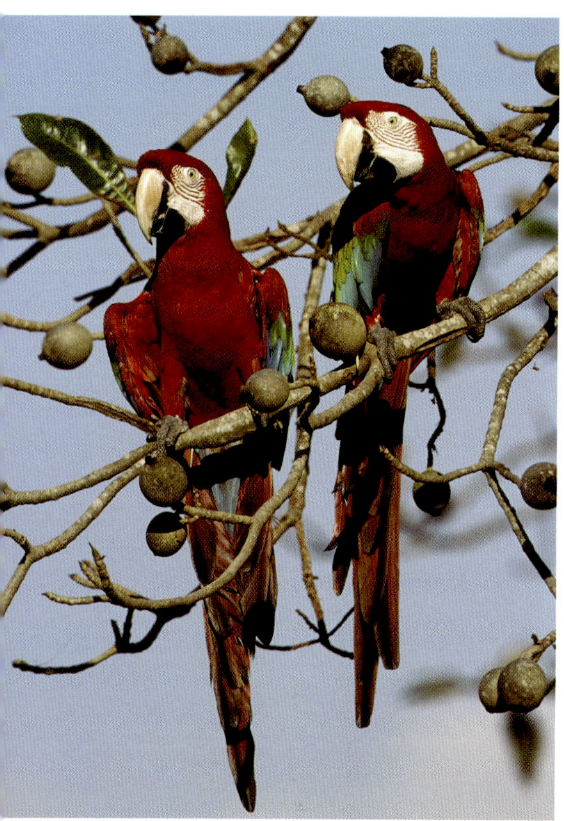



최대 9명의 투숙객만을 받을 수 있으며, 전용 비행기로만 접근이 가능한 파센다 바랑코 알토는 외딴 낙원 속에 숨어 있으며, 오직 선택받은 소수만이 즐길 수 있는 곳이다. 브라질의 광활한 야생자연, 사바나, 숲, 석호 속에 위치한 이곳은 다른 어떤 곳과도 비교할 수 없는 자연 보호 구역이다. 주위에서 끊임없이 야생 동식물의 허밍과 부스럭거리는 소리가 들려온다.

우기가 끝나는 4월이면 450종이 넘는 새들이 날아온다. 자비루, 히야신스 마코앵무새, 벌새 같은 희귀한 새들이 마치 영국의 참새떼처럼 흔하다. 아침이면 새들의 소용돌이에 잠에서 깰 것이다. 이곳에 머무르는 투숙객들은 곧 고함원숭이, 자이언트수달, 게여우 등의 출몰에 익숙해질 것이다. 그러나 가장 흥미진진한 것은 역시 좀처럼 볼 수 없는 재규어이다. 참을성이 많은 사람들은 이 위풍당당한 짐승이 자신의 영역을 돌아볼 때를 기다려 기어이 보고야 만다. 혹시 끝내 보지 못한다면 습지대의 진흙 위에 찍혀 있는 발자국이라도 보고 오자.

투숙객들은 랜드로버를 타고 박식한 차 주인 루카스 루징거와 함께 오픈카 사파리를 나갈 수도 있다. 초원과 습지대 투어에서는 흰입 페커리와 카이만 악어가 리오 그란데 강가에서 햇빛을 즐기고 있는 것을 볼 수 있다. 그도 아니라면 말을 타고 거대한 개미핥기를 보러 나가든가, 물에 잠긴 강가의 목초지를 철벅철벅 돌아다니며, 진짜로 판타날에 와 있는 기분을 만끽할 수도 있다. 카누나 낚시를 즐겨도 좋고, 소떼를 몰아볼 수도 있다—바랑코 알토는 지금도 운영 중인 목장이라 카우보이들과 함께 나갈 수가 있는 것이다. 하루가 저물 무렵에는 맛좋은 홈메이드 저녁식사와 캠프파이어, 그리고 지금까지 본 중에 가장 찬란한 은하수가 당신을 기다리고 있을 것이다. **SWi**

◪ 초록날개 마코앵무새는 판타날에서 서식해 온 그 많은 새들 중 하나다.

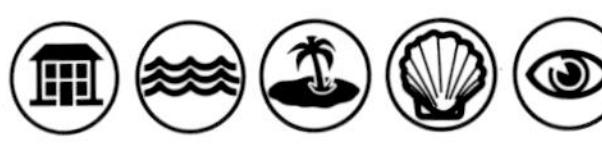

# 포우사다 마라빌랴 Stay at Pousada Maravilha

**Location** 브라질 페르난두 데 노로냐
**Website** www.pousadamaravilha.com.br　**Price** ⑤⑤⑤

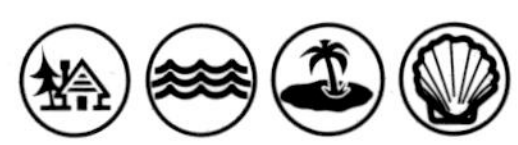

# 아니마 호텔 Unwind at Anima Hotel

**Location** 브라질 티냐레 섬
**Website** www.animahotel.com　**Price** ⑤⑤

페르난두 데 노로냐는 지구상에서 가장 특이한 곳 중의 하나이다. 찰스 다윈이 1839년 비글 호를 타고 저 유명한 여정에 올랐을 때 들렀던 곳이기도 하며, 2001년 (인근의 로카스 아톨과 함께) UNESCO 세계 유산으로 지정되었다. 또한 스펙터클한 동식물을 관찰할 수 있는 브라질 최고의 스쿠버다이빙 구역이기도 하다. 이곳의 환경은 워낙 훼손되기 쉬워서, 브라질의 환경 보호국의 감독을 받고 있다. 일일 방문객의 수는 700명으로 엄격하게 제한되어 있으며, 페르난두 데 노로냐의 16개 해변 또한 수심 50m까지 환히 들여다보일 정도로 완벽하게 수질을 관리하고 있다.

포우사다 마라빌랴에는 객실이 8개밖에 없다(5개는

---

> "머리에 떠오르는
> 단어라고는 '천국',
> 하나밖에 없다…"
>
> 『트래블+레저』誌

---

방갈로, 3개는 딜럭스 아파트이다). 모두 커다란 침대와 야외 샤워실, 대나무 해먹, 일본풍 욕조, 그리고 브라질 최고의 디자인 회사 아르테팍토의 가구들을 갖추고 있다. 천장에서 바닥까지 덮고 있는 유리창 덕분에 스펙터클한 만(灣) 풍경을 만끽할 수 있다. 인피니티 풀을 제외하고는 셰프 아드리아나 살라가 준비하는 멋진 저녁 식사 전까지 동료 투숙객과 마주칠 일이 거의 없다. 가이드를 따라 섬 투어에 나서거나, 스쿠버다이빙, 서핑을 즐길 수 있다.

또는 벨벳 같은 어둠이 내려앉은 한밤중에 아기 초록바다거북이 알에서 깨어나는 것을 관찰하는 마법과도 같은 경험을 할 수도 있다—200년 전 다윈이 그랬던 것과 똑같이 말이다. **PS**

브라질의 그림같이 아름다운 바히아 해안, 티냐레 섬의 면적 6ha에 달하는 개인소유 열대우림에 자리잡은 아니마 호텔은 9개의 멋진 방갈로로 구성되어 있으며, 모로 데 산 파울로에서 남쪽으로 15km밖에 떨어져 있지 않다.

사람의 손이 닿지 않은 엔칸토 해변에 세워진 방갈로들은 호텔의 럭셔리한 숲지에 흩어져 있다. 높은 천장, 대나무 파티션, 개인용 데크 덕분에 정말로 외부인들로부터 떨어져 나만의 시간을 보내고 있다는 느낌이 든다. 아니마 호텔의 레스토랑은 향토 요리와 인터내셔널 음식을 모두 제공하며, 계절에 따라 메뉴가 바뀐다. 일년 내내 먹을 수 있는 별미로는 과일 소스에 재운 새우에 스위트칠리를 곁들인 것, 럼과 향신료를 곁들인 바나나 플람베, 그리고 아니마 호텔 소유의 셀러에서 꺼내온 와인을 곁들인 코코넛 소르베 등이 있다. 또는 호텔 옆에 있는 바위 틈 웅덩이에서 문어를 잡을 수 있다면, 셰프가 기꺼이 요리해 줄 것이다.

이곳의 분위기는 정말로 느긋하다. 목조 발코니 위에 매달아 놓은 해먹에 누워 호텔 도서관에서 빌려온 책이나 읽으면서 (다양한 언어의 책이 구비되어 있다) 뒹굴거리자. 야외 라운지는 사방이 트인 나무 플랫폼 위에 있어, 서늘한 바닷바람을 맞을 수 있다. 또 컨퍼런스 센터, 지역 미술과 수공예 작품을 전시하는 전시 공간, 그리고 투숙객들에게 이 지역의 풍습, 역사, 전통을 알리기 위한 프로그램도 갖추고 있다. 맨눈으로 이 지역에서 서식하는 다양한 조류를 관찰하는 사람들도 있다. 또 심심할 때에는 다양한 보드게임을 하면서 시간을 보낼 수 있다.

티냐레 섬은 역사적인 도시 살바도르에서 보트로 2시간 걸리며, 살바도르 국제공항에서 비행기를 타면 20분만에 닿을 수 있다. **BS**

 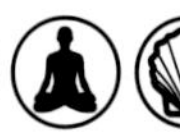 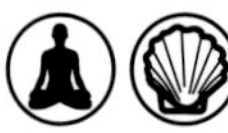

# 에트니아 포우사다
Relax at Etnia Pousada

**Location** 브라질 트란코소
**Website** www.etniabrasil.com.br  **Price** ⑤⑤

에트니아 포우사다는 바히아—브라질에서 가장 쿨한 지역—에서도 가장 코스모폴리탄하고 유행의 첨단에 있는 트란코스에 위치한다. 사람의 손이 닿지 않은 아름다운 해변과 전원적인 매력, 느긋한 보헤미안 라이프를 즐길 수 있는 곳이다. 꾀죄죄한 티셔츠와 플립플랍만 신고 있어도 패션모델이 된 듯한 느낌이 드는 곳이다. 에트니아는 스타일리쉬한 부티크 호텔로, 종종 패션 잡지의 사진 배경으로 쓰인다.

8개의 객실은 나무 사이에 흩어져 있고, 각각 서로 다른 에스닉 테마에 맞게 꾸며져 있다. 표범 가죽 덮개와 원주민 부족의 나무 조각 작품으로 장식한 아프리카 방갈로도 있고, 아랍풍 아치와 하얗게 칠한 돌계단이 있는 모로코 스위트, 그리고 미니멀리즘 그 자체인 일본풍 객실도 있다. 다른 객실들은 로마, 지중해, 인도, 브라질, 전원풍이 테마이다.

대다수의 객실은 우아하고 모던한 기둥 4개 달린 침대에 고운 이탈리아산 리넨 침구가 갖춰져 있고, 모기장이 드리워져 있다. 객실은 윤이 나는 콘크리트 바닥에 워크인 샤워, 개인용 베란다, 정원이 딸려 있다. 호텔 소유주가 이탈리아 패션계에 종사하고 있다는 사실이 전혀 놀랍지 않다.

퍼블릭 룸은 벽이 없이 순백의 드레이프가 바람에 휘날려, 등나무 의자 위의 하얀 쿠션, 해가 지면 밝혀 놓는 낮게 매달아 놓은 전등과 잘 어울린다. 트란코소 읍내까지는 조금만 걸어가면 된다. 자동차도 보이지 않고, 풀밭으로 덮인 광장을 중심으로 최근 인기있는 패션 브랜드와 핸드메이드 쥬얼리를 파는 부티크들이 늘어서 있다. 모퉁이를 돌면 새하얀 식민시대 교회와 느긋한 분위기의 레스토랑 몇 군데가 있다. 낮시간에는 근처의 해변으로 가자—그 중 일부는 브라질에서도 최고로 꼽힌다. **SH**

# 파젠다 다 라고아
Stay at Fazenda da Lagoa

**Location** 브라질 일레우스
**Website** www.fazendadalagoa.com.br  **Price** ⑤⑤⑤

코파카바나 해변의 인파는 잊어버려라. 바히아야말로 브라질에서 최근 뜨는 곳으로, 그 중에서도 파젠다 다 라고아보다 더 핫한 곳은 없다. 파젠다 다 라고아의 주인 부부는 이곳을 보자마자 사랑에 빠졌다고 하는데, 충분히 이해가 간다. 사람의 발길이 닿지 않은 새하얀 모래해변에, 뒤쪽으로는 열대우림과 맹그로브, 그리고 가까이에는 소금물 석호가 있다. 주인 부부는 이곳을 가리켜 "플라네티냐", 즉 "작은 지구"라고 부른다.

14개의 널찍한 방갈로는 데크, 옥외 샤워, 텔레비전, CD와 DVD 플레이어, 해먹, 에어컨, 거즈 망을 친 침대를 갖추고 있다. 인테리어 디자인만 보고 있어도 얼굴

---

"아침형 인간이 아니라면,
이 호텔의 아침식사 방식을
사랑해 마지 않을 것이다."

i-escape.com

---

에 미소가 떠오른다—밝고 대담한 팝아트 스타일로, 건축가 리아 시케뤼아가 설계하고 리우데자네이루의 예술가 무카 스크로브론스키가 실내 장식을 맡았다. 그러나 단순히 야생 자연 속에 위치한 럭셔리 휴양지라고만 생각하면 곤란하다—파젠다 다 라고아는 에코호텔이기도 하다. 샤워실에는 자연분해가 되는 세면용품이 구비되어 있다.

위치는 제쳐두고, 파젠다 다 라고아를 이토록 특별하게 만드는 것은 생각지도 못했던 작은 것들이다. 물론 인피니티 풀은 인상적이고 매우 스타일리쉬하며, 스파도 마찬가지지만, 가장 좋은 것은 아침식사다. 아침을 먹고 싶으면 방갈로 밖에 깃발을 꽂아둔다. 그러면 부엌에서 갓 준비한 식사를 바구니에 담아 개인용 테라스로 날라다 준다. **LD**

# 코룸바우
## Enjoy Corumbau

**Location** 브라질 코룸바우
**Website** www.corumbau.com.br **Price ⑤⑤⑤**

원주민 파타소족의 언어로 "코룸바우"는 "외딴 곳"이라는 뜻이다. 그러니 파젠다 산프란시스쿠에 도착해 코룸바우에서 맞는 첫 번째 아침을 길다란 프라이빗 비치 산책으로 시작하고 싶다면, 마실 물을 챙겨 가는 것이 좋다—이곳은 평범한 리조트 해변이 아니기 때문이다. 바히아 해안을 따라 나 있는 1.5km의 해변 양쪽으로 8km에 이르는 인적없는 해변이 뻗어 있다. 코 앞에 산호초가 있어, 그 아쿠아마린빛 물속으로 뛰어들기만 하면 수많은 열대어와 해저 식물을 바로 눈앞에서 볼 수 있다.

브라질의 바히아 해안—"코코넛 해안"이라는 별명으로도 알려져 있다—은 200km에 걸친 아름다운 해변과 코코넛 나무 언덕으로, 이 언덕 중 하나에 파젠다 산프란시스쿠가 자리잡고 있다(포르투갈어로 파젠다는 "목장"이라는 뜻). 여섯 개의 널찍한 방갈로는 짙은색의 브라질 목재로 꾸몄으며, 모두 개인 테라스가 딸려 있다. 메인 하우스에는 2개의 스위트가 있으며, 둘 다 드라마틱한 바다 조망을 자랑한다. 전통적인 구르메 해산물 요리가 숙박료에 포함되어 있으며, 매일 신선한 재료로 준비된다.

커다란 옥외 풀을 둘러싸고 있는 데크는 고대 마야 사원 건축을 연상시키는, 땅을 파서 만든 정사각형의 야외 라운지로 연결된다. 수영을 즐긴 뒤에는 주변의 원시 맹그로브 늪지를 가로질러 인근의 파타소 인디언 부락으로 가보자. 파타소 부족은 1500년, 포르투갈 탐험가 페드루 카브랄이 포르투 세구루에 닿았을 때 유럽인과 접촉한 남아메리카 최초의 부족이며, 그 후손들이 만든 수공예품과 예술 작품들을 살 수 있다.

브라질의 웬만한 대도시에서 일단 포르투 세구루까지 온 뒤 수상비행기, 보트, 스쿠너, 자동차, 또는 헬리콥터를 사용해서 파젠다 산프란시스쿠까지 올 수 있다. **BS**

# 타우아나
## Unwind at Tauana

**Location** 브라질 코룸바우
**Website** www.tauana.com **Price ⑤⑤⑤**

훼손되지 않은 바히아 해변에 세워진 새 호텔, 타우아나에서는 친밀하면서도 럭셔리한 분위기가 느껴진다. 나무 잎새가 바삭거리는 소리와 파도가 부드럽게 철썩이는 소리 외에는 한없이 고요하다.

이곳의 주인인 아나 카타리나 페레이라 다 실바는 포르투갈 태생의 건축가로 브라질과 덴마크 스타일이 결합된, 1960년대 모더니즘이 살짝 가미된 울트라 쿨한 디자인으로 모든 것을 직접 설계했다. 방갈로는 딱 9개뿐이지만, 드넓은 부지 위에 3만 그루나 되는 나무를 심었다. 건축에 사용한 나무는 모두 지속 가능한 자원에서 벌채한 것이며, 전통적인 인디언 축조 방식을 채택

> "중국이 세계의 공장인 것처럼, 브라질은
> 세계의 휴양지이다. 그리고 바히아는
> 브라질에서도 해변이 가장 멋진 곳이다."
>
> 『뉴욕타임즈』紙

했다. 구루메 레스토랑은 호텔 소유의 유기농 정원에서 재배한 재료를 사용했으며, 밤에는 조명 공해를 최대한 줄이기 위해 손전등을 들고 돌아다녀야 한다.

커다란 방갈로는 얼마나 덥수룩하게 이엉을 올렸는지, 고갱의 그림에서 뛰쳐나온 것 같다. 그 내부는 모던 아트 갤러리처럼 간결하기 그지없다. 나무 바닥은 광이 나며, 얇은 흰색의 드레이프가 산들바람에 흔들리며, 나지막한 소파에 몸을 묻고 촛불에 비친 유리벽 너머의 해변을 바라본다. 마치 자신이 윤기가 반질반질 흐르는 잡지의 일부가 된 것 같은 기분이 든다. 그러나 이렇게 세련된 포토 세트에서 혹시 나 혼자 어울리지 않는 건 아닐까 걱정할 필요는 없다. 타우아나에서 보내는 시간 덕분에 곧 당신 역시 그렇게 아름다운 사람이 될 테니까 말이다. **SH**

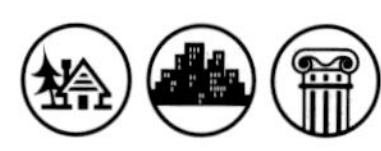

# 콘벤투 두 카르무 <br> Visit Convento do Carmo

**Location** 브라질 살바도르 두 바히아
**Website** www.conventodocarmo.com.br　　**Price** 💲💲

예쁜 살바도르(브라질에서 가장 북쪽 지방)에서도 그림처럼 아름다운 펠로우리뇨에 위치한 페스타나 콘벤투 두 카르무 호텔은 UNESCO가 지정한 인류문화유산이다. 건물 자체가 지어진 것은 1586년. 제1 가르멜 수도회 수사들이 가르멜 수녀회를 위해 지었다.

콘벤투 두 카르무는 오랜 세월 동안 네덜란드 침공부터 바히아 독립까지 수많은 역사적인 사건의 무대가 되어 왔으며, 오늘날에는 브라질에서 가장 럭셔리한 호텔 중 하나이다. 79개의 아름다운 객실과 스위트는 LCD 텔레비전, 입맛에 맞는 베개를 고를 수 있는 메뉴, 럭셔리한 이집트산 면 침구가 구비되어 있다. 스파, 월풀 욕조, 사우나, 수영장은 물론 도서관과 퍼블릭 살롱

> “페스타나 콘벤투 두 카르무는
> 세계 최고의
> 뉴 호텔 중 하나이다.”
>
> 『트래블+레저』誌

까지 있다. 역사애호가들은 수도원의 과거는 물론 바로 이웃에 있는 박물관—전시품의 수가 1,500점이 넘는다—도 즐길 수 있다.

호텔 바로 밖은 살바도르의 평화로운 낙원이다. 1549년에 세워진 도시 살바도르는 그 자체도 UNESCO 세계 유산이다. 그 환상적인 사육제와 전반적으로 컬러풀하고 흥겨운 분위기로 유명한 살바도르는 200년 동안 브라질의 수도였으며, 오늘날에도 아프리카, 포르투갈, 그리고 브라질 원주민 문화가 만나 어우러지는 곳이다. 위대한 건축물들과 자갈로 포장한 예스러운 거리. 살바도르 역시 탐험하기에 환상적인 곳이다. **PS**

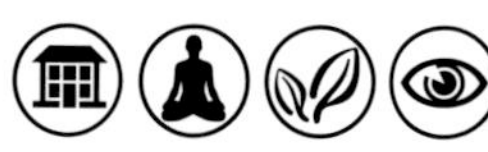

# 차이 리조트 <br> Relax at Txai Resort

**Location** 브라질 이타카레
**Website** www.txai.com.br　　**Price** 💲💲

브라질의 유명한 “코코아 해안”에서도 미개발 상태의 구간, 100ha의 희귀한 대서양 연안 우림지대에 위치한 차이 리조트는 개인 소유 코코넛 플랜테이션 부지 위에 흩어진 각각의 객실로 구성되어 있다.

주변을 둘러싸고 있는 초록빛 언덕에는 천연 샘과 폭포가 수없이 많으며, 이 환경친화적인 휴양지에서 바다 조망은 빼놓을 수 없다. 객실은 총 40개, 모두 킹사이즈 베드, 모기장, ㄷ자형 소파가 구비되어 있으며, 26개의 방갈로는 이엉 지붕과 나무 천장, 색색깔로 칠한 벽에 개인용 스파 욕실을 갖추고 있다. 그 중 2개는 심지어 개인 냉탕까지 있다. 대부분의 방갈로는 리조트의 아래층, 궁전 같은 수영장에서 몇 발자국 떨어지지 않은 거리에 위치해 있지만, 나머지는 언덕배기에 흩어져 있으며, 모든 필요를 충족할 수 있게끔 다양한 평면 설계로 지어졌다. 한 방갈로는 메자닌(2개의 층 사이에 위치한 중간층)이 있어서 4인 가족이 머무르기에 이상적이지만, 다른 방갈로들은 최대 8명까지도 숙박이 가능하다.

아침, 점심, 저녁 식사가 모두 숙박료에 포함되어 있으며, 대부분의 경우 리조트의 바히아 스타일 레스토랑에서 식사를 한다. 메뉴는 매일 바뀌며, 전통적인 생선 스튜, 검은콩과 마니오크를 곁들인 새우, 조촐한 피자 등 주로 브라질 음식이다.

언덕 위에 있는 스파는 하이드로마사지, 핫스톤 트리트먼트, 요가, 다양한 매니큐어와 페이셜 트리트먼트 등을 제공하며, 사치라기보다는 하루 종일 운동으로 실컷 땀을 흘린 뒤 느긋하게 쉬기 위한 필수 조건이다. 그 운동이라고 하면, 카약이나 전통 바히아 보트로 리오 데 콘타스 강을 내려가거나, 열대우림 속 트레일을 따라 말을 달리거나, 캄보이냐 전망대까지 하이킹을 가서 브라질의 이 순수한 해변을 내려다보는 것을 추천한다. **BS**

   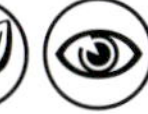

# 트란코소 빌라 Enjoy Villas de Trancoso

**Location** 브라질 트란코소
**Website** www.mybrazilianbeach.com   **Price** 💲💲

트란코소 빌라 콤플렉스는 야자수와 아카시아 나무들 사이에 자리잡은, 나무와 이엉으로 지은 5스타 휴양지이다. 유명 건축가 리카르도 살렘이 설계하고 상파울루의 시그 베르가멘이 인테리어를 맡은 5개의 빌라로 구성되어 있으며, 프라이버시와 럭셔리의 극치이다. 그 순수한 고요는 가장 까다로운 여행객이라도 구미가 당길 만하다.

침실 1개, 혹은 2개짜리 트란코소 빌라는 모두 희귀한 브라질산 목재를 사용하여 지어졌으며, 향토적인 내부 장식에 모기장, 손으로 칠한 쿠션이 갖추어져 있다. 모두 1586년에 세워진 역사적인 도시 트란코소에서 남쪽으로 1.6km밖에 떨어지지 않은, 계단식으로 조경된 해변 위에 서 있는, 완벽한 입지를 자랑한다. 절벽 가장자리를 따라 수 킬로미터에 달하는 순백의 모래밭이 눈에 들어온다. 지난 7년간, 이 한적한 어촌은 남아메리카에서 가장 트렌디한 명소 중 하나로 재창조되었고, 레오나르도 디카프리오, 나오미 캠벨, 앨 고어 같은 유명 인사들이 정기적으로 찾는 곳이 되었다.

청소부, 요리사, 컨시어지 등 전 직원이 모두 영어가 가능하며, 해먹, 카바나(탈의용 텐트), 하얀 대리석 인피니티 풀, 수영을 하면서 즐길 수 있는 풀 바(pool bar), 호화로운 폭포형 샤워 등이 몸과 마음을 상쾌하게 해준다. 저녁은 별과 횃불 아래서 이국적인 요리부터 간단한 버거와 프렌치프라이까지 다양한 음식 중에서 골라먹을 수 있다.

또 원시 상태의 해변에서의 승마, 카약, 비포장도로 사이클 등을 즐길 수 있으며, 가장 최근에 지어진 빌라인 빌라 골프(Villa Golf)에서 골프를 칠 수도 있다. **BS**

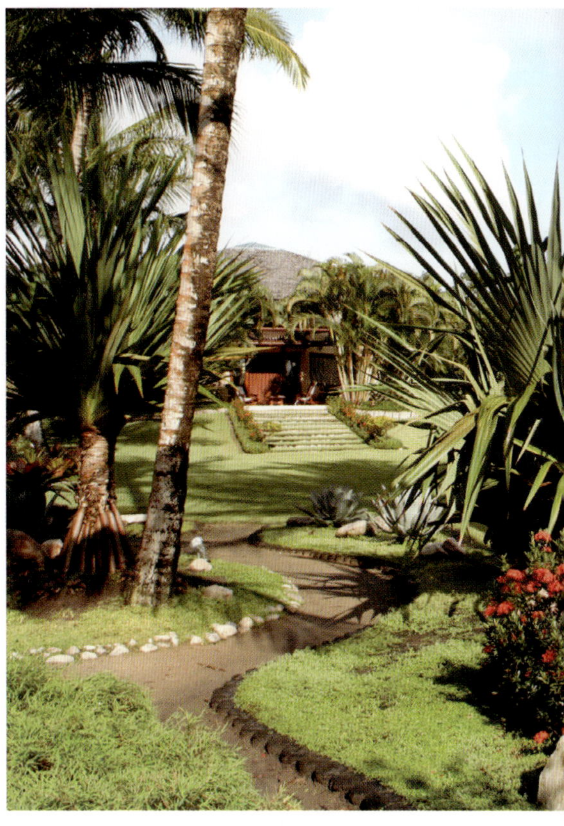

> "모든 면에서 환상적이다…
> 이토록 아름다운 환경 속에
> 자리잡은 매우 귀중한 곳이다."
>
> 존 다닐로비치, 주 브라질 미국 대사

↗ 많은 빌라들이 장인의 솜씨를 강조하는 오픈플랜으로 설계되었다.

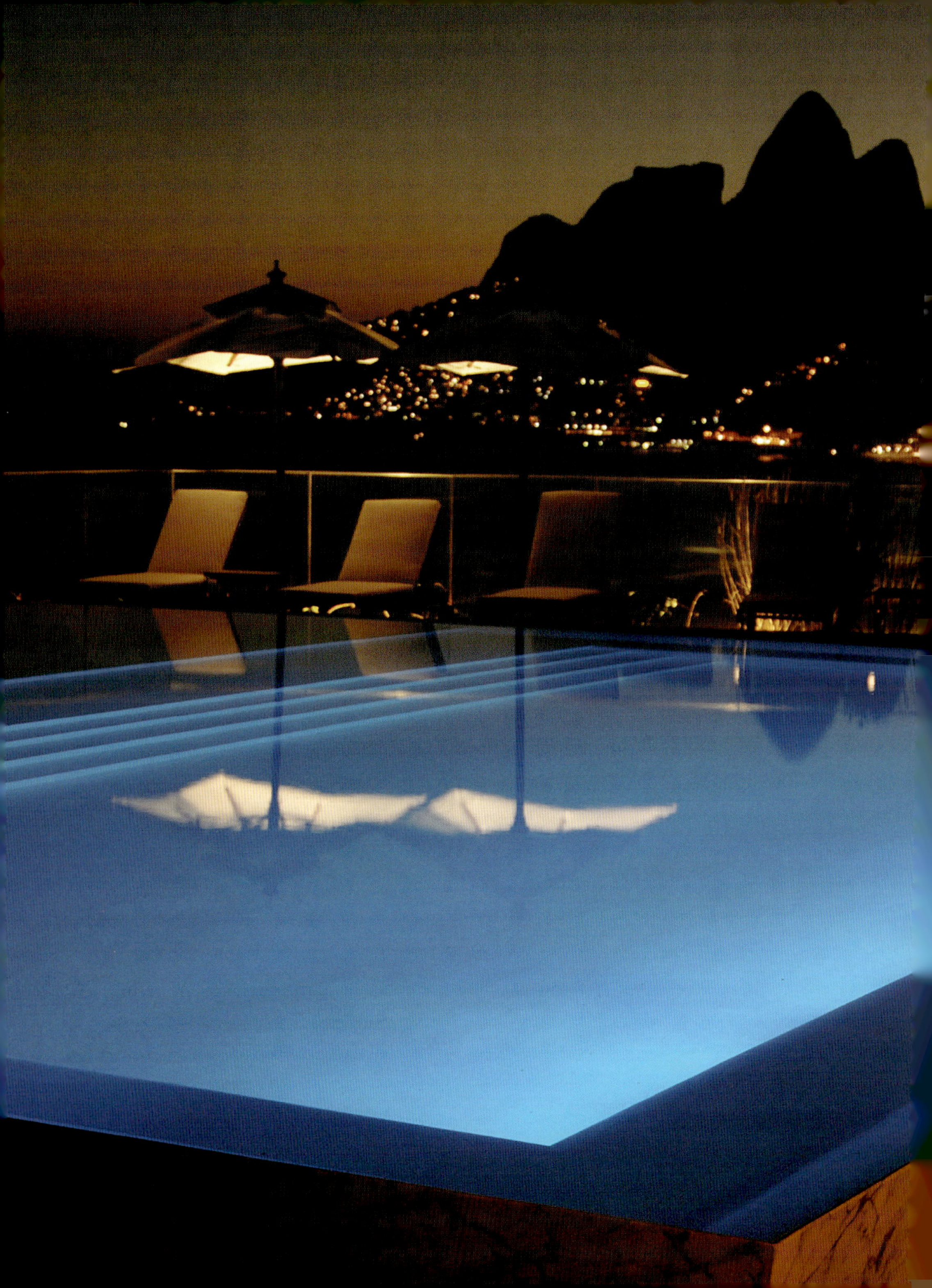

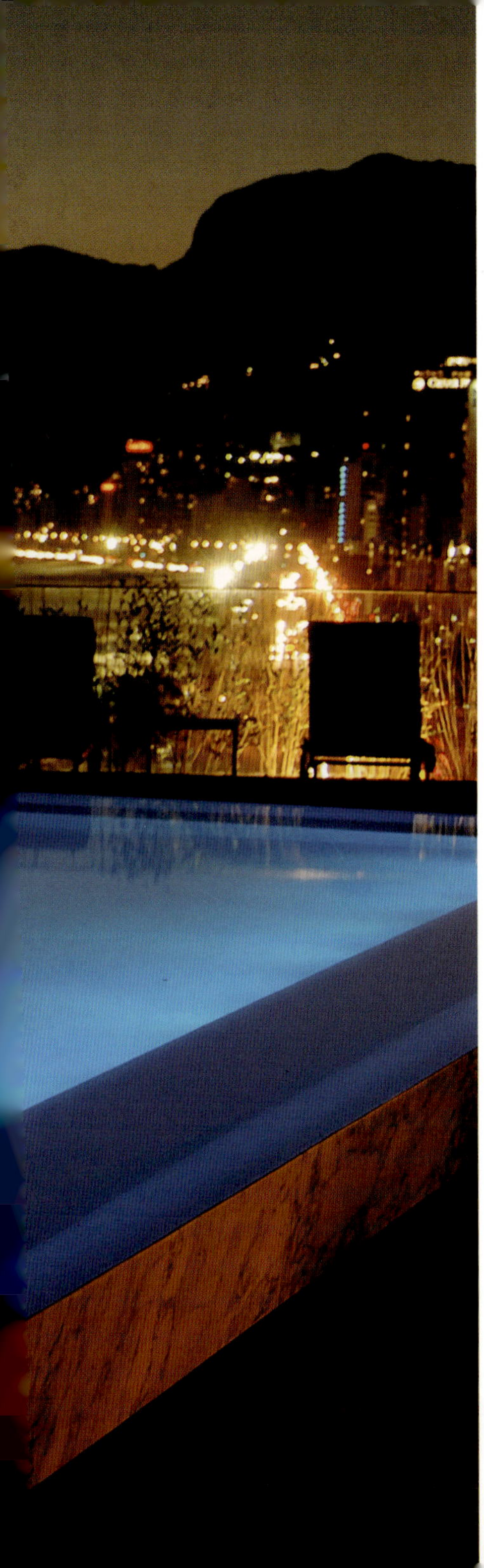

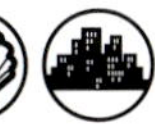

# 리우데자네이루
## Stay at Fasano Hotel Rio de Janeiro

**Location** 브라질 리우데자네이루
**Website** www.fasano.com.br   **Price** $$$

파사노 호텔 리우데자네이루는 비교적 최근에 개장했음에도 불구하고 이미 멋진 호텔이 수없이 많은 이 도시에서 이미 가장 뜨고 있는 호텔이다(물론 이 호텔들은 파사노가 이파네마 해변에 가져온 신선하고 컨템퍼러리한 매력이 없는 것도 사실이지만). 리우데자네이루라는 도시 자체가 지닌 별로 힘들이지도 않은 아름다움과 우아함으로 가득 차 있는 5스타 호텔로, 끝내주는 공간이라는 것만 되풀이해서 말하겠다.

개개인의 필요에 딱 맞춘, 흠을 잡을래야 잡을 수가 없는 서비스 앞에서는 비슷한 레벨의 다른 호텔들도 명함을 내밀지 못한다. 물론 스태프들의 쾌활한 노력 덕분이기도 하지만, 호텔 주인이자 영화감독인 로게리오 파사노의 취향과 생산 가치가 잘 드러나 있다는 것도 빼놓을 수 없다.

지하에 위치한, 명성이 자자한 해산물 레스토랑 파사노 알 마레부터 시크하기 그지없는 옥상의 수영장—정말 이 가슴이 아플 정도로 아름다운 도시에서도 숨이 멎을 만큼 아름다운 곳이다—에 이르기까지 꿈 같은 호텔이다. 높은 층의 바다 전망 룸에서 느긋하게 뒹굴거려보자—절대로 후회하지 않을 것이다. 이파네마 해변을 따라 펼쳐지는 풍경은 한마디로 숨이 막힐 것 같다. 필립 스타르크가 발코니에 거울로 요술을 부린 덕분에 이 전망은 파사노 호텔 최고의 자랑거리가 되었다.

리우데자네이루를 하루 종일 돌아다닌 뒤 수영장의 풀 가장자리에 앉아 칵테일을 홀짝거리며 저 멀리 브라질 예수상이 내려다보는 가운데 바다와 하늘이 녹아드는 풍경을 감상하자. …그리고 나서 아래층의 바 "론드라"로 달려가서 울트라–쿨한 저녁을 보내는 것이다. **CR**

◱ 옥상의 풀장에서는 이파네마 해변과 투브라더스 산맥의 잊을 수 없는 풍경이 한눈에 보인다.

 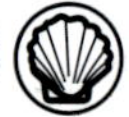  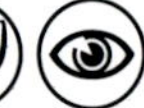

# 포우사다 피친구아바 Stay at Picinguaba Pousada

**Location** 브라질 파라티 근교
**Website** www.picinguaba.com   **Price** $ $

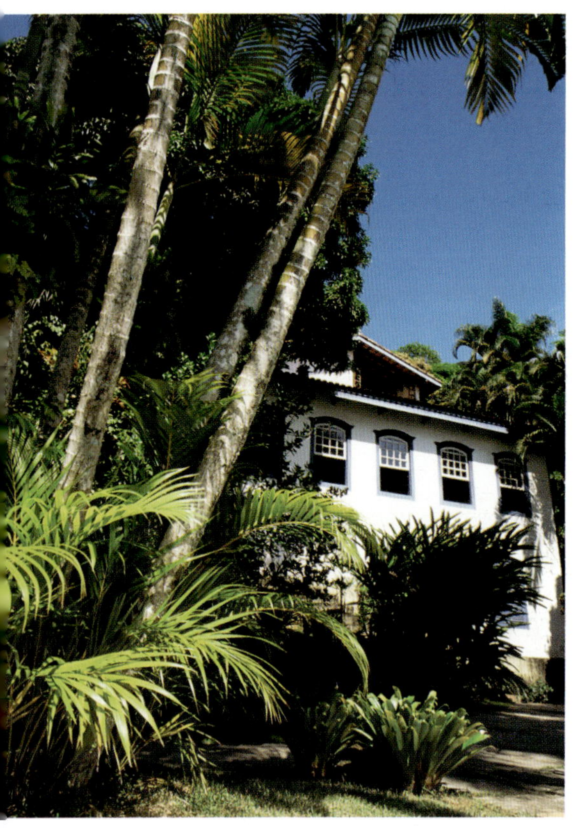

> "피친구아바 만을 가리켜
> 그저 '숨막힐 듯 아름답다'고만
> 묘사하는 것은 정말 불공평하다."
>
> 힙 호텔 가이드북

자연 공원 한복판, 작은 어촌 가장자리에 있는 포우사다 피친구아바는 소탈한 브라질 부부가 운영하는, 과거 식민시대 저택이었던 한적한 호텔이다. 이 호텔이 위치한 코스타베르데("녹색 해안"이라는 뜻)는 스펙터클한 풍경으로 가득하며, UNESCO 세계 유산이기도 하다.

10개의 아늑한 객실은 브라질 토착 예술로 장식되어 있으며, 저마다 해먹을 매단 발코니가 딸려 있어 푸르른 아열대의 정원이 한눈에 들어온다. 텔레비전과 인터넷은 물론, 휴대전화도 터지지 않는 곳이라 일상에서 탈출하기에는 완벽한 곳이다. 천장의 선풍기와 천연 바닷바람이 에어컨을 대신한다.

바닷가의 데크 위에 있는 풀 옆에서 일광욕을 하거나 정원의 리넨 드레이프를 드리운 정자에서 마사지를 받자. 밤이면 투숙객들은 한데 모여 술과 카나페를 즐기지만, 정해진 것은 아무 것도 없다. 원하는 시간에 아침을 먹을 수도 있고, 레스토랑이 아닌 다른 장소에서 저녁을 먹고 싶다면 요청만 하면 된다. 이 지역에서 재배된 과일과 채소를 사용한 유기농 요리가 뷔페 스타일로 제공된다. 그 중에서도 세비체부터 남아메리카식 바비큐라 할 수 있는 피카냐 추라스코스에 이르기까지 생선 요리가 명물이다.

모험심이 좀 있는 투숙객이라면 호텔 소유 카약을 빌려서 만(灣)을 건너 프라이아 파젠다까지 나가보자. 3km에 걸쳐 뻗어있는 인적 없는 해변으로 산책하기에 아주 좋다. 도시의 라이프를 좀 맛보고 싶으면 25분만 자동차로 달리면 식당, 재래 시장, 고급 부티크들이 줄지어 있는 식민지 시대 항구 도시 파라티가 나온다. 그것도 귀찮으면 비키니를 입고 하우스 레모네이드를 홀짝이며 하루 종일 백일몽에 잠겨 있어도 된다. **CSJ**

◼ 코스타 베르데를 내려다보는 포우사다의 야자나무 그늘에서 뒹굴거리자.

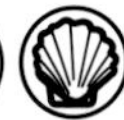

# 기테 딘다이아티바 Unwind at Gite D'Indaiatiba

**Location** 브라질 파라티
**Website** www.legitedindaiatiba.com.br  **Price** 💲💲

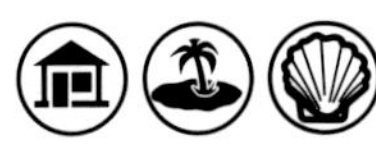

# 피에다데 섬 Rent Piedade Island

**Location** 브라질 앙그라 도스 레이스
**Website** www.privateislandsonline.com  **Price** 💲💲💲💲

가장 아름다운 곳은 가기가 쉽지 않다는 불문율이 있다—멀수록, 외질수록 더 좋다. 기테 딘다이아티바가 바로 그런 곳이다. 상파울루와 리우 사이의 우림 지대에 위치한 이곳은 해변도시 파라티에서 12km 정도 바위 투성이의 위험한 더트 트랙을 달려야 하는 울창한 숲 속에 숨어 있다.

작은 포우사다는 정말 보석 같다—인파가 많이 몰리는 유명 관광지와는 거리가 멀고, 우림의 가파른 경사면 위로 메인 로지와 5개의 오두막이 흩어져 있다. 조그마한 사우나 오두막이 열대의 낙원을 내려다보고 있다. 이곳에서 들을 수 있는 유일한 소리는 새들이 지저귀는 소리와 물이 강으로 쏟아지는 소리뿐이다. 핑크색

> "마치 파리에 아파트를 사는 것과 같았다. 백 군데가 넘는 물건 중에서 이거다 하는 느낌이 왔다."
>
> 기테 딘다이아티바 소유주

과 크림색으로 꾸민 방갈로에는 전화기도, 텔레비전도 없다. 유일한 럭셔리 아이템이라고는 벽난로뿐이다.

이곳에서 할 수 있는 일은 거의 없다. 포치에 매달아 놓은 해먹에서 책을 읽거나, 담수 풀에서 수영을 하거나, 다양한 야생난초를 관찰하는 정도이다. 아, 그리고 음식. 브라질과 프랑스식이 혼합된 기테의 음식은 너무나 맛이 좋아 상파울루의 부유층들이 개인 제트기를 타고 날아와서 저녁식사를 하고 가거나, 파일럿을 보내서 테이크아웃을 시킨다. 너무 유난 떠는 것 아니냐고 눈살을 찌푸릴 수도 있겠지만, 촛불을 밝힌 식당에 앉아 포도 소스에 요리한 생선 요리와 새콤한 세비체를 맛보고 있노라면, 그 이유가 금방 이해된다. **RCA**

헬리콥터나 고속 모터보트에서 내려 피에다데 섬에 발을 디디는 순간, 당신은 헐리우드 배우, 탑 패션모델, 포뮬러원 드라이버, 축구 스타, 국가 정상들의 뒤를 잇는 셈이다. 아무나 올 수 없는, 세계에서 가장 럭셔리한 휴양지에 온 것을 환영한다. 이 작은 섬은 외부에서 완벽하게 차단되어 있어서, 남아메리카의 가십 잡지인 카라스가 종종 통째로 빌려 셀러브리티나 VIP들의 포토 촬영, 혹은 파티 장소로 사용한다.

피에다데는 상파울루와 리우데자네이루의 중간, 눈부신 앙그라 도스 레이스(Angra dos Reis, "왕의 만"이라는 뜻) 군도에 위치한다. 과거에는 해적들의 소굴이었던 365개의 섬—매일 다른 섬으로 옮겨다닐 수 있다—중 하나이다. 오늘날 이 지역은 브라질의 최고 부유층 엘리트들이 요트, 다이빙, 해수욕을 즐기러 오는 곳으로, "인파"에서 좀 벗어나고 싶으면 2,000개의 예쁘고 외진 해변 중 아무데나 가도 된다.

피에다데 섬은 최대 22명까지 투숙할 수 있으며, 숙박료에는 식대와 모든 부대 비용이 포함되어 있다. 피에다데 섬을 렌트할 수 있을 정도로 돈이 많다면, 5개의 스위트와 6개의 2인용 방갈로, 그리고 바비큐 시설과 환상적인 일광욕 데크가 딸린 비치 하우스가 주어진다. 섬의 꼭대기에는 베란다로 둘러싸인 커다란 오픈사이드 파비용이 있어, 손님들이 마음대로 일광욕을 하거나 만 전체와 그에 딸린 섬들이 한눈에 들어오는 환상적인 전망을 즐길 수 있다. 손님들은 피에다데에 보유하고 있는 보트—또는 자기들이 타고온 개인용 헬리콥터—를 타고 서로 다른 섬과 해변을 오가면서 구경을 할 수도 있다. 피에다데에는 녹지가 1.6ha밖에 되지 않지만, 4개의 작은 프라이빗 비치와 야간용 강력 조명이 설치된 테니스코트, 사우나, 심지어 축구장까지 갖추고 있다. 풀타임 스태프 중에는 구루메 셰프도 포함되어 있다. **SH**

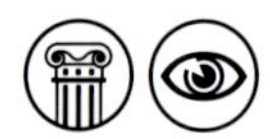

# 항구도시 파라티 Visit the Harbor Town of Paraty

**Location** 브라질 파라티
**Website** www.paraty.com.br　**Price** ❶

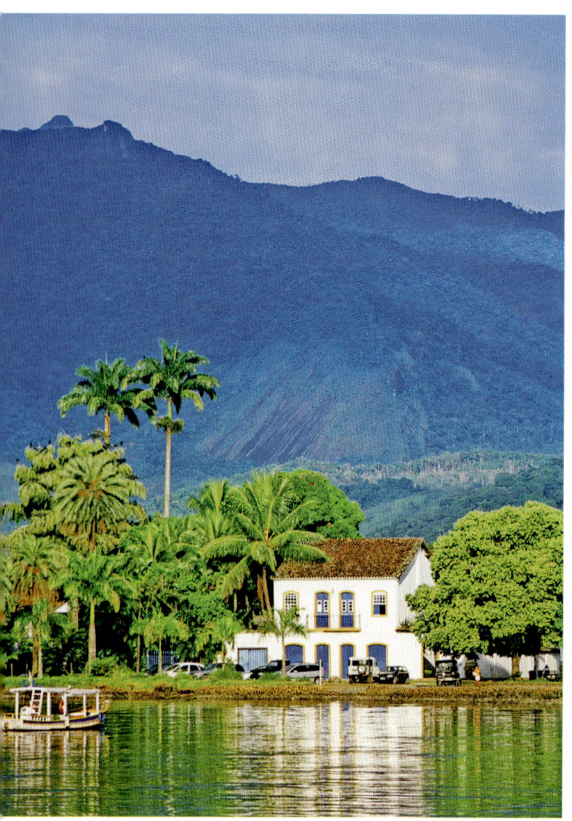



브라질의 코스타 베르데에 위치한, 기막히게 아름다운 17세기 식민시대 항구도시 파라티는 완벽하게 보존된 UNESCO 세계 유산이다. 파라티(투피족 언어로 "물고기의 강"이라는 뜻)는 1667년 세워졌으며, 리우데자네이루와 유럽, 미나스 제라이스 주의 금광을 잇는 "카르미뇨 두 오우루"("황금의 길"이라는 뜻)의 종착지로 발전하였다. 금광업의 시대가 지나간 후, 파라티는 럼과 유사한 유명한 브라질산 술, "카차사"의 중심 도시가 되었다(파라티와 카차사는 도저히 떼어 놓고 생각할 수 없기 때문에, 한때 이 술의 이름이 파라티였던 적도 있다). 오늘날 파라티는 열대림에 둘러싸인 아름다운 도시이다. 컬러풀하고, 자갈이 깔려 있는 거리에는 자동차 대신 마차와 수레가 다니며, 입이 벌어질 정도로 아름다운 건축물들이 즐비하다. 산타 리타 예배당이나 마르티스 다 노사 세뇨라 도스 레메디오스 교회 같은 성당들도 흠잡을 데 없이 보존되어 있다. 신비로운 메이슨 상징으로 장식된 파스텔 색깔의 집들이나 환한 색깔의 해먹을 자랑하는 상점들의 폭발적인 색채를 감상하자.

　파라티는 음식, 음악, 그리고 무엇보다 카차사를 이야기하지 않을 수가 없다. 향토 요리—생선과 바나나 브라탕, 또는 바나나와 치즈로 속을 채운 뒤 코코넛 밀크에 재운 오징어 요리—를 먹어보라. 할 말을 잃게 된다. 단순하지만 아름다운 포우사다 중 어느 곳에서 밤을 보내도 좋다. 심플한 룸은 골동품과 지역 예술 작품으로 장식되어 있다. 모텔이나 패스트푸드점은 어디에도 보이지 않는, 매우 절제된 곳이다. 그러나 속지는 말 것. 조용하고 외진 곳처럼 보이지만, 실제로는 그 매력이 미처 다 발견되지 않았을 뿐이다. 믹 재거, 린다 에반젤리스타, 톰 크루즈가 모두 일상에서 탈출해 이곳을 찾았다—누가 그들을 비난할 수 있겠는가? **RCA**

◩ 이 식민시대 도시는 그 우아한 건축물과 아름다운 산으로 유명하다.

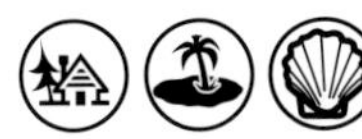

# 시티우 두 로부 Relax at Sitio do Lobo

**Location** 브라질 일랴 그란데
**Website** www.sitiodolobo.com.br　　**Price** $$

칵테일 잔을 손에 들고 시티우 두 로부의 해먹에 누워 맑고 푸른 물 너머 멀리 산을 바라보고 있노라면, 마치 문명 세계에서 멀찍이 떨어져 있는 것 같은 느낌이 든다. 실제로도 그렇다. 이 호텔은 리우데자네이루 남쪽으로 2시간, 거의 무인도에 가까운 섬 속 탠저린 나무와 이국적인 꽃들 사이에 숨어 있다.

이곳은 진정 일반적인 모던 라이프로부터의 탈출이다. 일랴 그란데는 폭이 약 40km에 달하지만 도로가 없다. 가장 가까운 마을은 거의 1시간이나—그것도 카약으로—떨어져 있다. 시티오는 약간 허름한, "자연으로 돌아가자" 주의의 공간으로, 9개의 객실이 해안선을 따라 정글에 녹아들어 있다. 시티우는 19세기 커피 플랜테이션이었던 "별의 만(灣)" 위에 서 있다. 수 평방킬로미터에 달하는 드넓은 초목 사이에 웅크리고 있는데, 코스타 베르데의 부유한 브라질 가문이 20년 동안 별장으로 사용해왔다. 축구 스타 호나우두나 모나코의 라이니에 왕자 같은 부유하고 유명한 친구들이 종종 찾아오기도 하며, 최근에야 일반 투숙객을 받기 시작했다. 덕분에 아늑하고, 사람 사는 느낌이 든다.

당연히 유명 체인 호텔은 아니다. 소파는 커다란 화강암을 덩어리째 깎아서 만들었다. 이엉 지붕을 올린 마사지 오두막과 바다를 내려다보는 목조 베란다도 있다. 대나무로 만든 가구는 작은 조개껍질을 박아넣었고, 벽에도 안에 넣은 화강암이 겉으로 드러나 있다. 모델 보트부터 손으로 만든 나무 개구리까지, 사방에 진귀한 장식품들이 널려 있다. 해산물과 이 지역에서 재배한 과일을 듬뿍 사용한 음식은 단순하지만 신선하다. 개인용 헬리콥터 이착륙장도 있고, 호텔 소유 고속 모터보트를 타고 만을 휙 돌아볼 수도 있다. 그러나 그보다는 카약을 타고 주위를 둘러싸고 있는 국립공원을 탐험하거나 텅빈 모래해변—이 섬에만 102개의 모래 해변이 있다—에 가 볼 것을 추천한다. **SH**

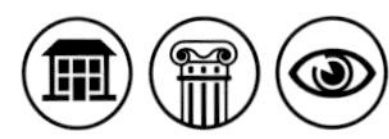

# 솔라르 다 폰테 Stay at Solar da Ponte

**Location** 브라질 티라덴테스
**Website** www.solardaponte.com.br　　**Price** $$

브라질의 가장 역사적인 도시 중 하나, 아름다운 메인 스퀘어와 오래된 돌다리 옆에 장중하게 서 있는 솔라르 다 폰테는 무슨 정부 청사 또는 호화로운 대저택처럼 보인다. 그러나 솔라르 다 폰테는 사실 우아한 피리어드 호텔(특정 시대를 테마로 건물의 내, 외부를 꾸민 호텔—역주)로 베란다가 딸린 18개의 널찍한 객실, 정원, 수영장, 사우나를 갖추고 있다.

영국의 박물학자와 브라질인인 그의 아내가 버려진 건물을 사들인 것은 1970년대의 일이었다. 그들은 30년에 걸쳐 이 건물을 정교하게 복구했으며, 이제는 하나의 기념비가 되었다. 솔라르 다 폰테는 정기적으로 브라질 최고의 호텔 리스트에 이름을 올린다. 미나스 제

> "브라질
> 최고의 호텔 중
> 하나…"
>
> 『태틀러 트래블 가이드』

라이스 주, 식민시대 금광업의 중심도시였던 티라덴테스의 도심에 위치한다. 이 건물은 18세기 골드러시 덕분에 지어질 수 있었다. 손님들은 자갈이 깔린 거리를 걸으며 가로수가 무성한 광장을 따라 서 있는 화려한 역사적인 건물들을 구경할 수 있다. 저 뒤로는 상호세 산맥이 보인다. 솔라르는 리우데자네이루의 부유층들이 즐겨 찾는 주말 휴양지 중 하나이다.

내부는 골동품, 싱싱한 꽃, 그리고 이 지역 예술 작품들이 가득하다. 복구한 나무 바닥, 전통적인 목조 침대, 평화로운 정원이 내다보이는, 천장부터 바닥까지 닿는 유리창. 정원에는 색색깔의 난초가 꽃을 피우며 나무에서는 이국적인 새들이 지저귄다. 풀밭에서 즐겁게 뛰노는 마모셋 원숭이도 놓치지 말 것. **SH**

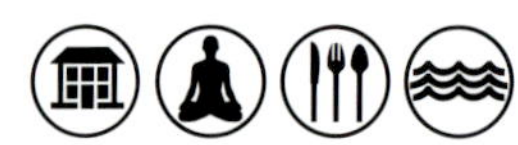

# 폰타 도스 간초스
Enjoy Ponta dos Ganchos

**Location** 브라질 산타 카타리나
**Website** www.pontadosganchos.com.br    **Price** ⑨⑨⑨

작은 섬들이 점점이 떠 있는 석호 위, 울창한 열대우림 속에 자리잡은 폰타 도스 간초스는 궁극의 낙원이다. 브라질 남부 산타카타리나 주, 별칭 "에메랄드 해안"에 위치한 이 럭셔리 리조트는 20개의 전원적이면서도 시크한 카바나로 구성되어 있다. 이 중 일부는 사우나, 월풀 욕조, 인피니티 풀까지 갖추어져 있다. 18세 미만은 투숙이 허용되지 않기 때문에 조용하고 평화로운 것에 대해서는 걱정을 하지 않아도 된다. 덕분에 신혼여행족과 커플 여행객들에게 인기가 높다. 방갈로 한 채에 3명 이상의 스태프가 할당되어 만족스러운 서비스를 제공한다.

이곳에서는 즐길 수 있는 것이 아주 많다. 테니스부터 배구, 심해 낚시, 카누, 다이빙까지 다양한 레저를 즐길 수 있다. 브라질에서 최고의 다이빙 사이트 중 하나로 꼽히는 아르보레도 해양 생물 보호구역이 보트로 한 시간도 채 걸리지 않는다. 휘트니스센터와 영화관도 있지만, 리조트 최고의 매력은 아메리카 대륙에 단 한 군데밖에 없는 럭셔리한 크리스찬 디오르 스파이다. 오픈에어 지압과 아유르베다 트리트먼트를 제공한다. 근처에 있는 아냐토미림 섬에는 브라질에서 가장 오래된 항구 중 하나가 있으며, 오솔길을 따라 작고 예쁜 어촌들이 늘어서 있다.

식사 메뉴는 매일 바뀌며, 시간 제한이 없기 때문에 원한다면 한밤중에 아침식사를 해도 전혀 문제되지 않는다. 로맨틱한 식사를 위해서는 섬 중 하나에 있는 개인용 정자를 예약해서 산타카타리나의 명물인 굴과 홍합―많은 이들이 세계 최고로 꼽는다―요리를 주문하도록 하자. 이렇게 호화로운데도, 환경친화적인 노력 역시 아끼지 않는다. 전기 자동차를 렌트할 수 있으며 앞바다에는 천연 폐기물 처리장이 있다. **TW**

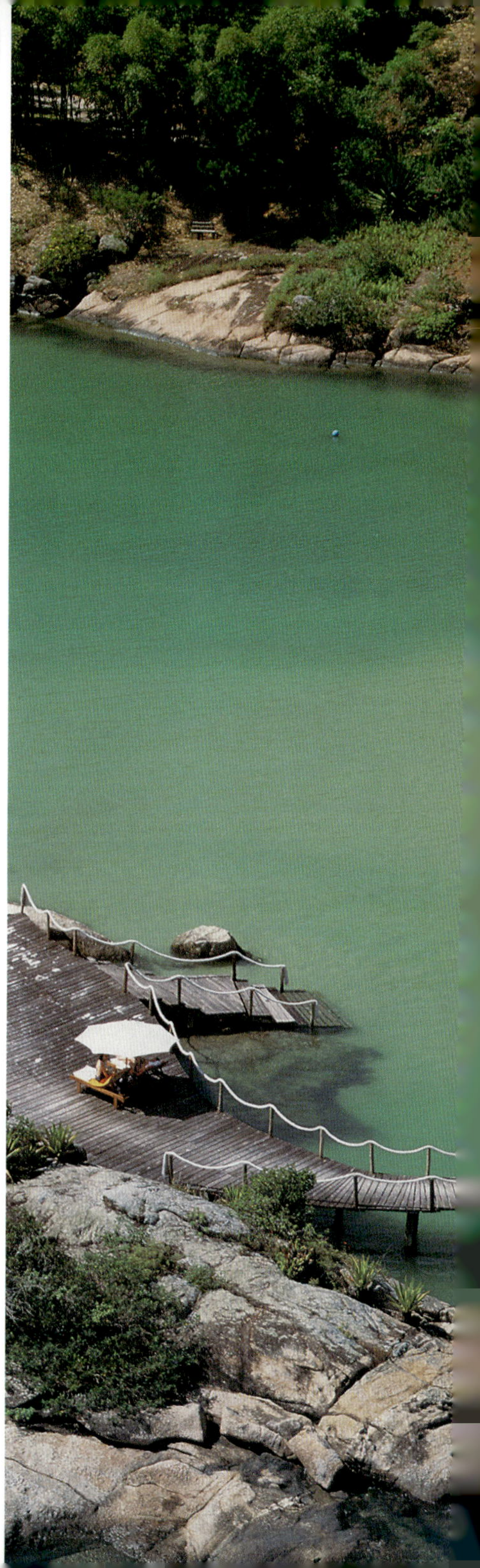

⊡ 리조트의 방갈로는 각각 해먹, 일광욕용 침대, 그리고 환상적인 바다 조망이 딸린 개인용 베란다가 있다.

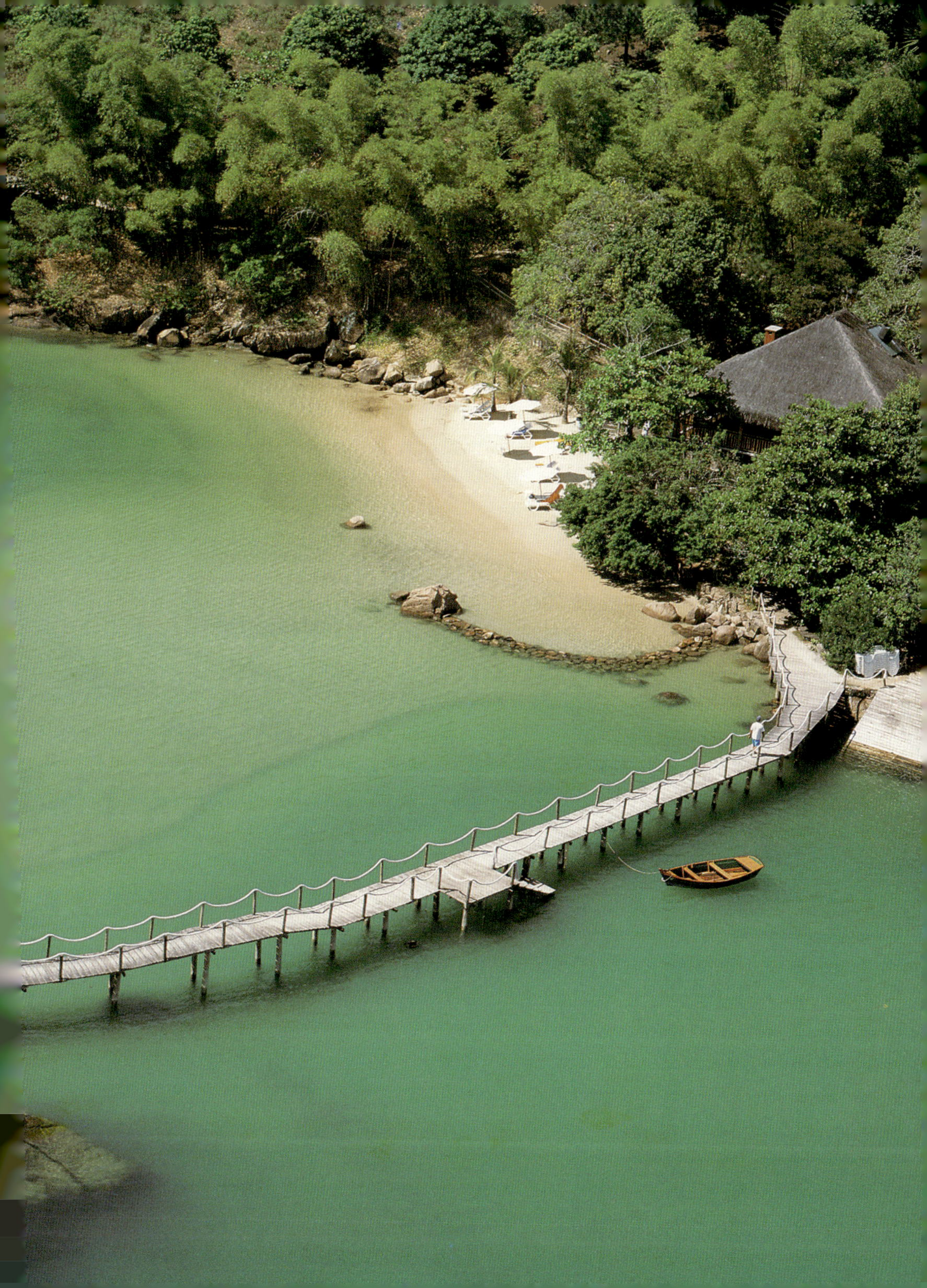

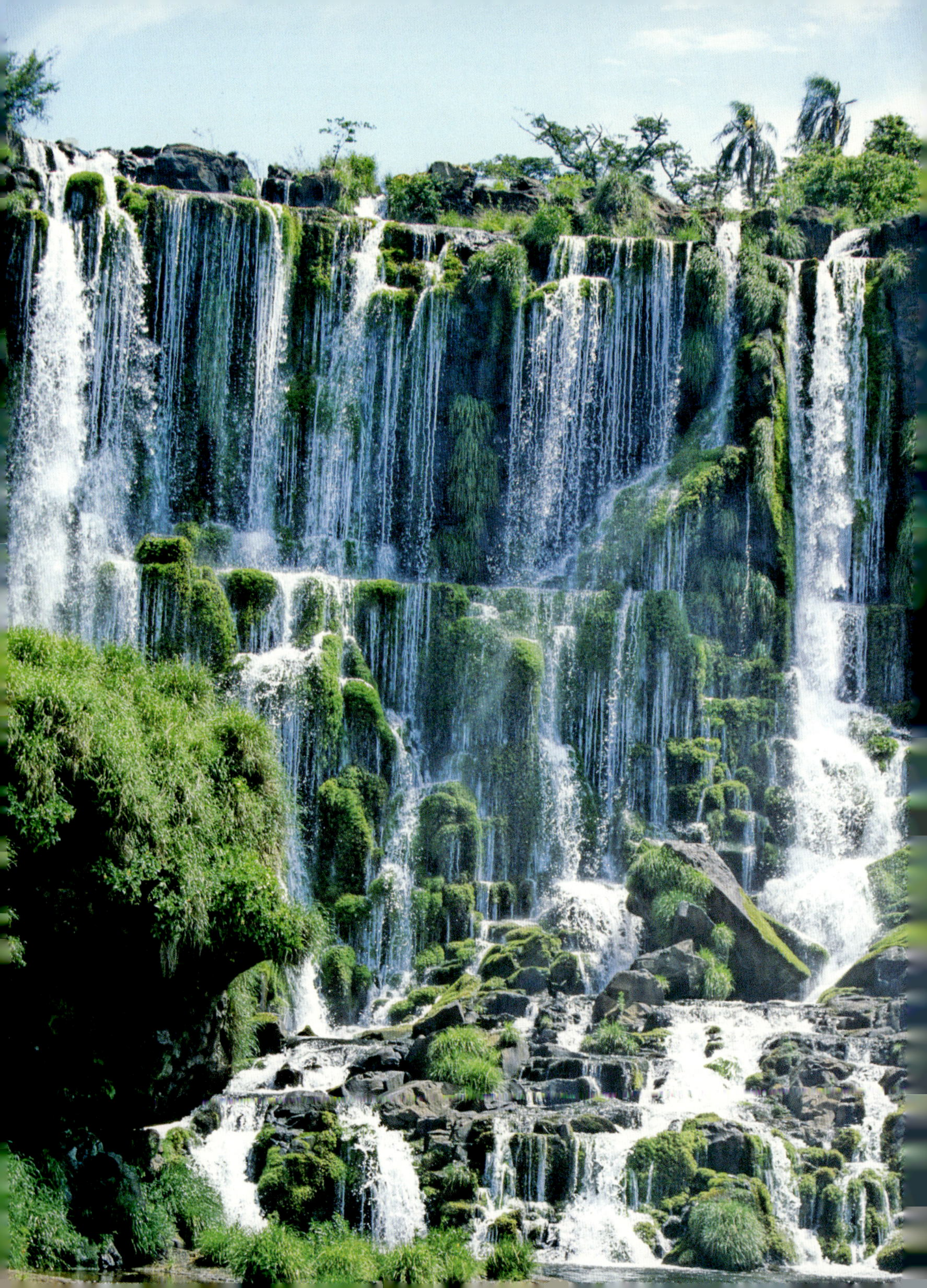

# 이구아수 폭포 Discover Iguazú Falls

**Location** 브라질 파라나 주, 아르헨티나 미시오네스 주
**Website** www.iguazuargentina.com　**Price** ❶

카누를 타고 폭포를 건너려는 게 아닌 이상—이 경우, 미친 듯이 노를 젓는 아주 짧은 순간의 환희만을 느낄 수 있을 것이므로—이 웅장한 폭포를 가리켜 휴양지라 하는 것은 좀 이상하게 들릴 것이다. 그러나 가르간타 델 디아볼로(Garganta del Diablo, "악마의 목구멍"이라는 뜻)의 가장자리에 서서, 상상조차 못할 만큼 어마어마한 양의 물이 수증기 구름 속으로 떨어지고, 작은 새가 쏜살같이 무지개를 가로지르며 날아가는, 거대한 말발굽 모양의 심연을 내려다보는 것은 마치 동화 속에나 나올 법한 꿈속의 세계로 들어서는 것과 같다.

이구아수 폭포는 높이 74m, 너비 3km로 남아메리카 최대의 폭포로, 272개의 크고 작은 폭포로 이루어져 있다. 그러나 중요한 것은 규모만이 아니다. 이구아수의 마법은 다양한 각도로 떨어져 내리는 엄청난 물을 바라보면서, 이 물이 만들어내는 낙원에 젖어들 수 있다는 데에 있다. 브라질 쪽에서는 조금 멀리 떨어져서 완전한 파노라마를 감상할 수 있지만, 진짜 "일탈"을 꿈꾼다면 아르헨티나의 이구아수 국립공원으로 들어가 생태 열차를 타고 숲 속으로 들어가 탐험 준비를 하자.

가르간타 델 디아볼로로 가는 길은 매끄럽고 조용히 흐르는 거대한 이구아수 강을 건너야 한다. 솟아오르는 안개 기둥과 점점 더 커지는 물소리가 곧 눈앞에 펼쳐질 드라마를 예고하며, 일단 폭포에 도착하면, 그 엄청난 양의 물이 쏟아지는 모습에 그저 넋을 잃는 것밖에는 아무것도 할 수 없다. 보트를 타고 그 물보라 속으로 곧장 들어가거나, 다양한 야생조류를 관찰하러 마쿠코 트레일로 하이킹을 떠나자. 이구아수는 정말 신나는 경험이며, 끝없는 추억을 만들어 줄 것이다. **CD**

◀ 이구아수 폭포의 아르헨티나 쪽에서 절벽을 따라 쏟아져 내리는 물을 감상하자.

# 카보 폴로니오 Stay at Cabo Polonio

**Location** 우루과이 카보 폴로니오
**Website** www.discoveruruguay.com　**Price** ❸❸

카보 폴로니오가 히피들의 이상향일까? 우루과이는 끝없이 펼쳐진, 울퉁불퉁한 바위투성이 해안선으로 유명하지만, 이 자연 보호 구역은 남아메리카에서도 가장 비밀스러운 낙원 중 하나이다. 바다사자들의 서식지와 완만한 사구(砂丘) 한가운데서 고요함과 사람 손이 닿지 않은 아름다움을 즐기고자 하는 지역 주민들만 알음알음으로 찾아오는 천국인 것이다. 인근의 푼타스 델 에스테나 디아볼로의 화려함과 번화함과는 거리가 멀어도 한참 멀다.

근처에 있는 호텔은 딱 2개뿐이라 (1900년대 중반 자연 보호 구역으로 지정되면서 모든 개발이 전면 중단되었다) 대부분의 방문객들은 전원적인 해변의 포사다

> "카보 폴로니오에
> 있는 것은 머나먼 은하수 속에
> 있는 것과 같다."
>
> 켈리 웨스토프, Go-Nomad.com

나, 사구 뒤로 풀이 자라는 작은 언덕들에 점점이 흩어져 있는 무지개빛 판잣집에서 묵는다. 방문객들을 태우고 사구 사이를 왕복하는 사륜구동차 외에는 자동차도 없고, 참고로 전기도 없다. 다른 때에는 말 울음소리가 이곳의 중심지라 할 수 있는 엘 카보에 마차가 도착했음을 알려준다. 가장 눈에 띄는 주민이라고는 바다쪽으로 30m쯤 나간 곳에 서식지가 있는 바다사자들이다. 그 위를 만(灣)을 지키는 등대가 불을 비춘다.

철썩이는 파도 소리에 세상 모든 근심이 씻겨 사라지는 동안 부드러운 산들바람이 당신을 감싼다. 피크닉 바구니를 새하얀 모래 위에 펼쳐 놓고, 캠프파이어를 둘러싸고 새로운 우정이 피어난다. 자연이 내린 축복을 인간이 보존하고 있는, 해변의 전원이다. **VG**

# 아타카마 사막 Explore the Atacama Desert

**Location** 칠레 아타카마 사막  **Website** www.awasi.cl
**Price** 💲💲

아타카마 사막보다 더 외진 곳을 상상하기란 쉽지 않다. 화산이 여전히 뭉게뭉게 연기를 뿜어내고 있는 안데스 산맥의 칠레 쪽, 1,600km에 걸쳐 뻗어 있는 아타카마 사막은, 세계에서 가장 메마른 지역이다. 하늘은 너무 맑아 천문학자들이 우주 최초의 은하가 보내는 빛을 볼 수 있다. 그러나 그 심장부에는 선명한 파란색의 소금물 호수에서 핑크색 플라밍고들이 영원한 실안개 속에서 어슬렁거리고 있다. 그 고요가 너무나 깊어서 플라밍고가 물을 마시는 소리를 들을 수 있을 정도이다.

간헐천에서 거대한 증기 기둥이 새빨간 수초로 가득한 강 너머 코발트블루빛 하늘을 향해 솟아오른다. "달의 계곡"은 거대한 모래언덕을 자랑한다. 지구가 뒤틀리고 깎여서 이토록 환상적인 형태를 탄생시켰다. 특히 아타카마 사막 위로 태양이 지는 모습은 장관이다. 어둠이 내려앉고 별들이 하늘을 가득 메운다—운이 좋게도, 바로 이 시점에서 헌신적인 가이드가 당신을 다시 화려한 오아시스, 아와시로 데리고 돌아갈 것이다.

산 페드로 데 아타카마의 번화가에서 억겁은 떨어져 있는 것 같은 아와시는 아름답고, 조용하고, 매우 한적하다. 하늘을 향해 탁 트여 있는 공간들을 따라 걸어가면, 훌륭한 모던 요리를 제공하는 레스토랑이 나온다. 전통적인 직물과 어도비 벽돌 건축이 컨템퍼러리한 내부장식과 은근히 어우러져 이 지역의 향토 미학이 5스타 스타일로 다시 태어났다. 객실은 매우 아름답다. 이엉 지붕을 높이 올리고 지면을 파서 욕조를 만든 원형 객실도 있다. 가장 좋은 것은, 아와시는 아타카마에 있는 유일한 호텔로 손님 한 명당 충실한 가이드가 한 명씩 딸린다는 것이다. 이들은 아무도 가지 않는 "달의 계곡"을 샅샅이 훑어보며, 관광객들이 모두 떠난 뒤의 타티오 간헐천을 찾아간다. **CD**

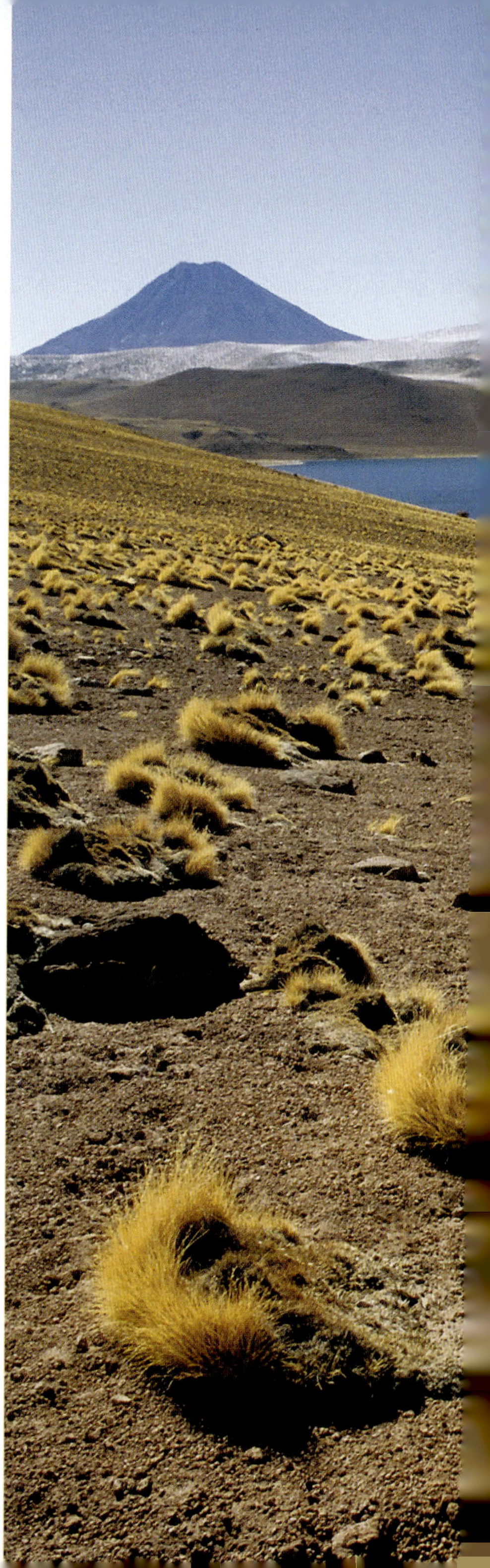

▱ 거대한 화산들과 황량한 풍경의 아타카마 사막은 그만의 기이한 아름다움을 지니고 있다.

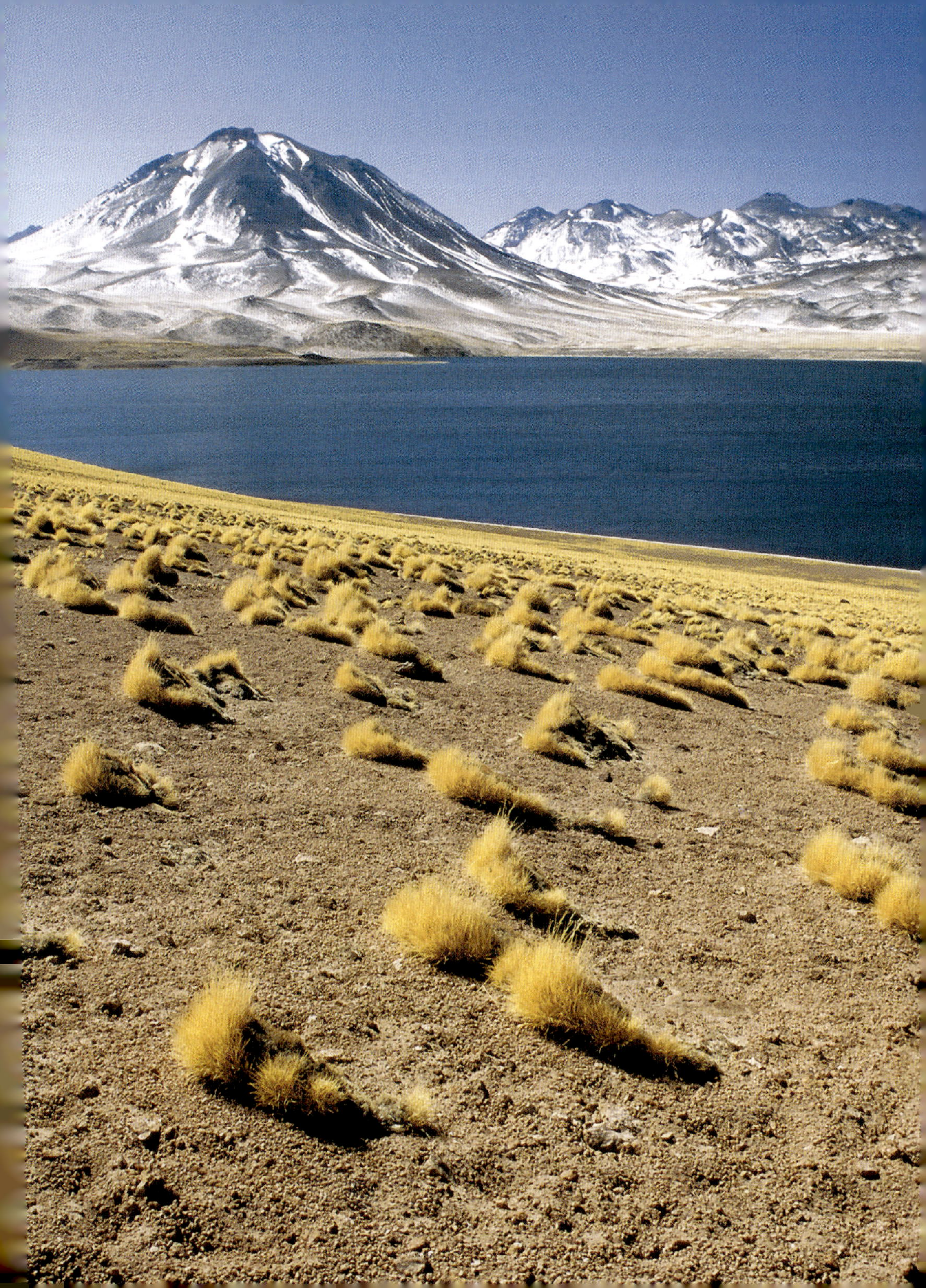

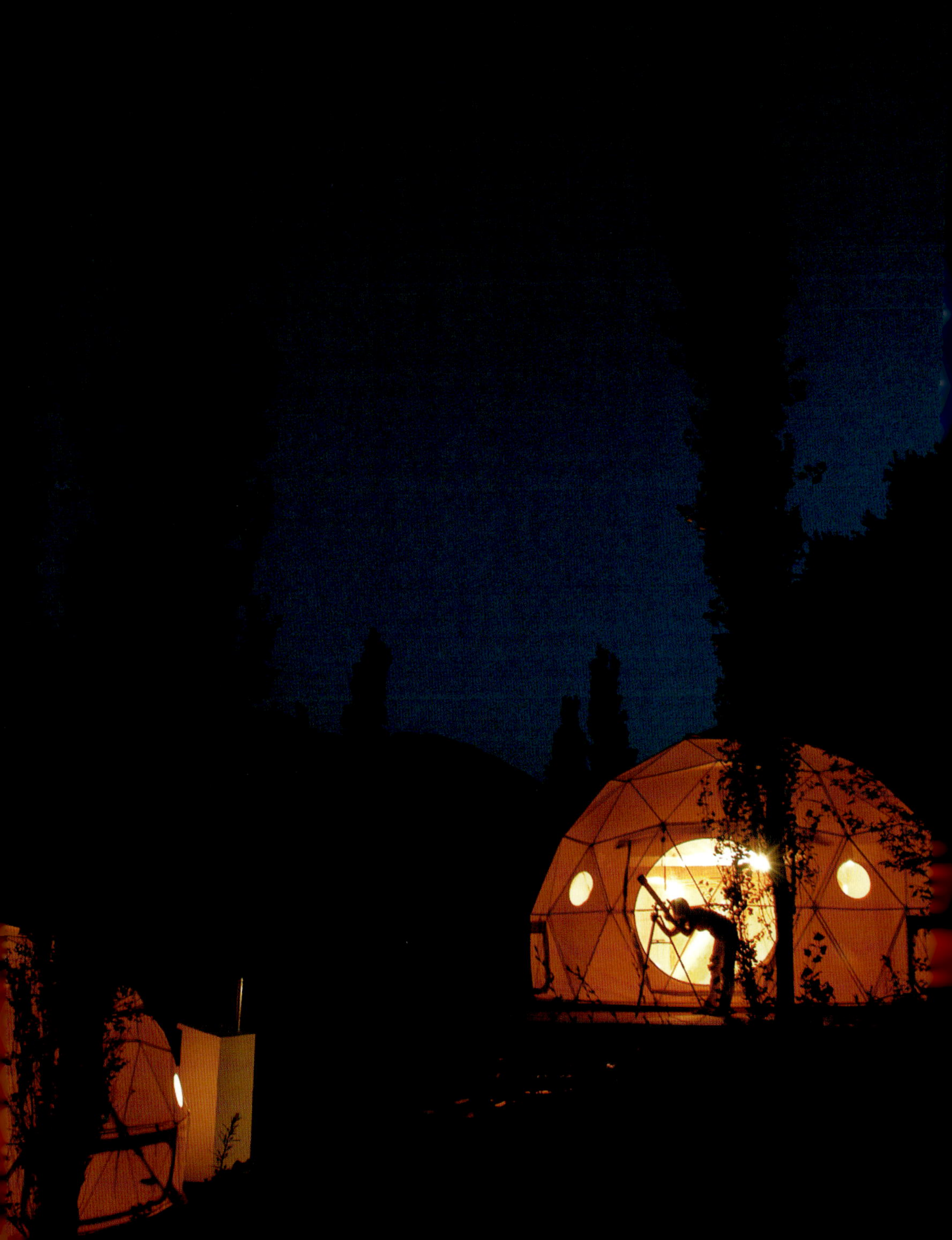

# 엘퀴 도모스
## Stargaze at Elqui Domos

**Location** 칠레 파이후아노
**Website** www.elquidomos.cl　　**Price** Ⓢ

1982년 과학자들이 위성을 통해 최초로 지구의 자기장을 측정했을 때, 지구의 중심은 칠레 중부, 메마른 엘퀴 계곡 아래라는 것이 밝혀졌다. 따라서 2005년 세계에 7개의 천문 호텔을 지을 때, 이 지구 자기장의 중심지 위로 펼쳐진 맑은 하늘이 남반구에서는 유일하게 선정된 것도 전혀 놀랍지 않다.

옹기종기 모여 있는 객실들은 일종의 미래주의적, 최후의 심판 후 아서 C. 클라크 스타일의 생존 시도를 닮았다. 그러나 사실 엘퀴 도모스는 환경에 관심을 기울이는 투어리즘의 대담하고 참신한 접근이다. 7개의 객실은 복층의 지오데식 돔(모든 꼭지점이 입체의 중심에서 같은 거리에 있으며, 같은 부피를 가지는 입체도형 중에서 겉넓이가 가장 작으므로 건축물에 응용할 경우 예전 건축물보다 적은 자재로 더 넓은 공간을 얻을 수 있다–역주)이다. 거실과 욕실은 아래층에, 침실은 위층에 있으며, 천장에 여닫이 창문이 있어, 밤하늘을 방해 받지 않고 바라볼 수 있다. 잊어버리고 오는 숙박객을 위해 객실마다 망원경이 비치되어 있으며, 각 돔마다 개인용 테라스가 딸려 있어, 하늘이 아닌 땅의 자연도 원하는 대로 감상할 수 있다.

호텔 스태프들이 승마나 산악자전거, 또는 포도밭이나 노벨문학상 수상자인 가브리엘라 미스트랄의 집 방문 등 해가 지고 진짜 신나는 일이 시작될 때까지 낮시간을 지루하지 않게 보낼 수 있도록 계획을 짜 준다. 천문학 수업과 다양한 천문 서적, 들어앉아 책을 읽을 수 있는 옥외용 목조 욕조나 해먹도 제공된다. 이 지역에는 마마유카(Mamalluca) 아마추어 천문대 등 국제 천문대가 몇 군데 있어 방문객들을 환영한다. **BS**

◱ 엘퀴 도모스에서는 하늘을 볼 수 있는 테라스와 망원경이 제공된다.

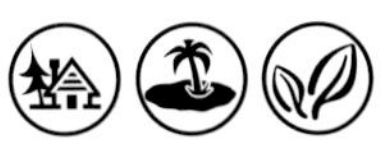

# 카레테라 아우스트랄
## Travel the Carretera Austral

**Location** 칠레 남부
**Website** www.enjoy-chile.org　　**Price** Ⓢ

카레테라 아우스트랄은 남아메리카에서 가장 아름다운 길 중의 하나지만, 일부 구간은 개통한 지 얼마 안 되었기 때문에 아직 세간에 덜 알려져 있고, 비교적 그 아름다움을 그대로 간직하고 있다. 번화한 푸에르토 몬트에서 국경 근처의 빌라 오히긴스까지 자그마치 1,240km에 걸쳐 뻗어 있지만, 도중에는 사람 사는 흔적이 거의 없으며 30년째 오직 배로만 갈 수 있는 작은 어촌만 간간히 보일 뿐이다. 가파른 파타고니아의 야생 자연, 거세게 흐르는 아쿠아마린빛 강, 반짝이는 빙하가 매달려 있는 뾰족뾰족한 봉우리들이 원래의 모습 그대로 빛난다.

튼튼한 사륜구동차를 빌리자(대부분의 구간이 비포

> "이 '고속도로'를 따라
> 내려가는 여정은
> 칠레 로드 여행의 진수이다.."
>
> frommers.com

장도로이다). 하지만 더 좋은 것은 산악자전거를 타고 기꺼이 모험에 나서는 것이다. 차이텐 근처의 숲에 있는 천연 온천에 몸을 담근 뒤 래프팅 천국 푸탈레우푸에 들르도록 하자. 피요르드 가장자리의 조용한 마을 푸유후아피에서 사색에 잠겼다가 다시 서쪽 해안의 축축하고 운치 있는 고기잡이 마을 푸에르토 시스네스로 방향을 돌리자.

사람의 손이 닿지 않는 파타고니아 도시 코이하이케에 도착하면 문명 세계를 만날 수 있지만, 여기서 다시 남쪽으로 내려가면 더 거친 야생 자연이 펼쳐진다. 세로 카스티요는 요정동화에나 나올 법한 산 속의 성으로, 바늘처럼 뾰족한 눈덮인 산봉우리와 환상적인 트레킹 코스를 자랑한다. 마침내 헤네랄 카레라 호수에 도착하면 한숨 돌릴 수 있다. 적어도 2주일은 잡아야 그 멋진 풍경을 넉넉하게 즐길 수 있다. **CD**

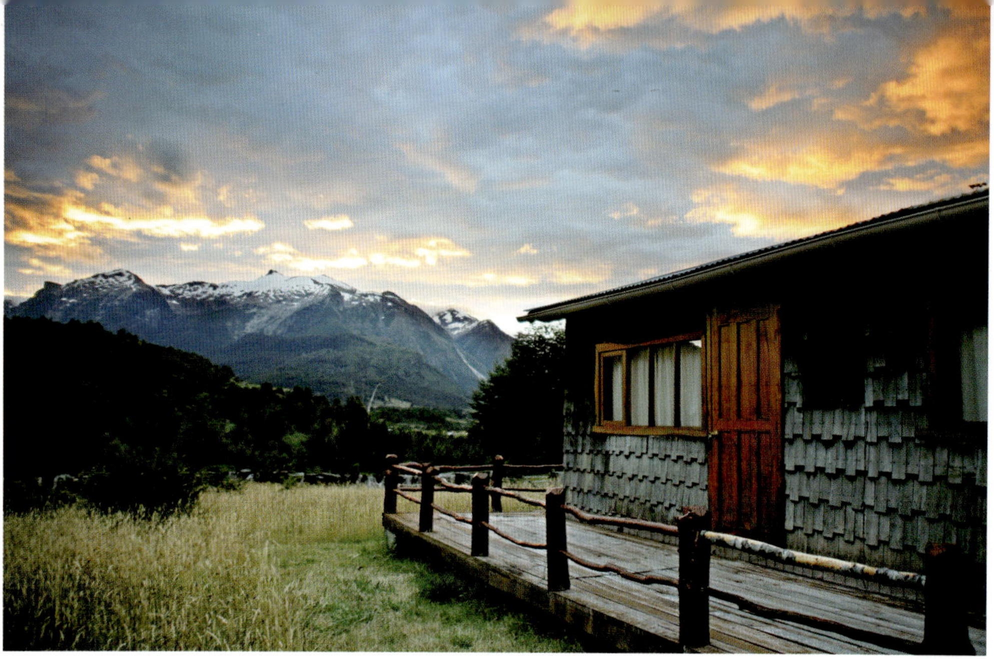

# 세크렛 란치토 Unwind at the Secret Ranchito

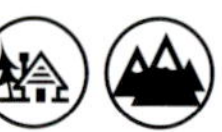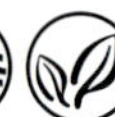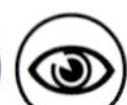

**Location** 칠레 파타고니아    **Website** www.i-escape.com    **Price** 💲💲

칠레 남부, 세크렛 란치토를 감싸고 있는 전원적인 즐거움과 스펙터클한 안데스 산맥은 기쁘게도 대규모 투어리즘에 좀먹히거나 방해를 받지 않으며, 그 멋진 고독은 가장 강단 있는 영혼들만이 누릴 수 있다. 일단 이곳에 닿는 것부터가 모험이다. 칠레의 수도 산티아고에서 푸에르토 몬트까지 새벽 비행기를 타고 와서 민간 전세기를 타고 차이텐까지 온다. 엑스페데치오네스 칠레 여행사 직원의 인도를 받아 셔틀버스에 올라 안데스를 향해 4시간을 달리면, 푸탈레우푸라는 이름의 듣도 보도 못한 마을이 나온다. 여기서부터 마지막으로 20분만 꽉 채워서 걸어가면 된다!

모든 문명의 흔적으로부터 완벽하게 차단된, 절대적인 고립을 원한다면 바로 이곳에 오면 된다. 황소가 끄는 낡은 수레가 당신의 짐을 날라다 줄 것이며, 숙소에서 걸어서 15분 걸리는 곳에는 4륜 구동 자동차가 세워져 있어 혼자서 마음대로 쓸 수 있다. 숙소로 가려면 작지만 스펙터클한 강 협곡에 걸쳐 놓은, 나무와 로프로 만든 구름다리를 건너야만 한다. 제물낚시를 좋아한다면 근처 아술 강과 푸탈레우푸 강의 맑고 차가운 물 속에서 우글거리는 브라운송어와 무지개송어에 환성을 올릴 것이다. 카약이나 래프팅으로 강을 따라 아르헨티나 국경까지 가보거나, 당신만의 강가 백사장에 걸어 놓은 해먹에 누워서 뒹굴거리자.

숙소는 목재로 만든 원룸으로 부엌과 양털 러그를 깔아 놓은 침실로 나뉘며, 내부 장식은 매우 간소하다. 바로 옆에 오두막 한 채가 붙어 있다. 둘 다 트레스 모냐스의 화강암 절벽이 건너다 보이는 환상적인 전망을 자랑한다. 뜨거운 샤워, 전화, 라디오, CD 플레이어가 있으므로, 아주 불편한 생활을 강요당하는 것은 아니지만, 세크렛 란치토는 가장 웅장한 자연에 둘러싸여 잊지 못할 원시 생활을 경험할 수 있는 곳이다. **BS**

⬆ 저 높이 안데스 계곡에 자리잡은 세크렛 란치토는 오직 걷거나, 카약이나 말을 타거나, 그도 아니면 헬리콥터로밖에 갈 수 없다.

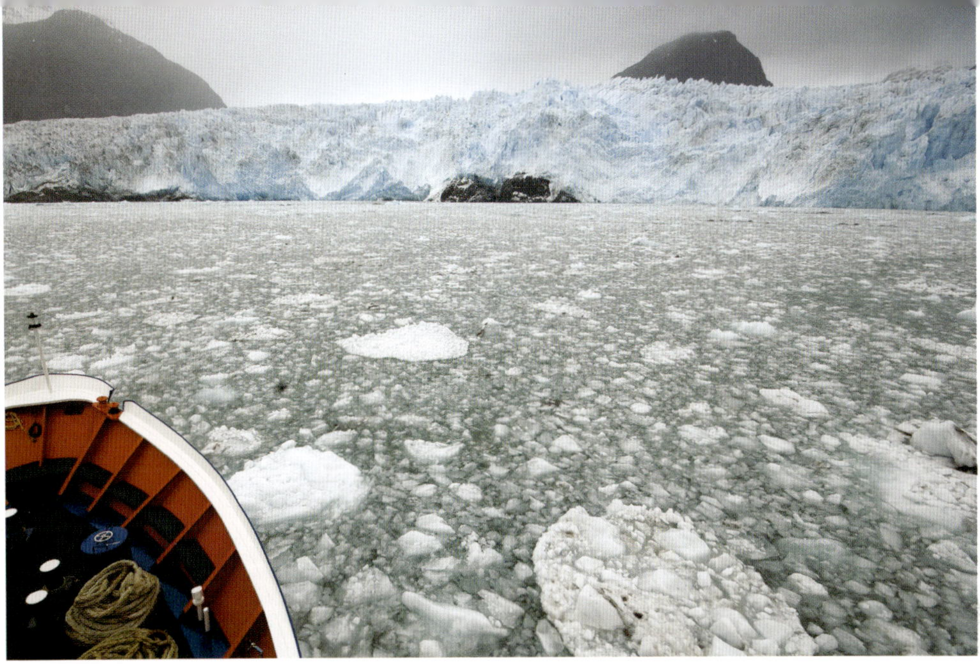

# 칠레의 태평양 연안 피요르드 Cruise the Chilean Fjords

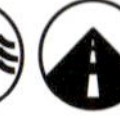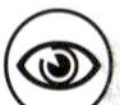

**Location** 칠레 남부　　**Website** www.explore.co.uk; www.lata.org　　**Price** $ $

칠레의 남쪽 끝, 섬과 빙산이 육지의 꼭짓점 주위를 돌아다니고, 운하와 해협이 태평양과 대서양을 잇는 곳. 땅 끝이라는 이름이 어울리는 이곳에서 당신은 궁극의 휴양지를 찾게 될 것이다.

칠레의 태평양 연안 피요르드는 북유럽의 피요르드만큼이나 깊고 드라마틱하지만, 여기에 거의 완벽에 가까운 외부 세계로부터의 차단, 하얗다 못해 파르스름한 빙산, 그리고 몇 명 안 되는 원주민들이 더해진다. 산티아고에서 비행기를 타고 푸에르토 몬트까지 가서, 크루즈를 타면 피요르드 해안을 돌아보며 푸에르토 나탈레스까지 갈 수 있다. 푸에르토 나탈레스는 육로로는 갈 수 없기 때문에, 크루즈만이 이 지역에 닿을 수 있는 유일한 교통수단인 셈이다. 1520년 마젤란이, 그리고 19세기 초에 다시 다윈이 갈라파고스 군도로 가는 길에 이 주위의 후미들을 항해했다.

극단의 오지인 이곳에는 후미, 꼭대기에 눈이 덮인 산맥, 원시 상태의 야생 자연, 그리고 물에서 솟구치는 고래떼가 있으며, 이곳으로의 여행이 왜 그토록 특별한지 금방 깨달을 수 있다. 마우스 클릭 한번으로 모든 것이 이루어지는 바쁜 현대사회에서, 이곳을 찾아온다는 것 자체가 조직적인 승리이다. 느긋하게 여행하면 1,100km를 돌아보는 데 나흘 정도가 걸린다. 여기저기 들러서 해안선에서 노는 바다표범이나 보트 뒤를 따라오는 돌고래 떼처럼 작은 디테일들까지 즐기려면 말이다.

새 관찰이 취미라면 알바트로스, 자이언트페트렐, 마젤란 펭귄 같은 희귀 조류에 환성을 올릴 것이다. 크루즈선이 닻을 내리면, 카누를 타고 근처의 섬과 후미들을 탐험할 수 있다. 인적은 드물고, 야생 동식물이 넘치는 매력적인 지역이다. 해안선에 어촌과 목장이 몇 군데 보일 뿐, 대개는 사람보다 펭귄의 숫자가 더 많다. 밤이 찾아오면 칠흑 같은 밤하늘에서 은하수가 빛난다. **LD**

칠레의 파타고니아 남부, 아멜리아 피요르드의 얼음 같은 물속으로 보트 한 척이 나아가고 있다.

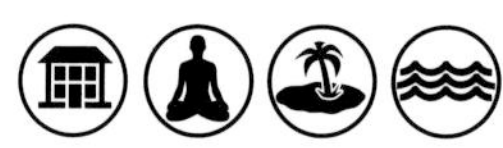

# 푸유후아피 로지
## Stay at Puyuhuapi Lodge

**Location** 칠레 칠로에 섬
**Website** www.patagonia-connection.com  **Price** ⑤⑤

이보다 더 로맨틱한 휴양지는 상상하기 힘들다. 칠레의 외진, 그러나 스펙터클한 풍경을 자랑하는 카레테라 아우스트랄 고속도로를 따라 늘어선, 요정 이야기에나 나올 법한 숲 사이로 자갈투성이 길을 달려 마침내 피요르드 가장자리에 위치한 고요하고 작은 마을, 푸유후아피에 도착한다. 마지막에는 보트를 타고 거울처럼 잔잔한 물을 건너가야 한다. 원시림을 배경으로 대성당과도 같은 목조 건물이 서 있다. 럭셔리한 스파에는 다소 어울리지 않지만, 그 아름다운 건축물 안에는 세 종류의 천연수가 공급되는 흠잡을 데 없는 풀이 있다. 바로 이것이 푸유후아피의 비밀이다. 피요르드에서 끌어온 맑은 바닷물은 물론, 수정처럼 맑은 눈녹은 물이 흘러드는 샘도 있고, 치유 효과가 있는 광물질이 풍부한 온천까지 있다. 이 보기 드문 조합으로 푸유후아피의 주인들은 최고급 트리트먼트 서비스를 기획했으며, 다양한 테라피를 제공하기 위해 실력있는 전문가들을 초빙했다.

객실은 천연자재를 사용한 디자인과 피요르드의 가장 고요한 풍경을 즐길 수 있는 커다란 창문 덕분에 아늑하기 그지없다. 럭셔리한 트리트먼트—파타고니아라는 오지에서는 더욱 기적적으로 느껴진다—의 마무리는 멋진 음식이다. 손님들은 이곳에서 라구나 산 라파엘의 웅장한 빙하를 보면서 잊지 못할 여행에 마침표를 찍을 수 있다.

푸유후아피를 이토록 특별하게 만드는 것은 자연과의 완전한 접촉이다. 카약을 끌고 나가 탐험에 나서거나, 피요르드의 반대편으로 하이킹을 가서 경탄이 절로 나오는 걸린 빙하(계곡 위 빙붕 또는 다른 빙하 위에 올라앉아 있는 빙하)를 구경하자. 하루 종일 몸을 움직이고 나면 뜨거운 풀에 몸을 담그고 구름 한 점 없이 별들이 가득한 밤하늘을 올려다보는 것보다 더 좋은 테라피는 없다. **CD**

# 클로스 아팔타 와이너리
## Visit Clos Apalta Winery

**Location** 칠레 산타크루즈
**Website** www.closapalta.cl  **Price** ⑤⑤

클로스 아팔타는 와인 애호가들의 천국이다. 방문객들이 눌러앉아서 와인을 숨쉴 수 있는 곳이다. 마니에르-라포스텔레 가문(유명한 오렌지 리큐르 그랑 마르니에의 생산자)이 칠레의 콜차과 계곡, 숲이 울창한 언덕배기에 와이너리와 로지를 세운 것은 1994년이지만, 이미 칠레 최고의 와인 생산자 중의 하나로 명성을 자랑하고 있다.

와이너리 자체가 아름답다. 총 5층인데, 그 중 3개 층은 화강암 언덕을 파 들어가서 와인이 숙성할 수 있도록 서늘한 공간을 만들었다. 빌딩의 한 가운데에는 글라스에 부어 따라지는 와인을 형상화한 드라마틱한 나선



형 계단이 있다. 방문객들은 와인이 만들어지는 과정을 볼 수 있을 뿐 아니라 그 중 일부는 시음도 가능하다.

와이너리 가까이에 4개의 럭셔리 카시타가 있다—각각 뜨거운 욕조, 벽난로, 킹사이즈 베드, 테라스가 딸려 있다. 이 호화로운 숙소는 가득 채워 놓은 냉장고와 아이팟 사운드 시스템까지 갖추고 있다. 이곳에서 음식은 와인만큼이나 중요하며, 이 지역 셰프가 준비한 구르메 식사에 와이너리 최고의 와인이 곁들여진다. 거기에 그랑마니에르를 몇 방울 떨어뜨린 피스코 사워도 놓치지 말자. 말을 타고 182ha에 달하는 포도원을 돌아보거나 인피니티 풀에 몸을 담그자. **JK**

⇨ 놀랄 정도로 현대적인 클로스 아팔타 와이너리의 건축은 푸른 언덕을 배경으로 두드러진다.

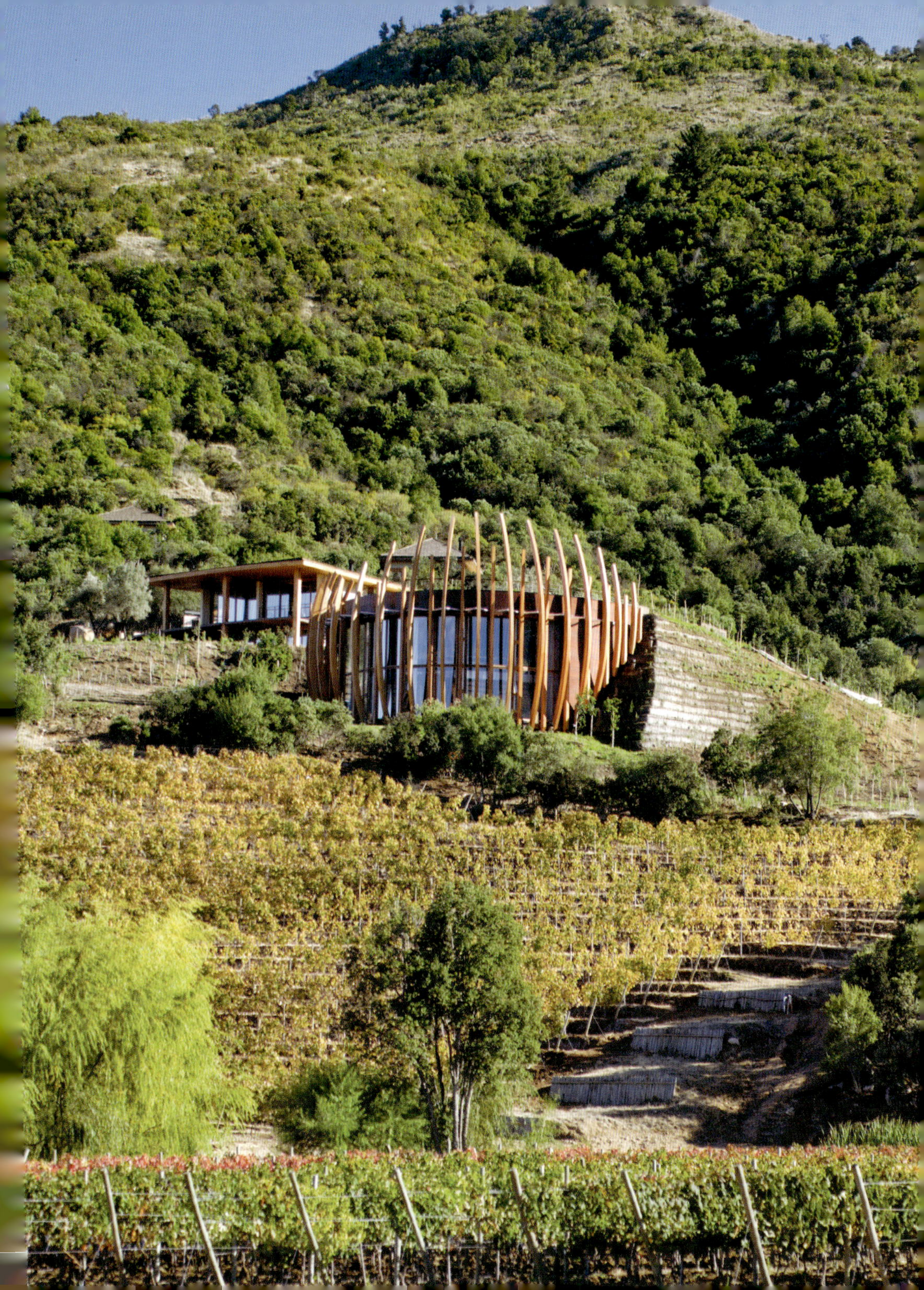

# 인디고 Relax at Indigo

**Location** 칠레 파타고니아 푸에르토 나탈레스
**Website** www.indigopatagonia.com  **Price** ⑤⑤

푸에르토 나탈레스에 도착하면, 풍파에 닳은 주석 집과 그 특별한 공기 때문에 마치 이 세상의 끝에 온 듯한 느낌이 든다. 여기에는 이유가 있다. 이 바닷가 마을은 파타고니아에 있는 아메리카 대륙의 최남단에서 160km 떨어져 있다. 한마디로, 칠레에서 가장 독특한 디자인 호텔을 볼 확률이 가장 낮은 곳이라는 뜻이다.

"마지막 희망의 소리"라는 로맨틱한 이름을 가진 해안에 위치한 인디고 호텔은 프레쉬하고, 북유럽풍의 쉬크한 미학—옅은 노란색 나무, 순백보다 더 하얀 침구—에 칠레 최고의 건축가 중 하나인 세바스티안 이리아라사발의 컨템퍼러리 건축이 더해졌다. 욕조 대신 레인 포레스트 샤워가 설치되어 있다. 그러나 옥상에 3개의

> "지금까지 푸에르토 나탈레스에서
> 최고는 호텔 인디고에서
> 바라보는 전망이다."
>
> 크리스타벨 딜크스, 『가디언』 紙

커다란 욕조가 있어서 인디고블루빛의 피요르드, 거대한 하늘의 끊임없이 변하는 색깔, 그리고 멀리 토레스 델 페인의 봉우리들을 보면서 목욕을 즐길 수 있다. 연중 쌀쌀한 날씨도, 뜨거운 물에 몸을 담그고 있는 동안은 당신을 차갑게 할 수 없다.

대부분의 관광객들은 푸에르토 나탈레스를, 북쪽으로 80km 떨어진 토레스 델 페인—빙하와 박하빛 호수, 겉으로 불쑥 솟은 분홍색 화강암 봉우리를 지나는, 세계에서 가장 아름다운 트레킹 서킷들이 있는 국립공원—에 갈 때 베이스캠프로 사용한다. 인디고 호텔이 빼어난 이유는, 트레킹을 마친 뒤의 느긋한 럭셔리함을 훌륭하게 브랜드화시켰기 때문이다. **IA**

# 엘 마난티알 Enjoy El Manantial

**Location** 아르헨티나 푸르마마르카
**Website** www.hotelmanantial.com.ar  **Price** ⑤⑤

"침묵의 원천"은 호텔 이름 치고는 꽤나 거창하지만, 결코 함부로 붙인 이름은 아니다. 엘 마난티알 델 실렌치오는 유명한 퀘베라다 데 후마후아카 계곡에 한적하게 자리잡은 오래된 마을, 푸르마마르카에 있다. 2002년 UNESCO 세계 유산으로 지정된 뒤 관광객들이 색색깔의 바위가 만들어낸 이 환상적인 협곡을 보려고 몰려들었다. 다행히 대부분의 관광객들은 계곡 한가운데까지만 들어오고, 매력적인 푸르마마르카까지 오지는 않는다. 그러나 일단 오면, 아르헨티나에서 가장 유명한 풍경 가운데 하나를 볼 수 있다—적어도 일곱 가지 색깔을 뽐내는 체로 데 시에테 콜로레스이다. 이 산은 조그만 마을의 인기있는 시장과 어도비 벽돌로 지은 교회—선인장나무로 만든 지붕 아래 아름다운 회화 작품들을 소장하고 있다—의 드라마틱한 배경이 되어준다. 당일치기 관광객들은 주로 오전에 돌아다니기 때문에, 오후에는 다시 그 깊은 고요에 잠긴다.

엘 마난티알의 마법은 그 디자인에 있다. 초기 식민지 시대 건축 양식에서 영감을 얻은 그 안락한 객실은 이 지역의 단순한 생활방식과도 잘 맞아떨어진다. 새하얀 벽과 침구류, 그리고 암녹색의 덧문에서는 거의 경건할 정도의 정결함이 느껴진다. 전통 직물과 회화의 색채가 반겨주지만, 모든 것이 창 밖으로 보이는 산 풍경과 조화를 이루고 있다. 수상경력을 자랑하는 셰프의 과나코 카르파쵸, 또는 핸드메이드 염소치즈로 속을 채워넣은 라비올리로 저녁을 먹기 전에, 타닥타닥 소리를 내며 타오르는 벽난로 앞에서 진토닉을 한잔 마시자.

해질 무렵 엘 마난티알 위의 소금평원 풍경은 투숙객들에게 잊히지 않는 기억이 될 것이다. 새하얗게 반짝이는 바다에 구리빛을 띤 구름이 멀리 웅장한 산맥 위로 걸리면서—자연스럽게—완벽한 고요가 찾아온다. **CD**

   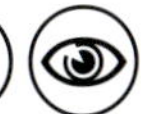

# 에스탄시아 콜로메 Unwind at Estancia Colomé

**Location** 아르헨티나 칼차퀴 계곡
**Website** www.estanciacolome.com   **Price** §§

콜로메로 오는 길부터가 이미 그 마법의 일부이다. 아름다운 식민지 시대 도시 살타 시티에서부터 녹색 벨벳으로 덮어 놓은 듯한 산맥을 깊이 자르는 드라마틱한 쿠에스타 델 오비스포 협곡을 따라 구불구불 올라간다. 그러다가 선인장이 가득 메운 붉은 고원의 한가운데를 가로지른다. 고도 8,200m. 그 어떤 것도 자라지 않을 법한 곳이다. 그러나 테라코타 바위들로 이루어진 협곡들을 내려가 거칠고 스펙터클한 아름다움을 자랑하는 외진 계곡으로 들어가면 갑자기 눈앞에 에메랄드 녹색의, 완벽하게 정돈된 포도넝쿨이 나타난다. 이곳의 주인 도널드 헤스는 세계적으로 인정받는 말벡 와인을 생산한다. 포도밭 한가운데에는, 향긋한 라벤더에 둘러싸인 또 하나의 기적이 있다—어디서도 완벽하게 눈에 들어오는, 아르헨티나에서 가장 아름다운 호텔 중 하나이다.

넓고 럭셔리한 객실은 단 9개. 모두 깊은 흙빛으로 세심하게 설계 및 장식되었으며, 젠 양식의 분수가 졸졸 소리를 내고 있는 중앙 안뜰을 중심으로 늘어서 있다. 부지 전체가 생체역학적으로 관리되고 있다—즉, 땅과 그 위에 사는 모든 생물을 같은 유기체계의 일부로 간주한다는 뜻이다. 따라서 헤스는 38,850ha의 대지 위에 사는 400명의 안데스 원주민을 자신의 가족처럼 돌본다. 덕분에 콜로메는 주변 환경과 완벽한 조화를 이룬다.

태고적부터 이곳에 서 있었던 산을 오르든지, 말 돌보는 트레이너와 함께 승마를 즐기든지, 아니면 그저 풀 옆에서 일광욕을 하면서 풍경을 감상하든지, 깊은 평화감이 내려앉는다. 밤이 찾아오면 새까만 아말라야를 한 병 따서, 이 아름다운 자연이 만들어낸 강렬한 와인을 홀짝이면서 축복과 같은 휴식을 즐기자. **CD**

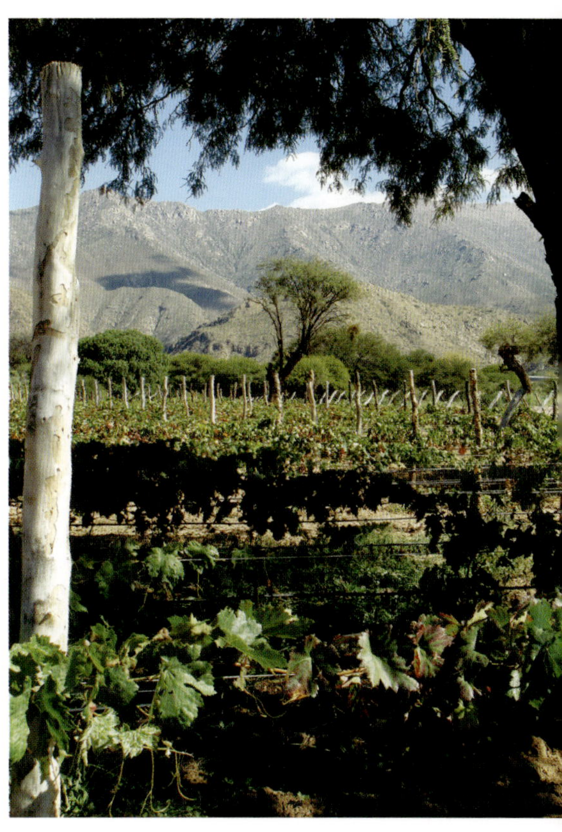

> "형편없는 예술을 감상하고,
> 형편없는 와인을 마시고, 형편없는
> 호텔에서 잠을 자기에, 인생은 너무 짧다."
>
> 에스탄시아 콜로메 소유주

↗ 에스탄시아 콜로메는 세계에서 가장 고도가 높은 와이너리로, 각종 수상경력에 빛나는 와인을 생산해낸다.

# 티에라 델 푸에고 국립공원
## Explore Tierra del Fuego National Park

**Location** 아르헨티나 티에라 델 푸에고
**Website** www.parquesnacionales.gov.ar  **Price** $

칠레와의 국경선에서 가까운 티에라 델 푸에고 국립공원은 카미 호수 북쪽에서부터 비글 해협 해안에 이르는, 안데스 산맥 남쪽 끝자락 63,000ha를 보호하고 있다.

수 킬로미터의 버려진 하이킹 트레일은 폭포를 지나고, 숲을 가로지르고, 토탄 늪을 건너, 바위투성이 해안선과 눈 덮인 산봉우리가 한눈에 들어오는 파노라마를 감상할 수 있는 지점에 이른다. 가는 길에 콘도르, 알바트로스, 가마우지, 주황색부리의 붕어오리 등을 볼 수도 있다. 공원은 계절에 따라, 특히 빙하가 서로 다른 색깔을 보여준다. 그러나 역시 가장 스펙터클한 풍경을 즐길 수 있는 것은 숲으로 덮인 언덕배기가 온통 붉게 물드는 가을이다.

아르헨티나에서는 유일하게 해안 지방에 위치한 국립공원인 티에라 델 푸에고의 산들은 깊은 빙하 계곡으로 나뉘어 있으며, 계곡에는 호수과 강이 흐른다. 바다에서 가까운데다 서풍이 불어 연중 서늘하고 평이한 기온을 유지한다. 한여름에도 수은주가 10℃ 이상 올라가는 일이 거의 없다. 덕분에 아르메리아, 디들디, 희귀한 이끼류 등 보기 드문 식물들이 많이 자란다.

이 지역 원주민은 야마나족으로, 비글 해협과 로카 호수의 물가에서 살았다. 바다에서 잡을 수 있는 모든 것이 주식인 이들은 나무껍질로 만든 카누를 타고 돌아다니며 바다사자를 사냥하고 물고기를 잡았다. 라파타이아 만에는 아직도 이들의 주거지 유적이 남아 있다. 오늘날 방문객들은 공원 안에서 캠핑을 하거나, 그리 멀지 않은 세계 최남단 도시, 우슈아이아의 호텔에서 머물 수 있다. **AD**

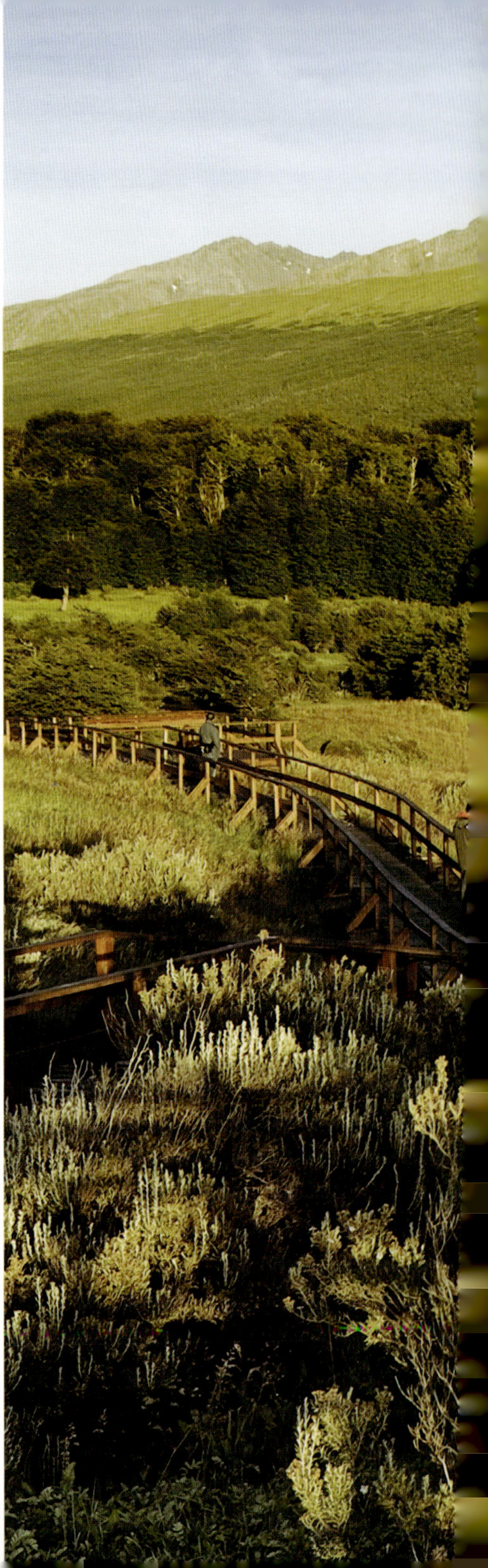

→ 티에라 델 푸에고는 하이킹족과 에코관광객들에게 환상적인 풍경을 선사한다.

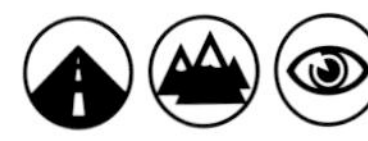

# 라 트로치타 열차
Ride La Trochita train

**Location** 아르헨티나 에스쿠엘
**Website** www.latrochita.org.ar　**Price** §

파타고니아는 진정한 의미의 도피처이다—끝없이 펼쳐진 황야는 나 자신을 잃고, 나 자신을 발견하고, 혹은 완전히 다른 누군가가 될 수 있는 공간이다. 도주 중이었던 범법자 버치 카시디와 선댄스 키드는 콜릴라의 아름다운 야생 자연 속에 숨었다. 체 게바라는 "영원이 불가능하다면, 최소한 세상을 다르게 이해할 수 있을 정도의 찰나 동안만이라도" 이곳으로 돌아오기를 간절히 원했다. 그러나 파타고니아의 좁은 협곡을 지나는 열차가 세계적으로 유명해진 것은 폴 시록스의 책 『옛 파타고니아 특급열차』 덕분이다.

원래는 전국 철도망과 연결해서 외딴 농장에서 생산되는 양가죽과 가축들을 수출할 수 있도록 운송하려는 계획이었지만, 지금은 오직 400km의 철로만이 남아 안데스 산맥과 스텝(steppe, 중위도 지방에 펼쳐져 있는 온대초원)이 만나는 구릉지대를 달려, 에스쿠엘에서 엘 마이텐까지 이어주고 있다. 이 아름답게 조각된 풍경을 보기에 라 트로치타만큼 좋은 방법도 없다. 옛날과 마찬가지로 증기 기관이 1922년 벨기에에서 수입된 목조 객차를 끌고 달린다(겨울에는 예스러운 주물 스토브로 난방을 한다). 기차가 언덕과 절벽 사이로 600개가 넘는 커브를 돌며 달리는 동안 차창으로는 숲이 무성한 산 옆구리, 탁 트인 스텝, 남국의 태양을 받아 금빛으로 빛나는 포플라 나무들이 보인다. 작은 마을 나후엘 판에 도착하면 맑은 산공기를 들이마시며, 원주민인 마푸체 족이 만드는 달콤한 튀김과자를 맛보도록 하자. 완벽하게 윤기가 흐르는 엔진을 들여다보면 라 트로치타가 이 척박한 땅에 철로를 놓은 용감한 인간들보다 훨씬 오래 살았다는 것을 절로 깨닫게 된다. **CD**

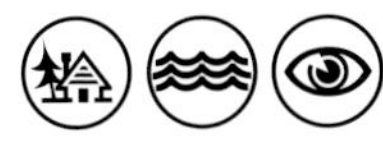

# 포사다 데 라 라구나
Enjoy Posada de la Laguna

**Location** 아르헨티나 로스 에스테로스 델 이베라
**Website** www.posadadelalaguna.com　**Price** §§

보트가 소리 없이 망망한 석호 위로 미끄러져 간다. 너무나 커서 호수가 구름 한 점 없는 파란 하늘과 하나가 되고, 마치 물과 하늘 사이에 끼어 있는 듯한 느낌이다. 떠 있는 섬들 사이로 좁은 수로를 따라 미끄러져 내려가면, 새들이 나타난다. 나무 꼭대기에서는 자카 새가 지저귄다. 물감을 흩뿌린 듯한 선명한 빨강의 딱새가 나무 가지에 앉아 있는 것이 보인다. 물꿩들이 수련 잎 위를 뒤뚱뒤뚱 걸어다니며 시끄러운 새끼들에게 줄 먹이를 찾는다. 에스테로스 델 이베라는 아르헨티나의 수많은 자연 절경 중에서도 찾는 인파가 가장 적은 곳이지만, 습지대에는 350종이 넘는 조류가 서식한다.

석호의 가장자리에 있는 작은 마을에서도 가장 작은 호텔인 포사다 데 라 라구나는 이 마법 같은 세계를 탐험하기 위한 출발지로 완벽하다. 호텔 주인인 엘사 구이랄데스는 손님들을 마치 가족처럼 환영하는, 우아하면서도 친밀한 공간을 만들어낸다.

물가를 향해 나 있는 6개뿐인 객실은 빛으로 가득하며, 전통적인 에스탄시아 느낌이 충만하도록 디자인되었다—단, 훌륭한 침대와 모던한 욕실과 함께 말이다. 베란다에는 해먹이 늘어져 있으며, 정원을 따라 걸어가면 수영장을 지나 자연스럽게 물가와 연결된다. 엘사가 고용한 이 지역 주민인 가이드는 석호를 자기집 앞마당처럼 속속들이 알고 있다—어디로 가면 카이만 악어를 볼 수 있는지, 새들이 어디에 둥지를 짓는지 모르는 게 없다. 그러나 보트를 타고 석호로 나가는 데에는 다른 목적도 있다—해질녘에 호텔로 돌아오는 길에 하늘과 물이 짙은 오렌지빛으로 물들면 공간과 평화에 대한 감각이 변형되는 것만 같다. **CD**

---

☒ 파타고니아의 좁은 협곡을 달리는 열차의 진짜 이름은 라 트로치타—"작고 좁은 것"이라는 뜻이다.

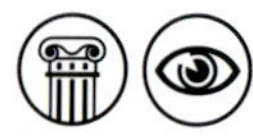

# 레두치오네 Explore the Ruins of The Missions

**Location** 아르헨티나 미시오네스 주
**Website** www.turismo.misiones.gov.ar　**Price** ❶

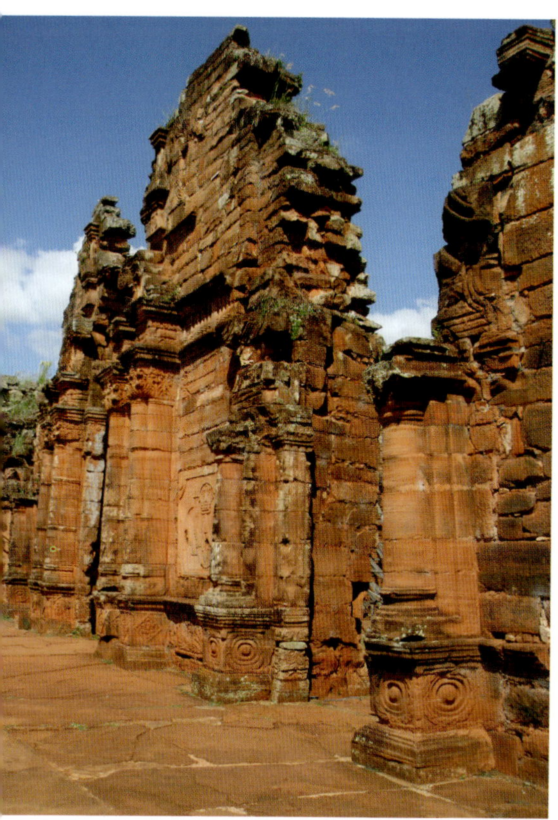

> "수많은 주민들이
> 레두치오네를 버리고
> 숲을 향해 도망치기 시작했다."
>
> 조프리 그로스벡, 역사학자

1600년대 초부터, 예수회 수도사들은 오늘날의 아르헨티나 북서부, 파라과이, 우루과이, 그리고 브라질 남부에 30개나 되는 미션을 세웠다. 규율에 의해 움직이는, 그러나 조화로운 성소들로 포르투갈의 노예사냥꾼들에게 쫓기는 수많은 구아라니족 원주민들이 이곳으로 몰려들었다. 신부들은 미션 주위에 일종의 자치 공동체인 "레두치오네"를 세웠다. 농작, 특히 예바마테 생산이 주 수입원이었지만, 가축도 키웠다.

이 조직적인 공동체에서는 직물이나 음악 전문가도 태어났다. 1729년, 스트뢰벨 신부는 다음과 같이 기록했다. "며칠 전, 근처의 야페유 공동체에서 온 악사들이 우리를 위해서 연주를 해 주었다… 그들은 찬송가는 물론 저녁기도와 미사곡, 호칭기도도 들려주었다. 너무나 훌륭하고 고상해서, 이들을 눈으로 보지 않았다면 마치 인도나 유럽 최고의 도시 중 하나에서 온 음악가들이라 생각했을 것이다." 그러나 1767년, 스페인의 카를로스 III세는 예수회 수도사들을 추방했고, 아름다운 건물들은 폐허가 되었다.

이 버려진 유적은 오늘날까지도 남아 있으며, 그 중 네 곳이 UNESCO 세계 유산으로 지정되었다. 아르헨티나 쪽에서 가장 멋진 곳은 산 이냐시오 미니로, 미시오네스 주의 주도 포사다스에서 그리 멀지 않다. 방문객들은 무너져내린 벽의 정교한 조각에 감탄하며, 널돌로 만든 테라스를 지나 한때는 도서관, 혹은 신부들의 숙소였던 방들로 걸어간다. 오늘날에는 새들이 지저귀는 소리가 기독교 성가를 대신하지만, 과거의 영혼은 여전히 이 공간을 지배하고 있는 듯하다. 벽 너머 혼란스러운 세상으로부터 동떨어진 이 천국에서, 마치 예수회 수도사들의 유령이 마음대로 돌아다니고 있는 것 같다. **PE**

◸ 방문객들은 다 무너져가는, 그러나 여전히 위엄 있는 산 이그나시오 미니의 붉은 사암 벽 속에서 깊은 평화를 느낀다.

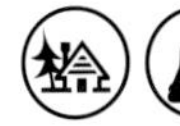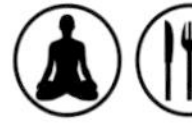

# 카바스 Visit Cavas Wine Lodge

**Location** 아르헨티나 멘도사
**Website** www.cavaswinelodge.com　**Price** ⑤⑤

아르헨티나에서 생산되는 와인의 70퍼센트가 멘도사 주에서 나온다. 아르헨티나 와인 생산지의 심장부, 멘도사 시에서 불과 32km밖에 떨어지지 않은 카바스 와인 로지에서 와인은 마시기만 하는 것이 아니다. 이 지역의 향락주의자들은 와인은 디너 테이블뿐만 아니라 인하우스 스파에서도 즐길 수 있어야 한다고 믿는다.

카바스는 와인 목욕을 스파 트리트먼트의 컨셉으로 도입한 아르헨티나 최초의 와이너리이다. 1997년 보르도에서 처음 시작된 와인 목욕은 와인의 성분이 피부의 노화를 막아준다는 데에서 착안했다. 그러나 카바스를 방문한다는 것은 단순히 이곳의 트레이드마크 레드와인인 2005년 보나르다를 마시는 것 이상을 의미한다.

> "마침내 멘도사로 몰려드는
> 와인 애호가들이 머무를
> 럭셔리한 호텔이 생겼다."
>
> 『월페이퍼』誌

14ha의 포도밭에 자리잡은 이 와이너리는 아파트 스타일의 객실이 포도넝쿨 속 곳곳에 숨어 있다. 스타일리쉬한 내부는 물론 옥상의 테라스는 석양을 바라보며 와인을 마시기에 멋진 장소이다.

다시 메인 하우스로 돌아가자면, 카바스에서는 음식이 매우 중요한 지위를 차지한다. 레스토랑에서는 맛있는 저녁식사는 물론 셀러에 있는 250종류의 와인을 제공한다. 사전에 예약을 하면 요리 수업도 들을 수 있다. 심지어 적극적인 손님들은 포도 수확기에는 포도를 따며 지난 저녁에 먹은 스테이크의 칼로리를 태워버리기까지 한다. 노동의 대가로 받은 토큰으로는 저녁식사 때 와인 한 잔을 무료로 마실 수 있다. **DA**

# 야쿠틴가 로지 Stay at Yacutinga Lodge

**Location** 아르헨티나 이구아수
**Website** www.yacutinga.com　**Price** ⑤⑤

아르헨티나를 찾는 관광객들은 이구아수 폭포—거대한 말발굽 모양의 심연으로 쏟아져 내리는 믿기지 않는 양의 물—를 보려고 몰려들지만, 폭포를 둘러싸고 있는 웅장한 숲에 관심을 가지는 이는 거의 없다. 그러나 폭포 위로 96km만 올라가면 이구아수 강이 넓고도 고요하게 흐르고, 5개의 예스러운 오두막집이 나타난다—원시 우림 속에 숨어 있는 야쿠틴가 로지이다.

로맨틱하고 전원적이지만, 동시에 매우 안락한 이곳에서 손님들은 숲이 만들어내는 소리를 들으며 잠든다. 이른 아침에 밖으로 나오면 새빨간 흙 위에 향긋한 꽃잎들이 흩뿌려져 있고, 카푸친 원숭이들이 나뭇가지에서 나뭇가지로 날아다니며 큰부리새들이 머리 위에서 꽥꽥거린다. 야쿠틴가에서는 깊은 숲속에서 자는 것 말고도 세계에서 가장 생물학적으로 다양한 지역 중 하나에 위치한 민간 보호 지역에서 4,000여 종의 식물과 500종이 넘는 나비들을 보호하는 자연보존 프로젝트에 참여하는 진귀한 기회를 얻을 수 있다.

구아라니족 뱃사공의 가이드를 받아 보트를 타고 강을 내려가는 것으로 모험은 시작된다. 카이만 악어들이 강둑에서 햇빛을 쬐고 있고, 물총새는 수면 위로 낮게 날아간다. 전문적인 자연 가이드를 따라 숲 깊숙이 들어가 보자. 나무를 심어서 숲을 다시 가꾸는 프로그램에 참여할 수도 있고, 이 지역 주민인 생물학자들의 연구 결과를 발표하는 프리젠테이션을 들을 수도 있다. 무엇보다도 가장 좋은 것은, 이국적인 꽃들로 둘러싸인 축복과도 같은 풀에 몸을 담그거나, 캐노피 높이의 플랫폼에 앉아 주위를 날아다니는 새들과 나비들과 함께 풍경을 감상하는 것이다. 어둠이 내려앉으면 손님들은 오픈에어바의 화롯불 주위에 모여 숲이 완전히 새로운 생물들의 서식지로 탈바꿈하는 것을 보기 위해 야간 산책에 나선다. **CD**

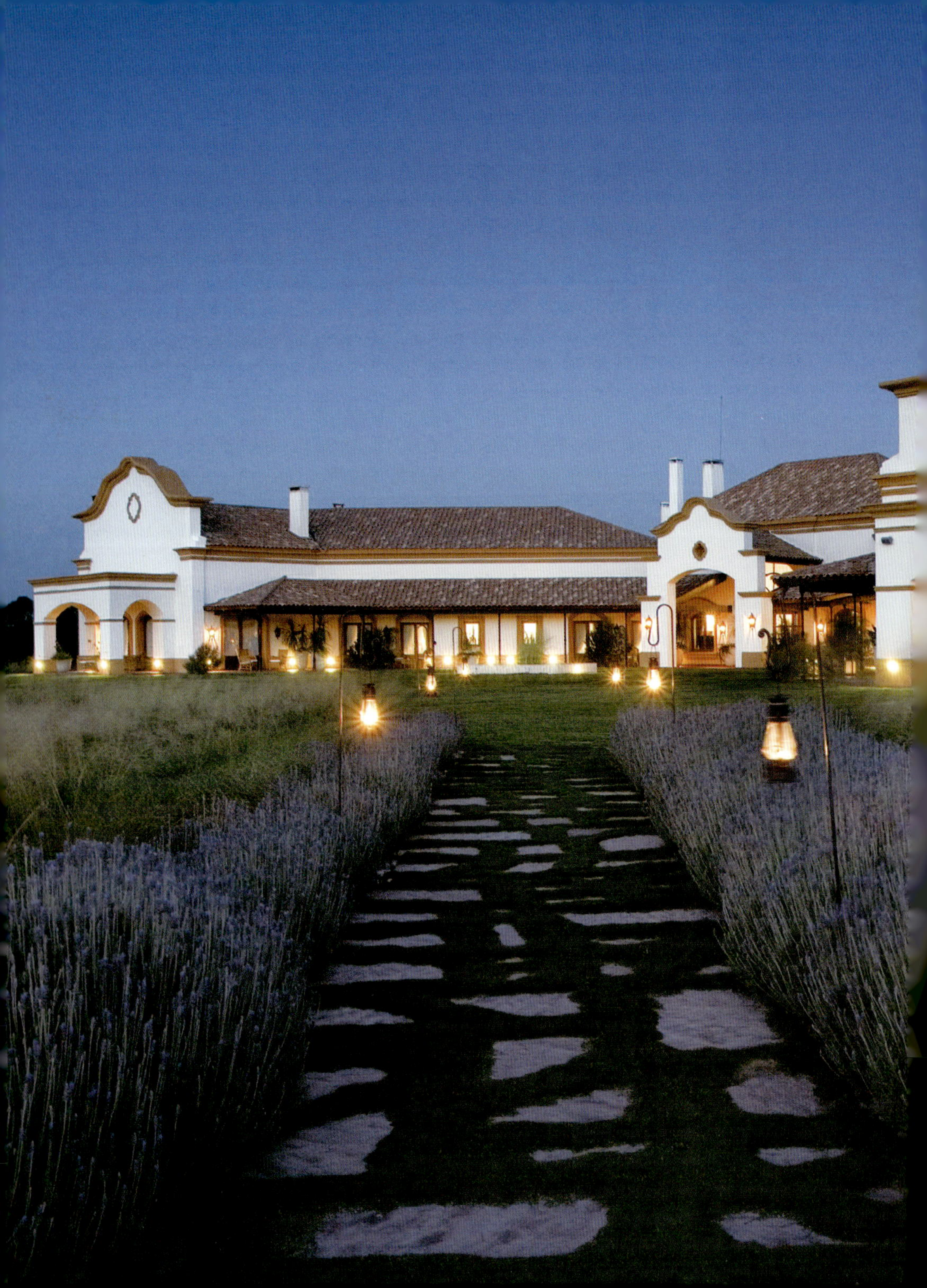

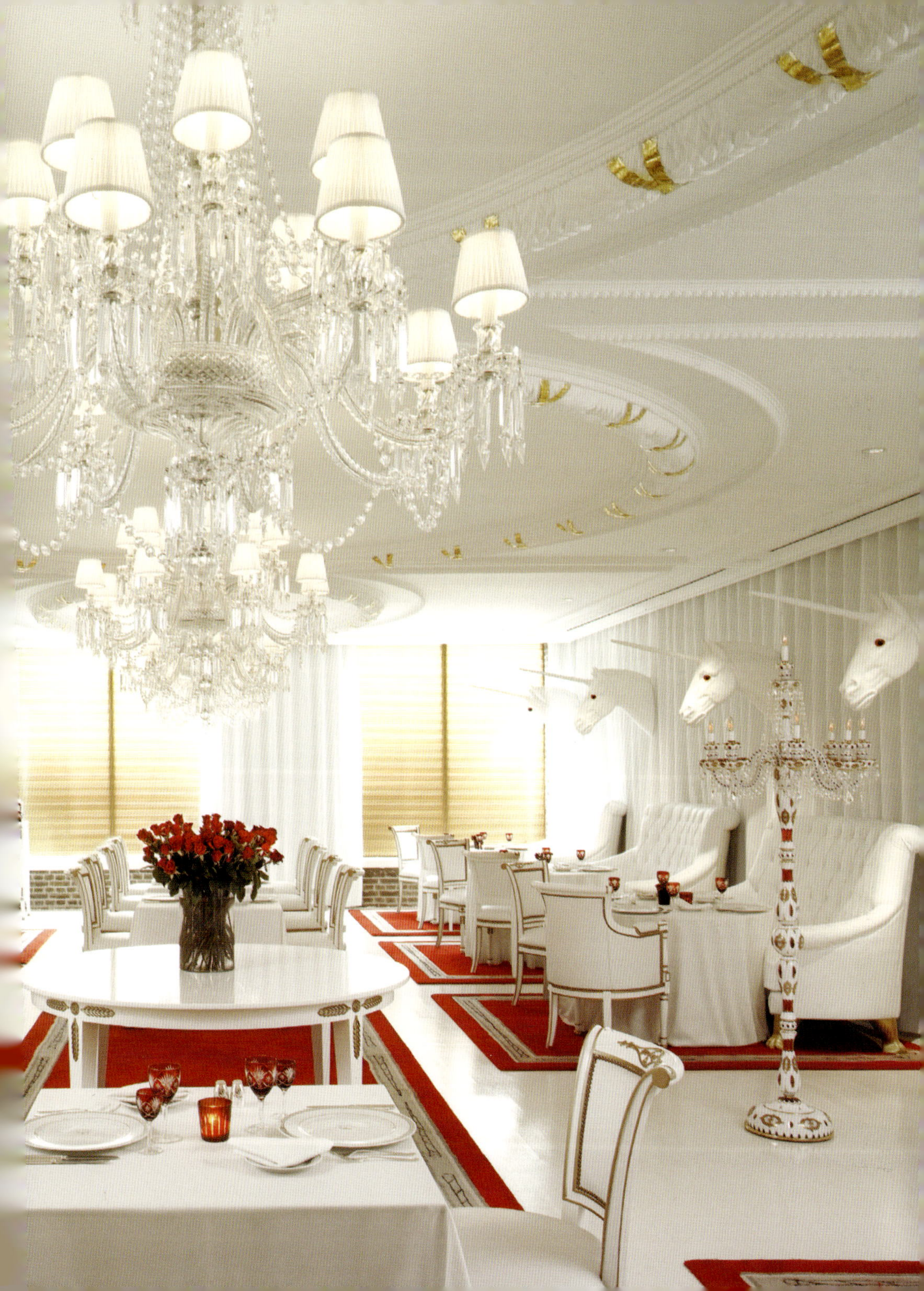

# 라 파스쿠알라 Stay at La Pascuala

**Location** 아르헨티나 티그레 강 삼각주
**Website** www.welcomeargentina.com   **Price** ⑤⑤

부에노스아이레스에서 한 시간만 달리면, 오직 포르테뇨만이 알고 있는 거칠고, 로맨틱한 자연 낙원이다. 위에서 내려다보면 티그레 강 삼각주가 수백 개의 섬과 강줄기들이 만들어내는 정교한 레이스 세공과도 같다.

카약이 작은 마을 티그레—궁전 같은 건물에 백년 넘은 조정 클럽들이 들어차 있다—에서부터 미끄러지면, 정글로 탈출하는 듯한 축복 같은 느낌이 든다. 강이 점점 좁아져 키가 큰 나무들과 푸르른 초목들 사이의 터널이 되고, 빛줄기가 뚫고 들어와 천천히 지나가는 배 위를 비춘다. 강둑에는 예스러운 목조 가옥들이 호기롭게 서 있고, 금방이라도 무너져 내릴 듯한 낡은 방파제 위에서 마테 차를 마시던 가족들이 지나가는 배를 보고 손을 흔든다. 더 나아가서, 일단 파라나 강을 건너면 삼각주의 더 외진 두 번째 구역으로 들어가게 되고, 보이는 집의 수가 더 적어진다. 강은 더 고요히 흐르고, 야생 식물이 더 많아지고, 두루미들이 날아다닌다. 정글 깊숙이 들어가면 나무들 사이로 높은 기둥이 강에서 솟아올라 있고, 라 파스쿠알라의 우아한 건축물이 눈에 들어오기 시작한다. 컨시어지들이 보트를 맞아 주고, 짐을 방으로 옮겨줄 것이다. 드디어 도착한 것이다.

라 파스쿠알라는 아름다운 야생 자연 깊숙이 자리한, 훌륭한 취향과 럭셔리의 낙원이다. 각각의 스위트는 기둥 위에 서 있는 독채로, 무성한 초목으로 에워싸여 있으며, 개인용 베란다가 있어 완벽한 프라이버시 속에서 일광욕을 즐길 수 있다. 침실은 어마어마하게 크다. 욕실도 거의 그만큼 넓으며, 심지어 욕조에서도 바깥 풍경을 즐길 수 있다. 훌륭한 저녁식사를 위해 친밀한 식당으로 들어가기 전에 테라스에서 진을 마시자. 사려깊은 최고급 서비스도 빼놓을 수 없다. 이보다 더 로맨틱한 도시 탈출은 없을 것이다. 아 그리고, 직접 노를 젓지 않아도 된다. 고속 모터정이 티그레 기차역에서 한 시간 만에 데려다 줄 테니 말이다. **CD**

# 페우마 후에 Enjoy Estancia Peuma Hue

**Location** 아르헨티나 파타고니아 주 바릴로체
**Website** www.peuma-hue.com   **Price** ⑤⑤⑤⑤

커튼을 젖히면 눈앞에 호수가 있다. 울트라마린으로 빛나는, 끝없이 펼쳐진 호수다. 이쪽 꼭대기에는 눈이 덮이고 울창하게 숲이 우거진 산이 물을 향해 낙하하고 있다. 울창한 코이후에(coihue, 아르헨티나 파타고니아와 칠레 중부의 안데스 산맥에서 자생하는 나무의 일종) 숲을 지나 폭포로 가는 트레일을 탐험해보자. 도중에 주홍색 머리의 마젤란 딱따구리를 포함, 수없이 많은 새들을 만나게 된다. 카약을 끌고 물로 나가거나 말 돌보는 사람과 함께 길로는 갈 수 없는 더 먼 호수까지 달려볼 수도 있다. 호수 전체가 내 것이나 다름없어진다. 아르헨티나의 호수 지역은 스펙터클한 풍경 속에서 자연의 모험을 즐긴다는 점에서 타의 추종을 불허한다. 원

> "우리의 첫 번째 목표는
> 페우마 후에의 원시림, 물, 그리고
> 식물들을 보존하는 것이었다."
>
> 에스탄시아 페우마 후에 소유주

시림에 묻혀 있는 드라마틱한 산과 호수는 온갖 색깔을 자랑한다. 그러나 페우마 후에는 그만의 호반과 거대한 산비탈을 가지고 있어, 투숙객들은 이 자연 절경을 홀로 즐길 수 있다.

페우마 후에가 원주민 마푸체족의 언어로 "꿈의 공간"이라는 의미라는 것도 놀랄 일이 아니다. 에스탄시아는 소유주인 에블린 호터의 작품이다. 호터의 목적은 자연과의 완전한 접촉이었다. 호터와 스태프들은 매일 저녁식사 전에 화롯불과 한잔의 와인으로 손님들을 환영하며, 하이킹과 그 밖의 모험에 대해 전문적인 가이드를 해 준다. 대지에 흩어져 있는 4개의 아름다운 오두막은 웅장한 침대와 2인용 월풀욕조를 갖춘 럭셔리 스위트로, 완벽하게 외부와 차단된, 완벽하게 로맨틱한 휴식을 선사한다. **CD**

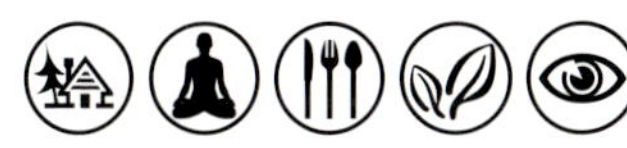

# 라스 발사스 Spend an Afternoon at Las Balsas

**Location** 아르헨티나 파타고니아 주 빌라 라 안고스투라
**Website** www.lasbalsas.com.ar　**Price** $

아르헨티나 파타고니아 주, 빌라 라 안고스투라는 친근한 분위기의 옛 마을이다. 남아메리카에 있지만 어딘지 스위스에 와 있는 기분이 든다. 그것이 길모퉁이마다 하나씩 있는 매우 매력적인 초콜렛 가게 때문인지, 아니면 샬레 스타일의 집들 때문인지는 모르겠지만 말이다. 작은 마을이라는 것을 제외하면 라스 발사스는 독보적인 휴양지이다. 비포장도로를 따라 한참 내려가서 나후엘 후아피 국립공원—파타고니아에서 가장 아름다운 곳 중 하나—내부에 숨어 있는 라스 발사스는 지나가다 눈에 뜨일 만한 곳은 전혀 아니다.

12개의 객실과 3개의 스위트가 전부로, 하나같이 분위기 있다. 객실마다 저마다의 스타일이 있어, 안데스 산맥의 숨막힐 듯한 전망을 감상할 수 있는 칙칙한 분홍색 룸부터 우아한 빨간 줄무늬 테마까지 다양하다. 심지어 세련되고 심플한 베이지 스위트도 있는데, 니스 칠한 카누를 반으로 잘라 거꾸로 엎어놓아서 사이드 테이블로 사용하고 있다. 실내외에 모두 수영장이 있으며, 항염·항산화 효과가 있는 것으로 알려진 금을 사용한 "골든 페이스 마스크"부터 초콜렛을 사용한 전신 "초코테라피"까지 믿기지 않을 정도로 다양한 트리트먼트를 제공하는 스톤 스파도 있다.

이 호텔 최고의 매력은 사이프러스 나무와 돌로 지은 매력적인 와인 시음 라운지와 레스토랑이다. 송어 세비체, 코코넛 밀크를 곁들인 킹크랩, 또는 블랙커런트와 초콜렛 소스를 곁들인 사슴 고기 등을 먹어보자. 디저트는 당연히 빨간 과일 셔벗, 코코넛 쿠키와 함께 나오는 둘체 데 레체로 셰프 파블로 캄포이의 작품이다. 라스 발사스 주위에는 아무것도 없을지 모르지만, 그렇다고 이곳에서 보내는 시간이 편안하지 않다는 것은 절대 아니다. **RCA**

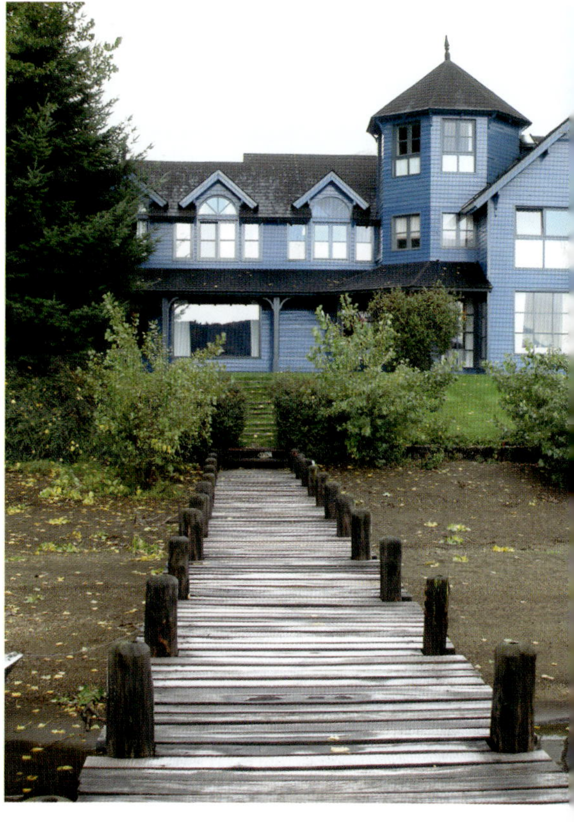

"객실과 스위트는 저마다 다른
스타일로 꾸며져 있으며, 나후엘 후아피
호수의 특별한 전망을 즐길 수 있다."

『로드앤트래블』誌

↗ 독특한 푸른 미늘판으로 인상적인 라스 발사스는 일반에서
　벗어난 럭셔리한 낙원이다.

# 일곱 호수의 길
## Explore Seven Lakes Route

**Location** 아르헨티나 파타고니아
**Website** www.patagonia-argentina.com　　**Price** ❶

어떤 이들은 목적지까지 가는 여정 자체도 그 곳에서 보내는 시간만큼이나 흥미롭다고 말한다. 파타고니아의 작은 마을 산 마르틴 데 로스 안데스에서 빌라 라 안고스투라까지 가는 "일곱 호수의 길"이 바로 그런 경우다.

　234번 국도의 일부인 이 길은 네우켄 주에 있는 2개의 국립공원—나후엘 후아피 국립공원과 라닌 국립공원—을 가로지르는 107km와 40km의 비포장도로로 이루어져 있다. 아스팔트가 깔려 있지 않다는 점에 유의할 것. 먼지와 자갈이 랠리 주행에는 더 어울린다. 산 마르틴의 매력적인 스키 리조트는 온통 나무와 돌로 지은 오두막집이며, 가게는 스키 장비와 알파카 스웨터, 목도리 따위로 가득하다. 이 조용한 마을은 빌라 라 안고스투라에 닿기까지 마지막 문명의 흔적이다.

　그 풍경은 너무나 극적이라 방문객들은 그저 숨을 삼킬 수밖에 없다. 루트에서 벗어나지만 않으면 안데스를 배경으로 흠잡을 데 없는 산 풍경과 함께 일곱 개의 호수를 모두 볼 수 있다. 마초니코, 에스콘디도, 코렌토소, 에스페호, 라카르, 팔트너, 빌라리노 호수 모두 하나도 빠짐없이 아름답다.

　이곳은 파타고니아의 전형적인 팜파스가 아니다. 오히려 남아메리카판 알프스에 더 가깝다—그리고 더 웅장하다. 곰과 퓨마가 언덕을 어슬렁거릴 거라고 생각하겠지만, 실제로는 말들과 머리가 곱슬거리는 소떼만이 길 주위를 돌아다니며 풀이 있는 곳을 찾고 있을 뿐이다. 봄에 방문하면 얼음이 녹고, 커다란 폭포가 쏟아지고, 선명한 빨강과 오렌지색의 꽃들이 숨막힐 듯 아름다운 풍경을 뒤덮는다. **RCA**

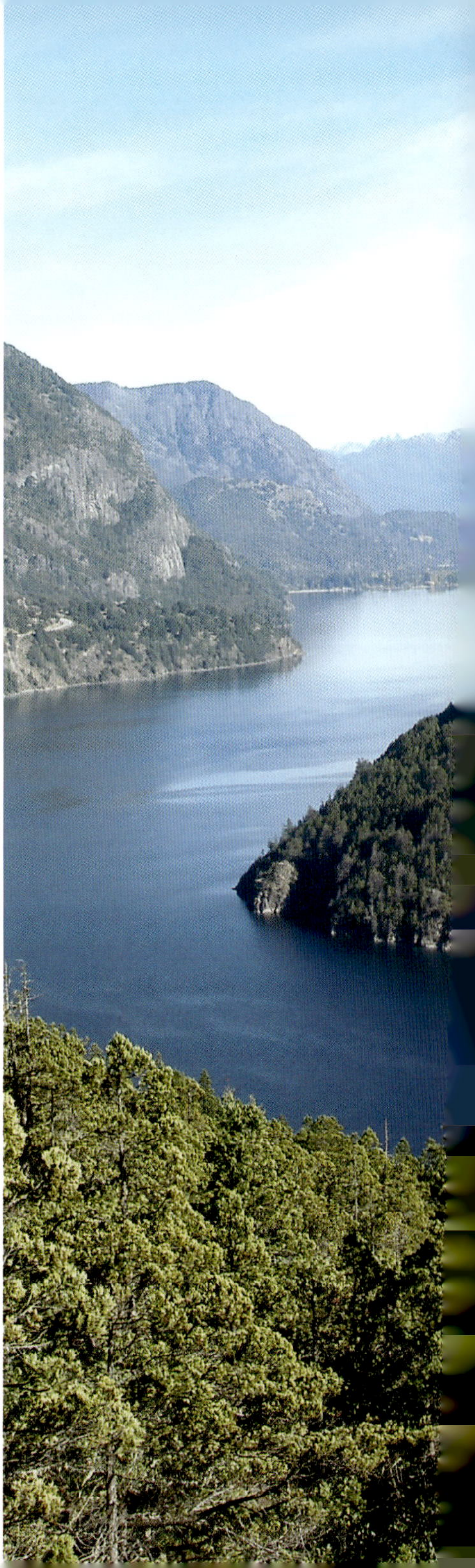

▱ 모퉁이를 돌 때마다 그림처럼 아름다운 호수, 산, 울창한 숲이 만들어내는 파노라마가 펼쳐진다.

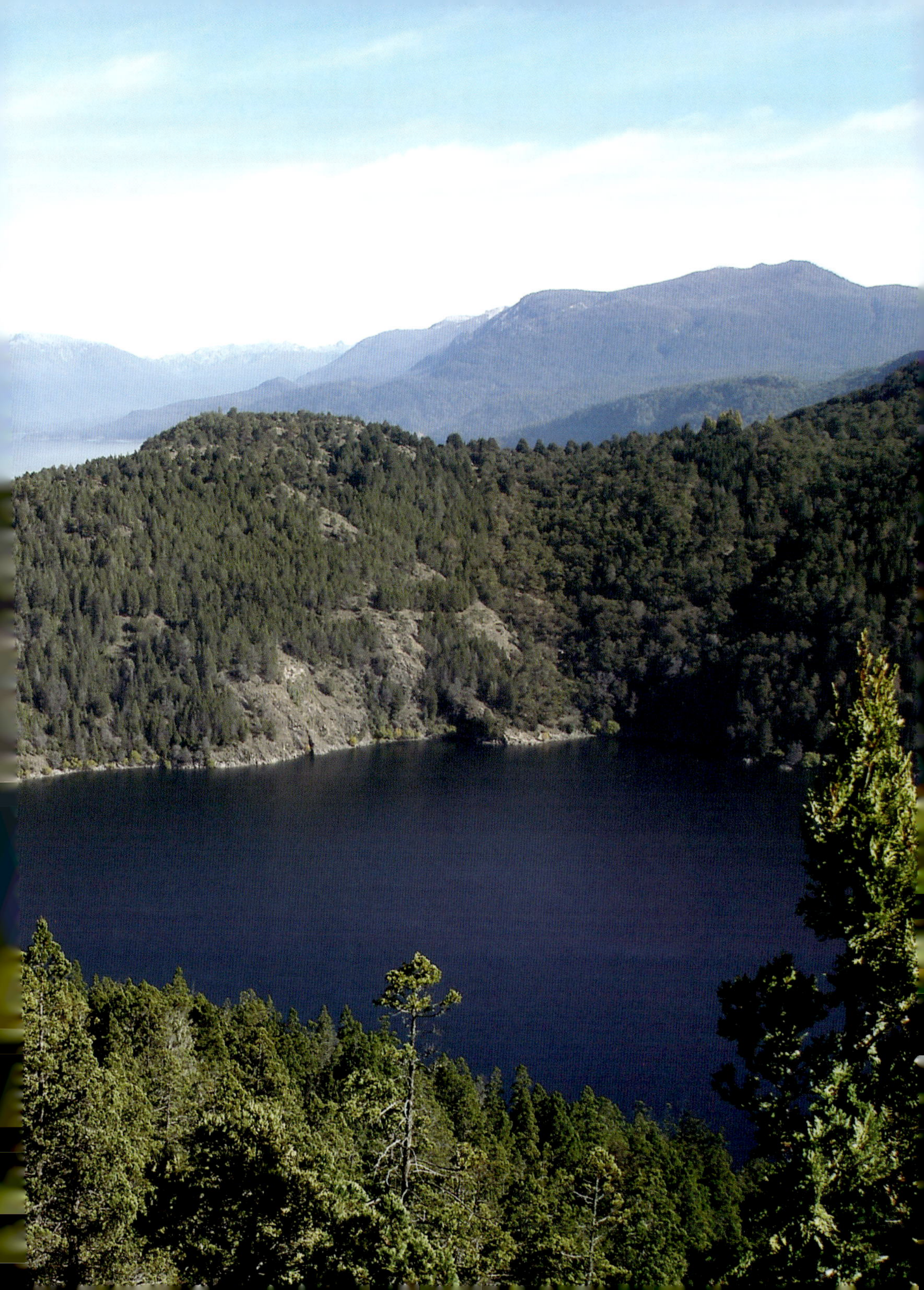

# 크리스티나 Stay at Estancia Cristina

**Location** 아르헨티나 파타고니아
**Website** www.estanciacristina.com　　**Price** 💲💲

보트가 문명 세계를 뒤로 하고 터키석빛 아르헨티노 호수(Lago Argentino)의 더 외진 구석으로 들어간다. 집 채만한 빙산 사이를 미끄러져 가면서, 도대체 어디로 가는 것일까 궁금해지는 것은 당연하다. 70m 높이로 솟아 있는 순수한 얼음벽을 지나 세 시간을 가면 거대한 웁살라 빙하가 나타나고, 갑자기 찢어지는 듯한 굉음과 함께 얼음이 쪼개지며 발아래 물로 떨어진다. 보트가 호수의 북쪽 끝에 가까워지면, 웅장한 산들을 배경으로 야생 해안에 동그마니 서 있는 4개의 조그만 건물들이 눈에 들어온다. 이곳이 에스탄시아 크리스티나이다.

이 외딴 파타고니아 농장은 한 세기 전 억센 영국인 가족에 의해 세워졌으며, 지금은 고급스러운 새 오두막 에서 손님들을 받고 있다. 숙박객들은 저녁식사 전에 와인 한잔을 홀짝이며 창가에서 그림같이 아름다운 풍 경을 즐기면서 느긋한 시간을 보낼 수 있다. 그슬린 연 어를 먹을까, 화롯불에서 서서히 구운 파타고니아 양고 기를 먹을까 고민하는 중에, 혹독한 겨울에 양을 치는 이곳의 원주민들을 생각해 보라. 별이 빛나는 쌀쌀한 밤에 아늑한 오두막집으로 돌아가는 길 역시 그만큼이 나 혹독하니 말이다. 덕분에 따뜻한 방과 푹신한 침대 가 더욱 고맙게 느껴지지만 말이다.

그러나 크리스티나에서 정말로 기억에 남을 경험은 가이드와 함께 산등성이를 올라가 고대 빙하에 의해 매 끈하게 갈린 주홍색 바위가 길게 뻗어 있는 것을 보면 서 그 스펙터클한 풍경을 감상하는 것이다. 저 아래로 는 멀리 수평선 가까이로 웁살라 빙하가 펼쳐져 있다— 고요하고, 불가사의하고, 경이롭다. 숨막히게 아름다운 협곡을 하이킹해서 내려가면서 화석이 된 암모나이트와 연체동물을 찾아보자. 그러나 어디에도 사람의 흔적은 없다. 과나코와 야생마떼, 그리고 치누크 연어가 우글 거리는 강만이 보일 뿐이다. **CD**

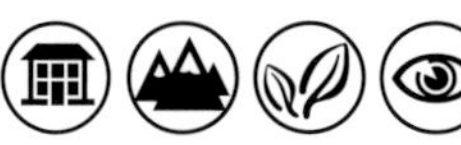

# 디자인 스위츠 Relax at Design Suites

**Location** 아르헨티나 파타고니아 주 엘 칼라파테
**Website** www.designsuites.com　　**Price** 💲💲

세계적인 건축가 카를로스 오트가 설계한 5스타 호텔 디자인 스위츠는 환경 건축의 걸작이다. 이 지역에서 생산되는 자재만을 사용해서 지은 이 럭셔리 호텔은 아 트 갤러리, 디자인숍, 그리고 믿기지 않는 아르헨티노 호수의 전경을 내려다보는 구르메 레스토랑을 포함하 고 있다. 건물 자체도 인상적이지만, 진짜 매력은 그 디 테일에 있다. 가구와 인테리어를 파타고니아의 예술가 단체에 의뢰한 것이다. 60개의 스위트는 모두 천장부터 바닥까지 덮는 유리창이 있어 아름다운 파타고니아의 황무지와 멀리는 산봉우리, 가까이는 거울 같은 호수 풍경을 볼 수 있다. 온수 풀, 스파, 사우나, 헬스클럽, 와인 바는 남아메리카에서 가장 인상적인 호텔을 완성

> "디자인 스위츠는 디자인에
> 민감한 손님들에게 제격이다.
> 아주 인상적인 목적지 호텔이다."
>
> 『월페이퍼』誌

해 준다.

호텔 하나만 보고 파타고니아에 오는 사람은 없다. 만약 싫어도 호텔 밖으로 나가야만 한다면, 엘 칼라파 테—저 유명한 페리토 모레노로 가는 입구로 걸어가자. 그 부서지는 단면이 시계처럼 정확한 간격으로 호수로 무너져 내리는 광경을 보는 방문객들은 그저 할 말을 잃 을 뿐이다. 엘 칼라파테 너머로는 호수와, 겨울에는 스 키, 여름에는 하이킹을 하기에 완벽한 산들이 보인다. 그러나 호텔에서 플랜을 짜주는 레저는 단 2종류뿐이 다. 열기구를 타고 빙하 위를 비행하거나, 말을 타고 국 립공원 깊숙이 숲 속을 달리는 것이다. **DN**

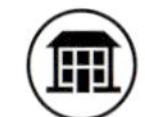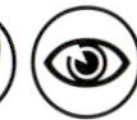

# 에올로 View the Patagonian Wilderness from Eolo

**Location** 아르헨티나 엘 칼라파테 근교
**Website** www.eolo.com.ar   **Price** ⑤⑤⑤

남아메리카의 최남단에서 가까운 파타고니아의 야생적인 파노라마보다 더 고독감을 불러일으키는 장소는 그리 많지 않다. 나무도 없고, 사람도 없는 스텝이 끝없이 펼쳐지고, 그 고요를 깨는 것이라고는 오직 바람뿐이다. 캔버스천 아래서 쌀쌀한 밤을 보내는 것보다 새하얀 면 침구와 포근한 담요를 선호한다면, 파타고니아의 야생 자연을 가장 편하게 감상할 수 있는 곳은 바로 에올로이다.

17개의 스위트는 모두 커다란 창 너머로 텅빈 평원과 끝없는 하늘이 만들어내는 상상하기 힘든 풍경을 즐길 수 있다. 오직 호수와 산, 그리고 맑은 날에만 보이는 칠레와의 국경선에 걸쳐 있는 토레스 데 페인의 뾰족한 봉우리만이 드문드문 보일 뿐이다.

이 럭셔리 로지는 1,600여 헥타르의 대목장 위에 서 있으며, 파타고니아의 호화 휴양지 중에서도 벤치마크라 할 만하다. 객실은 아늑하기 그지없다—킹사이즈의 침대와 폭신폭신한 타월, 천을 넉넉하게 씌운 안락 의자가 놓여 있다. 실내는 흠잡을 데 없이 스타일리쉬한 동시에 언제나 차분하다(거창한 것은 자연만으로도 충분하다고 생각한 듯하다). 친절한 스태프와 세 끼가 모두 숙박료에 포함된 플랜 덕분에 귀찮을 일이 하나도 없다. 심지어 스태프들이 구루메 도시락까지 싸 준다.

에올로는 "모든 것으로부터 벗어난다"는 진부한 표현에 새로운 정의를 내린다. 짐작하겠지만, 침실에는 TV가 없다—창 밖의 풍경이 훨씬 흥미로우니 말이다. 라운지에서 쌍안경이나 커다란 망원경을 빌려 매, 독수리, 평원에 사는 파타고니아 산토끼 등을 관찰하자. 요란스러운 소리를 내는 페리토 모레노 빙하—세계 최대의 전진 빙하—가 30분 거리에 있으니 놓치지 말 것. **IA**

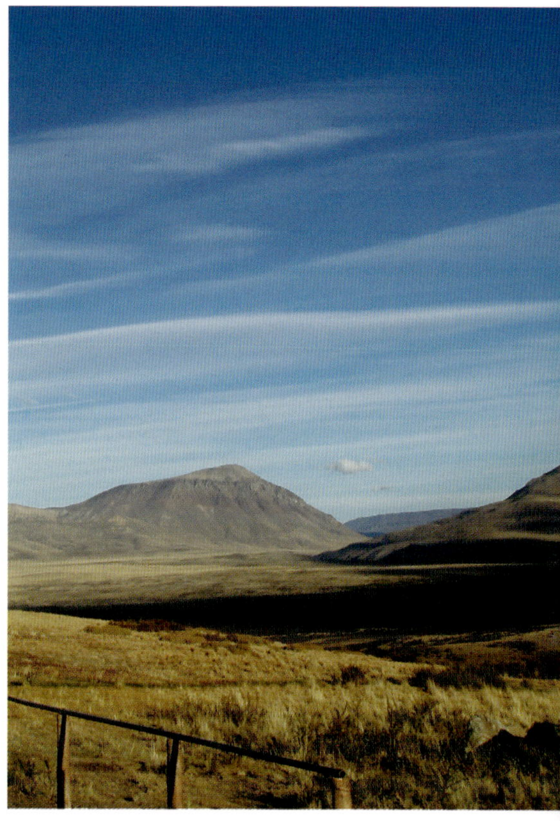

> "이 조용한 계곡은 키 큰 코이론 다발에
> 감싸인 고요한 풍경 속에
> 아늑하게 자리잡고 있다."
>
> *preferredboutique.com*

에올로 건물 자체는 나무 한 그루 없는 언덕 위에 있으며, 그 아래로 스펙터클한 평원이 펼쳐져 있다.

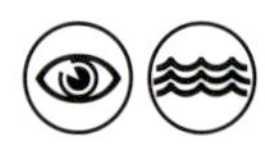

# 페리토 모레노 빙하

See Perito Moreno Glacier

**Location** 아르헨티나 산타크루스 주
**Website** www.parquesnacionales.gov.ar    **Price** ❶

파타고니아는 그 극적인 매력으로 우리를 부른다―메마른 사막, 얼어붙은 바다, 직선으로 뻗은 고속도로가 그것이다. 그러나 꼭 그것뿐만은 아니다. 남위 50도 선을 따라 서쪽으로 건조한 스텝을 가로질러 달리면, 오래된 너도밤나무 숲과 안데스 산맥의 뾰족뾰족한 봉우리에 둘러싸인 페리토 모레노 빙하에 다다르게 된다. 보는 이가 넋을 잃게 만드는 로스 글라시아레스 국립공원의 주인공인 모레노 빙하는 초현실적으로 아름답고 매혹적이다. 피츠로이와 다윈이 1831~1836년 저 유명한 원정에 나섰을 때 "거의 발견하다시피" 했던 이 빙하는 1877년 프란시스코 파스카시오 모레노가 마침내 발견해냈다.

오늘날 관광객들은 이 거대하고, 삐걱거리고, 끝없이 팽창하고 있는 빙하를 어떻게 경험할 것인지 고를 수 있다. 케이크 같은 표면을 트레킹하거나, 얼음 등반을 하거나, 초경비행기를 타고 시가 모양의 구름 바로 아래를 날 수도 있다. 다 귀찮다면 그냥 페닌술라 마갈라네스의 플랫폼에 편하게 앉아 감탄만 하고 있어도 된다. 아니면 수많은 쌍동선(선체 두 개를 병렬로 연결하여 하나의 갑판을 씌운 빠른 범선)이나 크루즈를 타고 끊임없이 무너지는―정확하게는 분리되고 있는―빙하벽을 지나갈 수도 있다. 이 얼음벽은 높이가 60m에 달하며, 빙하 자체는 면적이 414평방킬로미터에 달한다―거의 부에노스아이레스 시 면적에 맞먹는다. 그 크기가 이스라엘만한 남부 빙원이라 하겠다. 모레노는 브라소 리코를 통해 흐르는 물이 동쪽 중앙 빙벽을 약화시키는 탓에 4~5년에 한번씩 파열되며, 이 장관을 구경하기 위해 전 세계에서 관광객들이 모여든다. **CM**

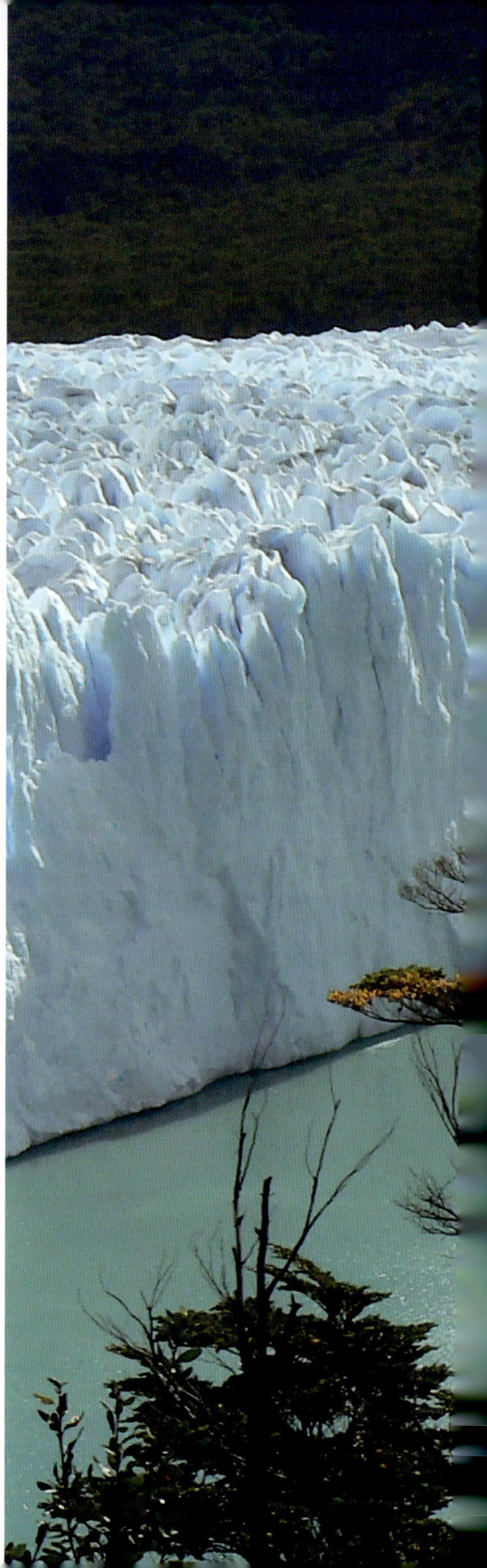

▣ 파타고니아의 빙하 중에서 후퇴하고 있지 않은 빙하는 단 3개이다. 경이로운 페리토 모레노는 그 중 하나이다.

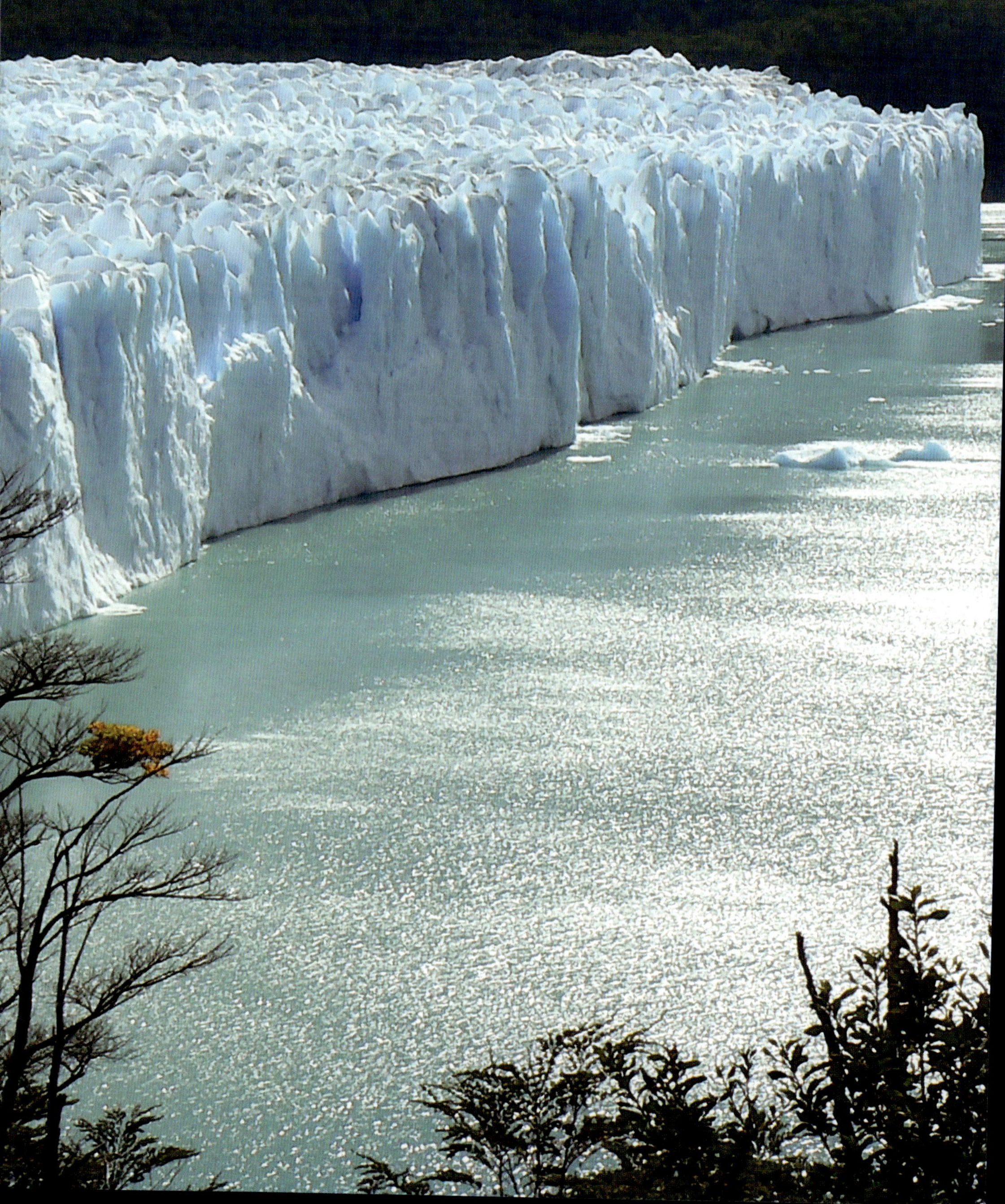

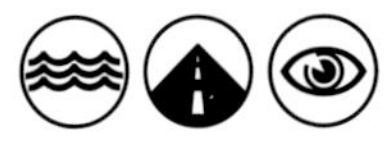

# MS 프램 호 Cruise on MS Fram

**Location** 남극    **Website** www.hurtigruten.co.uk
**Price** ⑤⑤⑤

세계에서 가장 오염되기 쉬운 환경인 "하얀 대륙"은 지구상에서 최상급 형용사—가장 춥고, 가장 높고, 바람이 가장 심하고, 가장 건조하고, 가장 얼음이 많은 등등—가 "가장" 많이 쓰이는 곳일 것이다. 가장 원시 상태에 가까운 자연을 보고 경탄할 수 있는 곳으로, 그 순수한 환경을 보존하기 위해 국제남극관광협회(IAATO)의 엄격한 관리 지침을 따라야만 한다. 관광객들의 안전 역시 매우 중요하다.

후티루튼 사(社)의 세련된 크루즈선 MS 프램 호를 타는 것이 어떨까. 거대한 흰 조각상처럼 보이는 빙산과 빙하를 지나는 배의 라운지에서 뾰족한 화강암 라운지를 구경할 수 있다. 그 중 일부는 너무 높아서, 그 꼭

---

> "우리는 석양의 햇살이
> 수증기 사이로 비치는, 환상적인
> 황금빛 안개를 보았다."
>
> 어니스트 섀클턴, 탐험가

---

대기가 요정 동화에나 나올 법한 엷은 구름에 덮여 있다. 갑판에서 들을 수 있는 소리라고는 때때로 들려오는 얼음 갈라지는 소리뿐이다. 눈덮인 산봉우리가 완벽하게 고요한 물에 비치며, 빙하에서 떨어져 나온 얼음이 산비탈을 굴러 금방이라도 얼어붙을 것처럼 차가운 물 속으로 떨어진다.

물에는 집채만한 빙산과 얼음 조각이 둥둥 떠다닌다. 마치 잿빛 급강하 폭격기처럼 알바트로스가 하늘에서 쏜살같이 내려와 거친 바닷바람 위로 미끄러진다. 뭍에 내리면 펭귄 떼에 가까이 갈 수 있으며, 지나가는 유빙 위에서 졸고 있는 바다표범도 볼 수 있다. 배가 조심스럽게 얼어붙은 물을 헤치고 나아가는 동안, 얼음판과 크기가 좀 작은 빙산이 언덕배기에서 통통 굴러떨어진다. 이 혹독한 환경 속에서는 어디를 가도 얼음뿐이다. **AD**



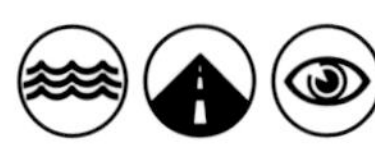

# 남극 Visit the Antarctic

**Location** 남극    **Website** www.voyagesofdiscovery.co.uk
**Price** ⑤⑤

얼음이 둥둥 떠 있는 물 위로 태양이 반짝이고, 누군가가 외치는 소리가 들린다. "유빙 위의 바다표범이 항구 쪽으로 간다." 여기저기서 카메라 셔터 소리가 들린다—남극 탐험 크루즈에서 맞는 첫 아침, 오전 7시 풍경이다. "하얀 대륙"으로의 크루즈는 궁극적인 휴양이다—오직 한번에 100명만이 상륙이 허가되는 원시 상태 그대로의 땅에 발을 디딜 수 있는 귀중한 기회인 것이다. 펭귄 서식지 사이를 걷고, 바다표범과 빙산 가까이에 가보고, 젖 먹이는 고래를 구경하고, 선박 뒤를 따라 둥둥 떠오는 알바트로스를 관찰할 수도 있다.

대형 크루즈 선사들이 남극 여행 패키지를 제공하지만, 사람들을 육지로 데리고 올라갈 수는 없다. 섀클턴(1874~1922, 영국의 남극 탐험가)의 발자국을 따라 하얀 대륙에 발을 딛고 싶다면, 탐험선 중의 하나에 올라야 한다. 작고 럭셔리하다고는 말할 수 없지만, 스타일이 떨어지는 만큼 세계에서 가장 혹독한 환경에서, 문명으로부터 동떨어지는 스릴을 만끽할 수 있다. 그러니 안락한 터미널이나 기념품 숍은 기대하지 말 것. 고무보트를 타고 뭍에 오르게 되므로(때때로 물 속이나 바위투성이 해변에 내릴 수도 있다), 방수 부츠 한 켤레는 필수로 챙겨야 한다. 또 두껍고 따뜻한 스웨터, 장갑, 양털 모자도 필요하다. 얼음이 가장 얇은 남반구의 여름, 즉 11월부터 3월까지는 남극으로 가는 배가 있지만, 날씨는 여전히 춥다.

탐험선은 100명이 승선할 수 있는 것부터 500명이 탈 수 있는 것까지 크기가 다양하다. 진짜 모험가들은 좀 작은 규모의 배를 고르지만, 좀 편하게 여행하고 싶다면 보야지스오브디스커버리 사(社)의 디스커버리 호가 완벽한 선택이다. 배에 오르는 순간부터 최고의 남극 전문가들이 그들의 방대한 지식을 기꺼이 공유할 것이다. **JA**

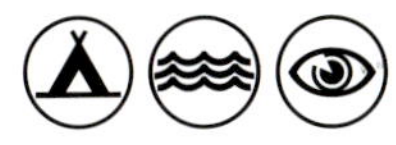

# 패트리어트 힐즈 Camp at Patriot Hills

**Location** 남극  **Website** www.adventure-network.com
**Price** ❸❸❸

오직 눈, 얼음, 바위, 하늘밖에 없는, 동물도 식물도 살 수 없는 풍경을 생각해보라. 남극은 참으로 가혹한 환경이며, 패트리어트 힐즈는 겨울철에는 기온이 영하 89℃까지 떨어지는 이 외로운 대륙에 있는 유일한 캠프장이다. 그러나 여름에 방문객들은 24시간 햇빛을 즐길 수 있으며, 패트리어트 그 끝없는 전망과 강렬한 고독감과 함께 그 어떤 기준으로도 궁극적인 휴양을 선사한다.

1987년 세워진 패트리어트 힐즈의 리조트는 남극점에서 불과 1,075km밖에 떨어져 있지 않다. 칠레 최남단의 푼타 아레나스에서 비행기를 타고 4시간 반만 날아가면 엘스워스 산맥의 푸른 얼음 활주로에 내린다. 이곳에서부터는 800m 정도 하이킹을 하든지, 더 편하게 가려면 스노우모빌로 캠프장까지 갈 수 있다.

일단 도착하면 할 수 있는 일은 많다. 남극점 바로 위를 비행할 수도 있고, 심지어 모험심이 넘친다면 스키를 탈 수도 있다. 웨델 해에서 가까운 도슨–램튼 빙하에 있는 황제펭귄 서식지를 찾아보거나, 경험이 풍부한 가이드의 도움을 받아 눈신 또는 스노우모빌로 인근 언덕들을 둘러보며 이 지역의 독특한 지형에 대해 배워보는 것도 좋을 것이다.

식당으로 사용하는 텐트는 패트리어트 힐즈의 중심이다—숙박객들은 이곳에 모여 몸속까지 따뜻해지는 식사를 하고, 다양한 모험 이야기를 나눈다. 그러고 나서 아늑한 슬리핑백에 기어들어가, 1911년 12월 세계 최초로 남극에 도달한 탐험가 로알 아문센의 뒤를 따르는 꿈에 빠져들자. **BS**

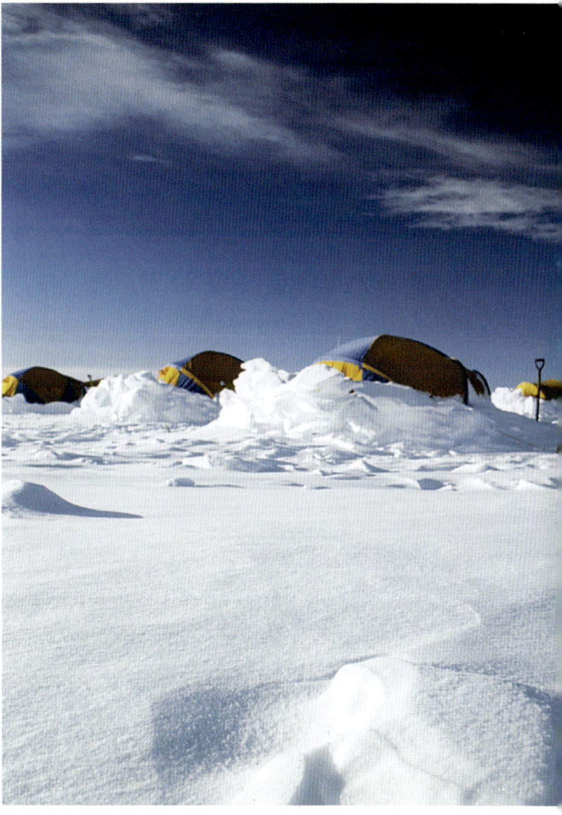

"그러나 우리는 남극점에
도달했고, 이제 신사답게
죽을 것이다."

로버트 팰콘 스콧. 탐험가

↗ 패트리어트 힐즈의 탐험대 스타일 텐트는 한번에 50명까지 숙박이 가능하다.

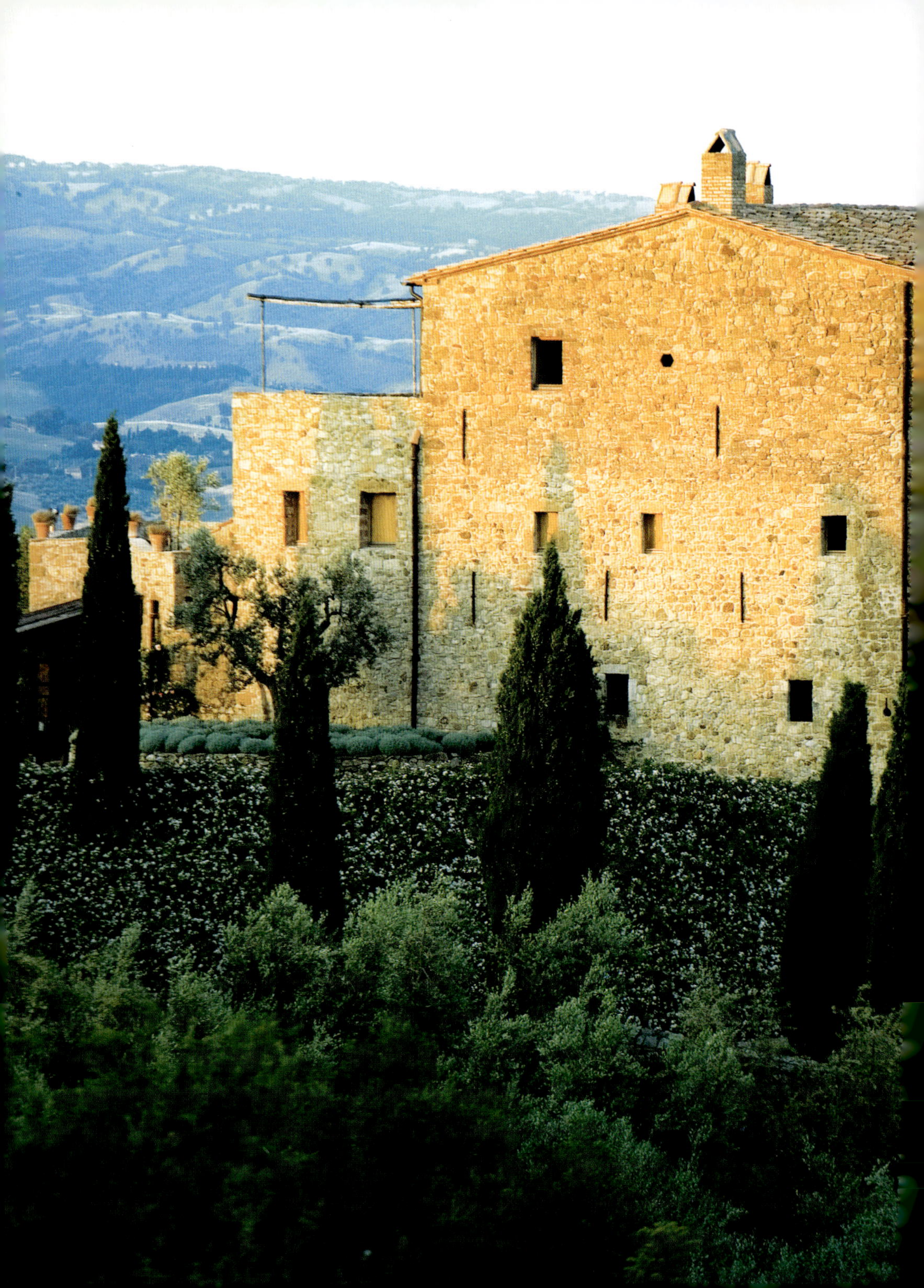

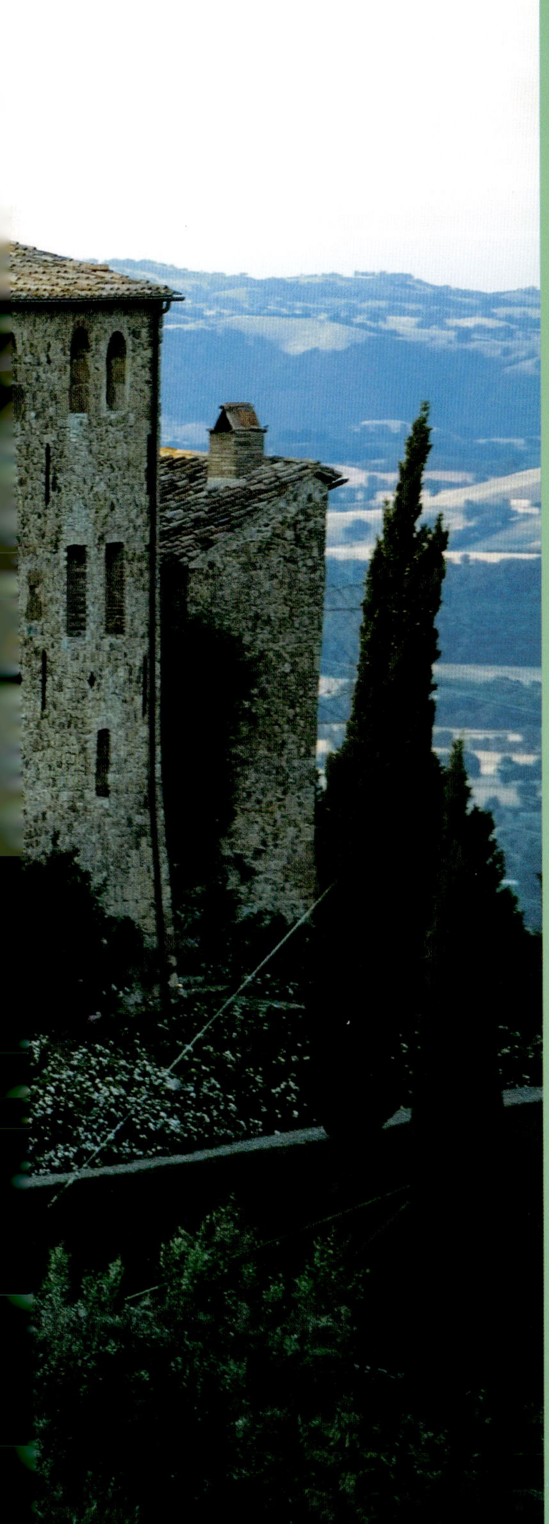

유럽에는 모든 이들의 취향과 예산을 맞출 수 있을 만큼 숙박 시설이 부러우리만치 다양하다. 프랑스의 풍차, 스코틀랜드의 성, 그리스의 섬, 이탈리아의 중세 요새 사이에서 마음대로 골라보자. 좀더 에너지를 발산하고 싶다면, 말을 타고 스페인 남부의 구릉지대를 달리거나 부르고뉴의 운하 여행, 또는 독일을 가로지르는 기차 여행도 좋다.

EUROPE

← 카스텔로 디 비카렐로, 이탈리아

# 세인트헬레나 Explore St. Helena

**Location** 남대서양 세인트헬레나
**Website** www.sthelena.se　**Price** ⑤⑤

나폴레옹이 최후를 맞을 곳으로 세인트헬레나가 선택된 것은 우연이 아니다. 남대서양에 떠 있는 이 외딴섬은 가장 가까운 육지라 해도 1,200km나 떨어져 있기 때문이다. 2010년 운항 시작을 목표로 공항 건설을 위한 자금을 유치 중이지만, 현재로서는 세인트헬레나에 갈 수 있는 방법은 한번에 1,500톤의 물자와 최대 170명의 승객을 태울 수 있는 우편운송선인 RMS 세인트헬레나 호를 이용하는 방법뿐이다. 케이프타운에서 승선, 나미비아의 스켈레톤코스트를 따라 이틀 낮과 이틀 밤을 올라간 뒤, 석양을 향해 망망한 대서양으로 나가 꼬박 닷새를 항해하면, 비로소 영국인의 세계에 도착하게 된다.

황량하리만치 거친 붉은 화산암으로 이루어진 해안

> "황무지와 녹음이 번갈아가며
> 등장하는 풍경은 마치 지구 전체를
> 미니어처로 보여주는 것 같다."
>
> 제니 디스키, 『옵저버』 紙

선은, 내륙으로 들어가면 푸르른 녹음과 어지러울 정도로 야트막한 언덕이 많은 아열대 풍경으로 바뀐다. 높은 곳에 올라가는 것을 좋아하는 이라면 작고 아늑한 수도 제임스타운에서 절벽 위로 솟아 있는 "야곱의 사다리"의 750개 계단을 올라가보자. 어부들이 바닷가재를 낚는 데 쓰는 통발을 손질하는 것을 구경하며 느긋하게 오후를 즐기는 편을 좋아할지도 모르겠다.

오지라고는 하지만, 놀랄 정도로 문명화된 곳이다. 유럽으로 돌아갈 때에는 이틀 동안 배를 타고 심지어 세인트헬레나보다 더 외딴 어센션 섬으로 가서 군용기를 타면 잉글랜드의 브라이즈노턴에 내릴 수 있다. **RsP**

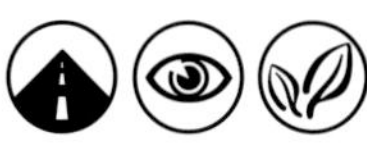

# 그린란드 Dogsled in Greenland

**Location** 그린란드 캉에를루수아크
**Website** www.greenland.com　**Price** ⑤⑤

눈과 얼음이 만들어내는 환상의 나라, 그린란드에서는 가장 원시 그대로의 자연을 볼 수 있고, 고래를 구경할 수 있으며, 얼음이 둥둥 뜬 물에서 카약을 즐길 수도 있다. 그러나 역시 가장 매력적인 경험은 개썰매다.

한떼의 허스키가 끄는 썰매를 타고 순백보다 더 하얀 야생의 자연 속을 가로지르다 보면, 마치 다른 세계에 와 있는 것 같은 기분이 든다. 사향소 모피로 만든 편안한 부츠를 신고, 아늑한 물개가죽 코트를 입자. 영하 34℃의 기온에서도 거의 불가능에 가까울 정도로 새파란 하늘에서 이글거리는 태양으로부터 피부를 보호하려면 자외선 차단제도 듬뿍 발라야 한다. 그리고 나서 사슴가죽을 깐 썰매에 앉으면 에스키모 운전수가 개들을 재촉한다. 보통 두 마리씩 줄을 세우는 것으로 알고 있지만, 이곳에서는 여섯 마리가 나란히 달린다.

그린란드로 가려면 캉에를루수아크 공항에 내리면 된다(놀랍게도 캉에를루수아크는 세계에서 악천후로 인한 연착이나 운항 취소가 가장 적은 공항이다). 그린란드는 자정에도 해가 떠 있는 땅이다. 또 북극광이 믿기지 않는 자연 조명 쇼를 보여주는 곳이기도 하다. 몇 발자국만 걸어가도 무자비한 자연의 혹독함을 실감할 수 있다. 게다가 도시 경계 밖으로 몇 킬로미터만 나가도 도로가 끊어진다.

10,000년 동안 인간과 개들은 이 극지를 사람이 살 수 있는 곳으로 만들기 위해 독특한 파트너쉽을 형성해왔고, 개썰매는 이러한 관계를 이해할 수 있는 매력적인 수단이다. 운이 좋으면 막 지어진 이글루에서 점심을 얻어 먹고, 바로 그날 오후에 1,500만 년 된 만년설에서 떠낸 얼음조각을 띄운 30년짜리 위스키를 홀짝이면서 하루를 마무리할 수 있을 것이다. **RsP**

→ 아름다운 석양이 얼음을 비추고, 썰매를 타고 가로질러가는 얼어붙은 대지 위로 환상적인 빛을 드리운다.

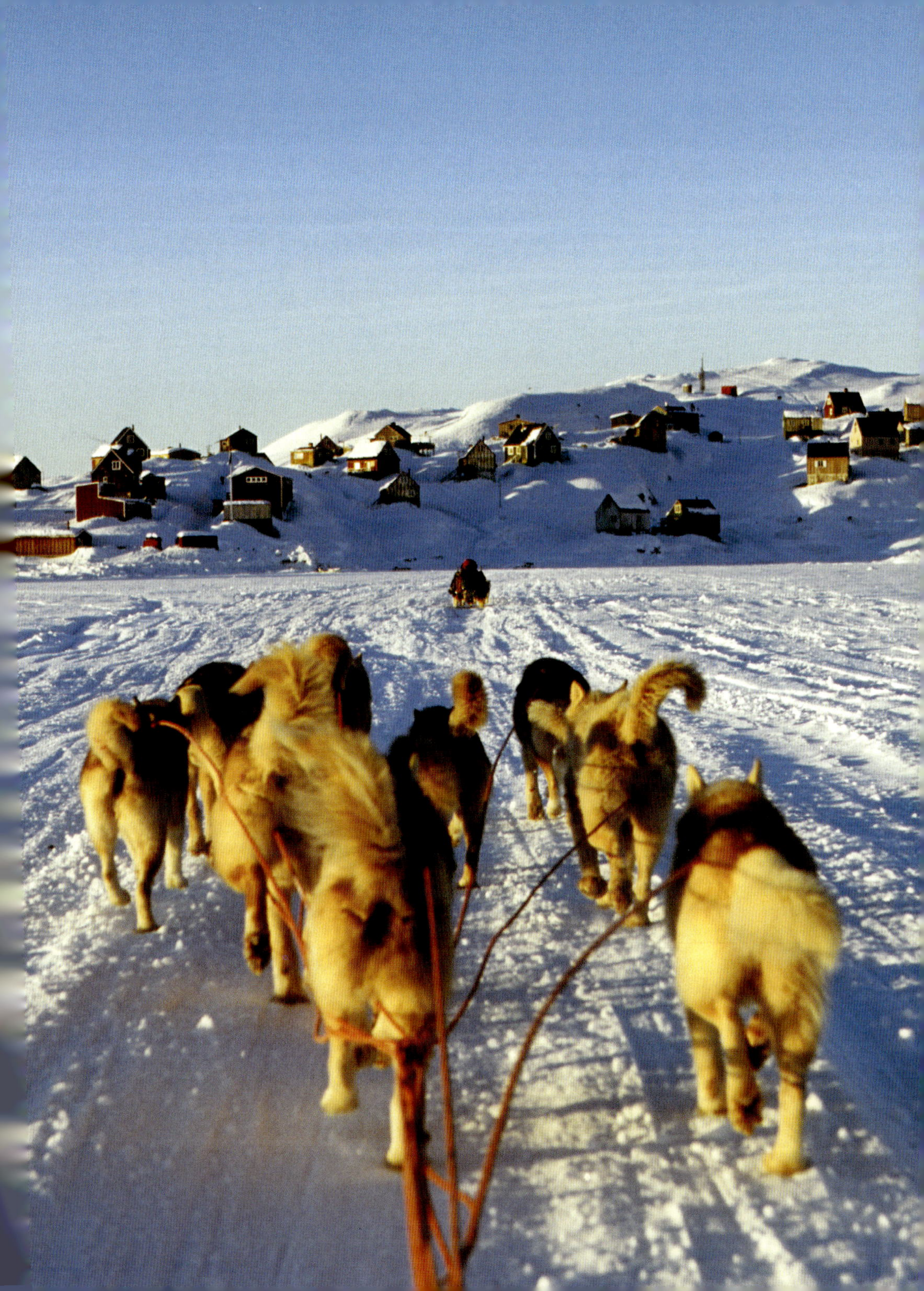

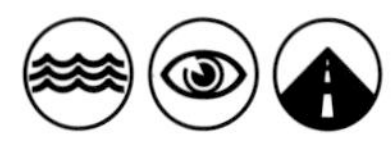

# 그린란드 Enjoy a Greenland Cruise

**Location** 그린란드
**Website** www.hurtigruten.co.uk　**Price** ⑤⑤⑤

# 호텔 부디르 Stay at Hotel Budir

**Location** 아이슬란드 스나이펠네스 반도
**Website** www.budir.is　**Price** ⑤⑤

머나먼 극지를 향해 떠났던 위대한 탐험가들의 발자취를 좇아 얼어붙은 그린란드를 돌아보는 여행은 어떨까? 후티루튼은 노르웨이의 크루즈 회사로, 세계의 웬만한 오지를 둘러보기에 가장 편안한 수단이다. 그린란드는 이름과는 달리 북극권에 속하며, 눈과 얼음으로 덮여 있는 땅이다—전체 면적의 약 85%를 덮고 있는 얼음은 그 두께가 자그마치 3km에 달하는 곳도 있다. 거대한 피요르드와 빙산, 북극곰, 그리고 허스키 개들이 사는 곳이다.

노르웨이 피요르드 크루즈의 일부로 그린란드 일일 투어를 제공하는 크루즈 노선은 여러 개가 있지만, 후티루튼은 항해 시간을 과감하게 단축했다. 문명의 세계로부터 일탈을 원한다면 비행기가 캉에를루수아크 공항에 내리자마자 여행을 시작하는 것이 좋다. 공항이 크루즈선 정박항에서 그리 멀지 않기 때문이다.

프람 호는 2007년에 건조된 현대적인 배이지만, 럭셔리 크루즈는 별로 기대하지 않는 게 좋다. 먹고, 자고, 지구가 도는 것을 구경하고, 그린란드의 역사와 동식물에 대한 몇몇 강연을 듣고, 체력 단련을 하고 싶다면 휘트니스실을 이용하는 것 외에는 특별히 선상에서 할 일이 없다. 그러나 걱정하지 않아도 된다. 진짜 장관은 배 밖에 있으니 말이다. (그리 흔히 볼 수 있는 존재는 아니지만) 북극곰이 있고, 물밖으로 솟구치는 고래가 있고, 대성당만한 빙산이 있다.

그린란드는 세계에서 가장 큰 섬이기 때문에, 프람 호는 엄밀하게 말하자면 그린란드 일주를 한다고는 볼 수 없다. 대신 남서쪽 해안을 도는 2개의 서로 다른 노선이 있어, 각각 (공기를 불어넣은 고무보트를 타고 육지에 상륙해서) 도시를 관광하거나, 빙하로 하이킹을 가거나, 심지어 피요르드의 환상적인 조감 전망을 즐길 수 있는 헬리콥터 투어도 할 수 있다. **JA**

레이캬비크에서 자동차로 북서쪽으로 2시간 떨어진 곳에, 눈 덮인 산봉우리와 더 이상 활동하지 않는 화산들, 그리고 저 높은 곳에서 떨어지는 폭포에 둘러싸여 호텔 부디르가 서 있다. 아이슬란드의 외딴 스나이펠네스 반도, 사람이 살 수 있는 환경의 경계를 나타내는 듯, 반항적인 문명의 파수꾼처럼 서 있는 것이다.

그러나 그 내부는 깨끗하고 단순한 디자인의 낙원이다. 맨 나무바닥 위에는 붉은 플러시 천 소파가 놓여 있고, 벽돌로 만든 벽난로에는 통나무가 잔뜩 쌓여 있다. 짙은색 나무로 만든 책장에는 가죽을 씌운 책들이 한가득 꽂혀 있다. 벽에 걸려 있는 배 모형이 이런 극한의 환경에는 어울리지 않을 정도로 장난스러워 보일 정

---

> "바다는 터키석빛, 땅은 검은빛,
> 봄에 솟아오르는 더부룩한 잔디는
> 희미한 금빛."
>
> 루시 길모어, 『인디펜던트』 紙

---

도다. 촛불을 밝혀 놓은 레스토랑은 아이슬란드 최고로 꼽히며, 오랜 옛날부터 유기농 재료를 사용해왔다. 그 중에서도 이 지역에서 잡히는 해산물과 사냥한 육류가 유명하다. 낮에 잡은 가자미, 대구, 넙치, 가리비를 부디르의 용암에서 캔 허브로 양념하여 저녁식사에 내는 것이다. 이 황량한 자연은 거위, 뇌조, 바다오리, 가마우지들의 고향이기도 하다—물론 이들도 계절에 따라 차례로 저녁 식탁에 오른다.

주변 환경은 아웃도어 활동을 하기에 적합하다. 스노우모빌을 타고 빙하를 탐험하거나 낚시를 가거나, 배를 타고 고래 구경을 가자. 용암 너머의 모래 언덕은 최고의 승마 코스이다. 해변에서 놀거나 모래 언덕, 용암, 바위를 건너 외딴 마을이나 웅장한 절벽으로 하이킹을 갈 수도 있다. **SH**

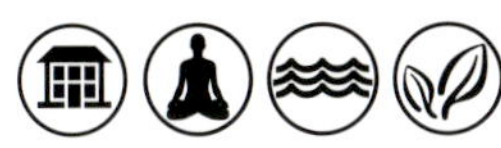

# 글리무르 호텔 Unwind at Glymur

**Location** 아이슬란드 흐발피외르뒤르
**Website** www.glymurresort.com　**Price** 💲💲

레이캬비크의 중심지에서 차로 한 시간도 채 걸리지 않는 글리무르 호텔은 익숙함과는 거리가 먼 곳이다. 이곳에서는 흐발피외르뒤르("고래 피요르드"라는 뜻)의 풍경을 감상할 수 있으며, 아이슬란드의 야생적인 매력―검은 모래가 덮인 해변, 고래 구경 투어, 빙하, 용암 들판, 드넓은 초원 등―을 만끽하기에도 제격이다. 피요르드와 산봉우리 풍경만으로도 이미 마음을 어루만져 주는 듯한 느낌인데, 여기에 호텔의 특이한 객실과 환상적인 음식까지 더해지면 더 바랄 게 없을 정도다. 메뉴는 온갖 풍미와 아이슬란드의 향토 음식―대구, 산양 (山羊), 스키르 요구르트 등―으로 넘친다.

22개의 객실은 모두 복층이며, 2인용 테마형 오두막도 있다. 예를 들면 "휴식과 침묵을 위한 집"은 휴식을 가장 절실하게 느끼는 이들에게 요가, 평화, 그리고 고요함을 제공하며, 스스로를 "당신의 영혼이 다시 채워질 때까지 앉아서 쉴 바위"라 묘사한다. 자연 환경을 활용한 오두막, 예를 들면 "자연의 집"은 오두막 한가운데에 폭포가 있으며, 아늑한 벽난로가 갖추어져 있다. 내부는 이 지역에서 생산되는 자연 소재로 꾸며져 있다. "로맨틱 코티지"에는 커다란 침대와 개인용 뜨거운 욕조가 딸려 있다.

아이슬란드에서의 경험은 모두 위대한 자연과 연관이 되어 있다―공해라고는 모르는 하늘에는 여름철에는 자정에도 해가 떠 있고, 겨울에는 북극광이 나타난다. 털이 덥수룩하고, 발디딤이 흔들리는 법이 없는 아이슬란드 조랑말을 타고 용암 들판을 탐험해보자. 산에서 내려오는 맑은 물이 마구 쏟아져 내리는 거대한 폭포로 이어진다―하지만 그 물소리를 제외하면 산 전체가 고요하기 그지없다. 이곳에 있으면서 자연의 힘을 느끼는 것만으로도 영혼이 정화되는 것을 느낄 수 있다. **LD**

> "글리무르로 가서…
> 고래가 노니는 바다를
> 굽어보는 온천에 몸을 담그라."
>
> 새라 배럴, 「인디펜던트」紙

↗ 글리무르 주위에는 도처에 폭포, 이끼 덮인 산, 그리고 검은 용암 바위가 널려 있다.

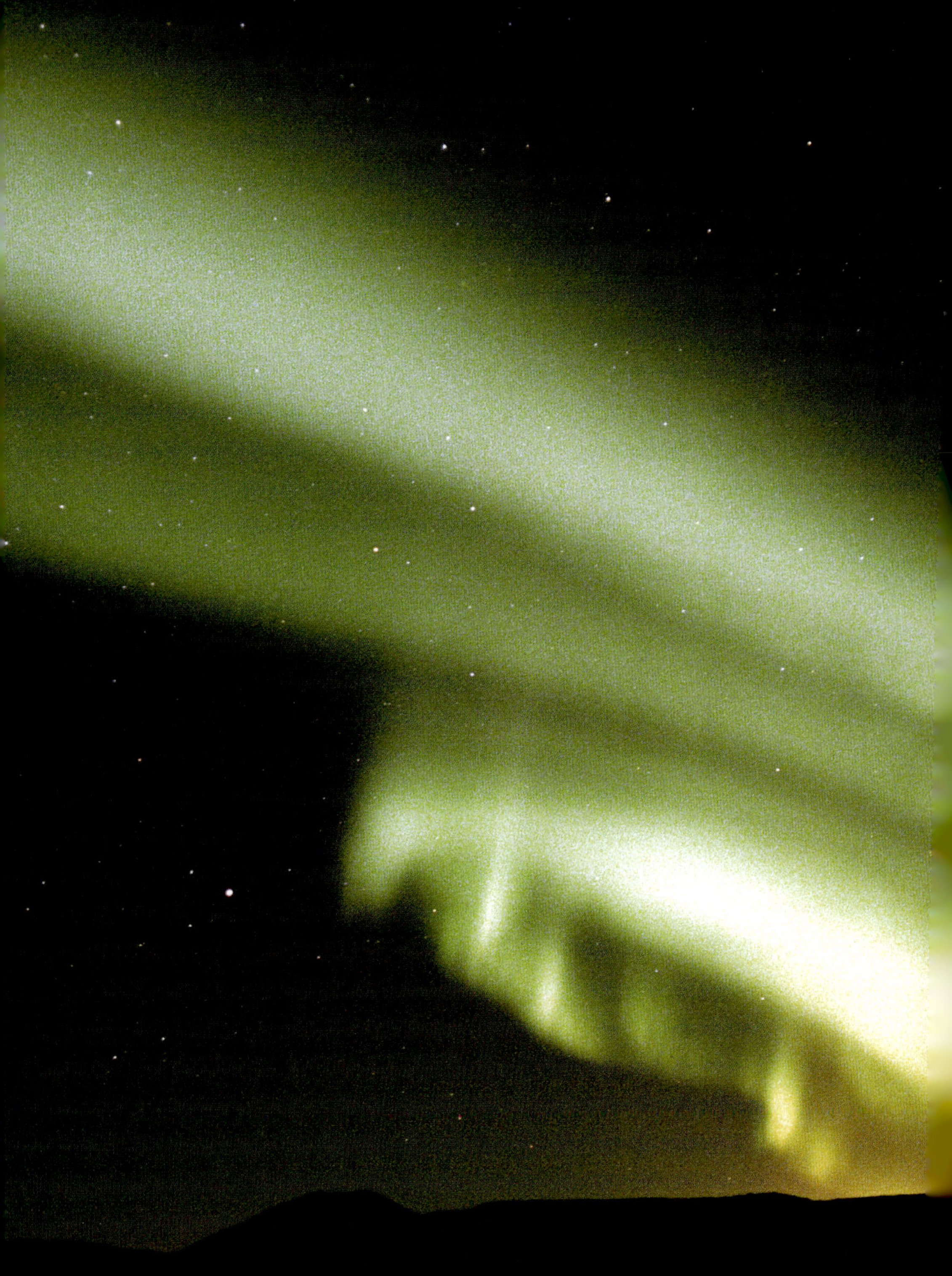

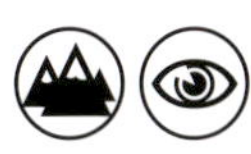

# 북극광 See the Northern Lights

**Location** 아이슬란드  **Website** www.icelandtotal.com
**Price** ◑

고대 아이슬란드 사람들은 임신한 여자가 북극광을 똑바로 쳐다보면 아이가 사팔뜨기로 태어난다고 믿었다. 아메리카 원주민들은 북극광을 향해 휘파람을 불면 유령과 영혼들을 불러낼 수 있다고 생각했다. 여기에 비하면 오늘날 천문학자들의 설명은 밋밋하기 짝이 없다. 태양 내부의 폭발과 화염을 통해 미세한 플라즈마가 발산되고, 이것이 지구로 날아와 극지방의 초고층 대기로 유입되는 것이다. 대기권의 분자와 원자들이 미세 플라즈마와 충돌하면서 그 에너지 일부를 흡수한다. 이들이 원래의 저에너지 상태로 돌아오기 위해 광양자 형태로 빛을 내는 것이다—이것이 바로 우리가 보는 북극광(오로라)이다.

북극광은 "오로럴 오벌"이라 불리는, 지구의 자기장 극을 중심으로 한 지역에서 가장 잘 보인다. 아이슬란드는 그 한가운데 위치하며, 하늘이 맑고 어둡기만 하다면, 특히 9월부터 3월까지는 전 세계에서 북극광을 보기에 가장 좋은 장소이다. 여행사들은 관광객들이 도시의 전기조명의 방해를 받지 않고 따뜻하고 아늑한 곳에서 북극광을 감상할 수 있는 상품들을 내놓고 있다. 물론 가장 훌륭한 광경은 몇 분밖에 지속되지 않지만, 너무 인상적이어서 평생 잊을 수 없는 경험이 될 것이다.

별이 총총히 뜬 검은 하늘 위로 녹색과 붉은색의 리본이 서로 얽히고, 3차원의 원뿔 모양으로 미끄러져 내려온 뒤, 다시 녹색의 정령처럼 빙글빙글 돌며 하늘로 솟구친다. 어둠 속으로 사라졌는가 싶더니, 바로 그 순간 옥색의 희미한 손가락이 지평선에서 서서히 기어올라와 점점 커지다가 뾰족한 세모꼴이 되고, 마침내 하늘로 쏜살같이 돌진한다. 현대 세계의 정신없는 일상에서 탈출했음은 물론, 다른 우주에 도달했음을 느낄 수 있는 순간이다. **PE**

◲ 북극광이 녹색의 리본처럼 춤추며 아이슬란드 창공의 밤하늘을 소용돌이치고 있다.

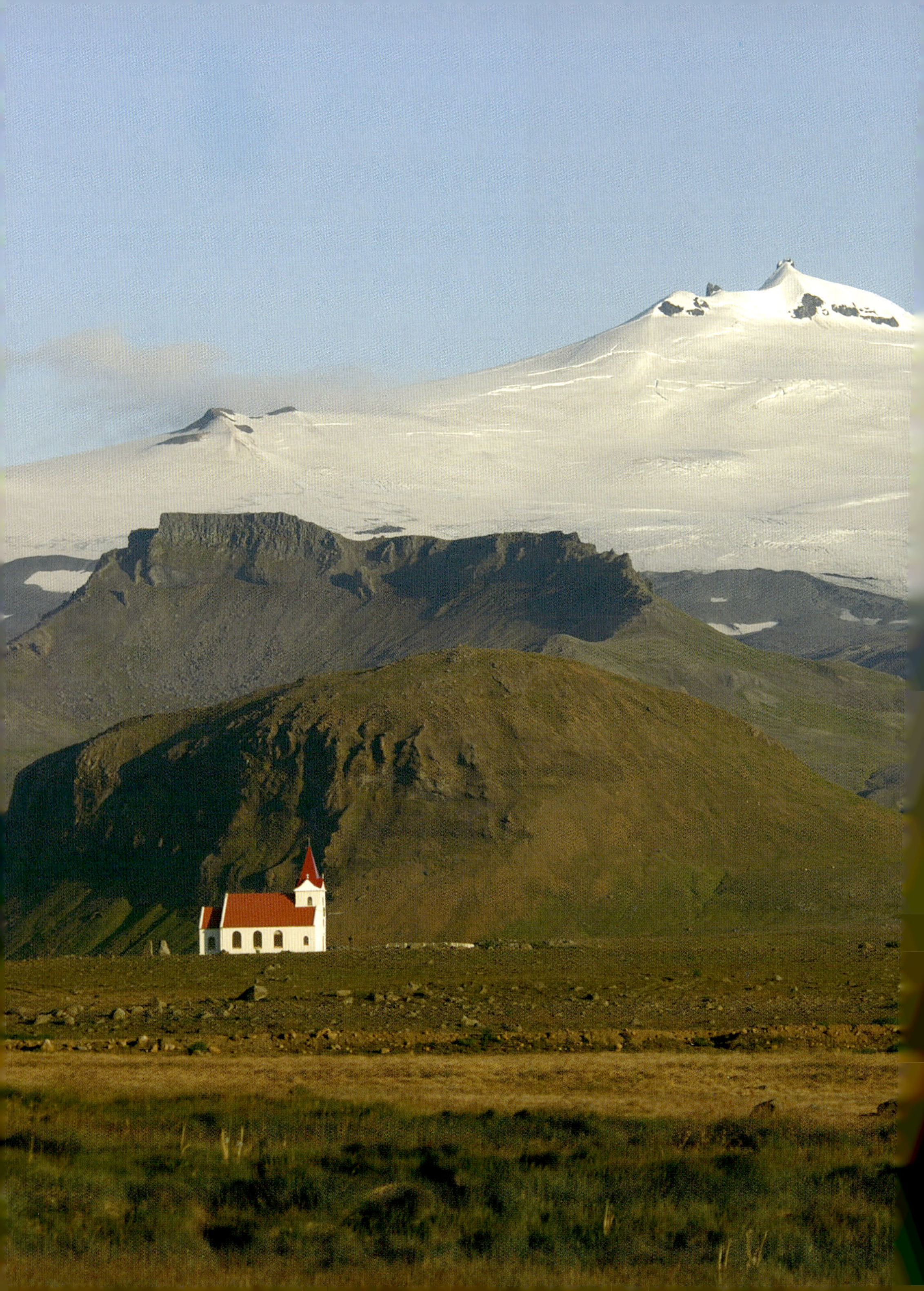

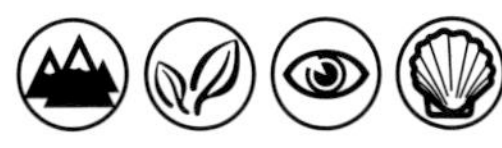

# 스나이펠스외쿨 빙하
Visit Snæfellsjökull Glacier

**Location** 아이슬란드 스나이펠스네스 반도
**Website** english.ust.is/Snaefellsjokullnationalpark **Price** 🌓

뉴에이지족들은 이곳이 신비로운 에너지의 중심지이며, 아이슬란드 출신으로 노벨문학상 수상작가인 할도르 락스네스는 예술적 영감을 얻기 위해 이곳을 찾는다고 한다. SF문학의 선구자인 쥘 베른은 『지저여행(地底旅行)』(1864)에서 이곳을 지구의 심장부로 통하는 현관으로 묘사했다. 밤에 이곳에서 볼 수 있는 신비한 빛은 다른 세계에서 온 방문객들을 암시한다—그것은 바로 자연이다. 그러나 당신이 알고 있는 "그 자연"은 아니다.

스나이펠스네스 반도는 화창한 날에는 수도 레이캬비크에서도 보인다. 팍사플로이 만(灣) 너머, 고깔 모양 빙하의 새하얀 꼭대기가 한눈에 들어온다. 빙하 주위는 국립공원으로, 구불구불한 1차선 도로와 바닷새 서식지로 가득한 절벽, 군데군데 용암이 보이는 초원, 그리고 오직 세상의 끝에서만 볼 수 있는 평화와 고요로 채워진 곳이다.

반도를 둘러싼 해변은 마치 다른 세계에서나 볼 수 있을 듯한 풍경을 자랑한다. 범고래떼가 돌아다니고, 수 년 전 검은 모래 위로 올라왔던 배에서 남은 흔적이라고는 비틀리고 녹슨 금속 조각들뿐이다. 해안으로 이어지는 길의 왼쪽으로는 한때 바이킹족이 완력을 시험하던, 거대하고 둥근 바위 쥬팔론산디르가 자리잡고 있다. 아이슬란드에서 가장 사랑받는 전설 중 몇몇의 무대이자, 크리스토퍼 컬럼버스가 겨울을 났다고 전해지는 곳이기도 하다. "사람의 손을 타지 않았다"고 말할 수 있는 곳은 사실 전 세계에 얼마 남지 않았지만, 이곳은 확실히 그 중 하나이다. 빙하에서 내려온 신선한 공기를 들이마시고, 아이슬란드의 억센 조랑말들이 하얀 갈기를 휘날리며 깊은 초원에서 뛰노는 모습을 구경하고 있노라면, 살아 있는 것이 축복이라는 기분이 들 것이다. **LD**

← 아이슬란드에서 흔히 볼 수 있는 빨간 지붕을 이은 이 외딴 교회는 스나이펠스외쿨 빙하 자락에 서 있다.

# 란드마날라우가르 온천
Relax at Landmannalaugar Hot Springs

**Location** 아이슬란드 레이캬비크 근교
**Website** www.landmannalaugar.info **Price** 🌓

란드마날라우가르의 온천들은 옛날부터 많은 사람들이 각종 질병의 치유를 위해 즐겨 찾는 곳이었다. 만성 관절염이든, 머리가 쪼개지는 것 같은 편두통이든, 우울증이든, 아니면 단순한 스트레스든 간에, 이곳의 온천들은 그 치유와 치료의 힘으로 널리 알려져 있었다.

해발고도 600m에 자리잡고 있으며, 아이슬란드에서 가장 큰 지열 평야를 포함하고 있는 란드마날라우가르(아이슬란드어로 "사람들의 온천들"이라는 뜻)는 화산 봉우리와 검은 용암 들판으로 둘러싸여 있다. 아이슬란드 남부의 고지대에 위치한 이 지역은 지열 활동이 풍부한 곳이다—용암들판에서 수많은 온천과 냉천이

> "시냇물이 온천수와 섞여
> 얕은 연못을 이루고, 주변에는
> 야생화가 피어있다.."
>
> 『옵저버』紙

흘러내리며, 이들이 만나는 거대한 옥외 욕장은 수영과 목욕을 즐기려는 사람들로 늘 붐빈다. 길이 좀 험하고 울퉁불퉁하긴 하지만, 여름철에는 찾아가기가 그리 힘들지는 않다.

일단 이렇게 추운 날씨에 야외에서 옷을 벗는다는, 심장이 멈출 듯한 쇼크를 극복하고 나면, 광물질이 풍부한 뜨거운 물에 들어가는 순수한 행복감에 젖어들 수 있다. 치유의 온기가 그 마법을 발휘하면서 모든 통증과 고통이 거짓말처럼 사라진다. 온천욕의 효과를 확실하게 보려면 뜨거운 온천수와 그 주위를 돌고 있는 얼음장처럼 차가운 물에 번갈아 가며 몸을 담그는 것이 좋다. 십년은 젊어지는 듯한 기분이 들 것이다. **HA**

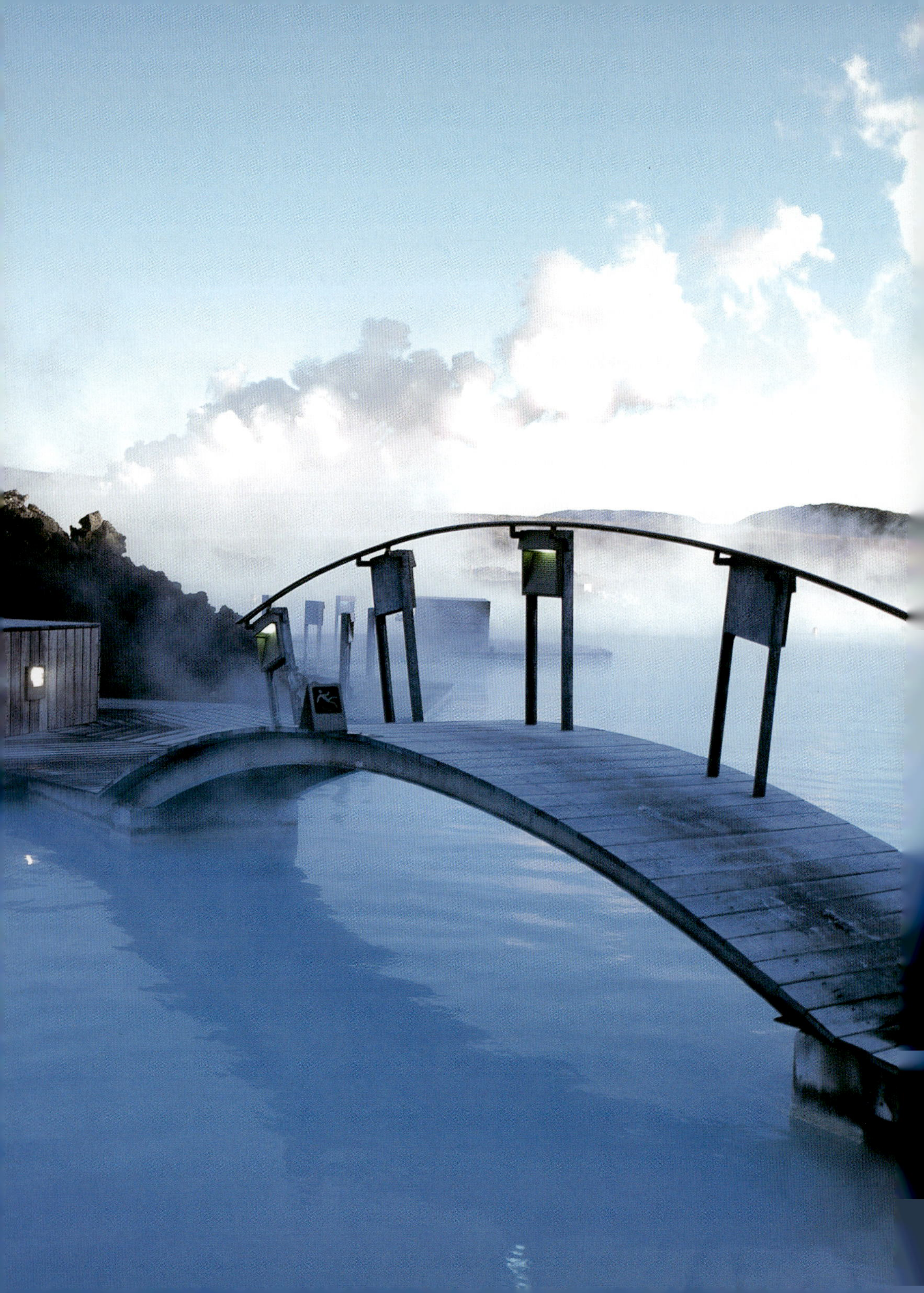

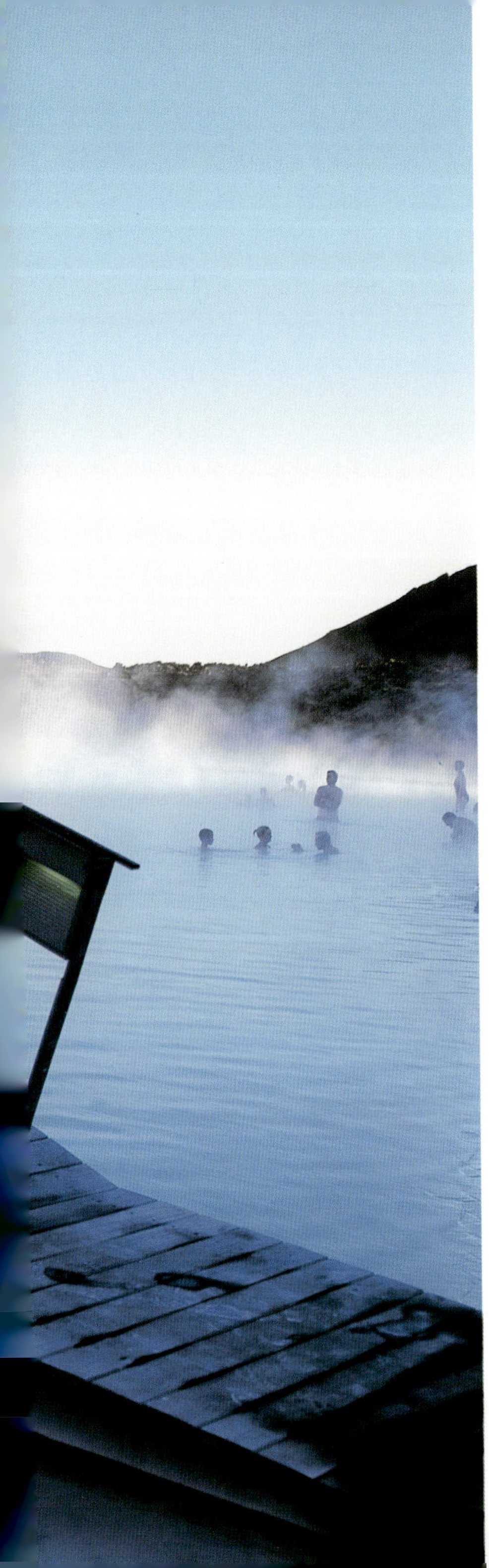

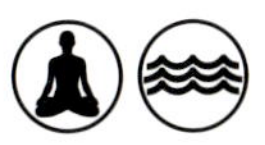

# 블루 라군 Unwind at the Blue Lagoon

**Location** 아이슬란드 그린다비크
**Website** www.bluelagoon.com   **Price** $

블루 라군은 사람이 만들었지만, 아이슬란드의 마치 다른 세계처럼 느껴지는 밤 풍경에 너무나 자연스럽게 녹아들었다. 레이캬비크에서 39km, 케플라비크 국제공항에서 약 13km 떨어진 블루 라군은 아이슬란드 최고의 휴양지 중 하나로 불려도 손색이 없다.

면적이 5,000평방미터에 달하는 거대한 옥외 지열 욕장은 천연 무기염류와 수초가 풍부하며, 피부병, 특히 마른버짐에 효과가 좋은 것으로 알려져 있다. 수증기가 뿌옇게 피어오르는 푸른 물은 그 온도가 40℃에 이르며, 한번 들어가면 도저히 나오고 싶지 않다—특히 비키니를 입고 바깥의 기온이 얼어붙을 듯이 춥다면 말이다.

겨울이면 이곳은 눈으로 뒤덮이며 얼음처럼 차가운 대기와 아늑한 온천수의 대비는 거의 불가항력에 가깝다. 사실 아이슬란드인들은 블루 라군을 가장 완벽하게 즐길 수 있는 외부 기온은 너무 추워서 이빨이 딱딱 맞부딪칠 정도인 영하 10℃라고 주장한다. 풀 주위에 상자째 놓여 있는 실리카 머드를 몸에 듬뿍 바르고 물로 씻어내면 각질이 말끔히 없어진다. 온천욕에 싫증이 났다면, 사우나나 증기실에 들어가자. 작은 폭포 아래 서서 쏟아지는 물에 등 마사지를 받고 있노라면 모든 통증과 고통이 사라지는 것은 물론 다시 젊어지는 듯한 기분이 든다.

주변 경관은 기묘하면서도 드라마틱하다. 라군은 검은 용암 바위 사이에 위치하며, 멀리 산들이 보이고, 근처의 발전소에서는 지하 수 킬로미터에서 지열로 데워진 물을 끌어올린다. 피부가 말린 대추처럼 쭈글쭈글해질 때까지 몸을 담그고 있어 보라—그 놀라운 힘을 느낄 수 있을 것이다. **JK**

◁ 블루 라군 위에 피어오르는 수증기. 물의 온도가 바깥 공기보다 훨씬 따뜻하다.

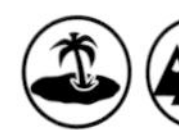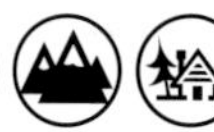

# 페로 제도 Explore the Faroe Islands

**Location** 페로 제도 북대서양
**Website** www.visit-faroeislands.com   **Price** Ⓢ

페로 제도는 뾰족뾰족한 화산, 깎아지른 듯한 거대한 절벽, 길고 어두운 피요르드, 바람이 휩쓸고 간 음산한 광야가 만들어내는 하나의 숨막히는 파노라마이다. 북대서양의 파도가 바다 속에 홀로 서 있는 검은 돌기둥에 부딪히며, 뾰족한 현무암 산봉우리가 검은 구름 속으로 어렴풋이 보인다. 마치 〈반지의 제왕〉의 한 장면 같다.

페로 제도에 속해 있는 18개의 섬은 덴마크 자치령으로, 스코틀랜드와 아이슬란드 사이에 위치해 있다. 이 섬들은 모두 유럽의 어느 곳에서나 만날 수 있는, 가장 향토색이 진한 풍경을 선사한다. 섬들은 대부분 드라마틱하게 가파르고 거칠고, 깊은 피요르드로 잘려 있지만, 수도인 토르스하운은 놀랄 만큼 코스모폴리탄한

> "…양들이 무서움을 모르고,
> 새들은 명민하고, 날씨는
> 정신상태와도 같다."
>
> 새라 크라운, 『가디언』紙

분위기의 도시이다. 멋진 화랑, 미술관, 레스토랑, 바 등을 찾아볼 수 있다. 호텔은 대부분 1970년대에 지어진 것으로 거울과 오렌지색을 마음껏 사용한 것이 특징이다. 베드-앤드-브렉퍼스트에서 머무르거나 전통적인 목조 가옥을 렌트해보자. 위층은 어두운 색의 오래된 나무바닥에, 발코니가 딸려 있고, 지붕에는 생잔디가 깔린 그런 목조 가옥 말이다.

느긋하게 늘어져서 사람 손을 타지 않은 푸른 시골 풍경과 눈만 돌리면 어디에나 있는 숨막힐 듯 아름다운 바다, 그리고 유럽에서 가장 신선한 공기를 즐겨보자. 보트를 타고 바다로 나가보거나, 정부 보조금이 나오는 섬 내부 헬리콥터 투어로 바닷새들이 사는 절벽과 바위들을 돌아보자. 고래는 해안가와 레스토랑 메뉴에서 모두 흔히 볼 수 있다. **SH**

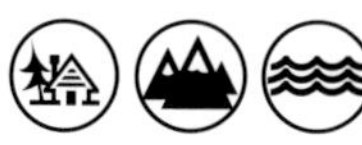

# 스토르피요르드 Enjoy Storfjord Hotel

**Location** 노르웨이 순뫼레
**Website** www.storfjordhotel.com   **Price** Ⓢ Ⓢ

쉬크한 스토르피요르드 호텔에 와 보면 왜 작은 것이 아름답다고 하는지 알 수 있다. 통나무를 가로세로로 짜맞추는 라프타 방식으로 지은 수공예 수준의 건축으로, 객실이 6개밖에 되지 않는다. 모두 투숙객들이 자연과 가까이 있다고 느낄 수 있게끔 정교하게 설계되었다. 노르웨이 서부에 있는 수천 헥타르의 산림 보호 구역 한복판, 2.4ha의 개인 부지 위에 세워진 이 호텔은 세 개의 산과 호수 하나 사이에 위치하며, 순뫼레 알프스의 숨막힐 듯 아름다운 풍경을 굽어보고 있다.

모던 스타일과 원형 그대로의 전통이 뒤섞인 스토르피요르드는 각 객실마다 럭셔리한 욕실과, 파노라마 전경을 감상할 수 있는 커다란 발코니가 딸려 있다. 또 객실마다 텔레비전, DVD 플레이어, 무선 고속 인터넷이 있어 외부 세계와 소통할 수 있다. 글롬셋 만에서 하루종일 카약을 하거나, 근처의 하우투아 산 정상으로 하이킹을 가서 마을에서 스코디에의 스토르피요르덴까지 펼쳐진 호수와 피요르드의 그림 같은 풍경을 감상하자. 페리를 타고 순뫼레 알프스의 울퉁불퉁한 산으로 가서 고지대 워킹을 즐겨도 좋다. 호텔로 돌아와 통나무로 만든 홀에서 기세 좋게 타오르는 화톳불 앞에서 저녁을 먹는다. 글롬셋 만과 꼭대기에 눈이 덮인 산봉우리들이 멀리 보이는 층계참의 갤러리에서 자기 전의 술 한잔도 빼놓을 수 없다.

많은 투숙객들은 이 호텔을 그림처럼 아름다운 노르웨이의 서부 해안을 탐험하기 위한 베이스캠프로 활용한다. 서쪽으로는 알레순드와 섬들이 있고 동쪽으로는 드라마틱한 피요르드와 산들이 있다. 골든 루트로 들어가는 관문에 위치하고 있기 때문에, UNESCO 세계 유산에 등재되어 있는 예이랑에르 피요르드를 비롯하여 세계 최고의 자연 경관을 감상할 수 있다. 계곡과 고산지대, 깊은 피요르드를 가로질러 가다 보면 거대한 폭포와 웅장한 산들을 발견할 수 있다. **AD**

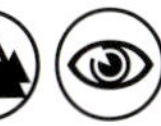

# 로포텐 제도 Discover the Lofoten Islands

**Location** 노르웨이 로포텐 제도
**Website** www.lofoten.info   **Price** ◑

로포텐 제도는 언뜻 보면 바다에서 드라마틱하게 솟아 오른 산의 깎아지른 절벽처럼 보인다. 그러나 더 가까이 다가가면, 모래사장이 있는 작은 만과 스펙터클한 경관을 자랑하는 광야, 그리고 외딴 습지 등을 발견할 수 있다. 녹빛 빨강으로 지붕을 칠한 단순한 목조 가옥이 녹색의 산림 속에 드문드문 흩어져 있다.

로포텐 제도는 북극권의 북쪽에 위치하지만, 놀랄 만큼 기후가 온화하다. 인간이 거주한 지는 약 6,000년 가량 되었지만, 가장 큰 마을인 어촌 헤닝스베르의 인구가 겨우 500명 정도이다. 1980년대 초에야 겨우 교량이 세워져 다른 섬들과 연결되었다.

어업이 발달했을 뿐만 아니라, 사뭇 예술적인 공동체이기도 하다. 각종 예술 전시와 입으로 불어서 만드는 유리 공예 스튜디오들을 볼 수 있다. 겨울에는 이곳에서 범고래 사파리를 나갈 수 있다—고래들이 이동하는 청어떼를 따라 튀스 피요르드와 베스트 피요르드로 올라간다. 여름철에는 참수리떼 관찰 투어도 있다. 참수리 중에는 양날개를 활짝 펼쳤을 때 한쪽에서 다른쪽 날개 끝까지 길이가 2m가 넘는 놈도 있다. 뢰스트와 베이뢰이에는 솜털오리, 퍼핀오리, 그리고 위풍당당한 흰꼬리수리 등이 살고 있다. 야외스포츠를 좋아하는 사람이라면 여름에는 하이킹, 바이크, 등산, 카약 등을 즐길 수 있다—자정의 햇빛 속에서 말이다! 2월 중순부터 4월까지 로포텐 제도는 근처에 있는 산란지를 찾아 몰려드는 수백만 마리의 대구를 찾아 노르웨이 각지에서 몰려드는 어부들로 붐빈다.

정말로 새로운 삶을 경험해 보고 싶다면 "로르부"라 불리는 어부의 오두막에서 지내보자. 관광객들을 위해 전원풍부터 럭셔리까지 다양한 스타일로 개조해 놓은 로르부들이 있다. 부둣가에 서 있는 몇몇 쇼후스는 게스트하우스로 개축되었다. **PE**

↗ 모스케네스 섬에 있는 작은 마을의 겨울 풍경.

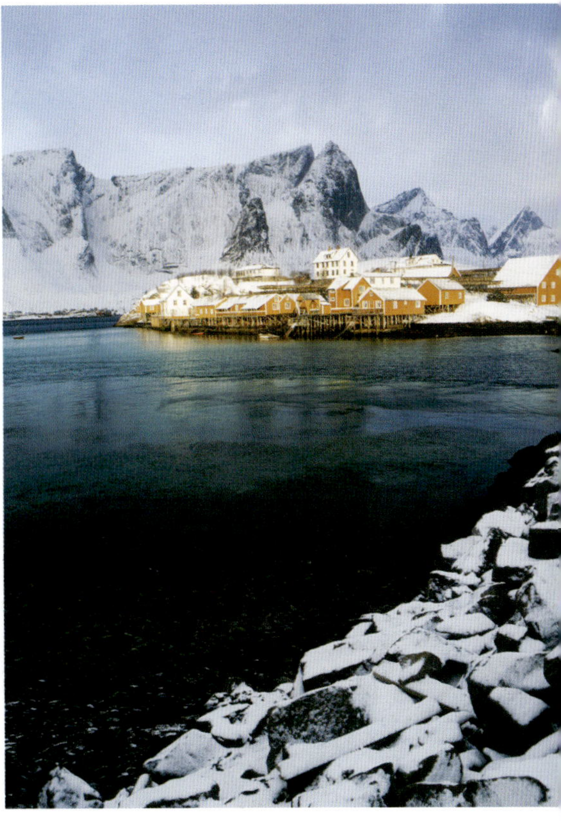

"로포텐 제도는
노르웨인들의 영혼 속에 자리한
신비로운 존재와도 같다.."

『인디펜던트』紙

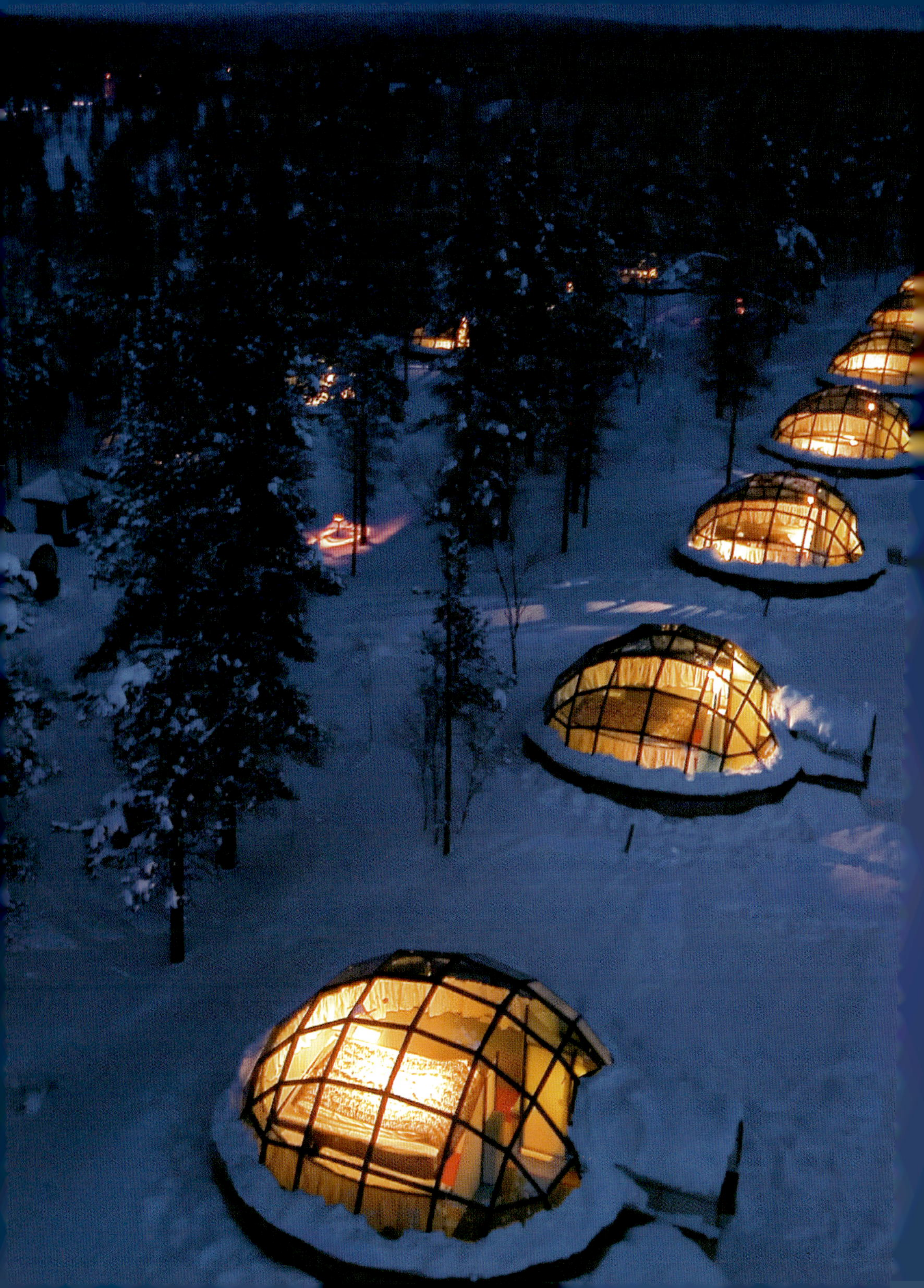

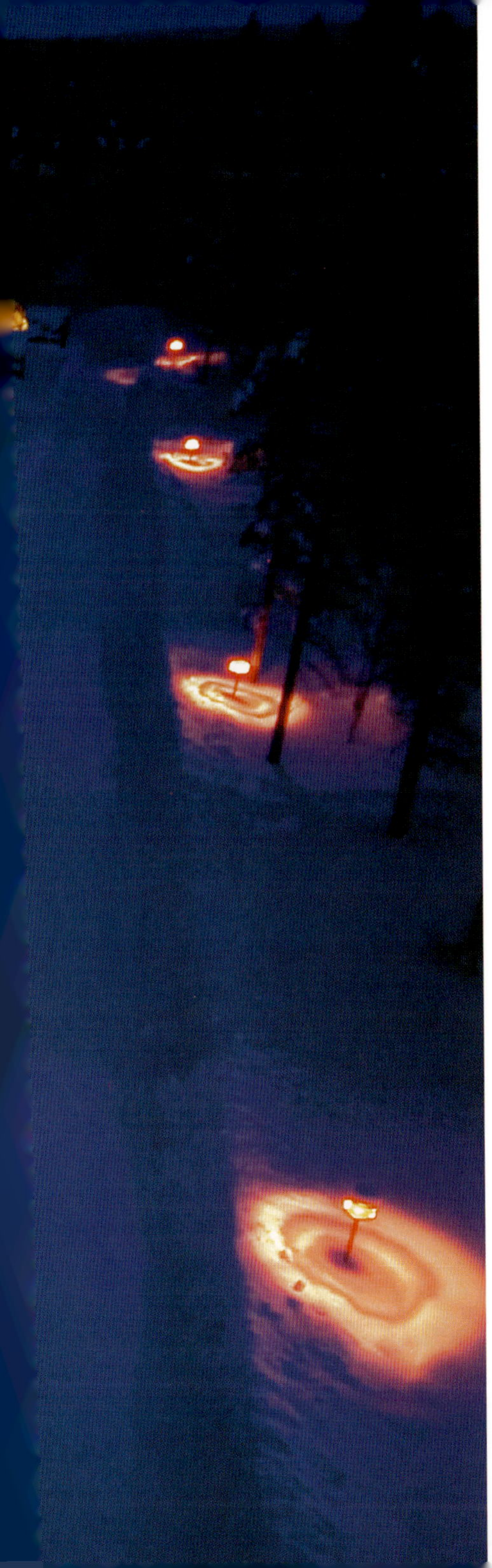

# 칵슬라우타넨 Stay at Hotel Kakslauttanen

**Location** 핀란드 칵슬라우타넨
**Website** www.kakslauttanen.fi   **Price** $$

북극광의 빛을 온몸으로 받아보는 것보다 더 숭고한 경험은 아마 지구상에 없을 것이다. 하물며 유리로 만든 이글루라니. 이 스펙터클한 현상을 감상하기에 얼마나 참신하고 아늑한 방법인가. 북극광이라는 자연의 경이는 이곳을 찾을 만한 충분한 이유가 되고도 남는다. 북극광을 보기에 가장 좋은 시기는 8월부터 4월 말까지다. 기후 조건 덕분에 빛이 거대한 하늘을 가득 채운다—스펙트럼의 가장자리에서부터 완전한 배열, 즉 가느다란 빛조각에서부터 하늘을 뒤덮는 듯한 빛의 장막이 될 때까지 말이다.

북극권 너머 핀란드 북부, 순록들이 달과 함께 노래하고 입에서 나오는 모든 말에서 얼음의 결정이 반짝이는, 눈으로 뒤덮인 사리셀카 지역에 위치한 칵슬라우타넨은 이글루와 통나무집들이 모여 있는 마을이다. 통나무집은 선 채로 죽어버린 소나무로 짓는데, 부엌과 사우나를 갖춘, 완전한 자급자족이 가능한 형태의 가옥이다. 이글루에는 얼음으로 지은 것과 유리로 만든 것, 두 종류가 있다. 어느 쪽이든 놀라울 정도로 따뜻하고, 굉장히 쉬크하지만, 하나가 다른 하나보다 더 고요하고 바깥세상과 더 떨어져 있는 느낌을 받는 것은 어쩔 수 없다.

스키나 순록 썰매 혹은 눈신을 신고 울퉁불퉁한 숲지를 돌아다니며 낮시간을 보낸 뒤 호텔로 돌아와 스모크 사우나의 열기와 얼음장 같은 수영장의 한기가 만들어내는 극한 대비를 체험해 보자. 그러고 나면 세계에서 가장 큰 얼음 레스토랑에서 저녁식사가 기다리고 있다. 얼음으로 만든 만찬용 테이블 위에 석탄 불에 구운 연어와 로스트한 순록 고기가 차려진다. 저녁을 먹고 나면 유리로 만든 반짝이는 코파로 가서 칵테일을 마시며 밤 늦게까지 북극광을 볼 수 있다. **SM**

◁ 칵슬라우타넨의 유리 이글루는 북극광을 감상하는 아주 참신한—그리고 완전히 이 세상에서 동떨어진—방식이다.

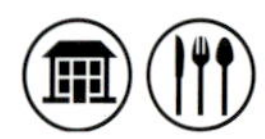

# 눈 궁전 Experience a Night in the Snow Castle

**Location** 핀란드 케미
**Website** www.snowcastle.net    **Price** 💲💲

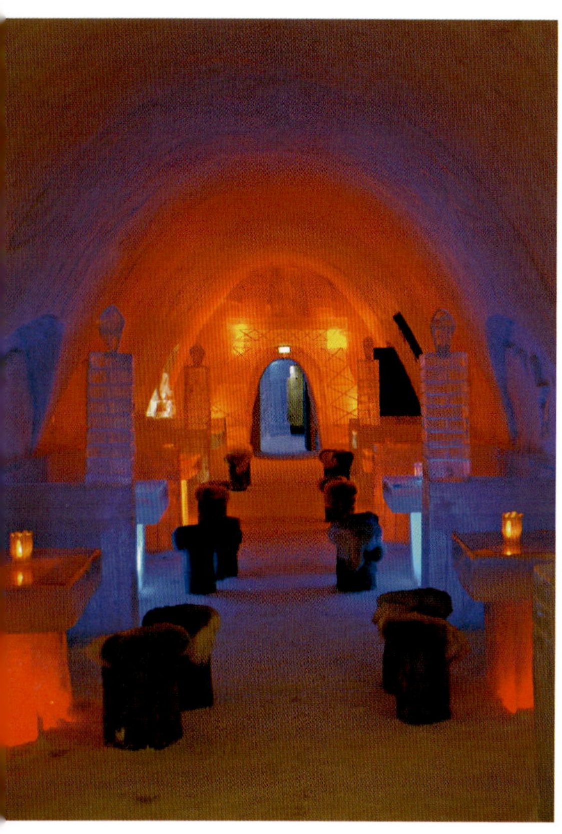

> "건축 구조, 얼음 예술,
> 그리고 빛의 마법… 모두
> 놀랄 정도로 아름답다."
>
> 해리엇 오브라이언, 『인디펜던트』紙

핀란드 북부 케미에서는 1996년 이래 매년 "세계에서 가장 큰 눈 궁전"이 지어진다—그리고 이듬해 봄이면 모두 녹아서 아무것도 남지 않게 된다. 해마다 전 해와는 약간 다르게 짓는다. 어떤 때는 높이 20m에 3층 건물로 짓기도 하고, 어떤 때는 길이만 1,000m에 달하기도 한다. 어떻게 짓건 간에, 낮시간에만 수만 명의 관광객들이 이 눈 궁전을 보기 위해 몰려든다. 쇄빙선이나 허스키 썰매 사파리 같은 겨울 야외 레저 패키지에도 곧잘 포함된다.

색색의 조명이 눈 궁전을 더욱 드라마틱하게 보이게 해 주며, 입이 딱 벌어지는 얼음 조각들이 곳곳을 장식하고 있다. 벽, 복도, 작은 탑, 방, 건물과 함께 예배당, 레스토랑, 호텔도 지어진다.

이 거대한 "이글루"의 내부 온도는 영하 5℃쯤 되기 때문에 투숙객들은 언제나 두툼하게 껴입고 지내지 않으면 안 된다. 심지어 레스토랑조차 얼음을 조각해 만든 테이블과 의자에 순록 모피를 깔아두었을 뿐이다. 메뉴는 이 지역 특산요리인 순록고기 수프, 라프 감자, 월귤 등이다. 요리는 모두 알루미늄 호일에 싸서 뜨겁게 내지만, 차가운 음료수는 얼음을 파서 만든 잔으로 마신다.

종파와 무관한 예배당에서 결혼식을 올리는 커플들도 있다(물론 좌석도 모두 얼음이다). 그리고 실내 온도가 영하인 방에서 첫날밤을 보내는 것이다. 창문이 없는 객실 내부에는 아주 확실하게 보온이 되는 슬리핑백이 있지만, 잘 때는 스키모자와 양말을 신는 것이 좋다. 라운지에 화장실과 텔레비전(얼음 테이블 위에 놓여 있다)이 갖추어져 있지만, 샤워를 하고 싶으면 버스를 타고 보다 편의시설이 잘 갖추어진 인근의 다른 호텔로 가야만 한다. **SH**

◪ 눈 궁전의 레스토랑은 얼음 조각과 순록 가죽을 깐 의자들로 가득하다.

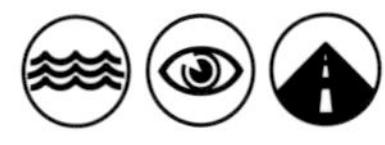

# 사이마 운하 Cruise the Saimaa Canal

**Location** 핀란드 남동부에서 러시아 북서부
**Website** www.saimaatravel.fi　**Price** ⑤⑤

마치 비밀 요원처럼 러시아로 몰래 숨어든다면, 국경선을 넘어왔음을 알 수 있는 유일한 표시는 유리처럼 맑은 물에 서 있는 콘크리트 표지판이다. 너무 심하게 기울어져 있어, 아예 옆으로 눕혀 버리고 국경선의 흔적을 지워버릴 수도 있지만 말이다. 아름답게 개조된 배 위에 앉아 사이마 운하의 고요하고도 비밀스러운 세계가 지나가는 것을 보게 된다. 우거진 숲과 펼쳐져 있는 호수들이 점점이 보이는 숨막힐 듯 아름다운 전원 풍경이 잇따라 그 모습을 드러낸다.

사이마 크루즈는 이른 아침, 라펜란타를 출발해 전통적인 국경도시 비보르크로 향한다. 비보르크는 핀란드−러시아 국경을 넘자마자 위치한 작은 도시로, 항구

> "사이마는 빙하 시대의
> 대륙 빙하가 만들어낸…
> 미로와도 같은 물길이다…"
>
> nationmaster.com

입구를 내려다보고 있는 성(城) 등 웅장하고 위대했던 과거의 흔적들이 곳곳에 남아 있다. 사이마 운하의 총 길이는 43km로, 양 종점인 사이마 호수와 핀란드 만의 수심 차이는 76m이다. 도중에 있는 8개의 수문은 감탄이 절로 나오는 엔지니어링의 위업이다.

여행객들은 몇 시간 동안 다만 느긋하게 지나치는 풍경을 즐길 수 있다. 사이마 운하를 오가는 배는 그리 많지 않기 때문에 (MS 카렐리아 호가 러시아로 크루즈 서비스를 제공하는 유일한 여객선이다) 도시 관광에서는 절대 볼 수 없는 세계를 경험하게 된다. 여객선은 두 개의 레스토랑과 선 데크까지 갖추고 있어, 운하와 수문을 구경하기에는 최적이라 할 수 있다. **CFM**

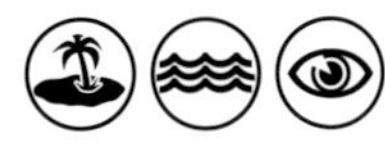

# 포르보 군도 Visit Porvoo Archipelago

**Location** 핀란드 포르보 군도
**Website** www.magnusnyholm.net　**Price** ⑤⑤

인구밀도가 1평방킬로미터당 2.5명밖에 되지 않는 핀란드에서는 인파가 북적이는 곳을 피하는 것이 그리 어려운 일이 아니다. 그러나 포르보와 펠린키 주변의 남쪽 군도 주위를 흐르는 수정처럼 맑은 바닷물은 너무나 잔잔해서 하늘이 그대로 비칠 정도이다—일상을 탈피하기에는 완벽한 장소라 할 수 있다.

헬싱키에서 약 56km 떨어진 포르보 군도는 수백 개의 작은 섬으로 이루어져 있으며, 반짝이는 자작나무와 소나무가 우거진 길쭉한 숲지가 핀란드 만을 향해 튀어나와 있다. 점점이 흩어져 있는, 작지만 색색깔로 예쁘게 칠해 놓은 어부들의 오두막은 하룻밤 머무르기에 제격이다. 어차피 주변에는 호텔이라 부를 만한 것도 없다. 티르모에 있는 마그누스 니홀름의 해변가 오두막은 환상적인 바다 풍경을 볼 수 있는 완벽한 장소다. 14명이 한꺼번에 숙박할 수 있으며, 사우나를 이용하거나 배를 빌리거나 바닷물에서 수영을 할 수도 있다. 맑고 얕은 물은 수영하기에 완벽하다.

이 지역은 너무나 아름다워서 수많은 문인과 예술가들에게 영감을 주기도 했다. 핀란드의 국민 시인이라 불리는 J. L. 루네베리가 포르보에 살고 있으며, "무민" 캐릭터로 유명한 동화작가 토베 얀손은 포르보 군도에서도 가장 외진 클로브하루 섬에서 여름을 보냈다. 포르보 군도의 섬들은 얀손의 가장 인기있는 어른 소설인 『여름 책』의 무대이기도 하다. 이 책에서 얀손은 포르보의 황량한 아름다움을 훌륭하게 묘사하였다. 얀손이 살았던 집은 매년 7월, 일주일 동안 일반에 공개된다.

여름에는 수도 헬싱키에서 역사적인 도시 포르보까지 매일 크루즈가 운항하고 있어 포르보 군도를 돌아볼 수 있다. 그러나 이 지역의 마법을 느낄 수 있는 가장 좋은 방법은 혼자서 해변으로 이어지는 비밀의 오솔길을 찾거나, 한동안 나만의 공간으로 부를 수 있는 인적 드문 작은 후미를 찾아보는 것이다. **CFM**

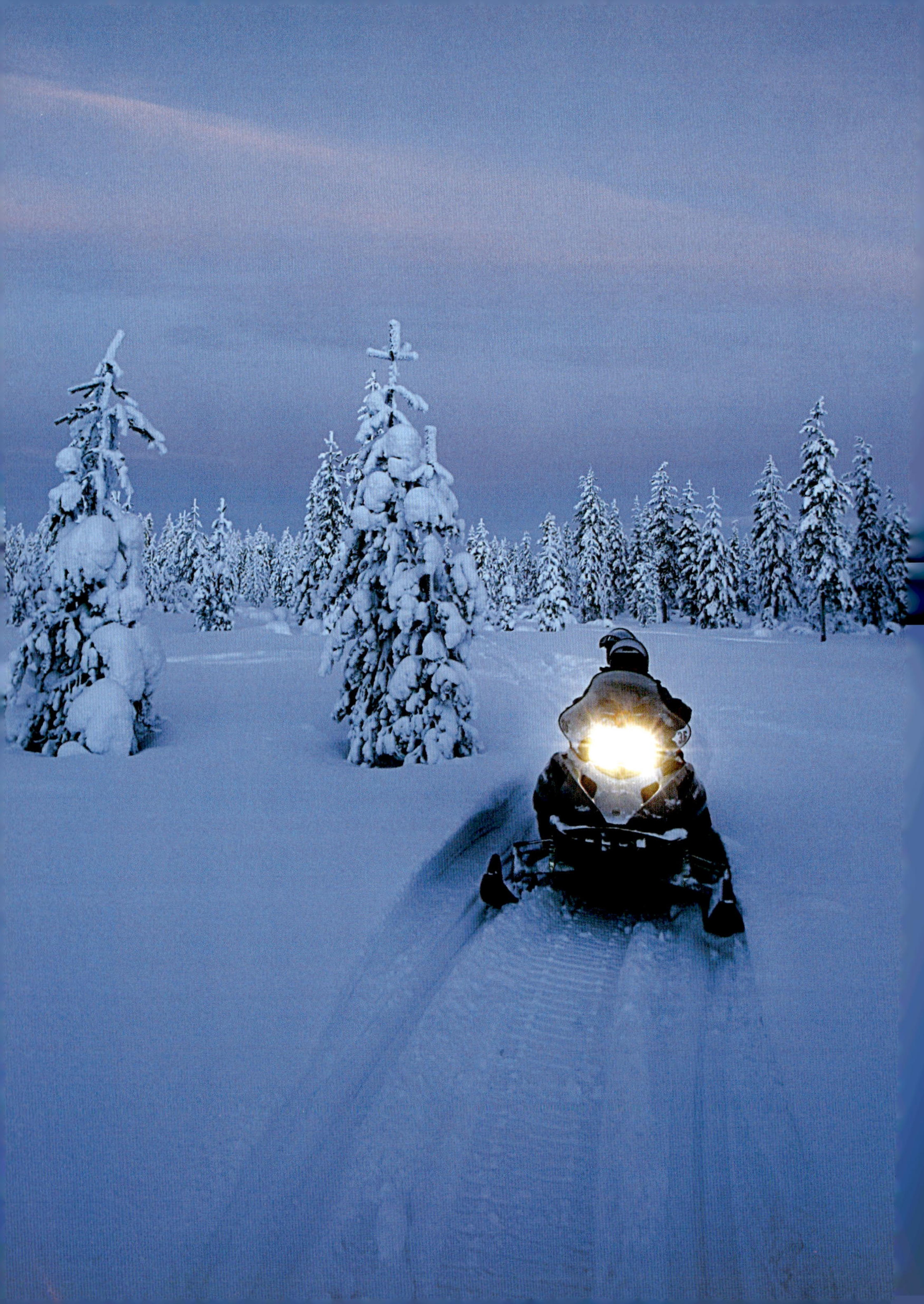

# 스노우모빌 사파리 Enjoy a Snowmobile Safari

**Location** 핀란드령 라플란드 루오스토
**Website** www.snowgames.fi   **Price** 💲💲

외부 우주에서 날아온 전자들이 지구의 대기와 충돌하여 일어나는 자연 현상인 북극광은 빨강, 핑크, 녹색의 빛줄기로 북극권의 하늘을 밝힌다. 라플란드 원주민인 사미족은 북극 여우의 꼬리로 밤하늘을 쓸 때 일어나는 불꽃이라 하여, "여우빛"이라는 별명을 붙였다. 북쪽으로, 더 북쪽으로 여행할수록, 이 경이로운 자연 현상을 목격할 확률이 높아진다. 북극광은 연중 나타나지만, 길고 깜깜한 밤이 이 천공의 빛이 만들어내는 쇼를 위한 완벽한 배경을 만들어 주는 겨울철이 더 멋지다.

북극광을 감상하는 데에는 한밤중의 눈신 트레킹부터 허스키가 끄는 개썰매까지 여러 가지 방법이 있다. 그 중에서 가장 유쾌한 옵션 중 하나는 스노우모빌 사파리이다. 잉크처럼 검은 밤하늘 아래 겨울 풍경은, 부드럽고 푸른 달빛에 남겨 있고, 완벽한 고요를 깨는 것이라고는 오직 스노우모빌이 내는 콧노래뿐이다. 얼어붙는 듯한 기온 덕분에 속눈썹에 맺힌 눈물이 고드름이 될 지경이지만, 스노우모빌의 핸들과 좌석은 난방이 되기 때문에 걱정할 필요 없다. 두꺼운 방한복까지 입고 있노라면 충분히 뜨끈뜨끈하다. 뜨겁고 톡 쏘는 월귤 주스를 한 잔 마시면 속까지 뜨뜻해지는 것 같다.

머리 위 하늘은 창공을 가로지르며 춤을 추는 색색깔의 빛으로 물들어 있으며, 천상의 불꽃놀이처럼 빛난다. 소나무 위에는 눈이 두껍게 쌓여 있어, 그 가지는 마치 괴상한 조각상처럼 휘어져 있다. 스노우모빌의 헤드라이트 조명을 받은 눈 결정이 주변의 모든 것을 마치 장식용 반짝이를 뿌려놓은 것처럼 보이게 한다. **JP**

⬅ 얼어붙은 라플란드를 누비는 스노우모빌은 북극광의 아름다움을 경험할 수 있는 신나는 방법이다.

# 우터 여관 Stay at Utter Inn

**Location** 스웨덴 베스테로스 옐마렌 호수
**Website** www.vasterasmalarstaden.se   **Price** 💲💲

우터 여관("수달 여관"이라는 뜻)은 세계에서 가장 괴상한 숙박 시설 중 하나이다. 우선 베스테로스 항구에서 고무로 만든 구명 보트를 타고 옐마렌 호수를 1km 정도 나아간다. 목적지는 다이빙 플랫폼 위에 떠 있는 조그만 헛간. 빨간색의 작은 오두막에 갖추어진 것이라곤 욕실과 바닥에 뚫어 놓은 출입구용 구멍뿐이다. 출입구를 열고 금속 사다리를 내려가면 그 곳에 있다—오두막 아래, 물 속에 매달려 떠 있는 방수실이 바로 침실인 것이다.

우터 여관을 과연 휴양지라 할 수 있을까? 어떤 이들은 단지 탈출하고 싶은 생각이 절로 드는 고독하고 고립된 공간이라고 한다. 또 다른 이들은 외부 세계로부

---

> "뭔가 감각의 인지를
> 확장시켜 주는 듯한,
> 모험과 위험의 느낌이 난다."
>
> unusualhotelsoftheworld.com

---

터 떨어진, 평화롭지만 살짝 위험한 공간이라고 말한다. 문자 그대로 물고기들과 함께 잠드는 것은 아니지만, 물고기를 볼 수는 있다. 아니, 물고기들이 당신을 구경한다는 말이 더 맞을지도 모르겠다. 호수에 서식하는 강꼬치고기들과 농어들이 방의 창문 주위에 모여들어, 안에 있는 손님들을 엿보고 있으니 말이다.

우터 여관은 이 지역의 예술가인 미카엘 옌베리의 작품이다. 그는 이전에도 음식을 밧줄에 매달아 올리는 트리하우스 호텔인 "딱따구리 호텔"을 선보인 바 있다. 우터 여관에서는 저녁 때 보트로 식사를 날라다 주거나, 아니면 투숙객이 바람을 넣는 카누를 타고 직접 호반까지 와서 저녁을 먹을 수도 있다. 피크닉용 아침식사도 제공된다. 투숙객들은 떠 있는 플랫폼 위에서 일광욕을 즐길 수 있다. 레저 편의시설 중에서 이 호텔처럼 독특한 호텔도 아마 찾아보기 힘들 것이다. **SH**

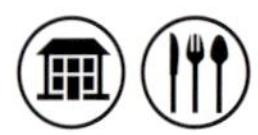

# 아이스호텔 Relax at the Icehotel

**Location** 스웨덴 유카스예르비　**Website** www.icehotel.com　**Price** ⑤⑤

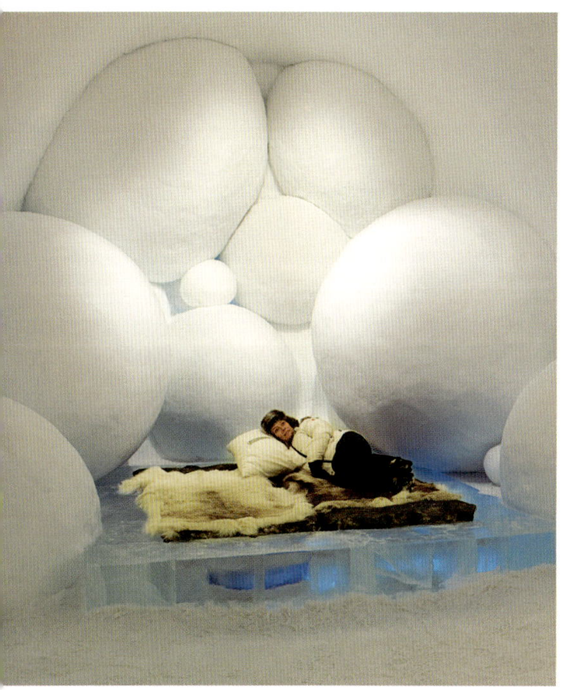

> "얼음 자체도
> 완전히 투명해서… 마치
> 다른 세상에 와 있는 것 같다."
>
> 줄리엣 에일퍼린, 『워싱턴포스트』 紙

⤒ 스웨덴 라플란드에 있는 아이스호텔에서 한 여성 투숙객이 순록 가죽이 덮인 침대 위에 누워 있다.

⤷ 아이스호텔의 객실─가구들이 녹기 때문에 매년 새 가구를 조각하여 들여놓는다.

1980년대 말, 잉베 베르크비스트라는 스웨덴 사람에게 한 가지 생각이 있었다. 북극권 북쪽 200km 지점의 스웨덴령 라플란드에 얼음만을 사용한 호텔을 짓는다는 것이었다. 투자 유치가 쉽지 않았기 때문에, 아이스호텔의 시작은 미미했다. 그러나 해가 지날 때마다 베르크비스트의 아이디어가 옳았음이 증명되었고, 방문객 숫자도 폭증했다.

오늘날 아이스호텔 건물은 호텔이라기보다는 얼음 조각 갤러리에 가깝다. 정문을 지나 홀로 들어서면 온갖 장식을 조각해 놓은 기둥들과 촉촉한 물기로 빛나는 우아한 여인들의 조각상이 방문객을 맞는다. 양쪽으로 갈라지는 복도의 끝에는 저마다 아이스 스위트가 있어 세계 각지에서 온 예술가들이 자신들의 비전을 얼음으로 표현한 작품들을 볼 수 있다. 작품은 매년 다르다. 대형 작품들의 경우 호텔에서 여름 동안 특수 보관하는 경우도 있지만, 대부분은 봄이 오면 녹아서 원래 그들이 온 토메 강으로 되돌아간다.

외부 기온과 관계없이 실내 온도는 항상 영하 5℃로 유지되고 있으며, 차가운 객실에서 밤을 보내야 하는 투숙객들에게는 푹신한 보라색 슬리핑백과 방한복, 부츠 등이 제공된다(모험심이 부족한 손님들을 위해 별도의 건물에 따뜻한 객실도 준비되어 있다). 침대의 프레임은 얼음이지만, 그 베이스는 작은 나무조각으로 만들었으며, 그 위에 매트리스와 (조금 냄새가 나기는 하지만) 아늑한 순록 가죽을 깔았다. 다른 복도를 지나가면 얼음 바에서 얼음으로 만든 잔에 보드카 칵테일을 제공한다. 매년 50만 개 이상의 얼음 잔을 사용한다. 손님들은 잔을 잡기 전에 반드시 장갑을 껴야 한다─그렇지 않으면 바로 미끄러져 손에서 빠져나갈 것이기 때문이다. 술을 마시는 동안 입술의 온기 때문에 가장자리가 입 모양 그대로 녹아내릴 것이다. **PE**

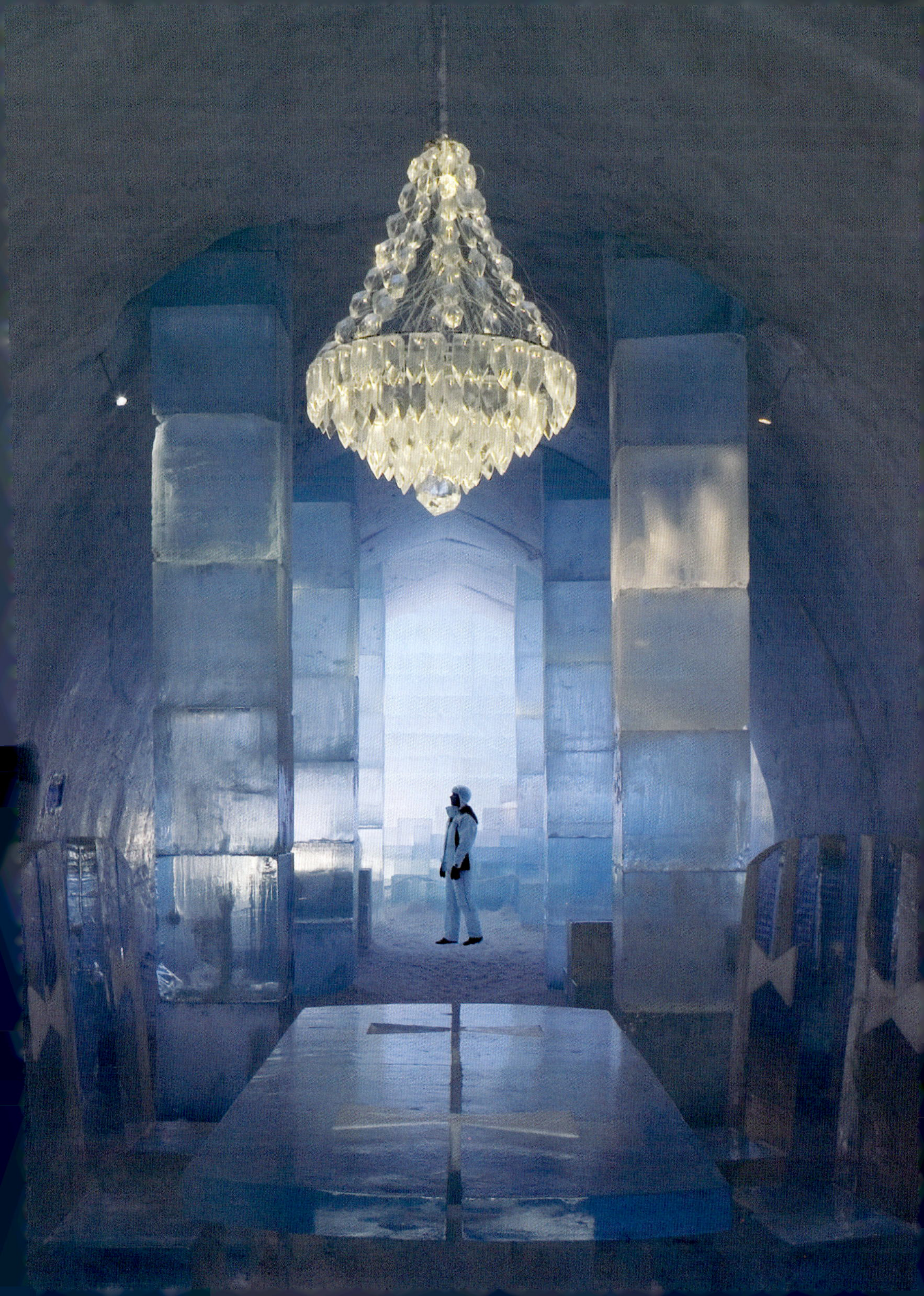

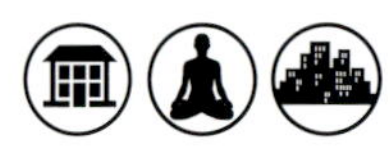

# 노르딕 라이트 호텔 Experience the Nordic Light Hotel

**Location** 스웨덴 스톡홀름　**Website** www.nordiclighthotel.se
**Price** 💲💲

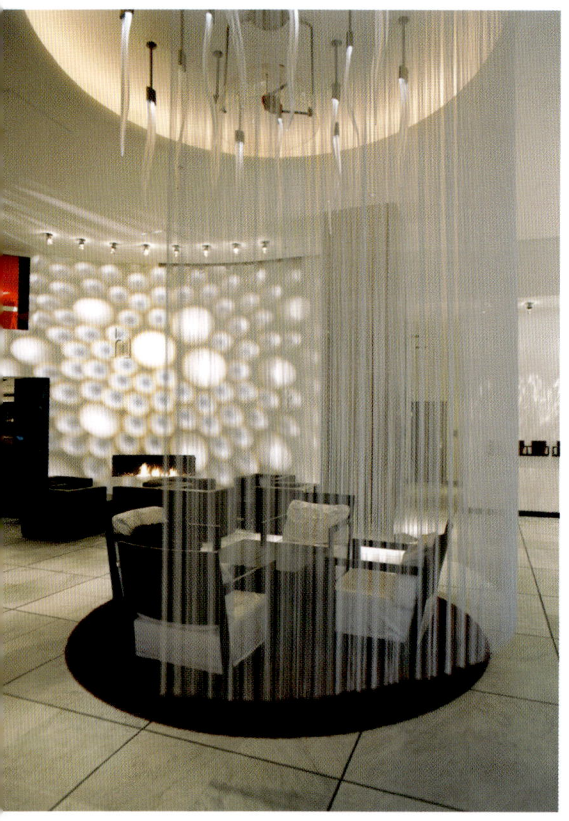

노르딕 라이트 호텔은, 그 이름에서 짐작할 수 있듯이, 처음부터 끝까지 빛이다. 로비의 음향과 동작 반응 시스템과 객실의 다중 조명 세팅은 끊임없이 변화하는 북극광의 패턴을 재창조하는 것은 물론, 투숙객들에게 조명 테라피를 제공하고자 고안되었다.

이 호텔은 요즘 상당한 유행을 타고 있는데, 비단 빛과 색의 상호작용에 관심있는 이들만 해당되는 것은 아니다. 스톡홀름 디자인 위크, 패션페어 +46, 퓨처 디자인 데이즈의 공식 지정 호텔이다. 즉, 노르딕 라이트가 디자인 계통 사람들을 끌어들이고 있다는 말이다. 175개의 편안한 객실은 스칸디나비아 특유의 미니멀리즘을 보여주는 화이트 톤으로 꾸며져 있으며, 벽에는 예술 작품 대신 프로젝션을, 손님이 직접 색, 무드, 속도를 선택할 수 있는 "조명 침대"를 구비해 놓았다. 투숙객들은 라운지(일주일에 몇번은 클럽 나이트를 개최하기도 한다)에서 칵테일을 홀짝거리거나 느긋하게 늘어져서 스웨덴이 자랑하는 최고의 디자이너들의 얼굴을 볼 수도 있다.

그러나 "빛"에서 벗어날 수는 없다. 실내 세팅은 물론 전문 조명 테라피스트들과 마사지사들이 룸서비스 테라피를 제공한다. 새로운 것도 아니다. 적외선은 시차증을 극복하는 데 도움을 줄 뿐만 아니라, 혈액순환을 촉진시키고 해독 작용을 하고 붓기를 가라앉히고, 셀룰라이드 축적을 감소시키고, 인체의 배설 작용을 향상시키는 것으로 알려져 있다. 레이저 침술은 통증을 최소한으로 줄이고 부작용 없이 다양한 질병을 치유해준다. 물론 이 모든 것들이 미심쩍다면 일반적인 마사지 트리트먼트도 언제든지 받을 수 있다. **PS**

> "가장 좋은 것은… 마치 옷을 고르는 것처럼
> 객실을 고를 수 있다는 것이다.
> S, M, L 그리고 XL사이즈까지 다 있다."
>
> 자넷 하이드, 『옵저버』紙

↖ 스톡홀름에서 최고 유행인 노르딕 라이트 호텔의 로비. 움직이는 조명 프로젝션이 완벽하게 구비되어 있다.

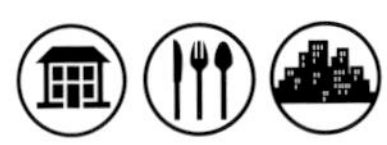

# 그랜드 호텔 Stay at the Grand Hotel

**Location** 스웨덴 스톡홀름    **Website** www.grandhotel.se
**Price** ⑤⑤⑤⑤

호화로운 거울의 방에서 그림이 그려진 천정과 샹들리에 아래 서 있든, 나무로 덧널을 댄 프랑스 식당의 촛불이 만들어내는 정겨운 분위기 속에서든, 드넓은 로비의 도금한 기둥들 사이에 놓인 플러시 천을 씌운 소파에 앉아 있든, 그랜드 호텔은 지난 130년간 그 위엄을 자랑해왔다. 이 영광스러운 스칸디나비아 호텔은 이제는 유럽에 몇 남아 있지 않은 클래식한 시티 호텔 중 하나로, 스웨덴 국가 기념물로 지정되어 있다.

그랜드 호텔은 스톡홀름의 심장부—항구 바로 옆, 왕궁 맞은편—에 위치해 있다. 그랜드 호텔의 베란다 레스토랑에서 그 바깥에 정박해 있는 작은 증기선들을 내려다보며 청어 스뫼르가스보르드(smorgasbord, 스

> "숙박객 명부에 서명한 이름들을
> 보고 있노라면 20세기 연감을
> 보고 있는 듯한 착각에 빠진다."
>
> 팀 에콧, 「가디언」紙

웨덴의 전통 뷔페)를 먹는 것은 스웨덴 전통의 일부가 되었다. 많은 객실들이 마치 대저택에 온 것 같은 느낌을 주지만, 그 중에서도 최고는 방이 4개 딸린 펜트하우스이다. 북적이는 항구를 내려다보고 있는 이 객실의 이름은 노벨 스위트로, 백년 넘게 노벨상 수상자들이 머무른 방이다. 알베르트 아인슈타인이 좋아했던 안락의자에 앉아볼 수도 있다.

그러나 노벨상 수상자들은 그랜드 호텔에 투숙했던 명사들 가운데 빙산의 일각에 불과하다. 프랭크 시내트라는 한번은 바에서 너무 취한 나머지 의사를 불러야 했던 적도 있고, 그레타 가르보는 스태프들을 피해 욕실에 숨기도 했다. 그랜드 호텔은 피부에 와 닿는 호화로운 분위기를 온통 내뿜고 있어, 이곳에 머무르는 투숙객들은 정말로 자신이 특별해진 느낌이 든다. **SH**

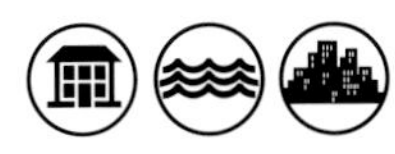

# 스마달라뢰 Relax at Smådalarö Gard

**Location** 스웨덴 스톡홀름    **Website** www.smadalarogard.se
**Price** ⑤⑤

통나무를 때는 사우나에서 나와 얼음처럼 차가운 풀에 뛰어드는 것만큼 살아 있음을 온몸으로 느낄 수 있는 경험도 많지 않다. 스마달라뢰에서는 바로 이 경험만으로도 온몸의 감각이 "할 말을 잃는" 경지에 다다를 수 있다. 훈증 열기의 까끌까끌함과 얼음장 같은 찬물의 대비가 주는 쾌락으로 피부가 춤을 추는 것 같다. 스톡홀름의 분주한 도심에서 약 45분밖에 떨어져 있지 않은 곳에 이렇게 환상적으로 고요한 장원 저택이 있어 온갖 종류의 레저를 즐길 수 있다는 것이 믿기지 않을 뿐이다.

1810년에 지어진 스마달라뢰는 전면 개조를 거쳐, 예술의 경지라 말할 수 있는 62개의 객실과 최고급 컨퍼런스 센터를 갖춘 별 4개짜리 호텔이다. 벽난로와 아늑한 객실은 바깥 날씨가 어떻든 상관없이 로맨틱한 분위기를 자아내며, 특히 "뻐꾸기 둥지" 실이 신혼부부들에게 인기가 높다. 날씨만 좋다면 호수에서 배를 타고 노를 젓거나, 9홀 골프코스에서 라운딩을 하거나, 호텔 소유 요트를 타고 보트 트립을 갈 수도 있다. 낚시, 산책, 불(boules)이나 테니스를 즐기다가 사우나 친구를 만들 수도 있다. 아니면 당구나 다트, 일광욕실에서 윈터태닝을 하며 느긋하게 시간을 보낸 것도 좋은 방법이다. 헴비켄 주위를 흐르는 물은 계절에 따라 서로 다른 빛깔을 보여준다—스칸디나비아 전체에서 이렇게 가을이 아름다운 곳도 없을 것이다. 달라뢰하스는 오랫동안 뱃사람들과 여행하는 상인들의 집결지였으니 역사에 관심이 있는 사람이라면 들러 볼 것.

레스토랑과 다이닝룸 "냄되"는 스웨덴 스타일의 최고급 요리를 선보인다. 이 군도에서 잡히는 최고의 어패류에 온갖 종류의 사냥 육류, 가금류 요리를 맛볼 수 있다. 스마달라뢰의 분위기에 젖어보라—가장 지친 영혼조차도 새로운 생명력을 느낄 수 있을 것이다. **PS**

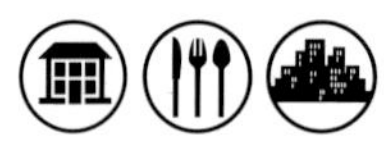

# 빌라 캘하겐 Enjoy Villa Källhagen

**Location** 스웨덴 스톡홀름　　**Website** www.kallhagen.se
**Price** $ $

빌라 캘하겐은 로얄 유르고덴 공원—200년 넘게 시민들의 사랑을 받아온 스톡홀름의 명소—내부에 위치한 작고 친근한 호텔이다. 여름철에 낮이 유난히 긴 북유럽 국가에서 흔히 그렇듯이, 빌라 캘하겐의 매력적인 건축 구조는 건물—그리고 숙박객들—이 빛을 최대한 활용할 수 있도록 대량의 유리를 사용하고 있다.

공원 쪽에 위치한 20개의 객실은 공원과 유르고덴 운하가 내려다보이는 커다란 창문이 있으며, 햇빛이 욕실로도 들어온다. 널찍한 객실은 천연광과 옅은색 목재, 그리고 색색깔의 예쁜 패브릭 덕분에 더 넓어 보인다. 모든 객실에 발코니나 테라스가 딸려 있어 신선한 스칸디나비아 공기를 들이마실 수 있다. 스웨덴 요리

> "유르고덴의 자연 경관과
> 조화를 이루는 따스하고
> 환영하는 분위기…"
>
> countrysidehotels.se

(특히 생선)를 좋아하는 사람들은 이 호텔의 구루메 레스토랑을 사랑해 마지않을 것이다—발트 해에서 잡힌 청어 튀김 같은 전통 요리가 특기다.

빌라 캘하겐은 봄이나 여름철 휴양지로 최고지만, 그 내부는 겨울에도 놀랄 만큼 아늑하다. 커다란 벽난로에 불이 타오르고, 바가 열려 있고, 밖에서는 밤바람이 으르렁거린다. 사우나와 휴게실도 있고, 야외로 나가고 싶으면 자전거를 렌트할 수도 있다. 도심에서 10분 거리이기 때문에 스톡홀름 탐험에 나서려는 사람들에게는 완벽한 베이스캠프 구실을 한다. **PS**

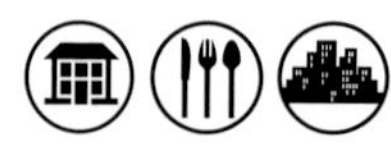

# 랑홀멘 Stay at Långholmen Hotel

**Location** 스웨덴 스톡홀름　　**Website** www.langholmen.com
**Price** $ $

랑홀멘은 한때 스웨덴에서 가장 큰 감옥이었다. 도심에서 그리 멀지 않은, 녹음이 우거진 섬 위에 서 있는 이 웅장한 19세기 건물이 호텔로 개조되면서, 감방들은 객실로 둔갑했다. 옛 왕실 감옥은 1975년까지만 해도 스톡홀름에서 가장 악명높은 죄수들을 수감하던 곳이었으며, 아직도 옛 감방의 한 가운데에는 계단통을 원형 그대로 볼 수 있다. 지금은 객실과 객실 사이의, 바람이 잘 통하는 아트리움으로 쓰이고 있다.

감방에는 아직도 (더 이상 쇠창살은 없지만) 조그마한 창문이 나 있고, 몇 겹의 보안장치가 되어 있는 육중한 철문도 그대로이다. 각각의 감방 안에는 샤워시설, 변기, 전화, 무료 무선 인터넷, 라디오, 케이블 TV가 갖추어져 있다. 벽은 수감자들의 범죄와 재판을 상세하게 전달하고 있는 신문 클리핑으로 장식되어 있다. 심지어 투숙객들은 자신이 묵고 있는 방에 수감되었던 죄수의 하루 일과표를 받을 수도 있다. 기상 나팔은 오전 5시 45분에 울리고, 취침 시간은 오후 7시 45분이다. 아, 물론 걱정할 필요는 없다. 그냥 과거에 이랬었다는 것이지 요즘도 이러는 것은 아니니까.

이 거대한 감옥에는 현재 102개의 객실이 있으며, 별도 건물에 유스호스텔, 컨퍼런스센터, 박물관, 4개의 레스토랑 등이 있다. 레스토랑 하나는 과거에 여성 수감자들이 하루 종일 방적기 앞에 앉아 있어야만 했던 지하실을 개조한 것이다. 불(boules) 게임을 즐길 수 있는 옛 운동장에는 파티오 카페까지 있다.

섬 자체도 스웨덴의 수도를 구성하고 있는 수백 개의 섬 가운데 가장 큰 섬이다. 그 역사를 살펴보면 왕궁과 구시가지에서 도보로 15분밖에 떨어져 있지 않은 교외임에도 왜 전혀 개발되지 않았는지 알 수 있다. 심지어 옛 감옥 벽 바로 밖에는 작은 해변이 있어 여름철에 해수욕을 즐기는 사람들 사이에서 인기를 끌고 있다. **SH**

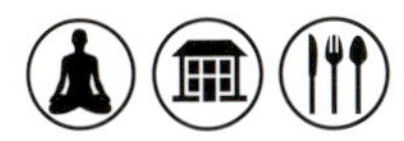

# 야스라기 Recharge at Yasuragi

**Location** 스웨덴 하셀루덴　**Website** www.yasuragi.se
**Price** 💲💲

야스라기(安らぎ)는 일본어로 "평안"라는 뜻이며, 실제로 당신이 이곳에서 얻는 것도 바로 내면의 평화와 조화 그 자체이다. 고요하고 널찍한 이 휴양지는 스톡홀름에서 20분밖에 떨어져 있지 않으며, 166개 객실 전체가 다 차 있을 때조차도 북적거린다는 느낌이 들지 않는다. 불교 미학의 단순하고 절제된 우아함이 자연광과 부드러운 전등 빛, 골풀로 짠 깔개, 생나무 그대로의 옅은 목조 벽, 그리고 기모노가 어우러져 차분한 분위기를 만들어낸다.

　일단 들어서면 기모노, 슬리퍼, 수영복, 수건이 제공되며, 사실 이것들 외에는 아무것도 필요하지 않다. 내면의 평화는 물, 그리고 일본식 목욕 의식으로 시작된다. 진행자의 도움을 받아 희미한 조명이 비추는 아름다운 욕실에서 자신의 목욕 공간을 고른다. 그리고 뜨거운 물과 찬 물을 번갈아가며 느리고 명상적인 절차가 이어진다. 중간에 몸을 꼼꼼히 닦는 것은 두말할 필요도 없다. 끝나고 나면 돌로 만든 스파 풀이나 사우나에서 시간을 보내다가 커다란 수영장에 잠시 들어간 뒤, 나무로 둘러싸인 옥외 온천에 몸을 담근다.

　선 명상 수업과 축복에 가까운 지압 마사지부터 부유(浮游) 탱크와 세이타이에 이르기까지 항상 건강함을 느낄 수밖에 없다. 심지어 음식조차 건강하다. 아침식사 "기호에 맞게"라는 표현이 어느 정도 경지에 오를 수 있는지를 보여준다. 달걀은 각각 3분, 5분, 10분 동안 삶은 것 중에서 고를 수 있으며 5종류의 우유와 수십 종류의 차가 제공된다. 고기, 치즈, 빵 등 먹을 것이 너무 많다. 테판야키 레스토랑에는 12개의 카운터 테이블이 있어 셰프로부터 치솟는 불꽃 속에서 익어가는 음식에 대한 설명을 들을 수 있다—맛은 말할 것도 없고, 그 솜씨 자체가 거장의 예술이다. **OM**

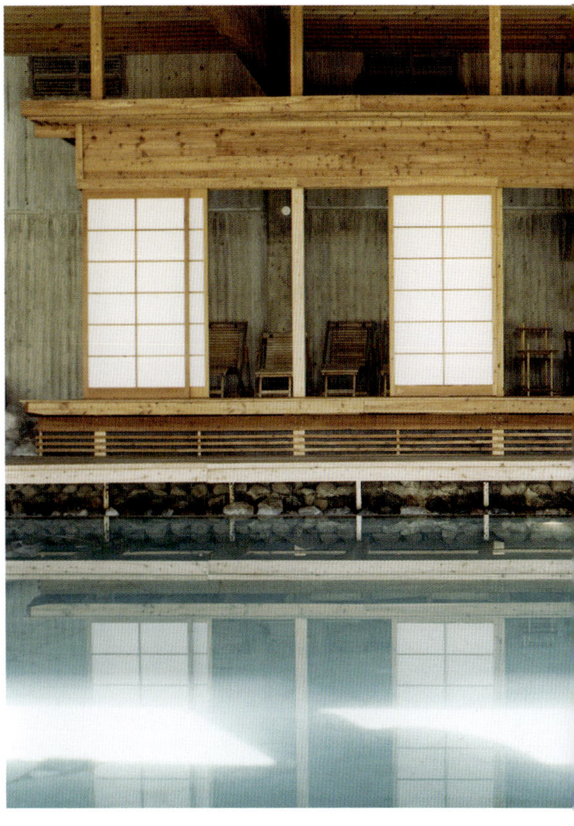

> "단순함은 찾아보기 힘든
> 사치가 되었다… 이것이 야스라기가
> 특별한 이유이다."
>
> 야스라기 경영진

▶ 거대한 풀장 옆에 있는 야스라기의 찻집은 불교와 스칸디나비아 미학의 퓨전이다.

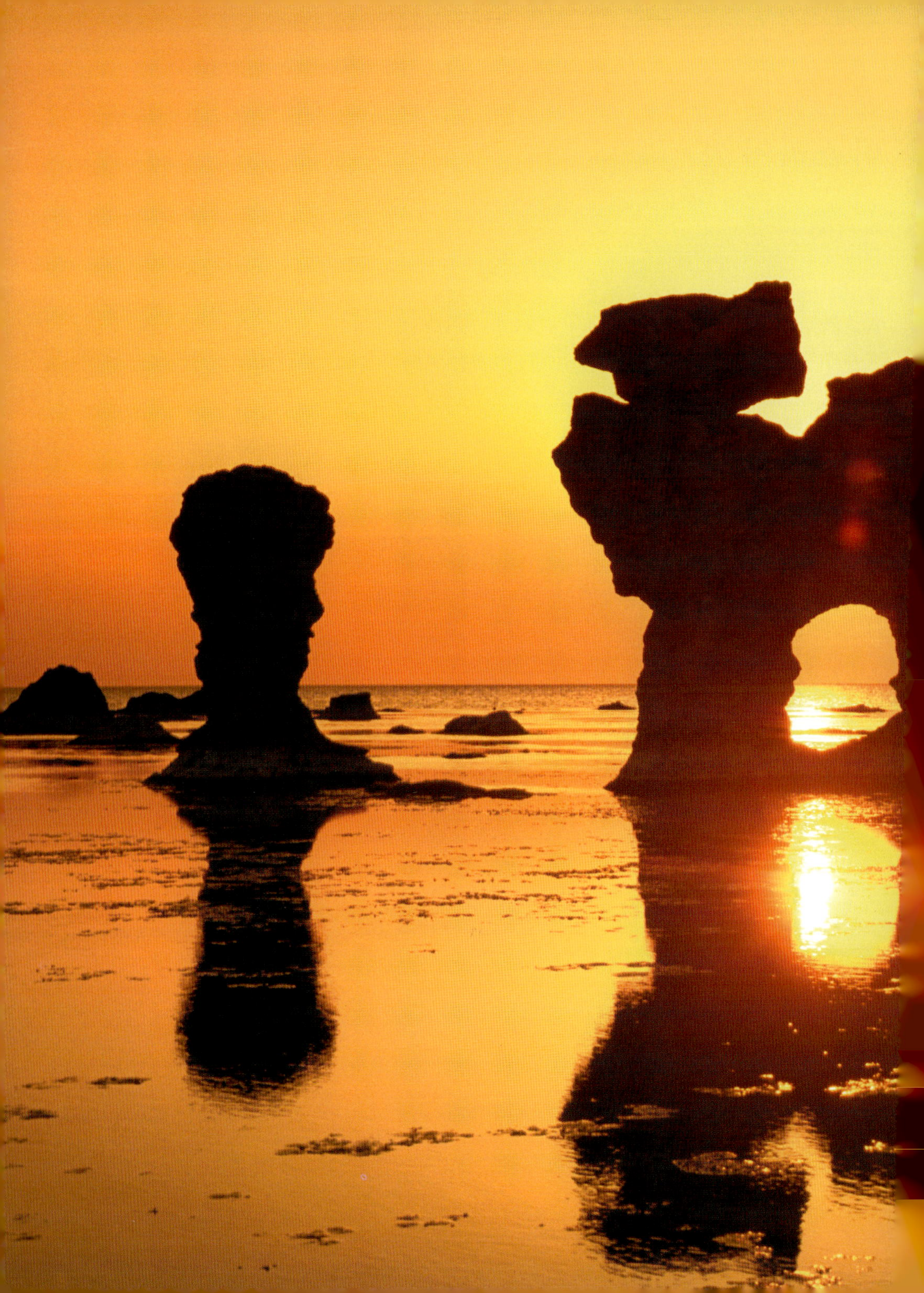

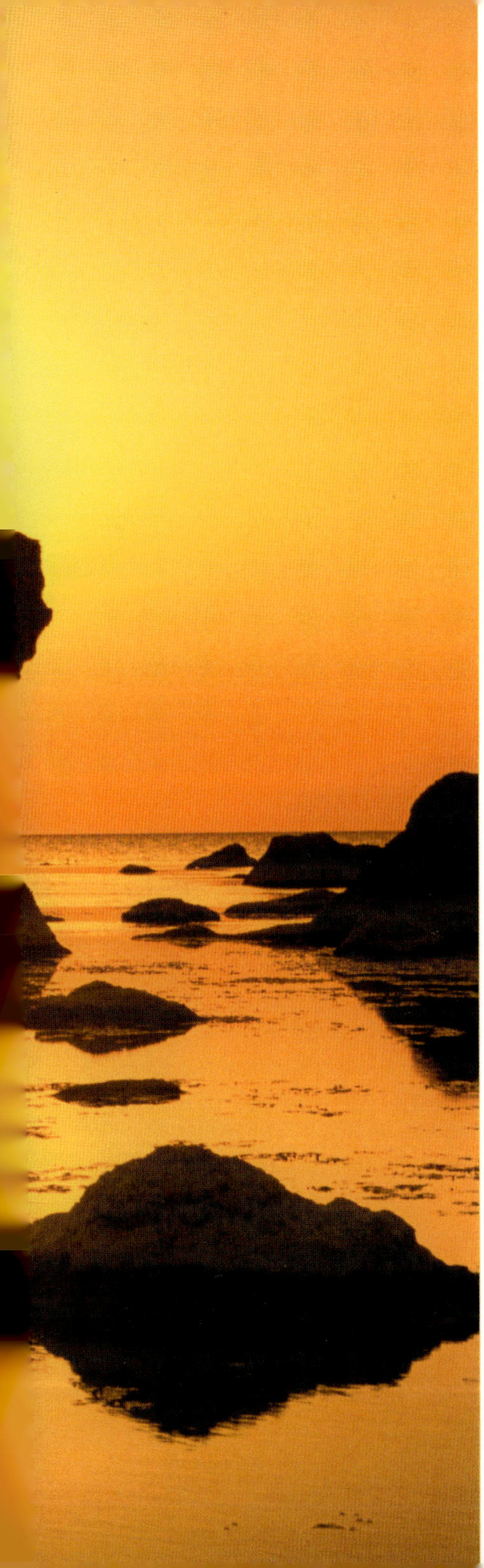

# 고틀란드 Discover Gotland

**Location** 스웨덴 고틀란드    **Website** www.gotland.net
**Price** ●

스웨덴에서 가장 일조 시간이 긴 고틀란드(인구 57,000명)은 사계절이 뚜렷하지만, 육지에서 90km나 떨어져 있는 섬이기 때문에 해양성 기후 덕분에 겨울에도 날씨가 온화한 편이다. 비단 같은 모래 해변이 에워싸고 있는 고틀란드는 비옥하고, 완만한 구릉이 이어지고, 녹음이 짙은 섬으로, 심지어 주민들은 이곳에서 썩 나쁘지 않은 와인까지 생산해 낸다. 좁게 깔린 조약돌 해안에는 비바람이 만들어낸 기묘한, 어찌보면 괴상한 모양의 석회암 기둥들이 점점이 서 있다.

조용한 길과, 가파르지 않은 언덕 덕분에 자전거나 말을 타고 돌아다니기에 완벽한 지형이며, 곳곳에 골프 코스도 있다. 더 이상한 스포츠도 구경할 수 있다. 매년 7월에 열리는 스탄가스펠렌(Stångaspelen, "장대 경기"라는 뜻)은 고틀란드만의 미니 올림픽이다. 각목을 던져서 주고받는 경기나 레슬링, 고틀란드식 5종 경기 등을 볼 수 있다.

여름철에는 로마 극장 앙상블이 오래된 수도원 건물에서 셰익스피어나 다른 고전 연극을 무대에 올리며, 해마다 열리는 연날리기 축제는 유럽 전역에서 참가자들이 모여든다.

렌탈용 오두막이나 콘도, 호텔 등 다양한—간단한 게스트하우스부터 개조한 장원 저택에 이르기까지—숙박시설이 많다. 스톡홀름에서 비행기를 타면 35분밖에 걸리지 않는다. 연중 매일 25편이 운항한다. 아니면 느긋하게 자동차 페리를 이용해도 된다. 고틀란드는 누구나 아웃도어 레저를 즐기고, 바비큐를 명예로운 의식처럼 여기는 한적한 섬이다. 독일이나 노르웨이, 핀란드에서도 직항편이 있다. **RsP**

◩ "개"라는 이름이 붙은 바위. 비바람이 만들어낸 수많은 석회암 조각 중 하나이다.

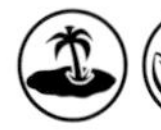  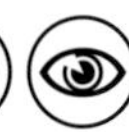

# 코스테르 제도
## Explore the Koster Islands

**Location** 스웨덴 코스테르 제도
**Website** www.kosteroarna.com　　**Price** ❶

코스테르 제도는 스칸디나비아의 비밀이다. 스웨덴의 보후슬랜 해안 앞, 노르웨이와의 국경선을 향해 떠 있는 두 개의 섬은 주민이 300명밖에 되지 않는다. 노르웨이와 스웨덴에서 21세기의 일상 탈출을 하는 이들이 여름이 되면 향하는, 그야말로 아는 사람만 찾아오는 곳이다. 신선한 공기와 최고의 자연 경관을 보고, 맛있고 싱싱한 해산물 요리를 먹고, 전통적인 빨간 여름별장에서 휴식을 취한다.

무인도를 제외하면 스웨덴에서 최서단에 위치하고 있는 코스테르 제도는 한적하고 아름다운 풍경으로 유명한 스웨덴에서조차 특별한 휴양지이다. 남섬과 북섬

> "이 한 쌍의 섬은… 졸립고, 자동차가 없고, 자전거를 타거나 걸어서만 돌아볼 수 있는 자연의 보고이다."
>
> 시오반 멀롤랜드, 『인디펜던트』紙

으로 이루어져 있는 코스테르 제도는 바다 위에 줄지어 선 바위와 작은 돌섬이 많아 보트와 물범떼에게 안식처가 되어 준다. 북섬이 남섬보다 더 작으며, 주민은 60명에 불과하다. 해변, 광야, 빙하시대가 만들어낸 바위가 많아 워킹에 제격인 곳이다. 110년 동안 버려져 있다가 복구된 등대도 있다.

"비교적" 더 붐비는 남섬에는 게스트하우스, 레스토랑, 호텔은 물론 숲지를 가로지르는 자전거 도로와 800m에 달하는 모래 해변이 있다. 작은 목조 교회 맞은편에 서 있는 발프옐(Valfjäll) 전망대에 가면 바다를 향해 펼쳐진 군도의 전경이 한눈에 들어온다. **LD**

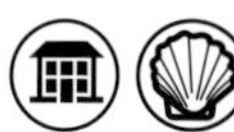  

# 스코프쇼베드
## Relax at Skovshoved Hotel

**Location** 덴마크 코펜하겐
**Website** www.skovshovedhotel.dk　　**Price** ❷

스코프쇼베드는 작고 완벽한 바닷가 부티크 호텔은 로맨틱한 일탈에 이상적인 곳이다. 코펜하겐 도심에서 20분밖에 떨어져 있지 않지만, 이 고요한 해안에서는 마치 다른 세계에 와 있는 것 같은 느낌이 든다.

그러나 이 지역의 매력을 발견한 사람은 당신이 처음이 아니다. 스코프쇼베드 호텔은 1660년경에 세워진 직후부터 입소문을 타기 시작했다. 여름에 오면 해가 지지 않는 밤을 구경할 수 있지만, 희미한 햇빛이 어둠 속에서 존재를 알리려 안간힘을 쓰는 한겨울에도 가장 로맨틱한 공간임에는 틀림이 없다. 촛불이 비치는 아늑한 라운지에는 통나무가 타닥타닥 소리를 내며 타는 벽난로가 있고, 커다랗고 푹신한 크림색 소파는 와인잔과 책 한 권을 들고 느긋하게 뒹굴기에 제격이다.

덴마크 최고의 해변—샬로텐룬드와 벨뷔—사이에 위치한 이 호텔에는 객실이 22개이다. 바람이 잘 통하고, 실내는 스칸디나비아 특유의 옅은 크림색, 파란색, 회색으로 아름답게 꾸며져 있으며, 결이 그대로 드러난 나무바닥에 하얀 가구들이 놓여 있다. 바다 쪽으로 난 발코니가 따린 객실도 있다. 미슐랭이 추천하는 레스토랑은 이탈리아 요리와 프랑스 요리에서 영감을 받은 메뉴를 제공하며, 오픈 이래 예약이 꽉 차지 않았던 날이 거의 하루도 없을 정도이다. 우아하면서도 캐주얼하고, 차분한 분위기를 자아낸다.

술 한잔을 즐길 만한 더 느긋한 분위기를 찾는다면, 호텔 바로 옆에 멋진 펍이 있다. 또 조금 걸어가면 호텔 소유의 방파제가 있어, 용감한—혹은 무모한—이라면 차가운 바닷물에 뛰어들어 상쾌한 수영을 즐길 수 있다. 해변은 조금 더 떨어져 있으며, 끝없이 긴 스칸디나비아의 여름철 저녁나절을 보내기에 완벽하다. **HA**

# 티 국립공원
## Explore Thy National Park

**Location** 덴마크 티
**Website** www.visitthy.dk    **Price** ❗

북극과 남유럽이 만나는 지역은 너무나 외따로이 떨어져 있어 덴마크 최후의 야생 자연이라는 명성을 얻었다. 덴마크에서 가장 일조시간이 긴 티 국립 공원은 면적만 25,000헥타르로, 유틀란드 북서 해안과 내륙 지방을 아우르며, 그림같이 아름다운 풍경과 신선한 공기를 자랑한다.

공원의 서쪽 경계는 끝없이 펼쳐져 있는 사구(沙丘)와 블루베리, 크랜베리, 난초 등으로 반짝이는 히스가 무성한 원시적인 해안선이다. 해변은 여름철에 몰려드는 피서객과 윈드서핑족 사이에서 인기가 높지만, 다른 계절에는 인적이 드물다.

> "북해의 반짝이는 물속으로
> 뛰어들거나 사구 플랜테이션을
> 누비며 자전거를 타자."
>
> 덴마크 소재 국립공원

동쪽으로 가면 완만한 언덕이 번갈아 이어지고, 중간중간에 작은 마을과 농장이 보이며, 바람에 의해 약간 음산한 모양으로 구부러진 나무들이 서 있다. 침엽수 플랜테이션 사이에 모습을 감추고 있는, 석회가 풍부한 호수들은 더 내륙 쪽에 위치하며, 수생식물과 곤충들의 정화 작용 덕분에 덴마크에서 가장 물이 깨끗한 것으로 알려져 있다. 또 잉어가 우글거려 낚시철에는 수많은 낚시꾼들이 몰려든다. 유리처럼 맑은 물에서 수영을 하다가 사슴이 전원적인 노르스 호수 옆을 뛰어가는 것을 구경해 보자.

공원 내의 다양한 지형 때문에 숲과 해변의 오솔길을 따라 워킹, 자전거, 승마를 즐기는 이들에게 모두 안성맞춤이다. 그러나 사람들이 많이 다니는 길은 아니기 때문에, 길을 잃고 정신을 차려 보면 탁 트인 평야에 다다라 있기 쉽다. **JK**

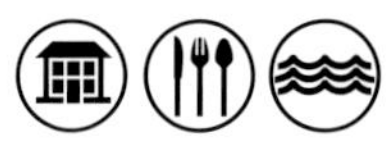

# 스텐가르드 장원
## Stay at Steensgaard Manor

**Location** 덴마크 푸넨 남부
**Website** www.herregaardspension.dk    **Price** 💲💲

조각한 나무 널, 앤티크 가구, 벽에 걸린 유화, 그리고 갑옷 세트 사이를 거닐다 보면, 마치 귀족이 된 것 같은 기분이 든다. 푸넨 남부의 그림처럼 아름다운 구릉지대 깊숙한 곳에 자리한 스텐가르드 장원은 오랫동안 덴마크의 한 백작 소유였다. 현재는 컨트리하우스 호텔 겸 레스토랑으로 개조되었지만, 그 역사적인 분위기와 느긋한 사치스러움은 여전히 남아 있다.

자갈이 깔린 도로를 따라 들어오면 14세기에 지어진 메인 하우스의 양쪽 윙 사이에 위치한 안뜰에 다다른다. 바닥에 붉은색과 흰색의 대리석이 깔린 웅장한 홀로 들어선다. 벽에는 골동 무기류와 동물 박제가 걸려 있다. 천장에는 정교한 황동 샹들리에가 매달려 있으며, 묵직한 나무 계단은 온갖 예술작품이 걸려 있는 층계참과 침실로 이어진다. 객실은 넓고, 훌륭한 전망을 자랑한다. 텔레비전도 없고, 현대적인 디자인도 찾아볼 수 없지만, 수많은 골동품이 그 자리를 대신한다. 친츠 커튼, 꽃무늬 패브릭, 우아한 화장대 등 마치 왕궁처럼 전통적인 분위기가 물씬 풍긴다. 아래층에는 가죽을 씌운 책들이 천장부터 바닥까지 꽂혀 있는 서재가 있다. 그러나 여기서 책을 읽으면서 밤을 샌다거나 하지는 말 것—중세 시대 이 장원의 여주인이었던 유령이 나온다는 말이 있으니 말이다. 전해지는 바에 따르면, 그녀는 음모를 꾸며 남편을 살해했지만, 이후 평생 동안 이를 후회했다고 한다. 호텔 주인에 의하면, 그녀는 자정을 2분 넘긴 시각에 서재에 나타나 바닥에 흘린 남편의 피를 닦는다고 한다.

호텔 밖으로 나서면 오래된 나무에 둘러싸인 호수와 저지종 젖소를 키우는 낙농장이 있다. 이 곳 주인이 직접 버터와 치즈를 만들며, 허브와 채소를 재배해 자신들이 운영하는 레스토랑과 농장 상점에서 사용한다. 저녁식사는 짙은 붉은색 벽과 크림색 리넨, 반짝이는 크리스탈 글라스가 갖추어진 우아한 식당에 차려진다. **SH**

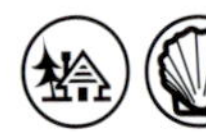

# 쉰데르호 크로 Stay at Sønderho Kro

**Location** 덴마크 유틀란드
**Website** www.sonderhokro.dk   **Price** $ $

파뇌 섬 주민들에 따르면, 불안은 육지의 에스비에르에서 흘러온 물을 채 건너지 못한다고 한다. 이 말을 틀리다고 할 수는 없을 것 같다. 파뇌 섬까지는 에스비에르에서 페리를 타고 금방이다. 그럼에도 파뇌 섬에 발을 딛는 순간 마치 다른 세기(世紀)를 방문한 것 같은 느낌이 든다. 노르드비와 쉰데르호 주위의 집들은 17세기와 18세기에 지어진 것들로, 심지어 새로 건축하는 집도 예외없이 전통적인 양식으로 지어야만 한다.

쉰데르호 크로는 파뇌 섬 남부에 있으며, 1722년 세워진 이래 줄곧 여관이었다. 미끈한 스타일링이나 중성적인 장식은 기대하지 말 것. 바닥에 나뭇널을 깐 14개의 객실은 어부의 오두막을 개조한 것이며, 각각 파뇌

---

> "덴마크에서 가장 오래된 여관으로,
> 나무 기둥에 천장은 낮고,
> 오래된 가구들이 갖추어져 있다."
>
> 폴 오스웰, 『가디언』紙

---

섬 역사에서 유명한 배나 또는 여관 주인의 조상들 이름을 따서 명명되었다. 프라이버시를 중시하는 손님이라면 분홍색으로 칠한 이엉 지붕 오두막에서 하룻밤을 보낼 수도 있다. 이 오두막은 자급자족이 가능한 원베드룸으로 정원까지 딸려 있다.

쉰데르호 크로는 해산물을 위주로 한 원기왕성한 전통 식사를 제공한다. 그 어마어마한 칼로리를 소모하고 싶다면 자동차를 거의 구경할 수 없는 여관 주변을 자전거로 달리거나 그림 같은 해변으로 가자. 얼음장 같은 북해 한복판에 떠 있는 섬이라는 사실은 잠시 잊을 것. 물이 얕아서 햇볕이 금방 데워지기 때문에 깜짝 놀랄 정도로 따뜻하니 말이다. **HA**

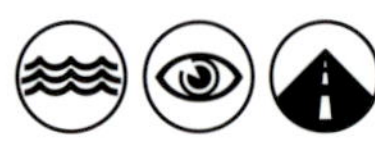

# 구데나 강 Canoe the Gudenå

**Location** 덴마크 유틀란드
**Website** www.visitdenmark.com   **Price** $

덴마크의 호수 지대를 탐험하고 구데나 강을 노저어 내려가면서 일상에서 탈출해보자. 강 양쪽으로는 언덕진 녹색의 전원이 펼쳐져 있고, 경치를 감상하고 있는 사이에 물의 흐름에 떠밀려 어느새 하류에 다다라 있다. 강 위에 있을 때에는 서두르지 않는 게 좋다. 그래야 온갖 종류의 새들을 구경할 수 있는 곳은 물론 어디가 피크닉 가기에 가장 좋은 장소인지 찾아낼 수 있으니 말이다.

몇 시간부터 며칠까지 카누 렌탈도 가능하다. 실케보르그 관광협회에서 짜 주는 가족 단위의 카누 패키지를 이용해도 되고, 지역 렌탈점에서 직접 대여할 수도 있다. 골수 카누광이라면 유틀란드 동중부의 퇴링 근처인 구데나 강의 수원에서 동쪽 해안의 란데르스 피요르드 옆에 있는 플라드브로까지 160km를 10일 안에 주파할 수도 있다. 도중의 숙박은 편의 설비가 잘 갖추어진 캠프장부터 전통적이고 전원적인 분위기의 여관까지 다양하다.

구데나 강의 양안은 온갖 볼거리로 가득하다. 구데나 수력발전소 내부에 위치한 엘무세트 박물관은 전기에 관한 거라면 뭐든지 전시되어 있다. 힘멜비예르게트에서는 카누를 잠시 멈추고 산으로 하이킹을 갈 수도 있다. 강을 내려가며 지나치는 마을들도 탐험해 볼 가치가 있다.

북적이는 인파가 싫다면 학교 방학 시즌은 피할 것. 강에 떠 있는 카누가 너무 많아 물이 안 보일 정도이니 말이다. 환경에 대한 관심이 점점 높아지면서, 탄소 배출 감소에 관심이 있는 사람에게는 완벽한 휴가일 것이다. 하루 종일 카누를 타고 텐트에서 밤을 보내는 것은 환경에 거의 아무런 영향도 미치지 않으니 말이다. **JK**

덴마크의 구데나에서는 푸르른 호수 지대를 가로지르며 몇 킬로미터에 걸쳐 온갖 종류의 카누를 경험할 수 있다.

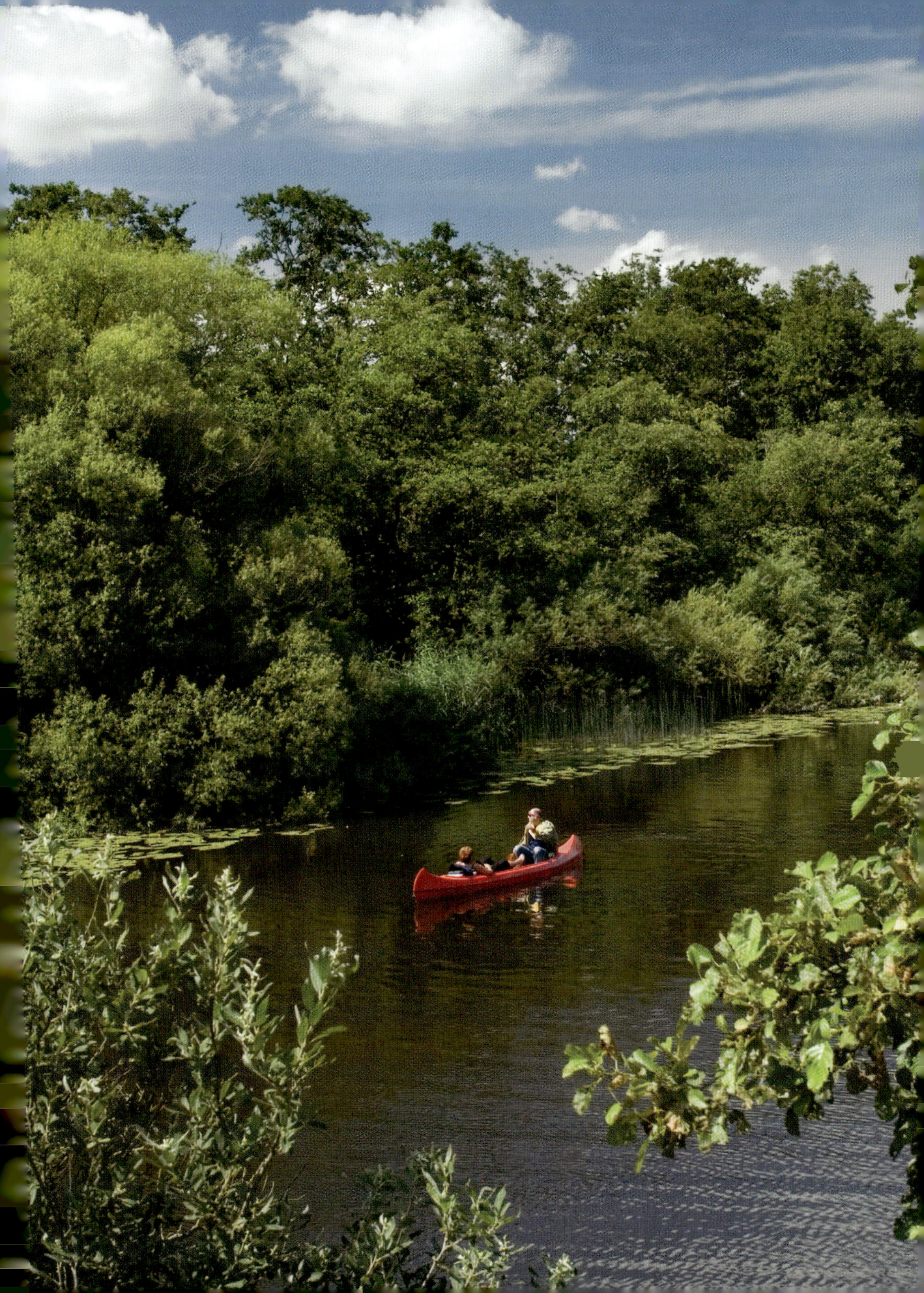

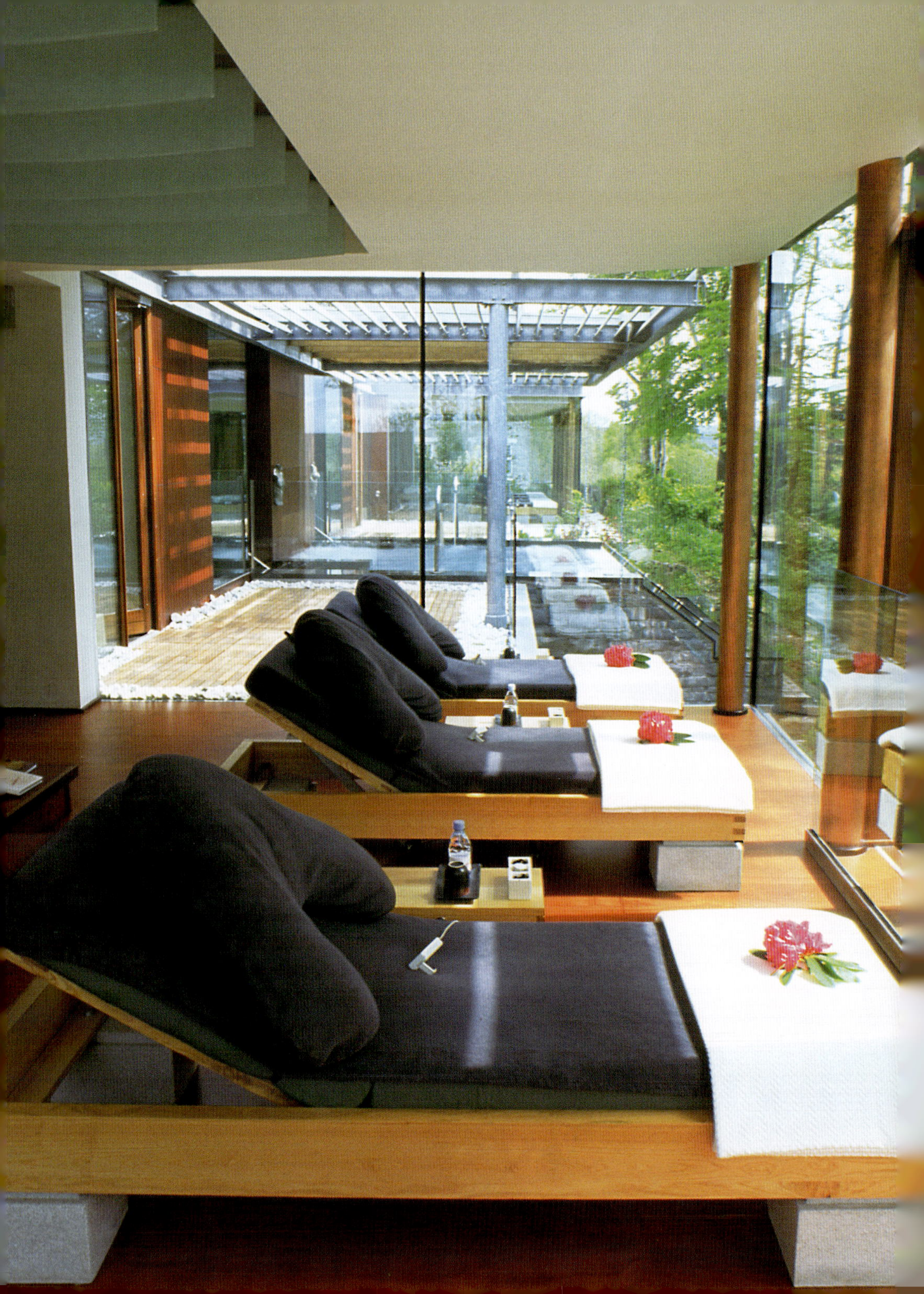

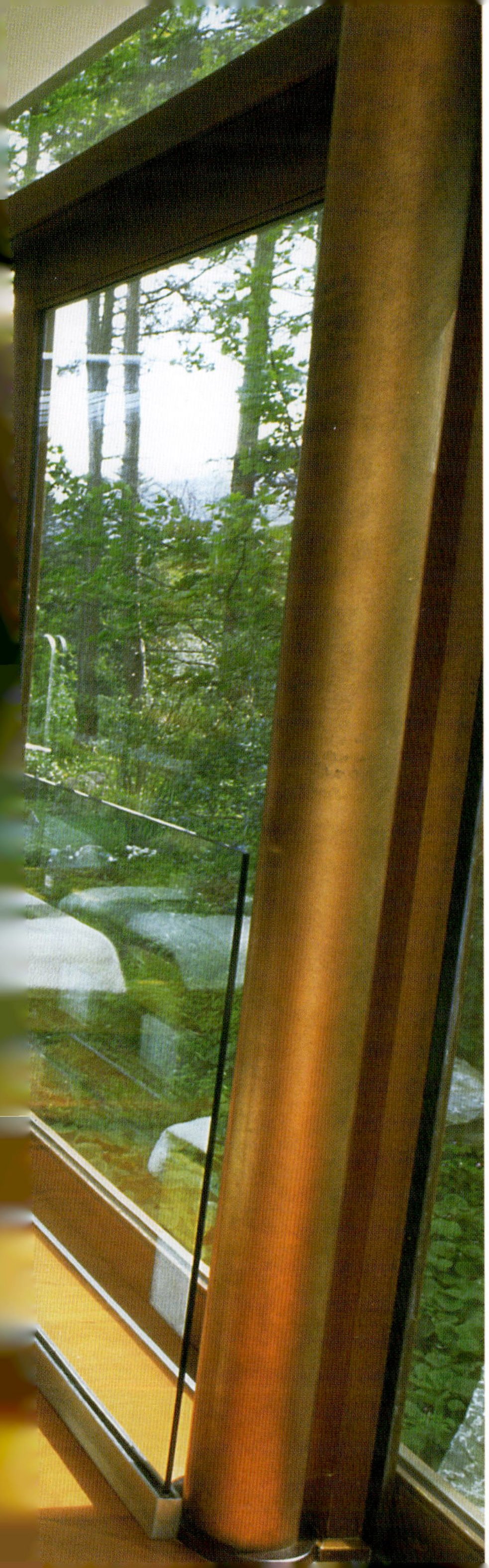

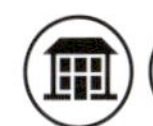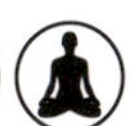

# 파크 호텔 켄메어
## Relax at Park Hotel Kenmare

**Location** 아일랜드 케리 군
**Website** www.parkkenmare.com　　**Price** ⑤⑤

파크 호텔은 드넓게 펼쳐진 켄메어 만과 카하 산맥까지 한눈에 내려다보는 웅장한 전망을 자랑한다. 놀라우리만치 고요하지만, 켄메어—투어리즘에 망가지지 않은 매력적인 마을로, 보는 이의 눈길을 끄는 상점들과 괜찮은 레스토랑, 그리고 아일랜드 음악을 들을 수 있는 장소가 여럿 있는—에서 걸어서 불과 몇 분밖에 떨어져 있지 않다. 위엄있는 잿빛 석조 건물은 아름다운 정원과 잔디밭으로 둘러싸여 있으며, 코앞에 18홀 골프코스가 있고, 차로 조금만 가면 케리 교외의 스펙터클한 산책로가 나온다.

　이 호텔의 스파인 SÁMAS는 보기 드물게도 호텔 투숙객들만이 이용할 수 있다. 덕분에 외부 손님들로 붐비지 않아, 한적하고 느긋한 서비스를 즐길 수 있다. 게다가 직접 경영까지 맡고 있는 소유주 가족이 결혼식이나 컨퍼런스를 받지 않기 때문에 시끄러운 단체 손님에 방해 받을 염려도 없다. 실내는 전통적인 소품과 진품 유화, 앤티크 가구 등으로 꾸몄지만, 46개의 객실에는 평면 TV, DVD, CD와 MP3 플레이어, 그리고 영화와 음악 CD들도 구비하고 있다. 디럭스룸은 더 넓고 바다 풍경을 즐길 수 있는 공간이 딸려 있다.

　SÁMAS 스파에서는 사치스러운 트리트먼트를 제공한다. 온천 스위트에서는 관목과 꽃은 물론 저 멀리 만(灣)까지 보이는 오픈에어 바이탈리티 풀을 갖추고 있다. 만약 에너지가 있다면 빛나는 25m 수영장에서 수영을 할 수도 있다. 파크 호텔의 우아한 식당에서 성찬을 즐기거나 마을로 나가서 멀케이(Mulcahy's)나 패키스(Packies)처럼 평이 아주 좋은 셰프 소유의 레스토랑으로 가자. 호텔의 개인 영화관에서는 매일 저녁 클래식 영화가 상영된다. **CSJ**

◁ 파크 호텔 켄메어의 스파 트리트먼트는 멋진 조망을 자랑하는 빛으로 가득한 실내에서 마무리된다.

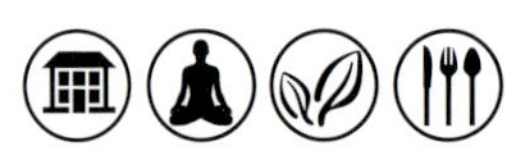

# 템플 컨트리 리트릿 & 스파 Unwind at Temple Country Retreat and Spa

**Location** 아일랜드 웨스트미스 군
**Website** www.templespa.ie  **Price** $$

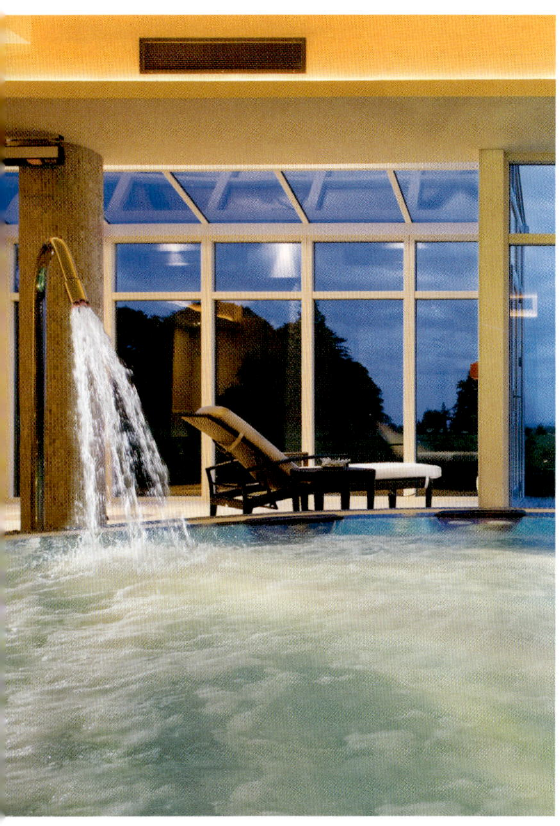

> "차분함과 고요함이
> 이 바람이 잘 통하는 2층 스파에
> 스며들어 있는 듯하다."

그레이스 히네건, 『홀리스틱 헬스』誌

오래된 수도원 자리에 있는 250년 된 낡은 농가는 성인 전용 스파로, 매일의 고된 일상에서 탈출하기에는 완벽한 공간이다. 웨스트미스의 완만한 구릉지대, 고요한 자연에 둘러싸여 럭셔리 트리트먼트를 받으면서 온갖 걱정거리들을 날려버리자.

구시대의 매력으로 가득한 곳이지만, 컨템퍼러리 스파는 구식과는 거리가 멀다. 더블린에서 불과 1시간 반 밖에 떨어져 있지 않은, 건강의 오아시스와도 같은 곳이다. 자연광이 쏟아져 들어오는 천장이 높은 실내에, 바이탈리티 스위트, 하이드로제트가 설치된 풀, 사우나, 증기실 등이 갖추어져 있다. 마린바디랩이나 와인 페이셜 테라피, 또는 전신 마사지 등의 럭셔리 서비스에 젖어 보자.

가족이 운영하는 이 스파의 경영 이념은 "일상이 당신에게서 빼앗아가는 것들을 채워놓자"는 것이다—당연히 휴식과 웰빙에 초점이 맞춰져 있다. 심신을 모두 치유하는 80가지의 트리트먼트 중에서 원하는 것을 골라받고, 40ha나 되는 거대한 정원에서 산책이나 자전거를 즐기자. 무엇보다도 이곳에서는 손님들에게 "절대적으로 아무것도 하지 않는 것"을 권한다. 이곳을 떠난 뒤에도 그 축복과도 같은 휴식의 경험은 오래도록 남아 있을 것이다.

원래 수도원이었던 데서 영감을 받아, 회랑식 스파 건물에 있는 23개의 룸은 안뜰을 내려다보고 있다. 진정한 휴양을 원한다면 월풀 욕조와 발코니가 딸린 스위트도 있다. 음식은 훌륭한 맛을 강조한 건강식이다. 이 지역에서 생산된 최고의 재료만이 테이블에 오를 수 있다. 스태프들이 따뜻하게 반기는 베드앤브렉퍼스트와 현대적인 스파의 조합인 템플에서는 전원적이고 목가적인 풍경 속에서 진정한 일탈이 가능하다. **AD**

◪ 치유 효과가 있는 워터제트가 설치된 템플의 12인용 바이탈리티 풀은 휴식에 더없이 이상적이다.

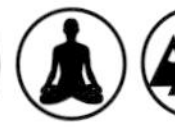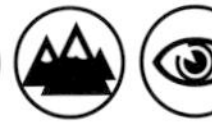

# 델피 마운틴 Relax at Delphi Mountain

**Location** 아일랜드 골웨이 군
**Website** www.delphimountainresort.com **Price** ⑤⑤

아일랜드의 거친 서해안에 위치한 호화로운 휴양지 델피 마운틴 리조트는 정말로 사치스러운 뭔가를 원할 때 갈 만한 곳이다. 객실에서는 산이 보이고, 바닥 높이가 서로 다른 화려한 스위트는 아늑한 거실과 메자닌(2개의 층 사이에 위치한 중간층) 침대 공간으로 이루어져 있다.

물론 가장 큰 매력은 스파다. 마사지와 트리트먼트(지압, 아로마테라피, 영기 등), 다양한 스크럽과 랩, 페이셜 트리트먼트, 그리고 해조 또는 디톡스 목욕 중에서 원하는 대로 고를 수 있다. 뭔가 색다른 것을 원한다면 크리오테라피는 어떨까? 다리의 붓기를 빼주는 데 탁월한 해조 랩이다. 럭셔리한 월풀 욕조와 사우나, 건

> "온천 스위트와 릴랙스 룸은
> 아일랜드 최고의 전망을
> 자랑한다."
>
> 피오널라 퀸란, 『아이리쉬 이그재미너』紙

식 석조 증기실, 별이 빛나는 캐노피가 딸린 하이드로 풀 등이 완비된 호화로운 헬스 스위트도 있다. 느긋한 분위기와 친절한 스태프는 이곳을 평화와 고요의 천국으로 만들어준다.

그러나 이곳은 여러 면에서 야생 자연 속의 휴양지이며, 야외에서 즐길 수 있는 것들이 아주 많다—바다 카약과 자전거에서부터 하이킹에 이르기까지 말이다. 바다 동굴을 탐험하거나 서핑을 하거나, 해변에서 승마를 해보자. 카누와 수상스키는 인근 호수에서 가능하다. 그것도 아니라면 숨막힐 듯 아름다운 전원 속에서 자일을 타고 절벽을 내려오거나 트레킹을 할 수도 있다. 레스토랑 "페레그린"은 킬러리 홍합부터 가리비, 농어까지 인근에서 잡은 신선한 해산물로 멋진 요리를 선보인다. 채소는 리조트의 자체 유기농 농원에서 생산한다. 몸과 마음이 완벽한 조화를 이루는 곳이다. **AD**

# 벨린터 하우스 Stay at Bellinter House

**Location** 아일랜드 미스 군
**Website** www.bellinterhouse.com **Price** ⑤⑤

5ha에 이르는 멋진 정원 위에 자리한 아름다운 조지왕조(1714~1830)풍 컨트리하우스에 도착해서 현대의 마법 지팡이를 휘두르면 어떻게 될까? 벨린터 하우스에서, 결과는 우아한 위엄과 온갖 현대식 편의시설을 모두 갖춘 디럭스 호텔의 환상적인 조합이다. 아일랜드 사람들에 의하면, 아일랜드는 좀 아일랜드답다—머리는 완전히 미래를 바라보고 있으며 가슴은 환상적인 동화와 푸르른 자연의 아름다움으로 가득차 있다는 것이다.

벨린터 하우스의 실내는 응접실의 회반죽 장식부터 내리닫이 창과 바닥널에 이르기까지 멋지게 보존되어 왔다. 강을 내려다보는 조망은 더블린에서 굳이 내려오는 수고를 기꺼이 무릅쓰게 만든다. 게다가 34개의 객실은 각각의 분위기에 맞게 세심하게 고른 빈티지 가구로 꾸며져 있으며, 주문해서 맞춘 PDP 스크린, 그리고 럭셔리한 침대에 눕는 순간 완전히 빠져들 수 있는 엔터테인먼트 시스템까지 갖추고 있다.

또한 커다란 내리닫이 창과 환상적인 전망이 딸린 우아한 거실, 훌륭한 서재와 게임 룸, 그리고 2개의 멋진 바도 빼놓을 수 없다. 바 "벨린터(Bellinter)"는 전원적인 더 세련된 지하의 바(이름도 어울리게 "에덴"이다)로 내려가기 전의 워밍업이라 할 수 있다. 에덴에서는 이 지역에서 난 재료로 만든, 신선하고 상상력이 넘치는 메뉴를 제공하는, 천연광이 매력적인 레스토랑을 만날 수 있다. 수많은 훌륭한 와인을 맛보고, 만약 원한다면 기네스와 스테이크라는 못지않게 멋진 콤비도 있다.

벨린터의 테라스와 잔디밭은 야외 저녁식사를 하기에 이상적이다. 인근의 보인(Boyne)은 완벽한 낚시터이자, 오후 시간을 느긋하게 보내기에 아주 좋다. 그러다 호텔로 와서 뜨거운 옥외 욕조에 몸을 담그고 타오르는 벽난로 앞에서 기네스 한 병을 더 따는 건 어떨까. **PS**

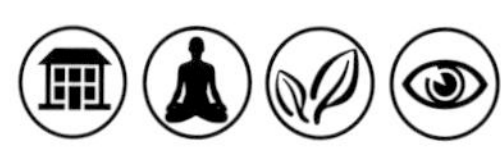

# 애쉬포드 성 Experience Ashford Castle

**Location** 아일랜드 메이요 군　**Website** www.ashford.ie
**Price** 💲💲

이것은 진짜 성이다. 작은 탑과 성벽, 갑옷, 참나무 덧널이 있는 진짜 성 말이다. 1228년 데 부르고 가문이 주춧돌을 놓은 이래, 여덟 세기 동안 그 주인들은 아일랜드에서 두 번째로 큰 호수인 로그 코립(Lough Corrib)의 푸른 물을 바라보며 살아왔다. 주인이 계속 바뀌면서 프랑스 스타일 샤토가 더해지고, 후에는 빅토리아풍으로 확장되었다. 17세기부터는 기네스 가문이 사냥과 낚시용 별장으로 쓰다가 1939년 팔리면서 호텔로 바뀌었다.

작은 탑과 성벽은 수많은 고위층 명사들이 이 곳에 묵으러 오는 것을 보아왔다. 1903년에는 훗날 조지 V세가 되는 웨일스 공작이 방문했고, 당구실은 바로 이 때

> "수호신과도 같은 산들이 마치
> 아이슬란드의 신(神)의 비전만큼이나
> 고요하고 조용하게 솟아올라 있다."
>
> 조지 무어, 소설가, 1880년대에 방문

지어진 것이다. 또 레스토랑은 웨일스 공작의 이름을 따서 지었다. 미국 대통령 로널드 레이건도 애쉬포드에 묵었고, 이때는 특수한 침대를 주문 제작하였다.

오늘날 애쉬포드 성은 83개의 객실과 야 콘 제품을 사용한 트리먼트를 제공하는 스파를 갖추고 있다. 밖에는 141ha의 숲이 우거진 큰 정원이 있다. 투숙객들은 골프를 치거나 매사냥 레슨을 받는다. 또 양궁, 클레이 피전 사격(점토를 구워 만든 원반을 허공에 던져 쏘는 사격), 크로스컨트리 승마 등도 즐길 수 있다. 호수에는 야생 갈색 송어와 연어가 우글거린다. 또는 성에 사는 역사학자를 따라 잉카고일 섬으로 가서 서기 450년에 성 패트릭에 의해 지어진 세인트패트릭 교회를 구경할 수도 있다. **PE**

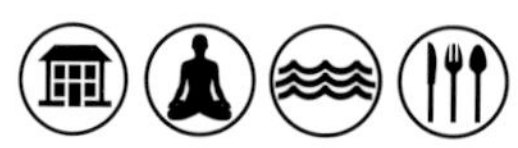

# 아이스하우스 Stay at Ice House Hotel

**Location** 아일랜드 메이요 군　**Website** www.icehousehotel.ie
**Price** 💲💲

아이스하우스 호텔은 감조하천(조수 간만의 차가 큰 바다로 흘러 나가며 그 영향으로 조석현상이 나타나는 하천)인 로이 강의 아름다운 어귀에 서 있다. 150년 전에 지어진 얼음 창고로, 지금은 개조되었지만 원래는 로이 강의 명물 연어를 보관하기 위해 얼음을 채워두던 곳이다. 오늘날에는 훌륭한 휴양지로, 럭셔리 스파와 『콩데 나스트 트래블러』誌가 아일랜드에서 가장 스타일리쉬하고 혁신적인 호텔 중의 하나라고 극찬한 인테리어를 자랑하며, 아일랜드 서해안의 야생 자연을 탐험하기에 매우 펑키한 베이스캠프이다.

현대적인 건축 양식은 눈이 부시다. 세심하게 복원한 새하얀 집에 오렌지색 무늬의 컨템퍼러리한 슬레이트 벽을 둘렀다. 호텔 아이콘이라 할 수 있는 19세기 건물 내부에는 32개의 객실과 스위트가 있다. 모두 예스러운 가구와 내리닫이 창이 달려 있으며, 새로 지은 윙의 미니멀리즘으로 꾸민 객실은 유리창이 천장부터 바닥까지 덮고 있으며, 모이 강의 조망을 즐길 수 있다. 욕실은 온돌 난방을 채택했으며 부드러운 수건과 록시땅 바디용품을 구비해 놓았다. 침실은 널찍하고 벽에는 근대 미술 작품이 걸려 있으며, PDP TV가 놓여 있다.

아래층의 레스토랑 "피어"는 과거 궁륭형 얼음저장고였던 곳으로 콘네마라 양고기, 아이리쉬 비프, 비둘기 로스트, 토끼의 허리고기 등 최고의 향토 요리를 먹을 수 있다. 럭셔리한 스파도 눈에 띈다. 옛날 모이 강에서 난파한 선박들의 이름을 딴 5개의 트리트먼트 룸과 강을 내려다보는 야외 욕조가 딸려 있다. 인근 이니스크론의 조약돌을 데워서 사용하는 페이셜과 바디 마사지는 이 곳의 시그니처 스파 트리트먼트이다.

이 호텔은 아일랜드 서해안의 수많은 축제는 물론 하이킹이나 모이 강에서의 연어 낚시를 즐기기에 완벽한 베이스캠프이다. 예전에는 추웠을지 모르지만, 지금은 따스함이 번져나오는 곳이다. **LD**

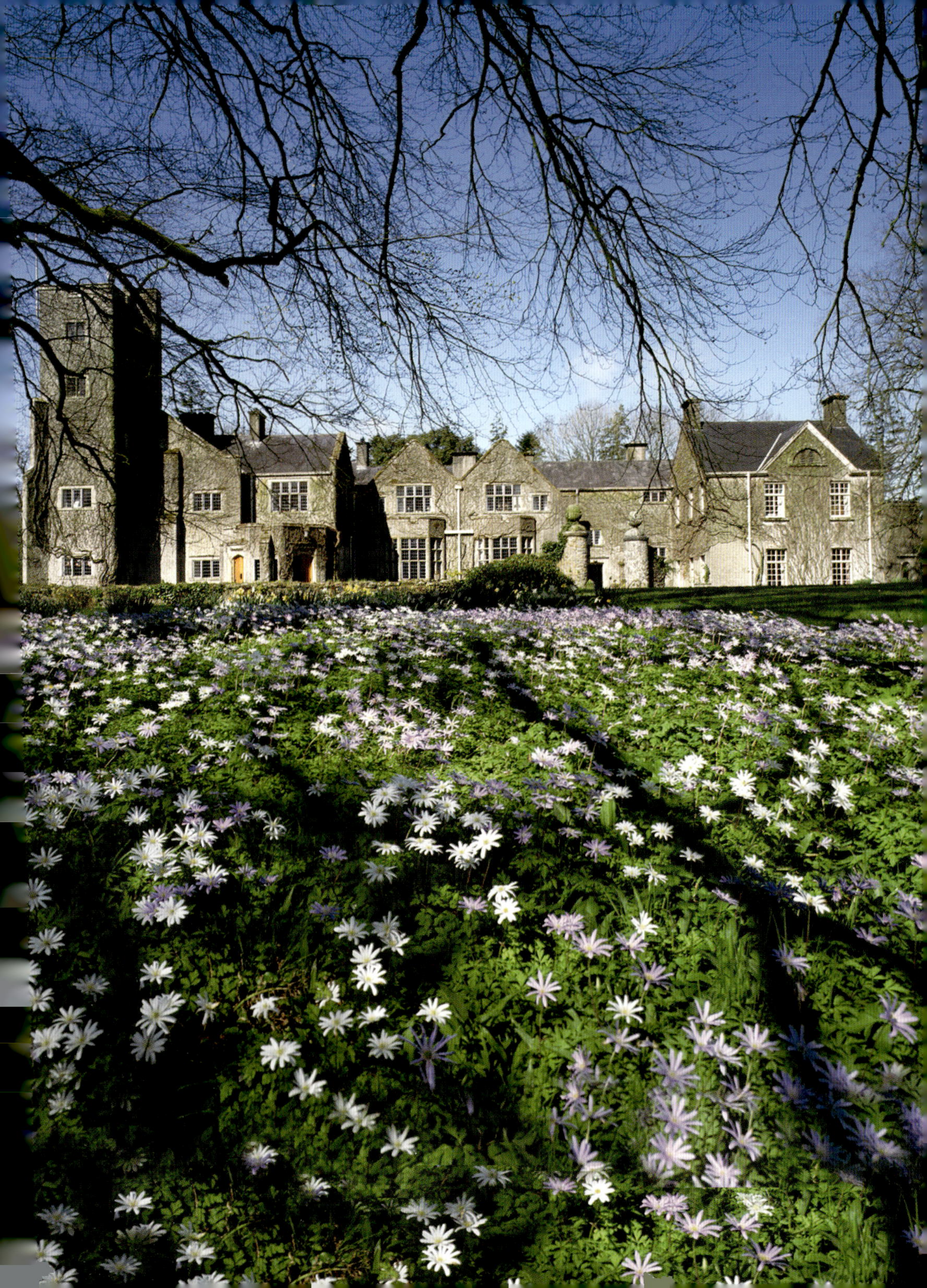

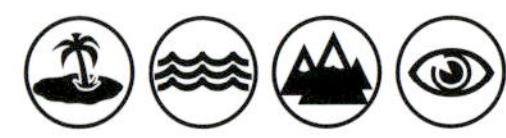

# 토리 섬 Discover Tory Island

**Location** 아일랜드 더니골
**Website** www.oileanthorai.com   **Price** Ⓢ

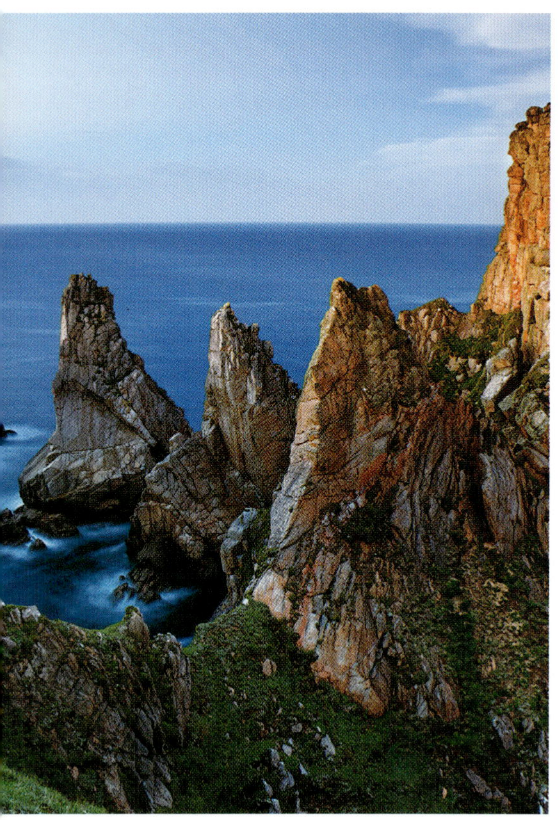

투숙객이 도착했다고 해서 왕이 직접 환영 인사를 하러 나오거나, 술 한 잔 하러 간 동네 펍에서 왕을 만난다는 것은 거의 상상하기 힘들다. 하지만 더니골 해안에서 14km 떨어진, 바람이 휩쓸고 간 토리 섬에서는 아주 흔한 일이다. 거친 대서양에 떠 있는, 비교적 외진 위치에도 불구하고 토리 섬에는 180명도 채 안 되는 보수적인 주민들이 살고 있다. 이들은 모두 아일랜드어를 모국어로 사용한다는 것을 자랑스럽게 여긴다. 토리 섬의 역사는 지금으로부터 4,000년 전, 석기시대까지 거슬러 올라가며, 아일랜드를 대표하는 성인인 성 콜럼바도 이 섬 출신이다. 6세기에 성 콜럼바가 토리 섬에 세운 수도원은 1595년 잉글랜드 군에 의해 파괴될 때까지 섬 주민들의 삶을 지배했다. 지금은 종탑만이 외로이 남아 있다.

이 섬에 오는 것 자체도 쉬운 일은 아니다. 거센 바람과 성난 바다 때문에 페리가 종종 지연 또는 결항되곤 한다. 하지만 일단 배에서 내려 울퉁불퉁한 바위 위에 발을 디디면, 모든 사람들이 따뜻하고, 예의 바르게 반겨주기 때문에 편안함을 느낄 수 있다. 항구 근처에 있는 호텔을 비롯해 숙박 시설도 몇 군데 있다. 호스텔은 도저히 럭셔리하다고는 말할 수 없지만, 토리 섬에 온다는 것부터가 럭셔리가 아닌, 크레이크(아일랜드어로 "좋은 시간")를 위해서이다. 토리 섬의 왕인 패치–댄 로저스는 썩 괜찮은 아코디언 연주자이자 아티스트다. 케일리에서 주민들과 어울리며 춤과 노래를 즐기거나, 과거의 비밀들을 감추고 있는 섬의 구석구석을 탐험해보자. 어떤 시간을 보내든, 이 비바람에 닳고 간신히 문명의 가장자리에 위치한 조그만 섬은 긴장을 풀어주고, 즐거움을 선사하고, 활기를 되찾게 해 줄 것이다. **LM**

> "수 세대에 걸쳐
> 예술가들을 매료시킨,
> 황홀하게 아름다운 곳…"
>
> 케빈 코놀리, BBC 기자

◱ "베일러의 이빨"이라 불리는 이 뾰족한 바위는 아일랜드 전설에서 토리 섬에 사는 바다괴물 포모리안들의 왕의 이름을 딴 것이다.

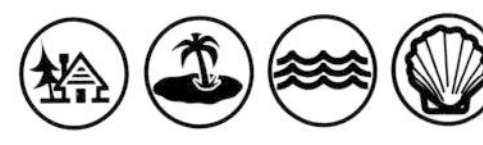

# 스카리스타 Stay at Scarista House

**Location** 스코틀렌드 헤브리디스 제도 해리스 섬
**Website** www.scaristahouse.com    **Price** $$

헤브리디스 제도 외곽, 해리스 섬의 스카리스타 만(灣)의 텅빈 백사장을 가로질러 걷다가 해안 쪽을 향해 뒤를 돌아보면 풀이 난 모래언덕 너머로 억센 양들이 풀을 뜯는 모습이 보인다. 만 한복판에는 히스로 뒤덮인 산지를 뒤로 한 채 새하얀 조지왕조풍의 목사관 건물이 서 있다.

이 작은 호텔은 영국 전체에서 가장 아름답고 외진 곳 중의 하나이다. 스카리스타 하우스는 조그맣고 아늑한 컨트리 하우스 호텔로, 앤티크 벽난로에서는 불이 타오르고 있고, 커다랗고 편안한 소파와 오래된 책들, 골동품, 프린트를 넣어놓은 액자가 여기저기 걸려 있는 곳이다. 심지어 막스라는 이름의, 너무너무 귀여워서

> "40분 동안 해변을
> 걸었지만… 마주친 사람은
> 딱 4명뿐이었다."
>
> 캐롤라인 바우처, 『옵저버』 紙

껴안아 주고 싶은 고양이도 있다. 숙박객들은 이 곳에 텔레비전이 없다는 사실조차 쉽게 깨닫지 못한다.

대신 느긋하게 먹고 마시면서 뒹굴거리거나, 조개가 널려 있는 스펙터클한 5km 길이의 해변을 걸으면서 수달의 발자국을 찾아보자. 보트를 타고 해리스 주위를 돌아보거나, 외로운 무인도 세인트킬다까지 가 볼 수도 있다. 또 지역 예술가들을 방문하거나, 칼라나이쉬에 서 있는 돌을 보러 가거나, 차를 타고 섬을 돌아보는 것도 좋다. 스카리스타는 그 음식으로도 명성이 자자하다. 빵, 요구르트, 케이크, 뮤슬리, 마멀레이드, 아이스크림 같이 매일 먹는 음식들은 대부분 부엌에서 직접 만든다. 또 이 지역에서 생산한 재료를 듬뿍 사용한다. 가리비와 바닷가재는 바다에서 잡아온 그대로 요리하고, 하이랜드 양고기 역시 주위 언덕에서 풀을 뜯던 양에서 얻는다. **SH**

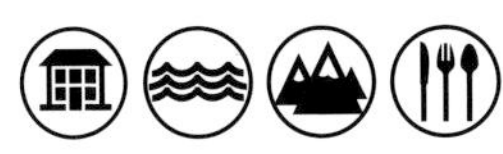

# 풀 하우스 Unwind at Pool House

**Location** 스코틀랜드 로스셔
**Website** www.poolhousehotel.com    **Price** $$

스코틀랜드 북서부 하이랜드의 웨스터로스, 그림처럼 아름다운 이위 호수 위쪽에 자리잡은 고요한 산기슭에 풀 하우스가 있다. 럭셔리한 서비스는 물론 환경친화적인 경영으로 여러 차례 상을 받은, 호화로울 정도로 로맨틱한 휴양지이다. 이 300년 된 저택은 한때 오스굿 매켄지—이 곳에서 멀지 않은 유명한 인버위 정원의 창립자—가 살았던 곳이다. 1991년 이 호텔을 인수한 피터와 마거릿 해리슨과 그 딸들 리즈와 마이리는 이 곳을 골동품과 그림, 도자기, 온갖 진기한 것들로 가득한 우아한 빅토리아풍 낙원으로 탈바꿈시켜 놓았다.

풀 하우스에서는 전원적인 우아함이 배어나온다. 통나무 장작을 땐 벽난로가 나무널을 댄 실내를 따뜻하게 데워 주며, 서재에는 푹신한 소파가 있어서 느긋하게 애프터눈 티를 즐길 수 있다. 아늑한 바는 방대한 싱글 몰트 위스키 컬렉션을 자랑한다. 스위트는 넓고, 화려하게 장식되어 있으며, 방마다 다른 스타일로 꾸몄다. 커다란 침대(일부는 4개의 기둥이 달려 있다)와 널찍한 빅토리아풍 욕실은 위풍당당한 저택 분위기가 풍긴다. 대부분의 스위트는 빅토리아풍이지만, 나이라나 스위트는 라자스탄의 웅장한 궁전, 브램블 스위트는 프렌치 앤티크풍이다.

파노라마 같은 호수 풍경을 내려다보는 멋진 다이닝 룸 천장에는 손으로 그린 수천 개의 별이 빛나고 있어 잊지 못할 추억이 될 것이다. 아름다운 석양과 때때로 눈에 띄는 수달 때문에 수상 경력에 빛나는 7코스 디너를 옆으로 미뤄둔 채 일생에 한번 찍을 수 있을까 말까 한 사진을 찍으러 창가로 몰려들게 된다. 과시와는 거리가 먼 매력적인 주인들이 호텔 운영을 거의 전부 도맡아 한다. 많은 면에서 풀 하우스는 스코틀랜드 하이랜드의 마법을 간직한 호텔이다. **ML**

# 위그 샌즈 Explore Uig Sands

**Location** 스코틀랜드 루이스 섬
**Website** www.bailenacille.com **Price** ⑤⑤

바일 나 실레(Baile na Cille)에서는 언제나 손님보다 해변의 수가 더 많다. 영국의 가장 외지고 아름다운 만(灣) 중의 하나인 위그 샌즈에 작은 호텔이 서 있고, 걸어서 갈 수 있는 거리에 24개의 해변이 더 있다. 최대 16명의 손님밖에 받을 수 없는 호텔 치고 나쁘지 않다.

나만의 해변을 가질 수 있는 기회이다. 그러나 일광욕과 수영보다는 산책, 피크닉, 새와 야생화 관찰, 낚시, 사진, 탐험, 또는 대서양의 신선한 공기를 들이마시는 것을 추천한다. 집으로 돌아갈 시간이 되면, 아늑한 옛 목사관이 기다리고 있다.

1831년 모래언덕에서 르위스 체스가 발견되면서 역사적인 명성을 얻게 된 곳이다. 이 체스는 옛 바이킹족들이 사용했던 것으로 밝혀졌다. 이 호텔은 마구간과 부속 건물들까지 딸려 있던 커다란 저택의 일부를 개조한 것이다. 응접실 3개 중 하나에는 TV, 하나는 스테레오, 하나는 당구대와 푸스발 게임대가 갖추어져 있다. 바깥 날씨가 험악할 때에는 보드게임, 지그소퍼즐, 책 등이 있지만, 햇빛이 좋을 때는 정원에 나가 앉아도 좋고, 크로켓이나 테니스를 쳐도 좋다.

식사는 이 지역에서 생산된 재료를 듬뿍 사용한 맛있는 요리를 앞에 두고 모두 함께 모여서 즐겁게 보내는 시간이다. 풍성한 스코틀랜드식 아침식사에는 원하면 포리지도 나온다. 저녁식사는 정해진 메뉴대로 5코스가 나오는 정찬이며, 침실은 따뜻하고, 아늑하고, 편안하다. 바일 나 실레는 외부 세상과 차단된 휴가 그 자체이다. 아마 이 곳에 오면 휴대폰을 들여다볼 일도 없을 것이다. **SH**

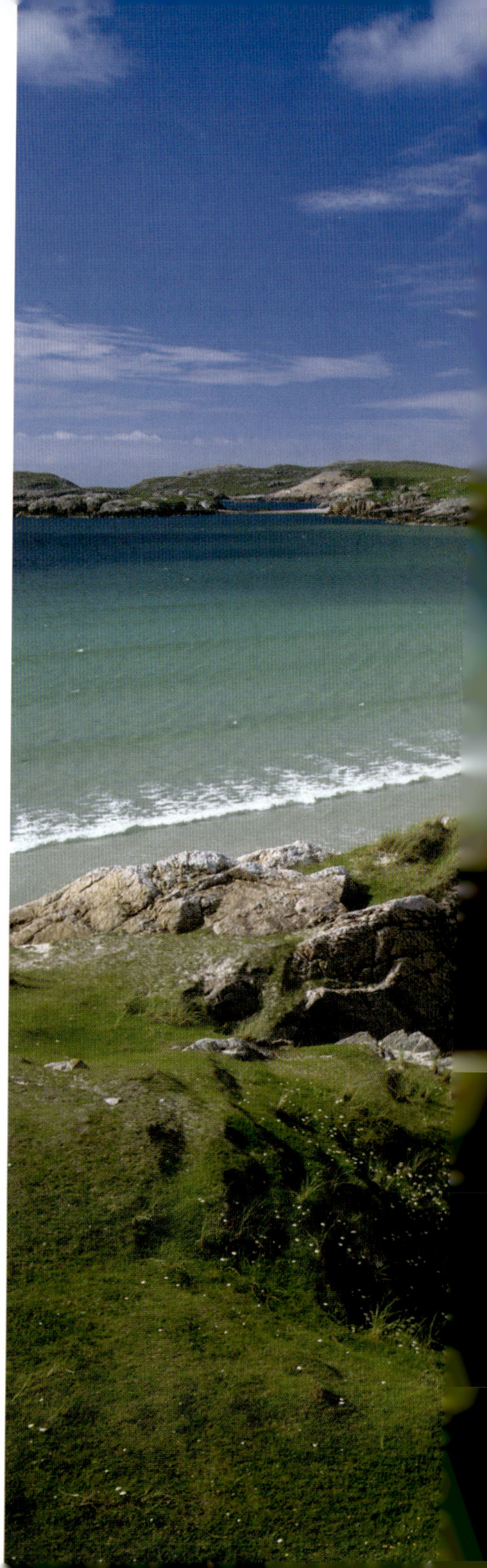

↱ 호텔 정원은 3.2km에 걸친 위그 샌즈의 아름다운 황금빛 해변을 내려다보고 있다.

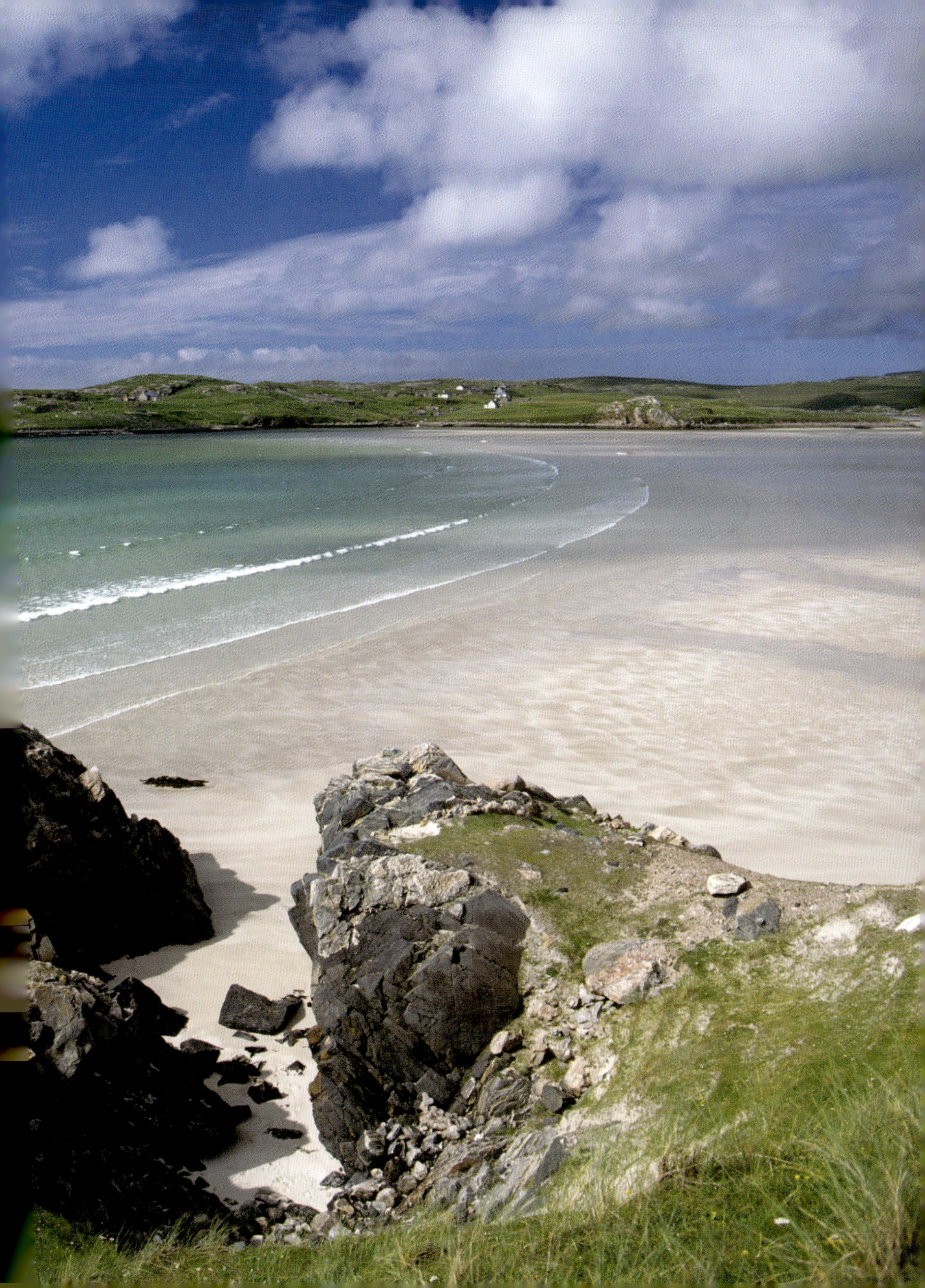

# 루아 라이드 등대 Experience Rua Reidh Lighthouse

**Location** 스코틀랜드 게어록

**Website** www.scotland-inverness.co.uk **Price** 🛇🛇

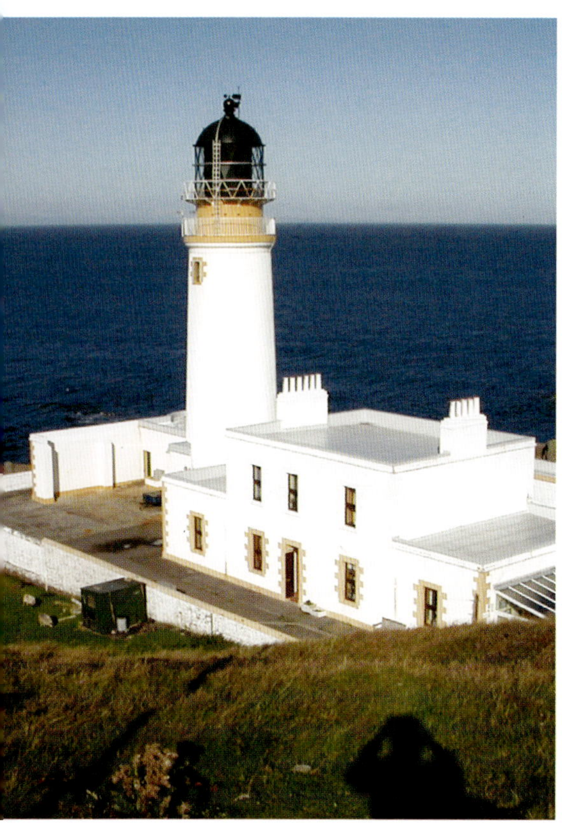



루아 라이드 등대에서 가장 가까운 이웃은 5km나 떨어져 있으며, 가장 가까운 마을인 게어록까지는 20km나 가야 한다. 외로운 스코틀랜드의 하이랜드 북서부, 히스가 무성한 반도 위에 새하얀 등대가 서 있다. 당연히 사람보다 돌고래 수가 더 많은 곳이다.

투숙객들은 개조한 등대지기 숙소의 침실을 대여하거나, 아예 건물 전체를 쓸 수도 있다—동시에 26명까지 숙박이 가능하다. 두 개의 편안한 응접실에는 통나무를 넣은 벽난로에 불이 타닥타닥 타고 있다. 온실도 있고, 날씨가 나빠서 폭풍우가 칠 때 스카치 위스키를 홀짝거리며 스카이 섬과 웨스턴 섬의 멋진 풍경에 감탄할 수 있는 건조실도 있다.

이 버려진 곳의 가장 큰 매력은 이 곳에 서식하는 야생 동식물이다. 루아 라이드는 자연 탐방 주말을 운영하고 있다. 수달들이 정기적으로 해안에 나타나며, 고래, 돌고래, 돌묵상어, 대서양 바다표범 등도 바다에 곧잘 나타난다. 등대 주위로는 험준한 바위투성이 절벽 위에 풀머갈매기, 가마우지, 세가락갈매기 등이 둥지를 틀고 있고, 내륙의 황야에는 검은가슴물떼새와 붉은 뇌조가 산다.

가이드와 함께 야생 동식물을 관찰하는 산책을 나서거나 온 가족이 해안으로 소풍을 나가 보자—아이들은 은대구를 잡거나 삿갓조개와 따개비가 어떻게 다른지도 배우고, 바위 사이의 작은 웅덩이로 기어들어가 빨간 아네모네와 게를 잡는다. 더 나이가 많은 아이들은 불을 피우고, 삿갓조개를 굽고, 먹을 수 있는 해초를 구분하는 법을 배울 수 있다. 이 곳 주인은 암벽등반 코스를 짜 주기도 하고, 토리돈 산맥으로 가는 트레킹을 예약해 줄 수도 있다. 드라마틱한 산봉우리와 탁 트인 대서양 해변을 가로지르는 103km 루트이다. **PE**

◹ 루아 라이드 등대는 1910년에 로버트 루이스 스티븐슨의 사촌에 의해 세워졌으며, 현재는 완전히 자동화되었다.

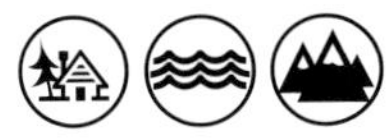

# 스튜어트 성 Stay at Castle Stuart

**Location** 스코틀랜드 인버네스
**Website** www.castlestuart.com    **Price** ⑤⑤⑤

70년도 더 전, 모레이 공작은 스튜어트 성에 유령이 나오지 않는다는 것을 증명하기 위해, 성에서 하룻밤을 지내는 사람에게 상금을 내걸었다. 어느 깊은 밤, 빅 앵거스라는 이름의 하이랜드 밀렵꾼이 유령이 나온다는, 동쪽 타워 꼭대기의 세 개의 작은 탑이 딸린 침실로 들어갔다. 다음 날 아침, 빅 앵거스는 차가운 시신으로 안뜰에서 발견되었다. 그의 얼굴에는 공포가 어려 있었다. 지금은 호텔이 된 이 성의 현재 주인들은 묻는다. "이 곳에 머무를 만큼 용감합니까?"

이 곳에서 비극을 맞은 사람은 비단 빅 앵거스뿐만이 아니었다. 스튜어트 성은 피로 얼룩진 역사를 지니고 있다. 그 부지는 원래 16세기에 스코틀랜드 여왕 메

> "사람들이 성에 머무르게 하는 것은,
> 그 역사를 공유하는 것이다—
> 매우 만족스럽다."
>
> 스튜어트 성 소유주

리의 이복동생인 제임스 스튜어트에게 주어진 것이었다. 그러나 제임스는 살해당했고, 그의 아들 역시 무참하게 칼에 찔려 죽었다. 성은 1625년에 완공되었으나, 그 직후 맥킨토시 가문의 손으로 넘어갔다. 불과 몇 년 후, 스튜어트 왕조의 찰스 1세가 처형 당하고, 스튜어트 성은 주인을 잃었다. 그 후 300년 동안 스튜어트 성은 버려져 있었다.

그러다가 1980년대에 찰스와 엘리자베스 스튜어트가 사들인 뒤 개조하여 럭셔리 호텔로 만들었다. 벽난로, 타탄 카펫, 앤티크 실내 장식은 그 컬러풀한 과거를 말해 준다. 비밀 계단, 숨겨진 문, 구교 박해를 피하기 위한 가톨릭 사제들의 은신처들이 넘쳐난다. 심지어 위스키를 한 잔 하러 먼 길을 돌아가기 싫으면 응접실 바로 통하는 위장 비밀 문까지 있다. **PE**

# 올드 하아 Enjoy Auld Haa House

**Location** 스코틀랜드 페어 섬
**Website** www.tommyart.com    **Price** ⑤

영국에서 가장 멀리 떨어진 유인도는 길이가 5km, 너비는 1.5km밖에 되지 않는다. 너무 작은데다 그 위치 역시 매우 애매해서(북해 꼭대기, 셰틀랜드 제도와 오크니 제도 사이에 외로이 자리잡고 있다) 종종 지도에서 빠지기까지 한다.

페어 섬에 가는 것 자체도 매우 불편한데다 돈도 많이 든다. 우선 셰틀랜드나 오크니 제도까지 가서 계절이나 날씨에 따라 비행기나 보트로 갈아탄다. 안개와 폭풍우 때문에 아예 섬으로의 접근 자체가 불가능해질 때도 있다. 그러나 주민 70명, 양 1,000마리, 바다새 150,000마리가 살고 있는 이 바위투성이 섬은 전 세계적으로 유명하다. 페어 섬 주민들의 전통적인 뜨개질 방식은 그보다 더 유명하다. 가내수공업으로 생산함으로써 브랜드를 유지하고 있으며, 돌로 지은 옛 학교 교사에는 뜨개질 박물관도 있다. 개중에는 페어 섬에서 짠 모자를 쓰고 매혹적인 포즈를 취하고 있는 사진도 있다.

1700년경에 세워진 아늑한 올드 하아(Old Haa)에 머물자. 1m 두께의 돌벽과 돌지붕은 수 세기 동안 최악의 북극 폭풍우로부터 집을 보호해왔다. 오늘날에는 베드앤브렉퍼스트로 개조되었으며, 주인인 미국인 화가 부부는 투숙객들을 위해 페인팅 위크엔드를 운영하고 있다.

섬의 해안선은 우뚝 솟은 절벽과 드넓은 만(灣)이 이어지고 있다. 2개의 등대, 우스꽝스러운 가게, 항구, 그리고 해변이 있다. 이 섬의 새 관측소 스태프들을 따라 절벽 위로 올라가서 바다오리떼 사이에 앉아서 구경을 하거나, 급강하하는 도둑갈매기를 볼 수 있다.

뜨개질 외에도 다양한 수공예 종사자들이 있어 방문객이 요청만 하면 기꺼이 자신들의 솜씨를 보여준다. 이것은 그들의 작은 농장을 찾아가 함께 차를 마시며 오후 내내 날씨 얘기를 하는 것을 의미할 수도 있다. **SH**

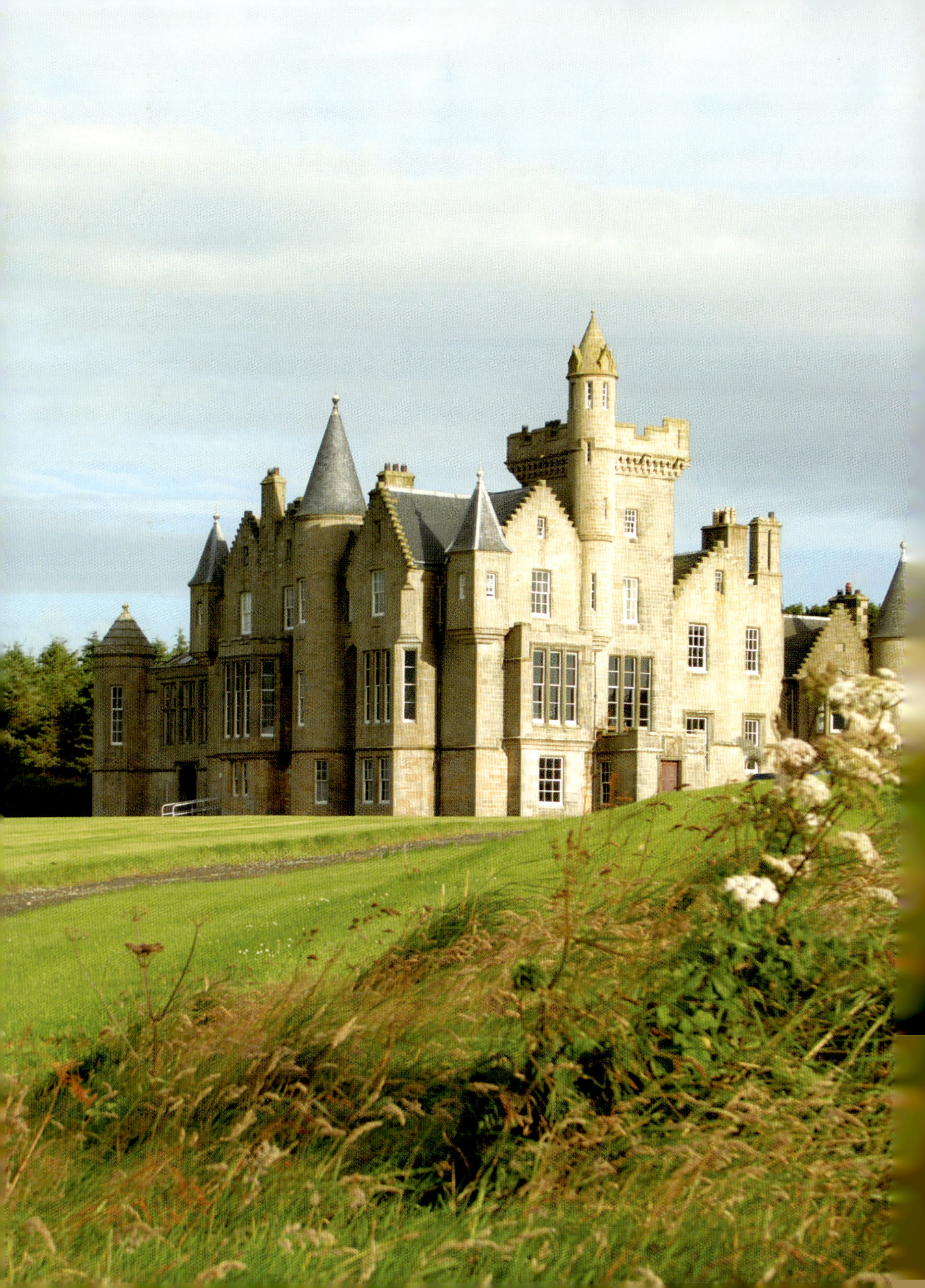

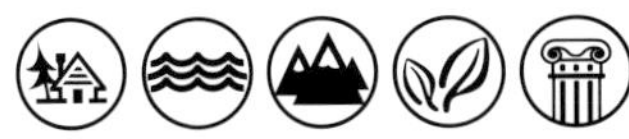

# 밸푸어 성
## Discover Balfour Castle

**Location** 스코틀랜드 오크니 제도
**Website** www.balfourcastle.co.uk   **Price** ⑤⑤

밸푸어 성은 세계에서 최북단에 위치한 성이다. 이 곳은 19세기 중반부터 마지막 후계자가 사망한 1960년까지 밸푸어 가문의 여름 별장이었다. 그 후 폴란드의 기병 장교 타데우스 자바츠키가 성을 사들였으며, 현재는 그의 부인과 두 딸이 운영하고 있다.

비록 주인은 바뀌었지만, 성에서는 그 전통이 그대로 느껴진다. 빅토리아 시대 앤티크들 가운데 벽난로에서는 장작불이 타닥타닥 타고 있고, 숫사슴의 머리가 벽을 장식하고 있으며, 예전에는 그 뿔로 램프에 가스를 주입해서 불을 밝혔다. 서재에는 가짜 책장이 있어, 전설에 의하면 밸푸어 가문 사람들은 원하지 않는 방문객이 왔을 때 그 뒤에 있는 비밀통로로 모습을 감추곤 했다고 한다. 지주의 침실에는 밸푸어 가문의 문장이 조각된, 웅장한 기둥 4개 달린 침대가 놓여 있다. 다른 침실에는 작은 터렛 안에 샤워실을 설치했다.

다이닝룸에서는 이 지역에서 사육, 혹은 사냥하는 육류와 인근 대서양과 북해에서 잡는 생선 요리를 맛볼 수 있다. 과일과 채소는 성에 딸린 부엌 정원에서 직접 재배한다. 바닷가재 통발을 끌고 오는 호텔 스태프들을 도와 저녁거리를 직접 마련할 수 있다. 연인이라면 성에 딸린 작은 예배당에서 결혼식을 올릴 수도 있다.

역사에 흥미가 있다면 5,500년 된 스카라 브래 마을을 둘러보는 것을 추천. 오크니 제도는 조류 관찰가들에게는 천국이다. 5월부터 7월까지는 바다오리들이 이 곳에 둥지를 튼다. 이 밖에도 큰부리바다오리, 풀머갈매기, 도둑갈매기, 솜털오리, 북극제비갈매기 등을 구경할 수 있다. 바닷가에서 휘파람을 불면 바다표범이 소리를 듣고 뭍으로 온다고도 하니 한번 시험해 보는 것도. **PE**

↵ 성벽 바로 너머에 무인도와 바다 동굴이 있으리라고는 상상도 하지 못할 것이다.

# 라이트하우스 코티지
## Stay at Lighthouse Cottage

**Location** 스코틀랜드 오크니 제도
**Website** www.orkneylighthouse.com   **Price** ⑤⑤⑤

스코틀랜드의 최북단, 오크니 제도의 등대지기 숙소보다 더 외진 곳이 또 있을까. 거칠고, 바위투성이고, 너무나도 아름다운 이 곳은 알락쇠고래, 바다표범, 고래, 그리고 수많은 바닷새들을 볼 수 있는 곳이다.

토머스 스티븐슨(로버트 루이스 스티븐슨의 아버지)과 그의 동생 데이비드가 1850년대에 설계하고 세운 두 개의 코티지 중에서 하나를 골라보자. 처음 세워졌을 때 그대로의 소품들이 많이 남아 있어, 상상력에 날개를 달아 폭풍우가 몰아치고 귀를 찢는 바람이 곳을 사정없이 후려치는 날을 꿈꾸게 만든다. 코티지는 벽을 둘러친 부지 내에 있어, 외부와 차단되어 있으며, 가장 가

---

> "등대에 불이 들어오면,
> 나의 아버지의 천재성을 위해
> 더욱 밝게 타는 것 같아 자랑스럽다."
>
> 로버트 루이스 스티븐슨, 스코틀랜드 소설가

---

까운 이웃도 1.6km를 걸어가야만 한다.

이 섬은 역사적으로도 흥미로운 곳이다. 인근에 있는 고고학 유적지를 돌아보자. 개중에는 신석기 시대, 혹은 청동기 시대 초기의 것으로 추정되는, 영국에서 유일한 석실 고분도 있다. 등대 주위의 절벽은 좋은 낚시터로, 가까운 헬데일 워터에서는 송어가 잡힌다. 가장 유명한 랜드마크는 대서양에서 높이 137m로 솟아오른 돌기둥 올드맨오브호이(Old Man of Hoy)로, 최고의 암벽 등반 전문가조차 오르는 것이 쉽지 않다. 가을과 겨울철에 방문하면 지구상 최고의 조명쇼—북극성을 최고의 자리에서 감상할 수 있다. **AD**

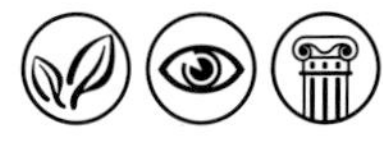

# 아머데일 캐슬 정원
## Explore Armadale Castle Gardens

**Location** 스코틀랜드 스카이 섬
**Website** www.clandonald.com　　**Price** 💲

바위투성이의 푸르른 스카이 섬 한가운데에는 모두의 예상을 깨는 열대 정원이 있다. 정원을 조용히 거닐면서 내면의 평화를 찾아보자. 멕시코 만류 덕분에 스코틀랜드의 이쪽 지방은 따뜻하고 서리가 없어, 이국적인 꽃들과 나무들이 16ha의 숲으로 조성된 정원에서 마음껏 자라고 있다.

아머데일 성의 유적을 둘러싸고 있는 이 정원은 원래 스코틀랜드에서 가장 큰 씨족이었던 도널드 문중 소유의, 면적 16,185ha의 고지대 영지의 일부였다. 1971년 도널드 문중 토지 신탁(Clan Donald Lands Trust)이 이 영지를 인수하여, 버려진 땅을 오늘날 우리가 보는 정원으로 탈바꿈시켰다. 성의 메인 드라이브길 양쪽으로는 200년 된 라임나무숲이 서 있고, 그 밖에도 최근에 심은 측백나무와 칠레삼나무도 보인다. 열심인 정원사들이 세심하게 정원을 돌본다. 다년초 화단, 전 세계에서 가져온 수초를 심어 놓은 연못, 다양한 관목과 나무들. 나무 아래에는 블루벨, 난초, 초원에서 피는 야생화 등이 피어 있다. 고요의 오아시스인 이 눈부시게 아름다운 공간은 야외 결혼식을 하기에 이상적이다.

정원에서 시작되는 자연탐사 트레일도 몇 개 있어, 스카이섬과 스코틀랜드 본토 사이를 흐르는 사운드오브슬릿(Sound of Sleat) 해협이 한눈에 들어오는 조망을 즐길 수 있다. 이 트레이들은 또 이 지역의 풍부한 야생 동식물을 볼 수 있는 최고의 지점이기도 하다. 조금만 주의를 기울이면 노루, 붉은사슴, 수달, 새, 그리고 운이 좋으면 검독수리도 볼 수 있다. 이 모든 것을 위해 치러야 하는 값은? 얼마 안 되는 입장료만 내면 성, 정원, 박물관, 트레일까지 모두 들어갈 수 있다. **JK**

# 글로마크 폭포
## Walk to the Falls of Glomach

**Location** 스코틀랜드 로칼시
**Website** www.lochalsh.co.uk　　**Price** 🌓

영국에서 가장 고지대에 위치한 폭포 중 하나에 가려면, 웨스트 하이랜드 산맥의 야생 자연을 지나야 한다. 그러나 오직 걸어서만 닿을 수 있는 격동적인 글로마크 폭포까지는 5~7시간 동안 8km에 걸친 쉽지 않은 트레킹을 해야 하므로 워킹용 부츠는 반드시 챙겨야 한다.

스코틀랜드의 두이치 호수 동쪽에 있는 이 폭포는 특히 비가 많이 내린 직후에 가장 드라마틱하다. 물론 날씨가 나쁘면 시계(視界)가 좋지 않아 길을 잃지 않으려면 가이드가 필요하겠지만 말이다. 하이킹 출발점은 작은 마을 모비치에 있는 내셔널 트러스트 센터다. 탁트인 구릉지대를 따라 걷는 동안, 운이 좋으면 희귀한

> "아무런 목적지가 없을 때,
> 산은 나에게 그 신비를
> 드러내 보인다."
>
> 낸 셰퍼드, 스코틀랜드 시인

붉은 사슴이나 검독수리도 볼 수 있다.

폭포로 가는 길은 그 동안 이 곳을 지나간 발자국들로 잘 닦여 있지만, 그럼에도 불구하고 기분 좋게 외진 느낌이 든다. 폭포가 눈에 들어오기도 전에 이미 그 진동으로 폭포의 존재를 알 수 있다. "글로마크(glomach)"는 "우울한(gloomy)"이라는 뜻이며, 날씨가 나쁜 날 이 곳을 찾으면 왜 이런 이름이 붙었는지 금방 알 수 있다.

기온이 떨어지면 폭포의 가장자리가 얼어붙어 장관을 이룬다. 여름철에는 물의 양이 많지는 않지만, 그렇다고 풍경이 조금이라도 덜 아름다운 것은 아니다. **JK**

↱ 가파른 협곡 속에 숨어 있는 스펙터클한 글로마크 폭포는 높이가 114m에 달한다.

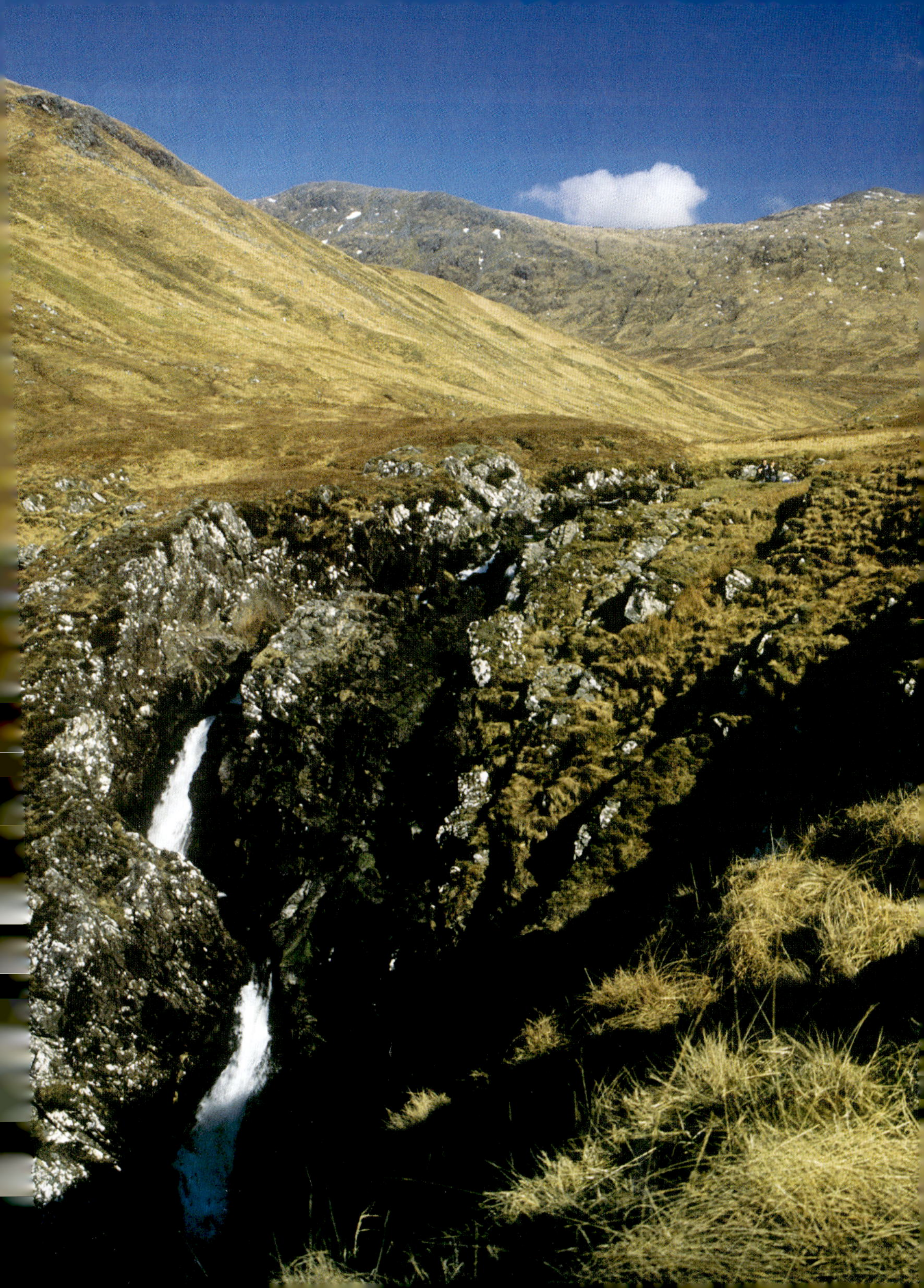

# 스리침니즈
Eat at Three Chimneys

**Location** 스코틀랜드 스카이 섬
**Website** www.threechimneys.co.uk　　**Price** Ⓢ

스코틀랜드의 외딴 북쪽 호숫가, 벽을 하얗게 칠한 오래된 농가라니, 도저히 구르메 레스토랑이 있을 만한 곳으로는 보이지 않는다. 그러나 스리침니즈는 스코틀랜드 최고의 레스토랑 중 하나로 유명하다. 주인이자 셰프인 셜리 스피어는 던비건 산 작은 바닷가재, 물 섬 새끼양고기, 스카이 섬에서 잡은 야생 육류, 헤브리데스의 명물인 귀리 케이크 같은 이 지역의 향토 요리를 심플하게 차려내는 것으로 명성이 높다. 이 지역의 농부와 어부들이 매일 신선한 재료를 조달해 준다. 수상 경력을 자랑하는 와인 리스트는 남편 에디의 열정의 소산이다. 스리침니즈는 벽난로와 아무것도 바르지 않은

---

"우리는 이 지역에서 생산된,
스코틀랜드에서 가장 신선한
제철 재료를 사용한다고 자부한다."

마이클 스미스, 수석 주방장

---

돌 벽, 촛불을 밝힌 실내, 야트막한 천장의 대들보가 아주 친밀한 공기를 만들어낸다.

농가 자체는 지어진 지 100년도 더 되었지만, 바로 옆에 더하우스오버바이라는 이름의 모던한 5스타 부속 건물이 서 있다. 부분별로 바닥의 높이를 다르게 한 실내는 환상적인 바다 조망을 자랑한다. 모든 객실에서 공동 응접실을 향해 나 있는 프렌치도어를 통해 정원으로 직접 나갈 수 있다. 언덕배기의 시내가 정원을 가로지르며 기분 좋게 흐른다. 정원의 옆문을 나서면 해안까지 이어진다.

아침식사는 더하우스오버바이의 모닝룸에서 먹는다—밝고 공기가 잘 통하는 방으로 호수는 물론 서쪽으로는 헤브리디스 제도의 해리스 섬과 노스위스트 섬의 산 풍경까지 즐길 수 있다. **SH**

# 아일오브에리스카 호텔
Stay at Isle of Eriska Hotel

**Location** 스코틀랜드 오번 근교
**Website** www.eriska-hotel.co.uk　　**Price** ⓈⓈⓈ

아일오브에리스카 호텔은 스코틀랜드의 서쪽 해안, 120ha의 개인 소유 섬 위에 서 있다. 망설여질 정도로 멀게 들리기는 하지만, 스코틀랜드 본토와 개인 소유 철교로 이어져 있으며, 글래스고까지는 2시간밖에 걸리지 않는다.

메인 하우스는 19세기 스코틀랜드 남작 양식을 웅장하게 체현하고 있다. 터렛, 총안이 있는 흉벽, 베이 등을 모두 갖추고 있다. 오늘날에는 24개의 객실을 갖춘 5스타 호텔로, 평판이 좋은 레스토랑과 스파가 딸려 있는 것은 물론, 아웃도어 레저도 좋은 평가를 받고 있다. 내부는 상상한 그대로이다. 나무 널을 댄 홀에는 일년 내내 벽난로가 타오르고 있으며, 피아노실에서는 이 건물이 지어진 1884년에 심은 참나무숲의 조망을 즐길 수 있다.

격식을 갖춘 애프터눈티는 매일 다른 패스트리, 케이크, 스콘, 팬케이크가 나온다. 그 후에는 서재의 벽난로 앞에 놓여 있는 가죽 안락의자에 앉아 칵테일을 마신다. 저녁식사는 그날 부두에 들어오는 조개잡이 배가 무엇을 가지고 오느냐에 달렸지만, 굴, 홍합, 그리고 호텔에서 직접 훈제하는 연어는 특별한 일이 없는 한 언제라도 먹을 수 있다.

침실은 호화로운 낙원이다. 화려한 캐노피, 쿠션, 안락의자, 커튼, 카펫 등이 눈을 즐겁게 한다. 정원에는 보다 모던한 스파 스위트와, 개인용 욕조가 딸린 코티지가 있다. 오래된 정원 옆에 있는 마구간은 개조해서 17m 레인이 있는 수영장, 사우나, 스팀 룸, 트리트먼트 룸, 헬스 클럽으로 만들었다.

6홀 골프코스와 골프 연습장, 클레이피전 사격, 낚시, 테니스, 크로켓, 산악 자전거 등을 모두 즐길 수 있으며 그저 느긋하게 산책하는 것도 충분히 만족스럽다. 원하는 사람은 보행자용 산길을 걸을 수도 있다. 호텔에서는 길을 잃지 않도록 개인용 GPS도 빌려 준다. **SH**

# 보트 셰드
Enjoy the Boat Shed

**Location** 스코틀랜드 아가일
**Website** www.ardanaiseig.com　　**Price** 💲💲

길고, 구불구불하고, 갈수록 좁아지는 단선 도로를 따라가면 아다나이섹 호텔에 도착한다. 그렇지만 그 고단한 여정은 충분히 보상을 받고도 남는다. 수정처럼 맑은 오 호수(Loch Awe)의 둑 위에 서 있는 이 19세기 남작의 저택은 반짝반짝 빛나는 물 위로 그에 못지않게 빛난다.

물론 화려한 색채와 호화로운 패브릭으로 장식된 전통적인 객실—타탄은 그림자도 구경할 수 없다—에서 꼼짝 않고 나오지 않을 수도 있지만, 호텔에서 2분간 걸어나가면 정말 끝내주게 로맨틱한 보트용 헛간이 나온다. 호수의 물에 둘러싸여, 방파제 위에 서 있는 이 헛

> "이 선명하리만치 맑은 공기와 강렬한,
> 거의 기묘하기까지 한 고요가
> 지고의 몽상을 불러일으킨다."
>
> 로지 둔, 19세기 시인

간은 이 층짜리 창문이 달려 있으며 멀리 벤 루이까지 가슴이 아플 정도로 아름다운 호수 풍경이 보인다. 작은 목조 데크 위에 앉아 맑고 히스 향이 나는 공기를 들이마시며 온갖 걱정거리가 사라져가는 것을 느껴보자. 또는 메자닌층에 있는 침대 속에 웅크리고 온몸을 따스하게 하는 위스키를 홀짝이면서 스펙터클한 풍경을 감상하는 궁극의 사치는 어떤가.

보트 셰드에는 직접 요리를 해 먹을 수 있는 부엌이 있지만, 그보다는 메인 하우스로 가서 명성이 자자한 아다나이섹의 디너를 맛보는 쪽을 추천한다. 훈제 해덕 대구로 속을 채운 라비올리에, 환상적인 스코틀랜드 애버딘 앵거스 비프를 먹자. 하지만 창밖으로 보이는 호수 풍경이 너무나 아름다워 음식에 집중하기가 쉽지 않을 것이다. **HA**

# 에일리언 쇼나 하우스
Enjoy Eilean Shona House

**Location** 스코틀랜드 아가일
**Website** www.eileanshona.com　　**Price** 💲💲

스코틀랜드 서부 해안 앞에 떠 있는 개인 소유 섬에 에일리언 쇼나 하우스가 서 있다. 모이다트 호수와 80ha에 달하는 미국삼나무와 유럽 적송 숲에 둘러싸인 소박한 빅토리아풍 호텔이다. 솔향이 짙게 밴 공기를 가슴 가득 들이마시면, 일상의 근심걱정이 거짓말처럼 사라진다. 심호흡을 하자.

일단 집 안으로 들어가면 현대 미술 작품들 덕분에 보헤미안 분위기가 느껴질 정도이다. 한편 앤티크, 화강암 벽난로, 내리닫이 창과 창틀이 삐걱거리는 소리가 "옛날 흉내를 내는 요즘 것"이 절대 따라갈 수 없는 분위기를 만들어낸다. 실제로 문가에 늘어놓은 부츠와 오래된 슈타인바흐 업라이트 피아노가 마치 파티에 와 있는 느낌이 들게 한다.

고전적으로 꾸민—창틀 아래 의자와 놋쇠 수도꼭지가 달린 에나멜 욕조—8개의 객실은 물론 5개의 코티지도 있다. 그 중 하나는 1920년대에 J. M. 배리가 머물며 『피터 팬』을 각색한 곳이기도 하다. 넓고 격식을 차리지 않는 정원은 바다와 이어지며, 진달래와 민들레가 가득 피어 있다.

끊임없이 바뀌는 스카이라인과 슈 만(灣)의 하얀 모래, 완전한 고요. 만약 해변에서 조개껍질을 줍거나 게를 잡거나, 바위 사이의 작은 웅덩이를 들여다보거나 해변에서 담요를 덮고 독서 삼매경에 빠지고 싶으면 이곳이 바로 답이다. 운이 좋으면 흰꼬리수리, 날쌔게 움직이는 솔담비(족제비와 비슷하게 생겼지만 더 귀엽다), 또는 물을 가르는 수달 꼬리도 볼 수 있다. 매일 저녁, 다소 블룸즈버리풍의 식당에서 저녁식사를 한다. 굴, 작은 바닷가재, 이 지역에서 잡은 야생 육류 등으로 만든 요리를 마음껏 맛볼 수 있으며, 빵부터 직접 만든 아이스크림까지 없는 것이 없다. 심지어 밤에는 대단히 희귀한 흰눈썹뜸부기가 짝을 찾아 우는 소리까지 들을 수 있다. **SM**

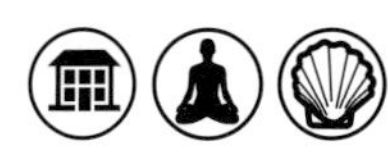

# 홀리아일랜드 세계평화센터
## Relax at Holy Island Center for World Peace

**Location** 스코틀랜드 홀리 섬
**Website** www.holyisland.org   **Price** ⑤⑤

죽이지 말라. 다른 사람의 소유를 존중하고 훔치지 말라. 진실을 말하고 거짓말하지 말라. 술을 절제하라. 무슨 소년원에라도 잘못 들어온 건 아닌가 하고 생각해도 괜찮다. 하지만 이것들은 홀리아일 세계평화보건센터의 규칙 중 일부이다.

스코틀랜드 서부 해안, 아란(Arran) 섬에서 그리 멀지 않은 홀리 섬은 오랫동안 성스러운 땅으로 여겨져 왔다. 치유 효과가 있다는 샘과 13세기에 지어진 수도원이 여기에 일조했다. 센터 자체는 라마 예세 로살이 설립한, 환경과 영혼을 위한 소박한 성소이다. 하루 종일 자기가 하고 싶은 것을 하면서 시간을 보낼 수 있지만, 대부분의 코스는 매일 프로그램이 짜여 있다. 요가, 명상, 채식 요리, 불교 강의는 물론, 자신과 자신의 영적 자아를 연결시켜 주는 코스들도 있다. 식사는 정해진 시간에 해야 하며, 다양한 형태의 객실에 최고 60명까지 숙박이 가능하다.

처음부터 홀리 섬 프로젝트는 나무 심기부터 모르타르 없이 돌 벽 쌓기, 건물 짓기, 정원 가꾸기, 강의 기획하기, 센터 운영에 이르기까지 자원봉사자들에게 의존할 수밖에 없었다. 일을 도와야 한다거나 하는 의무는 전혀 없지만 방문객이 나서서 참여하겠다고 하면 대환영이다. 그냥 앉아서 평화로운 분위기를 만끽하다가, 아무 것도 안 하는 것에 슬슬 지루해지면 주위의 아름다운 자연 탐험에 나서 보자.

멕시코 만류가 선사하는 온화한 기후 덕분에 희귀한 식물과 야생화가 무성하게 자라고 있으며, 에리스케이(Eriskay) 섬의 야생 조랑말과 염소, 양떼들이 돌아다닌다. 보호 구역으로 지정되어 있는 해안의 물 역시 스펙터클하다. 다양한 종류의 바다표범, 돌고래, 심지어 돌묵상어까지 볼 수 있다. **HA**

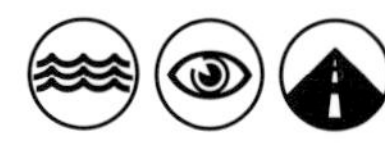

# 헤브리디언 프린세스 호
## Take a Cruise on the Hebridean Princess

**Location** 스코틀랜드
**Website** www.hebridean.co.uk   **Price** ⑤⑤⑤

세계에서 가장 작은 럭셔리 크루즈선인 헤브리디언 프린세스 호는 바다에 떠 있는 컨트리하우스 호텔과도 같다. 흠 잡을 데 없는 서비스, 훌륭한 식사, 호화로운 내부—스코틀랜드의 바위투성이 섬들을 돌아보기에 완벽한 방법이다.

최대 49명까지 승선이 가능하며 바깥에 펼쳐지는 전원 풍경을 바라보는 동시에 배 안의 절제된 우아함을 만끽하자. 승객 대 승무원의 비율이 거의 1:1에 가깝기 때문에 서비스 수준은 가히 타의 추종을 불허한다. 셰프들이 이 지역에서 생산한 재료로 최고의 요리를 선보이는 레스토랑 "컬럼바(Columba)"에서 저녁식사를 하

> "배가 작아서 숨막히게
> 아름다운 산으로 둘러싸인
> 작은 만에도 닻을 내릴 수 있다."
>
> 제니퍼 윌슨, 『데일리 익스프레스』紙

자. 그리고 한 손에 위스키 잔을 드고 라운지 "타이리(Tiree)"의 벽난로에 앉자. 최고 등급 객실은 "아일오브 아란(Isle of Arran)"으로 캐노피를 드리운 침대와 빅토리아 시대풍의 대리석 욕실이 딸려 있다.

매일 아침 새로운 섬 또는 새로운 육지가 나타나 가이드의 안내를 받으며 투어를 할 수 있다. 희귀 조류, 고래, 바다표범을 찾아보자. 매서(machair, 해안의 모래 풀밭)를 따라 걸으면서 색색깔의 야생화를 감상하자. 또는 푸른 협곡 깊숙이 들어가 옛 성과 돌기둥을 구경하자. 배로 돌아와 달콤한 잠 속에 빠져들면 그 사이에 또 새로운 곳으로 이동해 있다. **AD**

⊡ 헤브리디언 프린세스 호는 그림처럼 아름다운 풍경을 자랑하는 외진 호수까지 미끄러져 들어갈 수 있다.

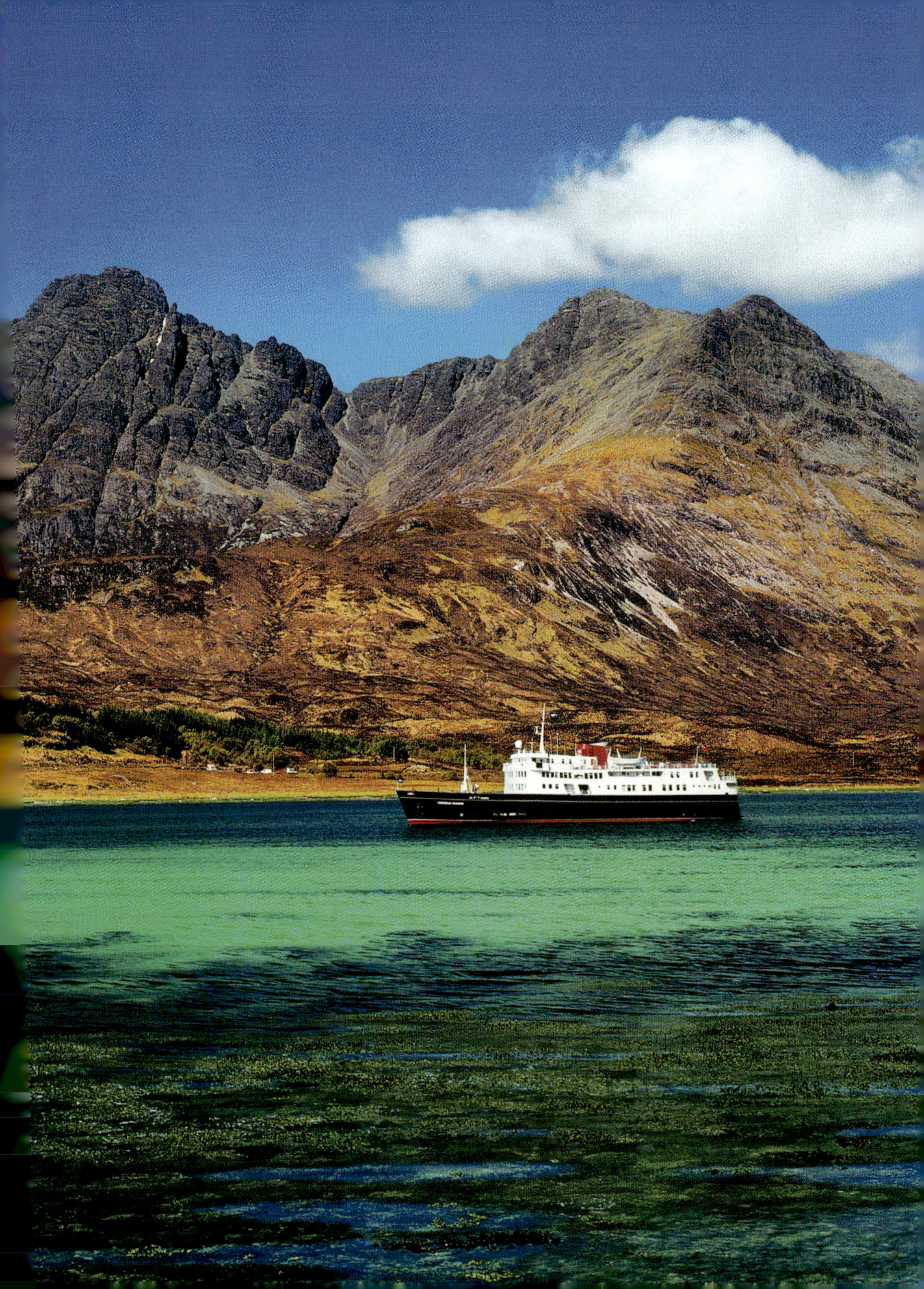

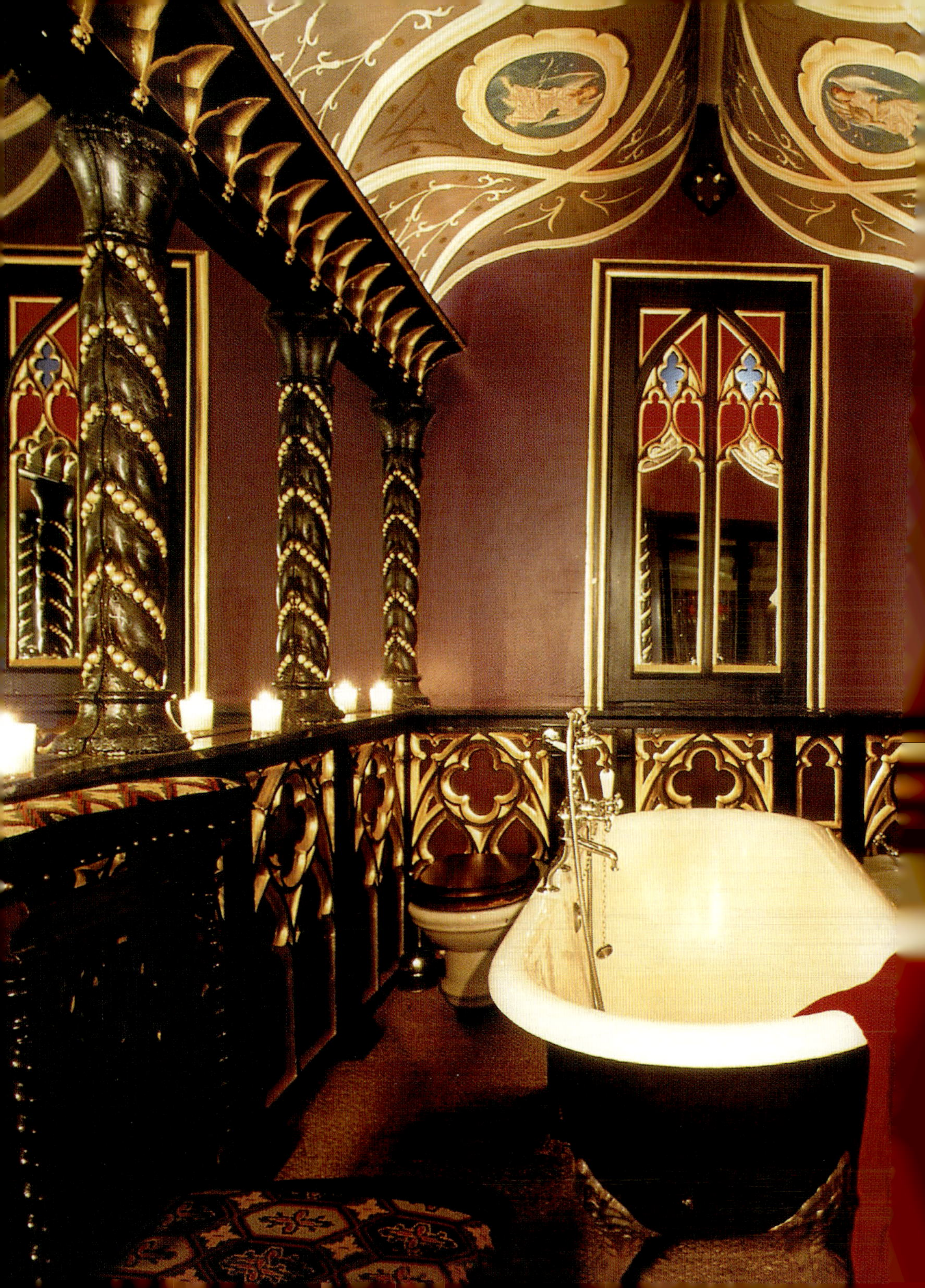

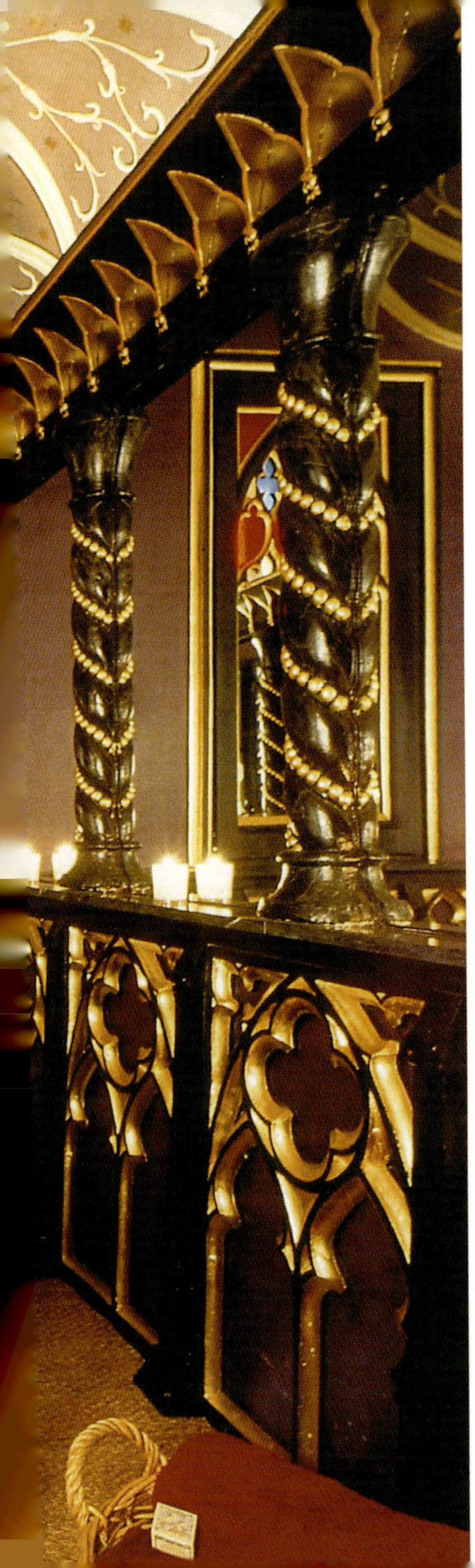

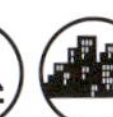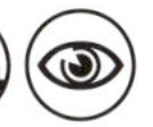

# 위처리 Recharge at the Witchery

**Location** 스코틀랜드 에딘버러
**Website** www.thewitchery.com　　**Price** 💲💲

역사적인 성의 정문 앞, 분위기 있는 16세기 건물 내에 숨어 있는 위처리는 에딘버러에서 가장 로맨틱한 숙박 시설이다. 1595년에 지어진 상인의 저택을 중심으로 모여있는 스위트들은 거의 퇴폐적이라고까지 할 만한 고딕풍 화려함의 환상이다. 각각의 스위트는 골동품과 특정 시대의 텍스타일로 가득하다. 참나무 널을 댄 벽은 태피스트리, 거울, 조각들이 걸려 있으며, 천장은 화려한 회화와 도금으로 장식되어 있다.

오리지널 위처리 스위트 "이너 생텀"은 기둥 4개 달린 앤티크 침대, 빨강과 황금빛의 드라마틱한 벽, 독립된 서재와 응접실, 로열 마일을 내려다보도록 바닥을 한 층 높인 아침식사 공간이 딸려 있다. 빨간 래커를 칠한 욕실에는 두 명이 들어가도 될 만큼 커다란, 접이식 뚜껑이 달린 앤티크 욕조가 있다. 바로크풍의 "올드 렉토리" 스위트는 참나무 널과 빨간 직물로 벽을 대고, 골동품 설교단을 조각해서 만든 호화로운 침대가 놓여 있다. 대리석 벽난로 양쪽으로는 도금한 키 큰 책장이 서 있으며, 독립된 드레스룸은 회화가 그려진 궁륭형 천장과 거울을 바르고 도금한 벽이 딸린, 마치 예배당 같은 욕실로 연결된다. "라이브러리" 스위트의 욕실은 비밀문을 통해 들어가는, 책으로 가득한 은신처로 두 사람이 들어가도 될 만큼 큰 욕조가 놓여 있다.

이토록 완벽한 정열의 소굴이 가진 단점이라면, 스위트가 단 7개밖에 없어 언제나 몇 개월 전부터 풀 예약 상태라는 것이다—그것도 잭 니콜슨이나 마이클 더글러스 같은 헐리우드 스타들에 의해서 말이다. 만약 방이 없으면, 대신 촛불 밝힌 레스토랑의 테이블이라도 예약하자. 수상 경력을 자랑하는 스코틀랜드 메뉴와 환상적인 실내 장식, 그리고 호화로운 소파 커버가 즐거움을 선사할 것이다. **ML**

◿ 사방이 거울로 둘러싸인 로맨틱한 "올드 렉토리" 스위트 욕실.

# 펜튼 타워 Unwind at Fenton Tower

**Location** 스코틀랜드 이스트로디언
**Website** www.fentontower.co.uk　　**Price** 💲💲

1591년 스코틀랜드의 제임스 VI세—스코틀랜드 여왕 메리의 아들이다—는 파이프(Fife)에서 반란군에 에워싸였다. 다행히 마을 사람들의 도움으로 탈출할 수 있었던 왕은 페리에 몸을 싣고 포스 만(灣)을 건너 노스 베릭(North Berwick)으로 가서 펜튼 탑에 숨었다. 도망 중인 왕이 머물렀던 곳이라면, 광란의 대중으로부터 탈출을 꿈꾸는 21세기 도시인들에게도 충분하지 않겠는가.

에딘버러 동쪽으로 32km, 이스트로디언의 비옥한 평야에 위풍당당하게 서 있는 16세기 성곽 탑은 포스 만의 아름다운 풍경을 내려다보고 있다. 잉글랜드군의 침공으로 폐허가 된 뒤 수 세기 동안 버려져 있다가, 1998년 세심한 복원 공사를 거쳐, 가정집의 편안함과 현대적인 시설을 갖춘, 12명까지 숙박이 가능한 럭셔리 숙박 시설로 재탄생했다. 숙박객들은 바깥 세상과 차단된 가운데 흠잡을 데 없는 서비스와 훌륭한 음식을 즐길 수 있다.

따스한 분홍색의 할링(harling, 스코틀랜드에서 석조 건물의 방수성과 내구성을 높이기 위해 사용하는 외벽 표면 처리 기법)은 이 지역 토양에 부순 조개껍질을 섞어 만들었다. 지상층의 좁은 방어용 창문 때문에 내부가 음울할 것이라고 생각하는 것도 무리는 아니다. 위층의 유달리 큰 창문을 통해 자연광이 쏟아져 들어온다—어떤 창문은 다른 것보다 두세 배는 커서 풍경을 감상하기에 제격이다.

펜튼 타워 주위에는 세계적으로 유명한 뮤어필드 등 훌륭한 골프 코스들이 많다. 사격과 제물낚시도 마음껏 즐길 수 있다. 자신만의 성에서 왕이 되는 기분을 만끽하고 싶다면, 탑에 딸린 8ha의 사유지에서 느긋하게 산책을 하거나 아름다운 라이크(laich, 스코틀랜드의 작은 호수) 가장자리에서 백일몽에 빠져 보자. **HA**

# 이 고에든 에이린 Discover Y Goeden Eirin

**Location** 웨일즈 카나번 근교
**Website** www.ygoedeneirin.co.uk　　**Price** 💲💲

웨일즈 북부, 조용한 시골마을에 위치한 이 아늑한 베드앤브렉퍼스트는 전원에서의 휴식 그 이상을 선사한다. 희곡작가 존 그윌림 존스가 웨일스어로 쓴 단편집 제목에서 이름을 딴 이 게스트하우스는 여관이라기보다는 웨일스의 문화와 예술을 배울 수 있는 (숙박이 가능한) 센터에 가깝다.

공동 소유주인 존과 엘런드 롤랜즈는 과거에는 학자였으며, 실내는 책의 무게에 눌려 신음하는 책장들로 빼곡하다. 웨일스 출신 예술가들의 작품이 벽을 장식하고 있으며, 저녁 먹고 놀다 가는 문인들이나 연구 조사를 위해 들르는 학자들의 발길이 끊이지 않는 곳이다. 이 주변에서는 웨일즈어가 모국어이며, 지역 문화에 대

> "웨일스 문화를 배울 수 있고
> 전원을 탐험할 수 있는,
> 스타일리쉬한 공간."
>
> 앨리스테어 소데이, 여행작가

해 좀더 알고 싶다면 존 롤랜즈가 매일 저녁 여는 스터디 모임도 있다. 손님들은 도보 트레일이나 역사적인 성 등 주변 탐험에 나설 수도 있다.

여관 자체는 편안하고 느긋하며, 한번에 6명까지 숙박이 가능하다. 전통적인 웨일즈 식기장(윗부분은 선반, 아랫부분은 서랍인 식기장—역주)이 놓여 있는 식당에서, 화덕에 요리한 맛있는 저녁을 먹는다. 저녁에는 거실에서 셰리 한 병과 책 한 권을 벗삼아서 보내자. 그러나 가장 인상적인 것은 이 집의 어린 아들 방이다. 유리 상자 안에 진열한 베를린 장벽 조각과 정치 구호가 새겨져 있는 웨일즈 점판암 파편이 세면대 위에 전시되어 있다. **DA**

# 앵글시 해안 Explore the Anglesey Coast

**Location** 웨일즈 앵글시
**Website** www.angleseycoastalpath.co.uk   **Price** ❶

웨일즈 북부의 전원적인 섬 앵글시는 특별히 할 만한 일이 없는 곳이지만, 앵글시섬 해안도로가 개통되면서 웨일즈 북부의 그림 같은 해안 풍경을 즐기려는 방문객들의 수가 늘어나고 있다. 앵글시섬 해안도로는 그 길이가 200km에 달하는 하이킹 도로로, 북극제비갈매기가 그려져 있는 노란 사인으로 표시가 되어 있다. 20개의 도시와 마을을 지나기 때문에, 걸어서 갈 수 있는 거리 내에 먹고 마시고 하룻밤 묵을 수 있는 곳들을 쉽게 찾을 수 있다.

완만한 구릉지대를 따라가는 12개 구간의 트레일은 하이킹 초보자부터 전문가까지, 남녀노소를 불문하고 모두 즐길 수 있으며, 경작지, 히스로 뒤덮인 해안, 소금물 습지, 드라마틱한 절벽, 그리고 사람의 손이 닿지 않은 해변에 이르기까지 그림엽서에나 등장할 법한 아름다운 풍경들을 지나친다. O.S.익스플로러 사에서 간행된 262번(서해안)과 263번(동해안) 지도를 챙기자. 전구간을 완주하려면 매일 평균 11km 정도를 걷는다는 가정 하에 약 2주가 걸린다. 공식적인 시작점(종료점)은 홀리헤드의 세인트 시비 교회지만, 12개 구간을 매일 한 구간씩(11~21km) 하이킹하는 것도 가능하다. 특히 세마이스에서부터 처치베이에 이르는 최북단 구간 중 일부는 바람이 휩쓸고 지나간 듯한 야생 자연의 드라마틱한 풍경 속에서 가슴 속까지 시원해지는 듯한 상쾌한 공기를 마실 수 있다.

가장 인기가 높은 여정은 보마리스에서 펜먼 포인트를 지나 퍼핀 섬을 건너 란도나로 가서 그 깨끗한 해변에서 수영을 하는 것이다. 섬의 동쪽, 10km 거리를 아우르는 이 구간은 트레일을 맛보는 데 좋은 경험이 된다. 해안선을 따라가는 마지막 3km는 꽤 힘들지만, 그 가치는 충분하다. **DA**

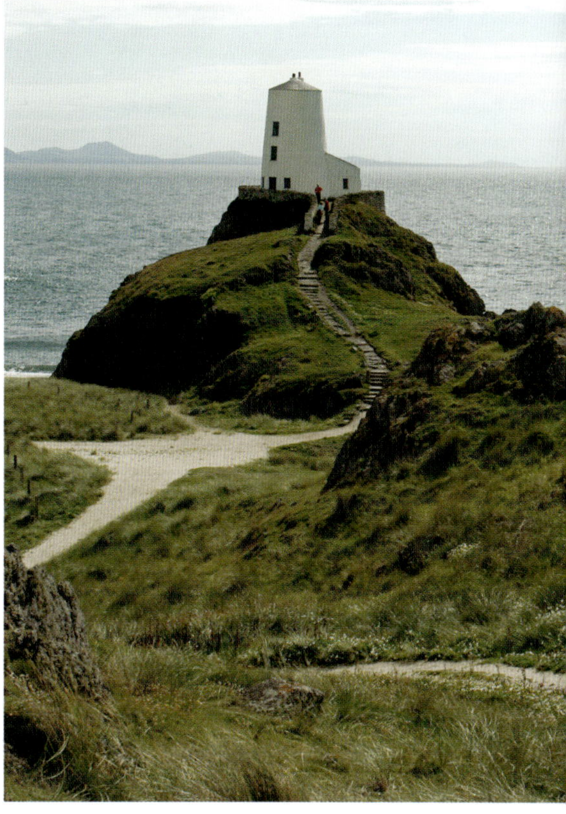

> "세마이스는… 몹시
> 매력적인 바위투성이
> 해안선에 둘러싸여 있다."

아일오브앵글시 군 의회

↗ 높은 파도를 배경으로 서 있는 란드윈 섬의 등대.

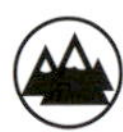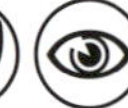

# 세인트 쿠리그 예배당
Stay at St. Curig's Chapel

**Location** 웨일즈 스노도니아
**Website** www.stcurigschurch.com   **Price** §§

이 작은 베드앤브렉퍼스트에는 환상적으로 보헤미안적이고 귀족적인 분위기가 감돈다. 돌로 지은 19세기 교회를 황동의 오픈플랜 공간으로 개조한 주인의 생기 넘치는 성품 덕분이다.

긴 나무 테이블에 앉아 아침식사를 하면서, 예전에는 앱스였던 곳을 바라보면서 호화로운 볼거리들을 즐기자. 주위를 둘러보면 원래 예배당의 우아한 아치형 창문, 대리석 기둥, 스테인드글라스, 그리고 이 모든 것을 내려다보는 숨막히게 아름다운 도금한 모자이크 돔 천장이 눈에 들어온다. 이 돔은 왕실 근위보병연대의 중령이자 지역 영지 관리인이었던 윌리엄 색빌-웨스트가 아내 조지나를 추억하기 위해 의뢰한 것이다.

세인트 쿠리그는 1998년 레이디 앨리스 더글라스와 그녀의 덩치는 크지만 온순한 개 브레콘의 소유가 되었다. 개조 프로젝트는 쉽지 않았지만, 그 결과 독특하면서도 다소 기묘한 공간이 탄생했다. 손으로 조각한 기둥 4개 달린 침대가 놓여 있고, 슬레이트를 깐 바닥에는 온돌이 들어오는 침실은 럭셔리하기 그지없다. 그 중 하나에는 돌로 만든 설교대가 아직도 남아 있다.

과거에 교회 경내였던 곳 구석에는 뜨거운 물이 나오는 거품 욕조가 있다. 세인트 쿠리그는 스노든 호스슈—웨일스에서 가장 높은 산을 중심으로 한 말발굽 모양으로 늘어선 산봉우리들—한복판을 똑바로 올려다보고 있다. 차로 몇 분만 달리면 스노든으로 올라가는 대부분의 산길의 출발점인 펜-이-파스이다. 스노든이나 인근의 봉우리들을 돌아보았다면 세인트 쿠리그는 완벽한 휴식처이다. 예배당 문 앞에서 시작되는, 덜 힘든 숲길도 있으니 안심하길. 심지어 인근의 펍으로 직행하는 길도 있다. **SH**

⇥ 세인트 쿠리그는 1883년 처음 문을 열었다. 베드앤브렉퍼스트는 그 원래의 매력을 고스란히 간직하고 있다.

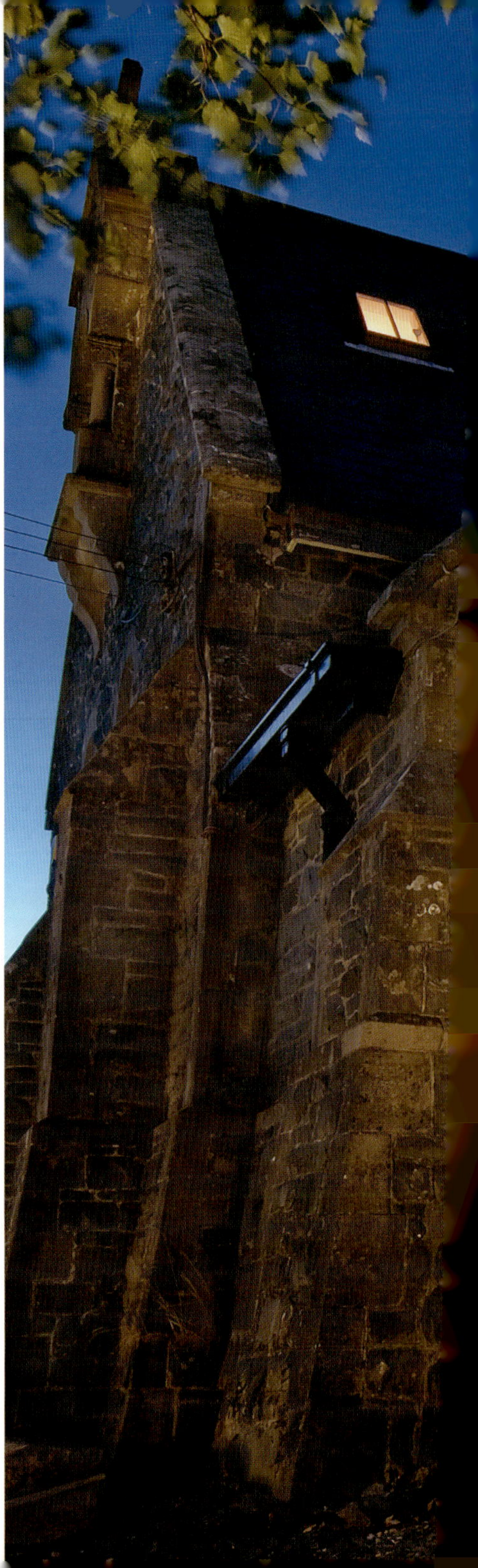

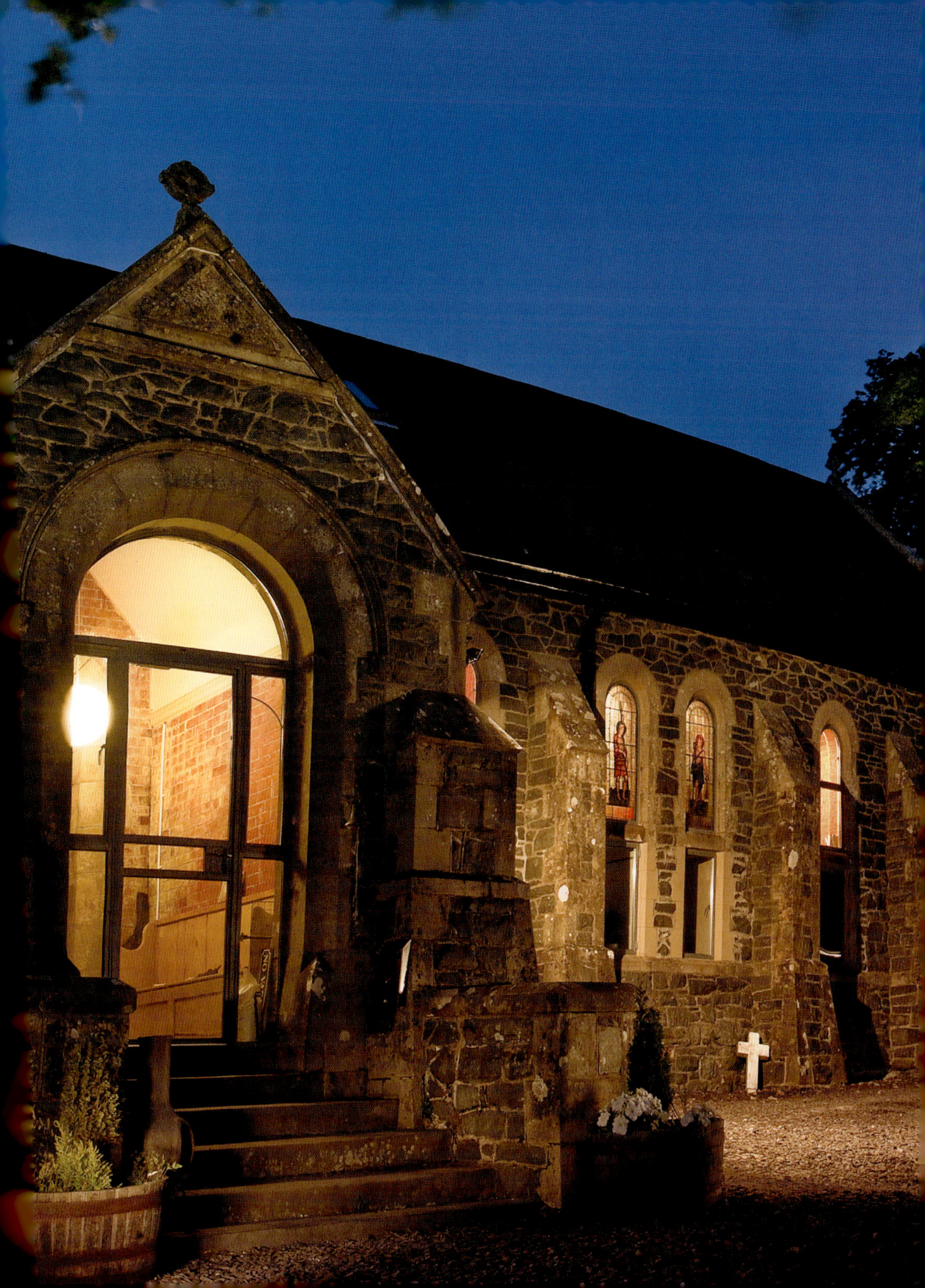

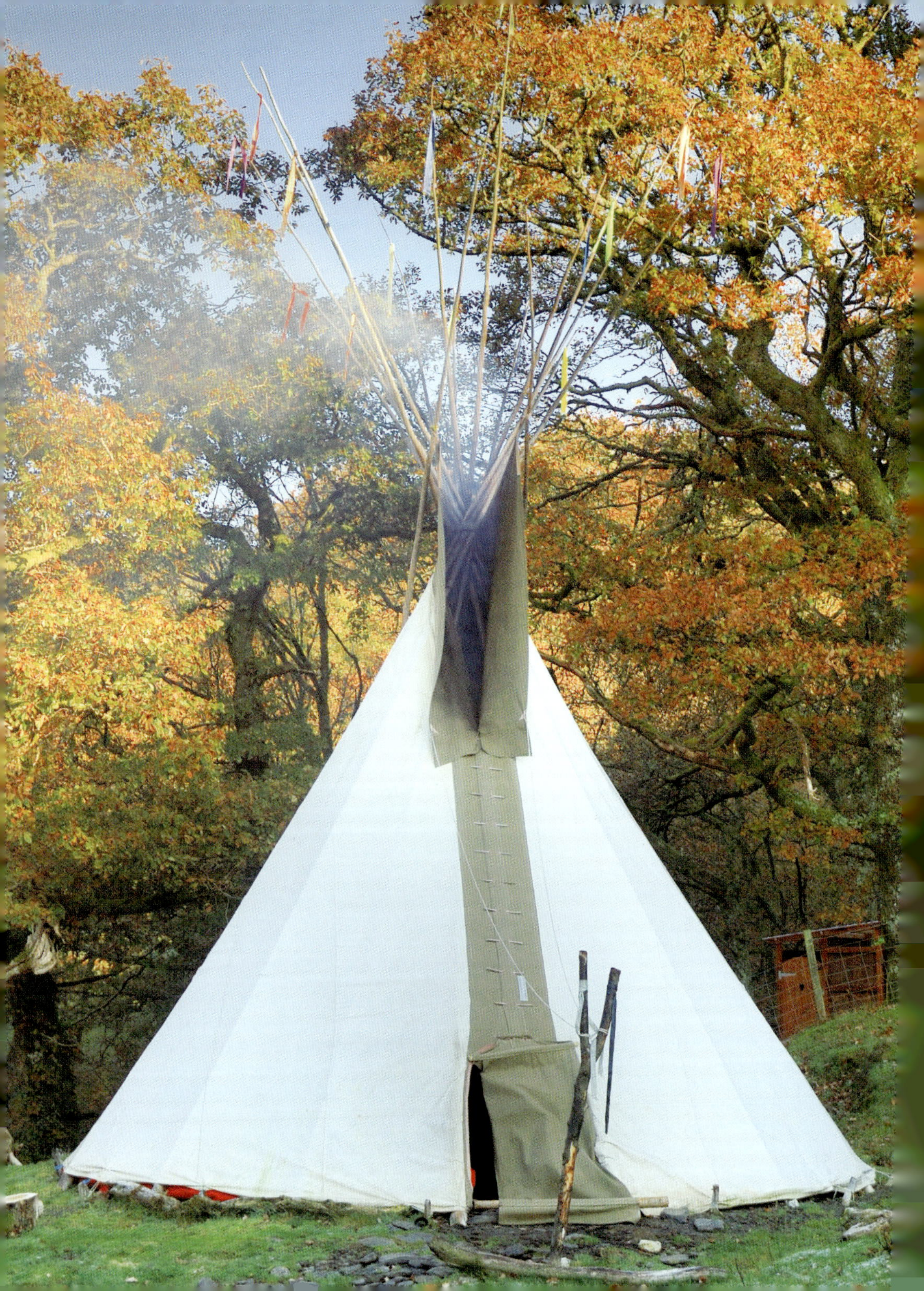

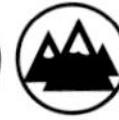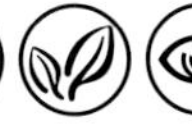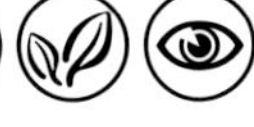

# 에코 리트릿
## Relax at an Eco Retreat

**Location** 웨일즈 포이스
**Website** www.ecoretreats.co.uk **Price** ⑤⑤

디피(Dyfi) 숲에는 뭔가 신나는 것이 있다. 웨일스에 새벽이 찾아오면 아침 햇빛 아래 보기 드문 형태들이 나타난다. 직경 6m의 북아메리카 인디언 티피 4개와 직경 5m짜리 몽골식 유르트가 숲 한가운데 서 있다. 이 캠프는 도저히 거부할 수 없을 정도로 테크놀로지와는 거리가 먼 경험이다. 개인용 재래식 변기와 따뜻한 물이 나오는 태양열 샤워백이 대표적인 예이다. 그러나 유기농 침구, 도자기, 유리 식기 같은 편의 시설도 아주 없는 것은 아니다.

에코 리트릿의 주인은 이 지역의 유기농 농장에서 이 땅을 임대하며, 공정무역제품과 지역생산물만을 사용한다. 모든 폐기물은 흙으로 돌아가 거름이 되거나, 녹색 기준에 완벽하게 맞춰 재활용된다.

에코 리트릿은 머무르는 공간이라기보다는 경험에 가깝다. 모던 라이프의 구속에서 탈출하는 것이다. 전기도, 수도도 없고, 무엇보다도 휴대폰이 터지지 않는다. 해질녘이 되면 음식을 만들고, 촛불 아래 푹신한 매트리스를 깐다. 마음 가는 대로 그저 내버려두라. 숲에서 더 맑고 푸른 생기를 되찾게 될 것이다. 방문객들은 두번째 밤에는 공동 명상에 초대되며 영기(靈氣)/영성 치유 시간도 있다. 숙박료에는 인근의 대체기술 센터 입장권도 포함되어 있다. 그러나 무엇보다도 이 곳은 빈 공간이 많은, 궁극의 휴양지이다. 티피 문을 열고 고요한 숲을 바라보면 단 한 사람도 눈에 들어오지 않는다. **DA**

에코 리트릿은 진정 모든 것에서 벗어날 수 있는 경험을 제공한다.

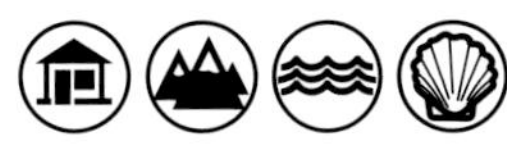

# 트레힐린 이사프 코티지
## Rent Trehilyn Isaf Cottage

**Location** 웨일즈 펨브로크셔
**Website** www.underthethatch.co.uk **Price** ⑤⑤

펨브로크셔에서 가장 잘 보존된 코티지 중 하나인 트레힐린 이사프는 스트럼블 헤드 반도의 해안이라는 환상적인 위치를 자랑한다—검은 바위와 거석, 안개로 덮여 있는 언덕, 높은 절벽들로 이루어진 곳이다. 만약 트레힐린 이사프를 보고 어디선가 본 것 같은 기분이 든다면, 그것은 그 복원 과정이 BBC 텔레비전 시리즈『펨브로크셔 농장』에 나왔기 때문일 것이다. 이 프로그램에 출연했던 향토 건축사학자 그렉 스티븐슨 박사는 이 집을 가리켜 "완전한 보석"이라 칭했다.

트레힐린 이사프는 웨일즈의 사회기업인 언더더대치가 임대하는 시설 중에서 가장 자연친화적인 곳이다.

> "집이 마치 살아 있는 것 같다—
> 아미티빌풍이 아니라 풍경 속 일부로
> 그대로 녹아들어 있는 것 같다."
>
> 나이얼 그리피스,『가디언』紙

저독성 페인트, 양털 단열재, 시멘트 대신 석회암 등을 사용한 지속가능한 기법으로 복원하였으며, 탄소중립 중앙 난방을 채택하고 있다. 아름답게 복구한 옛 농가는 환경친화적이라고 해서 현대적인 안락함을 희생시키지는 않았다. 내부는 구석에 있는 커다란 벽난로 같은 전통적인 요소와 매끈한 미니멀리즘이 조화를 이루고 있다. 일단 걸어 들어가면 즉각적으로 마음이 고요하게 가라앉는 것을 느낄 수 있는, 그런 공간이다.

이 아늑하고 작은 은신처에서 밖으로 나올 마음이 든다면, 3km쯤 떨어진, 바위투성이 절벽으로 둘러싸인 아버 모어 만까지 이어지는 스펙터클한 산책로를 놓치지 말 것. **HA**

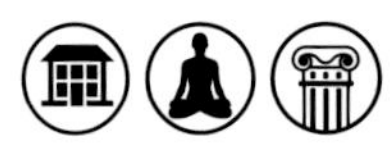

# 시햄 호텔 Unwind at Seaham Hall

**Location** 잉글랜드 더럼 주
**Website** www.seaham-hall.co.uk　　**Price** ⑤⑤

시햄 홀 & 세레니티 스파는 오랜 역사를 자랑한다. 18세기 말, 거대한 저택으로 지어졌으며, 1815년 바이런 경(1788~1824, 영국의 낭만주의 시인)이 애나벨라 밀뱅크와 결혼식을 올린 곳으로 유명해졌다. 제 1차 세계 대전 당시에는 육군 병원, 결핵 요양소, 혁신적인 심장 질환 센터, 양로원 등으로 쓰였다. 2002년 마침내 복원 공사를 거쳐 원래의 영광을 되찾았으며, 톰과 조슬린 맥스필드는 이곳을 세계적인 럭셔리 호텔 & 스파로 재개발하였다.

　새로 태어난 시햄 홀에서 가장 눈에 띄는 점은 이곳이 컨템퍼러리 예술의 장이 되었다는 것이다. 로비 아트리움의 천장은 스테인드글라스 예술가 브리짓 존스의 작품으로 바이런의 시를 주제로 설계하였다. 데일 앳킨슨, 폴 갤러허 같은 화가들의 작품이 벽을 장식하고 있으며, 니콜라우스 비더베르그, 앤드류 버튼, 윌리엄 파이 등의 조각 작품도 곳곳에서 찾아볼 수 있다.

　"인텔리전트" 조명을 채택하고, 에어컨을 손님들이 직접 기호에 맞게 조절할 수 있도록 한 19개의 스위트는 퍽 모던하다. 일부는 2인용 욕조가 딸려 있다. 바이런이 밀뱅크와 결혼한 응접실은 오늘날에도 민간 결혼식장으로 사용되고 있으며, 레스토랑 "화이트 룸"은 심플하고 맛있는 음식을 자랑한다.

　그러나 호텔은 스토리의 절반일 뿐이다. 지하 터널을 내려가면 세레니티 스파가 나온다. 아시아풍 디자인에 몸과 마음과 영혼을 위한 45종류가 넘는 트리트먼트를 제공한다. 생기를 불어넣는 자스민 향과 물이 졸졸 흐르는 소리 속에 멋진 20m 풀장, 검은 화강암으로 지은 스팀룸, 냉탕, 얼음 분수, 그리고 전통적인 터키탕이 갖추어져 있다. 예쁜 얼굴은 물론 진지한 내면의 치유까지 가능한 곳이다. **PS**

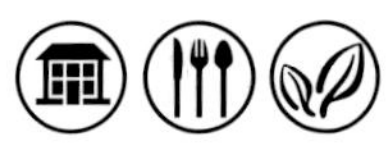

# 스윈튼 파크 Relax at Swinton Park

**Location** 잉글랜드 노스요크셔 주
**Website** www.swintonpark.co.uk　　**Price** ⑤⑤

잉글랜드풍의 웅장함을 좋아한다면, 스윈튼 파크는 완벽한 휴양지가 될 것이다. 객실 30개의 럭셔리 캐슬-호텔로 작은 탑과 긴 복도, 거대한 층계, 그리고 널찍하고 저마다 개성적인 디자인과 실내 장식을 자랑하는 침실들이 갖추어져 있다.

　스윈튼 파크는 인근 요크셔 데일(Yorkshire Dales)을 탐방하고자 하는 이들에게 이상적인 숙박 시설이지만, 자체적으로 8ha에 달하는 호수, 정원, 공원을 소유하고 있어 굳이 호텔 밖으로 나가야 할 이유도 별로 없다. 몸이 좀 근질근질하다면, 사냥용 매 훈련, 낚시, 비포장도로 드라이빙 등을 시도해 보자. 스윈튼 파크의 레스토랑 역시 가 볼 만한 가치가 있다. 이곳에서 쓰는

> "사슴, 수선화, 에메랄드빛 정원이
> 긴 고무 장화를 신고 거센 바람을 맞으며
> 산책을 나가게 만든다."
>
> 질 하틀리, 『가디언』 紙

재료의 대부분은 1.6ha의 벽으로 둘러싸인 정원—영국 전체에서 최대 규모이다—에서 직접 재배하며, 델리케이트한 시즌 요리를 선보인다. 뿐만 아니라 유명 셰프 로즈메리 슈래거가 운영하는 요리 학교도 있어, 스윈튼 파크는 요리 애호가들 사이에서는 천국으로 알려져 있다.

　하루 일과가 끝나면 오락실로 가서 스누커 당구(흰색 큐볼 하나로 빨간색 공 15개나 다른 색깔의 공 6개를 일정한 순서대로 쳐서 포켓에 넣는 당구)를 한 판 치거나 스파에서 마사지를 받거나 월풀 욕조에 몸을 담그는 건 어떨까? 스윈튼 파크는 잉글랜드 전원 생활을 가장 사치스럽게 즐길 수 있는 곳이다. **RS**

→ 스윈튼 파크는 〈지브스와 우스터〉에 나올 법한 집사와 하인들을 만날 수 있는 곳이다.

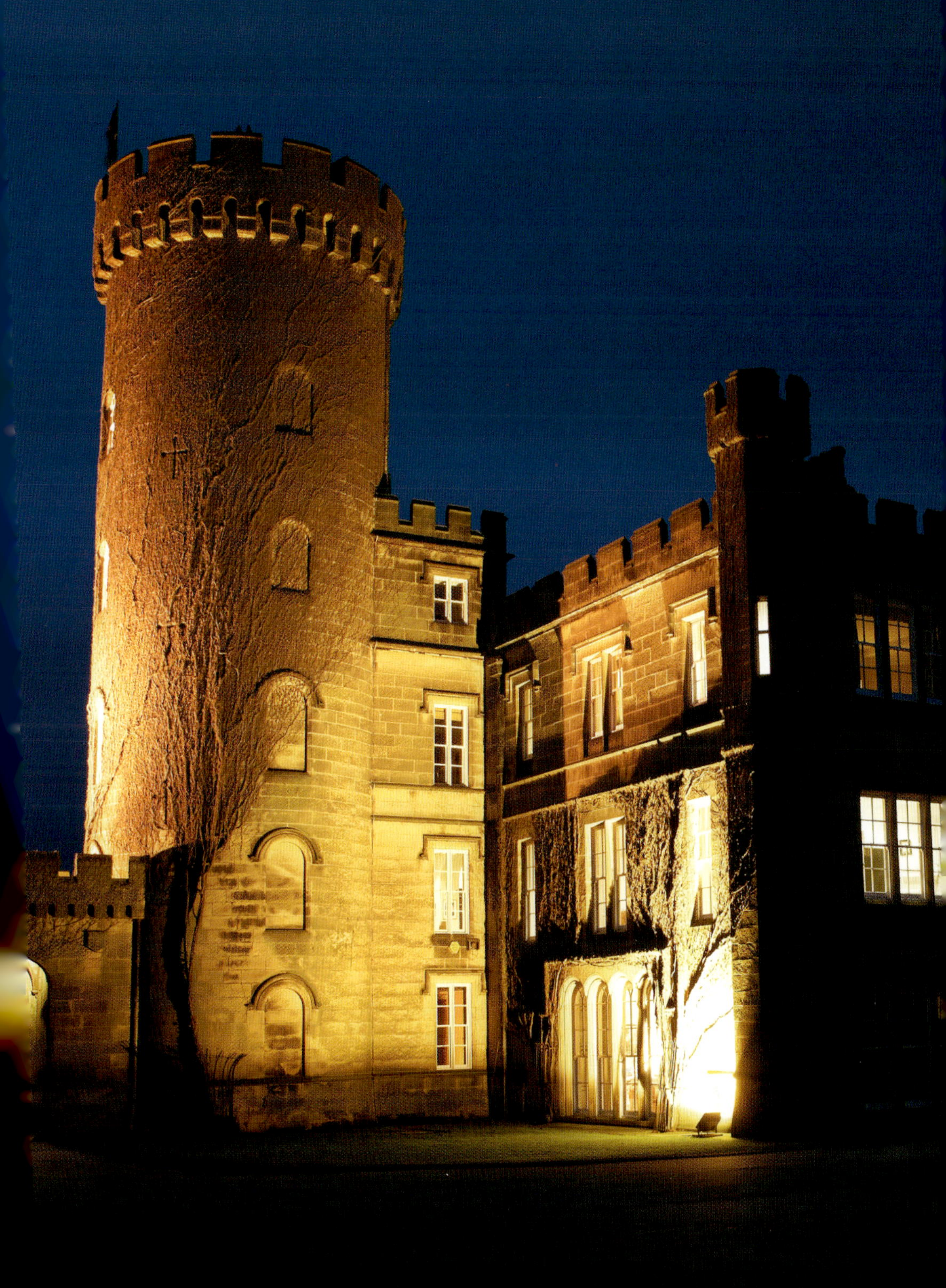

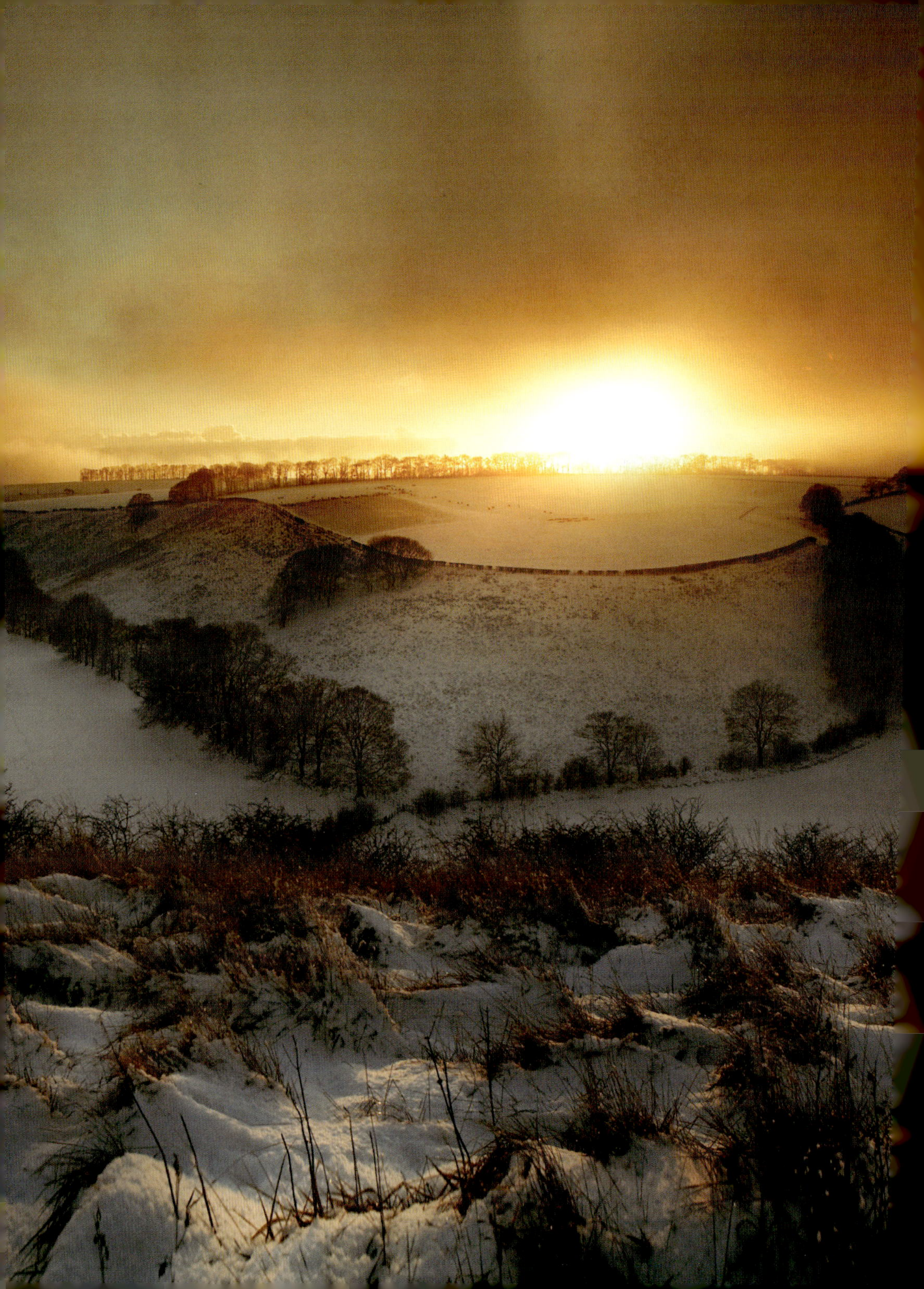

# 월즈 웨이 Walk the Wolds Way

**Location** 잉글랜드 요크셔 주
**Website** www.nationaltrail.co.uk　**Price** ❶

요크셔 주민들은 이 지방을 가리켜 "신의 주(洲)"라 부르는데, 그 이유를 짐작하기란 어렵지 않다. 거칠고, 드넓고, 고요하고, 때때로 경이롭기까지 한 그 아름다운 풍경은 마치 끝이 없는 것만 같다. 25년 전에 만들어진 영국에서 가장 평화로운 국립 자연탐방 트레일이 그 속에 숨어 있다.

127km에 이르는 요크셔 월즈 웨이는 잉글랜드의 국립 자연탐방 트레일 중에서도 가장 찾는 사람이 적은 곳이다. 그리고 그것은 일종의 축복이다. 전반적으로 자유로운 분위기가 배어 있으며, 하루 종일 걸어도 강아지 한 마리 마주칠 수 없을 때도 있다. 그보다는 걷다가 예기치 못한 야생 동식물을 만날 가능성이 훨씬 높다—산비탈에서 풀을 뜯는 사슴이나 하늘 높이 날아오르는 황조롱이 등이 대표적인 예다.

그 풍경은 입이 벌어질 만하다—남쪽으로 험버(Humber) 너머 산책로의 시작점에 위치한 링컨 대성당의 탑까지, 북쪽으로는 파일리 브릭(Filey Brigg)의 드라마틱한 노두 끝까지 한눈에 들어오는 전망을 감상할 수 있다. 워럼 퍼시(Wharram Percy)에서는 14세기 흑사병 창궐 당시 버려진 잉글랜드의 유명한 중세 마을을 지나간다. 또 월즈의 꼭대기는 수많은 청동기 시대의 무덤들이 장식하고 있다. 도중에 나오는 마을들에 들어서면 마치 세월을 거슬러 올라온 듯한 착각에 빠진다.

브러(Brough)의 페리 여관(Ferry Inn)은 전설적인 노상강도 딕 터핀이 체포된 곳으로도 유명하다. 충실한 애마 블랙 베스를 타고 런던에서 320km 넘게 질주했다고 전해지는 터핀은 1739년 당국에 체포되어 요크에서 교수형에 처해졌다. **SWi**

🔖 요크셔 월즈 웨이는 탁 트인 드라마틱한 고원지대, 백악질 계곡, 사랑스러운 마을들을 가로지른다.

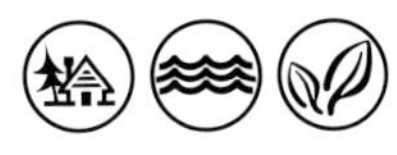

# 샘링 Relax at The Samling

**Location** 잉글랜드 호수 지방
**Website** www.thesamling.com　**Price** ❸❸

샘링은 집을 떠나 온 이들에게 또 하나의 집이다—다만 윈더미어 호수의 아름다운 바위투성이 풍경, 야외의 버블 욕조, 가득 찬 와인 셀러를 갖춘, 특히 럭셔리한 집이긴 하지만 말이다. 도착하는 순간부터 손님들은 자기 집에 온 것 같은 느낌을 받게 된다. 모든 격식은 현관에서부터 벗어던져 버린다. 이 예쁜 18세기 박공집이 몇 분 만에 그 위력을 발휘하여 당신을 따스하게 감싸 안는 순간, 긴장을 풀지 않는다는 것이 불가능해진다.

색색의 클레마티스와 아메리카담쟁이 덩굴 덕분에 샘링은 여전히 사람이 살고 있는 집처럼 보인다. 모두 13개의 스위트가 있는데—대부분 환상적인 호수 전망을 자랑한다—각 방마다 고유의 개성과 캐릭터가 있

> "…그렇게 작은 공간 속에
> 그렇게 웅장하고 아름다운 것들이
> 다양한 곳은 다시 없다."
>
> 윌리엄 워즈워스, 잉글랜드 호수 지방에 대하여

다. 예를 들면 서늘한 파랑과 녹색으로 꾸민 메세라(Methera) 스위트는 벽난로가 있는 독립 거실 공간이 있으며, 하루 종일 햇빛이 들어온다. 반면 보시(Bothy)는 메인 하우스에 가까운 코티지로, 빅토리아풍 욕실과 레인 샤워가 설치되어 있으며, 거실은 온실 안에 자리 잡고 있다.

전통적인 개성에 현대적인 편의가 조화를 이루고 있는 실내에는 수많은 벽난로와 촛불, 2인용 욕조가 놓여 있다. 샘링은 손님들이 한 번 들어가면 나오고 싶어 하지 않는 그런 공간이지만, 27ha에 달하는 부지와 문 밖에만 나가면 눈에 들어오는 그림처럼 아름다운 호수 지방 풍경 덕분에 밖으로 나와도 할 수 있는 것들이 아주 많다. **LP**

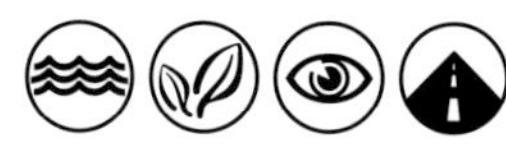

# 리즈-리버풀 운하
Explore the Leeds and Liverpool Canal

**Location** 잉글랜드 리즈에서 리버풀까지
**Website** www.penninewaterways.co.uk/ll  **Price** $

좁은 보트를 타고 여행하는 것보다 더 느긋한 여행 방법은 별로 없다. 일단 배를 조종하는 키의 체계만 습득하고 나면—왼쪽으로 가려면 오른쪽을 누르고, 오른쪽으로 가려면 왼쪽을 누른다—바로 출발할 수 있다. 걷는 것보다 조금 더 빠른 속도로 말이다.

리즈-리버풀 운하는 그 제방을 따라 150년의 역사가 떠오르고, 산업 혁명 이야기가 눈앞에서 펼쳐지는 곳이다. 쉬플리(Shipley)나 솔테어(Saltaire), 스킵튼(Skipton)을 함부르크나 피렌체와 비교할 수는 없겠지만, 이전에는 대성당을 지을 때에나 사용되었던 과거의 방적공장이나 사탕공장의 웅장한 건축을 보면서 놀라

> "길이 약 1.8m, 너비 4.2m,
> 깊이 1m의 배를 타고 운하의
> 92개 수문을 빠져나간다."
>
> 리즈-리버풀 운하 소사이어티

지 않을 수 없을 것이다. 물가로 올라가 타이터스 솔트가 노동자들을 위해서 건설한 솔테어의 "모델 빌리지"를 돌아보자. 조화로운 디자인의 집들과 도서관, 체육관, 콘서트홀, 토스카나 지방의 종탑을 흉내낸 위풍당당한 굴뚝 탑이 솟아 있는 공장의 견고한 건물이 어우러져 있다.

타이터스 솔트는 솔테어에 술집은 절대로 짓지 못하게 했지만, 리즈-리버풀 운하 주변에는 맥주를 마실 수 있는 멋진 공간이 많다. 좁은 보트를 타고 즐기는 바캉스의 가장 멋진 점 중의 하나는, 든든한 아침 식사 후에 안개 자욱한 아침에 엔진을 켜는 것과 해가 지면 강가의 퍼브에 배를 정박시켜 놓은 뒤 맥주 한 잔 할 만한 바를 찾아 어슬렁어슬렁 거니는 것이다. **SWi**

# 킬더 워터 앤 포레스트 파크
Visit Kielder Water and Forest Park

**Location** 잉글랜드 노섬벌랜드
**Website** www.visitkielder.com  **Price** ◑

평화와 고요를 원한다면, 킬더 워터 앤 포레스트 파크 이상 좋은 곳이 없다. 조명 공해가 거의 없기 때문에 잉글랜드에서 가장 새까만 밤하늘을 볼 수 있는 곳으로 유명하며, 최근에 캠페인투프로텍트루럴잉글랜드(Campaign to Protect Rural England)가 뽑은 "잉글랜드에서 가장 고요한 곳"인 노섬벌랜드에 위치하고 있다.

이 공원에는 유럽 북부에서는 최대 규모의 인공 호수와 잉글랜드에서 가장 큰 숲이 자리잡고 있다. 600평방 킬로미터가 넘는 이 공원은 자전거나 말을 타고, 혹은 걸어서 탐방을 할 수도 있지만, 너무 넓어서 몇 시간 동안 단 한 사람도 만나지 못하는 일이 다반사이다.

느긋하게 산책이나 자전거를 즐기려면, 수많은 숲 속 산책로 중에서 하나를 고르면 된다(그 중에는 43km에 이르는 킬더 호수를 한 바퀴 빙 도는 길도 있다). 야생동식물의 낙원으로, 사슴, 수달, 오소리, 박쥐, 그리고 희귀 조류도 볼 수 있다. 또 잉글랜드가 원산인 북방청서(red squirrel)의 60퍼센트가 서식하는 곳으로, 잉글랜드에 마지막으로 남아 있는 대규모 서식지이다.

칠흑같이 검은 밤하늘 덕분에 킬더 워터 앤 포레스트 파크와 킬더 천문대(Kielder Observatory)는 별을 관찰하기에 완벽한 곳이다. 킬더 천문대는 연중 거의 휴일 없이 개장하며, 때때로 야간 개장도 한다. 또한 아름다운 전원을 배경으로 수많은 현대 예술과 건축물이 넘쳐난다. 피크닉을 즐기거나 음식을 먹을 수 있는 장소도 많아 방문객은 잉글랜드에서 가장 평화로운 지역에서 하루만 보내야 하나 주말을 통째로 머물러야 하나 행복한 고민을 하게 될 것이다. **HA**

→ 킬더 워터 앤 포레스트 파크의 맑은 공기와 야생 자연은 산책을 즐기기에 완벽하다.

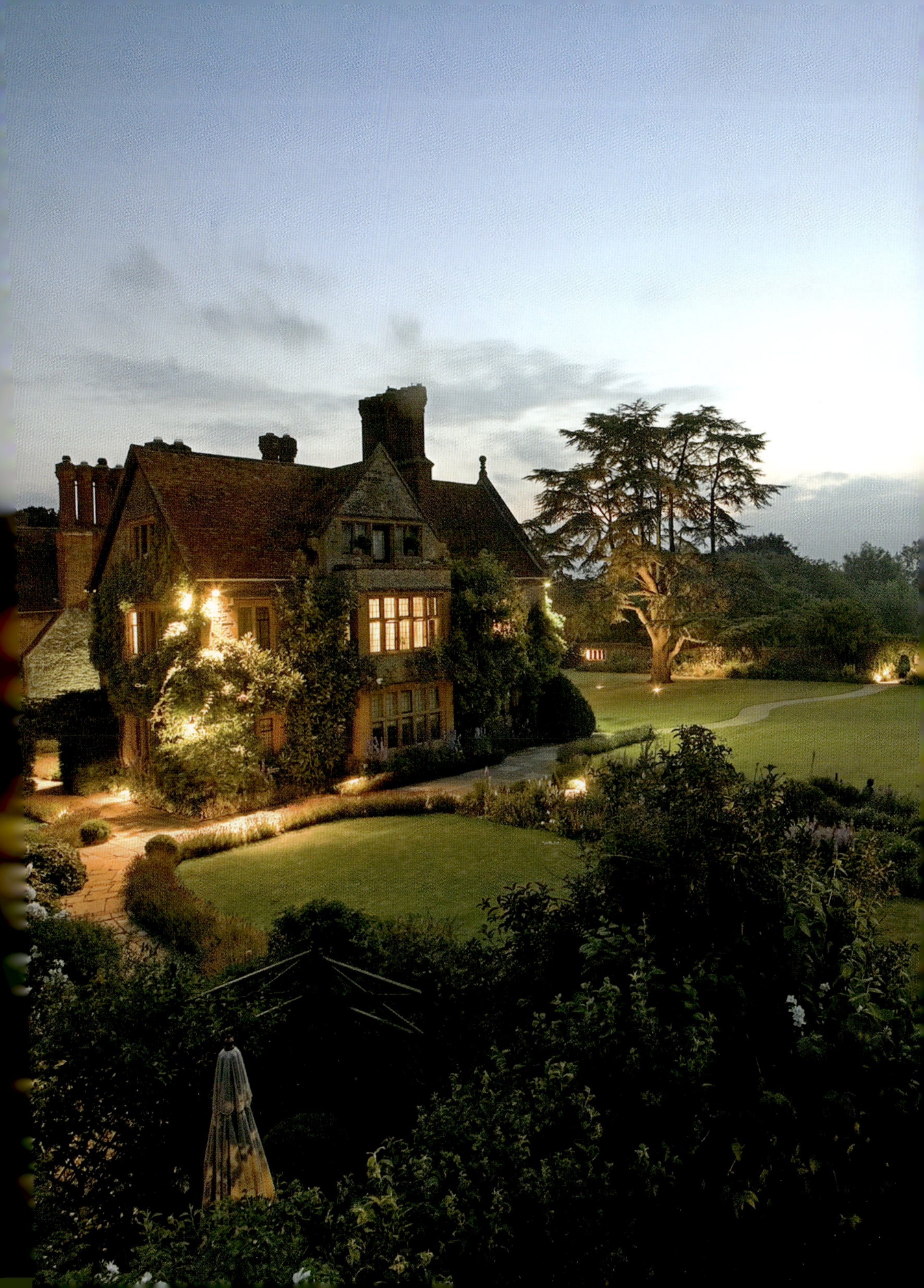

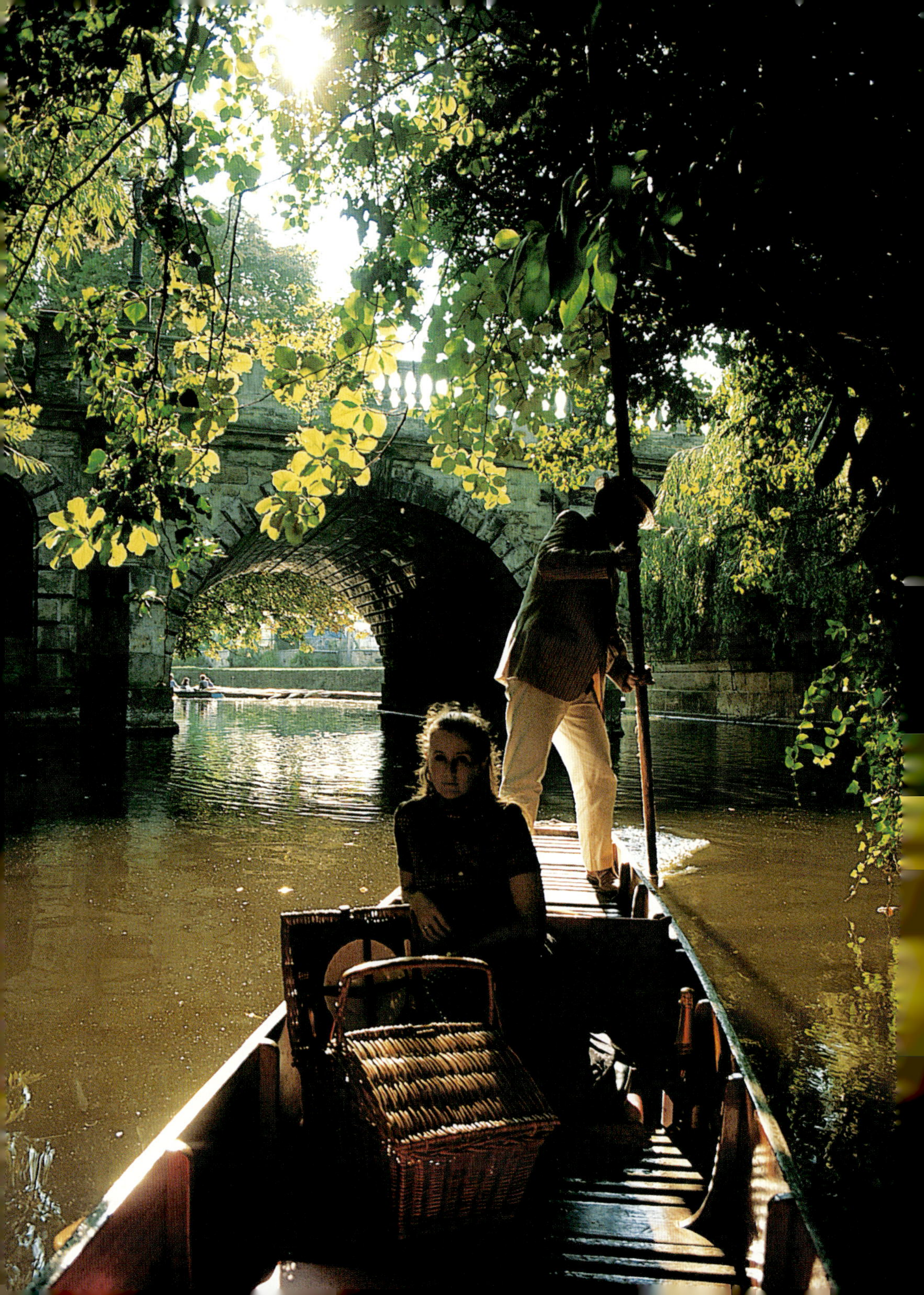

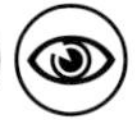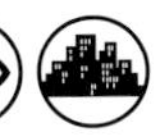

# 처웰 Punt on the Cherwell

**Location** 잉글랜드 옥스퍼드셔 주 옥스퍼드
**Website** www.cherwellboathouse.co.uk　**Price** $

배에 대해서 얘기하자면, 펀트선—작은 강에서도 쉽게 몰 수 있도록 바닥이 평평하고 뱃머리를 네모나게 파 놓은 배이다—보다 더 잉글랜드다운 배도 없다. 사공은 긴 장대로 강바닥을 밀어서 배를 움직인다. 때때로 사공이 물에 빠지거나 낮게 드리운 나뭇가지에 걸리기라도 하면 모든 것이 엉망진창이 되어 버린다.

분주한 대학 도시의 심장부에서 목가적인 전원 풍경을 찾고자 하는 사람이라면, 옥스퍼드에서 펀트선을 타는 것은 황홀한 경험이 될 것이다. 보통은 옥스포드의 숲과 들판을 가로질러 흐르는 처웰 강에서 시작해서 전원적인 크라이스트 처치 초원(Christ Church Meadow) 근처에서 템즈 강으로 합류한다.

> "유서 깊은 옥스퍼드의 교정,
> 식물원, 고요한 잉글랜드 전원을
> 거닐면서 하루를 보내자."
>
> oxfordpunting.co.uk

펀트선을 탈 수 있는 지점은 많지만, 맥덜린 브리지는 너무 붐비고, 폴리 브리지는 긴 나룻배와 모터보트가 마구 왔다갔다 하기 때문에 너무 위험하다. 포트 메도우의 들판도 얕아서 배를 젓기에 좋지만, 가장 좋은 곳은 처웰 보트 하우스(Cherwell Boat House)이다. 처웰의 제방 위에 있는 이 전원적인 보트 창고는 레스토랑, 카페, 그리고 특별한 펀트 선착장이다. **LB**

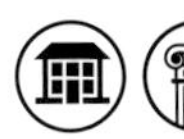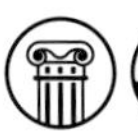

# 말메종 Experience Malmaison

**Location** 잉글랜드 옥스퍼드셔 주 옥스퍼드
**Website** www.malmaison-oxford.com　**Price** $$

감옥에서의 휴가라니, 상상이 가지 않을 것이다. 과거 옥스퍼드 성은 최근 영국 감옥 중에서는 최초로 럭셔리 부티크 호텔로 개조되었다.

1071년 정복왕 윌리엄이 세운 성으로, 훗날 증축되었으며, 부지 면적만 2ha에 달한다. 복원된 안뜰을 지나가면 위풍당당한 호텔 정면에 다다르게 된다. 깃발이 걸려 있는 작은 탑과 십자형 화살 구멍이 그대로 남아 있다. 지난 수십 년 동안 이 건물은 H. M. 옥스퍼드 감옥으로 더 잘 알려졌으며, 마이클 케인이 주연한 〈이탈리안 잡〉의 배경으로도 유명하다. 오늘날에는 94개의 미끈하고 시크한 침실, 활기가 넘치는 바, 작고 값싼 식당으로 구성된 말메종 옥스포드는 몇 년이라도 징역을 살고 싶은 그런 공간이 되었다.

들어가서 처음 눈에 들어오는 곳이 가장 기억에 남는다—"윙(Wing)"은 유리 지붕이 덮인 넓은 아트리움으로, 벽 위로는 갤러리로 만든 층계참이 보인다. 쇠층계로 이어진 각 층의 하얀 벽에는 작은 빨간색 문이 달려 있다—원래의 감방이다. 세 개의 감방을 이어 하나의 객실이 만들어진다. 안으로 들어가면 아치형 창문이 우리가 성 안에 있다는 사실을 상기시켜 준다.

오늘날 이곳의 "수감자"들은 과거의 죄수들이 꿈도 꿀 수 없었던 호사를 누린다—엄청나게 편안한 침대와 사각사각 소리가 날 정도로 빳빳한 흰 시트, 파워 샤워, 미니바, 무드 조명까지 모두 완벽한 사치이다. 세안 용품 같은 것들은 집에 가져가도 되고, 모든 방에는 DVD 플레이어가 비치되어 있다. CD 라이브러리도 있어 오랫동안 시간을 보내도 전혀 지루하지 않다. **HA**

여름날 수제 펀트선을 타고 몇 시간 느긋하게 보내자.

# 더 빅토리아 Relax at The Victoria

**Location** 잉글랜드 노퍽　**Website** www.holkham.co.uk
**Price** $

아름다운 홀컴 해변으로 이어지는, 소나무가 양편에 서 있는 모래길 맞은 편에 위치한 더 빅토리아는 노퍽 북부의 해안선을 탐방하고자 하는 방문객을 위한 공간이 되었다. 느긋하고 가족적인 분위기에 시크함과 엣지가 더해져 수많은 주말 방문객을 행복하게 해 주는 더 빅토리아에는 대중적인 펍과 아무나 갈 수 없는 부티크 휴양지가 결합한 듯한 느낌이 난다.

더 빅토리아의 음식은 매일 먹어도 질리지 않지만, 인근에서 생산한 계절 재료를 사용하기 때문에 메뉴는 항상 바뀔 수밖에 없다. 인근 크로머(Cromer)에서 잡은 게나 바로 맞닿은 레스터 공작의 영지에서 잡는 사슴고기와 그 밖의 사냥육류로 만든 노퍽의 향토 요리로 가득하다. 손님들은 금방 집에 온 것 같은 편안함을 느낀다. 작고 저마다 개성적으로 디자인된 객실에서 뒹굴뒹굴하거나 조용하고 아늑한 라운지에 라떼 한잔을 마신다.

해변은 이곳의 큰 매력이다. 푸른 바다와 드라마틱한 하늘로 둘러싸인, 바람이 휩쓸고 간 긴 산책로를 따라 걸어도 좋고, 아이들과 함께 모래성을 짓기에도 좋다. 홀컴이 친근하게 보인다면 아마 헐리우드 영화 〈셰익스피어 인 러브〉의 마지막 장면―기네스 펠트로의 발에 모래가 묻는―의 배경으로 세계인들의 기억에 영원히 남았기 때문이다. 해변에서 하루를 보낸 뒤, 호텔로 들어오자. 방에 있는 갈퀴발 욕조나 바로 내려가면 하루 중 언제라도 마실 수 있는 아드남스 에일(Adnams ale)에서 전통 잉글랜드 스타일이 인도 식민 시대를 만난 듯한 느낌이 든다. 인도에서 수입한 라자스탄 가구와 그 밖의 식민 시대 수공예품이 보헤미안 매력을 더한다. 진짜 휴식이 필요하다면, 공작의 영지 안에 있는, 최근에 복원된 3개의 로지 중 하나에서 묵는 것을 추천. **RS**

➡ 홀컴 에스테이트(Holkham Estate)에는 야생동식물이 풍부하며, 개중에는 멸종 위기종도 있다.

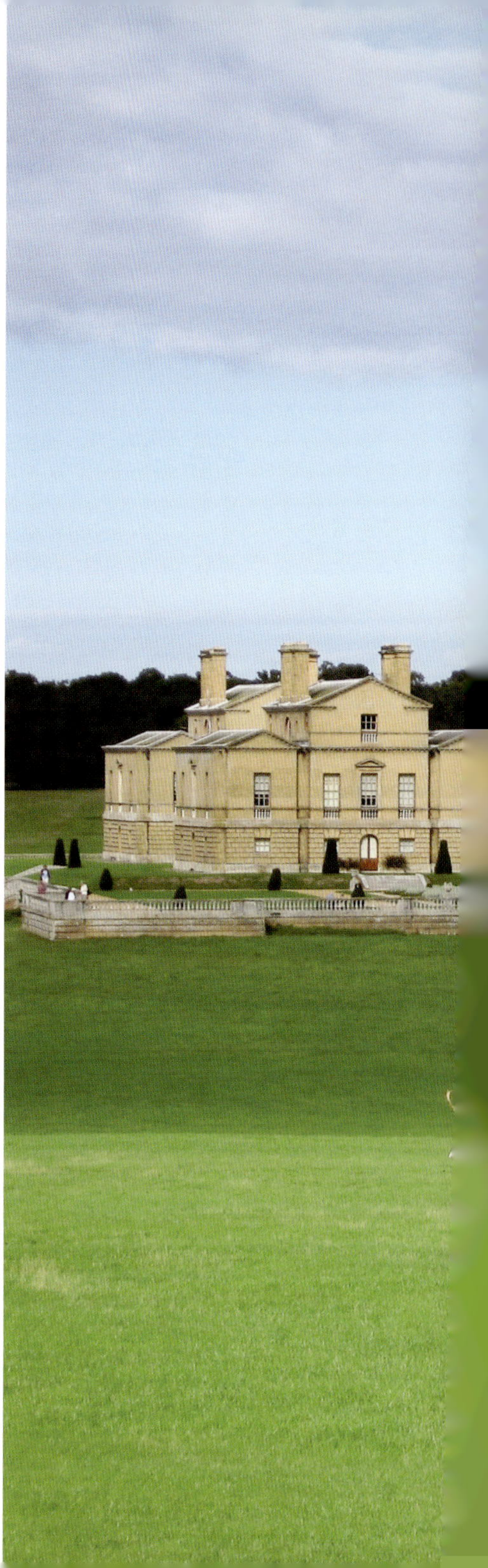

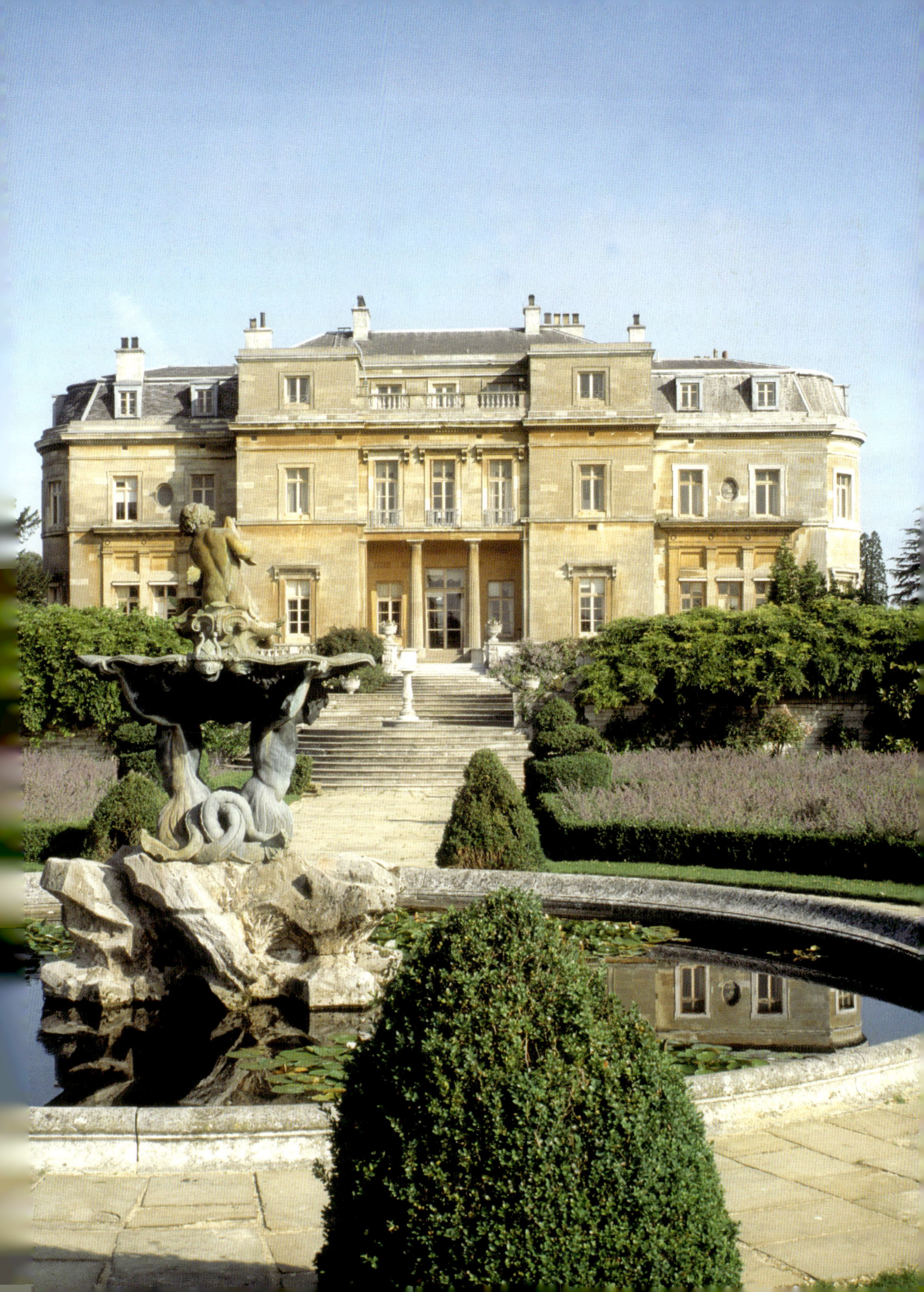

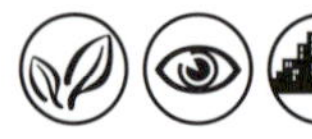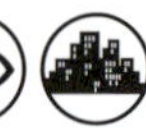

# 첼시 피직 가든
## Visit Chelsea Physic Garden

**Location** 잉글랜드 런던 첼시
**Website** www.chelseaphysicgarden.co.uk  **Price** $

고요의 오아시스인 이 "비밀"의 정원은 런던의 패셔너블한 첼시 지구의 심장부에 자리잡고 있으며, 대도시 사람들이 조용한 휴가를 즐길 수 있게 해 준다. 벽으로 둘러싸인 1.6ha의 사랑스러운 정원은 1673년 런던 약사 협회(Worshipful Society of Apothecaries)가 견습생들의 약초학 실습을 위해 세웠다. 약사 견습생들은 정원의 다양한 식물과 나무를 구별하는 연습을 했다. 템즈 강 제방 위에 위치하며, 물에서 가까운데다 따뜻한 마이크로기후 때문에 올리브나 파인애플 나무처럼 영국에서 자생하지 않는 식물들도 잘 자란다.

오늘날, 이 정원은 5,000종이 넘는 식물들의 특징과 기원, 관리 방법 등을 연구하고 있다. 방문객들은 오디오 가이드로 이 정원의 역사에 대한 흥미로운 이야기를 들을 수 있다. 약학 정원에서는 항암제에 쓰이는 마다가스카르 페리윙클, 부정맥을 치료하는 데에 쓰는 디기탈리스, 최초로 아스피린 성분을 추출해 낸 조팝나무 등 의학적 효능이 있는 식물들에 대한 매력적인 통찰을 선사한다. 세계 의학 정원에서는 뉴질랜드의 마오리 족이나 오스트레일리아의 어보리진 등 전 세계에서 쓰이는 약초들을 살펴볼 수 있다.

방향(芳香) 정원은 참으로 즐거운 곳이다—라벤더, 로즈메리, 제라늄, 라임 버베나 등 향기 그윽한 식물들과 꽃들의 방대한 컬렉션을 자랑한다. 정원의 서쪽을 따라 역사적인 산책로가 있어, 이 정원의 역사와 관련된 작품을 볼 수 있다. 카페에서는 맛좋은 가벼운 음식을 먹을 수 있으며, 날씨가 좋으면 야외에 앉아 그 향긋한 공기를 들이마시는 것도 좋다. **HA**

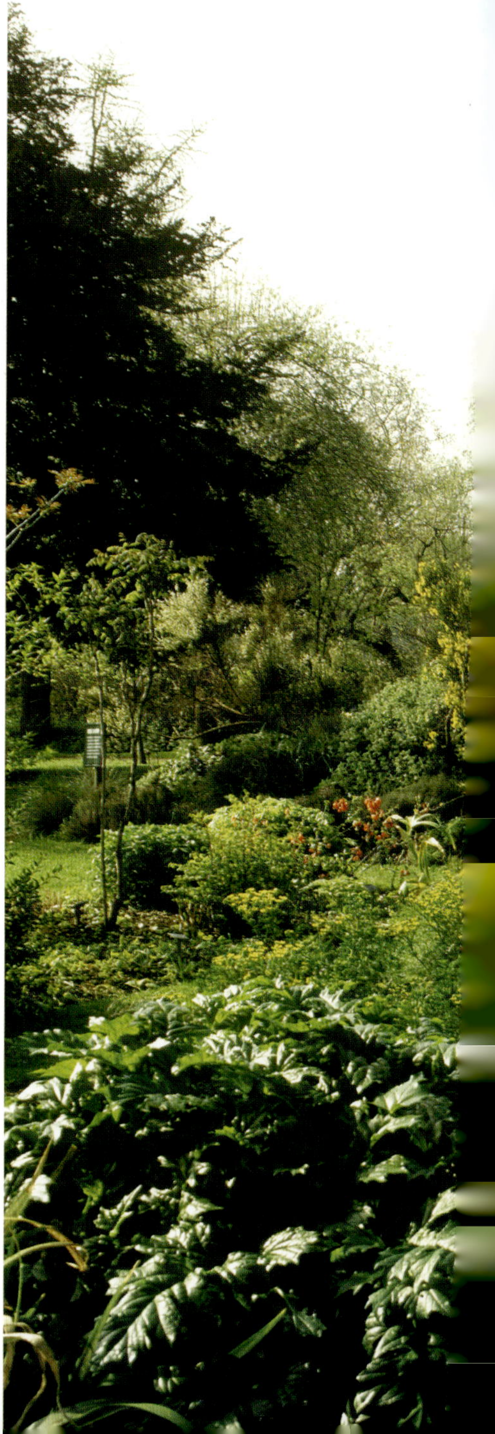

➜ 식물학사의 보고인 이 정원은 도시의 분주함에서 벗어나 기분 좋은 산책을 즐기기에 이상적인 공간이다.

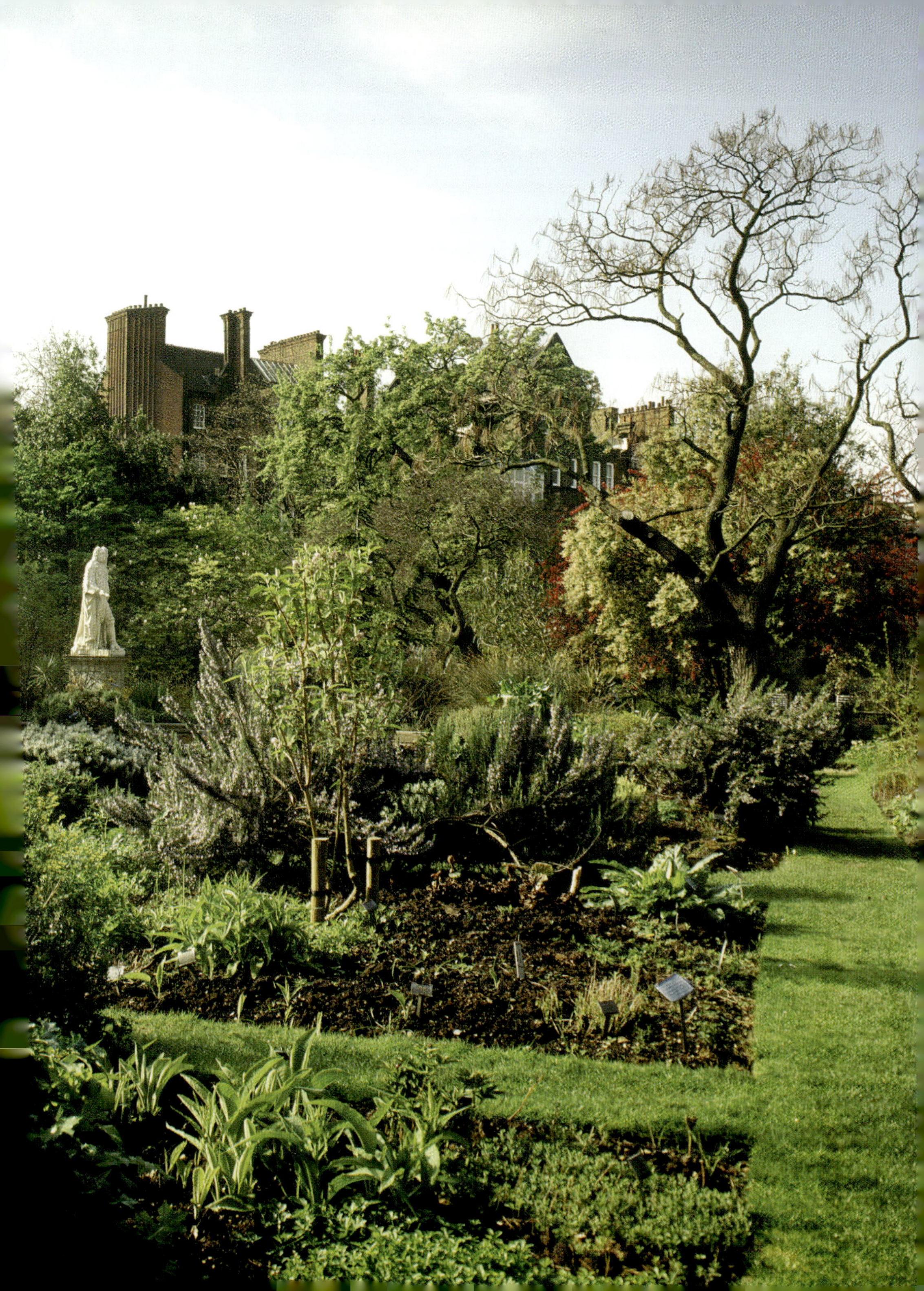

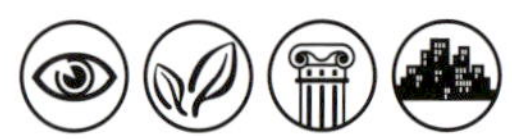

# 하이게이트 공동묘지 Visit Highgate Cemetery

**Location** 잉글랜드 런던 하이게이트
**Website** www.highgate-cemetery.org　**Price** Ⓢ

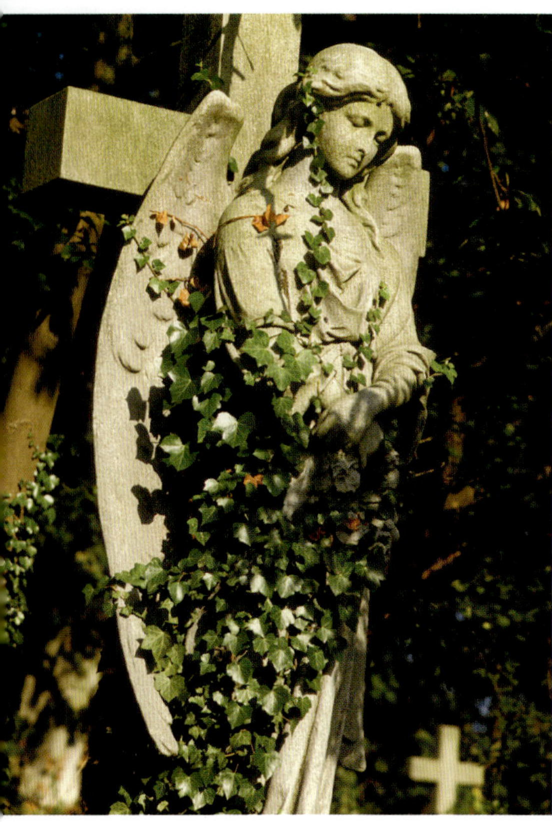



하이게이트 공동묘지는 도시의 단조로운 일상에서 탈출할 수 있는 흔치 않은 공간이다. 동쪽과 서쪽, 두 구역으로 나뉘어 있는데, 동쪽 묘지(The East Cemetery)에는 소박한 무덤들이 평화롭게 줄지어 있다. 개중에는 조지 엘리엇이나 더글러스 애덤스 같은 유명한 소설가들의 무덤도 있다.

가장 눈에 띄는 것은 카를 마르크스의 안식처를 장식하고 있는 놀라울 정도로 크고 웅장한 흉상이다. 그러나 곳곳에 더 심플한 공간들이 있으며, 작고, 예쁘고, 다 허물어져 가는 길들이 있다.

서쪽 묘지(The West Cemetery)는 더욱 매혹적이다. 단체 관광객을 제외하고는 단순한 관광 목적의 입장은 제한되어 있지만, 첫 번째 무덤까지 계단만 올라가도 빅토리아 시대로 시간을 거슬러 올라간 것 같은 착각에 빠진다. 고딕 건축물과 웅장하고 위엄 있는 무덤, 그리고 묘지 전체를 덮고 있는 울창한 녹색의 식물에 둘러싸인다. 계속해서 방치되고 있는 것이 아니라, 일부러 황폐한 상태로 보존하는 것이다.

이 묘지는 1839년, 런던 주위에 7곳의 새 민간 묘지를 조성하기 위한 기획의 일부로 개장하였다. 거창한 장례식을 좋아했던 빅토리아 시대의 경향에 어울리게, 수많은 무덤들은 매우 정교하게 장식되었다. 인상적인 "이집트 길(Egyptian Avenue)"은 당시에 발굴된 흥미로운 이집트 고고학 유물들로 대중의 시선을 사로잡는다. 서쪽 묘지가 얼마나 매혹적이고, 잊히지 않고, 사람을 완전히 겸손하게 만드는 공간인지를 설명하기란 참으로 어렵다. 그 고요함과 운치 있는 황폐함은 마치 영화 세트, 또는 아예 다른 세상으로 걸어 들어가는 것 같다. **CW**

↖ 무덤과 조각상들은 장례 예식에 집착했던 빅토리아 시대에 대한 헌정물이다.

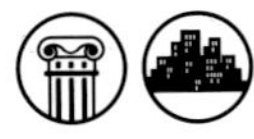

# 세인트폴 대성당 Enjoy Evensong at St. Paul's

**Location** 잉글랜드 런던 세인트폴 대성당
**Website** www.stpauls.co.uk   **Price** Ⓢ

1666년, 런던 대화재로 대성당이 불타버리자, 건축가 크리스토퍼 렌은 세인트폴 대성당의 설계를 의뢰받았다. 세인트폴은 새로운 국교회 교구 성당이 될 것이며, 화재로 폐허가 된 중세 도시의 희망의 횃불이 될 것이었다. 렌은 런던의 새로운 외관을 확실하게 보여 줄 수 있는 건물을 짓고 싶었다. 그래서 첨탑을 원했던 교회의 의견과는 정반대로, (로마에 있는 성 베드로 대성당 다음으로 큰) 커다란 돔을 올린 바로크식 성당을 지었다.

세인트폴은 제 2차 세계대전 당시 독일의 공습을 끄떡없이 버텨내어 런던 시민들의 상징이 되었으며, 오늘날에도 런던 시내에서 가장 많은 이야기를 들려 주는 건축물로 남아 있다. 특히 밤에는 아치 모양의 전조등이

> "렌은 자신의 예술적 비전을 추구했다—
> 거대한 돔 교회로 런던의 스카이라인을
> 완성하는 것 말이다."
>
> BBC 히스토리 웹사이트

켜지면서 돔이 환하게 빛나 마치 마법처럼 아름답다. 영국 국교회의 최초의 기념비적 건축물이라 할 수 있는 세인트폴은 로마 가톨릭 성당들과는 다른 분위기가 느껴진다. 정교한 조각이나 섬세한 프레스코화처럼 복잡한 장식도 있지만, 모던함이 느껴지는 가벼움과 지적인 측면도 있다.

슬프게도 이곳은 항상 관광객으로 북적이기 때문에, 건물이 만들어낼 수 있는 경건함과 평화로움을 제대로 감상할 수 있는 시간이 별로 없다—저녁 예배를 제외하면 말이다. 900년 넘게 이어져 내려온 남성 성가대와 소년 합창단이 있어, 그들의 천사 같은 목소리를 듣고 있노라면 아무리 얼음장 같은 가슴이라도 녹아버릴 것이다. **LB**

# 피터셤 묘목장 Eat at Petersham Nurseries

**Location** 잉글랜드 런던 리치몬드
**Website** www.petershamnurseries.com   **Price** ⓈⓈ

평범하기 짝이 없는 묘목장이 아니다. 피터셤은 화창한 날이든 궂은 날이든 언제나 완벽하게, 마법처럼 다르다. 레스토랑은 허름해 보이면서도 시크한, 조심스럽게 복원해 놓은 빅토리아 시대 온실들을 거의 예술적인 수준으로 모아 놓은 환상적인 집합체이다. 테이블들은 꼭 알맞은 장소에, 아름답게 놓여 있으며, 빈티지 거울, 탐나는 정원용과 가정용 도구, 멋진 인도 수공예품, 그리고 나무 상자 밖으로 마구 흘러나온 식물로 둘러싸여 있다.

알려지지 않은 채소, 허브, 과일 재배에 온전히 바쳐진 드넓은 공간으로, 매우 특별한 영국 시골풍의 벽으로 둘러싸인 정원 분위기가 느껴진다. 그러나 피터셤이 목가적으로 느껴지는 진짜 이유는 열정으로 키워서 계절에 어울리게 만든 환상적인 음식이다. 재능이 넘치는 셰프 스카이 긴젤은 런던의 스타 셰프 안톤 모시먼 휘하에서 요리를 배웠으며, 재료들이 어떻게 서로 작용하여 최고로 조화로운 맛을 내는지에 대한 타고난 감각을 소유하고 있다.

이곳의 트레이드마크인 장미꽃잎을 넣어서 만든 벨리니 칵테일을 즐기면서, 손으로 쓴 짧지만 매번 바뀌는 메뉴를 훑어보면서 군침을 삼키자. 그날의 메뉴는 정원의 채소가 얼마나 잘 익었는지, 그리고 인근 시장에 어떤 싱싱한 재료가 나오느냐에 따라 아침 10시는 넘어야 결정된다.

이탈리아에서 막 날라온 듯 신선한 모짜렐라를 환상적으로 크리미하게 만든 부라타를 주문해 보자. 가장 멋진 샐러드와 함께 나온다. 찻잎에 훈제한 야생 연어에 짜릿한 살사 베르데 소스가 곁들여져 나오고, 여름에는 아스파라거스, 가을에는 호박과 토마토 커리에 라임이 등장한다. 디저트, 특히 살구와 셰리 아이스크림과 절묘한 초콜렛 타르트는 거의 신성할 정도로 맛있다. 이 모든 경험은 에덴 동산에서 열리는 펠리니의 잔치 같다. 믹 재거와 마돈나가 이곳을 들렀다 간 것이 전혀 놀랍지 않다. **SP**

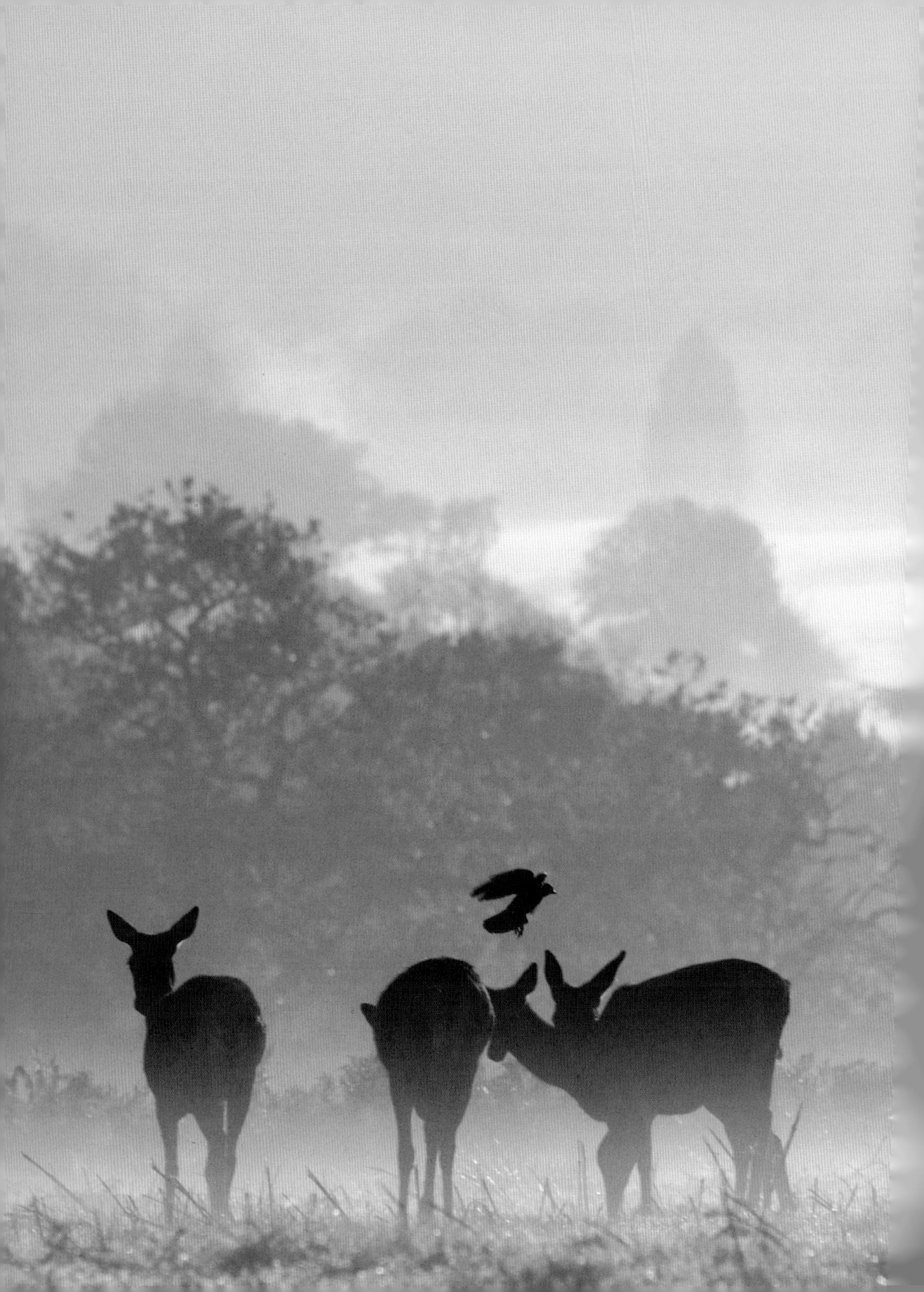

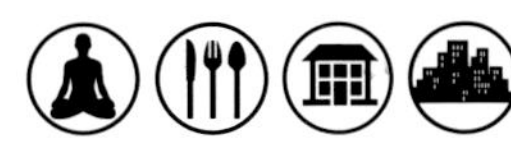

# 로열 크레센트 호텔
Visit Royal Crescent Hotel

**Location** 잉글랜드 서머셋 주 바스
**Website** www.royalcrescent.co.uk  **Price** Ⓢ

건축학적으로 유명한 바스의 로열 크레센트 구역 한복판에 위치한 이 우아한 호텔은 제인 오스틴의 판타지가 현실이 되는 곳이다. 로열 크레센트 호텔을 구성하고 있는 두 개의 역사적인 건물은 18세기 이후로 거의 변한 것이 없다. 당시 귀족들은 해마다 "시즌"이면 의학적 효능이 있는 것으로 유명했던 바스의 온천을 찾곤 했다.

호텔 외관은 250년 전과 별로 다를 것이 없지만, 내부로 들어서면 커다란 꽃병 가득 꽂혀 있는 백합이 그 진한 향기로 실내를 채우고, 응접실에서는 벽난로에 장작이 타고 있으며, 세심한 스태프들은 원하는 바로 그 순간에 어디에선가 모습을 드러낸다. 침실 역시 18세기 모습 그대로 복원되었다. 카펫, 색조, 가구 모두 원래와 똑같이 보이도록 주의를 기울였지만, 그렇다고 해서 손님들의 안락함을 희생한 것도 아니다.

스파를 원한다면 바스 하우스로 가자. 고딕풍 창문으로 천연광이 쏟아져 들어오는 온수 릴랙스 풀을 포함하여, 다양한 트리트먼트를 제공한다. 훈훈한 뜨거운 욕조에 몸을 담근 뒤 얼음처럼 차가운 냉탕에 뛰어들면 몸에 활기가 돌아오는 것이 느껴질 것이다. 이렇게 냉온욕을 번갈아 되풀이하면 혈액 순환에 좋다고 한다.

물론 호텔을 완벽하게 즐기기 위해 아주 장기간 머물러야 하는 것은 아니다. 정원을 굽어보는 호텔 레스토랑 "도워 하우스"는 놓치지 말자. 또는 햇빛 좋은 날에는 고요하고 외진 정원에서 목련 나무 아래 앉아 새 지저귀는 소리에 귀를 기울일 수도 있다. 바스의 전성기에 조지 왕조 시대의 엘리트들이 그랬던 것처럼 호화로운 애프터눈 티를 즐겨 보는 것도 좋다. **HA**

← 로열 크레센트 호텔은 바스의 아름다운 18세기 로열 크레센트 구역 한복판에 위치한다.

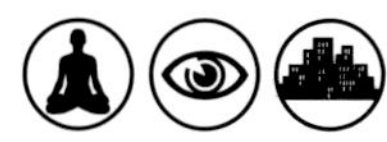

# 서마이 바스 스파
Enjoy Thermae Bath Spa

**Location** 잉글랜드 서머셋 주 바스
**Website** www.thermaebathspa.com  **Price** Ⓢ

바스의 조지 왕조 양식 지붕 위로 해가 지면, 서마이 바스 스파의 김이 모락모락 피어오르는 옥상 온수 풀장보다 더 좋은 곳도 없다. 이곳은 영국에서 유일하게 천연 온천을 즐길 수 있는 곳이다. 심지어 바스에 있는 다른 호텔 스파들조차 수돗물을 데워서 사용한다. 서마이는 석회암에서 보글보글 솟아오르는, 광물질이 풍부한 45°C의 온천수를 사용한다—이곳에서 몇백 미터 떨어진 곳에 정교한 욕장을 건설한 로마인들이 그랬던 것처럼 말이다.

모던한 건축 스타일 속에는 현대적인 럭셔리 감각이 엿보인다. 사실 이 프로젝트에 140명이 넘는 건축가가

> "(옥상은) 밤이 가장 좋다.
> 투광조명으로 스카이라인이 빛나고,
> 물에서는 김이 모락모락 오르기 시작한다."
>
> 빈센트 크럼프, 『더 타임즈』

경합을 벌였다. 최종적으로 우승한 니콜라스 그림쇼의 설계는 스파 주변의 조지 왕조 양식 건축물처럼 전통적인 바스 석재, 거대한 유리와 예스러운 원형 창을 사용하였다.

일반적인 트리트먼트도 가능하지만, 복원한 조지안 핫 바스(Georgian Hot Bath)와 독립된 크로스 바스(Cross Bath)에서는 조금 더 프라이버시를 즐길 수 있다. 크로스바스는 바로 길 건너 로마 시대의 원조 저수고 위에 지어진 대중 목욕탕이다. 3층짜리 메인 스파 건물에는 현대판 목욕 애호가들이 원할 만한 것은 무엇이나 있다—유리로 만든 유선형 순환 아로마 스팀 사우나, 실내 유수 풀, 거품이 보글보글 올라오는 족욕탕, 열댓 명이 한꺼번에 들어가도 될 만큼 큰 샤워실, 그리고 하이라이트인 옥상 풀까지 말이다. **SH**

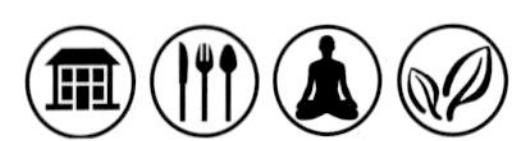

# 바빙튼 하우스 Stay at Babington House

**Location** 잉글랜드 서머셋
**Website** www.babingtonhouse.co.uk　　**Price** ⑤⑤

바빙튼 하우스는 시골에서 휴가를 보내고 싶어하는 스타일리시한 도시인들과 유명인사들을 위한 모든 것을 갖춘 휴양지이다. 프라이빗 멤버스 클럽인 동시에 럭셔리 호텔 겸 레스토랑으로, 영국의 기업가 닉 스미스가 소유한 작은 부티크 호텔 체인의 회원사이기도 하다. 스미스는 일단 기본을 잘 선택했다—바빙튼은 벌꿀색 돌로 지은 오래된 저택으로 그 역사는 1370년까지 거슬러 올라간다. 잉글랜드 서부, 서머셋 주의 전원 깊숙이 자리잡고 있으며 긴 가로수 길 끝에 펼쳐진 7ha의 부지 위에 서 있다.

바빙튼의 성공의 열쇠는 클래식 스타일과 컨템퍼러리 쿨의 절묘한 조화이다. 모든 것이 메인 하우스—도

> "…된장녀들은 마돈나가
> 발코니 목욕을 사랑하는
> 룸 식스를 선택한다."
>
> 수잔 다시, 『더 타임즈』

서관, 바, 당구장이 갖추어져 있는—를 중심으로 설계되어 있다. 격식을 차리지 않는 "하우스 키친", 좀더 한적한 "로그 룸", 또는 서머셋의 날씨만 허락한다면 테라스에서 식사를 할 수도 있다. 정원 너머 카우셰드 스파에는 실내 풀과 옥외 풀이 모두 있으며, 헬스클럽, 스팀 룸, 사우나, 아로마 룸, 영화관까지 있다. 정원에는 테니스장이 잔디 코트와 클레이 코트 모두 구비되어 있으며, 크리케 경기장, 크로케 잔디밭, 백조가 떠다니는 호수, 그리고 벽으로 둘러싸인 시대풍 정원이 있다. 메인 하우스의 웅장한 마호가니 층계 위를 올라가면 객실이 나온다. 또는 문지기 숙소, 마차 보관소, 마구간 구획을 개조하여 만든 로지 역시 객실로 쓰인다. 어떤 방에는 침대 바로 옆에 욕조가 놓여 있으며, 전용 테라스에 월풀 욕조가 설치된 방도 있다. **SH**

# 런디 아일랜드 Explore Lundy Island

**Location** 잉글랜드 브리스틀 해협
**Website** www.lundyisland.co.uk　　**Price** ⑤

길이 5.5km, 너비 0.8km의 이 작은 섬은 진짜 아는 사람만 아는 비밀이다. 일프라콤(Ilfracombe)의 노스 데번(North Devon) 항에서 페리를 타고 2시간 거리인 이 섬에 내리는 순간 마치 1950년대로 거슬러 올라온 듯한 착각에 빠진다. 바위투성이 해안선은 오랜 세월 동안 파도와 바람은 물론 바이킹과 해적, 밀수꾼들에게 유린되었지만, 현대 문명의 손길은 런디까지 미치지 못했다. 자동차도 없고, 몇 명 안 되는 주민과 펍 하나가 있을 뿐이며, 그리고 퍼핀오리, 양, 사슴, 야생산양들로 가득한 절벽까지 들판이 망망하게 펼쳐져 있을 뿐이다.

비바람을 피할 수 있는 캠프장부터 13세기에 지어진 성, 조지 왕조 양식의 빌라, 어부들의 샬레, 등대까지, 머물 수 있는 곳은 많다. 23곳의 추천 숙박업소는 벽에 항해지도와 난파선 그림이 걸려 있고, 벽난로, 야생 동식물에 관한 책이 가득 꽂혀 있는 책장, 보드 게임 등 특별한 터치가 가득하다. 디테일에까지 세심한 관심을 기울인 덕분에 이곳에서 머무는 시간이 더욱 특별하다. 이렇게 작은 공간에 할 수 있는 것이 이렇게 많다니 그저 놀라울 따름이다. 관리인들이 산책, 스노켈링 사파리, 회색 바다표범 무리의 노랫소리를 들을 수 있는 섬 보트 투어 등을 기획해 준다.

런디 섬은 그 맑은 물 덕분에 다이빙족들이 특히 사랑해 마지 않는 곳이다. 또한 영국에서 가장 인기높은 암벽등반 장소 중 하나이기도 하다. 바다에서 헤엄치기, 마리스코 선술집(Marisco Tavern)에서 한잔 하기 등, 삶의 간단한 것들이 중심이 되는 런디에는 마치 시간이 멈춘 듯한, 건강에 유익한 느낌이 있다. 섬 서쪽 해안의 남쪽 끝에 서면, 미합중국과 런디 섬 사이에는 바다밖에 아무것도 없다. **LD**

→ 런디 섬의 등대는 랜드마크 트러스트가 보존하고 있는 역사적인 건축물 중 하나이다.

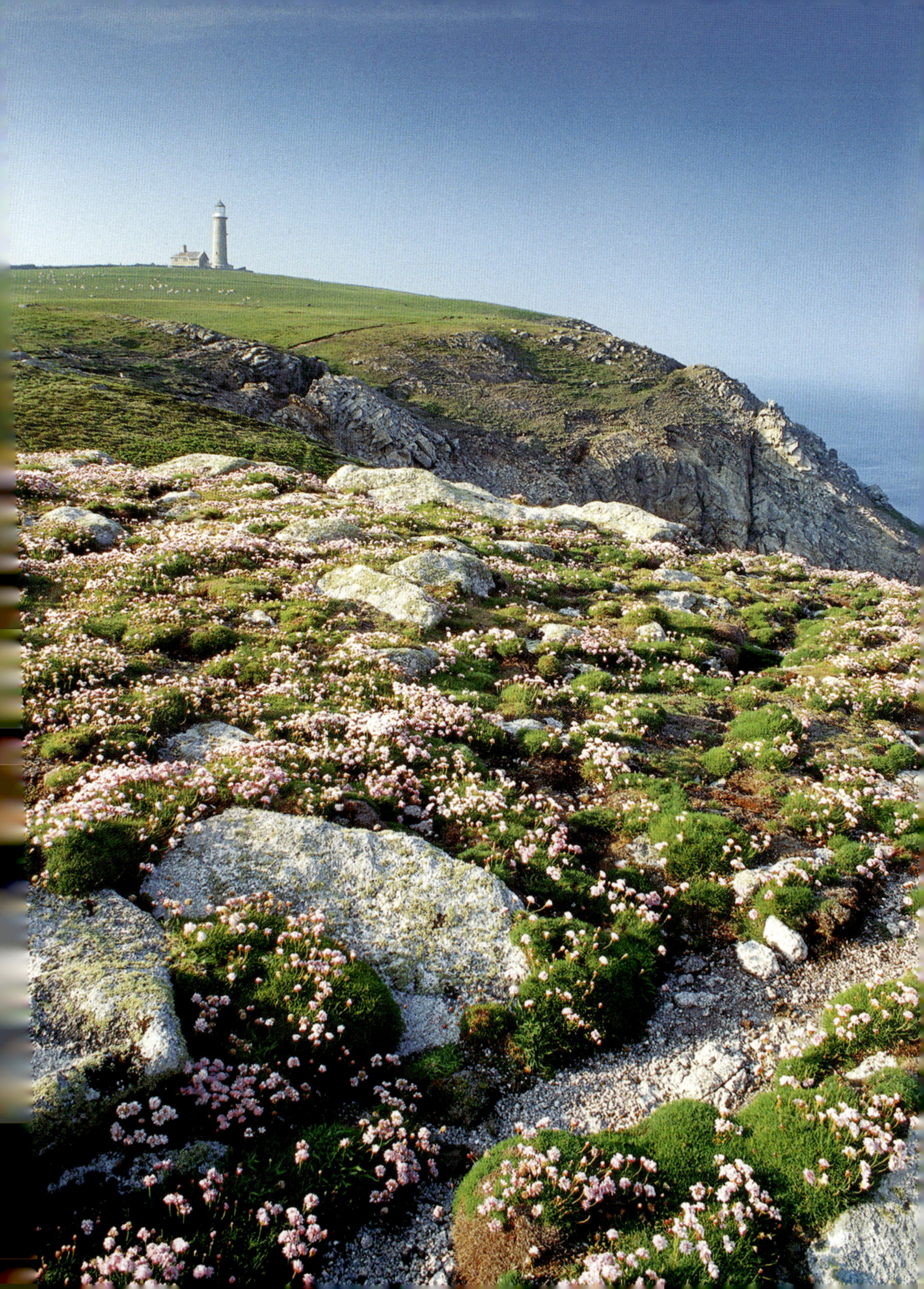

# 가이아 하우스 Relax at Gaia House

**Location** 잉글랜드 데번
**Website** www.gaiahouse.co.uk　**Price** 💲💲

가이아 하우스에 오는 사람들은 일상의 스트레스와 의무에서 탈출하고자 하는 이들이며, 사실 긴장을 풀고 스트레스를 내려놓기에 이보다 더 좋은 곳을 상상하기란 쉽지 않다. 녹음이 짙은 데번 남부에 숨어 있는 가이아 하우스는 영국에서는 유일하게 독립된 휴양 센터로, 언덕과 숲지 사이에 위치한 옛 수도원에 자리잡고 있다. 불교 전통에 기반을 두고 있지만, 종교와 인종에 관계없이 모든 이들을 환영하며, 이곳의 운영 철학은 모든 것을 포용하고 자신의 교의를 강요하지 않는 것이다.

손님들은 단체로, 혹은 개인으로 휴식을 즐기기 위해 이곳을 찾는다. 젠 휴양, 관상 명상, 기공, 요가 등 다양한 테마 중에서 선택할 수 있다. 늦잠을 자거나 친구들과 가십으로 시간을 보내는 이들에게는 어울리지 않는다. 정해진 일과를 지켜야 하는데, 보통 오전 6시에 시작하여 오후 9시 30분에 끝난다. 이 시간의 대부분은 널찍한 명상 홀에 앉아서, 혹은 대지 위를 거닐면서 묵언 명상을 하면서 보내게 된다. 고요, 규율, 평온이 이곳에서 가장 중요한 원칙이다.

이곳에서의 휴식은 완벽한 침묵 속에서 이루어지며, 그 고요를 완전하게 즐기기 위해 휴대폰 사용은 금지이다. 숙소는 베이직하지만 편안하다. 1인실도 있지만, 대부분 다인실이다. 또 시설 운영을 위해 자원봉사를 해야 하는 시간도 있다—모든 손님들은 하루에 한 시간씩 정원이나 설거지, 청소 등을 돕도록 되어 있다. 음식은 화려하지는 않지만 건강에 좋으며, 잔디밭이 내려다보이는 공동 식당에서 채식 식사를 하게 된다.

하루 일정은 빡빡하지만, 아름다운 부지 안과 가이아 하우스를 둘러싸고 있는 전원을 거닐 시간도 있다. 침묵과 사색, 자연에 잠겨 볼 수 있는 귀한 기회이다. **LC**

# 콤 하우스 Stay at Combe House

**Location** 잉글랜드 데번
**Website** www.thishotel.com　**Price** 💲💲

콤 하우스는 영국에서 가장 로맨틱한 호텔 중 하나로 꾸준히 이름을 올리며, 그 이유를 깨닫기란 어렵지 않다. 아름다운 데번의 전원 속에 위치한 이 엘리자베스 시대의 시골 장원은 길고 구불구불한 자동차 도로 끝에 위치하며, 1,400ha가 넘는 멋진 영지 위에는 사슴 같은 눈을 가진 아랍산 암말과 망아지, 꿩이 자유롭게 노닌다. 웅장한 참나무 문을 열면 화려한 현관 홀, 짙은 나무 널을 댄 벽, 안락한 소파, 장작불이 타오르는 벽난로가 눈에 들어온다.

16개의 객실은 모두 제각각 개성있게 꾸며져 있다. 메인 하우스에 있는 룸들은 보다 전통적인 느낌이 들지만, 새로 리노베이션을 마친 리넨 스위트(Linen Suite)

---

> "문밖에 온갖
> 사냥감들이 즐비한,
> 서부의 휴양지이다."
>
> 콤 하우스 소유주

---

는 차분한 컨템퍼러리 스타일로 장식되었다. 이 침실 1개짜리 스위트는 바람이 잘 통하는 넓은 거실이 딸려 있으며, 널찍한 욕실에는 입이 다물어지지 않는 직경 1.8m의 구리 욕조가 놓여 있고, 그 위에는 파워풀한 해바라기 모양 헤드의 샤워가 설치되어 있다—두 명이 들어가도 충분하고도 남는다.

궁극의 로맨틱 프라이버시를 원한다면, 숲 속에 숨어 있는 콤스 대치드 코티지(Combe's Thatched Cottage)를 고르자. 골동품과 갓 잘라온 싱싱한 꽃, 그리고 커다란 스토브가 있다. 코티지 뒤쪽에는 벽으로 둘러싸인 아름답기 그지없는 전용 정원이 있다. 특별한 일이 있으면 콤 하우스 셰프가 단 두 사람을 위한 로맨틱한 촛불 아래 디너를 준비해 준다. **HA**

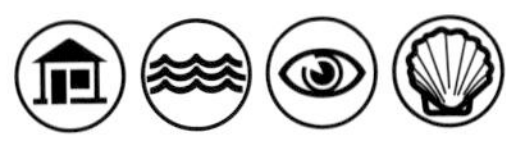

# 폴혼 포트 Discover Polhawn Fort

**Location** 잉글랜드 콘월
**Website** www.polhawnfort.com **Price** $

정말로 일상에서 탈출하고 싶다면, 폴혼 항구로 가자. 콘월의 래임헤드(Rame Head) 반도 끝에 위치할 뿐 아니라, 도개교를 올려버리면 문자 그대로 완전히 외부 세상과 차단되는 곳이다. 이 항구는 1860년대에 지어졌다. 나폴레옹 III세 휘하의 프랑스 해군이 세계 최초의 증기기관 군함을 건조하자, 당시 영국 수상이었던 파머스턴 경은 폴혼을 포함하여 일련의 "나폴레옹 항구"를 건설하도록 했다. 그러나 이 항구들은 한번도 제대로 쓰인 적이 없으며, 결국 파머스톤의 바보짓거리로 알려지게 되었다.

오늘날 폴혼은 이곳을 찾아오는 사람들을 환영한다. 리셉션으로 들어서면 장작불이 타닥타닥 타고 있는 벽난로 주위에 소파가 에워싸고 있다. 8개의 침실은 모두 바다를 향해 나 있으며, 최대 20명까지 숙박이 가능하다. 이 항구는 결혼식장으로 인기가 높지만(4개의 대포 포대로 구성된, 궁륭을 올린 거대한 벽돌 벽 연회장은 최대 100명의 하객을 수용할 수 있다), 단순한 휴가 목적으로도 대여가 가능하다. 전용 해변이 있고, 폴혼이 보유하고 있는 15m 길이의 럭셔리 요트 "폴혼 위스퍼(Polhawn Whisper)" 호를 타 볼 수도 있다. 콘월 해안의 스펙터클한 절벽은 바닷새들의 보금자리로, 산책을 즐기기에 완벽한 공간이다.

폴혼에 있는 또다른 볼거리는 반대 방향으로 올라가는 화강암 나선형 계단이다. 역사적인 요새에 있는 나선 계단은 보통 시계 반대 방향으로 올라가는데, 적이 아래쪽에서 올라오고 아군이 위쪽에서 방어를 한다는 가정 하에, 나선의 바깥쪽에 공간이 더 많아야 칼을 쓰는 오른팔을 움직이기가 더 편하기 때문이다. 그러나, 폴혼의 경우에는 적군이 위에서 내려온다고 생각했기 때문에, 나선은 시계 방향이다. **PE**

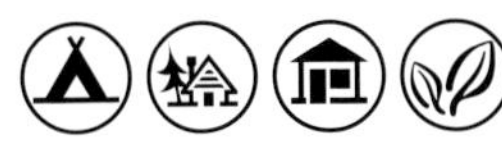

# 보틀렛 팜 Camp at Botelet Farm

**Location** 잉글랜드 콘월
**Website** www.botelet.com **Price** $

보틀렛 팜은 1930년대 이래 베드앤브렉퍼스트를 제공해 온, 여전히 운영 중인 농장이다. 현재는 몽골식 유르트와 요리를 직접 해 먹어야 하는 2개의 코티지가 있다. 이 중 가장 넓은 매너 코티지는 17세기 콘월식 공동 주택이다. 판석이 깔려 있고, 지붕 아래 참나무 들보가 보이며, 피아노까지 놓여 있다.

부엌 찬장에는 콘월풍 식기들이 구비되어 있으며, 타오르는 벽난로가 당신을 환영한다. 침실은 허름하면서도 시크한 스타일로 단순하지만 고상하게 꾸며졌다. 황동 또는 나무로 만든 침대에 근사하게 빛이 바랜 꽃무늬 패브릭이 더해진다. 심지어 부엌에는 조명이 설치된 우물까지 있어 저 아래 깊은 땅밑에서 끌어올리는 맛

> "야생화가 핀 자동차 길을 따라
> 내려가면, 스타일과 컬러가 조화를
> 이루는, 이 보석 같은 집이 나타난다."
>
> 「가디언」

좋은 광천수를 마실 수 있다. 보틀렛은 손님들이 주변의 역사적인 명소—덜로의 환상열석, 베리다운의 신석기 시대 항구, 세인트커비스 교회의 오래된 세례반—를 둘러보고 난 뒤 돌아와서 자기 집에 온 것처럼 느긋하게 쉴 수 있는 곳이다.

좀더 자연에 가까이 가고 싶다면, 유르트 중 하나를 선택하자. 전통적인 나무 골조 위에 튼튼한 캔버스 천을 씌웠으며, 따뜻한 나무 버너가 있다. 유르트들은 조용한 초원 위에 멀찍이 위치해 있어, 늦은 석양과 농경지와 저 멀리 바다까지 아우르는 최고의 파노라마 풍경을 즐길 수 있다. 농장에서 재배한 사과를 갓 짜낸 시원한 주스를 홀짝이면서 전망을 감상하거나, 방문 서비스를 해 주는 테라피스트에게 마사지와 반사요법 등의 트리트먼트를 받을 수 있다. 유르트든 코티지든, 이 아름다운 곳에 매혹당하지 않을 수 없을 것이다. **SWi**

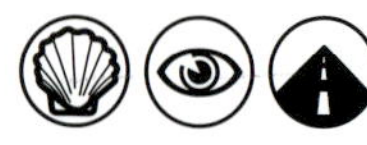

# 록에서 폴지스까지 해안 산책로 Walk the Coastal Path from Rock to Polzeath

**Location** 잉글랜드 콘월
**Website** www.cornwall–online.co.uk   **Price** ❶

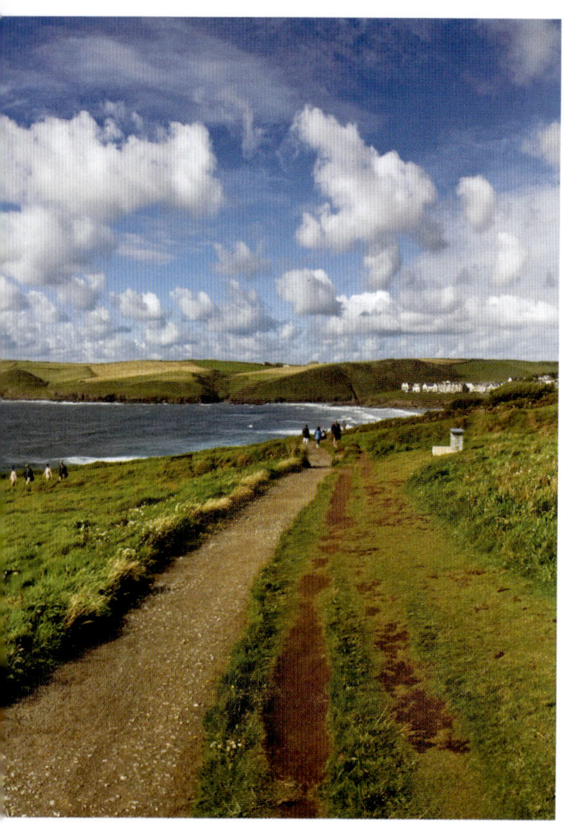

> "데이머 베이의 드넓은
> 모래밭을 지나… 이 모든 것이
> 베처먼의 작품 속에 영원히 남아 있다."
>
> 크리스토퍼 소머빌, 『데일리 텔레그라프』

록은 로맨틱한 해변, 거친 절벽, 탁 트인 드넓은 전원, 그리고 멋진 음식이 어우러진 낙원이다. 그러나 동시에 짓궂은 남자아이들과, 툭하면 교통체증에 시달리는 좁은 길로 악명이 높은 곳이기도 하다. 그렇다고 해서 인근에 있는 코티지를 빌릴 기회를 포기할 수는 없다. 환상적인 카멜 밸리의 전원은 콘월 하면 떠올리는 모든 축복을 한몸에 받은 곳이다. 산들바람이 부는 파란 하늘, 황금빛 모래, 언덕지고 로맨틱한 골프 코스(골프를 좋아하지 않는 사람이라도 산책을 즐기기에는 멋진 곳이다), 강이 바다로 흘러들어가는 어귀—비바람으로부터 보호받기 때문에 요트를 처음 몰아보는 초보자에게 완벽하다—까지 이어지는 울퉁불퉁한 녹색의 구릉지대 등등. 여름철에는 황금빛 모래 해변 위에 색색의 바람막이와 연들이 수를 놓고, 바위 틈의 웅덩이에서 노는 아이들과 피크닉을 즐기는 가족들의 웃음소리가 가득하다.

록에서는 서핑을 하지 않는다. 절벽 위 또는 해변을 따라 걸어 황금빛 데이머 베이를 지나 폴지스까지 가보자. 절벽 깊숙이 파고 들어간 해안으로, 이곳에서는 서핑과 바디보딩이 가장 중요하다. 이곳에서 "재미"는 결코 조용하지 않다. 바디보딩 초보자들이 지르는 즐거운 비명 소리와 물을 뒤집어쓴 개들이 신나게 뛰어다니며 컹컹대는 소리가 공기를 가득 채운다. 절벽 높이 햇볕이 잘 드는 곳을 골라서 적당히 거리를 두고 눈 아래 펼쳐지는 즐거운 풍경을 내려다보자.

가는 길에 있는 존 베처먼 경의 무덤에 들러볼 수도 있다. 그는 13세기에 지어진 아름답고 예스러운 교회 세인트 에노독에 잠들어 있다. 잔디로 덮인 브래이 힐 기슭에 나지막히 자리잡고 있는 이 교회는 약 200년 전까지만 해도 모래 속 깊숙이 잠겨 있어서 지붕으로만 들어갈 수 있었다. **LB**

▨ 해안 산책로는 절벽 가장자리에 바짝 붙어 있어 바람이 부는 날에는 드라마틱한 풍경을 감상할 수 있다.

# 드리프트우드 Relax at Driftwood Hotel

**Location** 잉글랜드 콘월
**Website** www.driftwoodhotel.co.uk   **Price** 💲💲

풀로 뒤덮인 절벽이 완만하게 영국 해협과 멕시코 만류로 이어지는 조용한 콘월 남부 해안에 이 작은 프라이빗 호텔이 있다. 여기서 1.5km 정도 걸어서 보호구역으로 지정되어 있는 자연을 지나면 예쁜 어촌 포츠캐서가 나온다. 이 마을을 제외하면 주변을 휘휘 둘러봐도 아무 것도 없다―저 아래 해안으로 밀려와 부딪히는 파도와 제러스 만을 오가는 요트들을 제외하면 말이다.

드리프트우드 호텔은 매우 격의 없는 공간이다. 어떤 이들은 로맨틱하다고 하고, 어떤 이들은 세상과 동떨어져 있다고 한다. 망망한 바다 풍경을 감상할 수 있는, 수상 경력을 자랑하는 멋진 레스토랑을 찾아오는 이들이 많다. 호텔 아래 바위 틈에서 그날 아침에 잡은 바닷가재나 게 요리를 먹을 수 있으며, 대부분의 요리는 주변 지역에서 생산한 재료로 만든다. 따뜻한 저녁 나절에는 정원에 허리케인 램프를 밝혀 놓는다. 여기서부터 정원이 계단형으로 해안까지 이어지고, 나무 사이에는 비막이 판자를 댄 오두막이 서 있어 물을 내려다보고 있다. 이곳도 객실로 쓰인다.

드리프트우드 호텔은 전반적으로 항해 테마에 맞게 우아하게 꾸며져 있다. 책, 잡지, 보드게임이 충분히 준비되어 있는 응접실에서 느긋한 시간을 보내자. 각각의 객실은 바다를 연상시키는 파란색과 흰색으로 심플하게 장식하였다. 조개가 프린트된 패브릭과 드리프트우드(유목) 조각이 여기저기에 놓여 있다. 창문의 나무 덧문은 하얀색으로 칠했다. 침실은 물론 바다를 내려다보고 있으며, 지상층의 침실에는 전용 데크 테라스도 있다. 손님들은 나무널을 깔아 놓은 산책로를 걸어 내려가 아늑한 작은 만(灣)을 구경하거나, 생울타리가 높게 쳐진 오솔길을 자동차로 달려 패셔너블한 요트 낙원 세인트 모스로 갈 수도 있다. 다른 세계를 조금 맛보고 싶다면, 세인트 모스에서 여객 페리를 타고 만을 건너가 번화한 해변 도시 팔머스로 가 볼 수도 있다. **SH**

# 펜칼레닉 Rent Pencalenick House

**Location** 잉글랜드 콘월
**Website** www.pencalenickhouse.co.uk   **Price** 💲💲

구불구불한 콘월의 오솔길 끝에, 폰트필(Pont Pill) 시내의 잔잔한 물 위에 펜칼레닉 하우스가 홀로 동그마니 서 있다. 건축가 세스 스타인의 럭셔리 모던 작품으로, 문자 그대로 바깥 세상과 차단되어 있는 곳이다(이곳에는 예전에 결핵환자 격리 요양소가 있었다). 풀로 덮인 지붕과 인근에서 채굴한 돌과 목재를 사용하는 등, 환경을 염두에 둔 설계가 돋보인다.

펜칼레닉은 그러나 럭셔리한 곳이기도 하다. 7개의 침실은 필리프 스타르크의 인테리어 소품들로 꾸며져 있으며, 넓은 테라스가 딸려 있다. 오픈플랜 거실은 천장부터 바닥까지 유리창으로 덮여 있어, 콘월의 햇빛이 쏟아져 들어온다. 야외에는 잔디밭 위에 식사를 할 수

> "펜칼레닉 하우스는
> 호빗의 집에 스릴넘치는
> 모더니즘을 가미했다."
>
> 『하퍼스 바자』誌

있는 테이블이 놓여 있으며, 오솔길을 따라 가면 숲 속에는 바비큐장도 있다. 고등어 낚시를 가거나 작은 만(灣)을 탐험하러 가기 위한 전용 보트도 있다. 하우스 매니저는 카누를 타러 나가거나 말을 타고 인근 전원을 돌아볼 수 있도록 계획을 짜 줄 것이다.

펜칼레닉에는 헌신적인 셰프가 있어 정원에서 직접 재배한 유기농 재료로 만든 요리를 선보인다. 펜칼레닉의 환경친화 정책에 걸맞게, 주방에서도 인근 지역에서 생산한 재료를 선호한다. 셰프는 콘월의 차가운 물에서 갓 잡아온 해산물부터, 야외의 잔디밭 위에서 즐기는 가족 피크닉 바구니까지 손님들이 원하는 것은 무엇이든 만들어 준다. **PE**

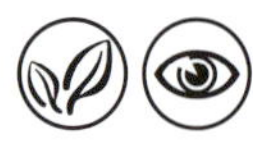

# 헬리건의 잃어버린 정원
Discover the Lost Gardens of Heligan

**Location** 잉글랜드 콘월    **Website** www.heligan.com
**Price** $

마치 환상 속의 폐허처럼 변해버린 이 정원에는 비극적인 공기가 감돈다. 어촌 메바기시를 굽어보는 푸르른 계곡은, 부유한 트레마인 가문이 400년 넘게 뿌리를 내렸던 곳이다. 그러나 정원사들이 모두 제 1차 세계대전에 출전했고, 다시는 돌아오지 못했다. 그 특별한 정원들은 버려져 방치되었고, 잡초가 무성하게 자랐고, 결과적으로는 잊혀졌다.

90년 뒤, 열정을 지닌 몇몇 사람들이 수 평방킬로미터에 달하는 이 버려진 정글에 무언가가 있다고 생각하게 되었다. 이들의 로맨틱한 복원 계획은 대성공이었다. 두둑 가득히 피어있는 민들레(그 중에는 지구상에서 가장 큰 종들도 있다)와 키가 큰 나무고사리(뉴질랜드에서 들여왔다), 거대한 군네라 잎(빅토리아 시대 정원사들이 햇빛 가리개로 사용하였다) 등이 모두 볼거리지만, 헬리건의 가장 큰 매력은 그 이야기이다. 정교한 빅토리아 시대 정원이 어떻게 당시의 정원사들이 남긴 기록, 그들이 사용하던 도구와 기법을 통해 예전의 위풍당당한 모습을 되찾았는지에 대한 이야기 말이다.

복원 작업은 "잃어버린 정원사 세대"가 얼마나 대단한 솜씨의 소유자들이었는지를 보여준다. 방문객들은 수석 정원사의 사무실—온실에 딸린 작은 벽돌 오두막이다—도 볼 수 있다. 벽난로에는 장작불이 타고 있으며, 선반에는 세심하게 라벨을 붙인 잼 병에 각종 종자들이 가득하다. 오래된 나무 책상에는 언제 무엇을 심어야 하는지를 적어 놓았다. 견습 정원사들이 맨 나무 바닥에 누워서 잠을 잤던 허름한 고미다락, 빅토리아 시대 정원사들이 벽에 자랑스럽게 자신의 서명을 남겨 놓은 옥외 화장실, 그리고 말똥을 사용한 천재적인 온실 난방 기법도 볼 수 있다. **SH**

↱ 콘월 헬리건의 잃어버린 정원은 빅토리아 시대를 들여다볼 수 있는 마법의 창이다.

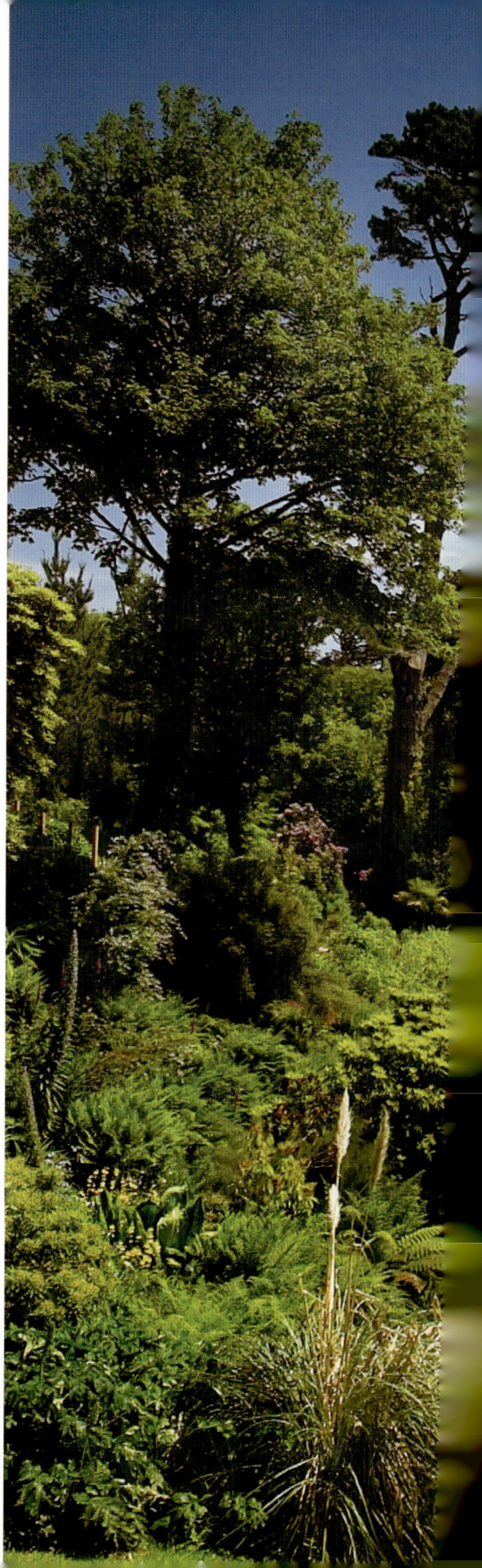

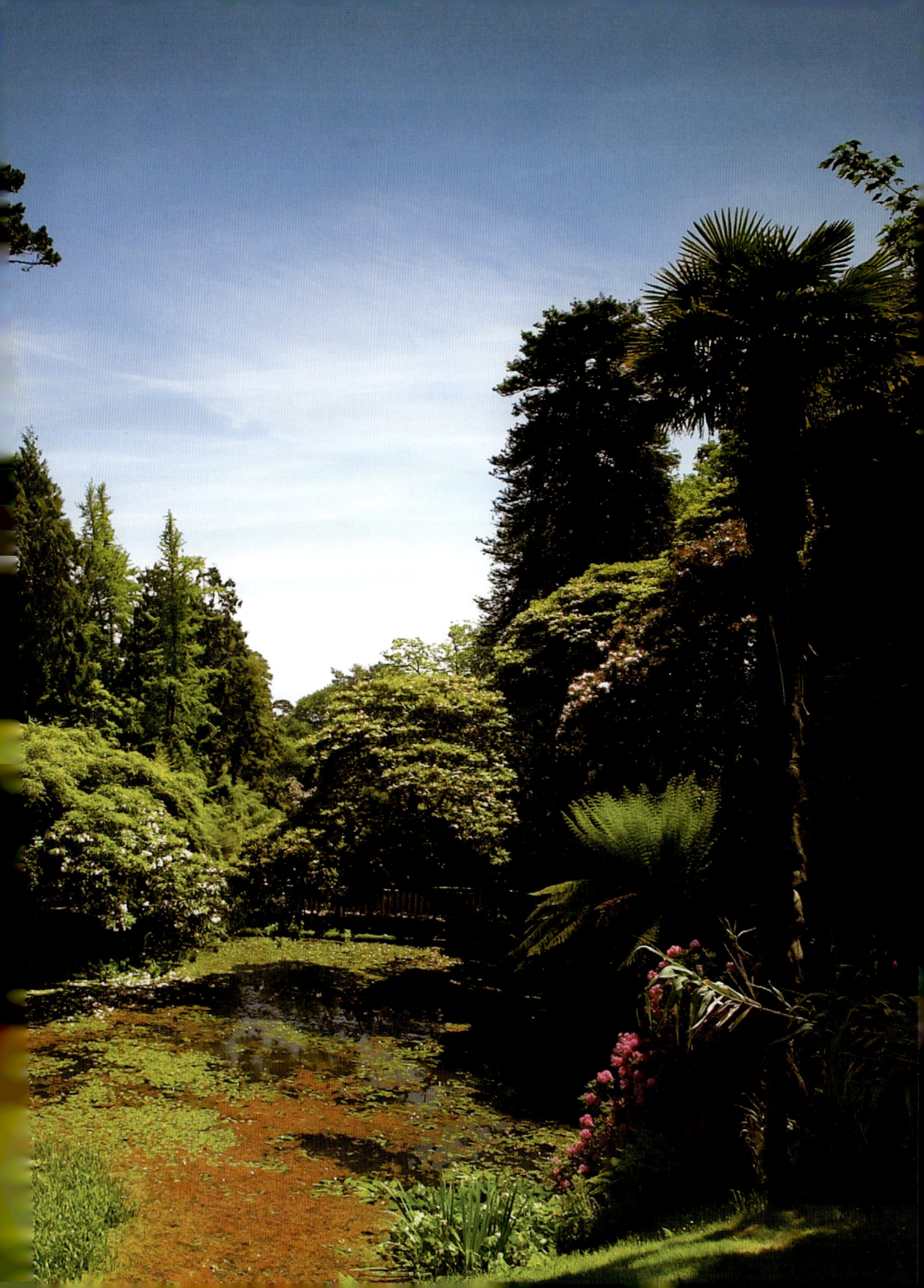

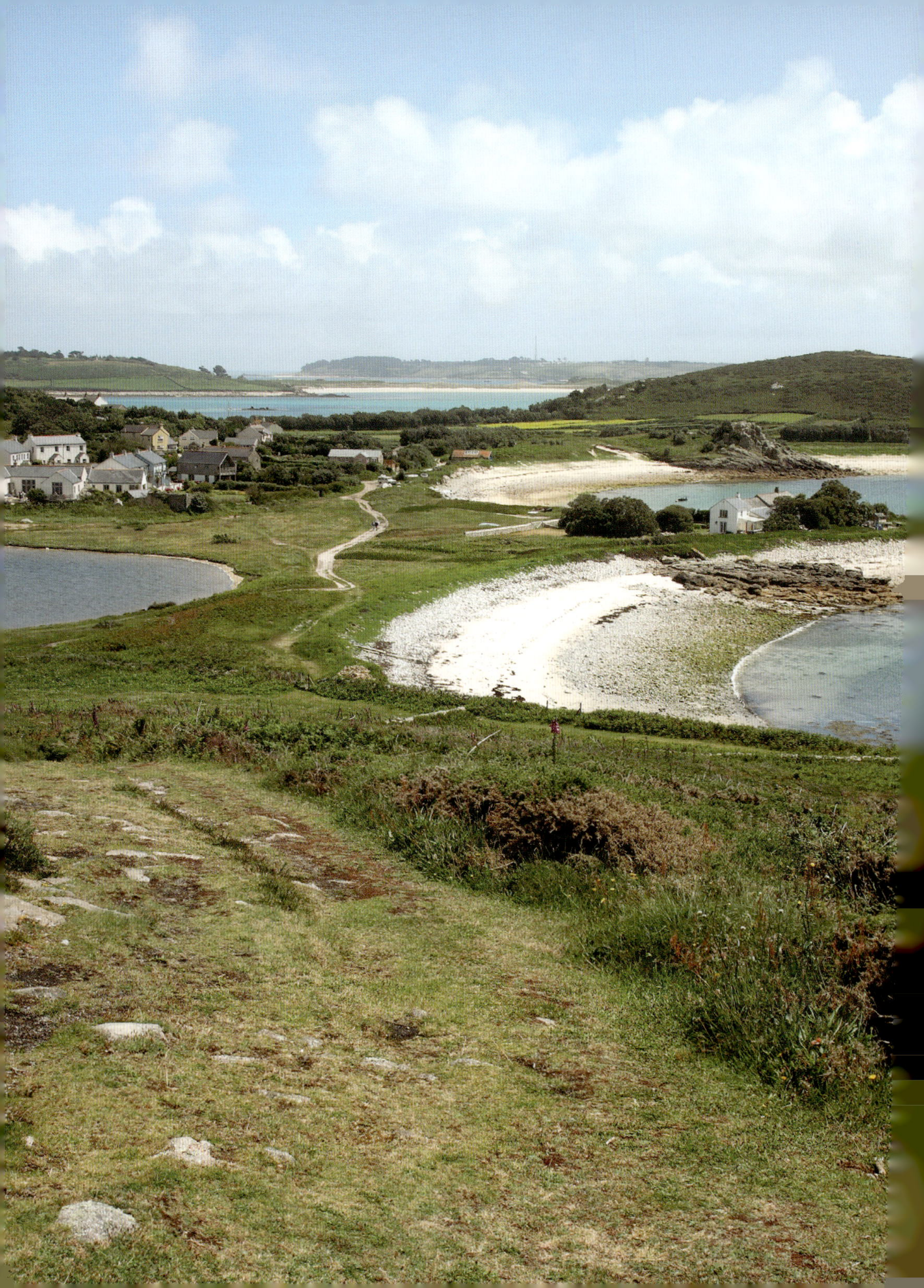

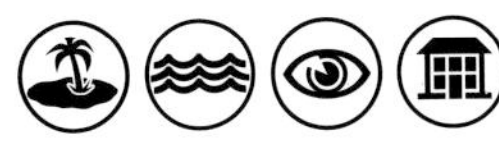

# 브라이어 아일랜드
## Experience Bryher Island

**Location** 잉글랜드 실리 제도
**Website** www.tresco.co.uk/stay/hell-bay　　**Price** $$

실리 제도에서 가장 큰 세인트메리스 섬에서 배를 타고 바위 사이를 요리조리 지나 브라이어에 닿는다. 낡은 사륜구동차가 바퀴 자국이 깊이 패인 길을 덜컹덜컹 달려 호텔로 데려다 준다. 너비가 800m밖에 되지 않는 브라이어는 실리 제도의 유인도 중에서는 가장 작은 섬이다. 70명의 주민들은, 바로 건너다 보이는 트레스코 섬이 콘크리트 도로가 있다는 이유 하나만으로 너무 뻐긴다고 생각한다. 너비가 4km 정도 되는 세인트메리스에는 공항도 있고, 고사리로 뒤덮인 브라이어의 작은 언덕에 비교하면 뉴욕의 다운타운처럼 보일 정도다.

브라이어는 가장 서쪽에 위치한 섬이기도 하다. 가

---

> "밖에는 거친 자연,
> 안에는 디자이너가 설계한
> 배관과 3코스 디너."
>
> 리처드 우즈, 『더 타임즈』

---

장 유명한 랜드마크는 유일한 호텔 "헬베이"이다. 이 호텔은 현실적으로 친절하다—산책을 나가는 손님에게는 뜨거운 보온병을 건네 준다. 해가 지면 손전등을 빌릴 수 있다. 벽을 하얗게 칠한 야트막한 건물들이 예쁜 모래밭 위에 불과 몇 미터 간격으로 서 있다. 폭풍이 오기를 기도해 보라. 브라이어 게와 바닷가재에 섬에서 재배한 채소를 곁들여 진수성찬을 즐기는 동안 돌풍이 유리창에 물을 흩뿌린다.

호텔 내부는 눈길 닿는 곳마다 바바라 헵워스 등 근대 미술 작품이 걸려 있다. 그러나 가장 시선을 잡아끄는 것은 커다란 창 밖으로 보이는 바깥 풍경이다. **SH**

---

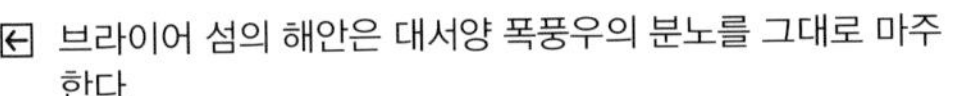

브라이어 섬의 해안은 대서양 폭풍우의 분노를 그대로 마주한다.

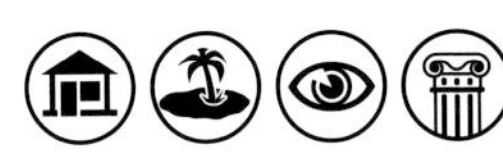

# 포트 클롱크
## Stay at Fort Clonque

**Location** 채널제도 올더니 섬
**Website** www.landmarktrust.org.uk　　**Price** $$

군사사(軍事史) 팬들이라면 포트 클롱크라는 이름만 들어도 흥분할 것이다. 이곳은 제 2차 세계대전 당시 채널 제도를 점령했던 독일군의 주둔지였다. 겉으로 드러난 바위투성이 곶 위에 위태위태하게 서 있는 횅뎅그렁한 포좌는 독일군 최고사령부의 특별 지시로 건설되었다. 이곳은 높은 파도로 본토에서 완전히 차단되어 물 위로 죽 뻗어 있는 방죽길로만 갈 수 있다. 6m 가까운 두께의 벽에도 불구하고, 끊임없이 파도가 부딪히는 화강암에 둘러싸여 이곳에서 하룻밤 묵으려고 하는 사람들이 수없이 많다.

올더니 섬의 가파른 남서쪽, 프랑스 본토로부터는 8km의 방죽길 끝에 안락하게 자리잡은 포트 클롱크는 곶 위에 서 있다기보다는, 그 자연으로 녹아든 것 같은 느낌이 든다. 그 결과는 몇 개 층에 걸쳐 탑, 포좌, 폐허가 어우러진 그림 같은 풍경이다.

이곳이 처음 방어용 목적으로 쓰이기 시작한 것은 1847년이지만, 독일군에게 점령될 때까지 군사적 전초기지로서의 중요성은 그다지 부각되지 못했다. 독일군 점령기에 지어진 수많은 장교 막사와 여닫이 창은 오늘날까지도 남아 있다. 포트 클롱크에는 장교와 사병 막사, 문지기 숙사, 화약고, 독일군 벙커 등에 최고 13명까지 숙박이 가능하다. 현대적인 주방이 있고, 음식 재료는 인근 세인트앤에서 조달할 수 있다. 다만, 파도 때문에 집에 돌아가지 못하게 될 수도 있으므로 너무 오래 시간을 끌지는 않도록 조심할 것. 또는, 예의 바르게 부탁만 한다면 객실 청소부가 장보기를 대신 해 줄 것이다. 벽난로와 업라이트 피아노가 다소 거친 환경을 부드럽게 해 주며, 로맨틱하고 격의 없는 분위기를 만들어낸다. **BS**

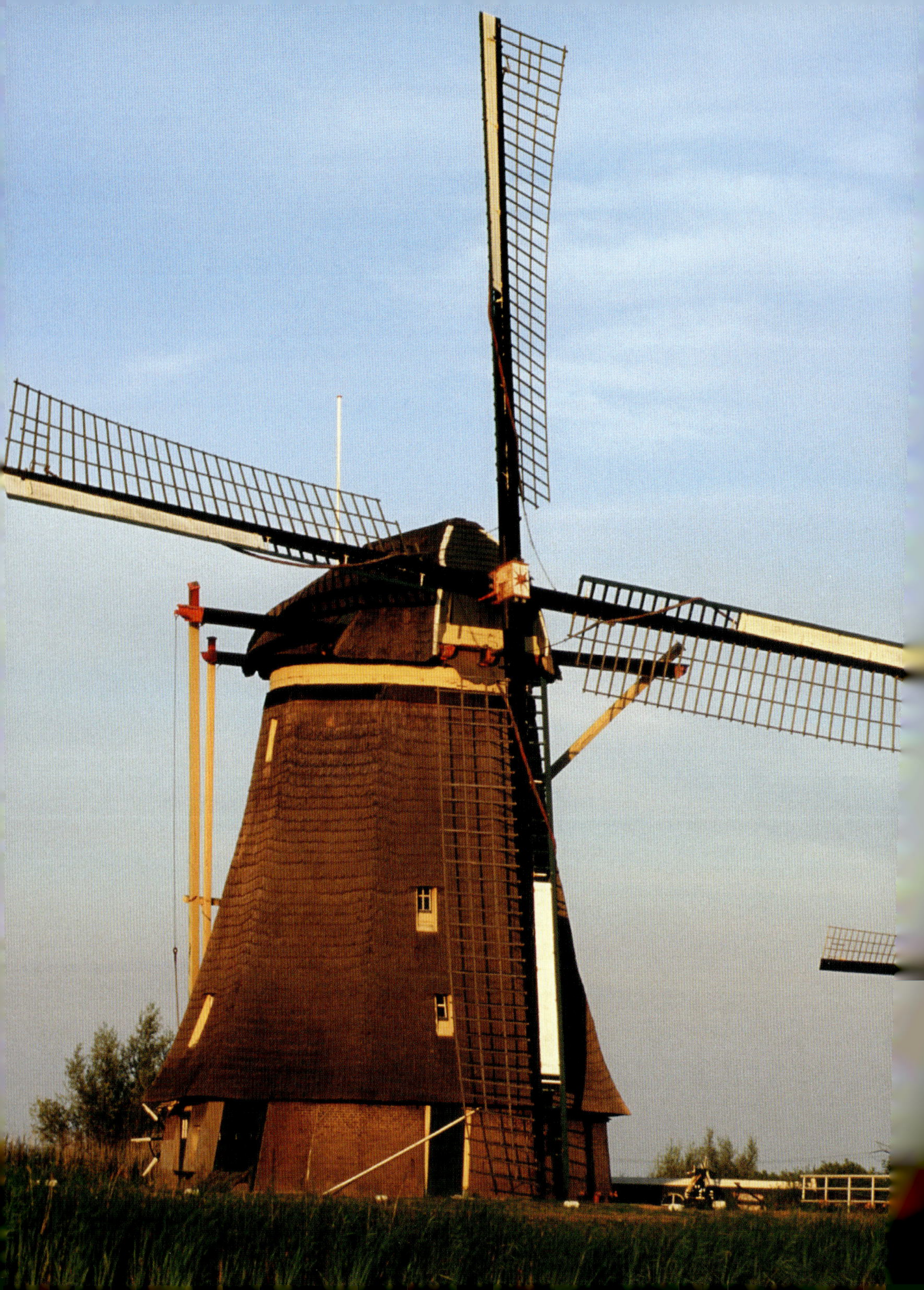

# 킨더다이크 공원
## Discover Kinderdijk Park

**Location** 네덜란드 로테르담 근교
**Website** www.kinderdijk.com　**Price** ❶

킨더다이크 공원은 플랑드르 화파 거장의 캔버스화에나 등장할 법한 고전적인 네덜란드 풍경을 감상할 수 있는 곳이다.

로테르담에서 16km밖에 떨어져 있지 않은 이곳에는 운하 제방 위에 1700년대 중반까지 거슬러 올라가는 전통 풍차가 19개나 남아 있다. 네덜란드에서 옛 풍차가 가장 많이 몰려 있는 곳으로, 매우 중요한 역할을 해왔다. 네덜란드는 국토 대부분이 해수면과 같거나 낮기 때문에 언제나 홍수가 큰 골칫거리였다. 이 풍차들은 200년 넘게 알블라서바르드(Alblasserwaard) 해안 간척지의 물을 빼내 주변 지역에 홍수가 나지 않도록 해왔다.

만약 9월 둘째 주에 방문한다면, 풍차에 야간 조명을 비춰 더욱 잊을 수 없는 풍경을 만들어낸다. 또 7~8월 중 토요일에는 19개의 풍차 모두를 가동시킨다. 아름답게 복원한 풍차 중에서 일반 관광객에게 개방되어 있는 것은 하나뿐이다. 얼마 되지 않는 입장료를 내면 좁고 가파른 계단으로 층마다 올라가며 방앗간 주인 가족의 비좁은 주거 공간을 엿볼 수 있다. 걱정하지 않아도 된다─풍차의 날개를 보면 왠지 들어갈 때와 나올 때 머리를 부딪힐 것 같은 느낌이 들지만, 사고로 목이 날아가지 않도록 특수하게 설계되었으니 말이다.

운하 제방을 따라 자전거를 타거나 겨울에는 얼어붙은 운하에서 스케이트를 탈 수도 있다. 좀더 정적인 휴가를 원한다면 보트를 타고 유리 같은 수면 위로 미끄러져 가거나 산책로를 따라 거닐면서 이 고요한 지역의 평화를 만끽할 수도 있다. **HA**

◁ 기억에서 잊히지 않을 만큼 아름다운 킨더다이크 풍차는 UNESCO 세계 유산으로 지정되었다.

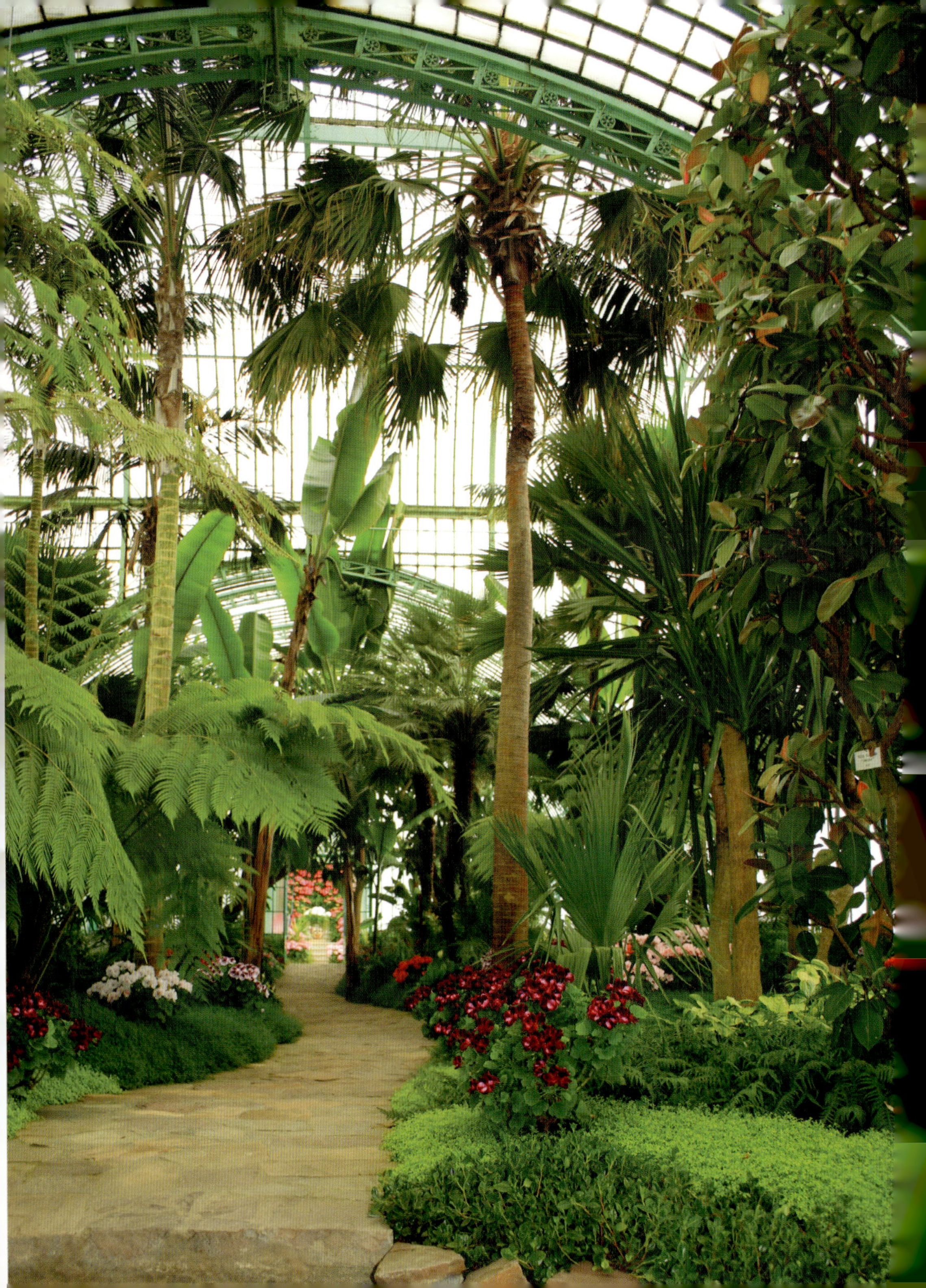

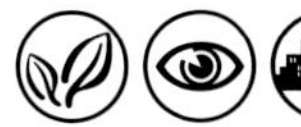

# 라컨 왕립 온실
Visit the Royal Greenhouses in Laeken

**Location** 벨기에 브뤼셀
**Website** www.monarchie.be/en/visit    **Price** 💲

브뤼셀의 초현실적인 면은 르네 마그리트의 알쏭달쏭한 그림에서만 볼 수 있는 것이 아니다—라컨 왕립 온실은 마법과 일상이 대충돌하는 곳이다.

브뤼헤 시 가장자리에 위치한 이 궁전 같은 온실은 어찔어찔한 식민 시대 콩고의 향기가 브뤼셀 시민들의 일상으로 옮겨진 곳이다. 온실 안으로 들어서면 난초, 진달래, 동백 등이 흐드러지게 피어 있으며, 축축한 고사리류와 쌉쌀한 오렌지 향이 숨막힐 정도로 공기를 채우고 있다. 물결 모양의 아르누보 선은 시선의 이동을 유도하며, 나뭇잎들이 만들어내는 캐노피, 쿠폴라, 작은 탑, 궁륭형 유리 터널 등이 느닷없이 나타난다.

이 열대 온실은 원래 국왕 레오폴드 II세(1835–1909)가 순전히 제멋에 직접 진두 지휘하여 만든 것이다. 레오폴드는 벨기에령 콩고를 한번도 방문한 적이 없었지만, 열정적인 식물 애호가였기 때문에 콩고에서 정기적으로 본토로 식물을 보내도록 했다. 북유럽 기후에 열대 식물들이 자라는 "유리로 만든 완벽한 궁전에 영원한 봄날"을 만드는 것이 그의 목표였다.

건축에 대한 국왕의 열정은 이국적인 식물과 야자수에 대한 정열에 못지 않았으며, 레오폴드의 건축가들과 조경사들은 그의 주문은 뭐든지 들어 주었다. 고무나무와 가지가 늘어진 무화과나무에서 파인애플, 난쟁이 바나나 나무까지 없는 식물이 없다. 이 온실에서 레오폴드는 친구들에게 여흥을 베풀고, 유리로 덮인 풀장에서 수영을 즐기고, 아프리카 코끼리를 타고 행진하곤 했다. 그러나 하절기 지정 기간만 개장하므로 가기 전에 미리 확인하는 것이 좋다. **LGS**

⬅ 라컨 왕립 온실의 야자수 관 중심을 가로지르는 관람로.

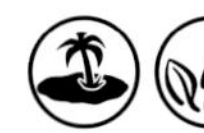

# 할리겐 군도
Explore the Halligen Islands Archipelago

**Location** 독일 슐레스비히–홀슈타인
**Website** www.wattenmeer-nationalpark.de/flag/engl.pdf    **Price** ⚠

할리겐 군도는 군도라기보다는 그냥 간신히 바다 위에 떠 있는 작은 땅덩이 무리에 가깝다. 폭풍이나 북해의 높은 파도 앞에서는 속수무책일 수밖에 없다—뭍이 대부분 물에 잠기게 되는 것이다. 그러다가 폭풍이나 파도가 한꺼번에 찾아오기라도 하면, 그야말로 섬 하나의 일부가 영원히 사라져 버리고 만다. 따라서 살기에는 위험한 곳이다—집들은 홍수에 대비하여 1m 높이로 쌓아 올린 인공 마운드 위에 지었다. 그러나 이 10개의 땅 조각에는 특별한 아름다움이 있다. 하늘이 끝없이 펼쳐져 있고 풍경은 탁 트였다. 새떼가 이엉 지붕을 올린 오두막, 붉은 벽돌로 지은 농장, 제방, 그리고 연약한 방

> "바텐메어의
> 염습지와 조습지는
> 끊임없이 변화하는 땅이다."
>
> 애런 하퍼, 『가디언』

죽길을 굽어보며 빙빙 돈다. 쭉 뻗은 수평선 위에 나타나는 것이라고는 오직 드문드문 서 있는 외로운 나무 풍차나 든든한 돌 등대뿐이다. 평화롭고, 전원적이고, 도시의 스트레스에서 멀리 떨어진 곳이다.

바다는 오랜 세월에 걸쳐 할리겐 군도의 많은 섬들을 삼켜 버렸다. 때때로 방죽길 위에 토사가 쌓여 섬이 육지와 이어졌다가, 또다시 파도의 침식으로 떨어지기도 한다. 할리겐 군도는 단순히 물리적인 보호 이상의 법적 보호를 받고 있다. 바텐메어(Wattenmeer) 국립공원의 일부로, 가이드를 따라 조습지에서 산책을 하거나 철새와 특이한 식물을 관찰할 수 있다. 또는 페리를 타거나, 몇몇 섬을 잇는 독특한 좁은 철로를 따라 기차를 타고 거의 파도 사이를 헤치고 달리는 경험을 할 수 있다. **SH**

# 뤼겐 섬 Visit the Island of Rügen

**Location** 독일 뤼겐　　**Website** www.ruegen.de
**Price** ◑

눈부시게 하얀 백악 절벽과 긴 모래 해변, 그리고 너도밤나무 숲이 펼쳐진 고요한 섬을 상상해 보라. 물결 모양 구릉지대 곳곳에 예쁜 오두막과 중세의 교회, 저택, 성 들이 서 있고, 자전거 길과 산책로가 뻗어 있다. 뤼겐은 독일에서 가장 큰 섬인데도 해외에서는 별로 알려져 있지 않다. 독일의 북동쪽, 발틱 해에 떠 있지만 기후는 놀라울 정도로 온화하다.

　뤼겐이 유명해진 것은 19세기 낭만주의 화가 카스페르 다비드 프리드리히의 풍경화에 등장하면서이며, 오늘날 독일에서 가장 인기있는 휴양지이다. 뤼겐은 가는 길도 어렵지 않다. 고속도로와 철도로 육지와 이어져 있으며, 페리 운항편도 많다. 긴 해안선 위의 리조트들은 모래해변과 부두가 있어 덴마크와 스웨덴, 폴란드, 그리고 독일의 인근 섬은 보트로도 갈 수 있다. 관광객들은 해변으로 직행하거나 전원과 해안선을 탐방한다―섬에는 국립공원 두 개와 자연보호구역 한 개가 있다. 숲이 울창한 절벽에서는 발틱 해와 독일 본토의 해안선의 파노라마 풍경을 즐길 수 있으며, 내륙은 히스로 뒤덮인 언덕부터 갈대밭, 야생화로 가득한 숲, 평평하고 푸르른 농경지로 이루어져 있다.

　건축물의 대부분은 19세기 온천 붐 때 지어졌으며, 작은 마을과 도시들은 대부분 좁고 유서 깊은 협곡의 증기기기차로 이어져 있다. 뤼겐은 사시사철 관광객으로 북적이는 곳이지만, 적어도 21세기로부터는 탈출한 느낌은 받을 수 있다. **SH**

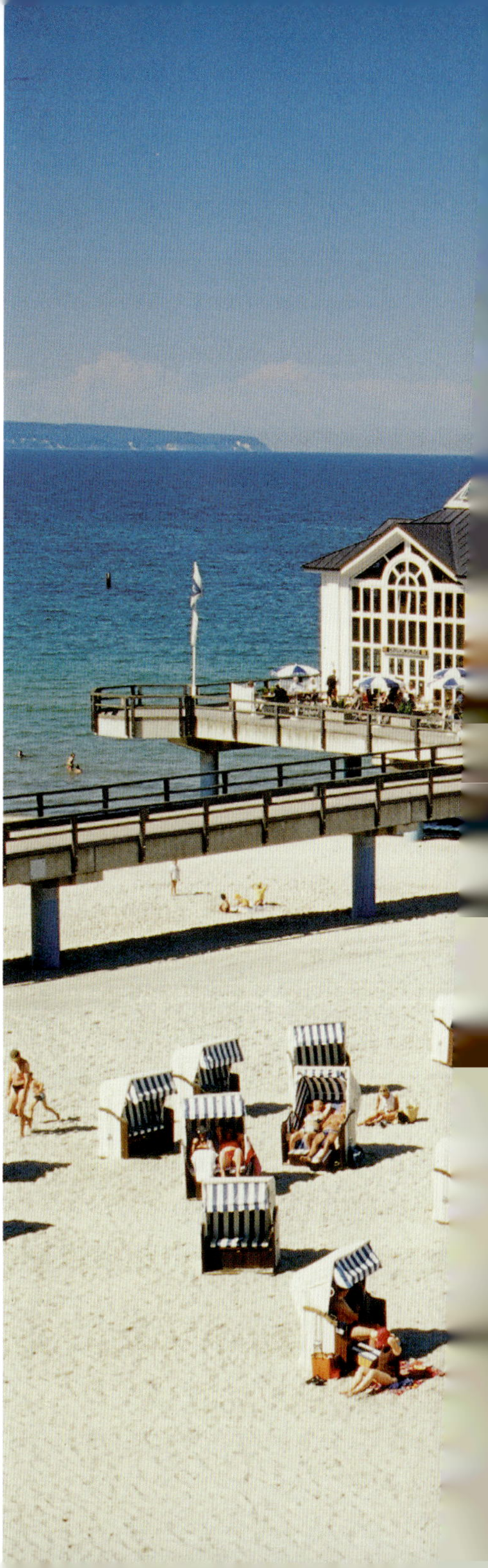

⤷ 뤼겐 섬 내 셀린 리조트의 부두에는 그 전통적인 건축물이 남아 있다.

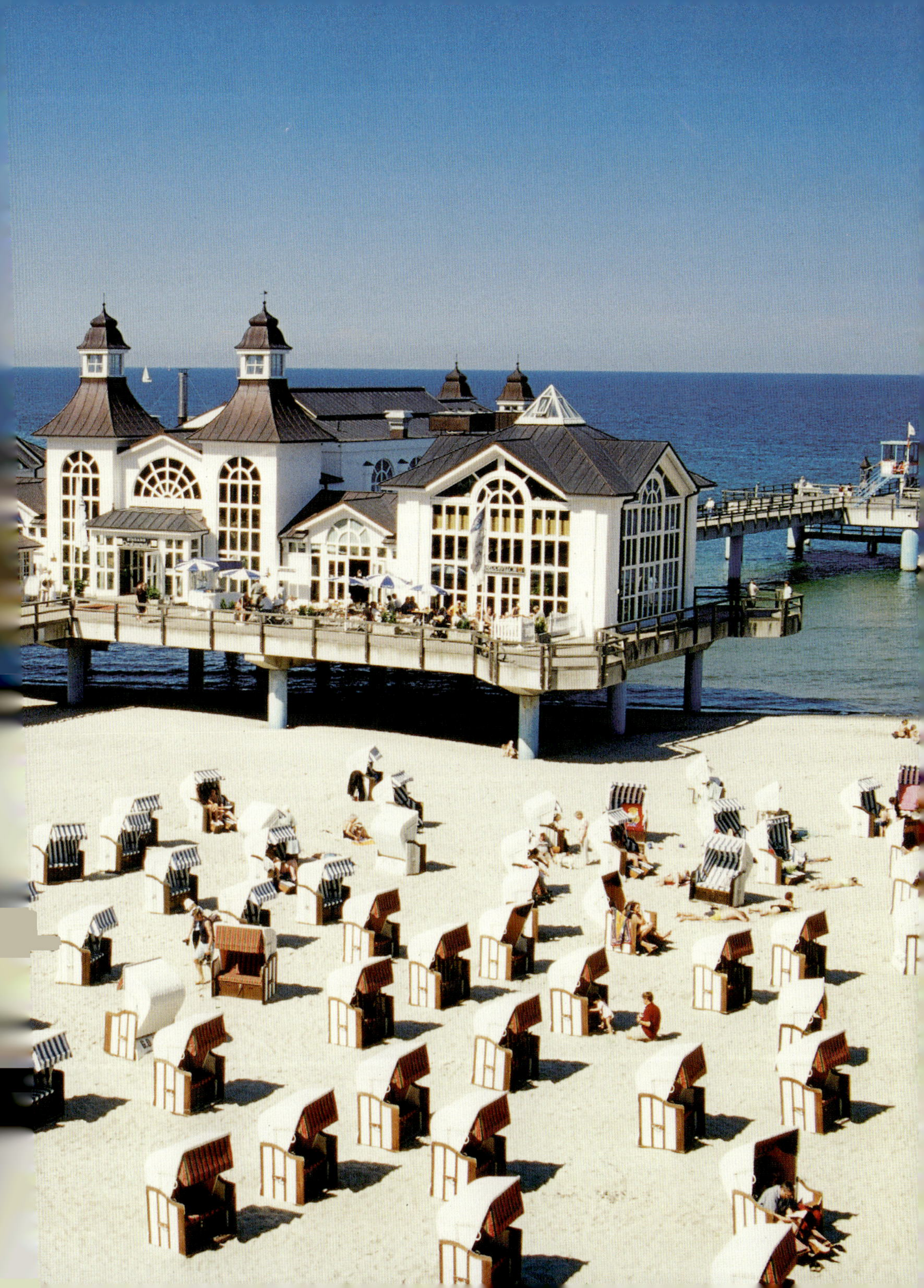

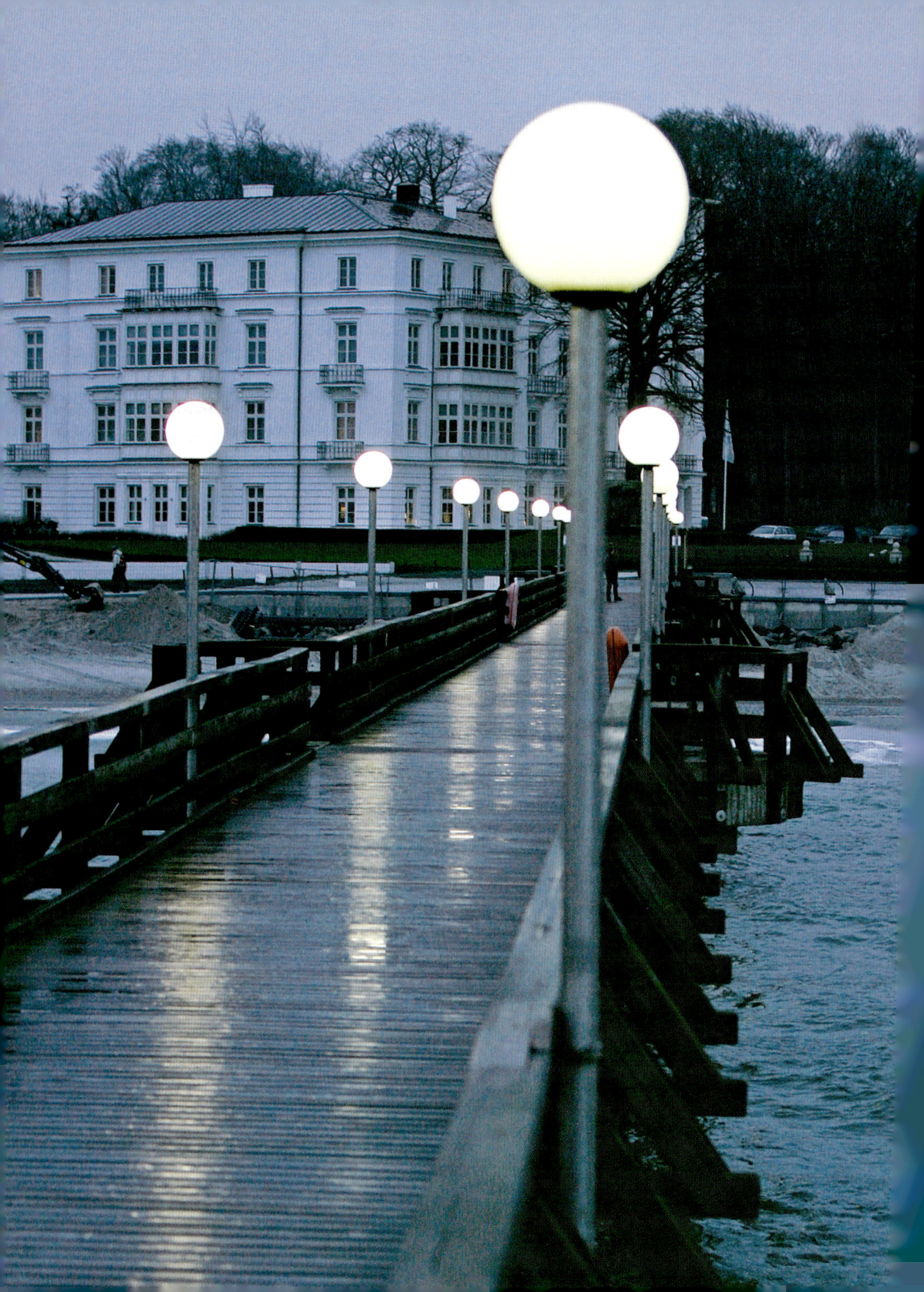

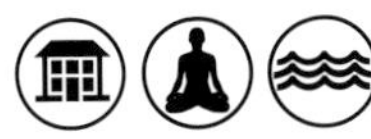

# 켐핀스키 그랜드 호텔
## Stay at Kempinski Grand Hotel

**Location** 독일 메클렌부르크-포어폼메른
**Website** www.kempinski-heiligendamm.com　　**Price** ⑤⑤

크고 화려한 웨딩케이크처럼 생긴 켐핀스키 그랜드 호텔 하일리겐담은 쨍한 한낮의 태양 속에서 새하얗게 빛나며 푸른 하늘과 엷은 터키석빛 발틱 해와 아름다운 대비를 이룬다. "바닷가의 하얀 도시"라고 알려져 있는 하일리겐담은 독일에서 가장 오래된 바닷가 스파로, 1793년 메클렌부르크 대공 프리드리히 프란츠 I세가 세운 눈부시게 아름다운 6개의 신고전주의 건축물이 서 있다. 프리드리히 프란츠는 이곳에 맑고 짭짤한 공기를 마시고, 무성한 너도밤나무 숲과 조수간만이 없는 바다를 즐기러 왔다.

이 건축물은 1930년대에 잠깐 요양원 겸 병원으로 쓰이다가, 2003년 대규모 호화 복원 프로젝트를 거쳐 어마어마하게 호화로운 스파를 제외하면 과거의 모습은 거의 남아 있지 않다. 부유한 투숙객들이 푹신한 흰 슬리퍼와 부드럽고 헐렁한 실내복을 입고 오며가며 종종 걸음을 친다. 이 리조트에서 열린 제 33회 G8 정상회담 참석차 토니 블레어, 블라디미르 푸틴, 니콜라 사르코지가 방문했고, 정계 인사를 제외하면 보노와 밥 겔도프 등이 이곳을 찾았다.

켐핀스키에서는 식사가 매우 중요하다. 아시아 레스토랑, 스시 바, 그 외에도 최고급 식당들이 있다. 그 중에서도 구르메 레스토랑 "프리드리히 프란츠"는 독일에서는 몇 안 되는 미슐랭 스타 레스토랑이다. 신선한 공기를 좋아한다면 승마와 요트 등 다양한 스포츠를 즐길 수 있다. 자전거로 30분 달리면 예쁜 마을 퀼룽스보른이 나온다. 당일치기 피크닉을 가기에 이상적인 곳이다. 140년째 변함없이 칙칙폭폭 소리를 내며 좁은 협곡을 달리는 증기 열차 역시 멋진 경험이 될 것이다. **TW**

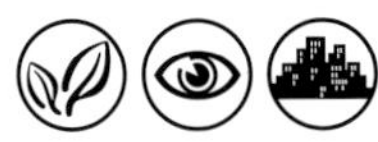

# 브레멘 시민공원
## Escape the Crowds at Bürgerpark

**Location** 독일 브레멘
**Website** www.buergerpark.de/en　　**Price** ❶

독일에서 가장 큰 도시 중 하나의 한복판에 대도시보다는 시골에 더 잘 어울리는 울창한 숲이 서 있다. 그러나 도시에 있는 대부분의 정원이나 공원과는 달리, 브레멘 시민공원은 지배 계급을 위한 놀이터가 아니라 시민을 위해, 시민에 의해 만들어진 시민의 공원이다.

1860년대, 브레멘 시민들은 시민녹지(Bürgerweide) 조성을 위한 위원회를 조직하였고, 그 이후 개인 주도와 기부 등을 통해 공원을 유지해왔다. 숲 같은 땅과 넓은 초원도 있지만, 조경된 공원 공간과 울타리를 쳐놓고 동물을 풀어 놓은 구역도 있다. 이 호텔의 목적 중 하나는 좀처럼 교외로 나갈 수 없는 시의 주민—특히

> "브레멘 시민공원은… 독일에서
> 가장 아름답게 조경된
> 공원 중 하나이다."
>
> 『인디펜던트』

어린이들—에게 자연을 접할 수 있는 기회를 제공하는 것이다. 공원 내부에 있는 자연 모험 트레일은 동식물은 물론 그들의 서식지에 대한 정보를 제공한다.

균형잡힌 야외 경험의 제공을 강조했다는 사실이 두드러지는 예는 핀열차(Finnbahn)이다. 한 의료기관과 연계하여 관절에 무리가 가지 않도록 설계한 열차이다. 게다가 여러 문화 행사가 열리는 공간도 있으며, 콘서트나 연극 공연을 통해 올린 수입은 전액 공원의 보수 및 유지 비용으로 쓰인다. **DaH**

⬅ 켐핀스키 그랜드 호텔 하일리겐담은 발틱해 바닷가에 서 있으며, 멋진 풍경을 자랑한다.

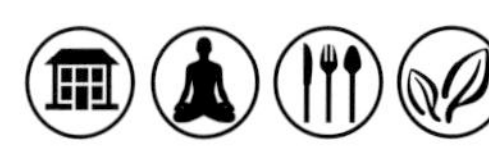

# 뷜러회에
Enjoy Bühlerhöhe

---

**Location** 독일 바덴바덴
**Website** www.buehlerhoehe.de　　**Price** 💲💲💲

슈바르츠발트 저 깊은 곳, 18ha의 숲으로 둘러싸인 슐로스호텔 뷜러회에는 현대인이 일상에서 탈출하고 싶을 때 이상적인 도피처이다. 외부 세상과 완전히 차단된 느낌에도 불구하고 바덴바덴의 우아한 스파 리조트에서 14km밖에 떨어져 있지 않으며, 과거에는 유럽 귀족들의 놀이터였다. 바덴바덴의 구시가지와 유명한 카지노는 여전히 인기있는 관광명소이다.

투숙객들의 프라이버시와 휴식을 위해 장식, 편의 시설, 서비스에 기울이는 세심한 노력부터가 5스타를 받을 만하다. 77개의 침실과 13개의 스위트는 모두 화려하게 장식되었으며, 최고급 킹사이즈 베드와 럭셔리

---

> "슈바르츠발트에서
> 최고의 파노라마 풍경을
> 감상할 수 있는 위치에 서 있다."
>
> luxurytravelmagazine.com

---

한 매트리스를 들여놓았다. 스파와 헬스 클리닉 역시 객실 못지않게 사치의 극치이며, 하루 종일 놀다가 쉬다가를 반복하는 것이 이곳의 일정이다. 뷰티와 스파 트리트먼트가 제공되는 룸은 세심하게 장식된 것은 물론 은은한 조명이 스타일과 운치를 더한다.

좀더 액티브한 휴가를 보내고 싶은 사람들은 휘트니스 트레이닝도 받을 수 있고, 호텔에서 직접 맑은 샘물을 공급하는 호화로운 수영장이 기다리고 있다. 호텔을 둘러싸고 있는 숲에서 오후의 산책을 즐길 수도 있다. 이곳은 럭셔리 중의 럭셔리이다. **TW**

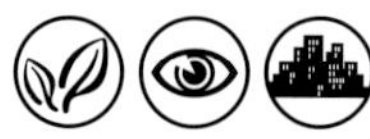

# 플란텐 운 블로멘
Visit Planten un Blomen

---

**Location** 독일 함부르크
**Website** www.plantenunblomen.hamburg.de　　**Price** 💲

함부르크는 예쁜 운하와 수로, 홍등가, 그리고 정말 굉장한 배들이 정박해 있는 거대한 항구로 유명한 도시이다. 그러나 사실 함부르크는 공원이 많은 녹색 도시로, 도심의 분주함에서 탈출하는 것도 얼마든지 가능하다. 이런 정원 중에서도 가장 고요한 곳은 플란텐 운 블로멘("식물과 꽃들"이라는 뜻) 공원이다.

원래는 동물원과 공동묘지가 있었던 곳이었는데, 1930년 대규모 꽃 박람회를 위해 공공 공원을 조성하였다. 그 후로도 계속 공원 부지로 남아 있다가 1953년, 1963년, 1973년에 다양한 국제 원예 박람회를 개최하며 그때마다 조경을 다시 하였다. 그 결과 도시의 심장부에 녹음과 고요의 오아시스가 탄생했다. 이 거대한 공원은 담토르(Dammtor) 철도역부터 거의 상크트파울리(St. Pauli) 교외까지 펼쳐져 있다. 방문객들은 오솔길을 따라 거닐면서 그림처럼 아름다운 식물과 꽃을 보며 감탄하거나, 도중에 있는 수많은 카페 중의 하나로 들어가 와인 한 잔, 혹은 시원한 맥주를 마신다. 공원 동쪽에는 고운 난초 꽃이 가득 피어 있는 열대 온실이 있으며, 구 식물 정원(Alter Botanischer Garten)의 일부였다.

한여름에는 파빌리온에서 재즈 콘서트가 열리기도 하고, 밤 9시에는 호수에서 클래식 음악을 배경으로 조명 쇼가 펼쳐진다. 겨울에는 독일 최대의 옥외 아이스 스케이팅 링크가 된다. 특히 볼 만한 곳은 한가운데에 호수가 있고, 그 방죽에 진짜 일본 다실(茶室)이 있는 일본 정원(Japanischer Garten)이다. **CK**

➡ 플란텐 운 블로멘 공원 식물 정원의 튤립들.

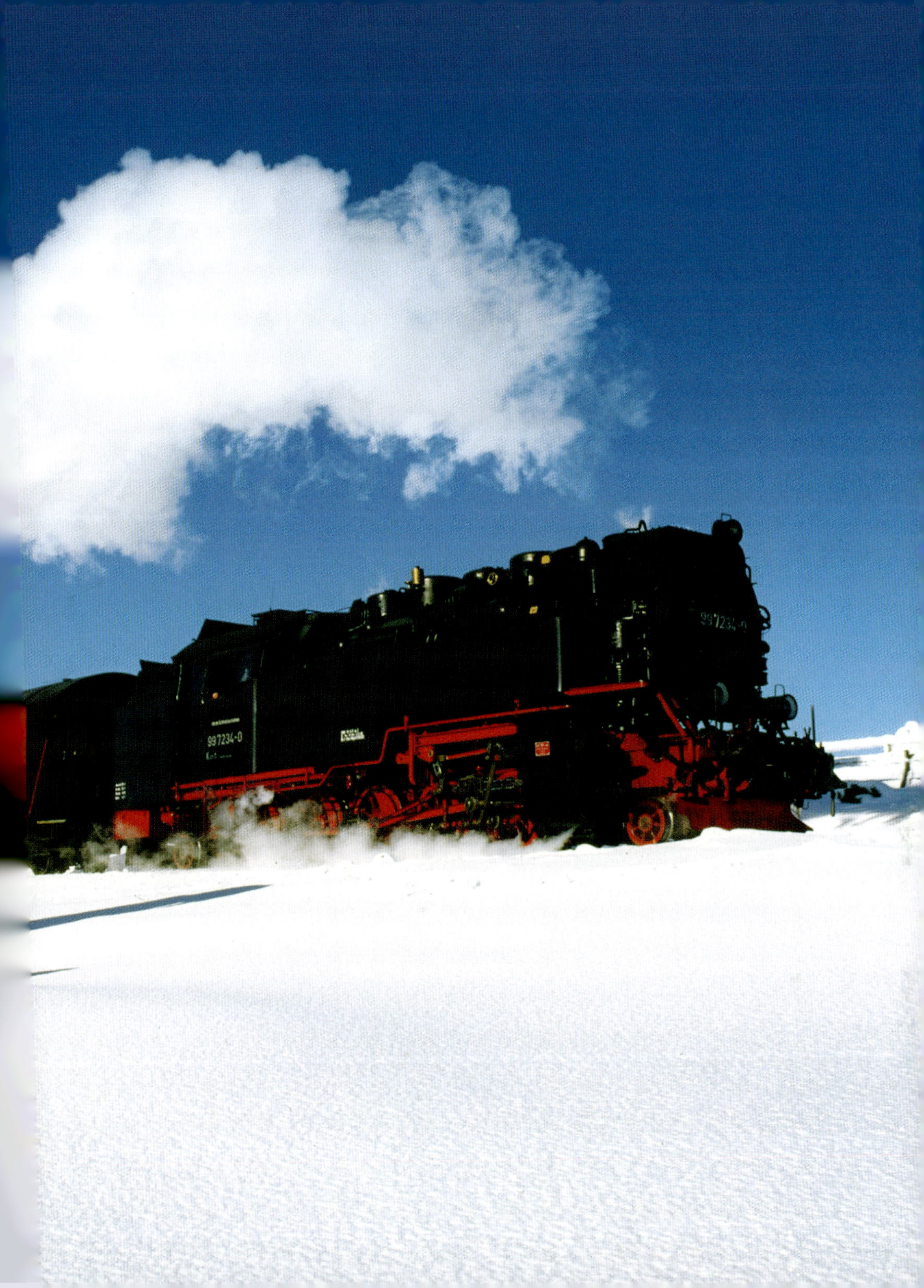

99 7234-0

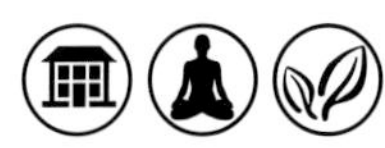

# 파르크쉴뢰스헨
## Rejuvenate at Parkschlösschen

**Location** 독일 바트 빌트슈타인
**Website** www.parkschloesschen.de   **Price** 💲💲

파르크쉴뢰스헨은 늘어져 가는 러브 라이프에 다시 불을 붙이는 그런 곳은 아니다. 이 매력적인 옛 호텔은 독일 서부 모젤 계곡의 구릉지대와 포도밭 사이에 자리잡고 있는데, 특이하게도 투숙 기간 동안 금욕을 권장한다. 호텔 주인들이 특별히 고상한 척하는 사람들이어서는 아니다. 이곳에서의 섹스 금지는 순전히 건강상의 이유 때문이다.

키가 큰 나무들 사이에 숨어 있는 이 평화로운 휴양지는 대체요법의 세계로 당신을 안내하며, 디톡스, 약초 조제, 영양, 마사지 등 5,000년 넘게 동방에서 전해 내려온 아유르베다 의학에 앞장서고 있다. 4ha에 달하는 공원과 아르누보 양식의 성은 "건강은 나 자신과 자연과의 조화에서 기인한다"는 아유르베다 이론을 그대로 실천하고 있다. 이 호텔은 양털, 나무, 점판암, 대리석 같은 천연 자재를 사용하여 전면 개조되었으며, 물은 인근에 있는 온천에서 공급받는다. 모든 객실은 이중 단열 구조로, 전선의 "유해한 영향"을 체계적으로 완전히 제거하였으며, 대리석으로 감싼 수도관은 부드러운 파스텔 색상으로 장식되었다.

파르크쉴뢰스헨의 아유르베다 의사 팀은 전통적인 의학 지식을 갖추고 있으며, 손님이 머무르는 동안 최대한의 혜택을 볼 수 있도록 모니터링을 해 준다. 스트레스에 지친 고위 경영자나, 질병이나 수술 후 회복기의 환자, 그 밖에 건강에 민감한 이들에게는 낙원인 셈이다. 투숙객은 수영을 하고, 테니스를 치고, 숲 속에서 하이킹을 한다. 사우나, 마사지, 요가, 명상, 대체 요법 트리트먼트를 즐길 수도 있다. 이 호텔은 어린이를 받지 않으며, 휴대폰 사용은 자제해야 한다. 구르메 식사는 완전한 채식으로 유제품도 포함하지 않는다. 알코올, 커피, 차도 마실 수 없고, 대신 미지근한 물을 마시도록 장려한다. **SH**

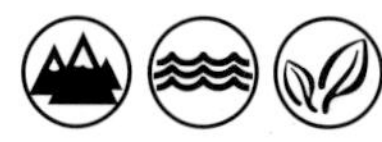

# 켈러발트 국립공원
## Explore Kellerwald National Park

**Location** 독일 카셀
**Website** www.nationalpark-kellerwald-edersee.de   **Price** ❗

아, 이 얼마나 굉장한 숲인가! 켈러발트 국립공원은 수평선까지 끝없이 이어지는 언덕과 계곡, 호수, 그리고 강을 모두 감싸안고 있다. 하루 종일 걸어도 그 끝에 닿을 수 없다. 이 사람의 손이 닿지 않은 야생 자연은 중부 유럽 최대의 낙엽수림으로 그 면적이 5,500ha가 훨씬 넘는다. 그 사이로 에더 강이 흐르며 협곡, 언덕, 계곡을 만들어낸다. 도회지 일상에서 탈출하기에는 최고의 휴양지인 셈이다.

끝없이 펼쳐진 붉은 너도밤나무 숲은 아주 오래된 것이다. 이곳에서 자라는 붉은 너도밤나무의 3분의 1 이상이 연령이 120년 이상이며, 17세기에 심어진 나무

> "셀 수 없이 구멍이 난
> 오래된 나무에… 이미 꽤 많은
> 희귀종이 살고 있다."
>
> germany-tourism.de

도 꽤 많다. 켈러발트 국립공원은 또한 먹황새, 수리부엉이 갈가마귀, 삵쾡이, 사슴벌레, 유럽 도마뱀 등 희귀종 동식물의 서식지이기도 하다. 붉은사슴을 찾아볼 수도 있고, 딱다구리 소리에 귀를 기울일 수도 있고, 땅거미가 질 무렵 박쥐가 날아다니는 모습을 볼 수도 있다. 공원 안에만 400개가 넘는 샘이 있어, 여기에서 흘러나온 물이 시내를 이룬다—최고의 천연 수질을 자랑하기 때문에 브라운송어가 살기에 완벽하다.

이곳에는 심지어 인간을 위한 안전 수칙도 없다. 곧 쓰러지거나 부러질 것처럼 보이는 오래된 나무도 그냥 내버려둔다. 방문객들은—특히 폭풍우 직후에는—자기 안전은 스스로 책임지도록 미리 안내를 받는다. 그러나 그렇기 때문에 오히려 더 좋은 곳이다. **SH**

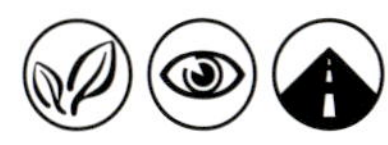

# 펠처발트까지 독일 와인의 길
## Follow the German Wine Route to the Pfälzer Wald

**Location** 독일 라인란트–팔츠
**Website** www.germany-tourism.de   **Price** ●

아우토반을 저 멀리 뒤로 하고, 칸델(Kandel), 민펠트(Minfeld), 빈덴(Winden), 바트 베르크차베른(Bad Bergzabern)으로 이어지는 아름다운 전원 속으로 따라가 보자. 자동차, 자전거, 혹은 도보로도 얼마든지 즐길 수 있는 고요한 길이다. 사과 과수원과 호박밭이 가을 빛깔을 물씬 풍기며, 작은 옥수수밭과 포도밭들이 어우러져 있어, 새로 만든 와인을 길가에 내다 놓고 판다.

"도이체 바인슈트라세(Deutsche Weinstraße)", 즉 "독일 와인의 길"은 아름답게 보존된, 반목조 가옥과 햇빛 아래 매달린 포도송이 사이로 구불구불 뻗어간다. 와인 단지 표시가 되어 있는 집은 와인을 시음할 수 있는 곳이다. 지중해성 기후 덕분에 살구, 단밤, 무화과, 레몬이 잘 자라며, 실제로 바구니에 담아 자동차길 끝에서 팔고 있다.

관광객들이 즐겨 찾는 루트로 유명하지만, 인근의 한적한 마을에서는 길도 조용하고, 관광지도에도 표시되어 있지 않다. 펠처발트 자연공원으로 걸어 올라가면서 숲과 구불구불한 길 사이로 집이 보이지 않게 되면서 점점 더 인적이 드물어진다. 상록수, 밤나무, 참나무가 곳곳에서 햇빛을 받아 빛나며, 자르바흐와 슈파이어바흐 강의 계곡이 길 아래에서 마치 거울처럼 서로 빗겨간다. 언덕 위에서는 숲(wald)을 굽어보는 환상적인 전망을 즐길 수 있다.

길 위에 점점이 있는 숲속 마을에는 인심 좋은 빵집들이 갓 구워낸 빵 냄새를 풍기며, 길가의 레스토랑들은 전원적인 향토 요리를 제공한다. 주민들은 간혹 보일지 모르지만, 깊숙이 들어가면 들어갈수록 관광객을 보기는 정말 힘들어진다. **CM**

> "기후가 온화하고,
> 풍경은 마치 토스카나를 연상시키며,
> 사람들은 따뜻하고 친절하다."
>
> germany-tourism.de

↗ 펠처발트 자연공원 속, 와인길을 따라 펼쳐진 그림 같은 가을의 포도밭 풍경.

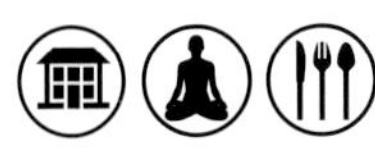

# 바라이스 호텔
## Relax at Bareiss Hotel

**Location** 독일 슈바르츠발트
**Website** www.bareiss.com    **Price** ⑤⑤

바이어스브론-미텔탈(Baiersbronn–Mitteltal) 근처, 슈바르츠발트 깊숙이 자리잡은 바라이스 호텔 & 스파는 찾아갈 만한 가치가 있는 곳이다. 어둡고, 마법에 걸린 듯한 숲 속으로 구불구불 뻗어있는 길을 따라 들어가노라면, 마치 핸젤과 그레텔의 동화 속에 들어온 듯한 착각에 빠진다.

바라이스의 아름다움은 미식가의 꿈도, 사치스러운 공간도, 또는 단순히 자연을 즐길 수 있는 곳도 될 수 있다. 5개의 풀장, 3개의 사우나, 월풀욕조를 갖추고 있는 바라이스는 거의 예술의 경지에 가까운 스파로 특히 유명하다. 아유르베다부터 정골 요법까지 모든 종류의

> "바라이스의 음식은 오감에 충격을 전달한다—양파처럼 껍질을 까도 까도 새로운 맛이 나오는, 특별한 요리를 기대하라."
>
> 수 스타일, 『파이낸셜 타임즈』

트리트먼트를 즐길 수 있다—바다에서 영감을 받은 탈고 바디 트리트먼트나 이국적인 티베트식 등 말그대로 "모든 것"이 가능하다. 손님들은 골프, 낚시, 하이킹을 즐길 수도 있고, 심지어 미술이나 요리 강좌도 들을 수 있다. 바라이스의 레스토랑 중에는 미슐랭 3스타 레스토랑이 있어, 알랭 뒤카스 휘하에서 수학한 클라우스-페터 룸프가 자그마치 18,000병의 와인을 소장하고 있는 와인 셀러를 관리하고 있다. 또 가벼운 이탈리아 요리를 먹을 수 있는 지중해 레스토랑과, 유서 깊은 티롤 레스토랑 "도르프슈투벤"도 있다. 벽에 나무 널을 댄, 전원적인 비스트로로, 전통 벽시계 컬렉션이 인상적이며, 전통 의상을 입은 미소띤 웨이트리스들이 베이컨 팬케이크, 소시지 샐러드, 갓 훈제한 송어 같은 슈바르츠발트의 특제 요리를 내온다—시원한 필스 맥주 한 잔과 함께 말이다. **RCA**

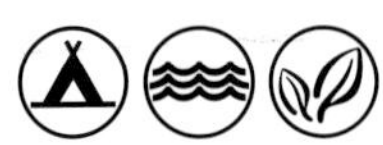

# 홉펜제
## Camp at Hopfensee

**Location** 독일 바이에른
**Website** www.camping-hopfensee.de    **Price** ⑤

다른 캠프장과는 달리, 이 거대한, 그러나 평화로운 캠프장 복합시설은 아름다운 홉펜제 호숫가에 위치한다. 그 옆으로는 쾨니히스빙켈의 푸르른 초원과 바이에른 알프스가 어깨를 나란히 하고 있다. 홉펜제는 바이에른 알고이 지방에서 가장 수온이 높아 수영, 낚시, 모터를 사용하지 않는 수상스포츠를 즐기기에 제격이다. 그림처럼 아름다운 마을 퓌센이 겨우 5km 거리이며, 조금 더 가면 이 지역 최고의 관광 명소인 노이슈반슈타인 성이 나온다. 성 아래에서 내려다본 초원은 너무나 아름다워서 관광객 인파를 옆으로 밀치고 뛰어 내려가고 싶은 유혹을 억누르기가 대단히 힘들다.

이 보기 드문 5스타 캠프장에서 인파를 피해 스파에서 느긋한 시간을 보내자. 이곳은 "환자들"이 병을 "치유"하기 위해서 찾아오는 곳이다. 맑은 공기와 릴랙스만으로도 사실 웬만한 병은 다 나을 것 같다. 이 지역 주민인 크나이프가 개발한 전체의학 테라피에 기반을 둔 물리치료 덕분에 흔한 질병은 나아서 돌아갈 수 있다. 물론 예약을 해야 한다—특히 성수기인 여름에는 3개월 전에 이미 예약이 마감되기도 한다. 그러나 그저 긴장을 풀고, 캠프장 한복판에 위치한 스파를 즐기는 손님을 위해서 마사지, 목욕, 뷰티 트리트먼트, 사우나, 일광욕실 등이 있으니 걱정할 필요는 없다.

실내 온수풀이 있는 이 캠프장은 연중 내내 개장하며, 겨울에는 60km가 넘는 크로크컨트리 트레일이 바로 이곳에서 시작한다. 스키, 터보건, 자전거는 모두 대여가 가능하다. 널찍한 캠프장은 트레일러 하우스나 모터 홈을 위한 것으로, 이름과는 달리 텐트는 허용되지 않는다. 직접 요리를 해 먹는 것이 귀찮다면, 바람이 잘 통하는 유리 천장 레스토랑에서 훌륭한 식사를 할 수 있다. **CFM**

  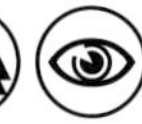

# 베르히테스가덴
Discover Berchtesgaden

**Location** 독일 바이에른
**Website** www.kehlsteinhaus.de/en/index.php **Price** Ⓢ

뮌헨 남쪽으로 120km, 오스트리아와의 국경에서 가까운 독일 알프스의 숨 막힐 듯 아름다운 구불구불한 길을 올라가면 일반인들에게는 "휴가 여행"이라는 개념 자체가 없었던 시절부터 휴양지로 인기가 높았던 산속 휴식처가 나온다. 바이에른 귀족들, 그리고 훗날에는 나치 간부들의 전유물이었던 베르히테스가덴은 이제는 누구나 즐길 수 있는 공간이 되었다.

국립공원 안에 우뚝 서 있는 바츠만(Watzmann) 산의 눈 덮인 봉우리가 베르히테스가덴의 그림 같은 교회 첨탑들과 깊은 빙하호 쾨니히 호수(Königssee)를 내려다보고 있다. 주위의 알프스 초원에는 소떼들이 풀을

---

> "이곳의 드라마틱한
> 산 풍경은 알프스 최고 중
> 하나로 꼽힌다."
>
> 윌리엄 쿡, 『가디언』

---

뜯고 있으며, 도시인들에게는 다소 예스럽게 느껴질 오랜 전통이 아직까지도 남아 있다. 이곳에서 즐길 수 있는 레저 활동 중에서는 산악 하이킹과 쾨니히 호수에서의 보트 타기가 가장 인기가 높으며, 경외감을 불러일으키는 자연 풍광으로부터 평화가 배어 나온다. 움직이는 것을 좋아하는 사람들에게는 겨울철에는 스키도 좋은 옵션이다. 바츠만 오스반트(Watzmann Ostwand) 절벽은 암벽 등반가들에게는 멋진 도전이 된다.

한편, 아돌프 히틀러의 별장이었던 "독수리 둥지(Adlerhorst)"는 베르히테스가덴에 남아 있는 나치 역사의 흔적이다. 그럼에도 불구하고 이 지역의 부인할 수 없는 아름다움과 그 느긋한 생활 방식은 긴장을 풀고 릴랙스하기에 완벽하다. **DaH**

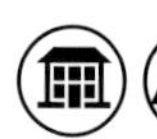 

# 슐로스 엘마우
Stay at Schloss Elmau

**Location** 독일 바이에른
**Website** www.schloss-elmau.de **Price** ⓈⓈ

"인생의 짐을 느끼는 건강한 사람들을 위한 치유의 공간." 1914년 슐로스 엘마우가 처음 개장했을 때 철학자이자 이곳의 창립자이기도 한 요하네스 뮐러가 한 말이다. 그리 오래지 않아 슐로스 엘마우는 그들의 지친 몸과 마음에 다시 활기를 불어넣어 줄 문화적 휴식처를 찾고 있던 예술가, 보헤미안, 그리고 온갖 탐미주의자 들의 온상이 되었다. 그리고 오늘날에도 이러한 노선은 그다지 변하지 않아서 방문객들은 자연 경관과 럭셔리한 서비스만큼이나 그 문화적인 면을 즐기기 위해 이곳을 찾는다. (문학 주간, 재즈 페스티발, 무용과 시문학 워크숍, 정치 토론 등 이 근방에서만 연중 백여 개의 행사가 열린다.)

2005년 화재로 건물의 대부분이 파손되었지만, 전면 복구 공사를 거쳐 과거의 영광을 되찾은 것은 물론 그 이상의 경지에 올랐다. 계곡 속에 자리잡은데다 거의 수직으로 깎아지른 베터슈타인 암벽에 둘러싸여 있는 풍경은 "숨이 멎을 듯하다"라는 상투적인 표현을 쓸 만한 진정한 가치가 있다. 정말로 어떤 곳인지 궁금하다면 영화 〈사운드 오브 뮤직〉을 보면 된다. 우뚝 솟은 산, 야생화가 만발한 언덕배기, 수정처럼 맑은 호수, 달랑달랑 어디선가 들려오는 쇠방울 소리, 그리고 112km가 넘는 하이킹 또는 산악 자전거 트레일이 모두 진짜이다. 그림책에 자주 등장하는 저 유명한 루트비히 II세의 사냥용 별장까지는 하이킹으로 3시간 정도 걸린다.

엘마우의 140개 우아한 객실과 스위트에는 보스 사운드 시스템이 갖추어져 있으며 벽에는 실크를 씌웠고, 반짝이는 바닥은 윤을 낸 참나무나 티크목으로 만든 것이다. 일부에는 워크인클로짓도 설치되어 있다. 2개의 럭셔리 스파, 콘서트 홀, 3개의 도서관, 서점, 고급 쇼핑 아케이드, 6개의 구르메 레스토랑도 있다. 1년에 한 번, 11월에는 호텔의 국제 미식 축제에 참가하기 위해 전 세계의 셰프들이 모여든다. **TW**

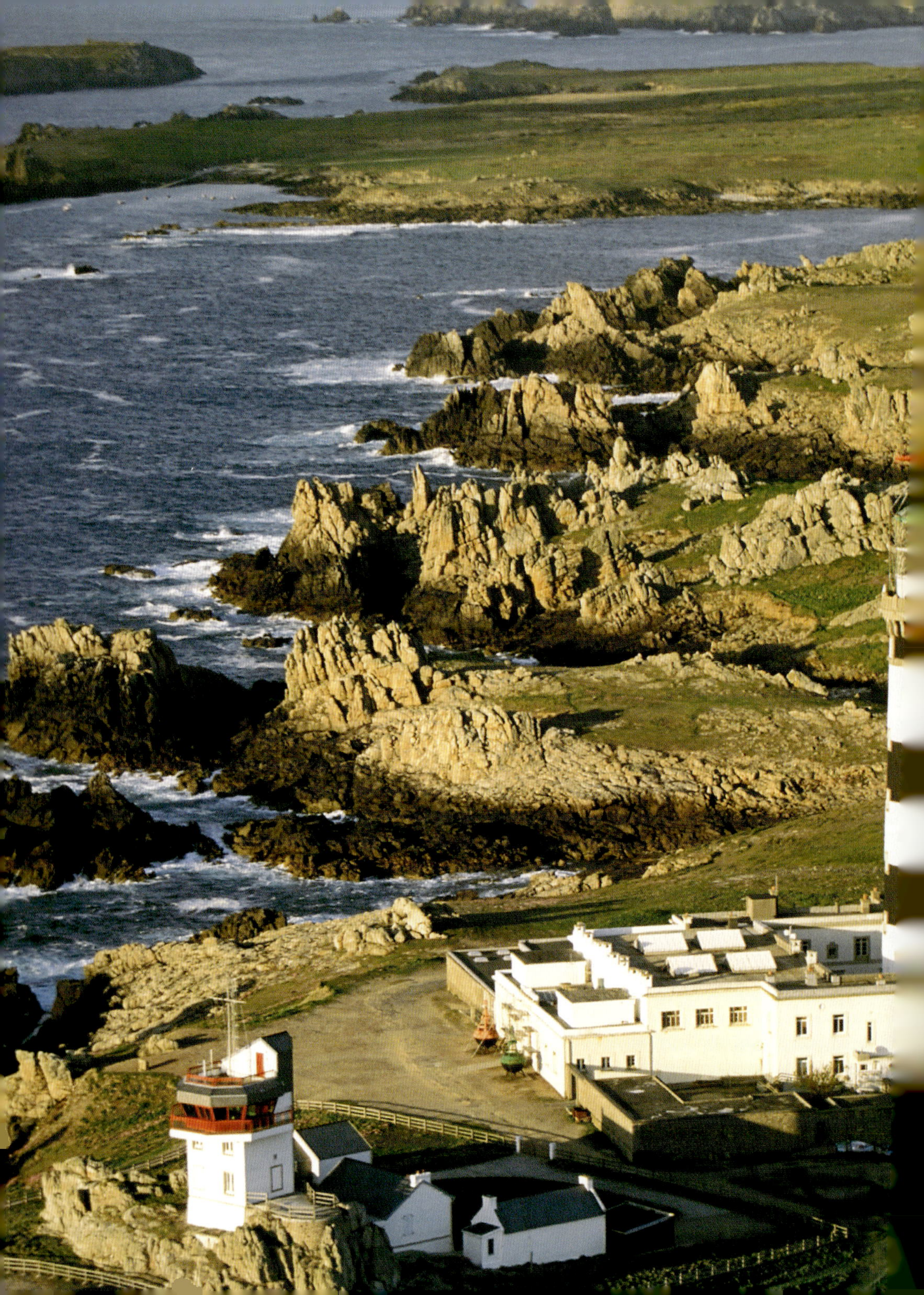

# 아베이 드 라 부시에르
Enjoy Abbaye de la Bussière

**Location** 프랑스 코트도르
**Website** www.abbaye-dela-bussiere.com　　**Price** $$

수도사들은 이미 오래 전에 떠나고 없지만, 부르고뉴 전원의 심장부 깊숙이 자리한 아베이 드 라 부시에르에는 여전히 고요한 공기가 감돌고 있다. 과거 수도원이었던 (abbaye는 "수도원"이라는 뜻이다) 이곳의 역사는 12세기까지 거슬러 올라간다. 본과 디종 사이에 펼쳐진 푸른 계곡, 6ha의 아름다운 부지 위로 아르보라는 이름의 작은 강이 가로질러 더 큰 장식용 호수로 흘러들어가고, 무려 51종의 나무들이 우거져 있다. 건물은 주인인 영국인 커밍스 가족에 의해 럭셔리한 컨트리하우스 호텔로 개조되었다. 커밍스 가족은 잉글랜드의 서섹스 주에 있는 유명한 앰벌리 캐슬 호텔도 소유하고 있다.

웅장한 실내는 이곳 분위기와 어울리게 재단장하였으며, 드라마틱한 궁륭형 천장, 6m 높이의 스테인드글라스 창문, 돌 난간, 로맨틱한 곡선 모양 층계가 있다. 아베이 드 라 부시에르는 겉으로 보기에는 누가 보아도 수도원이지만 11개의 객실은 금욕이나 절제와는 거리가 멀다. 트왈 드 주이 패브릭과 등받이가 뒤로 젖혀지는 긴 일광욕 의자, 푹신한 쿠션이 산더미처럼 쌓여있는 어마어마하게 큰 침대(일부는 기둥 4개 달린 닫집형이다)는 그 검소한 기원과 완전히 거리가 멀다. 파워 샤워, 월풀 욕조, 불가리 세안 용품이 갖추어진 욕실은 21세기 그 자체이다.

인테리어가 잉글랜드 시골 저택 스타일로 좀 기울긴 했지만, 음식은 의심할 나위 없이 프랑스다. 요리와 와인으로 명성이 높은 이 지역에서도 아베이 드 라 부시에르는 수준급이다. 2개의 레스토랑은 계절 재료로 만든 요리에 이 지역 최고로 꼽히는 와이너리에서 생산한 와인을 곁들인다. 따뜻한 여름철에는 야외에서 식사를 하면서 자연 경관에 감탄할 수도 있다. **HA**

# 부르고뉴 운하
Cruise the Burgundy Canal

**Location** 프랑스 코트도르에서 니에브르까지
**Website** www.burgundy-canal.com　　**Price** $

부르고뉴 운하 크루즈는 와인과 문화로 유명한 이 매력적인 고장을 발견하는 가장 완벽한 방법이다. 잔잔한 수로는 여전히 그 옛 매력을 고스란히 간직하고 있고, 아름답게 개조한 바지선이 포도밭과 해바라기 꽃밭, 언덕진 농경지, 가을 단풍이 눈부신 숲 언덕을 지나 미끄러져 나간다.

여정은 다양하게 짤 수 있지만, 전형적인 루트는 디종에서 방드네스(Vandenesse)에 이르는 50km 구간으로 약 1주일 정도가 걸린다. 낮 시간에만 느긋하게 여행하며 주변 풍경을 감상할 수 있는 충분한 시간을 가지는 것이다. 선장과 승무원들의 서비스도 흠잡을 데 없으

> "프랑스에서 가장 아름다운 운하로
> 알려진 부르고뉴 운하는 그림처럼
> 아름다운 전원을 가로질러 흐른다."
>
> 리즈 마이어스, 「가디언」

니, 그저 긴장을 풀고 쉬기만 하면 된다. 디럭스 바지선은 넓은 갑판이 있어서 야외 식사를 할 수도 있고, 월풀 욕조가 갖추어진 배도 많다. 갑판 아래로 내려가면 차분하게 장식한 라운지와 식당, 바, 서재, 밝은 더블 혹은 트윈 객실이 승객들은 맞는다.

더 원하는 게 있다면, 열기구부터 승마, 골프까지 거의 모든 것이 가능하다. 배에서 잠시 내려 둑에서 자전거를 타거나 걸어서 다음 정박지에서 다시 배에 오를 수도 있다. 갑판에서 물 위로 지는 석양을 바라보며 저녁 식사 전의 술 한잔을 즐기자. 이 지역에서 생산되는 훌륭한 와인이 곁들여지는 식사는 매 끼니가 구르메의 사치다. **SoH**

➜ 중세 마을 샤토뇌프가 옥수아(Auxois) 평야와 부르고뉴 운하를 내려다보고 있다.

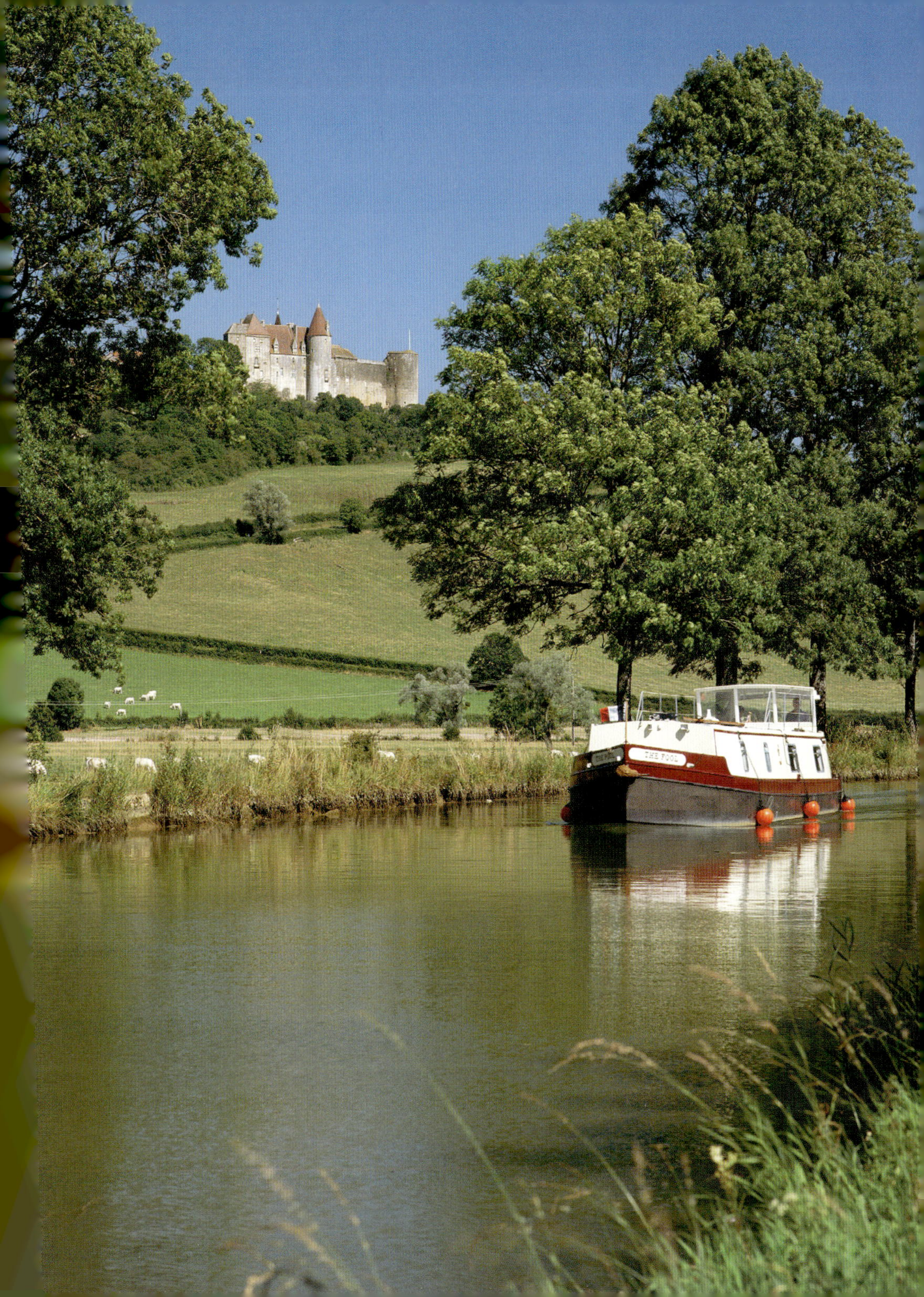

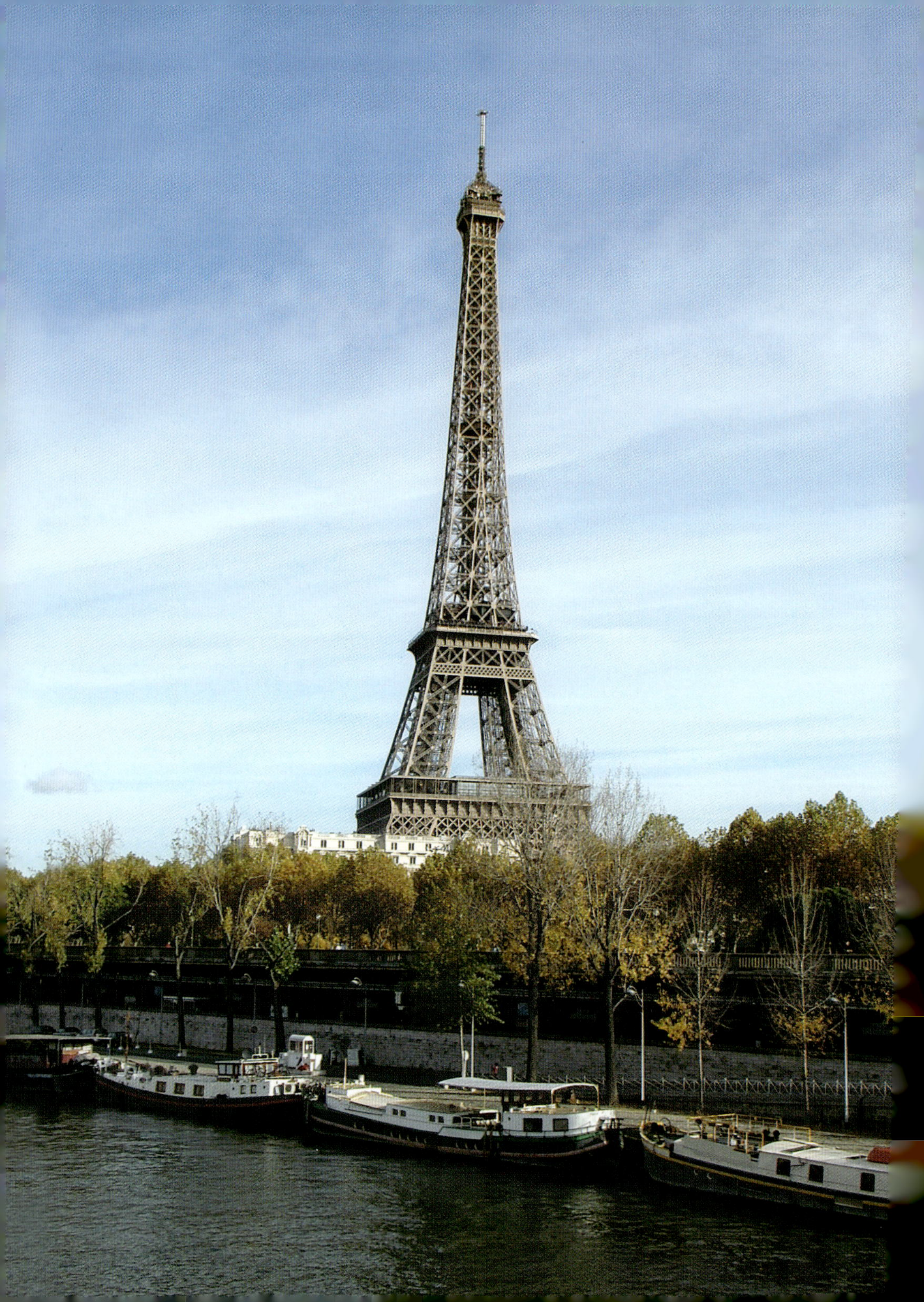

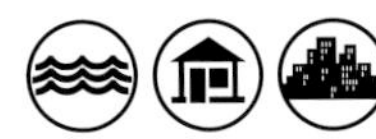

# 바토 심파티코 Stay on Bateau Simpatico

**Location** 프랑스 파리
**Website** www.quai48parisvacation.com **Price** 💲💲

세계에서 가장 로맨틱한 도시 파리. 에펠 탑 바로 아래 센 강 위에 떠 있는 보트에서 하룻밤을 보내는 것만큼 더 로맨틱한 경험이 있을 수 있을까? 아이디어는 간단하다—바토 심파티코는 네덜란드의 화물용 바지선을 개조하여 센 강의 좌안에 정박해 있다. 아주 세심하게 복원하여 현재는 고전적이 목조 범선의 이미지를 불러일으키게끔 윤이 나는 황동과 광택제를 칠한 나무 장식으로 가득하다. 물에 떠 있는 바캉스 하우스로 렌트가 가능하다.

가로수길을 걸어 내려와 자갈이 깔린 강변의 부두에 닿으면 심파티코가 보인다. 한때는 에펠탑 건설 현장의 인부들로 붐볐던 선창이지만, 지금은 주거용 보트들이 닻을 내리고 있는 고요한 계류장이다. 관광객에게는 그야말로 환상적인 로케이션이다—카페, 레스토랑, 상점, 박물관, 그리고 파리 중심부의 관광 명소들이 모두 걸어갈 수 있는 거리에 위치하니 말이다. 수상 버스를 타면 상류의 루브르 박물관이나 노트르담 대성당까지 갈 수 있고, 무료로 제공되는 두 대의 자전거를 사용해도 된다.

이 바지선은 지어진 지 거의 100년 가까이 되었으며, 깜짝 놀랄 정도로 넓다. 내부에는 킹사이즈 침실과, 넓고 설비가 잘 갖추어진 주방, 샤워가 딸린 욕실, 커다란 거실이 있다. 한번에 4명까지 숙박이 가능하다. 나무 널을 댄 실내에는 가죽 소파와 안락의자, 테이블과 의자, 파리에 대한 책과 지도가 구비되어 있는 서재, 그리고 선원들이 사용했던 궤나 쌍안경 같은 항해용 잡동사니들이 있다. 넓고 탁 트인 갑판은 파라솔 아래서 아침에는 커피와 크루아상, 저녁 때는 칵테일을 즐기면서 느긋하게 쉬는 잊을 수 없는 경험을 선사할 것이다. **SH**

📧 에펠탑 바로 아래, 센 강의 강독에 정박해 있는 심파티코(가운데).

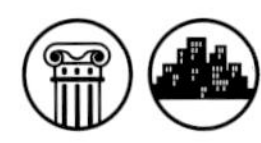

# 마레 지구 Explore the Marais

**Location** 프랑스 파리
**Website** www.parismarais.com **Price** 🔴

파리의 제 3구와 4구에 걸쳐 있는 마레 지구는 도시의 심장부를 발견할 수 있는 풍부한 기회를 제공한다. 원래 습지대였던 이곳은 (marais는 "늪"이라는 뜻이다) 17세기와 18세기에는 파리의 귀족들이 살았고, 이후에는 노동자와 수공업자의 거주지가 되었다. 20세기 초에는 유대인 거주 구역이 번성하였고, 현재는 대규모 중국인 공동체와 생기 넘치는 게이 문화를 볼 수 있는 곳이다.

마레 지구의 한복판에는 파리의 상징적인 광장이라 할 수 있는 보주 광장이 있다. 1605년 앙리 IV세가 만든 이 광장은 세계에서 가장 아름다운 공공 광장 중 하나로 꼽힌다. 가운데에는 작은 공원이 있고, 그 주위를 돌

> "이 세상의 모든 군대를 합친 것보다
> 더 강한 것이 하나 있다. 그것은
> 제 시대를 만난 생각이다."
>
> 빅토르 위고, 보주 광장에 살았던 프랑스의 작가

과 붉은 벽돌이 조화롭게 만들어내는 파사드로 에워싸고 있다—레스토랑, 화랑, 부티크들이 광장을 따라 조성된 아케이드를 메우고 있다. 유명한 카페 중 하나에 잠시 들러 아페리티프를 마시거나, 동네 가게에서 바게트, 치즈, 그 밖의 맛있는 먹거리를 사 즉석 피크닉 기분을 내보자. (참고로 진짜배기 파리 바게트를 맛보고 싶다면, 보주 광장에서 한 블록 떨어진 투렌 가의 "르뱅 뒤 마레라는 빵집을 추천한다.)

마레 지구는 엄격한 구획 설정과 보존 법률로 보호받는, 파리의 두 곳뿐인 보호 지구 중 하나이다. 좁다란 거리 양쪽으로는 카페, 상점, 화랑들이 늘어서 과거를 들여다볼 수 있는 친근한 창구가 되어 주고 있다. **BS**

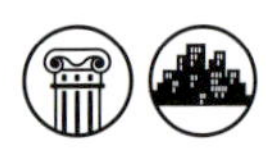

# 몽마르트르 Discover Montmartre

**Location** 프랑스 파리  **Website** www.parisdigest.com/
promenade/montmartre  **Price** ❶

그 본래의 전원적인 배경 때문에 종종 "파리 최후의 마을"이라 불리는 몽마르트르는 프랑스의 수도에서 가장 높은 곳에 자리잡고 있으며, 그 보헤미아풍 과거로 유명하다. 높이 130m의 몽마르트르 언덕에서 그 이름이 유래하였으며, 오늘날에는 주요 관광 명소로 자리잡았다. 반 고흐나 툴루즈-로트렉 같은 예술가들과의 연관성을 십분 활용하고 있는 곳은 테르트르 광장(Place du Tertre)이다—야심찬 화가들이 몇 유로의 돈을 기꺼이 쓰고 싶어하는 관광객들의 초상화를 그려 준다. 그러나 일단 즐비한 기념품 상점 너머로 들어서면, 보는 이의 넋을 잃게 만드는 19세기 로마-비잔틴 양식의 사크레쾨르 대성당을 둘러싼 골목길들이 한때 시골마을이었던 이곳의 과거를 되살아나게 하며, 저 아래 대도시의 번잡함으로부터 기분 좋은 몇 미터를 제공한다.

또다른 교회, 몽마르트르의 사도 요한 성당은 사크레쾨르만큼 관광객들에게 잘 알려지지는 않았지만, 못지않게 매력적이다. 너저분한 피갈 구역에서 가까운 이 성당은 무어풍에 아르누보의 영향이 결합하여 독특한 분위기를 자아낸다. 그리 멀지 않은 순교자 예배당—이곳에서 참수 당했다고 전해지는 순교자 성 드니를 기념하고 있다—역시 북적이는 인파에서 벗어나 잠시 조용히 쉬기에 알맞은 곳이다.

남쪽으로 조금 걸어가면 낭만주의 미술관의 친근한 정원 카페에서 잠시 쉬어갈 수 있다. 그런 다음 다시 사크레쾨르 방향으로 올라가면 파리 전체에서 가장 놀라운 장소가 나타난다. 바로 몽마르트르 포도밭이다. 현재 파리 시가 소유하고 있는 이 포도밭은 1930년, 투자자들이 이곳에 새로운 건물을 짓는 것을 막기 위해 조성되었다. 오늘날에는 지역 주민들의 자랑인 이곳은, 도시에 있으면서도 전원을 느끼는 독특한 경험을 선사한다. **DaH**

➦ 밤이건 낮이건, 몽마르트르는 분주하다—큰길에서 조금만 벗어나도 볼거리가 수없이 많다.

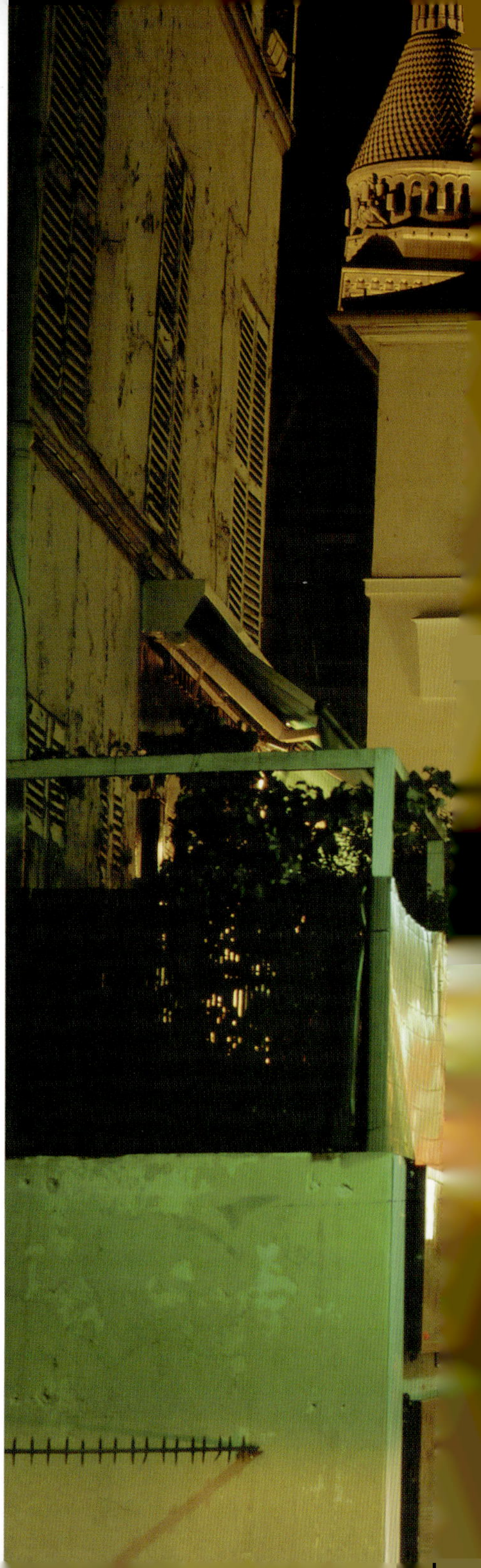

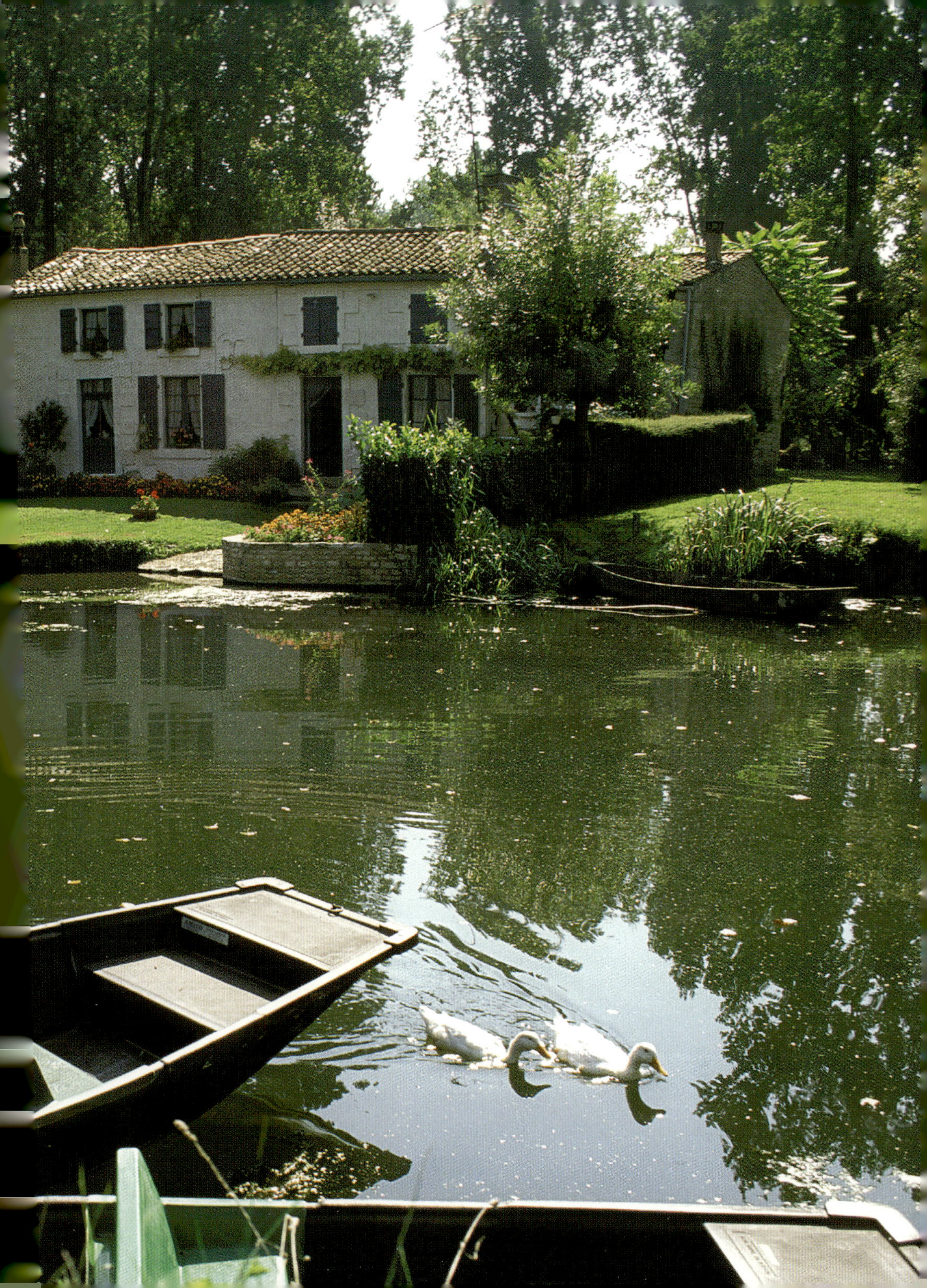

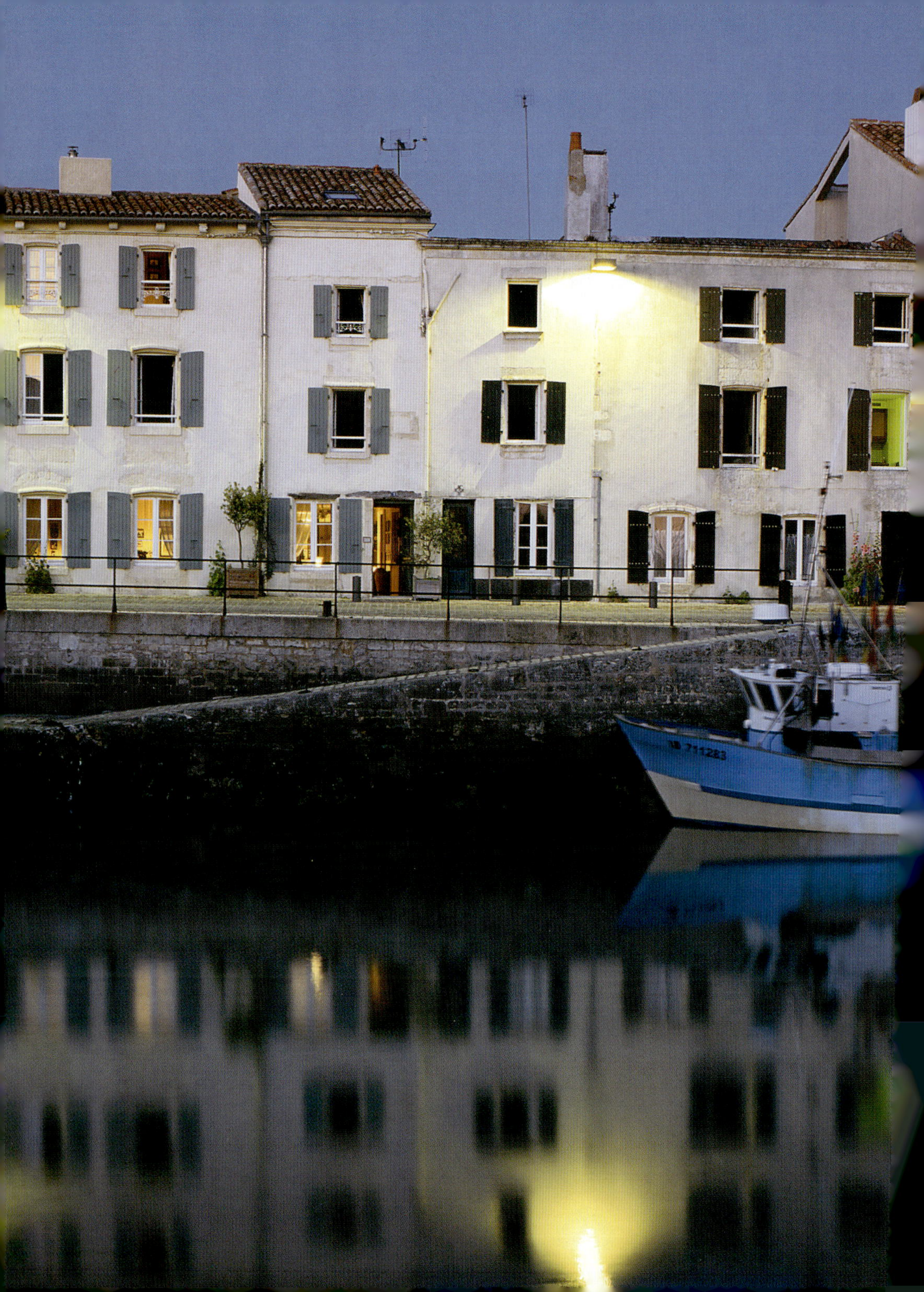

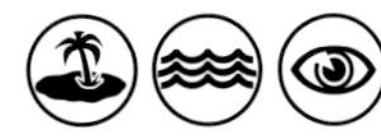

# 일 드 레

Discover Île de Ré

**Location** 프랑스 샤랑트마리팀
**Website** www.hotel-de-toiras.com **Price** ❶

라 로셸은 시 의회의 부단한 노력 덕분에 프랑스에서 가장 완벽하게 보존된 중세 항구 도시 중 하나이다. 그러나 그 최고의 비밀은 육지에서 멋진 반달형 다리로 이어진 일 드 레이다. 평평하고, 좁고, 모래투성이 섬으로 작고, 아름답고, 맛깔스러운 도시와 마을들이 점점이 흩어져 있다. 모든 건물은 벽을 하얗게 칠해야 하며, 둥글게 말린 오렌지색 타일과 녹색 덧문으로 아름답고 목가적인 균형을 만들어야 한다.

대서양에 떠 있는 이 조그만 섬은 부유하지만 화려한 분위기를 싫어하는 파리인들이 단골로 찾아오는 곳이다. 작은 벌꿀빛 항구 마르탱 드 레에는 보헤미아풍의, 그러면서도 살짝 귀족적인 아티스트들이 매력적인 비스트로에서 마주치고, 트롤어선으로 굴을 잡는 어부들이 오가는 곳이다. 이곳의 정수를 맛보고 싶다면 호텔 드 토이라의 넓고, 호화롭고, 화려하게 장식된 프렌치 스타일의 스위트를 선택하자. 아마도 멋진 항구 전망을 즐길 수 있는 마르샬 스위트가 좋을 것이다. 이 호텔은 보석 같은 레스토랑 "라 테이블 돌리비아"와 붙어 있다. 생마르탱에서는 모든 것이 다 해산물이다. 특히 홍합과 굴이 유명하다. 섬의 동북쪽이 굴 양식장과 맞닿아 있기 때문이다.

거리를 돌아다니다 보면 탐스러운 과일과 채소를 파는 시장과 가정 용품을 파는 가게, 옷 부티크, 그리고 잘 차려 입은 파리지엔들을 볼 수 있다. 성채를 거닐거나 자전거를 대여해서 남쪽의 모래 해변으로 가 보자. 가을로 접어들면서 여름철 피서객들이 서서히 빠져나가면 섬은 매력적으로 느린 일상으로 돌아간다. 모든 관심은 다시 굴과 홍합으로 돌아가고, 맛있는 침묵이 생마르탱의 안개 낀 거리에 내려앉는다. **LB**

⬅ 지역 당국의 건축 규정 덕분에 일 드 레는 그림같이 아름다운 마을로 남아 있다.

# 르 물랭 뒤 포르

Stay at Le Moulin du Port

**Location** 프랑스 샤랑트마리팀
**Website** www.bookcottages.com **Price** ❺❺

보르도와 해안 도시 라 로셸 사이, 작은 마을 크라방(Cravans)에 자리잡은 르 물랭 뒤 포르는 보는 이의 마음을 녹일 정도로 매력적이고 전원적인 자연을 자랑한다. 세심하게 복원한 옛 풍차를 6명까지 숙박할 수 있는 현대적인 베드앤브렉퍼스트로 개조하였다. 개성과 역사가 넘치는 르 물랭 뒤 포르는 어딘가로 사라져 버리고 싶을 때, 전형적인 프랑스 시골 마을의 일상으로 숨어버리고 싶을 때를 위한 곳이다.

르 물랭은 바로 옆에 나란히 붙어 있는 건물의 바닥에 유리 패널을 깔아 그 아래로 작고 예쁜 시내가 흘러가는 것이 보인다. 풍차의 내부는 2개 층으로 구성되어

> "차로 조금만 달리면
> 해변과 메셰르의 동굴들,
> 그리고 로얀의 모래 해변이 나온다."
>
> 르 물랭 뒤 포르 소유주

있다. 벽은 반듯하게 자른 돌로 쌓았으며, 구조를 떠받치는 나무가 겉으로 그대로 드러나있다. 지상층에는 벽난로 옆에 웅장한 그랜드 피아노가 놓여 있으며, 계단 사이사이가 트여 있는 층계를 올라가면 메자닌 층에 두 개의 작은 침실이 있다.

작고 기능적인 간이 부엌과 식당, 거실이 있으며, 더블 프렌치 도어를 열고 나가면 사랑스럽게 정돈해 놓은 예스러운 정원이 나온다. 욕실은 옥외에 있으며, 야외 수영장과 지붕 덮인 테라스도 있다. **BS**

# 샤토 보뒤
Relax at Château Bauduc

**Location** 프랑스 지롱드
**Website** www.bauduc.com  **Price** Ⓢ

샤토 보뒤의 와인이 미슐랭 스타 셰프 고든 램제이를 만족시켰다면, 아무리 까다로운 와인 애호가의 입맛이라도 역시 만족시킬 수 있을 것이다.

보르도 블랑은 유럽에 있는 램제이의 모든 레스토랑에서 하우스 와인으로 쓰고 있다. 빈티지에 따라 사들일 수도 있겠지만, 100ha의 부지 위에 자리잡은 이 아름다운 18세기 농가에 머물러 보는 것은 어떨까. "포도밭의 가장자리"라는 뜻인 라 리지에르 드 비뉴(La Lisière des Vignes)에서는 포도밭 한가운데에서 8명이 편안하게 하룻밤을 보내는 것이 가능하다. 단순히 느긋하게 쉬기만 하는 것이 아니라—물론 그것도 가능하긴 하지만—와인 생산 과정을 직접 보고 멋진 빈티지의 시음도 가능한 곳이다.

이 농가는 보르도와 생테밀리옹에서 24km밖에 떨어져 있지 않으며, 국제공항까지도 30분이면 갈 수 있다. 한 시간만 가면 대서양의 긴 모래 해변이 나온다는 사실은 언급할 필요도 없으리라. 프랑스 남서부와 보르도의 샤토들을 탐방하기에는 이상적인 위치이다. 물론 농가에 딸린 수영장에서 굳이 나오거나, 남향 정원의 포도넝쿨로 덮인 그늘진 퍼골라 아래 테이블에서 일부러 일어날 마음이 있을 때의 얘기지만 말이다.

집의 내부는 가장 작은 디테일까지 놓치지 않고 세심하고 정교하게 장식하였다. 최근에 최고급 자재와 내장재만을 사용하여 전면 개·보수를 마쳤다. 이곳 주인이 소유한 샤토만이 유일한 이웃이라, 모던 라이프의 덫에서 정말로 벗어났다는 느낌이 든다는 것이 완벽하게 가능하다. 주 단위로 렌트가 가능하며, 그 환상적인 매력 때문에 해마다 찾아오는 단골 손님들도 있다. **CFM**

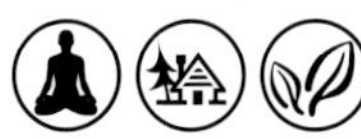

# 레 수르스 드 코달리
Visit Les Sources de Caudalie

**Location** 프랑스 지롱드
**Website** www.sourcesdecaudalie.com  **Price** Ⓢ Ⓢ

레 수르스 드 코달리는 단순히 보르도에서 가장 럭셔리한 스파를 즐기는 것에 그치지 않고, 14세기까지 그 전통이 거슬러 올라가는 와인 생산 지역 속에서, 몸도 마음도 완전히 프랑스 포도 재배의 예술 속에 젖어보는 것이다.

오늘날 레 수르스 드 코달리의 56ha 포도밭에는 18세기에 지어진 메인 하우스 샤토 스미스-오-라피트와 4개의 폐허가 된 외양간 주위로 재건된 다양한 부속건물이 서 있다. 객실은 킹사이즈 베드와 테라스가 있는 "컴포트 룸"부터 테라스와 벽난로가 딸린 널찍한 스위트까지 다양하다.

그러나 호텔의 심장과 영혼은 그 와인에 있다. 15,000병의 와인을 보관할 수 있는 셀러는 호텔 주인이 직접 바위를 잘라내서 만들었으며, 수 세대에 걸친 와인 제조의 역사가 저장되어 있다. 포도나무의 평균 연령은 30년으로, 1ha당 10,000그루 정도 심어져 있다. 주 품종은 메를로와 카베르네 소비뇽이며, 호텔 소유의 와인 협동조합도 있다. 호텔의 레스토랑 "라 그랑 비뉴(La Grand Vigne)"는 18세기 온실을 본떠 지었으며, 부지 내에 있는 수많은 연못 중의 하나를 내려다보고 있다. 아르카숑 만의 굴과 당근을 채워 넣은 오징어 같은 특제 요리를 선보인다.

"비노테라피(vinotherapy)"라는 말이 생긴 것도 여기에서이다. 광물질 함유량이 유달리 높은 온천수가 샤토의 기반 500m 아래에서 발견된 것이다. 현재 코달리는 다양한 비노테라피 패키지를 선보이고 있다. 포도씨의 폴리페놀을 사용하여 피부 노화를 방지하는 트리트먼트가 그 중 하나이다. **BS**

→ 사랑스러운 일로주아조에서는 물가 바로 옆에 머무를 수도 있다.

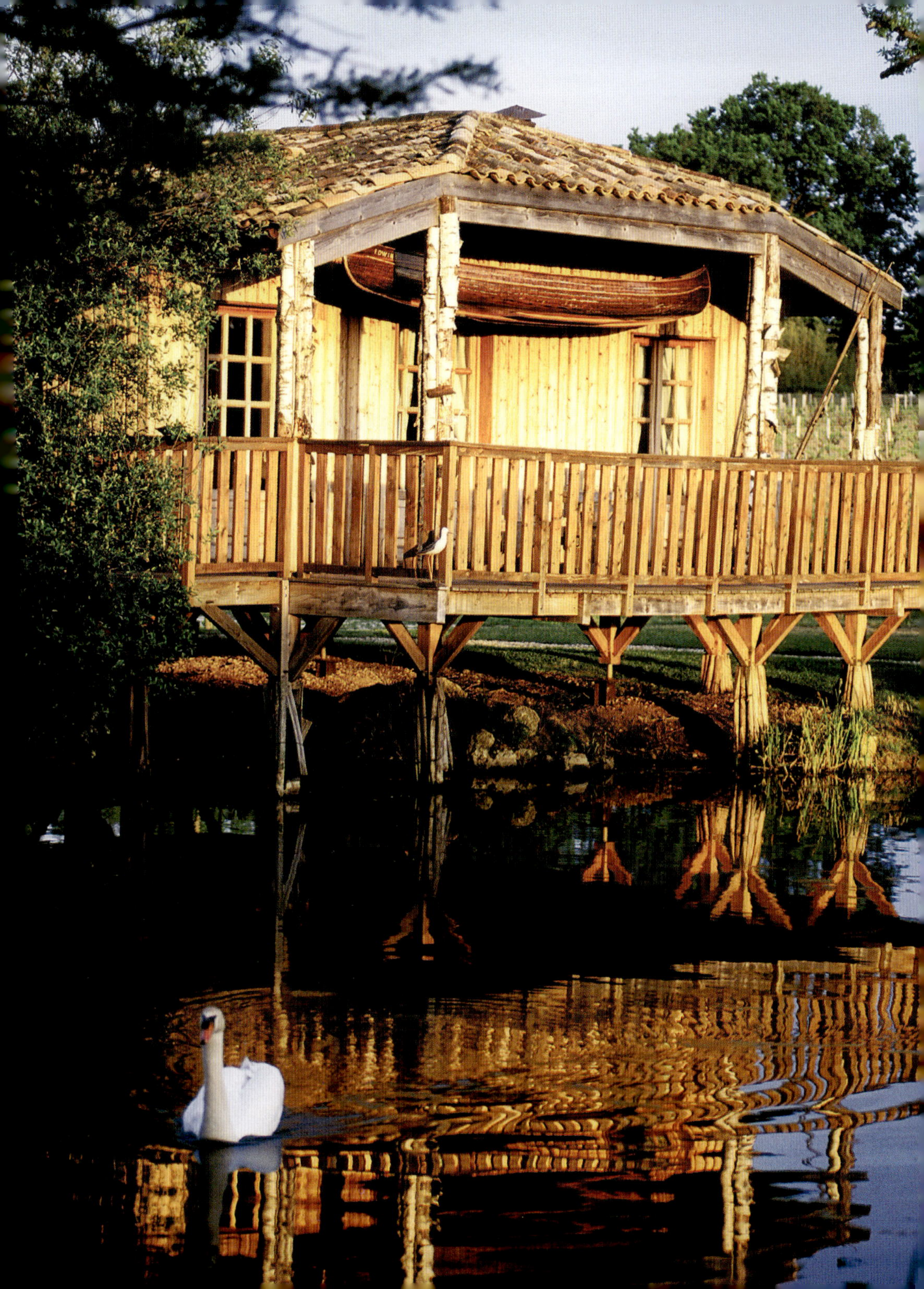

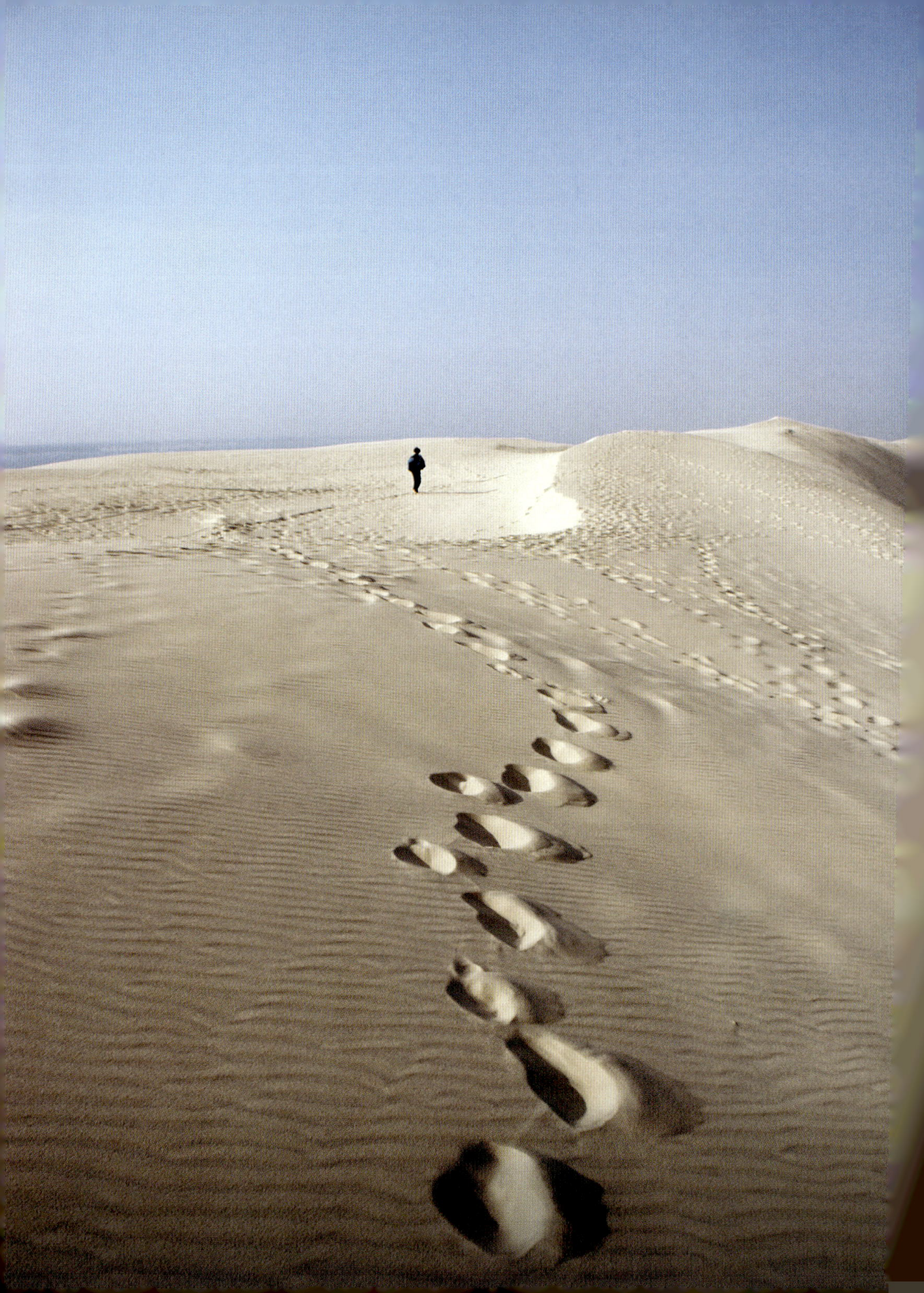

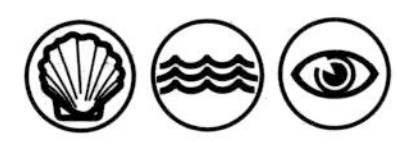

# 필라 사구 Explore the Dune du Pilat

**Location** 프랑스 지롱드
**Website** www.littoral33.com/gb/dune_pilat　**Price** ❶

이 거대한 모래 언덕은 높이 100m, 너비 500m로 유럽에서 가장 높은 사구이다. 보르도 외곽으로 60km, 아르카숑 지방에 위치하며 프랑스의 남서쪽 해안을 따라 3km에 걸쳐 구불구불 이어지면서 정말 대단한 볼거리를 만들어낸다. 바람이 조각한 이 예술품은 끊임없이 자라고, 또 변하고 있다. 식물이 자라지 않아 사막과도 같은 풍경이 마치 마법 같다. 쉬지 않고 불어오는 바람은 수많은 물결 무늬와 모래 파도를 만들어낸다.

상상력이 풍부한 방문객들을 위해, 필라 사구는 비할 데 없는 모험의 기회를 제공한다. 두 개의 계단 중 하나를 올라 꼭대기에 다다르면, 신나는 모래 미끄럼틀이 바다까지 이어진다. 연을 날리거나 그냥 천천히 거닐면서 짭짤한 공기를 들이마시며, 바람이 머리카락을 후려치는 동안 한쪽으로는 깊고 푸른 대서양 바다, 다른 한쪽으로는 울창한 소나무 숲의 풍경을 즐기자. 진짜 스릴을 원하는 사람은 행글라이딩이나 패러글래이딩으로 사구 전체의 어마어마한 스케일을 하늘에서 내려다볼 수 있다.

언덕 기슭에는 울창한 소나무 숲이 있어, 그 너머로 시내와 석호가 만들어내는 미로가 펼쳐져 있다. 해질 무렵이 되면 사구는 운치 있게 핑크빛으로 반짝인다—사진작가들이 가장 많이 찾는 시간대이다. 이 시간에는 비스카이 만에서 보트를 타고 언덕을 바라보는 것도 멋진 경험이다. 모래언덕을 다 둘러보았다면, 아르카숑으로 가서 저녁을 먹자. 이곳에는 굴 양식장만 2,500군데가 있으며, 모든 레스토랑에서 신선한 굴 요리와 이 지역에서 생산하는 가장 좋은 와인을 맛볼 수 있다. **JK**


거대한 필라 사구는 유럽에서 가장 높은 사구로, 끊임없이 사막 풍경을 바꿔놓는다.

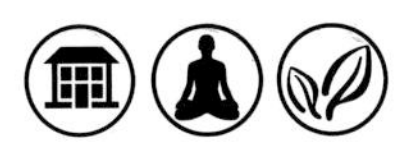

# 캠프 비쉬 Experience Camp Biche

**Location** 프랑스 타른에가론
**Website** www.campbiche.com　**Price** ❸❸❸

프랑스 남부의 중세 마을 로제르트, 언덕 높은 곳에 자리잡은 캠프 비쉬는 색다른 휘트니스 캠프이다. 옵션 트레이더였던 리비 프랫과 그녀의 남편 크레이그는 미국에서 이곳으로 이주해 온 뒤, 프랑스인들은 인생을 좀 다르게 산다는 사실을 알게 되었다. 그리하여 2001년, 리비는 오랜 시간에 걸쳐 효과가 증명된 헬스와 휘트니스를 즐길 수 있는 럭셔리한 휴양지를 만들기로 결심했다.

캠프 비쉬는 "좋은 인생"의 아주 단순한 면들을 강조한다. 인근에서 생산한 유기농 재료로 만든 맛있는 식사, 몸에 활기를 불어넣는 운동, 그리고 아름다운 자연 환경이 그것이다. 캠프 비쉬에서 한 주를 지내면 확실

> "힘든 운동과 칼로리 감소라는
> 전통적인 처방에 5스타 프랑스
> 스타일이 더해진다."
>
> 이언 벨처, 『더 타임즈』

히 체형이 달라지지만, 이는 그보다 더 깊은 변화가 그저 겉으로 드러난 것일 뿐이다.

아침 7시, 몸통 운동과 웨이트 트레이닝으로 하루를 시작한다. 여기에 스스로에 대해서 더 긍정적이 될 수 있는 만트라가 더해진다. 그 후 가벼운 아침식사를 하고 중세 저택의 문 밖으로 나가 들판에서 4~5시간 하이킹을 한다. 하이킹은 캠프 비쉬의 운동 프로그램의 핵심이다. 한 시간 동안 침묵 명상으로 마음을 정리한 후에 걷기 시작한다. 집으로 돌아와서 점심을 먹고, 오후에는 하타 요가, 웨이트 트레이닝, 필라테스가 이어진다. 한 시간 동안 마사지를 받은 뒤 뜨거운 욕조에 몸을 담근다. 구르메 저녁 식사에는 환상적인 프랑스 와인이 곁들여진다. **LD**

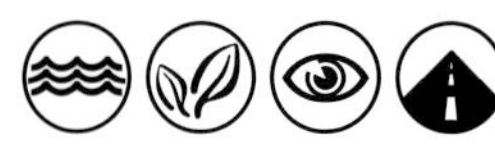

# 미디 운하 Explore the Canal du Midi

**Location** 프랑스 남서부　　**Website** www.midicanal.fr
**Price** ⑤⑤

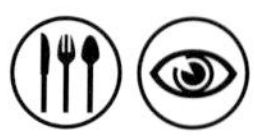

# 아르마냑 Go Armagnac Tasting

**Location** 프랑스 제르　　**Website** www.buscamaniban.com
**Price** ⑤

시속 6.4km의 느긋한 속도지만, 전혀 지루하지 않다. 설사 제 3차 세계대전이 코앞에서 일어난다고 해도 눈치채지 못할 것이다. 프랑스의 환상적인 미디 운하에 온 것을 환영한다. 에탕 드 소(Étang de Thau)와 지중해 연안의 세트(Sète), 대도시 툴루즈와 가론 강(나중에는 지롱드 강으로 합쳐진다), 보르도를 지나 마침내 대서양으로 이어지는 240km의 배 끄는 길이다.

물가를 따라 걷거나 자전거를 타는 것은 미디 운하가 선사하는 재미의 일부일 뿐이다. 진짜 즐거움은 렌트한 보트에 올랐을 때 시작된다. 2명부터 12명까지 탈 수 있는 배를 조종하고 수많은 바위를 피하는 요령도 금방 생긴다. 미디 운하에는 총 91개의 바위가 있지만, 어

> "섬세한 잎사귀 사이로
> 빛이 쏟아져 들어와, 때로는
> 수면에 무지개빛을 만들어낸다."
>
> 새라 포인츠, 『가디언』

차피 하루에 16km 정도밖에 갈 수 없으니 하루에 91개를 다 보게 될 가능성은 희박하다. 보통은 도와 주려고 하는 사람이 있고, 수문 관리인은 기꺼이 달걀, 와인, 그 밖의 신선한 이 지역 농산물을 팔면서 몇 마디 이야기를 들려 줄 것이다. 직접 요리하고 싶지 않다면, 매력적인 레스토랑과 카페가 널려 있다.

스펙터클한 성벽 도시 카르카손과 베지에르 외곽에 있는 퐁세란(Fonsérannes)의 8개의 계단형 수문을 놓치지 말자. 앙세륀(Enserune)에서 축축하고 어두운 173m의 터널을 항해등으로 비추며 나아가는 것은 또다른 스릴이다. **RsP**

프랑스 남서부의 전원 깊숙이 위치한 가스코뉴는 음식과 술로 유명하다. 완만한 구릉지대로 이루어져 있으며, 언덕 꼭대기의 성은 커다란 해바라기가 피어 있는 들판의 아름다운 풍경을 내려다보고 있다. 이 지방은 또 푸아그라, 카술레, 그리고 무엇보다도 아르마냑의 고향이기도 하다. 아르마냑은 프랑스에서 가장 오래된 브랜디로, 코냑보다 200년 정도 앞선다. 중세에는 치료 목적으로 널리 쓰였으며, 16세기에 인기가 높아져 상품화되었다. 샤를 드 바츠(뒤마의 소설 『삼총사』에 나오는 달타냥의 모델로 더 유명하다)가 아르마냑을 최초로 수출했다고도 한다.

아르마냑을 맛보지 않고는 가스코뉴에 와 보았다고 할 수가 없다. 그리고 생산자를 찾아가 직접 맛보는 것보다 더 좋은 방법이 어디 있겠는가? 이 지방에서 가장 큰 아르마냑 생산자는 샤토 로바드이지만 더 아름다운 곳은 테나레즈 지역에 있는 샤토 드 부스카 마니방이다. (테나레즈 지역은 현재 대부분의 아르마냑 생산이 이루어지고 있는 곳이기도 하다.) 가족이 운영하는 샤토 드 부스카 마니방은 오래된 기념비 같은 존재로, 200ha의 포도밭을 소유하고 있다. 주로 위니블랑종 포도인데, 아르마냑 하면 보통 위니블랑을 떠올린다.

이곳은 제대로 된 여주인이 있는 제대로 된 17세기 샤토이다. 만약 운이 좋으면 마담 플리란 드 페롱이 직접 살롱을 안내해 줄 것이다—환상적인 전통 아르마냑에 취하기 전에 말이다. 이곳에서 생산되는 아르마냑은 엑스트라 풀바디를 위해 단 한번만 증류하며, 강렬한 황금빛 과일향이 특징이다. 이 지역에서 생산한 오크통에서 숙성시키며, 1976년 빈티지가 특히 훌륭하다. 몇 잔만 마시면 드러누워야 할지도 모르므로, 나무 아래 시원한 그늘을 찾아 가스코뉴의 햇빛을 즐기며 잠깐 눈을 붙이도록 하자. **HA**

# 순례자의 길 Walk the Pilgrim Route from France to Spain

**Location** 프랑스 오트피레네 루르드에서 스페인 코루냐 산티아고데콤포스텔라까지    **Website** www.worldwalks.com
**Price** ⑤

1,000년이 넘는 세월 동안 스페인 북부의 모든 길은 산티아고 데 콤포스텔라로 이어졌다. 전설에 의하면 산티아고 데 콤포스텔라의 대성당에는 성 야고보의 유해가 있다고 하며, 중세 이래 수많은 순례자들이 이곳을 찾았다. 오늘날에도 수많은 사람들이 루르드에서 콤포스텔라까지 도보 순례를 하고 있다—물론 요즘이야 맨발로 걷는 사람은 별로 없고, 또 많은 순례자들이 자전거나 자동차를 선택하지만 말이다. 그렇지만 그래서야 무슨 성취감이 있겠는가?

그러나 종교적인 동기 때문에 이 많은 사람들이 매년 정해진 루트를 따라가지는 않을 것이다. 물론 론세발레스 대수도원에서 도보 순례자 여행증명서를 받았다면 얘기가 달라지겠지만 말이다—길가에 있는 거의 모든 호스텔에서 무료로 숙박할 수 있다.

피레네 산맥 가장자리에서 시작하는 여정은 750km에 달한다. 스펙터클한 산악 지대와 오래된 마을들, 숲으로 뒤덮인 길을 지나간다. 부르고스와 레온 같은 고대 도시에서 거대한 고딕 양식의 대성당을 보면, 내가 지금 어디로 가고 있는지 실감이 날 것이다.

대다수의 순례자들은 3일에 걸쳐 이어지는 7월 25일의 산트 이아고 축제에 맞춰서 도착하려고 한다. 거리의 파티와 전반적인 흥겨운 분위기는 물론 대성당의 거대한 향로가 흔들리는 장관도 구경할 수 있다. 이 향로는 전통적으로 사람들의 기도를 하느님에게 전해 준다. (그리고 씻지 않는 순례자들의 악취를 가려 주었다.) 종교적인 이유에서 시작했든, 감정적인 이유였든 간에 이런 서사적인 여행에는 인생을 바꾸는 무언가가 있다. **SWi**

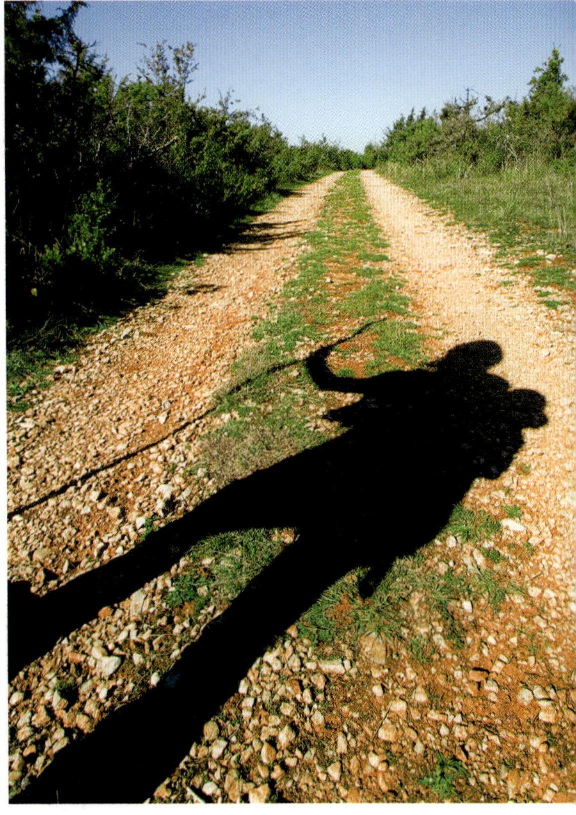

> "수백만 명의 순례자들이
> 죄를 사함 받기 위해 왔을 때, 갑자기
> 중세로 순간 이동한 느낌이 들었다."
>
> 디렉 비쉬톤, 『데일리 텔레그라프』

↗ 전체 여정을 완주하려면 31일이 걸리지만, 좀더 느긋하게 부분부분만 참여할 수도 있다.

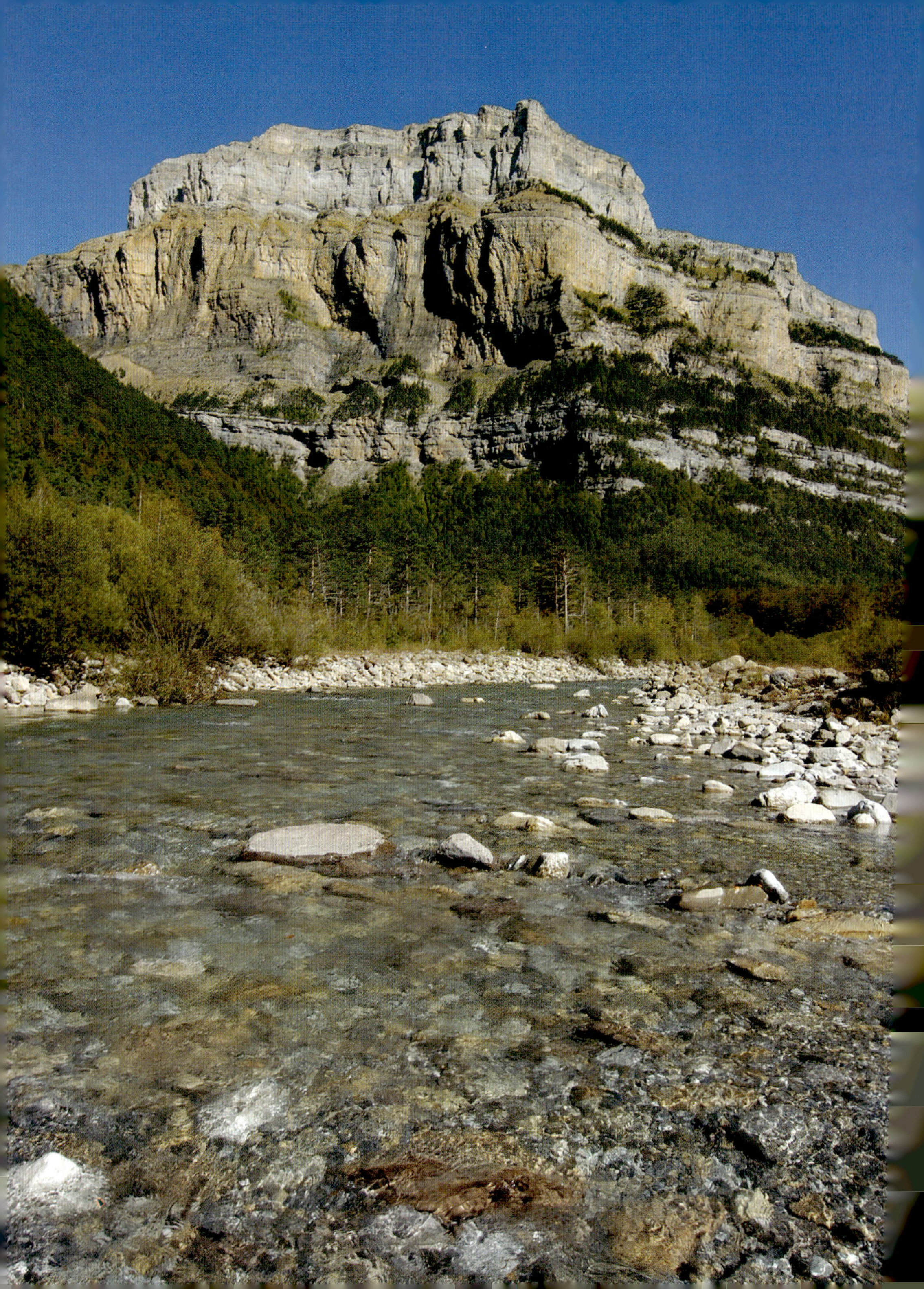

  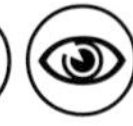

# 몽페르뒤

## Explore Mont Perdu

**Location** 프랑스 오트피레네
**Website** www.worldheritagesite.org  **Price** ◑

"잃어버린 산" 몽페르뒤(스페인에서는 "몬테 페르디도"라고 부른다)는 프랑스와 스페인 사이의 드라마틱한 자연 경계선인 피레네 산맥의 심장이다. 고도 3,352m로 피레네에서는 세 번째로 높은 봉우리이며, 오르데사 이 몬테 페르디도 국립공원에서 가장 중요한 산이다. 그 고전적인 지질학적 지형으로 UNESCO 세계유산에 등재되었다. 그보다 더 중요한 것은 몽페르뒤에는 유럽의 "잃어버린 세계", 즉 목가적인 생활 양식이 아직도 고스란히 남아 있다는 것이다.

이곳의 동식물의 다양성은 놀라울 정도이다. 꽃만 해도 1,500종이 넘는다. 단단한 발로 깎아지른 절벽과 험준한 바위도 자유자재로 오르는 스페인 아이벡스(길게 굽은 뿔을 가진 알프스 산악 지방 염소)와 이 지역에서 흔히 잡히는 야생 멧돼지도 볼 수 있다. 독수리들은 산봉우리 주위에서 날아다니고, 운이 좋으면 전설적인 람메르가이어, 즉 수염수리도 볼 수 있다. 이 지역 원산인 수염수리는 날개를 펼치면 그 길이가 3m에 달한다고 한다.

피레네 산맥을 거닐다 보면 숨을 삼켜야 하는 순간이 한두 번이 아니다—가파른 산 때문만이 아니다. 믿어지지 않을 만큼 아름다운 계곡, 높은 폭포, 깊고 푸른 호수들을 보라. 눈 덮인 능선을 따라 걷는 하이킹족들을 1년 내내 볼 수 있다. 이들은 작은 오두막 산장이나 도중에 만나는 전원적인 베드앤브렉퍼스트에서 묵는다.

일단 이곳에 오면 분주한 도시에서의 라이프를 상상하기가 쉽지 않다. 개발되지 않은 채로 남아있으며, 곳곳에 흩어져 있는 마을들에서는 과거와 조금도 달라지지 않은 삶이 계속되고 있다. 그 지형 때문에 앞으로도 별로 변할 것 같지 않으니 안심이 될 뿐이다. **LD**

◁ 오르데사 이 몬테 페르디도 국립공원의 토살 델 말로 산맥을 가로질러 흐르는 아라사스 강.

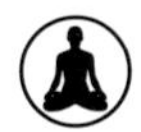 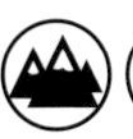 

# 피레네 산맥

## Do Yoga in the Pyrénées

**Location** 프랑스 아리에주
**Website** www.yogafrance.com  **Price** ⑤⑤

이 작고 우아한 시골 샤토는 세워진 지 200년도 더 되었으며, 피레네 산맥을 가로지르는 조용한 계곡, 꽃이 핀 들판과 숲이 우거진 언덕, 그리고 나무 그늘이 진 시냇물 사이에 서 있다. 집 앞에는 맑은 호수가 있어 잠자리들이 날아다니고 사슴이 물을 마시러 온다—더울 때 뛰어들어 멱을 감기에도 안성맞춤이다.

도멘 드 라 그로스(Domaine de la Grausse)는 고요한 휴양지이지만, 여기에 요가 수련이라는 특전이 더해지면 현대인의 일상이 주는 스트레스에서 탈출하기에 완벽한 곳이 된다. 이 외딴 지역에서의 요가 휴양은 5월부터 10월까지 계속된다. 투숙객들은 아름답게 개조

> "순수하고, 활기를 불어넣는 산 공기를 들이마시자. 프라나야마 요가 호흡법에 딱 맞는, 황홀한 공기이다."
>
> 도멘 드 라 그로스 소유주

된 농가 건물에서 머물게 되며, 요리는 직접 해 먹게 된다. 더블룸과 싱글룸, 부엌, 그리고 식당으로 쓰이는 그늘진 파티오가 있다. 인근 마을 시장에서 신선한 재료를 사 와서 음식을 만들거나, 이 지역 카페나 레스토랑에서 식사해도 된다.

경험이 풍부한 요가 강사 다그마르가 이곳에 거주하며 아침과 저녁 수련을 지도한다. 다양한 파의 요가 중에서 최상의 조합을 만들어 제자들의 필요에 맞게 응용한다. 초보자와 숙련자 모두에게 적합하며, 수업은 프렌치 윈도 밖으로는 호수가 내다보이는 샤토의 꼭대기 층에서 진행된다. 무더운 날에는 드라마틱한 수직 암벽면을 파들어가 지은 돌 외양간에서 수업을 하기도 한다. 또 강사와 함께하는 명상 수련과 영기, 마사지, 반사요법 같은 전체의학 테라피도 받을 수 있다. **SH**

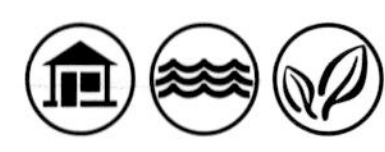

# 물랭 드 페를
Rent Moulin de Perle

**Location** 프랑스 피레네조리앙탈
**Website** www.pyreneesgites.com　**Price** 💲💲

물랭 드 페를은 프랑스령 피레네 산맥 기슭 페뉘이에드(Fenouilledes) 언덕의 그림 같은 계곡에 위치한 오래된 물레방앗간이다. 이곳의 주인은 방앗간과 낡은 부속건물들을 복구하여 3개의 지트(gîte, 작은 바캉스 하우스)를 만들었다. 각각 3명, 5명, 6명의 숙박이 가능하며, 요리는 직접 해 먹어야 한다. 베드앤브렉퍼스트로 머물 수도 있고, 전문가의 교습을 받을 수 있는 "미술 휴가"도 가능하다. 포도밭, 숲, 강, 그리고 바위투성이 노두 위에 자리잡은 유서깊은 카타르(Cathar) 성과 숨막히게 아름다운 협곡의 풍경 덕분에 예술가들은 충분한 영감을 얻을 수 있다. 지트로 돌아오면 겉으로 드러난 대

> "햇볕을 쬐며 빈둥거리거나
> 어슬렁어슬렁 돌아다니면서 빼어난 풍광과
> 예쁜 마을들을 발견하자."
>
> 물랭 드 페를 소유주

들보, 나무를 태우는 화덕, 가까이 흐르는 시내의 전망, 매력적인 파티오, 예쁜 정원이 기다리고 있다. 울퉁불퉁한 돌벽과 테라코타 지붕, 하늘색으로 칠한 실내, 그리고 꽃을 피우는 푸른 덩굴식물, 식물 화분, 가지를 드리운 나무도 있다. 이 지역은 1.6ha의 초원으로 둘러싸여 있어, 오래된 물레방아 시내를 따라 난초가 꽃을 피우고, 더운 날에는 물에 들어가 첨벙거리기 좋다.

　물랭은 두 개의 작은 마을 가운데에 자리잡고 있으며, 이 지역을 돌아보기에 적격인, 평화로운 위치이다. 마을의 수영장과 테니스 코트도 걸어서 5분밖에 걸리지 않으므로 손쉽게 사용할 수 있다. **SH**

# 몽타뉴 누아르
Explore the Black Mountains

**Location** 프랑스 몽타뉴 누아르(타른, 에로, 오드)
**Website** www.blackmountainholidays.com　**Price** ❗

몽타뉴 누아르는 숲이 빽빽하게 우거진 비탈 때문에 멀리서도 검게 보인다는 이유로 그런 음울한 이름이 붙었다(Montagne Noire는 "검은 산들"이라는 뜻). 그러나 가까이 다가가면 왜 프랑스인들이 이 지역을 그토록 사랑하는지 알 수 있을 것이다. 엄격한 보호를 받고 있는 전원은 하이킹, 낚시, 승마, 지역 탐방을 즐기기에 완벽한 곳이다. 곳곳에 카타르(12, 13세기에 유럽에서 번성한 그리스도교 이단 종파) 시대의 유서깊은 성들이 있으며, 개중에는 UNESCO 세계유산인 카르카손 성채와 오트풀 요새, 샤토 드 라스투르와 샤토 드 사이사크도 있다.

　몽타뉴 누아르는 랑그도크 국립공원의 일부로, 타른, 에로, 오드 데파르트망의 경계가 맞닿아 있는 마시프 상트랄(Massif Central, 프랑스 중남부에 있는 고원 모양의 산악지대)의 남서쪽 끝과 이어져 있다. 가장 높은 봉우리는 1,219m의 피크 드 노르(Pic de Nore)로, 카르카손의 평원 지대를 굽어보고 있다. 여기서부터 피레네 산맥이 서쪽 수평선을 따라 빛난다. 언덕 위의 식물 분포는 지중해성 기후냐 대서양 기후냐에 따라 드라마틱할 정도로 변한다. 예를 들면 오르브 계곡에서는 미모사, 올리브, 벗나무들을 볼 수 있지만, 서쪽으로 불과 몇 킬로미터만 가면 대서양에서 불어오는 바람 때문에 과일나무와 꽃 대신 너도밤나무가 그 자리를 차지한다.

　몽타뉴 누아르에서 보내는 휴가의 하이라이트는 맑고 깨끗한 산속 호수에서 즐기는 수영이다. 어떤 호수는 지역 주민 사이에서 얼마나 인기가 좋은지 마치 작은 해변 리조트 같다. 프라델 호수와 몽타뉴 호수에는 자체 구급요원, 페달 보트, 테니스 코트, 미니 골프장, 도보 트레일, 심지어 레스토랑도 있다. **SH**

▱ 리골 운하는 몽타뉴 누아르를 가로질러 흘러서 미디 운하에 합쳐진다.

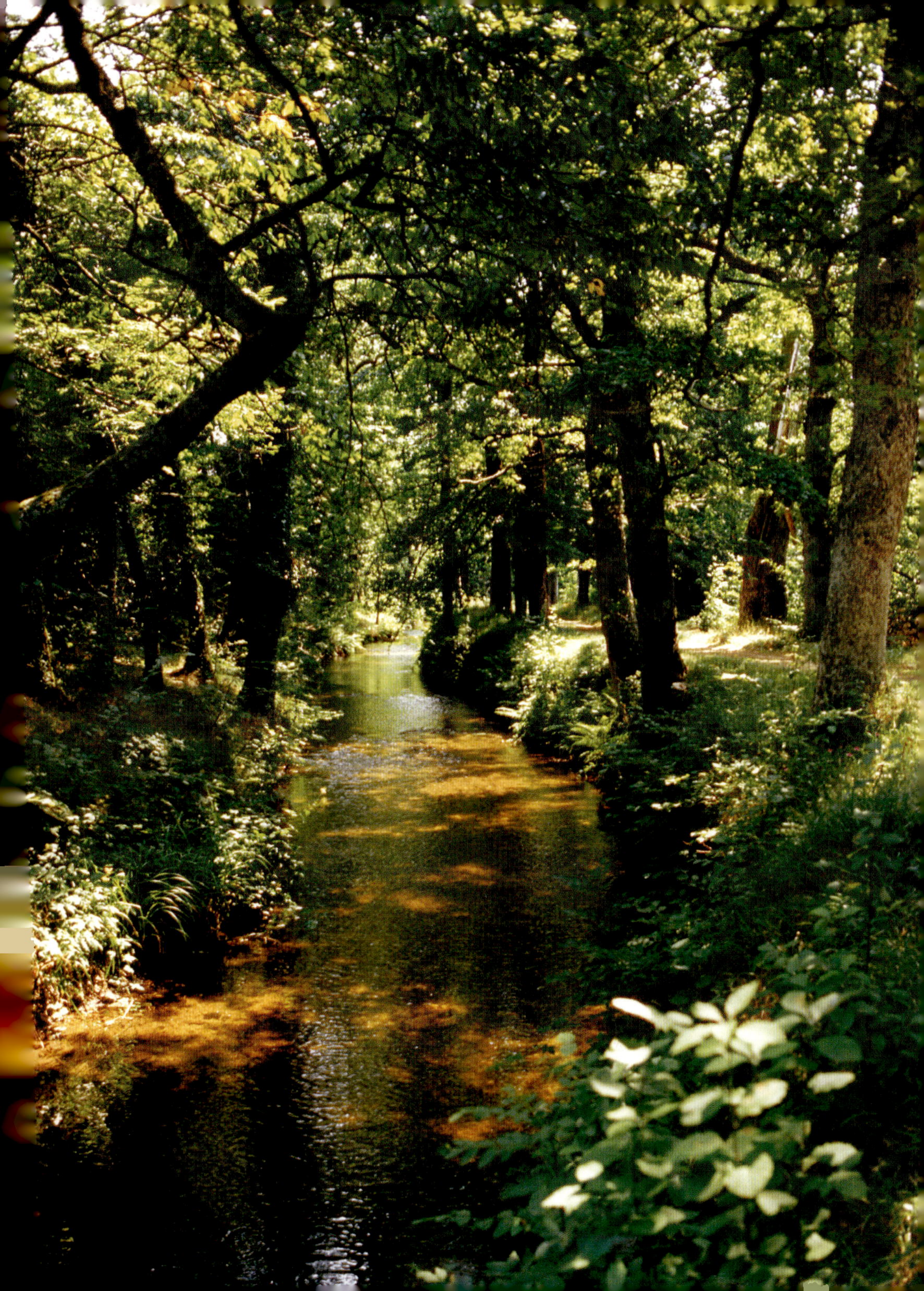

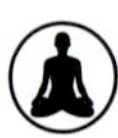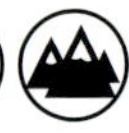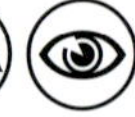

# 레 페름 드 마리

Stay at Les Fermes de Marie

**Location** 프랑스 오트사부아
**Website** www.fermesdemarie.com   **Price** ⑤⑤

알프스 산비탈 높이 흩어져 있는 사랑스러운 옛 목조 농가에서 하룻밤쯤 머물러 보고 싶다고 꿈꾸지 않은 여행객은 거의 없을 것이다. 그러나 조슬린과 쟝-루이 시부에는 단지 꿈꾸는 것에 그치지 않았다. 그들은 20채가 넘는 다 쓰러져 가는 옛 목조 샬레, 농가, 헛간들을 찾아서 사들인 뒤 해체하여 나뭇조각 하나하나를 산 아래로 가지고 내려왔다. 그런 다음 이것을 재조립하여 므제브(Megéve)의 고급 리조트 가장자리에 일종의 임시 마을을 지었다.

내부로 들어가면, 동물과 짚단 대신 옛 사부아 목동들의 가구와 민속 예술, 그리고 호화로운 침대와 위성 TV 같은 현대문명의 이기는 물론 화려한 대리석 욕실까지 세심하게 갖추어져 있다. 비바람에 닳은 목재와 가정적인 디테일들 덕분에 그 특별한 목가적인 느낌이 고스란히 남아 있다. 당시에는 엄청난 리스크였지만, 결국 시부에 부부는 대성공을 거두었다―언덕 위의 로맨틱한 옛 헛간 같은 느낌이 드는, 독특한 럭셔리 호텔을 창조해낸 것이다.

이 특이한 휴양지는 일년 내내 인기가 높다. 겨울에는 셔틀 버스가 투숙객들을 스키 리프트까지 데려다 준다. 여름에는 산 속에서 하이킹이나 산악 자전거를 즐길 수 있고, 테니스를 칠 수도 있으며, 그것도 싫으면 그냥 느긋하게 빈둥거리면서 호텔 시설과 므제브의 상점, 카페, 바를 순회해도 된다. 호텔 스파와 헬스클럽, 수영장, 유명한 구르메 레스토랑도 연중 손님들을 유혹한다. 트리트먼트 룸이 16개나 되는 스파에서는 쇠뜨기나 아르니카 같은 산 식물로 직접 개발한 특제 제품을 사용한다. **SH**

⊡ 레 페름 드 마리보다 더 뼛속까지 알프스적인 곳을 찾기란 쉽지 않다.

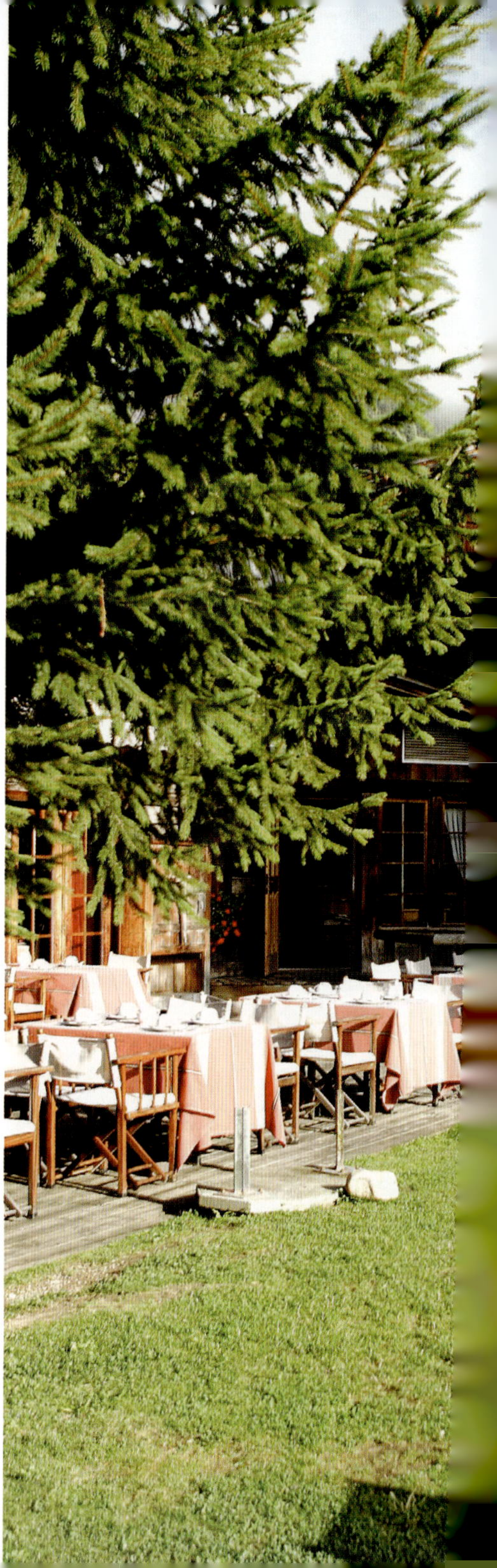

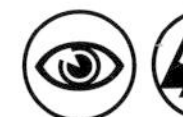

# 푸이-드-돔 Balloon over Puy-de-Dôme

**Location** 프랑스 푸이-드-돔
**Website** www.france-balloons.com **Price** ⑤⑤

만약 화산을 그린다면, 아마 이 완벽한 화산암 원뿔 중 하나처럼 보일 것이다. 프랑스 중부의 화산 지대인 오베르뉴 주에서도 셰네드푸이(Chaîne des Puys)는 프랑스 최고의 볼거리 중의 하나이다. 화산에서 기원한 것이 분명한 80개의 산이 북쪽에서 남쪽으로 줄지어 있다. 분화구가 평원에서 녹색으로 불쑥 솟아 있는 방식이 지질 구조상의 충돌 때문에 생긴 것처럼 보인다. 보다 신비하고, 확실히 사진발이 잘 받는다. 열기구를 타고 해뜰녘, 혹은 해질녘에 위에서 내려다본 전경은 그 무엇과도 비교가 불가능하다.

이 시점에서 본 셰데드푸이는 3,000년 전의 그 난폭하고 거친 기원이 믿기지 않는다. 마시프상트랄, 캉탈 산맥, 날씨가 좋은 날이면 동쪽으로 멀리 몽블랑까지 보인다. 연달아 서 있는 80개의 산 중에 가장 높은 봉우리는 푸이-드-돔으로, 1,463m이다. 한편 푸이 드 파리우(Puy de Pariou)의 매끄러운 풀밭으로 덮인 분화구는 1,210m로 그 한가운데까지 도보 트랙이 나 있다.

해마다 50만 명의 관광객이 이 지방을 찾는다. 그 가운데 많은 사람들이 옛 로마 가도인 센티에 드 뮐티에(Sentier des Muletiers)를 걸어 푸이-드-돔에 오른다. 푸이-드-돔에는 메르쿠리우스 신에게 바치는 고대 로마 신전이 서 있으며, 그 밖에 기독교가 전파되기 전에 산꼭대기에 세워진 사원들도 있어 관광객들을 끌어당긴다. 정상에서 패러글라이딩이나 행글라이딩으로 내려오면서 다양한 관점에서 이 지방 풍경을 감상하는 이들도 있다. 화산은 이곳에서 생산되는 볼빅(Volvic) 생수의 풍부한 광물질의 원천이기도 하다. 또 그 용암이 굳어서 만들어진 화산암으로 농가의 지붕 타일, 테니스 코트, 심지어 도로를 만들기도 한다. **LD**

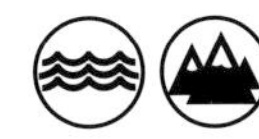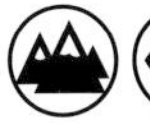

# 아르데슈 Canoe the Ardèche

**Location** 프랑스 아르데슈
**Website** www.france-voyage.com/en **Price** ⑤

발롱 퐁다르크(Vallon Pont d'Arc)와 생마르탱다르데슈(Saint Martin d'Ardéche) 사이의 32km를 흐르는 아르데슈 강은 급류를 타는 흥분을 즐기는 이들을 위한 강은 아니다. 일곱 살 이상이고 수영만 할 줄 알면 된다. 물론 아름다운 풍경에 정신이 팔려 의도하지 않게 강에 빠져 물을 먹게 될 리스크야 항상 있지만 말이다.

강은 수천년에 걸쳐 생겨난 백악과 석회석 협곡을 따라 흐른다. 아르데슈 국립 공원에 포함되며, 그 시작점인 퐁다르크는 쪽빛처럼 푸른 물 위 60m 높이에 걸쳐 있는 천연 돌다리이다. 곳곳에 높이가 300m가 넘는 믿기지 않는 절벽들이 솟구쳐 있다. 2시간부터 2일까지, 원하는 대로 카누와 카약을 빌려 주는 업체가 많다.

---

> "당트 누아(검은 이빨) 같은
> 무서운 이름에도 불구하고, 아주 쉽게
> 넘을 수 있는 급류다."
>
> 고든 리스브리지, 『인디펜던트』

---

카약을 선택할 경우에는 도중에 고(Gaud)와 구르니에(Gournier)에 캠프장이 있다—샤워, 바비큐, 식수대 등이 모두 갖추어져 있지만, 미리 예약을 해야 한다.

좀더 모험심이 많은 이라면 시즌 초반에 가자. 4월과 5월에는 물이 높고 빠르며, 더 긴 여정을 즐길 수 있다. 늦여름에는 좀더 느긋하게, 빠르고 흥미진진한 급류와 부드럽게 떠가는 구간을 번갈아 가면서 즐기자. 좀 쉬고 싶다면, 도중에 만나는 해변에서 잠시 멈추어도 된다. **PE**

◀ 푸이-드-돔의 분화구들은 푸르고 부드럽다. 화산활동의 흔적은 전혀 찾아볼 수 없다.

# 타른 협곡 Explore Tarn Gorge

**Location** 프랑스 세벤(가르, 로제르, 아르데슈, 오트루아르)
**Website** www.mairie-albi.fr/eng/tourism/tarn.html　**Price** ❶

만약 프랑스에도 "거친 서부"라는 것이 있었다면, 아마 타른 협곡이었을 것이다. 외딴 세벤 지방에서 얕은 타른 강이 유달리 깊고 긴 석회암 협곡을 크게 휘돌아 유럽 최고의 자연 절경 중 하나를 만들어낸다. 황량하고 고독한 그랑 코스("거대한 석회암"이라는 뜻) 주립 자연공원을 가로지르는 A75 고속도로를 내려가는 운전자라면 아주 잠깐이지만 343m 높이의 우아한 밀로 구름다리—세계에서 가장 높은 가교로 가끔 문자 그대로 구름 위에 떠 있을 때도 있다—위에서 그 장관을 내려다볼 수 있다.

그러나 이 협곡은 정말로 잠깐이 아니라 한참 동안 내려다 볼 가치가 있다. 타른 협곡과 종트 협곡이 르 로지에르 근처에서 만나는 지점 바로 위에 환상적인 산책로가 있어, 걸어가는 동안 내내 입이 절로 벌어지는 장관이 눈앞에 펼쳐진다. 깎아지른 듯이 떨어지는 절벽과 중간에 불쑥 튀어나온 바위는, 현기증이 있는 사람은 절대 쳐다보지도 못하겠지만 말이다.

라 말렌 마을에서 대여한 2인용 카누를 타고 물길로 협곡을 탐험하는 것도 가능하다. 견고한 플라스틱제로 굳이 능숙하지 않아도 큰 문제 없다—만약 동네 공원에서 보트를 저어 본 적이 있다면 이 잔잔한 타른 강에서도 카누를 탈 수 있다. 잔잔한 조류가 딱 알맞은 속도로 배를 밀어 주기 때문에, 중간에 나무 둥치나 작은 급류를 만났을 때에나 노를 열심히 저으면 된다. 푸앙트 수블림 아래서는 정말로 절벽이 가파르게 솟구쳐 하늘을 반쯤 가린다. 관광용 보트가 잘난 척 통통거리고 지나가면, 거북이처럼 느리고 기계의 힘을 빌리지 않은 옵션을 택한 것을 속으로 뿌듯하게 여기며 갑자기 물가나 작은 자갈 섬에 멈춰 피크닉을 하고 싶은 충동이 일 것이다. 이 환상적으로 비밀스런 곳에서 수영을 즐기며 오후를 보내면서 말이다. 강을 따라 더 내려가면 배를 세울 곳이 깃발로 표시되어 있으며, 버스를 타고 시작점인 마을로 돌아올 수 있다. **TL**

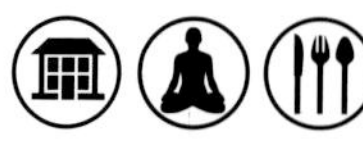

# 라 샬데트 De-stress at La Chaldette

**Location** 프랑스 오브락(캉탈, 아베롱, 로제르)
**Website** www.lachaldette.com　**Price** ❸

오브락 온천수의 치유와 진정 효과는 중세 시대부터 유명했다. 프랑스 중남부, 해발고도 1,300m에 위치한 라 샬데트는 거의 예술적인 수준의 헬스 리조트로, 브르종이라는 고요한 마을에 자리잡고 있다. 모더니스트 건축가 쟝-미셸 빌모트의 작품인, 천장부터 바닥까지 덮는 스타일리쉬한 유리창 덕분에 분위기 있는 햇빛이 쏟아져 들어오며, 유선형의 미니멀리즘 인테리어는 어수선한 마음까지 깨끗이 비워내는 것 같다.

스트레스에 지친 도시인들이 빗물 샤워 마사지를 받거나 꽃잎과 오일을 첨가한 하이드로 마사지 욕조에 몸을 담근다. 옥외에 있는 등받이가 뒤로 넘어가는 안락의자에 누워 이러한 평화를 방해하는 것이라곤 때때로

---

> "라 샬데트는 건강에
> 좋은 기후—특히 맑은 공기—라는
> 복을 받았다."
>
> 라 샬데트 소유주

---

들려오는 워낭 소리와 발아래 간질이는 샘물뿐이다. 명랑한 호텔 주인들은 중앙 층계를 중심으로 지어진 아파트 스타일의 객실에 전원적인 매력과 현대적인 시크함을 결합시켰다.

셰프의 퀴진드테루아에는 오렌지 소스에 구운 오리 고기나 블루베리를 곁들인 크렘브륄레 같은 구르메 요리가 포함되어 있다. 벽난로에서 통나무가 타는 라운지에서 맛있는 음식에 이 지역에서 생산되는 코토 뒤 랑그도크 와인 한 잔을 곁들인 뒤, 주름 하나 없는 새하얀 면 침구 속으로 들어가 푹 자고 나면, 몸도 마음도 놀랄 만한 변화가 느껴진다. 상쾌하고 맑은 공기, 끝없이 펼쳐진 푸른 계곡 풍경, 그리고 폭포는 내면에 평화를 되돌려 준다. **SjD**

# 자르댕 세크레 Stay at Jardins Secrets

**Location** 프랑스 가르
**Website** www.jardinssecrets.net　**Price** ⑤⑤

보잘 것 없는 골목길과 별 특징 없는 대문만 보아서는 그 안에 어떤 오아시스가 숨어 있는지 짐작이 가지 않는다. 문지방을 넘어서면 매력적인 정원이 눈앞에 펼쳐진다. 오렌지와 레몬 나무들이 무성하고, 구석에는 바나나 나무 한 그루가 자라고 있으며, 부겐빌레아 꽃이 벽을 뒤덮고 있다.

유서깊은 도시 님의 옛 도심 가장자리에 위치한 17세기 빌라 자르댕 세크레는 호텔이라기보다는 개인 집 같다. 리셉션이 없어서 이런 느낌이 한층 더하다. 다른 호텔들처럼 도착하면 일단 채워 넣어야 하는 온갖 서류가 자르댕 세크레에는 하나도 없으므로 바로 방으로 직행하면 된다.

14개의 객실은 넓고 호화로우며, 온갖 아름다운 장식용 예술 소품, 그림, 두꺼운 실크 커튼, 싱싱한 꽃으로 가득하다. 4개의 기둥 달린 캐노피 침대가 있는 방도 있다. 사각사각 소리가 날 정도로 주름 하나 없는 리넨 침구가 갖추어져 있는 것은 물론이다. 모든 객실에서 양쪽으로 여닫는 문을 열고 바로 정원으로 나갈 수 있으며, 녹색으로 칠한 덧문이 들어오는 아침 햇살을 막아주어 늦잠을 즐길 수 있다. 가장자리를 도금한 거울과 반짝이는 18세기 샹들리에로 꾸민 욕실에는 커다란 갈퀴발 욕조가 놓여 있다.

살롱의 베이비 피아노가 어딘지 격조를 더하며, 그 밖의 공간에도 산더미처럼 많은 책, 사진, 악기, 심지어 노래 부르는 작은 새들을 위한 새장까지 진열되어 있다. 그러나 그 이름처럼 (Jardins Secrets는 "비밀의 정원"이라는 뜻) 진짜 하이라이트는 정원이다. 도시의 열기와 번잡함을 피해, 마음이 고요해지는 녹색의 안식처이다. 님의 고대 로마 유적을 돌아보고 자르댕 세크레로 돌아와서 그늘에 있는 일광욕 의자에서 느긋한 시에스타를 즐기자. 그런 다음 시원한 바닷물 수영장에 들어가서 멱을 감거나, 어찔해질 정도로 진한 장미 향을 들이마시자. **HA**

# 세낭크 수도원 Visit Sénanque Abbey

**Location** 프랑스 보클뤼즈
**Website** www.senanque.fr　**Price** ⑤

시토회 수도사들의 보금자리인 이 12세기 수도원은 세월에 의해 은은한 빛깔을 띠는 돌담과 얼룩덜룩한 지붕의 타일들이 보는 이의 마음까지 가라앉게 해 주는 곳이다. 그 건축물은 물론, 그 침묵과도 사랑에 빠지지 않을 수 없다. 숲이 우거진 언덕으로 둘러싸인 이곳에서 손님들은 최장 8일까지 머물면서 영혼의 휴식을 맛볼 수 있다.

종교나 성별과 관계없이 머무는 것이 가능하지만, 기도와 침묵의 일상에 동참해야 한다. 실제로 식사 시간을 포함해서 하루 종일 침묵해야 한다—말을 할 수 있는 시간은 하루에 딱 15분만 허락된다.

이곳에 사는 수도사들은 엄격하게 짜인 일정에 따라

> "세낭크 수도원은
> 초기 시토회 건축의 가장 순수한
> 예 중의 하나이다."
>
> www.senanque.fr

생활한다. 새벽 4시에 일어나서 저녁기도와 미사를 포함하여 하루에 5번 성무일과를 지키며, 손님들도 역시 이에 따르도록 권장한다. 하루의 남은 시간은 독서, 명상, 정원 일 등을 하면서 보낸다. 여름철에는 주변 들판이 보랏빛으로 물들고, 줄지어 핀 라벤더가 그 자태를 뽐낸다.

수도사들은 지난 수 세기 동안 그래왔듯 라벤더를 재배하여 벌꿀을 생산하고, 정유(精油)를 뽑아낸다. 손님들은 수도원 밖으로 자유롭게 나갈 수 있다. 스펙터클한 풍경을 감상하며 거닐기에도 좋을 뿐더러 일단 담장 밖으로 나가면 성대를 사용할 수 있으니 말이다. **CFM**

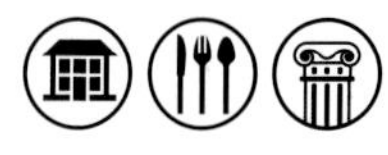

# 라 미랑드 Unwind at La Mirande

**Location** 프랑스 보클뤼즈
**Website** www.la-mirande.fr　**Price** 💲💲

역사적인 아비뇽 교황궁의 중세적 매력의 그림자 속에 있는 호화로운 라 미랑드는 벨기에산 태피스트리와 오래된 목판으로 찍어낸 벽지로 장식하였으며, 이 고대 도시에서 가장 큰 선망의 대상이자 유럽 최고의 호텔 중 하나이다.

1306년 아비뇽 유수와 함께 그 역사를 시작한 라 미랑드는 1796년 처음으로 호텔이 되었으며, 200년 넘게 호텔 파마르라는 이름으로 불렸다. 20개의 객실과 공공 공간은, 실크로 마무리한 커튼과 앤티크 유리 창문부터 바닥의 참나무 파르케 세공(Parqueterie, 기하학적 모양의 나무 조각을 이어붙인 모자이크의 일종. 가구의 베니어 세공이나 바닥 장식에 주로 쓰인다. 완전히 기

> "라 미랑드의 요리는…
> 예측불가능한 조합의 하모니를
> 선호하는 경향이 있다."
>
> 클로드 에브노, 라 미랑드 La Mirande

하학적인 모양, 즉 정사각형, 삼각형, 마름모꼴 등으로만 구성되며 자연적인 형태나 곡선, 원형은 쓰지 않는다), 욕실의 카라라 대리석, 그리고 벽에 걸려 있는 거장들의 예술작품에 이르기까지 디테일 하나하나까지 신경 쓴 세심함이 눈에 띈다. 우아한 미슐랭 스타 레스토랑은 캔버스천에 손으로 수를 놓은 카펫을 깔았으며 웅장한 르네상스 더블 카이손 천장 아래 수석 셰프 줄리앙 알라노가 준비한 요리들을 선보인다. 좀더 특별한 공간에서의 저녁식사를 원한다면 화요일과 수요일에는 19세기에 지어진 호텔 주방에 테이블을 마련해 준다.

라 미랑드는 프랑스의 위대한 귀족 가정을 연상시키며, 교황이 만약 라 미랑드의 삶을 한번이라도 맛보았다면 절대로 그렇게 서둘러서 로마로 돌아가지 않았을 거라는 속설이 있을 정도이다. **BS**

# 르 그랑 블랑 See Le Grand Blanc

**Location** 르 그랑 블랑
**Website** www.provenceweb.fr　**Price** 💲

프로방스의 작은 마을 앱뜨(Apt)의 동쪽, 듀랜드 계곡 바로 건너편에 위치한 그랑 뤼베롱의 산과 계곡은 단순하고 목가적인 프랑스 생활 양식의 모든 고정관념을 완벽하게 실현해 보이는 곳이다.

가장 높은 봉우리는 높이 1,124m의 무르 네그르(Mourre Negre)로, 덕분에 인근 프티 뤼베롱의 산맥은 그와 비교하면 오그라든 것처럼 보일 정도이다. 그 아래 펼쳐진 평평하고 황량한 클라파레드 고원(Plateau des Claparèdes)의 평야에는 라벤더 꽃이 수 킬로미터 떨어진 보니외 마을까지 흐드러지게 피어 있다. 풍경은 언덕 위의 오래된 마을들로 가득하며, 어디를 보아도 지금처럼 삶이 복잡하지 않았던 시대를 연상시킨다. 예를 들면 눈길 닿는 곳 어디에나 보리(borie)가 보인다. 보리는 이글루 모양의 돌 오두막으로, 그 기원은 13세기까지 거슬러 올라가며, 주변 들판에서 경작을 위해 치워내야 했던 바위들로 이런 단순한 형태의 집을 만든 것이다. 위풍당당한 르 그랑 블랑은 드넓은 참나무와 삼나무 숲, 석회암 노두와 함께 여행객과 주민 모두에게 한눈에 띄는 햇불 같은 존재이다.

얇고 푸석한 토질이 이 지방 토양의 특징으로, 이 때문에 대규모 농업은 발달하지 못했고, 작은 마을들이 전통적인 옛 생활 방식 그대로 살아가고 있다. 15세기에는 월든 풍의 종교 집단이 숨어 살기도 했던 중세 도시 고르드와 루시용은 오늘날 셀레브리티, 외국에서 온 이민자들, 그리고 햇볕을 찾아온 관광객들로 넘치며, 모두들 1977년 뤼베롱 주립공원이 생긴 이래 거의 변한 것 없이 프랑스 전원의 매력을 고스란히 간직하고 있는 이 지역을 경험해 보고 싶어 한다. **BS**

↪ 고르드는 뤼베롱 계곡의 비탈에 자리잡은 전형적인 전통 중세 마을이다.

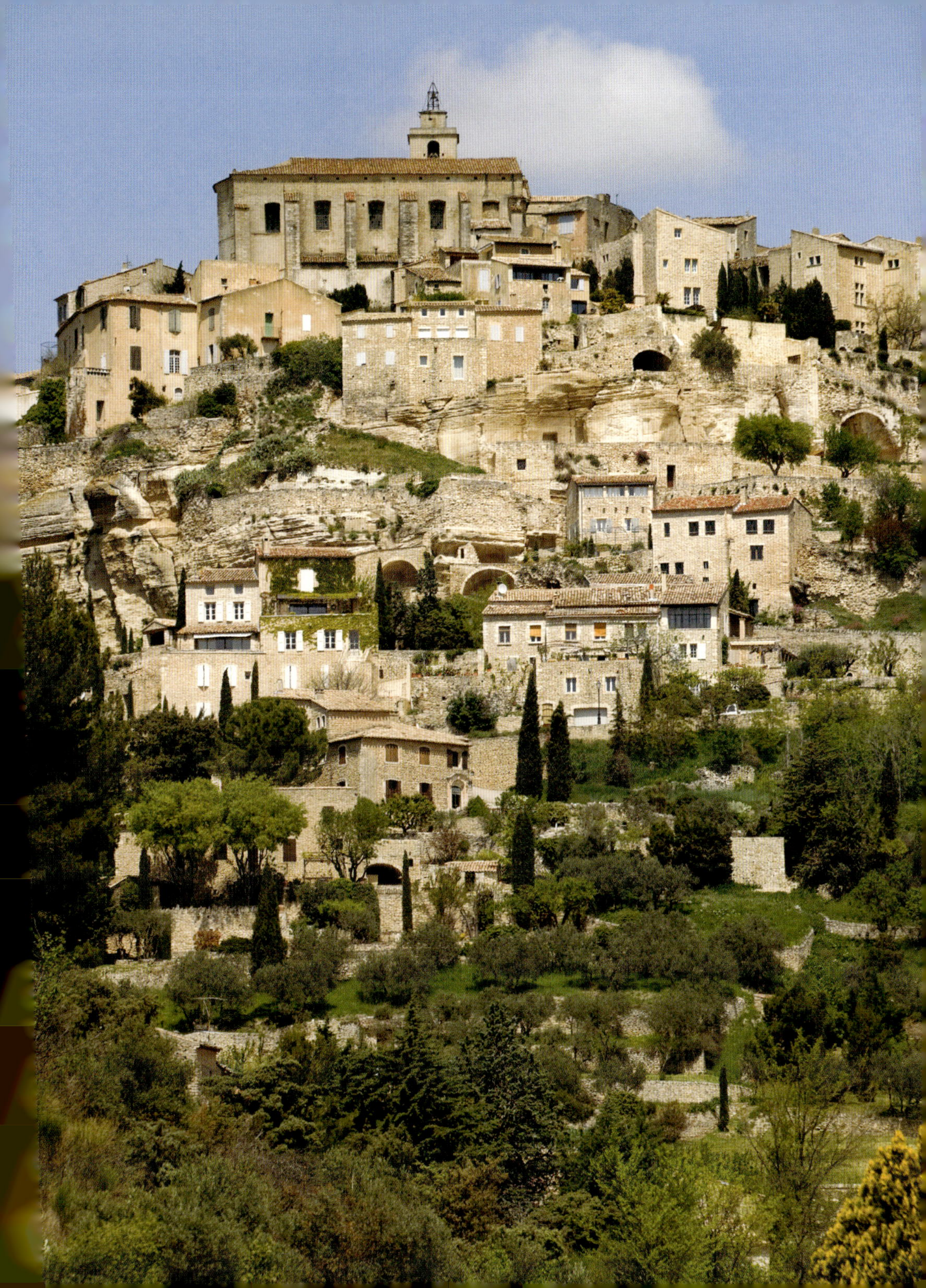

# 파르크 오르니톨로지크
## Visit Parc Ornithologique

**Location** 프랑스 부슈뒤론
**Website** www.beyond.fr/sites/camargue.html　**Price** ◑

카마르그(Camargue)는 야생마와 큰홍학으로 유명하며, 후자는 퐁드고(Pont de Gau)의 파르크 오르니톨로지크, 즉 조류 공원에서 구경할 수 있다. 이 환상적인 핑크색 새는 길고 흐느적거리는 다리로 연중 내내 공원 안을 돌아다니지만, 특히 짝짓기 철인 겨울에 한 곳에 모여 있는 모습이 장관이다. 12월부터 3월까지, 많게는 20,000마리의 홍학들이 파르크 오르니톨로지크에 무리지어 짝을 찾는다. 방문객들은 매일 홍학들이 약속이라도 한 것처럼 동작을 맞춰 짝짓기 춤을 추는 광경을 구경할 수 있다. 우아한 목을 꼿꼿하게 세우고 부리를 높이 처든 홍학들이 고개를 왼쪽 오른쪽으로 돌려가며 대열을 맞춰 위풍당당하게 걸어온다. 운만 좋으면, 이들이 거대한 분홍빛 무리를 지어 한꺼번에 하늘로 솟구치며 날아오르는 장관도 목격할 수 있다.

　이 공원은 60ha의 습지대로 이루어져 있으며, 방문객들은 석호와 습지 사이로 구불구불 이어지는, 8km의 산책로를 거닐며 두루미, 황새, 왜가리, 쇠오리, 거위, 백조 등의 텃새와 철새를 모두 구경하고 먹이도 줄 수 있다. 공원 곳곳에 방문객이 숨을 수 있는 장소가 마련되어 있어, 새들이 사람의 존재를 눈치채지 못하고 뒤뚱거리며 걷거나, 물고기를 잡거나, 날아오르는 모습을 볼 수 있다. 조금 더 멀리까지 가면 커다란 새장 건물이 있어 사육사들이 다친 새 등을 돌보고 있다. 도중에 세워져 있는 인포메이션 보드에는 새의 이름과 습관 등이 적혀 있으며, 더 상세한 정보를 원하는 이들을 위해 가이드 투어 서비스도 하고 있다. 독수리, 매, 개구리매, 말똥가리, 콘도르 등도 있으니, 한쪽 눈으로는 하늘을 올려다 볼 것. **PE**

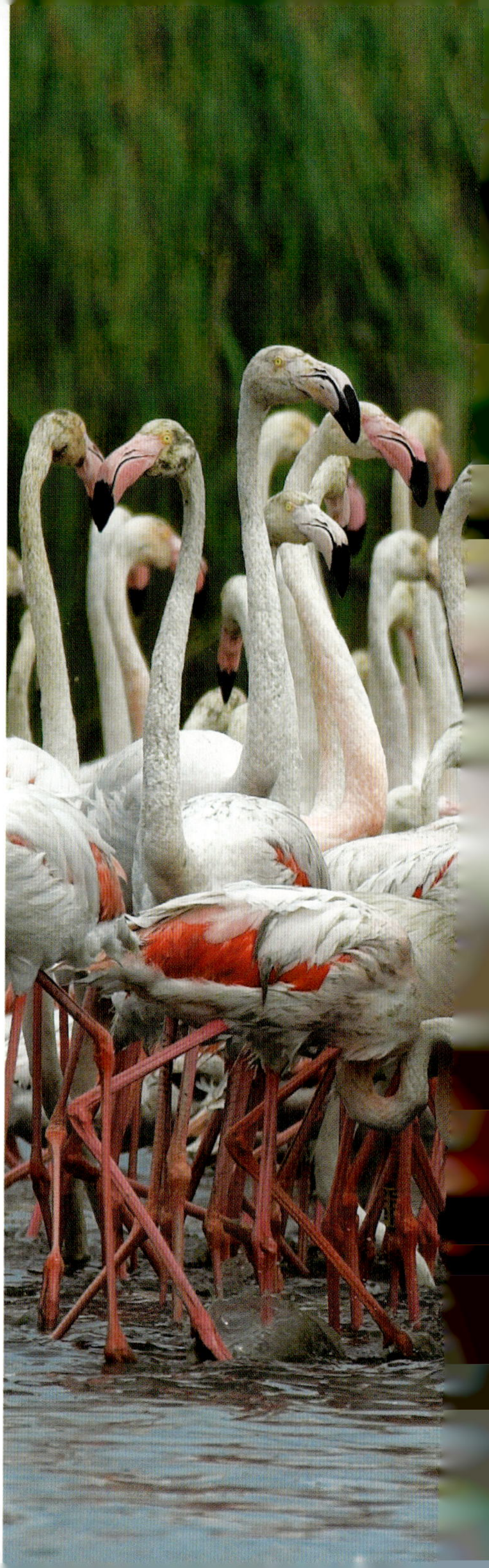

⊡ 해질녘, 카마르그의 파르크 오르니톨로지크의 얕은 물에 서 있는 홍학떼.

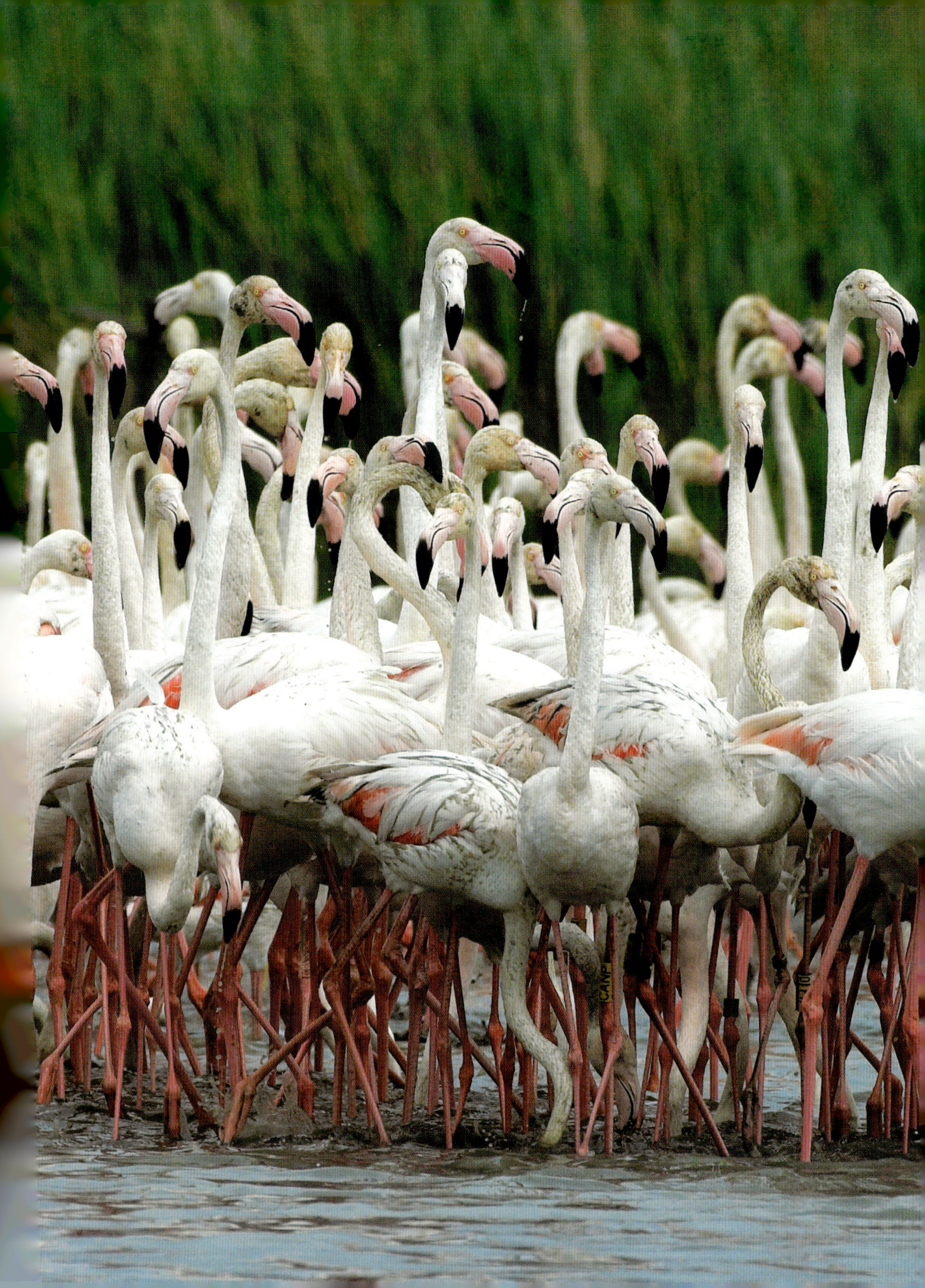

# 아베이 드 상트크루아 Stay at Abbaye de Sainte Croix

**Location** 프랑스 부슈뒤론
**Website** www.hotels-provence.com **Price** $ $

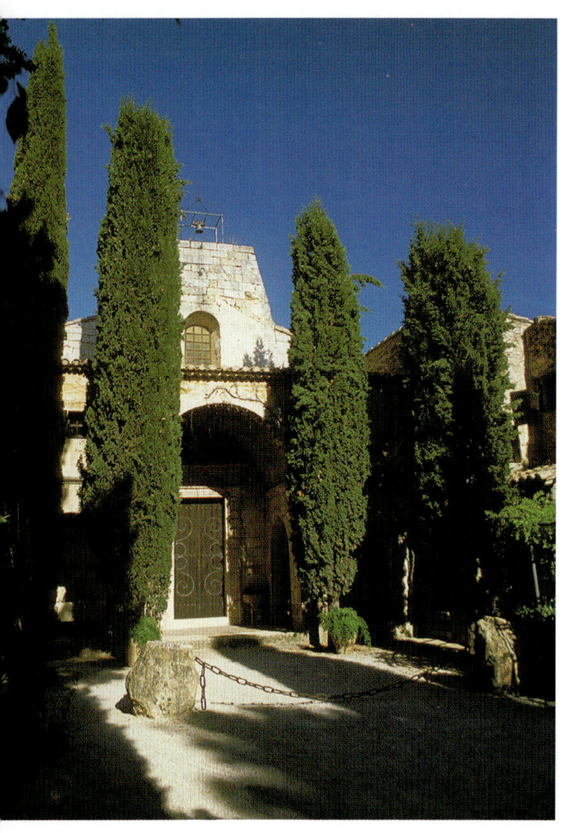



『릴레이 & 샤토』 가이드북

이 웅장한 12세기 수도원 건물은 라벤더와 로즈마리가 진한 향기를 내뿜는 정원 한복판에 서 있으며, 복원 공사를 거쳐 럭셔리 호텔로 개조되었다. 알필(Alpilles) 산맥의 마지막 성채 중 하나에 있는 로마네스크 양식의 수도원으로 아치형 궁륭과 작은 창문이 아름답게 보존되어 있다.

과거 수도사들이 거주했던, 엄격하리만치 검소한 방들이 21개의 아늑한 객실과 4개의 아파트로 탈바꿈했으며, 심플부터 호화로운 스타일까지 다양하다. 육중한 돌 벽 덕분에 타는 듯한 프로방스의 태양을 피해, 한여름에도 하얗게 칠한 방 안은 서늘하다—물론 만약을 대비해 에어컨도 가동되지만 말이다. 프로방스의 전원적인 매력에 궁륭형 천장, 크고 위풍당당한 벽난로, 무거운 들보, 테라코타 바닥 파일, 그리고 그 위에 깔아놓은 색색깔의 핸드메이드 러그가 더해진다. 어떤 방은 로맨틱한 정원을 내다보고 있고, 또 어떤 방은 계곡이 내려다보인다. 파노라마 풍경을 자랑하는 레스토랑의 테라스에서 저녁을 먹으며 훌륭한 향토 요리와 와인을 즐기는 가운데 당신을 에워싸고 있는 숨막힐 듯 아름다운 자연 풍광에 찬사를 보내자. 이곳에서 그리 멀지 않은 중세 마을 살롱 드 프로방스도 눈에 들어온다.

여름에는 공공 거실이 포도넝쿨로 뒤덮인 테라스를 향해 오픈된다. 일일이 신경써서 고른 장식용 소품과 전원적인 실내 장식이 조화를 이룬다. 바로 이웃에는 더위를 식힐 수 있는 풀장과 테니스 클럽도 있지만, 매미가 시끄럽게 울어대는 테라스에 느긋하게 기대어 누워 로제 와인 한 잔을 손에 들고 햇볕을 쬐면서 멀리서 들려오는 교회 종소리에 귀를 기울이는 쪽이 훨씬 추천할 만하다. **HA**

◸ 아베이 드 상트크루아는 역사의 향취가 느껴지는 공간에서 럭셔리한 프로방스 휴가를 즐길 수 있게 해 준다.

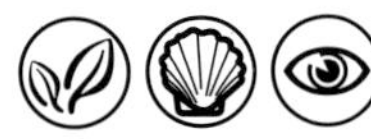

# 칼랑크 See the Calanques

**Location** 프랑스 부슈뒤론
**Website** www.francethisway.com  **Price** ❶

번잡한 마르세유 도심에서 차를 타고 몇 분만 달리면 사람의 손이 닿지 않은 자연이 펼쳐진다. 아름다운 칼랑크, 소나무 숲, 바위투성이 절벽, 터키석빛 물을 보고 있노라면 마치 카리브 해에 와 있는 것 같은 착각이 들 정도이다. 코르시카어로 "바다나 호수의 좁은 물 어귀"를 뜻하는 "calanca"에서 그 이름이 유래한 칼랑크는 한때는 강 어귀였으며, 내륙으로 4km나 들어가 있었다. 빼어난 자연 경관을 자랑하는 이 지역은 현재 자연 보호 구역으로 지정되어 있으며, 덕분에 그 야생미가 그대로 남아 있다.

"카바농"이라 불리는 작고 헛간 같은 집들이 물가에 서 있으며, 인근에는 조그만 레스토랑들도 있다. 소르미우에 있는 레스토랑 "르 런치"는 플라스틱 가구에 신선한 생선 요리는 값도 비싼 편이지만, 거부할 수 없는 매력이 있다—바로 몇 미터만 걸어나가면 사방이 파란 지중해와 웅장한 석회암 절벽으로 둘러싸여 있다는 것이다. 그밖에 퀘이롱, 포드스타, 앙 보, 포르 팽, 포르 미우 등도 모두 반투명한 아쿠아마린빛 물 가장자리에 해변, 바위, 소나무가 서 있다.

여름에는 관광 성수기를 맞아 이 구역을 보호하고 산불을 방지하기 위해 모든 교통이 차단되므로, 해변에 가려면 3km 가까이 걸어야 한다. 그러나 포르 팽과 앙 보는 환상적인 풍경을 자랑하며, 가르디올 숲과 가파른 언덕을 내려가는 한 시간 반의 트레킹을 감수할 가치가 충분하다. 칼랑크는 인기 있는 휴양지이기는 하지만, 다행스럽게도 대다수의 사람들은 한참을 걸어가야 한다는 사실 때문에 이곳을 포기한다.

또다른 옵션은 보트를 타고 가서 "데 트레미", "데 카펠랑", 또는 카스텔비엘 같은 다이빙 사이트로 향하는 것이다. 정말 게으르다면, 코르니슈 드 크레트나 카프 카나유로 차를 몰고 가서 그 낙원 같은 풍경을 내려다보기만 해도 된다. **RCA**

# 마 드 라 푸크 Enjoy Mas de la Fouque

**Location** 프랑스 부슈뒤론
**Website** www.masdelafouque.com  **Price** ❺❺

아를 너머 프로방스의 서쪽 경계—론 강 삼각주와 지중해가 만나는 곳—에 카마르그의 습지대가 누워 있다. 반짝이는 물, 그리고 하얀 야생마와 새까만 들소들이 여전히 돌아다니는 습지대가 끝없이 펼쳐져 있다. 그 공기에서는 마법의 숨결이 느껴진다. 자연과 전통적인 생활 방식을 보존하기 위해 노력하고 있는 덕분에 18,000ha의 늪, 호수, 벼논에는 전통 풍속과 전설이 흘러 넘친다.

마 드 라 푸크에서의 휴가는 반짝이는 야생 자연을 내려다보고 있는 자연 공원에서 보내는, 최신 유행 휴식이다. 몽환적이고, 시크하고, 개성이 넘치는 이곳은 무어풍이 강하게 느껴진다. 로맨틱하기 그지없는 객실

> "사방에는 온통 바다, 해변, 그리고 풍부한 야생 동식물(새, 홍학, 카마르그 야생마, 들소들)뿐이다."
>
> 캐롤라인 라파엘, 『옵저버』

은 스펙터클한 앤티크와 리넨으로 장식되어 있다. 유목(流木)과 연철로 만든 기둥 4개 달린 캐노피 베드에는 긴 모기장이 드리워져 있다. 객실 중 하나는 심지어 호숫가에 만들어 놓은 집시 캐러밴이다.

그 분위기에 취해서 지역 주민 카우보이들과 함께 말을 타고 골풀 속을 달려 보자. 카마르그의 가장 깊은 비밀들을 캐보고, 화려한 핑크 플라밍고들을 손에 잡힐 듯 가까이서 관찰하고, 그것도 귀찮으면 하루 종일 멋진 풀장에서 놀자. 마 드 라 푸크에는 모터보트가 있어서 론 강 유람은 물론 전용 해변에서 피크닉도 즐길 수 있다. **RCA**

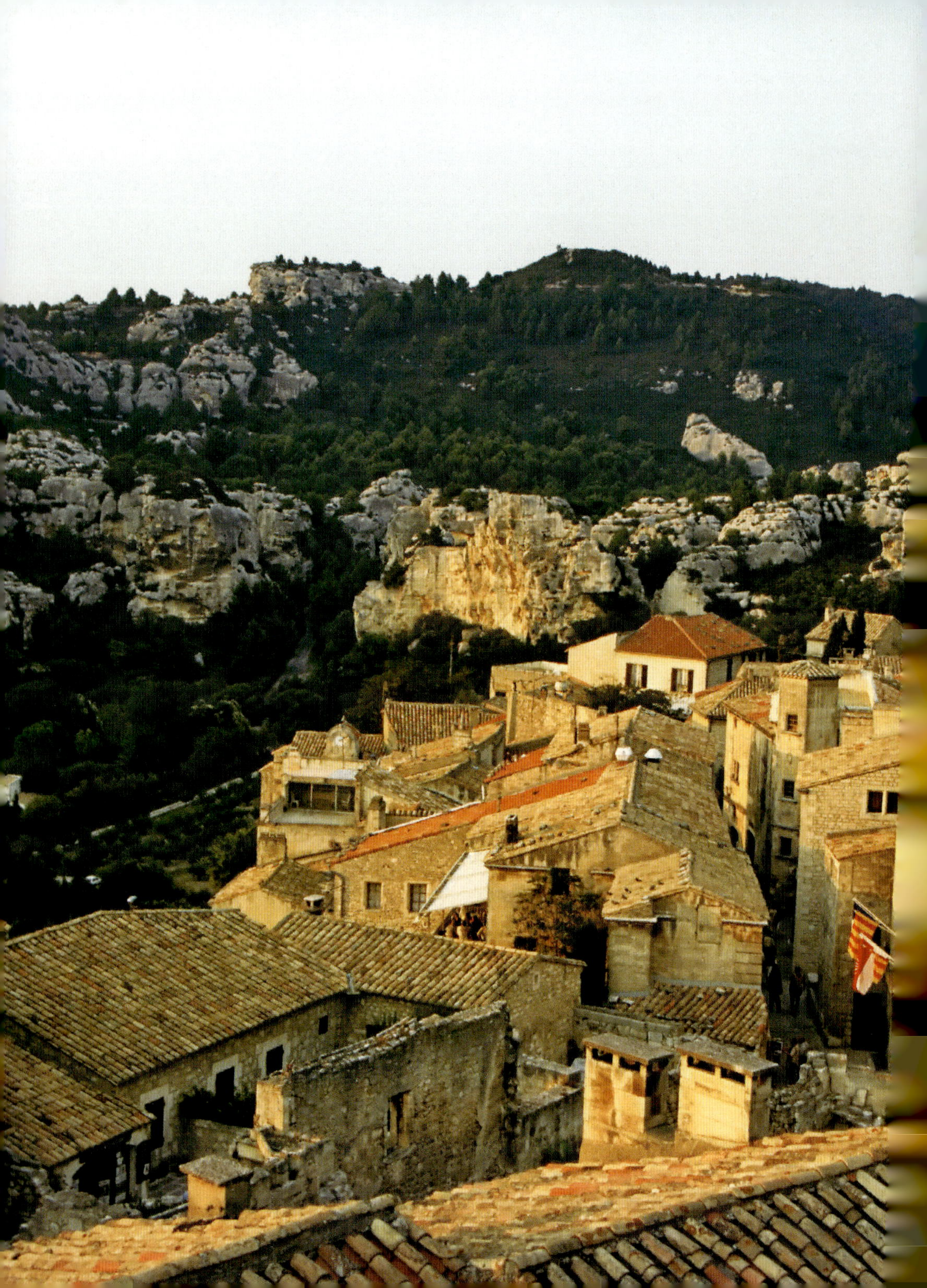

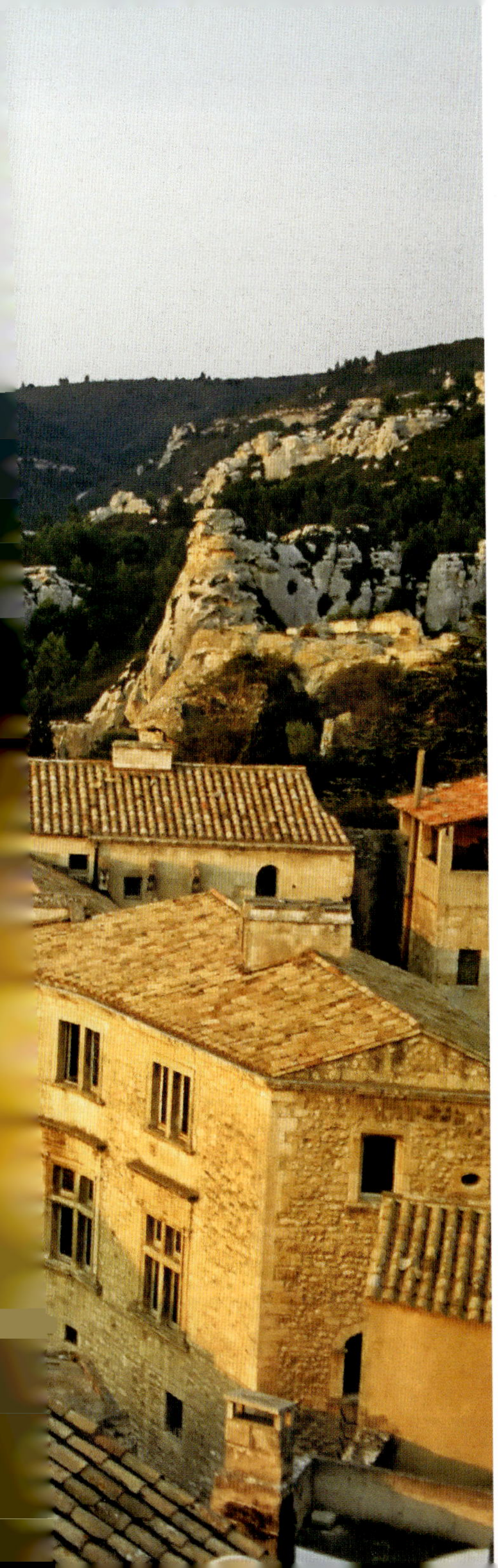

  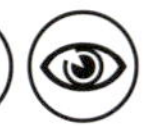

# 르 프랭스 누아르
Enjoy Le Prince Noir

**Location** 프랑스 부슈뒤론
**Website** www.leprincenoir.com   **Price** $$

"프랑스에서 가장 아름다운 마을 중 하나"로 꼽히는 레보드프로방스(Les Baux de Provence)는 한때 로마의 성채였던 7ha의 고원 위에 펼쳐져 있다. 교회와 예배당을 비롯한 22개의 역사 유적이 오늘날까지 남아 있다. 르 프랭스 누아르는 석회암 암벽 표면을 그대로 잘라 들어가서 만든 독특한 베드앤브렉퍼스트이다.

객실이 3개밖에 없는 이 유서 깊고 매력적인 휴식처는 예술가의 개인 집으로, 마을에서 가장 높은 곳에 위치한다. 프로방스에서 가장 인기있는 관광 명소 중 하나의 한복판에 자리잡고 있어, 인근의 알필 산맥이나 아를, 생레미드프로방스(St. Rémy de Provence) 같은 도시들을 탐방하기에도 완벽한 위치이다.

방으로 들어서면 겉으로 드러난 바위 벽이 지독하게 더운 프로방스의 여름을 차단해 준다. 더블룸 하나, 방 2개와 전용 테라스가 딸린 스위트 하나, 그리고 부엌과 침실, 독립된 거실, 레보(Les Baux)와 그 주변 자연 풍광은 물론 저 멀리 지중해까지 눈에 들어오는 두 개의 널찍한 테라스가 있는 아파트로 구성되어 있다. 르 프랭스 누아르의 아침식사는 말 그대로 환상적이지만, 레보는 인구가 500명밖에 되지 않는 작은 마을이므로 차로 근처의 다른 마을들을 둘러보며 저녁식사를 할 만한 멋진 레스토랑을 찾아보는 것도 즐거움일 것이다.

르 프랭스 누아르의 밤은 지역 주민들과 같은 관점에서 레보의 풍경을 즐길 수 있는 기회를 선사한다. 낮에는 인근 지역을 돌아다니고, 느지막히 레보로 돌아와서 동네 고양이들과 함께 이 고전적인 프로방스의 캐리커처를 감상하자. **BS**

↰ 그림 같은 중세 마을 레보드프로방스의 해질녘 풍경.

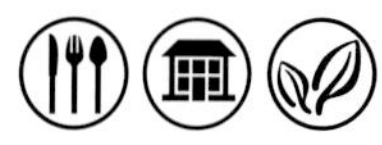

# 보마니에르 Eat at Baumanière

**Location** 프랑스 부슈뒤론
**Website** www.oustaudebaumaniere.com   **Price** 💲💲

프로방스는 그 환상적인 음식으로 유명한 곳이지만, 그 중에서도 오스토 드 보마니에르(Oustau de Baumanière)는 완벽의 경지에 다다랐다 할 만하다. 이 17세기 농가는 1945년 레이몽 툴리에가 처음 문을 연 이래 수많은 손님들을 즐겁게 해 주었다.

현재는 툴리에의 손자인 세계적인 마스터 셰프 장-앙드레 샤리알이 이끌어 나가고 있다. 보마니에르는 이미 오트퀴진과 환상적인 프로방스 향토 요리, 그리고 최고의 수준을 자랑하는 현대적인 테크닉으로 미슐랭 2 스타 레스토랑으로 당당히 이름을 올렸다. 보마니에르의 시그니처라 할 수 있는 패스트리에 싸서 구운 새끼양 다리(gigot d'agneau en croûte) 요리 하나만으로도 세

---



프레데릭 다르, 작가

---

계의 미식가들이 그 맛을 보려고 몰려올 정도이다.

레스토랑 하나만으로도 이곳을 찾을 이유가 충분하지만, 부티크 호텔도 손님들의 마음을 녹인다. 포도 넝쿨로 뒤덮인 3개의 돌집이 고전적인 정원 위에 자리잡고 있다. 심지어 해자와 도개교까지 있다. 앤티크와 4개의 기둥 달린 침대, 대리석 욕조가 딸린 최고급 객실을 자랑한다. 거실 벽은 초기 프레스코화로 덮여 있다. 옥외에는 커다란 수영장과 조경된 테라스가 있다. 윈스턴 처칠, 엘리자베스 테일러, 파블로 피카소 등이 찾았던 오스토 드 보마니에르는 세계에서 가장 아름다운 마을 중 하나로 꼽히는 레보드프로방스에 위치한다. **PS**

# 꿀뢰르 자르댕 Relax at Couleurs Jardin

**Location** 프랑스 바르
**Website** www.gigarobeach.com   **Price** ❗

생트로페에는 셀레브리티든 아니든 그 유명세를 막론하고 1950년대 초부터 관광객들이 몰려들었지만, 이 리조트가 세계적으로 유명해진 것은 브리짓 바르도의 컬트 영화 〈그리고 신은 여자를 창조했다〉에 등장하면서부터이다. 오늘날에는 퍼프대디부터 휴그랜트까지 온갖 사람들이 휴가를 보내기 위해 찾는 곳이다. 여름철에는 그저 지나가는 사람을 구경하는 것만으로도 진짜 하나의 스포츠가 된다. 다행히도 반대편으로 몇 킬로미터만 가면 이 모든 요란법석에서 벗어날 수 있는 작은 마을 라 크루아 발메르가 있다.

라 크루아 발메르는 소박하지만, 나름의 아름다운 해변이 있으며, 사람의 손이 닿지 않은 소나무 숲이 기가로부터 카프 라르디에의 자연 보호 구역까지 뻗어 있다. 기가로 해변에는 거칠고 뾰죽뾰죽한 바위들이 하늘빛 지중해와 대비를 이룬다. 집들은 유칼립투스 나무, 선인장, 소나무 사이에 숨어 있어 잘 보이지 않는다. 이 마을은 아마도 프랑스령 리비에라에서 가장 잘 감추어진 비밀일 것이다. 해변의 백사장을 따라 레스토랑이 몇 개 늘어서 있다—20년이 넘게 같은 자리에서 영업해 오고 있는 곳도 있다.

라 크루아 발메르를 찾기에 가장 좋은 시즌은 역시 부활절 직후부터 휴가객들이 몰리는 7월 전까지인 비수기이다. 해가 지면, 해변가의 아름다운 작은 집 꿀뢰르 자르댕으로 가자. 유목(流木), 이국적인 식물과 선명한 색채로 단장한 사랑스러운 곳이다. 바닷바람과 잿빛으로 바랜 나무 테이블, 프릴 장식의 식탁 매트, 촛불이 느긋하면서도 스타일리시한 분위기를 만들어낸다. 테라스 한가운데에는 테이블과 대나무 지붕 사이에 소나무를 한 그루 심어 놓았다. 신선한 로제 와인 한 병을 주문하자—따뜻한 미소, 투명한 얼음 동이와 마늘향이 진한 올리브 그릇, 그리고 비견할 데 없는 풍경이 따라올 것이다. **RCA**

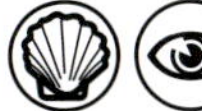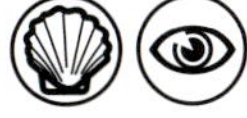

# 라이올 정원 Visit the Gardens of Rayol

**Location** 프랑스 바르
**Website** www.domainedurayol.org   **Price** 🌓

생트로페의 번잡한 도심을 벗어나 차로 한 시간만 달리면, 마시프데모르(Massif des Maures, "무어인의 고원"이라는 뜻)의 가파른 기슭에, 바다를 내려다보는 고요한 집과 정원이 보인다. 르 라이올-카나델-쉬르-메르의 원래 주인은 1910년, 만(灣)을 내려다보는 거친 곳 위에 자리한 자신의 영지 안에 거대한 정원을 조성했다. 그러나 세월이 흐르면서 집과 정원은 황폐화되었고, 1989년 해안 보호관리국에 인수되었다. 해안 보호관리국은 그 귀중한 동식물과 사람의 손에 훼손되지 않은 바닷가 절벽의 보존에 최선을 다했다.

그 뒤 이 정원은 지중해 기후를 즐기는, 세계의 각 지방을 대표하는 정원의 집합체로 재탄생했다. 덕분에 전 세계의 다양한 식물 종을 한 자리에서 감상할 수 있다. 카나리아 제도 정원 주위를 돌아다니다가 바하칼리포르니아의 조슈아 나무, 선인장, 유카 등을 보며 감탄할 수도 있다. 뉴질랜드 정원에서는 오스트레일리아에서 가져온 선인장과 유칼립투스 나무를 감상하자. 물론 지중해 정원은 올리브 나무, 소나무, 야자수가 무성하다. 칠레, 멕시코, 남아프리카 정원도 있다. 다른 정형 정원들과는 달리 도멘 드 라이올의 나무에는 이름표가 붙어 있지 않아서 방문객은 책자를 들고 다니면서 직접 구별해야 한다.

푸른 숲의 원형극장에 둘러싸인 이 아름다운 정원과 지중해를 굽어보는 환상적인 배경에 마음을 빼앗기지 않는다는 것은 거의 불가능하다. 여름철에는 가파른 계단을 걸어 내려가 해변으로 가서 맑고 푸른 물에서 잠시 더위를 식히며 이 지역에 서식하는 해양 생물들을 구경할 수도 있다. **HA**

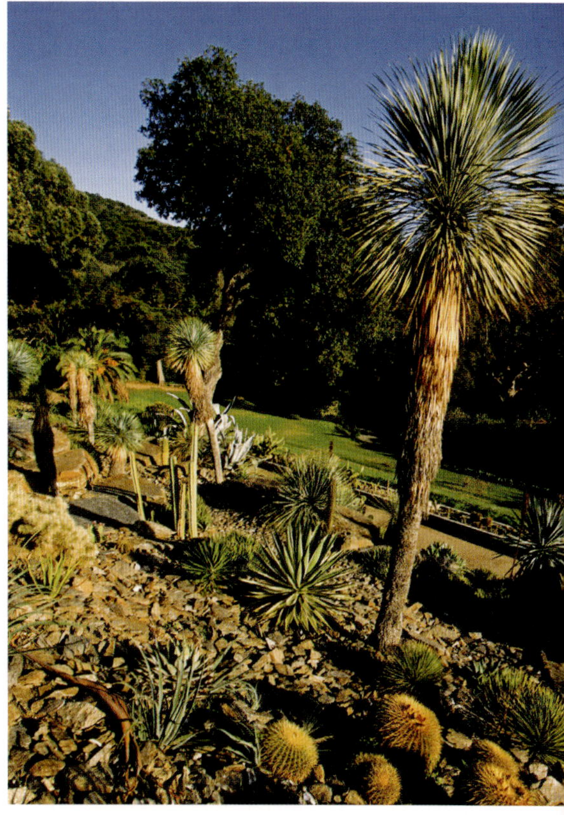

> "마시프데모르의 기슭에
> 숨어 있는
> 특별한 정원."
>
> frenchgardening.com

↗ 여기에 보이는 아름다운 선인장은 바하칼리포르니아의 사막 정원에서 가져와 심은 것이다.

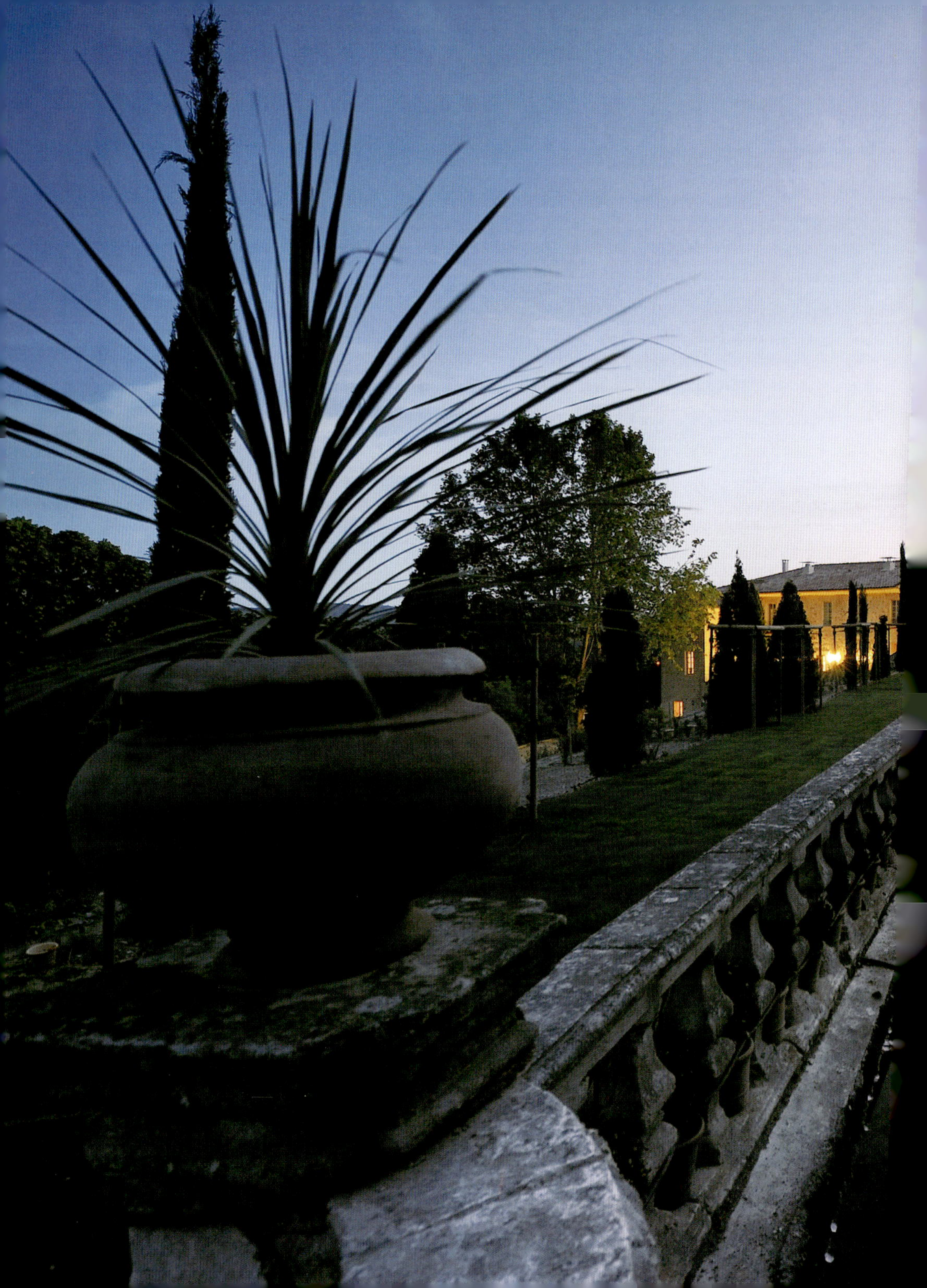

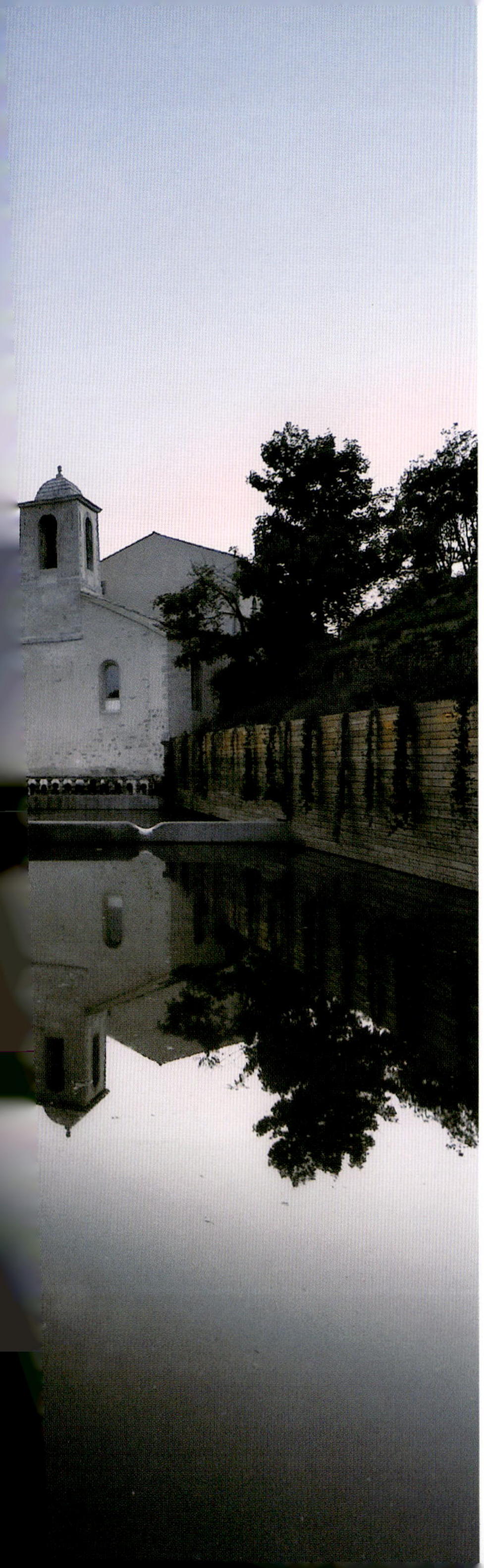

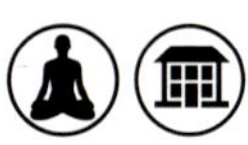

# 르 쿠방 데 미님 스파
Relax at Le Couvent des Minimes Spa

**Location** 프랑스 알프드오트프로방스　**Website** www.
couventdesminimes-hotelspa.com　**Price** $$

프로방스의 화장품 및 향수 회사 록시땅이 프랑스에 자신들의 첫 스파를 열기로 했을 때, 우연히 본사에서 그리 멀지 않은 알프스 산기슭의 오래된 버려진 수도원에 눈을 돌리게 되었다. 데 미님의 300년 된 하얀 돌벽과 종탑은 라벤더가 가득 피어 있는 들판, 올리브 과수원, 그리고 꽃이 만발한 아몬드나무 숲을 내려다보고 있다. 오래된 나무 덧문, 분수, 테라코타 타일이 프로방스를 대표하는 완벽한 개성을 더해 준다.

전문 건축가와 이 지역 장인들의 대대적인 개·보수 공사를 마치고, 2008년 데 미님은 마침내 46개의 객실을 갖춘 호텔과 스파, 멋진 레스토랑으로 다시 태어났다. 수도사들의 고행은 옛 말이다. 객실과 스위트는 현대적이고 모든 편의 시설이 완벽하게 갖추어져 있으며, 심플하고 옅은 색조에 나무, 돌, 고운 패브릭을 넉넉하게 사용하여 꾸몄다.

손님들은 전용 테라스에서 일광욕을 즐기며 산 풍경에 감탄할 수도 있고, 호텔의 궁륭형 셀러에서 빈티지 와인을 맛보면서 더위를 식힐 수도 있다. 투광 조명이 설치된 테니스 코트와 옥외 온수 풀장이 있으며, 가까이에 골프장도 있다. 또는 부지 내에 있는 회랑, 원래 모습 그대로의 예배당, 고대의 조각, 한때 전국적으로 유명했던 계단식 정원의 흔적 등을 구경할 수도 있다. 레스토랑과 스파 모두, 직접 재배하거나 바로 주변 지역에서 생산한 재료만을 사용한다. 레스토랑의 메뉴에는 아스파라거스와 트러플(송로버섯)이 등장하며, 스파에서는 이 지역에서 생산한 벌꿀, 레몬, 올리브유, 라벤더를 주로 쓴다. **SH**

← 록시땅은 300년 된 수도원을 현대적으로 개조하면서도 그 원래의 스타일은 고스란히 보존하였다.

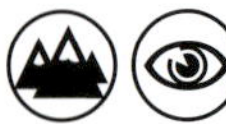

# 메르캉투르 국립공원 Explore Mercantour National Park on Horseback

**Location** 프랑스 알프마리팀
**Website** www.horseandventure.com    **Price** ⑤⑤⑤

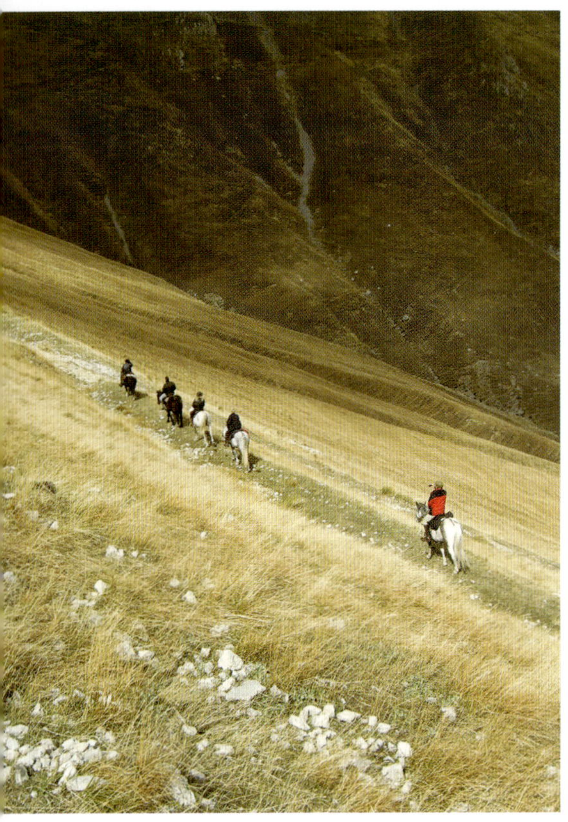

> "모든 가축의 이동 방목을
> 위해 사용한 진짜 고대의
> 트레일이다."



수 세기 동안 목동과 농부 들은 겨울과 여름철에 가축들이 풀을 뜯는 장소를 옮겨왔다(이 전통을 "이동 방목"이라 부른다). 캘리포니아에서 태어나 프랑스 시골에서 30년이 넘게 살아온 데니스 롱펠로우는 자신의 머랭스 종 말떼를 이끌고 지중해 해안에서 불과 몇 킬로미터 내륙에 위치한 생타녜스와 니스 사이를 오간다. 산속에 있는 그의 목장으로 가려면 이 지역 주민들이 고대부터 사용해왔던 바로 그 트레일을 사용해야 하며, 가는 길에 방문객을 말에 태워 함께 데려간다.

가을에는 해안 쪽으로, 봄에는 메르캉투르 국립공원의 가장자리에 있는 르 보레옹의 목장으로 향하는, 사흘에서 길게는 닷새까지 걸리는 여정으로 숙박은 아늑한 지트에서 해결한다. 거의 사람이 살지 않는 메르캉투르 국립공원은 그 알프스 스타일의 풍경 때문에 "리틀 스위스"라고도 불리며, 높이가 3,000m가 넘는 봉우리들을 자랑하지만, 한편으로는 올리브 과수원과 라벤더가 가득 핀 들판도 있다.

이 지역에는 2,000종이 넘는 식물이 자생한다. 그 중에는 에델바이스나 마르타곤 백합, 범의귀, 용담 같은 희귀 식물도 많이 포함되어 있다. 공원 안에 살고 있는 동물 중에는 수천 마리의 샤모아 영양, 마못(그 휘파람 소리를 들을 수 있다), 멧돼지, 그리고 최근에 다시 모습을 보이기 시작한 늑대도 있다.

롱펠로우는 여름철에는 목장에서, 겨울에는 해안에 있는 마을에서 목장까지 반일 또는 종일 승마 코스를 제공하므로, 이동 방목에 참여하지 않아도 승마를 즐기는 것이 가능하다. 그는 10월부터 6월 중순까지는 생타녜스에, 나머지 기간에는 르보레옹에 거주한다. 이동 방목은 9월 말과 6월 중순에 실시된다. **PE**

말을 타고 메르캉투르 국립공원을 탐험하는 것은 마치 과거 카우보이의 시대로 되돌아간 듯한 느낌을 선사한다.

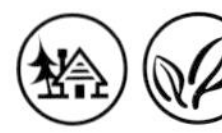 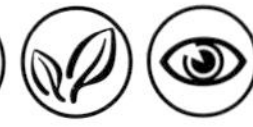

# 오리온 B&B Stay at Orion B&B

**Location** 프랑스 알프마리팀
**Website** www.orionbb.com  **Price** 💲💲

코드다쥐르의 니스를 내려다보는 언덕 위에 자리잡은 오리온 베드앤브렉퍼스트는 중세의 성채 도시 생폴드 방스를 굽어보는 파노라마 풍경을 자랑하는, 참나무 숲 속에 자리잡은 5개의 트리하우스이다. 현대적이고 세련된 휴가의 개념을 재정의했다는 평가를 받고 있다.

주로 붉은 삼나무를 사용해서 지은 트리하우스는 보통 다른 트리하우스처럼 나무 위가 아니라, 나무와 나무 사이에 설치한 기둥 위에 지었으며, 계단이나 경사로를 사용해서 올라갈 수 있다―인간의 개입을 최소한으로 줄인 생태학적인 접근 방식으로, 작은 시냇물이 그대로 흐르고, 임상(산림 지표면의 토양과 관목·초본·이끼·유기 퇴적물의 층)도 훼손되지 않는다. 그러나 "전원적인 라이프 스타일"이라는 고정관념은 이미 문지방을 넘는 순간 깨져 버린다. 어마어마하게 큰 침대, 마사지 샤워, 밤새 파자마 파티를 해도 될 만큼 많은 쿠션, 심지어 인터넷 액세스까지 있다.

2인용 "바기라(Bagheera)"부터 나란히 붙어 있어 4인 가족 숙박이 가능하고 오리온의 자랑인 마운틴 풀장을 내려다보고 있는 킹 루이(King Louie)와 모글리(Mowgli)까지 있다. 이 풀은 자갈, 세심하게 선정한 박테리아, 수초 등을 활용한 천연 정수 과정을 거쳐 그 물을 마셔도 될 만큼 청정하다. 공중보다는 단단한 땅을 선호하는 사람들을 위해서는 풀장 근처에 침실 2개, 작고 매력적인 부엌, 그리고 2개의 독립 테라스가 딸린 작은 집 "아켈라(Akela)"가 있다.

오리온은 계단형 토양과 작은 구석들로 이루어진 7,000평방미터의 대지 위에 자리잡고 있으며, 참나무, 소나무, 야자나무가 캐노피를 만들어 드리운다. 프랑스령 리비에라와도 가까운 독특한 환경 안에서 느긋한 휴식을 즐길 수 있다. **BS**

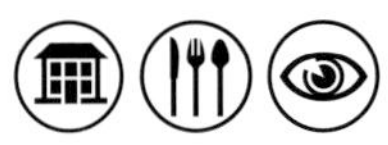

# 라 셰브르 도르 Stay at La Chèvre d'Or

**Location** 프랑스 알프마리팀
**Website** www.chevredor.com  **Price** 💲💲

이즈(Eze)는 지중해를 내려다보는 높이 300m 언덕 위에 자리잡고 있으며, 니스에서 동쪽으로 몇 킬로미터밖에 떨어져 있지 않다. 알프스가 바다와 만나는 지점과 가까우며, 자동차도 다니지 못하고 길은 좁다. 셰브르 도르는 이 마을의 한쪽에 숨어 있다―관광객의 눈에 띄지 않는 것은 당연하다.

환상적인 자연 풍광 덕분에, 객실의 전용 테라스로 나가면 바깥의 번잡스러움을 다 잊고 카프 페라(Cap Ferrat)의 저 유명한 곳을 내려다보게 된다. 일부 객실은 전용 인피니티 풀이 딸려 있어, 물 속에서 풍경을 즐길 수도 있다. 물론 가시투성이 배나무들 사이에 공동 수영장도 있다. 이 마을의 대부(代父)는 스웨덴 왕자 윌

> "잘 자고, 많이 웃고,
> 환상적인 활기와
> 인내심을 얻었다."
>
> 프리드리히 니체, 이즈 마을에 대하여

리엄으로, 신분이 다른 여인과 결혼하기 위해 자신의 왕위 계승권을 포기하고 1920년대에 이곳으로 이주했다. 이즈는 "니체의 산책길"로도 유명하다. 너무 가팔라서 보는 것만으로도 무서운 오르막길과, 사람을 지치게 하는 내리막길로, 독일의 철학자 니체가 만든 것이다. 니체는 이곳에서 머무는 동안 시를 쓰는 영감을 얻었다고 한다.

마을에는 볼거리가 많다. 수공예품을 파는 상점은 물론 이탈리아 바로크풍의 교회―이즈가 프랑스령이 된 것은 불과 1860년의 일이다―도 있다. 셰브르도르에는 레스토랑이 3개 있다. 미슐랭 스타 레스토랑인 셰브르도르와 점심식사를 할 수 있는 레 랑파르, 그리고 르 그릴 뒤 샤토이다. **GMD**

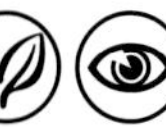

# 레 로제
Enjoy Les Rosées

**Location** 프랑스 알프마리팀
**Website** www.lesrosees.com  **Price** ⓢⓢ

코트다쥐르에 바캉스용 별장을 가진다는 것은 아마 모든 이들의 꿈이겠지만, 만약 그럴 수 없다면 두 번째 옵션은 단연 레 로제이다. 400년 된 프로방스 농가에 4개의 매력적인 스위트가 있어, 화려한 프랑스령 리비에라의 칸을 내려다보고 있는 언덕 꼭대기 마을 무쟁을 돌아보기에 시크하기 그지없는 베이스캠프가 되어 준다. 옛 전원풍의 돌집과 향기 그윽한 야생 정원은 프로방스 그 자체이다—마치 헐리우드 영화 세트장에 와 있는 것은 아닐까 착각이 들 정도로 말이다. 우아하면서도 소박한 레 로제—다양한 레저를 즐길 수 있을 만큼 가깝지만, 관광 인파를 피할 수 있을 만큼 충분히 먼—는 세월을 잊은, 영혼으로 넘쳐나는 그런 장소이다.

지붕에는 천창이 나 있고, 통나무를 태우는 벽난로가 있는 세르게이 스위트에 머물자. 몽환적인 이사도라 스위트에는 공기가 잘 통하는 라운지와 풍성한 실크 커튼이 있다. 생마르그릿은 라벤더가 핀 정원을 내려다보는 개인 테라스를 자랑한다. 생오노라에서는 로맨틱한 19세기 정취가 느껴진다. 모두 랄프로렌 침구와 보스 사운드 시스템을 갖추고 있으며, 오래된 일광욕 의자와 커다란 빅토리아풍 욕조가 다소 낡았으면서도 시크한 느낌을 자아내는 등 디테일에 꼼꼼하게 신경을 썼음을 알 수 있다.

아침식사로는 햇빛이 가득한 테라스에서 흉내가 불가능한 바삭바삭한 크루아상을 먹는다. 그런 다음 잠깐 시원한 물 속에 들어가서 첨벙거리다가 가파른 오솔길을 따라 무쟁 시내로 내려가자—수 세기 동안 예술가들과 시인들을 끌어당긴, 매력적인 마을이다. 무엇보다도 레 로제의 주인 킬페리크 로베와 부인 제니, 그리고 다른 직원들의 환대와 친절함 덕분에 아무리 집에서 멀리 떨어져 있어도 집에 와 있는 기분이 든다. **LP**

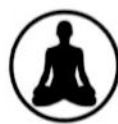

# 르 마 캉디유
Unwind at Le Mas Candille

**Location** 프랑스 알프마리팀
**Website** www.lemascandille.com  **Price** ⓢⓢ

여기서 "캉디유"는 로마식 촛대를 연상케 하는 날렵한 사이프러스 나무들을 지칭한다—덧문을 모두 닫은 18세기 농가의 사랑스러운 파사드를 따라 정확하게, 그리고 세심하게 심어 놓은 나무들 말이다. 웅장한 시골 별장처럼 보이는 르 마 캉디유는 무쟁의 북서쪽 비탈에 위치한 4ha가 넘는 프로방스의 층계형 대정원 위에 펼쳐져 있다. 소나무, 나이든 사이프러스 나무, 그리고 넓은 올리브나무 과수원이 만들어내는 빽빽한 캐노피에 가려져 있어 언뜻 눈에 띄지 않는다.

이 호텔은 칸에서 차로 10분밖에 걸리지 않는데도 프랑스령 리비에라의 시끌벅적함과는 거리가 먼, 가장

> "스파의 효과는 확실하다—
> 아기처럼 푹 자고
> 다음 번 식사의 꿈을 꾼다."
>
> 멜 애거스, 『옵저버』

고요하고 차분한 풍경 속에서 클래식한 우아함을 선사한다. 풀장 가장자리에 위치한 계단형 레스토랑에서는 하루 종일 갓 구워낸 크루아상과 이 지역에서 재배한 신선한 계절과일을 먹을 수 있지만, 단골 손님들이 이곳을 계속 찾아오는 이유는 미슐랭 스타 레스토랑인 "캉디유"이다. 야생 오리 로스트 같은 고전적인 요리 외에도 소금 버터에 익힌 전자리상어 꼬리 같은 특이한 음식도 먹어볼 수 있다.

마 캉디유의 또다른 하이라이트는 시세이도 스파이다. 이곳의 유일한 목적은 핫타월과 지압 마사지로 쌓인 긴장과 스트레스를 풀어 주는 것이다. 정원으로 둘러싸인 스파에는 월풀욕조와 릴랙스 센터, 하이드로테라피 풀, 사우나가 갖추어져 있다. **BS**

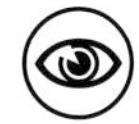

# 탕드 열차
Ride the Nice to Tende Train

**Location** 프랑스 알프마리팀
**Website** www.beyond.fr/travel/railcuneo.html　**Price** $

남프랑스에서 이탈리아 국경에 이르는 숨막히게 아름다운 풍경을 감상하는 데 편안한 기차보다 더 좋은 방법이 또 있을까? "트레인 데 메르베유(Train des Merveilles, '경이의 열차'라는 뜻)"는 니스에서 승객을 태우고 두 시간을 달려 탕드에 도착한다. 프랑스 국영 철도회사가 운영하는 노선으로 여름철에는 매일, 다른 기간에는 주로 주말에 운행한다.

그림처럼 아름다운 루트는 루아야(Roya) 계곡을 따라 콜 드 탕드(Col de Tende) 터널을 통해 알프스를 너무 이탈리아로 향한다. 탕드 근처, 루아야 계곡 상류에서는 두 차례에 걸쳐 360도로 방향을 바꾸기까지 한다. 도중에는 수많은 구름다리와 터널이 있는데, 그 중 레스카렌(L'Escarene)과 소스펠(Sospel) 사이를 지나는 것은 길이가 6km에 이른다. 터널이 많긴 해도, 영원히 기억에 남을 스펙터클한 풍경을 충분히 즐길 수 있다. 기차는 거친 산지와 깊은 협곡을 가로질러 달리며, 도중에 퐁탕(Fontan)이나 라트리니테(La Trinité) 같은 몇몇 예쁜 산간 마을에 정차한다—기차에서 내려 하이킹을 시작하기에 완벽한 출발점이다.

한번 타면 에어컨이 작동하는 열차 객실에서 내릴 때까지 머물러 있어도 되고, 중간에 있는 역에서 내려서 메르캉투르 국립공원이나 신비한 선사시대 동굴 벽화로 유명한 메르베유 계곡(Vallée des Merveilles) 같은 주변 볼거리들을 즐긴 뒤 다시 기차에 올라타도 된다. 또는 기차를 계속 타고 국경을 넘어 이탈리아의 역사적인 도시 쿠네오로 가서 하룻밤을 묵어도 좋다. 다만 유감스럽게도 이 기차는 간격이 매우 드문드문하므로 사전에 계획을 잘 짜는 것이 중요하다. 겨울철에는 위험하게 얼어붙은 도로를 운전하지 않고도 스키를 타러 산으로 올라갈 수 있는 멋진 방법이다. **HA**

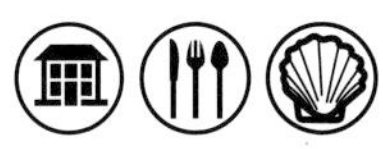

# 보스콜로 플라자 호텔
Stay at Boscolo Plaza Hotel

**Location** 프랑스 알프마리팀
**Website** www.boscolohotels.com　**Price** $

니스는 코트다쥐르에서 가장 화려한 도시 중의 하나이자 프랑스령 리비에라의 심장이며 영혼이다. 고전적인 해안 도시로 "비외 니스"라 불리는 예스럽고 유서 깊은 도심은 물론 자갈이 깔린 따뜻한 해변을 자랑하며, 지중해를 따라 저 유명한 "잉글랜드 산책길"이 수 킬로미터에 걸쳐 이어진다.

인파에 휩쓸리지 않고 니스를 즐기려면 도시에서 가장 숨겨진 곳으로 가야 한다—바로 보스콜로 플라자 호텔의 옥상 바이다. 온통 새하얀 스투코를 발라 놓아 꼭 머랭 과자처럼 보이는 건물 맨 꼭대기에 자리잡고 있는 바와 레스토랑이, 도시의 멋진 아르데코 양식 건축물이

> "니스에서 품격, 우아함,
> 환대를 최고로
> 즐길 수 있는 곳."
>
> 보스콜로 플라자 호텔 소유주

멀리 반짝이는 푸른 바다까지 이어지는, 환상적인 전망을 자랑한다.

카페크렘을 주문하든 차가운 로제와인 한잔을 선택하든 석양을 감상하기에 여기보다 더 좋은 곳은 없다. 분위기는 한마디로 "리비에라 시크"이다. 짙은 색 나무를 깐 바닥은 새하얀 벽과 좋은 대비를 이루며, 낮게 매달아놓은 데이베드가 현대적인 느낌을 더한다. 바는 벨 에포크 스타일의 섬세한 철제 프레임 격자가 만들어내는 그늘이 드리워져 있다. 스피커에서는 팝 음악이 흘러나오지만 거슬릴 정도로 시끄럽지는 않다. 건물 지붕이 활기찬 살레야 거리를 가리는 좁고 오래된 길을 훑어보자. 바로 아래에는 포센 가의 자르댕 알베르 I는 야자수가 드문드문 서 있는 녹지로, 오후가 되면 아이들의 놀이터로 변신한다. **RCA**

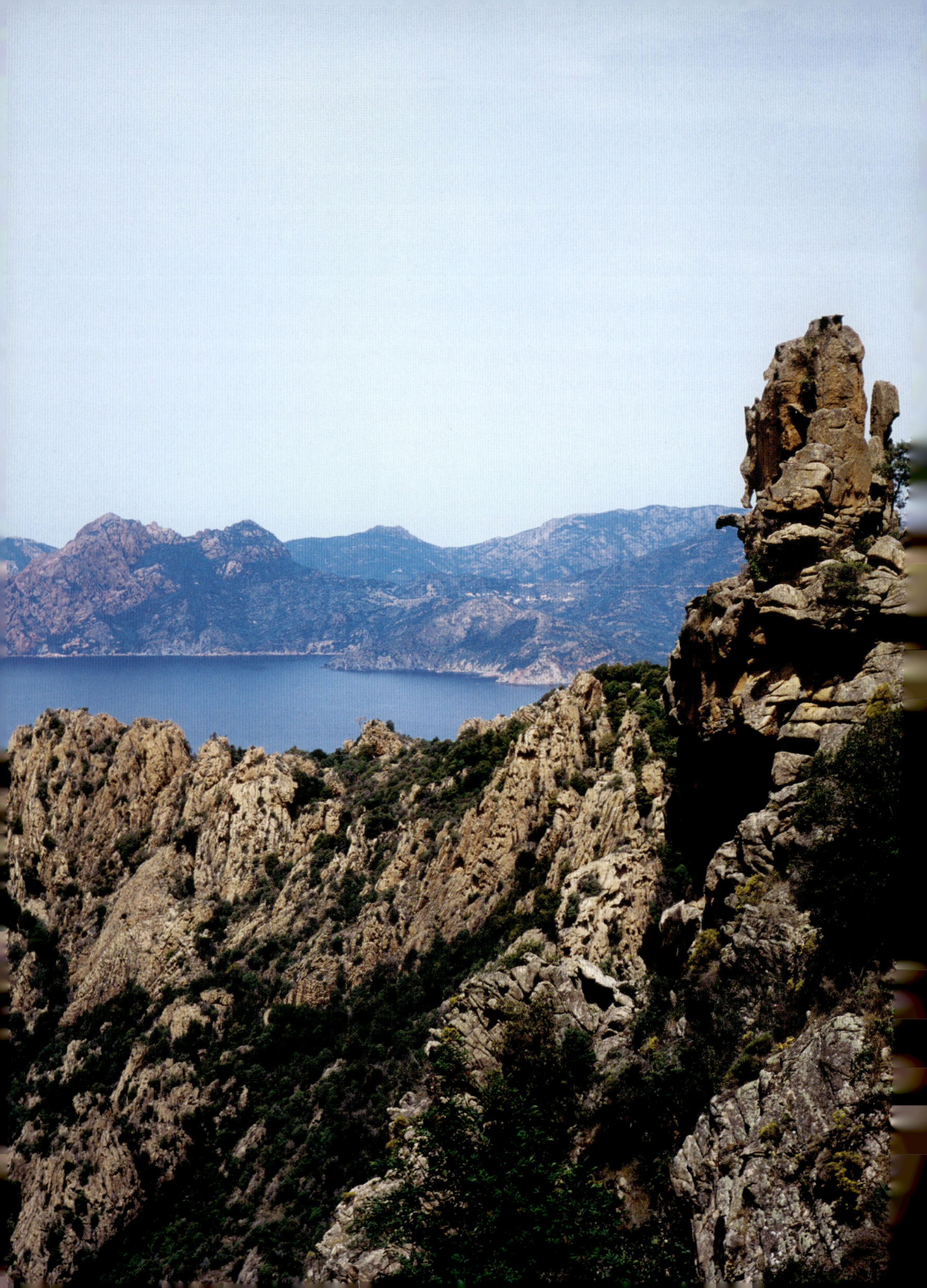

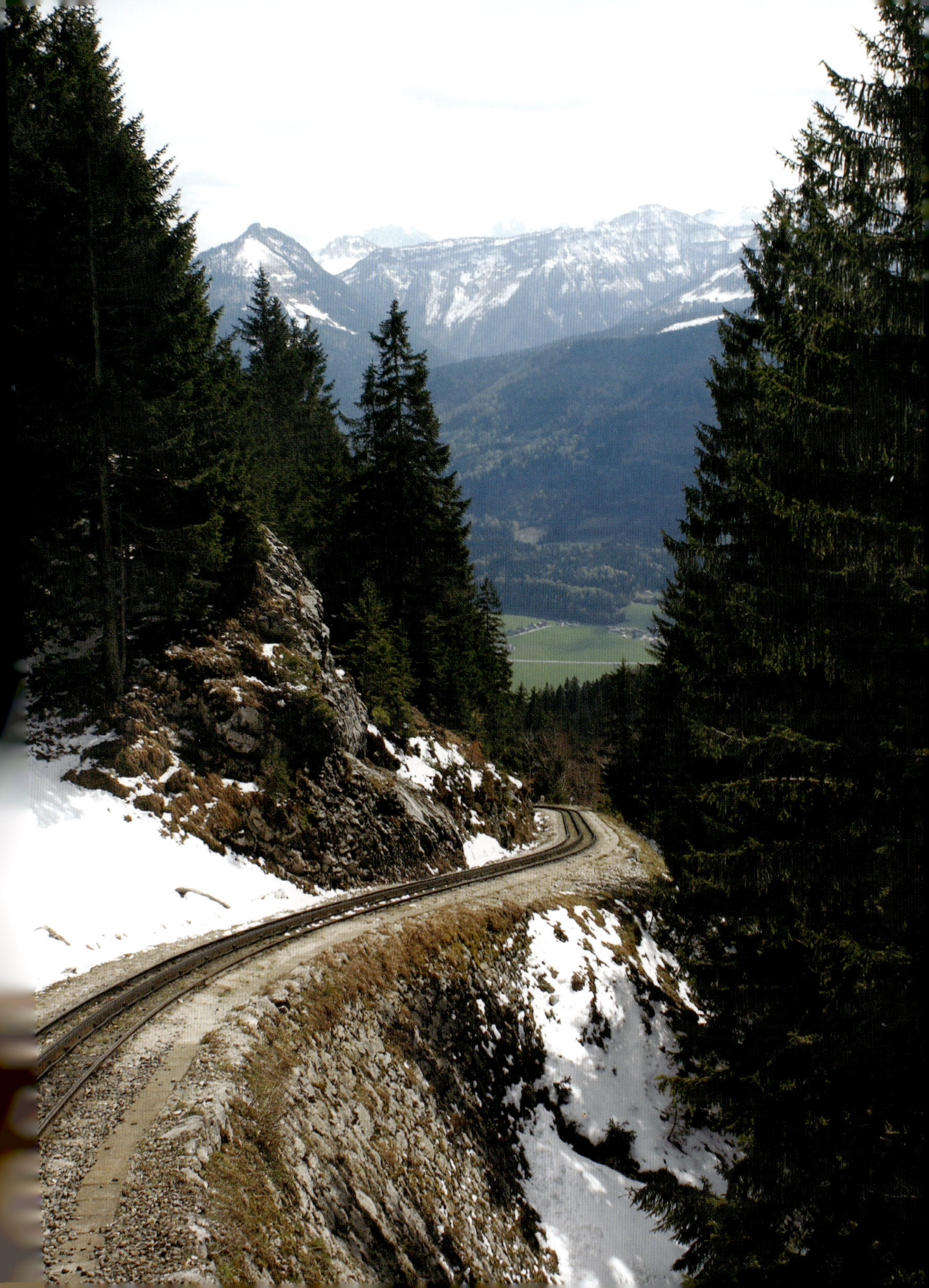

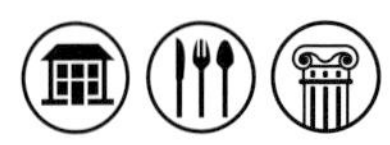

# 슐로스 뒤른슈타인 Enjoy Schloss Dürnstein

**Location** 니더외스터라이히
**Website** www.relaischateaux.com/durnstein  **Price** ⓢⓢ

이 바로크 양식의 슐로스(독일어로 "성[城]"이라는 뜻)는 작고 한적한 마을 뒤른슈타인의 가장 큰 볼거리이다. 뒤른슈타인은 그림엽서에나 나올 법한 아름다운 마을로, 2000년 UNESCO 세계 유산으로 지정된 바하우 지방에 속한다. 마을 중심가에는 귀여운 카페와 바가 몇 개 있다. 빵집 "슈미들"의 작고 둥근 빵 "라베를"은 유럽 대륙에서 그 평판이 자자할 정도이다. 슈미들은 또 이 마을에서 가장 훌륭한 와인을 생산하고 있기도 하다.

1683년, 투르크군이 빈 성문 앞에서 퇴각하였다는 전갈을 받았을 때 오스트리아 황제 레오폴트가 바로 이 성에 머물고 있었다고 하며, 지금도 각국의 군주와 왕

> "(호텔의) 실내 장식은 바로크,
> 비더마이어, 그리고 제정 시대
> 오스트리아 양식이다."
>
> 슐로스 뒤른슈타인 운영진

들이 즐겨 찾는 호텔이다. 영국, 일본, 스페인의 왕족들이 최근에 다녀갔다. 1937년 라이문트 티에리와 그의 가족이 이 성을 사들여 환상적인 앤티크로 가득한 우아한 5스타 호텔로 변신시켰다. 티에리 가는 호텔의 현 소유주이기도 하다.

최근 몇 년 동안 특히 부엌이 눈부시게 발전하여, 중앙 식당, 혹은 여름철에는 도나우 강이 내려다보이는 테라스에서의 식사는 진정한 식도락이 되었다. 말할 필요도 없지만, 바하우 와인은 최고급이다. 지상층에는 멋진 궁륭을 올린 방이 수없이 많고, 침실 중 대부분은 값비싼 가구가 놓여 있다. 테라스에는 예쁜 수영장이 있다. 도나우 강 남쪽에서 보는 뒤른슈타인 성은 오스트리아에서 가장 로맨틱한 전망 중 하나라고 일컬어진다. **GMD**

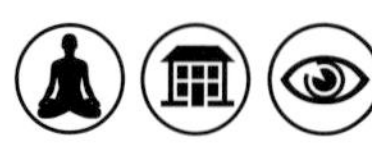

# 마이어&모어 Discover Mayr & Mohr Spa

**Location** 오스트리아 캐른텐
**Website** www.mayrandmore.at  **Price** ⓢ

향기 나는 양초와 아로마테라피 오일, 프랑기파니 꽃잎 따위는 잊어버리자. 예전에는 병원이었던 이 헬스스파는 오직 그 결과에만 초점을 맞춘 매우 엄격한 접근방식을 채택하고 있어, 보통 "스파" 하면 떠올리는 사치와는 거리가 멀다. 대신 움직일 때마다 서걱서걱 날선 소리가 날 것 같은 빳빳한 흰색 유니폼을 입은 굉장한 사감 선생님과 이른 아침 기상, 그리고 소박하다고밖에 말할 수 없는 식사를 생각할 것—이곳 스태프들의 목표는 당신의 인생을 바꾸는 경험을 제공하는 것이다.

이곳의 컨셉은 건강의 핵심은 소화 기관이라는 마이어 메소드에 바탕을 두고 있다. 따라서 1주일의 트리트먼트에는 기묘한 식단과 허벌 차, 의료 검진, 디톡스 마사지, 소변 검사까지 포함된다. 건강은 만사의 기본이며—그래서 이 호텔에는 엘리베이터도 없다—맑은 공기와 알프스의 아름다운 경관도 몸에 마법을 일으킬 것이다. 이 호텔은 뵈르터 호수의 가장자리, 누구라도 부러워할 만한 위치에 있다. 호수에서 보트를 타거나 가까운 코스에서 골프를 즐길 수도 있다. 4스타 호텔로, 모든 객실은 정원이나 호수 전망이 기본이다.

수상 경력을 자랑하는 마이어&모어 헬스 스파는 시크한 열대 휴양지나 마사지 천국은 아니지만, 이곳에서의 1주일은 몸과 마음을 변화시키고도 남는다—테라피 이상의 그 무엇을 선사하는 곳이다. 스트레스 테라피, 연소 솔루션, 그 밖에 다양한 치유법이 있어 바쁘고 건강에 나쁜 라이프스타일을 고쳐 준다. 모든 프로그램은 개개인의 필요에 맞는 맞춤형이기 때문에, 처방도 제각각일 수밖에 없다. 마이어 트리트먼트의 결과? 피부가 환해지고, 밤에는 잠을 더 푹 자게 되고, 한층 에너지가 넘친다! 이곳에서의 경험은 오랜 습관은 뒤에 놔두고, 새로운 삶, 새로운 깨달음으로 스스로를 이끌 수 있는 계기가 되어 줄 것이다. **LD**

# 크로스컨트리 스키 Cross-country Ski at Ramsau

**Location** 오스트리아 티롤
**Website** www.tirolarena.com  **Price** 💲💲

C.S.루이스(1898~1963, 영국의 소설가)의 『나르니아 연대기』에 나올 법한 침묵의 숲과 까마득한 봉우리들이 줄지어 서 있는 눈 덮인 산 풍경을 가로질러 큰 걸음으로 걷고, 아무 어려움 없이 미끄러져 가는 것을 상상해 보라—티롤 알프스에서의 크로스컨트리 스키를 떠올려 보는 방법 중의 한 가지이다. 반짝이는 눈 위로 스키가 리드미컬하게 쌩쌩 소리를 내며 움직이고, 지나가는 다른 스키어들의 "그뤼스고트(Grüss Gott, 독일 남부와 오스트리아 일부 지역에서 쓰는 인사말)" 한 마디가 이 여행을 더욱 황홀하게 만든다.

크로스컨트리 스키는 느긋하게 타든, 에너제틱하게 즐기든 타는 사람 마음이다. 정말 격렬하게 타면 팔, 다리, 그리고 온몸이 다 운동이 된다. 반대로 산 위의 카페에서 커피 한 잔과 아펠슈트루델을 먹고 일어나서 그야말로 걷는 속도로 슬슬 움직이며 다음 카페로 갈 수도 있다.

인스브루크에서 그리 멀지 않은 로이타쉬는 오스트리아 크로스컨트리 지역의 왕이다. 어마어마한 적설량을 자랑하며, 높이 2,661m의 피라미드 모양 호에문데 봉우리 아래 200km가 넘는 트랙이 뻗어 있다. 계곡에 점점이 흩어져 있는 야트막한 마을 사이로 아주, 아주 완만하게 이어지는 트랙은 남녀노소 누구나 즐길 수 있는 루트이다. 더 위로 올라가서 숲 속으로 들어가면 눈에 띄게 언덕이 많아지고, 사람의 수도 확 줄어든다—가장 가까운 산장 오두막에나 가야 다시 사람을 볼 수 있다. 전형적인 오스트리아식 정확함이 여기서도 나타난다. 모든 루트는 각각 난이도에 따라 색깔로 표시되어 있으며, 오르막길, 내리막길, 전체 길이 등을 도형으로 표시해놓았다. 길을 잃을 염려는 전혀 하지 않아도 된다. **TL**

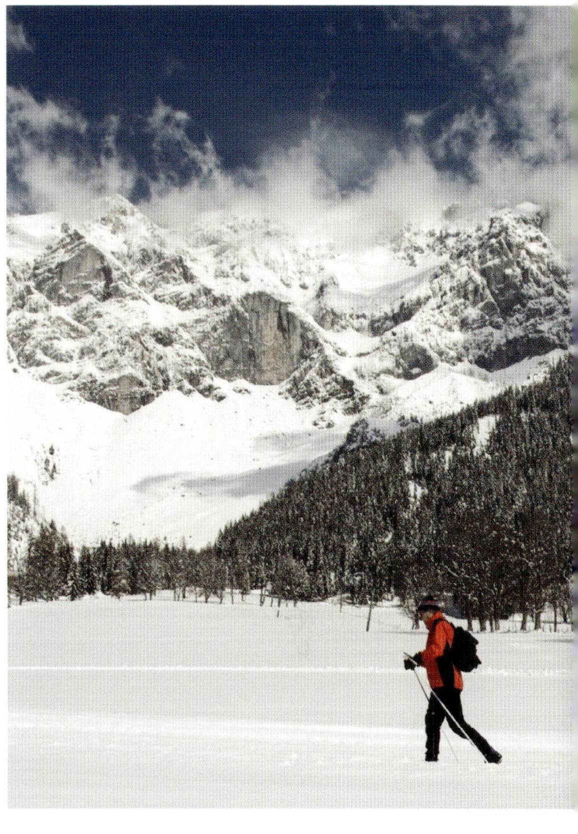

"플라스틱 부츠를 벗고 섬세한 스키를 신고,
고요한 풍경 속을 미끄러져 가다니…
이 얼마만의 해방감인가."

스티픈 베너볼스, 『가디언』

↗ 한 크로스컨트리 스키어가 아름다운 티롤 알프스의 매끄러운 눈 위를 미끄러져 가고 있다.

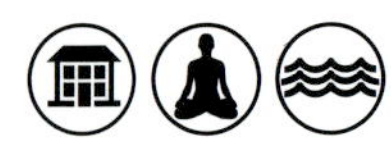

# 포스트호텔 Relax at the Posthotel

**Location** 오스트리아 티롤    **Website** www.posthotel.at
**Price** ⑤⑤

포스트호텔 아헨키르히(Posthotel Achenkirch)에서는 경영진도, 직원도 "건강"에 대해서 그다지 신경을 쓰지 않는다. 오스트리아 최고 중 하나로 꼽히는 스파와 트리트먼트 센터를 갖추고 있는 포스트호텔은 "건강"이라는 개념이 호텔 산업의 사전에 빈번하게 등장하기 20년도 더 전에 이미 손님들에게 건강을 위한 서비스를 제공해왔다.

손님의 웰빙에 대한 포스트호텔의 접근 방식은 이제 거의 전설에 가깝다. 이곳에는 바디 필링, 안티셀룰라이트 트리트먼트, 태극권 등 다양한 아시아식 수련을 응용한 산소 테라피 등 말 그대로 모든 것이 다 있고, 모든 것이 다 가능하다. 간단한 소림사식 마사지부터, 바디 팩에 누워 물침대 위에 떠서 유리 아트리움 너머로 보이는 티롤의 별이 반짝이는 밤하늘을 바라는 것까지 말이다.

잘 훈련된 테라피스트들이 있어서 몸과 마음의 건강에 대한 전체의학적 접근의 트렌드를 선도해 나가고 있다. 43개의 객실은 시골집 스타일로, 천연 목재 바닥에 일본식 욕조에는 향기 그윽한 물이 넘실거린다. 퇴창과 전용 테라스가 기본으로 딸려 있으며, 과일 바구니나 객실내 초고속 인터넷 액세스 같은 작은 디테일도 마찬가지이다.

포스트호텔의 주방에서는 인근에서 생산한 재료를 이용한 계절 요리를 선보이며, 권위 있는 고미오 가이드로부터 정기적으로 모자를 받곤 한다. 테니스, 스쿼시, 아름다운 아헨 호수(Achensee)에서 보트 타기, 또는 웅장한 카르벤델 산맥(Karwendelgebirge)에서의 승마 등은 당신의 기분까지 상쾌하게 해 줄 것이다. **BS**

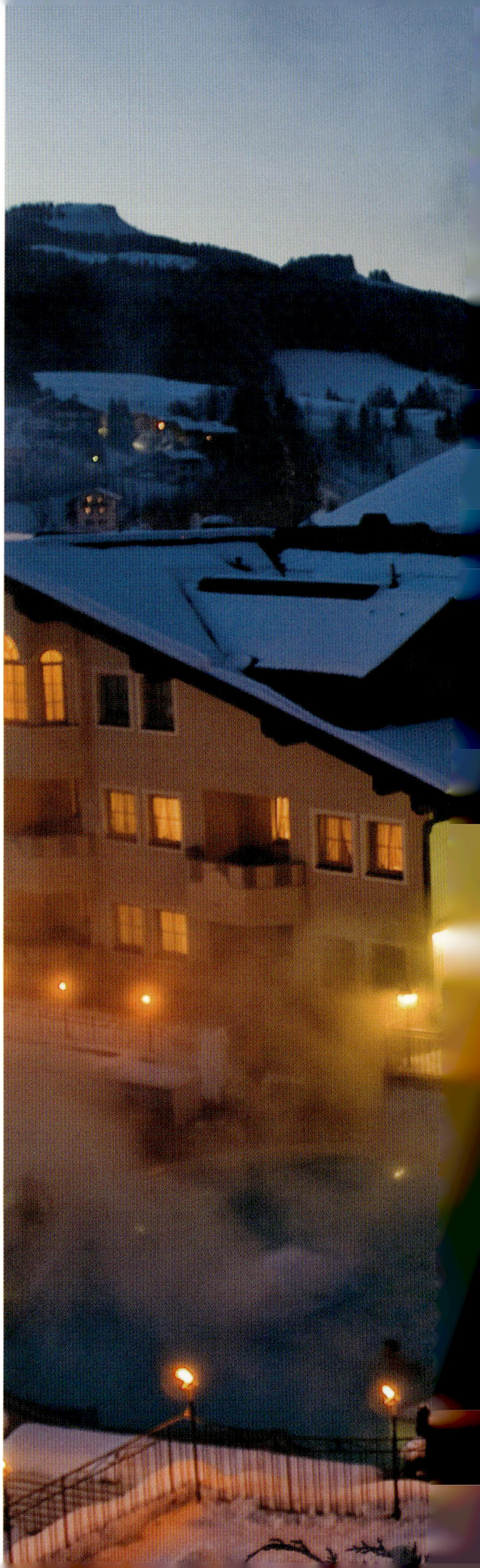

▣ 전원적인 티롤 알프스 계곡의 숲 속 깊숙이 5스타 호텔이 자리잡고 있다.

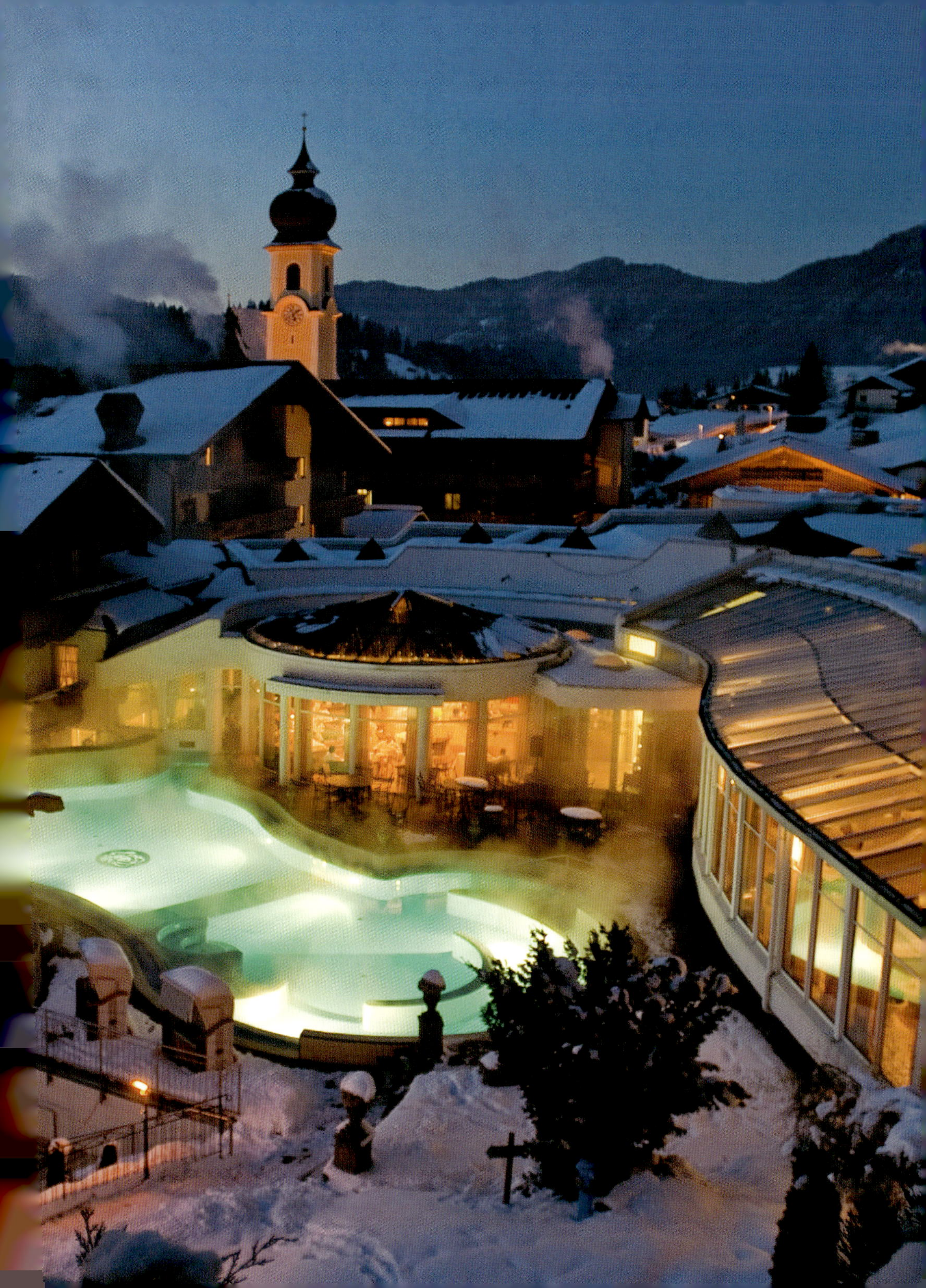

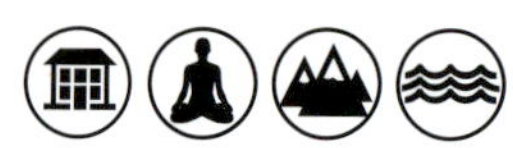

# 리베스 로트-플뤼 호텔 스파 Enjoy Liebes Rot-Flüh Hotel Spa

**Location** 오스트리아 티롤
**Website** www.rotflueh.com   **Price** ⑤⑤

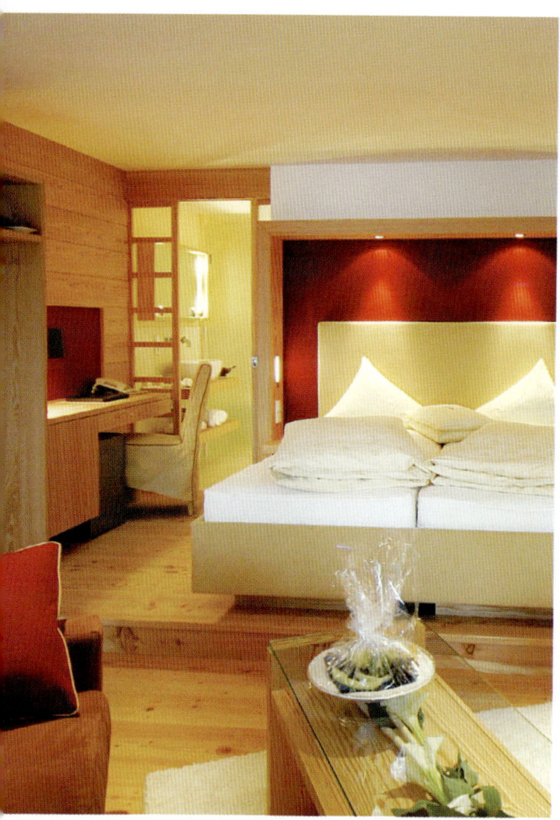

"…계속 믿으면,
당신이 바라는 꿈이
이루어져요."

〈신데렐라〉, 디즈니 1950년작

이곳은 호텔이 아니다—동화 속에 나오는 휴양지이다. 스파 팰리스 "신데렐라 캐슬(Cinderella Castle)"은 마치 연극 무대 세트 같다. 종유석이 가득한 동굴 속에 버블 풀장이 숨어 있어 분위기도 무드도 마치 꿈결 같다. 스팀 목욕, 사우나, 아이스 동굴 등의 시설은 모두 최고의 디자인을 자랑한다. 장미꽃잎 목욕부터 몸에 활력을 되찾아 주는 마사지까지 50가지가 넘는 트리트먼트가 제공된다. 스파 트리트먼트가 끝나면, 빛과 싱싱한 꽃 향기로 가득한 지중해식 휴식 공간에서 느긋하게 쉬면 된다. 또는 야외 풀장에 뛰어들어 몸을 식힐 수도 있다—심지어 겨울에도 말이다!

안에 있는 모든 것이 훌륭하지만, 밖의 풍경 역시 환상적이다. 겨울에는 눈, 여름에는 꽃으로 뒤덮인 산, 알프스 초원, 그리고 평화로운 빙하호 할덴 호수 역시 동화 속에나 나올 법한 곳이긴 마찬가지다. 위치상 언덕으로 산책이나 크로스컨트리 스키를 타러 가기에 완벽하다—물론 벽난로, 멋진 음식, 호화로운 침실을 굳이 놔두고 나가겠다면 말이다.

스위트는 클림트, 티파니, 그리고 컨트리하우스 풍으로 꾸며졌다. 똑같이 장식한 방은 하나도 없으며, 대부분의 객실에는 전용 월풀욕조와 스팀욕조가 딸려 있다. 널찍한 가족용 스위트도 있으며, 하루 종일 아이들을 돌봐 주고 즐겁게 해 줄 프로그램이 구비되어 있으므로, 아이들이 신나는 시간을 보내는 동안 마음 놓고 스파를 즐길 수 있다. 이 호텔이 『릴랙스 가이드』가 선정하는 "오스트리아 최고 호텔"을 비롯, 수많은 상을 수상한 것도 놀랄 일이 아니며, 특히 가족과 여성친화적인 호텔로 각광을 받고 있다. 완벽한 축복과 진정한 휴식. **CFM**

◹ 럭셔리한 침실부터 끝없이 펼쳐진 넓은 스파 콤플렉스에 이르기까지 흠잡을 데 없는 디자인.

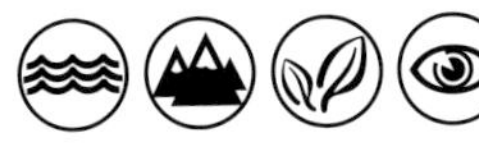

# 노이지들러 호수 Visit Lake Neusiedl

**Location** 오스트리아-헝가리 국경
**Website** www.neusiedler-see.at　**Price** 🌓

중앙 유럽 깊숙한 곳, 오스트리아와 헝가리 사이의 국경에 걸쳐 있는 이 호수는 믿기지 않는 지질학적 현상이다. 헝가리 초원 지대의 평원에서 흘러온 물이 이곳으로 모이지만, 물이 빠질 곳이 없기 때문에 결과적으로 얕은 분지에 거대한 호수가 형성되었다.

노이지들러 호수는 중앙 유럽을 제외한 다른 지역에서는 거의 알려져 있지 않지만, 그 면적은 자그마치 300평방킬로미터가 넘는다. 주위는 무성한 갈대밭으로, 이곳을 찾은 사람들은 500km가 넘는 트레일을 따라 갈대밭, 늪, 연못을 가로질러 산책이나 자전거를 즐길 수 있다. 다른 이들은 포더스도르프(Podersdorf)나 모르비쉬(Morbisch)같은 마을 근처의 호반 수상스포츠

> "호수를 둘러싸고 있는
> 놀라운 전원 건축이 이 지역에
> 흥미를 더한다."
>
> UNESCO 세계유산 위원회

중심지로 몰려간다.

노이지들러 호수는 수심이 매우 얕다—가장 깊은 곳이 1.8m밖에 되지 않는다. 이는 곧 여름에는 매우 빨리 수온이 올라간다는 뜻이며, 바다에서 수백 킬로미터나 떨어져 있는 이 지역에 넓고 따뜻하고 잔잔한 물놀이터가 생긴다는 의미이기도 하다. 보트 타기, 수영, 낚시, 윈드서핑 등이 인기가 높다. 카이트서핑(큰 연에 매달린 채 하는 파도타기) 코스에 참가하거나, 모터보트를 대여해서 직접 몰아볼 수도 있다. 겨울에는 얕은 물이라 역시 금방 얼기 때문에 스케이팅과 크로스컨트리 스키를 즐기기에 제격이다. 호수 둘레에 있는, 시간의 흐름이 멈춘 듯한 오래된 마을에는 곳곳에 아름다운 18-19세기 궁전들이 있다. 이 호수는 UNESCO 세계유산으로 지정되었으며, 현재는 오스트리아-헝가리 공동 국립공원의 일부이다. **SH**

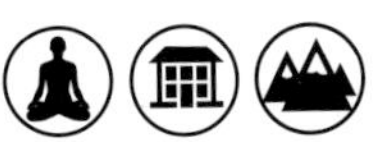

# 아쿠아레이나 Unwind at Aquareina Spa

**Location** 스위스 그라우뷘덴
**Website** www.vereinahotel.ch　**Price** ⑤

옛 알프스의 매력에 대해 이야기하자면, 클로스터스의 이 시크한 마운틴 리조트에 대적할 수 있는 곳은 아무데도 없다. 세계의 왕족과 셀레브리티 들이 사랑해 마지않는 이곳은 일류 오지 스키를 즐길 수 있는 곳으로, 300km가 넘는 야생 자연 그대로의 눈 덮인 경사면을 자랑한다.

예술의 경지라고밖에 표현할 수 없는 럭셔리한 휴양지, 아쿠아레이나 스파 호텔 페어라이나는 온천욕장, 핀란드식 사우나, 아로마 사우나 등이 있으며 정말 사치스러운 트리트먼트 서비스를 제공한다. 바이탈리티 풀은 분출구에서 뿜어져 나오는 물이 몸에 활력을 불어 넣는 마사지를 해 주며, 커다란 실내 수영장은 수영을 연습하기에 완벽하다. 전신 혹은 부분 마사지, 발 반사 마사지, 원기 회복 마사지, 마람 마사지 등 다양한 마사지가 기분을 상쾌하게 만든다. 이곳의 시그니처 트리트먼트인 클레오파트라 우유 목욕은 절대 놓치지 말 것—피부를 되살아나게 해 주니 말이다.

지극히 럭셔리한 샬레 스타일 호텔 페어라이나는 클로스터스의 햇빛이 잘 드는 면에 서 있으며, 마을 중심가에서 걸어서 수 분밖에 걸리지 않는다. 울트라쉬크하고 우아한 이곳은 원래 1890년에 개장했으나 대규모 개·보수 공사를 거쳐 21세기에 화려하게 재등장했다. 그 환상적인 음식과 피아노 바를 두고 밖으로 나올 수만 있다면, 인근의 하이킹 트레일이나 크로스컨트리 스키 루트를 탐험해도 좋고, 아이스링크로 가서 스케이팅을 즐길 수도 있다.

또는 고치나 케이블카를 타고 파르센 스키 루트로 갈 수도 있다. 산 위로 높이 솟구쳐 날개를 펼치는 꿈을 꾼 적이 한 번이라도 있다면, 프래티가우 계곡에서 패러글라이딩에 도전해 보자. 고치나그라트에서 날아오르면 천국에 가장 가까운 곳에 온 듯하다—스파의 트리트먼트만큼이나 말이다. **AD**

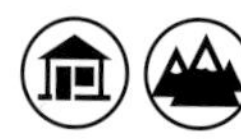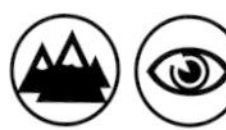

# 샬레 유지니아 Stay at Chalet Eugenia

**Location** 스위스 그라우뷘덴　**Website** www.descent.co.uk
**Price** ❸❸❸

샬레 유지니아는 "호화로움"이라는 단어에 새로운 의미를 부여한다. 침실만 6개인 이 샬레에 도착하면, 6명의 스태프와 실내 사우나, 스팀룸, 나무 널을 댄 서재, 응접실, 그리고 2개의 아름다운 식당이 기다리고 있다—그리고 이 모든 것은 극히 일부분에 불과하다.

모든 방을 최고급 사양으로 디자인한, 클래식하면서도 세련된 스타일을 자랑한다. 대부분의 방에는 전용 발코니가 딸려 있으며, 남향으로 고치나 산의 환상적인 전망을 즐길 수 있다. 현관 밖으로 나가고 싶다면 당연히 운전사가 365일 24시간 대기하고 있다. 샬레 안의 호화로움에도 불구하고, 문밖에 펼쳐진 그림 같은 풍경의 유혹도 뿌리치기 쉽지 않다. 유지니아는 예쁜 휴양

> "알프스에서 가장 사치스러운
> 샬레… 유지니아의 럭셔리는
> 일종의 쇼크로 다가온다."
>
> 톰 로빈스, 『옵저버』

도시 클로스터스에서 자동차로 2분밖에 걸리지 않는다. 엥가디네 산맥 기슭에 자리한 드라마틱한 산 풍경은 진정 꿈이다—오랜 세월 동안 클로스터스가 영국 왕족들이 가장 사랑하는 겨울철 휴양지였던 것도 놀랄 일이 아니다.

이곳에서 스키를 탄다는 것이 얼마나 멋진 경험인지는 말할 필요도 없다. 가족과 함께 즐기기에는 마드리사가 좋고, 파르센 스키장도 훌륭하다. 또 양쪽에 나무가 빽빽이 서 있는 마법 같은 도로를 달려 퀴블리스나 아로사에 다녀올 수도 있다. 물론 이 모든 것이 다 귀찮게 여겨진다면, 샬레 유지니아에 틀어박혀 창밖의 호수 위로 눈송이가 내려앉는 광경을 지켜보는 것만으로도 완벽한 휴가가 될 것이다. **LP**

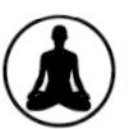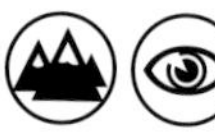

# 호텔 테르메 Relax at Hotel Therme

**Location** 스위스 그라우뷘덴　**Website** www.therme-vals.ch
**Price** ❸❸

한 디자인 마니아의 꿈이 현실이 된 호텔 테르메는 모던 건축이 어디까지 진화했는지 그 최첨단을 보여 준다. 건축가 페터 춤토르가 돌, 물, 빛만으로 빚어낸 테르메 스파는 거의 종교적인 경험에 가깝다. 잿빛 팔스 산 규암을 사용한 울트라 모던 디자인만으로는 춤토르를 만족시킬 수 없었다. 그는 1960년대에 세워진 낡은 이웃 호텔에 눈을 돌렸다. 그리고 그 결과는 이른바 "템퍼러리" 객실이다. 온통 새하얀 모던 스타일의 방 안에 현란한 색깔의 인도 러그와 초콜렛색의 가죽 의자를 비치했다. 그 분위기는 스위스 하면 누구나 떠올리는 하이디 풍의 샬레와는 지구 반대편만큼이나 멀다.

호텔 테르메는 상크트페터스 온천 바로 아래의 언덕 비탈에 서 있으며, 이 천연 온천에서 물을 공급받는다. 그 미끈한 스타일에도 불구하고, 가격은 5스타답지 않다. 호텔도, 스파도 모두 지자체 소유이기 때문에 그만하면 합리적인 가격이다. 무엇보다도, 호텔 투숙객들은 스파 개장 시간 이후에도 들어갈 수 있으며, 즐길 수 있는 것이 너무나 많다. 가장 큰 매력은 몇 개나 되는 거대한 욕장이다—뜨거운 물, 차가운 물, 싱싱한 꽃잎이 떠 있는 물 등 원하는 대로 들어갈 수 있다. 파르스름한 천창에서 쏟아져 내리는 빛, 혹은 바닥에서 쏘아올리는 빛 가릴 것 없이 드라마틱한 조명도 빼놓을 수 없다. 어떤 풀은 물이 찰랑이는 선까지 새하얗게 칠하고, 풀 밖은 거친 짙은 회색의 돌로 꾸며서, 마치 물이 빛나고 있는 것 같은 환상을 만들어낸다. 또 눈송이가 머리 위로 팔랑팔랑 내려앉는 가운데 김이 오르는 뜨거운 물 속에 목까지 잠겨서 눈 덮인 알프스 산을 바라보는 스릴도 상당하다.

이곳의 테마는 모두 릴랙스이다. 풀 안에 누워서 칵테일을 홀짝이며, 스위스 알프스의 아름다운 자연을 숭배하자. **AD**

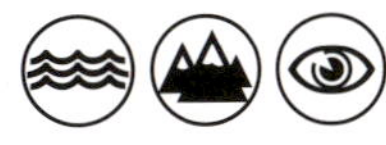

# 루체른 호수 Discover Lake Lucerne

**Location** 스위스 중부(우리, 슈비츠, 운터발덴 주)  **Website** www.myswitzerland.com
**Price** ◗

눈 덮인 알프스 산봉우리를 배경으로 요정 동화에나 나올 법한 작은 탑과 지붕 있는 중세의 나무 다리가 즐비한 루체른은 지구상에서 가장 로맨틱하고 우아한 도시 중의 하나이다. 호반의 벨에포크풍 호텔부터 미끈한 문화 컨벤션 센터(Die Kunst-, Kultur- und Kreativwirtschaft)에 이르기까지 온갖 볼거리로 가득 찬 최신 유행 도심 속에 전형적인 알프스 매력이 숨어 있다.

취리히 공항에서 기차를 타면 흔들림 없이 편안하게 호숫가의 선착장에 내려 준다. 그리고 그 순간 진정 그림엽서에 등장하는 바로 그 스위스가 눈앞에 펼쳐진다—루체른 호수 위로 우아한 흰 백조들과 통통거리는 외륜선이 함께 떠다니고, 꼭대기에는 눈이 덮인 리기와 필라투스 산의 파노라마 풍경이 펼쳐진다. 그 숨막힐 듯 아름다운 자연 경관 때문에 이곳에서는 연중 예술 행사가 끊이지 않고 열린다. 6월에는 전통 음악이 거리를 울리며, 7월에는 블루스와 소울부터 R&B와 펑크를 아우르는 블루볼스(Blue Balls) 페스티발이 열린다. 7월과 8월에는 콘서트, 발레, 오페라, 무용, 연극 등 전 세계의 예술가들이 몰려들면서 그야말로 언덕까지 음악 소리에 들썩이는 듯하다.

1년 중 어느 때 오든, 그 스펙터클한 자연 풍경을 감상하려면 반드시 눈덮인 필라투스 산 꼭대기에 올라가 봐야 한다. 호수의 증기선, 케이블카, 곤돌라, 그리고 세계에서 가장 가파른 톱니궤도 열차를 타고, 파란 용담화가 여기저기 무리지어 피어 있는 초원과 창가에 제라늄 화분이 매달려 있는 샬레 사이를 꼬불꼬불 올라가 산 정상에서 점심을 먹자. 요들이 들리지는 않겠지만, 이곳은 완벽한 스위스 그 자체이다. **MN**

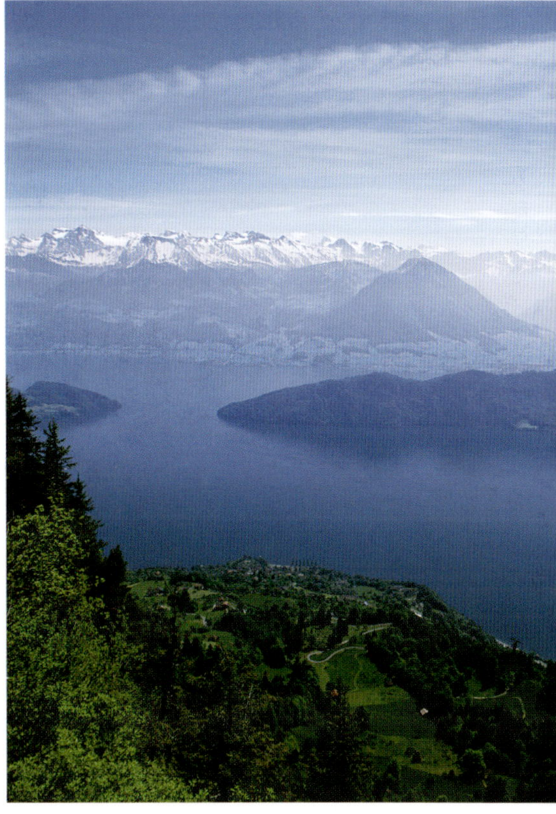

“비길 데 없이 아름다운 자연에
말 그대로 할 말을 잃고
휘청거렸다.”

마이클 위너, 영화 감독

↗ 리기 쿨름(Rigi Kulm) 산에서 내려다본 스펙터클한 호수 풍경.

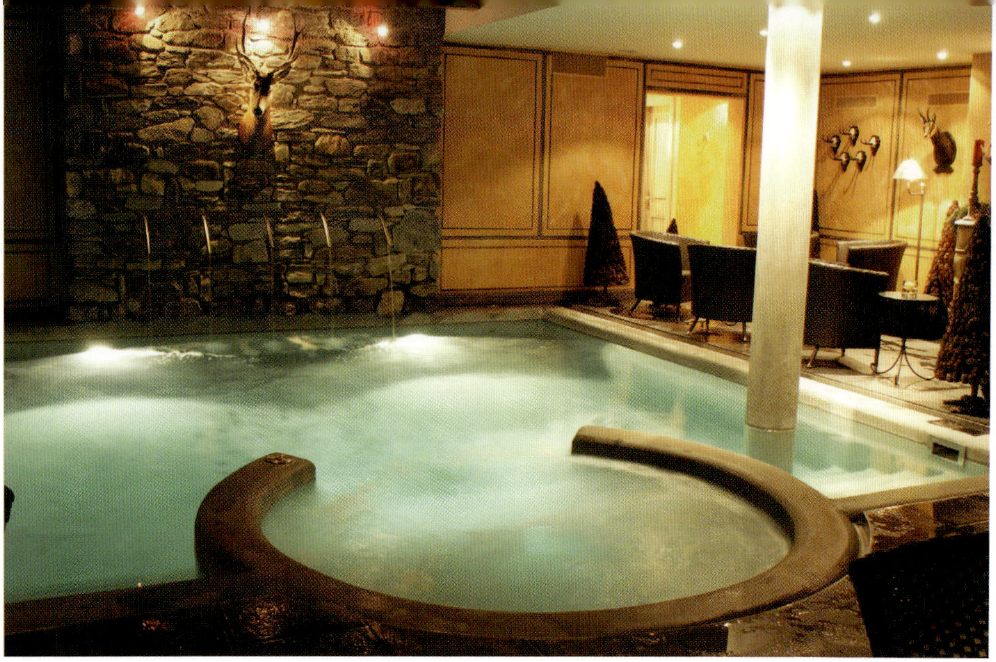

# 벨라 톨라 Recharge at Bella Tola

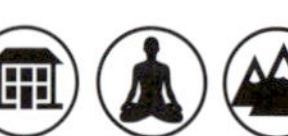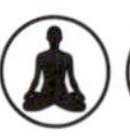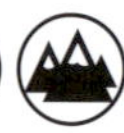

**Location** 스위스 발레     **Website** www.bellatola.ch     **Price** Ⓢ

1883년에 지어진 벨라 톨라는 매우 유서 깊은 호텔이다. 이미 그 당시에 로마 시대 저택이 서 있었던 자리에 전형적인 알프스 호텔로 시작했다. 세월이 흐르면서 증축을 거듭하여, 마침내 이 외진 고장에 위치한 웅장한 호텔의 위용을 갖추게 되었다.

높이 1,652m에 위치한 벨라 톨라는 발다니비에의 옆구리를 지나가는 산길을 내려다보고 있다. 현재 주인인 안-프랑수아와 클로드 뷔슈가 인수하기 전에는 한 가문이 3대에 걸쳐 운영해 왔다. 이 나이든 귀부인 같은 호텔을 모던하게 변신시키기보다는 낡은 바닥과 창문을 세심하게 개·보수하는 쪽을 선택했고, 손님들에게 멋진 추억을 선사할 수 있는 예술 작품이나 수집품, 앤티크 가구 등도 들여놓았다.

궁극적으로 벨라 톨라는 쉬고, 긴장과 스트레스를 풀고, 재충전을 하기 위한 공간이다. 호화로운 욕실은 시대풍 가구로 개성있게 꾸며졌으며, 일부는 개인용 발코니가 있어 깊이 패인 계곡의 풍경을 감상할 수 있다. 실내 수영장 옆에는 커다란 벽난로가 있고, 사우나, 터키탕, 얼음 분수, 마사지 룸도 구비되어 있다. 하루 종일 스키를 탄 뒤에 뭉친 근육을 풀어줄 다양한 트리트먼트도 빼놓을 수 없다.

이 계곡에서는 야생 그대로의 자연에서 스키를 즐길 수 있으며, 자동차로 15분만 달리면 가이드와 함께 환상적인 오지 스키를 체험할 수 있는 컬트 리조트 그리멘츠도 있다. 또는 넓은 정원 테라스의 의자에 늘어져서 햇빛을 쬐는 것도 좋다.

마테호른 등 이 주위를 에워싸고 있는 높이 4,000m가 넘는 봉우리들이 만들어내는 풍경도 장관이다. 이따금 저녁 식사 전에 아늑한 거실에서 재즈 밴드가 연주를 하기도 한다. 호텔 레스토랑 중에서 참브론은 퐁듀와 라클레트로 유명하다. 으스스한 겨울 밤에 먹으면 정말 완벽하다. **AD**

⤒ 신축한 헬스 공간은 축복 같은 고요 속에서 휴식을 선사한다.

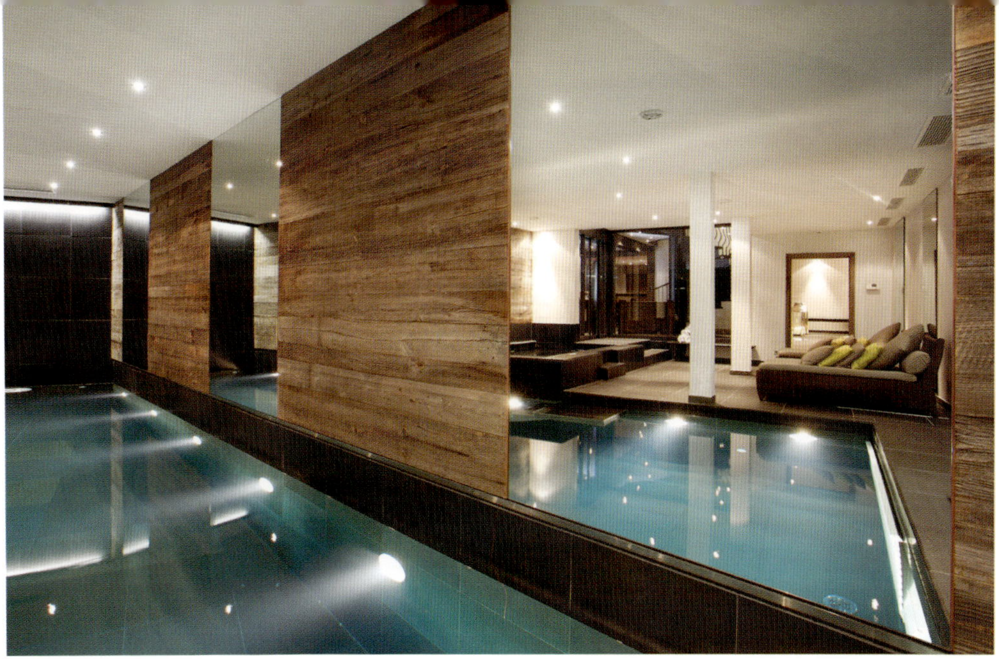

# 더 로지 Rent The Lodge

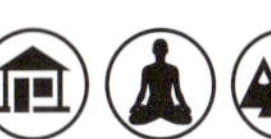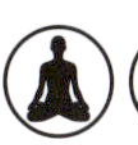

**Location** 스위스 발레    **Website** www.thelodge.virgin.com    **Price** $ $ $

베르비에가 스타일리시한 알프스 리조트의 황제라면, 더 로지는 그 황태자쯤이라고 보면 된다. 버진 그룹 회장인 리처드 브랜슨이 지은 이 시크한 통나무집은 손님들에게 제임스 본드 스타일의 일생에 한 번뿐일 경험을 선사한다.

침실 9개의 울트라 모던한 샬레는 제네바 공항에서 약 2시간 정도 걸리며, 실내 수영장, 월풀욕조, 스파, "파티룸", 와인 셀러, 아이스링크, 심지어 영화관까지 입이 다물어지지 않는 팩터들로 가득하다. 이곳에서 머무르는 동안 언제든지 수화기만 들면 개인 운전사와 스키 가이드가 대기 중이며, 원하는 시간에 입맛에 맞는 환상적인 요리를 맛볼 수 있다. 비용을 아끼는 법도 없고, 헌신적인 스태프 중에는 뷰티 테라피스트와 야외활동 코디네이터까지 포함되어 있다. 심지어 난롯가에 앉아 웅장한 자연 경관을 즐기는 동안 홀짝거릴 칵테일을 만들어 줄 바텐더까지 있다. 모든 것이 정말 007 그 자체다. 숲 풍경은 더 로지 그 자체만큼이나 스펙터클하다. 겨울에는 회원제로만 운영되며, 주위의 산들이 눈으로 덮이면서 스위스 알프스가 고요하고 반짝이는 설국을 만들어낸다. 봄과 여름에는 초목이 푸르게 자라나고, 꽃들이 선명한 무지개 빛으로 수를 놓는다. 여름에는 스키를 신고 트레일을 따라 씽씽 미끄러져 내려가고, 여름에는 스키 대신 하이킹 부츠를 신는다—어느 쪽이든 숨막힐 듯 아름다운 풍경이 마법을 걸고 말 것이다.

더 로지는 스타일리시한 스키 리조트 베르비에에서 도보로 5분밖에 걸리지 않는다. 베르비에는 그 전설적인 밤문화로도 유명하지만, 더 로지로 돌아오면 조용하고 아늑한 "집"이 기다리고 있다. 물론 어마어마하게 비싸긴 하지만, 브랜슨이 만든 곳이다—뜨거운 욕조에서 브랜디 한두 잔만 마시면 돈에 대해서는 다 잊어 버릴 수 있다. **LP**

↑ 더 로지는 브랜슨의 "리미티드 에디션" 휴양지 중 하나이다—온갖 특별한 럭셔리로 넘쳐나는 보기 드문 공간.

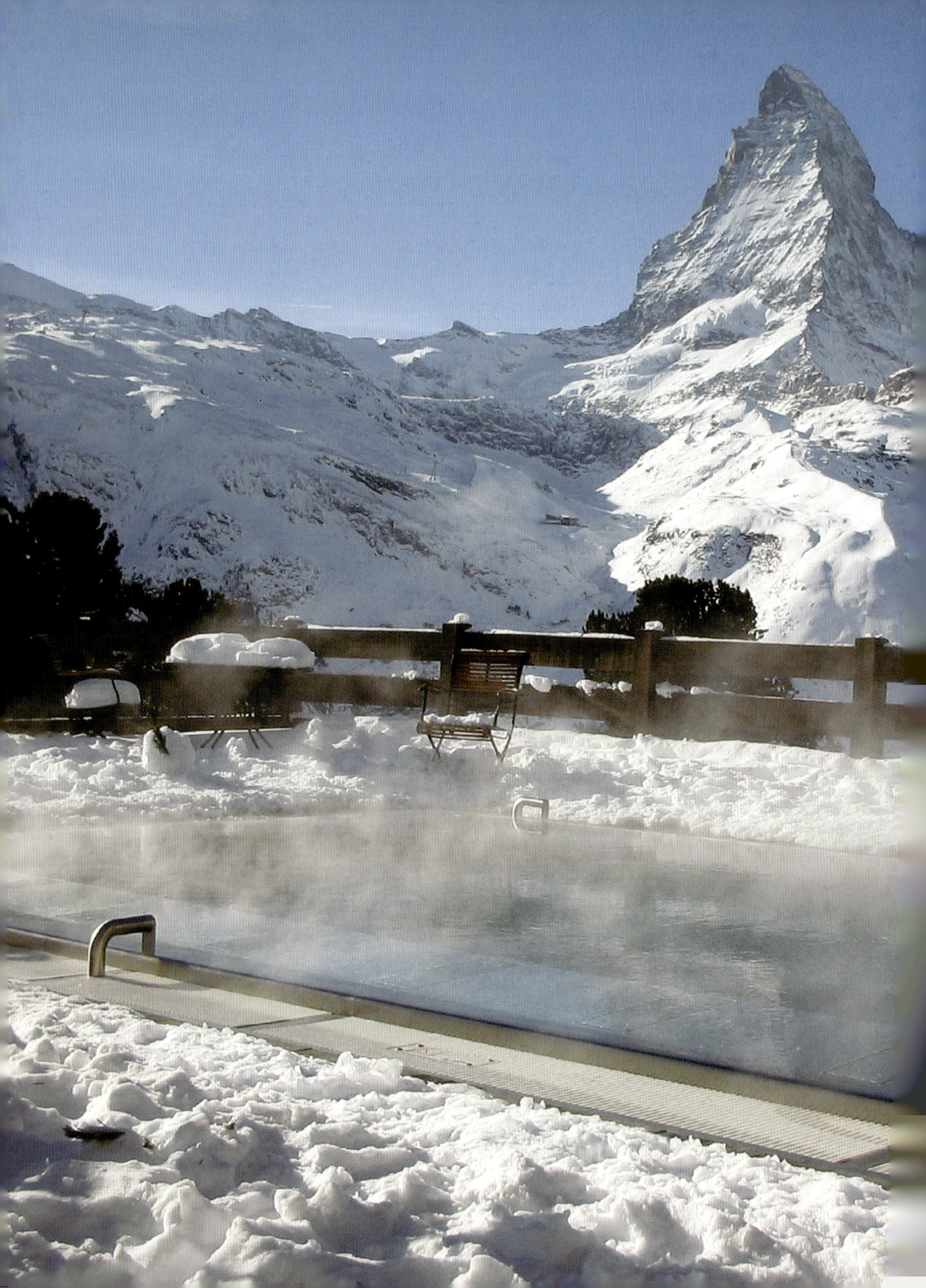

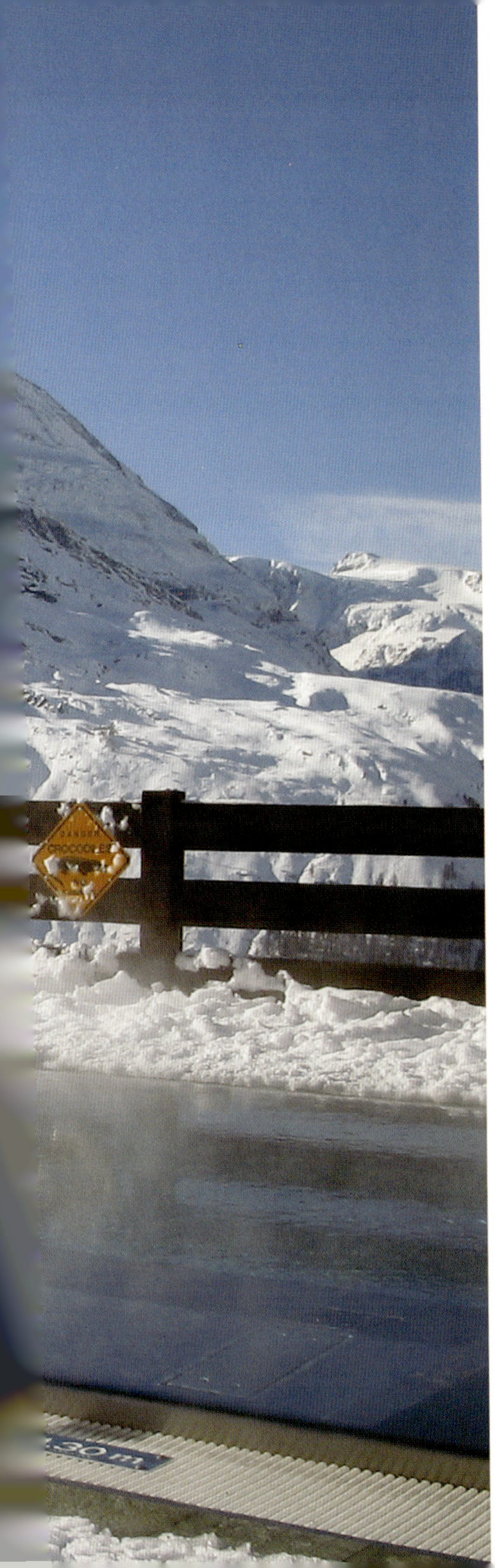

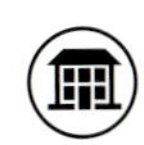  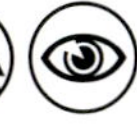

# 리펠알프 리조트 2,222m
## Stay at Riffelalp Resort 2,222m

**Location** 스위스 발레  **Website** www.riffelalp.com
**Price** Ⓢ

나만의 전용 발코니에 서서 위풍당당한 마테호른을 바라보고 있노라면 경탄하지 않을 수가 없다. 리펠알프 리조트 2,222m는 저 아래 번잡한 체르마트(Zermatt)보다 602m나 높은 곳에 위치하며, 거대한 야수 같은 산의 멋진 경관을 자랑한다. 특히 이른 아침 오렌지빛으로 물든 풍경이 정말로 매혹적이다.

아름다운 알프스 숲 속에 자리잡고 있어, 오직 하이킹로, 스키 트레일, 또는 가까운 고르너그라트 톱니궤도 열차로만 갈 수 있는 이 호텔은 스키 휴양지는 물론 초원이 꽃으로 뒤덮이는 여름에도 훌륭한 피서지이다.

객실에는 월풀욕조, DVD 플레이어, 보스 사운드시스템 등 원하는 모든 현대적인 터치는 물론 흔치 않은 스타일과 개성이 느껴진다. 널찍한 마테호른과 몬테 로사(Monte Rosa) 스위트는 가족이 머무르기에 이상적이며, 예배당을 개조해서 만든 콘서트장과 홈시네마, 실내외 온수풀(유명한 고봉들의 환상적인 풍경을 즐길 수 있다), 거의 예술적인 경지의 스파, 2개의 볼링장 등 할 수 있는 것이 너무나 많다.

저녁은 셀러에서의 와인 시음으로 시작해서 3개의 레스토랑 중 하나에서 향토 요리를 맛보자—특히 치즈 라클레트는 놓치면 안 된다. 아늑한 바에서 피아노의 선율에 젖어 식후의 술 한 잔을 홀짝이며 남은 시간을 보내자. 그러나 이곳의 가장 큰 매력은 스키로 출입이 가능한 액세스이다. 즉 하루 종일 스키를 타고 바로 리조트 현관까지 올 수 있다는 말이다. **LP**

[illegible] 이 리조트는 거대한 마테호른을 내다보는 환상적인 풍광을 자랑한다.

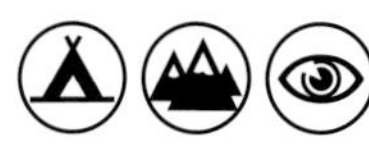

# 화이트포드 Camp at Whitepod

**Location** 스위스 베른
**Website** www.whitepod.com  **Price** $

언뜻 보면 알프스 샬레 주위에 모여 있는 것처럼 보이는 커다란 골프공들은 사실 돔 모양의 텐트 "포드(pod)"이다. 레 세르니에(Les Cerniers) 마을 위에 자리잡고 있는 이 포드들은 유행의 최첨단이라 할 만한 에코 리조트이다.

스위스 기업가 소피아 드 메이어의 아이디어인 화이트포드는 주위 경관을 최대한 활용하되 그 자연을 훼손시키지 않는 미니 리조트를 만들고픈 욕심에서 시작되었다. 나무로 만든 플랫폼 위에, 마치 전통 이글루처럼 설계된 포드는 눈·비는 물론 자외선까지 차단된다. 또한 불이 붙어도 쉽게 타지 않으며, NASA에서도 쓰는 직물 단열재를 사용한다. 난방은 나무를 때는 조그

---

> "최고급 공기에 도깨비도
> 놀랄 만한 자연 풍광, 그리고 진짜
> 자연 속에 있다는 느낌."
>
> 사이먼 밀스, 『가디언』

---

만 난로로 해결하며, 추위를 막아줄 아주 강력한 이불과 베개, 오가닉 침구, 양가죽이 덮여 있는 아늑한 침대가 놓여 있다. 1820년에 지어진 알프스 샬레 레 디아블르레 마시프(Les Diablerets Massif)의 파노라마 풍경을 즐길 수 있다. 레 디아블르레 마시프의 식당에서는 리조트의 맛있는 요리도 맛볼 수 있는데, 인근 지역에서 생산한 재료만을 사용하며, 대부분 유기농이다.

일단 이곳에 오면 눈신, 빙벽 등반, 오지 스키, 승마, 심지어 개썰매까지 즐길 수 있다. 온몸의 에너지를 다 써버렸다고 생각되면 리조트의 테라피스트가 한 시간 걸리는 마사지부터 반사요법, 정골요법까지 다양한 트리트먼트로 피로를 풀어 줄 것이다. **PS**

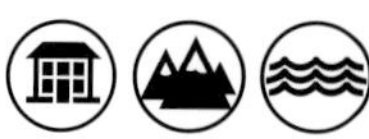

# 보-리바쥬 Stay at Beau-Rivage

**Location** 스위스 보
**Website** www.lhw.com/beaurivage  **Price** $$$

1817년 바이런 경이 셸리 가족과 함께 로잔을 찾아 메리가 〈프랑켄슈타인〉을 쓰기 시작한 이래, 로잔은 언제나 관광객들로 북적였다. 바이런과 셸리 일가가 머물렀던 호텔 "오텔 당글레테르"도 여전히 그 자리를 지키고 있으며, 최근에 세련되게 확장된 보-리바쥬에 흡수되었다.

보-리바쥬는 바이런과 셸리 시대에는 존재하지 않았다. 제네바 호수가 영국인들에게 인기를 끌면서 1861년에 지어졌기 때문이다. 스위스에서의 여름은 산의 맑은 공기와 호수를 즐길 수 있는 기회를 제공한다. 마을마다 "웅장한 호텔"이 하나씩은 있기 마련인데, 그 중에서도 가장 웅장한 호텔이 바로 보-리바쥬이다. 호텔은 20세기로 넘어올 무렵 완전히 새로운 윙—본관과는 정교하고 아름다운 아르누보 볼룸으로 연결되어 있다—을 하나 지어야 할 정도로 성황을 이루었다.

호텔 전체가 멋진 룸으로 가득하지만, 역시 가장 멋진 방은 아르누보 윙에 있다. 잔잔하고 드넓은 호수 너머 프랑스 쪽의 산까지 한눈에 들어오는 전망을 자랑하며, 해질녘의 석양까지 즐길 수 있다. 또 정형 정원과 수영장, 스파도 있다. 언제나 젊은 손님만 오는 것은 아니다. 스위스 은행 계좌 때문에 오는 손님이 있는가 하면 정치인도 심심찮게 모습을 드러낸다—이들은 특히 스투코와 멋진 회화 작품으로 꾸며진 몽환적인 식당에서 자주 볼 수 있다. 여러 레스토랑 중에서 원하는 곳을 선택할 수 있지만, 호수에서 잡아올린 생선 요리는 절대 놓치지 말 것. 농어 필레에 바로 이웃에 있는 포도밭에서 생산한 환상적인 보(Vaud) 와인 한잔을 곁들이자. 할 수 있는 것도 많지만, 릴랙스할 수 있는 가장 멋진 방법은 20세기 초에 만들어진 외륜선을 타고 호수를 건너 바이런의 시 속에서 영원한 생명을 얻은 샤토 드 시용을 돌아보는 것이다. **GMD**

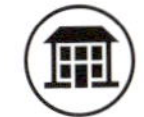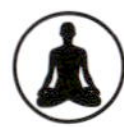

# 라 레제르브 Relax at La Réserve

**Location** 스위스 제네바
**Website** www.lareserve.ch　**Price** ⑤⑤⑤

신선하고 몸에 생기를 불어넣는 산 공기, 환상적인 호반, 독특한 스타일 센스가 합쳐져 라 레제르브를 만들어냈다. 꾸밈없으면서도 지극히 쿨한 이 스위스 휴양지는 제네바 호반, 조경된 공원 안에 자리잡고 있어, 프라이버시가 보장되는 것은 물론 느긋하게 쉴 수 있는 공간이 충분하다. 그렇다고 너무 늘어지지는 말 것. 라 레제르브는 파티의 천국이니 말이다. 매일 밤 바에서는 칵테일이 넘쳐 흐르며, DJ가 새벽까지 플레잉을 계속한다. 중국과 프랑스 레스토랑에는 제네바 사교계의 아름다운 젊은이들이 끊임없이 오간다.

낮에는 간밤의 숙취를 털어버리고, 무료 보트를 타고 국제 도시 제네바를 구경하러 가자. 라 제레르브의 나무로 만든 우아한 베네치아 풍 모토스카포를 타면 10분밖에 걸리지 않는다. 그것도 귀찮으면 그저 호텔에서 그 분위기에 젖어 시간을 보내거나 웨이크보드 같은 수상 스포츠를 즐길 수도 있다.

호텔 건물은 밖에서 보면 그다지 별 볼 일 없지만, 안으로 들어가면 기름 먹인 나무 바닥, 퇴폐적인 색조, 풍성한 벨벳 베드스프레드, 화강암 욕실 등 아름답게 디자인한 객실을 발견할 수 있다. 대부분의 객실은 호수 또는 알프스 전망을 자랑하며, 널찍한 테라스가 딸린 룸도 있다. 멋진 전망은 제껴두고라도, 라 레제르브는 수상경력을 자랑하는 스파만으로도 올 만한 가치가 충분한 곳이다. 스파만 따로 떨어져 있는 윙에는 17개의 트리트먼트 룸과 다양한 종류의 테라피가 있으며, 실내외 풀장, 사우나, 터키탕도 갖추어져 있다. 개개인 맞춤형 프로그램에는 워터 테라피와 재스민 꽃 목욕이 포함되어 있다. 그러나 역시 햇빛 좋은 날에는 옥외 풀장이 제일이다. 상쾌한 와인 한잔을 마시면서 특별한 무언가의 일부가 되어 있다는 느낌. **LP**

↗ 미끈하고, 때로는 대담한 실내는 인기 인테리어 디자이너 자크 가르시아의 작품이다.

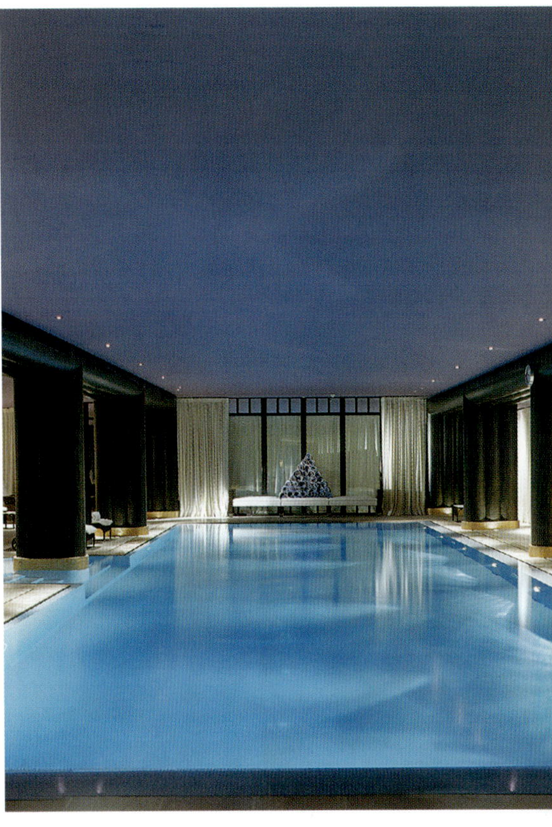

> "아프리카 산장에서 살짝
> 영감을 받은 듯한 스타일—동물 무늬의
> 카펫과 텐트 레스토랑."
>
> 『콩데 나스트 트래블러』

   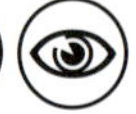 

# 피에몬테 See Piedmont by Bicycle

**Location** 이탈리아 피에몬테 주
**Website** www.piemontefeel.org   **Price** $

피에몬테 주는 이탈리아의 북서쪽 끝에 위치하며, 북쪽으로는 스위스, 서쪽으로는 프랑스와 국경을 접하고 있다. 하얀 송로버섯과 끝내주는 요리로 유명한 지방으로, 이탈리아 최고의 와인 생산지 중 하나이기도 하다.

자전거 사파리를 떠나기에 완벽한 농업 천국이다. 완만한 비탈에는 과수원과 해바라기 꽃밭이 펼쳐져 있고, 구불구불한 길 양쪽에는 작은 마을들과 그림 같은 중세 시대 부락들이 나타난다. 구릉지대의 포도밭부터 병풍처럼 둘러친 알프스 산맥까지 풍경이 끊이지 않는다. 화창한 여름날에는 웅장한 몽블랑까지 시야에 들어온다.

피에몬테 주의 주도인 토리노는 자전거 투어의 출발점으로 이상적이다. 이 중세 도시를 그물처럼 가로지르는 자전거 도로가 잘 짜여져 있어, 수많은 성과 대성당, 미술관들을 모두 자전거로 돌아볼 수 있다. 구루메의 본고장이라 불리는 브라(Bra)나 하얀 송로버섯의 고향인 알바(Alba) 등을 여행해 보자. 하지만, 진짜 마법은 도시와 도시 사이를 달리는 길이다. 야생화의 향기가 공기를 가득 채우고 새들의 노래가 울린다.

조용한 시골길을 따라 달리면 밤나무 언덕과 콸콸 흐르는 강물, 그리고 푸르른 소나무 숲을 지나게 된다. 길가의 작은 마을에 잠시 멈춰 군침이 도는 동네 식당에서 점심을 먹자. 송로버섯, 달팽이, 치즈 등 연중 열리는 음식 축제 기간에 맞춰서 여행 계획을 짜면 더욱 좋다. 저녁 때 숙소로 돌아와서 세계적인 명성을 자랑하는 피에몬테 바롤로 와인을 한잔 즐기는 것도 잊지 말자. **JP**

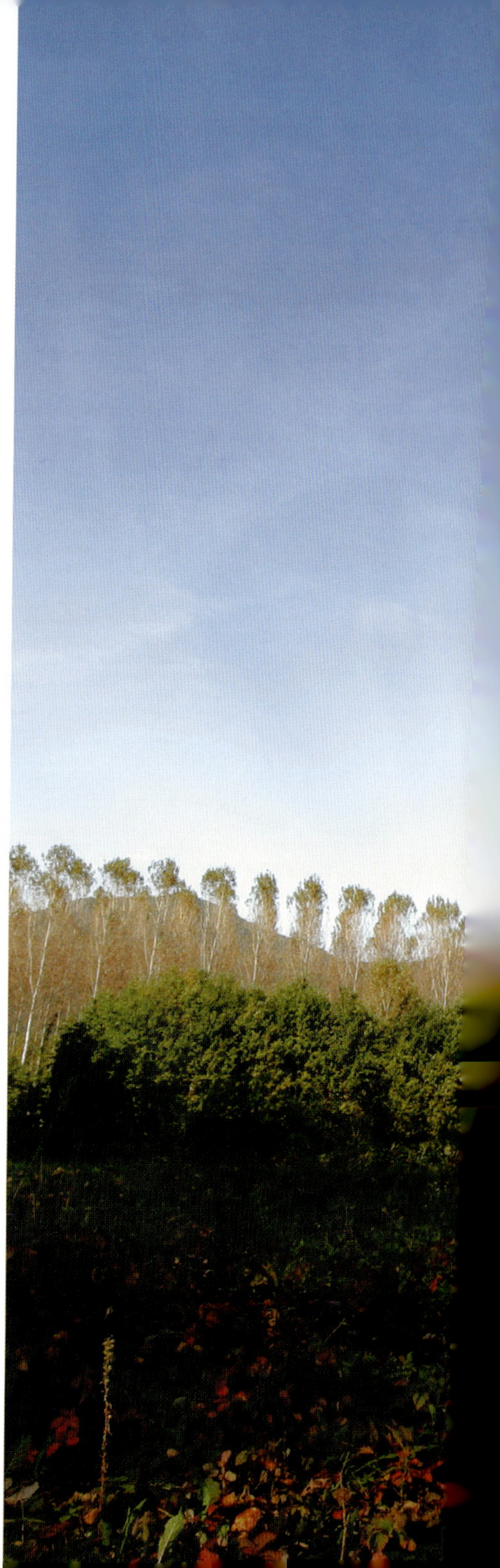

⮕ 피에몬테의 완만한 비탈을 따라 자전거를 달리다 보면 자연스럽게 식욕이 솟아난다 ─ 다행히 이 지방의 맛있는 음식들이 기다리고 있다.

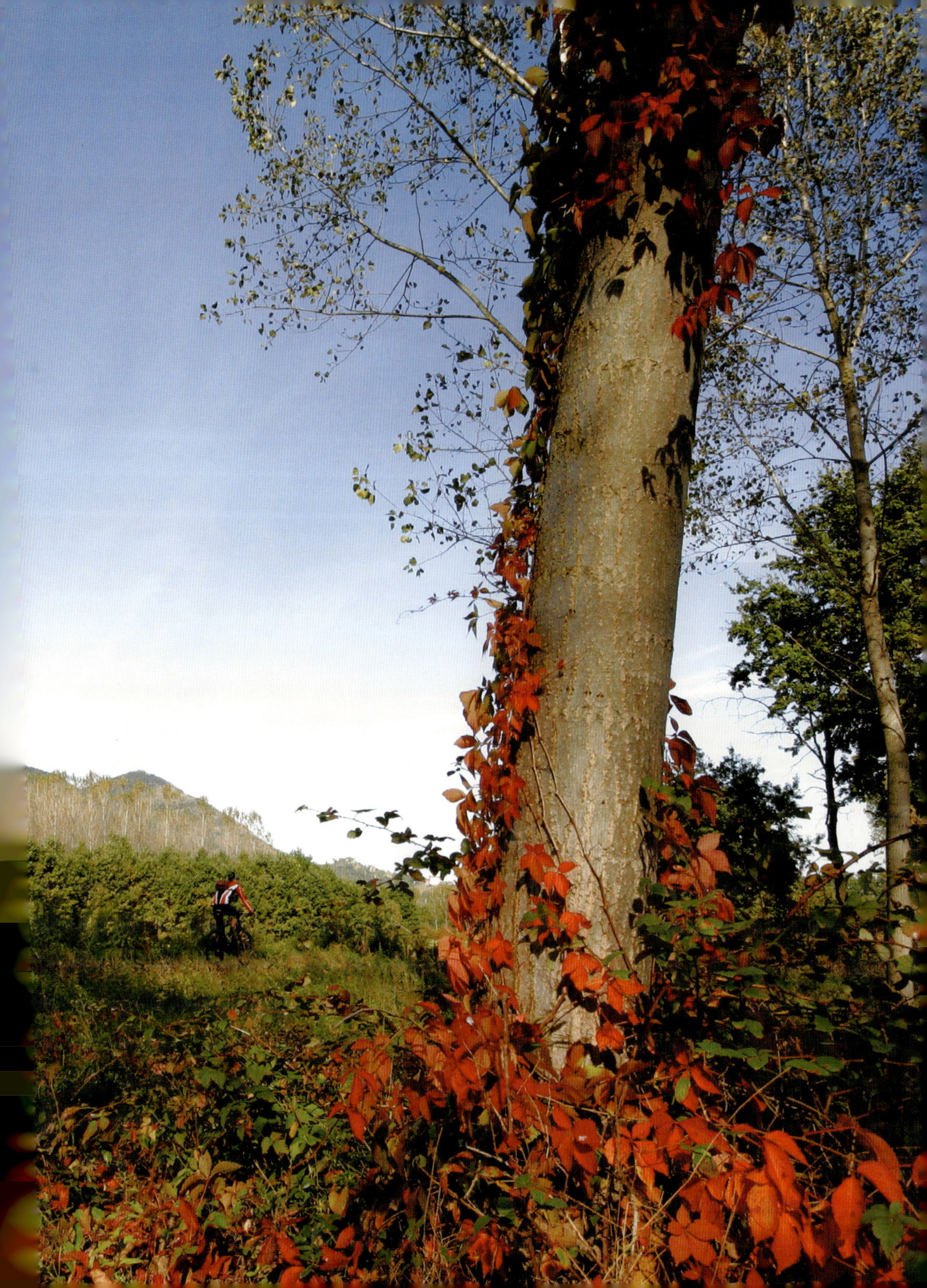

# 바롤로 포토밭 Visit a Barolo Vineyard

**Location** 이탈리아 피에몬테 주
**Website** www.italyandwine.net/piedmont/barolo.htm  **Price** ⑤⑤

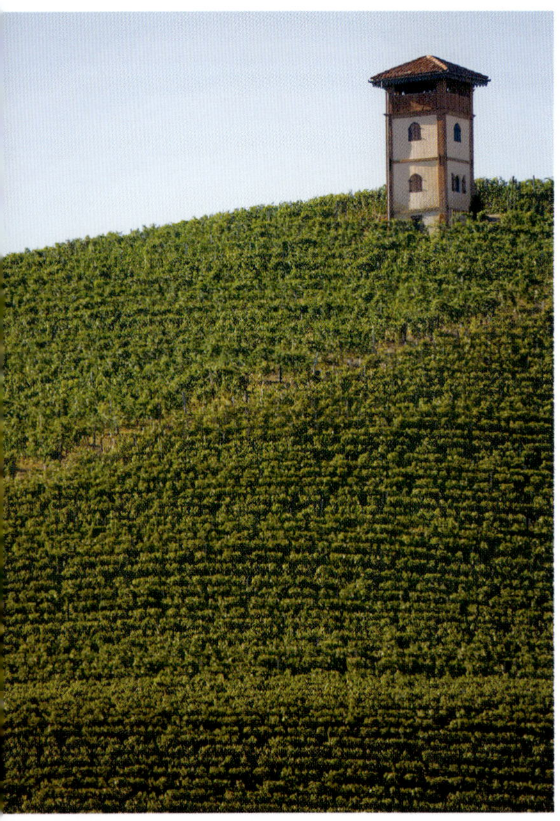

> "(바롤로) 포도밭은
> 이탈리아 어느 곳보다도
> 더 세심하게 도면으로 기록되어 있다."
>
> italyandwine.net

바롤로로 향하는 길은 좁고 구불구불하며 완만한 구릉지대를 지나간다. 작은 마을이지만, 대단한 명성을 자랑하는 세계적인 와인 산지이다. 바롤로는 피에몬테의 네비올로 포도로 만드는 파워풀하면서도 미묘한 맛을 자랑하는 레드와인의 이름이 되었다. 이 포도는 짙은 청색이고 타닌 함량이 높아 와인을 만들기에는 상당히 까다로운―그리고 덕분에 그만큼 비용도 많이 드는― 품종이다.

바롤로는 이탈리아의 오래된 시골 분위기를 가장 잘 느낄 수 있는 곳이다. 관광객들은 이곳 주민의 안내를 받아 포도밭 투어에 열중할 수 있다. 차를 타고 알바 남쪽에 있는 언덕들을 다니면서 포도밭을 돌아보고, 와인을 맛보고, 역사적인 셀러를 구경하는 것이다.

주민들은 바롤로를 가리켜 "왕의 와인이자 와인의 왕"이라고 부른다. 바롤로의 역사는 피에몬테를 지배했던 가문과 밀접하게 연관되어 있다. 따라서 바롤로 성을 둘러보는 것도 나쁘지 않다―프랑스 태생으로 처음으로 바롤로 와인을 생산한 주인공인 줄리아 콜베르 후작부인이 살았던 곳이다. 그리고 나면 바롤로의 동쪽 코무네, 즉 세랄룽가의 마솔리노와 엘리오 그라소, 또는 몬포르테의 판티노 콘테르노를 보러 가자. 모두 타닌이 풍부해서 오래 묵혔다 마실 수 있는, 스트럭처가 보다 좋은 와인들로 유명한 곳이다.

빈티지 와인뿐 아니라 맛있는 음식이 산더미처럼 쌓여 있다. 송로버섯, 산악지대에서 만드는 치즈, 송아지 고기, 헤이즐넛은 피에몬테의 명물이다. 또 아름다운 중세의 성을 보러 가거나, 아스티나 알바 같은 역사적인 도시에서 쇼핑을 즐길 수도 있고, 마을의 전통 재래시장에서 사치스러운 지역 특산품을 구경할 수도 있다. 심지어 주민들을 따라 송로버섯을 찾으러 가는 것도 가능하다. **SH**

◪ 피에몬테 주의 쿠네오 군에 있는 바롤로 포도밭. 적당히 경사진 언덕 위에 펼쳐져 있다.

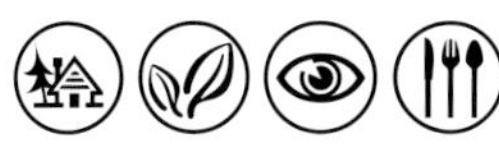

# 라 빌라 Enjoy La Villa

**Location** 이탈리아 피에몬테 주
**Website** www.lavillahotel.net    **Price** ⑤⑤

라 빌라는 언덕 높이 자리잡고 몬페라토의 포도밭을 내려다보고 있는 17세기의 저택으로 영국인 소유주에 의해 웅장한 부티크 호텔로 다시 태어났다. 어느 방향에서도 100km 떨어진 알프스 산맥까지 눈에 들어오는, 훌륭한 전망을 자랑한다. 원래는 귀족의 저택이었던 라 빌라는 옛 영광을 되찾기 위해 대대적인 개보수를 거쳐야만 했다. 그 결과 2005년 8월에 개장 이후 줄곧 이 지역 최고의 숙박 시설로 명성을 얻고 있다.

시대적인 분위기와 21세기의 편의가 결합된 14개의 객실은 흠잡을 데가 없다. 이 지역에서 사들인 골동품과 특정 시대의 양식을 잘 보여주는 소품들이 최첨단 엔터테인먼트 시스템과 어깨를 나란히 하고 있다. 대

> "(라 빌라에서는) 느긋한 동시에
> 세련되고, 그와 동시에
> 편안한 것이 가능하다."
>
> cellartours.com

형 페르골라(정원에 덩굴 식물이 타고 올라가도록 만들어 놓은 아치형 구조물)의 그늘에서 야외 점심을 즐기거나, 이 호텔의 중심이라 할 수 있는 실내 라운지바에서 시간을 보내자. 이 지역에서 생산하는 최고급 빈티지 와인을 맛볼 수 있는 시음실도 있으며, 자정이 되면 이제 그만 가서 자라고 내쫓는 위압적인 바텐더가 없기 때문에 원한다면 밤새도록 과일 향이 물씬 풍기는 바롤로나 바르베라 와인을 원하는 만큼 들이킬 수 있다.

레스토랑 라 비(La Vie)는 지역 향토 음식을 내놓는다. 슬로우푸드 운동이 처음 시작된 곳이기도 한 피에몬테 주는 맛있는 음식으로도 유명하다. 이탈리아에서 최고 수준을 자랑하는 셰프의 수가 가장 많다고 알려진 곳도 바로 피에몬테다. **HA**

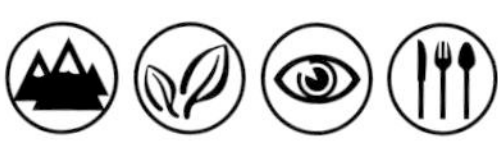

# 피안 델라 무사 See Pian della Mussa

**Location** 이탈리아 피에몬테 주
**Website** www.canavese-vallilanzo.it    **Price** ❶

토리노 북서쪽, 작고 고요한 알프스 계곡 발 달라 꼭대기는, 길이 너무 가파르고 좁아서 마치 산의 끝으로 가고 있는 듯한 느낌이 든다. 바위 위에 올라앉은 높직한 집들—여전히 주민들이 거주하며 농사를 짓고 있다—을 지나쳐 거의 지나가는 것이 불가능할 정도로 비좁은 모퉁이를 돌면 갑자기 길이 평탄해지면서 널찍하고 인상적인 고원이 눈에 들어온다. 그야말로 순수한 경이와 환희의 순간이 아닐 수 없다. 피안 델라 무사에 다다르는 것은 잃어버린 세계로 들어서는 것과 같다.

짓궂은 동네 할머니들이 피안 델라 무사에는 요정들이 산다고 말할 것이다—그리고 왜 그런 이야기가 넘치는지 금방 이해할 수 있을 것이다. 그 깎아지른 듯한 절벽에는 점점이 새하얀 폭포가 엷은 안개를 만들며 평야로 물을 흩뿌리고 있다. 찍찍대는 마르못들과 제멋대로 날뛰는 산양들이 도저히 눈을 믿기 힘들 정도로 험한 노두 위에 앉아 그 아래 풀밭을 내려다 보고 있다. 이탈리아–프랑스 국경에 걸쳐 있는 산 자체도 오솔길과 바위 속 은신처—1880년대 이래, 특히 제 2차 세계대전 당시 레지스탕스들의 피비린내 나는 전투가 이어졌던 불행한 역사의 산물—가 즐비하다.

피안델라 무사의 역사, 그리고 자연 절경을 음미하기에 가장 좋은 곳은 마을 한복판에 있는 전원적인 가족 경영 카페의 두꺼운 나무 벤치이다. 수 대가 이어서 운영하고 있는, 친절하기 그지없는 "크리스티나"는 평원과 산맥 전체가 한눈에 들어오는 매력적인 조망을 자랑하며, 마음까지 따뜻해지는 듯한 자발리오네—알프스 산의 하이킹족들이 수백년 동안 즐겨먹었던, 달걀 노른자와 설탕, 강한 스위트와인으로 만드는 디저트—를 제공한다. 앉아서 생각에 잠기거나, 더 모험심이 넘치는 사람에게는 이 지역에 있는 수많은 예쁘고 외딴 호수들을 찾아 하이킹을 떠나기에 완벽한 곳이다. **CW**

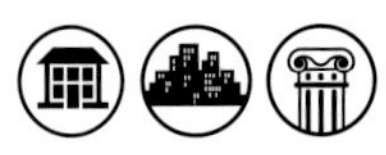

# 프티 팔레 Stay at the Petit Palais

**Location** 이탈리아 롬바르디아 주
**Website** www.petitpalais.it   **Price** 💲💲

밀라노는 값비싼 취향과 문화와 패션에 감각이 있는 이들을 매료시키는 도시이다. 시크한 부티크, 오뜨퀴진(haute cuisine, 소량의 여러 코스로 제공되는 최고급 프랑스 요리), 그리고 수 세기에 걸친 매력적인 역사를 압축하고 있는 하나의 작은 우주와도 같은 도시로, 전 세계의 관광객들을 끌어당긴다. 그 중에서도 가장 까다로운 방문객들은 우아한 17세기 저택을 매력적이고 친밀한 아파트먼트 호텔로 개조한 프티 팔레에 묵는다.

모든 것이 최고의 퀄리티를 자랑하는, 그런 종류의 호텔이라고 생각하면 된다. 무라노산 샹들리에, 손으로 짠 러그, 크리스탈 유리잔이 있는 그런 곳 말이다. 18개의 스위트와 주니어 스위트는 각각 섬세한 드레이프, 특정 시대의 양식을 대표하는 가구, 오리지널 스투코(장식용 회벽토), 그리고 결코 야단스럽지 않은 현대적인 편의 설비로 개성 있게 꾸몄다. 욕실은 최고급 이탈리아 대리석으로 지었으며, 월풀 욕조와 커다란 샤워실이 딸려 있다. 스위트 중 몇몇은 개인용 테라스가 딸려 있거나 멋진 파티오로 바로 통해 있다. 3개의 로열 스위트에는 벽난로까지 달려 있다. 라운지에서는 애프터눈 티와 아페리티프가 제공되며, 아침식사는 환상적인 궁륭형 셀러에서 먹는다(물론 스위트에서 먹는 것도 가능하다).

그 평화로운 분위기로는 상상하기 어렵지만 프티 팔레에서 10분만 나가면 밀라노의 수없이 많은 상점, 부티크, 레스토랑, 바들이 나온다. 게다가 도시의 문화 명소인 두오모 광장, 라 스칼라 오페라하우스, 산타 마리아 델레 그라치에 성당들도 불과 몇 분 거리에 있다. 편안함과 고요함이 상류층 고객들을 위한 내부의 시크함과 맞물려, 언제나 즐거움을 찾는 이들로 북적이는 프티 팔레는 자극과 평안을 동시에 얻을 수 있는 환상적인 공간이다. **PS**

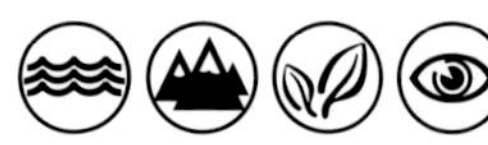

# 마조레 호수 Discover Lake Maggiore

**Location** 이탈리아 롬바르디아/피에몬테 주
**Website** www.illagomaggiore.com   **Price** 🌑

롬바르디아 주 북부에는 모두 13개의 호수가 마치 반짝이는 목걸이에 매달린 보석들처럼 이어져 있다. 이곳에 여러 번 와 본 적이 있는 사람이라면, 각각의 호수들이 저마다의 매력을 가지고 있다고 말해 주겠지만, 그 중에서도 다른 12개를 압도하는 것은 바로 마조레, 즉 "큰" 호수이다. 스트레사나 바베노 같은 벨에포크 리조트나 3개의 아름다운 섬으로 이루어진 보로메아 제도로 유명한 마조레 호수에는 없는 것이 없다.

폭이 54km나 되기 때문에 수영을 하기에는 너무 넓지만, 물이 맑고 깨끗해 잠깐 들어가서 멱을 감기에는 좋다. 호수 한복판에 있는 섬들은 보로메오 가문이 소유하고 있다. 벨라와 마드레 섬은 웅장하고 위엄있다—

> "이탈리아 호수들의 아름다움은
> 말로 표현할 수도 없고, 할 수 있다 해도
> 할 마음이 들지 않는다."
>
> 헨리 제임스, 19세기 미국 작가

섬 전체가 정원이며 로코코풍의 보로메오 저택이 서 있다. 수페리오레 섬은 어부들의 섬이다. 전원적인 가옥들이 무리지어 있고, 호안선에는 그물을 손질하는 어부들의 모습이 심심치 않게 보인다.

마조레 호수는 각기 다른 계절에 와서 다양한 모습의 하늘 아래서 보아야만 한다. 물론 이 지방의 유명한 마이크로 기후 덕분에 운이 좋으면 하루에도 이 모든 것을 다 볼 수 있겠지만 말이다. 아침에는 거대한 거미줄 구름 사이로 서서히 햇살이 비치는 것을 볼 수 있다. 실안개가 걷히면 매끄러운 수면이 햇빛에 젖고, 그 반짝임에 단지 눈이 부실 뿐이다. **SWi**

➡ 물 위에서 즐기든, 뭍에서 즐기든, 마조레 호수의 전경은 스펙터클하다.

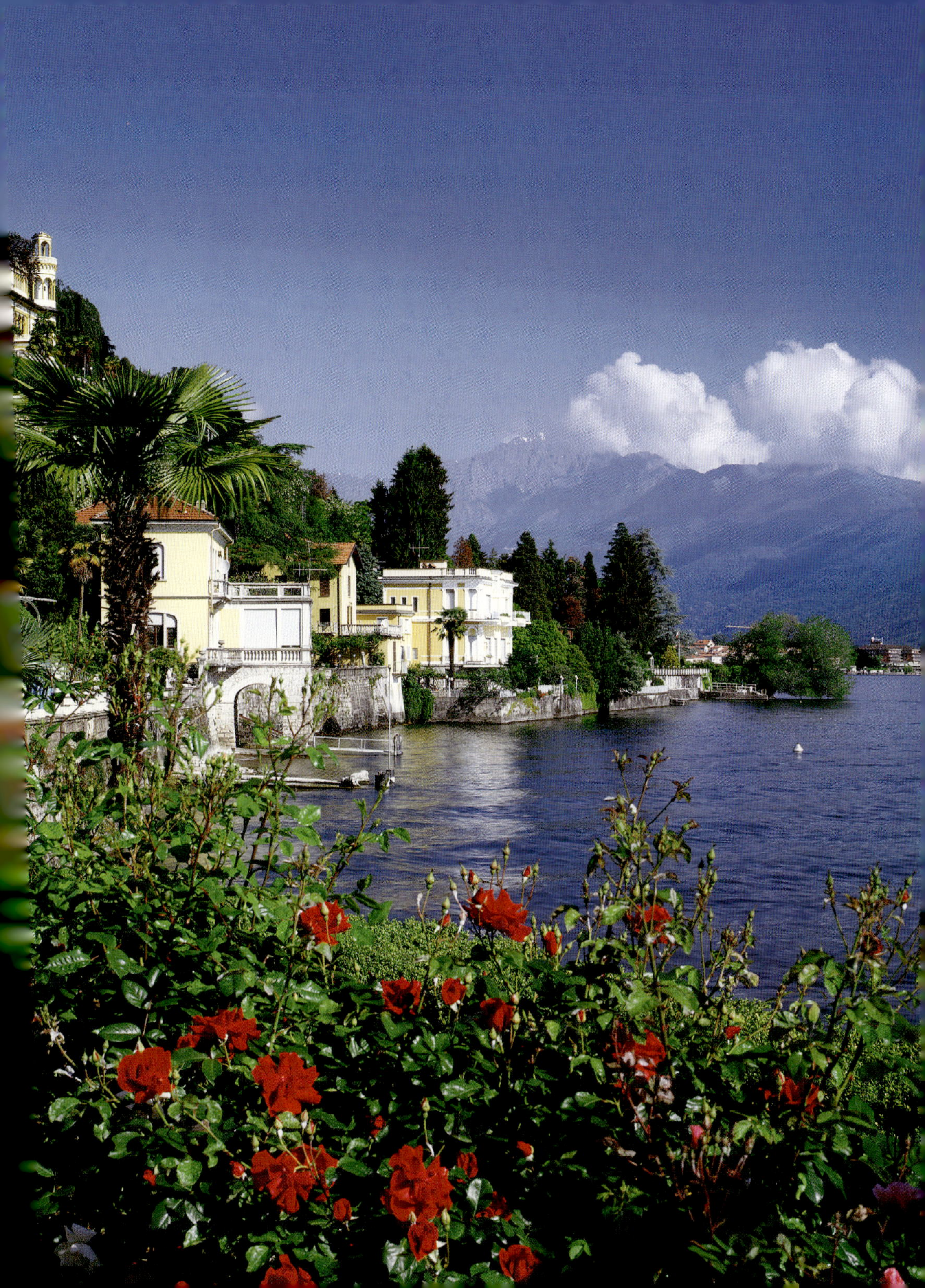

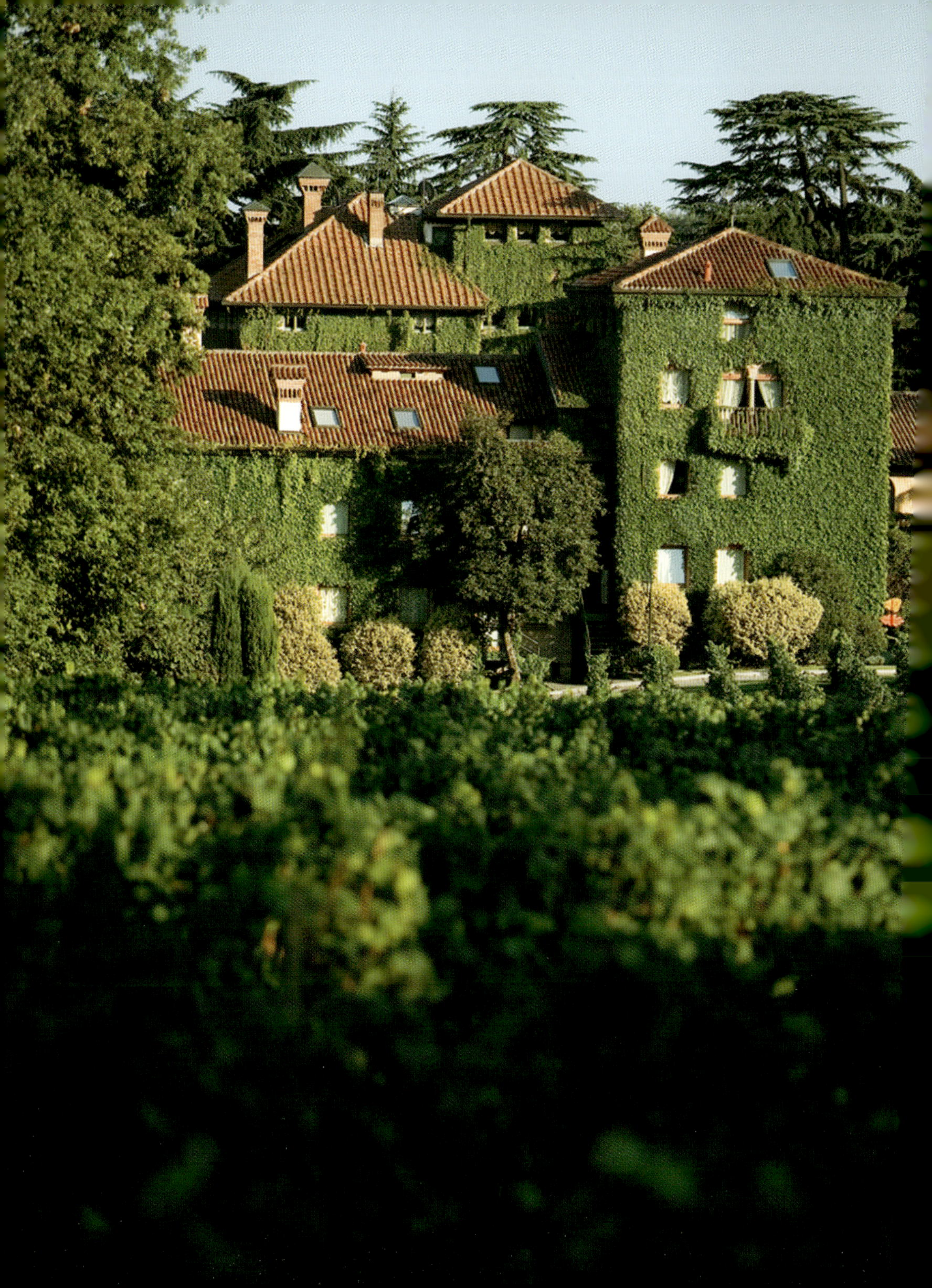

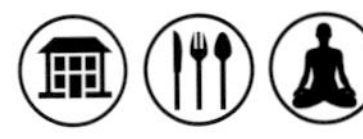

# 랄베레타 Experience L' Albereta

**Location** 이탈리아 롬바르디아 주
**Website** www.relaischateaux.com/albereta　**Price** ⑤⑤⑤

프란치아코르타의 구릉지대에 위치한 랄베레타는 식도 락과 향락주의자들에게는 완벽한 휴양지이다. 시크한 컨트리 호텔로 개조된 뒤, 이탈리아 최고의 셰프 구알 티에로 마르케시가 이끄는 미슐랭 2스타 레스토랑이 들 어왔으며, 그에 못지않게 화려한 스파도 있다.

마르케시는 로안에서 트루아그로 형제와 함께 수학 했으며, 이탈리아인으로는 처음으로 미슐랭 3스타 셰프 가 되었다. 최근 그는 인간 문화재로 지정되었으며, 자 신만의 "국립" 요리학교를 운영하고 있다. 랄베레타에 서 그는 이탈리아의 가장 웅장한 전통을 프랑스식으로 풀어낸다—리조토는 최고의 닭고기 국물과 사프란, 약 간의 치즈로 만들고 한 가운데에는 완벽한 정방형 금박

---

> "마르케시의 요리는 예술에 대한 그의
> 애정을 반영한다. 회화 작품에서
> 영감을 얻은 요리들이 특히 그렇다."
>
> theworlds50best.com

---

이 들어간다. 반드시 먹어봐야 할 또다른 요리로는 마 르케시만의 버전으로 만든 클래식 "투네도스 로시니"이 다. 마르케시는 비프 필레 대신 송아지 고기를 사용하 기 때문에 육즙이 더욱 풍부하다.

이 호텔은 우아한 응접실, 실내 수영장, 헬리콥터 착륙장 등, 모든 종류의 편의를 자랑한다. 심지어 열었 다 닫았다 할 수 있는 유리 지붕이 달린 객실도 있다. 랄베레타는 롬바르디아 주에서도 비교적 덜 알려진 이 쪽 지역을 탐방하기에 완벽한 위치에 자리잡고 있다. 특히 베르가모 시의 성당들과 예술 컬렉션은 놓치지 말 것. **GMD**

---

◄ 두서없이 솟아 있는 19세기의 빌라들은 마치 주위를 둘러싸 고 있는 포도밭 속에서 자연적으로 자라난 것처럼 보인다.

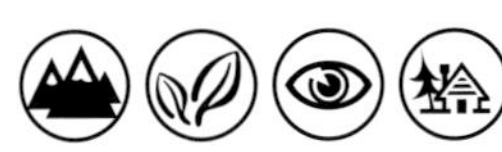

# 티롤 Ride Through the Tyrol

**Location** 이탈리아 쥐트티롤 지방
**Website** www.theridingcompany.com　**Price** ⑤⑤

눈을 뜨면 지금 내가 어디에 와 있는 건가 의아할 것이 다. 쥐트티롤(Südtirol) 지방은 이탈리아 영토이기는 하 지만 대다수의 주민들이 독일어를 사용한다. 오스트리 아와 바로 국경을 맞대고 있으며, 오래된 그림책에 나 오는 것 같은 산과 푸르른 계곡, 잘 정돈된 사과 과수원 과 달랑거리는 워낭 소리가 있는 곳이다. 또 1800년대 말 하프링어(Haflinger) 종 말—몸집이 작고 털은 밤색 이며, 눈에 띄는 흰 갈기와 리드미컬한 걸음걸이가 특 징이다—이 탄생한 것도 이 지방의 돌로미티 지역에서 이다.

톨더호프에 있는 말 훈련소로 가서 하프링어 한 마 리에 안장을 얹고 반나절, 혹은 하루 종일 인근의 알프 스 풍경을 돌아보자. 마술(馬術)과 점프를 배울 수 있는 실내 승마 학교가 있어, 야외로 나가기 전에 말 타는 연 습을 할 수도 있다. 이곳에서는 승마가 실내 레저도 아 니고, 여름 스포츠도 아니다. 겨울에는 아무도 밟지 않 은 새하얀 눈 속으로 말을 몰 수 있다. 심지어 스키 지 어링(ski jeering)도 해 볼 수 있다—스키를 탄 채 말에 몸을 연결해서 말 뒤를 따라 수상스키처럼 눈 위를 미 끄러져 가는 것이다. 스키는 탈 줄 알아야 하겠지만, 말 타는 법은 몰라도 상관없다.

숙식은 4스타 호텔 "포스트"에서 숙식을 해결하면 된다. 스파가 있기 때문에 하루 종일 말을 타느라 뻐근 해진 근육을 마사지와 아로마테라피로 풀어 줄 수 있 다. 또 5코스 디너가 나오는 구르메 레스토랑이 있어 영 양 보충은 걱정하지 않아도 된다. 호텔이 싫다면 말 훈 련소 바로 옆에 있는 아파트에 머무르면서 호텔 시설을 이용하는 방법도 있다. 아르누보 스타일의 빌라인 "빌 라 프루거"는 13명까지 투숙이 가능하며, 널따란 정원 도 딸려 있다. **PE**

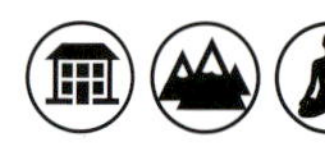

# 비길리우스 Enjoy Vigilius

**Location** 이탈리아 쥐트티롤 지방   **Website** www.vigilius.it
**Price** ⑤⑤

케이블카로만 갈 수 있는 비길리우스 마운틴 리조트는 지상 1,500m에 위치하며, 입이 다물어지지 않는 드라마틱한 돌로미티 풍경을 자랑한다. 도시의 공해와 스트레스로부터 탈출하고 싶다면 이곳으로 오라—맑고 깨끗한 공기에 침엽수 향이 배어 있고, 고요함이 리조트를 감싸고 있다.

이 모던한 로지는 전통적인 티롤 샬레와는 완전히 다르다. 스타 건축가 마테우 툰이 유리와 이 지역 목재를 절묘하게 조합하여 궁극의 에코-시크를 창조해냈다. 바람에 쓰러진 나무에서 영감을 얻었는데, 리셉션은 뒤집힌 나무뿌리, 침실은 기둥을 연상시킨다. 천장은 낮고, 풀로 덮인 지붕은 에너지 보존에 효율적이다. 내부의 오픈플랜 객실들은 미니멀리즘 가구를 들여놓고, 내부 열을 발산하는 점토 벽으로 교묘하게 분리하였다. 겉으로 그대로 드러난 목재가 내부 장식의 포인트이다. 모든 객실은 풍경을 감상할 수 있는 발코니나 테라스가 딸려 있다.

세련된 스파에서는 다양한 트리트먼트와 마사지 서비스를 제공하며 스팀 룸, 사우나, 요가 클래스도 있다. 이곳의 시그니처인 건초 목욕은 혈액 순환에 좋다. 레스토랑 "디 슈투베 이다"에서는 스튜에서부터 슈트루들까지 원기왕성한 티롤 음식을 맛볼 수 있으며, "레스토랑 1500"에서는 다양한 지중해 요리와 채식 요리를 내놓는다. 라운지에서 술 한 잔을 홀짝이며 하루를 마무리하거나 테라스로 나가 밤하늘을 감상하자. 산이 온통 눈으로 덮이는 겨울은 터보건이나 눈신을 즐기기에 제격이다. 여름에는 50km에 달하는 하이킹 트레일이 있어 산책을 하거나, 노르딕워킹, 패러글라이딩, 또는 양궁에 도전해 보아도 좋다. **AD**

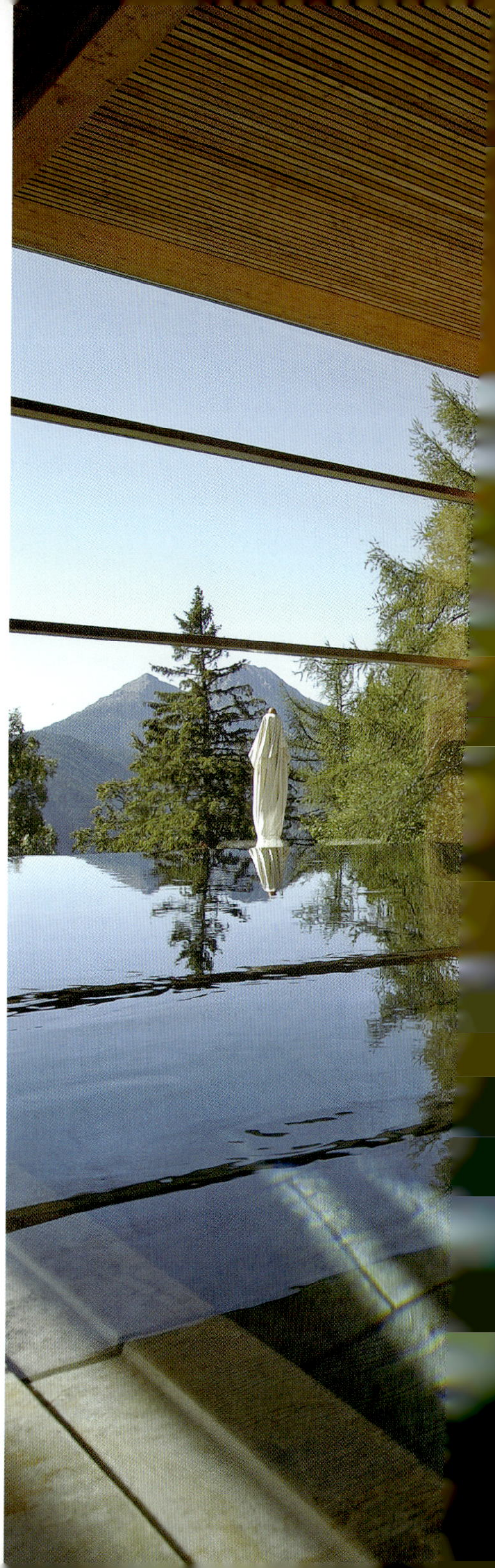

⊡ 인피니티 풀에 몸을 담그면, 마치 산 속으로 뛰어드는 듯한 센세이션을 맛볼 수 있다.

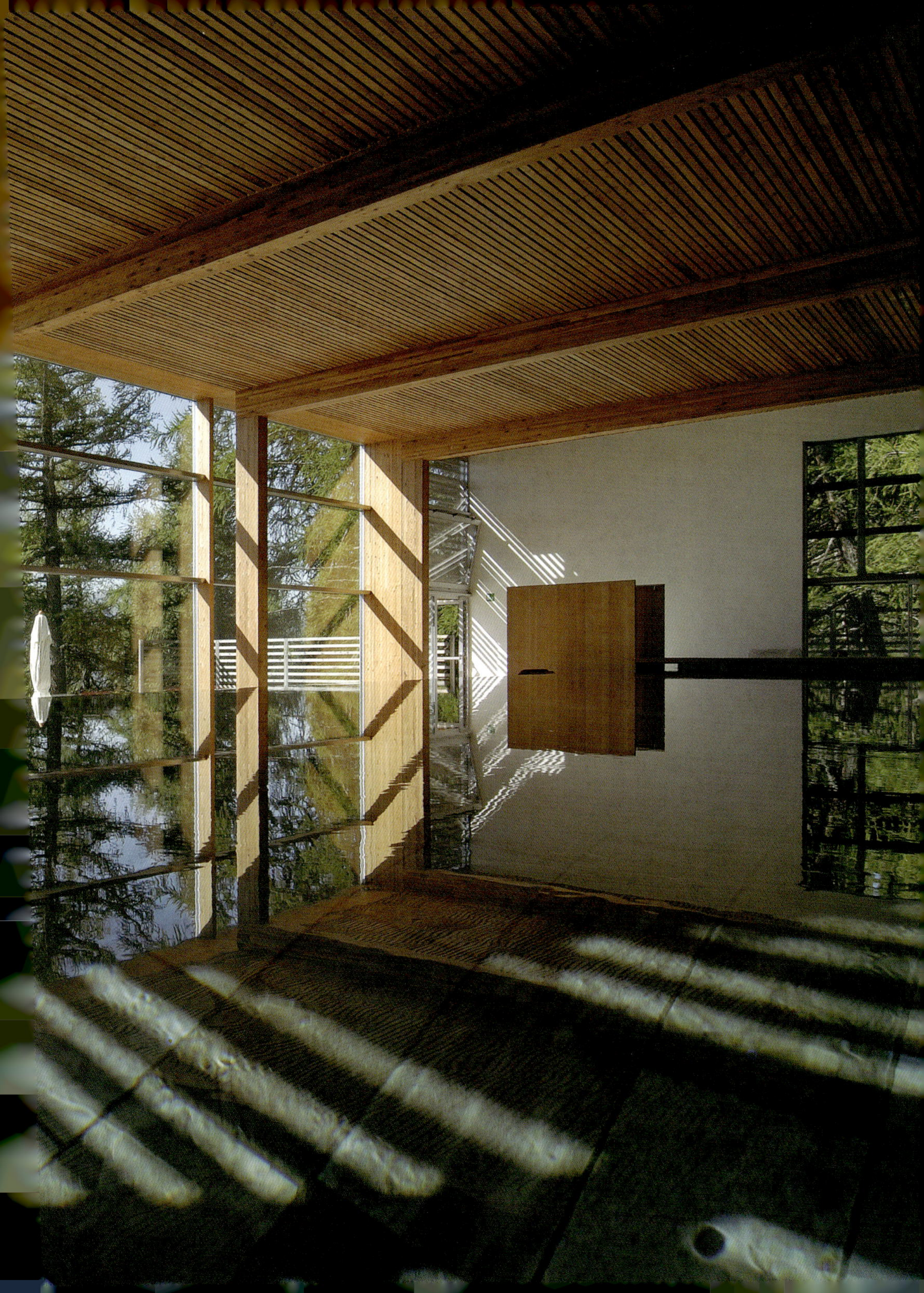

# 돌로미티 Experience the Dolomites

**Location** 이탈리아 쥐트티롤 지방
**Website** www.valgardena.it/en　**Price** ❶

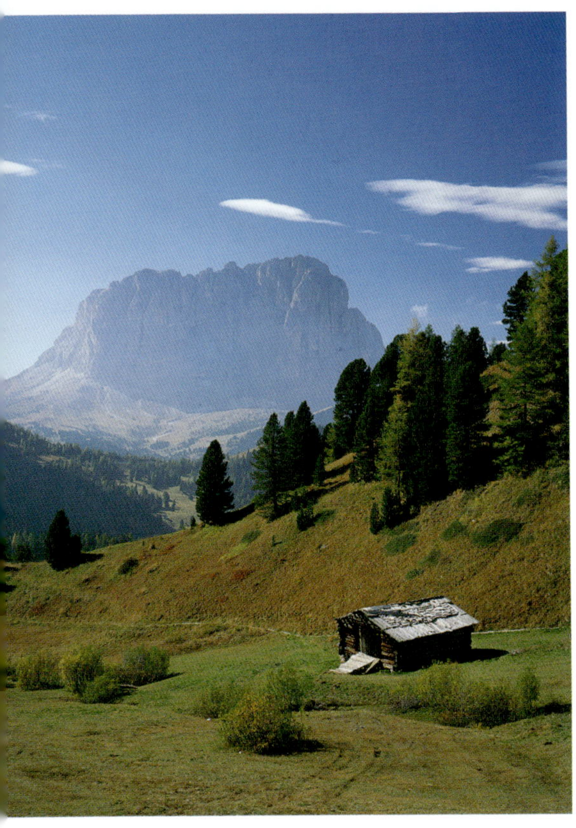

알프스에는 더 높은 봉우리들이 많지만, 돌로미티는 가장 경이로운 형태로 순수한 드라마를 펼쳐 보인다. 산들은 믿기지 않을 정도로 가파르고 환상적이며, 풍경은 거의 하이킹족들을 위해 만들어 놓은 것 같다 해도 과장이 아니다. 높은 산꼭대기야 등산객들이나 올라갈 수 있겠지만, 좀더 편하게 하이킹을 즐길 만한 곳도 많다. 또 의자식 리프트와 케이블카도 있어 계곡 위로 올라가 볼 수도 있다.

초원의 풀을 깎기 전인 초여름에 가면 야생화가 만발한 스펙터클한 풍경이 당신을 맞을 것이다. 가장 좋은 곳은 이탈리아의 오르티세이 마을 위에 위치한 풀이 무성한 고원, 알페 디 시우시로, 오스트리아 쪽에서는 상크트울리히라 부르며, 독일어, 이탈리아어, 라디노어 방언이 모두 쓰인다. 조그만 민들레와 새파란 용담화, 그 밖에 수백 종에 이르는 식물들이 초원 곳곳을 수놓고 있다. 이곳까지는 걸어오는 것도 그리 힘들지 않다. 우뚝 솟은 사솔룽고가 굽어보고 있는 완만한 산길을 따라 슬슬 걸어오면 된다.

사솔룽고 오두막은 등산객들과 하이킹족들을 사로잡는 매력적인 곳이다. 이 높은 곳에서 사솔룽고 오두막이나 다른 산장들에서 하룻밤을 묵고 다음날 아침 밖으로 나오면 상상도 못할 아름다운 산 풍경을 혼자서 즐기는 호사를 누릴 수 있다. 심지어 알페 델 푸에스 주위의 바위투성이 풍경 위로 케이블카를 타고 올라가 세체다에 다다르면 꼬불꼬불한 오솔길 여기저기에 피어 있는 에델바이스도 발견할 수 있다. 피시아두로 향하는 길고 가파른 여정 끝에 여름에도 눈이 녹지 않는 셀라 초원을 가로지르는 작은 길은 상상할 수 있는 가장 신나는 하이킹을 가능하게 한다. **TL**

> "…숲이 우거진 계곡과 거의
> 야만적이라고까지 할 만한 풍경이
> 녹아내린 묘비처럼 우뚝 서 있다."

닉 레드먼, 『옵저버』誌

◪ 돌로미티의 정수를 맛보고 싶으면 발 가르데나 높이 있는 작은 오두막집에서 하룻밤을 지내 봐야 한다.

# 도비아코/톨바흐 See Dobbiaco/Toblach

**Location** 이탈리아 쥐트티롤 지방
**Website** www.dobbiaco.info  **Price** ❶

한편으로는 돌로미티 산맥의 바위투성이 노두, 다른 한편으로는 알프스, 그리고 알타 푸스테리아와 란드로 계곡을 적시며 졸졸 흐르는 리엔차 강에 둘러싸인 아름다운 도비아코/톨바흐 마을은 정말로 스펙터클한 위치를 자랑하고 있다. 오스트리아와의 국경에서 가까운 이탈리아의 쥐트티롤 지방에 속하기 때문에 이탈리아어와 독일어가 모두 쓰이며, 그 때문에 마을 이름도 두 개이다. 인구가 3,200명밖에 되지 않는 작은 마을로, 사방이 온통 흰색과 초록색이며, 교구 성당인 세례자 성 요한 교회의 양파 모양 돔을 올린 탑은 이 지역의 트레이드마크이다. 겨울이 되면 도비아코는 스키어들의 낙원이 되지만, 봄과 여름에는 매력적인 알프스 초원만이 남는다. 고도가 높기 때문에 나지막한 산비탈에 우거진 침엽수림의 신선한 향기가 맑은 산 공기에 실려 고요한 전원의 구석구석까지 퍼져나간다. 조용하고 한적한 것이 이곳의 매력이지만, 오래된 농가, 산 오두막, 성당이 점점이 흩어져 있어, 아주 사람의 발길이 닿지 않는 곳은 아니다. 그 풍경이 너무나 아름다워 그 일부를 느끼고 싶을 것이다. 세스토 돌로미테 국립공원—도비아코는 이 공원 내에 위치한다—과 숲속을 가로지르는 하이킹 트레일이 수없이 많다. 도비아코 호수의 수정처럼 맑은 물과, 저 유명한 트레 치메("세 개의 산봉우리"라는 뜻) 주위에는 그림 같은 트레일들이 수없이 많다. 하이킹을 하다가 그저 눈을 들어 주위를 돌아보며 감탄하기만 하면 된다.

마을에 있는 호텔 중 그 어느 곳을 골라잡아도 좋다—하나같이 멋진 스파 시설을 갖추고 있으며, 마음까지 젊어지게 만드는 듯한 전망을 자랑한다. 보헤미아 태생의 작곡가 구스타프 말러는 이곳의 단골 손님으로, 1908년부터 1910년까지 이 마을에서 그의 9번과 10번(미완성) 교향곡을 작곡하였다. **CFM**

# 프로세코 Explore Prosecco

**Location** 이탈리아 베네토/프리울리–베네티아 줄리아
**Website** www.prosecco.it  **Price** ❸

베네토 주는 당신이 상상하는 바로 그 이탈리아이다—아름다운 풍경, 우아한 건축, 맛있는 음식, 멋진 와인, 이 모든 것이 있다. 베네치아 아래, 알프스 산기슭에 위치한 이 지극히 아름다운 지방은 프로세코의 생산지이자, 1966년 최초의 이탈리아 와인 루트가 시작된 곳이기도 하다.

47km에 걸쳐 뻗어 있는 스트라다 델 비노 프로세코("프로세코의 길"이라는 뜻)는 와인으로 유명한 이 지방의 양대 산맥이라 할 수 있는 코넬리아노와 발도비아데네 사이를 꾸불꾸불 가로지른다. 이 길은 웅장한 코넬리아노 성에서 시작해서 구릉지대의 협곡을 따라 산 피에트로 디 펠레토로 이어진다. 그림 같이 아름다운 평

> "…엷은 밀짚 색깔, 온순한 바디,
> 그리고 비길 데 없는
> 과일의 그윽한 아로마."
>
> 코넬리아노–발도비아데네 프로세코 DOC

원 위, 산들에 둘러싸인 몰리네토 델라 크로다는 16세기에 지어진 물레방앗간으로 큰 폭포 옆 바위 사이에 자리잡고 있으며 "돌에 박힌 진주"라는 별명으로 불린다. 수 세기 동안 프로세코에 취한 예술가들과 시인들에게 찬양을 받아온 대상이기도 하다.

그 다음에는 폴리나의 산타 마리아 수도원이 나온다. 그 옛날, 프로세코가 첫 거품을 터뜨리기도 전에 근면한 수도사들이 양털 가공 공장을 세웠다. 와인 루트는 귀족들의 빌라와 밤나무 숲, 그리고 계단형 포도밭으로 가득한 협곡을 지나간다. 메인 루트는 저 아래 탁 트인 포도밭을 내려다보고 있으며, 그 종점인 발도비아데네는 알프스 산기슭의 계곡에 아늑하게 안겨 있다. **SWi**

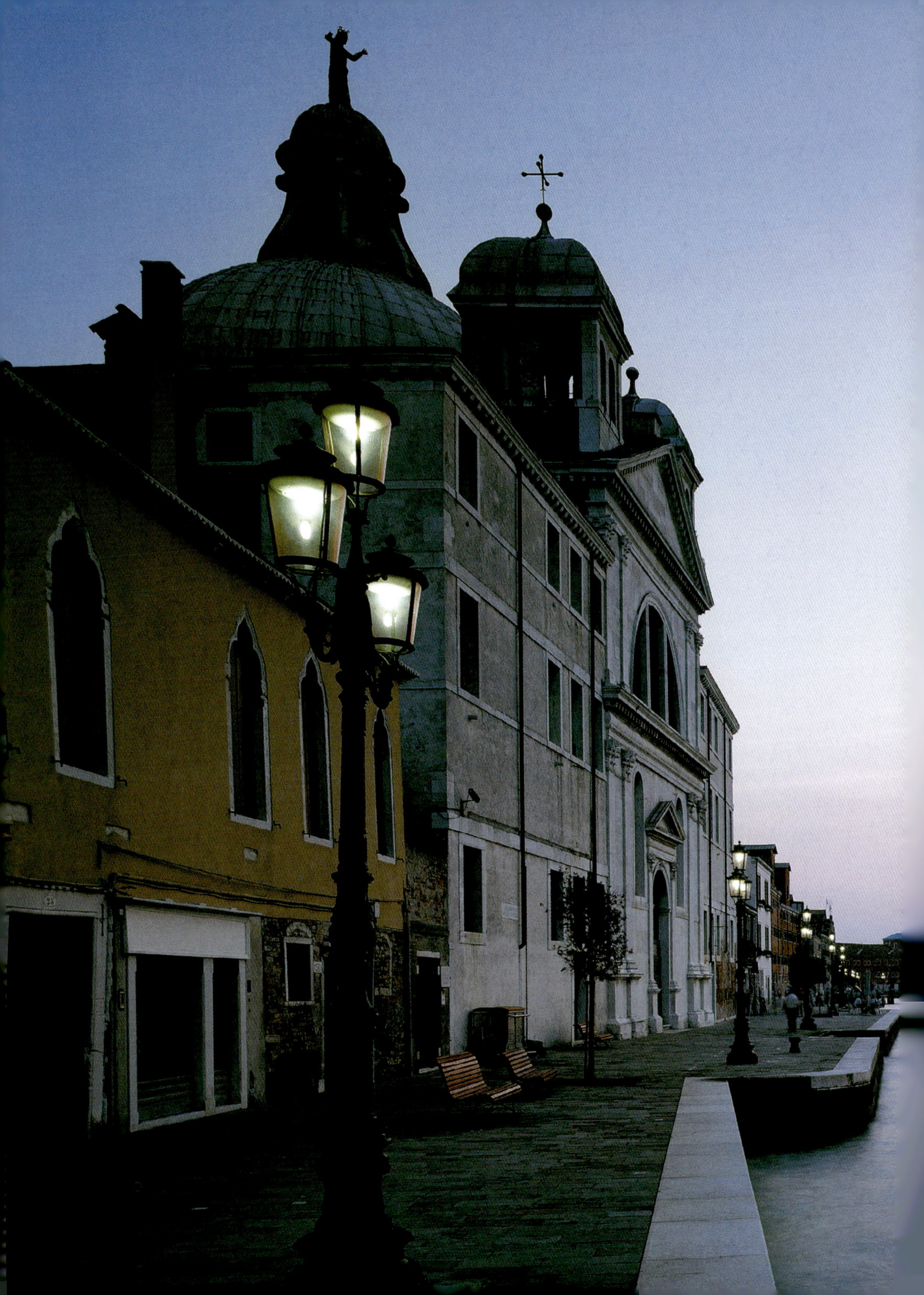

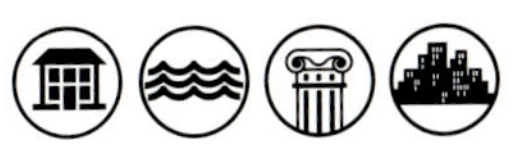

# 바우어 팔라디오 Stay at Bauer Palladio

**Location** 이탈리아 베네토 주 베네치아
**Website** www.bauerhotels.com　**Price** 💲💲

베네치아에 도착하면, 그 풍경이 너무나 아름다워 마치 영화 세트장으로 들어온 듯한 느낌이 든다. 베네치아에 있는 동안, 굳이 한적한 주데카 섬까지 가서 바우어 팔라디오 호텔에 머물러 보는 것은 어떨까. 베네치아 역사의 랜드마크인 이 호텔은 세계적으로 유명한 치프리아니 호텔에서 불과 몇 미터 떨어져 있지 않다. 셀러브리티들과 어깨를 스치면서도 한 발은 꿋꿋하게 과거에 담근 채 서 있고 싶다면 강력 추천한다. 바우어 팔라디오는 카날 그란데의 바로 건너편에 위치해 있지만, 관광객들로 발디딜 틈이 없는 산마르코 대성당 광장에서 수만 리는 떨어져 있는 듯한 기분이 든다.

원래는 안드레아 팔라디오의 르네상스 양식으로 설계된 수도원 건물이었으며, 위엄있는 외관과 간소하고 엄격한 내부가 조화를 이루고 있다. 그러나 그 휑한 응접실과 놀라울 정도로 친밀한 분위기가 느껴지게끔 아름답게 장식되었다. 37개의 객실과 13개의 스위트는 앤티크, 태피스트리, 수공예품 등으로 은은하게 디자인하였으며, 정원 혹은 석호의 전망을 감상할 수 있다. 그 르네상스적 특징을 그대로 유지하기 위해 많은 노력을 기울였다.

호텔의 스파는 다양한 트리트먼트는 물론 그림엽서에나 등장할 법한 베네치아 석호의 환상적인 조망을 제공한다. 그러나 바우어 팔라디오의 하이라이트는 베네치아의 모든 관광 명소들로부터 몇 미터 떨어지지 않은 자매 호텔, 일 팔라초까지 투숙객들을 실어나르는 태양열 셔틀 페리이다. 하루 종일 쇼핑과 관광으로 더위에 지치고 피곤하다면, 방파제까지 걸어가서 당신만의 보트에 훌쩍 뛰어오르기만 하면 된다. 반짝이는 석호를 미끄러져 불과 5분이면 호텔의 고요함 속으로 되돌아갈 수 있다. **RS**

⬅ 이 우아한 호텔은 세심한 복원 공사를 거쳤으며, 물가에 위치하여 환상적인 전망을 즐길 수 있다.

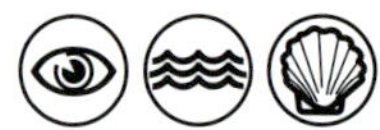

# 친케 테레 Visit Cinque Terre

**Location** 이탈리아 리구리아 주
**Website** www.lecinqueterre.org/eng   **Price** ❶

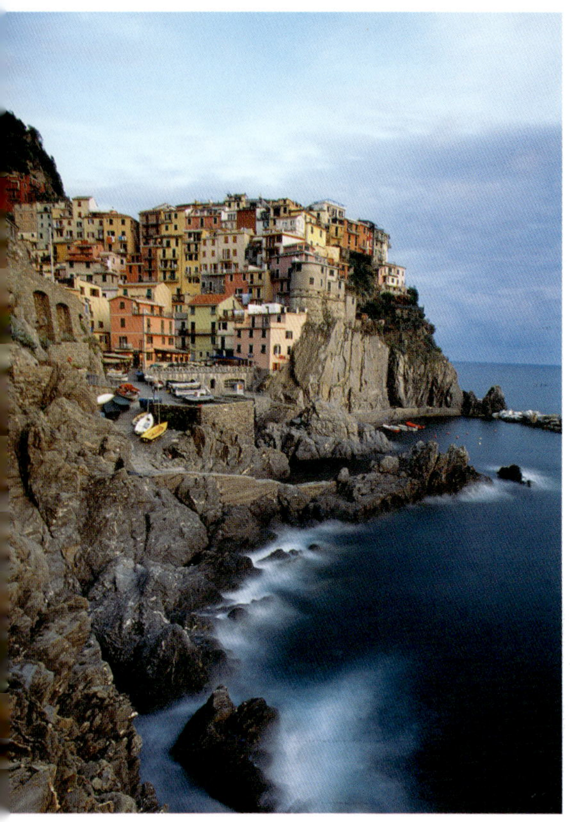

친케 테레("다섯 개의 땅"이라는 뜻)는 그림처럼 아름다운 도보용 트레일로 연결된 5개의 마을로 UNESCO 세계 유산이다. 각각의 마을은 기차나 보트로 닿을 수 있지만, 그 바위투성이 해안선은 오직 걸어서만 탐험할 수 있다.

가장 남쪽에 위치한 리오마조레는 수 세기 전에 생겨났으며, 올리브나무와 포도를 심기에 완벽한 입지이다. 가파르게 경사진 토양에 맞춰 지어진 예쁜 돌집들이 마치 몇 층짜리 탑처럼 하늘을 향해 서 있다. 집과 건물들은 현기증이 날 것 같은 계단으로 이어져 있다. 여기서 바로 저 유명한 비아 델라모레, 즉 "연인들의 길"이 시작한다. 리오마조레와 가장 가까운 마나롤라를 잇는, 바위 면을 깎아서 만든 1km의 포장도로로, 20분 정도 걸으면서 뒤를 돌아보면 스펙터클한 마을 풍경, 앞을 보면 지중해가 펼쳐져 있다.

마나롤라에서 코르닐리아까지는 약 한 시간이 걸린다. 다섯 개 마을의 한가운데는 삼면이 고대의 석조 테라스와 푸르른 포도넝쿨로 둘러싸여 있다. 베르나차는 천연 항구가 딸린 전통적인 어촌이다. 마을의 개성과 한적한 분위기를 그대로 간직하고자 옛날부터 아예 길을 내지 않았기 때문에 걸어서 갈 수밖에 없다.

친케 테레의 마지막 마을, 몬테로소까지는 걸어서 한 시간 반 정도 걸린다. 가장 가파르고 쉽지 않은 구간이지만, 동시에 가장 아름다운 길이기도 하다. 구불구불한 올리브 과수원과 녹색의 포도밭을 지나면 드라마틱한 바다 풍경이 한눈에 들어온다. 아마 영영 떠나고 싶지 않아질지도 모른다. **JP**

> "각각의 마을이, 가파른 계단형
> 포도밭으로 덮인 해안선에 환상적으로
> 새겨진 개성 넘치는 종착역이다."
>
> 에이리얼 폭스맨, 『뉴욕타임즈』

◹ 작은 마을 마나롤라는 친케 테레에서 두 번째로 작은 마을로, 바다를 내려다보는 바위 위에 자리잡고 있다.

# 에밀리아-로마냐 Discover Emilia-Romagna

**Location** 이탈리아, 에밀리아-로마냐
**Website** www.emiliaromagnaturismo.it　**Price** Ⓢ

스펙터클한 전원 풍경에서 정신 없이 분주한 도회지까지, 에밀리아-로마냐를 가로지르는 자동차 여정 자체가 하나의 경험이다. 이탈리아인들의 운전 습관은 그들의 라이프스타일과 흡사하다—정열적이고 흥분으로 가득하다. 따라서 선택하라—따라붙든지, 뒤에 처지든지.

에밀리아-로마냐는 그 아름다운 풍경과 훌륭한 음식으로 유명하다. 자동차로 여행하면서 환상적인 전원과 온갖 맛있는 요리들을 맛보기에 완벽한 고장이다. 포 강 유역의 푸르른 계곡에 위치한 파르마까지는 비행기로 오자. 소금에 절여서 말린 뒤 얇게 저며서 내는, 세계적으로 유명한 "프로슈토 디 파르마"의 고향이기도 하다. 파르마에서부터 레지오-에밀리아까지는 느긋하게 드라이브를 즐기면 된다. 여기서도 또 하나의 명물을 맛볼 수 있다—바로 파르미지아노-레지아노 치즈이다. 동쪽으로 달리면 발사믹 식초로 유명한 모데나가 나온다. 이 새콤달콤한 식초의 기원은 11세기로 거슬러 올라간다. 모데나에 머무는 동안 페라리의 도시인 마라넬로도 놓치지 말자. 제 2차 세계대전 때 원래 본사가 있었던 모데나가 공습으로 파괴되자, 창업주 엔조 페라리가 공장을 옮긴 1940년대 초부터 이 도시는 페라리의 본고장이었다.

이탈리아 자동차모터 공학의 진수를 감상한 뒤, 아펜니노 산맥 기슭을 따라 푸르른 전원을 가로질러 주도인 볼로냐로 가자. 볼로냐 역시 이탈리아의 "맛의 수도"로 불릴 만한 이유는 충분하다. 저 유명한 미트소스 파스타는, 지역 주민들은 "라구(ragú)"라 부르지만, 세계에서는 모두 볼로네제 스파게티라 부른다. 볼로냐 뒤로 펼쳐진 구릉지대에는 전원적인 이탈리아 시골 마을들이 있다. 여기에서 그리 멀지 않은 라벤나로 가면 섬세한 비잔틴풍 건축도 구경할 수 있다. **JP**

# 카사 아르젠토 Stay at Casa Argento

**Location** 이탈리아 토스카나 주
**Website** www.invitationtotuscany.com　**Price** ⓈⓈ

이 스타일리쉬한 산악 휴양지에서 감상하는 풍경은 너무나 스펙터클해서 저 멀리 코르시카 섬까지 눈에 들어온다. 아푸아네알프스 산맥 속 높이, 카마이오레와 피에트라산타 위쪽으로 자리잡은 카사 아르젠토는 도시의 스트레스로부터 멀리 도망치고 싶을 때 찾아올 만한 곳이다.

한때는 인근에 있는 중세 은광의 일부였던 집을 개조한 것으로, 집 전체를 빌리는 것도 가능하다. 한번에 6명, 위층만 빌리면 3명까지 투숙이 가능하다. 어느 쪽이건 간에, 다른 사람과 공간을 함께 쓸 일은 없으므로 완벽한 프라이버시가 보장된다.

언덕으로 나가 산 속으로 꾸불꾸불 나 있는 길과 주

> "토스카나에 피렌체밖에 없다고 해도
> 여전히 사랑할 수밖에 없을 것이다.
> 그러나, 그 밖에도 수많은 보석들이 있다."
>
> 아놀드 웨스커 경, 영국의 극작가

변의 계곡들을 걸으면서 하루를 보내자. 돌아와서는 바위를 파내 만든 야외 샤워실에서 더위를 식히고 오픈에어 월풀 욕조에 몸을 담근다. 지중해가 내다보이는 테라스 위에 자리잡은 카사 아르젠토는 한 손에 와인 잔을 들고 느긋하게 쉬기에 완벽한 곳이다.

주위에서도 할 수 있는 일이 많다. 여름에는 25분밖에 떨어지지 않은 해변에서 하루 종일 놀거나 자동차로 근처 마을들을 돌면서 전통 요리를 먹을 수 있는 편안한 레스토랑을 탐방해보자. 미켈란젤로의 "다비드" 상에 쓰인 대리석을 채취한 채석장에도 가 보고, 이 지역에서 활동하는 조각가들이 연중 작품을 전시하는 피에트라산타도 빼놓지 말자. 루카와 피사에도 관광 명소가 수없이 많다. **AD**

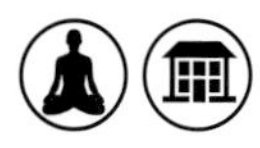

# 그로타 주스티 Relax at Grotta Giusti

**Location** 이탈리아 토스카나 주
**Website** www.grottagiustispa.com　**Price** 💲💲

그로타 주스티 스파는 천연 동굴을 사우나로 개조한 것이다. "지옥", "연옥", "천국"이라는 이름이 붙은 "룸"들은 습도 100퍼센트로, 온도는 점점 더 높아진다. 그러나 이 리조트에서 흥미로운 것은 박쥐 동굴 하나뿐만은 아니다. 19세기에 지어진 우아한 빌라는 클래식한 옛 매력이 넘치는 앤티크와 그림들로 가득하다. 호화로운 벨벳과 웅장한 라운지, 그러나 무엇보다도 대리석이 위풍당당한 맛을 더한다.

　진짜 구미가 당기는 것은 중탄산염, 황산염, 염화물, 마그네슘, 칼슘 등이 풍부한 천연 온천수이다. 1849년 발견된 이래 수많은 사람들이 그 효능을 보기 위해 몰려들었다. 딱 기분 좋은 34℃의 수온에, 근육통부터 심혈

> "베르디는 그로타를 가리켜 '세계의 여덟 번째 불가사의'라고 말했다. 즉, 폐소공포증이 있으면 올 곳이 못된다는 뜻이다."
>
> 『더 타임즈』

관계 질환까지 모든 질병에 치유 효과가 있는 것으로 알려져 있다. 더욱이 대리석 욕실의 수도꼭지에서도 온천수가 쏟아져 나온다. 현대적인 웰빙센터에는 아시아풍 공간, 헬스클럽, 폭포와 언더워터 하이드로마사지가 딸린 오픈에어 온천 풀, 심지어 고대와 최첨단 테크닉을 모두 시술하는 메디컬 에스테틱 센터도 있다. 머드 테라피, 스웨덴 마사지, 나미코시 지압 마사지 등의 트리트먼트를 받을 수 있으며, 개장미, 다시마, 올리브의 향기가 공기 중에 감돌고 있다.

　그로타 주스티는 단순한 온천 스파 그 이상이다. 현재는 수영장, 테니스코트, 그리고 구르메 레스토랑을 갖춘 완전한 리조트이다. 연옥 따위는 어디에도 없다. **RCA**

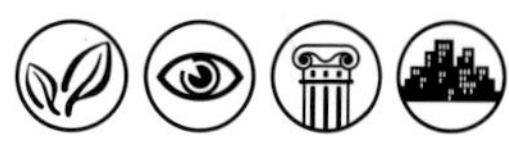

# 보볼리 정원 Explore Boboli Gardens

**Location** 이탈리아 토스카나 주 피렌체
**Website** www.firenzemusei.it　**Price** 💲

피렌체—엄밀히 말하자면 이탈리아—의 가장 유명한 정원인 보볼리는 세계의 모든 여행가이드북에 실려 있겠지만, 피티 궁을 뒤로 하고 보기만 해도 종아리가 당기는 그 계단들을 다 올라가면, 관광객은 어디에도 보이지 않고, 마치 길을 잃은 듯한 기분이 든다. 사실 면적이 45ha나 되니, 피렌체의 정신 없는 관광 명소들에서 잠시 벗어나기에 완벽한 장소가 아닐 수 없다. 그러나 그 안에서도 사람이 몰리는 곳이 있고, 그렇지 않은 곳이 있으므로, 완벽한 평화를 원한다면—그리고 토스카나의 태양으로부터 벗어나고 싶다면—피티 궁 바로 뒤쪽에 있는, 넵튠의 분수로 곧바로 이어지는 원형극장은 피할 것. 넵튠의 분수 주변은 음울한 돌 조각상과 정형적인 인공 연못, 그 주위를 둘러친 단정한 박스형 생울타리 등이 만들어낸 대칭적인 선과 패턴들로 구성되어 있다.

　다른 곳, 특히 피티 궁 서쪽에는 (즉, 피티 궁을 등 뒤로 두고 오른쪽으로 돌면) 비밀스러운 구불구불한 오솔길 양쪽으로 개암나무, 키 큰 소나무, 사이프러스 나무들이 서 있어 여름날의 따가운 햇볕을 피할 수 있다—그리고 사람도 그리 많지 않다. 생울타리로 둘러싸인 부드러운 풀이 나 있는 구석과 작은 언덕, 초원은 오후의 낮잠을 즐기는 동안 늘 도시의 거리에서만 놀아야 했던 아이들이 안전하게 뛰놀기에 완벽한 공간이다. 정원의 동쪽에서는 피렌체 시의 전경이 한눈에 들어오며, 작은 카페가 있어 목을 축일 수도 있다.

　대다수의 방문객들은 피티 광장에 있는 피티 궁에서 정원으로 들어가지만, 벨베데레 문이 훨씬 더 조용하며, 고요한 교외 도로와 탁 트인 들판으로 이어진다. 매월 첫째 주와 마지막 주 월요일에는 문을 닫으므로 주의할 것. **CFM**

⤵ 피티 궁 옆으로 잘 정돈된 정원과 인공 연못, 거기에 조용한 그늘까지 있다.

# 마렘마 Discover the Maremma

**Location** 이탈리아 토스카나/라치오 주
**Website** www.lamaremmafabene.it　**Price** ❶

토스카나가 너무 관광객들에게 길들어서 그 고유의 맛을 잃어버렸다고 생각된다면, 다시 한번 생각해보라. 토스카나 남서부와 라치오 북부에 걸쳐, 해안, 숲, 그리고 산으로 이루어진 스펙터클한 지방인 마렘마는 여전히 그 야생적인 매력을 간직하고 있다. 특히 160km에 이르는 바위투성이 해안선 곳곳에는 그림 같은 어촌과 예쁜 만(灣)이 흩어져 있어 수영을 즐기기에 완벽하다.

맛집을 찾고 있다면 폴로니카 만으로 가자. 칼라 마르티나, 칼라 비올리나, 카스틸리오네 델레 페사이아 같은 해변에서는 해수욕을 즐기는 중간중간에 얼마든지 맛있는 것을 잔뜩 먹을 수 있다. 이 지역에서 생산하는 페코리노 치즈와 모렐리노 디 스칸사노 와인을 마셔보자. 기글리오 섬과 잔누트리 섬에는 벽옥빛 지중해 위로 깎아지른 절벽을 구경할 수 있으며, 스쿠버다이빙으로 유명한 몬테 아르젠타리오 곶을 가볼 수도 있다.

해안과 맞닿은 소나무 숲에는 곳곳에 물새와 다른 조류가 우글거리는 석호가 있다. 원래는 무솔리니가 물을 다 빼게 시킬 때까지 이 지역 전체가 습지대였다. 조류 관찰에 흥미가 있다면 9월부터 4월까지 일반인에게 개방되는 조류 보호구역 로아시 델라 라구나로 가자. 또 부라노 호수는 이탈리아에서 가장 중요한 조류 서식지이다. 이탈리아에 서식하는 새들, 혹은 이탈리아를 지나가는 철새들의 반 이상을 이곳에서 볼 수 있다.

혹시 축제 기간에 이곳을 찾게 되면, 눈을 크게 뜨고 부테리(butteri, 카우보이)를 찾아보자. 특별한 행사 때 안장 위에 앉아 등장하는 이들은 오늘날까지도 마렘마의 야생적인 매력을 전하고 있다. **PE**

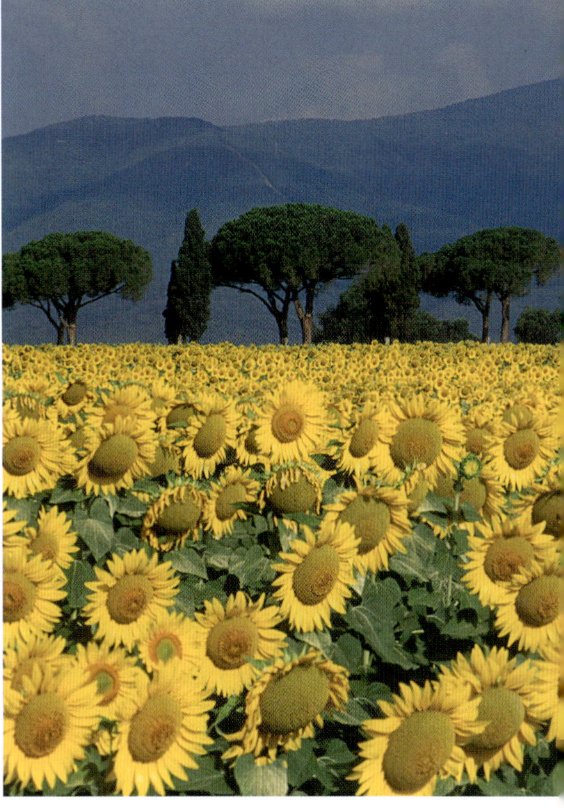

"토스카나에서는 자연 풍광이
다른 모든 것만큼 중요하다.
특히 아르젠타리오에서는 말이다."

팀 젭슨, 『데일리 텔레그라프』

↗ 마렘마는 습지대가 사라진 지 한 세기도 안 된 까닭도 있어서, 비교적 사람들에게 덜 발견된 고장이다.

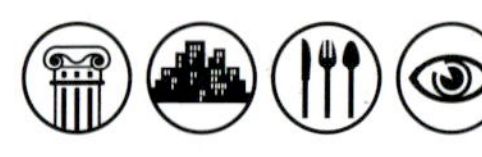

# 페루자 Explore Perugia

**Location** 이탈리아 움브리아 주    **Website** www.comune.
perugia.it; http://tourism.comune.perugia.it    **Price** ●

페루자는 육중한 돌벽과 붉은 타일 지붕, 고대의 성문과 아치, 햇볕에 잠긴 고전적인 프레스코화, 그리고 멋진 풍경을 가진 매력적인 성곽 도시이다. 르네상스 초기 회화에 묘사된 이탈리아 도시의 전형이라고 생각하면 된다. 도시에서 가장 높은 곳에 자리잡은 대성당에서 내려다보면 낭창한 사이프러스 나무, 가파른 계단식 올리브 과수원과 포도밭이 자리잡은 언덕이 끝도 없이 펼쳐져 있는 것을 보게 될 것이다. 그러나 고대의 성벽 안쪽에도 너무나 흥미로운 것이 많아서 가장 이탈리아다운 여가―"파세지아타"라고 불리는 산책―를 즐기며 그 문화적 즐거움을 만끽할 수 있는 완벽한 공간이다.

페루자의 다양한 건축 양식은 도시의 놀라운 과거로의 여행을 시작하는 관문이라 할 수 있다. 거대한 에트루리아 성벽과 아구스토 아치는 기원전 4세기에 지어졌다(로마의 싸움꾼들이 쳐들어오기 전에 존재했던 문명의 흔적이다). 한편 중세에 세워진 팔라초 데이 프리오리는 현재는 움브리아 국립 박물관으로 쓰이고 있으며 흰색과 분홍색 돌이 만들어내는 그 섬세한 문양이 인상적이다. 바로 옆 대성당 광장에는 13세기 조각 예술의 걸작인 마조레 분수가 서 있고, 그 뒤로 성당의 종소리와 모던 라이프의 소음이 어우러진다.

페루자의 피로 얼룩진 역사를 좀더 잘 알고 싶으면, 과거 깊숙이 파고 들어가야 한다. 에스컬레이터를 타면 한때 발리오니 가문의 거점이었던 로카 파올리나 요새로 갈 수 있다. 한때 페루자의 군주였던, 이 피에 굶주린 가문은 그러나 못지않게 잔혹한 교황 바오로 III세에 의해 몰살 당해 성채의 바위 아래 파묻혔으며, 그들의 궁전, 7개의 교회, 138채의 집도 모두 같은 운명을 맞았다. **SWi**

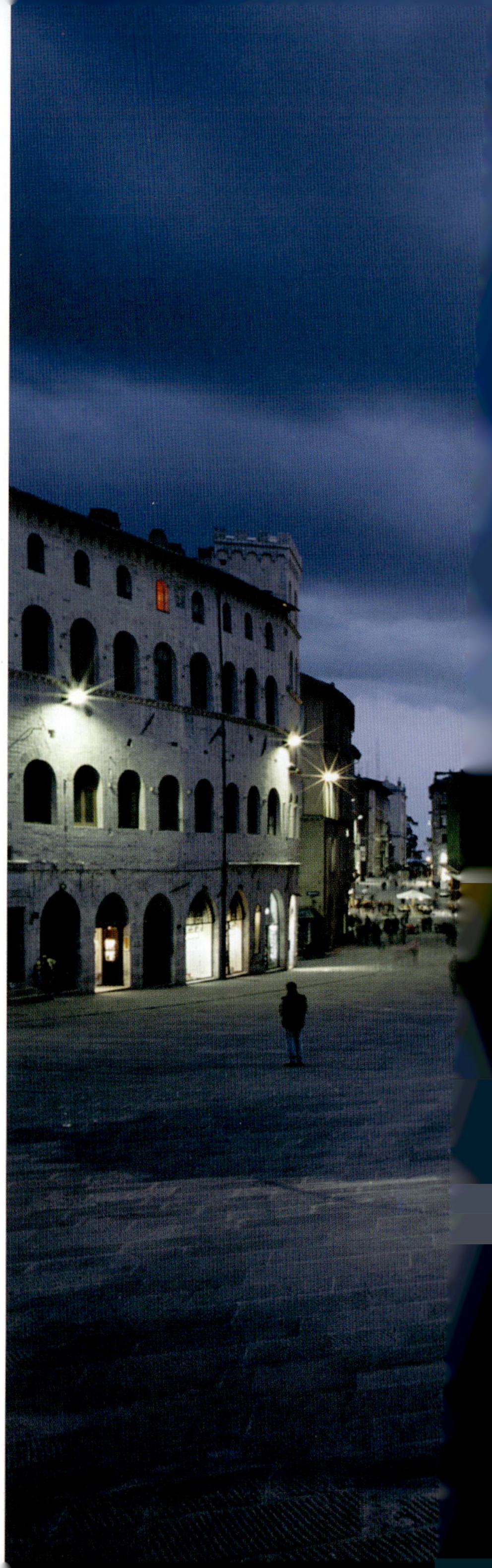

⮕ 중세에 지어진 마조레 분수는 프라 베디냐테가 설계하고,
　　니콜라와 조반니 피사노가 조각하였다.

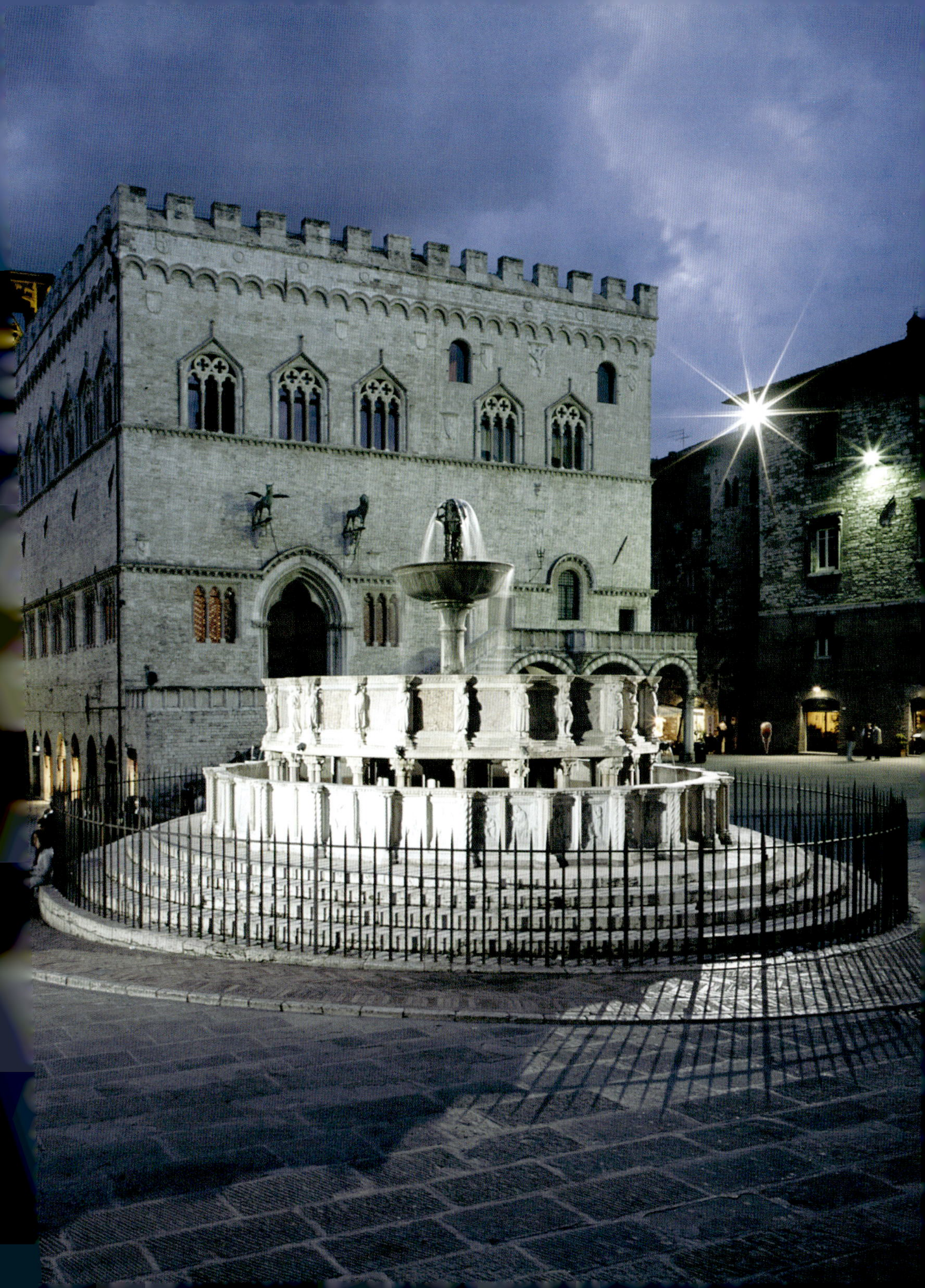

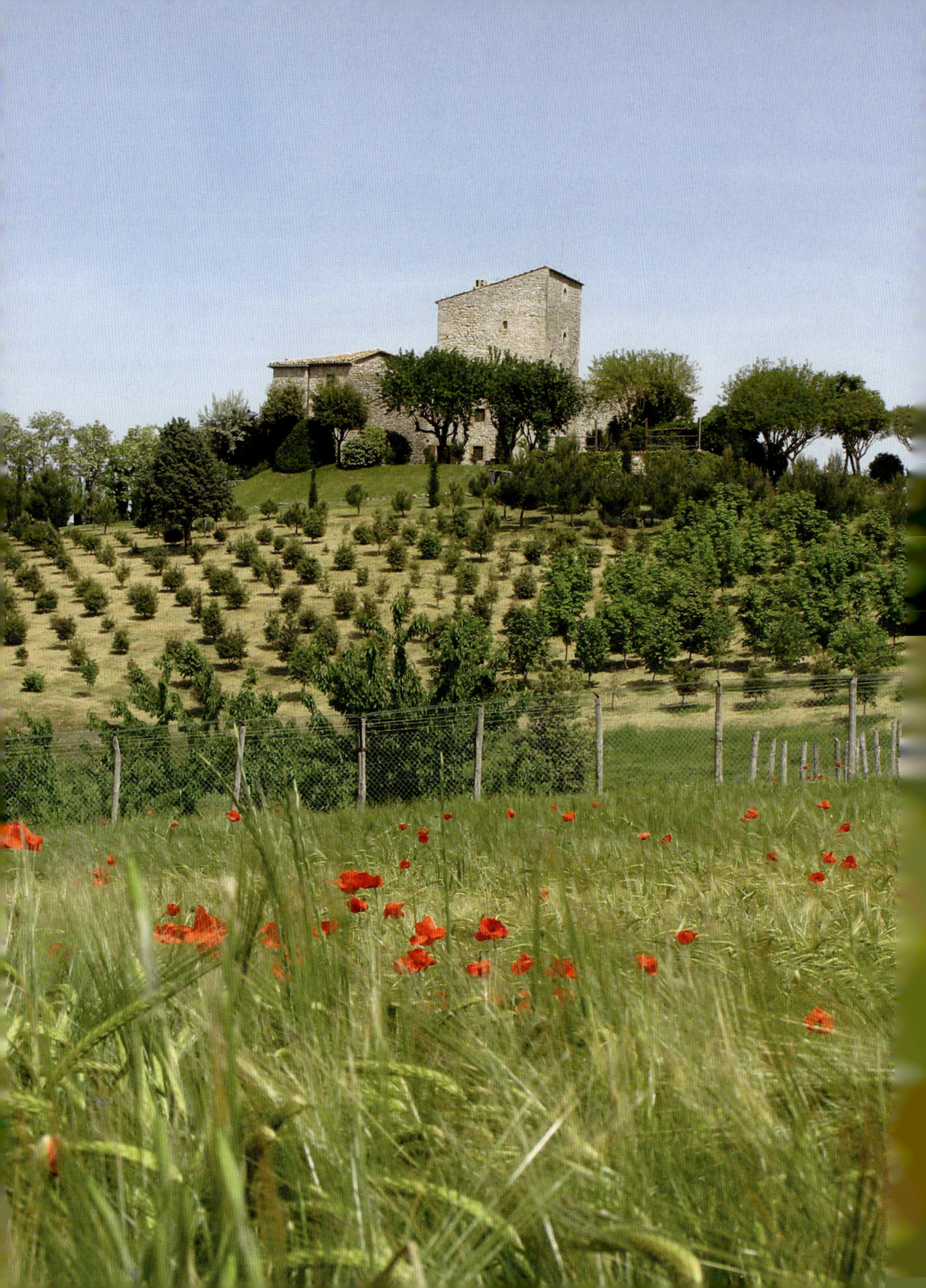

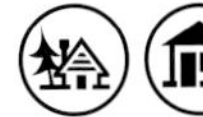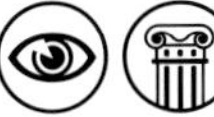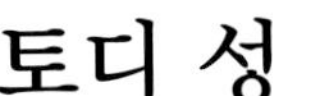

# 토디 성
Relax at Todi Castle

**Location** 이탈리아 움브리아 주
**Website** www.todicastle.com　**Price** ❸❸❸

이 웅장한 중세 성채는 이탈리아 중부, 움브리아 지방의 녹색 구릉 지대 한가운데에 서 있으며, 나만의 이탈리아 성으로 도망칠 수 있는 기회를 선사한다. 느긋하게 직접 요리를 해 먹을 수 있는 동시에 럭셔리한 서비스도 제공되는 완벽한 휴양지이지만, 이것 하나만은 기억할 것—이곳은 오랜 분쟁의 역사를 지닌 요새라는 것이다. 중세에는 총안이 난 흉벽에서 끓는 기름을 퍼붓던 곳이며, 수많은 병사들의 유해가 아직도 곳곳에서 발견된다. 높은 돌벽, 탑, 화살 구멍, 지하 비밀 탈출로 등이 남아 있어, 손 닿는 곳마다 역사의 무게감이 느껴진다.

숙박료에는 아침식사, 청소, 고급 침구와 타월 가격이 포함되어 있다. 그 외에는 원하는 대로이다—그냥 가만히 내버려두기를 원해도, 세심한 서비스를 원해도, 그대로 해 준다. 설비가 잘 갖추어진 부엌을 혼자 써도 되고, 점심과 저녁식사를 주문해도 된다.

성에는 4개의 침실이 있고, 독립된 윙에서 3명이 더 잘 수 있다. 그 밖에 영지 내에 위치한 3개의 빌라도 렌트가 가능하다. 성 밖에는 수영장이 딸린 정원, 파노라마 전망을 감상할 수 있는 테라스, 올리브 과수원으로 이어지는 비탈진 잔디밭, 포도밭, 울타리를 둘러친 사슴공원 등이 있으며, 이 모두 줄지어 늘어선 사이프러스 나무들로 구분되어 있다. 이 외에도 이 외진 곳에서 할 수 있는 것들은 너무나 많다. 주인 가족이 개인 투어는 물론, 산악 자전거와 트레킹, 방문 마사지, 개인 트레이너, 푸드 테이스팅과 요리 실연 등의 계획을 짜 준다. 심지어 나만의 파스타를 만들어 볼 수 있는 코스도 있다. 이 지역 와인 셀러, 농장, 올리브 기름 압착장으로도 데려다 줄 것이다. **SH**

⬅ 서쪽에서 바라본 움브리아의 토디 성. 비탈진 잔디밭과 과수원이 보인다.

# 이탈리아의 "다른" 호수들
Visit Italy's "Other" Lakes

**Location** 이탈리아 라치오 주
**Website** www.lagodibolsena.org/en　**Price** ❶

가르다, 코모, 루가노, 마조레 호수는 잊어버리자. 로마 북쪽의 라치오 지방에 위치한 세 군데의 화산 호수는 어떤가. 브라치아노 호수는 호수 자체보다도 2006년 톰 크루즈와 케이티 홈스가 결혼식을 올린 것으로 유명해진 호반의 성으로 더 알려졌지만, 그것도 좋다. 단체 관광객들의 눈에 아직 띄지 않은 덕분에, 로마의 무더운 여름에서 벗어나 숲과 올리브 과수원, 정원에 둘러싸여 수상 스포츠와 요트, 수상 스키 등을 즐기며 쉴 수 있으니 말이다. 원한다면 성도 방문할 수 있다. 잃어버린 사랑, 죽음, 비밀 통로, 중세의 권모술수 등의 전설을 발견하면서 촛불을 밝혀 놓은 유적을 돌아볼 수 있다.

> "이 지역에는 이렇다 할
> 공업 지대가 없어 다행히도
> 물이 오염 없이 깨끗하다."
>
> 스테펀 프리처드, 「옵저버」

볼세나 호수는 이탈리아에서 가장 큰 화산 호수로 둘레가 115km나 되며, 두 개의 섬이 떠 있다. 포도밭으로 뒤덮인 야트막한 언덕으로 둘러싸여 있으며, 해수욕을 즐기기에 안성맞춤인 물가도 있다. 유럽에서 가장 물이 깨끗한 호수 중 하나로 꼽힌다. 사람이 살지 않는 쪽에는 작고 호젓한 호반이 있고, 요트족과 스킨스쿠버 다이버들에게도 인기가 높다.

비코 호수는 셋 중에서 가장 작은 호수지만 그래도 면적이 11평방미터나 된다. 자연 보호구역에 둘러싸인 화산 분화구로 베네레 산이 내려다보고 있다. 전설에 의하면 비코 호수의 기원은 바로 헤라클레스라고 한다. 헤라클레스가 몽둥이를 들라는 마을 사람들의 명령을 거부하자, 강이 나타나 호수가 만들어졌다는 것이다. **LD**

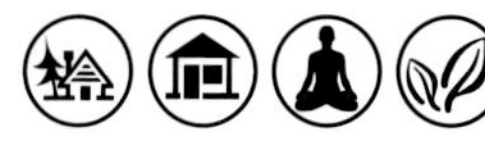

# 선플라워 리트리츠
## Stay at Sunflower Retreats

**Location** 이탈리아 라치오 주
**Website** www.sunflowerretreats.com　　**Price** $$

로마가 멸망하고, 카스페리아가 탄생했다—지역 주민들을 야만족 침략자로부터 보호한 언덕 위의 요새 말이다. 로마에서 차로 45분밖에 걸리지 않는 이 중세의 마을은 선플라워 리트리츠의 요가 휴가를 위한 운치있는 공간을 제공한다. 마을 안에 있는 신비로운 포라니 궁전부터 아시시의 성 프란치스코가 살았다는 인근의 동굴에 이르기까지, 이 마을의 어딘가 영성적인 분위기가 보다 현대적인 웰빙 트렌드와 완벽하게 어울리는 것이다.

요가는 선플라워 리트리츠에서 보내는 시간의 중심이다. 외양간을 개조하여 바닥 아래서 맑은 샘이 솟아나는 스튜디오를 만들었다. 매일 요가 클래스는 물론

> "진짜 이탈리아 시골마을의
> 라이프스타일을 즐기면서 심신을 모두
> 치유하는 진정한 영적 경험을 얻자."
>
> 『디 이탈리안 매거진』

마사지, 영기 테라피, 뷰티 트리트먼트 등을 받으며 일상에서 쌓인 피로를 날려버리자. 와인 시음이나 이탈리아 요리 클래스에 참여하며 느긋한 시간을 보낼 수도 있다. 라운지 카페에서는 다른 투숙객들과 지역 주민들을 모두 만날 수 있으며, 유기농 아침식사, 간식, 음료수, 저녁 나절의 엔터테인먼트가 제공된다.

올리브 과수원과 그늘진 숲과 산들, 그리고 인근 마을들까지, 느긋하면서도 얼마든지 탐험할 곳들이 많다. 선플라워 리트리츠는 나홀로 여행객들에게 멋진 단체 휴가를 만들어 주지만, 요가와 전원 속의 휴양을 사랑하는 친구들 혹은 커플 여행객들에게도 좋은 곳이다. **OM**

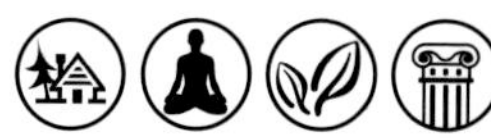

# 라 포스타 베키아
## Enjoy La Posta Vecchia

**Location** 이탈리아 라치오 주 로마
**Website** www.relaischateaux.com/posta　　**Price** $$$

17세기 프랑스의 거장 클로드 로랭의 풍경화를 연상시키는 라 포스타 베키아는 고딕 양식의 성 바로 옆에 자리잡고 있다. 시간을 거슬러 온 듯한 착각이 드는 분위기와는 달리 이곳은 로마에서 택시로 올 만한 짧은 거리로, 밤에는 공항에서 가까운 리도 디 파로의 반짝이는 불빛이 보인다.

라 포스타 베키아는 원래 이웃 성의 주인이었던 오데칼키 가문의 손님용 숙소였다. 그러다가 역참으로 바뀌었고, 다시 한 세기 동안 버려져 있었다. 1965년 미국의 백만장자 존 폴 게티가 이곳을 사들인 뒤 고고학자들을 불러모았다. 학자들은 이 집이 과거 로마 제국의 저택이 서 있던 자리에 지어졌다는 사실을 발견해냈다. 이들이 발굴한 유물들은 호텔 지하에 소장되어 있다.

라 포스타 베키아는 여전히 게티의 앤티크 컬렉션으로 가득하다. 멋진 세발 탁자와 마리 드 메디치의 혼수궤는 그저 예를 든 것뿐이다. 이런 보물 중 일부는 객실에서도 찾아볼 수 있다. 콜론나 가문의 군주가 사용했던 17세기 침대가 스위트 중 하나에 놓여 있는 식이다.

라 포스타 베키아는 1990년대 초에 호텔로 정식 개장했으며, 과거에는 트여 있었던 건물 양쪽 아케이드의 끝에는 현재 각각 식당과 수영장이 있다. 대부분의 와인은 전형적인 럭셔리 브루넬로와 바롤로 와인이지만, 이 지역에서 생산되는 와인들도 있다. 최고급 프라스카티스를 마셔 보면 종종 무시당하는 이 포도에 대한 생각이 완전히 바뀔 것이다. 여름에는 지중해의 파도가 바로 아래서 철썩이는 테라스에서 저녁식사를 할 수 있다. **GMD**

▣ 한때는 오데스칼키 가문의 접객소였던 럭셔리 휴양지 라 포스타 베키아의 입구.

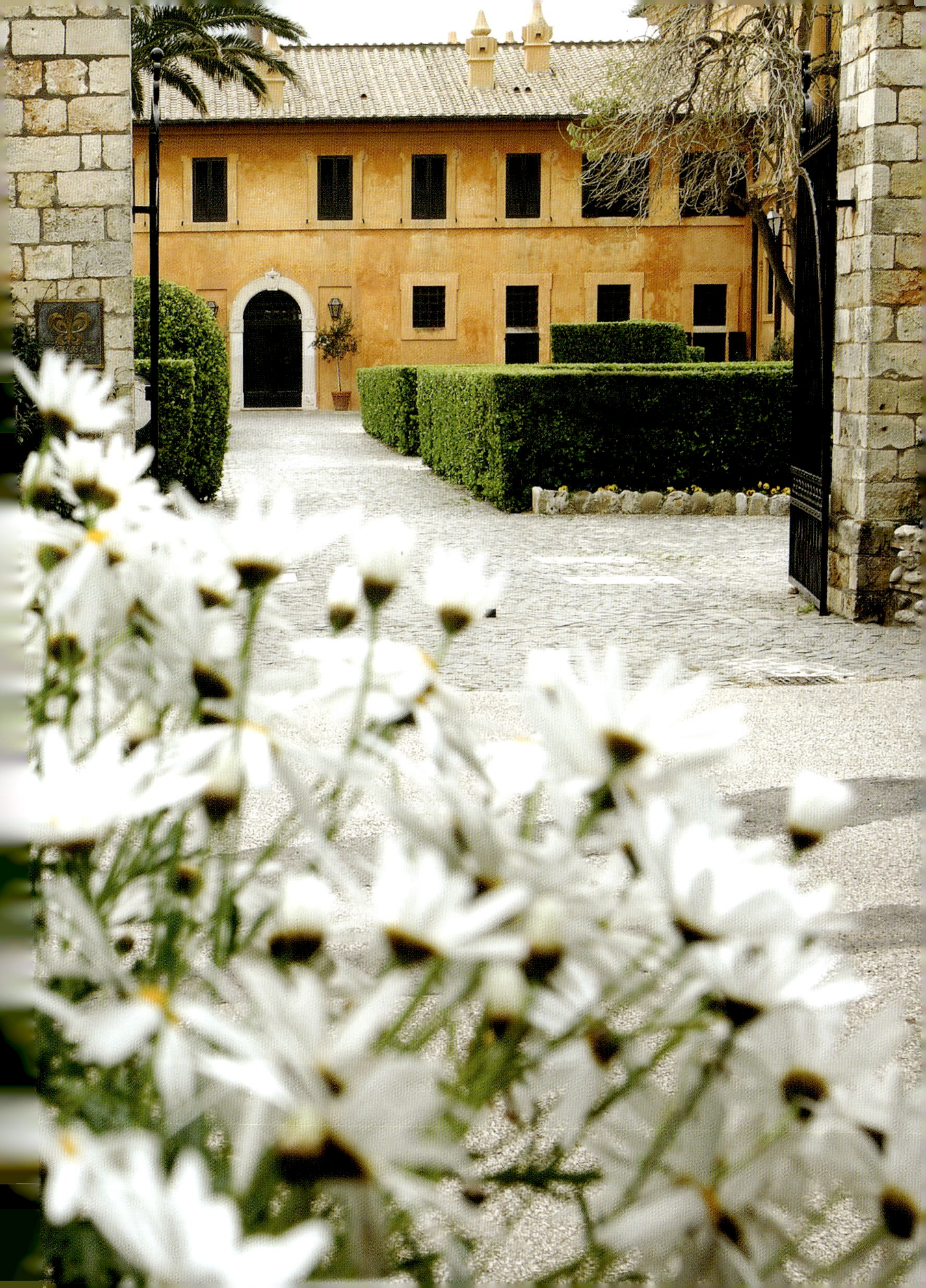

# 사비나 언덕 Visit the Sabine Hills

**Location** 이탈리아 라치오 주
**Website** www.sabina.it/index-i.html  **Price** ❶

로마에서 한 시간도 채 걸리지 않는 사비나의 풍경은 그 꼭대기에 중세 마을이 드문드문 보이는 언덕의 무리이다. 로칸티카 역시 그런 작은 마을 중 하나로, 자갈이 깔린 길이 미로처럼 얽혀 있고, 그 위로 중세의 성채가 위풍당당하게 내려다보고 있다.

매년 8월이면 로칸티카에서는 나흘에 걸쳐 축제가 열리며, 성모승천대축일(8월 15일)의 가장행렬에서 절정을 이룬다. 이 매력적인 마을 주위를 돌아보는 것이 성에 차지 않는다면 높이 1,300m로 이 지역에서 가장 높은 피추토 산으로 하루 종일 트레킹을 가자. 정상에 올라서면 아직도 눈이 덮여 있는 테르미닐로 산, 저 아래 계곡을 가로지르는 테베레 강, 그리고 맑은 날에는 로마 너머로 티레니아 해까지 눈에 들어오는 스펙터클한 풍경을 감상할 수 있다.

그러나 그림 같은 풍경과 평화롭고 방해 받지 않는 하이킹을 하려고 그 높은 곳까지 올라갈 필요는 없다. 벌꿀빛 돌로 지은 탑과 터렛이 곳곳에 보이는 또다른 언덕 꼭대기 마을 카스페리아로 가자. 옛 노새 길과 은빛 올리브 과수원과 포도밭 옆으로 푸른 참나무숲을 가로지르는 트레일 같은 좀더 편한 산책로가 이곳에서 시작한다. 만약 유서깊은 건물 주위를 거닐고 싶다면, 파르파의 대수도원과 베스코비오의 산타 마리아 성당을 절대 놓치지 말 것. 한때는 대성당이었던 산타 마리아의 아름다움은 사비나와 마찬가지로 그 단순함에 있다.

저녁 무렵 로칸티카로 돌아오기 전에 포지오 미르테토나 카스페리아의 광장에서 와인 한 잔을 즐기자. 이 지역에서 생산되는 엑스트라버진 올리브유를 맛보는 것도 좋다—사비나 최고의 비밀 중 하나이니 말이다. **SWa**

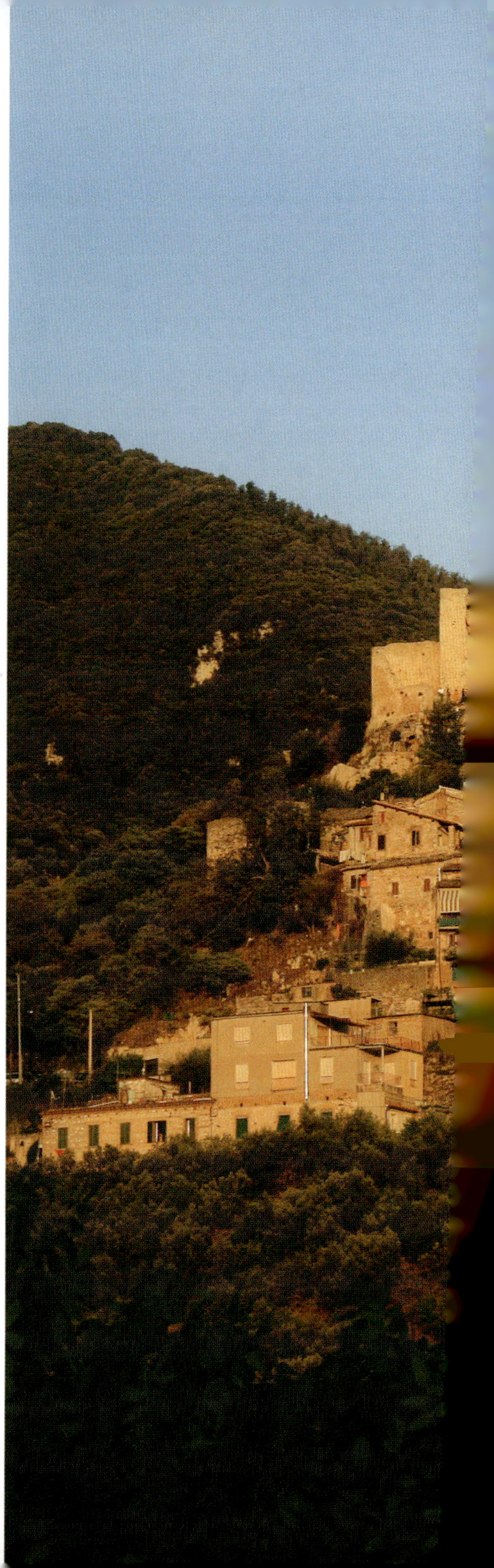

⇥ 인구 850명의 토피아는 로마 북쪽 사비나 언덕 꼭대기에 자리잡고 있다.

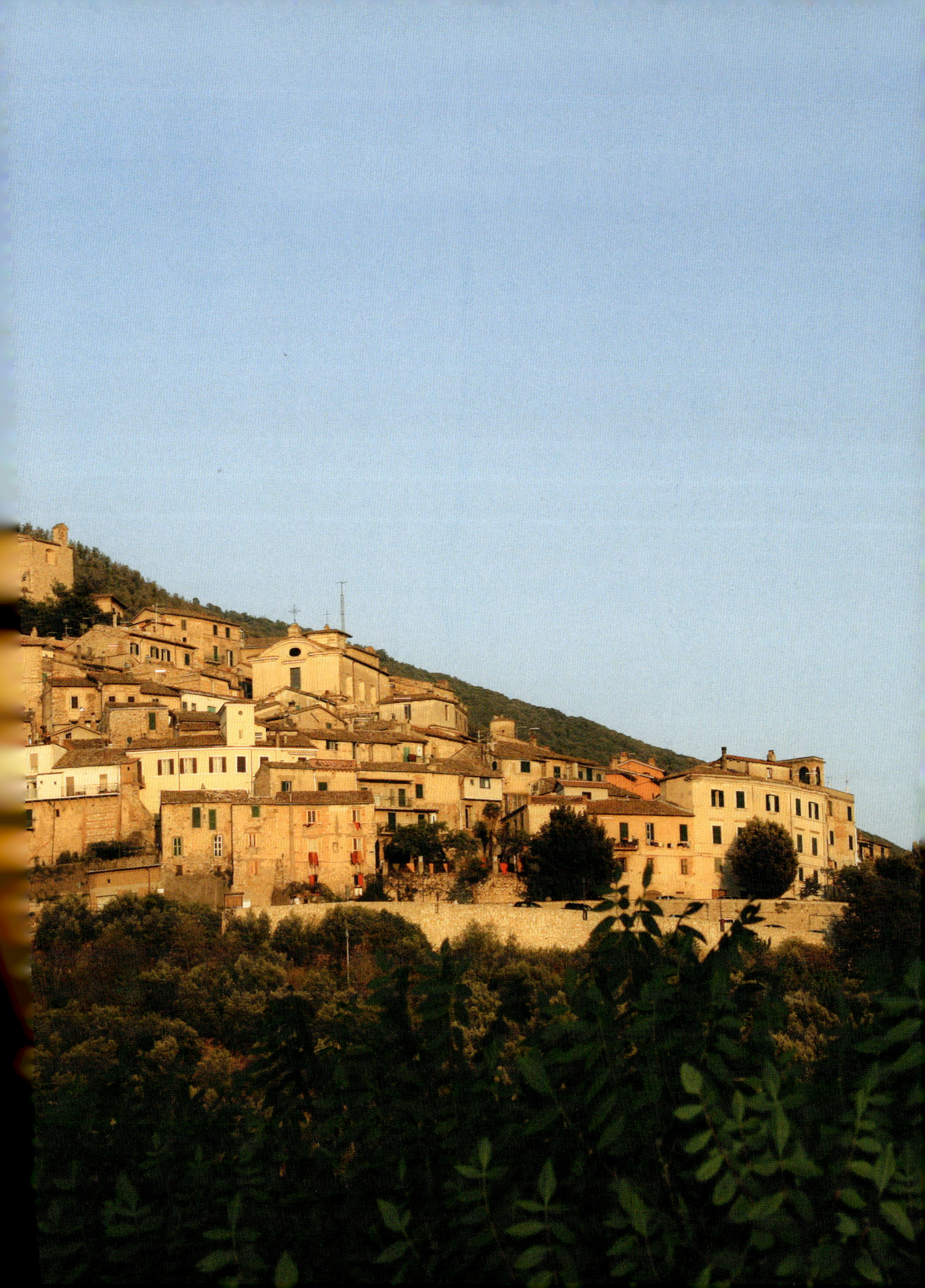

# 빌라 드라고네티
Enjoy Villa Dragonetti

**Location** 이탈리아 아브루초 주
**Website** www.villadragonetti.it    **Price** 💲💲

호텔 빌라 드라고네티는 이탈리아 예술의 걸작이다. 원래는 드라고네티 데 토레스 가문의 여름 별장으로 지어진 이 16세기 건축물은 세심한 복원 공사를 거쳐 옛 영광을 되찾았다. 아브루초의 드높은 그란사소 산맥 기슭, 거의 개발되지 않은 작은 마을 파가니카에 숨어 있는 빌라 드라고네티는 외부에서 보면 즉각 눈에 띈다. 넓고 푸른 부지 위에 미로 같은 정원과 수영장이 있다.

빌라의 건축 양식은 16세기로 거슬러 올라가며, 실내는 18세기에 특별히 의뢰 받은 프랑스 예술가들에 의해 다시 장식되었다. 동식물을 그린 드라마틱한 프레스코가 빌라 드라고네티의 머리부터 발끝까지 뒤덮고 있어, 정교하고 세련된 시간 왜곡의 느낌이 감돈다. 4개의 더블룸과 3개의 주니어 스위트가 있다. 객실 수가 제한되어 있어서 유난히 친밀한 분위기를 만들어낸다. 객실은 합리적으로 널찍하며, 프레스코나 벽화로 꾸며져 있다. 큰 화장대, 장식장, 두꺼운 커튼 등 특정 시대의 앤티크로 장식되어 있다. 욕실 역시 마찬가지로 화려하고 독특하며, 게스트하우스에는 3개의 객실과 작은 파티오가 더 있다.

빌라 드라고네티의 레스토랑은 이 지역에서 매우 유명하다. 숙박객들은 매일 아침 그들을 기다리는 맛있는 홈메이드 아침식사를 높이 평가하지만, 진짜 명물은 향토 요리이다. 푸르른 정원은 결혼식장으로 쓰기에 손색이 없다. 야외 수영장이 있어 저녁 먹기 전에 아페리티프를 즐기거나 점심식사 전에 잠깐 멱을 감기에 좋다. 드라고네티는 스키어와 하이킹족을 위한 아름다운 베이스캠프이자 그저 세련된 숙박시설을 좋아하는 사람들에게도 멋진 공간이다. **PS**

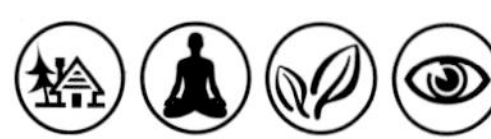

# 섹스탄티오
Stay at Sextantio

**Location** 이탈리아 아브루초 주
**Website** www.sextantio.it    **Price** 💲💲

섹스탄티오 알베르고 디푸소(Sextantio Albergo Diffuso)는 시간의 흐름을 잊은 중세 도시 산토 스테파노 디 세사니오에 자리잡은 호텔이자 야심만만한 문화 프로젝트이다. 불과 몇 년 전까지만 해도 이 작은 마을은 거의 유령 마을에 가까웠다. 밀라노의 사업가 다니엘레 킬그렌이 오토바이를 타고 지나가다가 이곳을 보고는 사랑에 빠져 다시 활기를 불어넣기로 결심했다. 그의 목표는 수백 년 된 문화와 풍습을 보존하는 동시에 이 지역에 관광산업을 부흥시키는 것이었다.

킬그렌과 세심하게 선정한 전문 고고학자와 연구팀이 가능한 한 중세에 최대한 가까운 호텔을 만들어냈

---

> "그 건축적인 아름다움과 언덕 위라는 위치까지 더해져, 산토 스테파노는 진짜로 시간을 거슬러 올라가는 느낌이 든다."
>
> 마크 재키언, 『타운앤컨트리』誌

---

다. 바위와 암석을 깎아들어간 객실은 마치 동굴 같다. 커다란 나무 문짝에 긴 놋쇠 열쇠가 꽂혀 있고, 벽난로에 불이 피어오른다. 침구는 이 지역 공방에서 손으로 짠 리넨이며, 음식 역시 이 지역에서 생산된 재료로만 만든다. 디자이너가 설계한 욕실, 온돌이 들어오는 바닥, 리모컨으로 조절하는 조명 등의 세심한 터치가 이곳을 한결 더 아늑하게 해 준다.

호텔에는 여전히 운영 중인 중세풍의 공방과 중세풍 레스토랑, 전시 공간 등이 있다. 섹스탄티오 밖에서는 마을 주민들의 삶이 지난 몇 세기 동안 그랬던 것처럼 변함없이 계속된다. **PS**

---

➦ 섹스탄티오는 500년 (50년이 아니다) 전 모습 그대로 세심하게 복원되었다.

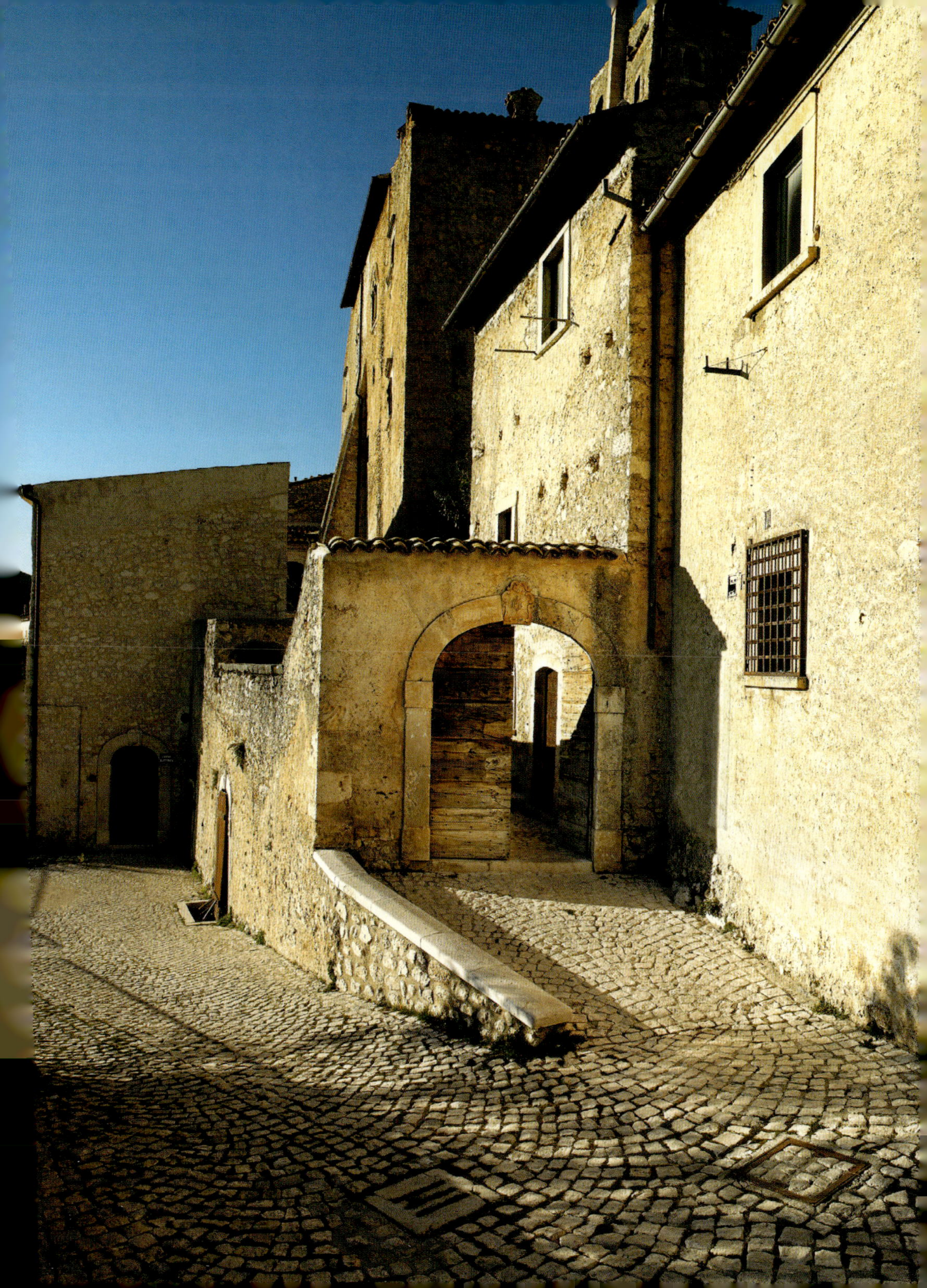

# 마젤라 국립공원 Walk in Majella National Park

**Location** 이탈리아 아브루초 주
**Website** www.parcomajella.it/LgENG/home.asp; www.uplandescapes.com **Price** 🌓

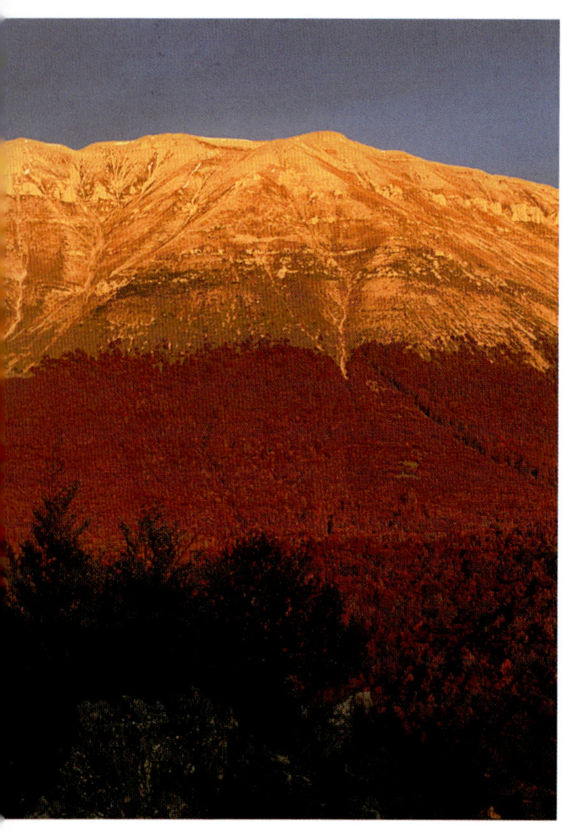

> "맑고 차갑고 건조하다. 눈은 메마른
> 파우더 같고, 눈 속에는 산토끼가
> 지나다니는 길이 보인다."
>
> 어니스트 헤밍웨이, 미국 작가, 아브루초에 대하여

아브루초 주의 심장부 깊숙이, 번잡한 해안에서 멀리 떨어진 곳에 마젤라가 펼쳐져 있다. 산, 초원, 그리고 중세의 은신처로 이루어진, 잘 알려지지 않은 낙원이다. 국립공원은 아펜니노 산맥에서 두 번째로 높은 봉우리인 몬테 아마로의 단층 지괴를 둘러싸고 있다. 그 고도 덕분에 다양한 지형을 걸어볼 수 있다. 더 낮은 쪽은 바위투성이 초원과 숲으로 덮여 있으며, 위로 올라갈수록 서서히 사막 같은 풍경과 연중 녹지 않는 눈이 보이기 시작한다.

데콘트라는 베이스캠프로 삼기에 이상적인 마을이다. 고도 810m에 위치한 이 작은 산간 마을은 남쪽으로 협곡의 야생 고지대 초원을 내려다보는 멋진 풍경을 자랑한다. 여기에서 시작하는 여러 경로를 따라 하루 종일 산꼭대기로 하이킹을 하든지, 아니면 야생화 속에서 느긋하게 뒹굴거리자.

반나절 동안 산 바르톨로메오로 트레킹을 갈 수도 있다. 자갈 깔린 넓은 길을 따라 초원과 경작지를 지나고 발레 지우멘티나 고원을 가로질러 이 중세 마을에 닿는다. 풀 뜯는 양떼와 풀이 난 오솔길을 지나 구불구불하게 이어지는 자갈길을 걷다 보면 기묘한 모양의 원뿔형 집이 보인다. 과거에 목동들이 지었던 오두막으로 지금은 사람이 살지 않고 버려져 있다. 오래 전, 길을 잃은 기독교 선교사가 산으로 들어왔을 때, 동굴에 숨어 살면서 새로운 종파를 만들었다는 설이 있다.

오르펜토 협곡의 깊고 마법 같은 세계 속으로 들어가면 이러한 옛 암굴의 은둔처를 더 많이 발견할 수 있다. 협곡 바닥을 따라 오르펜토 강이 구불구불 흘러가며, 그늘진 강둑 위에는 수정 같은 강물 가장자리를 따라 외딴 오솔길과 푸르른 풀숲이 늘어서 있다. **SWi**

◪ 지상에서 올려다보면 마젤라 산맥은 로맨틱하고 미스터리한 느낌을 간직하고 있다.

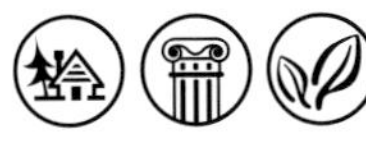

# 산토 스피리토 Enjoy Santo Spirito

**Location** 이탈리아 아브루초 주
**Website** www.monasterosantospirito.it　**Price** Ⓢ

1222년에 지어진 산토 스피리토 수도원은 아브루초 주—환상적인 자연 풍광과 중세 마을, 국립공원 등으로 구성된 이탈리아 남부의 고요하고 역사적인 지방—에 세워진 최초의 시토회 건물 중 하나이다. 이곳은 몇 년 전 독특한 장방형 모양의 운치 있는 게스트하우스로 개조되었다. 높은 돌벽과 키가 큰 종탑이 특징으로, 물결처럼 굽이치는 언덕진 풍경 속에 웅장하게 솟아 있다.

오래된 철문을 지나면 고요함이 내려앉고 목소리가 거의 자동적으로 낮춰져 속삭임에 가까워진다. 수도원은 흠잡을 데 없이 복원되어 원래의 분위기와 정신을 그대로 간직하고 있는 것이 느껴진다. 일단 안에 들어서면 넓은 정사각형의 안뜰—원래는 지붕 덮인 회랑이었

> "뒤엉키고 길들지 않은
> 숲지 속에는 늑대, 사슴, 담비들이
> 몰래 돌아다닌다."
>
> 산토 스피리토 수도원 웹사이트

다—주위로 1280년대로 거슬러 올라가는 프레스코로 장식된 교회와 식당, 수도사들의 숙사, 12개의 장식없는 객실이 늘어서 있다. 과거에는 수도사들의 숙소였던 객실은 아주 단순하게 꾸며져 있지만, 그렇다고 금욕적이지는 않다. 모두 중앙 안뜰을 향해 있으며, 모던한 나무 장식으로 꾸몄다.

수도원에는 심지어 작은 헬스클럽과 사우나, 독서실도 있다. 사랑스러운 파티오에서는 시간의 흐름을 잊은 듯한 시골 풍경을 즐길 수 있다. 긴장을 풀고 명상에 잠겨 생각과 철학의 시간을 보낼 수 있는 곳이다. **PS**

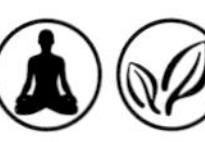

# 라 레세르베 Unwind at La Reserve

**Location** 이탈리아 아브루초 주
**Website** www.lareserve.it　**Price** Ⓢ

라 레세르베는 스파가 딸린 호텔이 아니라, 숙박을 제공하는 럭셔리 스파이다. 그렇긴 해도 숙박시설로도 정말 멋진 곳이다. 콘크리트와 유리가 빚어내는 깜짝 놀랄 정도의 모더니즘이 침엽수림으로 덮인 언덕 위에 친근한 성채처럼 솟아올라 있다. 어느 방향에서도 마젤라 국립공원의 아름다운 풍경이 눈에 들어온다.

이 위풍당당한 모던 호텔 안에 들어서면 그 고요한 웰빙 분위기가 투숙객들에게 그대로 전해진다. 이 차분한 영향은 로비에서 시작된다—새하얀 벽과 디자이너가 설계한 앉는 공간, 반짝반짝 윤이 나는 나무 바닥이 아늑한 분위기를 만들어낸다. 스파 주위에는 바닥부터 천장까지 흑백 사진과 현대 조각 작품들이 전시되어 있으며, 거대한 원형 천창으로 햇빛이 쏟아져 들어온다. 침실은 밝고 공기가 잘 통하며, 새하얀 벽에 단순한 색조를 사용했다.

이곳에 스파가 지어진 이유는 가까운 아펜니노 산맥에서 따뜻한 유황 온천수가 솟아나는 덕분이다. 스파 한가운데에서 나오는 물도 바로 이 온천수이다. 라 레세르베의 하이라이트는 거대한 외부 온천 수영장으로 밤에는 조명을 받아 파랗게 빛나며, 주위에는 햇볕이 잘 드는 테라스가 있어 낮시간에는 매력적인 파노라마 풍경을 즐길 수 있다. 목조 데크와 기둥으로 둘러싸인, 타원형의 실내 스파 풀 역시 놀랄 만큼 아름답다.

수없이 다양한 트리트먼트 가운데 원하는 대로 고를 수 있으며, 전문 테라피스트 팀이 상시 대기 중이다. 그중에서도 워터 트리트먼트가 라 레세르베의 명물이다. 해독 효과가 있기 때문에 물을 마시는 것도 좋다고 한다. 또 호흡 재생, 마사지, 열 치료, 식이요법 등 최첨단 트리트먼트도 경험할 수 있다. 심지어 치유 효과가 있는 온천 머드를 온몸에 바를 수도 있다. **SH**

 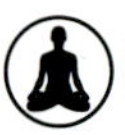 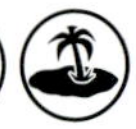 

# 레지나 이사벨라

Relax at Regina Isabella

**Location** 이탈리아 캄파니아 주
**Website** www.reginaisabella.it    **Price** ⑤⑤

나폴리 만의 이스키아 섬에 서 있는 레지나 이사벨라는 바로 물가에 있으며, 바위투성이 노두와 녹색 풍경으로 둘러싸여 있다. 돌로 쌓은 방파제는 바다를 고요하게 지켜주며, 일광욕을 하기에는 안성맞춤이다. 옆으로는 한적한 개인용 백사장에 예쁜 마을, 그리고 그 너머로는 산이 보인다. 호텔 뒤로는 조그만 광장 옆으로 교회, 미술관, 골동품 시장이 있다.

왜 1950년대에 이탈리아의 부유한 영화 제작자가 여기에 호텔을 지었는지, 그리고 레지나 이사벨라가 왜 세계의 호화 여행객들의 인기 휴양지가 되었는지 금방 이해할 수 있다. 레지나 이사벨라에 들어서면 리처드 버튼과 찰리 채플린 같은 올드 스타들이 타일이 깔린 아름다운 바닥 위를 돌아다니거나 특별 제작한 나폴리 가구들 사이에서 쉬고 있는 것 같은 착각에 빠진다. 벽은 태피스트리, 모자이크, 그리고 모던 아트로 장식되어 있고, 모든 창문에서 스펙터클한 바다 풍경이 보인다.

침실은 전통 이탈리아 디자인의 솜씨를 보여주며, 스위트에는 개인용 테라스와 풀장이 딸려 있다. 베란다에서 특정 시대풍의 고리버들 가구 위에 기대어 빈둥거리거나 레스토랑 중 한 군데에서 저녁을 먹자.

호텔은 광물질이 풍부한 온천 위에 지어졌다. 이 온천은 고대 로마 시대부터 높은 인기를 자랑했으며, 오늘날에는 럭셔리한 2층짜리 건물에서 치유 효과가 있는 화산 머드를 사용한 테라피 트리트먼트를 제공하고 있다. 이곳에서 가장 어려운 결정은 어떤 풀장으로 갈 것이냐 하는 것이다. 아마도 최고는 정화한 바닷물로 가득한 풀로, 호텔 앞에 펼쳐진 바다 위로 불쑥 튀어나와 스펙터클한 풍경을 감상할 수 있다. **SH**

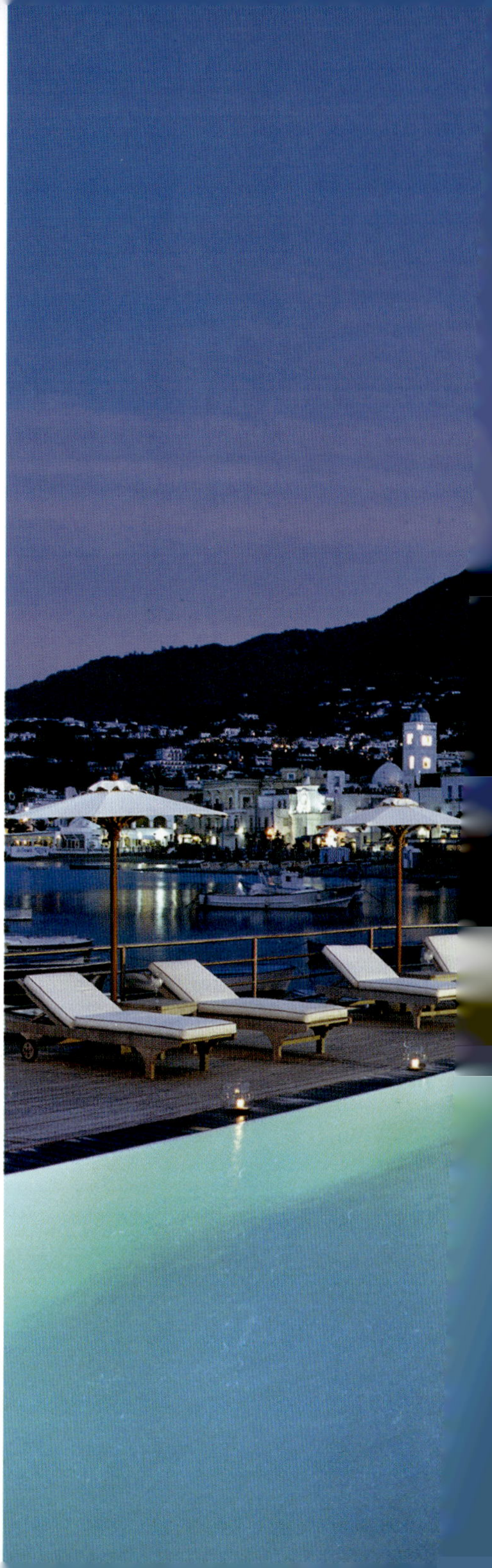

⊡ 나폴리 만을 내려다보는 레지나 이사벨라의 4개의 수영장 중 하나.

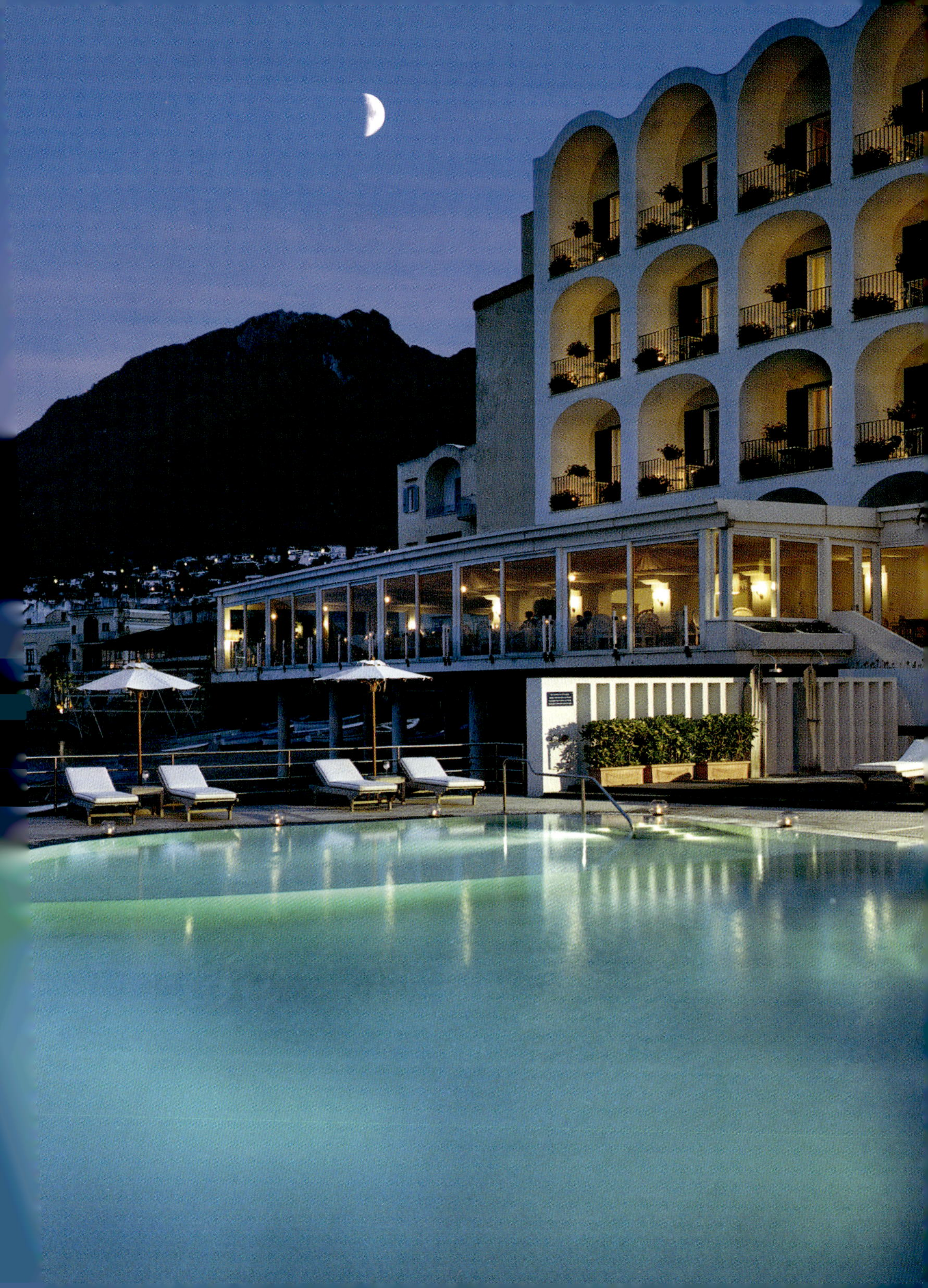

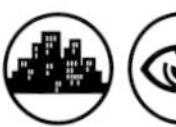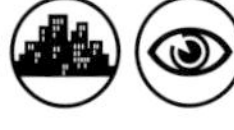

# 미칼로 Unwind at Micalò

**Location** 이탈리아 캄파니아 주 나폴리
**Website** www.micalo.it   **Price** ⑤⑤⑤⑤

나폴리 만은 자연의 축복을 받은 곳이다—덕분에 환상적이고 매력적인 바로크 도시 자체도 종종 뒤로 밀릴 정도이다. 미칼로는 나폴리에서도 부유한 키아이아 지역에 위치한 낙원이다. 밖으로 나가면 스페인 총독들과 이 지역의 귀족들이 멋진 저택을 세운 리비에라 디 키아이아의 다채롭고 시끄러운 거리 라이프를 맛볼 수 있다.

밖에서 보면 금방이라도 무너질 것 같은 17세기의 팔라초(대저택)일 뿐이지만, 일단 그 몽환적인 실내로 발을 들여놓으면, 나폴리의 모험 뒤에 마시는 한잔의 토닉과도 같은 환상적인 분위기가 느껴진다. 굴곡진 흰 벽이 크림색 대리석 바닥과 조화를 이루며 한없이 가벼운, 어딘가 이 세상의 것이 아닌 듯한 느낌이 든다. 여

> "천장이 높은 방은 상쾌한 미니멀리즘 풍으로 디자인되었으며, 호화로운 실내 장식과 완벽한 통신 연결을 자랑한다."
>
> 『선데이 헤럴드』紙

기에 요즘 뜨는 나폴리 예술가들의 매력적인 작품이 컬러를 더해 주며, 작달막한 식물과 아름답게 조각한 화산암이 여기저기 놓여 있다. 9개의 객실은 대부분 동굴처럼 휑뎅그렁하다. 높은 벽에 예술 작품들이 걸려 있고, 젠 스타일의 메자닌 침실이 거대한 침대를 내려다보고 있다.

이탈리아 대리석을 깎아서 만든 스타일리쉬한 아트 바에서는 멋진 아침식사와 가벼운 음료와 다과, 나폴리 향토 요리를 먹을 수 있다. 빌라 코무날레의 정원과 바다 풍경도 언뜻언뜻 보인다. 키아이아에는 시크한 숍, 갤러리, 환상적인 레스토랑 등이 매우 많다. 메르젤리나 방파제는 수중익선을 타고 만(灣)의 섬들과 해안선의 리조트들을 구경하기에 가장 좋은 곳이다. **NB**

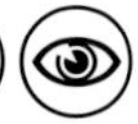

# 라 미네르베타 Stay at La Minervetta

**Location** 이탈리아 캄파니아 주
**Website** www.laminervetta.com   **Price** ⑤⑤

디자이너의 꿈이 현실이 되었다. 소렌토의 절벽 위에 서 있는 라 미네르베타는 1950년대 레스토랑을 개조한 고급 호텔이다. 전형적인 호텔이라기보다는 지중해의 현대적인 고층 아파트처럼 보이는 이곳은 트렌디한 인테리어 잡지에 등장해도 전혀 어색하지 않을 정도이다. 천장부터 바닥까지 덮고 있는 유리창을 통해 따뜻한 나폴리의 햇빛이 가득 쏟아져 들어와 살짝 레트로풍이 가미된 미끈한 가구들을 비춘다. 벽감과 선반 위에 진열되어 있는 예술 작품이나 도자기 컬렉션과는 완벽한 대비를 이루는 색조이다.

이 스타일리쉬한 호텔에서는 따뜻하고, 환영 받는 느낌이지만, 그렇다고 지나치게 멋을 부렸다는 느낌은 들지 않는다. 벽에 걸린 옛 항해지도부터 커피 테이블 위에 세심하게 배치해 놓은 신선한 레몬 그릇에 이르기까지, 정말로 집 같은 분위기가 느껴진다. 12개의 매력적인 객실 중 일부는 전면 유리벽을 채택하여 절벽 아래 하늘빛 물을 180도로 감상할 수 있다. 블라인드를 올려둔 채로 잠들면, 다음날 아침 이 환상적인 풍경 위로 해가 뜨는 가운데 잠에서 깰 수 있다. 저 아래 마을에서 들려오는 교회 종소리에 귀를 기울이고, 부엌으로 내려가 커다란 테이블에서 패스트리, 시리얼, 신선한 과일, 거품이 이는 카푸치노를 아침식사로 먹자. 호텔 전용 해변에서 하루를 보내며 수중익선을 타고 카프리, 이스키아, 나폴리, 포시타노로 가자. 그것도 아니라면 300개의 계단을 걸어내려가 전통적인 고기잡이 항인 마리나 그란데의 분위기를 만끽하거나 저녁 산책을 즐기자.

테라스에는 소파, 간이 침대, 등받이가 뒤로 젖혀지는 긴 의자가 있어 느긋하게 드러누워 파노라마 풍경을 감상할 수 있다. 칵테일을 홀짝거리면서 석양을 보거나 월풀 욕조에 들어가서 베수비오 화산과 반짝이는 나폴리 만을 바라보자. 풀장은 마치 절벽 가장자리에 걸쳐 있는 것처럼 보인다. **AD**

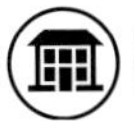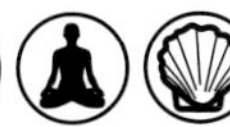

# 레 시레누세 Relax at Le Sirenuse

**Location** 이탈리아 캄파니아 주
**Website** www.sirenuse.it   **Price** 💲💲

250년간 레 시레누세는 나폴리의 귀족 가문 마르케시 세르살레의 여름 별장이었다. 오늘날에는 웅장한 저택처럼 느껴지는데, 아마도 여전히 이 세르살레 가문이 운영을 맡고 있기 때문일 것이다. 이론의 여지가 없이 포시타노의 호텔 가운데 프리마돈나인 레 시레누세는 1950년대 이래 전설적인 문호들과 헐리우드 스타들이 단골로 드나드는 곳이기도 했다. 햇빛이 쏟아지는 해안 마을 위로 우뚝 솟은 이 눈에 띄는 호텔은 시렁을 기어오르는 포도 넝쿨로 덮여 있고, 저 아래 마을 거리에서 백만 킬로미터는 떨어진 것 같은 느낌이 든다.

엘리베이터를 타고 선테라스로 올라가면 풀장, 새하얀 접이의자, 그리고 궁륭 천장을 올리고 유리를 끼운

> "레 시레누세의 폼페이풍
> 붉은 건물은 이탈리아식
> 손님 접대의 아이콘이다."
>
> 「콩데 나스트 트래블러」 紙

식당이 있다. 무엇보다도, 손에 잡힐 듯이 가까워 보이는 산타 마리아의 마욜리카 돔을 지나 시렌스 섬의 구불구불한 옆 풍경까지 아우르는 전망을 즐기자(레 시레누세라는 이름은 시렌스 섬에서 유래한 것이다). 온수 풀에서 내려다보면 파스텔 빛깔의 마을 포시타노가 보이고, 스파에는 터키탕과 바이오사우나가 있어, 마치 다른 세상에 온 것처럼 쉴 수 있다.

너무 더워지면 우아한 응접실 중 하나로 들어가거나 꽃이 만발한 테라스의 그늘진 구석으로 가자. 호텔의 보트는 언제든지 이용할 수 있으며, 시원하게 물에 들어갔다 나온 뒤에는 포시타노의 모래 해변―호텔에서 걸어서 5분밖에 걸리지 않는다―으로 돌아온다. 돈을 좀 써서 발코니와 바다 조망 욕조가 딸린 객실에 묵자―아무리 보아도 그 풍경에 질리지 않을 것이다. **AD**

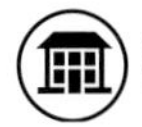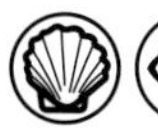

# 카사 안젤리나 Enjoy Casa Angelina

**Location** 이탈리아 캄파니아 주
**Website** www.casaangelina.com   **Price** 💲💲💲

환상적인 아말피 해안을 굽어보는 절벽 위에 위치한 카사 안젤리나는, 모던하고 시크한 미니멀리즘으로 무장한 호텔이다. 이곳에 머무르고 있노라면 매혹적인 해안선을 탐험하기 위해 호텔 문지방을 선뜻 나설 마음이 들지 않는다. 카사 안젤리나는 아말피와 포시타노 사이에 낀 작은 마을 프라이아노에 있다. 호텔 전용 전망 엘리베이터를 타고 해변으로 내려가 파라솔 아래서 칵테일을 마시거나, 해안선을 따라 풍경이 바라다보이는 풀장에서 수영을 하자. 내부에는 온수 하이드로테라피 풀이 천장에 설치된 광섬유 조명 아래 끊임없이 거품 방울을 만들어내고 있다.

객실은 우아하고 심플하고 하얗다. 일부 객실은 석양을 보면서 술 한 잔을 할 수 있는 일광욕용 침대와 의자가 놓인 넓은 테라스가 딸려 있다. 뒤로 기대시 호텔 한쪽의 계단형 정원에 피어 있는 장미 향을 맡자. 황혼의 장미 내음은 천국과도 같은 경험으로, 저녁나절의 발코니를 그윽하게 떠돈다. 완벽한 프라이버시를 위해서는 바다에 면한 4개의 아파트 스위트 "에아우데세아"를 예약하자. 어부들의 집은 로맨틱한 휴가를 원하는 커플들에게 완벽하다.

레스토랑 운 피아노 넬 시엘로는 아말피 해안 특유의 향과 맛이 더해진 전통 지중해 요리를 선보인다. 여기에 훌륭한 와인이 곁들여진다. 덤으로 드라마틱한 풍경을 원한다면 테라스 가장자리의 테이블에 앉을 것. 저녁 식사 후에는 칵테일 바로 슬슬 걸어가면서 도중에 진열되어 있는 현대 미술 작품들을 감상하자. 아름다운 무라노 유리 공예, 보기만 해도 입이 벌어지는 회화 작품, 청동 조각 등을 볼 수 있다. 예술애호가라면 시가 룸에 들러 그라파 한 잔을 마시며 바깥 풍경에 빠져들 것이다.

아말피, 포시타노, 라벨로는 자동차로 몇 분 걸리지 않는다―물론 카사 안젤리나 밖으로 나가고 싶은 생각이 들 때의 얘기지만 말이다. **AD**

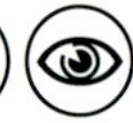

# 빌라 루폴로 정원
## Enjoy Villa Rufolo Gardens

**Location** 이탈리아 캄파니아 주
**Website** www.villarufolo.it    **Price** $

푸르른 녹음 속에 정사각형의 탑이 피아차 베스코바도 부지로 통하는 출입구를 표시하고 있다. 아치형 길 너머로 라임나무와 사이프러스나무를 따라 걸어가면 예술 후원자로도 유명했던 부유한 루폴로 가문이 13세기에 지은 빌라가 나온다. 이후 후손들에 의해 많이 변하기는 했지만, 빌라 루폴로는 아직도 원래의 모습을 많이 간직하고 있다.

운치 있는 유적 속에서, 흩어진 조각상과 오래된 아치, 무어풍 안뜰, 그리고 정교한 열주와 로지아가 딸린 회랑에 둘러싸여 휴식을 취하기를 원할 때 오는 곳이다. 수많은 작가들과 예술가들이 이곳을 찾아 영감을 얻었는데, 특히 네빌 리드가 로맨틱하기 그지없는 스타일로 설계한 럭셔리한 19세기의 정원이 그 원천이었다. 지중해를 굽어보는 언덕 위 350m 높이에 위치한 빌라 루폴로의 테라스는 깎아지른 절벽에 둘러싸인 아말피 해안과 오르소 곶의 환상적인 파노라마와 포도밭과 레몬 과수원으로 덮인 언덕들이 한 눈에 들어온다.

향긋하고 다채로운 정원은 계절에 관계없이 매력적인 공간이지만, 역시 하이라이트는 여름, 즉 4월부터 11월까지이다. 이곳에서 세계적으로 유명한 음악 축제가 열린다. 원래는 그의 마지막 오페라 〈파르지팔〉에서 이곳을 "클링조르의 마법에 걸린 정원"이라 칭한 리하르트 바그너를 기념하기 위해 열렸으나, 오늘날에는 다양성에 초점을 맞추고 있다. 실내악, 오케스트라, 발레, 음악 산책 등이 라벨로 시내 곳곳에서 열리지만, 역시 가장 멋진 곳은 빌라 루폴로 정원이다. 달이 떠오르고, 화단 사이사이에 앉은 관중들은 넋을 잃고, 정원 가장자리에 걸쳐 설치한 무대는 하늘과 바다 사이에 떠 있는 듯하다. **SoH**

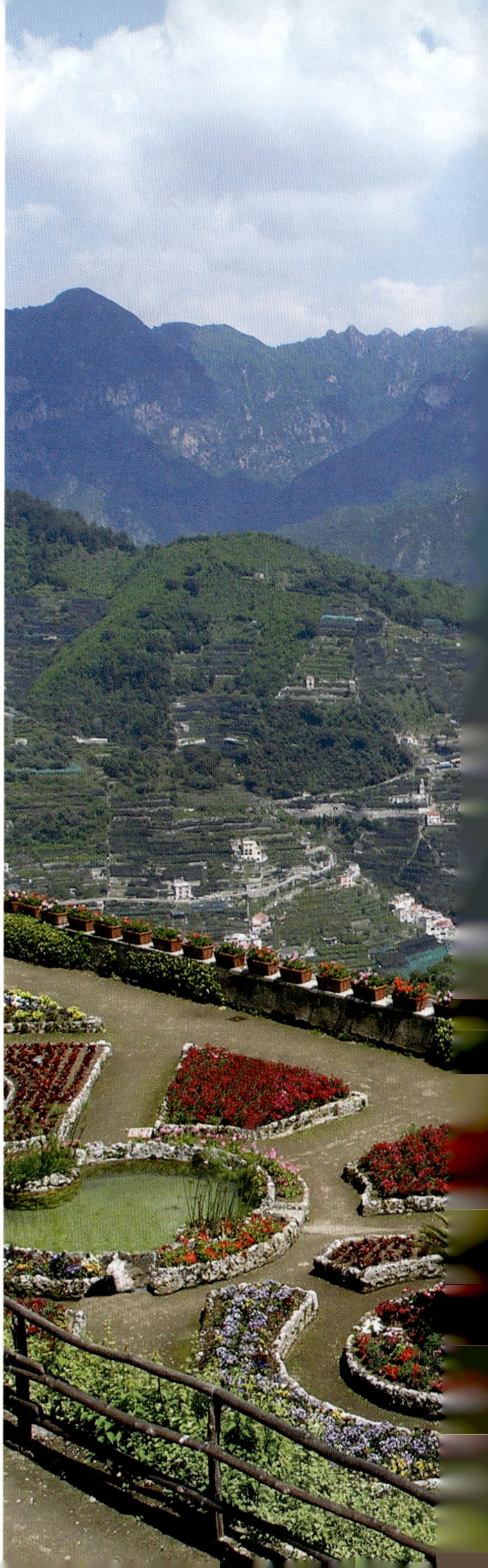

⊡ 아말피 해안 높이 솟아 있는 빌라 루폴로의 정원은 아름다운 만(灣) 풍경을 내려다보고 있다.

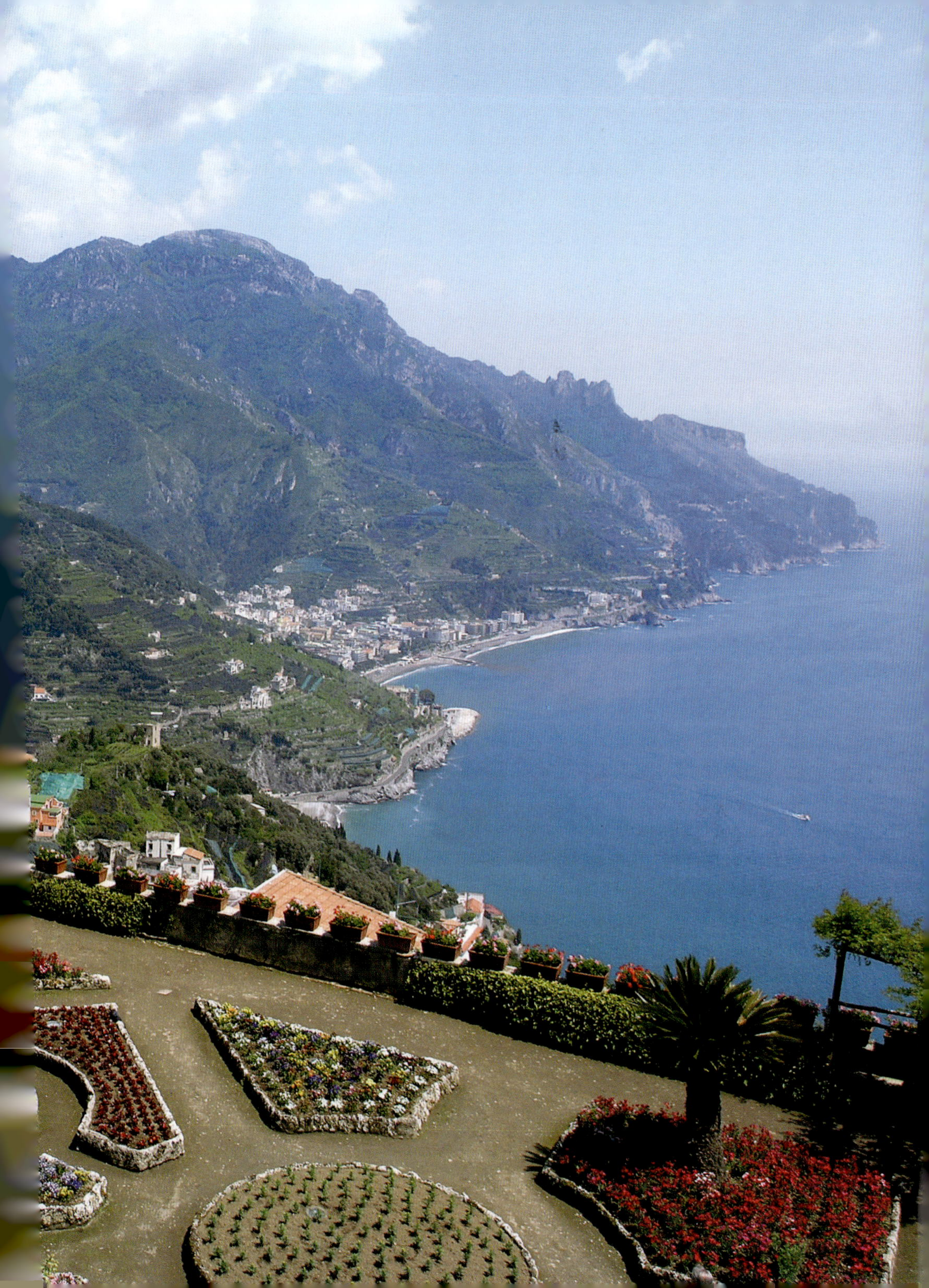

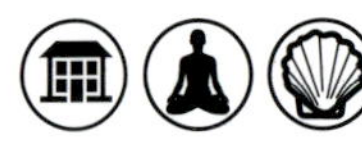

# 라 마세리아 산 도메니코 Unwind at La Masseria San Domenico

**Location** 이탈리아 풀리아 주
**Website** www.masseriasandomenico.com  **Price** $$

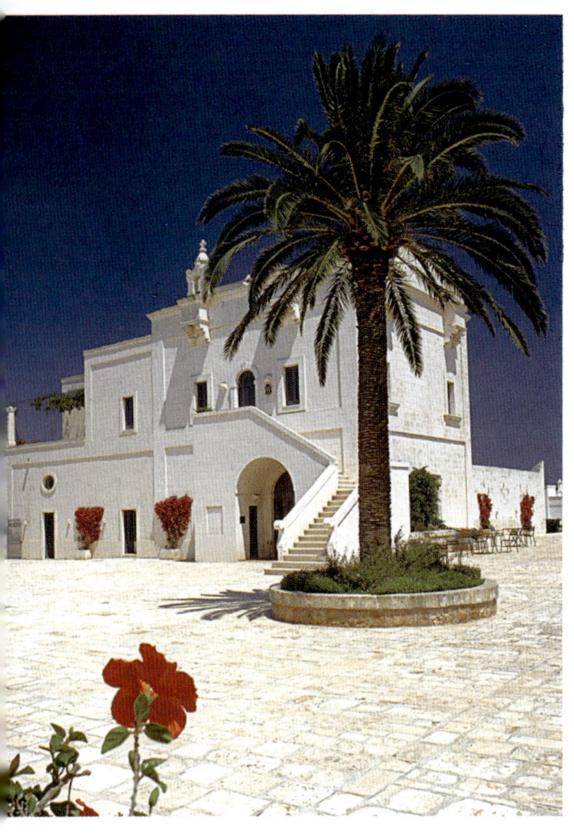

> "온몸에 머드를 바르고 플라스틱 깍지에
> 들어가 눕는다. 따뜻한 물줄기가
> 피부의 독소를 제거해 줄 것이다."
>
> 『태틀러』

이탈리아 "장화"의 발뒤꿈치에 해당하는 풀리아 해안. 이 호화로운 스타일의 5스타 리조트에서 럭셔리한 고독을 만끽하자. 눈부시게 하얀 15세기 마세리아(이탈리아어로 "농장, 농가"라는 뜻)에는 한때 말타 기사단이 오토만 투르크의 침략에 맞서 세웠던 옛 망루가 아직도 그 자리에 서 있다.

전반적으로 마법 같은 무어풍 부위기가 감돈다. 32개의 객실과 16개의 스위트는 연철로 만든 침대와 럭셔리하고 부드러운 내부 장식을 자랑한다. 프렌치 도어를 열면 바로 올리브 과수원이 나오며, 녹음이 우거진 대지 너머 눈부신 아드리아 해까지 보는 이의 넋을 잃게 만드는 풍경이 펼쳐진다. 잘 정돈된 부지의 한가운데에는 올리브나무에 둘러싸인 웅장한 자유형 해수 수영장이 있고, 가장자리에는 바위들이 놓여 있다. 15분 떨어진 곳에는 시크한 카바나가 서 있는 호텔 전용 해변도 있다—무료 골프카트 셔틀을 타면 금방이다.

스파에서는 바닷물과 아드리아 해에서 채취한 광물질이 풍부한 해초를 사용하여, 심신을 해독하고 정화시켜주는 해수 테라피를 제공한다. 테니스 코트, 워터 헬스클럽, 18홀 골프 코스는 물론 윈드서핑과 다이빙도 즐길 수 있다. 풀리아 주변, 특히 카스텔라나 그로테로 가면 동굴, 종유석, 기암 괴석 등을 구경할 수 있다. 바로크 시대 도시인 레체가 가장 가까운 대도시로, 활기가 넘친다. 가까운 언덕 위의 오스투니와 마르티나 프랑카에는 유서 깊은 교회, 카페, 화랑 등이 있다.

드라마틱한 기둥과 아치형 돌 천장이 인상적인 레스토랑 "산 도메니코"에서는 저녁식사 때 정장을 해야 한다. 한때는 올리브 압착장으로 쓰였던 이곳에서는 현재 리조트의 농장에서 직접 수확한 재료로 만든 음식을 선보이고 있다. **AD**

↖ 복원한 농가의 환하게 빛나는 하얀 돌이 더운 여름에도 마세리아를 서늘하게 유지시켜 준다.

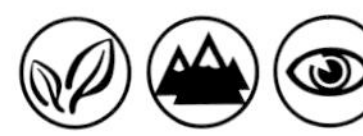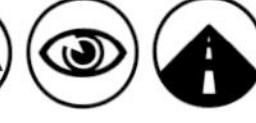

# 풀리아 Discover Puglia by Car

**Location** 이탈리아 풀리아 주
**Website** www.viaggiareinpuglia.it/hp/en  **Price** §

풀리아는 이탈리아의 발뒤꿈치이다. 바다로 둘러싸인—아드리아 해와 이오니아 해가 만나는 곳이다—이곳은 스펙터클한 절벽 위에 자리잡은 새하얀 집들, 올리브 과수원과 포도밭, 기념비적인 대성당, 자갈이 깔린 예스러운 오솔길의 땅이다. 대규모 관광객들도 여기까지 온 적은 없는데다 (간단한 이탈리아 회화집을 필히 지참할 것) 그 파노라마 풍경과 일반적인 관광 명소들—역사적인 조선소에서부터 백사장, 수제 파스타를 맛볼 수 있는 가족이 운영하는 식당—이 넘치는, 인파로부터 벗어나 자동차 여행을 하기에는 완벽한 고장이다.

다양한 루트를 선택할 수 있지만, 바다 풍경을 선호한다면 마르게리타 디 사보이아에서 시작하는, 소금 광산과 소금 광산 박물관으로도 유명한 해안 도로가 좋을 것이다. 오트란토 해협 너머 풍경에 감탄하면서 역사적인 고기잡이 항구인 트라니로 가자. 부두로 가서 막 잡아온 신선한 물고기 요리를 맛보기 전에 드라마틱한 대성당도 놓치지 말자. 그 다음 목적지는 생기 넘치는 해변이 서핑족들을 유혹하는 몰페타이다. 남서쪽으로 조금 더 내려가면 매력적인 옛 마을 모노폴리가 나온다.

고대의 벽돌 건물들이 줄지어 서 있는 브린디시 시가지를 돌아보며 시간을 보낸 뒤 이탈리아 최동단 마을인 오트란토 근교의 선사시대 벽화를 보러 가자(고딕 소설 애호가라면 호레이스 월폴의 『오트란토 성』을 짐에 챙겨 넣자). 발뒤꿈치의 끝까지 가면 갈리폴리에 다다른다—제 1차 세계대전 당시 전쟁터였던 그 갈리폴리와 헷갈리지 말 것.

이 갈리폴리는 숨이 멎을 것처럼 아름다운 해변에 위치하며, 구시가지는 16세기에 지어진 다리로 본토와 연결된 석회암 섬 위에 있다. 마침내 물이 수정처럼 맑은 이오니아 해안을 올라온다. 지노사 근처의 마을들은 유난히 그림처럼 아름답다. **PE**

# 파르코 델 발리오 Stay at Parco del Vaglio

**Location** 이탈리아 풀리아 주
**Website** www.cvtravel.co.uk  **Price** §§§

풀리아는 유독 덥고 건조한 지방이다. 평야에는 군데군데 올리브나무 숲이 줄지어 있고, 그 독특한 건축적 특징은 "트룰로(Trullo, 복수형은 트룰리 (Trulli))"이다. 트룰로는 새하얀 원형의 돌집으로 검은 판암으로 원뿔형 지붕을 올려 마치 날개 없는 풍차와 흡사하다. 대개 15세기에 지어진 것으로, 세금을 피하기 위해 이런 형태의 집을 지었다고 알려져 있다—콘크리트를 사용하지 않기 때문에 주택세 감독관들을 피하기 위해 집을 해체했다가, 세리들이 떠나고 나면 다시 지었다.

이런 초라한 기원에도 불구하고 수천 개의 트룰리가 살아남았다. 가장 온전하게 보존되어 있는 트룰리는 UNESCO 세계유산으로 등재된 알베로벨로 마을에서

> "(알베로벨로는) 빼어난
> 인류보편적 가치이다… 매우
> 독특한 건축 양식의 예이다."
>
> UNESCO 세계 유산 위원회

찾아볼 수 있다. 이곳에는 1,500개가 넘는 트룰리가 남아 있으며, 그 중 다수는 아직도 사람이 살고 있다. 관광객들이 많이 몰려오기 때문에, 특히 여름에는 매우 북적인다.

전원 풍경 속에 홀로 동그마니 서 있는 트룰로는 더욱 운치가 있다. 파르코 델 발리오는 그 중 최고이다—세심하게 복원한 멋진 트룰리 몇 개가 모여 커다란 바캉스 하우스가 되는 것이다. 요리는 직접 해 먹어야 하며, 한번에 8명까지 숙박이 가능하지만, 더 작은 단위로 나누어서 묵기도 한다. 전통적인 두꺼운 돌벽 덕분에 단층집 안이 여름에 에어컨 없이도 서늘하다. 원래 그대로의 돌바닥과 높은 궁륭형 천장, 거기다 현대적인 럭셔리와 욕실도 딸려 있다. **SH**

# 라 소미타 Relax at La Sommità

**Location** 이탈리아 풀리아 주
**Website** www.lasommita.it   **Price** ⑤⑤

라 소미타는 하얗게 칠한 오스투니 꼭대기, 작은 골목길이 만들어내는 미로 속에 숨어 있다. 이 럭셔리한 디자인의 역사적인 팔라초는 올리브 나무 숲과 저 아래 파랗게 반짝이는 아드리아 해를 내려다보고 있다. 이탈리아 쉬크의 절정인 동시에, 서늘한 궁륭, 비틀린 층계, 돌벽, 조각 기둥 등 16세기의 흔적을 많이 간직하고 있다.

손님들은 환상적인 가구로 꾸며진 크림색 침실 안에서 아늑하게 머무르게 된다. 미니멀리즘 인테리어는 밀라노의 부티크 "쿨티" 社가 담당했다(쿨티는 라 소미타의 지분도 소유하고 있다). 마음에 드는 소품이 있다면 구입해서 집으로 배송시키면 된다. 테라스가 딸린 룸에

---

> "오스투니는 언덕을 중심으로
> 지어진 고리 모양 마을이며,
> 라 소미타는 바로 그 꼭대기에 있다."
>
> 『콩데 나스트 트래블러』

---

서 바다를 바라보며 아침식사나 저녁 무렵의 아페리티프를 즐기자. 바깥 날씨가 그리 따뜻하지 않을 때에는 겨울용 일광욕실에서 빈둥거리거나, 와인 셀러를 개조한 지하 스파에서 맞춤형 트리트먼트를 받으며 여독을 풀자. 가장 멋진 것은 풀리아 향토 음식을 맛볼 수 있는 식당이다. 이 근처 바다에서 잡은 생선을 완벽하게 요리할 뿐만 아니라, 와인과 파스타도 최고이다. 야외의 스페인 정원에 있는 테이블을 잡아서 오렌지꽃과 올리브나무와 더불어 식사를 하자.

라 소미타에 풀장은 없지만, 대신 전용 해변을 이용할 수 있다. 승마와 자전거도 탈 수 있고, 신청하면 이탈리아 요리 강좌도 들을 수 있다. **AD**

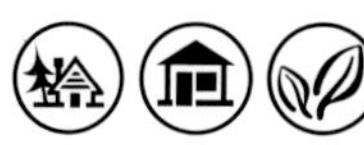

# 토레 카밀리아티 Stay at Torre Camigliati

**Location** 이탈리아 칼라브리아 주
**Website** www.torrecamigliati.it   **Price** ⑤

칼라브리아의 옛 남작 소유 건물들은 오늘날 거의 폐허가 되어버렸지만, 18세기에 지어진 사냥용 별장 토레 카밀리아티는 멋지게 복원되어 예전의 영광을 되찾았다. 풀리아의 실라 그란데 지방의 심장부에 위치한 이곳은 호텔 겸 문화 센터, 동시에 문학 공원이기도 하다. 특히 19세기 그랜드 투어(과거 영국의 부유층 자제들이 소양 교육의 일환으로 유럽 대륙의 주요 도시들을 둘러보던 여행) 여행기 『옛 칼라브리아』를 남긴 영국 작가 노먼 더글러스의 일생과 작품을 기념하고 있다. 80ha의 사유지에 둘러싸여, 환상적으로 친밀하고 고요하다.

1층에는 19세기 가구들로 가득 찬 리셉션 룸 몇 개가 있다. 12개의 객실 역시 유사한 시대 양식으로 꾸며졌으며, 철제 침대, 앤티크 장롱, 그리고 세월의 흐름을 잊은 듯한 분위기를 자아내는 공원 전망을 갖추고 있다. 인근에 있는 6개의 미니 아파트는 좀더 현대적인데, 노동자들의 오두막을 개조하여 커플과 가족 여행객들을 위한, 방마다 출입문이 모두 따로 달려 있는 독립 공간을 만들어냈다.

웅장한 테마는 공공 공간에서도 이어져서, 넓은 거실과 벽난로, 매력적인 브렉퍼스트 룸, 그리고 때때로 콘서트와 전시회가 열리는 널찍한 홀이 있다. 지상층에는 방문객 센터가 있다—그랜드투어에 관한 방대한 서적들, 미모 조디체(1934~, 이탈리아의 사진작가) 등의 전시관, 그리고 칼라브리아 전통 수공예품을 파는 숍이 위치해 있다.

토레 카밀리아티 인근은 사색에 젖어 하이킹을 하거나 조용히 산책을 즐기기에 완벽하다. 조금 더 멀리 나가면 중세의 마을들이 나온다. 비잔틴 시대의 교회들, 매혹적인 전원, 고대 알바니아 공동체, 심지어 로마 제국 이전의 그리스인 정착지 유적도 있다. 원하면 인근 명소들을 돌아보는 가이드 투어도 짜 준다. **PS**

# 에올리에 제도 Explore the Aeolian Islands

**Location** 이탈리아 시칠리아 주
**Website** www.italiantourism.com/island6a.html    **Price** ❗

검게 그을은 화산, 보글보글 방울이 올라오는 머드 욕조, 그리고 증기를 뿜는 화산의 분기공. 이 일곱 개의 화산섬들—리파리, 불카노, 살리나, 파나레아, 스트롬볼리, 필리쿠디, 그리고 알리쿠디—은 시칠리아 앞바다에 늘어선 자매들로 정말 문자 그대로의 의미에서 "핫"하다.

스트롬볼리와 불카노는 활화산으로, 화산 활동은 에올리에 제도 어디서나 목격할 수 있지만, 각각의 섬이 저마다의 개성을 지니고 있다. 어떤 섬에서는 검게 그을은 분화구에 협곡이 불쑥 생겨 있고, 어떤 섬에는 검은 모래 해변이 있고, 어떤 섬에는 눈부시게 하얀 백사장이 있고, 어떤 섬은 황량하고 어떤 섬은 녹음이 우거져 있다. 조각난 해안이 바다를 향해 깎아지른 듯이 떨어진다. 깊은, 거의 불가능할 정도로 파란 바다 바로 옆에는 자연히 기묘한 모양으로 깎아 놓은 바위가 보인다.

각각의 섬들은 서로 다른 특징을 지니고 있다. 호화 여행객들은 화려한 파나레아를 선호한다. 덕분에 여름철 파나레아는 호화 요트들로 북적인다. 반면 알리쿠디는 당나귀들이 노니는 전원적인 섬이다. 이 섬의 주인은 불과 80명 정도인데, 서로가 눈에 보이는 것을 싫어한다고 한다. 살리나는 가장 푸른 섬, 스트롬볼리는 용암이 굳어서 만들어진 바위 사이로 검은 모래가 깔린 작은 만(灣)들이 있다. 수수한 매력의 리파리는 전원적인 레스토랑과 꽃이 피어 있는 수로, 그리고 그나마 연중 사람들이 사는 꽤 큰 마을이 있는 섬이다. 여기서는 야생 회향, 방울 토마토, 그 수를 셀 수 없을 정도로 다양한 생선 등, 이 근처에서 생산되는 재료로 만든 맛있는 음식들을 자갈 깔린 길 위에서 맛볼 수 있다. 불카노의 유황 냄새를 참을 수만 있다면, 온천욕을 즐기자. 관절과 신경통에 특효이며, 피부가 몰라볼 정도로 고와진다고 한다. **LB**

↗ 시칠리아 앞바다에 떠 있는 에올리에 제도 가운데 가장 큰 리파리 섬.

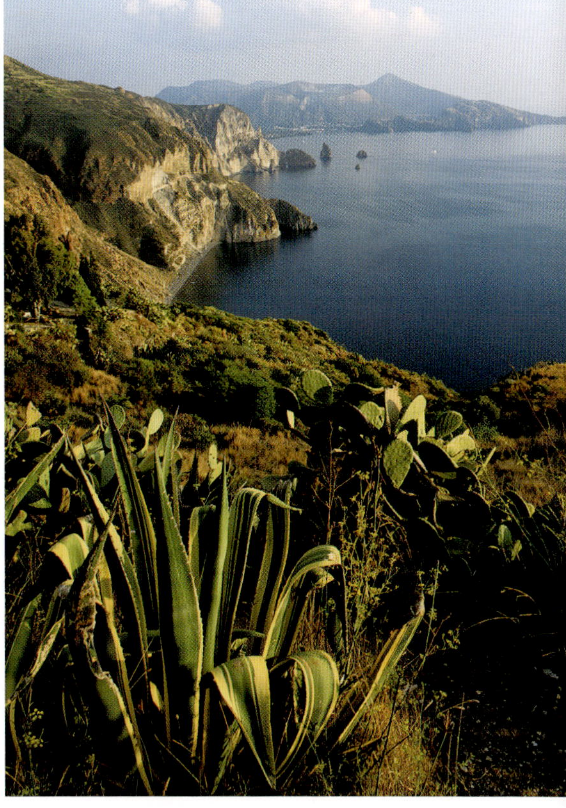

"온갖 사람들을
끌어 모으는, 온갖 보석들이 마구
섞여 있는 주머니와도 같은 섬들."

『콩데 나스트 트래블러』

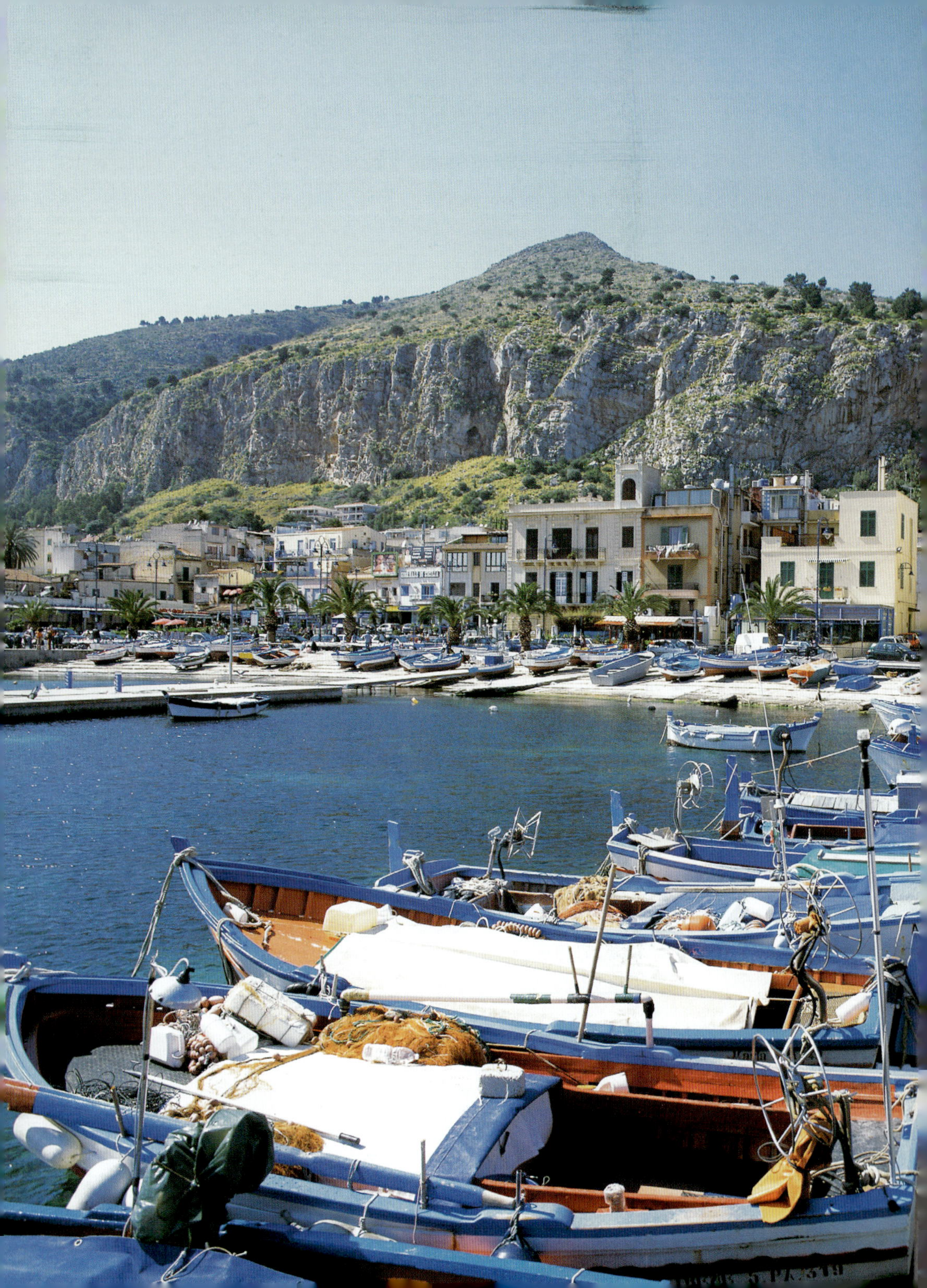

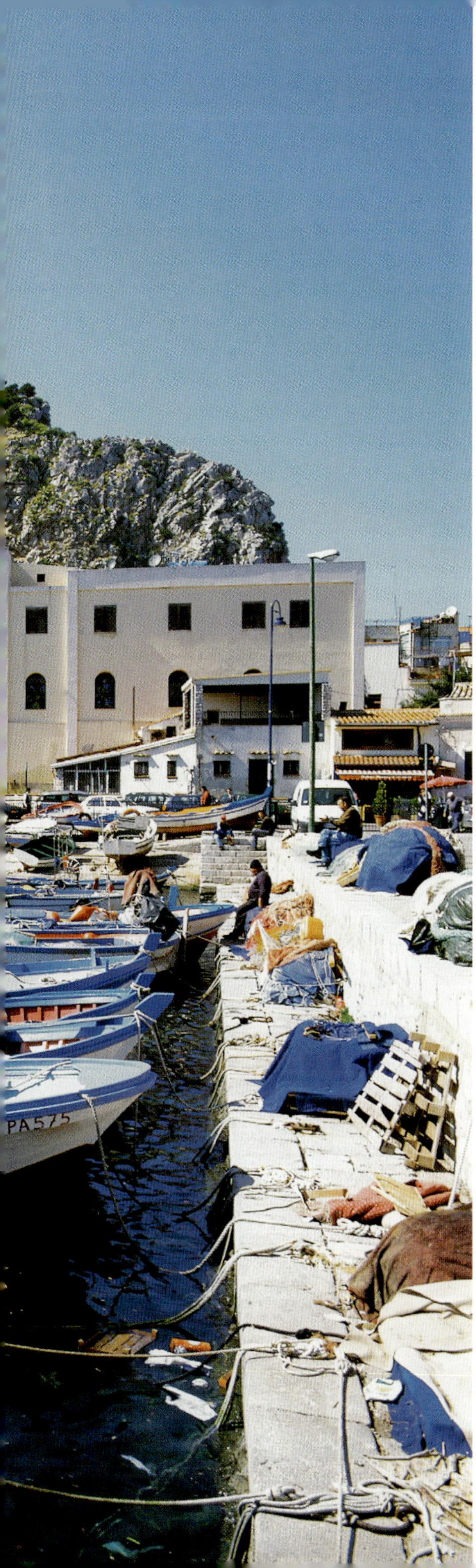

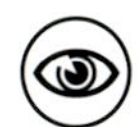  

# 몬델로 Discover Mondello

**Location** 이탈리아 시칠리아 주
**Website** www.palermotourism.com   **Price** ❶

팔레르모를 생각해보라. 아마도 황금빛 해변보다는 인파로 북적이는 도심이 먼저 떠오를 것이다. 그러나 시내에서 20분만 차로 달리면, 바닷가 도시 몬델로가 나온다. 한때는 어촌으로 번성했던 곳으로, 이곳 주민들은 시칠리아 서해안에서 참치를 잡아서 생계를 꾸렸다. 어업이 사양길로 접어들자, 주민들은 재빨리 넓고 그림처럼 아름다운 만(灣)의 가능성을 알아보았다. 고운 금빛 모래와 맑은 터키석빛 물 덕분에 몬델로는 부유한 시칠리아인들 사이에서 명소가 되었다.

오늘날에는 파스텔 색깔의 해변 오두막들이 모래 위로 구불구불 줄지어 서 있다. 구릿빛 피부의 시칠리아인들이 일광욕용 침대 위에서 꾸벅꾸벅 조는 동안 주민들은 해변을 샅샅이 훑으면서 얼음처럼 차가운 음료수를 판다. 멀리 바다에는 윈드서핑족들과 요트들이 점점이 흩어져 있다.

야자수가 심어진 길을 따라 작은 읍내로 가면, 몬델로의 경제가 여전히 어촌이었던 과거에 크게 의존하고 있다는 사실을 알게 될 것이다. 유람선과 어선이 선착장을 가득 메우고, 물가의 카페와 레스토랑에서는 말 그대로 바다에서 지금 막 건져 올린 오징어와 성게, 새우를 요리해서 접시에 담아 낸다.

이곳에서는 만 너머 위풍당당한 몬테 펠레그리노의 바위 경사면이 똑똑히 보인다. 팔레르모의 수호 성인인 성 로살리아의 유골이 1624년 몬테 펠레그리노의 한 동굴에서 발견되었다. 성 로살리아는 팔레르모를 흑사병에서 구했다고 전해지며, 매년 7월 14일이면 팔레르모 시민들은 시내를 가로지르는 행렬과 축제로 성녀를 기념한다. 몬테 펠레그리노의 정상에서는 지중해가 한눈에 들어오는 파노라마 풍경을 감상할 수 있다. **JP**

[illegible]ём 이 배들은 단순히 그림처럼 아름다운 것에 그치지 않고, 몬델로 만에서 고기잡이에 쓰인다.

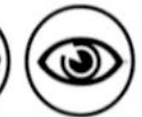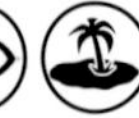

# 빌라 두칼레
Stay at Villa Ducale

**Location** 이탈리아 시칠리아 주
**Website** www.villaducale.com　**Price** ⑤⑤

푸르른 이오니아 해가 한눈에 들어오는 나만의 전용 테라스에서 프로세코를 홀짝이는 로맨틱한 저녁을 상상해 보라. 또는 산꼭대기에 눈이 쌓인 에트나 산에서 뭉게뭉게 피어오르는 연기를 바라보는 것은 어떤가. 때때로 불타는 용암이 흘러내려 고요한 풍경에 흥분의 전율을 더한다. 과거 귀족의 시칠리아 별장이었던 빌라 두칼레는 현재 안드레아와 로사리아 콰르투치 부부가 운영하는 작고 우아한 호텔로 탈바꿈했으며, 진정한 시칠리아—그리고 타오르미나 경험을 선사한다.

　작은 스파와 아침식사가 나오는 테라스가 딸린 지중해 정원은 언제나 찬사의 대상이다. 공공 객실에는 테

> "빌라 두칼레의 주인은 개인 빌라의
> 분위기를 재창조해냈다… 직원들은
> 정말로 친절하다."
>
> 메리-클레어 제럼, 「데일리 텔레그라프」

라코타, 색칠한 도기, 그리고 주물을 사용하였고, 침실에는 이 지역에서 만든 예쁜 공예품과 실내 장식을 더해, 너무 격식을 차리지 않으면서도 세련되게 서로를 보완하였다.

　빌라 두칼레 밖으로 나오려면 차마 발이 안 떨어지겠지만, 그래도 10분만 걸어가면 타오르미나의 역사적인 명소들이 나온다. 드라마틱한 언덕 꼭대기에 위치한 타오르미나의 그림 같은 유적지와 우아한 상점, 레스토랑 들은 수십 년 동안 작가, 왕족, 헐리우드 스타 들을 매료시켰다. 그들은 스펙터클한 그리스 원형극장, 에트나 산 전경, 그리고 호텔에서 그리 멀지 않은 중세 마을 카스텔몰라를 보기 위해 몰려들었다. 아, 그리고 정말 죄스러울 정도로 풍성하고 맛있는 시칠리아 음식도 빼놓을 수 없다. **MN**

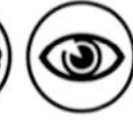

# 칼라 브란딘치
Visit Cala Brandinchi

**Location** 이탈리아 사르디니아 주
**Website** www.sardegnaturismo.it　**Price** ❶

부드러운 흰 거품이 지중해의 얕은 터키석빛 물 주위로 반달 모양을 만든다. 이런 이국적인 풍경 덕분에 사르디니아의 북동쪽 해안에 위치한 칼라 브란딘치는 "타히티"라는 별명까지 얻었다. 리조트 타운으로 인기가 높은 산 테오도로에서 그리 멀지 않으며, 그 유명한 라이벌 라 친타보다는 조금 더 위쪽으로 올라가야 한다. 둘 다 파우더 같이 고운 백사장과 수정처럼 맑은 물, 그리고 이탈리아 서해안에 떠 있는 이 화려한 섬에서 흔히들 기대하는 모래 깔린 해저로 유명하다.

　사르디니아 주변의 물은 지중해에서도 맑기로 유명한 해역이며, 관광용 해변은 매일 깨끗이 청소한다. 산 테오도로의 해안을 따라 18개의 해변이 점점이 흩어져 있지만, 칼라 브란딘치는 그 넓고 탁 트인 모래밭과 예스러운 풍경으로 쉽게 돋보인다. 부드러운 해변 대신, 주니퍼 관목으로 뒤덮인 완만한 모래 언덕 뒤편으로 빽빽한 소나무 숲이 이어진다. 여름에는 서늘한 바닷바람이 타는 듯한 더위를 식혀 주며, 겨울에도 기분 좋게 온화한 날씨를 자랑한다.

　해변에서는 타볼라라 섬까지 내다보인다. 한때는 작은 왕국이었던 이 섬에는 현재 몇몇 가족만이 살고 있다. 섬의 길이는 5km밖에 되지 않고, 가장 높은 봉우리인 몬테 카노네는 해발 고도 565m 정도이다. 타볼라라는 1997년에 해양 보호구역으로 지정되었으며, 그 맑고 따뜻한 물은 스킨스쿠버다이버들에게 인기가 높다. 사람의 손이 닿지 않은 해안선에는 야생동식물이 넘쳐나며, 가마우지, 갈매기, 오리, 두루미, 심지어 플라밍고까지 볼 수 있다.

　환상적으로 부드러운 모래 위에서 느긋하게 쉰 후에 산 테오도로로 돌아가서 한 잔 마시면서 간식을 먹자. 사르디니아에서의 하루를 마감하는 완벽한 마무리가 아니겠는가. **JP**

# 사르디니아 해안
Kayak the Sardinian Coast

**Location** 이탈리아 사르디니아 해안
**Website** www.locationsardinia.com　**Price** ⑤

따뜻하고, 맑고, 잔잔한 지중해에 둘러싸여, 그 해안선이 2,000km에 달하는 사르디니아는 카약족들에게 특히 매력적인 곳이다. 무딘 톱니 모양의 북쪽과 동쪽 해안에는 뭍으로는 갈 수 없는 작은 만(灣)과 해변, 그리고 바닷새들이 둥지를 틀고 있는 절벽이 있다.

　가장 가까운 섬부터 시작하자. 대부분 해안에서 몇 킬로미터밖에 떨어져 있지 않은 무인도들이다. 햇볕 아래 열심히 노를 저은 팔이 좀 피곤하다 싶으면 새하얀 모래 해변이 아늑한 캠핑장이 되어 준다. 맑기로 유명한 바다를 건너는 동안 볼거리가 무척 많다. 카약을 젓다 보면 이탈리아 백만장자들의 별장도 보이고, 바람이

> "북동쪽에는 파도에 닳은
> 화강암 조각으로 이루어진
> 환상적인 군도가 펼쳐져 있다."
>
> 진 크라위키, 「가디언」

만들어낸 기암과 청동기 시대의 유적도 눈에 들어온다.

　물에서 반나절 이상을 보낼 예정이라면, 좀더 욕심을 부려보자. 12km 떨어진 곳에 위치한, 사르디니아와 코르시카 사이를 흐르는 보니파시오 해협은 도전해 볼 만한 구간이다. 환상적인 하얀 절벽을 바라보면서, 해협으로 불어오는 저 유명한 바람에 맞서 노를 저어보자. 도중에 있는 무인도—스파르기, 산타 마리아, 라촐리, 부델리—모두 한번 돌아볼 만하다. **LD**

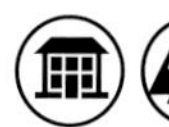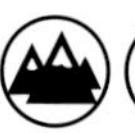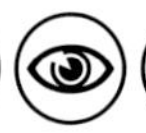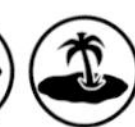

# 사라 팰리스
Visit Xara Palace

**Location** 몰타 음디나
**Website** www.xarapalace.com.mt　**Price** ⑤ ⑤

택시를 타고 섬 한복판의 바위투성이 협곡을 향해 먼지투성이 오솔길을 구불구불 올라간다. 마침내 중세 성곽 도시 음디나의 터렛과 타워가 산등성이에 나타난다. 사라 팰리스의 투숙객을 태우고 있다고 하면 "자동차 진입 금지" 표지판을 지나 해자 위에 걸린 좁은 다리를 건널 수 있다. 옛 문지기 숙사를 지나 마침내 판돌을 깔아놓은 웅장한 노르만풍 안뜰에 멈춘다. 그 뒤로 오래된 저택이 서 있다. 이것이 바로 몰타 최고 호텔의 역사적인 전통에 걸맞게 도착하는 방법이다. 사라 팰리스는 성 요한 기사단이 몰타 섬을 지배했던 시대, 시칠리아의 스페인 귀족이 음디나 성곽 바로 안쪽에 지었다.

　10년 전, 몰타에 사는 한 가족이 다 무너져 가는 건물을 사들여 수년 동안 개·보수 공사를 한 뒤, 몰타의 골동품과 미술 작품들로 꾸몄다. 아트리움에 심어 놓은 옹이진 올리브나무부터 층계참에 진열해 놓은 진짜 태엽식 축음기에 이르기까지 정말 환상적으로 해냈다. 옥상에 있는 컨템퍼러리 레스토랑은 해안까지 한눈에 들어오는 파노라마 풍경을 자랑한다. 게다가 저녁식사를 마친 후에는 사람의 손에 훼손되지 않은 음디나의 완벽한 역사 유산을 돌아보며 산책을 즐길 수도 있다. 현지 주민들은 음디나를 가리켜 "고요한 도시"라 부른다. 우뚝 솟은 왕궁, 수도원, 교회 사이로 미로처럼 엉켜 있는 좁은 골목엔 자동차가 들어갈 수 없기 때문이다. 사라가 셀레브리티들이 즐겨 찾는 휴양지가 된 것은 놀랄 일도 아니다. 브래드 피트, 로저 무어, 브루스 윌리스 같은 스타들이 단골이다.

　17개의 객실 중에서 가장 좋은 방은 비틀린 돌계단을 올라간 곳에 숨어 있는 로맨틱한 스위트이다. 총안이 난 흉벽 안쪽에 따로 구획을 두어 커다란 야외 욕조를 설치해 놓았다. 밤에 칵테일 한 잔을 들고 바라보는 멀리 반짝이는 발레타의 불빛들이 특히 환상적이다. **SH**

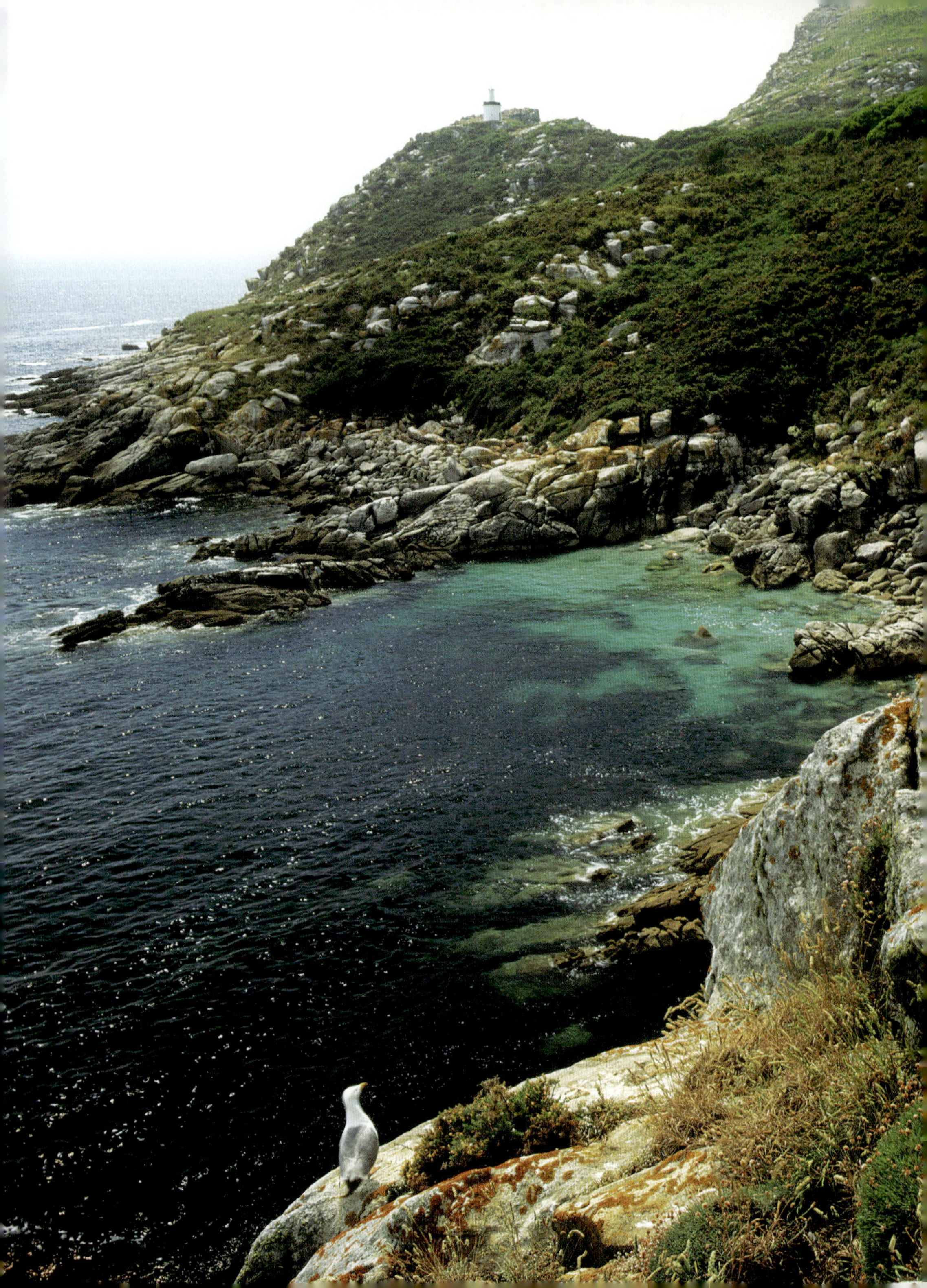

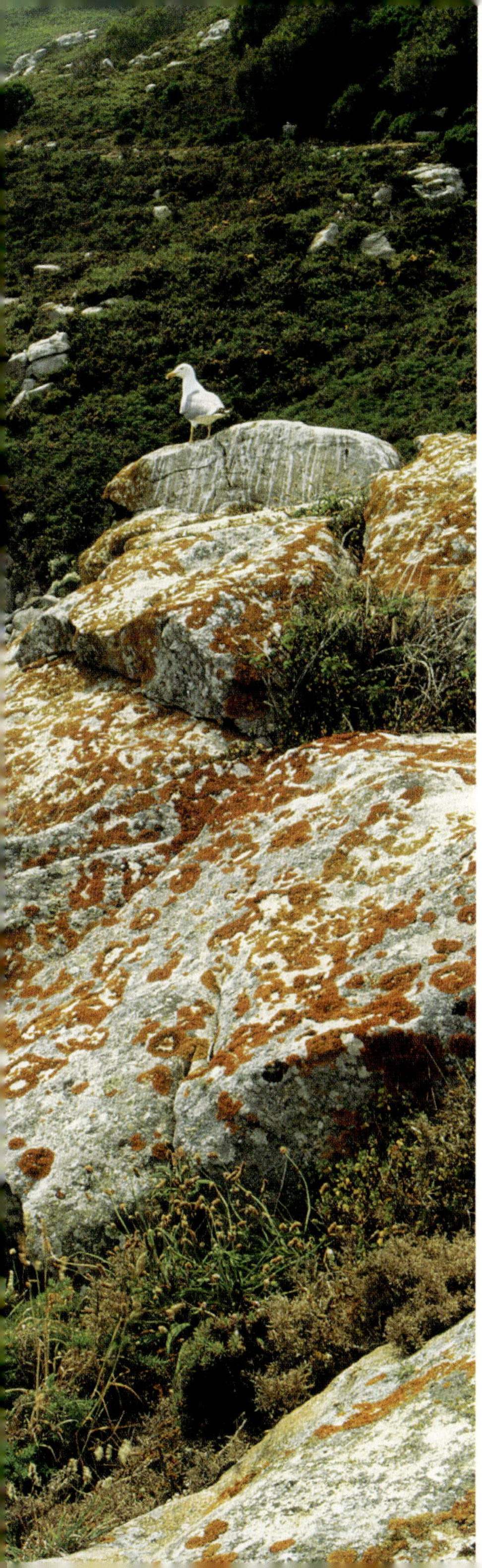

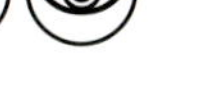

# 라스 이슬라스 시에스
## Explore Las Islas Cíes

**Location** 스페인 갈리시아　**Website** www.turgalicia.es
**Price** $

라스 이슬라스 시에스는 포르투갈과 잇닿아 있는 갈리시아 지방에 있다. 비고(Vigo) 시의 북서쪽 해안에 떠 있는 군도(群島)로 원래는 해적들의 본거지였으나, 지금은 사람이 살지 않는다. 사람의 손이 닿지 않은 야생 자연 그대로를 보존하기 위하여 국립공원으로 지정되었으며, 하절기에만 일반인에게 공개된다.

바이오나에서 페리를 타고 프라이아 다스 로다스의 완벽한 초승달 모양의 백사장에서 길고 느긋한 여름날을 보내자. 부드러운 모래가 깔린 해변 뒤편에는 작은 사구 사이에 수정처럼 맑은 바닷물이 들어찬 고요한 석호가 있다. 터키석빛 물, 하얀 모래, 해안을 따라 줄지어 서 있는 소나무—만약 대서양 이편에서 카리브 해의 전원을 찾는다면 라스 이슬라스 시에스가 답이다. 바다를 향해 있는 캠프장이 있지만, 로빈슨 크루소를 상상한다면 곤란하다. 환상적인 해산물 요리를 맛볼 수 있는 좋은 레스토랑이 있으니 말이다. 단, 페리 선착장에서 캠프장까지 1km가 넘는 거리를 캠핑 장비와 가방을 지고 걸어야 한다는 것이 흠이다. 서쪽에는 수많은 절벽에 둘러싸인 화강암 절벽이 우뚝 서 있어 사정없이 후려치는 대서양의 파도를 그대로 맞고 있다.

세 개의 가장 큰 섬—그 중 두 개는 모래톱으로 연결되어 있다—은 가장자리에 작은 만(灣)들과 바위투성이 노두가 이어지고 있다. 이곳의 매력은 조용한 해변이기는 하지만, 야생 동식물도 방문객의 눈길을 잡아끈다. 내륙은 소나무와 유칼립투스 나무로 덮여 있으며, 보랏빛 디기탈리스와 하얀 아스포델이 곳곳에 피어 있다. 지정된 트레일을 거닐면서 야생 동식물을 관찰하며 하루를 보내자—그리고 해변에서 뒹굴거리는 거다. 심지어 이곳에는 누드 해변도 있다! **AD**

◵ 라스 이슬라스 시에스 군도는 자연 보호 구역에 속해 있으며, 수많은 바닷새들의 서식지이다.

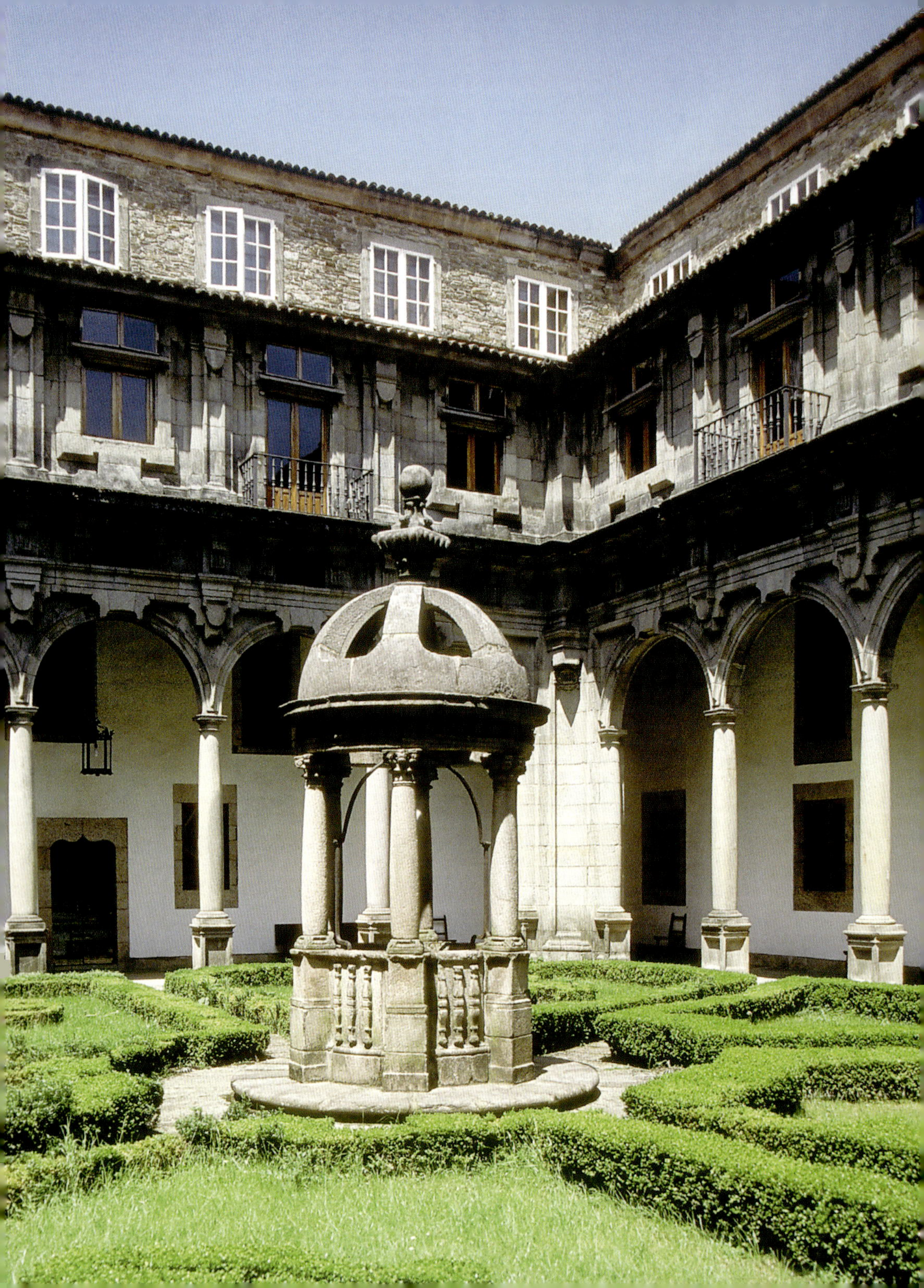

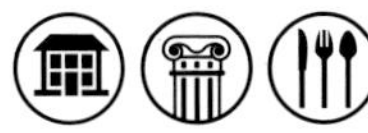

# 카톨리코스
## Stay at Hostal dos Reis Católicos

**Location** 스페인 갈리시아
**Website** www.parador.es/en    **Price** ⑤⑤

호스탈 도스 레이스 카톨리코스는 스페인의 모든 파라도르의 왕이다. 스페인은 자국의 가장 중요한 역사적 건축물을 호텔 또는 호스텔로 활용하고 있는데, 전국에 모두 85개의 파라도르가 있다. 카톨리코스는 오브라도이로 광장에 서 있으며, 양쪽에는 그에 못지않게 웅장한 로마네스크 양식의 대성당과 사관학교가 자리하고 있다.

세계에서 가장 오래된 호텔로 알려져 있는 카톨리코스의 역사는 1499년, 성스러운 도시 산티아고 데 콤포스텔라(도시 전체가 UNESCO 세계유산이다)로 몰려드는 수천 명의 순례자들을 위한 병원으로 시작했다.

> "내 칼은 찾을 수 없을지라도…
> 나 자신을 찾는 것을
> 도와줄 수는 있을 것이다."
>
> 파울로 코엘료, 〈순례자〉

1,000년의 전통은 오늘날까지도 이어져, "성 야고보의 길"—산티아고 데 콤포스텔라 대성당 지하에 성인의 유해가 누워 있다고 한다— 순례를 끝까지 마친 현대의 순례자들에게도 무료로 숙식이 제공된다. 현대적인 욕실과 편의시설에도 불구하고, 카톨리코스는 처음 세워졌을 때 모습 그대로처럼 보인다. 한때는 마구간이었던 운치있는 레스토랑에서 맛있는 음식을 먹을 수 있다. 회랑과 잘 가꾸어진 허브 정원, 4개의 기둥 달린 침대를 보고 있노라면 마치 500년의 세월을 거슬러 온 듯한 느낌이 든다. 이 호텔의 지위에 대한 증거가 더 필요하다면, 그 휑한 홀에 수많은 왕, 왕비, 대통령 들이 다녀갔다는 사실도 잊지 말 것. **TW**

◁ 산티아고 데 콤포스텔라에 있는 500년 된 호스탈 도스 레이스 카톨리코스의 정원.

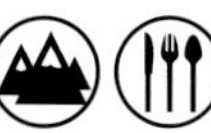

# 호텔 포사다 델 발레
## Relax at Hotel Posada del Valle

**Location** 스페인 아스투리아스
**Website** www.posadadelvalle.com    **Price** ⑤⑤

럭셔리와 사치는 스페인 북부 피코스 산맥 기슭에 아늑하게 자리잡은 이 개성적인 농가와 어울리는 단어는 아닐 것이다. 그러나 만약 입이 다물어지지 않는 전원 풍경과, 환경적 가치, 하루 종일 걷기, 집에서 재배한 먹거리로 만든 음식을 중요시 여긴다면, 호텔 포사다 델 발레로 가자.

1990년대 중반, 나이젤과 조앤 버치는 돌과 나무로 지은 농가를 객실 12개짜리 전통 호텔로 개조하였다. 나이젤은 유명한 원예학자이고, 조앤은 셰프이다—맛있는 요리에 초점을 맞춘 호텔 경영을 위한 환상적인 콤비 아닌가? 이 호텔은 EEC에 등록된 면적 7ha의 유기농 농장은 물론 염소, 희귀종 살다스 양, 마음대로 돌아다니는 닭, 그리고 2마리의 아스투리아 조랑말까지 키우고 있다. 야생화가 피어 있는 초원도 소유하고 있는데, 여기서는 전통 방식대로 건초를 얻는다. 또 사과술도 직접 담근다.

2008년 초, 포사다 델 발레의 레스토랑은 스페인의 "유기농 먹거리와 생물학적 다양성" 상을 수상하였다. 이 레스토랑은 가능한 한 호텔 농장에서 직접 생산한 재료만으로 맛있는 음식을 만든다. 아침식사에는 신선한 사과 주스와 홈메이드 빵이 나온다. 눈부시게 푸른 구릉지대에 아늑하게 자리잡고 있으며, 가장 가까운 마을까지는 걸어서 45분이 걸린다. 저녁식사에는 풍부한 상상력을 발휘한 메뉴가 기다리고 있다. 이곳에서는 자동차 없이도 환상적이리만치 평화로운 휴가를 보낼 수 있다—나이젤과 조앤은 매일 호텔에서 출발하는, 1주일치 하이킹 플랜을 짜 줄 수 있으며, 더 멀리까지 나가고 싶다면 택시를 부르면 된다. 자동차로 20분 거리에 아스투리아 북부의 잘 알려지지 않은 멋진 해변들이 있으며, FEVE 열차를 타고 한 시간 반만 가면 아름다운 도시 오비에도가 나온다. **LC**

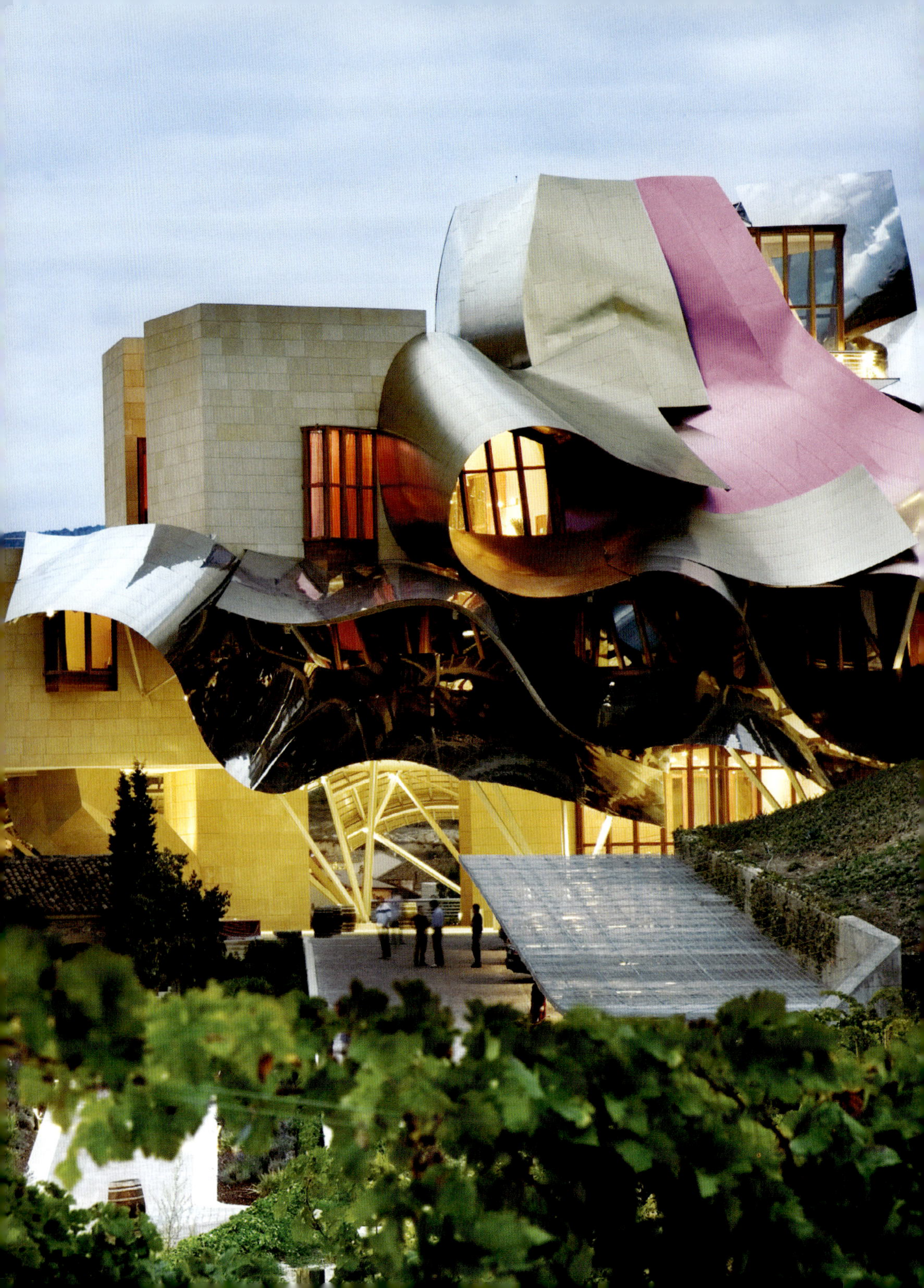

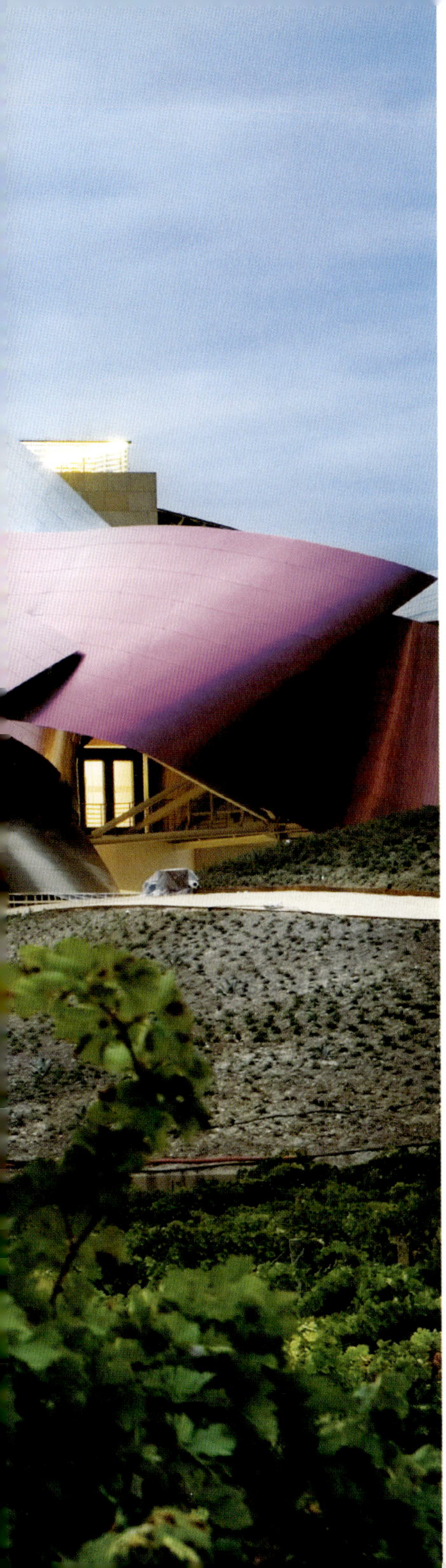

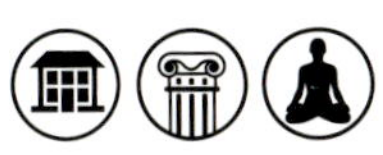

# 마르케스 데 리스칼
Stay at Marqués de Riscal

**Location** 스페인 바스크 자치지방
**Website** www.starwoodhotels.com　**Price** ⑤⑤

마음에 들건 안 들건, 프랭크 게리가 설계한 마르케스 데 리스칼 와이너리는 작은 마을 엘시에고를 단번에 미래로 이끌었다. 미끈하게 디자인한 객실을 향해 레드 카펫 위를 걸어가고 있노라면, 매우 특별한 대접을 받고 있는 듯한 느낌이 든다. 방은 옅은색의 단풍나무 목재과 가죽을 사용했으며, 짙은 톤의 대리석 욕조까지 더해져 럭셔리한 분위기가 느껴진다. 세련된 뱅앤올룹센 평면 TV가 갖추어진 침실은 21세기 그 자체다. 게리가 직접 신경 쓴 터치가 여기저기서 느껴진다. 우선 손수 고른 인테리어가 그렇다—알바르 알토로부터 영감을 받은 가구와 리뉴 로제 제품인 선명한 빨강색 "팝" 의자까지 말이다.

1858년에 처음 세워진 오래된 와이너리를 둘러보고, 특별하기 그지없는 "와인 대성당"도 놓치지 말자. 유령이라도 나올 것처럼 다소 으스스한 분위기의 "지하실"에 이곳의 첫 번째 빈티지부터 매년 단 한 해도 빠지지 않고 모든 빈티지의 와인이 16,000병이나 보관되어 있다. 엘시에고의 중세 대성당을 내려다보는 옥상 라운지는 비노테카 바가 소장하고 있는 1,000병의 와인 중 하나를 따기에 완벽한 공간이다. 비노테카 바는 리오하, 로사도스, 화이트 루에다스 와인의 방대한 컬렉션을 자랑한다. 저녁식사는 구르메 레스토랑이 기다리고 있다. 심플하면서도 세련된 이 레스토랑은 크로켓 요리로 수차례 수상 경력을 지니고 있으며, 송로버섯을 곁들인 미트볼은 반드시 먹어 봐야 한다. 저녁식사 후에는 코달리 비노테라피 스파의 아름다운 풀장과 고요한 라운지에서 느긋하게 휴식을 취하자. 으깬 포도씨 믹스를 채운 월풀 욕조에 몸을 담그고, 와인으로 만든 강장제도 마셔 줘야 한다. 아, 와인을 즐길 수 있는 방법이 이렇게나 많다는 것을 누가 알았을까? **RCA**

◲ 좀 초현실주의처럼 느껴지는 게리의 티타늄 지붕이 리오하 포도밭 한가운데 자랑스럽게 눈에 띈다.

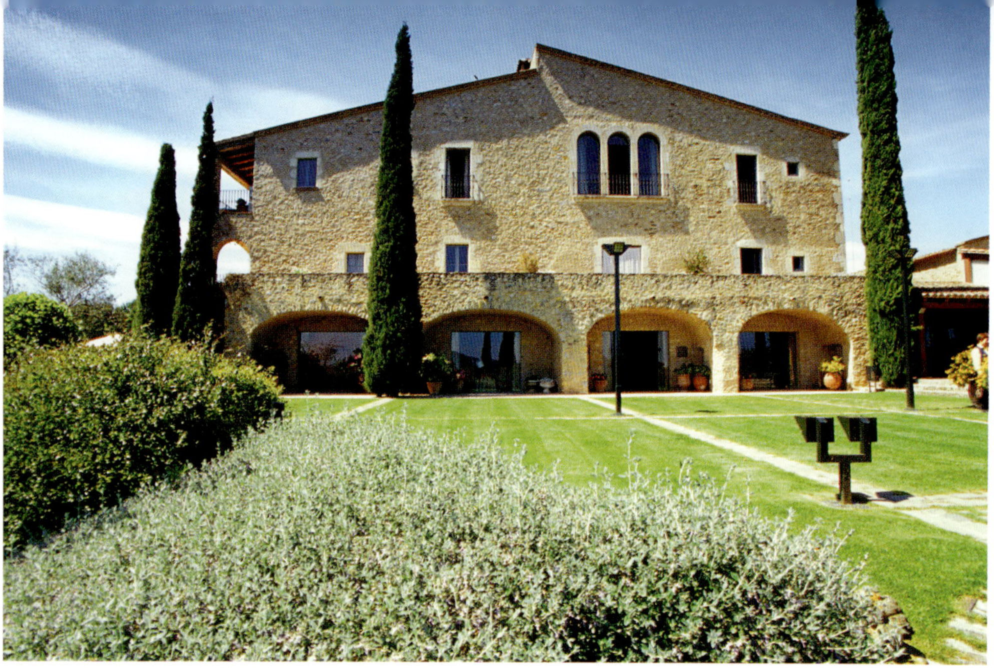

# 마스 데 토렌트 Unwind at Mas de Torrent Hotel and Spa

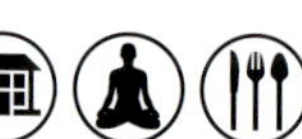

**Location** 스페인 카탈루냐    **Website** www.mastorrent.com    **Price** $ $

과거에는 마시아(masia, "농가"라는 뜻)였던 이 호텔은 며칠이고 숨어 지낼 수 있는, 그런 곳이다. 바르셀로나와 지로나(Girona) 사이에 펼쳐진 카탈루냐의 자연 풍광 깊숙이 자리잡고 있는 마스 데 토렌트는 그 원래의 개성을 그대로 간직하고 있어, 널찍한 18세기 농가였던 과거를 상상할 수 있게 해 준다. 현재는 오락실로 쓰이고 있는 방에는 올리브 압착기가 여전히 남아 있으며, 직접 요리를 해 먹을 수 있는 10개의 방갈로는 앤티크 가구가 매력을 더한다.

이 호텔은 드넓은 부지 위에 있으며, 각각의 방갈로로 이어지는 오솔길 양편으로는 오렌지 나무가 줄지어 서 있다. 방갈로에는 완벽한 "집" 분위기를 느낄 수 있는 모든 것이 갖춰져 있다—2개의 욕실, 어마어마하게 큰 침실, 그리고 독립된 거실까지 말이다. 방갈로 중 7개는 럭셔리 스위트로 전용 풀장까지 딸려 있다. 심지어 일광욕을 하는 동안 독서 삼매경에 빠질 수 있도록 세심하게 고른 책들까지 빌려 주며, 욕실에는 고급 세면 용품들이 즐비하다. 좀더 뿌리깊은 피로에 시달리고

있다면 마스 스파로 가거나 마사지사를 방으로 불러 전신 마사지를 받도록 하자.

이렇게 피로를 풀고 나면 식욕은 저절로 따라온다. 룸서비스를 시켜도 좋고, 미식으로 유명한 레스토랑을 탐험해도 좋다. 레스토랑에서는 특별한 소위 "테이스팅(시식)" 메뉴가 있어 아페리티프, 4종류의 전채 요리, 생선 요리 한 가지, 육류 요리 한 가지, 프리디저트, 디저트까지 맛볼 수 있다—이 모든 것이 이 지역에서 생산한 신선한 계절 재료로 만든 것이다. 마스 데 토렌트에는 허브와 채소 정원까지 있다.

이렇게 진수성찬을 즐긴 뒤에는 다음날을 위한 운동이 필요한 법이다. 호텔의 커다란 야외 풀장으로 가서 물속을 몇 번 왔다갔다 하거나 테니스를 치거나, 자전거를 빌려 주변의 자연 풍광을 탐험하도록 하자. **JED**

⬆ 노란 돌로 지은 호텔은 18세기 농가의 모습과 분위기를 그대로 간직하고 있다.

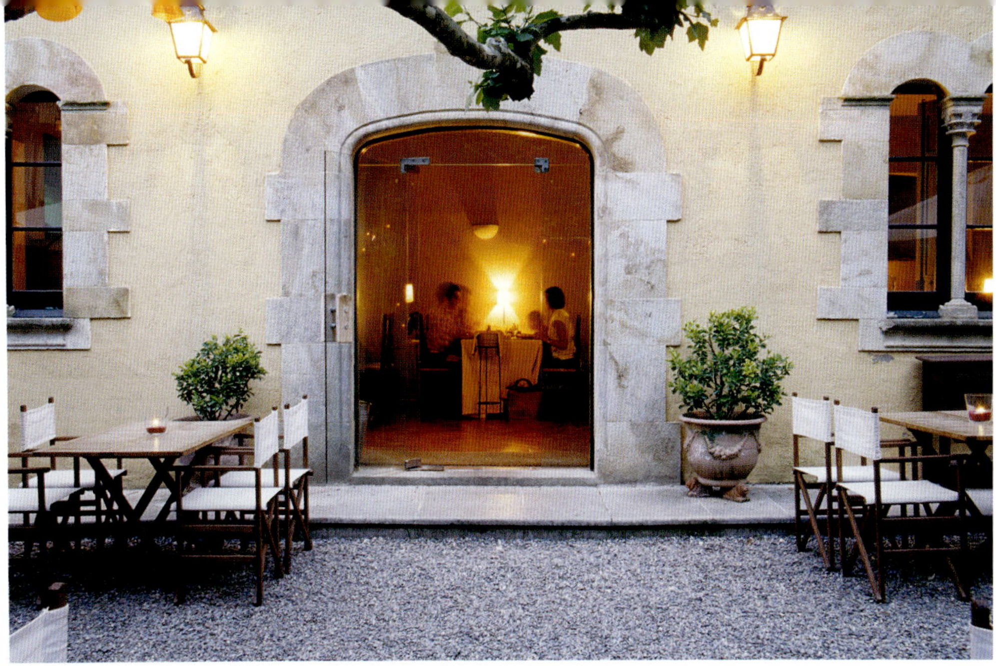

# 호스탈 사 라스카사 Stay at Hostal Sa Rascassa

**Location** 스페인 카탈루냐　**Website** www.hostalsarascassa.com　**Price** $ $

호스탈 사 라스카사는 멋진 휴양지는 비싸고 럭셔리해야 한다는 고정 관념을 무너뜨리는 곳이다. 5개뿐인 심플한 객실에는 전화기가 없다. 가지를 무성하게 드리운 소나무 아래 서 있는 이 호텔은 1916년에 지어졌지만, 마치 오래된 랜드마크의 분위기가 묻어난다. 칼라 다이구아프레다의 해안에서 40m밖에 떨어져 있지 않기 때문에, 피레네 산맥에서 텅 빈 해변까지 한눈에 들어오는 절경을 즐기러 오는 손님들이 많다. 가까이에는 바도, 디스코도 없다. 외부 세계와 차단된 축복 같은 고독만이 있을 뿐이다.

지중해풍의 색조에 전통 참나무 가구로 꾸며진 방들은 아늑하고, 서늘한 가을철을 위한 난방도 완비되어 있다. 레스토랑에서는 이 지방 특유의 터치가 가미된 훌륭한 스페인 요리를 맛볼 수 있다. 식사는 레스토랑 안에서 해도 되고, 테이블을 안뜰로 내가서 소나무 사이사이에 걸린 반짝이는 불빛 아래서 해도 좋다. 작은 만(灣)이 내다보이는 조용한 구석을 찾아 리오하 와인 한 잔과 올리브가 소복이 담긴 그릇을 곁에 놓고 경치를 즐기자. 이 얼마나 고요한 즐거움인가.

베구르에서 몇 킬로미터밖에 떨어지지 않은 전원적인 만의 좁은 길 끝에 위치한 호스탈 사 라스카사는 해안선을 따라 탐험하기에 완벽한 입지이다. 더운 여름철에는 바다에 들어가 수영을 즐길 수도 있다. 이곳은 인파로 북적이는 해변이나 번잡스러운 바와는 백만 년 정도 떨어져 있는 "진짜" 스페인이다. 또 바르셀로나 시민들이 주말을 보내러 오는 곳이기도 하다. 방문객들은 베구르의 자갈 깔린 거리를 어슬렁거리면서 골동품을 사기도 하고, 1주일에 한번씩 열리는 공예품 시장에서 향토 예술가들의 작품을 구경하기도 한다. 자동차를 타고 팔스와 페라타야다 같은 중세 도시를 둘러보거나 피구에레스의 살바도르 달리 미술관을 구경하러 가는 것도 좋다. 마치 과거로 한 걸음 들어서는 듯한 느낌이다. **AD**

⬆ 호스탈 사 라스카사의 레스토랑은 등불을 밝혀 놓은 매력적인 안뜰을 향해 오픈되어 있다.

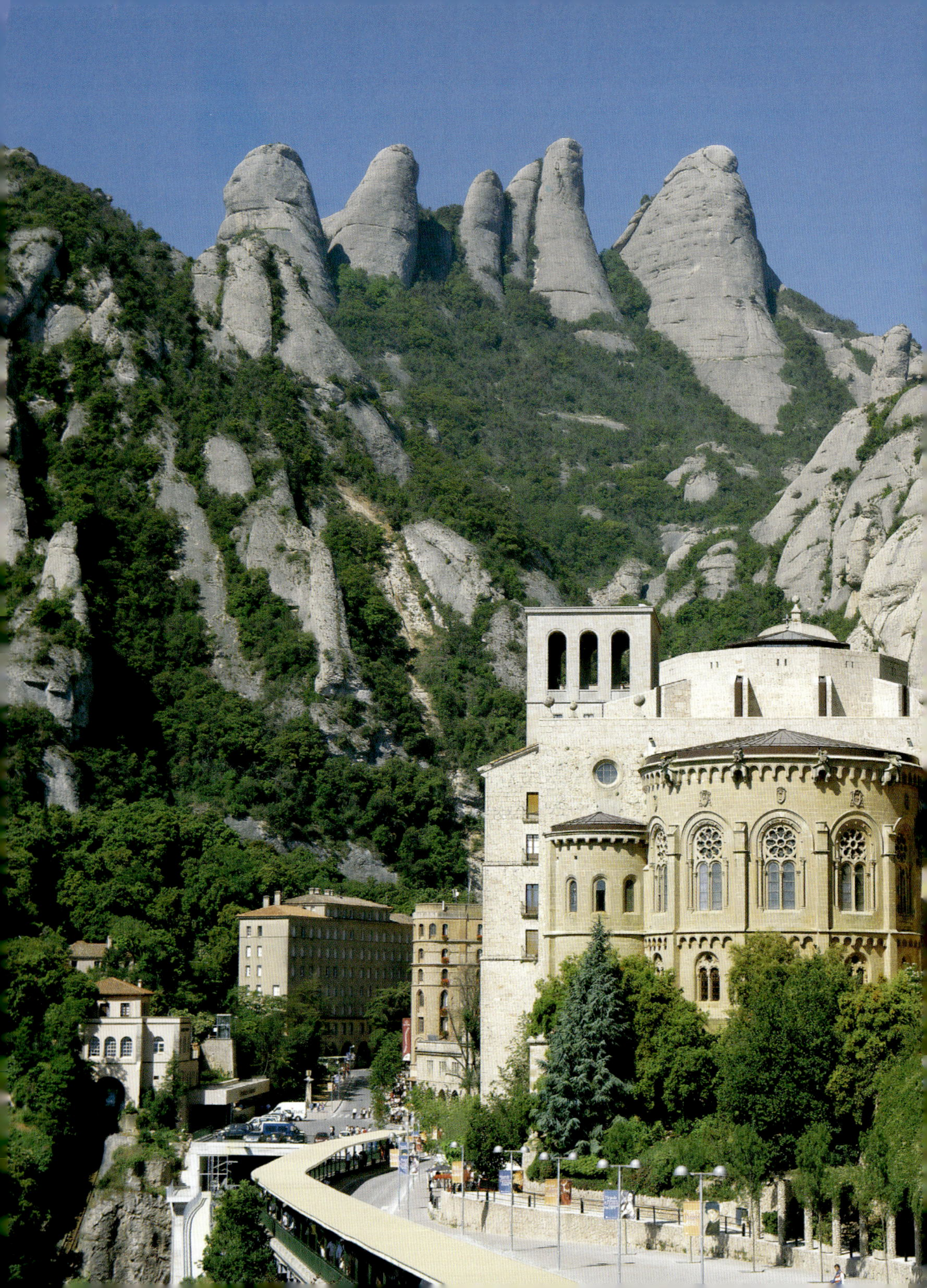

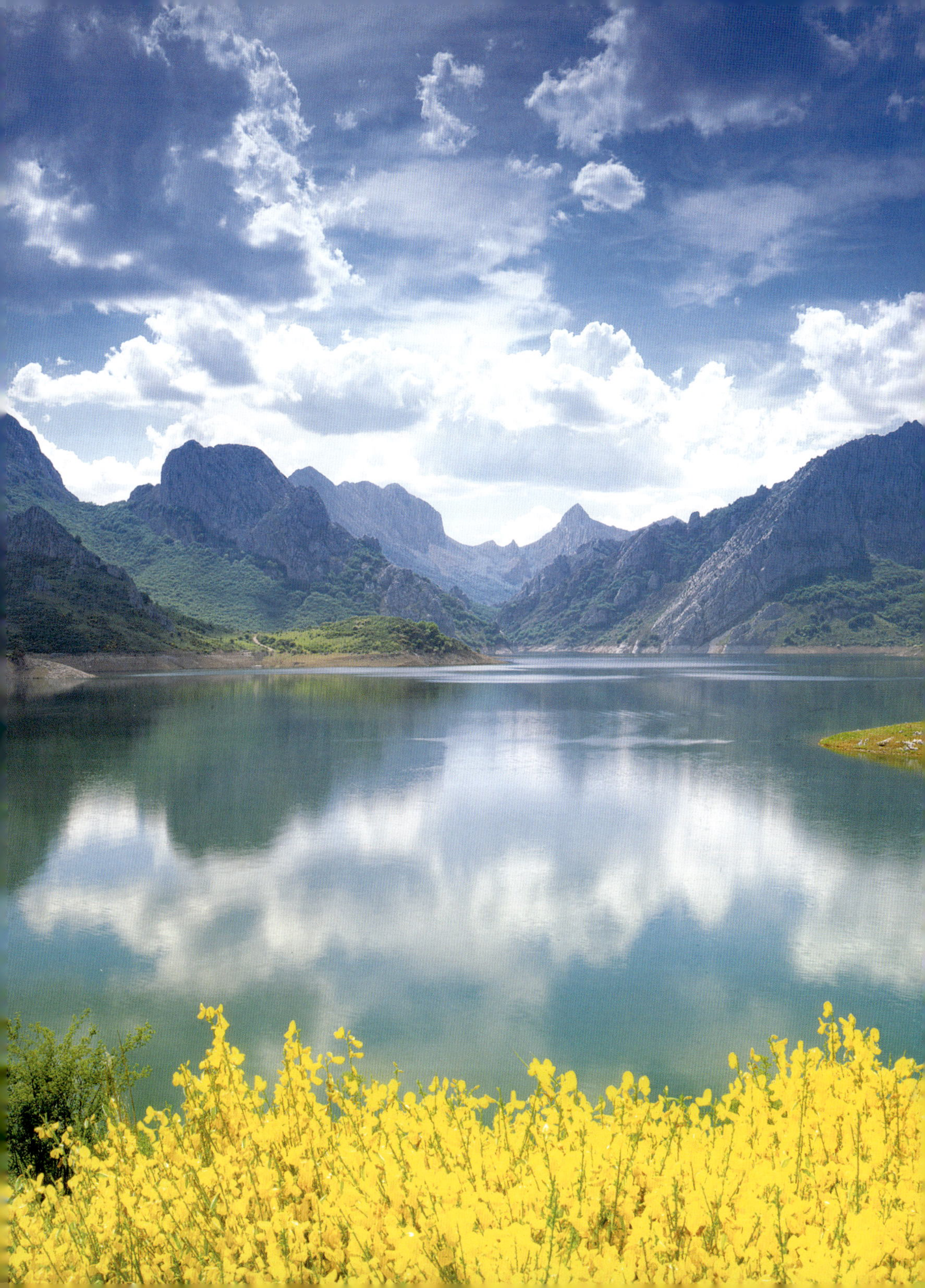

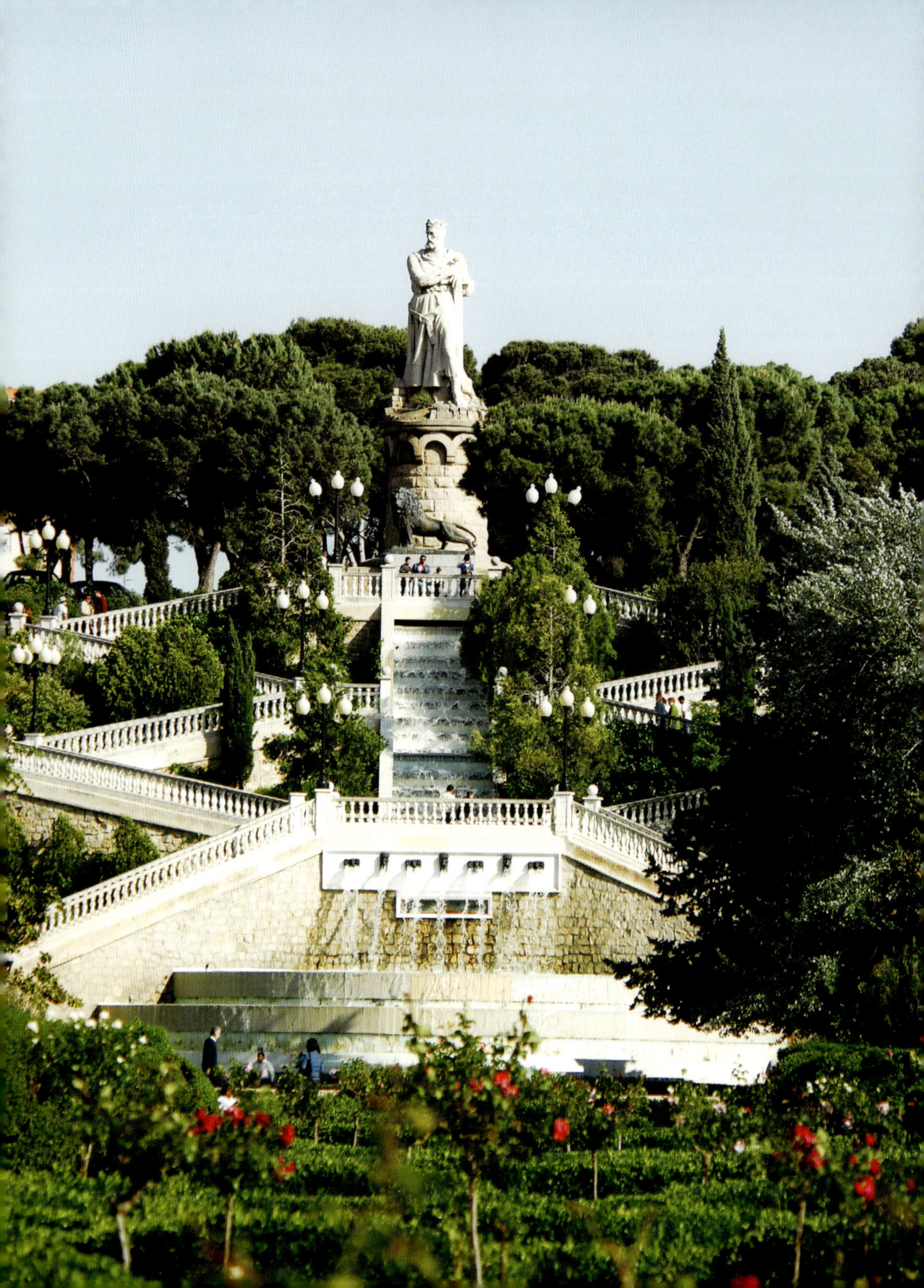

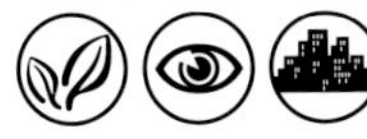

# 프리모 리베라 공원

Walk in Primo Rivera Park

**Location** 스페인 아라곤
**Website** aragonguide.com  **Price** ❶

우아한 사라고사 시민들은 이렇게 말한다. 파르케 프리모 데 리비에라—이들은 보통 파르케 그란데, 즉 "커다란 공원"이라고 부르는—는 이 도시의 허파라고. 1929년, 1920년대에 7년간 스페인을 통치했던 독재자 미구엘 프리모 데 리베라의 명으로 조성된 이 공원은 사라고사 시민들에게 40ha의 녹지와 쉼터를 제공한다.

아, 물론 대단히 스페인스러운 공간이다. 뉴욕의 센트럴 파크에서는 사람들이 조깅을 하고, 런던의 하이드 파크에서는 줄무늬 일광욕 의자에 드러누워 햇빛을 쬐지만, 스페인의 공원은 어디까지나 "파세오", 즉 산책의 예술을 펼쳐 보인다. 그들은 말쑥하게 차려입고, 사람을 만나고, 인사를 하고, 시선을 즐긴다. 파르케 그란데라는 공간 자체도 이런 기능에 충분히 어울릴 만큼 스타일리쉬하다—설계와 공사에 자그마치 14년이나 걸린 데에는 다 이유가 있다. 정문에 들어서면 웅장한 아베니데 산 세바스티안이 눈앞에 뻗어 있다. 곳곳에 분수가 보이고, 양쪽으로는 베르사유 궁전에서 영감을 받은 정원이 펼쳐진 가로수길이다. 한편 부에나비스타 언덕에 오르면, 카라라 대리석으로 만든 아라곤 국왕 알폰소 I세의 석상이 6m가 넘는 위용을 뽐내고 있다. 그는 1118년 당시 무어인들이 지배하고 있던 사라고사를 정복하였고, 사라고사는 다시 기독교 도시가 되었다.

공원 안에는 식물원도 있으므로, 원예학에 관심이 있다면 아라곤의 토착 식물을 구경할 수 있다. 또 온실과 넓은 야생 소나무 숲, 시몬 볼리바르에게 헌정한 정원도 있다. 이것으로도 부족하다면, 관광 열차와 놀이 공원도 있고, 자전거와 2인용 자전거도 대여가 가능하다. 한 마디로 말해서 시끄러운 도심으로부터 피신하기에 완벽한 공간이다. **PE**

◳ 사라고사의 프리모 데 리베라 공원에 서 있는 알폰소 I세 "엘 바탈라도르('투사')"의 대리석상.

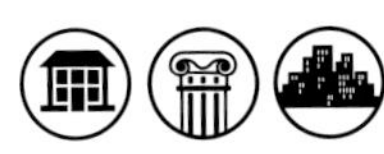

# 산토 마우로

Stay at A.C. Santo Mauro

**Location** 스페인 마드리드
**Website** www.ac-hotels.com  **Price** ⑤⑤

마드리드에는 숨어 있는 진귀한 보석들이 즐비하며, 따라서 A.C. 산토 마우로가 부유한 참베리(Chamberi) 지구의 녹음이 우거진 거리로 어렴풋이 모습을 드러내도 놀랄 일은 아니다. 산토 마우로 공작의 지시로 건축가 루이스 레그란드가 세운 이 신고전주의 저택은, 1894년 완공된 이래 다양한 용도로 쓰여왔다. 한때는 산토 마우로 후작의 거처이기도 했던 이 건물은 마침내 1991년 호텔로 새롭게 태어났다.

건물 외관만 봐도 입이 다물어지지 않지만, 실내는 더 웅장하다. 은은한 검은색, 흰색, 회색의 색조가 위풍당당한 건축 양식을 보완하며, 최근의 리노베이션으로

> "제대로 알기만 하면, 마드리드는
> 스페인의 모든 도시 중에서도
> 가장 스페인다운 도시이다."
>
> 어니스트 헤밍웨이, 『오후의 죽음』

좀더 현대적인 분위기가 더해졌다. 51개의 널찍한 객실 중에는 원룸 아파트와 듀플렉스(2세대 거주가 가능하도록 2개의 독립 구획으로 설계한 집) 스위트도 있으며, 그 중 일부는 옛날에는 저택의 마구간이었던 곳이다. 앤티크 실내장식, 실크 커튼, 페르시아 카펫, 그리고 후작도 만족을 금치 못했을 럭셔리한 디테일이 가득하다.

A.C. 산토마우로에서는 올드와 뉴가 완벽한 조화를 이룬다. 예를 들면 레스토랑은 과거 서재 자리인데, 서가들은 그대로 놔둔 덕분에 유리로 덮은 책들이 식사 공간에 굉장히 문화적인 우아함을 더해 준다. 컨퍼런스룸은 예전에는 무도회장이었으며, 아라비아풍 수영장과 훌륭한 헬스클럽도 있다. **PS**

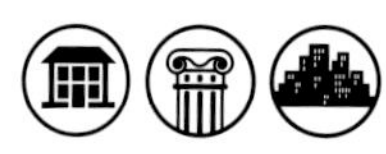

# 호텔 어반
Unwind at Hotel Urban

**Location** 스페인 마드리드
**Website** www.derbyhotels.com  **Price** 💲💲

2004년 말 개장한 이래, 호텔 어반의 6층짜리 유리 건물은 마드리드에 또 하나의 울트라쉬크한 명소를 더했다. 티센-보르네미사 미술관과 프라도 박물관, 푸에르타 델 솔, 그리고 맛있는 타파집들이 즐비한 산타아나의 딱 중간에 위치한 이 호텔은 그 환상적인 예술 작품 컬렉션 이외에도 추천할 만한 이유가 산더미처럼 많다.

호텔 주인 호르디 클로스는 유명한 컬렉터이자 고고학계의 거물이다. 이 호텔은 수준급 고고학 컬렉션과 눈에 띄는 예술적 감각을 자랑한다. 예를 들면 타소스에서 가져온 하얀 대리석, 파푸아 뉴기니의 작은 조각상, 300년 된 중국 초상화, 그리고 19세기 힌두 상 등등. 로비에는 이집트 예술 작품만 따로 모아 놓은 "박물관실"이 있어 파라오와 그 수행원들의 조각상을 볼 수 있다. 소장품 중에는 기원전 300년에 제작된 것도 있을 정도이다.

그러나 호텔 어반의 예술적 감수성은 단순히 장식용 소품에 머물지 않는다—공공 공간의 조명과 인테리어 디자인까지 정교하기 이를 데 없다. 로비의 리셉션 데스크 건너편에는 윤기가 흐르는 설화석고 기둥이 서 있는 아트리움이 있다. 벽에는 형광 튜브를 설치하였고, 반짝이는 구(球)가 칼날처럼 딱 떨어지는 미니멀리즘과 백열 조명에 초점을 맞춘 모더니즘의 메시지를 던진다. 96개의 현대적인 침실에도 저마다 예술 작품이 하나씩 걸려 있다(물론 작품 설명과 함께).

지중해와 뉴스페인 스타일의 퓨전 요리는 정말로 훌륭하며, 어반스 글라스 바는 이름에서 짐작하겠지만, 전면 유리로 만든 공간이다. 손님들은 유명 인사들과 어울려 시원한 칵테일과 싱싱한 굴 안주를 즐길 수 있다. 도시에서의 삶이 이보다 더 좋을 수가 있을까. **PS**

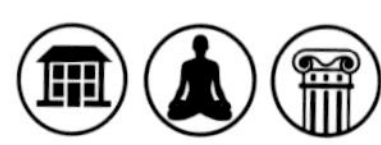

# 파라도르 데 친촌
Stay at the Parador de Chinchón

**Location** 스페인 마드리드 친촌
**Website** www.paradores.es  **Price** 💲💲

밤을 모르는 도시 마드리드에서 50km 떨어진 곳에 고요의 오아시스, 파라도르 데 친촌이 있다. 원래 이곳은 17세기에 친촌의 성주들이 세운 아우구스티노회 수도원이었다. 최초의 수도사들은 이곳에서 바로 이웃한 성(城)의 보호 아래 살 수 있었다. 그러나 수도사들의 삶이 결코 쉬웠던 것은 아니다. 수 세기 동안 금지령과 복권이 되풀이되었으며, 그런 뒤에는 건물과 토지를 몰수당했다. 결국 1929년, 화재로 수도원은 불타버렸다.

건축가 후안 팔라수엘로에 의해 재건되었으며, 이제는 파라도르가 되어 원래의 바로크 양식 외관과 르네상스 시대의 특징들을 고스란히 간직하게 되었다. 천장

> "인구 4,400명의 그림처럼
> 아름다운 마을은 16세기 광장의
> 무대 배경을 그대로 간직하고 있다."
>
> 『뉴욕타임즈』

부터 바닥까지 덮고 있는 인상적인 태피스트리와, 성인(聖人)들을 묘사한 정교한 벽화 등 실내 장식도 볼거리가 많다. 바는 전통적인 청화 도기 타일로 벽을 꾸몄으며, 적당히 낡은 가죽 등받이를 댄 의자는 만약 말을 할 수 있다면 얼마든지 들려 줄 이야기가 많을 것이다.

정원에는 사이프러스 나무, 장미, 야생 쥐똥나무가 자라고 있으며, 분수가 평화로운 분위기를 더해 준다. 침실은 심플하지만 아늑하다. 성이 내다보이는 전용 테라스가 딸린 객실도 있는데, 과거에는 친촌에 투우를 하러 온 투우사들이 묵곤 했다. 투우 경기가 끝나고 나면 그들도 지친 몸을 하이드로 마사지 욕조에 뉘이고 한때를 즐겼을지도 모른다. **PE**

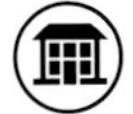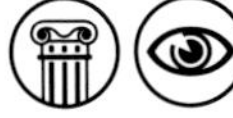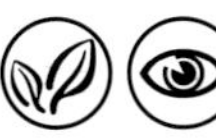

# 파라도르 데 과달루페
Discover Parador de Guadalupe

**Location** 스페인 에스트레마두라
**Website** www.paradores.es   **Price** ⑤⑤

스페인 서부 에스트레마두라의 자치주 카세레스는 관광지로는 거의 알려져 있지 않다. 돌과 자갈로 이루어진 예쁜 도시 카세레스와 그 주변 지역은 남아메리카 탐험에 중요한 역할을 했다. 프란시스코 피사로(Francisco Pizarro, 1475~1541. 잉카제국을 멸망시킨 스페인의 식민정복자)를 비롯한 수많은 식민정복자들이 이곳 출신이었다. 과달루페 역시 이곳에 있다. 14세기, 작은 갈색의 성모상 "과달루페의 성모"가 이 근처에서 발견되었다. 수도원이 세워졌고, 그 이름은 신대륙에까지 알려졌다.

파라도르 데 과달루페 건물 역시 같은 시기에 세워진 토레오르가스(Torreorgaz) 궁전이다. 원래는 고딕 건물이었으나, 여러 차례 개조를 거쳐, 지금은 18세기풍의 파사드를 보여주고 있다. 돌로 쌓은 벽에는 서로 다른 귀족 가문의 문장들이 장식되어 있다. 호텔에서 가장 오래된 구조물은 벽돌과 화강암으로 지은 탑이다. 건물 내부는 유쾌한 미로와도 같다. 건물 안에 있는 안뜰에는 깊은 빛깔의 테라코타로 칠한 벽, 높은 아치형 갤러리, 그리고 연철 창살이 달린 창문 등을 볼 수 있다. 그 짙은 붉은색과 황토색은 라운지에서도 찾아볼 수 있다. 덕분에 다소 밋밋한 외관과 좋은 대비를 이룬다. 가장 큰 침실은 "코멘다도르 데 알쿠에스카르"로, 거실과 월풀욕조가 딸려 있으며, 카세레스의 수호성인인 "산의 성모" 성소와 정원을 내려다보고 있다.

호텔 벽 너머로는 말트라비에소의 동굴 벽화와 로마 극장, 원형 극장, 메리다의 미술관 등 볼거리가 많다. 카세레스 주변 지역은 한때 로마 제국의 요충지였으며, 그 빼어난 유물이 많이 남아 있다. 스페인의 숨어 있는 보석을 찾으러 오는 관광객이 많지 않은 것이 아쉬울 따름이다. **PE**

# 파르케 나시오날 데 몬프라구에
Explore Parque Nacional de Monfragüe

**Location** 스페인 에스트레마두라
**Website** www.spanish-fiestas.com/extremadura   **Price** ❶

파르케 나시오날 데 몬프라구에는 스페인에서 인구밀도가 가장 낮은 에스트라마두라 지방에 있다. 1979년 국립공원으로 지정된 뒤, 2007년에는 UNESCO 생물권보전지역으로 등재되어 보호를 받게 되었다.

이 드넓은 광야는 야생동식물이 서식하기에 이상적이다. 아마 사람보다 하늘 위를 빙빙 도는 독수리의 수가 더 많을 것이므로, 꼭 쌍안경을 챙겨갈 것. 플라센시아에서 트루히요까지 이어지는 텅 빈 도로를 달리면 공원의 심장부에 다다른다. 다 못자란 야생 올리브나무, 코르크나무, 털가시나무가 풀이 무성한 관목 숲 속에서 햇빛을 쬐고 있다. 이 길은 공원을 가로지르는 3개뿐인

---

> "매년 수천 명의 관광객이
> 자연을 '보존하고 재발견하기 위해'
> 이곳을 찾는다."
>
> UNESCO 인간과 생물권 프로그램

---

도로 중 하나인데, 3개 모두 공원의 북쪽으로 나 있어, 나머지 구역은 걸어서 둘러보는 수밖에 없다. 종종 나타나는 바위투성이 노두는 매, 독수리 등을 관찰하기에 좋으며, 이 지역은 세계 최대의 검은수리 서식지이기도 하다. 두 개의 폭이 넓은 강—타호 강과 티에타르 강—이 반짝이며 공원을 가로질러 흐르며, 이 텅빈 풍경을 더욱 아름답게 만든다. 사슴, 멧돼지, 수달, 그리고 희귀한 이베리아 늑대와 스라소니도 이 지역에 사는 것으로 알려져 있다.

빌라레알 데 산 카를로스는 공원 내에 있는 유일한 마을로, 주민이 30명밖에 되지 않는다. 수질 보호 센터, 자연 센터, 방문객 센터가 있으므로 원하는 사람은 풍부한 정보를 얻을 수 있다. **CFM**

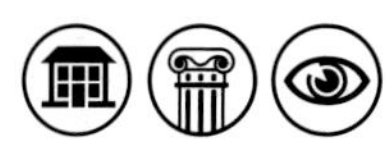

# 파라도르 데 알마그로
## Relax at Parador de Almagro

**Location** 스페인 카스티야–라 만차
**Website** www.paradores.es   **Price** $$

스페인의 라 만차 지방에 있는 파라도르 데 알마그로에는 자그마치 14개의 안뜰이 있다. 이 건물은 원래 성 프란시스코에게 봉헌한 수도원으로, 1596년 다빌라 데 라 쿠에바 가문에 의해 지어졌다. 자정이 되면 수도사들이 숙소에서 나와 예배당에 모여 무릎을 꿇고 세 시간 동안 기도를 드렸다. 그리고 잠자리로 돌아가서는 동이 틀 무렵이면 다시 일어나 기도를 해야만 했다.

　수도사들이 기거하던 숙사는 지금은 훨씬 더 안락하게 바뀌었으며, 관광객의 침실로 쓰인다. 이제는 휘장을 친 침대와 우아한 앤티크 실내 장식으로 꾸며져 있다. 유서 깊은 세련미는 공공 공간에서도 찾아볼 수 있

> “모든 벽, 갤러리, 안뜰에서
> 과거 이곳에 살았던 이들의
> 고요함이 배어 나온다.”
>
> 톰 레이놀즈,『더 선데이 타임즈』

다. 라운지와 식당 바닥에는 윤이 나는 타일이 깔려 있으며, 천장에는 들보가 드러나 있고, 큰 아치들이 있다. 그러나 정말로 고요하고 운치 있는 곳은 건물 바깥이다. 파라도르 데 알마그로의 안뜰은 대부분 분수와 초목으로 가득하다. 또 테라스로 둘러싸인 옥외 수영장도 있다.

　수도원 벽 밖으로 나가면 17세기에 지어진 알마그로의 유명한 노천 극장이 보인다. 그리 멀지 않은 “타블라스 데 다이미엘” 자연 보호 구역은 두루미, 왜가리, 알락해오라기, 흰죽지 같은 철새들이 우글거려, 전 세계에서 온 조류 관찰가들로 붐빈다. 이 지역은 또 저 유명한 돈키호테의 고장이기도 하다. 수많은 치즈와 와인, 그리고 풍차가 있는 풍경 또한 즐길 수 있다. **PE**

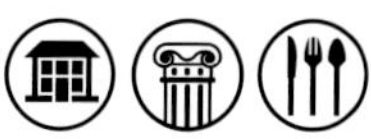

# 콘데스타블레 다발로스
## Stay at Palacio Condestable Davalos

**Location** 스페인 안달루시아
**Website** www.paradores.es   **Price** $$

콘데스타블레 다발로스는 스페인 재정복 전쟁 때 기독교군에 가담하여 싸운 전사의 이름이다. 그는 무어인들에게 포로로 잡혀 감옥에 갇혔다. 마침내 풀려났을 때, 국왕 후안 II세는 그에게 “무관”이라는 뜻의 “콘데스타블레”라는 칭호를 하사했다. 이제 다발로스의 초상화는 호텔 레스토랑에 걸려 있다—그러나 사실 다발로스는 한 번도 이곳에 살았던 적이 없다. 대신 말라가의 교구장이었던 돔 페르난도 오르테고 살리도의 궁전이었다.

　16세기에 지어졌지만 17세기에 재건축된 이 파라도르는 웅장한 규모를 자랑한다. 밖에서 보면 벌꿀빛 돌로 만든 평평한 파사드는 엄격하리만치 수수하지만, 일단 한 발짝만 안으로 들어서면 우아한 돌 아치로 만들어진 이중 갤러리—위쪽은 유약을 발랐고, 창문에는 바닥까지 드리워진 새하얀 아마포를 커튼 대신 달았다—가 있는 안뜰이 나온다. 화분에 심은 나무, 돌 분수, 연철로 만든 테이블과 의자가 놓여 있는 파티오는 친밀한 분위기의 오아시스이다. 이곳에서 넓은 돌 계단을 오르면 위층은 정교한 벽난로, 연철로 만든 램프, 그리고 재정복 전쟁 시대를 연상시키는 갑옷 한 벌로 장식되어 있다. 침실에는 테라코타 타일을 깔고, 앤티크 책상과 궤짝, 아늑한 소파와 안락의자를 놓았다. 레스토랑으로 가면 셰프가 새끼 염소 스튜 같은 향토 요리를 선보인다.

　이 파라도르는 우베다의 바스케스 광장에 서 있다. 엘 살바도르 교회, 산타 마리아 교회, 바스케스 데 몰리나 궁전, 엘 마르케스 궁전 등 이웃 건물들 역시 이 도시에서 가장 높은 가치를 인정 받는 건축물들이다. **PE**

→ 16세기 이 르네상스 궁전은 도시 이름을 따서 간단하게 파라도르 데 우베다라고 불리기도 한다.

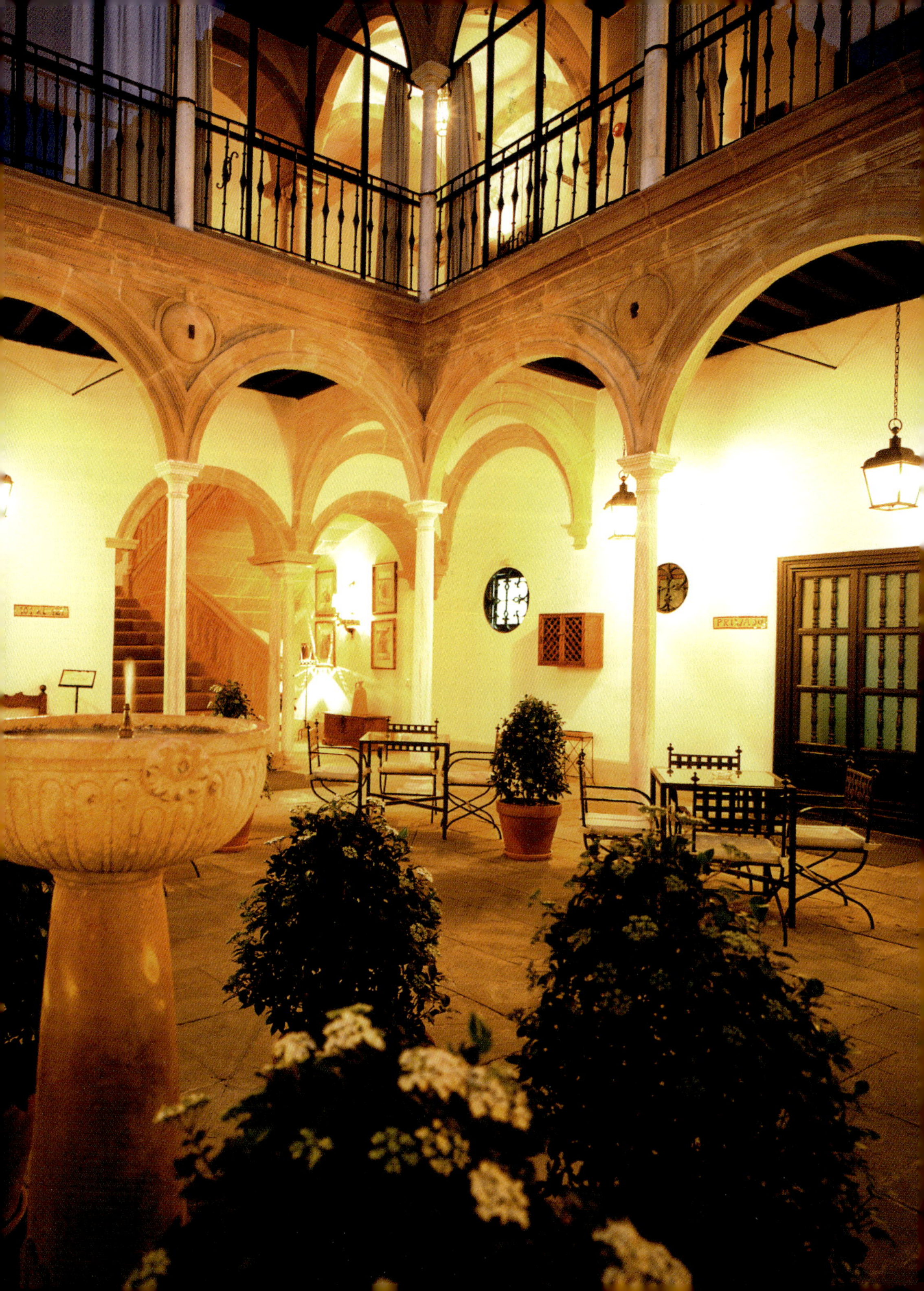

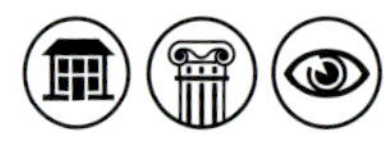

# 파라도르 카스티요 데 산타 카탈리나
Enjoy Parador Castillo de Santa Catalina

**Location** 스페인 안달루시아
**Website** www.paradores.es    **Price** $ $

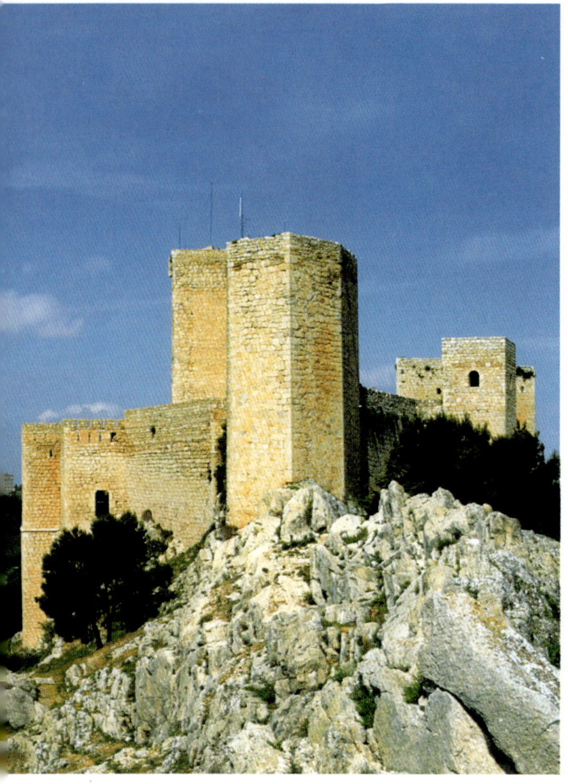

안달루시아의 하엔 시를 내려다보고 있는 이 파라도르는 정말로 운치 있는 호텔이다. 공공 공간에는 궁륭형 천장과 높이가 20m가 넘는 아치들이 보인다. 45개의 객실 중 대부분은 4개의 기둥이 달린 캐노피 베드가 놓여 있고, 벽에는 태피스트리를 늘어뜨렸으며, 그 발코니에서는 시에라 모레나와 시에라 네바다의 바위투성이 산들과 올리브 나무 숲이 내려다보이는 환상적인 전망을 즐길 수 있다. 어슴푸레한 식당의 건축 테마는 아랍풍이며, 차가운 양파 수프, 자고새고기 샐러드, 믹스 샐러드, 블랙 푸딩 스튜 같은 향토 요리를 맛볼 수 있다. 칼로리를 소모시키기 위해 좀 움직이고 싶다면 옥외 수영장도 있다.

이 호텔은 겉으로 보이는 것만큼 오래되지는 않았다. 오래된 카스티요(Castillo, "성채")를 떠받치고 있기는 하지만 호텔이 된 것은 겨우 1960년대의 일이다. 성은 이 지역이 아직 무어인들의 손에 있을 때 지어졌지만, 1246년 페르난도 III에 의해 기독교군에 함락되었다. 그 후 두 세기 동안 무어인들은 끈질기게 공격해 왔지만, 기독교군은 잘 버텼고, 또 하나의 요새와 예배당도 지었다. 1492년, 기독교왕 페르난도와 이사벨라가 마침내 무어인들을 스페인에서 몰아냈지만, 그렇다고 해서 하엔에 평화가 찾아온 것은 아니었다. 1810년 나폴레옹이 침공해 왔으며, 19세기 말에는 카를리스타 내전으로 또 한번 전화에 휘말려야 했다.

그러나 지금은 모두 조용하다. 건물과 주변의 푸른 정원은 너무나 평화롭고 고요하여 드 골 장군이 이곳에 와서 회고록을 집필했을 정도이다. **PE**

---

"엘 시드로 분한 찰턴 헤스턴이
말을 타고 전설 속에서 튀어나와
수영장 바에서 맥주를 마실 것만 같다."

데이비드 클레멘트-데이비스, 『가디언』

---

⬏ 산타 카탈리나 언덕 높이, 13세기에 아랍인들이 지은 성채에 위치한 파라도르.

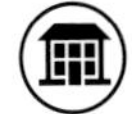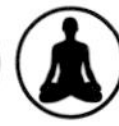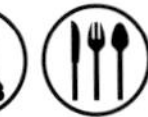

# 호스페스 팔라시오 델 바일리오
## Stay at Hospes Palacio del Bailio Spa

**Location** 스페인 안달루시아 코르도바
**Website** www.hospes.es  **Price** ⑤⑤

호스페스 팔라시오 델 바일리오에서는 럭셔리가 유행이라는 것을 이해하기 바란다. 고대 도시 코르도바의 좁은 뒷골목 사이에 숨어 있는 이 아름다운 호텔은 원래 16세기에 지어진 저택으로, 군대의 사령부로 사용되다가 그 다음에는 마구간으로 쓰였다.

안달루시아에서 흔히 볼 수 있듯이, 이 건물 역시 무어풍으로 중앙 안뜰을 중심으로 지어졌다. 18세기에 만들어진 돌 분수에서 졸졸 흘러내리는 물소리가 마음을 가라앉히고, 흠 잡을 데 없이 가지를 정돈한 오렌지나무와 레몬나무에서 새콤하고 짜릿한 시트러스 향이 공기를 채운다. 이 호텔은 입이 다물어지지 않을 정도로

> "이 호텔은… 당신의 내면을
> 표현하게끔 해 주는
> 진화적인 놀라움이다."
>
> 『콩데 나스트 트래블러』

아름다울 뿐만 아니라, 보기 드문 보물까지 감추고 있다. 바로 전 주인이 우연히 발견한, 로마 제국의 주택 유적이다. 오늘날 이 유적은 5스타 레스토랑의 유리 바닥 안에 보존되어 있으며, 밤에 조명을 받으면 정말로 스펙터클하다.

뜨거운 남유럽의 태양에 지쳤다면 인피니티 풀로 뛰어들면 된다. 스파 "보디나(Bodyna)"는 이 호텔의 가장 큰 매력 중 하나로, 그 일부는 안뜰의 돌기둥 사이에 자리잡고 있다. 다른 세 개의 스파는 반지하층에 위치한 로마 시대 온천 욕장을 둘러싸고 있다. 15분만 걸어가면 무어인들이 지은 가장 웅장한 모스크인 코르도바 메스키타(mezquita, 스페인어로 "모스크")가 나온다. 그 환상적인 모습은 UNESCO 세계유산으로 지정되기에 부족함이 없다. **TW**

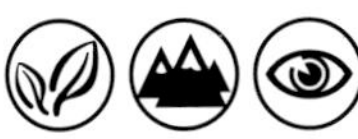

# 코토 도냐나
## Visit Coto Doñana

**Location** 스페인 안달루시아
**Website** spainforvisitors.com/sections/donana.htm  **Price** ⑤

야생동물 관찰은 때때로 생각만큼 잘 되지 않는다. 아무리 철저하게 준비를 한다고 해도, 목표로 하는 동물이 나타나지 않으면 소용없기 때문이다. 코토 도냐나 국립공원은 전혀 그런 염려를 하지 않아도 되는 곳이다. 야생동물이 말그대로 우글거려서, 무엇이든 흥미로운 짐승을 만날 확률이 매우 높기 때문이다. 30만 마리가 넘는 조류가 서식하고 있기 때문에, 아무것도 발견하지 못하는 것이 오히려 어려울 정도이다.

코토 도냐나라는 이름은 비사교적이기로 유명했던 공작부인 도냐 아나 데 실바 이 멘도사에게서 유래했다. 그녀는 되도록 문명 세계에서 멀리 떨어진 이곳에 자신만을 위한 거처를 지었다. 코토 도냐나는 그 면적이 1,300평방킬로미터가 넘으며, 해안 지방에 위치하고 있어 주로 모래 언덕, 짠물 습지, 호수로 이루어져 있다. 덕분에 125종의 텃새가 서식하기에는 완벽한 조건이 된다. 개중에는 암수 한쌍으로는 이제 거의 찾아보기 어려운 이베리아 독수리도 있다. 그 밖에 붉은솔개, 딱새, 후투티, 유럽 꾀꼬리 등의 철새가 또 125종이나 된다. 이 공원에 서식하는 귀중한 동물로는 코토 도냐나를 비롯해 지구상에 서식지가 몇 안 되는 이베리아 스라소니도 있다.

주요 관광객 센터—이 지역의 야생동물들에 대해 전시하고 있다—를 연결하는 트레일을 따라 공원 일부를 걸어서 돌아볼 수 있다. 짠물 습지와 호수에는 몸을 숨기고 야생 동물을 관찰할 수 있는 은신처가 준비되어 있다. 그러나 좀더 심도 있는 탐험을 하고 싶다면, 가장 좋은 방법은 미리 가이드와 함께 하는 자동차 투어를 예약하는 것이다. 걸어서는 가기 힘든 공원 구석구석까지 보여주면서 야생 동물을 관찰하기에 가장 좋은 지점으로 데려다 줄 것이다. **JF**

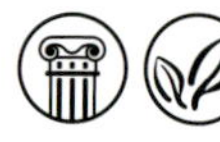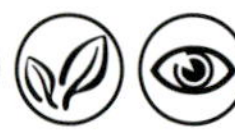

# 수에로스 Explore Zuheros

**Location** 스페인 안달루시아
**Website** www.zuheros.com.es   **Price** ❗

수에로스는 당신이 오랫동안 기억하게 될 스페인의 모습 그 자체이다. 안달루시아에서도 아름답기로 소문난 푸에블로스 블랑코스("하얀 마을"이라는 뜻)로, 바위투성이 산속에 아늑하게 자리잡고 있으며, 머리 위로는 파란 하늘, 발 아래로는 올리브 나무 숲이 펼쳐져 있다. 수에로스는 코르도바–말라가–그라나다를 잇는 삼각형의 정중앙에 위치하며, 이 지방의 무어풍 마을의 가장 좋은 예 중 하나이다. 좁다란 길이 그물처럼 뻗어 있고, 그 역사는 로마 제국 이전까지 거슬러 올라간다.

인구는 1,000명이 채 되지 않으며, 여관과 호텔도 몇 개 없지만 여전히 전 세계에서 관광객이 몰려든다. 야나 거리 43번지의 작은 레스토랑 로스 팔랑코스에 가면 원기 왕성한 시골풍 식사—어린 염소고기, 토끼고기, 젖먹이 돼지—가 나오며, 안달루시아 산속에서 조용한 휴가를 보내고 싶어 하는 사람들을 매혹시킨다. 말라가나 마르베야 같은 번화한 도시에서 한 시간 반밖에 떨어져 있지 않다는 사실이 믿기지 않을 따름이다.

수에로스는 걸어서 둘러볼 만한 볼거리가 아주 많은 시에라 수베티카 국립공원 가장자리에 위치하고 있다. 또 마을을 가로지르는 오래된 철로는 산책로와 자전거 도로로 탈바꿈했다. 마을에서 언덕 위로 4km만 올라가면, "박쥐 동굴"이 나온다. 박쥐들은 물론 수많은 종유석과 석순을 구경할 수 있으므로 절대로 놓치지 말 것. 이 지방의 동굴에는 암벽화 등 신석기 시대 유적도 많이 남아 있다. 마을 한복판에 있는 라스 발랑카레스 염소치즈 공장은 세계적으로 유명하며, 이 치즈를 그릴에 녹여 타파 요리 위에 올려 먹는다. 휴가 기분을 좀 오래 간직하고 싶다면, 집에 돌아갈 때 치즈와 올리브유 한 병을 사 가지고 가도록 하자. **LD**

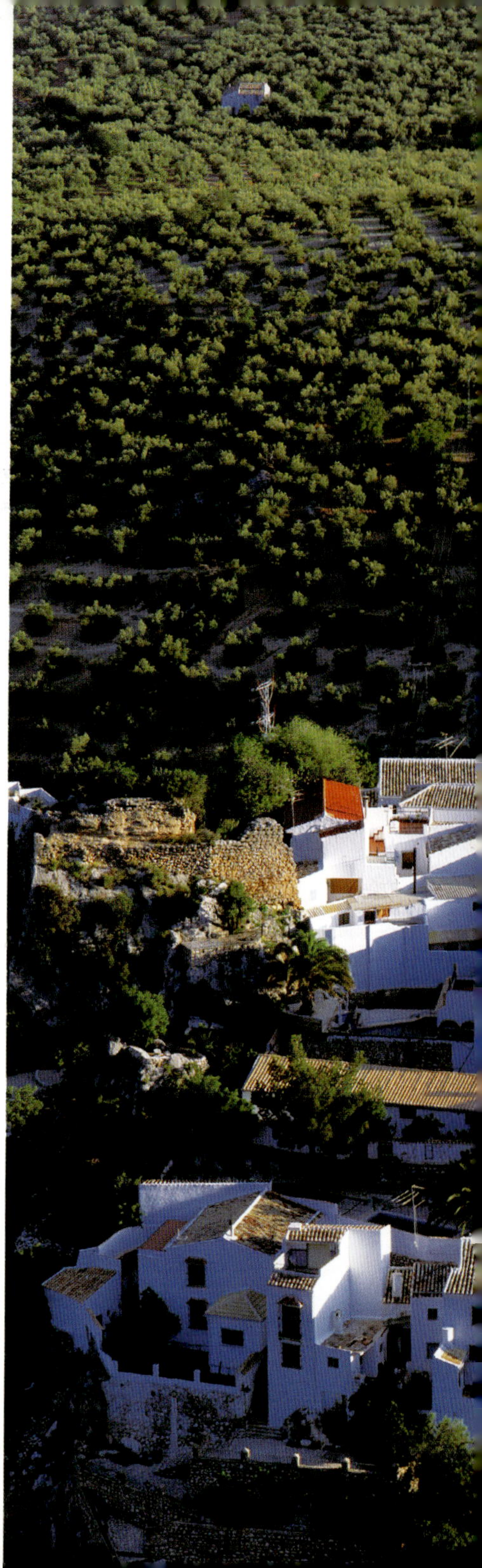

⬚ 안달루시아의 산속에 있는 수에로스 마을은 푸에블로 블랑코의 가장 좋은 예 중의 하나이다.

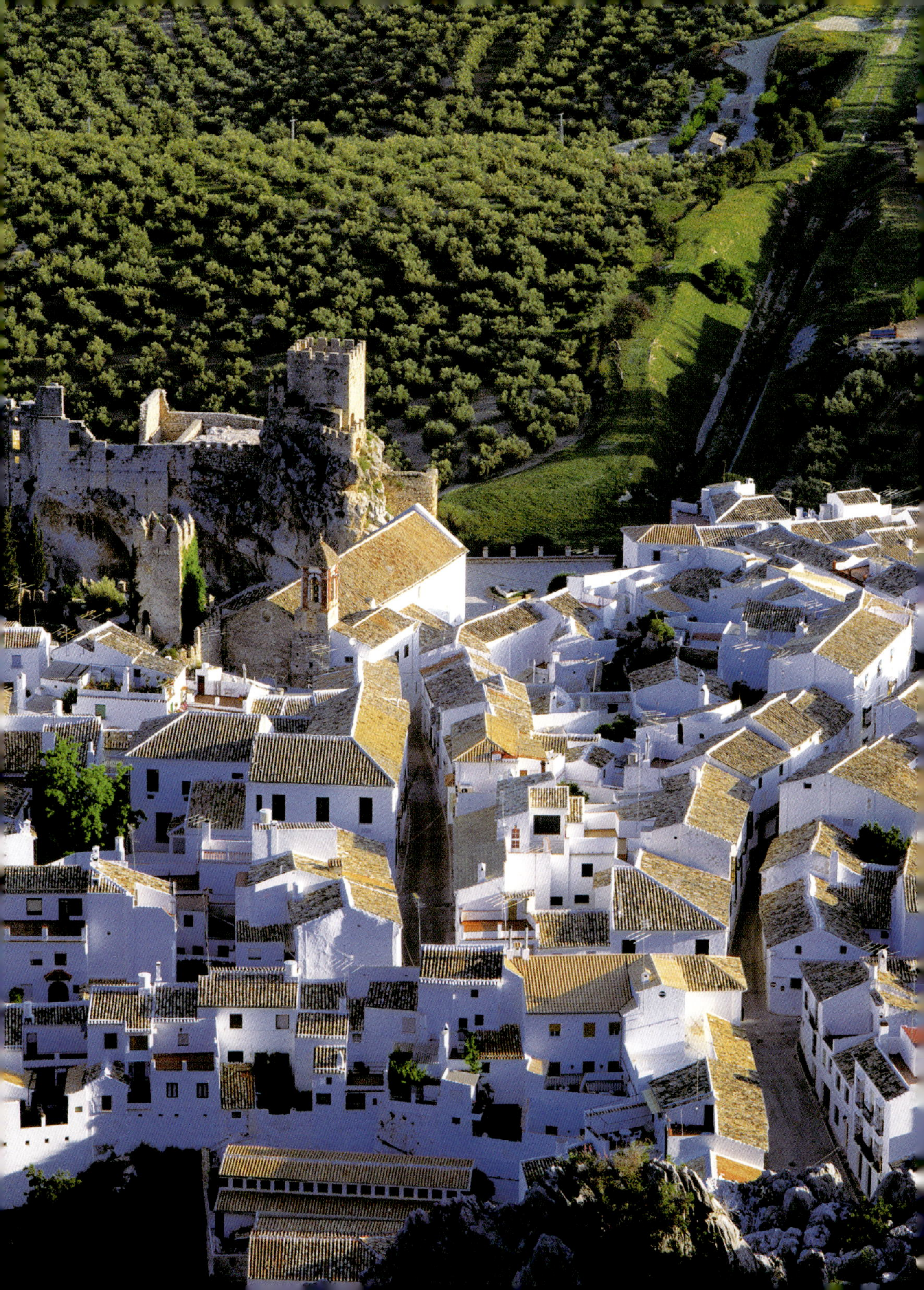

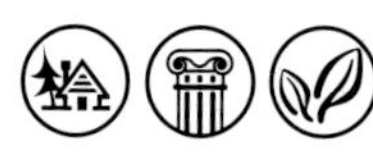

# 하시엔다 데 산 라파엘
Stay at Hacienda de San Rafael

**Location** 스페인 안달루시아 세비야
**Website** www.haciendadesanrafael.com  **Price** ⑤⑤

하시엔다 데 산 라파엘은 완전히 바깥세상과 차단된 휴가를 즐기고 싶어 하는 이들을 위한 공간이다. 안달루시아 전원 깊숙이, 양쪽에 올리브 나무가 늘어선 길고 구부러진 자동차 도로를 내려간 곳에 자리한 이곳은 스페인의 하시엔다라는 것이 무엇인지를 보여주는 전형이다. 석회와 백악을 섞은 하얀 도료보다 더 하얗고, 정원은 달콤한 향기를 내뿜는 허브로 가득하며, 시선이 미치는 곳은 어디나 해바라기밭이 끝없이 펼쳐져 있다.

하시엔다 데 산 라파엘은 17세기에 세워졌으며, 150년째 한 가족이 대를 물려 운영하고 있다. 원래는 올리브 농원이었지만, 지금은 럭셔리 부티크 호텔이다. 영

---

> "이 작은 부티크 호텔은 나만의
> 커다란 빌라에 머무는 듯한 느낌을 준다.
> 실내는 한 마디로 훌륭하다."
>
> 『인디펜던트』

---

국인-스페인 혼혈인 주인 형재 앤터니와 패트릭 리드는 세비야의 유명한 럭셔리 부티크 호텔 코랄 델 레이의 경영에도 참여하고 있다.

부겐빌레아가 아름답게 피어 있는 안뜰을 중심으로 11개의 디럭스 객실이 있다. 이 안뜰에는 매년 제비들이 찾아와 둥지를 짓고, 당신이 상그리아를 홀짝이고 있거나, 촛불 아래 멋진 지중해풍 요리를 먹는 동안 곁을 날아다닌다. 완벽한 프라이버시를 누리고 싶다면, 3개의 카시타(casita, "작은 집") 중 하나에 머물자. 각각 전용 정원이 있으며, 카시타 투숙객들만 사용할 수 있는 공용 인피니티풀도 있다. 심지어 나만의 정자에서 아늑하게 야외 아침식사를 즐길 수도 있다. **TW**

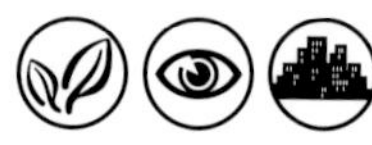

# 레알레스 알카사레스
See the Jardines de las Reales Alcazares

**Location** 스페인 안달루시아 세비야
**Website** www.gardenvisit.com  **Price** ⑤

유럽보다는 오히려 모로코에 온 것 같은 느낌이 든다—이 아름다운 알카사르(alcazar, "성채")의 정원은 옛 무어인들의 폐허 위에 세워졌으며, 야자나무, 사이프러스 나무, 오렌지나무, 도금양, 레몬나무가 무성하여, 뜨거운 안달루시아의 태양을 피할 수 있는 그늘을 만들어 준다. 하얗게 칠한 건물, 자갈이 깔린 거리, 키가 큰 야자나무. 세비야는 유럽에서 가장 운치있는 도시 중의 하나이며, 레알레스 알카사레스와 그 정원은 수많은 방문객을 매혹시킨다.

이 인상적인 기념물은 세비야의 왕궁이다. 원래는 무어인들의 요새였으며, 왕궁과 모자이크로 장식된 방들 모두 여러 차례에 걸쳐 증축되었다. 현재의 왕궁 대부분은 카스티야 국왕 페드로 I세(재위 1350-1369)가 무어인들의 폐허 위에 지은 것이다. 왕궁은 무데하르 양식—스페인의 기독교 통치 하에서 발달하였으나, 이슬람 건축의 영향을 많이 받은—의 훌륭한 예 중 하나이다. 나중에 덧붙여진 고딕 양식의 요소들이 전반적인 이슬람 스타일과 좋은 대비를 이룬다.

알카사르의 드넓은 하르디네스, 즉 정원은 야자나무 그늘 아래서 느긋하게 쉬기에 완벽한 공간이다. 반짝이는 연못, 분수, 그리고 동방풍의 평화로운 사색을 위해 맞춤 제작한 의자 사이로 작은 아랍풍 안뜰이 보인다. 안달루시아를 여행하기에 가장 좋은 계절인 봄에는 오렌지 나무에서 열매가 툭툭 떨어져, 세계적으로 유명한 마멀레이드 향기가 진동한다. 도심 한복판에 있는 이 오아시스는 언제나 사람들로 붐비지만, 그럼에도 불구하고 그냥 쉬거나, 분위기에 취하거나, 백일몽을 즐길 수 있는 조용한 구석이 아주 많다. 정원은 1년 내내 개장하지만 토요일과 일요일 오후에는 문을 닫는다. 도시에서 이보다 더 평화로운 휴식처를 찾기란 쉽지 않을 것이다. **LC**

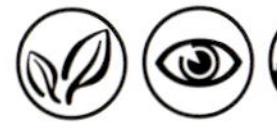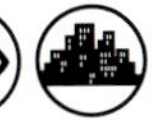

# 파르케 마리아 루이사

Visit Parque María Luisa

**Location** 스페인 안달루시아 세비야
**Website** www.spain.info　**Price** ❶

뜨거운 햇빛을 가려 주는 오렌지 나무 아래 앉아 분수에서 물이 졸졸 흘러내리는 소리에 귀를 귀울이고 있노라면, 눈을 감고, 긴장을 풀고, 공상에 잠기기가 쉽다. 파르케 마리아 루이사는 세비야 시내에 있는 공원으로, 오래된 나무들이 무성한 그 넓은 부지는 거리의 더위와 먼지로부터 도망치기 위해 꼭 필요한 공간이다.

도심 바로 남쪽에 위치한 이 공원은 프랑스 조경사 쟝-클로드 포레스티에(파리의 주요 공원인 불로뉴 숲도 설계하였다)의 작품으로 1929년 이베리아-아메리카 박람회를 위한 파스티셰 건물을 세우기 위한 배경이었다. 그 유산은 눈부시다.

사람들은 공원의 녹지에서 살짝 벗어난 에스파냐 광장(Plaza de España) 같은 랜드마크 주위에 모여들지만, 공원이 워낙 넓다 보니 더위를 식히며 재충전을 할 수 있는 조용하고 한적한 공간이 충분하다―물론 공원을 찾은 사람들이 가장 원하는 것은 뜨거운 열기로부터의 탈출이다.

1893년 오를레앙의 마리아 루이사 공주가 기부한 부지에 세워진 이 공원은 가로수길과 오솔길, 색색깔의 꽃밭과 정원, 연못, 인공 연못, 작은 폭포, 동상, 분수, 그리고 세르반테스 같은 스페인의 유명 문인들에게 바친 기념비들이 즐비하다. 공원 한가운데에는 큰 호수가 있는데, 그 위에 떠 있는 섬에는 정자가 있어 조용히 앉아 수면 위를 노니는 물새들을 구경할 수 있다. 파르케 마리아 루이사는 유럽에서 가장 아름다운 도심 공원 중 하나로 꼽힌다. **CFM**

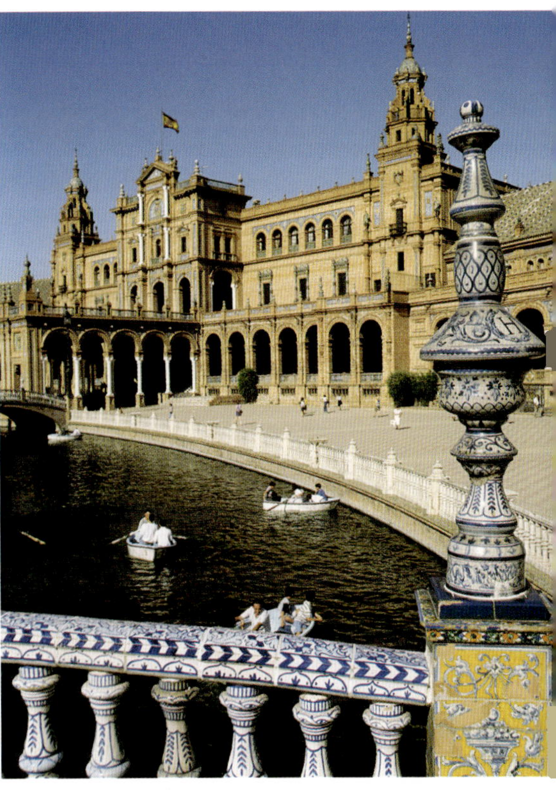

> "(포레스티에의 업적은) 조경 디자인의
> 창조적인 해석에 대한 증거로서
> 길이 남을 것이다."

앨런 테이트, 〈위대한 도시 공원들〉

↗ 공원 곳곳에서 보이는 도기 타일들은 무어풍의 영향을 받은 것이다.

# 안달루시아

## Explore Andalucía by Horseback

**Location** 스페인 안달루시아　**Website** www.ridingandalucia.com; www.spain-horse-riding.com　**Price** ❸❸

숨막히게 아름다운 안달루시아의 풍경을 감상하기에 말 위보다 더 좋은 시점이 있을까? 두 발로 서 있을 때보다 더 멋진 경관을 볼 수 있는 것은 물론이고, 더 멀리까지 갈 수 있지 않은가. 초심자부터, 말을 능수능란하게 다루는 숙련자까지, 누구나 말을 타고 스페인의 이 아름다운 고장을 둘러볼 수 있도록 패키지를 제공하는 회사들이 많다. 얼마나 말을 잘 타는지, 누구와 함께 가든지 상관없이, 자연을 느끼기에는 정말 좋은 방법이다.

날이 더운 여름날에는 하루가 일찍 시작된다. 해가 뜨기 전부터 이미 기온이 올라가 조금만 움직여도 몸이 힘들다. 안달루시아종 말에 안장을 얹고 시에라 네바다의 산속으로 달려가자. 무어 왕국 시대에 생긴 오래된 목동들의 길과 말발굽에 다져진 산길, 그리고 그 너머까지 가보자. 소나무 향기가 그윽한 언덕을 올라가며 발 아래 뭉개지는 로즈마리와 타임의 향긋한 내음을 가슴 가득 들이마시자.

강둑에 유칼립투스 나무들이 늘어선 강과 오렌지나무, 레몬나무, 아몬드 나무 숲을 가로지르자. 이따금 멈춰 서서 사람도, 말도 쉬어 갈 필요가 있다. 울타리도, 타맥(돌을 부순 뒤 타르를 섞은 도로용 포장재)을 깐 길도 없다. 다만 환상적인 자유와 빈 공간만이 있을 뿐이다.

한번 속도가 붙기 시작하면, 바람처럼 대지 위를 달리게 되고, 말발굽 소리가 공기를 울린다. 일단 멈추면, 근처 빵집에서 갓 구운 빵과 치즈, 초리소(스페인 전통 소시지), 그리고 이 지역 와인과 맥주로 피크닉을 즐기자. **HA**

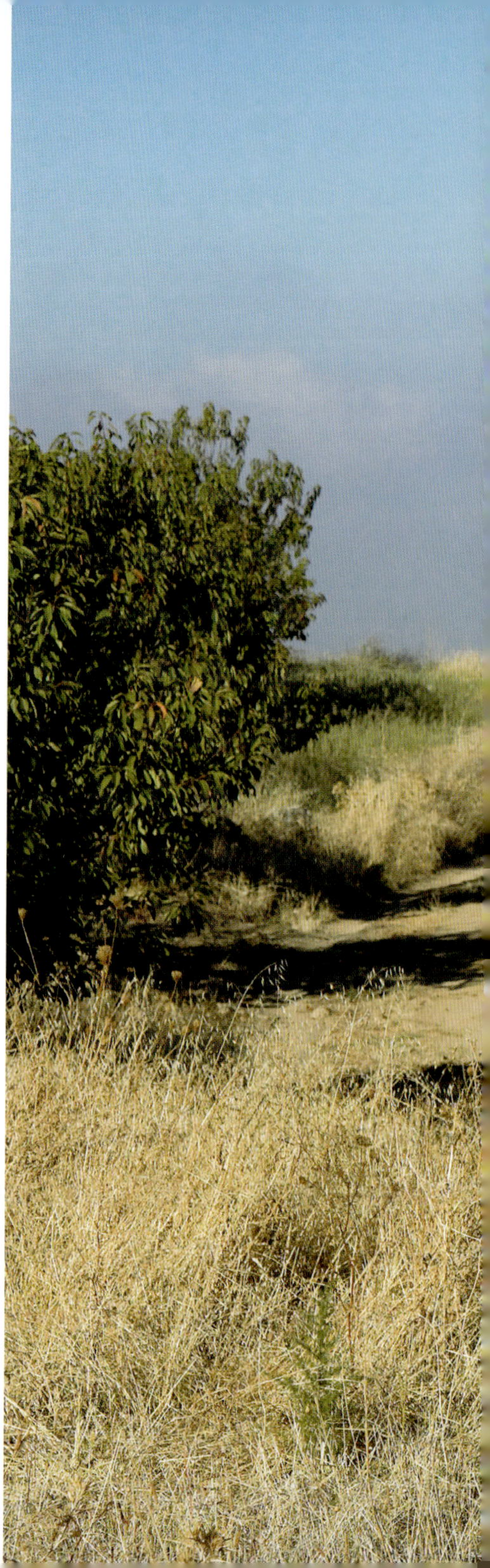

→ 안달루시아는 천의 얼굴을 보여준다—화산, 산지, 푸른 언덕, 해변을 모두 볼 수 있다.

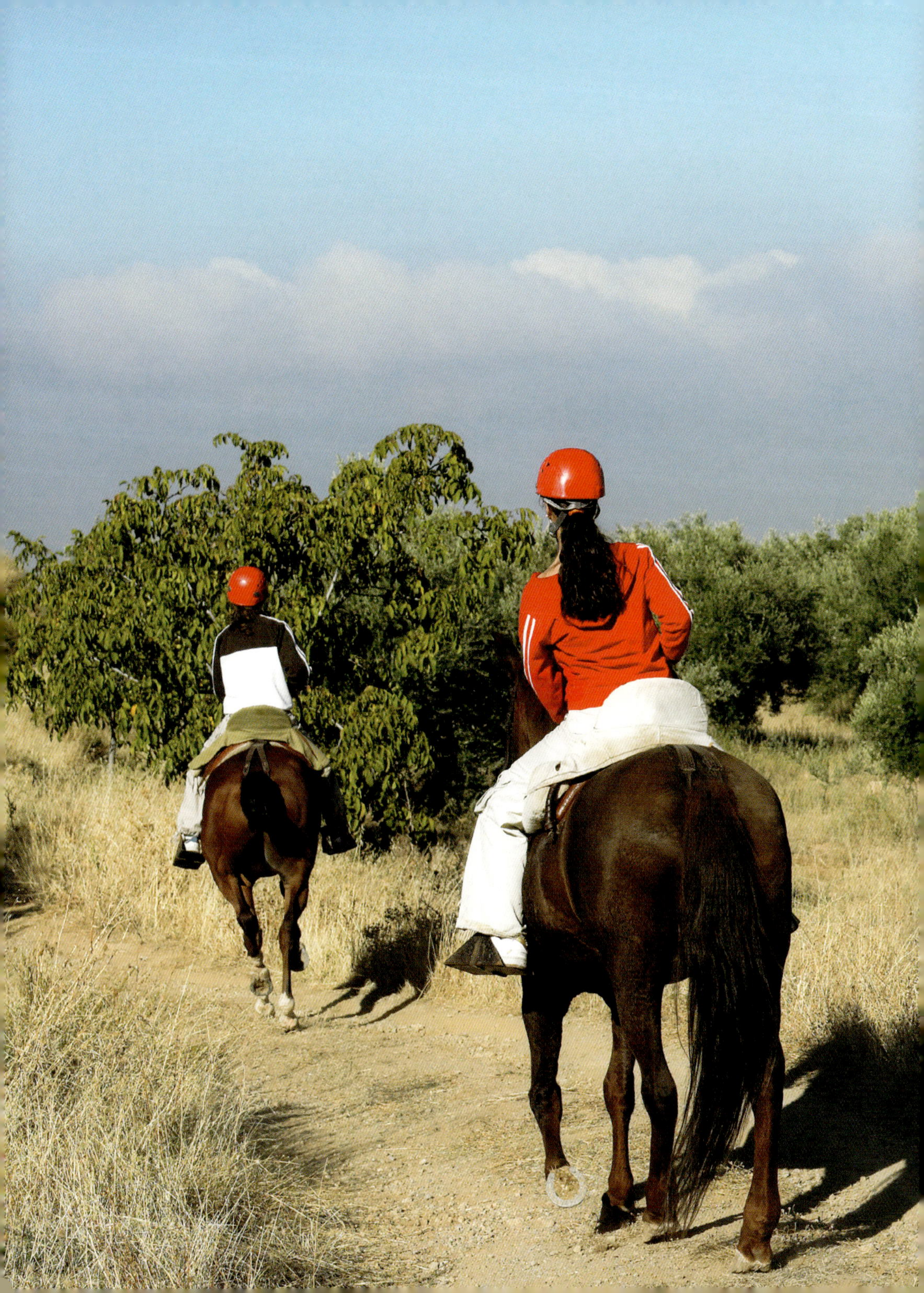

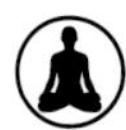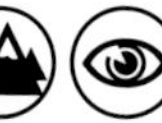

# 트라시에라
Unwind at Trasierra

**Location** 스페인 안달루시아 세비야
**Website** www.trasierra.co.uk  **Price** ⓢⓢⓢ

"건강 휴가"라고 하면 피학적인 신병 훈련소와 찬물 샤워가 제일 먼저 떠오른다면 다시 생각해 볼 것. 트라시에라는 16세기에 지어진 가족 운영 호텔로, 아름다움과 안락함, 맛있는 요리, 그리고 평화를 중요시하는 이들을 위해 고안된 공간이다. 또한 새로운 건강 라이프 스타일을 시작할 수 있는 곳이기도 하다. 일년에 두번, 트라시에라에는 주거형 건강 휴양지인 인스파(In:Spa)의 전문가들이 찾아온다.

따가운 햇빛이 쏟아지는 시에라 모레나 산맥은 올리브나무와 밤나무 숲 사이로 멧돼지가 돌아다니고, 들소들이 나뭇가지 아래 쉬고 있는 로맨틱한 야생 풍경을

> "트라시에라에는
> 평범한 것이 없다.
> 꿈이 자라는 공간이다."
>
> 『인디펜던트』

만들어낸다. 트라시에라는 외진 계곡 속 1,200여 헥타르의 올리브와 오렌지나무 숲 사이에 서 있으며, 테라코타 복도로 연결된 일련의 하얀 건물들로 이루어져 있다. 아치 아래 길을 걸어가면 세심하게 손질한 향긋한 정원이 나오고, 잉크빛 물이 반짝이는 깊은 연못 너머로는 붉은 대지가 펼쳐져 있다. 객실은 잉글랜드 컨트리하우스와 스페인 전통 스타일이 조화를 이룬다.

태양이 산등성이 너머로 떠오르는 이른 아침, 연못가의 요가 클래스로 하루를 시작하자. 아침식사로는 맛있는 과일 샐러드, 포리지, 걸쭉한 스무디, 그리고 갓 짜낸 과일 주스가 나온다. 그리고 아침 내내 산속을 하이킹하고 돌아오면 가벼운 디톡스 런치에 딱 알맞게 입맛이 돈다. 오후는 마사지와 반사요법을 받으면서 보내거나, 그냥 풀장 옆에서 뒹굴뒹굴 게으름을 피워도 좋다. **HA**

# 호텔 코르티호 파인
Stay at Hotel Cortijo Fain

**Location** 스페인 안달루시아
**Website** www.arcosgardens.com  **Price** ⓢⓢ

이 부티크 호텔은 건물 자체는 작지만, 객실은 웬만한 도시의 아파트만큼이나 크다. 가장 작은 룸이라고 해도 어마어마하게 넓은 욕실—깊은 욕조와 독립된 샤워실이 딸린—을 향해 트여 있는 거실까지 있다. 덧문이 달려 있기 때문에 밤새 창문을 열어 놓고 유칼립투스 나무의 은은한 향기를 즐길 수 있다. 단, 이 경우 아침에는 정말 무지무지 편안한 침대에서 늦잠을 즐기면서 빈둥대는 대신 지저귀는 새 소리에 눈을 떠야 한다는 것은 각오해야 하지만 말이다.

호텔의 전반적인 분위기는 매우 로맨틱하며, 코르티호(cortijo, "농가")의 객실들은 각각 안달루시아의 푸에블로 블랑코스 중에서도 가장 아름다운 아르코스 데 라 프론테라(Arcos de la Frontera)에서 영감을 받은 시인들의 이름을 땄다. 이 호텔의 한복판에는 300년 된 중앙 안뜰이 있는데, 분수가 하나 있고, 부겐빌레아 꽃이 화사하게 피어 있다.

대다수의 객실에는 양쪽으로 창문이 나 있어, 천연광이 잘 들어올 뿐만 아니라, 안뜰과 오래된 올리브나무가 수백 그루나 심어져 있는 정원 조망을 모두 즐길 수 있게 했다. 이 올리브 나무들은 풀장 위로 그늘을 만들어 주기 때문에, 수영을 하는 동안 주위의 바닥돌 위에 올리브 열매가 툭툭 떨어지는 것도 심심찮게 볼 수 있다.

디자인은 정통 안달루시아풍으로, 코르티호의 원래 건축 양식을 최대한 보존하였다. 마구간은 매력적인 타파 바로 개조되었다. 또 18홀 골프코스의 1번 홀과 9번 홀 사이에 위치한 타운하우스 호텔 스위트에도 객실이 있다. 골프장은 아르코스 데 라 프론테라의 빼어난 전망을 자랑한다. 가장 좋은 시간대는 늦은 저녁으로, 골프 카트를 빌려서 석양 속을 느릿느릿 달리며 풀밭 위로 돌아다니는 토끼와 뇌조 떼를 구경할 수 있다. **JED**

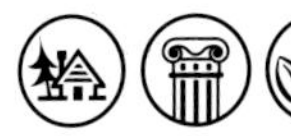

# 에스콘드리호
Relax at Escondrijo

**Location** 스페인 안달루시아
**Website** www.escondrijo.com   **Price** 💲💲

베헤르 드 라 프론테라(Vejer de la Frontera)는 시간의 흐림이 멈춘 듯한 스페인의 하얀 푸에블로(pueblo, "마을")이다. 그 자갈 깔린 미로 같은 골목길 속에, 에스콘드리호가 서 있다. 우아하게 꾸민 스위트가 딱 5개뿐인 부티크 호텔이다. 원래 이 자리에 있었던 베라 크루스 예배당의 잔해를 사용하여 지었으며, 12세기에 지어진 우물이나 갤러리로 둘러싸인 안뜰 등 건물 일부는 무어 시대까지 거슬러 올라간다.

객실은 아늑하면서도 현대적이며, 저마다 각각의 개성있는 스타일로 꾸며졌다. 어떤 룸은 높은 천장 덕분에 넓은 공간감이 환상적이다. 또다른 룸은 덧문 달린

> "(에스콘드리호는) 단순히 직접 음식을 해먹는 듀플렉스가 아니다…
> 스페인 황금 시대의 꿈이다."
>
> 줄리엣 킨스먼, 『옵저버』

창과 눈부시게 섹시한 붉은색의 벽과 드레이프 덕분에 보다 관능적인 느낌을 자아낸다. 위층에 있는 방들은 스펙터클한 전망을 감상할 수 있는 전용 테라스가 딸려 있다.

자동차로 몇 분만 달리면 사구(砂丘)로 둘러싸인 코스타 데 라 루스(Costa de la Luz)의 해변이 나온다. 윈드서핑과 카이트서핑, 고래와 돌고래 관찰 등을 즐길 수 있다. 밀려오는 파도를 굽어보며 솟은 절벽 위로 소나무 숲 속을 산책할 수도 있고, 말을 타고 해변의 물결 속을 달릴 수도 있다. 산악 자전거를 빌리거나, 골프를 치거나, 새 관찰을 하는 것도 좋다. 최고의 스페인 문화를 맛보고 싶다면, 카디스, 헤레스, 세비야 등이 모두 당일치기로 다녀올 수 있는 거리이다. 하루 종일 관광을 하고도 저녁 때에는 에스콘드리호의 테라스에서 석양을 바라볼 수 있는 것이다. **PE**

# 카시타 라 라구나
Enjoy Casita La Laguna

**Location** 스페인 안달루시아
**Website** www.vivatarifa.com/laguna   **Price** 💲💲

카시타 라 라구나는 단둘을 위한 비밀 휴양지로, 주변 풍경이 정말로 아름답다. 해협 건너 모로코와 마주보고 있는 이곳에는 바다와 사랑하는 사람 외에는, 아무것도 없다. 타리파 남쪽에 자리잡은 이 조그만 카시타는 좁다란 시골길 끝, 모래언덕과 소나무 숲 사이에 숨어 있다. 로맨틱한 고독이 이곳의 전부이다. 연인에게 바싹 다가앉아 멀리 북아프리카와 반짝이는 탕헤르의 불빛을 감상하자.

모로코풍의 등불과 도기로 장식한 실내는 쿨하고 깔끔하다. 높이 난 창문에서 빛이 쏟아져 들어오며, 나무를 땔 때는 난로 덕분에 추운 밤에도 따뜻하다. 이 카시타는 환경친화적이기도 하다. 전기는 풍력과 태양열 발전으로 얻으며, 물은 인근 샘에서 공급받는다. 밖에는 환상적인 테라스가 있어 이글거리는 석양을 바라볼 수 있다. 벽으로 둘러싸인 정원을 따라 나가면 한적한 해변이 나온다—북적이는 인파로부터 떨어져 일광욕과 피크닉 런치를 즐기기에 제격이다.

무언가를 더 하고 싶다면, 카시타와 바로 붙어 있는 농장에서 말을 빌려서 소나무 숲을 가로질러 해변을 따라 말을 달려 작은 어촌 볼로니아까지 가보자. 또 타리파까지는 자동차로 15분밖에 걸리지 않으므로, 구불구불한 거리를 어슬렁거리며 전통 타파 요리를 맛보기도 하고, 성과 항구를 둘러보고 올 수도 있다. 아니면 아예 바다를 건너 모로코로 당일치기 여행을 다녀올 수도 있다—배로 45분밖에 걸리지 않는다. 밤에는 슬슬 걸어서 마을의 생선 요리 레스토랑에 가거나 두 사람을 위한 음식을 만들어서 테라스로 나가 별이 총총히 뜬 밤하늘 아래 저녁식사를 하자. 타리파의 시장은 장보기에 좋은 곳이다. 갓 잡은 생선부터 인근에서 재배한 허브와 채소까지 없는 것 빼고 다 있다. 그리고 나서 해변에 부딪는 대서양의 파도 소리를 자장가 삼아 잠들면 된다. 이 카시타는 궁극의 고요를 선사한다. **AD**

# 후포 유르트 호텔 Stay at Hoopoe Yurt Hotel

**Location** 스페인 안달루시아
**Website** www.yurthotel.com/about.html    **Price** $$

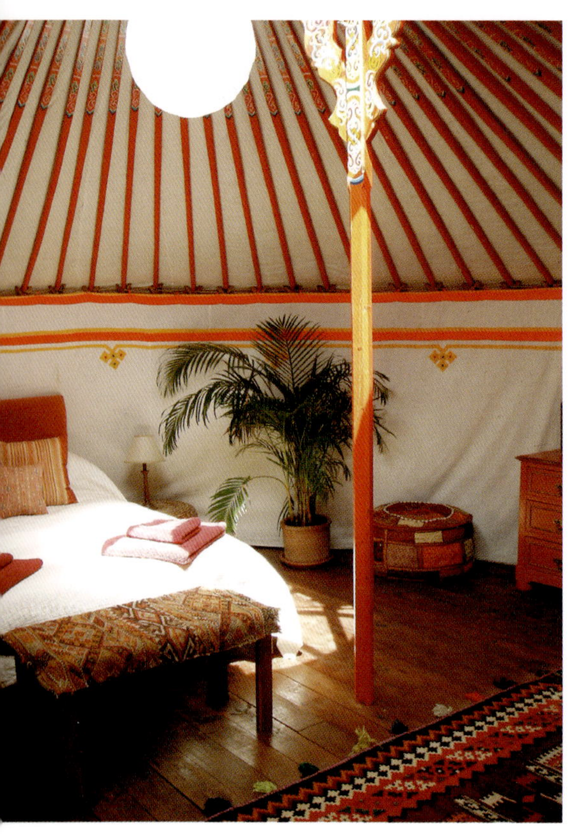

“유르트에서의 삶은
당신이 생각하는 것만큼 로맨틱하지만,
그렇다고 해서 쉽다는 말은 아니다.”

티파니 다크, 『더 선데이 타임즈』

“태양열 발전을 하는 이 호텔에서는 자연으로 돌아가는 것이 이 이상 쉬울 수 없다.” 영국의 『인디펜던트』 지 기자의 말이다. 안달루시아의 스펙터클한 풍경 속에 아늑하게 자리잡은 이 유르트는 3ha의 올리브 과수원과 코르크 나무 숲 속에 묻혀 있으며, 그림처럼 아름다운 코르테스 데 라 프론테라(of Cortes de la Frontera) 마을에서는 걸어서 20분밖에 걸리지 않는다.

고즈넉이 즐길 수 있는 산 풍경은 이 호텔 투숙객들만의 특전이다. 각각의 유르트—현재까지 모두 5개가 있다—는 파르스름한 그라살레마 산맥의 스펙터클한 경관은 물론, 해먹과 야외용 가구, 욕실이 딸린 전용 초원을 자랑한다. 야외에서 샤워를 하고 재래식 화장실을 사용할 생각에 망설여진다면, 전혀 그렇지 않다. 꽃이 만발한 초원은 말 그대로 온전히 나만의 것이다. 후포 유르트 호텔은 야외에서 시간을 보내는 것을 좋아하는 사람이라면 누구나 대환영이다.

모던함과는 거리가 멀지만, 상점이나 바까지는 걸어서 갈 수 있는 거리이다. 이보다 더 원기를 회복시키는 휴양지를 상상하기란 힘들다. 아침에는 염소의 방울 소리와 새매, 멧비둘기, 벌매 같은 이 지역에서 흔히 볼 수 있는 새들의 노랫소리에 잠에서 깰 것이다. 정말 환상적인 “자연으로의 회귀”이자, 자연 친화적인 공간이지만, 동시에 넓고 아늑하며, 날씨의 변덕에 대비하여 실내에도 가구가 비치되어 있다.

미식가들은 뛸 듯이 기뻐할 것이다. 젊은 호텔 주인 에드와 헨리에타가 일주일에 4번, 인근 지역에서 생산한 재료를 사용한 유기농 3코스에 와인을 곁들여 내놓는다. 중국식 등롱을 밝힌 수영장 가장자리에서 퍼골라 덩굴 아래 저녁식사라. 꿈결 같지 않은가. **LC**

◪ 후포 유르트에서 가장 중요한 것은 편안함이다. 모든 유르트에 더블 베드와 욕실이 갖춰져 있다.

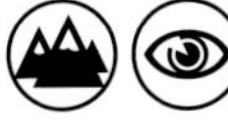

# 로스 카스타뇨스 Experience Los Castaños

**Location** 스페인 안달루시아
**Website** www.loscastanos.com　　**Price** ⑤⑤

로스 카스타뇨스는 마르베야와 론다 뒤편으로 펼쳐진 푸에블로 블랑코스 중 하나인 카르타히마에 위치한 객실 5개짜리 호텔이다. 이 지역의 언덕은 가파르고, 그림처럼 아름답다. 현기증이 일 것 같은 협곡과 보기만 해도 속이 울렁거리는 꼬불꼬불한 산길, 그리고 도저히 이 세상의 것이 아닌 듯한 풍경이 시선을 잡아끈다. 이 지역의 산길은 한때 산적들로 악명이 높았다.

길을 다 올라오면 이제는 안심해도 된다. 어머니와 딸이 운영하는 이 호텔은 느긋하고, 전원적인 분위기를 자랑한다. 옥상 테라스에는 냉탕이 있으며, 화려한 소파와 벽난로, 마사지 룸이 있어 스트레스 레벨이 수직 낙하하는 소리가 들리는 듯하다. 꼭 무언가를 해야 하

> "…더 오래되고, 더 느리고,
> 더 평화로운 생활 방식의 조화를
> 감사히 여기게 된다."
>
> 「스코츠맨」

는 못말리는 손님들을 위해서는 객실마다 스케치북이 비치되어 있다. 로스 카스타뇨스는 자연 풍경에서 영감을 받아 "미술 휴가"를 개최하며, 향토 예술가들에게 수업을 받을 수도 있다. 심지어 작가 수업도 있다. 아니면 이 지역의 조류학자와 함께 새 관찰 산책에 나설 수도 있다—이 지역에는 4종의 독수리가 살고 있다. 기운이 넘치는 손님들은 알토 헤날의 7개 마을을 연결하는 산책로를 따라 밤나무 숲을 가로지르고 석회암 바위를 넘어 하이킹을 하기도 한다. 강에서 수영을 하거나 론다에서 승마를 즐기는 건 어떨까? 용기만 있다면 로스 리스코스에서 암벽 등반이나 동굴 탐험을 시도해 볼 수도 있다. 호텔로 돌아와서 촛불 아래서 안달루시아와 아프리카 요리를 먹으며 그날 있었던 일을 서로 이야기하며 하루를 마무리한다. **PE**

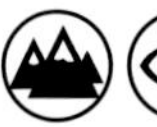

# 라 카사야 Relax at La Cazalla

**Location** 스페인 안달루시아
**Website** www.lacazalladeronda.com　　**Price** ⑤⑤

론다는 관광객이 많이 찾는 안달루시아의 아름다운 마을이다. 하얗게 칠한 벽이 특징인 구시가지는 드라마틱하게 깊은 협곡의 절벽을 따라 서 있다. 협곡을 이어주는 18세기 돌다리에서 10분 거리, 거친 오솔길을 내려간 곳에, 라 카사야가 있다. 산과 참나무 숲으로 둘러싸인 이 외진 계곡에 동그마니 서 있는, 객실 6개짜리 작고 로맨틱한 호텔이다.

호텔 주인인 마리아 루이스는 호텔을 짓기에 적합한 입지를 찾아 한참을 헤매다가, 이 비밀스런 곳을 발견하고는 호텔이라기보다 환상적인 집처럼 느껴지는 매력적이고 전원적인 휴양지를 만들었다. 정말로 완전한 휴양이라고 할 수 있는 곳이다. 쿠션, 드레이프, 무어풍 타일, 앤티크 사이에 파묻혀 쉬거나, 주위를 둘러싸고 있는 언덕을 거닐 수 있다. 정원에서 불(boule)을 하는 이들도 있고, 그냥 조용히 앉아서 책을 읽는 이들도 있다.

아라베스크 아치, 하얗게 칠한 벽, 오래된 그림과 책, 선풍기, 모기장 등으로 꾸며진 이 호텔은 별나게 럭셔리하다. 눈에 잘 띄지 않는 옥외 수영장은 있지만 텔레비전과 에어컨은 없고, 핸드폰도 터지지 않는다. 마치 맘씨 좋은 나이든 이모네 집에 온 것 같은 느낌이다. 난롯가에는 호두가 담긴 그릇이, 베개 옆에는 향긋한 로즈마리 가지가 놓여 있다. 객실에는 찬 육류, 치즈, 와인, 맥주 등을 꽉꽉 채운 냉장고가 놓여 있다. 어느 쪽을 돌아보아도 멋진 전원 풍경이 펼쳐져 있다. 방마다 쌍안경이 비치되어 있으므로, 아름다운 새들을 찾아보도록 하자.

라 카사야에는 메뉴가 없다. 주방 직원들이 마을 시장에서 찾을 수 있는 최고의 재료에, 직접 재배한 허브, 채소, 과일을 더해 맛있는 저녁식사를 차려 준다. 깜빡이는 촛불 아래서 고요함을 즐기며 야외 식사를 하는 것도 더없이 멋진 경험이 될 것이다. **SH**

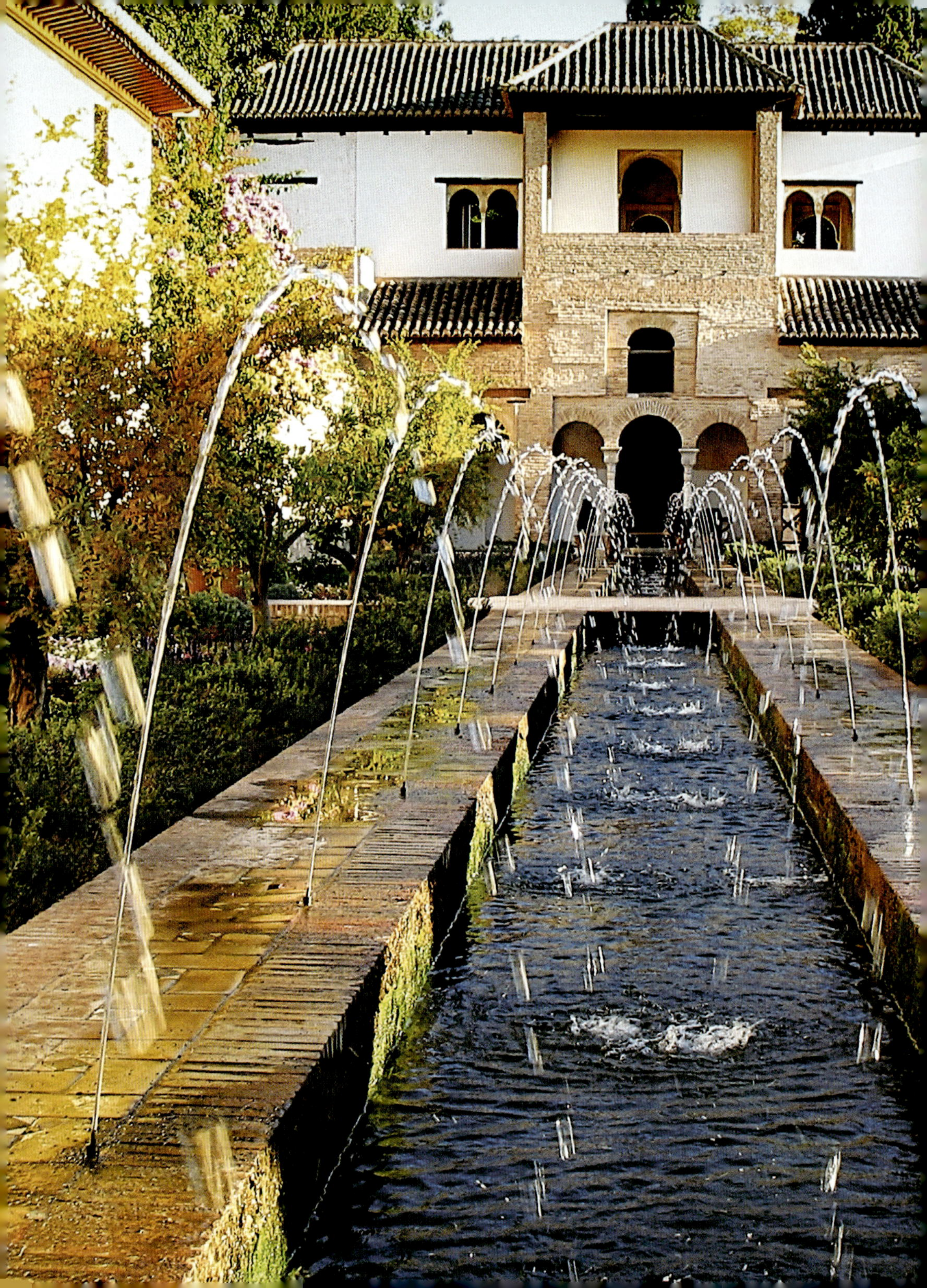

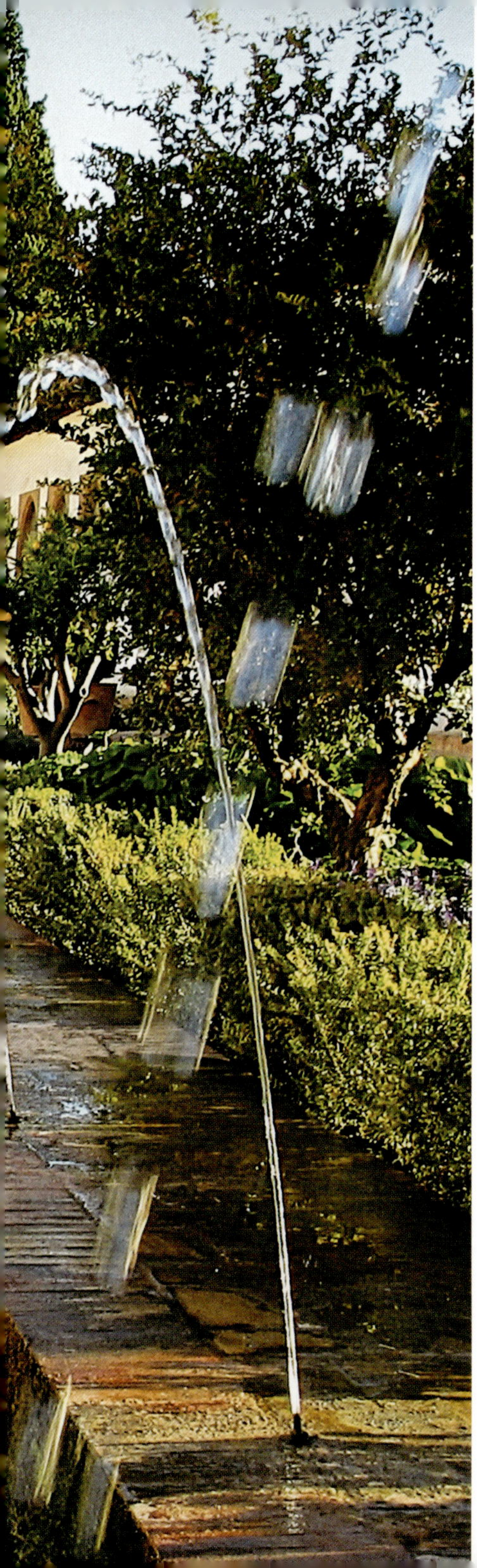

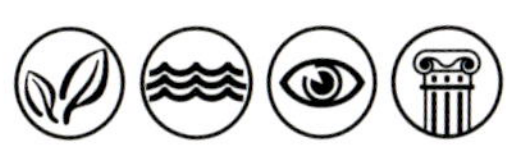

# 헤네랄리페 정원
Visit the Generalife Gardens of Alhambra

**Location** 스페인 안달루시아 그라나다
**Website** www.alhambra.org  **Price** $

한 무어 시인은 그라나다에 있는 옛 알함브라 궁성을 가리켜 "에메랄드 속의 진주"라고 묘사하였다. 13세기 나스르 왕조의 술탄들이 살았던 이 호화로운 성채에는 눈부시게 아름다운 왕궁과 알카사바 요새가 포함되어 있다. 그 주위를 세계에서 가장 아름다운 전통 이슬람 정원들이 둘러싸고 있다.

이슬람 생활 방식에서 정원은 매우 중요한 요소이다. 사막의 뜨거운 열기를 피할 수 있는 휴식처로, 물은 정원 설계에서 특별히 중요하다. 흐르는 물은 마음을 가라앉혀 줄 뿐 아니라, 돌로 지은 건물을 서늘하게 해 주는 역할도 한다. 알함브라의 정원은 "헤네랄리페"라고 불리는데, "낙원의 정원", "과수원", "향연의 정원" 정도로 번역할 수 있다.

14세기에 지어진 파티오 데 라 아세퀴아는 정원의 심장이다. 길고 좁은 관개수로가 한쪽을 흐르며, 12개가 넘는 분수가 가느다란 물줄기를 공중으로 뿜어 올리고 있다. 파르티코 데 로스 시프레세스의 북쪽 포르티코로 넘어가면, 장방형의 인공 연못이 있고, 그 주위를 잘 정돈된 나지막한 생울타리가 에워싸고 있다. 인공 연못 안에 또 하나의 더 작은 연못이 있고, 그 한가운데에서 돌 분수가 물을 뿜는다. 예상치 못한 설계일 뿐만 아니라, 완벽한 대칭구조가 볼 만하다. 다른 정원도 대부분 이 같은 기하학적인, 질서정연한 느낌을 따르고 있다. 작은 탑 모양부터 삼각형, 완벽한 별 모양에 이르기까지 이국적인 모양으로 다듬어 놓은 박스형 생울타리도 볼 수 있다. 어디를 보아도 아름답다—어느 안뜰이나 아랍 예술과 건축의 멋진 예를 적어도 하나씩은 뽐내고 있다. **JP**

◁ 아름다운 무어풍의 파티오 데 라 아세퀴아를 장식하고 있는 분수들.

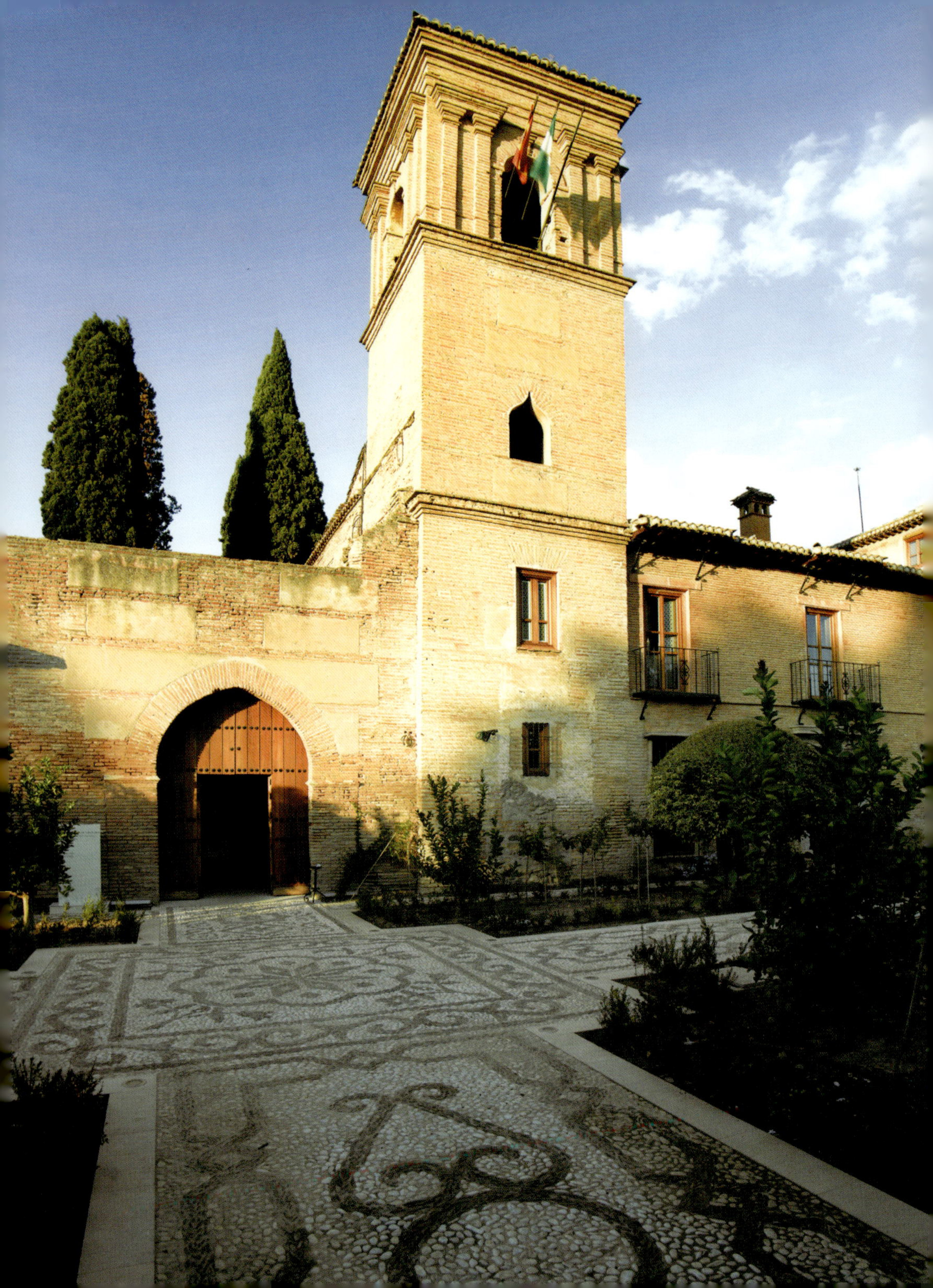

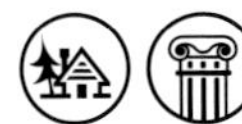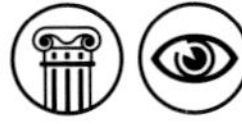

# 파라도르 데 그라나다
## Stay at the Parador de Granada

**Location** 스페인 안달루시아 그라나다
**Website** www.parador.es   **Price** 💲💲

파라도르 데 그라나다의 웅장한 주위 환경을 따라갈 수 있을 만한 호텔은 지구상에 그리 많지 않다. 이 인기있는 국영 호텔 체인은 약 100개의 역사적인 건축물을 개조하여 웅장한 숙박 시설로 만들었지만, 그라나다의 풍부한 역사와 아름다움을 따라갈 수 있는 파라도르는 어디에도 없다.

파라도르 데 그라나다는 시에라 네바다 산맥을 등지고 위풍당당하게 서 있는 알함브라 성채의 심장부에 있다. 그라나다가 이슬람 세계에서 가장 번성하고 가장 부러움을 사는 도시였던 14세기에 지어졌으며, 일부는 왕궁, 일부는 모스크였다. 1492년 도시가 기독교인들에

> "로맨틱 여행자의 가장 큰 꿈 하나가
> 이루어진다—알함브라의 벽 안에서
> 잠드는 것 말이다."
>
> 『콩데 나스트 트래블러』

게 함락되면서 이 건물은 프란시스코회 수도원과 예배당으로 바뀌었다. 그 후 세월이 흐르면서 건물은 폐허가 되어 버렸고, 원래의 모습은 거의 찾아볼 수 없게 되었다. 그러나 복원을 마친 오늘날에는 마음을 가라앉히는 분수와 등나무가 무성한 정원 등 무어 건축의 영향이 느껴지는 터치들이 곳곳에서 발견된다.

회랑과 실내에는 수많은 예술작품과 고전적인 가구들이 장식되어 있으며, 창문을 통해 숨이 멎을 정도로 아름다운 풍경이 내다보인다. 특히 알바이신(Albaicin)이 내려다보이는 전망은 훌륭하다. **SG**

⬅ 이 수도원은 가톨릭 군주의 명으로 그라나다에 지어진 최초의 기독교 성소이다.

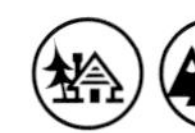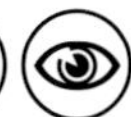

# 쿠에바스 페드로 안토니오 데 알라르콩
## Discover the Cuevas Pedro Antonio de Alarcón

**Location** 스페인 안달루시아
**Website** www.andalucia.com/cavehotel   **Price** 💲

동굴에 살기 위해 석기 시대 사람이 될 필요는 없다고, 과딕스 사람들은 말한다. 그라나다에서 그리 멀지 않은 이 마을의 인구 절반 이상이 동굴에 거주한다(유럽에서 동굴 거주 인구가 가장 많이 모여 있는 곳이기도 하다). 뿐만 아니라 이들의 "집"에는 온갖 현대 문명의 이기들—인터넷, 전기, 수도, 기타 등등—이 모두 갖추어져 있다. 마을에서 조금 벗어난 곳에 있는 "동굴 호텔" 쿠에바스 페드로 안토니아 데 알라르콩에는 심지어 월풀 욕조가 갖추어진 스위트까지 있다.

이 지역 사람들은 8세기 이후 내내 동굴에서 살아왔다. 특히 기독교인들의 재정복 전쟁 당시 무어인들이 구릉지대로 도망쳐서 땅 밑으로 숨어들면서 이런 주거 형태가 더욱 발달했다는 이야기도 전해진다. 유래야 어찌되었건 간에, 동굴은 나름대로의 이점이 있다. 우선 일년 내내 온도가 19℃ 안팎으로 일정하다. 장작불을 피우면 내부가 따뜻해지고, 연기는 언덕의 비옥한 갈색 토양에서 삐죽이 솟아오른 하얀 굴뚝을 통해 하늘로 빠져나간다. 어떤 이들은, 아마도 흙에서 가까이 살기 때문이라고 짐작되지만, 수면(睡眠)이 개선되었다고도 한다. 다른 이들은 그저 "동굴 집"이라는 개성이 가장 큰 매력이라고 하지만 말이다. 어찌됐든, 같은 동굴은 하나도 없다.

쿠에바스 페드로 안토니오 데 알라르콩에는 23개의 아파트가 있으며, 각각 과딕스와 시에라 네바다 산맥의 전망을 자랑한다. 저마다 중앙 난방, 온수, TV, 전화, 욕실, 부엌, 그리고 전용 바비큐 설비가 갖추어져 있다. 또한 레스토랑과 수영장도 있다. 말을 타거나 인근 언덕을 오르거나, 과딕스의 로마 시대 온천 욕장을 보러 가는 것도 추천할 만하다. **PE**

# 로스 하르디네스 데 팔레름
## Enjoy Los Jardines de Palerm

**Location** 스페인 이비사
**Website** www.jardinsdepalerm.com **Price** $$

이비사는 유흥가로 유명하지만, 완벽한 휴식을 즐길 수 있는 작은 구석도 있다. 로스 하르디네스 데 팔레름은 객실이 9개뿐인 아담한 호텔로, 17세기 핑카를 개조하여 만들어졌다. 산 안토니오 만을 내려다보고 있는 이곳은 평화롭고 조용한 천국이나 다름없지만, 원한다면 해변이나 유흥가에서도 그리 멀지 않다.

대부분의 방문객들은 이국적인 수생 정원의 고요함과 인피니티 풀을 이곳의 매력으로 꼽는다. 조경된 부지 안에는 일광욕용 의자가 놓여 있는 테라스가 곳곳에 있어, 원하는 곳에 앉기만 하면 된다. 미니멀리즘을 내세운 새하얀 객실은 예쁜 중국 도자기와 앤티크 필사본

> "수생 정원과 2개의 스타일리쉬한
> 인피니티 풀이 있는 부지 내에서
> 완벽한 프라이버시를 즐길 수 있다."
>
> 『하퍼스 바자』

으로 꾸며져 있다. 레스토랑은 없지만, 아침식사는 제공된다. 심지어 밤늦게까지 파티를 즐기느라 늦잠을 잔 손님을 위해서는 따로 음식을 방으로 가져다 주기까지 한다. 또 점심 때도 일광욕 의자에서 몸을 일으키고 싶어하지 않는 손님들을 위해 셰프가 샌드위치나 샐러드를 만들어 준다. 정직한 바가 있어 얼마든지 마시고 싶은 만큼 마실 수도 있다.

분위기 있는 산 호세 마을까지는 걸어서 몇 분밖에 걸리지 않으며, 벽을 하얗게 칠한 집, 야자나무, 도자기 상점이 늘어서 있다. 중앙 광장의 타일로 만든 벤치에 조용히 앉아서 풍경을 감상하자—그러나 호텔로 돌아가는 것을 잊지는 말 것. **PE**

# 포르멘테라
## Explore Formentera

**Location** 스페인 포르멘테라
**Website** www.turismoformentera.com **Price** $$

포르멘테라는 이비사 남쪽으로 불과 몇 킬로미터 거리밖에 되지 않지만, 가장 가까운 마을로부터도 지구 한 바퀴는 돌아온 것 같은 느낌이다. 이비사가 떠들썩한 나이트클럽, 사람들로 북적이는 바, 흥청거리는 인파로 가득한 스페인의 "파티 아일랜드"라면, 포르멘테라는 말 그대로 "쉬는 곳"이다. 스페인 동부 해안에 떠 있는 이 섬은 이비사에서 페리(1시간)나 수중익선(25분)으로만 갈 수 있으며 아직까지는 대규모 관광객의 습격에 굴복하지 않고 그 호젓한 매력을 간직하고 있다.

여기까지 찾아오는 몇 안 되는 이들은 대부분 당일치기 여행객으로, 발레아레스 제도의 유인도 중에서는 가장 작은 이 섬(면적 83평방킬로미터)에서 환상적인 전원의 아름다움을 발견한다. 올리브 나무로 덮인 구릉 지대와 작은 돌집이 모여 있는 마을이 해변을 따라 늘어서 있다. 포르멘테라의 해변은 스페인 전역에서 가장 깨끗하고 사람의 손길이 닿지 않은 해변 중 하나이다. 깨끗한 흰 모래와 맑고 푸른 물이 마치 카리브해에 온 듯한 착각에 빠지게 한다. 이곳에서는 윈드서핑이 인기가 높으며, 해안의 물 속에 사는 색색깔의 물고기를 구경하고 싶다면 스노클링과 다이빙 장비 대여도 가능하다. 그물처럼 뻗어 있는 자전거 트랙 덕분에 어렵지 않게 섬을 돌아볼 수 있다—해변을 지나, 섬 한가운데의 바람이 휩쓸고 간 야생전원까지 말이다.

밤에도 이곳은 부드럽게 철썩이는 지중해의 파도처럼 느긋하다. 포르멘테라에는 작고 아늑한 괜찮은 레스토랑이 꽤 많으며, 대부분 해변가의 전원적인 입지를 뽐낸다. 이비사를 마주보는 북쪽 해안의 레스토랑에서는 그림처럼 아름다운 석양도 감상할 수 있다. **JF**

바위들이 서서히 눈앞에서 빛깔을 바꾸는 모습을 보고 있노라면, 석양은 어느 각도에서 감상해도 스펙터클하다.

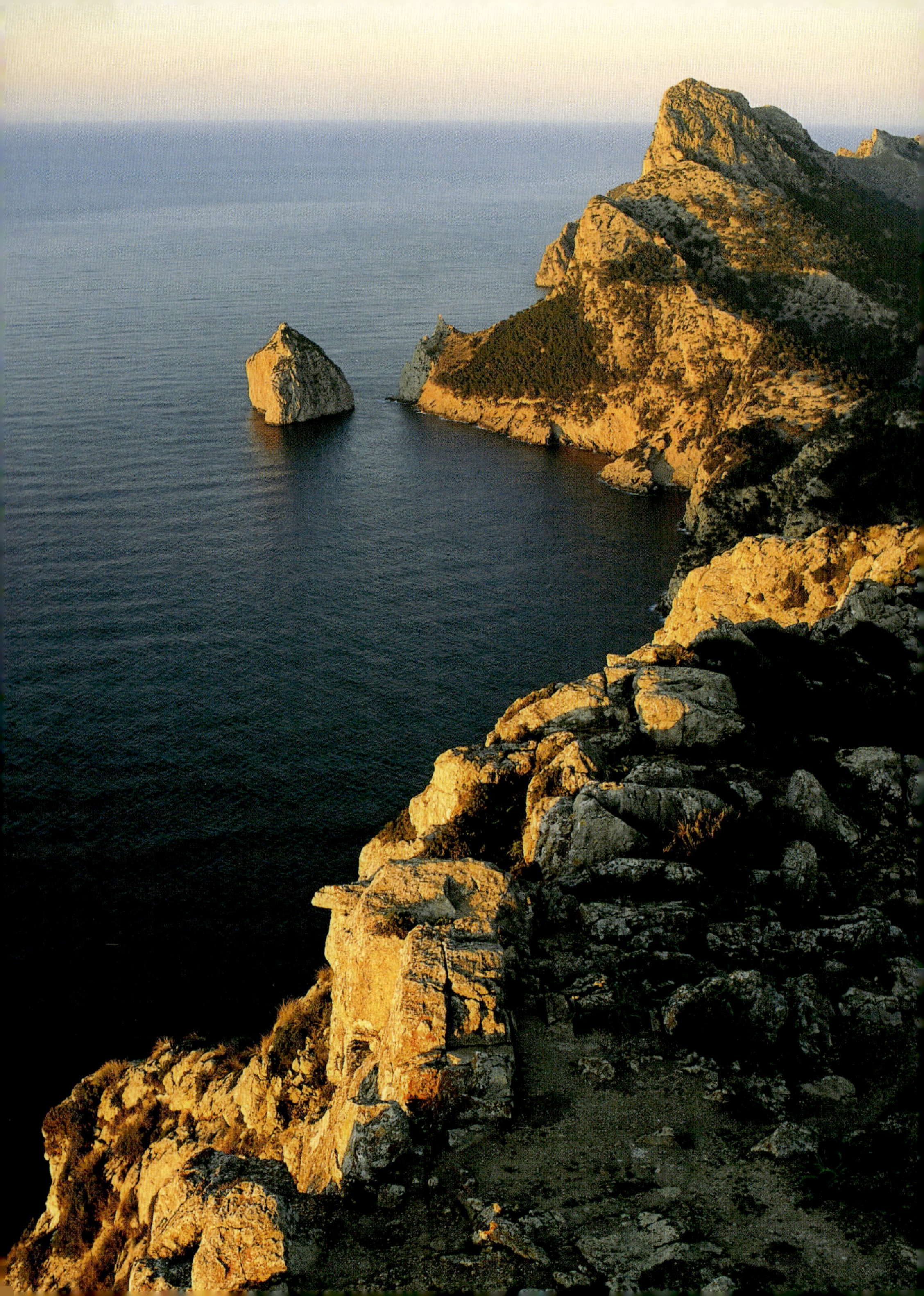

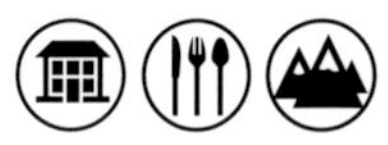

# 핀카 손 팔루 Relax at Finca Son Palou

**Location** 스페인 마요르카
**Website** www.sonpalou.com　**Price** 💲💲

팔마에서 40km밖에 떨어지지 않은 작은 마을 오리엔트. 자갈길을 따라 벌꿀빛 돌집이 몇 채 늘어서 있을 뿐인 이 마을에서는 지난 세월 동안 달라진 것이 별로 없다. 작은 산트 호르디 교회에서는 여전히 종탑의 종이 울리고, 가끔 결혼식이 있으면 마을 사람 모두 구경을 간다.

오리엔트는 웅장한 트라만투나 산맥에 둘러싸인 비옥한 계곡에 자리잡고 있으며, 핀카 손 팔루는 이 믿기지 않을 정도로 아름다운 풍경을 감상하면서 그 평화와 고요에 빠져들기에 완벽한 위치이다. 원래는 14세기 장원 저택이던 이 가족 여관은 고급 숙박시설에 걸맞는 수준으로 개조되었지만, 그 전원적인 느낌은 고스란히 간직하고 있다. 부지 내에서 직접 유기농 채소를 재배하며, 수 킬로미터 넘게 뻗어 있는 산책로와 자전거 트레일, 그리고 계곡 풍경을 한눈에 감상할 수 있는 인피니티 풀도 있다. 넓은 객실은 모두 저마다 다른 디자인을 자랑한다. 뜨거운 여름날에는 서늘하고 느긋한 낙원이 되며, 겨울철에는 중앙 난방 덕분에 아늑하고 따뜻하다. 돌 바닥, 하얗게 칠한 벽, 겉으로 드러난 들보는 세련된 심플함에 전원적인 운치를 더한다.

아침 식사는 느긋하게 즐길 수 있으며, 여름에는 테라스에서 먹을 수 있다. 이 근방에서 재배한 오렌지를 갓 짜낸 신선한 주스를 마시고, 갓 구운 바삭바삭한 크루아상을 한 입 깨물자. 새소리와 이따금 들려오는 양떼의 방울 소리를 들으며 마시는 진한 커피도 일품이다. 점심과 저녁 식사로는 핀카가 자랑하는, 이 지역에서 생산한 재료만을 사용하는 모던 지중해 요리가 나온다. 후덥지근한 여름날 저녁에는 석양 속에서 드라마틱하게 그 색깔이 변하는 산 풍경을 바라보며 야외에서 저녁식사를 할 수도 있다. **SD**

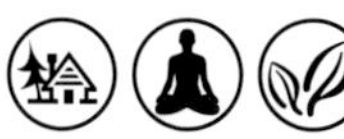

# 라 세라니아 Unwind at La Serranía

**Location** 스페인 마요르카
**Website** www.laserrania.com　**Price** 💲💲

봄과 가을에는 화가, 작가, 요가 수행자 들이 하나같이 트라문타나 산기슭에 있는 이 고요한 휴양지를 찾아와 삶을 바꾸는 영감을 얻고 간다. 유서깊은 마을 폴렌사에서 10km 거리에 있는 4ha의 넓은 부지 위에 서 있는 라 세라니아는 그 주변환경을 존경하고, 또 의지한다.

높은 천장과 커다란 창문이 밝고 탁 트인 공간을 만들어내며, 대리석과 참나무로 만든 정교한 바닥과 석회암 벽, 삼나무를 사용한 마감을 돋보이게 한다. 숨이 멎을 정도로 아름다운 이 휴양지가 머리를 식히고 싶어 하는 기업가들과 단체 휴가는 물론 영화와 화보 촬영지로도 인기가 높다는 것 역시 놀랄 일이 아니다. 그럼에도 이곳에서는 얼마든지 프라이버시를 만끽할 수 있다.



『하퍼스 & 퀸』

미니멀리즘과 스타일리쉬한 럭셔리가 공존하는 공간이다. 대리석 욕실과 메이드 서비스, 전용 테라스도 빼놓을 수 없다. 좀더 고요함을 원하는 이들을 위해서는 명상 룸도 있다. 또 전문 마사지사에게 마사지를 받을 수도 있다. 라 세라니아의 커다란 풀장에서 사색에 잠기는 것도 좋지만, 머리를 물 밖에 내놓는 것은 잊지 말 것. 아몬드 나무, 올리브 나무, 참나무가 점점이 서 있는 계곡의 믿기지 않을 정도로 아름다운 풍경을 놓치면 안 되니 말이다. 여름철에는 신나게 물놀이를 할 수도 있고, 매일 열리는 요가 강좌를 들을 수도 있다. 진수성찬이라고밖에 말할 수 없는 브런치와 디너는 절대 놓칠 수 없다. 자유 시간이 많으므로 생기 넘치는 인근 향토 요리를 먹으러 나가 볼 수도 있다. **JS**

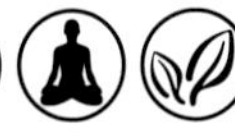

# 손 헤네르 Stay at Son Gener

**Location** 스페인 마요르카
**Website** www.songener.com　**Price** ⑤⑤

마요르카 북동부, 농부들이 밭을 가는 언덕 위에, 다 허물어져 가는 18세기 돌집이 하나 서 있었다. 이 지역의 건축가 겸 디자이너 토니 에스테바가 이 농가를 발견하고는 수 년간 상당한 액수를 투자하여 마요르카에서 가장 매력적인 작은 호텔 중 하나로 변신시켰다.

손 헤네르는 이제 10개의 쉬크한 객실을 갖춘 핀카로 다시 태어났으며, 올리브나무 숲과 과수원으로 뒤덮인 구릉지대에 둘러싸여 있다. 자체적으로 유기농 정원을 소유하고 있으며, 멀리 반짝이는 지중해 풍경도 보인다. 당일치기로 다녀올 수 있는 가장 가까운 곳은 유서 깊은 작은 마을 아르타인데, 돌로 만든 골목을 요리조리 올라 언덕 위에 있는 예배당을 구경할 수 있다. 손 헤네르는 또 마요르카에서 가장 사람의 손길이 닿지 않은 해변과도 가깝다.

호텔 내부에는 깔끔한 디자인이 돋보인다. 겉으로 드러난 돌벽과 오래된 나무 대들보, 하얗게 칠한 석회암 바닥, 골동품 등이 시선을 끈다. 조용하고 절제된 분위기의 넓은 객실은 옅은 중성적인 색조, 돌계단, 분위기를 밝게 하기 위해 곳곳에 꽂아 놓은 싱싱한 꽃다발 등으로 꾸며져 있다. 쌀쌀한 날에는 벽난로에 불을 피우며, 양쪽으로 열리는 문 밖에는 널찍한 정원이 펼쳐져 있다.

큰 객실에는 전용 테라스, 4개의 기둥 달린 침대, 높은 나무 천장, 크림색 리넨을 덮은 안락의자 등이 딸려 있다. 욕실은 온통 석회암이다. 몇몇 객실에는 바다 전망을 즐길 수 있는 옥상 데크도 있다. 돌과 유리, 짙은 색 목재를 사용해서 지은 작은 스파에는 실내외 풀장과 사우나, 스팀룸, 월풀 욕조, 마사지룸 등이 구비되어 있다. 식사는 맛있고, 신선하고, 시골스러우며, 부겐빌레아 꽃이 피어있는 정원에서 먹을 수도 있다.

이곳은 때때로 침묵이라고 부를 만큼 조용하다. 테라스에 완전히 늘어져서 누워 있으면, 멀리 들판에서 달랑거리는 염소의 방울소리까지 들려온다. **SH**

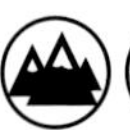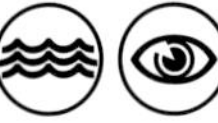

# 라 레지덴시아 Stay at La Residencia

**Location** 스페인 마요르카
**Website** www.hotellaresidencia.com　**Price** ⑤⑤⑤⑤

산속 마을 데이아를 내려다보고 있는 이 예쁜 호텔은 트라문타나 산과 반짝이는 지중해를 아우르는 스펙터클한 전망을 자랑한다. 12ha에 이르는 부지에는 조경된 잔디밭과 꽃이 만발한 정원, 향긋한 시트러스 과수원, 그리고 여전히 경작 중인 농경지가 포함되어 있다. 원래는 3개의 장원 저택이었던 라 레지덴시아는 다양한 마요르카 골동품과 심플한 시골풍 패브릭, 그리고 풍부한 향토 예술품으로 장식되어 있다. 이 호텔은 절대적인 럭셔리에 하시엔다 특유의 전원적인 느낌이 멋진 조화를 이루고 있다.

라 레지덴시아는 부드러운 황토빛 계단형 토양 위에 여유롭게 펼쳐져 있으며 아름다운 객실과 정원이 미로

> "객실은 전통 마요르카 스타일
> (그리고 약간의 럭셔리 호텔 스타일)로
> 꾸며져 있다."
>
> 『더 선데이 타임즈』

처럼 뻗어 있다. 올드 하우스에 위치한 객실의 낡고 예스러운 매력이든, 럭셔리 스위트의 보다 덜 절제된 호화로움이든, 어느 쪽을 선택하건 간에 이베리아의 화려함이 무엇인지를 경험할 수 있을 것이다. 정장을 하고 엘 올리보 레스토랑—16세기에 지어진 올리브 압착장으로, 향토 요리에서 영감을 얻은 군침 도는 구르메 식사를 즐길 수 있다—에서 저녁을 먹거나 좀더 캐주얼한 분위기에서 그에 못지않게 맛있는 음식을 맛볼 수 있는 손 포니로 가자.

수십 년 동안 화가, 문인, 그리고 시인의 사랑을 받아온 매력적인 마을 데이아의 느긋한 분위기가 이 잊을 수 없는 호텔에도 그윽이 배어 있다. 서두르는 법도 없고, 한없이 고요하지만, 호텔도, 마을도, 개성이 넘친다. **SWi**

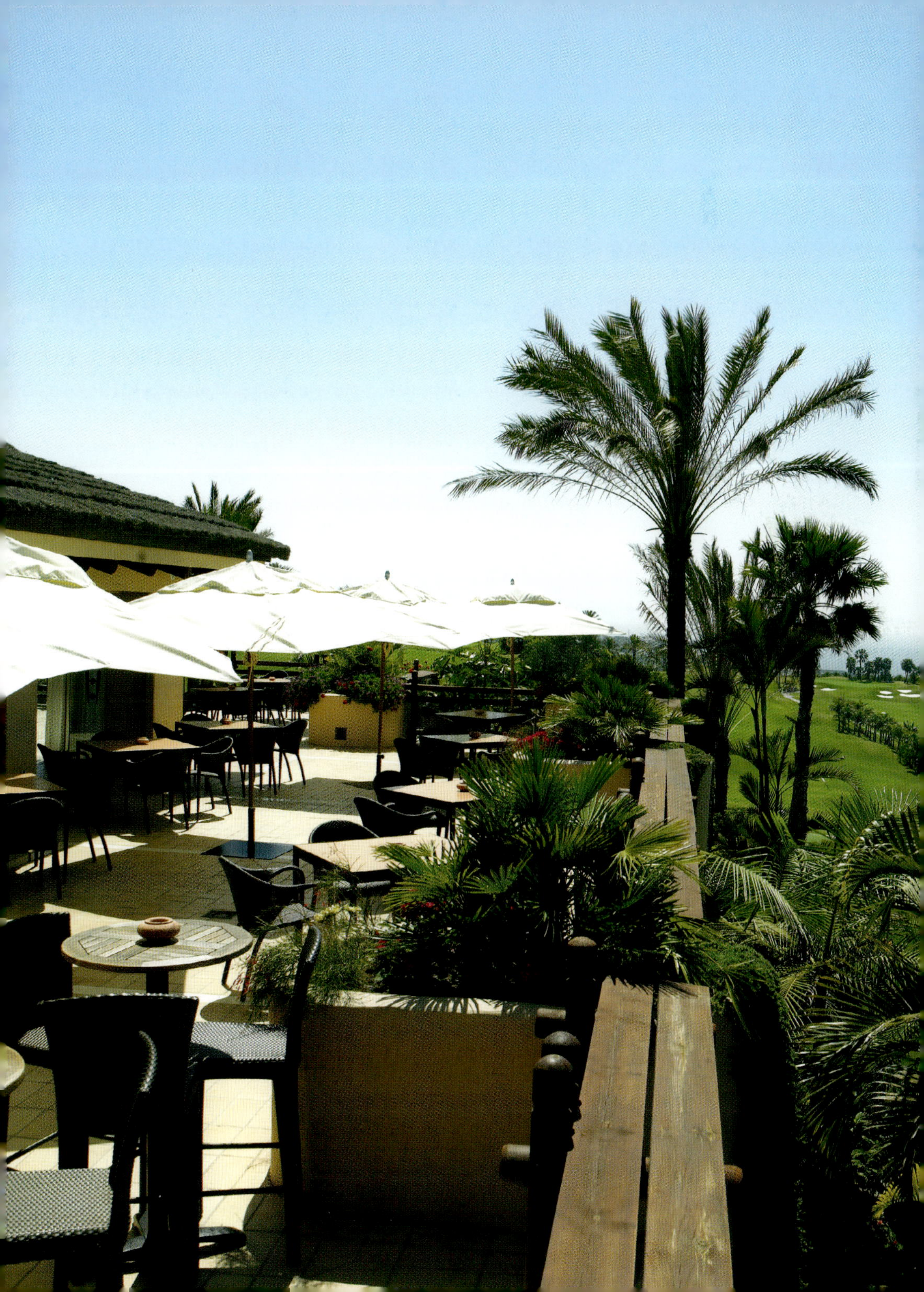

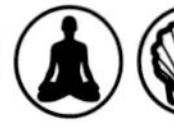

# 아바마 Stay at Abama

**Location** 카나리아 제도 테네리페
**Website** www.abamahotelresort.com　　**Price** ⑤⑤⑤

테네리페 섬의 서쪽 해안에 있는 이 디럭스 리조트는 테이데 산 아래 야자수가 늘어선 백사장에 자리잡고 있다. 아바마는 활동적인 휴가를 보내고 싶어하는 이들에게 이상적인 휴양지이다. 넓고 온갖 시설이 잘 갖추어져 있는 이곳에는 8개의 수영장, 전용 해변, 그리고 18홀 골프 코스까지 딸려 있다. 10개의 레스토랑에서는 스시부터 아르헨티나 그릴 요리 파리야, 해산물 요리부터 고전 이탈리아 음식까지 먹고 싶은 대로 골라 먹을 수 있다. 객실은 리조트 한복판에 위치하며, 골프장을 내려다보는 전망을 자랑하는 "시타델"에서 머무를 수도 있고, 좀더 조용한 "빌라"에 묵을 수도 있다. 널찍한 빌라 건물에는 전용 발코니가 딸려 있으며, 내부는 관능적인 테라코타, 짙은 색의 목재, 호화로운 러그 등 무어 풍으로 꾸며져 있다.

비치 클럽에서는 요트, 스쿠버다이빙, 심해 낚시 등을 골라 즐길 수 있다. 그것도 귀찮다면 햇빛 아래 드러누워서 마사지나 받으며 느긋한 시간을 보내는 것도 좋다. 테니스 아카데미가 있어서 코트와 장비 대여가 가능하고, 원한다면 레슨도 받을 수 있다. 또 헬스클럽이 있어서 요가, 필라테스, 에어로빅, 태극권 클래스에 참가할 수도 있다. "웰니스 클럽"에서는 "릴랙스"라는 단어의 정의가 너무나 다양해 사전을 찾아 봐야 할 지경이다. 테피다리움, 터키탕, 아프리카풍 사우나, 허벌 스팀 욕장, 크나이프 트레일, 하이드로테라피 풀, 스노우 캐빈, 스파 가든 등이 있다.

또 독서 클럽, 살사 클래스, 밸리댄스 워크숍, 브릿지와 당구 대회도 열린다. 아이들을 위해서는 케이크 굽기, 목걸이 만들기, 디스코, 야오 게임 등을 할 수 있는 키즈 클럽이 있다. **PE**

← 아바마의 널찍한 테라스에서는 스펙터클한 풍경을 수없이 구경할 수 있다.

# 호텔 산 로케 Relax at Hotel San Roque

**Location** 카나리아 제도 테네리페
**Website** www.hotelsanroque.com　　**Price** ⑤⑤

테네리페 섬의 외진 구석, 인파로 북적이는 섬 남부의 해변에서 멀찍이 떨어진 곳에 녹음이 짙은 북서부 해안의 열대림에 작은 어촌 가라치코가 있다. 하얗게 칠한 집 몇 채가 옹기종기 모여 있는 이 마을은 300년 전 화산 폭발 때 대부분이 파괴되었으며, 오늘날에도 용암이 덮친 흔적을 여기저기서 볼 수 있다. 카페 몇 개, 교회, 그리고 상점 하나가 전부다. 나무들이 둘러서 있는 중앙 광장에 18세기 저택을 개조하여 만든 세계적인 수준의 부티크 호텔이 있다.

대담한 테라코타 외벽이 내부의 스타일과 분위기를 짐작하게 한다. 손님들은 회랑과 돌로 만든 아치형 출입로를 지나 어둡고 서늘한 방으로 들어가게 된다. 객

> "친절한 산 로케는
> 하바나 스타일의 매력과 최첨단의
> 현대적인 설비가 미묘한 조화를 이룬다."
>
> 루이즈 로던, 『데일리 텔레그라프』

실 천장에는 굵은 들보가 겉으로 드러나 있고, 큰 고리버들 소파와 멋진 스페인 예술 작품들이 장식되어 있다. 열린 창문과 문 위에 드리워진 드레이프가 산들바람에 살랑살랑 흔들린다. 3층의 타워 스위트는 전용 옥상 테라스가 딸려 있어 산과 바다를 한눈에 볼 수 있다. 침대 바로 위로 나 있는 작은 원형 창으로는 가라치오의 지붕들을 아우르는 풍경이 내다보인다.

심플한 풀장이 안뜰 하나를 꽉 채우고 있으며, 밤에는 전조등을 켜 놓아 분위기가 환상적이다. 1분만 걸어가면 바다가 나온다. 해변은 없지만 용암이 굳어서 만들어진 해안선의 연못에서 수영을 할 수 있다. 호텔 리셉션에서 낚싯대를 빌릴 수 있으며, 그날 잡은 고기를 세프에게 건네주면 저녁식사로 만들어 줄 것이다. **SH**

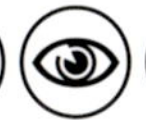

# 그란카나리아 고원
## Walk in the Highlands of Gran Canaria

**Location** 카나리아 제도 그란카나리아
**Website** www.uplandescapes.com　**Price** ❶

그란카나리아를 찾는 관광객은 해변의 모래밭과 그림처럼 아름다운 고기잡이 항구를 찾아 남쪽으로 직행하지만, 스펙터클한 풍경 속에서 고적한 한때를 보내고 싶은 이들은 그란카나리아의 고원으로 간다. 화산이 야자나무와 꽃밭으로 가득한 계곡과 푸른 초원으로 연결되어 있다. 해발 고도 1,900m가 넘는 산들 사이로 드문드문 흩어져 있는 예스럽고 외진 마을은 고대의 왕립 도로(Caminos Reales)로 이어져 있다. 심지어 산 정상 부근에 올라도 추운 계절 기준으로 기온이 평균 15°C 이상을 유지하므로, 10월부터 4월까지는 하이킹을 즐기기에 매우 좋다.

　그란카나리아 초원의 숙박시설은 스타일리시한 동굴 집으로, 1~5명까지 머무를 수 있다. 또는 한적한 산속 마을 테헤다(Tejeda)의 호텔 "폰다 데 라 테아(Fonda de la Tea)"에 묵을 수도 있다. 이 마을에는 몇몇 상점과 레스토랑은 물론 미술관도 하나 있어, 인근 산속 풍경의 고요함과 평화로움과는 사뭇 다른 매력을 풍긴다. 숙박료에 렌터카 이용료도 포함되어 있긴 하지만, 환경을 생각해서 공항까지 그룹 이동을 하거나 그때그때 필요에 따라 교통수단을 선택할 수 있다.

　그러나 무엇보다도 그란카나리아 고원에서의 휴가는 두 발로 걷는 것이 가장 좋다. 혼자서 마음대로 걸어도 좋고, 원하는 이들을 위해서는 그룹 워킹에 참가할 수도 있다. 순례자들의 길을 따라 걸어 내려가면, 소나무 향기가 일상의 모든 것을 잊게 할 것이다. **DaH**

↱ 숨막힐 듯한 화산 풍경은 잊을 수 없는 워킹 휴가의 무대가 된다.

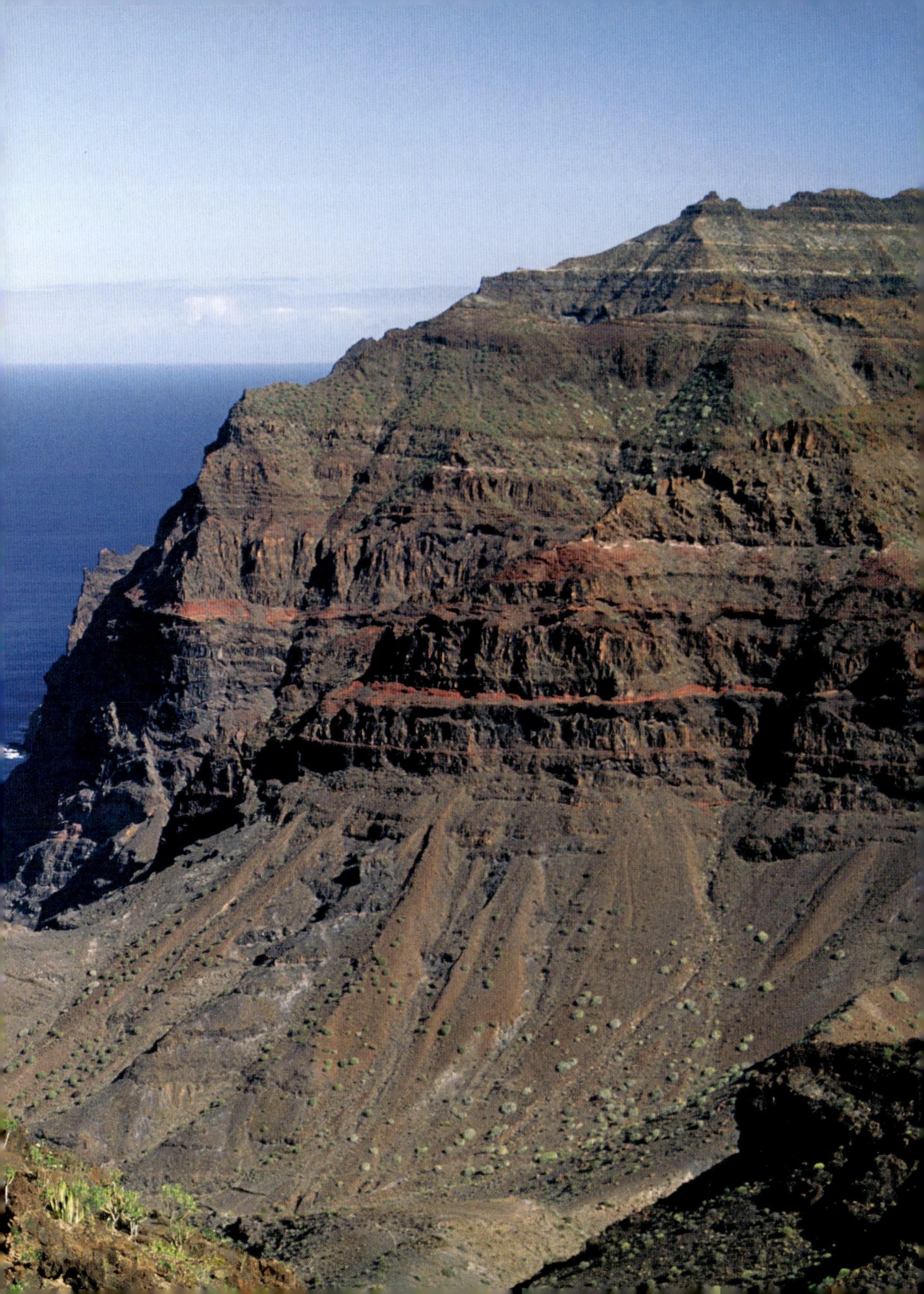

# 핀카 라스 롱게라스
Enjoy Finca Las Longueras

**Location** 카나리아 제도 그란카나리아
**Website** www.laslongueras.com    **Price** 💲💲

1895년에 지어진 그란카나리아의 이 시골 저택은 바나나, 오렌지, 아보카도, 파파야 등을 재배하는 농업 플랜테이션 한복판에 서 있다. 이곳을 찾는 방문객들은 그 열대 향기에 머리가 어찔할지도 모른다. 언덕 꼭대기까지 구불구불한 자갈길을 올라가야 나오는, 이 환상적인 공간을 발견한 이들조차 플랜테이션 내에 미로처럼 얽혀 있는 길 속에서 금방 또 길을 잃곤 한다.

이 럭셔리한 전원 호텔은 "라 카사 로하(La Casa Roha, '빨간 집')"라는 별칭으로도 알려져 있으며, 새하얀 아치형 포치와 높은 천장 등 식민시대 스타일의 영향을 받았으며, 원래는 이 지역의 귀족 가문이 살았던

---

> "오렌지 꽃 향기에 젖어
> 로맨틱한 석양과
> 열대 풍경에 잠겨보자."
>
> 핀카 라스 롱게라스 운영진

---

곳이다. 정교한 황동 베드스탠드와 긴 복도부터 커다란 아치형 창문과 방대한 앤티크 컬렉션까지, 여전히 웅장한 느낌이 남아 있다.

핀카 라스 롱게라스에는 9개의 더블 베드룸이 있지만, 대서양 가장자리에 위치한, 면적이 자그마치 173ha나 되는 부지 내에서 다른 사람들과 마주칠 일은 거의 없다. 와인 한 잔을 손에 들고 과수원 한가운데에 앉아 불덩이 같은 태양이 산 너머로 지는 장관을 감상하기도 하고, 갓 따온 과일이 넘치는 아침 식탁으로 하루를 시작하게 된다. 오렌지 꽃의 향기가 너무 진하다거나, 호젓하다 못해 좀 외롭다 싶으면 라스 팔마스(Las Palmas)까지도 32km밖에 되지 않는다. **NS**

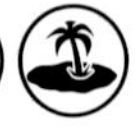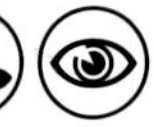

# 핀카 말바시아
Stay at Finca Malvasia

**Location** 카나리아 제도 란사로테
**Website** www.fincamalvasia.com    **Price** 💲

1700년대에 우뚝 솟은 화산이 흩뿌린 용암이 란사로테의 풍경을 초현실적인, 들쭉날쭉한 자연 풍광으로 탈바꿈시켜 놓았다. 두 개의 화산 사이 계곡에서 자다니, 그다지 잠이 잘 올 것 같지 않다고 하는 이들도 있겠지만, 영국인 주인 타르니아와 리처드 노즈-에반스는 이 섬에 고요한 휴양지를 만들어냈다.

4개의 레트로한 전원풍 코티지가 L자형으로 늘어서 있으며, 빛 검은 용암 풍경 속의 열대 식물과 하얗게 빛나는 오아시스 같은 수영장이 그 가운데 자리잡고 있다. 황토색 지붕 위로 부겐빌레아 꽃이 피어 있으며, 전용 정원 위로 야자수가 그늘을 드리운다. 코티지 실내는 올드와 뉴가 절묘한 조화를 이루고 있다. 거친 돌을 그대로 사용한 선반 위에는 하이테크 엔터테인먼트 시스템이 놓여 있고, 테라코타 타일을 깐 바닥에는 밝은 색깔의 러그가 깔려 있다. 스타일리시한 욕실에는 실내용 식물이 무성하다. 밤에는 그저 정적이 지배한다. 조명 공해는 제로에 가깝다고 해도 좋고, 시퍼런 하늘이 끝없이 펼쳐져 있을 뿐이다.

비교적 외진 입지에도 할 수 있는 건 많다. 돌로 지은 요가 유르트에서는 스파 트리트먼트와 마사지를 받을 수 있으며, 10km만 가면 모래 해변도 나온다. 좀더 모험심을 발휘하자면 그물처럼 뻗어 있는 트레킹 트레일을 따라 주변 지역을 둘러봐도 좋다. 요청하면 작문, 요리, 미술 수업도 받을 수 있다. 요리는 손수 해 먹어야 하지만, 직접 재배한 과일로 만든 유기농 아침식사가 호젓한 테라스로 배달된다. 냉장고를 채우려면, 주말마다 열리는 농부들의 시장에 가서 치즈, 과일, 채소, 갓 구운 빵 등을 사 오면 된다. "모든 것을 다 떨쳐 버리고픈" 스트레스에 지친 직장인, 완벽한 안티-리조트를 원하는 커플, 그리고 영감을 얻게 된 아티스트에게, 란사로테 내륙의 화산 봉우리는 이상적인 아열대 휴양지이다. **JC**

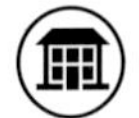 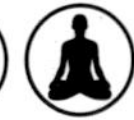 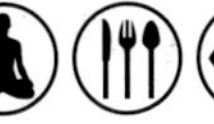

# 아쿠아푸라
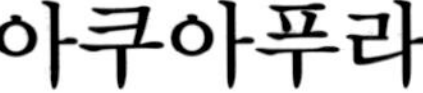
Unwind at Aquapura

**Location** 포르투갈 브라간사에서 오포르투까지, 도우루 계곡
**Website** www.aquapurahotels.com　　**Price** ⑤⑤⑤

도우루 강은 포르투갈 북동부의 푸른 언덕 사이를 구불구불 흘러간다. 강을 굽어보고 있는 비탈은 지난 수백 년간 그래왔듯, 계단형 포도밭으로 덮여 있다. 이 오염되지 않은 유서깊은 계곡은 UNESCO 세계유산으로 등재되어 있으며, 유명한 포트와인 산지이다.

아쿠아푸라는 럭셔리 호텔 겸 스파이다. 한눈에 봐도 아름다운 테라코타 빛깔의 저택으로, 강의 남쪽 제방 위에 서서 역사적인 도시 페수 데 레구아와 마주보고 있다. 시크하고 모던하게 증축한 건물은 커다란 스파 센터이다. 아시아를 테마로 한 인테리어에는 깜빡이는 촛불과 짙은색 목재가 조화를 이루고 있다. 트리트먼트

> "오랜 와인 재배 전통이
> 빼어나게 아름다운 문화적
> 풍경을 만들어냈다."
>
> UNESCO 세계유산 위원회

룸은 이 지역에서 생산되는 천연 제품을 사용하고 있으며, 커다란 창으로 내다보이는 도우루 계곡 풍경은 한 장의 그림 같다. 호텔 레스토랑에서는 프랑스인 셰프가 재창조한 포르투갈 전통 특산요리를 맛볼 수 있다. 소스의 대부분에 이 지역에서 재배한 올리브 오일과 포트와인이 들어간다. 파티오의 고리버들 우산 아래 앉아 식사를 하거나, 모던한 정통 레스토랑 분위기를 즐겨도 좋다.

아쿠아푸라는 럭셔리와 스타일에서 부족함이 없다. 우아하고 넓은 침실은 릴랙스된 미니멀리즘을 테마로 하였으며, 24시간 호화로운 룸서비스 식사가 제공된다. 럭셔리한 2인용 욕실과 사각사각한 코튼 리넨 침구류가 갖춰진 4개의 기둥 달린 침대, 객실 내 스파 트리트먼트도 빼놓을 수 없다. 일부 객실에는 회랑이 딸려 있고, 물론 그 아래로는 도우루 강이 펼쳐져 있다. **SH**

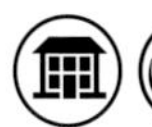  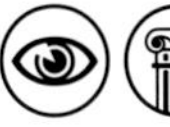

# 플로르 다 로사
Relax at Flor Da Rosa

**Location** 포르투갈 포르탈레그레
**Website** www.pousadasofportugal.com　　**Price** ⑤⑤

만약 터렛을 원한다면, 플로르 다 로사로 가면 된다. 원래는 수도원이었던 이곳은 종교기관보다는 오히려 성에 더 가깝게 보인다. 1356년 말타 기사단을 위해 세워졌으며, 포르투갈 건축가 카리요 다 그라사에 의해 과감하게—그리고 매우 성공적으로—개조되었다. 이 역사적인 건물은 웅장한 궁륭형 천장과 중세시대의 회랑을 뽐내고 있다.

가장 드라마틱한 방 중의 하나는 바이다. 한때는 수도원의 식당이었던 곳으로 궁륭형 천장과 아치형 창문, 돌기둥을 그대로 간직하고 있으며, 여기에 갈색 가죽과 라임색 리넨으로 만든 미끈한 기하학적인 모양의 소파가 더해졌다. 침실에는 오래된 돌벽 앞에 사각사각한 하얀 리넨으로 덮인 안락의자가 놓여 있다. 객실은 단 24개뿐인다—그리고 그 중에 많은 손님들이 주저하지 않고 탑에 있는 3개의 룸을 최고로 꼽는다.

이 여관은 유명한 도기 산지인 크라투에서 그리 멀지 않은, 한적하고 작은 마을 알렌테호에 위치하며, 여전히 그 전통 방식을 계속하고 있다. 인근에는 그림처럼 아름다운 성채 도시 포르탈레그레가 있다.

플로르 다 로사에는 풀장도 있어서, 그 파란 물에 웅장한 터렛이 아름답게 비친다. 조용한 시간을 원하는 사람들에게는 완벽한 공간이다. 뿐만 아니라 낮에는 풀장 옆에서 일광욕을 하고, 레스토랑에서 깜짝 놀랄만큼 모던한 파노라마 창문 밖으로 보이는 환상적인 풍경을 감상하며 훌륭한 향토 요리를 먹고, 침대로 뛰어들기 전에 소파에 앉아 포트와인 한잔을 홀짝거리자. 골프 코스와 테니스 코트가 있으며, 승마, 낚시, 사격, 조류 관찰도 즐길 수 있다. 아 그리고, 케이블 TV, 무선 인터넷, 에어컨 등도 모두 갖추어져 있다. 14세기 수도원에서 이 이상 무엇을 더 바랄 수 있겠는가? **PE**

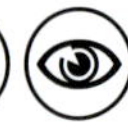

# 세라 데 에스트렐라
## Explore the Serra de Estrela

**Location** 포르투갈 세라 데 에스트렐라
**Website** www.quintadoriodao.com/eng/out/estrela.html　**Price** ❶

"별의 산맥"이라는 이름에 걸맞게 가장 높은 봉우리의 높이가 1,993m나 되는—포르투갈 본토에서는 가장 높다—에스트렐라 산맥은 정말로 천국을 향해 솟아 있다. 정상까지 오르기는 의외로 그리 어렵지 않다. 산꼭대기의 고원과 "토레(Torre, '탑')"라 불리는 지점까지 포장 도로가 나 있기 때문이다. 이곳에서는 160km나 떨어진 바다까지 한눈에 들어온다.

거대한 화강암 협곡이 100km 넘게 뻗어 있으며, 그 중 절반 이상이 고도 700m 이상에 위치한다—자연이 어디까지 뛰어날 수 있는지를 보여주는, 진정 경이로운 예이다. 기묘한 모양의 바위, 깊은 협곡, 세차게 흐르는

> "그 꼭대기에는 호수가 있는데
> 물 위에 난파선의 잔해가
> 떠다닌다고 하지."
>
> 허먼 멜빌, 〈모비 딕〉

시내, 잔잔한 호수가 이 독특한 풍경을 수놓고 있다. 포르투갈 영토 내에서만 흐르는 강 중에서는 가장 긴 강인 몬데고(Mondego) 강은 물론, 알바(Alva) 강과 제제레(Zêzere) 강의 수원도 이곳이다. 자연보호 구역으로 지정되어 있는 산맥에는 로리가(Loriga)에 인기있는 스키 리조트가 있다. 로리가는 이 마을의 이름을 딴 개 품종과 훈제 소시지, 맛있는 하드 치즈로도 알려져 있다.

야생 동식물이 수없이 많으며, 폭포, 숲, 신비한 동굴들이 환상적인 풍경을 만들어낸다. 곰은 더 이상 볼 수 없으며, 늑대도 매우 보기 힘들어졌지만, 수달, 물쥐, 수많은 희귀 조류는 만나 볼 수 있을 것이다. **RsP**

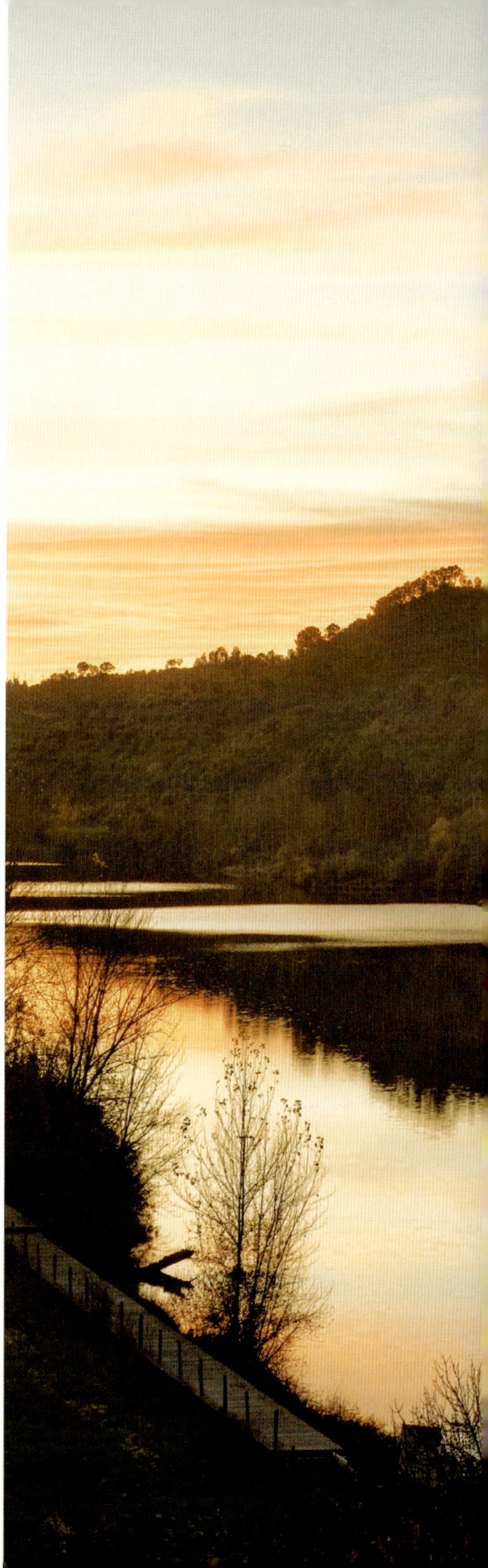

⇥ 에스트렐라 산맥 속, 타구스(Tagus) 강가에 자리잡은 그림처럼 아름다운 작은 마을 벨베르(Belver).

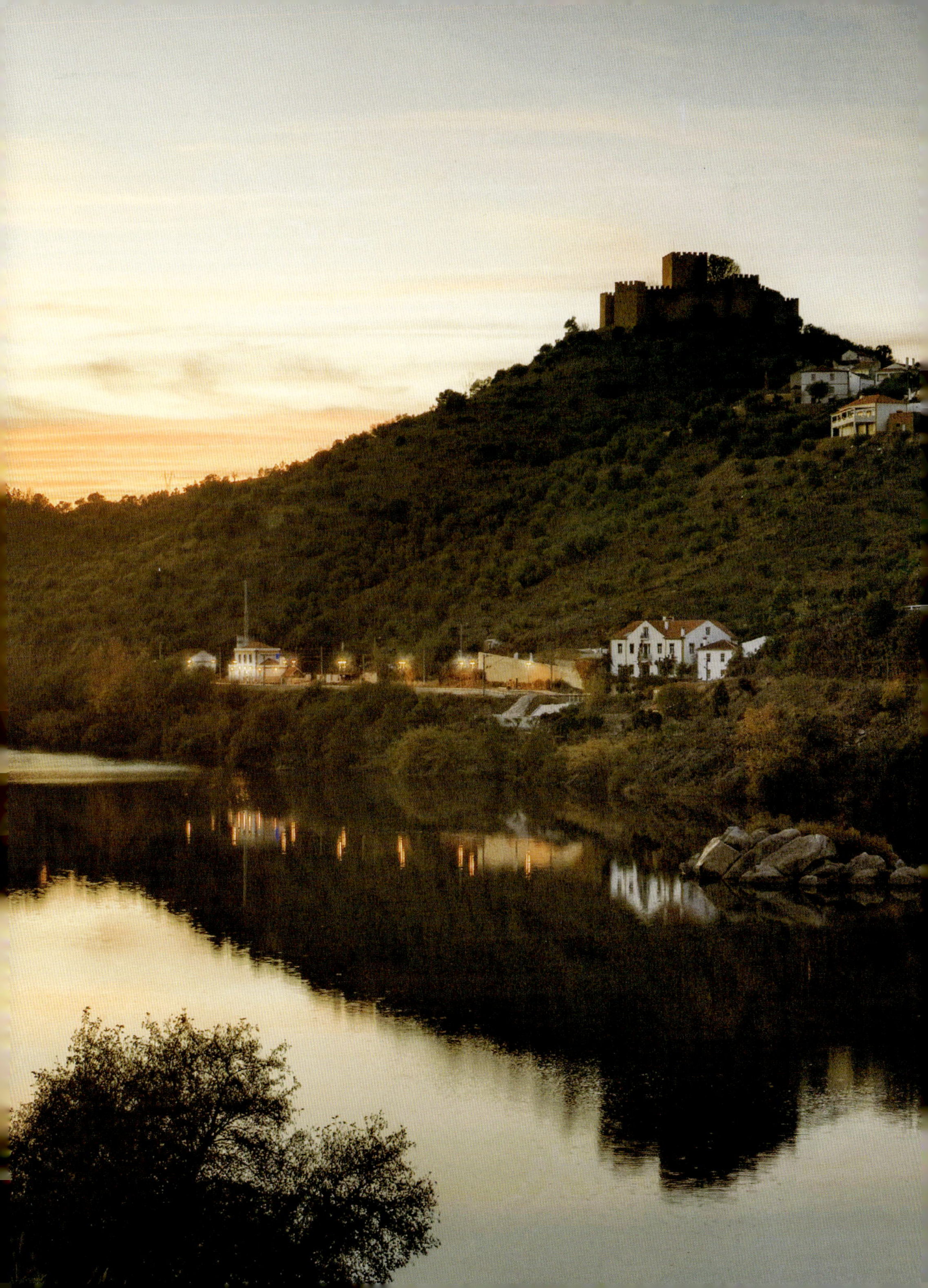

# 페냐 롱가
## Unwind at Penha Longa

**Location** 포르투갈 리스본 근교
**Website** www.penhalonga.com  **Price** 💲💲

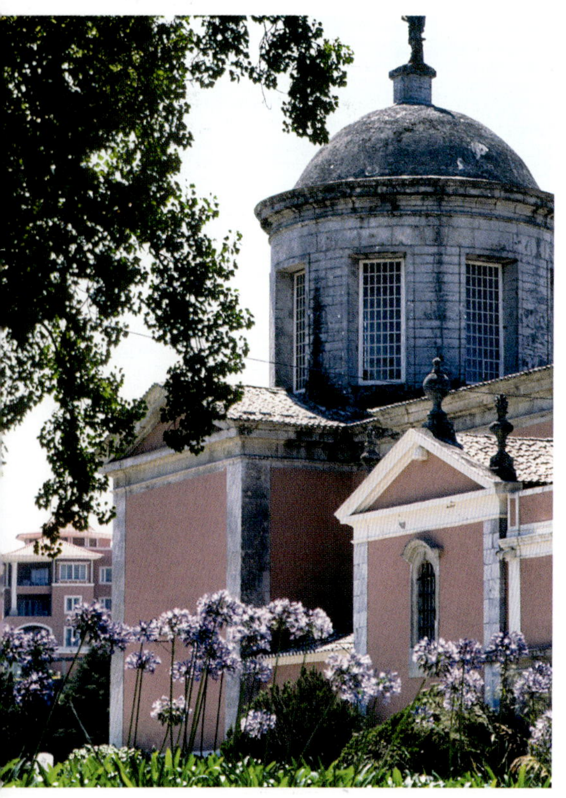

> "건물은 우아한 팔라초 스타일의
> 구조물로, 언덕과 맑은 호수,
> 푸른 정원 속에 서 있다."
>
> 『뉴욕타임즈』

리스본에서 자동차로 조금만 달리면 나오는 이 호텔은 마치 다른 세상에 온 것 같은 느낌을 준다. 우선 첫눈에 들어오는 것은 페냐 롱가 그 자체다. 이 길쭉한 바위를 본 수도사들은 이곳이 성소라는 믿음을 가지고 영감을 받아 수도원을 짓기 시작했다. 오늘날 이곳은 속세였던 시절의 평화를 여전히 뿜어 내고 있으며, 14세기의 수도원도 그대로 서 있다—심지어 작은 예배당에서 결혼식을 올릴 수도 있다.

이 오래된 건물 가까이, 모던한 호텔 앞에, 아시아에서 영감을 받은 스파가 있다. 손님들은 과일차를 마시면서 해조 랩 같은 트리트먼트를 받기 위해 기다리는 동안, 혹은 트리트먼트가 끝난 뒤에 실내외의 풀장 옆에서 햇볕을 쬔다. 스파에서 나오면 드넓은 골프장을 내려다보는 환상적인 풀장이 있다. 또 우아한 객실 수 194개의 호텔도 있다.

풀장 가장자리에 있는 세라(Serra)와 일본 식당 미도리(Midori)를 포함, 4개의 레스토랑이 있으며, 그 중에 가장 최근에 생긴 아롤라(Arola)의 셰프 훌리오 페레이라는 현대적인 터치를 가미한 포르투갈 음식을 선보인다. 아침식사는 클럽 라운지 "아싸 마싸(Assa Massa)"에서 신선한 과일, 뮈슬리, 빵, 그리고 최고급 델리카트슨을 연상시키는 다양한 홈메이드 잼 컬렉션을 즐기게 된다.

클럽 라운지의 넓은 발코니는 언덕 위로 떠오르는 태양을 감상하기에 완벽한 곳이다. 느긋하게 등을 기대고 앉아 아침을 먹으면서 성스러운 홀리 페냐 바위가 하루의 첫 햇살 속에 빛나는 광경을 지켜 보자. **JED**

◰ "나일 강의 백합"이라고도 불리는 푸른 아가판투스가 환상적인 향기를 뿜어낸다.

# 라파 팰리스

## Experience Lapa Palace

**Location** 포르투갈 리스본
**Website** www.lapapalace.com **Price** ❸❸❸

라파 궁전은 1870년에 발렌사스 백작을 위해 지어졌다. 우아한 핑크색 파사드에, 대리석 스투코, 조각한 나무, 아름다운 아줄레주 타일로 꾸민 실내는 오랜 세월 동안 그 주인들에게 애정 어린 보살핌을 받아왔다. 1992년 호텔로 문을 연 이래 라파 팰리스는 수많은 찬사를 받았는데, 그 이유를 짐작하기란 어렵지 않다.

리스본 시내 한복판, 언덕 위에 우뚝 서서 타구스(Tagus) 강을 내려다보는 환상적인 전망과 도심까지 손쉽게 갈 수 있는 입지를 자랑한다. 주변에는 보는 이를 행복하게 하는 정원과 시내, 장식 분수들이 즐비하다. 객실은 총 109개인데, 가장 낮은 등급의 객실마저 테라스 또는 발코니가 딸려 있으며, 프랑스와 영국제 복제 가구, 대리석 욕실(일부는 얕은 돋을새김으로 장식되어 있고 월풀 욕조가 설치되어 있다), 그리고 클래식한 18세기 디자인으로 꾸며져 있다. 22개의 저마다 각기 다르게 꾸며진 팰리스 룸과 스위트는 원래의 궁전에서 복원한 앤티크로 장식되어 있으며, 예전에는 마구간이었던 건물에 위치한 14개의 이탈리아풍 빌라 룸은 전용 정원이 딸려 있어, 남유럽의 따뜻한 저녁 햇빛을 즐기며 빈둥거리기에 제격이다.

놀랄 일도 아니지만 이 호텔에는 수많은 명사들이 찾아와서 묵었는데, 대부분은 파스텔톤의 로코코 스타일인 로열 스위트를 선택했다. 신혼여행객들이 가장 좋아하는 타워 룸에는 침대 발치에 엘비스 프레슬리 스타일의 팝업 TV가 달려 있으며, 2인용 월풀 욕조, 그리고 저녁식사를 위한 개인용 터렛이 있다. 웰니스 센터나 온수 풀장에서 운동을 한 뒤에는 바 "리우 테주(Rio Tejo)"에서 50여 종의 차 중 하나를 골라 마셔보자. 인하우스 레스토랑 "치프리아니(Cipriani)"는 리스본 최고의 레스토랑 중 하나로 꼽히며, 그 컨템퍼러리한 요리로 명성이 자자하다. 그 귀족적인 퀄리티는 믿어도 좋다. **PS**

# 팔라시오 벨몬테

## Recharge at Palácio Belmonte

**Location** 포르투갈 리스본
**Website** www.palaciobelmonte.com **Price** ❸❸

마리아와 프레데릭 쿠스톨스가 팔라시오 벨몬테를 사들였을 때만 해도, 복원 공사가 절실히 필요한, 다 허물어져가는 건물이었다. 수 년의 시간과 수백만 유로의 돈을 투자한 뒤, 이제는 10개의 스위트를 갖춘 호텔로 다시 태어났으며, 국가 유적으로도 지정되었다. 자갈이 깔린 골목길을 조금만 걸어가면 중세 유대인 거주구였던 알파마(Alfama)의 상조르제(São Jorge) 성이 나온다.

주인 부부가 현대적인 터치를 더하기는 했지만, 완벽하게 보존된 19세기 욕조와 파란색과 흰색의 타일은 여전히 그 옛 정취를 간직하고 있다. 포르투갈 위인들의 이름을 붙인 (생태학자, 문인, 발명가, 기타 등등) 스

> "옛 백작의 궁전의 뼈대로 만든
> 벨몬테는 여전히 귀족들에게
> 어울리는 공간이다."
>
> 『콩데 나스트 트래블러』

위트는 진품 18세기 장식품—거울, 장식장, 소묘 작품 등—으로 꾸며져 있다. 로맨티스트들은 바르톨로메 데 구스망(Bartolomeu de Gusmão) 스위트를 선택할 것이다. 무어풍 탑 꼭대기에 있어 전용 테라스에서 알파마와 타구스 강의 전망을 감상할 수 있다.

정원은 이 호텔이 갖는 매력의 화룡점정이다—하얗게 칠한 벽, 과일나무, 부겐빌레아 꽃이 어우러진 에덴동산이라 할 만하다. 검은 대리석으로 만든 수영장과 다양한 언어로 쓰인 4,000여 권의 장서를 자랑하는 도서관도 빼놓을 수 없다. 벨몬테에는 심지어 예배당도 있다. 시크한 럭셔리는 물론 온갖 종류의 문화적 경험을 할 수 있는 팔라시오 벨몬테는 인생에 한번쯤은 누려볼 만한 사치이다. **PS**

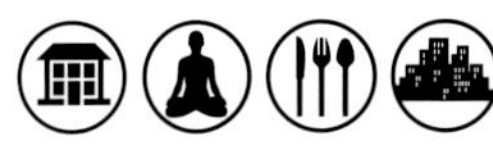

# 리스본 리츠 호텔
Stay at the Ritz

**Location** 포르투갈 리스본
**Website** www.fourseasons.com/lisbon　**Price** ⑤⑤

진짜 "럭셔리" 하다는 게 뭔지를 경험하고 싶다면, 리스본의 리츠 호텔로 오라. 첫눈에 보기에는 그저 리스본의 수많은 역사적 건축물 중 하나로밖에 보이지 않지만, 진짜 빼어난 것은 그 인테리어 디테일이다.

　이 호텔은 리스본의 일곱 언덕 중 하나 위에 서 있으며, 에드워드 7세 공원(Parque Eduardo VII), 상조르제 성, 타구스 강 등, 리스본의 잘 알려진 랜드마크들을 아우르는 환상적인 전망을 자랑한다. 일단 호텔 안으로 들어가면 공공 공간부터 매력적이기 그지없다. 태피스트리, 그림, 앤티크 복제품이 이곳저곳에 보이고, 개중에는 당대의 포르투갈 예술가들에게 의뢰한 작품들도

> "포르투갈의
> 그 어떤 호텔보다 더 멋진
> 실내장식을 뽐낸다."
>
> 『뉴욕타임즈』

있다. 널찍하고 아름답게 장식한 스위트는 대리석 욕실, 커다란 마호가니 캐노피베드, 새틴나무로 만든 앤티크 화장대, 호화롭기 짝이 없는 카펫 등으로 꾸며져 있다.

　호텔 레스토랑 "바란다(Varanda)"는 리스본 최고의 레스토랑 중 하나로 꼽히며, 덕분에 도시의 상류층 인사들과 유명인들을 심심찮게 볼 수 있다. 라운지 바의 멋진 테라스에서는 공원이 내려다보인다. 전망으로 말할 것 같으면, 아무리 게으른 손님이라도 옥상 헬스클럽을 기웃거리지 않고는 못 배길 것이다—러닝머신에서 환상적인 360도 전망을 즐길 수 있다. 그런 다음 젠 스타일의 인하우스 스파로 가서 스팀 목욕, 발마사지, 천국에나 어울릴 법한 트리트먼트를 받도록 하자. 석회암 바닥에는 온돌 난방까지 들어온다. **PS**

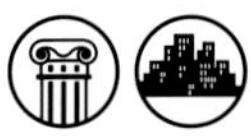

# 제로니모스 수도원
See Jerónimos Monastery

**Location** 포르투갈 리스본
**Website** www.mosteirojeronimos.pt　**Price** ⑤

리스본의 가장 인기있는 관광명소에서 가까우면서도, 조용하고 평화로운 곳을 원한다면 벨렘 지구에 있는 16세기 수도원보다 더 좋은 곳은 없다. 비록 대부분의 관광객들은 인근에 있는 안티가 콘페이타리아 데 벨렘의 저 유명한 패스트리를 먹기 위해 몰려가거나, "발견의 기념비" 같은 드라마틱한 구조물을 보기 위해 타구스 강가로 가겠지만 말이다. 제로니모스 수도원은 그 고요함을 털끝만큼도 잃지 않고도 호기심 많은 관광객을 다 끌어안을 수 있을 만큼 넓다.

　복도와 복도가 서로 얽히며, 시인 페르난두 페소아나 역사학자 알렉산드레 에르쿨라누, 그리고 수백 명의 예로니모회 수사들의 무덤이 있는 방으로 이어진다. 수도원의 지붕 꼭대기에서 눈을 들면 뾰족한 첨탑들이 떠받치고 있는 하늘만이 존재한다. 모든 벽은 순수한 하얀색의 돌로 만들어졌으며, 언제 돌아올지 모르는 항해길에 나서는 선원들이 배에 타기 전에 기도를 올리기 위해 들렀다가 발휘한 상상력으로 장식되어 있다. 살아 돌아온 이들이 그들의 여정—타향에서 본 것과 꿈꾼 것—을 그린 멋진 회화로 감사를 표시했기 때문이다.

　이 수도원은 이 용감한 모험가들의 정신을 고스란히 간직하고 있으며, 이들의 요정 이야기 중에는 성경에서 찾아볼 수 있는 장면도 있다. 노아의 방주가 좋은 예인데, 수많은 동물들이 뱃머리를 채우고 있는 고대 선박은 이들이 신세계를 찾기 위해 올랐던 배와 크게 다르지 않았던 것이다. 성당에서는 여전히 미사를 올리며, 신도석 뒷자리에 앉아 속삭이는 듯한 포르투갈어 기도문을 듣고 있다 보면 꿈결 같은 졸음에 빠져든다—그러다 진짜 잠들지 않도록 조심할 것. 이 마법 같은 공간에서 무슨 꿈을 꾸게 될지 누가 아는가? **JED**

→ 제로니모스 수도원은 사람이 지은 것이 아니라 땅에서 자라난 것처럼, 묘하게 유기적인 느낌이 난다.

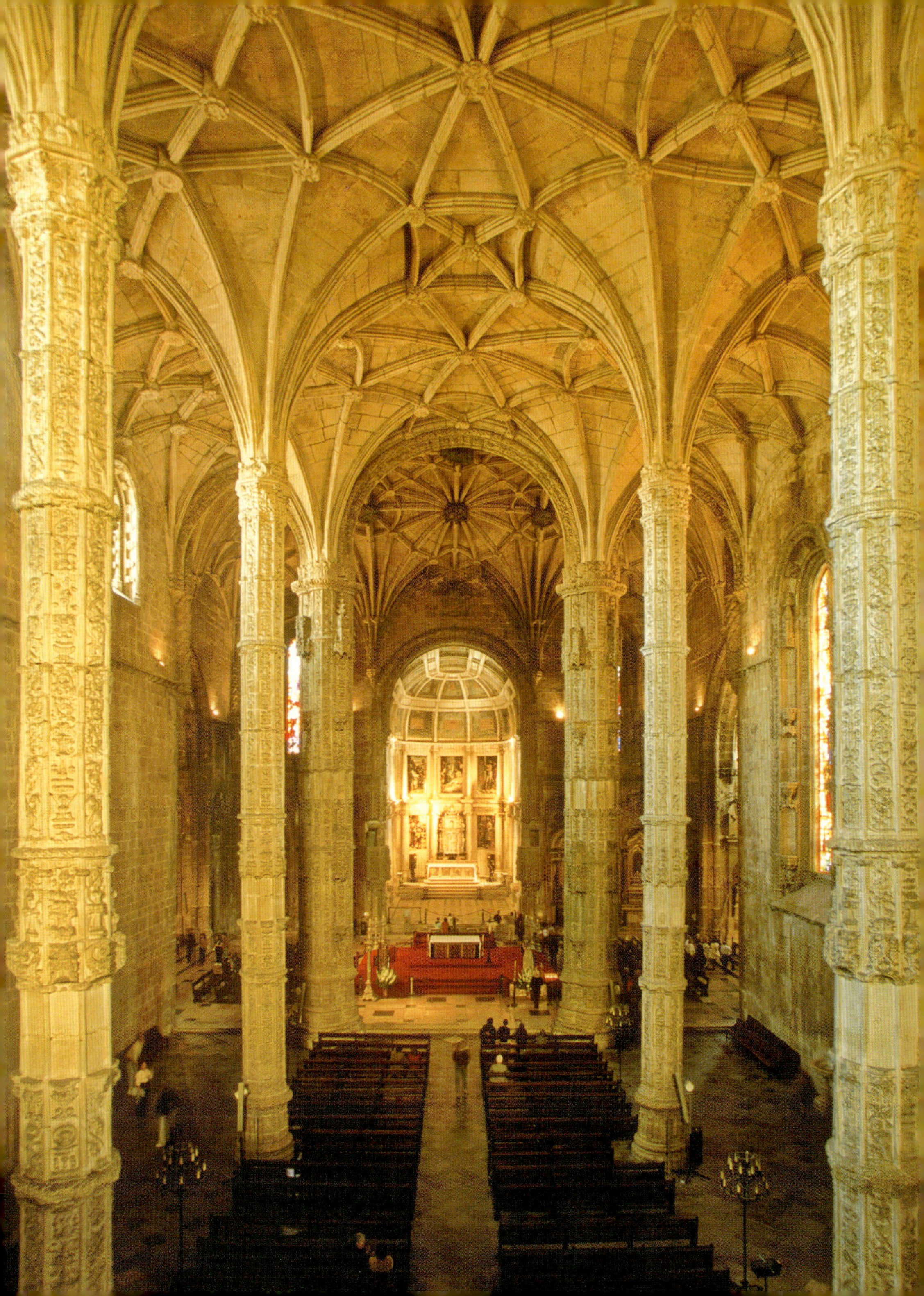

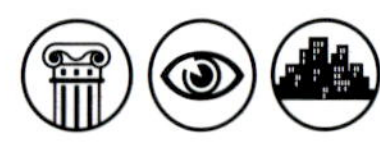

# 노싸 세뇨라 두 몬테
Visit Nossa Senhora Do Monte

**Location** 포르투갈 리스본　**Website** www.golisbon.com
**Price** ◖

리스본은 일곱 개의 언덕 위에 지어진 도시다. 가장 높은 언덕 꼭대기에 노싸 세뇨라 두 몬테, 즉 "언덕의 성모"가 있다. 축복을 내리는 듯 한 손을 살짝 올린 순백의 성모상이 리스본 시가지의 붉은 지붕들과 그 너머 타구스 강을 바라보고 있다. 그 뒤로는 1243년에 처음 세워진 예배당이 서 있다.

리스본의 초대 주교였던 성 젠스가 4세기에 순교한 자리에 세워졌으며, 예배당 주위로는 세심하게 조경된 미라도우루(Miradouro, "전망대")가 있다. 타일을 깐 예쁜 테라스가 있고, 나무 그늘 아래에는 벤치가 놓여 있다. 왼편으로 눈을 돌리면, 상조르제 성의 아름다운 흉벽이 보인다. 미라도우루에서 상조르제 성까지는 걸어서 몇 분 걸리지 않으니 꼭 한번 둘러보자. 탑 위로 올라가서 성벽을 따라 거닐자. 커피 한 잔을 사서 레스토랑의 야외 테이블에 앉아 믿기지 않는 도시 풍경을 감상하자.

30분이나 오르막길을 걸어 올라가기가 싫다면, 28번 트램을 타면 된다. 리스본의 트램은 그 레트로 디자인으로 유명하며, 도시의 언덕을 일주하는 28번 노선은 관광 코스의 하이라이트이다.

리스본 시민들은 미라도우루에 오르기에 가장 좋은 시간대는 해질녘이라고 귀띔해 준다. 날씨가 좋으면 하늘이 짙은 푸른빛으로 물들고, 뒤이어 빛바랜 핑크빛으로 변하면서 타구스 강의 깊은 잉크빛 물과 만난다. 언덕의 성모가 유리로 만든 성소에 반사된 빛을 받아 찬란하게 빛나고, 저 아래로는 도시의 불빛들이 노란색과 오렌지색으로 반짝이며 따스한 리스본의 황혼을 비춘다. **PE**

▣ 노싸 세뇨라 두 몬테는 리스본의 가장 높은 언덕 위에 서 있다—가파른 길을 올라가야 하지만, 그 가치는 충분하다.

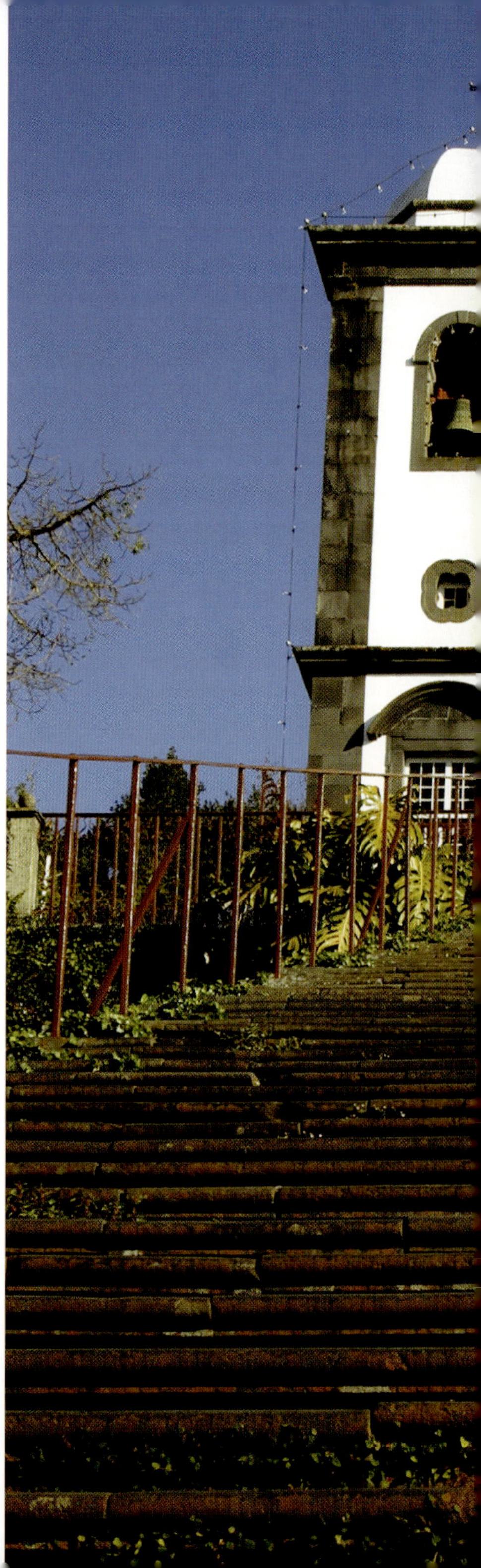

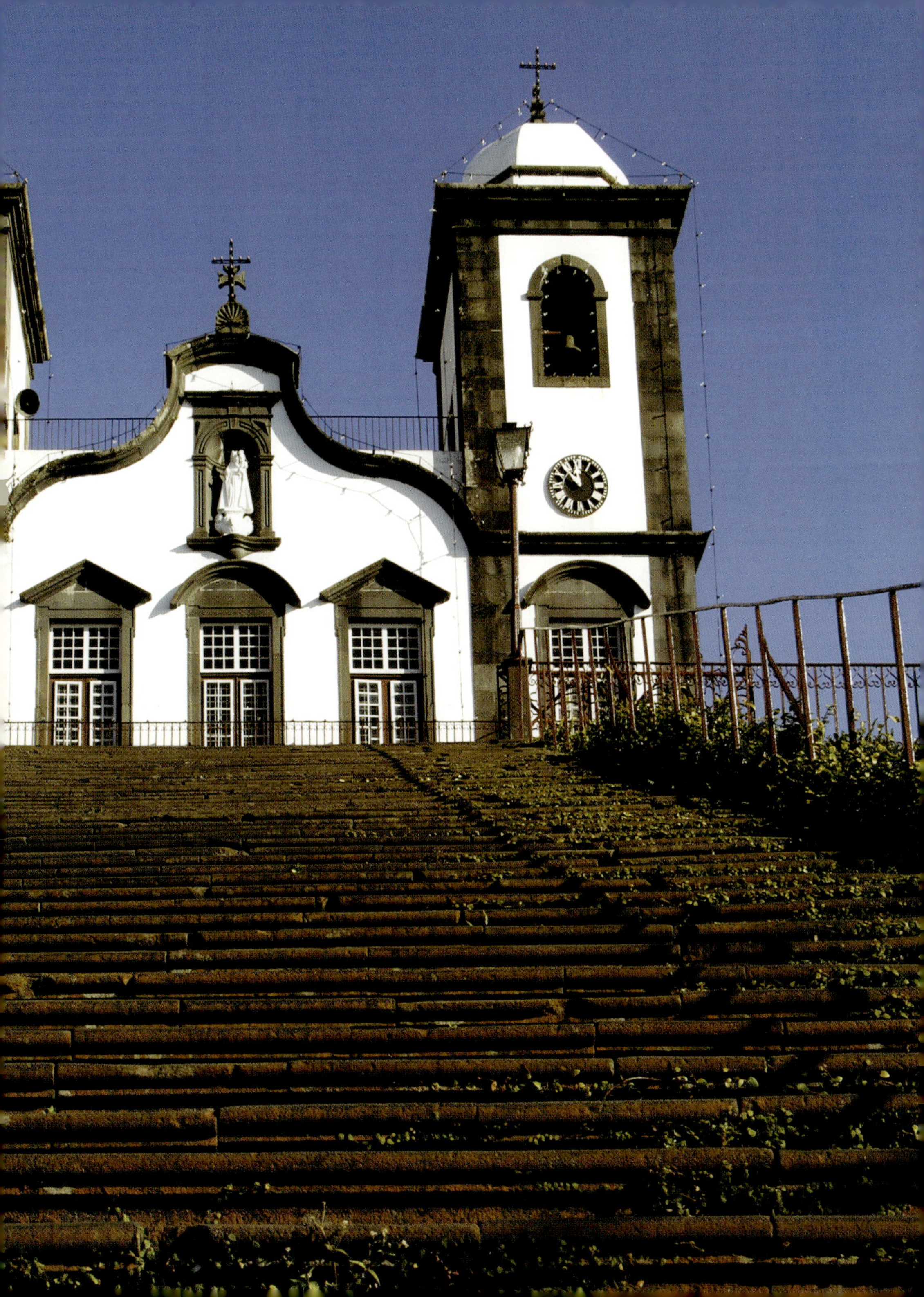

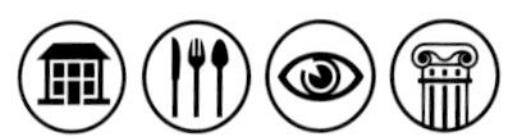

# 포우사다 데 에스트레모스
## Stay at Pousada de Estremoz

**Location** 포르투갈 에보라
**Website** www.pousadas.pt　　**Price** Ⓢ

에스트레모스는 스페인–포르투갈 국경 지대에 있는 옛 군사 요새로, 혐오스러운 스페인군의 도발을 막는 것이 그 존재의 이유였다. 오늘날에도 이 근방에는 여전히 군인들이 많다. 이 지역 채석장에서 채취한 새하얀 대리석으로 만든 옛 수도원들이 이들의 임시 숙사로 쓰인다. 에스트레모스의 라이냐 산타 이사벨 여관은 도시 위쪽에 있는 14세기 아성(牙城) 옆에 있는 왕궁을 개조하여 만든 것이다. 별 모양의 성벽은 프랑스의 군사 엔지니어 보방의 영향을 받은 것이다. 해발고도 395m에 위치한 이 여관은 국경 너머 스페인의 엘바스, 에보라, 바다호스를 아우르는 웅장한 풍경을 자랑하며, 특히 개인용 궁정 정원에서 보이는 전망은 대단하다.

이 궁전은 D. 디니스 왕의 왕비를 위해서 지어졌으며, 이사벨 여왕은 1336년 이곳에서 숨을 거두었다(후에 이사벨은 성녀로 시성되었다). 1960년대에 처음 호텔로 문을 열었으며, 아성의 1층에는 궁륭을 올린 8각형 방이 있다. 오래된 4개의 기둥 달린 침대, 갑옷, 그리고 호화로운 바에 있는 옛 무기 등 유서깊은 장식물과 환상적인 앤티크가 도처에 있다. 음식은 심플한 알렌테주 향토 요리이다. 빵 수프(migas), 조개를 곁들인 포르투갈식 파에야(arroz), 그리고 햇볕에 널어 말린 엘바스 자두 등이 대표적이다.

에스트레모스에는 큰 중앙 광장이 있어 토요일마다 장이 선다. 활기 넘치는 시장에서 거친 양가죽 조끼와 목동들이 신는 전통 슬리퍼, 개성있는 테라코타 도기, 염소젖 치즈 등을 골라 보자. 이 지역 골동품 상점들은 18세기 잉글랜드 백랍 제품 등 진흙 속의 진주들을 쟁여 놓고 있는 것으로 유명하다. 알렌테주의 박물관, 상프란시스쿠 수도원의 교회, 그리고 왕궁의 다른 건축물도 가 볼 만한 가치가 충분하다. **GMD**

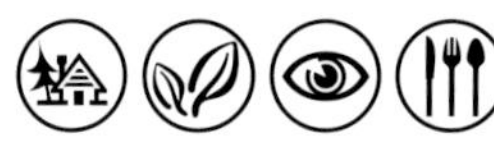

# 몬테 두 코라 카스카스
## Unwind at Monte do Chora Cascas

**Location** 포르투갈 에보라
**Website** www.wonderfulland.com　　**Price** ⓈⓈ

포르투갈의 전원을 가로지르는 긴 도로의 끝에는 축복과도 같은 고독이 존재한다. 이곳에 있는 전통 농가 주인이자 건축가인 소니아 에스티마 마르케스는 집을 복구하여 친근한 컨트리호텔로 탈바꿈시켰다.

객실은 단 7개뿐. 호수가 아니라 색깔로 구분하며, 큰 호텔에서 종종 느끼게 마련인 무언가에 집어삼켜진 듯한 느낌은 전혀 들지 않는다. 주물로 만든 침대, 밝은 색깔의 벽, 빳빳한 흰 리넨 침구 등으로 장식된 몬테 두 코라 카스카스는 매우 절제된 스타일이다. 나무로 만든 천장은 이 호텔의 과거를 상기시켜 주지만, 호화로운 욕실은 다시 시간감각을 21세기로 되돌려 놓는다.

> "이 여관은 현재
> 대단한 헌신과 강렬한 감정적
> 투자의 반영이다."
>
> 몬테 두 코라 카스카스 운영진

커다란 공동 거실에는 푹신한 소파가 놓여 있고, 구석에는 작은 그랜드 피아노가 있으며, 중국 목공예품, 싱싱한 꽃이 가득 꽂힌 유리 꽃병 등도 보인다. 밖으로 나가면 예쁜 안뜰과 푸른 정원이 있으며, 계곡 너머 반대편 언덕에 있는 몬테모르 마을까지 한눈에 들어오는 환상적인 전망을 즐길 수 있다.

풀장 가장자리에 있는 일광욕 의자에 누워 비뇨 베르데 한 잔을 홀짝이자. 무언가 좀더 활동적인 것을 원한다면 테니스 코트로 가자. 자전거를 빌릴 수도 있고, 아이들을 위한 트리하우스도 있다. 당일치기로 몬테모르의 18세기 장원 주택들을 돌아보고 오는 것도 잊을 수 없는 경험이 될 것이다. **AD**

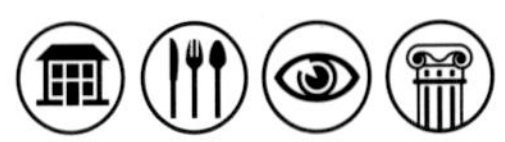

# 빌라 비스코사
Stay at Pousada Vila Viçosa

**Location** 포르투갈 에보라
**Website** www.pousadasofportugal.com    **Price** ⑤⑤

포르투갈의 포우사다들은 역사적인 건축물을 개조한 국영 호텔 네트워크로, 그 지방의 문화와 유산을 반영하는 장식이 특징이다. 그 중 가장 훌륭한 예 중 하나라 할 수 있는 포우사다 빌라 비스코사는 "호텔 동 주앙 IV"라고도 불리며, 매력적인 옛 마을 빌라 비스코사의 16세기 수도원 콘벤토 다스 샤가스 데 크리스토 건물을 개조한 것이다. 이 마을은 원래 포르투갈 왕들의 거처이기도 했다. 수도원은 웅장한 중앙 광장, 옛 왕궁 파쿠 두칼(Paco Ducal) 바로 옆에 서 있다. 대리석으로 만든 광장 한가운데에는 커다란 주앙 IV세—브라간사 왕조의 첫번째 왕—의 기마상이 서 있다.

빌라 비스코사는 대리석 채석장으로 유명하며, 포우사다 빌라 비스코사의 리셉션 역시 눈길 닿는 곳마다 서늘한 흰 대리석이라는 것도 놀랄 일이 아니다. 아직도 남아 있는 수녀들의 재래식 화장실이 그 호화로운 느낌을 반감시키기는 하지만 말이다. 오래된 복도를 지나가면 바닥이 어느새 대리석에서 돌로 바뀌어 있고, 방으로 들어가면 다시 나무로 바뀌어 있다. 대리석은 층계와 욕실에서만 볼 수 있다.

손님을 매료시키는 것은 비단 이 호텔의 역사뿐만이 아니다—좁은 나선형 돌계단을 올라가면 작은 헬스클럽이 있으며, 커다란 옥외 수영장도 있다. 여름철에는 안뜰에서 식사를 할 수도 있고, 회랑의 그늘에 앉아 더위를 피할 수도 있다. 평화로운 정원에는 오렌지 나무, 포도 넝쿨, 라벤더 관목이 자라고 있다.

손님들은 돔 천장을 올린 웅장한 거실의 난롯가에서 벨벳 소파 위에 기대어 느긋한 한때를 보내거나, 가죽을 깐 테이블과 승마 판화 액자로 장식된 바에서 수다를 떨 수 있다. 포우사다 빌라 비스코사 자체가 박물관은 아닐지 모르지만, 바로 이웃에 있는 파쿠 두칼에 가면 도자기, 타일, 태피스트리 등의 멋진 컬렉션을 구경할 수 있다. **SH**

# 도스 로이오스
Unwind at Pousada Dos Loios

**Location** 포르투갈 에보라
**Website** www.pousadas.pt    **Price** ⑤⑤

포우사다 도스 로이오스는 포르투갈에서 가장 아름다운 호텔 중 하나로, 원래는 1485년에 지어진 성 세례자 요한 수도원 건물이었다. 마누엘 양식의 고딕 건축물의 웅장함은 비교적 단순한 바로크 파사드를 지나고 나서야 실감이 난다. 이 수도원은 1834년에 해산되었으며, 건물은 징집된 병사들의 임시 숙사 등 다양한 용도로 쓰였다. 그러다가 1965년 포르투갈의 국영 호텔인 포우사다로 지정되었다.

31개의 잘 꾸며진 객실은 원래 수도사들의 숙사였다. 그러나 공동 화장실이나 공동 세면장은 더 이상 없다. 늘어선 방 중의 매 3번째 방은 둘로 나누어 양 옆의

---



---

방을 위한 욕실로 개조하였기 때문이다. 식당은 2층짜리 회랑의 아랫층, 성구보관실 바로 옆에 있다. 이중 말발굽 모양의 마누엘 양식 문이 인상적이다. 이 레스토랑에서는 이베리아 햄(Porco preto) 같은 알렌테주 특산 요리를 먹을 수 있으며, 디저트(morgado)로는 빵을 갈아서 달짝지근한 호박을 크게 잘라 곁들인 빵 데 랄라 등을 맛볼 수 있다. 당연히 알렌테주 지방에서 생산되는 와인—레드와 화이트 모두—에 초점이 맞춰질 수밖에 없다. 돈을 아끼지 말고 에보라의 최고급 와인인 페라 망카를 마셔보도록 하자. 도스 로이오스에 머무는 동안 UNESCO 세계유산인 에보라를 꼭 둘러보아야 한다. 파란 타일로 장식한 흰 건물들은 18세기 이래 이 도시가 거의 변하지 않았다는 사실을 말해 준다. **GMD**

# 타구스 계곡 Explore the Tagus Valley

**Location** 포르투갈 카스텔루 브랑쿠에서 리스본
**Website** www.portugal.org/tourism/regions3.shtml　**Price** ❶

타구스는 강이다. 그러나 그냥 강은 아니다. 많은 이들이 주저없이 이 강이 이베리아 반도 전체에서 가장 중요한 강 중 하나라고 말할 것이다. 타구스 강은 스페인에서 발원하여 포르투갈에서 테주(Tejo) 강에 합류하면서 끝나지만, 이것은 그저 이야기의 시작일 뿐이다. 타구스 강은 47km에 걸쳐 스페인-포르투갈 사이의 천연 국경을 형성하며, 세계에서 가장 아름다운 도시 중 하나인 리스본의 심장이자 영혼이고, 스페인과 포르투갈 두 나라의 식수원이다. 그뿐인가. 포르투갈 중부 테주 국립 자연보호 구역(Reserva Natural do Estuario do Tejo)은 154종의 조류 40,000마리의 서식지이기도 하다.

이 공원은 빼어난 절경을 자랑하며, 수 세기 동안 조류 애호가들에게는 반드시 들러야 할 곳으로 회자되어 왔다. 나무 그늘에 앉아 저 아래 계곡에서 반짝이는 타구스 강과 그 위를 맴도는 위풍당당한 독수리들을 바라보자. 또는 이 공원의 상징인 독특한 먹황새가 습지를 헤치며 걸어다니는 모습을 찾아보자.

공원의 면적은 260평방미터가 넘으며, 걷든, 자전거를 타든, 자동차로 간단한 드라이브를 즐기든, 시각의 향연을 즐기고 기억에 담아 둘 수밖에 없을 것이다. 더욱이 타구스의 강줄기를 따라가다 보면 포르투갈에서 가장 아름다운, 그림 같은 도시와 마을을 만날 수 있다. 그 중에는 중세의 성곽도시 오비도스(Obidos)와 UNESCO 세계유산으로 지정된 신트라(Sintra)도 있다. 오비도스의 성벽 주위를 걷다 보면, 좁은 자갈길을 따라 늘어선 하얀 집들 위로 테라코타 지붕이 보인다. 신트라는 궁전, 협곡, 숲지가 뒤섞인, 요정 동화에나 나올 법한 곳이다. **AM**

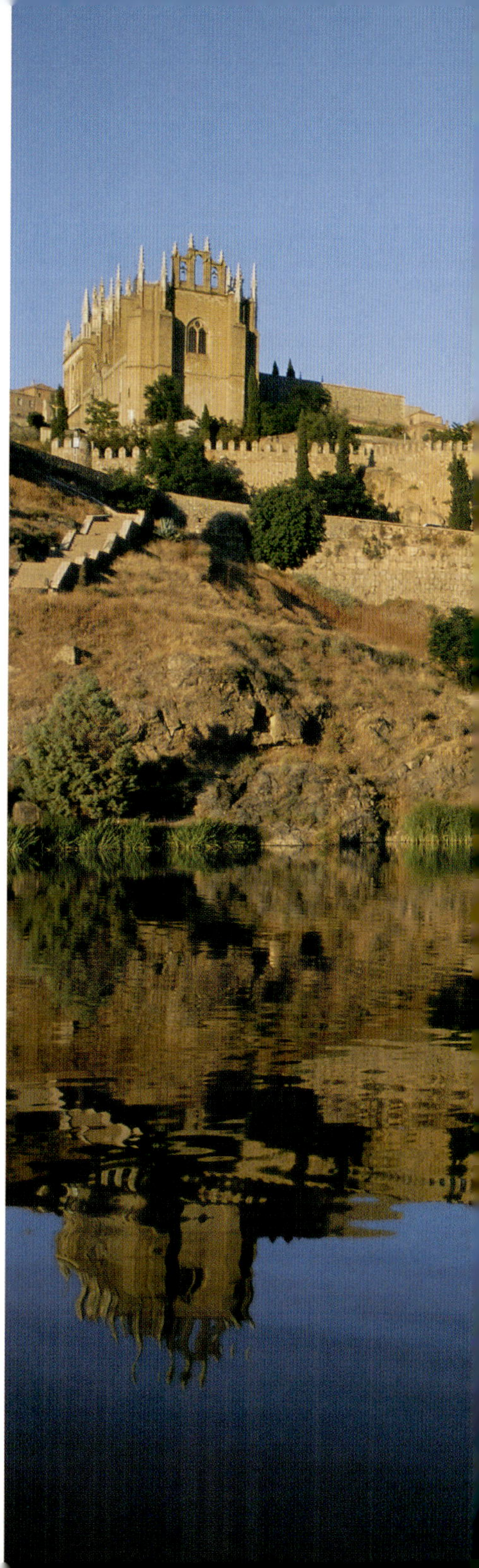

⊡ 산 주앙 데 로스 레이에스 수도원은 타구스 강을 건너는 산 마르틴 다리 바로 옆에 서 있다.

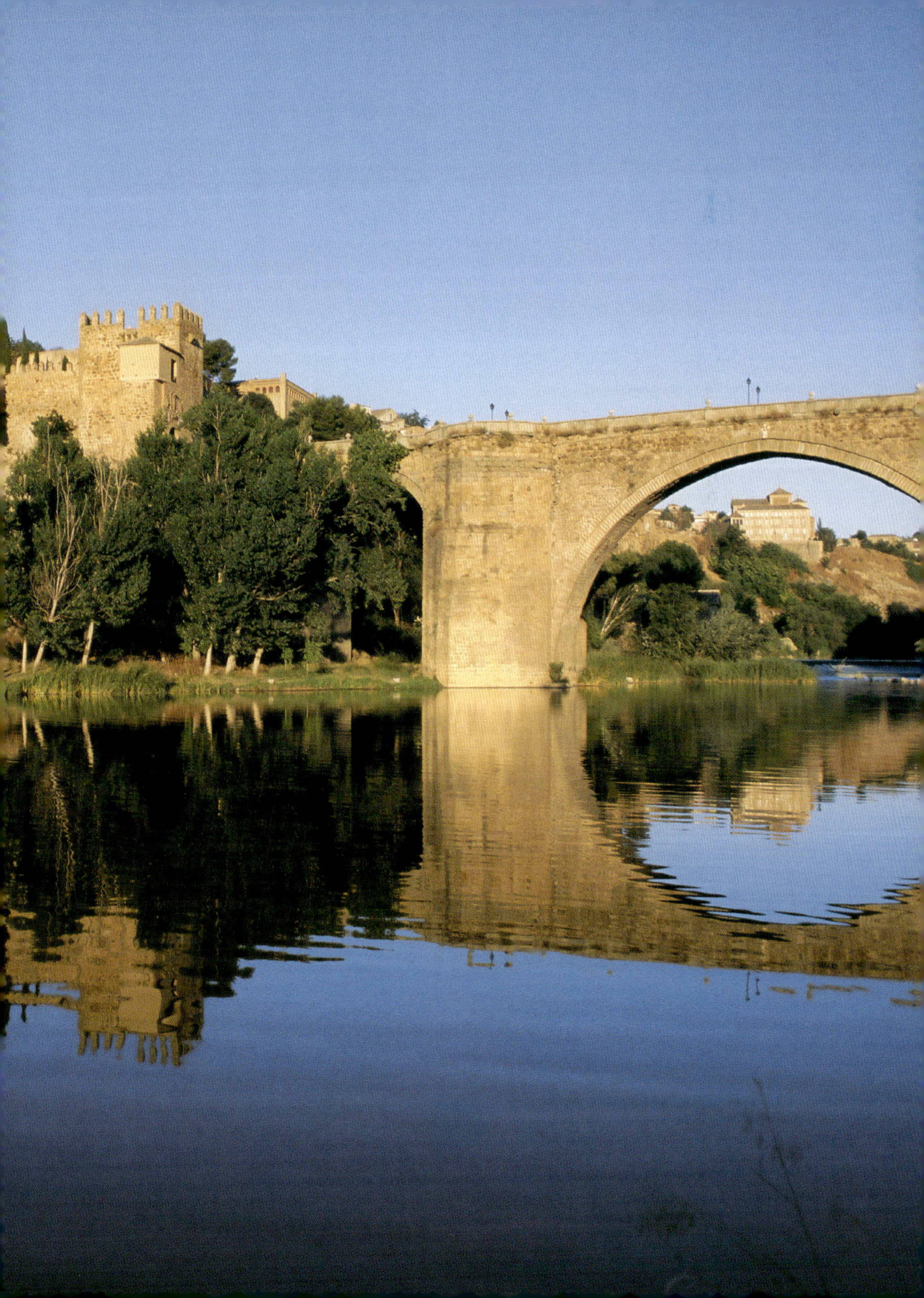

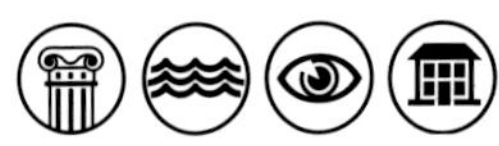

# 알카세르 두 살 Explore Alcácer do Sal

**Location** 포르투갈 세투발
**Website** www.pousadasofportugal.com　　**Price** ⑤⑤

포르투갈 전역에 흥미로운 포우사다가 아주 많다. 보통은 친절하고, 그 지역에 전해 내려오는 이야기를 많이 알고 있는 주인들로부터 포르투갈에 대해 더 많이 배울 수 있다. 그러나 머리끝부터 발끝까지 모던한 포우사다도 있다. 알카세르 두 살에 있는 포우사다 동 알폰소 II는 전자와 후자 모두에 해당한다.

이 호텔은 500년 전에 지어진 성의 웅장한 돌벽 안에 서 있다. 이 성은 고대의 마을과 아름다운 강 계곡을 내려다보는 급경사면 높이 자리잡고 있다. 유명한 포르투갈 건축가를 고용하여 터렛이 달린 옛 성을 현대적인 설비를 갖춘 호텔로 바꾸어 놓았다. 옛 시대의 기사들은 아마도 자신들의 본거지를 보아도 못 알아 볼 것임에 틀림이 없다—대신 야간 수영을 위해 수중 조명을 설치해놓은 풀장과, 주랑으로 둘러싸인 안뜰 한복판의 스펙터클한 조명 유리 큐브 등을 보고 눈이 휘둥그래질 것이다. 이 포우사다를 그토록 흥미롭게 만드는 것은 올드와 뉴의 절묘한 조화이다. 오래된 돌 성벽 바로 곁에 시크한 파라솔과 일광욕용 의자가 놓여 있다. 낡은 나무 덧문 옆으로는 선이 깔끔하게 떨어지는 모던 가구들이 놓여 있고 나무 바닥은 윤기가 흐른다. 새하얀 기둥 사이로 천장이 높은 멋진 레스토랑이 있어 사두 강에서 잡은 생선 수프, 장어 프라이를 곁들인 토마토 라이스, 크림을 곁들인 새끼양고기 스튜, 이 지방 특산 달걀 푸딩 같은 전통 향토 요리를 선보인다.

다양한 야외 활동도 즐길 수 있다. 성 아래 흐르는 강에서 카누를 타거나, 사두 강 어귀의 산책로를 거닐거나, 열기구에 도전해 보자. 또는 트로야 반도의 모래 해변으로 놀러가도 된다. 알카세르 두 살 그 자체도 카페와 수공예품 샵이 많은 예쁜 마을이다. 오래된 골목, 중세에 지어진 집, 과거에는 모스크였던 옛 교회도 볼 만하다. 하루 종일 돌아다니면서 구경하기에 완벽한 곳이다. **SH**

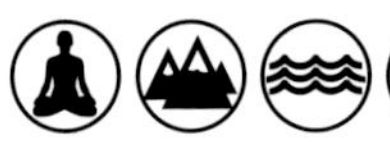

# 몬시크 Discover Monchique

**Location** 포르투갈 파루
**Website** www.monchiquetermas.com　　**Price** ⑤⑤

피코타와 포이아 산 중간에 아늑하게 걸쳐 있는 작은 마을 몬시크는 로마 시대부터 휴양지로 인기가 높았다. 주로 천연 온천에서 솟아 나오는 "물을 끼얹으러" 오는 이들이 많았다. 이 온천수는 온도가 32℃ 정도로 톡 쏘는 유황 냄새가 진동한다.

포르투갈과 이탈리아의 국왕을 비롯하여 수많은 유명 인사들이 이곳으로 건강의 순례를 나섰다. 또 시중에 판매하는 몬시크 생수는 고급 생수로 세계인의 식탁에 오른다. 그러나 인구가 10,000명뿐인 이 작은 마을은 인근 해안을 초토화시키는 대규모 관광객의 홍수로부터 거의 영향을 받지 않는다. 그림처럼 아름다운 가파른 자갈길, 신비롭게 그늘진 출입로, 아늑하게 숨어

> "몬시크는 로마 시대부터
> 온천 휴양지로 유명했다… 그 맛 좋은 물은
> 알가르브 지방 최고이다."
>
> 폴 루이스, 『뉴욕타임즈』

있는 공방과 예술가의 스튜디오가 정말로 매력적인 분위기를 만들어낸다. 폐허가 되다시피한 17세기 프란시스코회 수도회에서는 먼곳까지 한눈에 들어오는 파노라마 전망을 즐길 수 있으며, 포르투갈 전원의 정수를 맛볼 수 있다.

색색깔의 정원과 녹음이 우거진 숲 속에 세련된 휴양지, 호텔 빌라 테르말 다스 테르마스 데 몬시크(Hotel Villa Termal das Termas de Monchique)가 있다. 내부는 호화롭게 장식되어 있으며, 온갖 현대적인 설비는 빠짐없이 갖추고 있으면서도 지금보다 훨씬 한적했던 시대의 분위기를 고스란히 간직하고 있다. 가장 가까운 해변까지도 18km밖에 되지 않는다. **RsP**

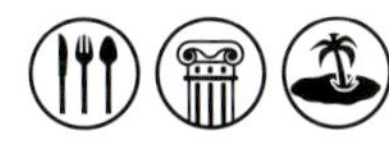

# 블랜디스 Taste Madeira at Blandy's

**Location** 포르투갈 마데이라
**Website** www.symingtonfamilyestates.com/winelodge   **Price** Ⓢ

벌꿀과 건포도, 캐러멜과 바닐라, 토피, 레몬, 그리고 라임. 무슨 디저트 메뉴 고르기처럼 들리지만, 실제로는 운치 있는 와인 셀러의 테이스팅 노트이다.

수백 년의 역사를 자랑하는 블랜디스 와이너리는 마데이라의 주도 푼샬(Funchal)의 산책로 뒤에 아늑하게 숨어있다. 원래는 프란시스코회 수도원이었던 이곳은 진한 리큐르 냄새를 피우는 실안개로 뒤덮여 있다. 오랜 세월 수많은 사람들이 밟고 지나가 이제는 반들반들해진 돌길을 따라 분위기 있는 안뜰과 셀러를 지나면 마데이라 술의 역사를 보여주는 박물관이 나오고, 그런 다음 앉아서 직접 한 잔 마셔 볼 수 있다.

전설에 의하면 강화와인이 태어난 것은 어디까지나 우연이라고 한다. 아메리카 대륙으로 향하는 배 안에 포도주 한 통이 잊혀진 채 굴러다니다가 뜨거워졌고, 항해가 끝나고 돌아와보니, 통 속의 와인은 "타 버린" 나머지 그 달콤한 풍미를 지니게 되었다는 것이다. 이 맛에 반한 와인업자들이 너나 할 것 없이 포도주 통을 이고 마데이라의 태양 아래로 찾아오게 되었다고 한다. 오늘날에는 "에스투파젬(estufagem)"이라는 처리 과정을 거쳐 좀더 쉽게 와인을 데울 수 있다. 거미줄이 여기저기 늘어져 있는 벽을 따라 와인병과 참나무통이 늘어서 있다.

포도를 재배하고 압착하는 곳은 대서양의 이 아름다운 섬의 화산 비탈이지만, 숙성과 참나무의 뉘앙스가 살아나도록 해주는 것은 푼샬의 와이너리의 나통 속에서 보내는 시간이라고들 한다. 메인 테이스팅 셀러에서 의자를 끌어다 앉아 젊은 마데이라 와인을 하나하나 시음해 보자. 가장 가볍고 가장 드라이한 스르시알(Sercial)부터 짙고 스위트한 맘씨(Malmsey)까지 누구나 즐길 수 있는 마데이라 와인이 있다. **SWi**

↗ 주머니 사정에 따라 달라지긴 하겠지만, 수십 년, 혹은 그보다 더 이전의 마데이라 와인도 맛볼 수 있다.

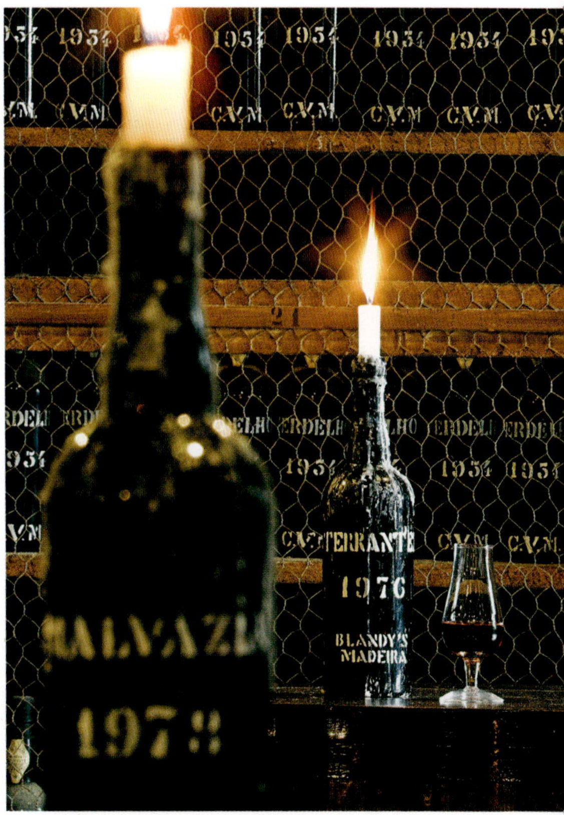


"1803년 빈티지였는데…
여전히 프레쉬하고, 생기가 넘쳤다.
마치 다른 시대를 들여다보는 창문 같았다."

주니어 비아나, 와인 마스터

# 리즈 팰리스 Stay at Reid's Palace

**Location** 포르투갈 마데이라
**Website** www.reidspalace.com  **Price** $ $

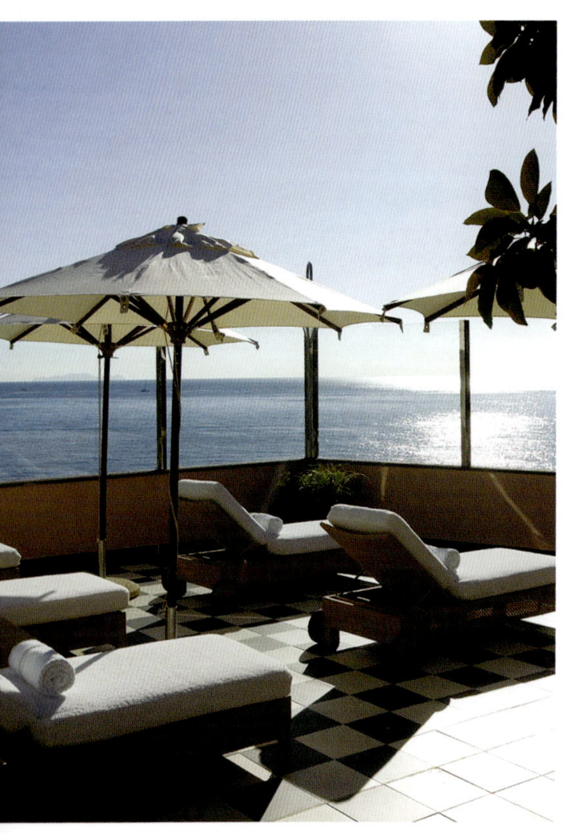

리즈 팰리스는 살아 있는 역사의 편린 한 조각이다. 미모사 향기 그윽한 이곳에서, 윈스턴 처칠이 그림을 그리고 제 2차 세계대전 회고록을 썼으며, 극작가 조지 버나드 쇼가 탱고를 배웠다. 두 사람 모두, 숨어 있는 보석과도 같은 이 섬을 사랑해 마지않았다.

그 이름에서 짐작할 수 있듯이, 리즈 팰리스는 왕족이 찾던 곳이다. 분위기는 호화롭고, 절벽 꼭대기에 자리잡고 있기 때문에 푼샬 만을 굽어보는 멋진 전망을 자랑한다. 1891년 처음 문을 연 이 호텔을 찾는 손님 역시 화려하기는 마찬가지다. 캡틴 스콧(Robert Falcon Scott, 1868~1912, 영국의 남극 탐험가)이 남극으로 가는 길에 들렀으며, 1949년에는 신혼부부 리타 헤이워스와 알리 칸이 이곳에 머물렀다. 1959년에는 피델 카스트로에게 패한 쿠바의 독재자 풀헨시오 바티스타와 그의 수행원들이 다녀갔다. 그러나 왕족이건 아니건, 모든 손님은 똑같이 완벽한 서비스를 즐길 수 있다.

이 우아한 호텔은 4ha의 아름답고 빽빽한 아열대 정원 위에 서 있으며, 상점과 레스토랑이 즐비한 푼샬의 번화가까지는 슬슬 걸어갈 수 있는 거리이지만, 완전한 고요가 이곳을 지배한다. 세 개의 풀장 중 하나의 가장자리에 앉아 느긋한 하루를 보내자. 바다 전망을 즐길 수 있는 스파와 훌륭한 레스토랑에서의 식사도 빼놓을 수 없다. 화려하게 장식된 위풍당당한 애프터눈 티는 절대 놓치지 말 것—리즈 팰리스의 시그니처라 할 수 있는 전통이니 말이다. 고요한 주위 환경과 전망 때문에 한번 발을 들여놓으면 떠나고 싶지 않은 곳이다. 상상력이 풍부한 이라면 윈스턴 처칠이 오후의 어스름한 빛 속에서 테라스에 앉아 차를 마시는 모습이 눈앞에 떠오를 것이다. **LP**

> "윈스턴 처칠은
> 이 호텔에서
> 실각의 아픔을 달랬다."
>
> 아드리안 무어비, 『인디펜던트』

↖ 리즈 팰리스는 푼샬 만과 드라마틱한 절벽을 굽어보는 스펙터클한 전망을 자랑한다.

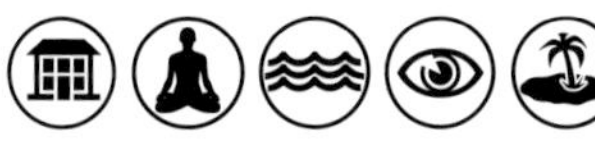 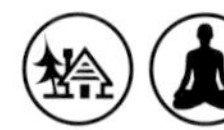 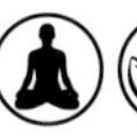  

# 쇼파나 힐즈 Relax at Choupana Hills

**Location** 포르투갈 마데이라
**Website** www.choupanahills.com　**Price** ⑤⑤

맛있는 음식에만 초점을 맞춘 호텔이 있는가 하면, 스파가 중심이 되는 호텔도 있다. 쇼파나 힐즈 리조트 & 스파의 경우, 이 두 가지도 물론 빼어나지만 가장 중요시 여기는 것은 그 전망이다. 푼샬에서 쇼파나 힐즈로 이어지는 길은 가파른 비탈 때문에 깜짝 놀랄 만한 각도로 기울어진 오렌지나무 숲을 지나가게 된다. 혹시 귀가 터질 것 같거나, 건장한 지역 주민들이 숨 한번 몰아 쉬지 않고 순식간에 언덕을 오르는 것을 보더라도 놀라지 말 것.

　호텔의 리셉션은 짙은 색의 반짝이는 나무와 사려 깊은 티베트 예술 작품으로 꾸며져 있으며, 높은 천장에서 바닥까지 덮고 있는 거대한 유리창 너머 유칼립투

---

> “손님들은 유칼립투스 향기 그윽한
> 산들바람을 들이마시며,
> 바다 풍경에 감탄한다.”
>
> 『타운 앤 컨트리 트래블』 매거진

---

스 나무가 늘어서 있는 언덕과 그 아래 푼샬 항구의 그림 같은 곡선이 눈에 들어온다. 그러나 객실의 전망에는 도저히 비교조차 할 수 없다.

　각각의 방갈로는 저마다의 전망을 최대한 활용할 수 있도록 설계되었으므로, 개인용 발코니에서 햇볕을 쬐며 감탄해 보자. 또 침대에 누워 거대한 유리 파티오 문 너머 풍경을 즐길 수도 있다. 샤워실의 뿌연 유리마저 정확하게 바깥 풍경을 즐길 수 있도록 높이를 맞췄다. 이곳에서 다른 사람과 마주치는 곳은 오직 레스토랑 “쇼파나(Xôpana)”와 실내외 수영장을 드나들 때, 그리고 턴다운 서비스를 받을 때뿐이다. 나머지 시간은 절대적인 고독에 젖어서 보낼 수 있다. **JED**

# 퀸티냐 데 상조앙 Enjoy Quintinha de São João

**Location** 포르투갈 마데이라
**Website** www.quintinhasaojoao.com　**Price** ⑤⑤

에스탈라젬 퀸티냐 데 상조앙에 도착하면, 호텔에 체크인한다기보다 집에 돌아온 것 같은 느낌이 든다. 마데이라의 주도 푼샬 중심지에서 가까운 조용한 골목에 위치한 이 호텔은 흠 잡을 데 없는 취향을 지닌 친구의 집과도 같다. 리셉션 직원의 따뜻한 환영을 받으면 이런 분위기가 한층 더하다. 게다가 객실이 43개밖에 없기 때문에, 방에 들어가면 마치 가족의 일원이 된 것 같은 기분마저 든다. 관광을 하는 틈틈히 긴장을 풀고 쉬기에 완벽한 공간으로, 옥상 풀장, 정원, 주변의 구릉지를 내려다보는 널찍한 발코니가 딸려 있다. 풀장이 이른 시간에 문을 여니 아침 수영으로 잠을 깨고, 레스토랑 “아 모르가디냐”로 가서 상다리가 부러질 것 같은 아침식사를 즐기자.

　좀더 프라이버시를 만끽하고 싶다면, 크루아상, 시리얼, 과일, 커피를 방으로 가져오게 하여, 카페인의 효과가 온몸에 돌 때까지 기다려도 된다. 각 객실에는 널찍한 거실 공간이 있으며, 스위트에는 독립된 거실과, 발코니로 오픈된 침실이 딸려 있다. 마사지사를 방으로 오게 하거나, 3개의 트리트먼트 룸, 월풀 욕조, 사우나, 터키식 증기욕탕이 구비된 호텔 스파로 가자. 호텔 밖으로 한 발짝도 나가고 싶지 않다면, 정원에 아늑하고 그늘진 구석이 많이 있다.

　실내에도 푹신한 안락의자, 테이블, 소파 등이 놓인 편안한 곳이 있으므로, 조용히 책을 읽거나 노트북을 켜고 이메일을 체크하거나, 오랫동안 밀린 엽서를 쓸 수도 있을 것이다. 저녁에는 바 “바스코 다 가마”에서 칵테일을 마시거나, 총지배인 앙드레 바레토에게 부탁하여 정원에서 로맨틱한 식사를 하자. 하늘에 별이 총총히 뜰 무렵이면, 정말로 이곳을 떠나고 싶지 않다는 생각이 절로 들 것이다. **JED**

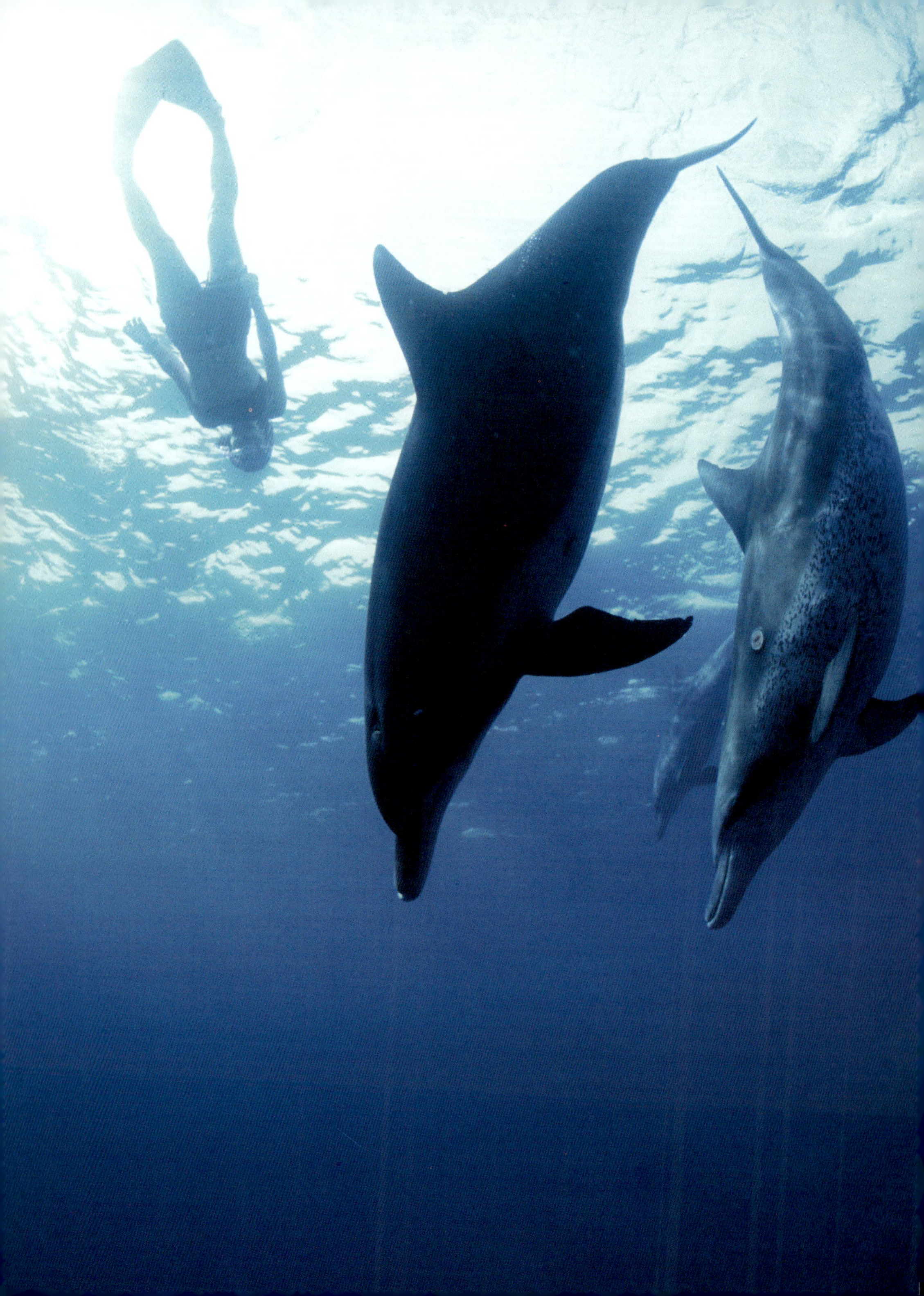

# 돌고래와 수영하기
## Swim with Dolphins

**Location** 아조레스 제도 피쿠 섬
**Website** www.dolphinconnectionexperience.com  **Price** $

포르투갈령 아조레스 제도의 화산섬 피쿠에서는 매년 여름, 오염되지 않은 깨끗하고 따뜻한 멕시코만류에서 새끼에게 젖을 먹이는 돌고래와 고래 떼를 아주 가까이에서 볼 수 있다. 피쿠 섬은 지구상에서 가장 아름다운 천연 자연 경관을 자랑하는 곳으로 과학자, 다이버, 사진작가들이 그 눈부시게 빛나는 녹색의 풍경과 선명한 푸른색의 화산암, 그리고 매혹적인 해양 생물을 보러 와서는 감탄을 금치 못한다.

한때 세계적으로 유명한 고래잡이 해역이었던 고요한 어촌 라제스 두 피쿠에는 현재 돌고래와 고래가 우글거린다. 1980년대에 고래잡이가 금지되면서, 섬 주민들은 에스카소 탈라사에서 관광객을 배에 태우고 바다로 나간다. 원조 고래잡이 어부를 지칭하는 "비지아(Vigia)"의 노련한 솜씨에 현대적인 수중 음파 탐지기의 도움까지 받아 가이드는 손쉽게 200마리의 돌고래떼를 추적해낸다.

더 돌핀 커넥션 社는 환경 보전에 매우 적극적인 회사로, 당신의 삶을 영원히 바꾸어 놓을, "돌고래와 함께 수영하는 휴가"를 제공한다. 잠수복을 입고 단단한 배를 타고 바다로 나가, 순한 리쏘스 돌고래나 향유고래를 찾아보자. 수정처럼 맑은 물로 미끄러져 들어간 큰 돌고래가 당신 밑에서 춤추는 동안 수면 위를 떠다니거나, 놀랄 만한 속도로 파도를 타는 알락돌고래와 함께 첨벙거리자. 돌고래와 마주하게 되면 뇌에서 호르몬이 엄청나게 분비되는 것을 느낄 수 있다. 물 속에서 고래와 놀고 싶지 않다면, 피쿠 섬 주위를 돌며 세월을 잊은 채 호젓하게 남아 있는 바로크 양식의 교회, 작은 광장, 자갈이 깔린 거리, 예스러운 건축물을 둘러보도록 하자. **SjD**

◁ 야생 자연 속에서 돌고래떼를 만나는 것은 피쿠 여행의 하이라이트 중 하나이다.

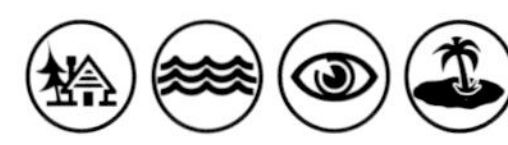

# 카사 도스 바르코스
## Discover Casa Dos Barcos

**Location** 아조레스 제도 산 미구엘
**Website** www.casadosbarcos.com  **Price** $ $

대서양 한복판으로 비행기를 타고 가서, 작은 화산섬에 착륙한 뒤 숲으로 뒤덮인 언덕으로 달려가자. 사화산의 분화구가 만들어낸 호수의 녹음이 우거진 남쪽 호반에 우아하고 역사적인 보트 창고가 서 있어, 하룻밤 묵어갈 수 있다.

카사 도스 바르코스는 산 미구엘 섬의 가장 아름다운 자연 절경이라 할 수 있는 푸르나스 호수 옆에 자리잡고 있다. 산 미구엘의 중심 마을인 폰타 델가다에서는 차로 한 시간 거리이며, 푸르나스 마을에서는 5km밖에 떨어져 있지 않다. 이곳은 온천, 칼데이라(caldeira, "간헐천"), 온천 욕장, 천연 온수 풀장, 국립

> "푸르나스는 거대한 분화구
> 속에 있는, 그림처럼
> 아름다운 마을이다…"
>
> 캐시 팩크, 『인디펜던트』

공원과 정원으로 명성이 높다. 카사 도스 바르코스는 지역 귀족이었던 조세 두 칸토가 19세기에 런던과 파리의 유명한 식물원, 조경회사, 건축회사 등에 의뢰하여 조성한 영지의 일부이다. 플랑드르 풍의 보트 창고 뒤로는 오솔길, 시내, 이국적인 식물로 조경된 정원이 펼쳐져 있다. 이 정원은 12월부터 3월까지 꽃을 피우며 장관을 만들어내는 오래된 동백나무 숲을 가로지르는 산책로로 유명해졌다. 모래가 깔린 호안선을 따라 고딕 양식의 예배당이 서 있다.

카사 도스 바르코스의 투숙객들은 카누와 자전거를 무료로 대여할 수 있으며, 근처에 마구간이 있어 승마용 말을 빌릴 수도 있다. 푸르나스의 테라 노스트라 공원에는 인공 온천 수영장이 있으며, 호수 건너편에는 수증기가 피어오르는 칼데이라가 있다. **SH**

# 비코스 협곡 Hike Through Vikos Gorge

**Location** 그리스 비코스-아오스 국립공원
**Website** www.meteo.noa.gr/Primavera/index.htm  **Price** ❶

그리스 북부에 있는 비코스-아오스 국립공원에는 경이로운 자연경관이 있다. 바로 세계적인 자연 절경 중 하나로 손꼽히는 비코스 협곡이다. 길이만 12km에 달하는 비코스 협곡은 높이가 1,500m가 넘는 석회암 절벽이 우뚝 솟아 있어 공식적으로 세계에서 가장 깊은 협곡 중 하나로 꼽힌다. 그 사이로 보이도마티스 강이 흐르며, 협곡을 따라 하이킹도 할 수 있다.

노새 캐러밴과 유목민 목동들이 다니던 고대의 트레일을 따라 가파른 산길을 올라가노라면 양 옆으로 마을과 예배당이 보인다. 때때로 불쑥 튀어나온 바위를 따라 활엽수림을 가로질러 구불구불 올라가기도 하고, 어떤 때는 강둑에 바싹 붙어 있는 자갈길을 걷게 되기도 한다. 비코스-아오스 국립공원은 훼손되지 않은 126평방킬로미터의 산림과 외딴 마을로 이루어져 있다. 하이킹족은 샘, 협곡, 소나무 숲, 바위봉우리, 강 웅덩이, 야생화, 호수, 고대의 돌다리를 발견하게 될 것이다. 운이 좋다면 곰, 야생돼지, 여우, 송어, 사슴 등을 보게 될 수도 있다. 봄이 되면 무더기로 피어 있는 야생 사프란꽃을 밟으며 지나가게 될 것이다.

비코스-아오스 국립공원 내에는 높이 2,497m의 가밀라 봉 같은 진짜 고봉이 몇몇 있다. 산 중턱에 위치한 드라콜림니("용의 호수")까지 트레킹을 해서 숨막힐 듯 아름다운 풍경을 감상하자. 핀도스 산맥으로 더 들어가면 가파른 산봉우리에 거의 불가능에 가까울 정도로 서 있는 수도원들이 눈에 들어온다. 하이킹은 퍽 힘들고, 도전 정신을 필요로 한다. 부드러운 알프스풍의 초원과 판암으로 지은 집과 농장 들로 이루어진 작은 전통 마을에서 잠시 쉬어간다. 작은 가족 호텔이나 마을 펜션에서 머물 수 있다. 방은 깨끗하고 아늑하며, 매우 저렴하다. **SH**

→ 비코스-아오스 국립 공원은 유럽에서 가장 드라마틱하고 뿌듯한 하이킹 코스를 즐길 수 있는 곳이다.

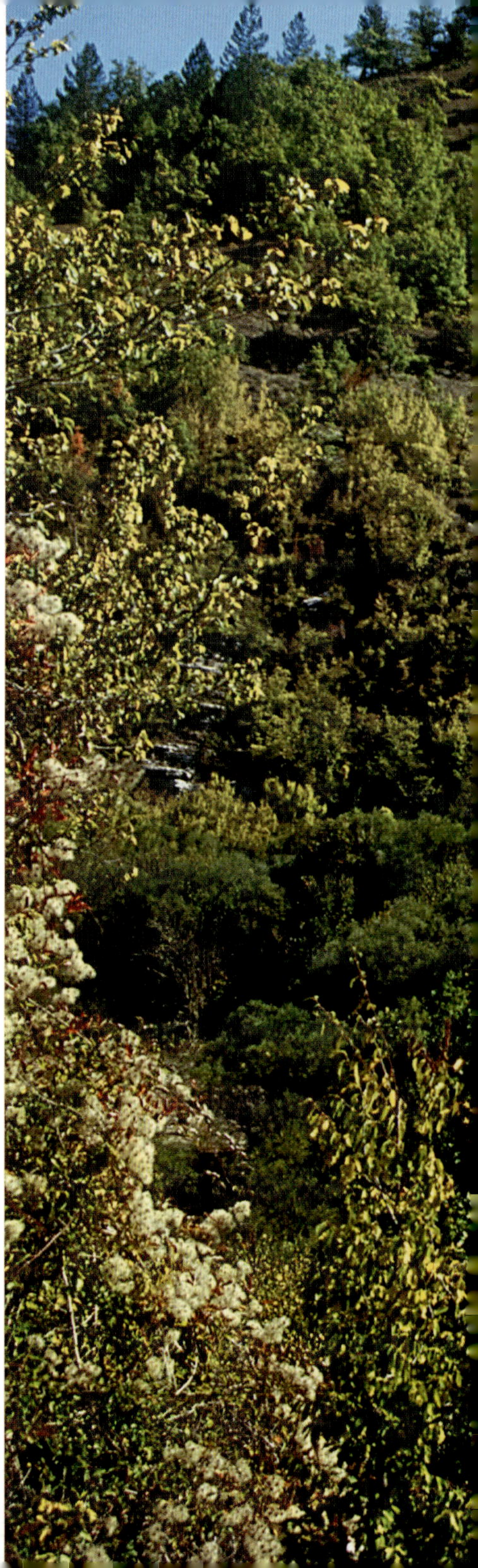

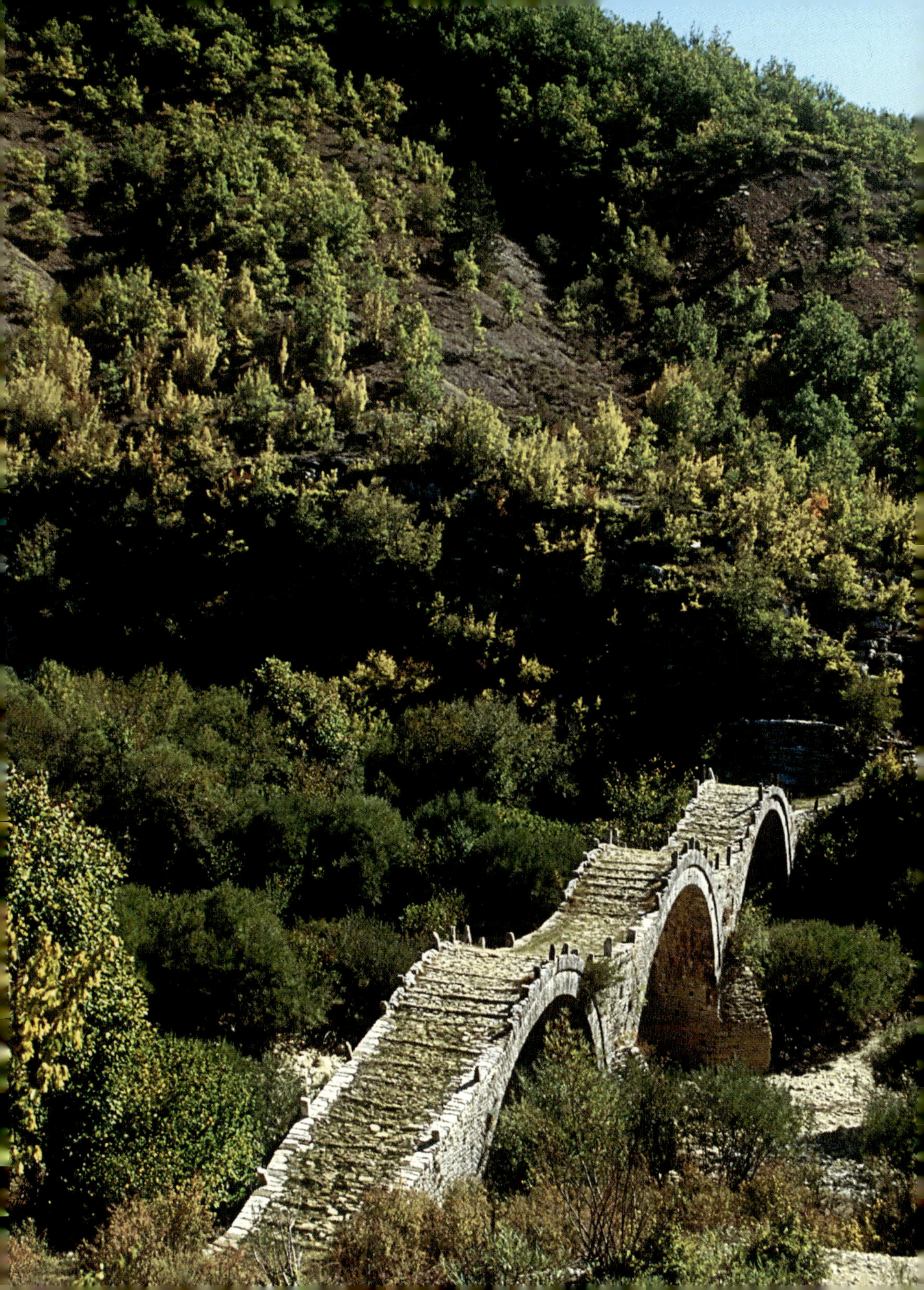

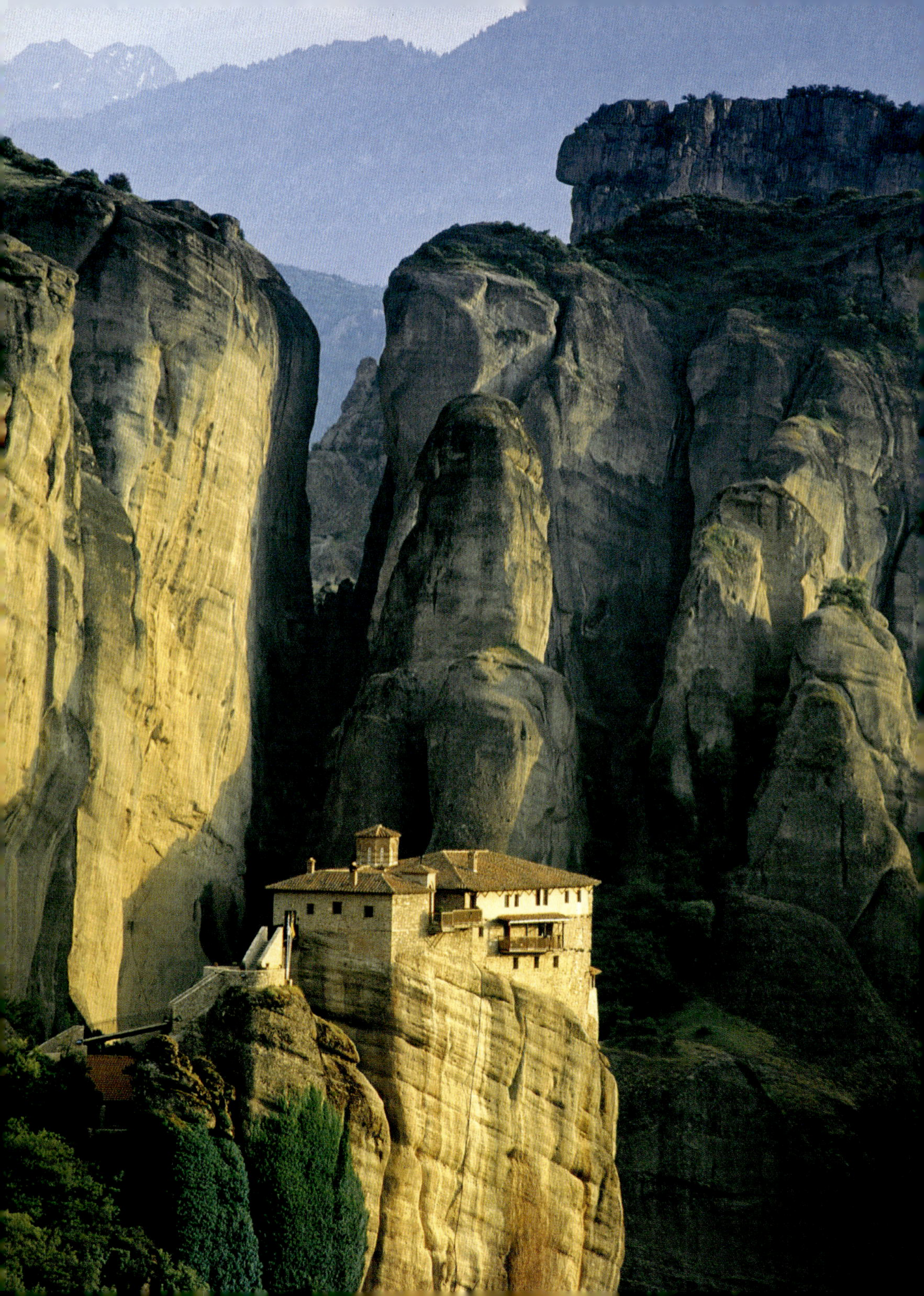

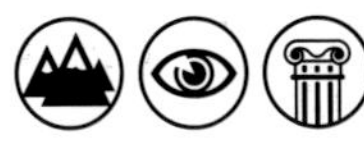

# 메테오라 Discover Meteora

**Location** 그리스 테살리아
**Website** http://odysseus.culture.gr  **Price** ❶

칼람바카 마을을 지나게 되면 상상조차 할 수 없었던 풍경에 대비할 것. 마치 땅에서 자라난 일련의 석순처럼, 바위 덩어리가 우뚝 솟아, 마치 이 세상의 것이 아닌 듯한 형상으로 수평선을 장식하고 있다.

이 경이로운 자연 절경으로도 충분치 않다면, 다음 순간 그 봉우리 위에 집들이 다닥다닥 서 있음을 발견하게 될 것이다—그것만으로도 이미 건축학적 기적에 가깝다. 이들의 역사는 동굴과 오두막에서 살았던 11세기의 은수자들에게로 거슬러 올라간다. 그러나 결국에는 식량과 그 외의 생필품, 심지어 사람마저 밧줄과 사다리, 도르래를 이용하여 실어 올려져야 했다.

과학자들은 이 바위 탑들이 한때는 거대한 내륙해였으며, 훗날 지진과 비바람에 깎이고 다듬어졌을 것이라고 추정한다. 수많은 시인, 철학자, 여행가 들이 모두 이 곳을 찾아 이 지역의 영성(靈性)과 수도원의 신성함을 느끼고 갔다. 오늘날에도 여전히 수도원 기능을 하고 있는 여섯 개의 건물에서 아름다운 종교 미술, 프레스코, 모자이크, 회화 등을 통해 수사들과 수녀들의 수도자로서의 삶에 대한 헌신을 엿볼 수 있다. 대 메테오론이나 아기아 트리아다 같은 곳에 올라가려면 수많은 가파른 계단을 올라가야 하지만, 바를람이나 루사노는 다리를 건너 올라갈 수 있다. 덕분에 수많은 관광버스와 기념품 상점이 줄지어 장사진을 이루고 있지만, 대부분의 수도사들은 방문객들과 즐겁게 대화를 나누며, 그늘진 안뜰에서 쉬고 있노라면 때때로 수녀들이 단 것을 나눠주기도 한다. 내부에 있는 박물관을 들어가서, 초록빛 언덕배기와 멀리 정상에 눈이 쌓인 산들의 바깥 풍경을 바라보고 있노라면, 현대 사회—그리고 과거의 생활 방식을 되돌아보게 된다. **JW**

◁ 비잔틴 제국의 수도사들이 어떻게 이런 위치에 수도원을 지었는지는 아직도 미스터리이다.

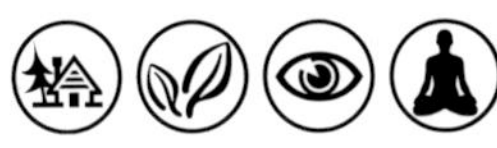

# 아르젠티콘 Discover Argentikon

**Location** 그리스 키오스 섬
**Website** www.argentikon.gr  **Price** ❸❸❸

이곳은 수백 년 동안 럭셔리를 위한 공간이었다. 높은 돌벽과 무거운 황동문 뒤에 숨어 있는 아르젠티콘은 중세에 이 외딴 지중해 섬을 통치했던 제노아의 아르젠티 가문의 여름 별장이었다. 푸르른 캄보스 계곡은 이 섬에서도 가장 아름답고, 가장 아늑한 입지로—지금은 벽으로 둘러싸인 과수원으로 유명하다—부유한 제노아 귀족들은 이곳에 자신들의 저택을 지었다. 키오스 섬은 오래 전에 그리스에 반환되었지만, 아르젠티콘은 영화로웠던 식민 시대의 과거를 증언하는 기념비로 여전히 그 자리를 지키고 있다.

유서깊은 건물들을 개조한 스위트는 단 8개뿐이다. 내부는 겉으로 드러난 들보, 프레스코 천장, 베네치아

---

> "키오스는 너무나 특별하고, 너무나
> 기묘해서, 때때로 여기가 그리스라는
> 사실을 까맣게 잊어버리게 된다."
>
> 조나단 푸트렐, 「가디언」

---

가구와 장식품 등으로 꾸며져 있다. 방은 호텔 객실이 아니라 무슨 박물관 같다. 침실에는 벽난로, 대리석 욕조, 발코니가 딸려 있다. 스파, 사우나, 마사지 룸(옛 닭장을 개조하여 만들었다), 야외 수영장도 갖추어져 있다. 푸르른 정원에는 야자수, 장미, 시트러스 숲, 대리석 조각상이 보인다. 부지의 비옥한 땅은 다른 용도로도 쓰인다.

주방에서는 직접 재배한 신선한 채소와 과일을 사용하고, 키오스 섬의 부두에서 바로 가져온 생선을 쓴다. 또 부지내의 포도밭에서 자체 생산한 와인을 맛볼 수도 있으며, 오렌지나무 숲에서 딴 열매로 만든 마멀레이드가 아침식사 식탁에 오른다. **SH**

# 이드라 섬 Explore Hydra

**Location** 그리스 이드라 섬　**Website** www.hydra.com.gr
**Price** ●

분주한 항구도시 피레우스에서 70km 떨어진 이 환상적인 섬에는 당나귀와 카페로 북적이는 예쁜 항구 마을이 있다. 이드라 섬은 언제나 항해로 번영했던 곳이었다. 18~19세기의 전성기에는 그리스 최고의 상선들을 소유하고 있었으며, 나폴레옹 전쟁 때에는 해상 봉쇄를 주도하기까지 했다. 1821년 그리스가 투르크 제국에 반기를 들자, 부유한 상인들—이드라의 환상적인 저택들(arondika)을 지은 장본인들—도 따라서 들고 일어났고, 이들의 상선들은 군선으로 개조되었다.

1950년대에는 문인과 예술가가 몰려오기 시작했고, 이러한 경향은 지금도 마찬가지다. 레너드 코헨 같은 이들은 아예 이 섬에서 죽치고 살다시피 하면서, 옛 상인의 저택을 복원하는 데에 어마어마한 돈과 관심을 퍼붓거나, 화랑, 미술관, 상점을 여는 데 몰두하곤 한다.

이드라의 수많은 즐거움 중 하나는 자동차 통행이 전면 금지되어 있다는 사실이다. 수상 택시를 타면 눈 깜짝할 사이에 해변이나 해안에 점점이 늘어선 타베르나로 데려다 준다. 아니면 그냥 걸어다니거나 자전거를 빌려도 좋다.

이드라는 걸어다니기에 정말 좋은 곳이다. 라자로스 쿤두리오티스의 저택으로 올라가는 길부터 시작하자. 한때는 부유한 상인의 집이었던 이곳은 지금은 역사 민속 박물관과 공공 미술관이 들어와 있다. 열심히 걸어서 프로피티스 일리아스(Profitis Ilias) 수도원과 아기아스 에브프락시아스 수녀원에 다다르면 펠로폰네소스 반도 풍경이 한눈에 들어온다. 이드라 항을 뒤로 하고 분두리(Boundouri) 길을 따라 작은 어촌 카미니(Kamini)로 가자. 그 작고 사랑스러운 항구가 밤에는 마치 마법처럼 빛난다. **LB**

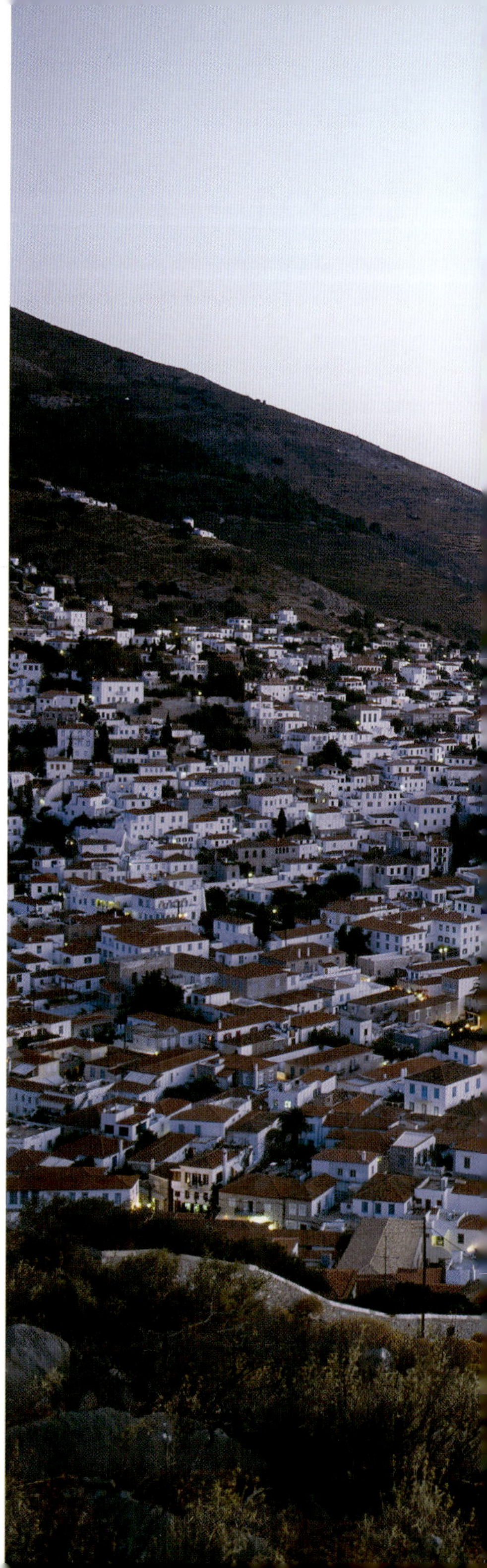

⊡ 이드라는 마치 로맨틱한 하얀 무대 세트처럼 항구 위로 반원형 극장처럼 떠 있다.

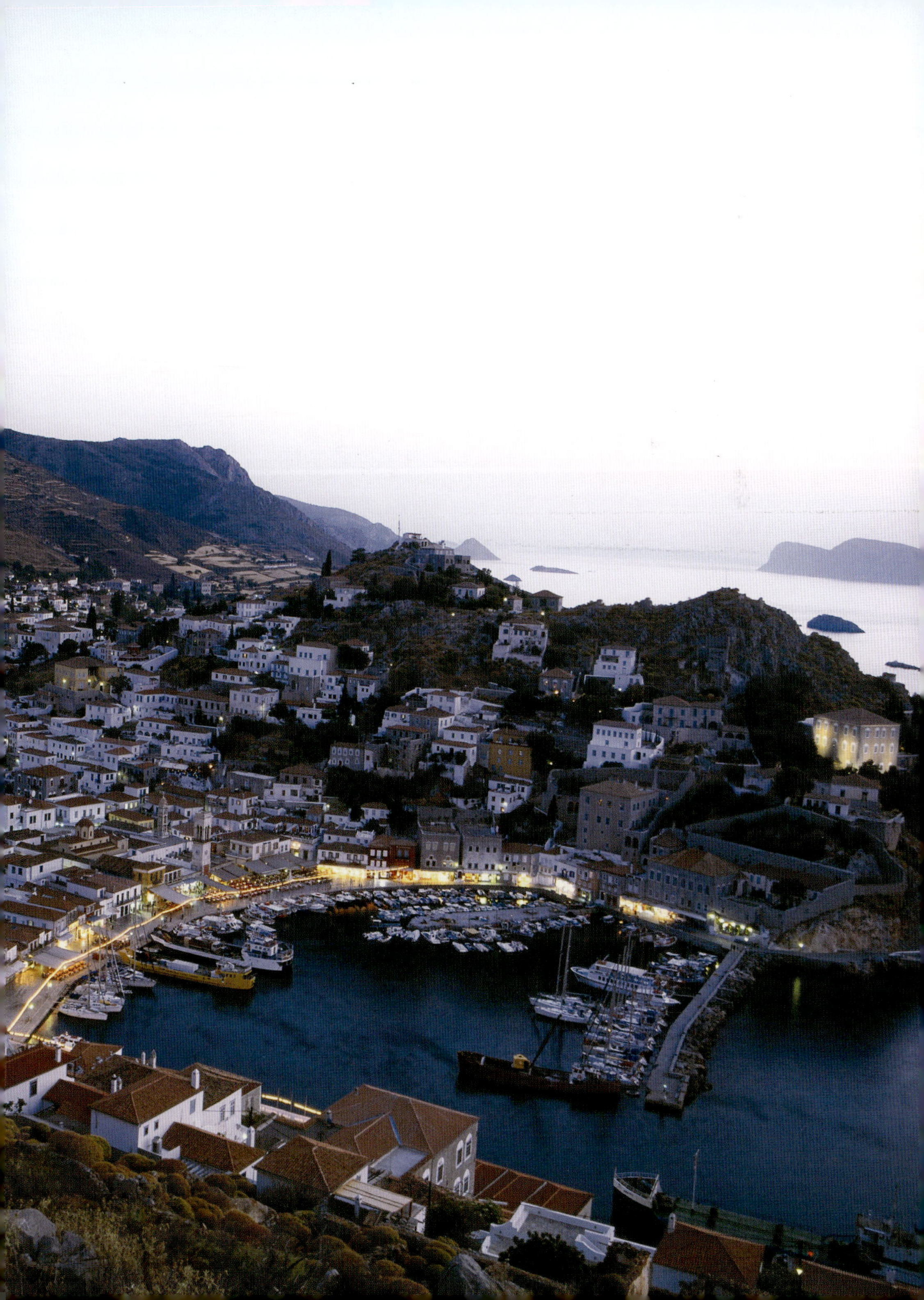

# 리카베투스 언덕 Explore Lycabettus Hill

**Location** 그리스 아테네
**Website** www.tourtripgreece.gr　**Price** ❶

아테네는 무자비하게 뻗어 있는 콘크리트 건물과 교통 지옥, 우뚝 솟아 있는 아름다운 고대 건축물, 그리고 환상적으로 분위기가 좋은 거리가 궁극의 대비를 이루고 있는 도시이다. 매일 수많은 관광객 인파가 아크로폴리스 언덕을 올라 이 대도시의 전경을 내려다보고 파르테논 풍경을 즐긴다. 조금 더 시간을 낼 수 있으면, 리카베투스까지 가 보자. 먼지로 뒤덮인 도시 안에서 그윽한 소나무 향을 만날 수 있는 높이 277m의 언덕으로, 아크로폴리스의 환상적인 파노라마와 아테네 시가지 대부분, 그리고 멀리 피레우스 항과 사로니코스 만까지 한눈에 들어온다.

대부분의 관광객은 아크로폴리스 언덕을 올라갈 때 모나스티라키나 플라카의 혼잡한 거리를 지나가지만, 리카베투스는 좀더 차분한 분위기의 넓고 부유한 거리가 있는 콜로나키 지구 한복판에 있다. 꼭대기까지 차로 올라가는 것도 가능하지만, 그보다는 케이블 열차를 추천한다. 콜로나키 지구의 아리스티푸 가와 플루타르쿠 가가 만나는 모퉁이에서 매 30분마다 출발한다. 걸어서 올라가려면 세 가지 서로 다른 옵션이 있다. 완만하게 에둘러 돌아가는 사란타피쿠 루트, 가파른 플루타르쿠, 아예 더 가파른 구불구불한 숲길도 있다.

꼭대기에 올라가면 18세기에 지어진 수수한 아기오스 게오르기오스 교회가 있다. 성 금요일 자정이 되면 아테네 시민들이 이곳에 모여들어 부활절 불꽃의 행렬이 출발하는 것을 구경한다.

가는 길에 도시를 내려다보고 있는 아름다운 노천 원형극장도 볼 수 있다. 꼭대기에 있는 레스토랑 "오리존데스"나, 내려오는 길 중간에 있는 편안한 카페 "프라시니 텐타"에서 석양을 바라보며 한 잔 한 다음, 소나무 그늘이 진 길을 따라 세이렌과 뿔피리, 광란의 밤이 기다리는 땅으로 돌아오자. **LB**

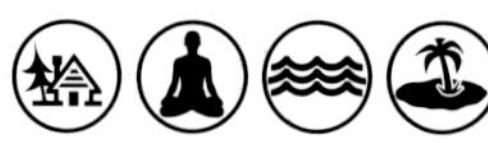

# 포르토 잔테 Stay at Porto Zante

**Location** 그리스 자킨토스 섬
**Website** www.portozante.com　**Price** ⑤⑤

그리스 본토 바로 서쪽에 떠 있는 자킨토스 섬에는 숨은 보석이 있다. 만(灣)에 아늑하게 감싸여 비바람도 들이치지 않는, 포르토 잔테 데 룩스 빌라는 트라가키(Tragaki)의 사유 모래 해변에 자리잡고 있다. 중세에 트라가키 섬을 지배했던 베네치아인들은 이 섬을 "동방의 꽃"이라는 별명으로 불렀다.

빌라로만 구성된 부티크 스타일 호텔로, 주위 자연 풍경의 아름다움을 십분 활용하였다. 럭셔리한 실내 장식과 그리스 유명 화가의 작품들로 내부를 꾸몄다. 빌라도 여러 종류가 있는데, 가장 사치스러운 곳은 침실이 4개나 딸린 임페리얼 스파 빌라로, 온수 풀장과 실내 스파가 갖추어져 있다. 대부분의 빌라가 전용 풀장

---

> "공항에서 호텔까지 리무진으로 데려오고,
> 또 데려다 주므로, 이곳에
> 도착하는 것만으로도 럭셔리하다."
>
> 『콩데 나스트 트래블러』

---

과 정원이 딸려 있으며, 바닷가의 천국 같은 입지를 자랑한다. 호화로운 침구, 불가리 목욕용품, 발렌티노 목욕가운 등 럭셔리한 마무리도 잊지 않았다.

손님들이 조용한 시간을 즐길 수 있는 것은 무엇이나 갖추어져 있다. 클럽 하우스 레스토랑은 모던하게 응용한 맛있는 그리스 특산 요리를 선보이며, 스파의 해수요법 트리트먼트는 섬의 아름다운 경관과 잘 어울린다. 또는 풀장에 해먹을 매달아 놓고 독서 삼매경에 빠질 수도 있다. 몸을 움직이고 싶어 근질거리는 손님이라면 요트를 대여하면 된다. **LP**

⊡ 이런 풍경을 하루 종일 바라볼 수 있는데, 도대체 왜 다른 곳을 찾는단 말인가?

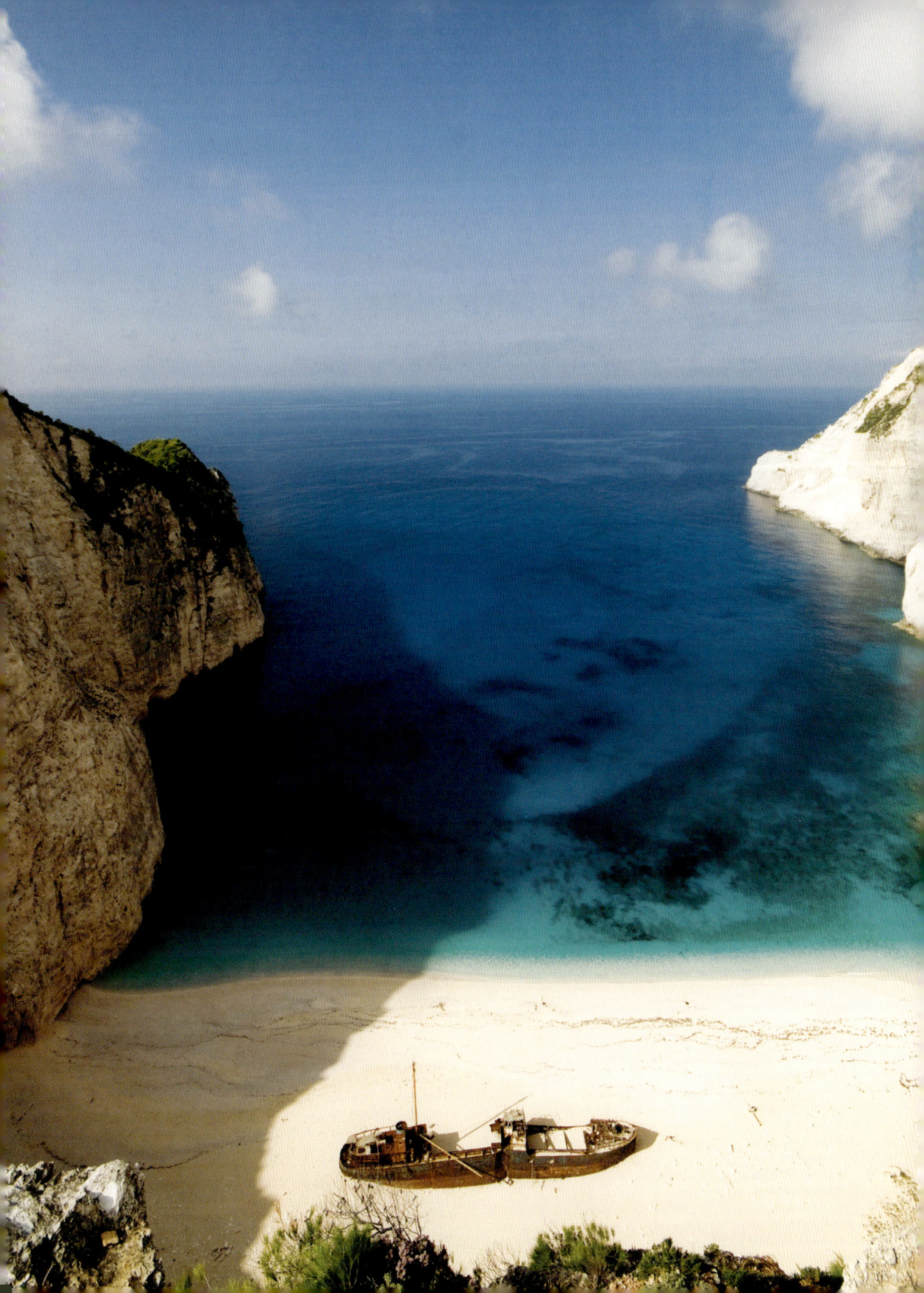

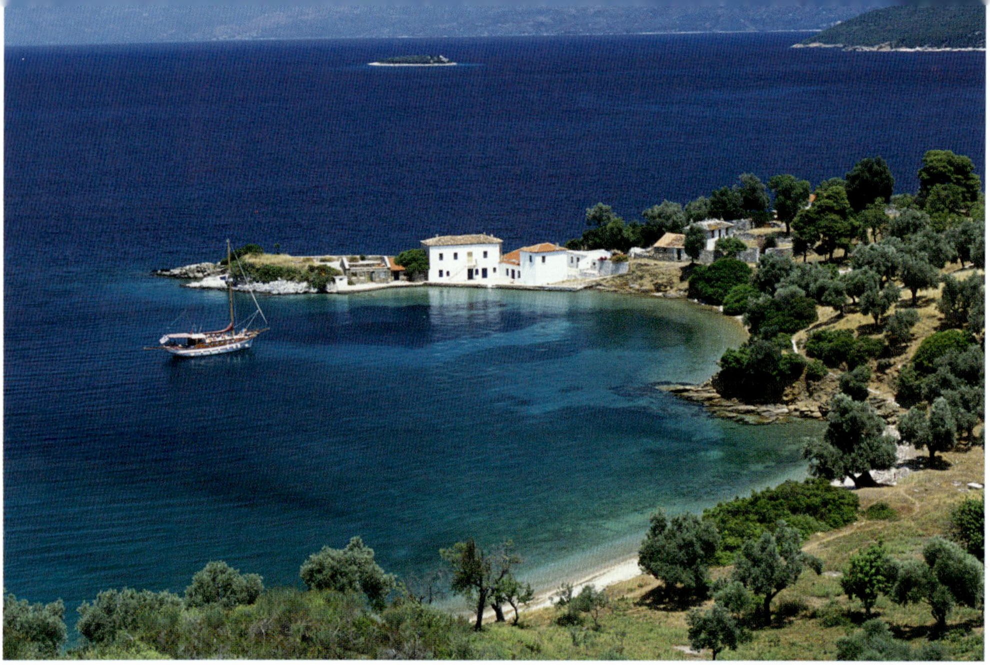

# 펠리온 Experience Pelion

**Location** 그리스 펠리온    **Website** www.pelion.gr    **Price** 

어떤 이들은 펠리온을 가리켜 "사계절의 산"이라고 부르며, 그 이유를 알아채기란 어렵지 않다. 스키아토스의 서쪽에 있는 펠리온은 동쪽으로는 파가시티코스 만, 서쪽으로는 에게 해의 따뜻한 물로 둘러싸인 반도이다. 면적이 31헥타르밖에 되지 않는 이 좁은 땅은 해안가의 마을에서 빽빽한 숲, 다시 1,500m 높이의 산봉우리로 그 모습을 바꾼다. 여름철에는 너도밤나무, 참나무, 단풍나무, 밤나무가 서 있는 수많은 트레일과 자연 탐사로를 거닐면 된다. 겨울에는 스펙터클한 바다 풍경을 내다보며 스키를 즐길 수 있다.

펠리온의 전통 건축은 독특하고 두드러진다. 지상층과 중간층에는 돌을 사용했으며, 위쪽 층들은 돌과 나무를 섞어서 지었다. 이런 양식은 그리스의 다른 어떤 고장에서도 찾아볼 수 없다. 서쪽 해안에 늘어서 있는 마을들은 누가 보아도 그리스라는 것을 금방 알 수 있다. 완만하게 비탈진 언덕은 올리브나무 과수원과 유칼립투스 숲으로 덮여 있다. 남쪽으로는 지중해의 사이프러스 나무와 포플러 나무가 동쪽 해안을 향해 구불구불 늘어서 있어, 마치 토스카나에 온 것 같은 느낌이 든다. 북동쪽 구석에는 이 아름다운 풍경에서도 가장 아름다운 보석이 자리하고 있다.

테살로니키에서 자동차로 4시간 거리인 이 곳에 매력적인 바닷가 마을 다무하리(Damouhari)가 있다. 집들이 옹기종기 모여 있는 이 마을은 펠리온 반도의 본토에 올리브나무 숲과 청록색의 에게 해를 내려다보는 작은 자갈 해변 항구를 배경으로 서 있다. 바로 이 마을이 전세계적으로 대히트를 친 영화 〈맘마 미아〉의 주요 장면을 여럿 찍었던 촬영지이다. 사람의 손에 망가지지 않은 펠리온의 이쪽 지역은 오랫동안 그리스인들의 인기 휴양지였지만, 외국인들에게는 오늘날까지도 비교적 덜 알려져 있다. 〈맘마 미아〉의 성공으로 인해 이 모든 것이 바뀌지 않기만을 간절히 바랄 뿐이다. **JP**

⬆ 펠리온에는 사진에서 보는 것과 같은 숨어 있는 예쁜 만들이 많다.

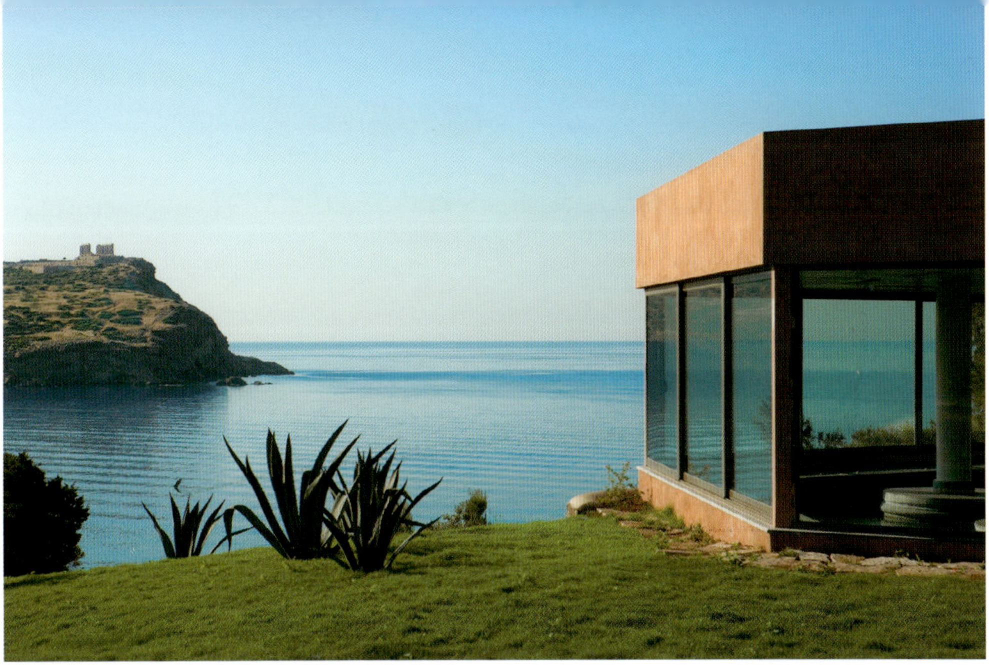

# 엘리시르 스파 Relax at Elixir Spa

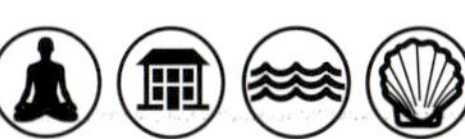

**Location** 그리스 아티카    **Website** www.grecotel.com    **Price** ⓢ ⓢ ⓢ

고대 건축을 흉내 낸 기둥이 서 있는 버블 스파 풀에 몸을 담그고 유리벽 너머로 유럽 대륙 남쪽 끝에 서 있는 포세이돈 신전을 바라보자. 팔각형의 이 환상적인 스파는 그리스 신화의 신들과 관련 있을 것 같지만 제임스 본드 영화 〈닥터 노〉에서 영감을 얻은 것이다. 실제로 여기저기서 제임스 본드의 영향이 눈에 띈다. 엘리시르 스파는 환상적인 지중해 풍경을 배경으로 지어진, 돈 쓰는 것을 두려워하지 않는 이들을 위한 호화로운 모던 리조트이다. 그러나 사악한 음모를 꾸미고 있는 악의 천재는 없다. 사실, 그리스 신화의 영웅들마저 사랑해 마지 않았을 호화로운 낙원이다.

거대한 황동문을 열고 스파로 들어서면, 마치 비행기의 동그란 창문 안으로 발을 들여 놓는 것 같은 느낌이 든다. 개인 트리트먼트 룸은 향기나는 촛불과 마음을 가라앉히는 음악으로 매우 친밀한 분위기가 감돈다. 지압, 아로마테라피, 반사요법, 핫스톤 테라피 등을 받을 수 있다. 또 "포세이돈 엘리시르"라는 이름의, 고대의 몸단장 의식에서 영향을 받은 특별 트리트먼트도 있다. 곱게 간 올리브씨에 천일염, 찐득한 점토를 섞어 사우나 내에서 스크럽과 문지르는 마사지를 해 주며, 몸의 독소를 제거해 준다고 한다. 민들레와 배 추출물로 만든, 피부 속으로 깊이 침투하는 천연 크림을 사용하여 마사지사 두 사람이 45분간 해 주는 치유 마사지가 그 절정인데, 피부가 마치 비단결처럼 매끈하고 빛이 나게 된다.

이 스파는 그레코텔 케이프 수니오 리조트에 속해 있다. 눈부시게 아름다운 푸른 바다를 마치 원형극장처럼 둘러친 30ha의 부지에 124개의 럭셔리 방갈로를 갖춘 5스타 리조트이다. 멋진 테라코타 방갈로 대부분은 전용 풀장과 정원, 발코니가 딸려 있으며 환상적인 조망을 자랑한다. 리조트 내에는 5개의 레스토랑과 3개의 수영장, 전용 해변, 그리고 리조트 소유의 요트까지 있다. 아무리 닥터 노라도 감탄하지 않을 수 없었을 것이다. **SH**

⬆ 스파 룸은 팔각형으로, 유리로 만든 외벽으로 잊지 못할 바다 풍경이 눈에 들어온다.

# 그랜드 리조트 Relax at Grand Resort

**Location** 그리스 아티카   **Website** www.grandresort.gr
**Price** 💲💲

이 곳은 태양과 바닷가 호텔의 극치이다. 그랜드 리조트는 아테네에서 남쪽으로 35km 떨어져 있으며, 아테네 리비에라는 물론 지중해 연안 전체에서 가장 럭셔리한 호텔 중 하나이다.

그랜드 리조트는 그 이름값을 톡톡히 한다. 퍼스널 트레이너부터 29ha의 부지 내를 도는 전기 셔틀까지 상상할 수 있는 모든 것이 다 구비되어 있다. 당신이 생각하는 럭셔리가 방에서 한발자국도 꼼짝 하지 않는 거라면, 퍼스널 셰프와 함께 객실에서 식사를 할 수도 있고, 심지어 양복 재단사, 피아니스트, 미용사, 스파 테라피 서비스까지 모두 방으로 와 준다. 다른 호텔이라면 분명히 요란하게 자랑할 해변의 스파나 헬스클럽, 물가의

> "이 리조트는 건축학적으로 빼어나다.
> '그리스인 조르바' 이전 방식으로
> 고요한 환희를 보여준다."
>
> 헬레나 스미스, 『가디언』

연회장 같은 시설도 이 곳에서는 입에 담을 수준조차 되지 않는다. 헬리콥터 서비스, 요트 렌탈, 개인 운전사 등의 퀄리티가 손님에게는 더 중요하니 말이다.

객실과 빌라로 말할 것 같으면, 원하는 타입의 룸으로 마음대로 고를 수 있으니 걱정하지 말 것. 왕궁처럼 으리으리한 방부터 좀 특이한 방까지 온갖 타입이 다 있다. 대부분의 빌라는 물가에 서 있으며, 전용 인피니티 풀, 대리석 욕실, 온돌 난방, 베개 메뉴 등이 갖추어져 있다. 또 16군데의 리조트 전용 해변, 10개의 레스토랑, 올림픽 규격의 해수 풀장 등이 있어, 휴가 중에 하고 싶을 만한 그 어떤 스포츠를 즐기는 데에도 문제가 되지 않는다. **SH**

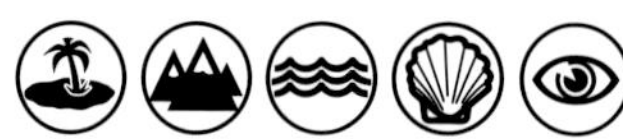

# 아모르고스 섬 Visit Amorgos Island

**Location** 그리스 아모르고스 섬   **Website** www.amorgos.net
**Price** 💲

햇빛을 받아 빛나는 비잔틴 시대 수도원 파나기아 호소비오티사의 새하얀 파사드가 에게 해를 향해 절벽에서 툭 튀어나와 있다. 그 아래로 저 멀리 수평선까지 밝은 파란색의 바다가 끊없이 펼쳐져 있다. 프랑스의 영화 감독 뤽 베송이 〈그랑 블루〉(1988)를 찍기 위해 아모르고스 섬을 찾은 것도 고독과 드라마가 공존하는 이러한 빼어난 풍경 때문이었다.

북쪽에서 남쪽으로 뻗어 있는 해안도로는 산속으로 구불구불 이어지며, 깎아지른 듯한 절벽이 깊고 수정처럼 맑은 물로 숨어 있는 작은 만(灣)에 그 자리를 내어준다. 길 잃은 염소 몇 마리를 제외하면 살아 있는 생물은 구경도 할 수 없는 길고도 고독한 여정이지만, 세 개의 마을을 지나는 울퉁불퉁 언덕진 길이 마치 날아가는 듯한 느낌을 선사한다. 심지어 아이갈리의 메인 "리조트"에 도착해도 모든 것이 느릿느릿하기는 마찬가지다. 타베르나에서는 사제들이 오후의 뜨거운 태양을 피해 주사위 놀이를 하고 있다. 8월 중순의 인파—라고 해도 평소 때보다 약간 더 많은 정도지만—가 싫다면, 항구에서 작은 보트를 타고 나만의 해변(아마도 나체 해변)으로 가거나, 신비로운 무인도를 찾아보자. 또는 지도로 무장하고 관목 숲과 황량한 산길을 기어올라 만을 내려다보는 자신만의 장소를 만들어보자.

1,900여 명의 섬 주민의 대부분은 수도 격인 코라에 거주한다. 키클라데스 제도에서는 가장 보존이 잘된 도시 중의 하나이다. 흰색과 파란색의 집들 사이에 잠시 멈춰, 언덕 위에 있는 베네치아인들이 지은 성을 올려다보자. 해적, 로마의 망명객, 미노아인 들이 모두 이 곳을 거닐었으며, 이 섬의 역사는 무려 기원전 4,000년으로 거슬러 올라간다. 때로는 무법천지였겠지만, 그때도 운치있는 것은 마찬가지였을 것이다. **JW**

▷ 파나기아 호조비오티사로 향하는 계단을 올라가노라면, 마치 시간이 정지한 듯하다.

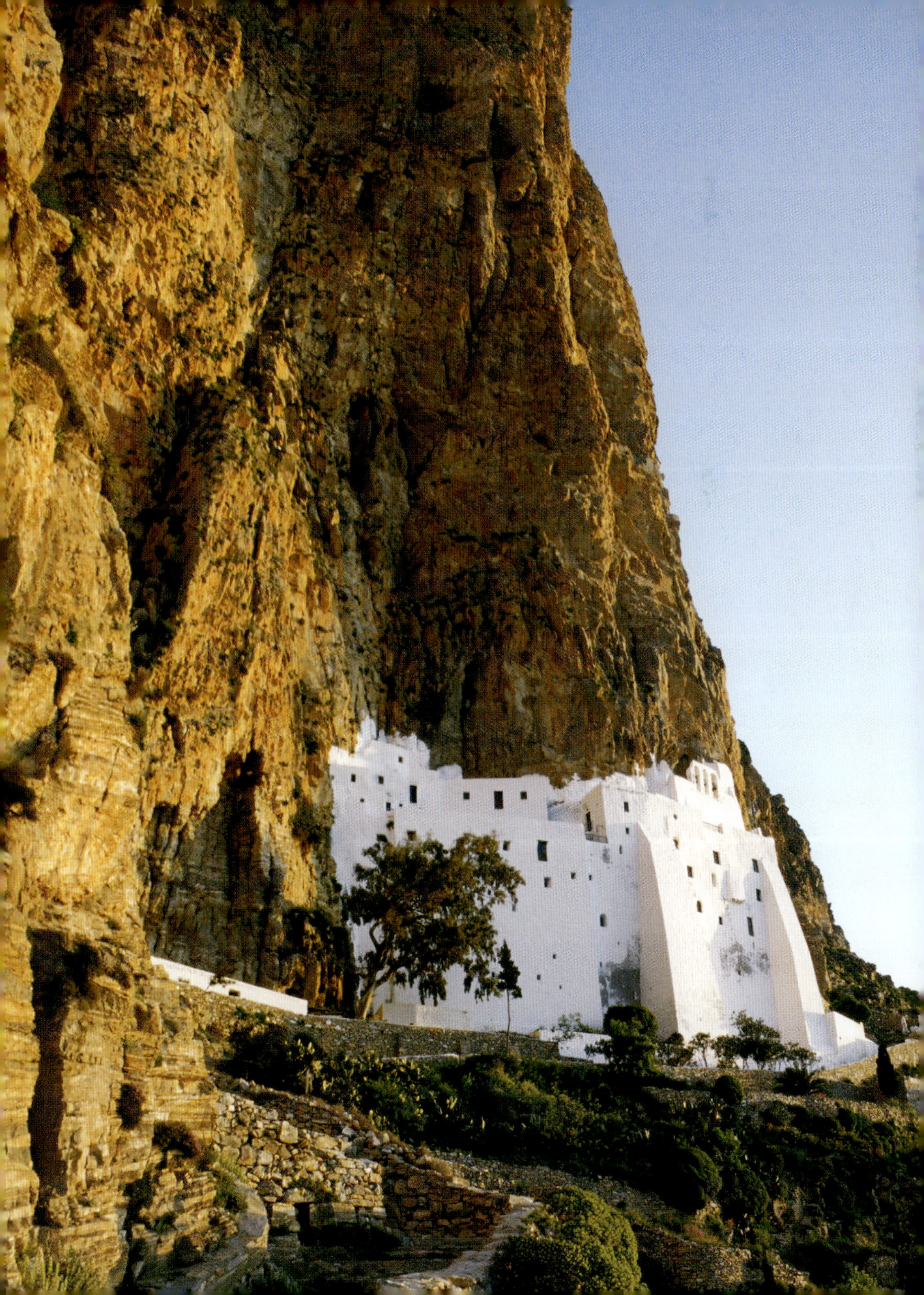

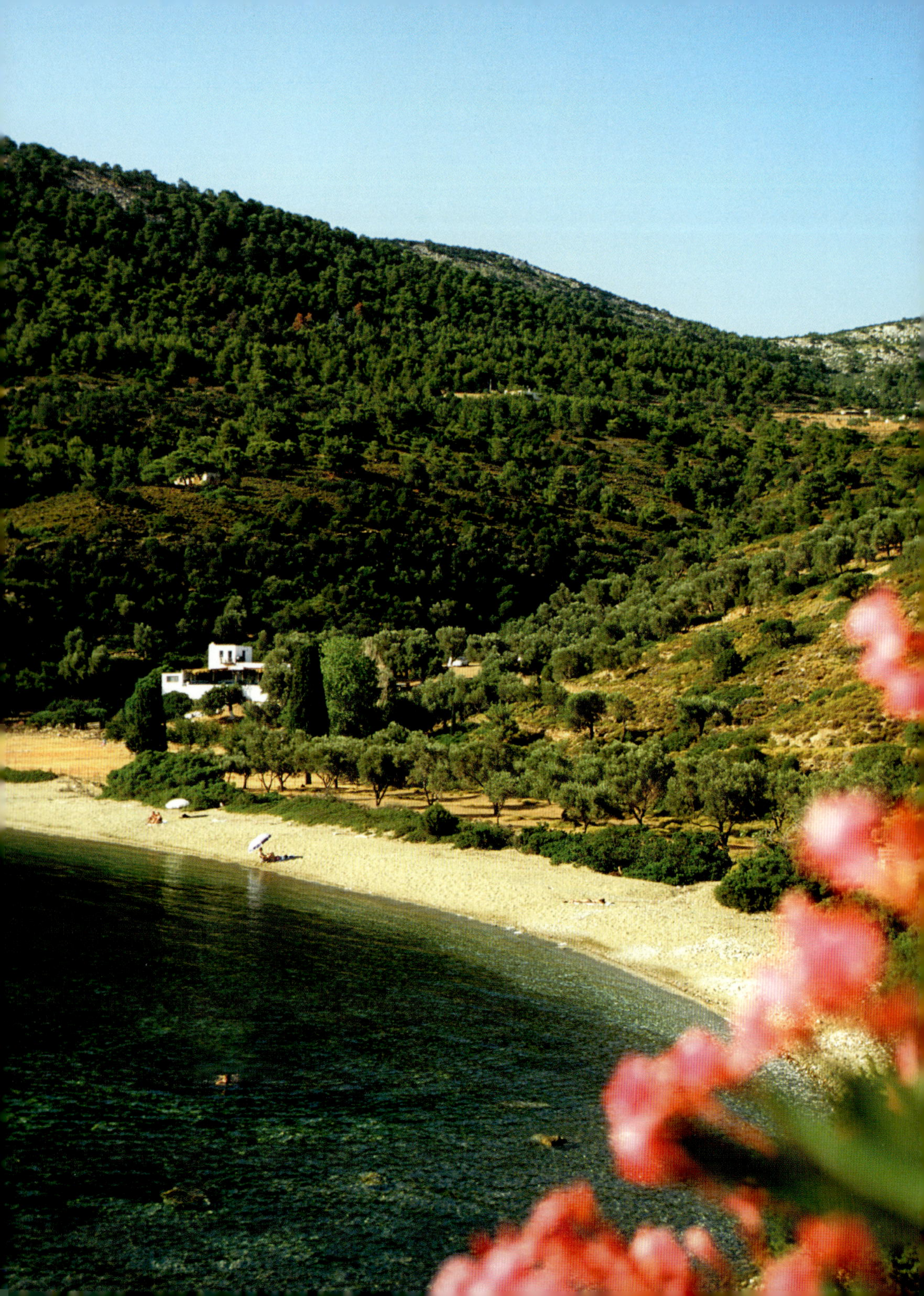

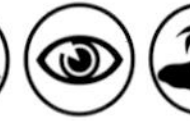

# 나비 계곡 See Valley of the Butterflies

**Location** 그리스 로도스 섬
**Website** www.rodosisland.gr  **Price** ❗

매년, 로도스 섬의 협곡 하나는 수백만 마리의 저지불나방의 임시 서식지가 된다. "나비 계곡"이라고 이름을 잘못 짓기는 했지만, 매년 약 50만 명의 관광객이 이 곳을 찾는다. 로도스 시에서 버스를 타거나 자동차를 타고 와야 하지만, 섬 북쪽 해안의 리조트 중 하나, 예를 들면 톨로스(Tholos)에 머물고 있다면, 한 시간 정도 걸어서 이 자연 공원으로 올 수도 있다. 걸어 오는 동안 페탈루데스(Petaloudes) 계곡의 푸른 초목을 볼 수 있으니 더욱 상쾌하다. 폭포가 물을 쏟아내고, 잎이 무성한 나무들이 깊은 그림자를 드리우며, 펠레카노스(Pelekanos) 강 위로는 통나무 다리가 놓여 있다.

6월 초가 되면 나방들이 계곡으로 찾아오기 시작한다. 그리고 이 곳의 진정한 고요함에 젖어 보려면 바로 나방들이 날아오기 시작하는 초기가 가장 좋다. 나방의 수가 가장 많을 때는 7월과 8월이지만, 이 때는 관광객이 가장 많은 시기이기도 하므로, 계곡의 오솔길이 거의 간선도로 수준이 되어버린다. 그러나 6월에는 이 계곡 전체를 혼자서 오롯이 즐길 수 있다. 때때로 계곡을 그 어찔한 향으로 채우는 송진을 먹기 위해 날아가는 나방의 반짝이는 빨강, 까망, 갈색 날개를 보고 감탄하게 된다. 두어 달 동안 힘을 비축한 나방들은 8월에는 짝짓기에 분주하다가 9월이 되면 다시 날아가 버린다.

이 곳에는 계곡에 서식하는 동식물을 전시하고 있는 박물관도 있다. 나방이 없을 때에도 햇볕을 쬐며 걸으면서 폭포의 물보라로 살짝 촉촉해진 서늘한 공기를 들이마실 수 있는 환상적인 곳이다. **JED**

⬅ 로도스 섬의 지형과 사뭇 다른 페탈루데스 계곡에 도착하는 것은 마치 사막에서 오아시스를 발견하는 것과 같다.

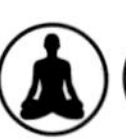

# 아나싸 Stay at the Anassa

**Location** 키프로스 라치
**Website** www.anassa.com.cy  **Price** 💲💲

발코니 문을 열어 놓고 잠들면, 아침에는 크림색 드레이프가 따뜻한 에게 해의 산들바람에 살랑살랑 움직이고 있다. 밖에서 산책을 하면서 멀리 아카마스 국립공원의 언덕과 "아프로디테의 목욕탕"을 향해 아련하게 사라지는 기나긴 해변을 바라보자. 아나싸는 키프로스 섬 최고의 해변 중 하나에 홀로 서 있으며, 소나무 숲이 우거진 산으로 둘러싸여 그 몽환적인 분위기가 한층 더하다. 방문객은 옹기종기 모여 있는 테라코타 지붕의 하얀 빌라에서 묵게 된다. 그 한복판에는 스파, 레스토랑, 서늘하고 바람이 잘 통하는 공공 공간이 있는 웅장한 신고전주의 양식의 팔라초가 서 있다. 높은 창문과 발코니가 조경된 정원을 가로질러 조용한 바닷가로 구

---

> "지중해의 '잇걸' 호텔—글래머러스하고,
> 패셔너블하고,
> 스타일이 흘러넘친다."
>
> 『푸드 앤 트래블』誌

---

불구불 이어지는 오솔길을 내려다보고 있다.

아나싸는 5스타 고대 수도원처럼 느껴질지 모르지만, 사실은 20세기 말에 지어진 건축물이다. 손이 닿는 모든 것이 대리석, 윤을 낸 나무, 결이 고운 리넨, 연철, 깨끗한 돌, 또는 값비싼 크림색 직물이다. 절제된 호화로움의 절정은 로마네스크 양식의 스파이다. 돌로 지은 아치형 셀러에는 4개의 레스토랑 중 최고가 들어와 있으며, 9코스 구르메 메뉴를 제공한다. 그러나 존경심이 절로 들 정도의 고요함은 강요되지는 않는다—부주키(손가락으로 연주하는 그리스의 현악기) 악사들이 연주하는 세레나데를 들으면서 해변에서 바비큐를 해 먹을 수도 있다. 수상스포츠, 다이빙, 테니스 등을 즐길 수 있으며, 아나싸의 전용 요트 갑판에서는 바위투성이 아카마스 반도의 최고 전망을 감상할 수 있다. **SH**

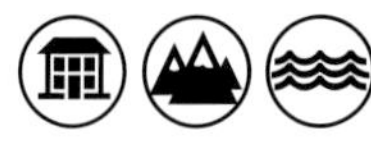

# 빌라 블레드 Stay at Hotel Vila Bled

**Location** 슬로베니아 고레니스카
**Website** www.relaischateaux.com　　**Price** 💲💲

반짝이는 블레드 호수(Blejsko jezero) 너머 줄리안 알프스(이탈리아 북동부에서 슬로베니아까지 이어지는 알프스 남쪽 줄기의 석회암 산맥)의 우뚝 솟은 봉우리들을 어우르는 아름다운 풍경을 보고 있노라면, 알프스의 낙원에 온 듯한 기분이 든다. 호수에 떠 있는 작은 섬의 커다란 암반 위에는 성모 승천 교회(Cerkev Marijinega vnebovzetja)가 서 있으며, 호반에서 조깅이나 카누를 즐기는 사람들 몇몇을 제외하고는 고요하기 그지없다.

최고의 전망을 자랑하는 곳은 호텔 빌라 블레드로, 한때 유고슬라비아 원수 티토의 개인 별장이었다. 티토는 물론, 제정 오스트리아와 유고슬라비아의 왕족들이

---

"(빌라 블레드는) 숨막힐 듯 아름다운
호수 풍경과… 50년대의 사회주의 쉬크의
오리지널 실내 장식을 뽐낸다."

로버트 보인턴, 『트래블+레저』誌

---

왜 이곳을 사랑했는지는 누가 보아도 금방 알 수 있다. 나룻배, 테니스 코트, 야외 풀장 등이 국빈들을 영접하기에 완벽하며, 승마, 낚시, 사냥 등을 마음대로 즐길 수 있기 때문이다. 초목과 꽃이 만발한 5ha의 부지에는 스파, 사우나, 터키탕 등도 있지만, 진짜 이곳이 특별한 이유는 그림 같은 호반이라는 입지이다.

실내에는 장식 없는 대리석 층계와 나무 바닥, 운치 있는 피아노 바, 그리고 어마어마하게 넓은 스위트 몇 개가 있다. 또한 티토가 사랑해 마지않았던, 붉은 군대의 승리를 묘사한 벽화로 덮인 연회장 등 공산주의의 과거를 연상시키는 매력적인 요소들도 남아 있다. 부지 너머로는 빽빽한 원시림이 펼쳐져 있다. 슬로베니아의 수도 류블랴나까지는 남쪽으로 50km밖에 되지 않는다. **LP**

# 켄도프 드보렉 Relax at Kendov Dvorec

**Location** 슬로베니아 고리스카
**Website** www.kendov-dvorec.com　　**Price** 💲💲

삶이 훨씬 느리게 움직였던 시대로 되돌아가 도시 생활의 번잡함에서 탈출해 보자. 활기 넘치는 수도 류블랴나에서 자동차로 약 한 시간 거리, 슬로베니아의 산악지대 속에 아늑하게 자리잡은 켄도프 드보렉("켄다 장원"이라는 뜻)은 켄다 지주들이 이드리야(Idrija) 계곡을 경작하던 1377년에 지어졌다. 이 지역은 오늘날까지도 그 옛날과 마찬가지로 짙은 녹음과 신선한 공기를 자랑한다.

이제는 품격이 느껴지는 고요한 휴양지가 된 켄도프 드보렉의 호화로운 11개 객실은 모두 켄다 가문 일원의 이름을 따서 지어졌으며, 19세기 앤티크 가구로 저마다 개성있게 꾸며졌다. 손으로 조각한 침대와 커다란 옷장을 생각해 보라. 과거 장원 영주가 묵었던 방에 머무르면서 마치 나 자신이 영주가 된 듯한 기분을 느껴보자. 바로크 양식으로 아름답게 장식된 널찍한 방으로, 숲이 우거진 산봉우리를 배경으로 구 시가지와 교회를 굽어보는 아름다운 파노라마 전망을 즐길 수 있다. 아마 한때는 이 지역에서 최고 권세를 누렸던 가문의 저택이었겠지만, 이 5스타 베드앤브렉퍼스트는 이 고장에서 생산한 핸드메이드 레이스로 장식된 테이블보와 커튼, 베드커버와 100년 된 사과나무, 꽃이 만발한 환상적인 정원 덕분에 매우 아늑한 느낌이 든다.

인하우스 레스토랑에서는 최고의 재료만을 사용하여 현대적으로 해석한 슬로베니아 음식을 선보인다. 메뉴 없이, 셰프가 직접 그날의 요리—주로 향토 요리—를 설명해 주며, 인근 포도밭에서 생산한 와인이 곁들여진다. 이곳 주민들처럼 이드리예카(Idrijca) 강에서 수영을 하거나 대리석 송어를 낚아보자. 산속의 호수와 폭포로 하이킹을 떠나거나 자전거를 타자. 래프팅이나 카약도 즐길 수 있다. 물론 가장 중요한 것은, 상쾌하고 순수한 알프스의 공기를 가슴 가득 들이마시는 것이다. **JK**

# 네베사 Enjoy Nebesa

**Location** 슬로베니아 고리스카
**Website** www.nebesa.si/ang/nebesa.html　　**Price** ⑤⑤

이 4개의 2인용 알프스 오두막은 고도 900m, 쿠크 산비탈에 서 있다. 워낙 높은 곳에 자리잡고 있다 보니 구름이 저 아래 보이며, 눈 쌓인 산봉우리와 푸르른 계곡을 가로지르는 믿기지 않는 풍경이 눈에 들어온다. 나무와 돌로 지은 샬레는 심플하면서도 스타일리시하며, 한 면을 완전히 덮고 있는 유리벽을 통해 가파른 경사면을 따라 초원과 숲지가 펼쳐진다. 야생 사슴이 어슬렁거리며 돌아다니는 모습도 곳곳에 보인다.

아래층에 있는 넓은 응접실은 부엌과 욕실로 이어진다. 위층의 다락방 침실에는 처마가 낮은 천장과 아늑한 더블베드가 있다. 현대적인 크롬 전등과 따스함을 더하는 커피색 울 소파 등 패셔너블과는 거리가 먼 미

> "전면을 유리로 덮어 언제 어디서든
> 전망을 즐길 수 있으며, 야생 붉은사슴이
> 초원을 어슬렁거린다."
>
> i-escape.com

니멀리즘이다. 네베사는 말 그대로 베드앤브렉퍼스트만 제공하지만, 부엌이 딸려 있으므로 이 지역 와인부터 치즈와 찬 육류까지 하루 종일 드링크와 스낵을 마음껏 먹을 수 있다(모두 요금에 포함되어 있으니 추가 비용을 걱정할 필요 없다). 아침식사 역시, 원하는 시간에 먹을 수 있도록 냉장고에 넣어 둔다.

가장 가까운 마을까지는 자동차로 15분 정도 걸리므로, 주변을 돌아보려면 차가 필요하다. 그러나 다른 말로 하면 마법과도 같은 호젓함을 즐길 수 있다는 뜻이다. 이 전망과 환상적인 웰니스 센터를 포기하고 밖으로 나가고 싶다면, 슬로베니아에서 이탈리아까지 이어지는 파노라마 풍경을 즐길 수 있는 하이킹에 나서자. 또는 차를 타고 코바리드로 가서 소차 강변을 거닐 수도 있다. 겨울에는 스키를 타기에 안성맞춤이다. **AD**

# 히사 프랑코 Dine at Hiša Franko

**Location** 슬로베니아 고리스카
**Website** www.hisafranko.com　　**Price** ⑤⑤

이탈리아와 국경을 맞대고 있는 슬로베니아의 가장 서쪽, 소차 계곡에 위치한 히사 프랑코는 작은 부티크 호텔이지만, 그 명성은 아주 멀리까지 퍼져 있다. 슬로베니아에서도 가장 낙후한 지방 깊숙이 자리하고 있지만, 레스토랑 하나만으로도 여기까지 찾아갈 만한 가치는 충분하다.

발터와 아나 부부가 운영하는 이 호텔 레스토랑의 메뉴는 그야말로 "잡식"이라 부를 만하다. 가리비를 곁들인 쐐기풀 리조토, 비터 카카오 누들, 산양 고기, 토끼고기, 지중해 참치 등을 맛볼 수 있다. 과일 소르베와 쿠바 초콜렛 수플레 같은 디저트는 식사에 멋진 마침표를 찍어준다. 모든 음식은 인근 지역에서 생산한 유기농 재료로 만든다. 붉은 색조로 꾸민 느긋한 식당에 짙은 색 나무가구, 빳빳하게 풀을 먹인 새하얀 식탁보 위에 요리가 차려지고, 이탈리아나 슬로베니아 와인이 나온다. 발터는 전문 소믈리에로, 원하는 손님에게는 기꺼이 자신의 지식을 나눠준다.

5코스 또는 8코스 테이스팅 메뉴 역시 그 창의력과 정교한 표현으로 인기가 높다. 히사 프랑코는 호텔이지만, 이곳에 오는 손님들은 주로 레스토랑을 찾는다. 그 요리를 아는 손님에게는 정말로 환상적인 영감을 주는 곳이다. 여름에는 유리벽으로 둘러싸인 방에서 저녁식사를 하게 되며, 특별한 행사를 위한 별실도 있다. 슬로베니아 와인에 대한 발터의 열정은 대단해서, 그를 따라 셀러로 내려가 여러 와인을 시음해보고, 가장 마음에 드는 와인 몇 병을 괜찮은 가격에 사가지 않고는 못 배길 것이다.

레스토랑의 방들은 창의적인 터치가 여기저기서 느껴진다. 주변 전원은 정말로 멋지며, 도보나 자전거로 탐방을 나서 볼 만하다. 또는 카약이나 래프팅 뗏목으로 강을 내려가보자. 어디에 무얼 하러 가든지, 아나가 럭셔리 그 자체인 도시락 바구니를 만들어 줄 것이다. **LD**

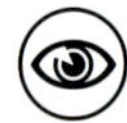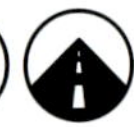

# 슬로베니아 자전거 여행
## Explore Slovenia by Bicycle

**Location** 슬로베니아    **Website** www.slovenia.info
**Price** 💲💲

자전거 전용도로가 그물처럼 펼쳐져 있는 아름다운 전원 덕분에, 최근 몇 년 동안 슬로베니아는 유럽에서 최고의 자전거 휴양지로 각광을 받아 왔다. 슬로베니아는 작은 나라지만, 구불구불 흐르는 강, 눈이 쌓인 산, 험준한 바위 동굴, 오래된 마을, 원시림, 그리고 언덕진 경작지가 조밀하게 들어차 있다.

가벼운 마음으로 정처 없이 페달을 밟고 싶어하는 이들에게는 여러 가지 옵션이 있다. 수도인 류블랴나 남서쪽 지방은 저 아래 이탈리아 국경과 아드리아 해까지 이어지며, 고요하고 목가적인 시골길로 가득하다. 조금 사치를 누려 보고 싶다면, 북서쪽 마리보르 근교의 와인 재배 지역으로 가자. 온천 마을과 포도밭으로 유명한 곳이다. 하루 종일 말을 탄 뒤, 동네 호텔에서 치유 효과가 있는 온천에 몸을 담그고 와인 한 잔을 마시는 것이다.

슬로베니아 최고의 자연 절경을 즐기려면 조금 고달플 각오는 해야 한다. 슬로베니아 알프스로 올라가는 좁은 길을 따라 초록빛 산봉우리와 소나무 숲이 덮인 산비탈, 수정처럼 맑은 빙히 호수를 지나간다. 가장 인기 있는 코스는 블레드 호수인데, 130m 높이의 절벽 위에 서 있는 저 유명한 블레드 성(Blejski grad)이 1천 년 동안 그 잔잔한 물을 지켜왔다.

산악 자전거 취향이 아니라면, 언제나 반대 방향으로 갈 수 있다. 페카 산은 매우 특이한 자전거 경험을 제공한다. 폐가 터질 듯한 정상 정복 대신, 헤드램프를 쓰고 폐광을 가로지르는 5km의 지하 도로를 달릴 수 있다. **JF**

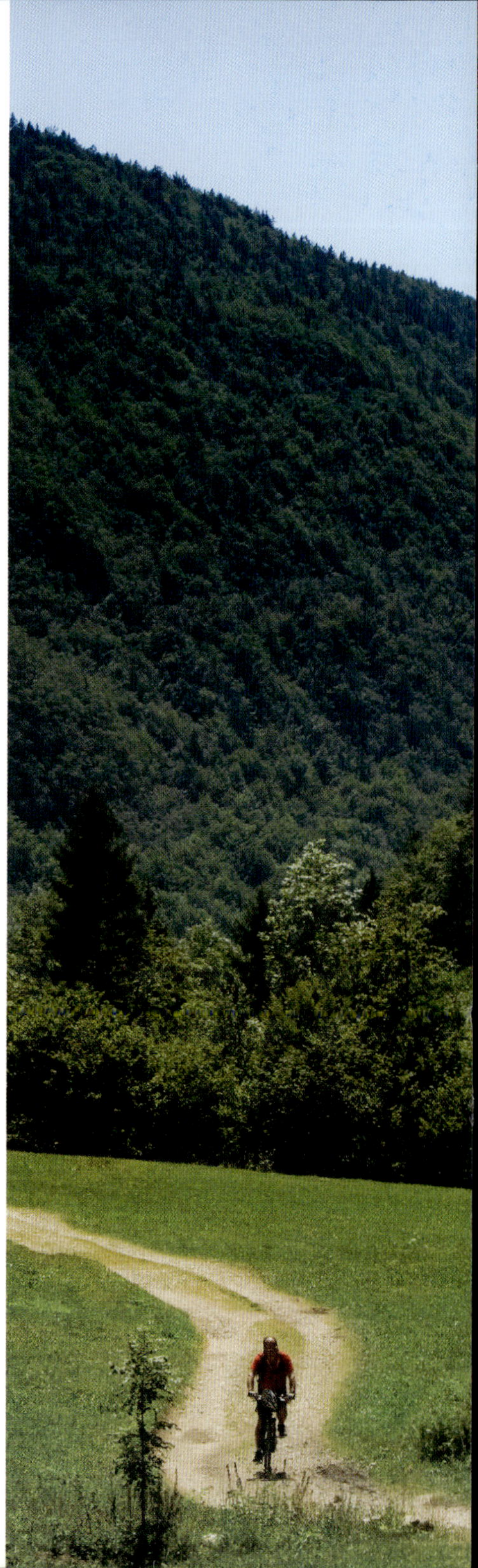

→ 슬로베니아의 줄리안 알프스, 보히니예(Bohinj) 마을 위 보예 (Voje) 계곡.

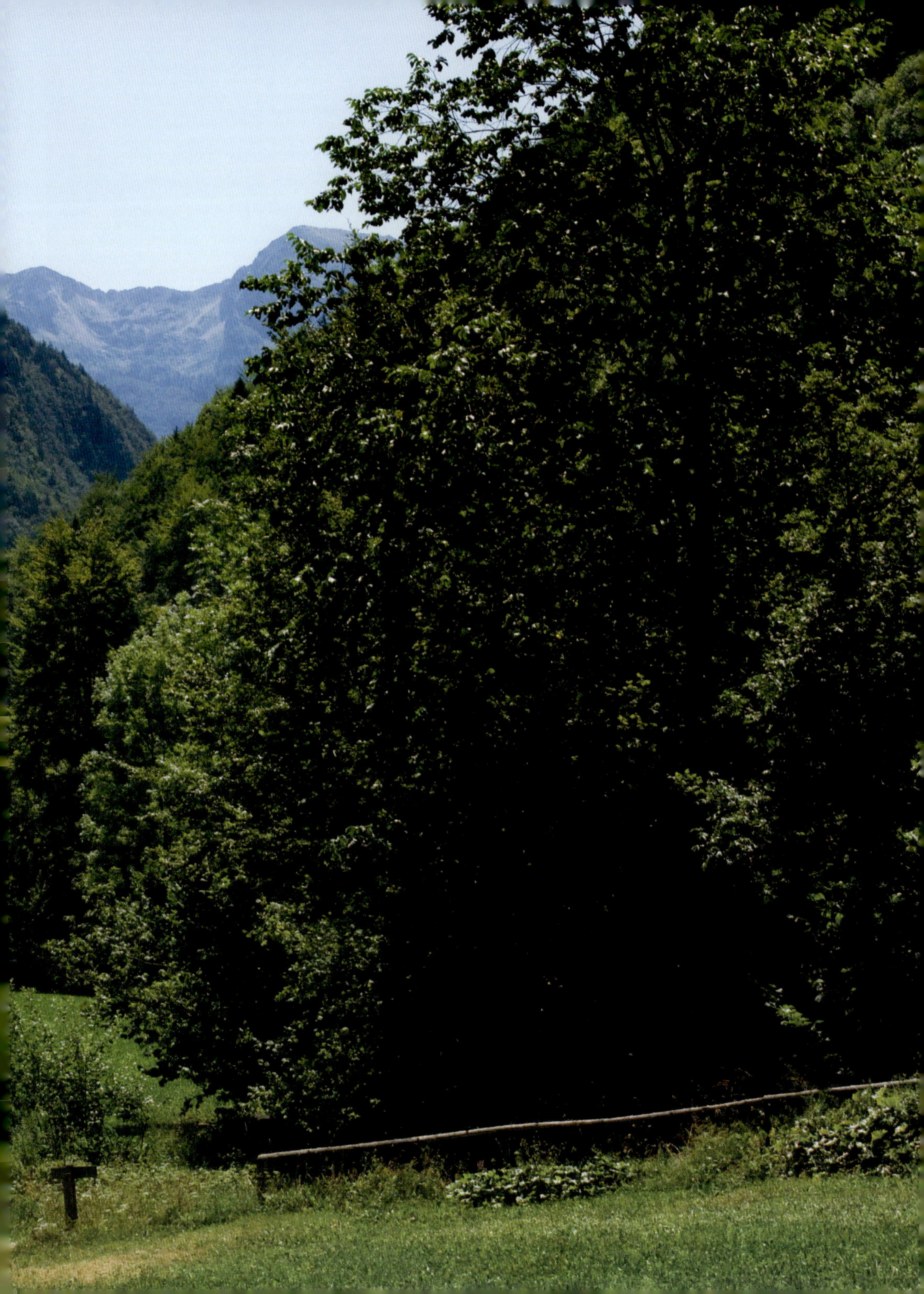

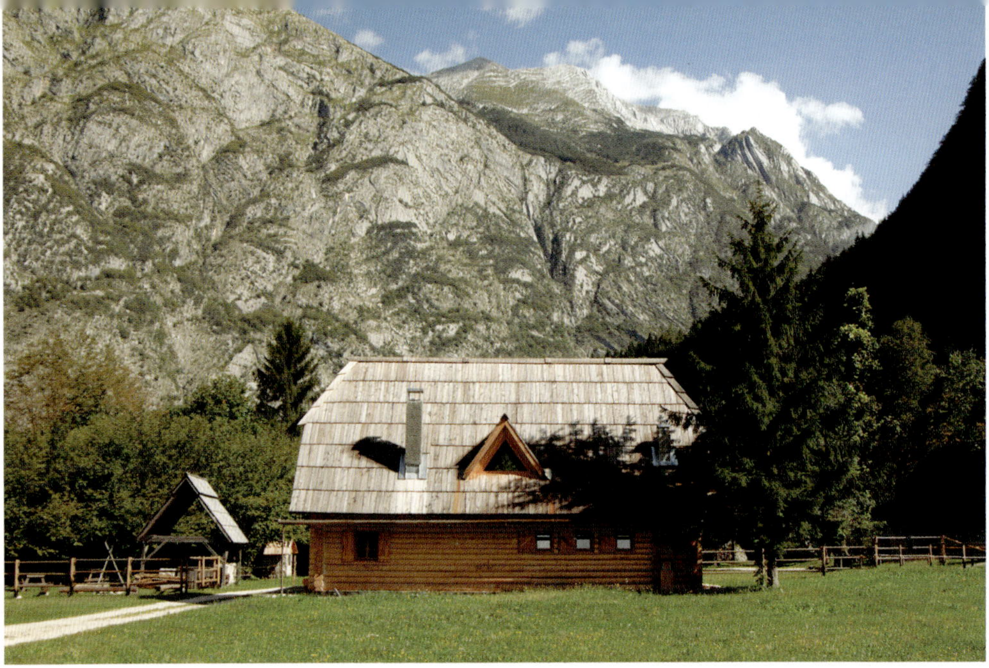

# 프리스타바 레페나 Discover Pristava Lepena

**Location** 슬로베니아 고리스카　　**Website** www.pristava-lepena.com　　**Price** $

마구 휘돌아치는 소차(Soča) 강의 벽옥빛 물 너머를 가만히 바라보고 있노라면, 슬로베니아의 이 마법 같은 고장이 왜 〈나니아 연대기: 캐스피언 왕자〉의 배경이 되었는지 금방 알 수 있다.

소차 강은 알프스의 찬 공기가 이웃한 이탈리아에서 올라오는 훈훈한 아드리아 해의 바람과 만나는 트리글라프 국립공원을 가로질러 흐른다. 이 얼음장처럼 차고 맑은 물이 1,000년 넘게 깎아서 만든 작품이 바로 트렌타 계곡이다. 오늘날에는 푸르른 초원과 색색깔의 야생화가 무성하다. 프리스타바 레페나는 이 비옥한 계곡에 아늑하게 감싸여 있다. 그 위로 줄리안 알프스의 웅장한 석회암 봉우리가 내려다보고 있다.

주인인 밀란과 실비아 돌렌크는 열성적인 야외활동가들을 위한 완벽한 휴양지를 만들어냈다. 나무와 돌로 만든 8개의 전통 샬레가 옹기종기 모여 있는 프리스타바 레페나는 그 위풍당당한 자연 풍경과 완벽한 조화를 이루며, 또 그 덕을 톡톡히 보고 있기도 하다. 손님들은 수많은 야외 활동 중에서 원하는 대로 선택할 수 있다. 승마 애호가들은 리피찬 종 말을 타고 숲과 산 협곡을 가로질러 달릴 수 있다. 하이킹 또는 산악 자전거 트레일도 있고, 테니스 코트와 수영장도 있다. 강에서는 래프팅, 카약, 협곡 탐방 등 다양한 수상 스포츠를 즐길 수 있다. 그러나 누가 뭐래도, 세계의 낚시꾼들을 불러모으는 것은 바로 제물낚시이다. 맑고 차가운 물에서 대리석 송어, 무지개 송어, 브라운 송어가 모두 잡힌다.

레스토랑에서는 신선한 새끼양고기 꼬치구이와 그릴에 구운 송어 등 이 지역에서 생산한 재료로 만든 전통 요리를 선보인다. 좀더 모험심이 있다면, 홈메이드 스피릿을 맛볼 수도 있다. 그런 다음 난롯가에 앉아 불을 쪼이거나, 개인용 테라스에 앉아 주위를 에워싸고 있는 알프스 풍경을 즐기자. 정말로 잊을 수 없는 절경이다. **JP**

⬆ 프리스타바 레페나는 줄리안 알프스 높은 곳의 외진 계곡에 자리잡고 있어, 그 산 풍경을 즐기기에 완벽하다.

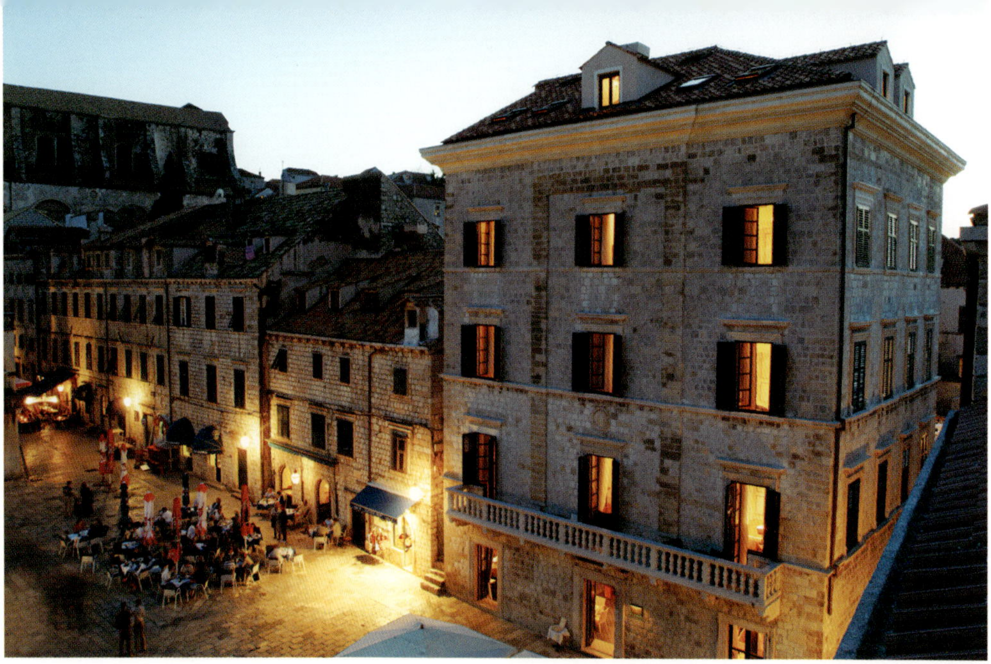

# 푸시치 팰리스 Stay at the Pucić Palace

**Location** 크로아티아 두브로브니크    **Website** www.thepucicpalace.com    **Price** ⑤⑤

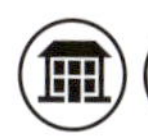

전형적인 여름 성수기 두브로브니크의 번잡스러움 속에서도, 5스타 호텔 푸시치 팰리스는 로맨틱한 낙원과도 같다. 구 시가지의 한복판에 있는데도, 도시의 좁은 거리를 가득 메우고 카메라가 쉴새없이 터뜨리는 관광객 인파로부터 100만 광년은 떨어져 있는 듯한 느낌이다.

두브로브니크 태생의 17세기 극작가 겸 시인의 이름을 딴 군둘리치 광장 건너편에 서 있는 푸시치 팰리스는 한때 당대 가장 화려한 귀족 저택이었다. 19세기 말 호텔로 개조되었는데, 원래는 3스타 호텔이었다가 개·보수를 거쳐 2002년에 재개장했다. 이제는 객실이 단 19개뿐이며, 각각 이 도시가 낳은 유명한 문인이나 예술가의 이름을 땄다.

2개의 스위트와 1개의 싱글룸이 있지만, 주로 디럭스룸과 이그제큐티브 룸이다. 특히 이그제큐티브 룸은 디럭스 룸보다 멋진 전망을 자랑한다. 모든 방은 앤티크로 꾸몄지만, 21세기 여행자가 원할 만한 현대적인 설비도 빠짐없이 갖추고 있다. 요청만 하면 노트북, 프린터, 스캐너, 팩스 등도 얼마든지 사용할 수 있다. 독립 욕조, 보드라운 코튼 가운, 불가리 바디 용품을 갖춘 욕실도 못지않게 럭셔리하다.

객실도 훌륭하지만, 도저히 거부할 수 없는 것은 역시 옥상에 있는 레스토랑 "데프네"이다. 저 아래 거리에서 떠오르는 부드러운 소리를 들으면서 동지중해 요리를 먹을 수 있다. 지상층에 있는 브라세리 "카페 로얄"은 여름철에는 군둘리치 광장 변에 테이블을 내놓고 야외에서도 식사가 가능하다. 아드리아 해의 자갈에서 우러난 광물질로 맛을 낸 "돌 수프"는 절대로 놓치지 말 것. 와인 바 "라조노다"는 이른 저녁에 가장 좋아하는 술 한 잔을 마시며 시간을 보내기에 아주 좋은 곳이다. 달마티아 훈제 햄이나 홈메이드 치즈 같은 안주를 곁들여서 말이다. **JA**

⬆ 푸시치 팰리스는 두브로브니크 구 시가지의 심장부에서 친밀한 럭셔리 체험이 가능한 곳이다.

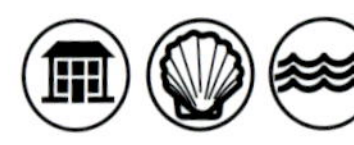

# 빌라 두브로브니크

Unwind at Villa Dubrovnik

**Location** 크로아티아 두브로브니크
**Website** www.villa-dubrovnik.hr  **Price** 🅢🅢🅢

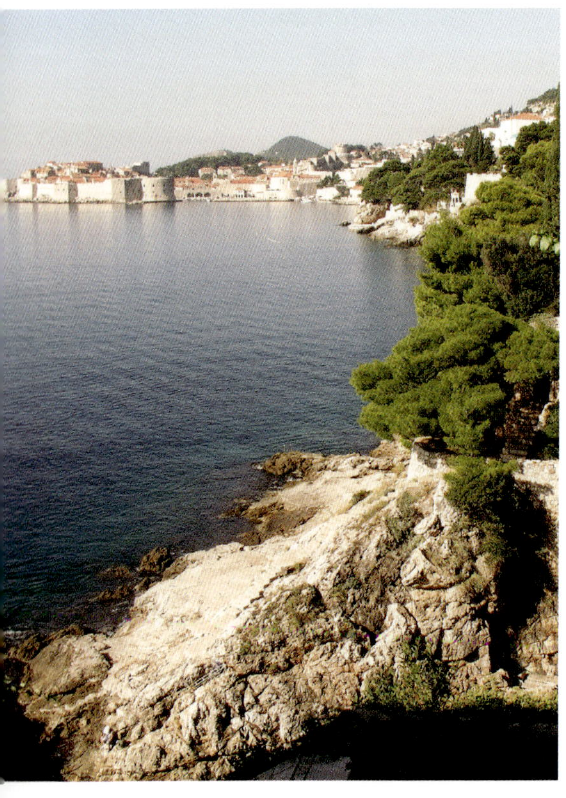

> "포도넝쿨과 꽃으로 덮인
> 테라스에서 아드리아해 위로 지는
> 태양을 바라보자."
>
> 리즈 버드, 『가디언』

1950년대에 티토 정부의 고위 공무원들의 휴양지로 지어진 이 친근하고 고급스러운 주택은 다채로운 과거를 지니고 있다. 공산주의는 오래 전에—그 고위 공무원들과 함께—사라졌지만, 빌라 두브로브니크는 여전히 그 사치를 맛보고 싶어하는 이들을 위한 낙원으로 남아 있다.

절벽 가장자리에 붙어 있는 나지막한 테라스가 아드리아해 위로 펼쳐져 있는 경관이 참으로 스펙터클한 이 매력적인 호텔은 두브로브니크의 환상적인 풍경을 자랑한다. 도로에서 사이프러스 나무가 양 옆에 서 있는 60개도 넘는 가파른 계단을 내려가면 빌라의 크림색 현관이 나온다. 내부로 들어가면 그 스타일은 완전한 미니멀리즘이다. 미끈한 하얀 벽과 심플한 실내 장식 덕분에 가볍고 가뿐한 느낌이 든다. 객실 역시 단순하지만 깨끗하며, 프렌치 도어를 열면 바다, 로크룸 섬, 그리고 가까이로는 고대 성벽을 아우르는 파노라마 전망을 즐길 수 있는 발코니가 나온다. 모든 공공 공간은 널찍한 테라스가 딸려 있으며, 포도넝쿨과 파라솔 아래 일광욕용 의자가 넉넉히 놓여 있다. 식사를 할 수 있는 곳도 다양하다. 아 라 카르테 레스토랑에서는 천국에나 어울릴 법한 음식을 선보이며, 비스트로에서는 스낵을 제공한다. 또 너무 편하게만 지내다가 살이 찌지 않을까 걱정하는 이들을 위한 휘트니스 스튜디오도 있다.

녹음이 우거진 정원을 지나 슬슬 걸어서 (혹은 엘리베이터를 타고) 물가로 가자. 일광욕과 수영에 열광하는 이들을 위한 작고 외진 자갈 해변이 있다. 20분만 걸어가면, 혹은 호텔의 전용 보트 서비스를 이용하면, 두브로브니크 구 시가지의 상점, 바, 레스토랑까지도 금방 갈 수 있다. **JK**

◺ 빌라 두브로브니크의 모든 객실에는 바다와 구 시가지 전망을 즐길 수 있는 테라스가 있다.

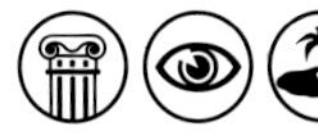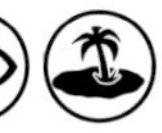

# 믈리예트 섬
Visit Mljet and St. Mary's Church and Monastery

**Location** 크로아티아 믈리예트 섬
**Website** www.visitcroatia.com    **Price** Ⓢ

믈리예트 섬은 마치 이 세상이 아닌 것처럼 아름다우며, 이 작은 섬이 매우 소중하게 관리되는 국립공원이라는 것도 놀랄 일이 아니다. 이 섬에서는 크로아티아 전원의 전형적인 특징—에메랄드빛 계곡, 뻣뻣한 침엽수, 마을의 고딕 양식 터렛부터 카르스트 절벽의 자연 절경에 이르기까지 환상적인 돌 구조물—을 곳곳에서 볼 수 있다. 소금 호수, 소나무 숲, 한적한 마을, 그리고 독특한 생태계까지, 믈리예트는 오랜 역사를 자랑하는 섬이다.

그 뿌리는 일리리아족에서 시작된다. 그 역사는, 그들이 세운 나라만큼이나 점령과 정착민, 침략군, 개간, 그리고 신화로 점철되어 있다. 이러한 유산 덕분에 바다에 떠 있는 이 작은 섬마저 칼립소가 오디세우스를 7년 동안 동굴 속에 잡아놓은 곳이라고 알려져 있다. 또 오늘날까지도 섬에서 무리를 지어 돌아다니는 저 유명한 몽구스떼들이 잡아먹은 뱀, 좀처럼 눈에 띄지 않는 바다표범, 그리고 섬의 내륙과 해안을 가리지 않고 할퀴는 보라(bora. 아드리아 해의 북쪽 또는 북동쪽에서 불어오는 차고 건조한 바람)처럼, 가라앉은 호수들이 그 전설처럼 나타났다 사라졌다를 반복한다. 이 크고 작은 호수들은 오랜 세월 동안 인근 두브로브니크에서 관광객을 끌어모았다.

해안에서 내해에 있는 이 작은 섬까지 나룻배가 관광객들을 실어나른다. 그 기묘한 수면 위에 베네딕토회 수도원과 매력적인 산타 마리아 교회가 서 있다. 베네딕토회가 믈리예트 섬의 영주였던 시대의 산물이다. 돌로 지은 매력적인 수도원은 수 세기 동안 문화와 영성의 중심지였으며, 이웃 나라들의 베네딕토회 수도사들이 모여든 것은 물론, 이그니야트 두르데비치 같은 시인들이 이곳에 머물렀다. **VG**

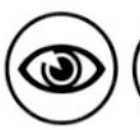

# 팔미자나 섬
Recharge on Palmižana Island

**Location** 크로아티아 흐바르 섬 근교
**Website** www.palmizana.hr    **Price** Ⓢ

아드리아 해의 작은 무인도. 사람의 손길이 닿지 않은 300ha의 야생 자연 속에 자리잡고 있는 팔미자나 리조트는 흐바르 섬에서 보트로 10분밖에 걸리지 않는다. 이국적인 꽃들, 소나무, 야생 허브가 뿜어내는 향기가 공기를 가득 메우고 있으며, 선인장이나 유칼립투스 같은 열대 식물들이 무성하게 자란다.

100년도 더 된 소나무 숲 그늘에 돌로 지은 방갈로가 늘어서 있어, 한꺼번에 60명까지 숙박이 가능하다. 방갈로들은 저마다 개성있게 꾸며져 있으며, 화려한 무늬의 침대 덮개와 크로아티아 현대 미술 작품들로 화사한 색채를 자랑한다. 100년 넘게 이 영지를 관리해 온

> "내 아이들은
> 물이 얕고 동굴이 많은
> 팔미자나의 모래 해변에 열광했다."
>
> 조십 노바코비치, 『뉴욕타임즈』

메네겔로 집안 사람들이 운영하고 있다. 레스토랑 "토토(Toto's)"와 "팔미자나(Palmižana)"는 생선 요리로 유명하다. 심지어 셰프가 포도밭과 어시장으로 재료를 사러 갈 때 따라 나설 수도 있다.

소나무 숲을 가로질러 조금만 걸어가면 해변이 나온다. 곳곳에 작은 만과 후미가 숨어 있어, 원한다면 알몸으로 돌아다녀도 아무 문제가 없을 정도이다. 팔미자나는 오래 전부터 나체 해수욕의 전통이 있는 곳이라, 알몸으로 바다에 뛰어드는 모습을 심심찮게 볼 수 있다. 4월부터 11월까지 내내 따뜻하다. 팔미자나 섬은 특히 일조 시간이 긴 것으로 유명하다. 난파선의 잔해와 열대어들이 가득한 인근 해역은 다이버들의 천국이다. **JK**

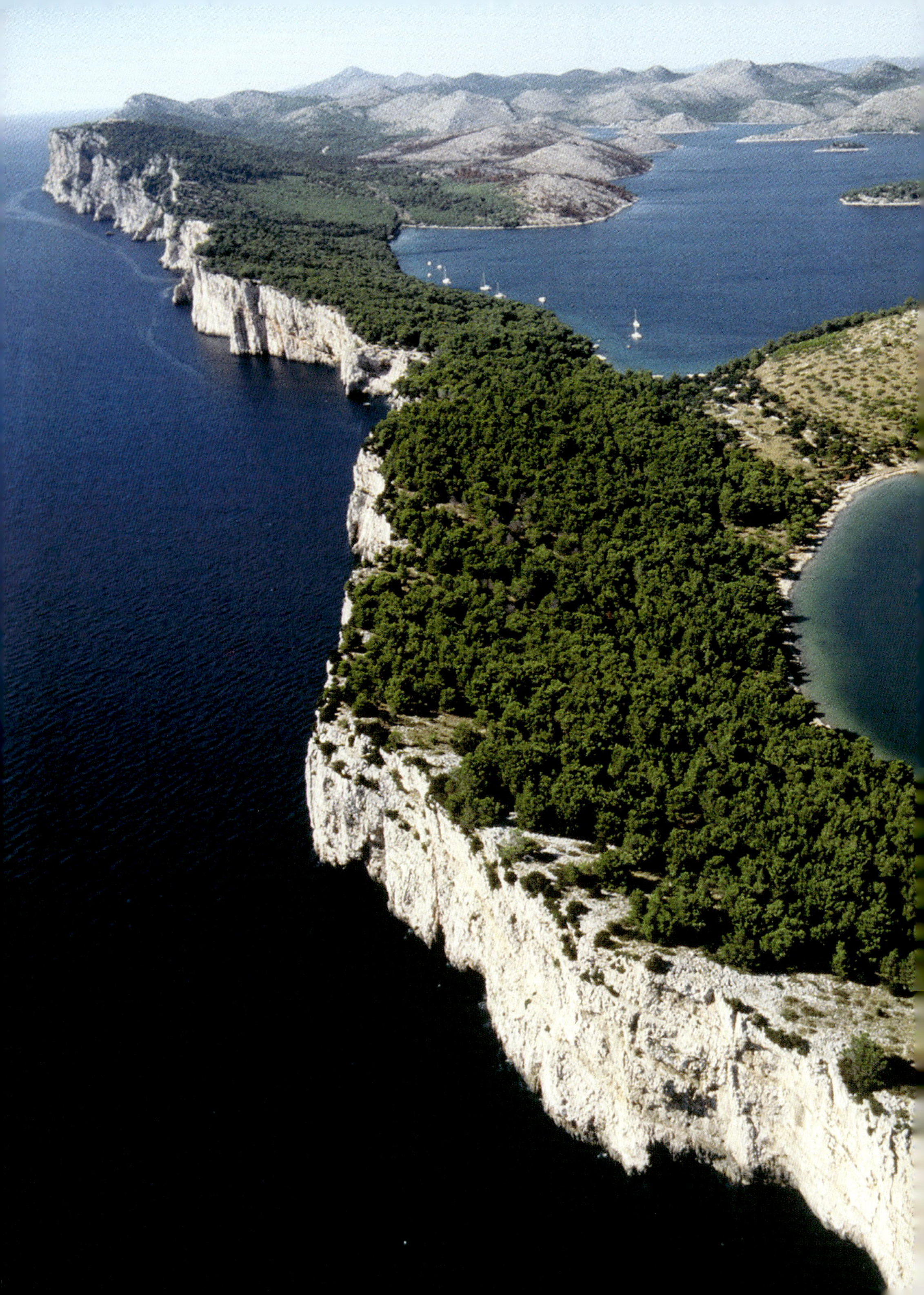

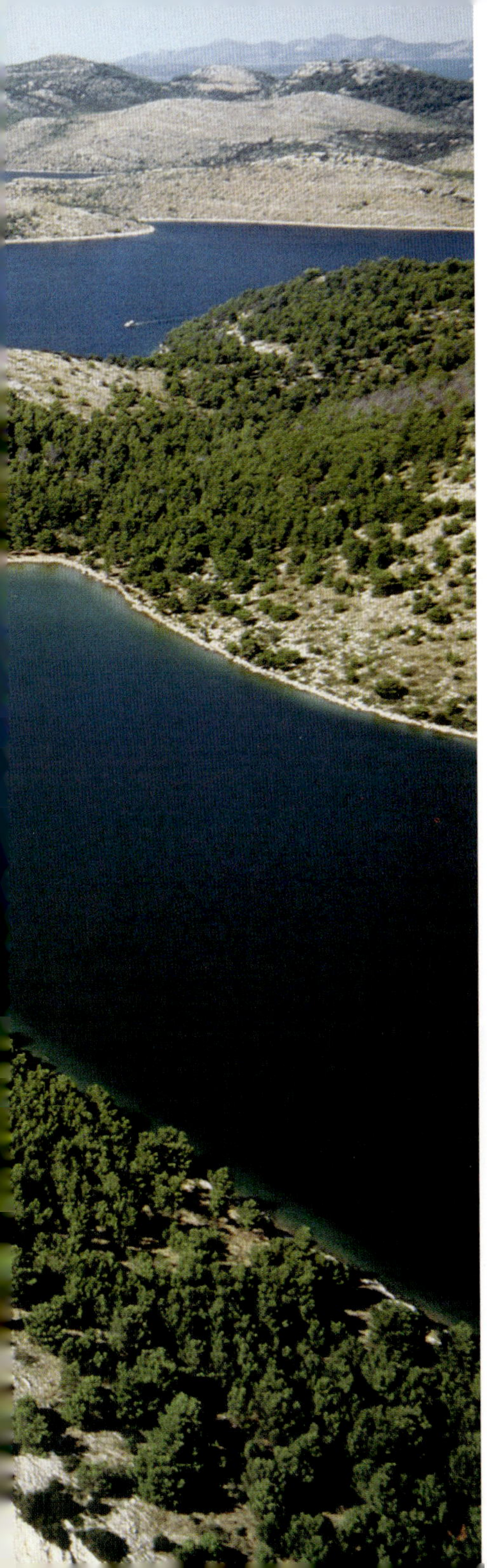

# 코르나티 제도 Visit the Kornati Islands

**Location** 크로아티아 코르나티　**Website** www.kornati.hr
**Price** $

아드리아 해를 여행하던 조지 버나드 쇼는 지금의 크로아티아 해안에 들렀다가 코르나티 제도와 사랑에 빠졌다. 이 섬들은 그때나 지금이나 변함없이 아름답다.

320평방킬로미터에 걸쳐 흩어져 있는 140개의 섬은 현재 국립공원으로 지정되어 보호를 받고 있다. 수정처럼 맑은 물과 곳곳에 숨어 있는 작은 만(灣), 해저 산호초, 고대의 고고학 유적, 그리고 유명한 크라운(바다 위로 솟아 있는 뾰족한 바위). 이스트리아에서 시작해서 달마티아 중부에서 끝나는 거대한 균열—아프리카 대륙이 북쪽으로 이동하면서 유럽 대륙과 충돌하면서 일어난 지질학적 균열의 결과—의 양편에 저 매력적인 가파른 절벽들이 서 있다.

이 다도해에 거주하는 주민은 없으며, 이 지역에 사는 사람들은 대부분 무르테르(Murter) 섬에 살면서 올리브 나무 숲, 포도밭, 과수원 등을 가꾼다. 할 일이 있을 때는 오두막에서 머물다가, 농사 일이 끝나면 휴가객들에게 숙박시설로 대여한다. 전기도, 수도도 없기 때문에 이 전통적인 휴양지는 외부 세계와의 완벽한 단절을 선사한다. 또는 자다르(Zadar), 시베니크(Sibenik), 또는 스플리트(Split)에서 당일치기 여행으로 올 수도 있다.

보트로 돌아보기에 가장 아름다운 섬들은 코로마크나(Koromacna), 오파트(Opat), 스티니바(Stiniva), 시프나타(Sipnata), 로파티카(Lopatica) 등이다. 섬의 가장자리에 점점이 보이는 수많은 부두 중 한 곳에 머물러 해산물 타베르나에서 맛있는 점심을 먹자. 인근 해역에서는 다이빙과 스노클링을 즐기기 좋으며, 사막과도 같은 풍경을 가로질러 하이킹을 하면서 그 파노라마 전망을 감상해도 좋다. **AD**

◄ 코르나티 제도의 섬들은 사람의 발길이 닿지 않은, 바위투성이 지중해 풍경을 연상시킨다.

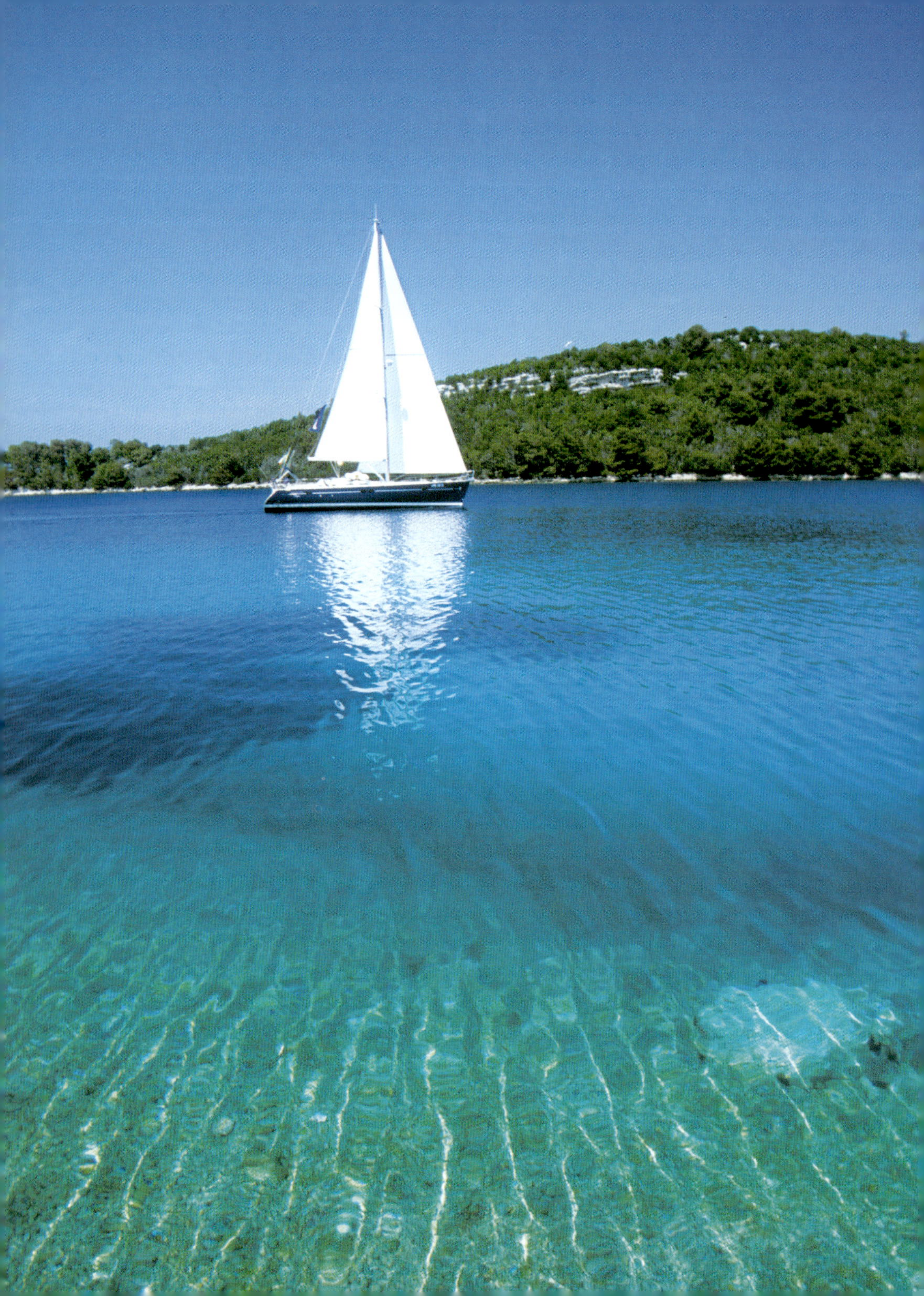

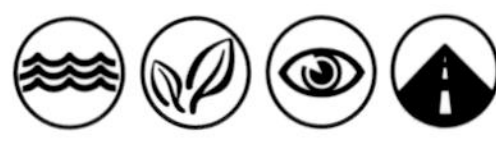

# 크로아티아 해안 Sail Croatia's Coast

**Location** 크로아티아
**Website** www.dalmatiancoast.com    **Price** ⑤⑤

크로아티아의 아드리아 해안에는 약 5,800km에 걸쳐 천 개가 넘은 섬들이 흩뿌려져 있다. 요트광들에게 이들 섬은 하늘이 보내주신 선물이다. 해안선을 따라 수많은 요트 대여 회사들이 있으며, 배만 빌릴 수도 있고, 선장과 승무원까지 딸린 럭셔리 요트를 빌리는 것도 가능하다. 물은 파랗고, 기후는 온화하고, 섬들—이중 50여 개를 제외하면 모두 무인도다—은 다닥다닥 붙어 있어서, 어린아이라도 깡충 뛰어서 이 섬에서 저 섬으로 건너갈 수 있을 정도이다.

무엇보다도 요트족들을 행복하게 하는 것은 그 다양함이다. 어떤 섬들은 이미 관광 루트에 포함된 지 오래되었다. 예를 들면 라브(Rab) 섬은 1889년에 벌써 지역 의회가 헬스 리조트로 지정하였다. 약 반 세기 후, 영국의 윈저 공(前 국왕 에드워드 VIII세)이 부인(월리스 심슨)과 함께 이 섬을 찾았다. 전해지는 바에 의하면, 그가 옷을 훌훌 벗고 바다에 뛰어들면서, 이 섬의 나체 해수욕의 전통이 처음 생겨났다고 한다. 레스토랑과 상점은 있지만 도로는 없는 실바(Silba) 섬에도 들러봐야 한다—자연으로 돌아간 고요함을 만끽할 수 있다. 파스만(Pasman) 섬의 백사장은 휴식을 필요로 하는 이들에게 제격이다.

147개의 섬과 산호초로 이루어진 코르나티 제도는 국립공원으로, 관광객들에게 인기가 높으며, 전통 어촌과 조용한 만(灣)을 만날 수 있다. 섬 사이로 미로처럼 항해로가 구불구불 이어진다. 이 지역 전설에 따르면, 하느님이 천지창조를 다 마치신 뒤, 재료가 좀 남아 있는 것을 보고 그냥 바닷속으로 던져 버린 것이 바로 이 섬들이라고 한다. **PE**

⊡ 크로아티아 해안의 따뜻하고 맑은 물은 보트 탐방에 안성맞춤이다.

# 자볼라 Stay at Zabola

**Location** 루마니아 트란실바니아
**Website** www.zabola.com    **Price** ⑤⑤

미케스 백작 가문의 영지인 자볼라의 역사는 1400년경으로 거슬러 올라간다. 한때는 우뚝 솟은 탑과 성벽으로 둘러싸여 있었으며, 천장은 정교한 프레스코로 장식되어 있었다. 나무로 에워싸인 영지 끝에 웅장한 저택이 서 있고, 카르파티아 산맥 기슭에 펼쳐진 34ha의 대정원에 눈부시게 아름다운 호수가 보인다. 머신 하우스는 원래 과거 공산정권 시대에 이곳에 있었던 병원에 전기를 공급하기 위한 발전기가 설치되어 있었던 건물이다.

지금은 바람이 잘 통하는 6개의 객실이 있으며, 벽을 핏빛으로 칠한 붉은 방은 음산한 드라큘라 경험을 할 수 있는 최적의 공간이다. 사방의 벽을 사슴의 큰 뿔로

> "식민시대 인도와 옛 트란실바니아를
> 동시에 느낄 수 있는
> 고급스러운 숙박시설."
>
> 앤드류 임스, 『CNN 트래블러』誌

장식해 놓은 욕실 한가운데에 당당하게 서 있는 욕조에 몸을 담그면, 이것이야말로 진정한 고딕 시대 체험이라 할 수 있다. 그리고 사슴고기부터 환상적으로 조리된 야생 버섯, 홈메이드 딥과 잼 등 이 지역에서 생산한 재료만으로 만든 셰프의 노력의 결실을 맛보자.

주변 지역에도 구경할 것들이 아주 많다. 예전에는 사냥도 할 수 있었지만, 지금은 보다 환경 친화적인 "곰 관찰 투어"로 대체되었다. 가이드와 함께 숲 속 트렉을 따라가거나, 영지의 마구간에서 말을 빌려 이 지역 마을을 돌아보자. 들판으로 더 나가면 중세 시기쇼아라 역사지구가 나온다. 이곳은 저 악명높은 블라드 III세 바사라브의 출생지로 알려져 있다. 블라드 III세는 적을 나무 말뚝에 꿰어 죽인 잔혹함으로 브람 스토커의 드라큘라 백작의 모델이 된 인물이다. **AD**

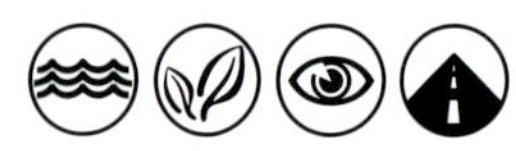

# 도나우 강 삼각주
## Explore the Danube Delta by Boat

**Location** 루마니아 도나우 강 삼각주
**Website** www.deltadunarii.ro/?lg=en　**Price** $

300종이 넘는 새들이 서식하고 있어 유럽의 조류 세렝게티로 불리는 도나우 강 삼각주는 유럽 대륙에 마지막으로 남아 있는 대규모 면적의 야생자연이라 할 수 있다. 유럽을 가로지르는 2,735km의 여정을 마친 도나우 강은 마침내 흑해에 다다르면서 수많은 지류로 갈라진다.

　드넓게 펼쳐진 늪, 숲지, 호수 주위로 두꺼운 갈대밭이 야생동식물이 서식할 만한 거대하고도 다양한 공간을 만들어 준다. 두루미, 펠리컨, 붉은가슴기러기, 피그미가마우지, 그리고 수달, 밍크, 사향쥐, 멧돼지 등 환상적인 포유류 동물이 이곳에 살고 있다. 이곳은 2007년부터 2009년까지 "올해의 자연 풍경"으로 뽑혔으며, UNESCO 생물권 보전지역으로 지정되어 있다.

　이 야생 습지를 탐방하기에 가장 좋은 방법 중 하나는 삼각주 깊숙이 보트를 타고 들어가서 조류 관찰과 낚시를 즐기거나, 그냥 느긋하게 쉬는 것이다. 그러나 진정 삼각주에 젖어 보려면 이곳에서 "수상 호텔"이라 부르는 하우스보트에서 며칠을 보내는 것이다. 숲이 우거진 섬, 습지, 모래 언덕, 마을을 돌아본 뒤, 편리한 위치에 정박하자. 좀더 작은 배를 선택하면 더 좁은 수로와 잔잔한 후미에도 들어가 볼 수 있다.

　그러나 어디까지나 물이 아닌 뭍에 있고 싶다면, 럭셔리한 델타 네이처 리조트(Delta Nature Resort)를 선택하면 된다. 아늑한 빌라에 넓은 테라스가 딸려 있어 드넓은 삼각주 전망을 즐길 수 있다. 정말 환상적인 위치를 자랑하는 풀장과 이 경이로운 자연 절경을 조감도로 볼 수 있는 전망대 타워도 있다. **HA**

→ 그림 같은 도나우 강에는 160종의 어류와 1,200종의 식물이 서식하고 있다.

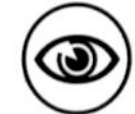

# 슬로빈스키 국립공원
See Slowinski National Park

**Location** 폴란드 포모르스키에
**Website** www.mos.gov.pl    **Price** ❶

소름 끼치도록 아름다운 모래 언덕은 폴란드 해안선의 독특한 특징이다. 예쁜 로비(Rowy)와 레바(Leba) 마을 사이에 위치한 슬로빈스키 국립공원. 거대한, 마치 사막 같은 모래 언덕이 해발고도 42m 높이까지 우뚝 솟아 있다. 매년 약 10m씩 움직이는 이 사구들 뒤로는 이미 모래 깊숙이 묻혀 버린 옛 숲의 흔적인, 죽은 나무 둥치들만이 서 있을 뿐이다. 이 삭막한 풍경은 수 킬로미터에 걸쳐 펼쳐져 있는 거대한 빈 공간의 적막하고 신비로운 아름다움을 한층 더해 준다.

이 사구들은 자연으로 돌아가 탐험을 하고 싶어하는 이들에게 완벽하며, 풍부한 동식물의 보금자리이기도 하다. 헤더, 시로미, 난초, 소나무가 황량한 풍경을 수놓고 있다. UNESCO 생물권 보호지역으로 지정된 물결 치는 사구들은 또한 250종의 텃새와 철새들의 서식지이다. 그 중에는 매우 희귀한 흰꼬리수리와 먹황새도 포함되어 있다.

원시 상태의 새하얀 모래 위로는 어떤 승용차나 버스도 들어갈 수 없으며, 덕분에 평화로운 매력을 그대로 보존할 수 있다. 공원을 가로질러 사구까지 걸어가서 해안을 따라 8km를 걸어 레바로 돌아오거나, 심지어 수영을 해서 돌아올 수도 있다. 다습한 여름철에는 모래 위로 태양이 뜨겁게 내리쬐지만, 모래를 휩쓰는 무자비한 바닷바람이 불어와 온화한 기온을 유지시켜 준다. 사구들 옆으로 맑은 호수가 몇몇 있어서, 사슴과 멧돼지들이 물가에 모여든다. 그 너머로는 빽빽한 소나무숲이 있어 엘크, 너구리, 오소리 등이 돌아다닌다. 소나무숲으로 둘러싸인 인근의 한적한 마을 레바에서 하룻밤을 묵으며 야생 자연을 즐기자. **JK**

◁ 폴란드의 슬로빈스키 국립공원 수평선을 향해 끝없이 펼쳐져 있는 거대한 사구들.

# 비야워비에자 숲
Explore Białowieża Forest

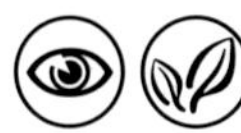

**Location** 폴란드 포들라스키에
**Website** www.whc.unesco.org    **Price** ❶

비야워비에자 숲은 500년 전, 폴란드 왕가가 이 벌목을 금지하고 보초병을 세워 사냥터로 보호하던 때나 지금이나 변함없이 마법 같은 야생 자연을 자랑한다. 이 고요한 자연은, 인간에 의해 훼손되지도 개발되지도 않은 채, 고스란히 보존되어 있다. 폴란드와 벨라루스 국경에 걸쳐 드넓게 펼쳐져 있는 이 평화로운 고장은 과거에 틀어박혀 있다. 농부들은 여전히 말이 끄는 쟁기로 땅을 갈고 있다.

유럽에 남아 있는 마지막 원시림 중 하나로, 한때는 1,000년 전까지만 해도 유럽 대륙의 저지대 전체를 덮고 있었던 비야워비에자 숲은 요정 동화에 나올 법한 풍

> "이 거대한 숲은…
> 놀랄 만한 동물들의
> 보금자리이다."
>
> UNESCO 세계유산 위원회

경이다. 참나무, 가문비나무, 서어나무가 빽빽하게 서 있는 아름다운 숲과 습지, 토탄 늪, 시내가 뒤엉켜 있다. 썩어가는 나무들이 고요하면서도 묘한 분위기를 더한다. 풍부한 야생동식물이 서식하고 있는 비야워비에자 숲은 딱다구리 소리와 228종의 새들이 노래하는 소리에 진동한다. 유럽에 서식하는 포유동물 중에 가장 몸집이 큰 들소 보호구역으로, 세계에서 들소가 가장 많이 남아 있는 곳이기도 하다. 겨울철에 들소들이 눈을 헤집고 비대한 몸을 어슬렁어슬렁 움직이는 모습을 지켜보는 것은 상당히 감동적인 경험이다.

하이킹과 자전거, 승마를 즐길 수 있는 트레일이 여럿 있어, 가이드 없이도 숲을 탐방할 수 있으며, 소나무 향이 가득한 신선한 공기를 빨아들이고, 느긋하게 이 지역의 아름다움을 즐길 수 있다. **JK**

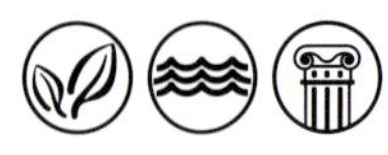

# 카지미에쉬 돌니
Visit Kazimierz Dolny

**Location** 폴란드 루벨스키에
**Website** www.kazimierz-news.com.pl　**Price** 

조경 예술가들이 카지미에쉬 돌니에 몰려오는 이유가 있다. 마치 거품이 이는 듯한 빛의 축복 때문이다. 수많은 감독들이 그 운치 있는 거리를 로맨스나 역사 스릴러 영화의 무대로 삼았으나, 이 작고 한적한 마을의 매력은 전혀 줄어들지 않았다. 폴란드 동부, 비스툴라 강 둑 위에 자랑스럽게 자리잡고 있는 카지미에쉬 돌니는 자갈이 깔려 있는 평화로운 거리 양쪽으로 유서깊은 건물이 수없이 늘어서 있다. 여름이면 인근 바르샤바나 루블린에서 스트레스에 찌든 도시인들이 이 한적한 도시로 몰려들며, 예술가와 문인들이 많이 거주하고 있어 그 보헤미안 분위기가 더욱 배가된다.

　폴란드 국민들의 사랑을 받는 "대왕" 카지미에쉬 III세가 14세기에 유대인 거주구로 처음 조성하였으며, 왕의 여름별장으로 쓰기 위한 성도 지어졌다. 고딕 양식의 성은 1650년대에 스웨덴의 침공으로 무너지고 말았지만, 그 유적은 오늘날까지도 남아 있어 공공에 개방되고 있다. 언덕 위에 있는 전망대에서 내려다보면 도시와 비스툴라 강이 한눈에 들어온다. 2번의 세계대전으로 도시 대부분이 파괴되었으며, 특히 2차 대전 때는 유대인 주민들이 거의 몰살당하다시피 했다. 그러나 시당국은 거의 기적적으로 그 중세 건물들을 원래의 아름다운 모습으로 복원해 내는 데 성공했고, 도시의 구석구석이 역사적인 이야기로 가득하다.

　한복판에 우물이 있는 시장 광장(Rynek)은 이 도시에서 가장 예쁜 곳이다. 광장에는 그 역사가 1615년까지 거슬러 올라가는 호화로운 저택도 몇몇 있다. 모든 타운 하우스는 지붕을 나무 타일로 덮었으며, 훈훈한 여름날에는 공기에 기분 좋은 솔향이 아련하게 감돈다. **JK**

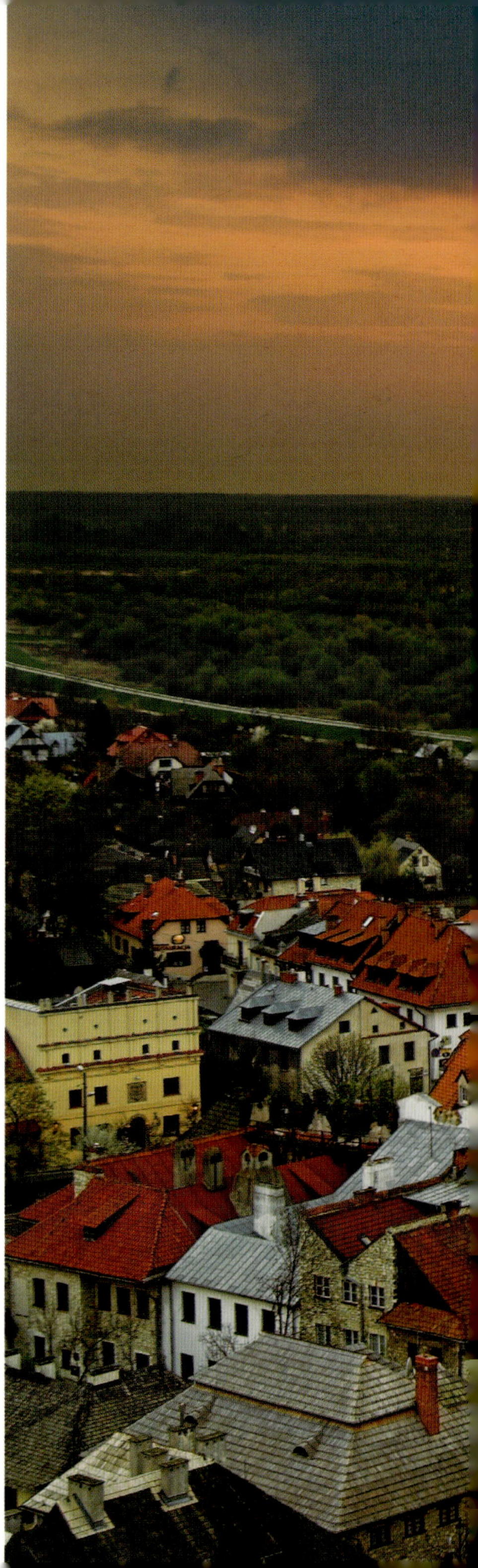

"세 개의 십자가 언덕"에서 내려다본 카지미에쉬 돌니의 구시가지 풍경.

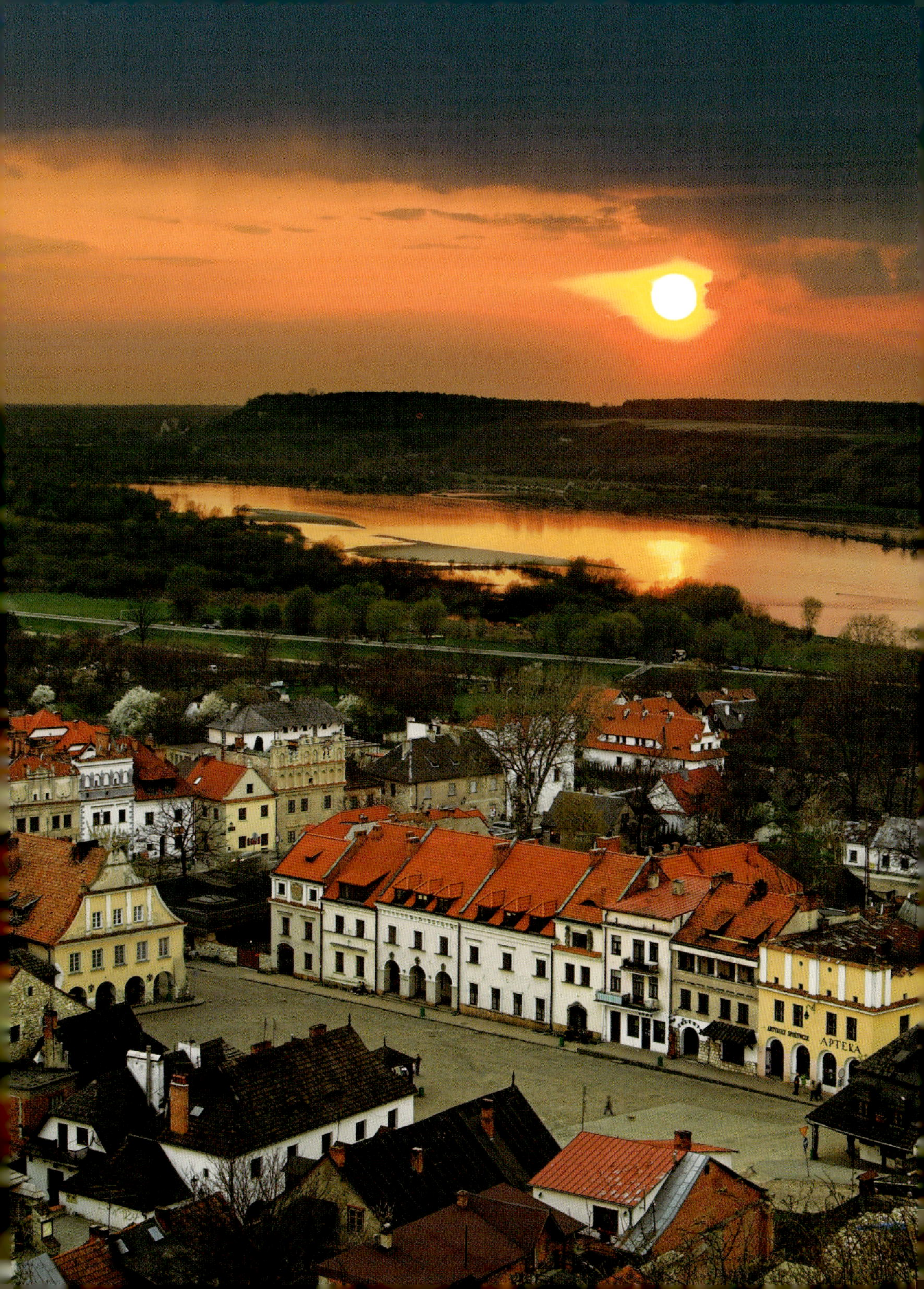

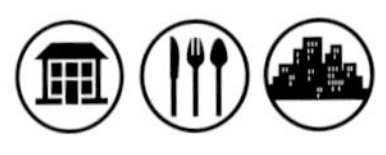

# 슐뢰슬레 Enjoy Schlössle Hotel

**Location** 에스토니아 탈린
**Website** www.schlossle-hotels.com　　**Price** §§

탈린의 얼키고 설킨 좁은 자갈길 사이에 숨어 있는 슐뢰슬레 호텔을 발견하는 것은, 마치 정교한 코스튬 드라마 세트를 찾아낸 것과 같다. 구세대의 매력이 넘치는 15세기 상인의 집을 개조한 호텔로, 거대한 나무 들보와 앤티크 실내 장식, 궁륭을 올린 천장이 에스토니아 수도 심장부에서 귀족적인 느낌을 자아낸다.

　그레이트 홀의 아늑한 벽난로, 오래된 돌벽에 드리워진 태피스트리, 기분 좋은 안뜰 정원, 여기저기에 걸려 있는 중세의 초상화, 우아한 객실과 스위트에 현대 여행객들이 요구하는 편의시설도 모두 갖추고 있다. 이 보석 같은 작은 부티크 호텔의 가장 큰 매력은 운치있는 레스토랑 "스텐후스(Stenhus)"이다. 궁륭형 천장으로

---

> "이곳의 사계절은…
> 영감의 원천이다.
> 가을은 특히 흥미진진하다."
>
> 터니스 시구르. 스텐후스 수석 셰프

---

장식한 셀러에 자리잡고 있는 레스토랑에서 촛불 아래 구르메 발트해 요리—에스토니아풍 엘크고기 그릴, 작은 바닷가재 구이—를 맛보자. 추운 겨울 밤에는 벽난로에서 커다란 장작이 타닥타닥 소리를 내며 타오른다. 수백 년 전에도 귀족들이 이 특별하게 친밀한 공간에서 똑같은 분위기를 즐겼을 것이다.

　정말 잊을 수 없는 스테이를 위해서는 12월부터 1월 초 사이에 방문하는 것이 좋다. 발틱해의 북동쪽 끝에 위치한 이 도시가 하얀 눈으로 뒤덮여 로맨틱한 분위기가 물씬 풍기며, 활기찬 크리스마스 시장이 환상적인 추억을 선사할 것이다. **LP**

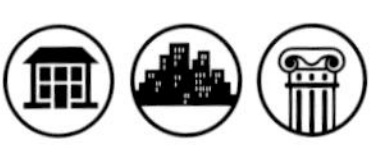

# 스리시스터즈 Stay at Three Sisters Hotel

**Location** 에스토니아 탈린
**Website** www.threesistershotel.com　　**Price** §§

탈린은 세월의 무상함이 느껴지는 곳이다. 소비에트 과거의 잔재를 말끔히 털어낸 이 중세 도시는 문화를 사랑하는 동시에 재미를 추구하는 이들을 위한 최신 유행의 관광지가 되었다. 미로처럼 얽혀 있는 자갈길과 뾰족뾰족한 첨탑이 바, 울트라-쿨한 카페, 공산주의 철권 통치가 느슨해지기 시작한 그 순간부터 우후죽순처럼 생겨난 나이트클럽의 번화함과 조화를 이루고 있다.

　2003년에 리노베이션을 거친 스리시스터즈 호텔은 온고지신의 철학에 스타일리시한 차분함을 더했다. 높은 천장, 백악 벽, 진홍색 컬러가 복원한 프레스코화, 오래된 나무 계단, 짙은 색의 수백년 된 대들보와 어우러져 다양한 매력을 뿜낸다. 3개의 14세기 상인 저택("시스터즈")을 묶어 하나의 호텔을 만들어냈으며, 건물 하나하나가 저마다의 개성을 지니고 있다. 객실은 넓고 호젓하며, "미들 시스터"의 룸들은 좀더 화려한 색조와 모슬린을 드리운 4개의 기둥달린 침대로 보다 대담한 매력이 있다. 가장 인심이 후한 쪽은 "빅 시스터"로, 아낌없이 퍼준다고 해도 과언이 아니다. 거대한 아치형 현관으로 들어서면 절제된 럭셔리의 낙원이 나타난다. 로비에는 낮게 설치한 조명이 소프트한 색조의 벽에 아늑한 느낌을 주며, 동굴 같은 바는 트렌디한 칵테일 애호가들을 끌어모은다. 원한다면 주방에 들어가 셰프가 6코스 식사를 준비하는 광경을 구경할 수도 있다. 길고 환한 여름의 저녁 나절에는 자갈이 깔린 안뜰에서 식사를 해도 멋지다.

　탈린의 구시가지는 크지 않기 때문에, 걸어서도 하루이틀이면 충분히 돌아볼 수 있으며, 시청 광장처럼 문화적, 역사적 매력이 넘쳐난다. 오래된 성곽 주변의 녹색 공원들은 조용히 산책을 즐기기에 완벽한 공간이다. **SWi**

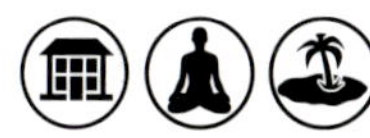

# 패다스테 장원 Unwind at Pädaste Manor

**Location** 에스토니아 무후 섬
**Website** www.padaste.ee   **Price** 💲💲

에스토니아 해안의 작은 섬에 럭셔리한 시골 별장이 있으리라고 예상할 만한 사람은 많지 않다. 확실히 패다스테 장원은 특별한 휴양지이다. 숨막히게 아름다운 입지를 자랑하는 유서깊은 영지를 환상적으로 개조하여 만들었다.

700년 동안 패다스테는 폰 북스회베덴 가문의 전원 영지였다. 바다를 마주보고 초승달 모양으로 늘어선 웅장한 건물들은 19세기에 지어진 것으로, 이 무렵 부유한 영주 악셀 폰 북스회베덴 남작은 러시아 황제 니콜라이 II세 궁정의 황실 사냥 마스터였다. 패다스테 장원은 폰 북스회베덴 가의 여름 별장이었지만, 남작은 1919년 어느 날, 장원을 나섰다가 암살을 당하고 말았다.

소비에트 시대에는 수산물 배급 센터가 되었다가, 다시 양로원으로 쓰였다. 그러다 20년 전에는 완전히 버려지고 말았다. 패다스테 만을 내다보는 초원과 숲으로 둘러싸인 조경된 부지 안에 서 있는 장원은 이제 화려한 컨트리하우스 호텔이 되었으며, 타닥타닥 소리를 내며 타는 장작불과 푹신한 소파, 나무 널을 댄 벽이 매력적이다. 있는 듯 없는 듯한 완벽한 서비스와, 시대풍으로 꾸며진 객실에서 받는 스파 트리트먼트도 빼놓을 수 없다. 발코니와 테라스는 모두 부드럽게 부서지는 파도와 섬의 해안선 너머 환상적인 조망을 자랑한다.

로맨티스트들은 아주 시적인 고미다락이 딸린 15번 룸을 선택하자. 농부들의 사다리를 타고 작은 메자닌층으로 올라가면, 멋진 도자기 컬렉션을 구경할 수 있다. 하늘을 향해 작은 창문을 열고 의자에 기대 문학의 세계로 도망치자. **SH**

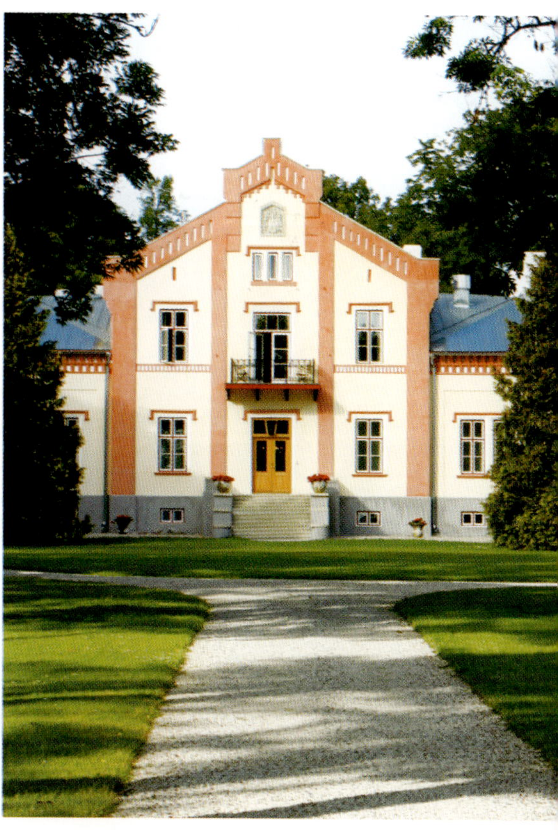

> "우리는 입이 벌어지는 요소를 원하지 않는다. 패다스테는 그저 외진 자연을 즐길 수 있는 곳이다."
>
> 패다스테 장원 운영진

↗ 럭셔리한 패다스테 장원의 주요 건물들은 수 세기의 역사를 자랑한다.

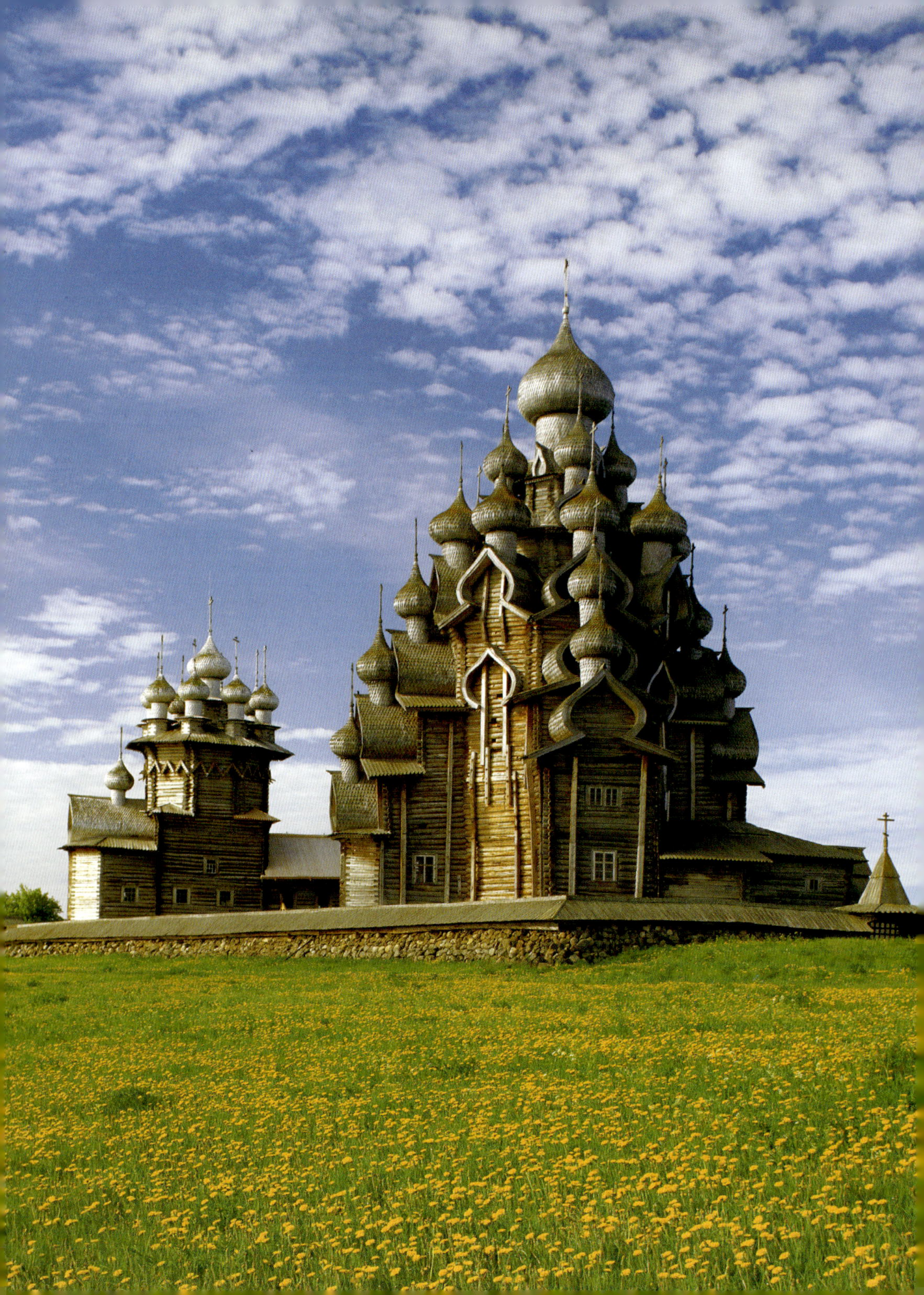

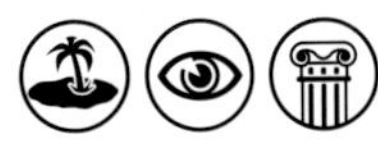

# 키지 섬
Visit Kizhi Island

**Location** 러시아 카렐리아
**Website** www.kizhi.karelia.ru  **Price** ❶

카렐리아 공화국은 소나무와 자작나무 숲, 습지, 수천 개나 되는 호수로 이루어진, 요정 동화에나 나올 법한 땅으로, 야생 자연이 끝도 없이 펼쳐져 있다. 페트로자보스크 주변은 러시아 전체에서도 사냥, 낚시, 하이킹, 캠핑을 즐기기에 가장 아름다운 지역 중 하나이다.

이 지방에서 가장 아름다운 명소는 오네가 호수에 떠 있는 키지 섬이다. 원래는 이교도들이 종교 의식을 치르던 곳으로, 12세기 러시아 식민주의자들이 정착하여 멋진 목조 건물을 지어 기독교 교구를 세웠다. 이 건물들은 오늘날까지도 그 자리를 지키고 있다. "주님의 거룩한 변모" 대성당은 22개의 그림 같은 양파모양 돔을 떠받치고 있으며, 비가 들어오지 않도록 설계한 박공과 그밖의 환상적인 장식을 자랑한다. 9개의 돔을 올린 "전구(傳求)의 교회"는 이콘으로 가득하며, 14세기에 지어진 "라자루스의 부활" 교회는 러시아에서 가장 오래된 기독교 성당이다. 또 대천사 미카엘 예배당도 있다. 이 건물들을 짓는 데 못 하나, 쇠붙이 하나 쓰지 않았다고 하면 믿어지는가. 대신 성경 구절을 깨알같이 새겨 넣은 통나무와 나무로 만든 부품을 맞물려 구조물을 지탱한다.

여름철에는 인근 페트로자보스크에서 온 학생들이 벨을 연주하며, 새하얀 피부에 날씬한 젊은이들이 민속 의상을 입고 슬픈 숲에 대한 서글픈 곡조의 전통 노래를 부른다. 할 수만 있다면, 러시아인들이 휴가를 보내기 위해 몰려오는 세나야 구바에 머무르자. 서비스도 좋고, 보트를 타고 키지 섬으로 갈 수 있으며, 나무로 만든 방파제에서 느긋한 시간을 보내자. 아, 목조 바냐 ("사우나")도 즐길 수 있다. **LB**

⬅ 키지 섬에 있는 주님의 거룩한 변모 대성당이 햇빛을 받아 빛나고 있다.

# 켐핀스키 모이카 22
Stay at Kempinski Moika 22

**Location** 러시아 상트페테르부르크
**Website** www.kempinski-st-petersburg.com  **Price** ❸❸

한때 러시아의 수도였던 상트페테르부르크는 1703년 표트르 대제가 건설하였으며, "화이트"라는 테마가 반복되는 살아 있는 박물관과도 같다. 닥터 지바고의 판타지가 현실이 되는 것을 보고 싶으면, 새하얀 눈이 마치 설탕 가루처럼 도시의 황금 쿠폴라를 뒤덮는 겨울이나, 밤새도록 태양이 빛나는 "백야"를 경험할 수 있는 여름이 좋다. 역사와 매력으로 가득한, 이 마법 같은 북구 베네치아의 하이라이트는 "겨울 궁전"이다. 에르미타슈 미술관이 들어서 있어, 300만 점이 넘는 놀라운 예술 작품을 감상할 수 있다. 좀더 사치를 즐기려면 에르미타슈를 내려다보고 있는 켐핀스키 모이카 22의 방

> "겨울 궁전의 옛 왕족들이
> 쓰던 방들은… 예술작품처럼
> 매력적이다."
>
> 클리포드 J. 리바이, 『뉴욕타임즈』

을 예약하자. 차르 니콜라이 I세의 치세였던 1853년에 지어진 상트페테르부르크 전통 저택을 개조해서 만든 호텔로, 건물의 파사드는 변하지 않았지만, 내부는 완전히 현대적으로 바뀌었다.

향해를 주제로 한 아늑한 듀플렉스 룸은 호화롭고 로맨틱하며, 창틱 위에 매일 새로 꽂아 놓는 싱싱한 장미꽃이 나풀나풀 떨어지는 눈송이를 배경으로 너무나 사랑스럽다. 또다른 보너스는 오후의 잉글리시 하이 티이다. 특히 바깥 기온이 얼어붙을 정도로 내려가는 겨울날에 말이다. 하이 티를 위한 티 룸은 잉글랜드와 러시아의 최고 전통이 어우러지는 공간이다. 푸쉬킨이나 체호프 같은 문인들이 즐겼을 이 국가적 의식에 패스트리와 케이크가 더해졌으며, 지극히 잉글랜드적인 오이 샌드위치와 자바르카 차가 보글보글 끓는 사모바르가 곁들여진다. **RCA**

# 그랜드익스프레스 철도
Take the Grand Express Train to St. Petersburg

**Location** 러시아 모스크바에서 상트페테르부르크
**Website** www.grandexpress.ru/en  **Price** 💲💲

2주에 걸친 시베리아 횡단 철도의 호화로움에는 미치지 못할지도 모르겠지만, 모스크바에서 상트페테르부르크로 가는 야간 열차 그랜드 익스프레스는 올드 러시아와 뉴 러시아의 최고만을 골라서 보여준다. 모스크바에서 출발하는 플랫폼은 아무것도 변하지 않았다—이름 "레닌그라드스카야"부터 칼 같은 빨간 제복을 입고 그에 어울리는 필박스 모자를 쓴 승무원, 제임스 본드 영화에 나올 것 같은 기관차의 증기가 만들어내는 그 엄숙한 분위기까지 말이다.

러시아 최초로 민간 회사가 소유·운영을 맡은 이 럭셔리 열차에 올라타는 것은, 여행이 사치였던 시절로

> "로맨틱한 저녁을 보내기에
> 부족함이 없는
> 환상적인 여행."
>
> 제임스 로건, 『패스포트 매거진』

돌아가는 것과 같다. 14개의 차칸은 완전히 빨간색으로 칠했으며, 트윈 베드 위에 갓 다림질한 빳빳한 시트가 깔려 있는 디럭스 객차부터 벽에 나무 널을 댄 아름다운 바까지 아르데코의 영향이 물씬 느껴진다.

정교하게 디자인된 은 홀더에 끼운 전통 유리 찻잔으로 뜨거운 차 한 잔을 마시자. 황금 시대 극장을 연상케 하는 식당차에서 다른 손님과 함께 어울리며 타이거 새우, 콜드컷, 캐비어 샌드위치를 먹어 봐야 한다. 기차는 밤새 천천히 달리며, 그 부드러운 덜컹덜컹한 움직임에 잠도 잘 온다. 그러나 눈을 뜨면 놀랄 만한 풍경이 창밖에 기다리고 있다. 눈 덮인 전원과 검은 숲, 그리고 빛에 싸인 마을이 수 킬로미터에 걸쳐 펼쳐져 있다. **RCA**

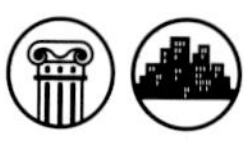

# 크레믈린의 대성당
Visit the Cathedrals of the Kremlin

**Location** 러시아 모스크바
**Website** www.moscow.info/kremlin/index.aspx  **Price** ❗

최초의 크레믈린은 11~12세기에 보로빈스키 언덕에 지어졌다. 여러 차례 개·증축을 거쳤는데, 1485년에는 오늘날 우리가 보고 있는 붉은 벽돌 벽과 탑이 생겼다. 이 웅장한 기념비적인 건축물의 심장부에는 대성당 광장이 있으며, 그 주위로 4개의 대성당이 서 있다. 여름에는 서늘하고, 겨울에는 따뜻한 대성당들은 크레믈린에서 가장 아름다운 것들이다.

4개의 대성당 중 가장 오래된 것은 15세기에 지어진 성모승천대성당이다. 그 엄숙한 단순미와 밝음은 이탈리아 건축가 아리스토텔레 피오라반티의 작품으로, 러시아 건축가들이 세운 구조물이 무너져 내리자 1492년, 러시아로 초빙되었다. 그는 러시아정교회의 성당에서 흔히 볼 수 있는 장중하고 음울한 실내와는 사뭇 다른, 환하고 공기가 잘 통하는 건물을 지었다. 성모승천대성당은 차르의 대관식과 장례식, 취임식 등이 열리던, 러시아에서 가장 중요한 교회였다.

대천사미카엘대성당은 4개의 대성당 중에서 가장 이탈리아풍이 짙은 교회이다. 역시 이탈리아 건축가 알레비즈 노브이가 16세기 초에 설계한 성당으로, 박공과 소용돌이무늬, 장식용 붙임기둥을 아낌없이 사용하였다. "폭군" 이반을 비롯하여 표트르 대제 이전의 모든 러시아 군주들이 이곳에 묻혔다. 성모성의(聖衣) 성당은 아기자기하다. 도금한 작은 쿠폴라가 지붕을 장식하고 있다. 아늑하고 친밀하며 좀 퀴퀴한 이 성당은 황실의 가족 예배당이었다. 마지막으로 15세기에 지어진 수태고지대성당은 반짝반짝 빛나고 있다. 이곳에서 폭군 이반이 십자가 모양의 혜성을 보고 자신의 죽음을 예견했다고 한다. 이틀 후, 정말로 그는 죽었다. **LB**

↪ 모스크바 대성당 광장에 있는 성모승천대성당의 드라마틱한 실내.

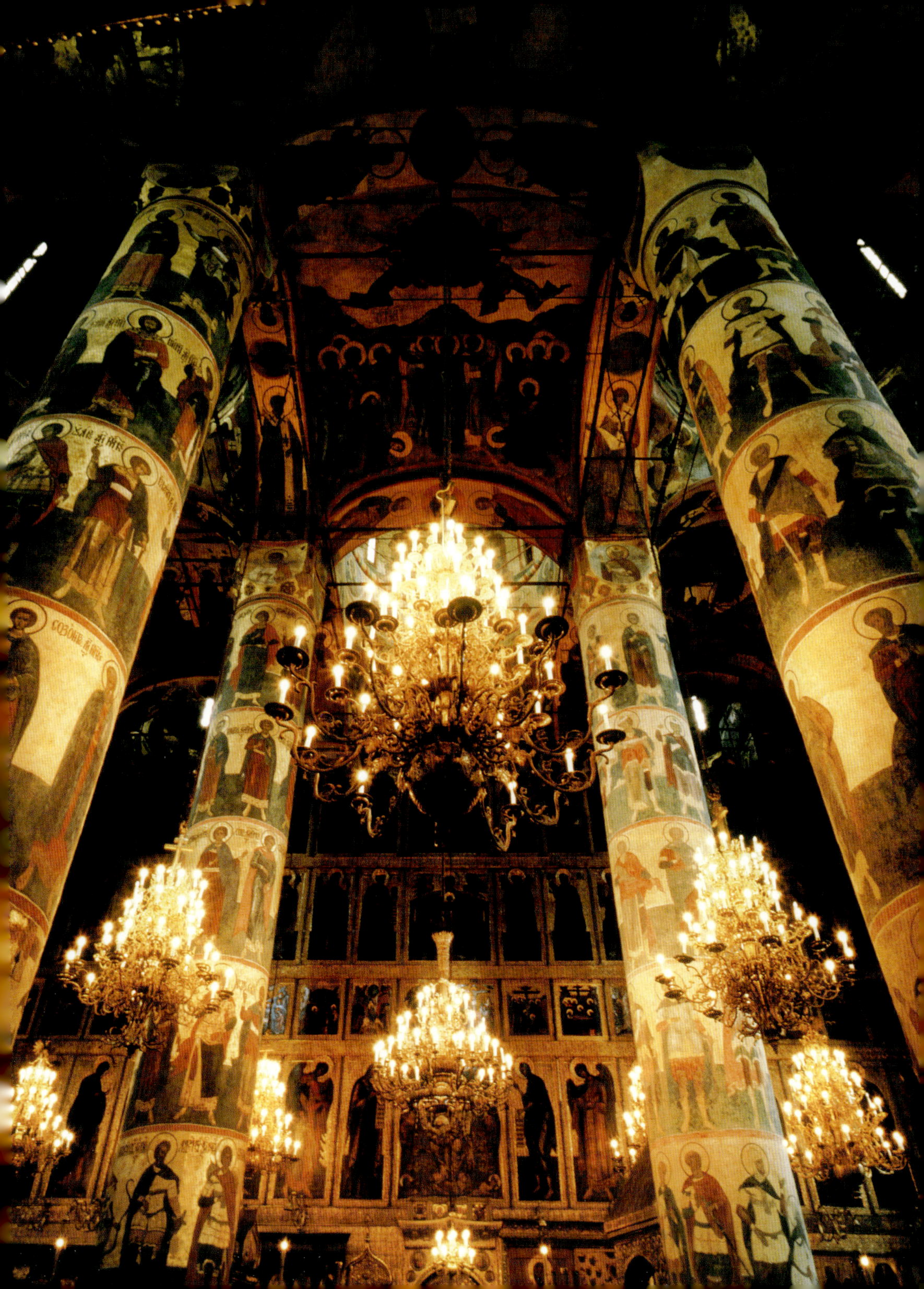

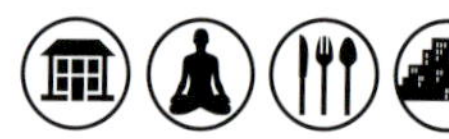

# 메트로폴 Stay at the Metropol

**Location** 러시아 모스크바
**Website** www.metropol-moscow.ru   **Price** 🅢🅢

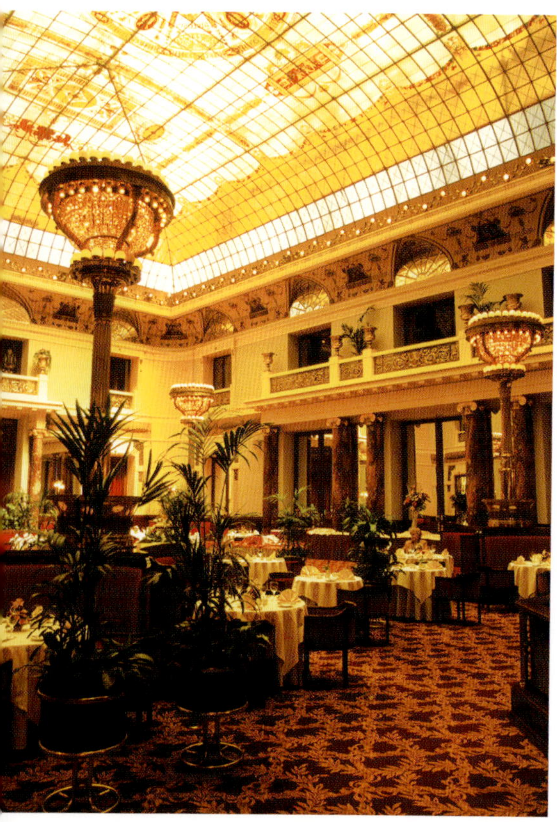



19세기 말의 퇴폐적인 스타일로 지어진 이 호텔에 묵었던 손님들의 이름을 대라면, 아마 이 책 한 권을 다 채우고도 모자랄 것이다. 한다 하는 명사들이 이 아르누보 건축물을 찾고 또 찾는 이유가 있다. 심플하면서도 세월의 흐름을 잊은 우아함과 그 누구도 따라갈 수 없는 위치이다. 붉은 광장과 크레믈린에서 3분밖에 걸리지 않으며, 세계적인 볼쇼이 극장 건너편에 자리잡고 있다. 이보다 더 좋은 입지가 대체 어디에 있겠는가.

363개의 객실은 하나하나 개성적으로 꾸며졌지만, 단단한 나무바닥, 아시아 러그, 러시아풍의 꽃무늬 벽지, 수많은 예술작품과 앤티크는 모두 공통이다. 2개의 프레지덴셜 스위트에는 개인용 사우나가 딸려 있으며, 위층에서 본 모스크바 풍경은 숨막히게 아름답다. 호텔의 규모만 해도 한 블록을 다 차지하고 있을 정도이며, 지상층에는 수많은 숍과 서비스 시설이 있으며, 개중에는 작은 풀장과 사우나가 딸린 피트니스 센터도 있다.

레스토랑에서 본 컬러풀한 천장을 어디선가 본 것 같은 느낌이 들어도 틀린 것이 아니다. 데이비드 린의 명화 〈닥터 지바고〉에 등장했으니 말이다. 미카일 브루벨의 도기 프리즈(frieze, 방이나 건물의 윗부분에 그림이나 조각으로 띠 모양 장식을 한 것)가 외부의 첨탑, 색색깔의 타일, 연철로 만든 철책을 완성시킨다. 천창에서 빛이 들어오는 로비 역시 인상적이기는 마찬가지다. 빛나는 대리석과 황동, 크리스탈 샹들리에에, 그리고 주물과 유리로 만든 저 유명한 앤티크 엘리베이터를 놓치면 안 된다.

메트로폴은 세계가 어쩔 수 없이 변해가도, 그 벽 안에 서서 눈을 가느다랗게 뜨면 혁명 이전의 러시아로 되돌아 갈 수 있다는 살아 있는 증거나 다름없다. **PS**

↖ 모스크바 메트로폴 레스토랑의 믿을 수 없는 스테인드글라스 지붕.

# 호텔 발축 Stay at Hotel Baltschug

**Location** 러시아 모스크바
**Website** www.kempinski-moscow.com　**Price** ⑤⑤⑤

크레믈린, 레닌 묘, 그리고 붉은 광장에서 엎어지면 코 닿을 거리에 살짝 색다른 맛—"영국 왕족의 디자인 스위트"—을 가미한 글래머러스한 호텔이 있다. 데이비드 린리 자작은 주문 생산한 가구와 클래식한 크림 & 네이비 색조, 호화로운 샹들리에가 매달린 웅장한 이탈리아 대리석 욕실에 자신만의 터치를 더했다. 조지 V세의 며느리인 켄트의 마이클 공작 부인은 침실 3개짜리 스위트를 꽃무늬 디자인의 중성적이고 아늑한 톤으로 꾸며, 모스크바에 잉글랜드 스타일을 들여왔다.

그러나 전망은 어디까지나 러시아 그 자체. 모스크바 강 바로 너머로, 러시아 수도의 가장 유명한 랜드마크 중 하나인 성 바실 대성당("아이스크림 교회"라는

> "이 호텔에서의 하룻밤은 모든 완벽함을
> 보장한다… 누구나 부러워할 만한
> 붉은 광장의 전망과 함께 말이다."
>
> 『트래블 + 레저』誌

별명으로도 불린다)이 보인다. 혼자만의 모스크바 스카이라인을 감상하고 싶다면, 8층에 있는 도서관으로 가면, 도시 전체가 한눈에 들어오는 작은 발코니가 있다. 아래층에서는 러시아 최고의 요리 중 일부—작은 바닷가재와 샴페인 리조토, 캐비어 소스를 곁들인 넙치 요리, 그리고 디저트로는 프랄린 밀푀유—를 맛볼 수 있으며, 여기에 러시아 와인인 샤토 카르소프가 나온다.

나만의 모스크바를 오롯이 즐기고 싶다면 기온이 드라마틱하게 떨어지고 거리는 텅텅 비는 겨울철이 좋다. 붉은 광장의 야외 링크에서 모스크보레츠키 다리를 건너 스케이트를 타자. 굳이 말로 표현하자면 묘하면서도 쿨하다. 그게 전부다. **RCA**

# 르 메리디앙 Recharge at Le Meridien

**Location** 러시아 모스크바 근교
**Website** www.lemeridien-mcc.com　**Price** ⑤⑤

세계적인 수준의 골프 코스를 자랑하는 컨트리 호텔은 그리 많지 않을 것이다. 르 메리디앙 모스크바 컨트리 클럽은 주요 PGA 유러피안 투어를 주최하고 있다. 바로 캐딜락 러시안 오픈이다. 이 대회는 로버트 트렌트 존스 주니어가 설계한 코스에서 열리는데, 아마추어와 프로 모두에게 적합하다. 상당히 정교한 코스로, 컴퓨터 시뮬레이션, 미니—골프 섹션, 인도어/아웃도어 드라이빙 레인지, 6인용 치핑&퍼팅 그린, 프로샵 등이 완비되어 있으며, 레스토랑, 라커룸, 사우나를 갖춘 클럽하우스도 있다. 이 모든 것이 르 메리디앙의 드넓은 부지 위에 위치하며, 그 밖에도 레저와 비즈니스 편의 시설까지 딸려 있다.

131개의 객실은 아름다운 자연 경관을 제공한다. 자작나무 숲과 토착 야생동물, 그림 같은 호수를 내다보고 있노라면 번화한 대도시 모스크바와 아주 가까운 곳에 있다는 것이 믿겨지지 않는다. 그러나 실제로 볼쇼이 극장, 크레믈린, 붉은 광장까지 20km밖에 되지 않는다.

골프광도 아니고, 도시 나들이도 싫다면, 그래도 할 수 있는 많다. 호수에서 수영을 하거나, 호반의 바로 가서 보드카를 마시거나, 당신의 스위트에서 월풀욕조와 사우나에 몸을 담그고 럭셔리에 젖으면 되는 것이다. 또 리조트 내에서 조깅, 비치발리볼, 낚시 등을 즐길 수도 있다. 또는 계절만 맞으면 스케이팅, 스키, 크로스컨트리 스키, 개썰매도 탈 수 있다.

러시아 특유의 기후는 여름철에는 생각보다 따뜻하며, 훈훈한 저녁나절은 말을 타고 호텔 주변의 그림 같은 숲 속을 거닐기에 이상적이다. 또 가족 단위로 리조트 안에 있는 컨트리 하우스를 무한정 빌릴 수도 있다. 물론 모든 레스토랑과 바를 이용하면서 말이다. **PS**

# 시베리아 횡단철도
Ride the Trans-Siberian Railway Past Lake Baikal

**Location** 러시아 시베리아
**Website** www.trans-siberian.co.uk　**Price** $

시베리아 횡단 여행은 지구상에서 가장 길고, 가장 특이하고, 가장 서사적인 철도 여정으로, 시베리아—이야기는 많이 해도 실제로 가는 사람은 별로 없는—를 여행할 수 있는 아주 특별한 방법이다. 이 무지무지 긴 여정에 올라타고 싶으면, 우선 유럽 전역의 기차역에서 연결편 열차를 타고 모스크바로 와야 한다. 일단 러시아의 수도에 도착하면, 잿빛의 장중한 야로슬라프스키 역으로 가자. 자, 이제 여기서부터 동방으로 향하는 여러 열차 중 하나에 탑승하자—시베리아 횡단철도는 노선이지 열차가 아니다.

가장 짧은 구간은 길이 7,620km의 몽골 횡단 노선이다. 단 6일 만에 시베리아의 스텝 지대인 타이가와 몽골의 사막 지대를 가로지른다. 9,050km의 만주 횡단 여정은 6일이 걸리며, 구간은 비슷하지만, 몽고를 빙 돌아 하얼빈—겨울철에 얼음 조각으로 유명하다—을 통해서 중국으로 들어간다. 러시아를 완전히 가로지르는 여정은 꼭 7일 동안 모스크바에서 태평양 연안의 블라디보스토크까지 9,900km를 달린다.

기차를 타고 가는 동안 훈제 생선, 괜찮은 보드카, 컵라면, 같이 타고 가는 승객들끼리의 친분, 서투른 영어와 러시아어로 나누는 대화를 즐길 수 있으며, 책을 읽고, 잠을 자고, 은빛 자작나무 숲의 황량하면서도 아름다운 풍경을 감상할 시간이 아주 많다. 어떤 노선을 택하건 간에 이르쿠츠크에서는 꼭 한번 내려야 한다. 시베리아 횡단철도의 정점은 바로 바이칼 호수이기 때문이다. 가장 깊고, 가장 차갑고, 가장 푸른 호수로, 담수 물범, 연어와 비슷한 물고기인 오물, 놀랄 만한 반투명 물고기 골로미얀카가 살고 있다. 시베리아의 황무지와 환상적인 대비를 이룬다. **CM**

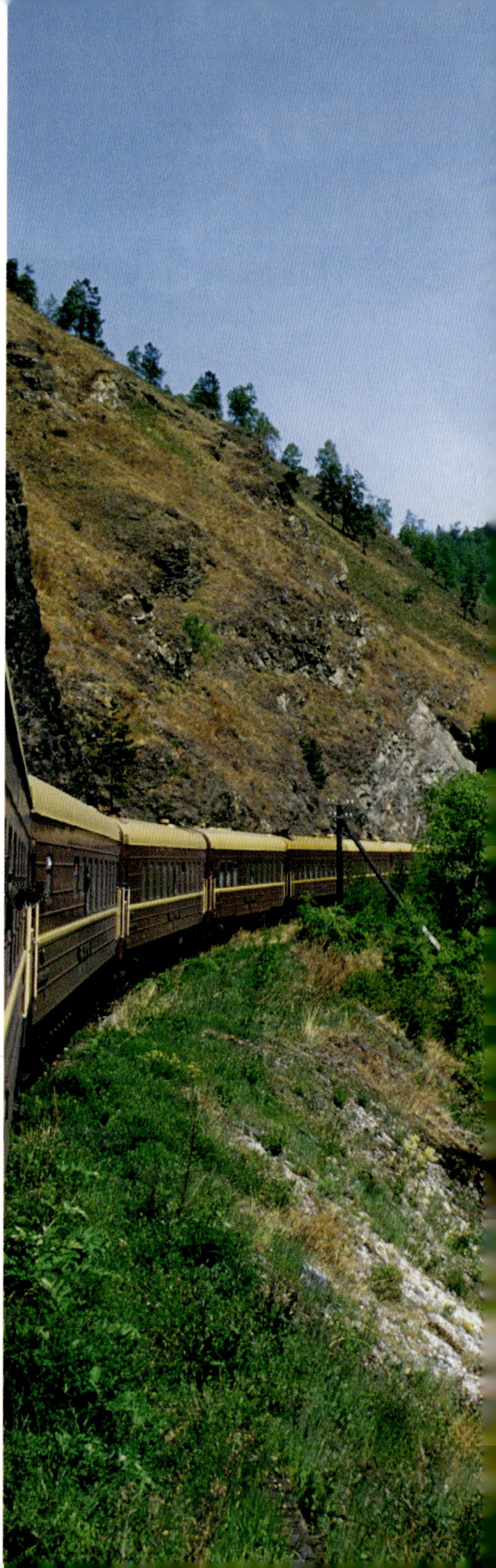

▱ 세계 최대의 담수호인 바이칼 호반을 따라 달리는 시베리아 횡단 열차.

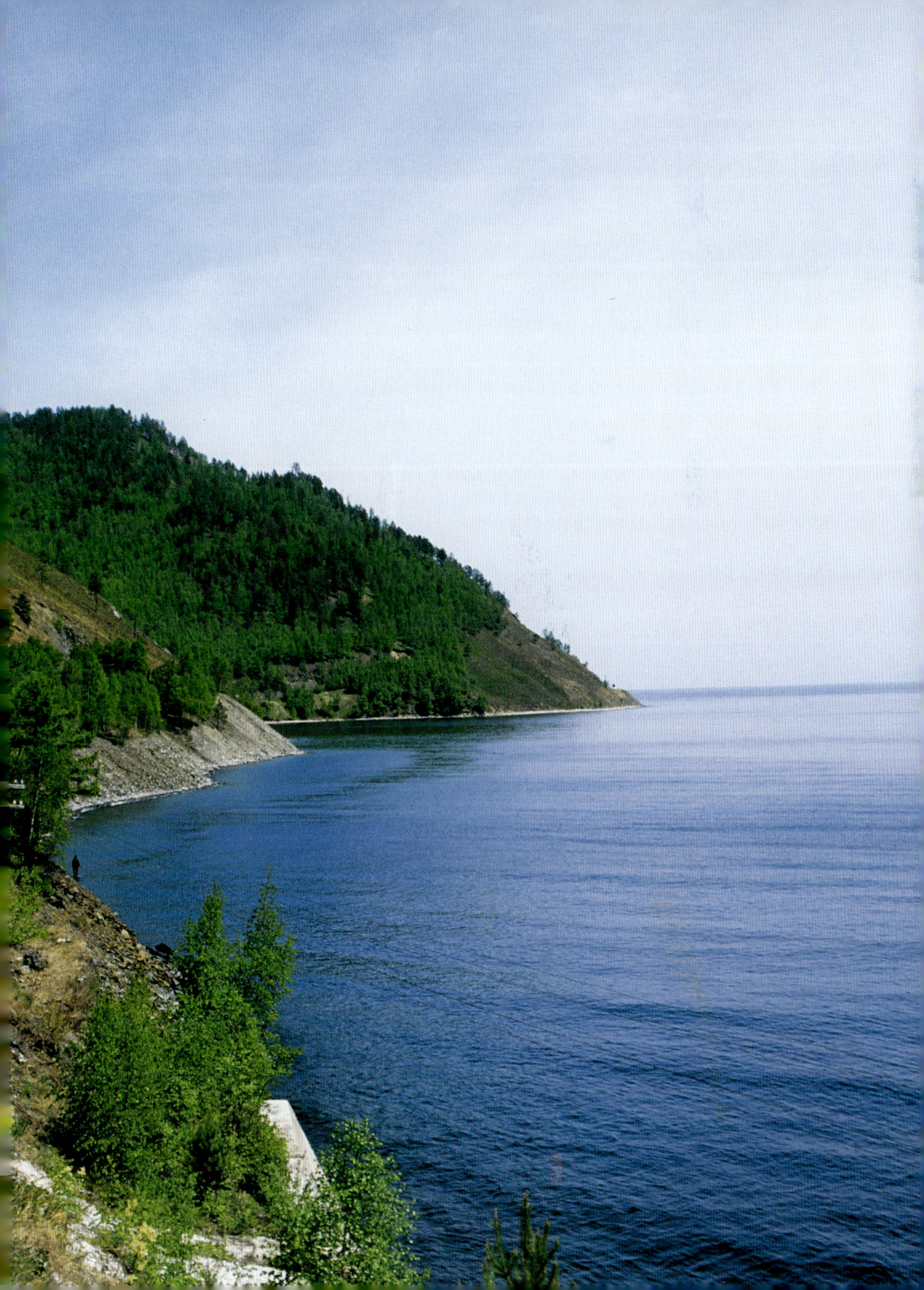

# 엘브루스 산
## Climb Mount Elbrus

**Location** 러시아 카프카스    **Website** www.elbrus.org
**Price** 💲💲

유럽에서 가장 높은 산은 몽블랑이 아니라, 잘 알려져 있지 않은 엘브루스 산이다. 러시아의 남서쪽 끝, 카프카스 산맥에 속한 높이 5,642m의 음침한 산이다. 2,000년 동안 활동을 멈춘 쌍봉 화산인 엘브루스는 두 개의 봉우리가 있으며, 서쪽 봉우리가 동쪽 봉우리보다 20m 정도 더 높다.

어느 쪽이든 정상에 오르는 것은 쉽지 않지만, 체격이 좋고 기본적인 등반 기술만 갖추고 있다면 충분히 할 수 있다. 그러나 고산지대에 적응하는 것은 상당히 고통스럽기 때문에, 등반 전문 투어 회사의 그룹 등반에 참여하는 것이 좋다. 단, 6일간의 필수 트레이닝 코스를

> "이 지역은 여름에는
> 수많은 강에 물을 흘려보내는
> 드라마틱한 빙하로 유명하다."
>
> 스티브 코너, 『인디펜던트』

마치거나, 이전에 고산 등반 경험이 있어 필수 기술을 갖추고 있다는 증거를 제시해야 한다.

베이스캠프로 가는 도중에 숨막힐 듯 아름다운 풍경을 가로질러 구불구불한 산길을 걷다 보면 외딴 마을에서 주민들과 접촉할 수 있는 기회가 풍부하다. 이 지역은 여러 문화—러시아, 그루지야, 아제르바이잔, 터키—가 만나는 다채로운 장이다.

그러나 진짜 스릴은 야생 자연에 가까이 가는 것이다. 독수리가 머리 위로 솟구치고, 야생 동물이 숲 속을 돌아다닌다. 산속의 시내에서는 연어들이 뛰논다. 지형은 진정 경이롭기 그지없다. 숙박은 기본적인 수준이고, 음식도 썩 좋다고는 말할 수 없지만, 어쨌든 대자연과 함께 있지 않은가. **RsP**

# 날리체보 자연공원
## See Nalychevo Nature Park

**Location** 러시아 캄차카    **Website** www.park.kamchatka.ru
**Price** 💲

자연으로 돌아가는 것과, 시베리아 깊숙이 자리잡은 날리체보 자연공원을 탐방하는 것은 완전히 다른 얘기다. 외지고, 조용하고, 그 어떤 곳으로부터도 멀리 떨어져 있는 곳이다. 연어가 우글거리는 강, 곰, 그리고 화산으로 유명한 러시아령 극동의 머나먼 캄차카 반도—캄차카에는 약 100개의 화산이 있다—에서 느끼는 고독감은 그 어떤 말로도 표현이 불가능하다.

날리체보는 캄차카의 5개 자연공원 중 가장 접근성이 좋은 편이다. 그러나 어디까지나 나머지 4개에 비해서 "비교적" 좋다는 말이다. 캄차카 반도는 모스크바에서 6,400km나 떨어져 있으며, 꼬박 9시간이 걸린다. 인구도 많지 않고, 지구상에서 지형이 가장 빨리 변하는 지방으로 알려져 있다. 어떤 산보다도 높고, 어떤 계곡보다도 깊다.

날리체보에만 3개의 화산이 있다. 코르약스키 화산은 1956년, 주파노프스키 화산은 1957년, 아바차 화산은 1991년에 각각 마지막으로 폭발하였다. 이러한 화산 활동 때문에 거대한 지열 온천과 냉광천이 생겨났다—모두 날리체바 강의 상류에 집중되어 있다. 블루베리 관목, 자작나무, 흐르는 강물, 뜨거운 온천이 풍경을 가득 채우며, 계곡은 눈덮인 산봉우리로 둘러싸여 있다. 이들 공원에는 펜스가 없어 곰이나 늑대, 북극여우 같은 야생동물이 자유롭게 돌아다닌다.

여전히 활동을 계속하고 있는 화산 높은 곳까지 하이킹을 가서 온천에 몸을 담그거나 시내에서 연어를 잡자. 겨울에는 스키나 개썰매를 탈 수 있다. 계절에 관계없이 순수한 공기를 가슴 가득 들이마시고, 천연 탄산수를 마시고, 완벽한 고요를 즐기자. **HA**

날리체보 자연공원은 끝없이 펼쳐진 툰드라와 해안의 바다 풍경이 어우러진 숨막힐 듯 아름다운 자연 경관을 자랑한다.

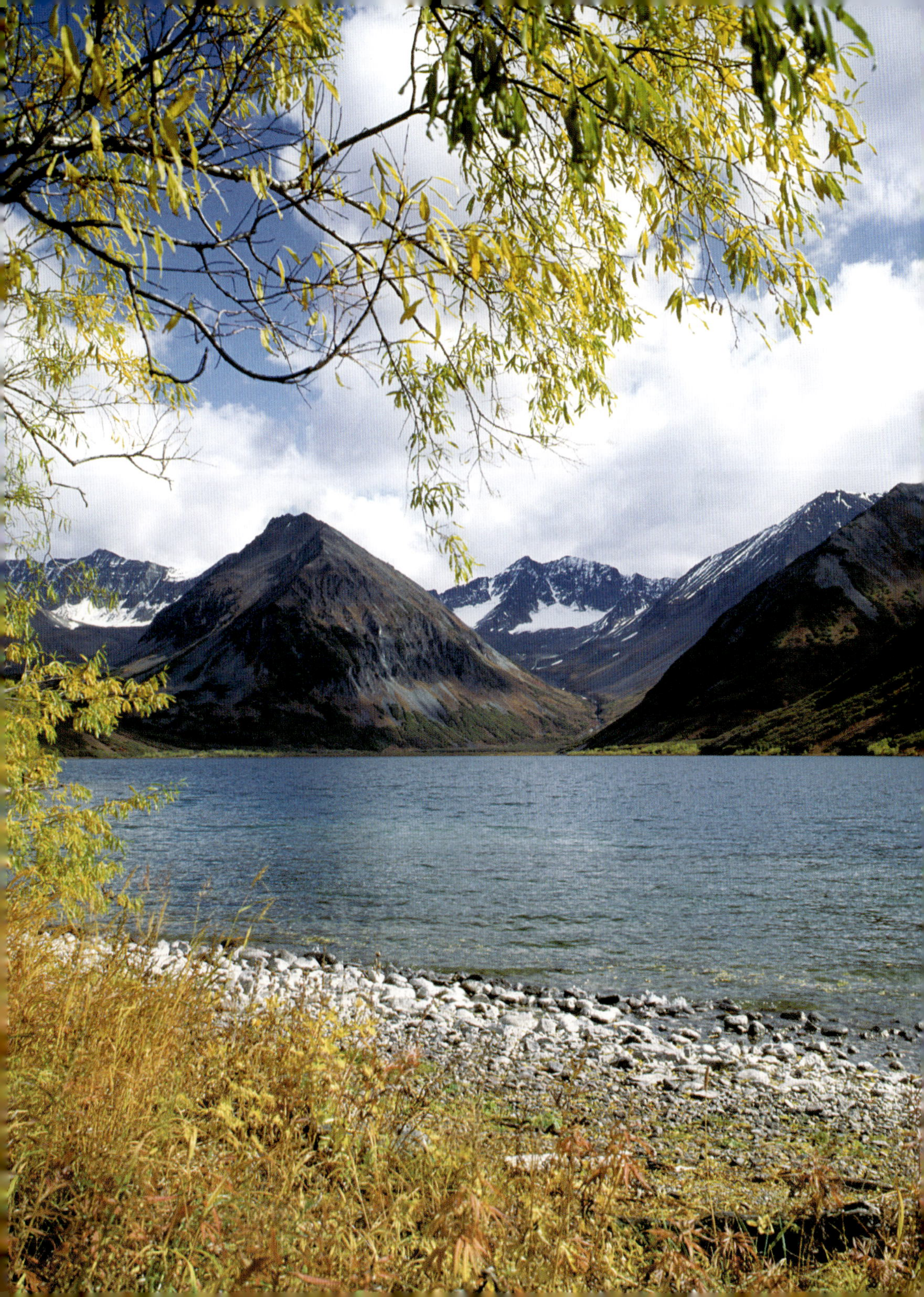

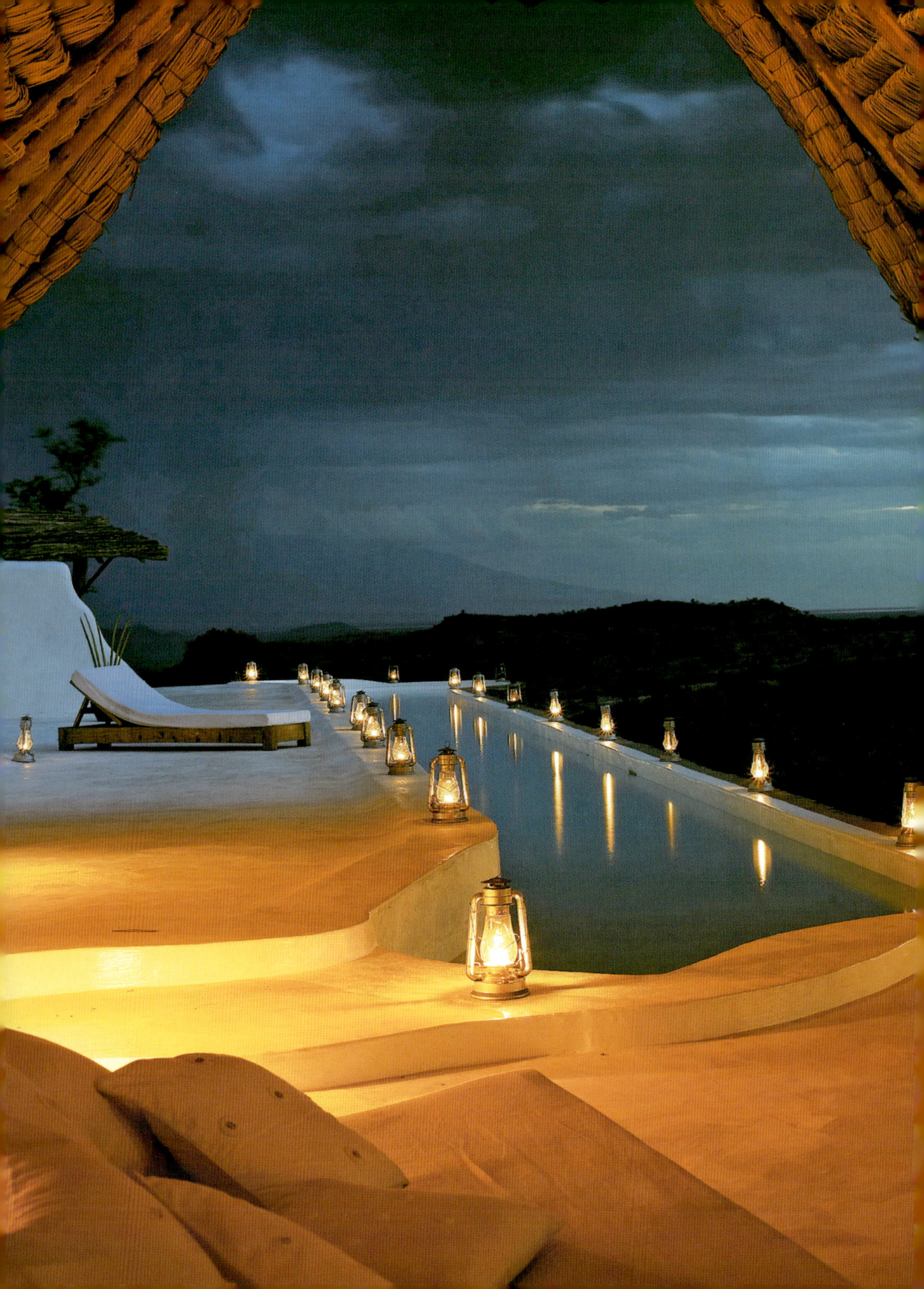

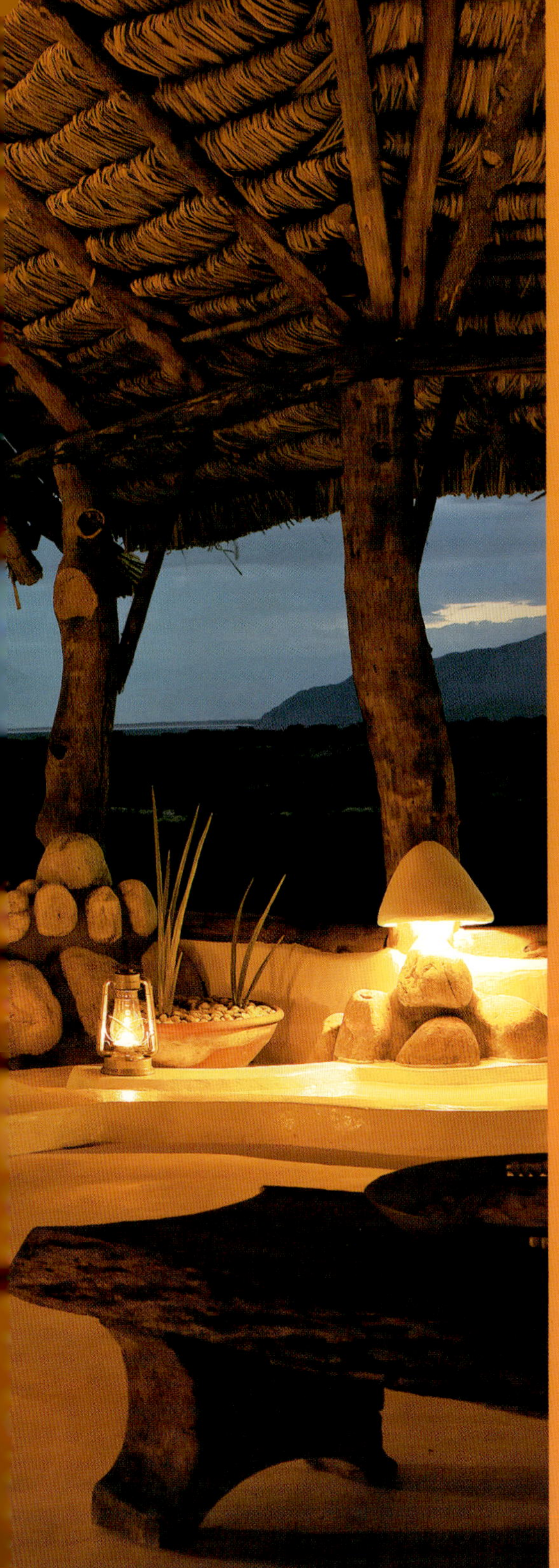

오늘날 아프리카에서는 여러 단체들이 지역
공동체를 돕고 그들이 주위 환경을 보존할
수 있도록 원조하는 특별한 투어리즘 사업을
벌이고 있다. 일찍이 지금처럼 아프리카
여행이 편했던 때도 달리 없었다. 이집트의
열기구 투어부터 나미비아의 럭셔리 스파,
남아프리카의 사파리 캠프를 즐기거나
모로코에서 유목민들과 함께 걷는 특별한
시간을 가져보자.

AFRICA

← 쇼모폴 로지, 케냐

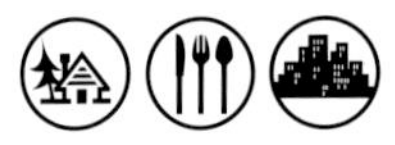

# 다르 로우마나 Stay at Dar Roumana

**Location** 모로코 페즈
**Website** www.darroumana.com  **Price** ⑤⑤

다르 로우마나가 과거의 영광을 되찾는 데는 수 년에 걸친 세심한 복원작업이 필요했다. "석류의 집"으로 들어서는 순간 그 열성적인 노력이 얼마나 멋진 결실을 맺었는지 느낄 수 있다. 조각한 목재 칸막이, 높다란 삼나무 천장, 회반죽을 입힌 프리즈와 타일은 이 지역 장인들이 이쑤시개와 철수세미로 일일이 닦아낸다. 하지만 이것들도 지금은 이 호화로운 호텔의 화려한 디테일 중 일부에 지나지 않는다.

공기방울이 보글거리는 호텔 뜰의 분수대를 지나 계단 위 테라스로 걸음을 옮기면 길게 늘어선 옥상과 고대 메디나의 뾰족한 이슬람 사원 첨탑들이 거짓말처럼 발 아래 펼쳐진다. 마실 것을 들고 두툼한 가죽 쿠션이나

---

> "복원작업의 결과는
> 놀랄 만큼 아름답다─멋진 타일이
> 깔린 뜰과 아름다운 스위트룸."
>
> 『하퍼스 바자』誌

---

푹신한 소파의 아늑함을 즐기거나 식탁에 앉아 코르동 블루 출신의 쉐프이자 다르 로우마나의 미국인 소유주인 제니퍼가 준비한 저녁을 먹자. 운이 좋다면 제니퍼의 남편이자 플라밍고 기타리스트인 세바스찬이 세레나데를 연주해 줄 것이다.

다르 로우마나에서 중세 도시의 담장 안 언덕비탈에 자리잡고 있지만 불과 5분만 걸어가면 상점과 카페들이 나온다. 제니퍼와 세바스찬의 안내에 따라 메디나와 메디나가 자랑하는 식료품 시장을 둘러보거나 공중목욕탕에 가보자. 또는 리야드의 옥상에서 아늑한 좌석, 높은 전망대, 커다란 플라타너스 그늘을 즐길 수도 있다. 제니퍼는 석류 양념에 재운 황새치에 스파이스를 곁들인 것과 같은 특별 요리를 집에 돌아가서도 만들 수 있도록 요리 강좌도 열고 있다. **AD**

# 빌라 마로크 Enjoy Villa Maroc

**Location** 모로코 에사우이라
**Website** www.villamaroc.com  **Price** ⑤⑤

빌라 마로크의 커다란 푸른 대문은 전형적인 모로코 스타일로, 그 안에 어떤 즐거움이 기다리고 있는지 짐작조차 가지 않는다. 메디나의 구불구불한 길과 노천시장 사이에 숨어 있는 빌라 마로크. 모든 것이 분주함과 소란스러움, 강렬한 색채로 뒤덮여 있는 바깥과 달리, 오래된 돌담 안의 이 곳은 평온한 안식처로, 오랜 세월 동안 소수의 축복받은 예술가, 모델, 사진작가들에게 사랑 받아 왔다. 스타일과 삶의 환희에 관심이 있는 사람이라면 누구든 이곳의 느긋하고 친근한 분위기에 매혹당할 것이다.

온통 눈부신 화이트와 일렉트릭 블루로 칠한, 푸른 식물이 무성한 갤러리드 랜딩이 뜰 한복판을 굽어보고 있다. 투숙객들은 이 뜰 한가운데 모여 밤이 깊도록 모닥불을 쬐고, 이야기를 나누며 함께 체스를 둔다. 아늑하고도 흥겨운 분위기가 무르익고, 맛있는 음식과 온화하면서도 활기찬 저녁 풍경 때문에 다른 리야드의 투숙객들도 이곳을 기웃거리게 된다. 루프테라스에는 낮 시간 동안 햇볕을 즐기기 위한 일광욕 의자들이 놓여 있다. 이 유혹적인 풍경은 저 멀리 이슬람 사원에서 들려오는 아련한 무에친의 외침소리로 마무리된다.

세 개의 층에 흩어져 있는 20개의 스위트는 보는 즐거움이 있다. 방 안 곳곳에는 이 지역에서 만든 투야목 조각 가구와 호기심을 자극하는 소품들, 움푹 들어간 비밀 공간들이 있고, 반짝이는 모자이크 욕실은 현기증이 날 만큼 아름답다.

에사우이라의 매력은 이곳이 대규모 리조트가 아니라 바쁘게 돌아가는 어항이라는 것이다. 한때 포르투갈 목재 상인과 로마 염료 상인들의 후원을 받았던 이 도시는 생생한 과거만큼이나 일상적인 활기로 가득하다. 그러나 일상으로부터의 탈출이 간절한 당신이라면 빌라 마로크가 언제라도 완벽한 휴식처가 되어 줄 것이다. **SWi**

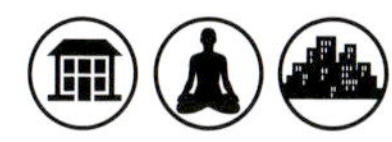

# 메종 M.K. Relax at Maison M.K.

**Location** 모로코 마라케시
**Website** www.maisonmk.com　**Price** 💲💲

마라케시의 메디나는 세계에서 가장 정신 없고, 사람들과 소리, 냄새, 흥분으로 북적대는 장소 중 하나다. 이 끊임없이 모퉁이가 나타나는 꼬불꼬불한 골목의 미로 속을 걷다 보면 어느새 본래의 목적지와는 점점 더 멀어지게 되고, 처음 와본 사람이건 자주 오는 사람이건 길을 잃지 않는다는 것은 거의 불가능에 가깝다.

바깥 세상의 광기에서 벗어나 작은 호텔로 개조된 많은 리야드 중 한 곳으로 숨어들자. 메종 M.K.는 촬영차 마라케시에 왔다가 이 도시와 사랑에 빠진 사진작가 폴 홉킨스의 아이디어로 탄생한 곳이다. 메종 M.K.의 실내는 주변의 전통적인 리야드들보다 유럽적인 터치가 많이 묻어난다. 건물 밖의 먼지 낀 골목길 때문에 자칫 비호감스럽게 보일 수도 있지만 육중한 문을 들어서면 마치 고요의 오아시스에 들어온 것 같은 느낌이 들 것이다. 뜰은 화려하게 장식된 금박 테두리의 얕은 풀장으로 둘러싸여 있어 배경에서 졸졸 물 흐르는 소리가 들려오고, 느긋한 분위기의 루프테라스에서는 일광욕 의자에 쿠션을 잔뜩 쌓아놓고 앉아 바깥을 내려다 볼 수도 있다.

메종 M.K.에는 스파와 두 개의 마사지룸이 있어 고객들은 심신의 피로를 풀어주는 다양한 테라피에 흠뻑 빠지게 된다. 개중에는 아보카도와 오이, 요구르트 등의 천연 재료를 이용한 페이셜 관리도 있다. 메종 M.K.는 메디나의 서쪽 성문에서 불과 몇 미터밖에 떨어져 있지 않아 비교적 찾기가 수월한 편이다. 가장 작은 디테일까지 신경 쓰는 배려와 도심 한복판이라는 위치 덕분에 메종 M.K.는 더욱 돋보인다. **RS**

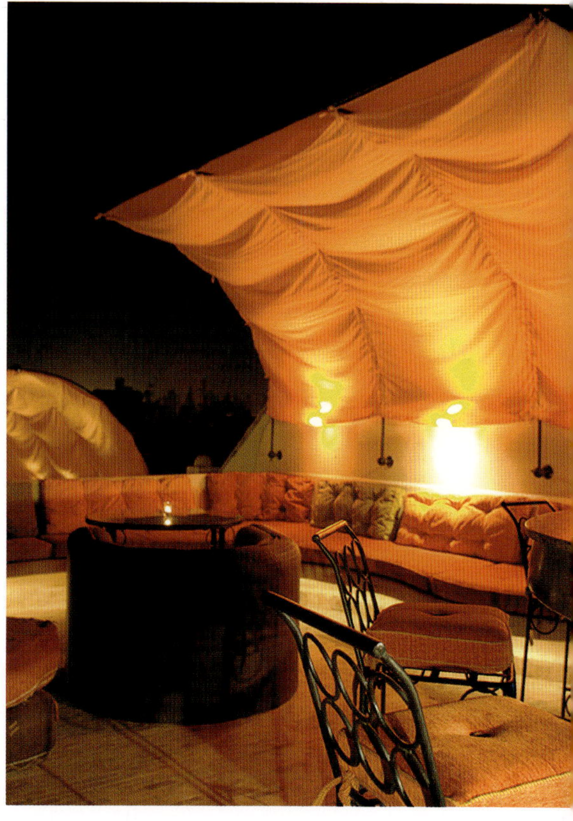

> "마라케시의 리듬에
> 당신을 맡기고 이국적인
> 풍경과 소리를 만끽하라."

메종 M.K. 경영진

↗ 메종 M.K.는 마라케시의 리야드 중 역사가 긴 편은 아니지만 이곳만의 작고 고요한 세계를 선사한다.

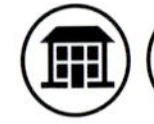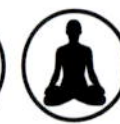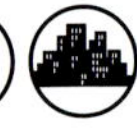

# 아만예나 Stay at Amanjena

**Location** 모로코 마라케시
**Website** www.amanresorts.com    **Price** ⑤⑤⑤

아만 리조트 체인은 전 세계에서 어마어마한 명성을 쌓아 올렸으며, 그 역시 놀랄 일이 아니다. 아만예나는 북아프리카의 아만 리조트를 대표하는 곳으로 아만 리조트 특유의 잡음 없고 확실한 접근방식의 완벽한 예다. 모로코의 '핑크 시티' 외곽의 호화로운 부지에 세워진 이 호텔은 미국인 건축가 에드 터틀이 설계를 맡았다. 본관 건물의 널따란 아치와 같은 이슬람 건축의 영향과 바탕에 깔린 은은한 아시아 양식의 조화가 주변 환경에 달콤하게 녹아들고 있다.

웅장한 정문을 지나면 주위를 거울처럼 비추는 좁은 강과 멋지게 다듬은 잔디밭 너머 테라코타 건물들이 서 있는 별천지로 들어선다. 각각의 건물들은 정자와 분수가 딸린 전용 뜰을 자랑하고, 이들 중 여덟 개의 건물에는 전용 수영장도 딸려 있다. 넓은 실내에는 상상력을 십분 발휘하였다. 곡선을 그리는 벽, 깊은 욕조가 있는 녹색의 모로코 대리석 욕실이 시선을 잡아끈다. 좀더 프라이버시를 원한다면 벽난로와 침실, 전영 버틀러, 25평방미터의 전용 수영장과 정원이 딸린 별채 "메종" 중 하나를 권한다.

아만예나에는 33m 레인 수영장과 하맘(사우나를 겸한 터키식 목욕탕의 일종), 스파, 헬스클럽까지 갖춰진 헬스&뷰티 센터가 있다. 태국 레스토랑에서는 하루 세 끼를 실내 또는 풀장 가장자리의 정원에서 먹을 수 있도록 서비스하며, 저녁에는 모로코 레스토랑에서 전통요리를 원하는 대로 골라 먹을 수 있다. 이 리조트에는 두 개의 골프코스가 이웃해 있어 골프를 좋아하는 손님들은 환성을 올릴 것이다. **PS**

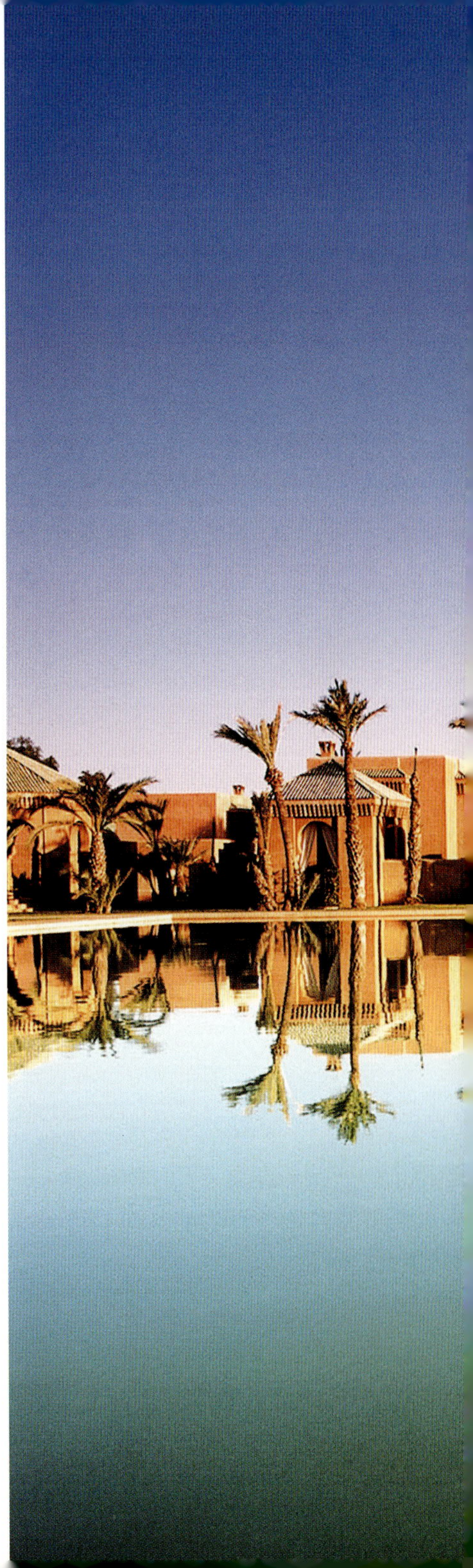

▣ 아만예나의 절제된 럭셔리가 잘 드러나 있는 터키석빛 풀장 중 하나.

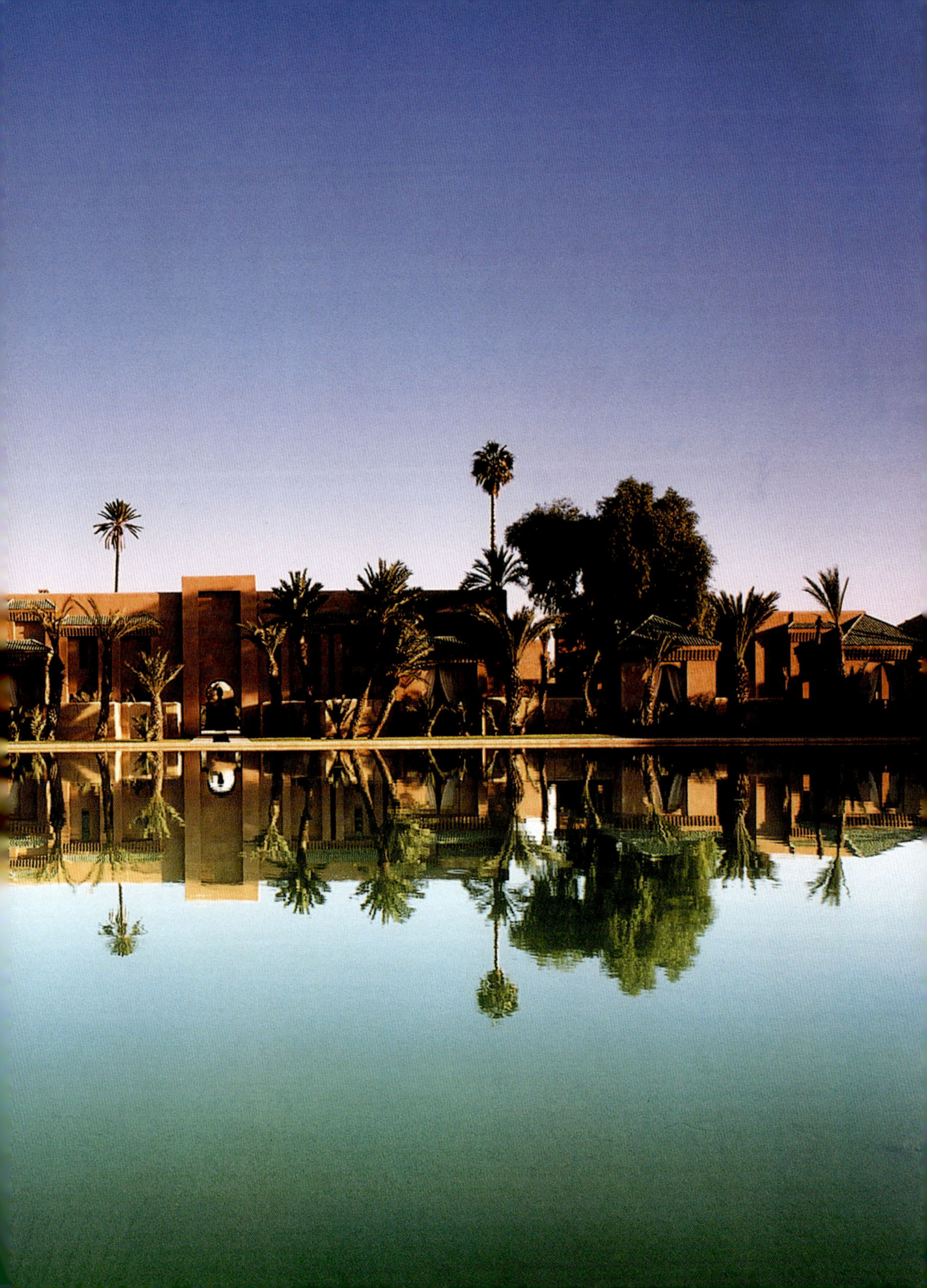

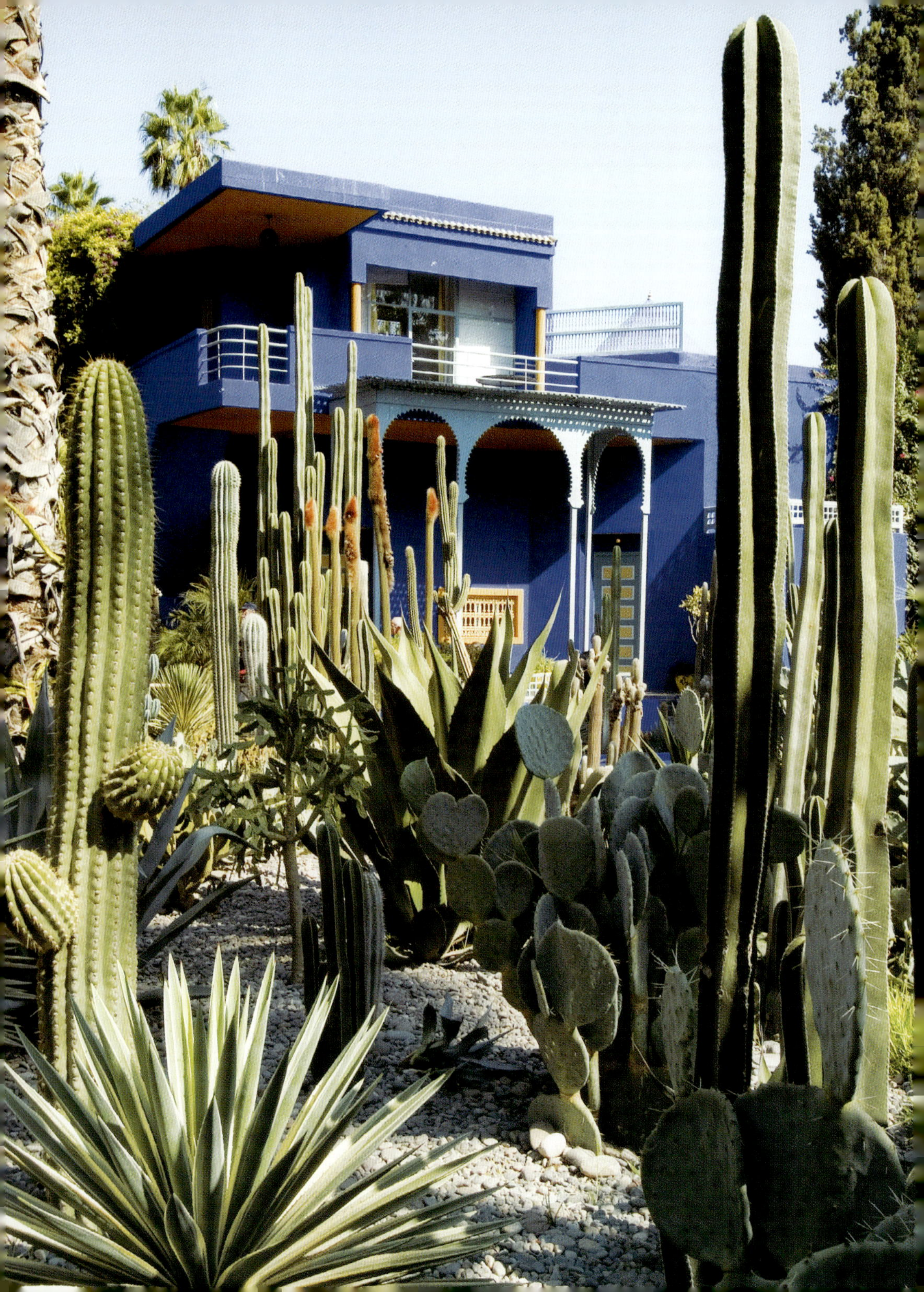

# 자르댕 마조렐
Visit Jardin Majorelle

**Location** 모로코 마라케시
**Website** www.jardinmajorelle.com   **Price** $

마라케시의 교통 소음, 행상인, 거지와 텁고 먼지 날리는 거리로부터 한적하게 떨어져 있는 자르댕 마조렐은 혼잡한 도시 안의 고요한 오아시스다. 메디나의 성벽 바로 앞에 위치한 이 고요한 정원들은 모로코가 아직 프랑스 식민지였던 1924년, 프랑스에서 건너온 예술가 자크 마조렐이 설계했다. 마조렐의 수채화도 아직 남아 있지만 그가 창조한 진정한 걸작은 바로 정원이다. 자르댕 마조렐의 정원은 1947년에 대중에게 개방된 이래 끊이지 않는 방문객들을 맞고 있다. 1980년 이후 이 정원은 디자이너인 입생로랑과 그의 친구이자 후원자인 피에르 베르제의 소유가 되었다. 입생로랑 사후, 그의 유골이 이곳에 뿌려지기도 했다.

정원의 가장 큰 특징은 옛 자크 마조렐의 집 안에 만들어진 이슬람 예술 박물관의 벽과 화분, 그리고 정원의 다른 부분들을 칠한 특별한 색감의 코발트블루이다. 이 밝은 파랑색은 현재 '마조렐 블루(bleu Majorelle)'라는 이름까지 얻었다.

이 정원에서는 매, 산비둘기, 종달새, 황새 등 여러 종류의 새들이 눈에 띄기도 한다. 여러 개의 좁은 오솔길과 전망대를 따라가면 수련, 파피루스와 그 밖의 다른 수생식물들이 무성하게 자라는 여러 개의 작은 연못들이 나온다. 번잡한 도시를 벗어난 반가운 휴식, 그 고요함을 깨는 것이라고는 졸졸 흐르는 물소리뿐이다.

이 곳에 머무른다면 이슬람 예술 박물관은 한번은 꼭 가봐야 한다. 아프리카와 아시아에서 온 도자기, 직물, 무기, 보석과 같은 이슬람 세계의 많은 보물들은 물론 마조렐이 직접 그린 그림들이 전시되어 있다. **HA**

← 강렬한 '마조렐 블루'로 칠해진 박물관의 벽은 정원의 식물과 대조를 이룬다.

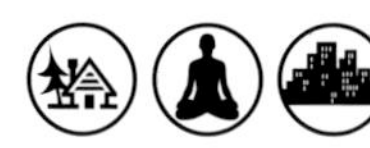

# 다르 레 시고뉴
Stay at Dar les Cigognes

**Location** 모로코 마라케시
**Website** www.lescigognes.com   **Price** $$

혹 궁금해할지 모를 독자를 위해 미리 짚고 넘어가자면 '시고뉴'는 황새를 뜻한다. 그러나 다르 레 시고뉴의 "황새"는 흔히 보는 황새가 아니라 바로 길 하나를 사이에 두고 있는 마라케시 왕궁 담장에 앉아 있는 황새를 뜻한다.

저 유명한 마라케시 메디나의 한복판에 위치한 다르 레 시고뉴는 옛 상인의 집으로, 건축가 샤를 보카라와 이 지역의 장인들이 애정을 기울여 복원하였다. 복잡한 무늬의 모자이크 바닥에서 우아하게 조각된 나무 문에 이르기까지 건물과 부지 전반에 걸쳐 전통적인 기법을 사용하였다. 뜰에 들어서면 향기로운 감귤나무와 물

> "보카라는… 이 17세기
> 옛 상인의 집에
> 미다스의 손길을 입혔다."
>
> 『더 타임즈』誌

방울이 잔잔하게 보글거리는 분수대가 맞아준다. 우아한 식당, 서재, 그리고 독서나 휴식을 위한 살롱을 찾아가보자. 이런 공공 공간의 실내장식은 전형적인 아시아풍이지만 11개 객실은 이와 전혀 다르다—아름다운 이 지방 특유의 터치와 눈이 튀어나올 정도의 최신 유행이 어우러져 있는 것이다. 커다랗고 멋진 침대와 독창적인 조각이 새겨진 욕조, 고급스러운 목욕가운도 있다.

전체적인 느낌은 아늑하고, 호화롭고, 친절하다. 아틀라스 산맥이 내다 보이는 옥상 카페에서 주문에 맞춰 요리한 식사를 즐기거나 마사지실과 하맘(터키탕), 월풀욕조가 갖추어져 있는 호텔 내 스파를 이용하자. 또한 메디나의 주요 명소 대부분이 엎어지면 코 닿을 거리에 있다. **PS**

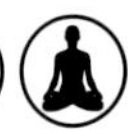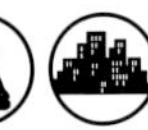

# 리야드 파르나치
Unwind at Riad Farnatchi

**Location** 모로코 마라케시
**Website** www.riadfarnatchi.com　**Price** 💲💲

호텔리어 조나단 웍스는 원래 이 건물을 개인 집으로 쓸 계획이었으나 마음을 바꾸어 고급 호텔로 탈바꿈시켰다—결론적으로 매우 성공적인 아이디어였다고 할 수 있다.

마라케시의 먼지 자욱한 메디나의 가장 오래된 지역에 위치한 리야드 파르나치는—사실 리야드 한 채가 아니라 세 채이다—두 개의 뜰을 중심으로 배치되니 9개의 디럭스 스위트로 구성되어 있다. 건물들의 오래된 부분은 400년 전으로까지 거슬러 올라가지만 실내장식과 편의시설만큼은 완전히 현대적이다. 밝고 통풍이 잘 되는 각각의 객실들은 모든 필요한 첨단 설비가 갖추어

> "전통과 현대의 더할 나위 없는
> 결합… 높은 담장을 타고
> 꽃잎이 흩날린다."
>
> 소피 램, 『인디펜던트』誌

져 있는 것은 물론 우아한 책상, 전통 양탄자와 가구로 스타일리쉬하게 단장하였다. 대리석 욕조에서 느긋하게 쉬거나, 전통 모로코식부터 최신 유행에 이르기까지 보기에도 솔깃한 최고급 트리트먼트를 받을 수 있는 하맘을 매일 이용하도록 예약해두자.

뜰 주변의 안락하고 구석진 곳들과 편히 기대어 있을 수 있는 장소가 널려 있는 넓은 루프테라스 덕에 만실일 때에도 이 리야드는 조용하고 친밀한 분위기를 잃지 않는다. 촛불이 켜진 로맨틱한 저녁식사는 메뉴가 매일 바뀌며, 스태프들은 부담스럽지 않게 친절하면서도 당신이 필요로 하기 전까지는 마치 투명인간과도 같다. 시크한 숙박시설로 이름 높은 이 도시에서 월등한 우위를 지켜나가기 위해 파르나치는 열심히 노력하고 있다. **PS**

# 카라반세라이
Experience Caravanserai

**Location** 모로코 마라케시
**Website** www.caravanserai.com　**Price** 💲💲

카라반세라이는 모로코 최고의 럭셔리 호텔이자 명소 중 하나이지만 겉모습만 봐서는 아랍식 전통 주택이라고 오해하기 쉽다. 마라케시 도심에서 차로 15분 거리에 위치한 이 200년 된 건물은, 세심한 리노베이션을 거쳐 자그마한 아랍 마을처럼 주변 환경에 이질감 없이 자연스럽게 어울린다. 하지만 안으로 들어서면 얘기가 좀 달라진다.

이 지역의 전설적인 건축가 샤를 보카라가 (그의 아들 마티유와 함께) 설계한 카라반세라이는 소박한 매력이 있는 친밀한 동화 속 나라다. 독특한 카스바의 느낌을 되살려내기 위해 고대의 기술을 사용해 진흙 벽, 오래된 나무기둥, 이 지역에서 나는 타델락트라는 자재를 사용하였다. 11개의 스위트와 5개의 스탠다드 룸이 뜰과 대형 수영장을 중심으로 배치되어 있다. 이 중 두 개의 객실에는 전용 풀이 딸려 있으며 대부분의 객실에는 전용 테라스가 딸려 있다. 욕실은 숨이 막힐 정도다.

신기할 정도로 필요한 순간엔 나타나고 필요하지 않을 때면 또다시 어디론가 사라져버리는 듯한 스태프들은 발목까지 길게 늘어지는 전통의상을 입고 있으며, (이성적인 범위 내에서) 요구하는 거의 모든 것을 효율적으로, 친절하게 처리해준다. 시내 중심가에서 가깝긴 하지만—운전기사가 딸린 택시도 대절 가능하다—모로코와 프랑스식 메뉴를 먹을 수 있는 특히나 기분 좋은 레스토랑 겸 바가 있고, 디자이너가 설계한 조용한 정원과 하맘이 더해져 이곳에 더 머물도록 유혹한다. 테라스에서는 텐시프트 강이 내다보이고, 아틀라스 산맥, 팔메라이로 알려진 아주 오래된 대추야자나무 숲을 볼 수 있다. 시야가 맑은 날 테라스에 앉아 방금 우려낸 민트 티 한 잔을 옆에 두고 드라마틱한 야경을 보고 있노라면 모로코의 왕족이 된 느낌이다. **PS**

↪ 카라반세라이의 중앙 뜰을 압도하는 호화로운 온수 풀장.

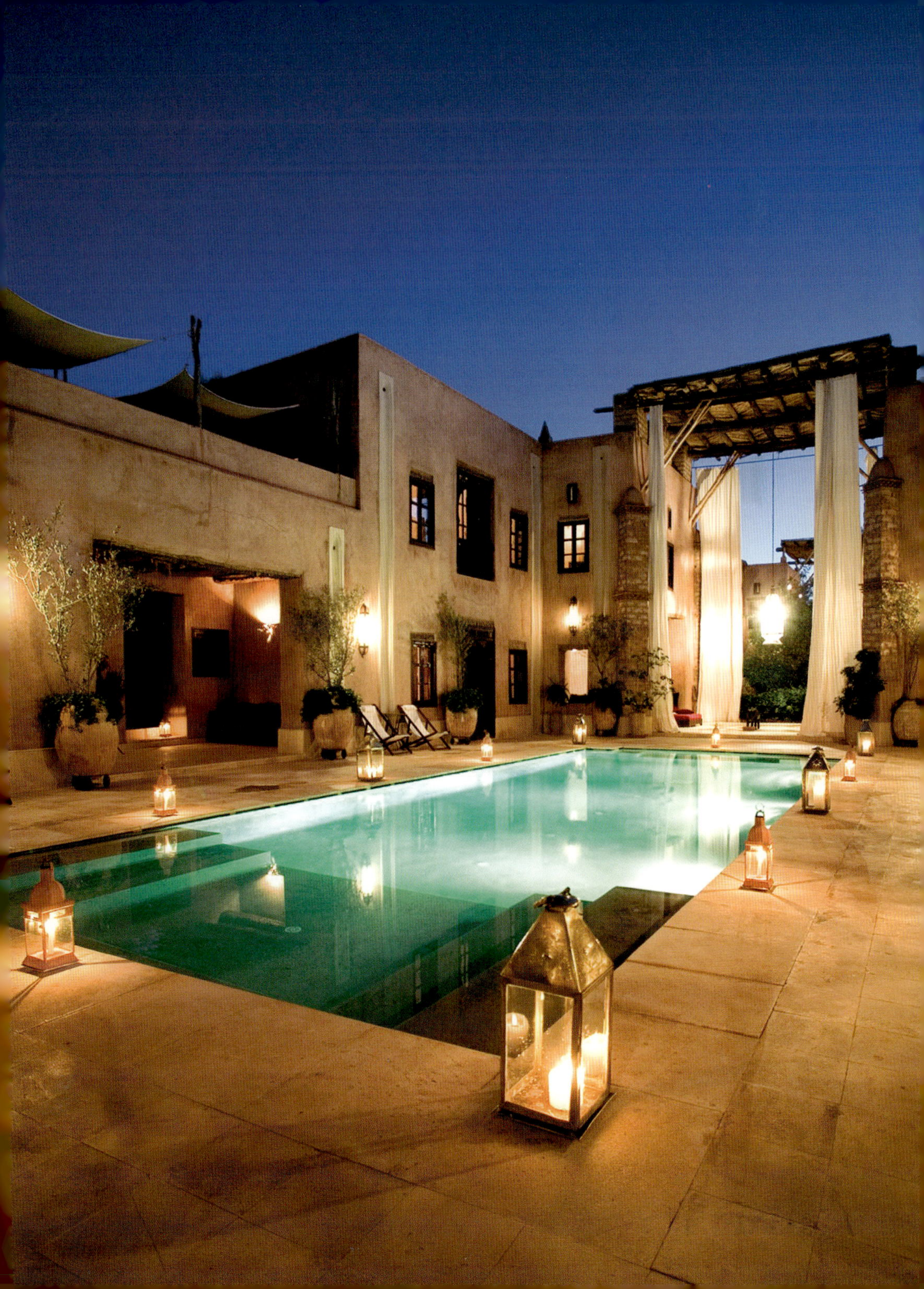

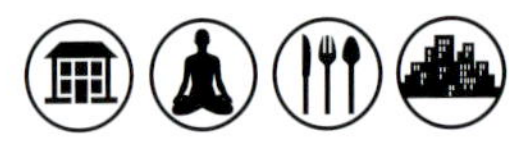

# 리야드 엘 펜 Relax at Riad El Fenn

**Location** 모로코 마라케시
**Website** www.riadelfenn.com **Price** $$

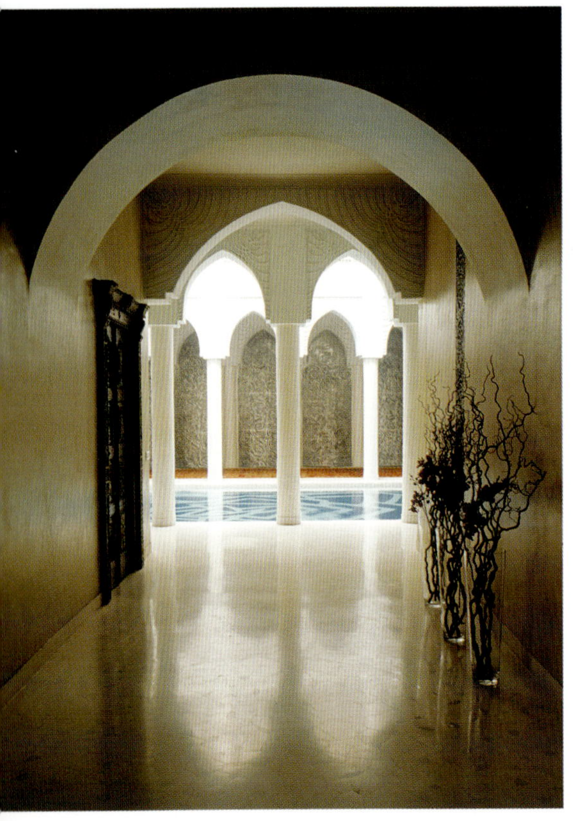

> "이곳은… 아시아의 화려함과
> 순수 유럽풍 시설의 완벽한 결합으로
> 편안함을 자아낸다."
>
> 『콩데 나스트 트래블러』誌

마라케시의 혼잡한 수크 가까이, 운치 있는 골목 속에 숨어 있는 리야드 엘 펜은 고요한 안식처다. 두께가 1m나 되는 어마어마한 요새 담장 뒤에는 가장 스타일리쉬한 실내장식, 고요한 뜰, 그리고 친밀한 분위기의 넓은 공간이 감춰져 있다. 리야드 엘 펜은 용케도 구식의 과장된 우아함과 최신의 첨단을 독특하게 버무려 놓았다.

쿠투비야 모스크와 북적거리는 메디나를 굽어보는 루프테라스는 마라케시에서도 최고의 경관을 자랑한다. 호텔은 휴식을 취하기에 완벽한 공간들로 둘러싸여 있다. 덩굴 식물이 타고 올라가 꽃을 피운 정원의 아치 아래서, 선데크에서, 커다란 소파 위에서, 쌓아놓은 쿠션 더미 위에서 긴장을 풀고 느긋하게 빈둥거리자. 골프 실력을 연마하고, 냉탕에서 열기를 식히거나, 김이 오르는 하맘과 마사지룸, 두 개의 풀장이 딸린—하나는 이태리산 카라라 대리석 풀이고 다른 하나는 공기방울이 나오는 제트 풀이다—고급 스파를 이용해보자.

22개의 룸과 스위트는 저마다 개성과 특색이 있고, 모두 너무나 매혹적이다. 가장 스타일리쉬하면서 심플한 침소를 찾는 투숙객이라면 5m 높이의 천정과 60평방미터나 되는 테라스가 딸려 있는 19번 스위트를 가장 마음에 들어 할 것이다. 디자이너 프레데릭 숄은 손바느질한 낙타가죽 바닥과 따스한 난색 계열의 가구, 가장자리가 동그랗게 말려들어간 욕조와 흥미진진한 미술품들로 이 거대한 공간을 아늑하게 만들고 있다.

원하는 장소에서 식사를 하면서 내 집처럼 편히 지내본다. 사람들과 어울리고 싶다면 야외 식당의 테이블을 고르고, 고독을 즐기고 싶다면 호젓하고 그늘진 구석자리에서 방해 받지 않고 식사를 즐겨도 좋다. **NB**

◰ 해방감이 느껴지는 리야드 엘 펜의 널따랗게 트인 복도 중 하나.

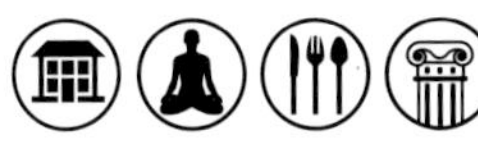

# 카스바 아가파이 Stay at Kasbah Agafay

**Location** 모로코 마라케시 근교
**Website** www.kasbahagafay.com   **Price** ⑤⑤⑤

오래된 올리브 과수원과 사막의 언덕, 아틀라스 산맥의 파노라마 전경을 볼 수 있는 카스바 아가파이는, 눈으로 직접 보지 않고서는 믿을 수가 없는 곳이다. 이 건물은 150년 전에는 언덕 꼭대기의 요새였지만, 런던에서 활동하는 모로코 디자이너 아벨 다무시에 의해 럭셔리한 휴양지로 거듭났다. 서른여섯 명의 소유주에게서 이 카스바를 사들이는 데만 3년, 현재의 상태로 복원하는 데 또 3년이 걸렸다.

이 뜻밖의 위치—마라케시에서 40분 거리—덕분에 이곳은 완벽한 휴양지로 탄생했다. 카스바 아가파이는 리야드 스타일의 뜰을 중심으로 지어진 16개의 메인 스위트고 구성되어 있는데, 모두 미로 같은 복도로 서로 연결되어 있다. 개성있게 디자인된 각각의 스위트에는 베르베르와 아랍의 수공예, 풍부한 현대적 감각을 세련되게 조화시킨 가구들이 비치되어 있다. 이런 스위트들은 대부분의 사람들을 만족시키기에 부족함이 없지만 아가파이에는 왕에게나 어울리는 네 개의 대형 모로코 전통 천막도 있다. 골동품과 지나칠 정도로 풍부한 실내장식(어마어마하게 큰 4개의 기둥 달린 침대와 손으로 짠 양탄자, 커다란 욕조, 심지어 동상까지 있다)이 빼곡히 들어찬 이 텐트들은 신혼여행객과 낭만을 즐기는 이들에게 안성맞춤이다.

아가파이는 대형 수영장, 전통 하맘, 요가 파빌리온이 있는 스파 콤플렉스, 야간조명 시설이 갖춰진 테니스코트와 쿠킹스쿨 등 넘쳐날 만큼의 부대시설을 갖추고 있는데 이 시설들은 모두 호텔의 유기농 정원 안에 위치해 있다. 직원들은 또 하이킹, 산악자전거, 낙타 트레킹은 물론 골프 게임까지 기꺼이 준비해 준다. 레스토랑을 찾아 호텔을 나설 필요조차 없다. 카스바 아가파이의 프랑스-모로코 주방은 세계적인 수준의 음식을 제공한다. 제대로 된 호텔에 머무는 것만으로도 오롯이 만족스러운 휴가라는 것을 증명하는 완벽한 예다. **PS**

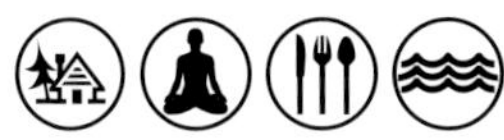

# 크사르 샤르-바흐 Stay at Ksar Char-Bagh

**Location** 모로코 팔메라이
**Website** www.ksarcharbagh.com   **Price** ⑤⑤⑤

크사르 샤르-바흐는 무어 양식의 궁전처럼 보이지만 사실은 아주 잘 만들어진 복제품이다. 파트리크와 니콜 르비에르 부부는 꿈의 건물을 찾아 헤매다가 결국 실패로 돌아가자 아예 자신들이 원하는 건물을 직접 지었다. 크사르 샤르-바흐는 피땀 어린 숙련된 기술과 모로코 건축과 문화에 대한 열정, 거기에 니콜의 중동과 무어 예술에 대한 연구가 더해져 탄생했다.

차를 몰고 다소 초현실적인 팔메라이를 가로지르면 마치 동화 속 신기루처럼 크사르 샤르-바흐가 눈 앞에 솟아오른다. 12개의 넓은 객실에는 단 하나만 제작된 골동품과 고가의 미술품, 현대적인 필수 설비들이 있고, 욕실에는 실크 젤라바(djellaba, 긴 소매에 후드가

> "크사르 샤르-바흐에서는…
> 온화한 풍경과 흐르는 물소리가
> 늘 곁에 있다."
>
> 리처드 앨러먼, 『트래블앤레저』誌

달려있는 아랍 남자의 겉옷-역주)가 비치되어 있다. 밖에는 화려한 장식의 잘 다듬어진 해자와 분수, 정원 풍경이 내다보이고, 그 중심에는 아름다운 검은 수영장이 있다.

야자나무와 올리브나무, 과일나무, 채소, 허브로 가득한 정원들은 눈도 즐겁게 해 줄 뿐더러 평판이 자자한 이 호텔의 주방에 식재료도 공급해준다. 이 외에 당구장, 시가 클럽, 도서실, 와인셀러, 헬스클럽, 고급 스파와 전용 골프장 등의도 있다. 물과 생명의 근원적인 관계를 상징하는 이름인 크사르 샤르-바흐는 진짜 14세기 무어 궁전은 아니지만, 마치 왕족이 된 것 같은 굉장한 느낌만큼은 진짜다. **PS**

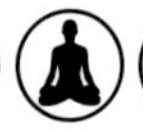

# 팔레 룰
Enjoy Palais Rhoul

**Location** 모로코 팔메라이
**Website** www.palaisrhoul.com  **Price** ⑤⑤⑤

전설에 의하면 팔메라이 야자나무들은 수 세기 전 단 것을 좋아하는 아랍의 전사들이 뱉어낸 대추야자 씨에서 생겨났다고 한다. 이곳은 먼지 자욱한 야자나무, 건조하고 관목이 우거진 땅, 어슬렁거리는 낙타들이 있는 생기 없는 환경이지만 동시에 마라케시의 베벌리 힐스이기도 하다. 높은 담으로 둘러싸인 이 구역의 아무 저택이라도 그 조심스러워 보이는 대문을 열면 푸르른 오아시스를 발견하게 된다. 마라케시처럼 더운 먼지투성이 도시를 떠나 이처럼 풍부한 물과 짙은 녹음을 접하는 것은 멋진 일이다.

평범한 길가의 높은 담과 요새 같은 대문 뒤, 바로 이런 건물이 야자나무가 빼곡히 들어찬 로맨틱한 정원에 서 있다. 팔레 룰. 아름다운 골동품들이 앞을 다투어 시선을 끌고, 거대한 촛대가 야자나무에 매달려 흔들리는, 흉내 낼 수 없이 특이하고 섹시한 공간이다. 넓은 아트리움은 장미꽃잎으로 가득 찬 대리석 풀장이 중앙을 차지하고 있고, 기둥과 야자나무가 돔 지붕과 책이 가득한 메자닌층의 서재까지 닿을 정도로 솟아 있다. 일부 객실들은 주랑으로 에워싸인 넓고 얕은 풀장으로 열려 있는데, 밤에는 이 물 위에 촛불이 떠다닌다. 다른 객실들은 한때 귀족들이 여행할 때 쓰던 것과 같은 종류의 모로코식 대형 천막이다. 이 천막들은 장미꽃 봉오리와 선인장, 서양협죽도 관목, 올리브, 석류, 감귤나무 등으로 가득 찬 정원에 서 있다.

하맘은 이곳에 상주하는 뛰어난 안마사만큼이나 유명하다. 그 안마사 말인데, 지독할 정도로 당신을 이리저리 굴려댄다. 팔레 룰에서 하룻밤 묵는 비용이 부담된다면 상대적으로 가격 부담이 적은 하맘만 이용할 수도 있다. **LB**

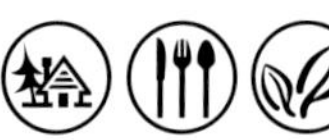

# 이나네
Enjoy Jnane

**Location** 모로코 팔메라이
**Website** www.jnanetamsna.com  **Price** ⑤⑤

마레케시에서 멀지 않은 팔메라이에 위치한 이나네(예전 이름은 이나네 탐스나)를 다녀간 유명인사들 가운데는 브래드 피트와 데이빗 보위도 있다. 이나네는 변호사에서 디자이너로 변신한 세네갈인 메리앤 룸—마틴과 민속식물학자인 그녀의 미국인 남편 개리 J. 마틴의 창조물이다.

24개의 객실은 이나네 하우스와 이나네 살미아, 메종 데 보야제르—무사피르에 나뉘어 배치되어 있다. 통풍이 잘 되는 이 웅장한 건축물은 온통 아름다운 아도비 벽돌로 만들어진 벽, 모로코식 아치, 무성한 부겐빌레아 꽃으로 뒤덮인 파티오로 되어 있다. 실내에는 심혈



을 기울여 고른 세네갈, 모로코, 아시아산 직물들이 놓여 있다. 객실들은 소박하지만 아름답다. 세 개의 수영장 중 둘은 겨울이면 물을 데울 수 있는 온수 풀장이고, 테니스코트, 각각 영어와 프랑스어 장서가 구비된 서재들, CD와 DVD를 모아놓은 오락실도 있다.

아랍어로 '정원'을 뜻하는 이나네의 정원은 커다란 자연의 매력으로 다가온다. 지중해와 모로코의 요리를 조화시킨 퓨전 레스토랑의 식재료도 여기서 키운다. 이나네의 주인들은 마라케시의 문화생활을 넓히고 탐구하는 데 열성적인 나머지 다양한 문화체험을 위한 짧은 단체관광 코스도 잇달아 기획해냈다. 대학교육을 받은 현지의 친절한 가이드들이 안내하는 이 여행은 일반 관광객들이 다니는 길을 벗어나 모로코의 풍습, 요리, 예술에 관한 특별한 식견을 공유한다. **PS**

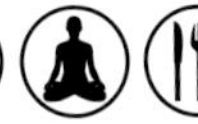

# 아즈운 크리사란
Relax at Azwou'n Crisaran

**Location** 모로코 리사니
**Website** www.crisaran.com　　**Price** ⑤⑤

야심한 밤, 어쩌면 당신은 가끔 궁극의 탈출을 꿈꾸고 있는지 모른다. 사표를 던지고 사무실을 뛰쳐나와, 깔끔한 핀스트라이프 정장은 불태워 버리고 베르베르족과 함께 말을 달려 모로코 사막을 가로질러 내달리리라. 하지만 아즈운 크리사란에서 며칠 밤을 보내도록 예약한다면 월급을 포기하지 않고도 하맘과 고급요리, 편안한 사륜구동 지프차를 타고 사치스러운 방식으로 베르베르족 생활에 빠져 지낼 수 있다.

아즈운 크리사란은 사하라사막의 모래언덕 기슭에 세워져 있다. 각각 거실과 침실, 욕실, 벽난로가 있는 16개의 스위트로 구성되어 있다. 얼룩말 무늬 덮개를 펼친 침대, 모로코 양탄자를 깔아놓은 바닥, 관능적인 테라코타 벽과 대조를 이루는 양초와 번쩍이는 금박 거울을 보고 있노라면 지금 당신이 와 있는 이 대륙이 어디인지를 의심하게 된다. 낮 시간에는 모래언덕 단체 관광, 가이드가 안내하는 이 지역 마을 탐방, 낙타 타기, 경비행기 타기 등을 즐긴다. 화요일과 목요일, 일요일에는 유목민을 따라 시장에 갈 수 있는데, 대추야자와 화석으로 유명한 에르푸드, 눈부신 일출과 일몰을 볼 수 있는 메르주가, 리사니 야자밭 풍경이 볼만한 크사르 엘 보르즈를 구경할 수 있다. 알라위트 왕조가 탄생한 타필랄트에서는 궁전들과 마우솔레움도 볼 수 있다.

또는 아즈운 크리사란의 호수 같은 수영장에 느긋하게 누워 쉬거나 아도비 벽돌로 지은 하맘에서 마사지를 받는다. 저녁 시간. 레스토랑 "하이마"의 셰프들은 아랍과 베르베르 요리 전문이다. 그들은 수세기에 걸친 전통 요리법을 복습하듯 매일 다른 요리를 선보인다. 낮은 쿠션에 기대앉아 민트 티를 한 모금 마시고 있다가 문득 떠오른다. 말타고 사막을 달리는 것보단 이 쪽이 훨씬 더 편안하다는 것을. **PE**

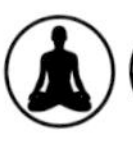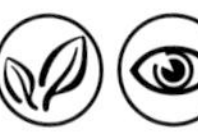

# 다르 아흘람
Unwind at Dar Ahlam

**Location** 모로코 와르자자트
**Website** www.maisonsdesreves.com　　**Price** ⑤⑤

모로코 사막 남쪽의 다르 아흘람까지 가는 것은 상당한 도전이지만 가장 가기 힘든 곳일수록 그럴 만한 가치가 있는 법이고, 다르 아흘람도 예외는 아니다. "꿈의 집"이라는 뜻의 이 전통 진흙 카스바는 와르자자트에서 40km 떨어진 스쿠라의 녹색 오아시스에 마치 붉은 요새처럼 당당히 서 있다.

에덴동산 같은 이곳의 적막을 깨는 것은 새들이 지저귀는 소리뿐이다. 사막을 눈앞에 둔 이 마지막 녹색 보루는 마법에 걸린 숲처럼 넋을 빼놓는다. 이곳은 전화, 텔레비전, 일상의 걱정은 물론 형식도, 규칙도, 열쇠도, 통제도 없이 자유로움만 존재하는 더할 나위 없

---

> "향락에 목매는
> 사람이라도 이 "꿈의 집"에
> 압도당할 것이다."
>
> 『하퍼스 바자』誌

---

이 행복한 평행우주다. 건물 안으로 들어서면 징을 박은 나무 문들이 열리고 골동품으로 가득 찬 방들이 드러난다. 아홉 개의 객실은 모로코는 물론 발리, 시리아, 프랑스에서 온 골동품들로 서로 다르게 꾸며져 있다. 식사는 다양한 장소에서 할 수 있다. 아침은 루프테라스에서, 점심은 올리브나무 아래나 반짝이는 풀장 가장자리에서 먹어보는 것은 어떨까. "천일야화"의 저녁을 위해서는 호화로운 직물과 장식용 향신료, 여남은 개의 촛불이 축제의 분위기를 자아낸다.

밝은 터키석 색 쿠션이 널려 있는 테라스에 숨어들거나 최면을 거는 듯 습기로 가득한 하맘으로 향하거나, 장미계곡으로 모험을 떠나거나 유적지에서 촛불 아래 저녁식사를 즐겨보자. 이 모든 것들이 동화 같은 체험의 일부이다. 꿈이란 바로 이런 거니까. **RCA**

# 카스바 뒤 투브칼 Enjoy Kasbah du Toubkal

**Location** 모로코 아틀라스산맥
**Website** www.kasbahdutoubkal.com **Price** ⑤

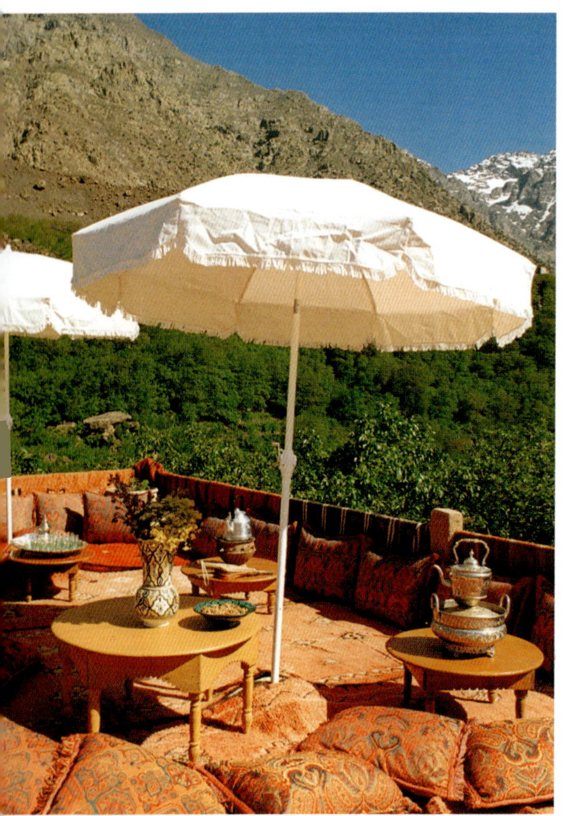



북아프리카에서 가장 높은 투브칼 산 기슭에 위치한 카스바 뒤 투브칼은 아틀라스산맥 속 1,800m 높이의 험준한 바위에 자리잡고 있다. 아틀라스 산맥은 마라케시에서 64km밖에 떨어져 있지 않지만 이곳의 외떨어진 느낌과 느긋함은 마라케시와는 완전히 별세계다.

이 요새휴양지까지 가려면 작은 베르베르 마을인 임릴에서 노새를 타고 15분 걸어야 한다. 카스바 측은 이곳은 호텔이라기보다는 현지 베르베르 마을 주민들의 손님 환대의 연장선이라고 말한다. 실제로 처음 카스바를 개발할 때도 마을 사람들의 조언을 받았고, 지금도 그들이 이곳을 관리하고 있다. 카스바에는 두 개의 커다란 루프테라스가 있는데, 수영장은 없지만—현지의 풍습을 존중하기 위해—증기탕과 냉탕의 복합시설이 있다.

호화롭다기보다는 아늑한 객실은 호두나무를 조각해 만든 가구 등 전통 베르베르 스타일로 꾸며져 있다. 전용 욕조나 샤워가 딸려 있는 객실에서는 놀랄 만치 아름다운 산의 경치가 멀리까지 내다보인다. 수페리어 룸에는 발코니 또는 테라스가 있다. 카스바의 남쪽에는 프라이버시를 중시하는 손님들을 위한 침실 세 개짜리 별채 가든하우스(Garden House)가 있다.

5스타 호텔의 럭셔리에 미치지 못하는 부분은 문을 나서자마자 시작되는 최고의 트레킹을 즐길 수 있는 웅장한 풍경이 상쇄하고도 남는다. 카스바 주변 마을들을 산책하듯 가로지르는 짧은 코스부터 야간 산행, 현지 산악 가이드와 노새의 도움을 받아 여러 날 동안 외딴 계곡을 트레킹하는 코스까지 다양하게 마련되어 있다. 이 중에서도 이틀 동안 높이 4,160m의 투브칼 산 등정이 최고의 코스로 꼽힌다. **ML**

↖ 카스바 뒤 투브칼의 테라스에 앉아 전통 민트 티를 마시고 아틀라스 산맥의 공기를 들이마시자.

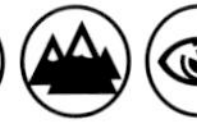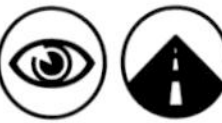

# 유목민들과 도보 여행 Walk with Nomads

**Location** 모로코 하이 아틀라스
**Website** www.epicmorocco.co.uk   **Price** 💲💲

모로코의 하이 아틀라스 산맥의 울퉁불퉁한 풍경을 탐험하는 완벽한 방법은 바로 여러 세대의 아이트 아타 (Ait Atta) 부족민이 거쳐간 발자취를 따라 유목민들과 함께 걷는 것이다. 여행객이 거의 없기 때문에, 서로 멀리 떨어져 있는 황무지에 나가 캠핑을 하다 보면 당신과 당신의 텐트가 거대한 바위 앞에서 한없이 작아짐을 느끼게 될 것이다. 그럼에도 불구하고, 생명은 베르베르 가족이 소유한 수백 마리의 염소와 그 새끼, 단봉낙타, 양, 노새의 모습으로 당신을 둘러싸고 있다.

마라케시에서 여섯 시간을 가면 6일간의 트레킹 체험을 할 수 있는 센트럴 하이 아틀라스의 아주 작은 마을 함도르에 도착한다. 이곳에서 자이드와 그의 가족,

> "우리는 개척자가 된 것처럼 느꼈는데,
> 어떤 면으로는 사실이었다—이것은
> 탐험 여행이었다."
>
> 이사벨 초트, 『가디언』 誌

도우미들과 합류한다. 지트에서 밤을 보낸 뒤, 트레킹의 첫날 아침은 노새꾼들이 노새와 낙타에 여행에 필요한 식량과 소지품들을 싣는 분주함 속에 시작된다.

바위 길을 매일 다섯 시간씩 걷는데 (중급 수준이다) 수시로 길을 멈추고 몸서리가 쳐질 정도로 달콤한 민트 티를 마신다. 그날의 캠핑장소에 도착할 즈음에는 이미 베르베르 텐트와 주방이 설치되어 있고 가방도 도착해 있다. 타진과 돌에 갓 구운 빵으로 저녁식사를 마치면 별빛 아래 자스민 나무 장작으로 피운 캠프파이어 주위에 둘러앉는다. 자이드와 그의 조카, 노새꾼이 바비큐를 축하하며 불가에서 노래하고 춤을 추기도 한다. **RB**

# 라 가젤 도르 Stay at La Gazelle D'Or

**Location** 모로코 타루단트 교외
**Website** www.gazelledor.com   **Price** 💲💲

라 가젤 도르의 서로 분리된 코티지 방갈로 위에는 부겐빌레아 꽃이 흐드러지게 피어 있고 주변을 둘러싼 80ha의 유기농 오렌지 과수원의 향기가 잘 손질된 산울타리와 완벽한 잔디밭 너머로 풍겨온다.

정상이 눈으로 덮인 아틀라스 산맥 구릉 지대에 있는 타루단트의 오래된 성벽에서 약 1.5km 떨어진 곳에 위치한 라 가젤 도르는 모로코의 조용하고 차분한 면을 보여준다. 텔레비전이 없는 이 우아한 방갈로에는 겨울이면 탁탁 소리를 내며 타는 장작불과 해가 진 뒤 깜빡이는 모로코식 등불만 있을 뿐이다. 꾸미지 않은 회반죽을 바른 벽, 모슬린 드레이프, 손으로 짠 양탄자, 오래된 목조 가구 위의 테라코타 항아리에 꽂힌 싱싱한 꽃에는 은근한 호화로움이 있다. 라 가젤 도르는 오히려 여유로운 북아프리카의 정취를 풍기는 컨트리 하우스 호텔에 가깝다. 이 곳은 셀레브리티들의 휴양지로 유명하지만 호텔 측은 유명한 단골손님들에 대해선 말을 아낀다—틀림없이 유명인사들이 이 곳을 다시 찾는 이유일 것이다.

장미 관목 사이로 난, 장식 벽돌이 깔린 작은 길을 따라 푸른 잎 사이에 조심스레 숨어 있는 24m 레인의 옥외 온수 풀장으로 가거나, 클레이코트에서 테니스를 치거나 잔디밭에서 크로케를 치자. 투숙객들은 객실에 딸린 노천 테라스나, 바닥까지 닿는 하얀 전통 옷을 입은 웨이터들이 은쟁반의 균형을 잡으며 테이블 사이를 휙휙 지나다니는 커다란 둥근 천막 안의 식당에서 식사를 할 수 있다. 식도락가를 위한 7코스 디너도 맛볼 수 있다.

나무를 조각해 만든 오래된 문을 열고 들어서면 천연 제품과 에센셜 오일을 이용해 전통 하맘과 현대식 뷰티 테라피의 조화를 보여주는 스파가 나온다. 호텔에는 헬스클럽과 승마를 위한 전용 마구간이 있어 곧바로 말을 타고 산을 오를 수도 있다. **SH**

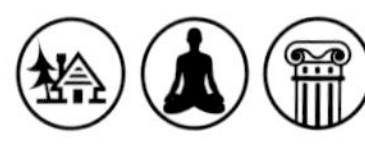

# 다르 디아파 Relax at Dar Dhiafa

**Location** 튀니지 제르바
**Website** www.hoteldardhiafa.com　**Price** $$

좁은 길을 따라 내려가면 두터운 벽과 징을 박은 문 뒤에 다르 디아파가 숨어 있다. 부겐빌레아 꽃이 곳곳에 피어 있는 뜰에 들어서면 별천지에 온 것 같다. 제르바의 옛 유태인 거주구인 에리아드에 위치한, 600년 된 흰 칠을 한 덧문 달린 집 다섯 채가 이국적이지만 가식 없는 피난처로 우아하게 탈바꿈했다. 구부러진 통로와 움푹 들어간 비밀 공간, 갈라진 벽들과 두꺼운 돌 아치들이 빽빽하게 들어차 있다. 그늘진 복도로 연달아 이어져 있는 총 9개의 룸과 6개의 스위트는 모두 꽃으로 장식된 뜰을 중심으로 늘어서 있다.

객실은 들보가 겉으로 드러난 천정과 컬러풀한 베르베르 양탄자로 뒤덮인 테라코타 타일 바닥, 골동품, 전

---

> "꽃을 가득 꽂아놓은 항아리와
> 일광욕 의자가 옆에 늘어선 수영장 위로
> 나비들이 날아다닌다."
>
> 『콩데 나스트 트래블러』誌

---

통 램프와 이 지역의 도기로 꾸며져 있다. 하얗게 칠한 두꺼운 돌담이 여름의 작열하는 태양으로부터 실내를 시원하게 지켜 주지만 심한 더위를 대비해 에어컨 설비도 되어 있다. 또한 두 개의 작은 풀장, 하맘, 전통 요리와 이 지역의 터치를 가미한 맛있는 음식을 먹을 수 있는 분위기 있는 실내·외 레스토랑이 있다.

에리아드 마을을 걸어 들어가는 것은 마치 시간을 거슬러올라가는 것 같다. 긴 로브에 샌들 신은 발을 질질 끌며 걸어 다니는 할아버지들, 자유롭게 돌아 다니는 염소들, 커다란 짐 더미를 지고 다각다각 발굽소리를 내며 지나가는 당나귀들을 볼 수 있다. 엘 그리바 유대교 회당은 연대가 기원전 586년까지 거슬러 올라가는 중대한 유대교 순례지로 꼭 가 보도록 하자. **HA**

# 판시 크사르 길렌 Enjoy Pansea Ksar Ghilane

**Location** 튀니지 사하라 사막　**Website** www.pansea.com
**Price** $$

사하라의 북쪽 끝에 60개의 텐트가 세워져 있다. 바로 판시 크사르 길렌 사막 캠프다. 세상으로부터 동떨어진 이 오아시스는 오래된 성터 위에 완벽히 고립되어 있다. 4륜 구동차 외에는 이곳으로 올 수 있는 방법이 없고, 그 세 시간의 여정 동안 세계에서 가장 황량하지만 또한 가장 놀랄 만큼 아름다운 경관을 가로지르게 된다.

전통적인 스타일의 로맨틱한 텐트 내부는 바람에 물결치는 커튼과 독특한 현지 예술품, 매달린 등불, 바닥에 깔린 아름다운 킬림으로 꾸며져 있다. 에어컨이라는 현대문명의 이기도 허락되어 있어 겨울철에는 히터로도 사용되지만, 텔레비전이나 전화는 없으며 휴대전화도 터지지 않는다.

텐트 밖으로 나오면 천연 샘물로 채워진 풀장 가장자리에 느긋하게 기대 앉아 사막의 모험을 계획할 수 있다. 낙타를 타고 염전과 모래언덕, 로마시대의 유적 등을 가보거나 복원된 망루 꼭대기로 올라가 끝없이 펼쳐진 모래와 눈부신 석양을 볼 수도 있다. 아니면 4륜구동차를 타고 사막을 달려 영화 〈잉글리시 페이션트〉를 촬영한 초트 엘 제리드나 〈스타워즈〉의 배경이 된 타타오이네 부근의 오래 된 베르베르 고르파를 구경갈 수도 있다.

레스토랑에는 쿠션으로 덮인 돌 벤치와 단철 랜턴으로 베두인풍의 시크함을 축약해 놓았다. 튀니지와 프랑스 요리가 돋보이는 메뉴에는, 비프 스튜, 보글보글 끓는 양고기 카세롤, 쿠스쿠스, 꼬치 요리 등의 특선 요리가 포함되어 있다. 또는 레스토랑 대신 염소털로 짠 전통 카펫 위에 앉아 모래 위 파이어핏(중앙에 불을 피울 수 있게 부뚜막처럼 쌓아 올린 모닥불터−역주)에서 요리한 음식을 먹고 하늘의 별들을 보면서 향을 입힌 물담배를 뻐끔거리며 하루를 마무리할 수도 있다. **AD**

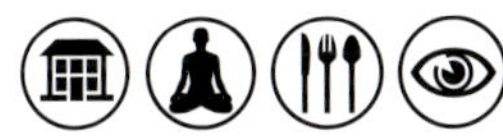

# 호텔 다르 사이드 Unwind at Hotel Dar Said

**Location** 튀니지 시디 부 사이드   **Website** www.darsaid.com.tn
**Price** 💲💲

튀니지에서 가장 매혹적인 휴양지인 이 자그마한 호텔은 예전에는 가정집이었던 19세기 저택이다. 이 호텔은 파란색과 흰색으로 예쁘게 칠해진 절벽 위의 마을 시디 부 사이드에 위치해 있어 튀니스 만(灣)이 가로질러 보인다.

부겐빌레아 꽃으로 덮인, 하얗게 칠한 높은 벽으로 둘러싸인 이 2층 집은 오렌지 과수원과 풀장이 딸린 네 개의 뜰로 둘러싸여 있다. 호텔에서는 느긋하고 매력적인 분위기가 배어 나온다. 자스민 향기 그윽한 테라스와 그늘이 드리워진 아침식사 테이블, 햇살이 얼룩무늬처럼 비치는 타일이 깔린 뜰, 곁에 앉아 쉴 수 있는 빛나는 분수대. 호화로운 이탈리아 패브릭과 높은 안목을 자랑하는 골동품, 실크 양탄자로 장식된 멋진 실내공간을 만끽하자. 천정이 높은 객실들은 엷은 빛깔로 꾸몄으며 징을 박은 무어 양식의 가구들이 놓여 있다. 하맘에서 회복 트리트먼트를 받고 보트 정박장까지 뱀처럼 구불구불한 길을 내려가자.

튀니스에서 동쪽으로 16km 떨어진 시디 부 사이드 마을은 13세기의 수피 신비주의자 아부 사이드가 언덕 위에 세운 휴양지였다. 이 곳은 곧 튀니지의 귀족들 사이에서 인기 있는 피서지가 되었고 결국 폴 클레와 같은 예술가들을 끌어들이기 시작했다. 작은 시장은 기호품들과 선물을 고르기에 좋고 화랑과 저택 박물관들은 매혹적인 이 지역의 유산을 보여준다. 마을에는 아주 멋진 식당들이 여러 곳 있는데 개중에는 지중해 풍경을 파노라마로 볼 수 있는 곳도 있다. 호텔로 돌아오면 뜰에서 나른한 밤하늘 아래 민트 티를 마시며 이 지역 특유의 식물이 풍기는 향을 들이마신다. 다르 사이드에서의 스테이는 감각의 향연이다. **AD**



선 오헤이건, 『옵저버』誌

⬈ 다르 사이드 호텔 꼭대기 테라스의 환상적인 전망은 하루종일 태양을 즐기도록 해준다.

# 왕들의 계곡
Balloon over Valley of the Kings

**Location** 이집트 룩소르　**Website** www.egypt.travel
**Price** 💲

해뜨기 전의 열기구 비행은 사자(死者)의 도시인 테베의 일출을 포착하기에 안성맞춤이다. 어리버리한 당나귀들을 위에서 내려다볼 수도 있고, 진흙 지붕 위에 누워 자고 있는 가족이나 사막을 가로질러 개미처럼 줄을 지은 장례행렬을 찾아내 훔쳐보는 재미도 있다.

나일강 서쪽 기슭에 있는 테베는 살아 있는 자들의 도시 룩소르와 마주보는 곳이었다. 여명의 빛이 사막을 황갈색으로 물들이면 계곡을 가로질러 한쪽으로는 나일강이, 다른 한쪽으로는 산들이 보인다. 세계에서 가장 긴 강 옆으로 진흙 벽돌로 지은 오두막과 거친 석회암 절벽—그리고 무덤들이 늘어서 있다. 열기구는 왕들의

> "계곡을 가로질러 한쪽에는 나일강이,
> 한쪽에는 산들이 보이는
> 굉장한 전망."
>
> 맥스 데이비스, 『데일리 텔레그라프』誌

계곡을 지나 여왕들의 계곡으로 흘러가며 투탕카멘의 무덤과 암벽 한 면 전체를 조각하여 만든 하쳅수트 여왕의 무덤 등 벌집처럼 모여 있는 무덤들을 파노라마로 보여준 뒤, 현재 발굴이 진행중인 스핑크스의 길 위를 떠 간다.

10월에 가게 된다면 카르낙 사원에서 결혼식을 올리는 것도 좋겠다. 10월 한 달 동안 이곳에서 결혼하는 커플들은 파라오 식으로 결혼식을 거행할 수 있다—5,000년 전 이집트의 왕과 왕비가 그랬던 것처럼. **LGS**

→ 간밤의 마지막 흔적까지 태워 없애는 룩소르의 하쳅수트 사원의 일출을 보라.

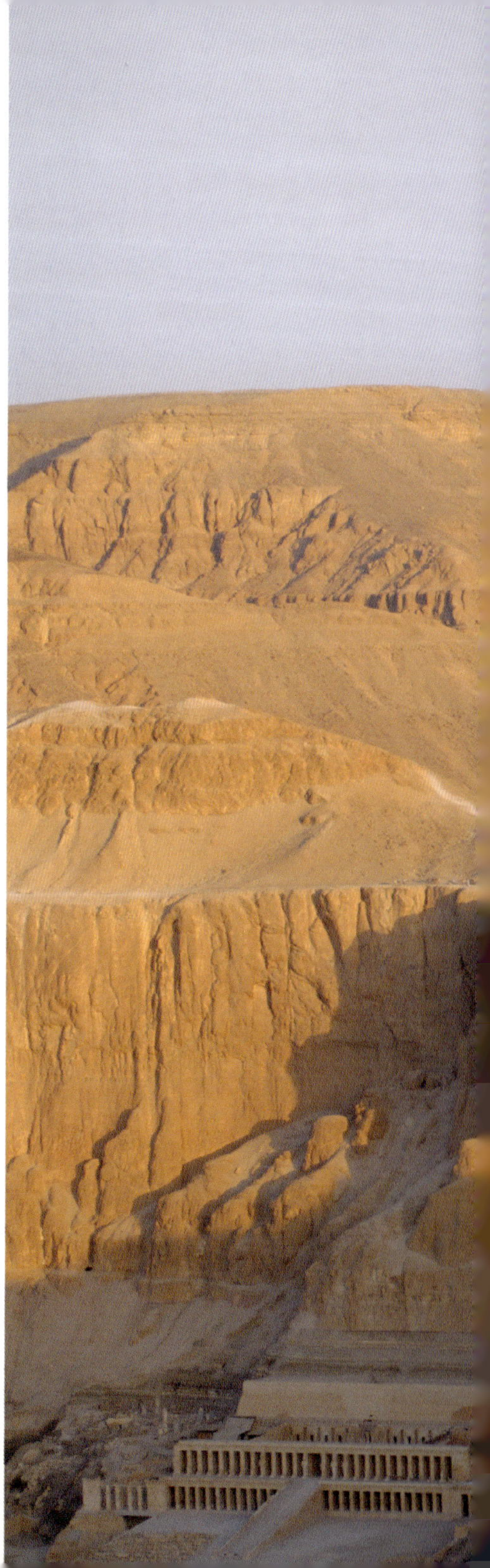

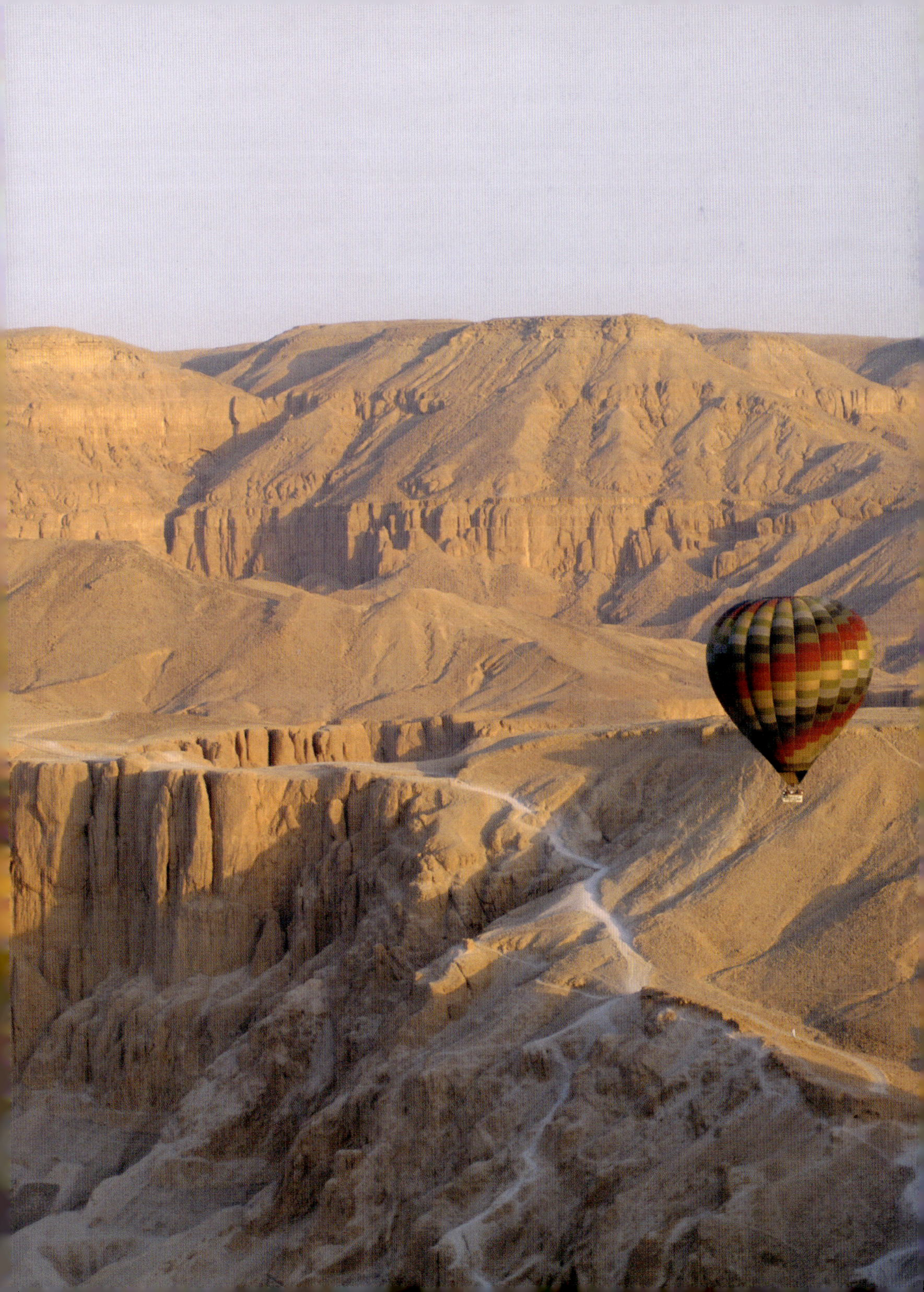

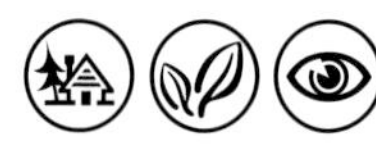

# 아드레레 아멜랄 Stay at Adrere Amellal

**Location** 이집트 시와 오아시스
**Website** www.adrereamellal.net　**Price** ❸❸❸

이 특별한 에코-로지는 카이로에서 장장 여덟 시간 동안 먼지를 뒤집어 쓰고 차를 몰아야 하는 사하라 사막의 시와 오아시스에 위치해 있다. 모양이 시시각각으로 변하는 모래언덕으로 둘러싸여 반짝이는 짠물 호수를 내려다보는 이 로지는 이집트에서 손꼽히는 환경운동가 무니르 네암마탈라의 아이디어로 암염과 진흙으로 지어졌다.

관광객들로부터 멀리 떨어진 이집트의 모습이 이것이다. 전기는 없지만 그렇다고 21세기의 럭셔리를 등진다는 뜻은 아니다. 기름 등불과 촛불로 조명을 대신하고, 석탄 난로로 사막의 한기를 막는다. 수십 개의 양초만으로 불을 밝힌 침실과 욕실. 전화, 이메일, 텔레비전

> "장엄한 산의…
> 마법으로 둘러싸인 아주 특별한,
> 럭셔리한 감각의 원시 자연."
>
> 조르디 그리그, 『태틀러』誌

도 없고 휴대전화도 터지지 않는다니, 이보다 더 느긋하게 휴식을 취할 수 있는 곳은 아마 없을 것이다. 이보다 더 좋은 원시적인 휴식이란 있을 수 없다.

로지의 실내 장식은 전통 시와 스타일로, 베르베르 카펫, 야자나무로 만든 문, 야자잎으로 만든 침대 등으로 예술적으로 꾸며져 있다. 고대 로마의 샘으로부터 물을 공급받는 상쾌하게 시원한 수영장도 있다. 물속에 누워 올리브와 야자수에 둘러싸여 광활하고 황량하지만 아름다운 사막을 향해 펼쳐진 끝없는 수평선을 만끽한다. 그리고 잉크처럼 새까만 하늘 아래 수놓인 별자리에 경탄하며 저녁식사를 즐기자. **HA**

# 블루 홀 Experience Blue Hole

**Location** 이집트 시나이
**Website** www.allsinai.info/sites/sites/blue_hole　**Price** ❶

밝은 토파즈 색 테두리가 짙은 사파이어 색을 둘러싸고 있는 이 홍해의 보석은 세계에서 가장 위험한 다이빙 사이트라는 명성만큼이나 사람을 압도하는 매력을 지녔다. 산이 요람처럼 에워싸고 있는 사막과 길게 늘어선 베두인 캠프를 지나 다하브의 해변을 따라가면 블루 홀로 들어가는 코발트 빛 여울에 다다른다. 바다를 수호하는 곳 모양의 여울에 성게들이 박혀있는 이 곳은 아카바 만의 진주라고 하는 별천지 바다의 모험을 즐길 수 있는 곳이다.

요란한 색상의 물고기떼가 지그재그로 움직이고 커다란 가오리들이 펄럭이며 헤엄치고 자외선 같은 빛을 뿜는 해파리가 심해의 사이렌처럼 몸짓으로 유혹하는 세계로 들어서자. 해저의 돌개구멍 바닥으로 기어들어가 신화에나 나올 법한 사람을 현혹하는 잔인한 암반층 아치를 탐험하는 무모한 사람들을 위해 산호들은 노랑에서 빨강으로, 빨강에서 다시 보라색으로 바뀐다. 블루 홀의 바닥에는 무모하게 패기를 시험하다가 물 아래에서 방향감각을 잃어 영원히 바다에 잠들어버린 다이버들의 시신이 누워 있는데, 거의 백 구에 이른다고 한다.

물 밖엔 사막에서 나는 야생 목화로 만든 옷을 입은 베두인 아이들이 다이버들을 꾀어 화사한 색깔의 팔찌 같은 자질구레한 장신구들 팔거나 셰시베시를 하도록 부추기며 큰소리로 다이버들을 불러댄다. 아이들이 셰시베시에서 지는 일은 거의 없다는 것을 알아두기 바란다. 블루 홀을 지나면 별이 총총히 뜬 산속의 밤이 매혹적인 히피 마을 누웨이바와 타라빈이 유혹의 손짓을 보낸다. 진정한 정보통이라면 가까운 라스타 부갈루(베두인캠프를 겸하고 있는, 산에 둘러싸인 작은 만으로, 밤의 썰물 때를 이용해 걸어가야만 닿을 수 있다)까지 안내해 줄 현지인 길잡이를 구할 수도 있을 것이다. **VG**

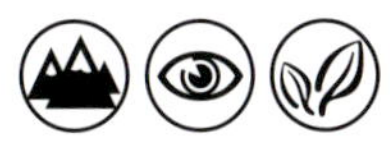

# 시나이 산의 일출 Watch the Sunrise from Mount Sinai

**Location** 이집트 시나이
**Website** www.touregypt.net/parks/stkath.htm    **Price** 💲

사막의 이른 아침을 상상해보라. 하늘과 당신을 둘러싼 주위의 모든 것이 칠흑 같은 가운데 달과 별빛만이 반짝인다. 지금이야말로 모세가 하느님으로부터 십계명을 받았다고 전해지는 유명한 시나이 산의 최정상에 오를 시간이다.

시나이 산은 해발고도 2,882m로, (보통 너울거리는 촛불에 둘러싸인) 야간 산행은 진정 매우 특별하다. 산 정상의 고독은 약속할 수 없지만 일출은 그야말로 장관이다. 정상까지 오르는 길은 두 갈래이다. 대부분의 사람들이 택하는 쉬운 길은 걸어서 (낙타를 탈수도 있기는 하다) 두 시간 반 정도 걸린다. 다른 길은 더 가파르고 곧장 정상으로 이어지는데, 도중에 3,750개의 계단을 올라야 한다.

이집트의 모든 주요 마을과 리조트에는 시나이 산으로 오는 버스가 있지만, 시나이 산 바로 앞까지 오는 것만으로도 대장정이다. 가장 가까운 곳은 관광객들에게 인기있는 리조트 샤름 엘 셰이크(Sharm el Sheikh)인데, 그나마도 버스로 두 시간 반이나 걸린다. 가이드들은 자신들이 인솔할 그룹이 새벽 1시 30분에서 2시 30분 사이에 시나이 산자락에 도착해 곧바로 산을 오르도록 준비시키니 침대에서 잘 생각은 버리자. 긍정적인 면도 있다. 낮의 더위 속에서 등산을 하지 않아도 되니까 말이다.

태양이 떠오르는 숨막히는 광경을 감탄 속에 지켜본 뒤, 대개의 사람들은 모세의 무덤으로 성지 참배를 간다. 산 아래로 내려오면 성 카타리나 수도원(Monastery of St. Catherine)의 유명한 불타는 떨기나무를 보러 갈 수도 있다. **JA**

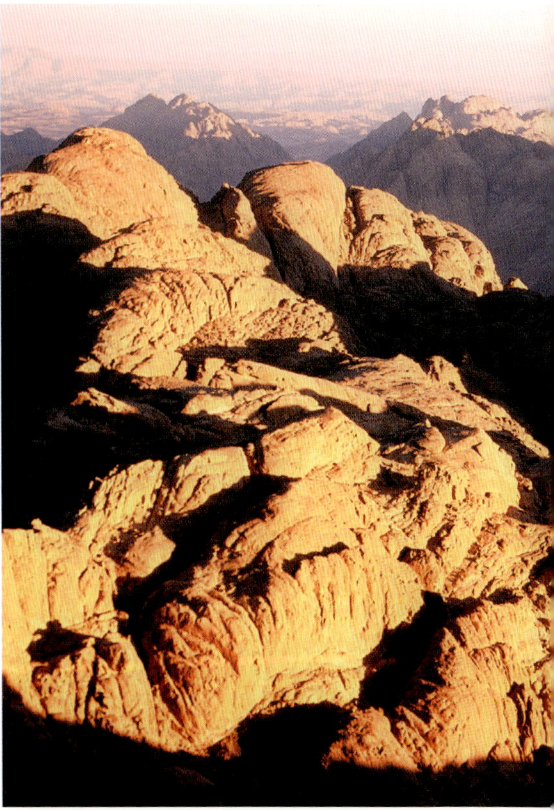

> "공기는 맑고 신선하며, 하늘은 현기증이 날 만큼 파랗고, 대지는 바람이 조각한 꿈같은 정경이다."
>
> 크리스 해슬램, 『더 타임즈』誌

↗ 시나이 산 정상의 숨막히는 광경은 수 년 후에도 기억에 남을 것이다.

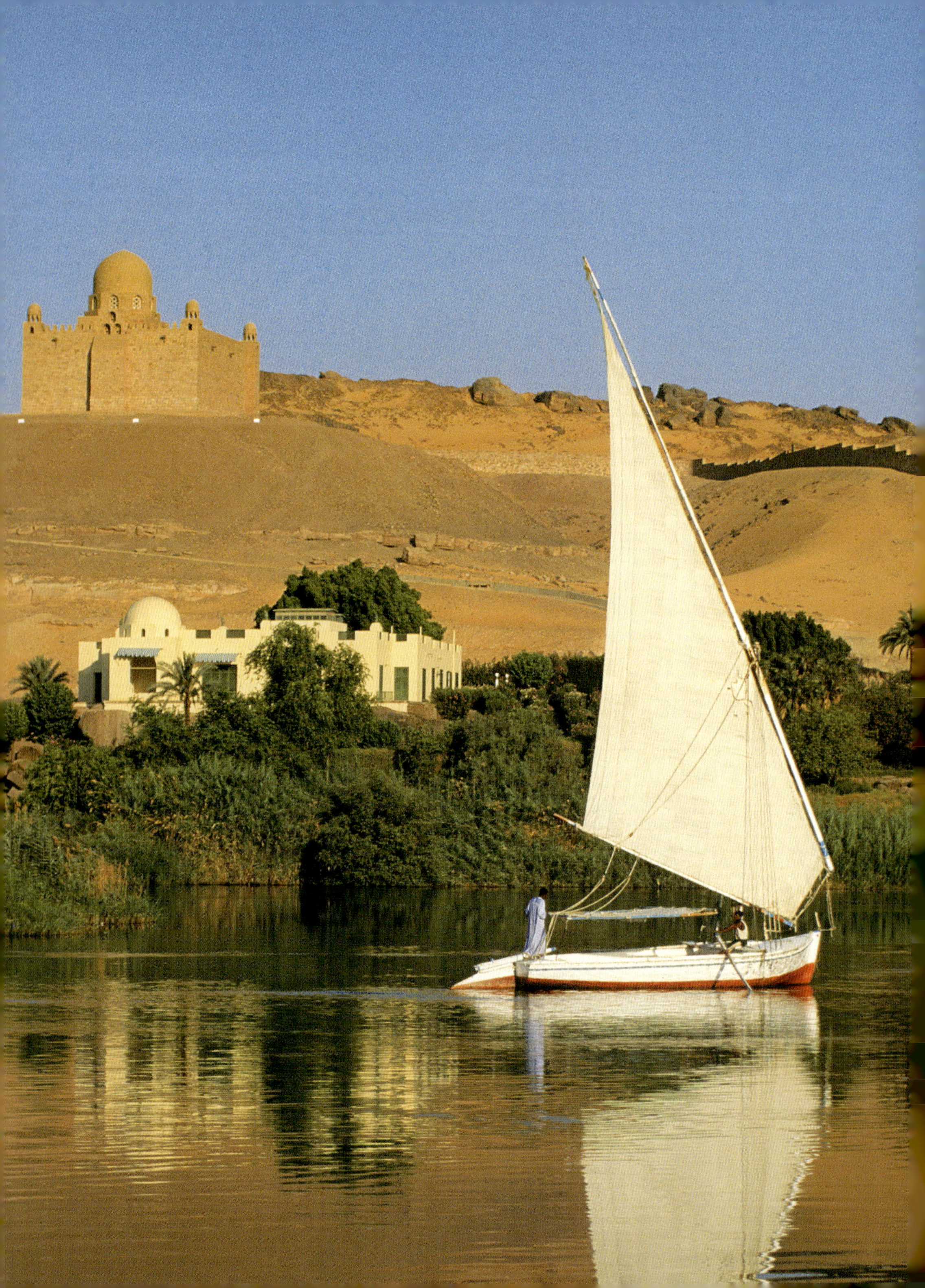

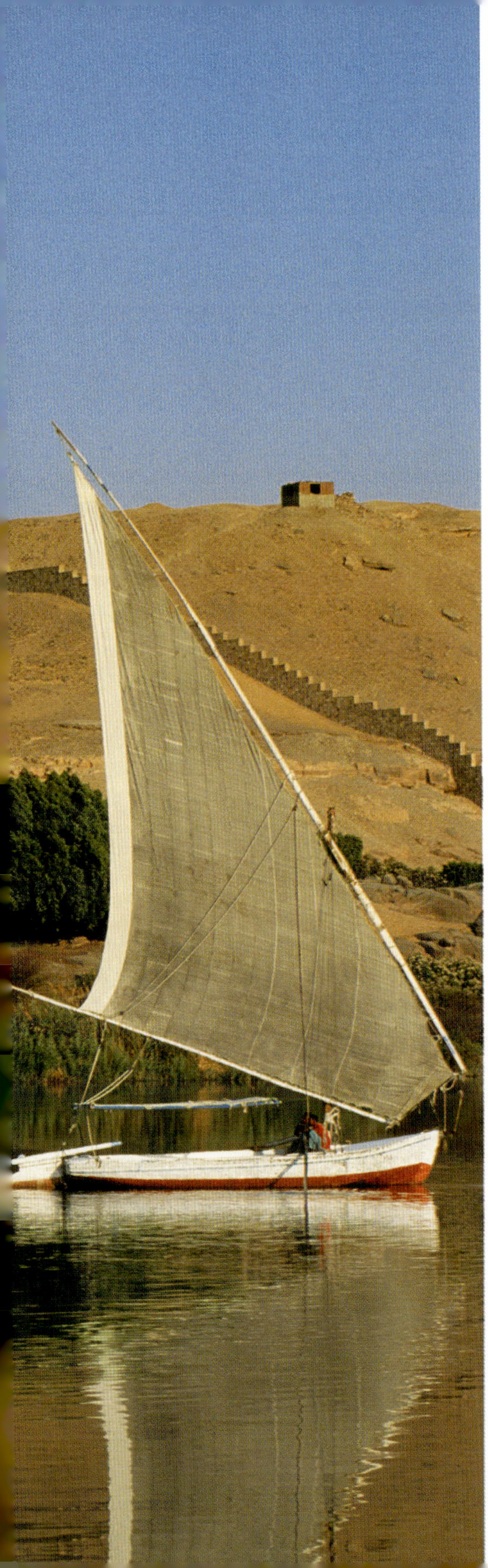

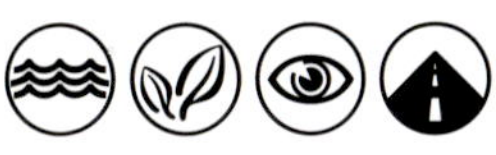

# 나일 강 See the Nile by Felucca

**Location** 이집트 아스완에서 룩소르 가는 길
**Website** www.egypt.travel　**Price** ⑤

하얀 돛이 달린 고풍스런 펠루카(felucca, 지중해 연안의 삼각 돛을 단 소형 범선)를 타고 파라오들이 주요 도로로 이용했던 물길을 따라가면 이집트의 최남단에서 왕들의 계곡에 이른다.

고대 이집트인들은 나일 강이 생명을 죽음과 사후 세계로 연결해 주는 통로라고 믿었다. 나일 강은 북아프리카에서 가장 중요한 교역 루트였고 이집트 문명의 생명줄이었다. 이집트에서 가장 유명한 사원들은 이 길을 따라 서 있다. 파라오와 그의 왕비들, 후궁들―그리고 가끔은 그의 악어들도―은 미라가 되어 서안(the West Bank)에 잠들어 있다. 여행길에는 고대 이집트인들의 미스터리한 영혼과 전설을 만끽하며, 보는 이를

---

> "『나일강의 죽음』을 읽을 때면 내가 다시
> 아스완에서 와디 할파로 향하는 증기선에
> 타고 있는 것 같은 기분이 든다."
>
> 애거서 크리스티, 추리소설가

---

압도하는 누비아 양식의 바위 사원 아부 심벨, 에드푸에 있는 이집트에서 가장 완벽하게 보존된 콤 옴보, 아름다운 촌락, 세계 역사상 가장 강력했던 군주 30명의 업적이자 세계 최대의 종교 유적인 카르나크 신전 등을 직접 볼 수 있다.

장대한 왕들의 계곡에서 내리면 방죽길에 늘어서 있는 오만한 스핑크스들과 람세스 2세의 위엄 있는 석상이 눈에 들어온다. 사원과 마찬가지로 나일강을 따라 아스완에서 룩소르로 가는 여행길도 시간의 시험을 견뎌낸 것이다. **VG**

⬅ 배로 나일강을 따라 여행하는 것은 오늘날에도 파라오에게나 걸맞을 법한 의식이다.

# 만디나 로지
## Stay at Mandina Lodges

**Location** 감비아 마카수투　**Website** www.gambia.co.uk; www.makasutu.com　**Price** ⑤⑤

적막을 깨는 것은 원숭이들이 바스락거리며 나무를 타는 소리뿐이라고 상상해보라. 감비아의 북적이는 해양 리조트에서 차로 한 시간 거리의 마카수투 인공림은 1993년 영국인 로렌스 윌리엄스와 제임스 잉글리시에 의해 조성되었다. 그들의 목표는 현지인들의 생활양식을 조명할 문화 센터를 설립하고, 삼림벌채를 막고, 야생동물이 이 지역으로 다시 돌아오도록 장려하고 마을 사람들에게 일자리를 제공하는 것이었다.

목가적인 맹그로브가 늘어서 있는 감비아 강의 지류, 한적한 숲속에 위치한 이 럭셔리 에코-리조트에는 최대 16명까지 묵을 수 있다. 투숙객들은 공중 통로

---

> "만디나 로지는
> 맹그로브 깊숙이 박혀 있는
> 보석 같은 럭셔리 로지이다."
>
> 케빈 러시비, 『가디언』誌

---

나 통나무를 파내 만든 카누를 타고 만디나 로지에 도착한다. 태양열로 전기를 공급하는 숙소는 전용 루프테라스, 아름다운 전망, 흰 린넨 침구로 덮인 4개의 기둥 달린 침대를 자랑한다. 욕실에는 지붕이 없고, 거대한 풀장과 느긋하게 쉴 수 있는 바도 있다. 저녁식사는 야외나 숙소 안에서 할 수 있는데, 셰프와 직접 이야기해 보고 결정하자. 일년 내내 더운 이곳의 묵직한 고요함은 극심한 스트레스에 시달리는 기업 임원들까지도 완전하게 릴랙스하도록 다독여준다.

가이드는 투숙객을 이끌고 숲이나 강을 탐험한다. 전설에 의하면 마카수투("신성한 숲"이라는 뜻)에는 귀신이 출몰한다고 하지만, 초자연적인 존재보다는 비비원숭이나 왕 도마뱀을 볼 확률이 더 높다. **WG**

# 감비아
## Bird-watch in the Gambia

**Location** 감비아　**Website** visitthegambia.gm/bird-watching　**Price** ⑤

태양이 수평선 위로 기울어져도 감비아의 새들은 계속 지저귄다. 새들의 화음은 아침에 눈을 뜬 순간부터 어두운 아프리카의 밤하늘에 별들이 빛나기 시작한 후에도 한참 동안 들려온다. 감비아 강은 조류관찰가들의 천국이다. 540종이라는 믿기 힘든 숫자의 새들이 아프리카 서해안의 이 작은 나라를 고향으로 삼고 있는데, 아마 대서양의 해안선에서 내륙의 습지, 아프리카의 건조한 덤불을 아우르는 다양한 서식지가 분포하고 있기 때문일 것이다. 순전히 그 숫자와 다양성만으로도 세계 각지의 조류학자들이 이곳으로 모여든다. 그러나 진지한 조류관찰가라야만 이 놀라운 광경을 즐길 수 있는 것은 아니다.

무엇을 보느냐는 어디를 보느냐에 따라 다르다. 대서양의 해안선을 따라가면 물총새, 백로와 왜가리 같은 바닷새, 그리고 호기심을 자극하는 이름의 흰얼굴나무오리를 보게 된다. 내륙으로 향하면 풍경과 함께 새들도 바뀐다. 아프리카 관목덤불의 메마른 먼지 속에서는 육식조인 참매, 아프리카 말똥가리, 독수리, 콘도르 등을 볼 수 있다. 새들을 관찰하는 데 특별한 장비가 필요한 것은 아니지만 쌍안경이 있다면 더 잘 볼 수 있다. 좋은 자리가 어딘지 일러주기도 하고 아프리카 물수리와 피그미 태양새의 차이를 설명해 줄 수 있는 가이드를 고용하는 것도 좋은 생각이다.

맞춤형 조류관찰도 가능하다. 카누를 저어 맹그로브가 자라는 작은 만을 따라가며 도깨비 왜가리를 찾아보거나 습지를 산책하며 악어물떼새와 아프리카 쇠기러기를 만나보자. 감비아 강의 양어지(養魚池)에서 몇 시간쯤 보내거나 아부코 자연보호구역에서 하루를 보낼 수도 있다. 틀림없이 당신 내면의 조류애호가를 발견하게 될 것이다. **JP**

# 브라바
Discover Brava

**Location** 브라바 카보베르데 **Website** www.archipelagoca
peverde.com **Price** 🌓

"꽃들의 섬" 브라바는 서아프리카 해안에서 약 640km 정도 떨어진 카보베르데 군도의 서남단에 위치해 있다. 풍경의 대부분을 차지하는 무미건조한 화산 지형에 솟아 있는 산들은 엷은 안개로 뒤덮여 있으며, 그 속에 숨겨진 세계가 존재한다. 높이가 최고 976m에 달하는 이 봉우리들이 구름을 가두고 있기 때문에 카보베르데에서도 주민이 가장 적은 섬인 브라바 특유의 습하고 온화한 마이크로 기후를 형성한다.

이름난 해변이 없는 브라바는 대체로 관광객들의 발길이 닿지 않는 곳이지만, 그로 인해 카보베르데의 다른 곳들과 달리 훼손되지 않은 아름다움과 매력을 지니

> "이 자그마한 섬의 습한 기후는
> 우거진 초목과 소용돌이치는
> 박무를 만들어낸다."
>
> 재닌 켈소, 『트래블 위클리』誌

고 있다. 공항이 없어 인근 포고에서 비정기적인 여객선만 다니기 때문에 반드시 사전에 계획을 세워야 한다. 이곳을 찾는 사람들은 가파른 용암절벽이 들쭉날쭉한 해안선을 따라 걷거나 산에 올라 꽃으로 가득 찬 깊은 계곡을 들여다 볼 수 있다.

이 섬에서 가장 큰 마을은 고도 520m의 빌라 노바 신트라다. 이 흥미로운 마을에서는 시장과 식민지 시대의 예스러운 가옥, 어디서나 눈에 뜨이는 정원, 멋진 경치를 즐길 수 있는 오솔길이 있다. 이 섬의 진정한 보물은 서쪽 해안에 있는 그림 같은 해변 마을 파장 지 아구아이다. 산들이 북서풍을 가려주며, 아름다운 검은 모래사장 해변이 있다. 모래의 색깔은 화산작용 때문인 것 같지만 파장 지 아구아에서 화산 활동이 있었다는 기록은 전혀 없다. **DaH**

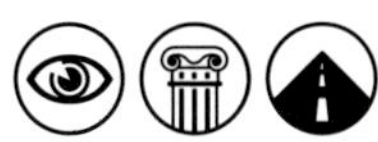

# 사우스 오모 밸리
See the South Omo Valley

**Location** 에티오피아 징카 근교 **Website** www.tour-to-ethi
opia.com **Price** 🌓🌓

에티오피아의 남부 깊숙한 곳에 근대 문명의 손길이 거의 닿지 않은 세계가 있다. 사우스 오모 밸리의 부족 공동체는 작은 진흙 집에서 살고, 염소가죽으로 옷을 해 입으며 수백 년 동안 영위했던 삶의 방식을 거의 그대로 유지하고 있다. 가는 길은 험하지만 잊지 못할 여행이 될 것이다.

이곳은 우리가 아는 현대 문명으로부터의 완전히 벗어나 있지만, 어쨌든 가려면 사륜구동차가 필요하다. 울퉁불퉁한 진흙탕이나 먼지투성이 (여행 시기에 따라 다르다) 길을 지나야 하기 때문이다. 녹음이 울창한 이 지역을 탐험하는 데에는 적어도 열흘은 걸리고, 또 아디스 아바바나 본국을 떠나기 전에 사회 책임 의식이 있는 여행사를 통해 운전기사/가이드와 요리사도 미리 예약해 두어야 한다.

이곳에서 눈 여겨 볼 것은 지역이 아니라 사람이다. 20개가 넘는 부족이 오래된 전통과 토속 신앙을 따르며 살고 있어 그 민족지학적 다양성이 놀랍다—아랫입술에 접시만한 점토접시를 끼우고 있는 무르시족 여인과, 스카리피케이션과 장식물로 잘 알려진 카로족, "황소 뛰어넘기"라는 통과의례와 밤의 어둠속에서 추는 넋을 빼는 춤으로 유명한 하마르족이 이 곳에 살고 있다. 오모밸리의 시장들은 이곳 사람들만큼이나 활기찬데, 동물의 가죽, 개오지 조가비, 다양한 모양과 크기의 박, 수수, 꿀, 짚, 목재 등 이곳에서의 일상에 필요한 필수품들을 판다. 시장에 가면 테즈(tej)를 한 병 맛보는 것도 잊지 말자—이 지방 특산 벌꿀 술로 아주 이색적인 체험이다. 아디스 아바바로 돌아가는 길에는 활기를 되찾게 해 줄 웬도 게네트 온천에 들러 여러 날 걸렸던 샤워를 할 수 있다. 오모 계곡의 먼지 때는 씻겨 내려가지만 기억은 남아 있을 것이다. **SWa**

 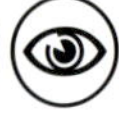

# 고릴라 트래킹 Go Gorilla Tracking

**Location** 르완다 볼케이노스 국립공원
**Website** www.rwandatourism.com/primate.htm    **Price** $$

"고릴라의 눈을 들여다보는 사람은… 변화를 경험하지 않을 수 없다. 사람과 유인원의 차이가 사라져 버리기 때문이다. 우리는 우리 안에 고릴라가 아직 살아있음을 알고 있다." 생물학자 조지 샬러 박사가 1963년 마운틴고릴라가 그때까지 사람들이 믿어왔던 것처럼 잔인한 짐승이 아니라 온화한 거인이라는 것을 처음 깨닫고서 쓴 글이다.

이 놀라운 영장류는 한때는 샬러와 다이앤 포시와 같은 용감무쌍한 과학자들의 영역이었지만 이제는 이들과 함께 시간을 보낼 기회가 누구에게나 개방되어 있다. 500달러의 입장 허가 비용을 지불하고 (마운틴고릴라들을 보존하는 데 쓰인다) 전문가의 도움을 받아 3시간에 걸쳐 촘촘한 덤불과 우림 속을 걸어갈 준비가 되어 있다면 말이다. 입장 허가를 얻는 것은 쉽지 않다. 하루에 단 삼십 장만 발급되기 때문이다. 일단 고릴라를 발견하면 단 한 시간만 관람할 수 있는데, 사람들과 너무 친숙해지거나 유해한 세균이나 질병을 옮기지 않기 위해서이다. 그러나 그 한 시간은 인생에서 가장 마술 같고 황홀한 시간이 될 것이다. 실버백과 그가 이끄는 고릴라 무리를 마주하게 되면 다른 모든 것은 잊게 된다.

인간의 가족과 마찬가지로 엄마는 아기를 돌보거나 야단을 치고, 걸음을 떼기 시작한 아기들은 신이 나서 뛰놀고, 싸우고, 까꿍 놀이를 하고, 이성에 눈 뜬 사춘기 십대들이 서로 시시덕거리거나 말없이 천천히 입을 맞추며 껴안는 모습을 보게 될 것이다. 그리고 실버백은 한가로이 으스대며 경계의 소리를 내어 모든 고릴라들의 이름을 알고 있는 관리인들과 그들만의 비밀 언어로 이야기를 주고받는다. **SWa**

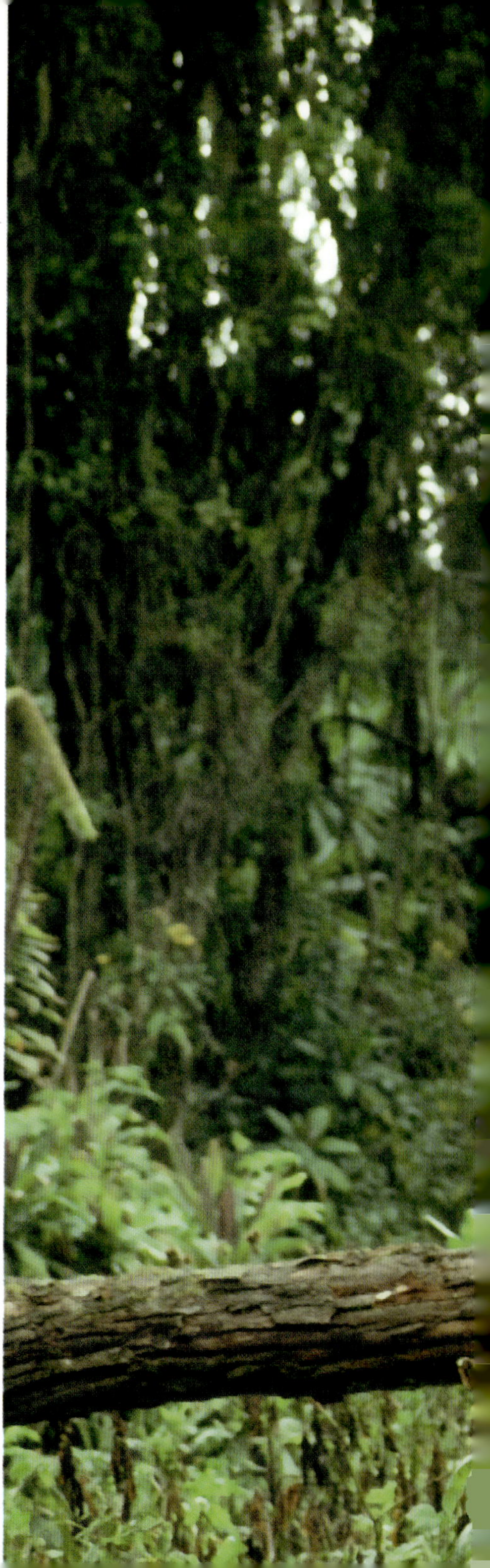

르완다 화산 국립공원의 울창한 숲 사이로 한 쌍의 마운틴고릴라가 통나무를 건너고 있다.

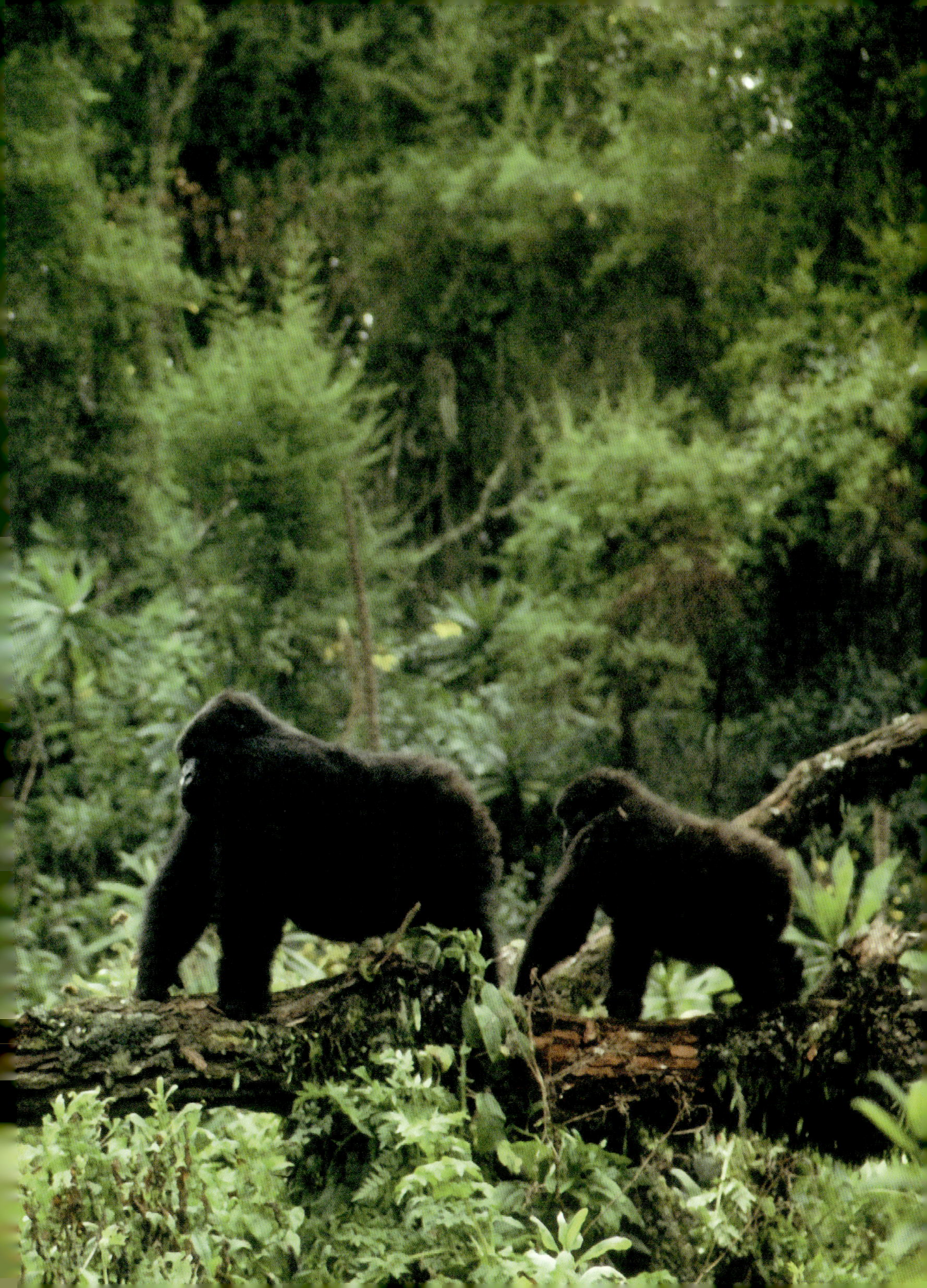

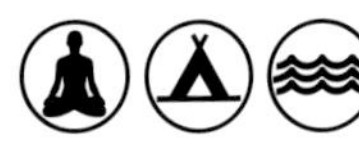

# 이너 사파리 Go on an Inner Safari

**Location** 케냐 투마렌과 바라카
**Website** www.innersafariyoga.com　**Price** ⑤⑤

동아프리카의 탁 트인 드넓은 풍경과 평원에 사는 야생 동물들은 거의 신비로울 정도로 매력을 풍긴다. 자연의 팔에 안겨 영적 자양분을 찾는 사람들에게 동물의 왕국의 심장부에서의 열흘간의 요가와 명상수련은 거부할 수 없는 조합일 것이다.

이너 사파리의 설립자인 체키 우드는 하타 요가를 20년 동안 해 오면서 다양한 수련법을 익혔다. 우드가 이너 사파리를 설립한 이유는 그녀 자신이 제대로 된 휴양지를 찾는 데 애를 먹었기 때문이다. "정해진 프로그램을 따라서 체력을 단련하든가, 아니면 움직임이 없는 침묵 수련을 하는 게 요가였죠. 여기선 모든 것을 접목시켰어요."

---

> "요가는 굳은 결심과
> 인내를 가지고
> 수련해야 한다."
>
> 『바그다드 기타』

---

이너 사파리는 케냐 내 두 곳에서 진행되는데, 한 곳은 케냐의 중앙에 위치한 투마렌 목장으로, 편안한 개인 텐트가 있다. 다른 한 곳은 해안의 길다란 토착림 지구에 있는 바라카 하우스다. 요가 수련은 하루 2회로, 일출과 일몰시간에 진행된다. 수련생들의 나이는 18세에서 65세까지 다양하며, 수업은 각각의 능력에 맞게 조절된다. 요가 외에도 명상 워크샵, 마사지, 태극권, 그리고 자전거, 보트타기, 스노클링, 등산, 하이킹 등이 가능하다. 저녁 시간은 야외에서 보내는데, 모닥불 주변에서 담소를 나누고, 이야기 보따리를 풀고, 가끔은 기타 연주를 하기도 한다. 아니면 밤의 소리를 들으며 곧바로 잠자리에 들어도 좋을 것이다. **LC**

# 라무 섬 Discover Lamu Island

**Location** 케냐 라무 섬
**Website** http://ihs-198.magicalkenya.com/　**Price** ❶

현대적인 대도시 나이로비의 삶이 부담스러울 때 라무로 가는 비행기에 올라타 시간을 거슬러가자. 이 태평스러운 섬은 긴장을 풀고 느긋하게 쉬기에 완벽한 곳이다. 타고 온 비행기는 만다 섬의 비포장 활주로에 착륙한다. 갈대로 엮은 지붕이 곧 공항이다. 다우 배와 당나귀만이 이곳의 유일한 교통수단인데, 차가 지나다니기에는 거리와 골목이 너무 좁기 때문이다. 라무는 UNESCO 세계유산이기도 하다. 라무의 건축은 풍요로운 스와힐리 문화를 대표하는데, 복잡하고도 정교하게 조각된 나무 문과 상인방은 이 섬이 아랍권의 교역 요충지가 된 16세기부터 있어왔던 것들이다.

오늘날 이 조용한 섬은 한적하다 못해 졸릴 지경이어서 아무것도 하기 싫게 만들지만, 이 곳의 오랜 문화와 우아한 주민들을 더 잘 이해하게 되면 라무 타운에서 셸라 비치까지 45분간의 산책도 즐거움이 된다. 오랜 시간 걸은 데 대한 보상은 13km의 완벽한, 인적이 드문 해변이다—모래가 마치 흰 후추 같다. 또 다우 배를 타고 가까운 만다 섬의 해변으로 가 만다 비치 클럽에서 일광욕을 하고 칵테일을 마셔도 좋을 것이다.

얼마나 졸리게 느껴지던 간에 이 섬을 떠나기 전 꼭 다우 배를 빌려 맹그로브 숲을 미끄러지듯 둘러보고, 라무 군도의 다른 섬에도 가 보자. 라무의 항구에서 그날의 손님을 기다리고 있는 선장과의 뱃삯 흥정은 필수다. 직접 잡은 신선한 물고기를 바닷가에서 구워 현지에서 수확한 아보카도와 망고를 곁들여 먹어봐야 한다. 또한 라무 타운에서는 항구가 내려다 보이는 해안 지구의 레스토랑에서 동아프리카 연안 최고의 해산물 요리도 즐길 수 있다. **SWa**

↱ UNESCO의 보호를 받는 라무 섬의 느릿한 삶의 유혹에 빠져들면 정말 시간을 거슬러 올라온 듯한 착각에 빠지게 된다.

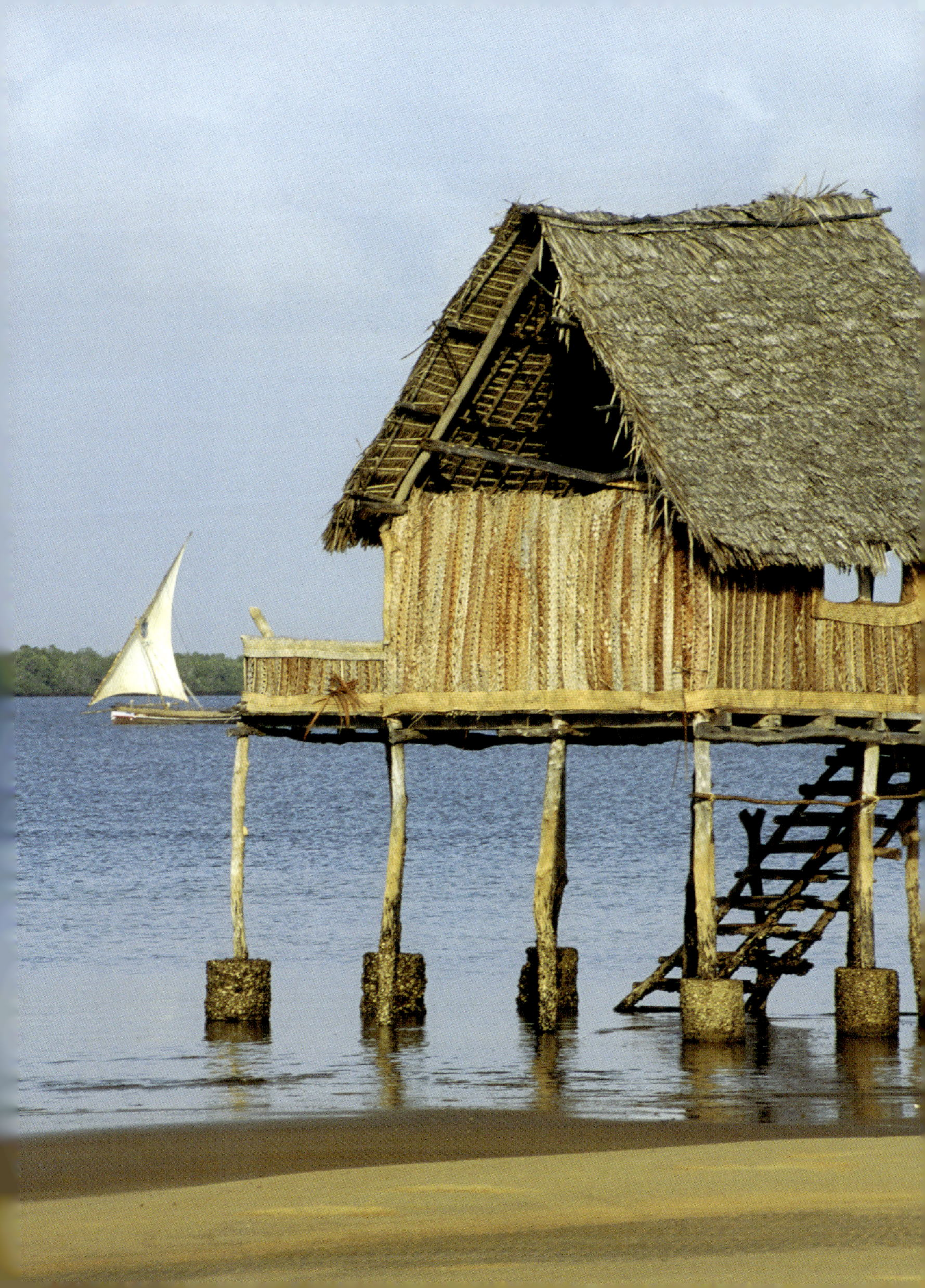

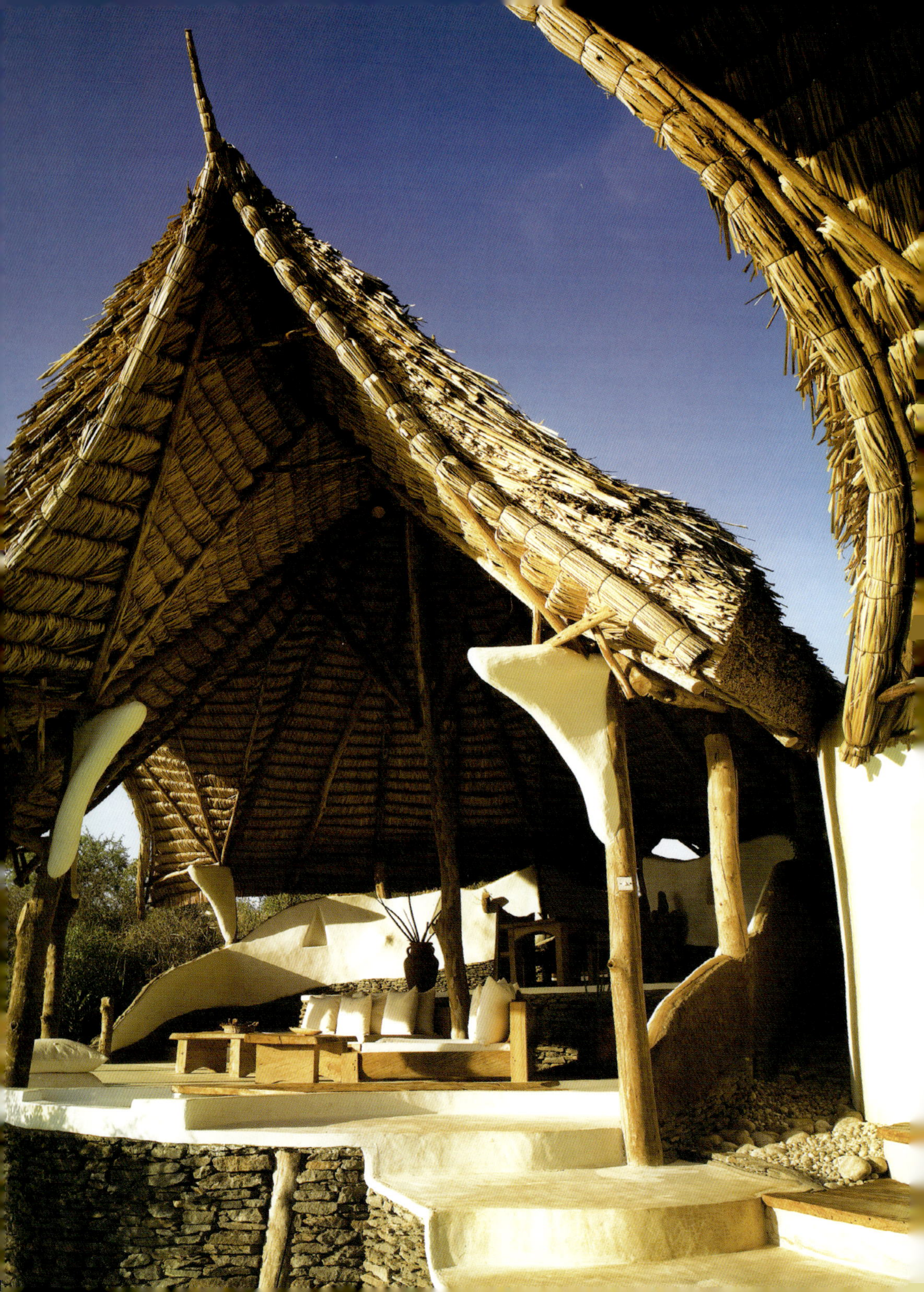

# 솜폴 Stay at Shompole

**Location** 케냐 나트론 호수
**Website** www.shompole.com **Price** ⑤⑤⑤

2001년 솜폴이 문을 열었을 때 이곳의 쿨하고 스타일리시한 실내장식—자유롭게 흐르는 듯한 하얀 콘크리트, 거칠게 벤 무화과나무, 매끈하고 둥근 조약돌, 이엉 지붕 아래 냉탕 등—은 사파리 여행객들의 등줄기를 서늘하게 했다. 케냐의 은구루만 이스카프먼트에 매달려 리프트 밸리를 내려다보는 이 호텔은 야생 동물과 현지의 마사이족들에게 혜택을 주기 위한 것이기도 하다.

예전에는 초식동물이 지나치게 풀을 뜯어 침수가 진행되던 땅에 보호지가 설립된 후 사자의 개체수가 10배나 증가했고 로이타 구릉지로부터 코끼리들이 돌아왔다. 신나는 야간 드라이브를 하다 보면 사향고양이, 큰 귀여우와 땅늑대도 스쳐 지나간다. 나트론 호수의 플라밍고를 구경하는 것도 빼놓을 수 없다.

또 지역사회에서는 보호구역 입장료로 공원 경비원, 교사, 간호사의 급여를 지불하고 중고등학교 학비 보조도 하고 있다. 이것이 발전하여 객실이 여섯 개인 솜폴 로지가 세워졌다. 길고 가느다란 랩 풀장이 있는 두 개의 스위트(리틀 솜폴), 잔디밭과 분수가 있는 아늑한 별채(솜폴 하우스), 그리고 아령 모양의 풀장과 탄자니아 국경 너머의 활화산인 올 도뇨 렝가이까지 날아갈 수 있도록 헬리콥터 이착륙지가 딸린, 절벽 아래로 떨어질 것만 같은 또 하나의 개인 공간인 "360"까지 추가되었다. 독특한 아프리카 귀금속을 파는 가게와 나트론 호수에서 채취한 머드 트리트먼트를 포함, 다양한 테라피를 받을 수 있는 소박한 스파도 있다. 로지를 나서지 않고도 투숙객들은 솜폴 산의 놀라운 일몰을 즐기고 오롯한 평온함을 느낄 수 있다. **LJ**

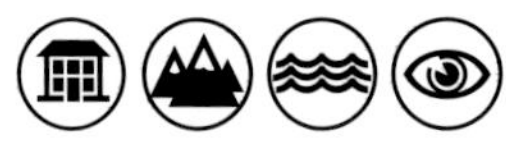

# 은달리 로지 Relax at Ndali Lodge

**Location** 우간다 포트 포털
**Website** www.ndalilodge.com **Price** ⑤⑤

농장 한복판에 서 있는 식민지 시대 양식 저택 은달리 로지는 바로 적도 위에 위치해 있다. 지금은 깊고 둥근 호수가 된 사화산의 테두리에 있는 해발 1,524m의 좁은 산마루에 자리잡고 있어, 오래된 화산의 풍경을 360도로 볼 수 있고, 탐험가들에겐 "달의 산맥"이라는 별명으로도 알려진 르웬조리 산의 경관도 볼 수 있다.

메인 로지에는 프런트, 응접실, 레스토랑이 있다. 투숙객들은 여덟 개의 이엉 지붕을 얹은 돌로 지은 코티지에 머문다. 은달리는 럭셔리하게 느껴지지만, 매우 전통적인 느낌을 준다. 저녁시간은 촛불 옆에서 보낼 수 있고, 물은 1770년대에 발명된 수압 기술로 호수로부터 끌어온다.

---

> "분화구 호수를 굽어보는
> 은달리 로지는 대단히 마음을
> 느긋하게 해 주는 곳이다."
>
> 잭 베이커, 『인디펜던트』 誌

---

은달리 로지는 1920년대 이래 줄곧 한 가족이 소유해왔고, 아직도 현지 주민들을 직원으로 채용하고 있다. 마호마 폭포와 분화구 주변을 산책하는데 필요한 가이드와 새와 나비, 영장류 동물들을 보러 가기 위한 보트도 제공해 준다. 가이드 없이도 다닐 수 있는 여러 산책로와 수영장도 있다. 호수에는 견고한 방파제가 있어, 수영을 하거나, 햇볕 아래 느긋하게 늘어지거나 다섯 종류의 서로 다른 물총새를 찾아볼 수도 있다.

은달리는 세 개의 국립공원 사이에 위치한 우간다의 완벽한 베이스캠프다. 이곳에서 45분만 가면 아프리카에서 가장 큰 침팬지 집단 서식지인 키발레 숲 국립공원에 도착할 수 있다. **SH**

◩ 샴폴의 매끈한 직선과 흐르는 듯한 곡선은 건축가 앤터니 러셀이 디자인한 것이다.

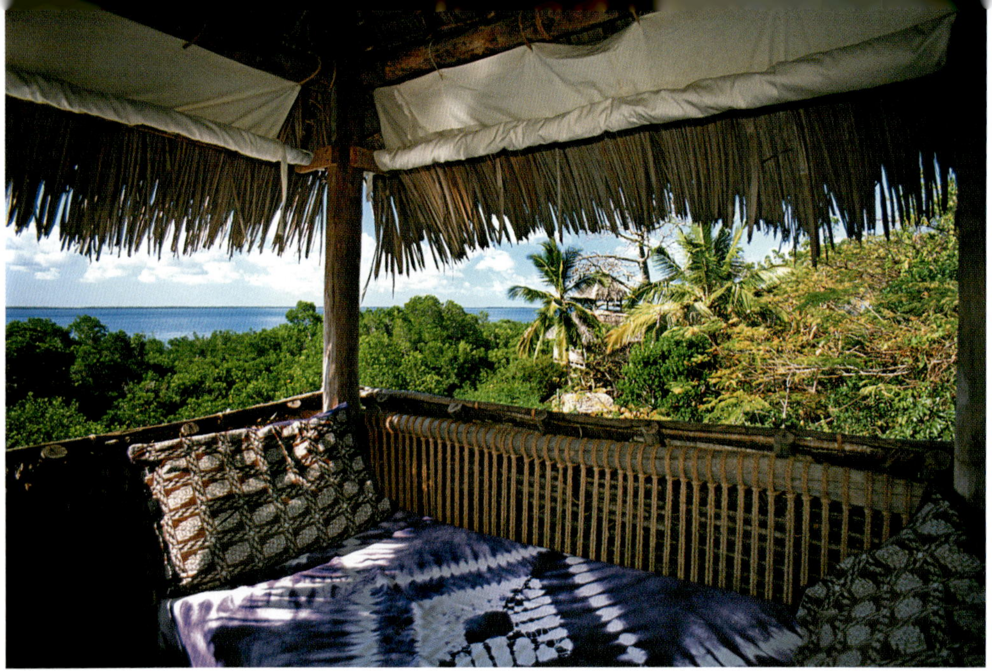

# 촐레 음지니 Unwind at Chole Mjini

**Location** 탄자니아 촐레    **Website** www.africatravelresource.com    **Price** $ $

촐레 음지니의 트리하우스들은 비바람을 막아 주는 덮개와도 같은 오래된 바오밥나무들과 섞여 있는 것처럼 보인다. 나무와 밧줄, 갈대로 공들여 만든 이 소박한 은신처들은 삼면이 트여 있으며, 파릇파릇한 정글, 야생 난초, 맹그로브 숲 한복판, 무화과나무의 뿌리가 서서히 조여 드는 아주 오래된 힌두 사원 폐허 위에 자리잡고 있다. 이 지역은 야생동물이 우글거려서, 손님들은 객실을 둘러싼 나뭇가지에 과일박쥐가 대롱대롱 거꾸로 매달려 있는 모습은 물론 원숭이와 다양한 이국적인 새들도 볼 수 있다.

일곱 개의 객실 중 여섯 개는 나무 위에 있지만, 안으로 들어가면 고운 이집트 면 침구와 모기장을 우아하게 드리운 네 개의 기둥 달린 침대가 있다. 또 대나무로 둘러싸인 노천 샤워시설도 있다. 나무에서 자는 것이 신경 쓰인다면 바닥을 파내 만든 페르시아식 욕조가 완비된 지상 스위트를 달라고 하면 된다.

이곳은 본격적인 현실도피에 완벽한 곳이다. 작은 섬 촐레에는 전기가 (기름 등불이 밤새 켜져 있고 독서를 위한 손전등도 제공되지만) 없다. 이것은 곧 전화도, 텔레비전도, 차도, 이메일도, 에어컨도 없다는 뜻이다. 마피아 군도의 일부인 촐레는 탄자니아에서 남쪽으로 약 100km 떨어져 있다. 스쿠버 다이빙과 스노클링이 인기가 높은데, 거북이와 가오리, 돌고래, 가래상어 등이 물속의 볼거리를 선사한다.

촐레 음지니에서의 식사는 신선한 생선과 풍성한 과일이 주를 이룬다. 손님들은 친절한 로지의 주인장과 함께 다양한 장소에서 식사를 할 수 있는데, 그 중 최고는 나무에 랜턴을 매달아 불을 밝힌 힌두 사원 유적이다. 이곳에 머무는 것으로 현지 공동체 사회에도 의무를 다하는 셈인데, 로지의 소유주들이 각 투숙객에게서 받는 매일의 숙박비 중 10달러를 현지의 병원, 학교, 교육 프로그램을 지원하는 신탁기금에 기부하기 때문이다. **JK**

⊡ 촐레 음지니에는 네 개의 기둥 달린 침대와 전망이 멋진 트리하우스들이 있다.

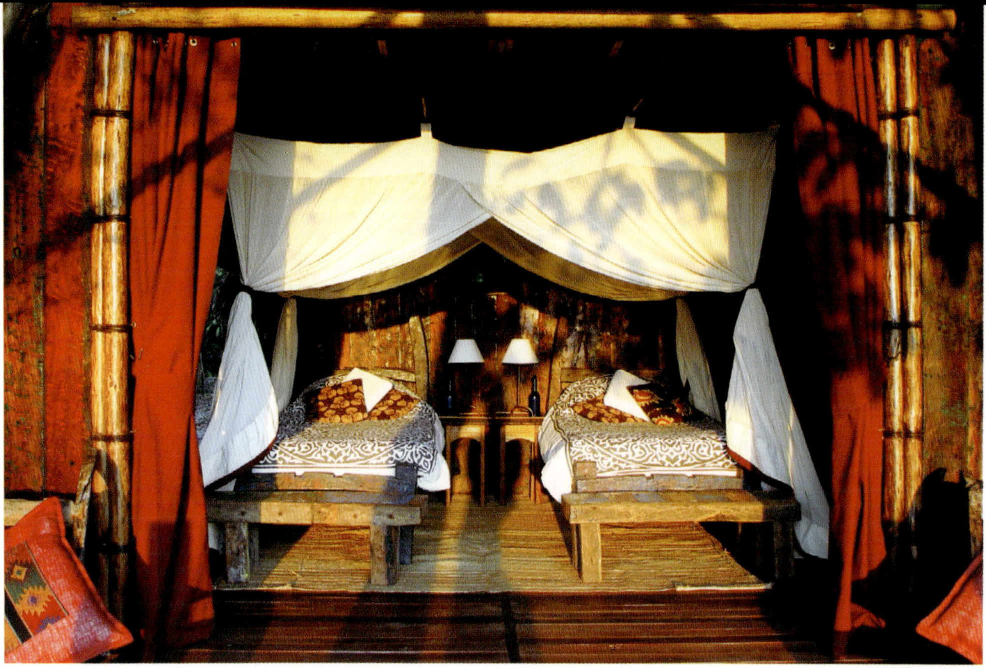

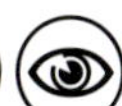

# 그레이스톡 마할레 Stay at Greystoke Mahale

**Location** 탄자니아 탕가니카 호수    **Website** www.greystoke-mahale.com    **Price** 💲💲💲

그레이스톡 마할레로 가는 길은 모험이다. 거대한 탕가니카 호수의 외진 동쪽 호안에 자리잡은 이 캠프에 가려면 아루샤에서 작은 비행기를 타고 네 시간을 날아간 후 다시 다우 배를 타고 호수 위를 90분 동안 떠가야 한다. 이 한적한 안식처의 반경 100km 이내에는 도로가 없고, 가장 가까운 마을도 배로 두 시간 거리이다. 여행 지도에도 나와 있지 않은 마을이니 고독을 원하는 사람이라면 그레이스톡 마할레에서 충분하고도 남을 만큼 얻을 것이다.

숙소는 해변에 서 있는 여섯 채의 반다(중앙아프리카에서 흔히 볼 수 있는 이엉 지붕을 얹은 전통 오두막)로 구성되어 있다. 널찍한 앞마루, 낡은 다우 배의 목재를 사용한 수공예 실내, 바다를 향해 트여 있는 오픈 프런트, 널찍한 데크 등 스타일리시하게 디자인이 소박하면서도 전원적인 분위기를 선사한다.

밤에는 물가에서 맨발로 저녁식사를 하며 별을 보고, 다우 배의 갑판에 앉아 칵테일을 마시거나 바위투성이 곳에 그림처럼 서 있는 바로 걸음을 옮기자. 식당에는 사방으로 네 개의 데크가 있어 멋진 전망을 선사한다. 호텔에는 현지의 야생동물에 대한 희귀한 책들이 구비된 서재도 있다.

로지 뒤편 마할랄 산맥의 울창한 숲에는 인류의 가장 가까운 친척인, 아프리카에 마지막 남아 있는 야생 침팬지들이 살고 있다. 녹음이 무성한 우림 속으로 걸어 들어가면 나무에서 나무로 시끄럽고 활기차게 덩굴을 타고 넘어다니는 멸종 위기의 영장류를 볼 수 있다. 우림은 폭포와 거대하고 푸르른 덩굴이 곳곳에서 보이며, 표범, 원숭이, 호저, 몽구스, 나비와 새 등이 우글댄다. 호수의 투명한 물 아래에도 보물이 있는데, 250종의 열대 어류가 살고 있어 수영과 스노클링, 카약을 즐기기에 안성맞춤이다. 휴대전화도 안 터지고 무선인터넷도 안 되는 이곳은 완벽한 은신처다. **JK**

⬆ 소박한 가구와 전통 직물은 그레이스톡 마할레의 매력 중 하나이다.

# 카하와 샴바
Unwind at Kahawa Shamba

**Location** 탄자니아 카하와 샴바
**Website** www.kahawashamba.co.tz　**Price** ❶

매년 수천 명의 여행객이 아프리카의 가장 높은 산인 킬리만자로 등정을 위해 몰려들지만, 가던 길을 멈추고 숨을 고르며 산의 그늘 속에 살고 있는 현지 부족민들의 삶과 문화를 둘러볼 만큼 오래 머무는 사람은 많지 않다.

　"커피 농장"을 뜻하는 카하와 샴바 마을은 스와힐리 사람들이 수세기 동안 농사를 짓고 사냥을 하며 살아온 곳이다. 점점 떨어지는 커피 가격과 늘어나는 비용 때문에 이곳에서 커피 농사를 짓는 사람들은 빈곤과 싸우고 있다. 지역사회 프로젝트 덕에 주민들은 이제 이 마을에서 묵고 싶어하는 관광객을 받아 음식을 제공하고 돌봐주면서 수입을 얻을 수 있게 되었다. 이 프로그램을 통해 현지 주민들의 생활이 윤택해지고, 여행객들은 진정 뜻 깊은 여행을 체험할 수 있게 되었다.

　손님들은 꼭대기에서 바닥까지 바나나 잎으로 엮은 전통 스타일의 추가(chugga) 오두막에서 잠을 자게 된다. 숙박시설은 기본적인 수준이지만 여전히 호사스럽지 않다고는 말할 수 없다—마을 사람들의 따뜻한 환대, 그리고 주위를 둘러싸고 있는 키 큰 바나나 나무와 자그마한 커피 관목 덕분에 파릇파릇한 계곡과 협곡 풍경의 아름다움 속에 있는 것이다.

　스스로 커피 중독자라 생각한다면 공정무역 커피농장을 구경하거나 농부들과 함께 점심을 먹고, 허락을 받아 커피를 직접 따 보면서 어떻게 과육을 제거하고 굽고 분쇄하는지 지켜보면서 자신이 가장 좋아하는 음료의 유래와 그 여정을 배울 수 있다. 가이드가 유기농 커피 농사와 공정무역 농부들이 지켜야 하는 기준을 설명해 줄 것이다. 종일 열심히 구경 다니느라 피곤했다면, 방금 만든 커피 한 잔으로 일과를 마무리하자. **JK**

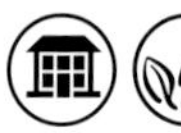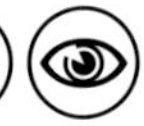

# 은고롱고로 크레이터 로지
Stay at Ngorongoro Crater Lodge

**Location** 탄자니아 세렝게티
**Website** www.ngorongorocrater.com　**Price** ❸❸❸

탄자니아 북부 은고롱고로 크레이터 로지에서의 체험을 "스펙터클"이라는 한 마디로 표현하기에는 턱없이 부족하다. 세렝게티의 거대한 분화구 가장자리에 위치한 이곳은 마치 이 세상의 가장자리에 걸터앉아 있는 느낌이다.

　로지는 세계에서 가장 큰 원시 상태의 화산 칼데라 옆에 있는데, 8,000km가 넘게 펼쳐져 있는 아프리카 야생 자연은 비옥한 초원을 자유롭게 돌아다니는 야생 동물들의 낙원이다. 이곳에서 가장 인상 깊은 것은 매해 200만 마리에 가까운 누와 얼룩말이 먹이를 찾아 세렝게티를 폭풍처럼 가로지르면서 천둥 같은 소리와 먼

---

> "아프리카에서
> 단 하루만 보내야 한다면,
> 은고롱고로 로지일 것이다."
>
> 로라 라일리, 네이처스 스트롱홀즈 재단

---

지를 일으키는 "대이동"이다.

　은고롱고로 크레이터 로지는 진흙과 나무 막대로 지은 마사이족의 마냐타에서 얻은 영감에 럭셔리를 불어 넣어 지어졌다. 전담 집사가 딸려 있어 하루 두 번 사파리 드라이브를 나가거나, 분화구로 소풍을 가거나, 칵테일을 마시는 짬짬이 벽난로에 땔감을 채워주고 장미 꽃잎을 흩뿌린 (누워서 경치를 볼 수 있는) 욕조에 물도 채워준다. 기둥 위에 올라앉은 세 개의 친근하고 로맨틱한 캠프에는 돌과 풀을 엮어 지은 스위트가 있으며 내부는 호화스럽기 그지없다. 이 지역은 "아프리카의 에덴"으로 알려져 있는데 직접 보지 않고는 믿을 수가 없을 것이다 **LP**

▣　은고롱고로 크레이터 로지의 호화로운 인테리어는 마사이족의 간결함에서 영감을 얻은 것이다.

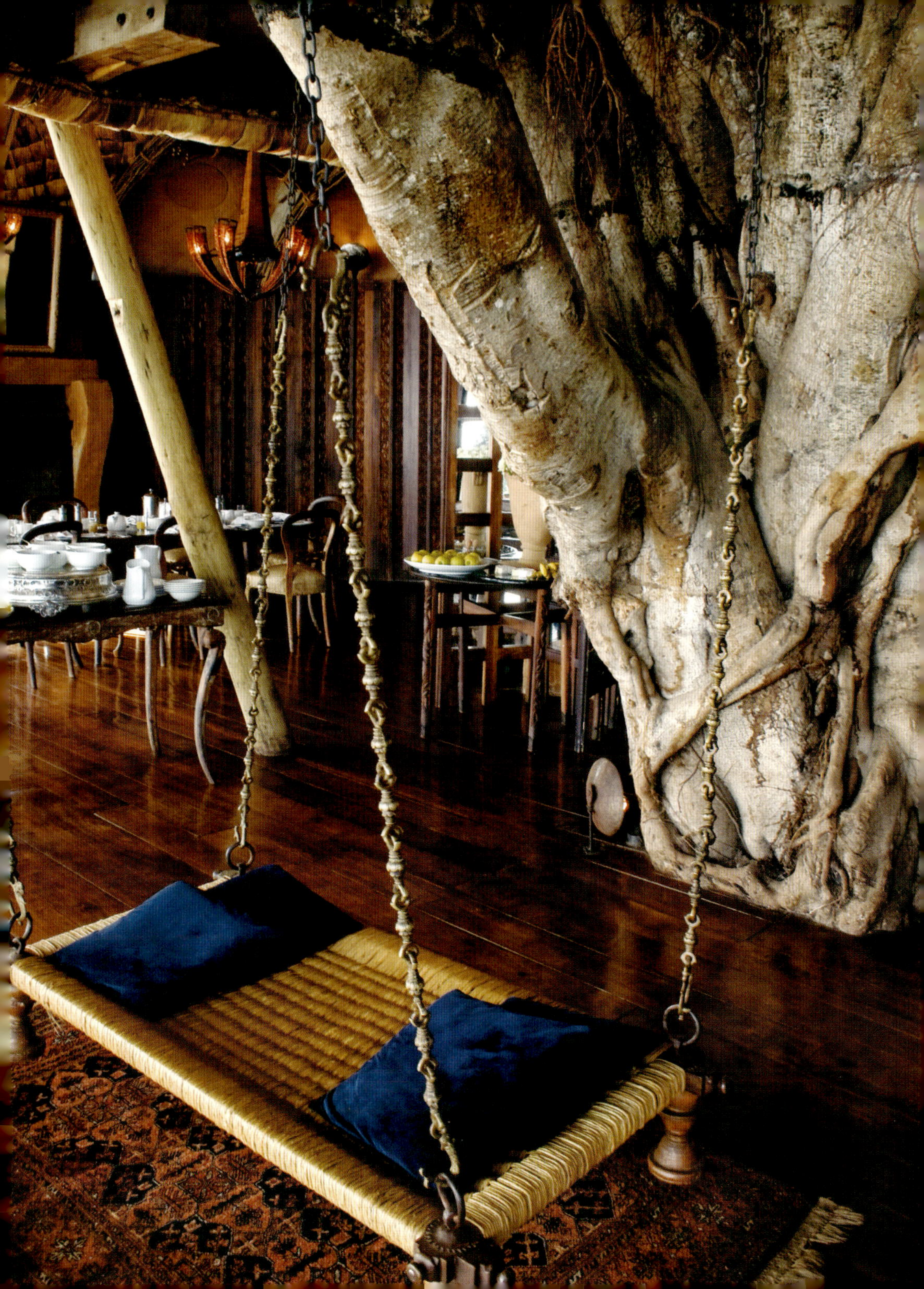

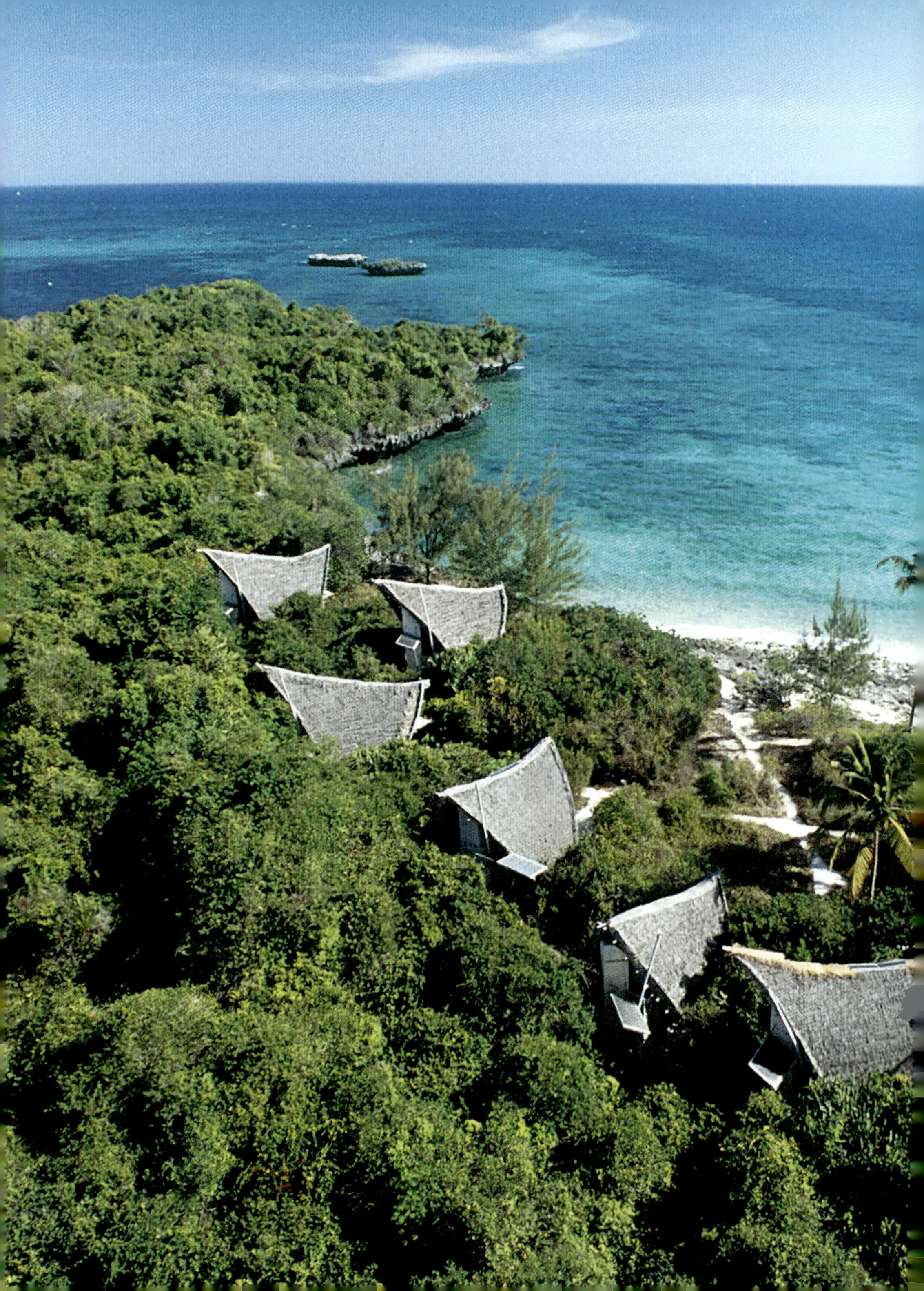

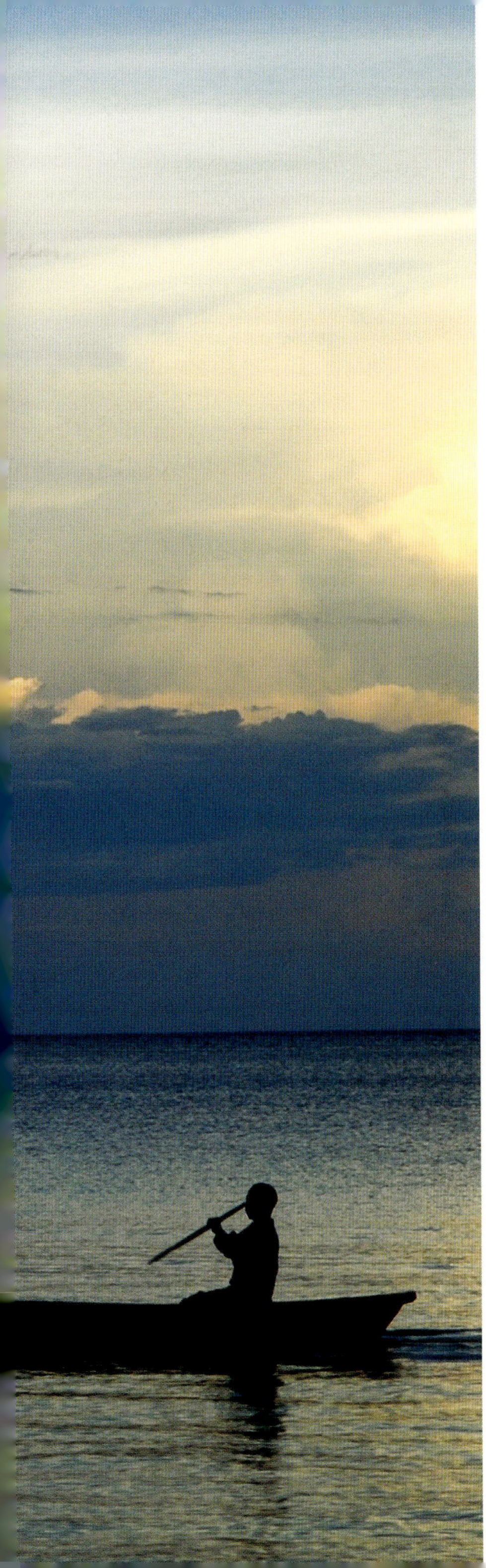

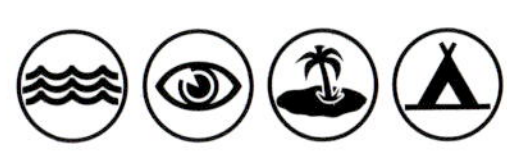

# 뭄보 섬 Kayak at Mumbo Island

**Location** 말라위 말라위 호수
**Website** www.kayakafrica.co.za　　**Price** $

말라위 호수의 남쪽 호반에 있는 케이프 매클리어에서 뭄보 섬까지 가려면 카약을 10 km나 저어야 하지만 (힘이 모자라는 사람들은 뭄보 아일랜드 캠프를 소유하고 있는 카약 아프리카 社의 보트를 타도 된다) 일단 도착만 하면 이곳은 당신 차지다. 욕실이 딸린 호화로운 텐트와 초가지붕, 해먹까지 갖춰진 호수를 굽어보는 전망 데크가 기다리고 있다. 음식을 해 주고 바에서 시중 드는 스태프를 제외하면 그야말로 아무도 없다.

하루 종일 해먹에 기대 누워 말라위 호수 위에 반짝이는 햇볕과 다채로운 시클리드가 번뜩이며 쏜살같이 움직이는 것을 보며 태평스럽게 하루를 보낼 수 있다. 그래도 뭔가 활동적인 것이 하고 싶어지면 말라위 호수 주변의 물가야말로 세계에서 가장 안전하게 스쿠버 다이빙을 배울 수 있는 곳 중 하나라는 것을 기억할 것. 스노클링을 하거나 카약을 저으며 호수 주변을 돌아봐도 좋을 것이다.

수달 한두 마리가 곁에서 함께 헤엄치더라도 놀라지 말 것. 물을 선호하는 사람들을 위해서는, 바오밥과 무화과 나무로 가득한 이 작은 낙원을 한가로이 거닐 수 있는 다섯 개의 쉬운 자연 탐사 산책로가 있어 더욱 외진 작은 만(灣)과 좁은 물줄기로 인도한다. 커다란 물수리와 화려한 빛깔의 물총새, 또는 별광삼조들을 찾아 섬 주변을 느리게 걸어 보자. 그냥 느긋하게 쉬면서 새들을 구경하며 흔들리는 해먹에 누워 와인을 홀짝이는 것도 좋겠다.

1861년 당시 유명한 탐험가 데이비드 리빙스턴은 말라위 호수의 물에 태양이 불꽃처럼 부서지는 것을 보고 "별들의 호수"라는 이름을 붙여 주었다. 오늘날 이 별명을 감상하기엔 뭄보 섬만한 곳이 없다. **SWa**

⬅ 뭄보 섬의 호숫가에서 카약을 타고 말라위 호수의 맑은 물을 최대한 즐길 수 있다.

# 쿠 차웨 인 Stay at Ku Chawe Inn

**Location** 말라위 샤이어 로울랜즈
**Website** www.malawi-travel.com  **Price** Ⓢ

좀바 고원을 배경으로 그레이트 리프트 밸리와 샤이어 로울랜즈의 장관이 보이는 곳에 말라위의 최고급 호텔이 들어서 있다. 진정 낙원과도 같은 풍경이다. 비탈과 협곡은 이국적인 나무, 정글과 같은 덩굴식물, 들꽃, 난초, 이끼 등으로 뒤덮여 있다. 백사장이 있는 치르와(Chirwa) 호수의 아름다운 경치에도 불구하고 말라위는 바캉스지로는 그리 널리 알려지지 않은 덕분에 관광 인파에 훼손되지 않은 아름다움을 간직하고 있다.

쿠 차웨 인은 길고 구부러진 산길의 무성한 초목들 가운데 숨어 있다. 목가적인 정글 속에 숨어 있다고 시설도 원시적이란 법은 없다. 40개의 널찍한 객실에는 전용 욕실과 전화기, 위성 텔레비전이 갖추어져 있다. 말

> "아름다운 좀바 고원…
> 비할데 없는 아름다움, 수정처럼
> 맑은 냇물과 수많은 종(種)."
>
> 말라위 친우협회

라위 사람들의 따스함과 친절함은 명불허전인데, 쿠 차웨의 스태프들 역시 친절하고 세심하다. 넓고 그늘진 옥외 베란다에 앉아 점심을 먹으며 이곳에 사는 바분들이 정원에서 간식을 먹는 모습을 보는 것은 멋진 일이다.

맛좋은 저녁식사를 들기 전 아페리티프를 마시며 멋진 경치를 감상하기에 알맞은 장소로, 날씨가 선선한 겨울철에는 너울거리는 불가에서 저녁을 먹는다. 아침 일찍 일어나 산악 가이드를 고용해 구름 위 고원 꼭대기까지 올라가 보거나, 그저 저 멀리 끝없이 반짝이는 말라위 호수를 바라만 보고 있어도 좋다. **SWi**

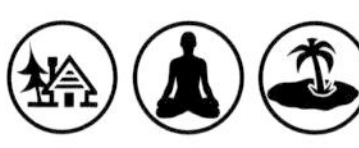

# 아주라 Unwind at Azura

**Location** 모잠비크 벵게라 섬
**Website** www.azura-retreats.com  **Price** ⓈⓈⓈ

아주라로 가는 길은 쉽지 않다. 요하네스버그에서 비행기로 두 시간, 다시 헬리콥터로 무수한 빛깔을 자랑하는 숨막히게 아름다운 인도양 위를 날아가야 하지만 그럴 만한 가치가 있다. 로지는 목가적인 신혼여행지로 제격이지만, 진짜 매력은 이 섬이 가진 원시적인 아름다움이다. 예전에 이 자리에는 모잠비크인 가브리엘 코사가 배낭여행객을 위한 숙박 시설을 운영했었다. 당국에서 시설을 개선하거나 문을 닫으라는 통보를 받자, 그 기회를 포착한 영국인 부부 크리스토퍼와 스텔라 베타니 부부가 사들여 2007년 지금의 휴양지를 만들었다. 다행히 코사는 여전히 베타니 부부의 동업자로 남아 있고, 그의 아들 지토는 더반의 호텔학교를 다녔으며, 기존 직원 중 대부분이 아직도 이곳에서 일하고 있다.

열 네 개의 목조 빌라 건물과 실내 장식에는 이 지역 주민들의 기술과 손재주가 발휘되어 있다. 유목으로 만든 스툴과 마룻바닥은 느긋한 해변 같은 시크한 무드를 만들어내고 술 달린 가죽 스툴과 팬톤 체어는 고급 호텔의 멋스러움을 더해준다. 투숙객들은 취향에 따라 해변의 불가에서 오붓하게 둘만의 저녁식사를 즐기거나, 바 "게코"에서 사람들과 어울려 술을 마시거나, 해먹에 누워 별을 본다. 다이빙과 낚시 모두 흔치 않은 경험이다—색이 선명한 산호, 거북이, 돛새치는 기본이고, 7월과 10월 사이에는 혹등고래도 볼 수 있다. 밀물에 성게의 연한 뼈대가 밀려와 흩뿌려져 있는 팬지 섬의 모래톱이나, 한쪽에는 바다, 다른 한쪽에는 악어와 물을 헤치며 걸어다니는 새들로 가득한 민물 웅덩이가 있는 거대한 모래언덕으로의 마법 같은 단체 여행도 마련되어 있다. 또는 여행 대신 그냥 바닷가에 앉아 달과 파도를 보며 사색에 잠기는 것도 당연히 가능하다. **LJ**

→ 들쭉날쭉한 "제카" 초가지붕은 이 지역의 기술을—그리고 그 솜씨를—보여주는 한 예다.

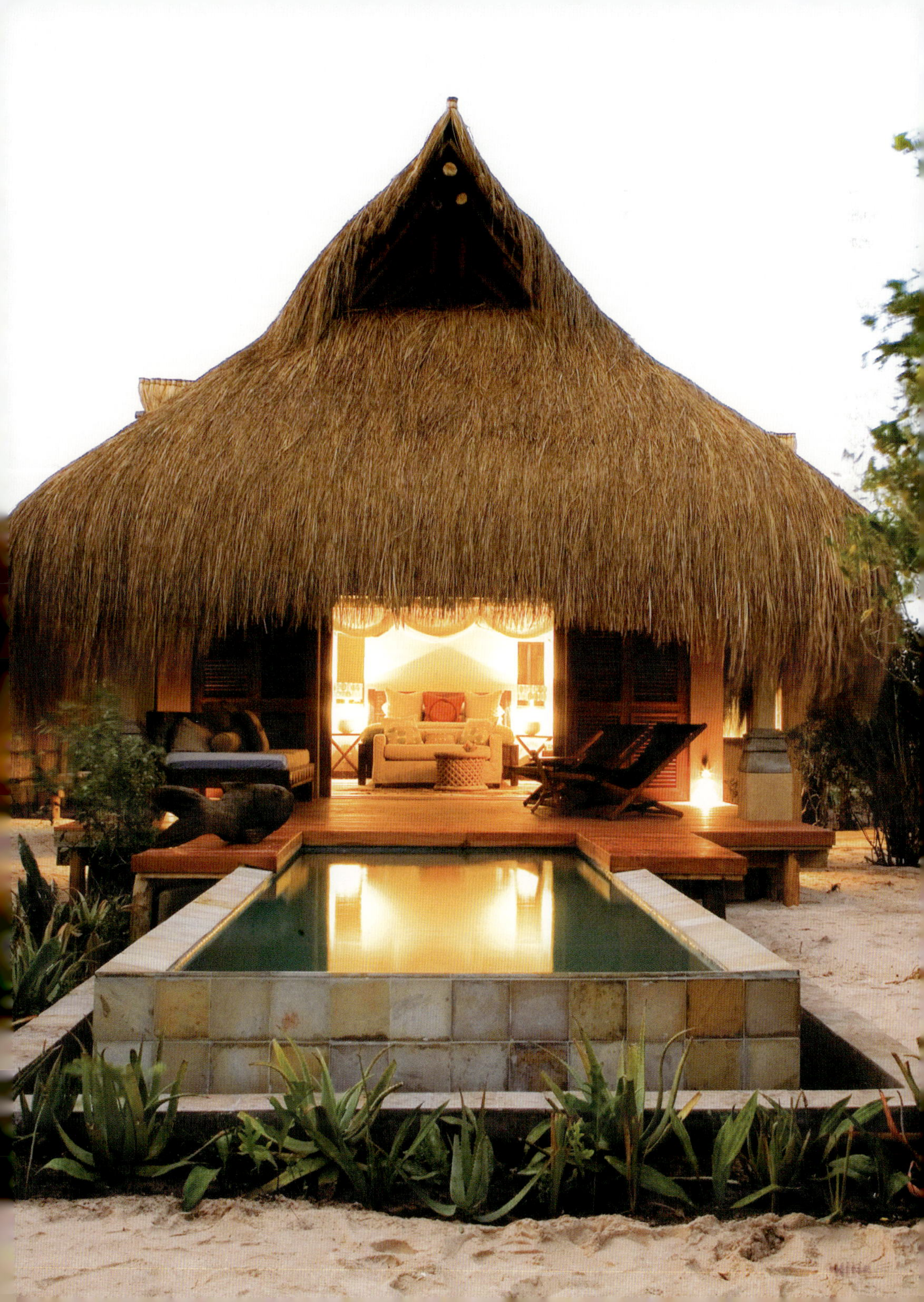

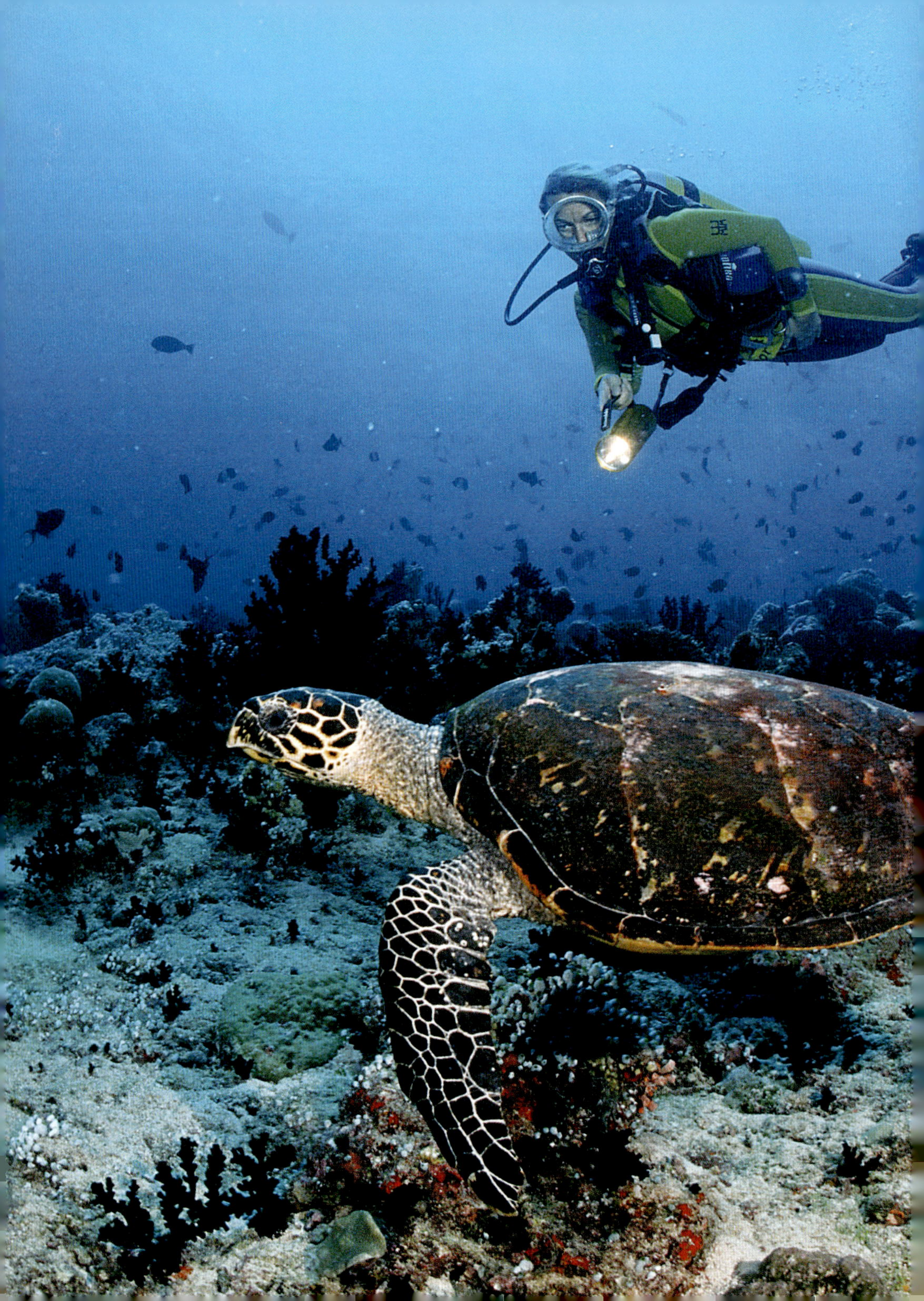

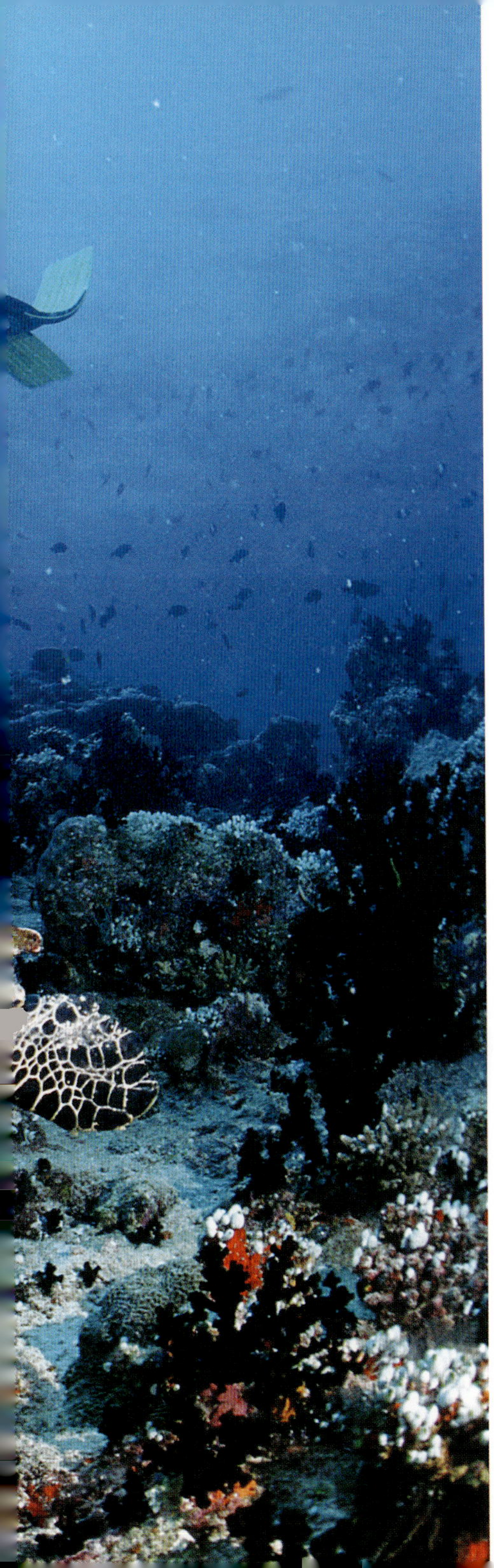

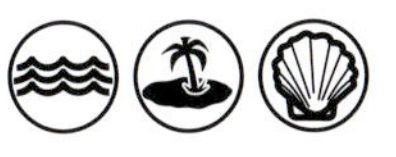

# 마테모 섬 Dive at Matemo Island

**Location** 모잠비크 마테모 섬
**Website** www.matemoresort.com   **Price** ⑤⑤

마테모 섬은 길이 8km, 너비 3km밖에 안 되는 작은 섬이지만, 지구상에서 낚시와 다이빙에 관한 한 이 섬을 대적할 곳은 없다. 모잠비크 해안에 떠 있는 키리암바스 군도의 심장부에 위치한 마테모는 점점이 서 있는 코코야자 나무와 초가지붕을 얹은 진흙 오두막을 제외하곤 모두 백사장이다. 진짜 보물은 바다 깊은 곳에 있는데, 거대한 황다랑어떼는 물론이고 킹피시, 창꼬치고기, 퀸피시, 개이빨다랑어, 돛새치 등이 그것이다. 이국적인 물고기가 이렇게 풍부한 것은 이곳의 바다가 해양생물보호구역의 일부이기 때문이다. 다이버들에겐 희소식이다—훼손되지 않은 아름다움을 지닌 산호초와 따뜻한 물은 살아 있는 해양생물의 만화경으로, 8월에

> "키시바와 마테모에서는
> 포르투갈 플랜테이션 유적을
> 볼 수 있다."
>
> 말린 뉴위트, 『모잠비크의 역사』 中

서 10월 사이엔 혹등고래도 볼 수 있으니 말이다. 거북도 자주 눈에 뜨이는데, 멸종위험에 처한 듀공은 아주 가끔 볼 수 있다. 다이빙과 낚시로 하루를 보낸 후에는 이 섬의 푸르른 식물을 탐구하거나 수상택시를 타고 해적질과 상아 무역의 역사가 풍부한 인근 이보 섬에 가보자.

　마템보 섬에 머무르고 싶다면 해변에서 불과 몇 걸음 떨어진 곳에 초가 지붕을 얹고 에어컨이 완비된 스물네 채의 방갈로가 있고, 현지에서 잡은 해산물 요리가 나오는 레스토랑도 있다. **JK**

← 마테모 섬은 다이빙과 낚시를 즐기려는 사람과 그저 아름다운 바닷가를 즐기려는 사람 모두에게 낙원이다.

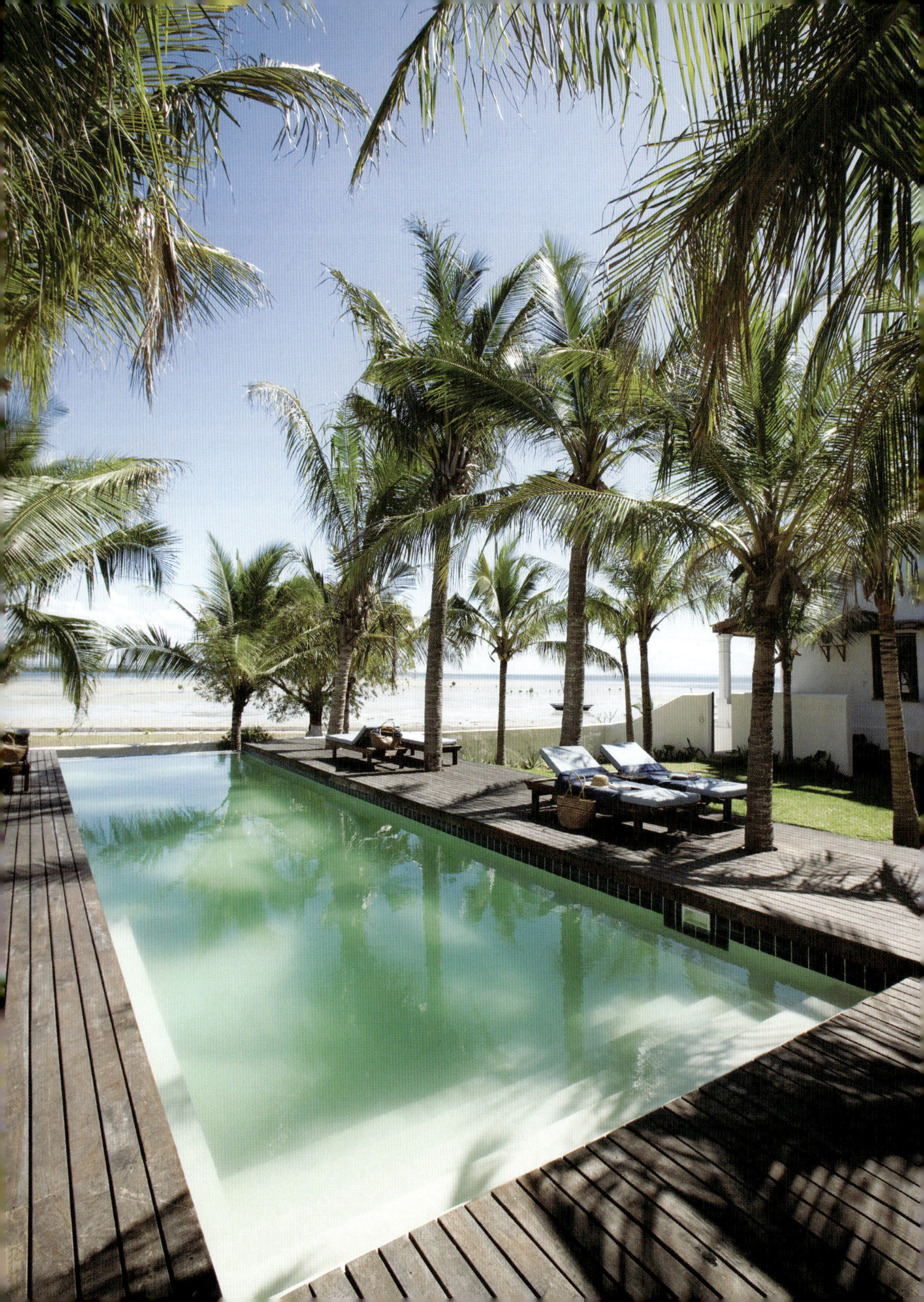

# 이보 아일랜드 로지
## Relax at Ibo Island Lodge

**Location** 모잠비크 이보 섬
**Website** www.iboisland.com　　**Price** ⑤⑤

인도양의 보석 이보 섬을 찾는 기쁨을 누린 사람들은 이 곳을 잊을 수 없을 것이다. 숲이 우거진 이 작은 섬은 탄자니아 국경에서 북쪽으로 200km가 넘는 거리에 흩어져 있는 32개의 열대 섬으로 이루어진 아름다운 키림바 군도의 남쪽 끝에 위치하고 있다.

이보 아일랜드 로지의 외관은 식민지 시대로 거슬러 올라가는 유서 깊고 놀랍도록 아름다운 건물이다. 두께가 1m나 되는 벽과 높은 천정 덕분에 실내 공간은 더없이 우아하고 인상적이다. 저마다 다른 디자인의 물가가 내다보이는 14개밖에 안 되는 객실은 세상으로부터 도피할 수 있는 멋진 장소다. 골동품과 수공예 가구, 근사한 문과 덧문들이 이 건물의 본래 용도를 떠올리게 해 준다.

관광객들은 다우 배를 타고 군도를 유람하다가 물가에 배를 대고 1600년대로 그 기원을 거슬러 올라가는 이 오래된 역사적인 마을을 둘러볼 수 있다(현재 UNESCO 세계유산 후보지로 등록되어 있다). 포르투갈인들은 1754년 이 집을 노예와 상아 물류기지로 썼고, 그 후에는 약 한 세기 가까이 버려져 있었다. 이 마을은 요새와 오래 된 집들 사이를 돌아다니기에 신비로운 곳이다. 은 세공사가 동전을 녹여 섬세한 은제 장신구를 만드는 광경을 구경할 수도 있다.

수영장과 전용 해변 외에도 투숙객들은 세계에서 가장 풍부한 산호초 중 하나인 이 곳에서 스노클링을 즐길 수도 있고, 키림바 군도 국립공원의 바다에서 카약을 타고 맹그로브 사이를 가로지르다 보면 거북, 돌고래, 고래 등을 볼 수도 있다. 수 년 전 밥 딜런이 노래했던 모잠비크가 바로 이곳은 아니었을까. **AD**

◁ 이보 아일랜드 로지는 세 채의 아름다운 저택으로 구성되어 있는데, 모두 지은 지 100년이 넘었다.

# 말린 로지
## Stay at Marlin Lodge

**Location** 모잠비크 벵게라 섬
**Website** www.marlinlodge.co.za　　**Price** ⑤⑤

아프리카에서 가장 쿨한 여행지 중 한 곳인 말린 로지는 사파리 여행 후 머물기에 완벽한 곳이다. 고요한 플라밍고 베이의 백사장을 따라 나무와 갈대로 엮어 만든 방갈로들이 들어서 있다. 방갈로와 방갈로는 초목 위에 기둥을 세워 만든 보도로 서로 이어져 있고, 담수 수영장은 코코넛 야자 습지 뒤에 숨어 있다. 안으로 들어가면 네 개의 기둥 달린 침대에 누워서도 눈부시게 아름다운 바다가 보인다.

이 섬은 많은 보호종이 서식하는 국립해상공원 안에 위치해 있다. 고래, 고래상어, 돌고래, 듀공, 열대의 바다에 사는 커다란 가오리를 찾아보자. 섬 바깥쪽 산

> "사람들은 주로 때묻지 않은 모래밭을
> 거닐고, 훼손되지 않은 아름다움을 지닌
> 산호초 위를 수영하려고 이곳을 찾는다."
>
> 리애넌 배튼, 『인디펜던트』誌

호초에서는 거북이, 노랑가오리, 곰치 등을 볼 수 있다. 잡은 고기에 꼬리표를 달고 다시 놓아주는 프로그램 덕에 낚시광들은 녹새치 외에도 다른 커다란 물고기들을 잡으러 다닐 수 있다. 또 쌍동선, 윈드서핑, 수상스키를 타거나 전통 다우 배를 타고 좀 더 느긋하게 유람을 즐길 수도 있다.

육지로 올라오면 풀밭과 해안 사구, 민물 호수—나일 악어가 살고 있다—그리고 눈을 뗄 수 없는 컬러풀한 앵무새들이 사는 아카시아 삼림지대를 탐험할 수 있다.

로지의 투숙객들은 주차비를 내야 하는데, 이 돈은 자연환경과 지역사회 돕기 기금으로 쓰인다. 벵게라 섬을 후손들에게 남겨줄 낙원으로 보존하는 데 책임을 다하고 있다는 것을 알았으니, 안심하고 주변 환경을 즐기자. **AD**

# 킬랄레아 Unwind at Quilalea

**Location** 모잠비크 키림바 군도
**Website** www.quilalea.com  **Price** 🄢🄢🄢

이 인도양의 다이아몬드는 경외심을 불러일으키는 자연과 함께 방해 받지 않고 은밀한 시간을 보낼 수 있어 해리 왕자와 레오나르도 디카프리오에 이르기까지 세계 각국의 왕족과 A급 유명인사를 두루 매혹시킨다. 키림바 군도를 점점이 수놓은 32개의 섬 중에서도, 너무나 깨끗해서 마치 아무도 이 곳에 발을 들여놓은 적이 없는 듯한 진주 같은 섬, 바로 킬랄레아다. 킬랄레아에는 사람이 살지 않는다.

키림바 군도에서는 처음으로 자연보호구역으로 지정되었으며, 상업 목적의 낚시는 금지되어 있다. 하늘색의 맑은 물, 타의 추종을 불허하는 다이빙 사이트, 2,000살 먹은 바오밥 나무와 맹그로브 나무가 무대를

> "킬랄레아 섬은 비행장이 들어서기에는
> 너무 작다. 사실, 무언가 하기엔
> 너무 작은 섬이다."
>
> 더글라스 로저스, 『트래블앤레저』誌

꾸며준다. 팔랑거리며 지나치는 나비, 해변에서 쉬는 거북, 하얀 돛을 달고 작은 물고기처럼 헤엄쳐가는 다우배. 예전의 킬랄레아는 주로 선원과 상인들이 쉬다 가는 곳이었다. 오늘날 이곳은 주로 향락을 추구하는 관광객들(어른들만 입장이 허가된다)이 쉬다 가는 곳이다.

파노라마 바다 경관을 볼 수 있는 섬에는 빌라 아홉 채뿐이다. 인근 이보 섬 탐험에 나서자. 한때 이곳의 풍요로움을 나타내던 대저택들은 방치되어 무너져가고 있지만, 주민들은 언제나 방문객을 환영한다. 아니면 사망고 원숭이들과 친구가 될 수 있는 무인도 센카 섬으로 피크닉을 갈 수도 있다. 킬랄레아는 다른 세상으로 통하는 문이다—우리가 지나쳐버린 세상. **VG**

# 피시리버캐년 Explore Fish River Canyon

**Location** 나미비아 피시 리버 캐년  **Website** www.nwr.com.na; www.canyonnaturepark.com  **Price** 🄢

길이가 거의 160km나 되는 피시리버캐년은 세계에서 가장 강렬한 인상을 주는 협곡 중 하나이자 나미비아의 국립공원이다. 협곡은 황폐한 급경사면과 가파른 벼랑을 휘돌아 흐르며 "벽지"라는 말에 완전히 새로운 의미를 부여한다.

나미비아 와일드라이프 리조트는 80km를 5일 동안 주파하는 하이킹 코스를 운영하고 있지만, 용기와 체력이 뒷받침되는 이들만이 가능하다. 숨이 턱턱 막히게 높은 기온에 등에는 배낭을 메고 돌 투성이 길을 걷기란 매우 힘든 일이다. 게다가 도중에 빠져나갈 길이나 지름길도 없다. 그래도 어쩐지 이런 고난이 그럴만한 가치가 있다고 느껴지는 것은 주변 풍경에 깃든 원초적인 아름다움 때문이다. 햇볕 아래 끊임없이 색을 달리하는 오렌지색과 핑크색의 좁고 가파른 바위투성이 협곡, 벼랑 위에 올라앉은 기묘하게 생긴 나무알로에, 끝없이 펼쳐진 파노라마 풍경이 더해져 진정한 의미의 화려한 고독을 느끼게 해 준다. 타는 듯한 갈증에 녹초가 된 여행객들에게는 묘약과도 같은, 시원하고 맑은 물이 흐르는 피시 강은 알몸으로 수영을 하기에도 완벽하다. 저녁에는 불을 피워 식사를 만들고, 먹고 나면 문자 그대로 사람과 세상으로부터 멀리 떨어진 곳에서 별빛 아래 몸을 웅그리고 너울거리는 불꽃을 보며 잠을 청한다.

이 모든 것들이 너무 거칠게 느껴진다면 뢰벤 강과 피시 강이 만나는, 국립공원 바로 북쪽에 위치한 캐년 네이처 파크에 가 보자. 피시 강 못지않게 놀랍도록 아름답고 외진 곳이지만 민간에서 운영하는 도보 여행로를 따라 이틀에서 닷새 코스의 하이킹이 가능한데, 가이드가 동반하고, 음식과 텐트를 구비해 줄 뿐 아니라 짐도 차로 다 날라준다. **SWa**

⮕ 피시 리버 캐년은 그랜드 캐년에 이어 세계에서 두 번째로 큰 협곡이다.

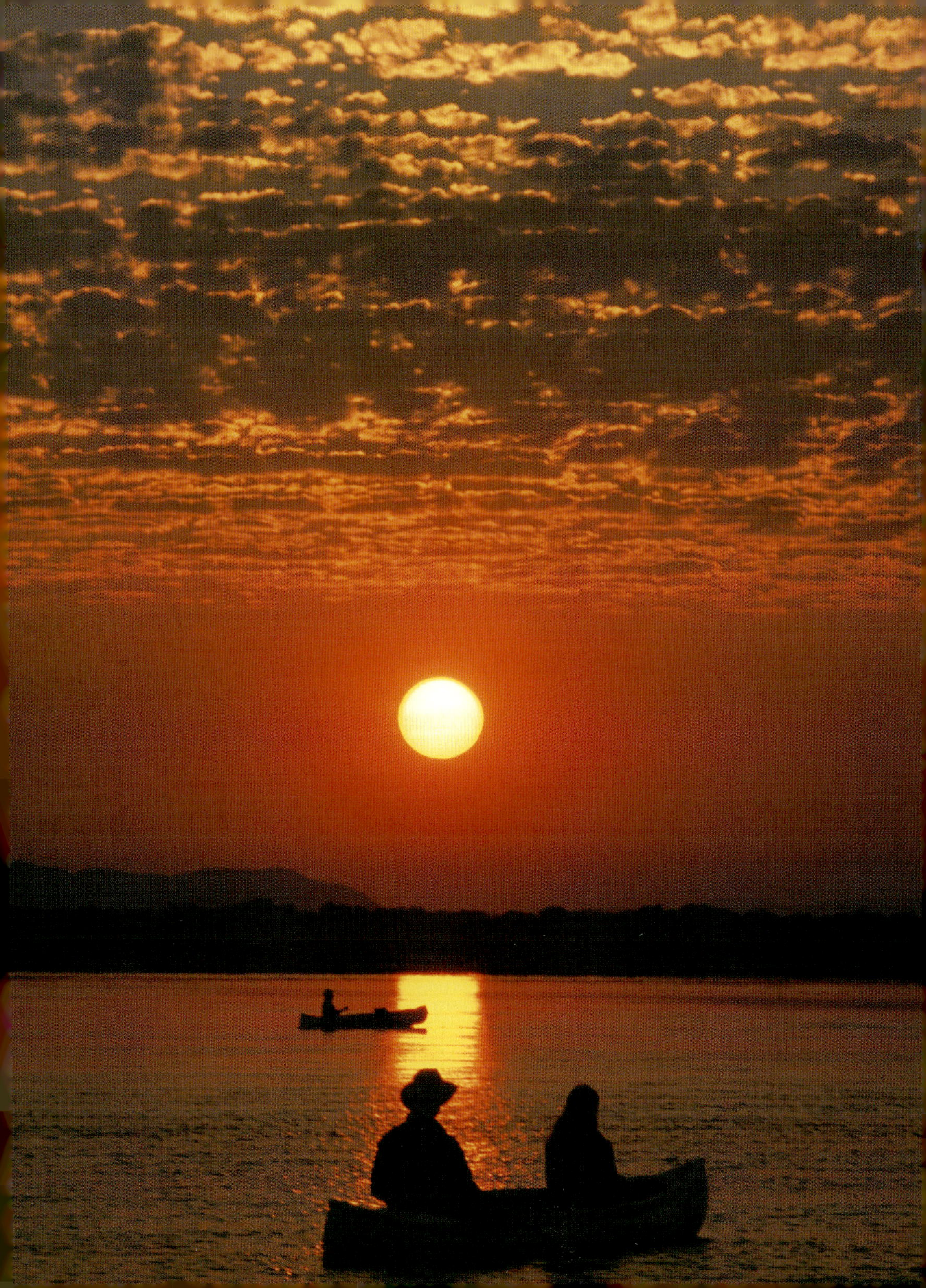

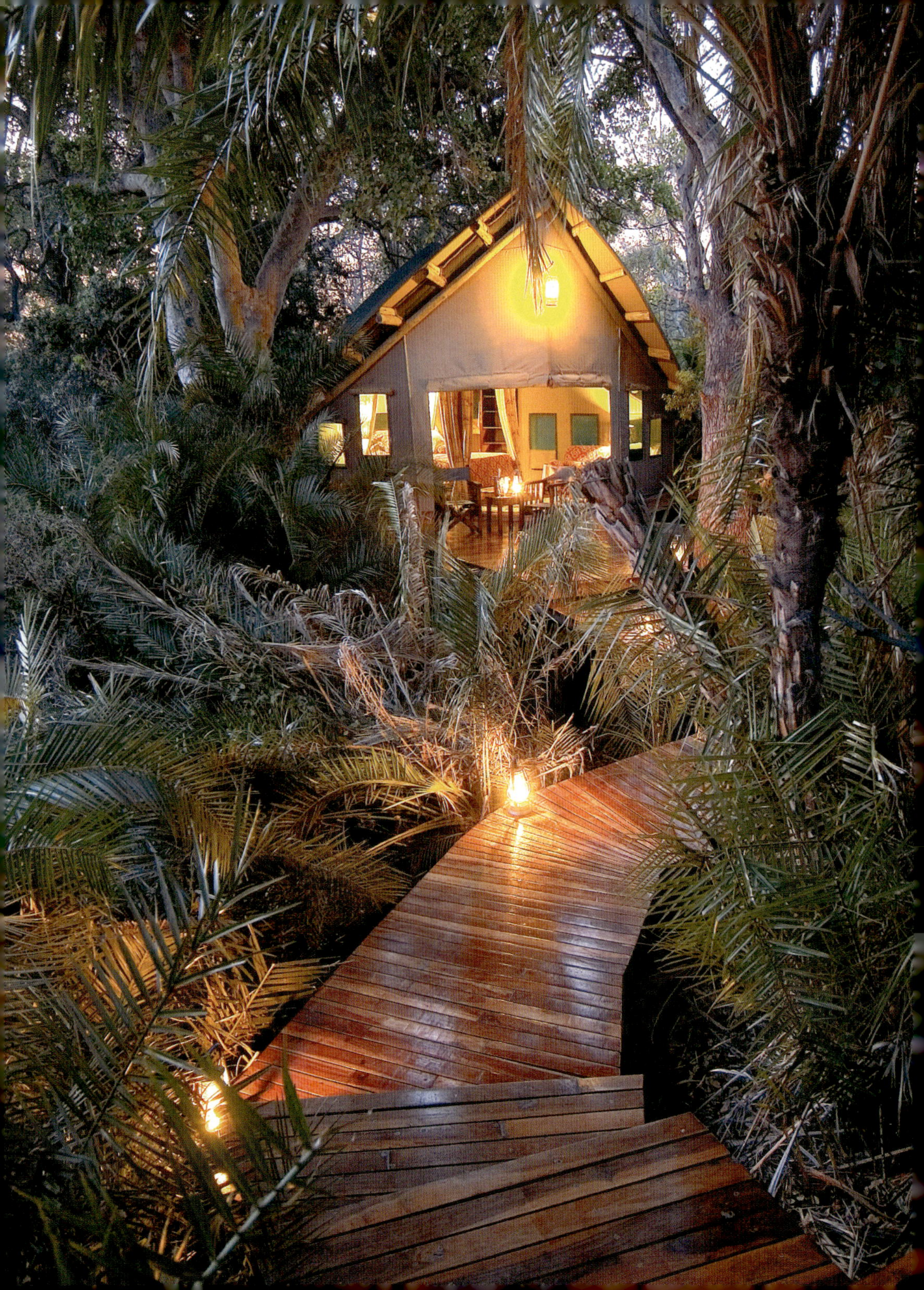

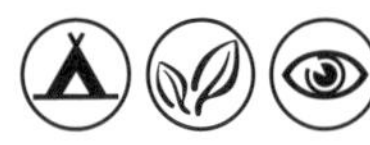

# 아부 캠프 Stay at Abu Camp

**Location** 보츠와나 오카방고 삼각주
**Website** www.abucamp.com **Price** ⑤⑤⑤⑤

아부 캠프는 코끼리 등에 올라 사파리를 할 수 있는 3박 코스를 제공하는 럭셔리한 휴양지이다. 사람들은 보조를 맞추어 이곳의 탁 트인 사바나와 자연보호 구역인 섬의 다양한 식물과 동물을 감상하기 위해 함께 도착하고 함께 떠난다.

투숙객들은 천연 석호에 말뚝을 박아 마루를 깐 바닥 위에 설치한 맞춤 제작 텐트에서 지내게 된다. 모든 객실에는 썰매형 침대나 기둥이 네 개 달린 침대가 있고, 욕조가 완비된 개인 욕실이 딸려 있다. 텐트마다 전용 데크와 티크목으로 만든 별도의 계단형 야외 데크가 있다. 전망 데크는 잘 자란 플라타너스와 흑단나무 주위에 설치되어 있어 좋은 와인과 아부 캠프의 숙련된 사파리 셰프가 준비한 맛있는 음식을 즐기는 식사 장소로도 사용된다. 석호 맞은편에 새로 지은 빌라에는 최대 4명까지 묵을 수 있고 전담 셰프, 가이드, 버틀러, 전용 풀장이 딸려 있다.

아부 캠프는 전에 이곳에 살았던 유명한 코끼리 아부의 이름을 따 지은 것이다. 오늘 이 캠프의 코끼리들은 쿠션을 댄 안장에 편히 앉은 사람을 싣고 노련한 가이드와 함께 차분한 걸음걸이로 오카방고 삼각주의 황무지로 여행을 떠난다.

캠프의 코끼리들 덕에 이곳에 서식하는 얼룩말, 영양, 기린, 버팔로에게 전에 없이 자유롭게 접근할 수 있다. 매일 동틀 무렵과 해질 무렵에 코끼리를 탈 수 있는데, 기억에 남을 아프리카 코끼리의 복잡한 사회 구조도 들여다보고, 이 삼각주 지역을 집으로 삼는 동물들 한가운데로 데려다 주는 종일 사파리도 즐길 수 있다. **BS**

# 잭스 캠프 Experience Jack's Camp

**Location** 보츠와나 칼라하리 사막
**Website** www.unchartedafrica.co.za **Price** ⑤⑤⑤⑤

잭스 캠프는 보츠와나 칼라하리 사막의 드넓은 염전 위에 서 있다. 열 개의 5스타 캔버스 텐트와 개인용 버킷 샤워, 양변기, 냉탕이 지금 당신이 잠을 자려고 하는 곳이 아무것도 없는 말라버린 호수 바닥 가장자리라는 사실을 잊게 해 준다.

1960년대에 세워진 잭스 캠프는 아프리카 남부의 현대적인 사파리 스타일 휴양지의 진정한 선구자 중 하나로, 외진 보츠와나 중부 지역의 몇 안 되는 숙박시설 중 하나이기도 하다. 막가딕가디 염전에는 끝없는 소금 평원이 한때 아프리카에서 가장 컸던 내륙 호수의 흔적을 보여준다. 캠프에 상주하는 고고학자와 지질학자의 안내를 따라 거의 잊혀진 유적지와 멸종된 지 오래인 하마

> "침묵은 너무나 완전해서
> 당신의 귓속 혈관에서 피가
> 흐르는 소리도 들릴 정도다"
>
> 잭스 캠프 운영진

와 현대 얼룩말의 거대한 조상들을 볼 수 있는 화석층을 구경할 수 있다. 또는 4륜 오토바이를 타고 혼자 탐험에 나설 수도 있다.

3월과 4월에는 여름의 빗물로 오카방고 삼각주의 물이 불어나 염전을 가로질러 흐르면서 이 불모의 풍경이 자취를 감추고, 얼룩말과 버팔로는 물론 펠리컨, 플라밍고 같은 수생 조류가 수없이 몰려든다. 잭스 캠프에 머무는 동안 매우 희귀한 갈색하이에나를 볼 수 있고 캠프를 떠나지 않는 미어캣은 경험이 많은 여행객의 눈도 즐겁게 해 준다. **BS**

◁ 오카방고 삼각주의 서쪽에 위치한 아부 캠프는 20만 헥타르가 넘는 면적을 자랑한다.

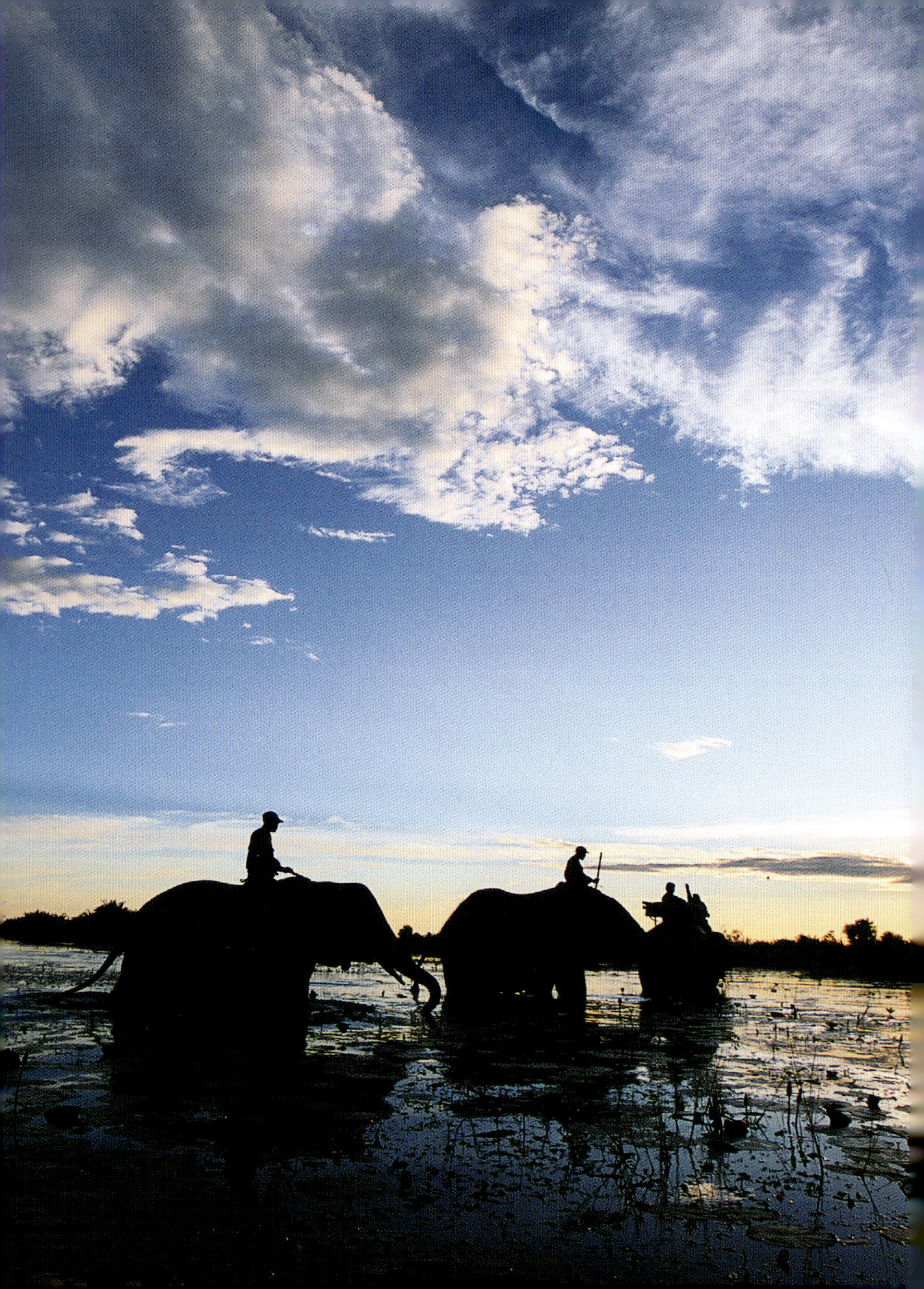

# 오카방고 삼각주
## Explore the Okavango Delta

**Location** 보츠와나 칼라하리  **Website** http://okavango-delta.botswana.co.za  **Price** ⑤

가끔 새들이 제 짝을 부르는 소리 말고는 한없이 고요하고 평화로운—물속에서 하마가 코룽 쿵쿵거려 물 위로 물방울이 올라올 때도 있긴 하다—보츠와나 오카방고 삼각주의 뒤얽혀 있는 석호와 호수를 모코로(mokoro, 통나무를 파내 만든 카누)가 이리저리 돌아 빠져나간다. 가장 가까운 마을도 수백 킬로미터 떨어져 있는, 텔레비전도, 라디오도, 전화도 없는 곳. 관광객들은 자연 속으로 내밀린다.

황량하고 바싹 말라붙은 칼라하리 사막 한가운데 15,000평방킬로미터에 걸쳐 뻗어 있는 삼각주는 계절에 따라 물의 높낮이와 함께 그 모습도 바뀌며, 길들여지지 않은 야성의 아름다움을 지닌 끊임없이 변화하는 황야다. 겨울에는 앙골라 고원에서 흘러온 빗물로 오카방고 강이 불어나 3월에는 삼각주를 범람한다. 대부분의 물은 사막의 모래 속으로 스며들거나 타 들어가는 열기에 증발해 버리지만 나머지는 평야와 늪으로 흘러 들어가 생명의 숨결을 불어넣고, 야생동물의 안식처인 초목이 무성한 녹색 땅을 만들어 준다. 이때가 7월에서 9월 사이로 오카방고를 찾기에 가장 알맞다.

삼각주의 마른 땅은 야생동물이 우글거려 무리 지은 코끼리, 얼룩말, 임팔라, 버팔로, 기린 등도 쉽게 찾아볼 수 있다. 야생동물로 넘쳐나는 오카방고는 사자, 치타, 하이에나, 표범 같은 포식자들의 서식지이기도 하다. 참으로 생소하고 잊을 수 없는 광경이 펼쳐지는 곳이다. 한 줄로 곧게 서 있는 야자나무들은 오래 전 코끼리가 싼 똥에 묻혀 있던 대추야자 씨앗이 맺은 결실이다. 야생 세이지의 향기와 평온함이 묻어나오는 이곳을 칼라하리 사막의 보석으로 부르는 것은 당연하다. **JK**

◰ 야생동물이 우글거리는 오카방고 삼각주의 잔잔한 물 위를 지난다는 것은 궁극의 고요함을 체험하는 것이다.

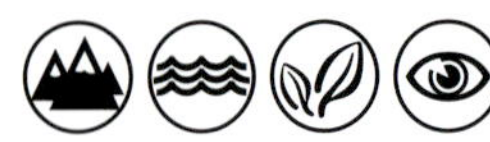

# 모틀라체 협곡
## Discover Motlatse Canyon

**Location** 남아프리카 음푸말랑가
**Website** http://kruger2canyons.com/travelguide/blydecanyon.php  **Price** ❗

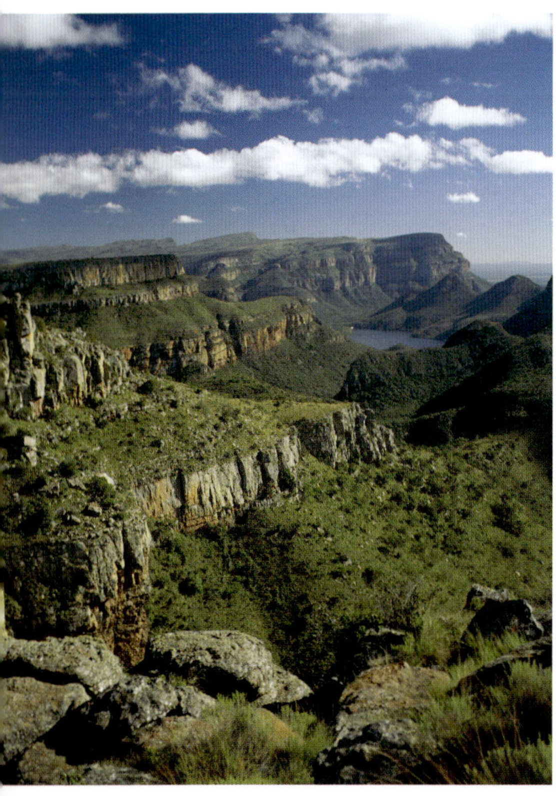



깜짝 놀랄 만큼 아름다운 자연의 불가사의와 고대 풍경으로 유명한 나라에서, 돋보이는 존재가 된다는 것은 확실히 쉽지 않은 일이지만, 모틀라체(옛 이름은 블라이드 강)는 해내고 말았다. 드라켄스버그 산맥의 부드러운 붉은 사암이 수천 년에 걸쳐 깎여 길이 20km가 넘는 계곡이 만들어졌다. 강 바닥에서 산꼭대기까지의 평균 높이는 800m지만, 깊이 1,000m, 너비가 무려 5 km에 달하는 지점도 있다. 미국의 그랜드캐년, 나미비아의 피시 강에 이어 세계에서 세 번째로 큰 협곡으로 꼽힌다.

아마도 이곳에서 가장 드라마틱한 광경은 해발 몇백 미터나 되는 곤두박질 치는 절벽 지형일 것이다. 산봉우리에 오르면 산맥과 강, 호수, 녹음이 짙은 계곡이 한눈에 들어온다. 전망대로 인기가 높은 깎아지른 벼랑 위의 바위들이 "신의 창(God's Window)"이라 불리는 것도 무리가 아니다. 계곡 바닥에서부터 솟아오른 세 개의 둥근 기둥 모양 바위, "스리 론더블(the Three Rondavels)" 역시 볼만한 가치가 있다.

모틀라체와 세포가네 강이 만나는 곳에는 "버크스럭 팟홀(Bourke's Luck Potholes)"이라 불리는 웅장한 지형이 형성되어 있다. 수천 년에 걸친 침식으로 기반암에 구멍이 뚫려 초현실적이리만치 기하학적인 형상이 만들어졌다.

믿기 어려울 만큼 풍부하고 다양한 이 자생 동식물군 중에는 희귀종인 타이타 매(taita falcon, 남아프리카 아구(亞區)에서 가장 작은 매에 속한다)를 비롯, 335종의 조류와 2,000종이 넘는 식물을 포함하고 있다. **JP**

◩ 세계에서 가장 큰 협곡 중 하나인 모틀라체 강은 드라켄스버그를 녹색으로 물들이며 흐른다.

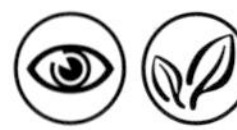

# 서덜랜드
## Go Stargazing in Sutherland

**Location** 남아프리카 노던 케이프
**Website** www.saao.ac.za  **Price** ⑤⑤

대부분의 사람들, 특히 도시민들은 별을 제대로 볼 수 있는 기회가 점점 더 줄어들고 있다. 높은 빌딩과 오염된 대기, 과다한 조명으로 인해 하늘의 모습이 왜곡되어 가장 아름다운 밤하늘을 덮어버린다. 세계에서 가장 뛰어난 천체관측지로 인정받는 남아프리카의 작은 마을 서덜랜드에는 이런 문제가 전혀 없다.

높은 고도—해발 1,458m—와 외진 위치, 깨끗한 공기, 맑고 구름 없는 하늘이 거의 완벽한 천체관측조건을 선사한다. 고층건물이 하나도 없는 건 말할 필요도 없다. 이렇듯 조건이 좋다 보니 남반구 최대의 광학망원경이 있는 남아프리카천문대의 소재지이기도 하다. 몇 십만 광년의 과거 속을 들여다 볼 수 있는 이 고성능 망원경은 우주의 역사와 구조에 관한 이루 말할 수 없이 귀중한 정보를 제공하고 있다.

그렇다고 이 마음을 사로잡는 한밤의 파노라마를 즐길 수 있는 것이 과학자와 천문학자만은 아니다. 크루거 국립공원(Kruger National Park)의 올리판츠 레스트 캠프(Olifants Rest Camp)를 찾아가면 특별한 "야간 체험"을 할 수 있다. 이 지역의 다른 볼거리인 야생동물 관찰을 위해 오후의 사파리 드라이브로 시작해서, 해질 무렵에는 별에 관한 재미있는 이야기와 별에 얽힌 이 지역의 전통문화, 그리고 마침내 밤이 되면 캠프에 보유하고 있는 고성능 망원경으로 별을 관찰하는 것으로 끝난다. 오후의 열기 속에 사자, 코끼리, 기린을 구경하고, 서늘한 밤공기를 맞으며 은하수와 남십자성을 보며 조용히 사색에 잠기는 것이다. **JF**

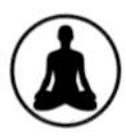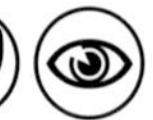

# 츠왈루 칼라하리 리저브
## Enjoy Tswalu Kalahari Reserve

**Location** 남아프리카 노던 케이프
**Website** www.tswalu.com  **Price** ⑤⑤

츠왈루 칼라하리 리저브의 목표는 간결한 우아함이다. 편의시설도 풍부하다—실내샤워와 칼라하리 사막을 볼 수 있는 전망 좋은 옥외샤워, 일광욕을 위한 개인용 베란다, 서재, 전용 식당이 있다. 그래도 남아프리카의 잡목 숲과 조화를 이루고 있는 츠왈루에는 시골 특유의 소박한 느낌이 있다. 수영장은 야생동물이 물을 마시는 물웅덩이를 굽어보고 있다.

츠왈루는 언제나 오붓함을 유지하는데—한번에 30명의 투숙객 이상은 받지 않고, 두 군데의 숙박시설 가운데 하나를 택할 수 있다. 아프리카의 전통 공동체를 본떠 만든 모쩨(Motse, 츠와나어로 "마을"이라는 뜻)는

> "최상의 사파리 체험을
> 할 수 있는 곳이지만,
> 근본적인 목표는 보존이다."
>
> 굿뉴스 사우스 아프리카의 웹사이트

돌로 만든 벽에 초가지붕을 얹은 코티지이다. 아니면 하얀 휘장을 드리운 4개의 기둥 달린 침대가 있는 타르쿠니를 택할 수도 있다. 12명까지 묵을 수 있어 가족과 소규모 그룹에 적합하다.

츠왈루는 가족이 운영하는 곳으로, 목표는 "칼라하리를 본연의 모습으로 되돌리자"이다. 이 지역은 한때 농업으로 심하게 훼손되었었다. 댐과 가옥, 울타리 등이 토착 야생동물을 내몰았다. 지금은 다시 데려온 치타와 사자들이 살고 있으며 표범, 하이에나, 재칼, 코뿔소, 얼룩말, 들개도 서식하고 있다. 사자와 표범을 구경하는 것에 싫증이 났다면 천체 관찰용 고성능 망원경도 갖추어져 있으며, 말을 타고 사파리를 나가거나, 조류 관찰, 미어캣의 굴을 구경할 수도 있다. **PE**

  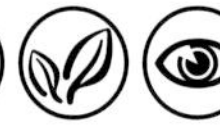

# 가롱가 사파리 캠프
Unwind at Garonga Safari Camp

**Location** 남아프리카 림포포
**Website** www.garonga.com　　**Price** $$$

가롱가 사파리 캠프는 진정한 프라이버시와 평화로운 탈출을 만끽할 수 있도록 한번에 최대 열두 명의 투숙객을 받고 있다—신혼부부들에게 이상적이다. 메마른 강바닥을 굽어보는 가롱가의 텐트에서는 긴장을 풀고 미개간지와 교감할 수 있다. 각각의 객실에는 해먹과 나무를 깐 데크가 있어 사파리 드라이브 중간중간 독서를 즐기거나 임팔라를 구경하며 쉴 수 있다. 휘장이 드리워진 커다란 침대, 베이지색과 순백색이 섞인 침대커버와 베갯잇은 옛 시절을 추억하게 한다.

리틀 가롱가에는 새로 지은 숙박시설도 있는데, 에어컨이 완비된 초가지붕 스위트에 실내·외 거실, 수영장, 바비큐장이 갖춰져 있다. 이 중 가장 호화스러운 스위트인 햄블든 스위트는 어린이방이 따로 마련되어 있는가 하면, 전용 풀장도 딸려 있다. 마사지 "살라"에서는 인도식 두부(頭部) 마사지, 아로마테라피, 반사요법 트리트먼트를 받을 수 있다.

캠프에서 차로 20분 떨어진 곳에 초원을 굽어볼 수 있도록 높이 지은 데크에서의 숙박도 옵션으로 제공하고 있다. 함께 싣고 온 피크닉 바구니, 아이스박스, 따뜻한 음료를 내려준 뒤 스태프가 떠나버리고 나면 다음 날 아침까지 혼자 남겨지게 되는데, 친구로 삼을 수 있는 것은 웃고 있는 하이에나들뿐이다(라디오와 세숫대야가 있고, 화장실도 가까이에 있으니 걱정할 필요는 없다). 이건 좀 너무 심하다고? 그렇다면 아예 야생에서 목욕을 즐기는 것은 어떨까. 가롱가에는 벽으로 둘러싸인 혼자만의 야외 욕실이 있고, 분위기 있는 초들로 장식되어 있다. 그 밖의 레저 활동으로는 오전과 오후에 한번씩 사파리 드라이브와 황무지 산책이 있는데, 사자, 표범, 코끼리, 코뿔소, 하마, 치타와 점박이 하이에나를 볼 수 있다. **PE**

  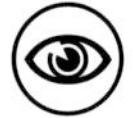

# 클리프탑 사파리 하이드어웨이
Experience the Clifftop Safari Hideaway

**Location** 남아프리카 림포포
**Website** www.clifftoplodge.co.za　　**Price** $$

벨게폰덴 민간 수렵 금지 구역 깊은 곳에는 슈테르크슈트룸 리버 밸리의 눈부신 경관을 거느리고 있는 여덟 개의 럭셔리한 스위트가 있다. 절벽 꼭대기라는 뜻의 이름만으로도 앞으로 어떤 경험이 기다리고 있는지를 짐작할 수 있다. 높은 절벽에 올라앉은 이 로지는 남아프리카의 대표적인 건축가 중 한 명이 지은 것으로, 미학적으로나 그 영향으로 보나 모두 친환경적이다.

이곳에서는 주로 오픈 사파리 차량으로 보호 구역 내부를 둘러보게 된다. 벨게폰덴은 생태계 관리에 초점을 두고 있는 곳으로 유명한데, 더 구체적으로 말하면 동물의 재배치에 주력하고 있어 다양한 야생동물을

---

> "워터버그("물의 산"이라는 뜻)의
> 녹슨 듯한 붉은 구릉지대 안에서
> 너무나 매력적인 지형을 만날 수 있다."
>
> Game-reserve.com

---

구경할 수 있다. 사자, 표범, 코끼리, 코뿔소, 들개, 그리고 15종이 넘는 영양에 이르기까지 무수히 많은 동물을 보게 될 것이다. 모두 합치면 30종이 넘는 포유류와 300여 종의 조류가 이곳에 서식한다. 클리프탑 로지에서는 전통적인 4륜구동차를 이용한 사파리 드라이브, 그리고 숙련된 가이드와 함께 하는 도보 사파리가 있다.

각각의 스위트에는 전용 데크와 냉탕이 딸려 있다. 클리프탑의 메뉴는 아프리카와 서양의 맛이 만나는 최고의 퓨전요리를 제공하며 괜찮은 와인 셀러도 있다. 가장 시선을 끄는 인피니티 풀은 저녁에 칵테일을 마시기에 안성맞춤이다. 나무랄 데 없는 서비스와 타의 추종을 불허하는 아름다움이 별 다섯 개짜리 체험을 약속한다. **PS**

# 은갈라 사파리 로지
Enjoy Ngala Tented Safari Lodge

**Location** 남아프리카 크루거 국립공원
**Website** www.ngala.co.za  **Price** ⑤⑤

텐트가 있고, 또 텐트가 있다. 캠핑이라고 하면 보통 불편하고 축축한 침낭을 떠올리게 되지만, 은갈라(모잠비크 남부의 원주민 부족인 샹간어로 "사자"라는 뜻)에서의 경험은 그것과 거리가 멀어도 한참 멀다. 이 텐트들은 텐트계의 롤스로이스이다—단 여섯 개의 텐트가 은갈라 민간 수렵 금지 구역 내에 서로 멀찍이 떨어져 있다. 이 친밀한 캠프는 드넓은 팀바파티 강둑에 위치해 있는데, 종종 코끼리 떼가 느긋하게 물을 마시고 원숭이 가족들이 그 발치에서 깡총거리며 뛰어다니는 곳이다.

전반적으로 현대적인 느낌으로, 아름다운 원목 데크가 계절에 따라 드러나는 강바닥을 굽어본다. 로맨틱한 텐트에는 호화로운 욕실과 함께 실외 샤워, 안락한 전기담요까지 갖추어져 있다.

가장 중요한 것은 이곳의 사파리가 세계 최고 수준이라는 것이다. 지붕 없는 4륜구동차를 타고 하루 두 차례 나가는 사파리 드라이브를 이끄는 것은 뛰어난 수렵 금지 구역 관리인과 초인적인 기술을 자랑하는 동물 수색꾼들이다. "빅 파이브"라 불리는 사자, 표범, 코끼리, 코뿔소, 버팔로는 거의 반드시라고 해도 좋을 정도로 쉽게 볼 수 있다. 방대한 크루거 국립공원에 속해 있는 이곳은 특히나 사자와 표범을 구경하기에는 최상의 장소이고, 300마리가 넘는 버팔로떼가 사바나를 배회한다. 야간에 경비원 없이 캠프 주위를 배회하는 것은 당연히 금지다. 부지가 완전히 트여 있어 야생동물이 나도 모르게 바로 문 앞까지 와 있는 경우도 가끔 있다.

무엇보다도 은갈라의 세심한 배려는 끝이 없다—밤에는 베개 위에 시적인 메모들이 놓여있고, 장관을 이루는 황무지를 배경으로 야생자연 속의 성찬이 차려진다. 메마른 강바닥에 테이블을 놓고 촛불 아래 펼쳐지는 마치 연극 같은 저녁식사는 깜짝 놀랄 정도다. **LP**

# 라이언 샌즈 리버 로지
Stay at Lion Sands River Lodge

**Location** 남아프리카 크루거 국립공원
**Website** www.lionsands.com  **Price** ⑤⑤⑤

라이언 샌즈 리버 로지에서의 하루는 일찍 시작된다. 첫 사파리드라이브는 오전 5:30분. "빅 파이브"—사자, 표범, 코끼리, 코뿔소, 버팔로—는 눈에 자주 띄는 단골들이다. 중간에 커피를 마시기 위해 한 번 멈췄다가 아홉 시까지 로지에 돌아와서 든든한 아침식사를 한 다음, 덤불 숲 산책, 점심식사, 스파 또는 리버 데크에서 휴식, 오후 4시에는 다시 저녁 사파리 드라이브를 나가고, 그 후에는 술 한 잔과 저녁식사가 이어진다. 이 리조트는 주변 환경에 정성을 다한다. 전담 생태학자가 있어 야생 자연이 훼손되지 않도록 책임지고 있다.

초가지붕을 얹은 18개의 침실에는 전용 데크와 실

> "사비 샌드에서
> 전임 생태학자를 고용하고 있는
> 보호구역은 라이언 샌즈뿐이다."
>
> 라이언 샌즈 운영진

내·외 샤워가 있으며 나무로 만든 보도로 서로 연결되어 있다. 또 두 개의 수영장, 버드 하이드, 실내·외 바, 식당이 있다. 로지 본관에서 15분 떨어진 곳에 두 채의 트리하우스가 있어 용감한 투숙객들은 이곳에서 밤을 보낼 수도 있다. 재칼베리 트리하우스는 음수투(Msutu) 강의 마른 강바닥을 내려다보고 있고, 초클리 트리하우스는 탁 트인 평원을 내다보고 있어 숨이 멎을 만큼 아름다운 잡목 숲 위로 지는 석양을 선사한다. 나무 위에서의 삶도 불편하지는 않다. 별빛 아래의 객실도 제대로 된 매트리스와 침대 커버와 베갯잇, 모기장을 갖추고 있으니 말이다. 원하는 투숙객에게는 부엌에서 저녁식사로 피크닉 도시락도 싸 준다. **PE**

# 어스 로지 Stay at Earth Lodge

**Location** 남아프리카 크루거 국립공원　**Website** www.sabisabi.com/lodges/earthlodge　**Price** ⑤⑤⑤

사비사비는 아프리카세계여행상 투표에서 아프리카의 대표 사파리 로지로 선정되었다. 『트래블 앤 레저』誌는 이곳을 세계 TOP 10 호텔로 꼽았다. 크루거 국립공원의 서남쪽 귀퉁이, 면적 65,000ha의 민간 수렵 금지 구역 안에 자리잡고 있는 4개의 호화 로지 중 하나인 어스 로지는 주변의 대지와 자연스럽게 한데 융화되어 있다. 멀리서 보면 거의 알아볼 수 없을 정도이다.

어스 로지의 13개 스위트는 각각 독특하게 디자인된 가구로 꾸며져 있으며, 전용 냉탕과 버틀러 서비스가 구비되어 있다. 이 중에서도 여왕이랄 수 있는 앰버 프레지덴셜 스위트는 전용 랜드로버와 함께 몸을 감싸 안는 듯한 계란 모양의 욕조, 전용 운동실, 스팀 룸, 서재, 부엌이 딸려 있다. 어스 로지에는 또 야외 보마(야생동물 우리나 임시요새 등으로 쓰였던 나무 울타리를 두른 방책)와 물웅덩이를 굽어보는 식당도 있다. 와인 셀러는 6,000여 병의 컬렉션을 자랑한다. 말만 들어도 얼큰하게 취한 기분이 들지 않는가. 젠(禪) 명상 정원에서 시간을 보내거나 하이드로테라피, 식물과 해조류를 이용한 피토테라피 등을 받을 수 있는 스파로 가자.

랜드로버를 타고 나서는 주·야간 사파리는 길이 난 곳은 물론이고 길이 나지 않은 곳도 구석구석 누벼 주며, 도보 사파리에서는 아프리카 야생 덤불 숲의 분위기에 빠져들 수 있다. 사비사비에는 사자, 표범, 코뿔소, 버팔로, 코끼리, 치타, 들개는 물론 200여 종의 토착 동물이 살고 있으며, 350종의 다양한 조류도 서식하고 있다. 사비사비의 가이드에 따르면 북반구에서 온 사람이 여름철 하루 동안 이곳에서 보는 새의 종류가 고국에서의 일생을 통틀어 보게 되는 새의 종류보다 많다고 한다. **PE**

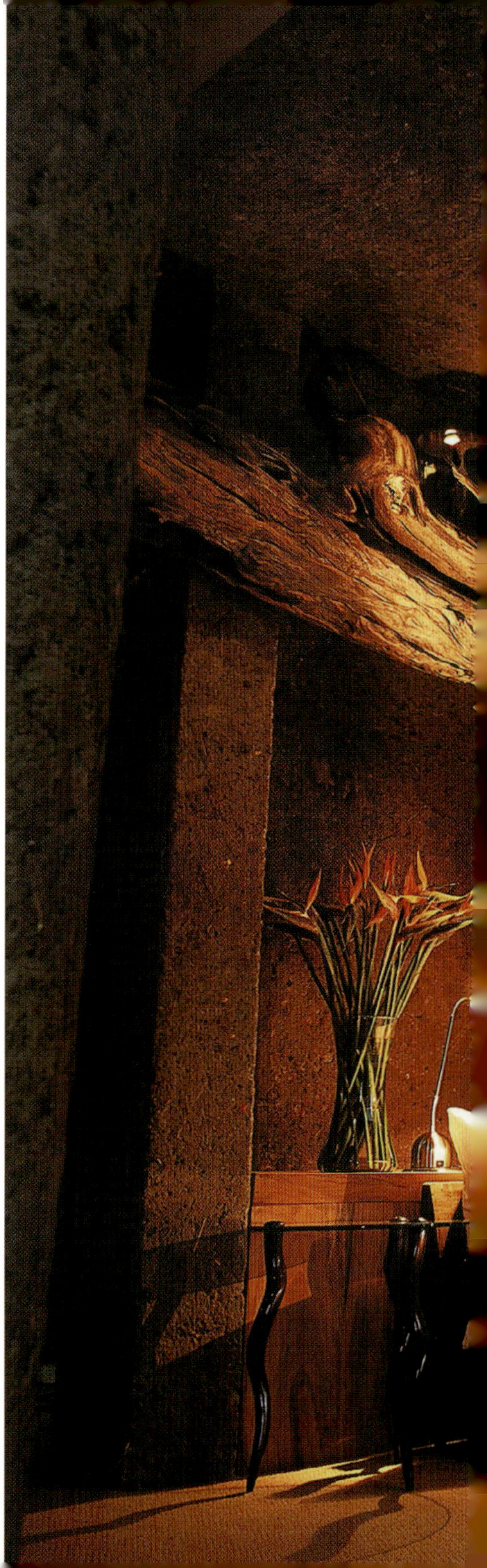

↪ 어스 로지의 스위트는 아방가르드한 럭셔리함과 전통 아프리카 분위기를 모두 선사한다.

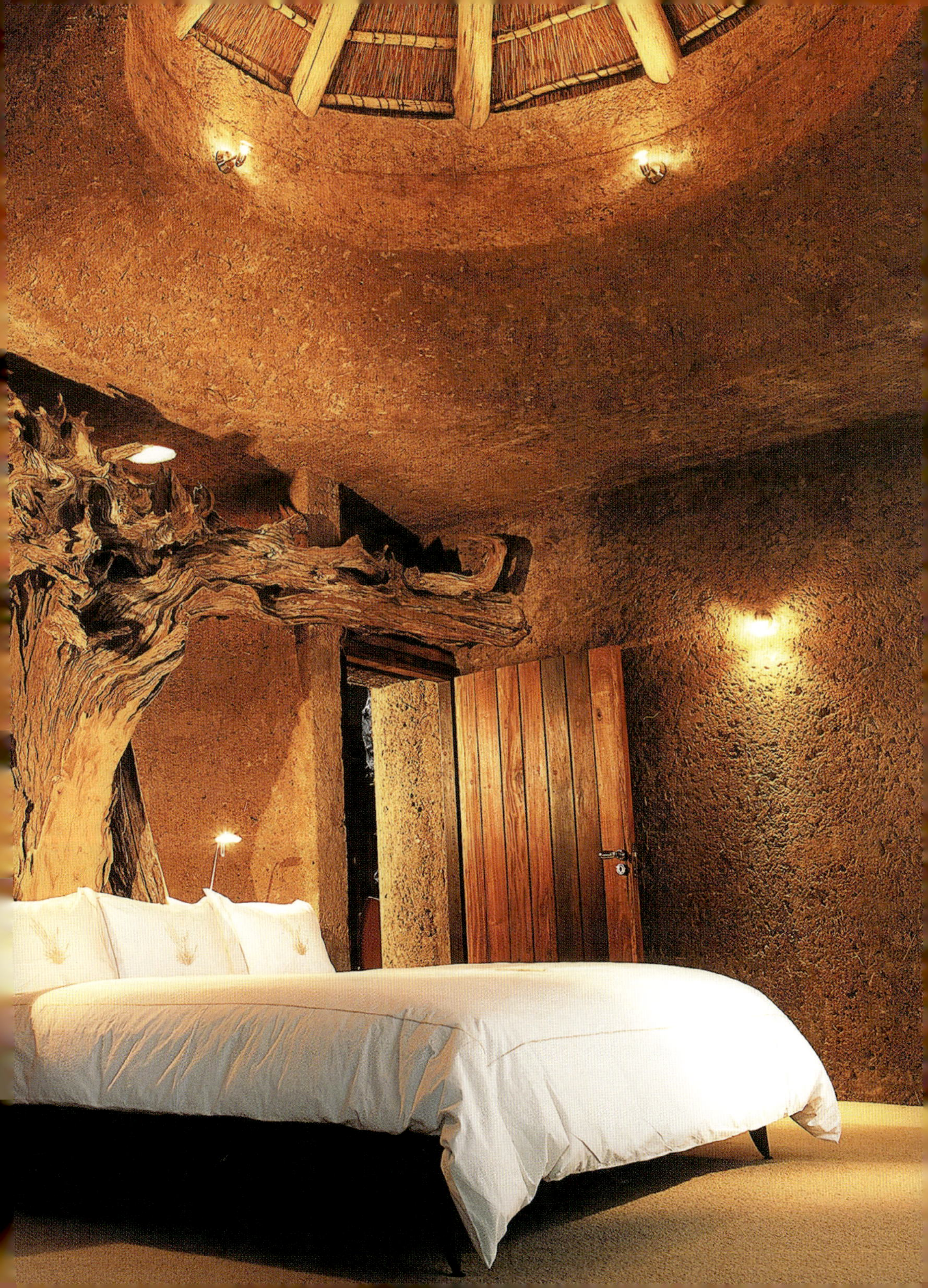

# 론돌로지 사비 샌즈
Experience Londolozi Sabi Sands

**Location** 남아프리카 크루거 국립공원
**Website** www.londolozi.com  **Price** ⑤⑤⑤⑤

찰스 바티와 프랭크 웅거가 처음 샌드 리버에 이 캠프를 만든 뒤 어언 80년이 넘는 세월이 흘렀다. 그 후 수십 년간 그들의 가족은 이 땅을 사냥캠프로 사용해 왔다—35년 전, 신세대 후손들이 동물 죽이기를 그만두기로 결정할 때까지 말이다. 대신 이들은 이곳의 이름을 "보호한다"를 뜻하는 줄루어에서 따온 론돌로지로 바꾸고 혁신적인 에코-관광지로 탈바꿈시켜 놓았다.

론돌로지는 표범의 개체수가 놀랄 만큼 많은 것으로 유명하다. 사육 중인 코끼리와 버팔로가 어슬렁어슬렁 돌아다니며 흰코뿔소와 사자도 엄청 많다. 하루 두 번의 사파리 드라이브와, 보름달 아래 산책, 클레이 피전

> "론돌로지는 내가 꿈꾸는
> 자연보호구역의 미래에 대한
> 모범답안을 제시한다."
>
> 넬슨 만델라, 남아프리카의 정치가

사격, 덤불 숲 달리기, 덤불 숲에서의 하룻밤 야영, 생태 토론, 샌드 강에서의 낚시 등을 즐길 수 있다.

이 수렵 금지 구역에서는 다섯 개의 서로 다른 숙박 시설 중에서 원하는 대로 선택할 수 있다. 최대 6명 숙박이 가능한 그래나이트 스위트의 실내는 점판암과 은 장식으로 꾸며져 있으며, 마치 코끼리를 연상시키는 회색을 풍부하게 사용하였다. 유서 깊은 바티 캠프는 과거 사냥캠프 시절까지 그 역사를 거슬러 올라가는 4채의 론더블로 구성되어 있다. 또 파운더즈 캠프는 강가에 4채의 방갈로가 서 있고(모두 전용 데크가 딸려 있다), 수영장이 있는 파이오니어 캠프에는 세 개의 스위트와 세채의 방갈로가 있으며, 트리 캠프에 묵는 투숙객들은 전용 플런지풀에서 즐길 수 있다. **PE**

 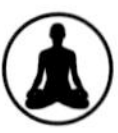  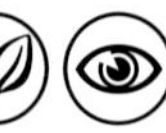

# 마디크웨 힐즈 프라이빗 게임 로지
Relax at Madikwe Hills Private Game Lodge

**Location** 남아프리카 마디크웨 수렵 금지 구역
**Website** www.madikwehills.com  **Price** ⑤⑤⑤

단지 25명의 투숙객만 수용이 가능한 마디크웨 힐즈 프라이빗 게임 로지는 오붓함과 럭셔리함이 멋진 조화를 이루고 있다. 로지 본채에는 정면을 유리로 씌운 10개의 스위트가 있는데, 저마다 전용 데크와 냉탕이 딸려 있다. 실내장식은 아프리카 분위기로 번쩍인다. 창가에 드리운 하얀 리넨 커튼은 돌과 테라코타 벽과 대비를 이루고, 푹신한 소파는 적갈색, 쿠션과 덮개는 대담한 기하학적 무늬의 블랙, 화이트, 골드이다. 캠프에는 잘 갖추어진 장서를 자랑하는 서재와 구릿빛 파라핀 램프의 조명이 운치를 더해 주는 보마도 있다. 따뜻한 계절에는 병풍처럼 접히는 유리문으로 바깥 풍경이 들어오고, 겨울에는 온돌 난방과 벽난로가 아늑한 분위기를 만들어준다. 리틀 마디크웨 힐즈에는 이 밖에도 두 개의 스위트가 더 있는데, 전담 관리인, 버틀러, 셰프가 상시 대기 중이다.

사파리로 말할 것 같으면, "빅 파이브"가 심심치 않게 눈에 띄는 것은 물론이고, 보기 드문 들개도 살고 있다. 74,100ha의 수렵 금지 구역은 1991년 현지 주민들과 민간 기업의 협력으로 조성되었으며, 약 8,200마리의 동물이 재배치되는 과정을 거쳤다. 지붕이 없는 4륜구동차를 타고 아침과 저녁 두 차례 사파리 드라이브를 나간다. 훈훈한 저녁나절이면, 아프리카의 야생자연 한가운데서 3코스 디너를 즐길 수 있다. 사파리 드라이브의 마지막엔 활활 타오르는 캠프파이어와 멋진 요리가 곁들여진 잔치가 벌어진다.

어린 손님을 위한 어린이 클럽도 있다. 어린이 클럽의 활동 중에는 "동물 똥 수사대"도 있는데, 수색꾼들의 도움을 받아 동물들의 배설물로 그 주인을 식별하는 법을 배운다. 아이들이 신나는 시간을 보내는 동안 부모들은 훨씬 좋은 냄새가 나는 스파를 택할지도 모르겠다. **PE**

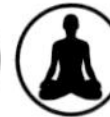

# 마테야 사파리 로지
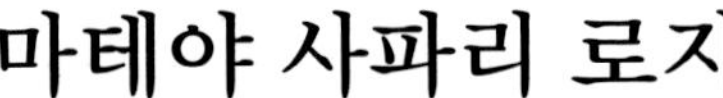
Experience Mateya Safari Lodge

**Location** 남아프리카 마디크웨 수렵 금지 구역
**Website** www.mateyasafari.com **Price** ❸❸❸

"빅 파이브"는 잊어라. 마테야 로지는 "수퍼 세븐"을 약속한다. 사자, 표범, 코끼리, 코뿔소, 버팔로는 물론 치타와 들개도 볼 수 있는 것이다. 풍부한 야생동물 외에도, 74,000ha의 이 수렵 금지 구역 내에는 350종이 넘는 새들이 있다. 말라리아 걱정은 할 필요도 없다.

마테야 사파리 로지에는 최대 10명의 손님만을 받기 때문에 특별한 느낌을 선사한다. 다섯 채의 초가지붕 스위트는 모기장을 드리운 4개의 기둥 달린 침대, 눈에 확 뜨이는 아프리카 예술품, 전용 풀장, 코뿔소를 휘둘러도 좋을 만큼 넓은 데크를 자랑한다. 로지가 높은 곳에 위치해 있어 투숙객들은 얼룩말이 물을 마시러 오는

> "도곤족의 스툴에서 요루바 폰트에
> 이르기까지… 마테야는 최고의
> 아프리카 예술품 컬렉션을 자랑한다."
>
> 마테야 사파리 로지 운영진

근처의 물웅덩이를 포함해 파노라마처 전망을 즐길 수 있다. 욕실 한가운데에는 고급스러운 독립 욕조가 놓여 있고, 눈에 잘 뜨이지 않도록 설치한 야외 샤워도 있다. 짙은 색의 마호가니 가구와 동물 조각, 가죽 깔개로 그득한 응접실의 소파에 느긋하게 기대 쉬도록 하자. 안목 있는 여행객이라면 남아프리카 최고의 와인으로 가득한 셀러와 서재를 아주 좋아할 것이다.

야생동물을 좇는 힘겨운 일과를 마치면, 스파로 가서 따뜻한 물에 몸을 담근 뒤 불타는 듯한 석양이 선사하는 깜짝 놀랄 만큼 아름다운 풍경을 배경으로 모닥불가에서 야외 저녁식사를 하자. **JK**

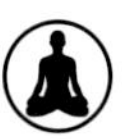

# 흘루흘루웨 리버 로지
Stay at Hluhluwe River Lodge

**Location** 남아프리카 콰줄루-나탈
**Website** www.hluhluwe.co.za **Price** ❸❸

현실적인 사파리 체험을 원한다면 아프리카에서 가장 오래된 수렵 금지 구역 중 하나인 흘루흘루웨 임폴로지 공원에서 몇 킬로미터 떨어지지 않은 흘루흘루웨에 있는 아늑한 리버 로지를 찾자. 이곳은 코뿔소 보호구역으로 유명할 뿐 아니라 사실상 코뿔소를 멸종 위기에서 구해낸 공로를 인정받고 있다. 한번에 최대 24명까지 투숙이 가능하며, 세인트 루시아 호수를 굽어보고 있는 친밀한 환경을 즐길 수 있다.

말을 타고 폴스 베이즈 숲을 달리거나, 지붕이 없는 4륜 구동차를 타고 사파리 드라이브를 나가거나, 자연이 줄 수 있는 최상의 체험을 위해 에코-산책을 나가자. 4륜 오토바이를 타고 문화기행에 합류하거나 오솔길을 따라 산악오토바이를 즐겨도 좋다. 또 로지에서 세인트 루시아 호수로 전용 출입로가 나 있어 호수에 나가 칵테일을 마시면서 하마와 나일강 악어를 볼 수도 있다. 모든 것이 지나칠 정도로 세련된 공간이다. 수렵 금지 구역 더 깊숙이 모험을 떠나고 싶다면 조류 관찰가들의 천국인 음쿠제 수렵 금지 구역, 혹은 따뜻한 물속에서 스노클링을 즐길 수 있는 케이프 비달로 당일치기 여행도 가능하다. 다이빙을 하고 싶다면 세계 10대 산호초 다이빙 사이트로 꼽히는 소드와나 베이가 멀지 않다.

저녁 때 익스플로러즈 바에서 다른 손님들과 어울리며 그날의 모험담을 나누는 것은 일상적인 사교활동이다. 저녁은 데크 또는 전통 줄루의 울타리 방책인 이시바야의 모닥불 주위에 차려진다. 직화 그릴로 구운 쿠두와 날라의 안심, 신선한 만새기, 아프리카풍의 매콤한 커리 등, 이 지방의 별미들은 새로운 요리가 나올 때마다 바로 전 요리보다 더 멋지게 느껴진다. **RCA**

# 락테일 베이 Explore Rocktail Bay

**Location** 남아프리카 콰줄루-나탈
**Website** www.travel-south-africa.net   **Price** ❶

콰줄루—나탈의 북동쪽 해안에 자리잡은 락테일 베이는 남아프리카에서 가장 생물학적으로 다양한 지역 중 하나다. 이곳은 두 가지 관광 자원을 자랑하는데, 하나는 고요함이고 다른 하나는 다채로운 야생동물 관찰이다. 후자는 사실 전자의 귀결이라 할 수 있다. 워낙 외진 곳이라 인간들의 주거지로부터 멀리 떨어져 있어 생태계가 그대로 보존될 수 있었다.

UNESCO 세계유산인 이시망갈리소(iSimangaliso) 습지 공원에 속해 있는 락테일 베이는 녹음이 무성하며, 이 지역의 또 다른 위대한 자연, 즉 건조하고 초목을 거의 찾아볼 수 없는 관목 숲과 좋은 대비를 이룬다. 이곳에서는 바닷가 숲, 호수, 습지, 숲이 우거진 사구(砂丘), 모래 해변, 산호초 등, 뭍과 물의 매우 흥미로운 서식지들이 서로 연결되어 있어, 방대하고 풍부한 야생동물들에게 보금자리를 제공한다.

뭍부터 시작하자면, 숲과 습지는 우거진 나무들이 만들어내는 캐노피 아래 팔랑대며 재잘거리는 선명한 색깔의 열대 조류로 넘쳐난다. 그 밑으로 내려오면 붉은 다이커와 리드벅이 부끄러운 듯 숲 바닥을 순찰하고, 하마가 호수의 진흙에서 뒹굴고 있다. 오염을 모르는 해변이 몇 킬로미터나 펼쳐진 해안에서는 숲이 무성한 모래언덕이 거대한 붉은 바다거북과 장수거북을 맞는다. 이들은 매년 10월부터 3월 사이에 이곳을 찾아, 뒤뚱뒤뚱 해변으로 기어올라와서 모래 속에 한꺼번에 많은 알들을 낳는다.

바다로 나가면 마푸투랜드 해양보호구역의 보호를 받는 매우 다양한 해양생물들—돌고래와 고래, 보는 각도마다 색깔이 변하는 작은 물고기들, 그리고 다채로운 산호에 이르기까지—이 따스한 인도양의 물 속에 우글거린다. **JF**

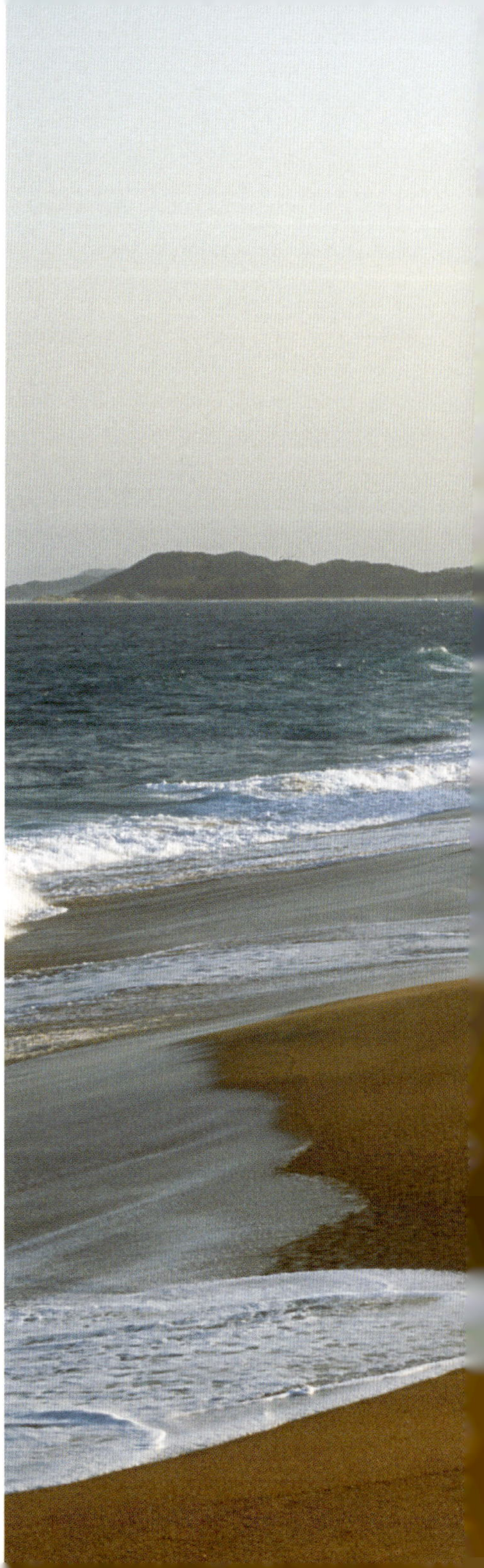

→ 수 킬로미터에 걸쳐 뻗어 있는 락테일 베이의 모래사장은 자연보호구역의 일부이다.

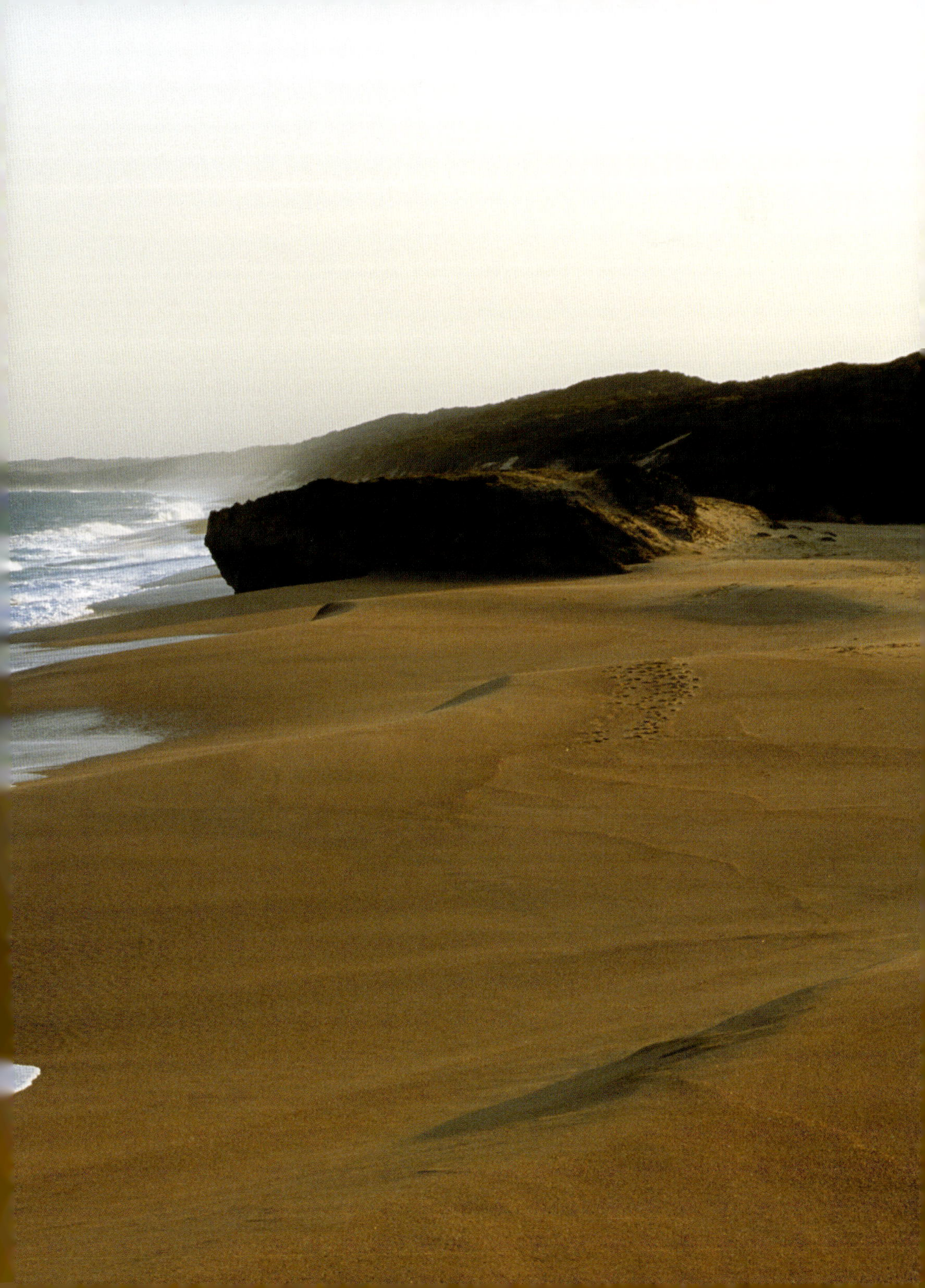

# 화이트 엘리펀트 로지
Enjoy White Elephant Lodge

**Location** 남아프리카 콰줄루-나탈
**Website** www.whiteelephantlodge.co.za  **Price** ⑤⑤

사파리에 럭셔리한 터치를 더하고 싶다면, 1874년 남아프리카 최초의 수렵 금지 구역인 퐁골라 수렵 금지 구역의 전원 속에 서 있는 화이트 엘리펀트 로지를 찾자. 안개 자욱한 마푸투랜드 평원의 레봄보 산맥 기슭에 위치한 텐트 캠프가 조진(Jozin) 호수의 반짝이는 물을 굽어보고 있다.

클래식한 분위기에, 상상할 수 있는 모든 편의 시설이 구비되어 있는 럭셔리한 사파리 스타일의 캔버스 객실에는 푹신한 목욕가운부터 훼손되지 않은 아름다움을 지닌 사바나의 전망까지 모든 것이 갖추어져 있다. 본래 1920년대에 지어진 이 로지는 최대 16명까지 숙박이

---

> "우리는 이곳을 찾는 사람들이
> 시간이 멈춘 오아시스에 온 것 같은
> 느낌을 즐기기 바란다."
>
> 화이트 엘리펀트 로지 운영진

---

가능하며, 모기장을 드리운 침대부터 빅토리아풍의 새발 욕조에 이르기까지 식민지시대풍의 로맨틱한 테마가 흐르고 있다. 초현실적인 체험을 원한다면 바깥의 초원에서 목욕을 즐기자. 욕조에 향그러운 거품을 채우고 촛불을 켠다—자연을 체험하는 특별한 방법이다.

사파리 드라이브, 가이드와 함께하는 산책, 동물 추적도 가능하고 타이거피시 낚시, 선셋 크루즈, 조류 관찰도 빼놓을 수 없다. 밤에는 야생 관목 숲이 가슴을 설레게 한다. 침대에 누워 자연이 불러주는 자장가에 잠을 청하거나, 따뜻한 담요 위에 몸을 웅크리고 드라이브를 나가면 하마들이 지나가고, 암사자가 새끼들과 함께 밤의 장막을 틈타 나무에 오르거나, 코끼리들이 달빛아래 순찰을 도는 등 보기 드문 광경을 볼 수도 있다. 하루 중 최고의 시간은 황혼 무렵으로, 해방감을 주는 파노라마 전경을 감상하기에 안성맞춤이다. **RCA**



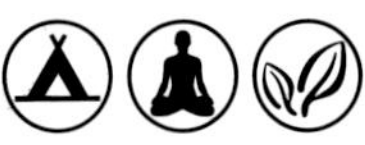

# 탄다 리저브
Camp at Thanda Reserve

**Location** 남아프리카 콰줄루-나탈
**Website** www.thanda.com  **Price** ⑤⑤

탄다는 줄루랜드 북쪽에 위치한 5스타 사파리로, 경쟁이 치열한 이 지역에서도 비교를 거부하는 체험을 선사한다. 6,000헥타르의 민간 수렵 금지 구역 내에는 "빅 파이브"는 물론 400종이 넘는 새들이 서식한다. 하루 두 번 4륜구동차로 사파리 드라이브에 초대되며, 원한다면 동물들의 매력을 최고로 즐길 수 있도록 가이드와 함께하는 야간 산책도 나갈 수 있다. 수색꾼들은 손님들이 사자, 들개, 버팔로, 기린 등 주변 자연을 최대한 잘 볼 수 있도록 도와준다.

저녁에는 중앙 라운지에 둘러앉아 그날 있었던 일들에 대하여 담소를 나눈 뒤 잠자리로 향한다. 숙박은 식민지시대 설계를 바탕으로 한 울타리도, 전기도 없는 호화 텐트 캠프 또는 로지 본관 중에서 선택할 수 있다. 4개의 기둥 달린 침대와 푹신한 매트리스는 단잠을 약속한다. 로지는 실내·외 샤워, 냉탕, 초가지붕을 얹은 동물 관찰용 데크가 딸린 9개의 빌라로 나뉘어 있다.

탄다에서 가장 멋진 점 중 하나는 지역 공동체와 닿아 있다는 것인데, 스태프들은 소화를 돕는 분추(bunchu) 차를 비롯해 이 지역의 문화적 보물들을 기꺼이 공유한다. 또한 매우 아름다운 웰빙 스파에서 "아프리칸 퀸"이나 "줄루 킹"과 같은 트리트먼트도 받을 수 있다.

인도양과 가깝다는 지리적 이점을 십분 활용하여 "부시 앤드 비치(bush and beach)" 패키지를 제공하고 있는데, 메인 로지에 머무르면서 이시망갈리소(구 세인트루시아)로 가서 해변을 말달리고, 거북이와 고래를 관찰하고, 다이빙도 즐길 수 있다. 럭셔리 애호가와 스파광, 그리고 진정한 자연주의자들은 실망할 일이 없는 곳이다. **LD**

⊡ 탄다는 럭셔리를 더한 사파리-스파 체험을 선사한다.

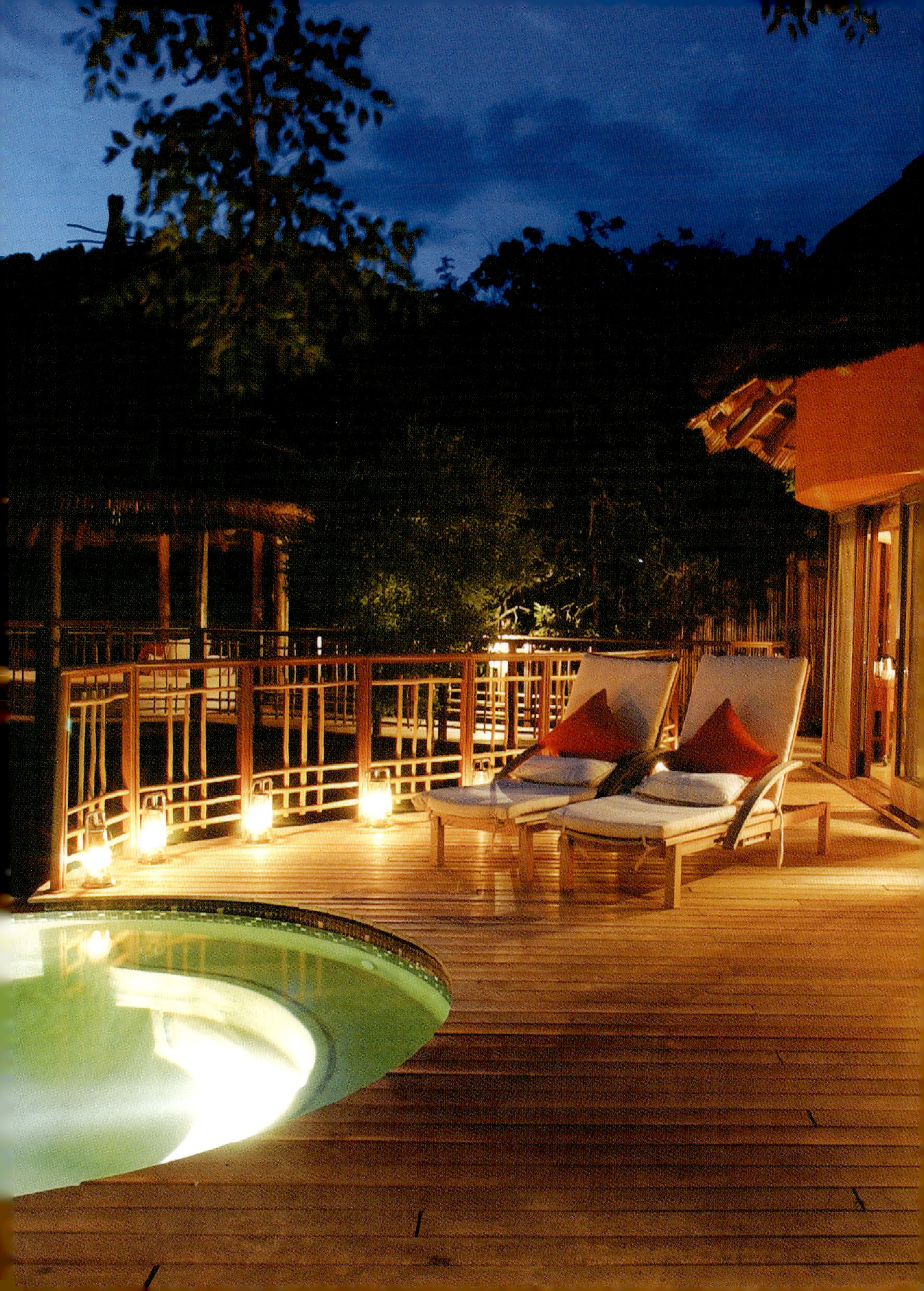

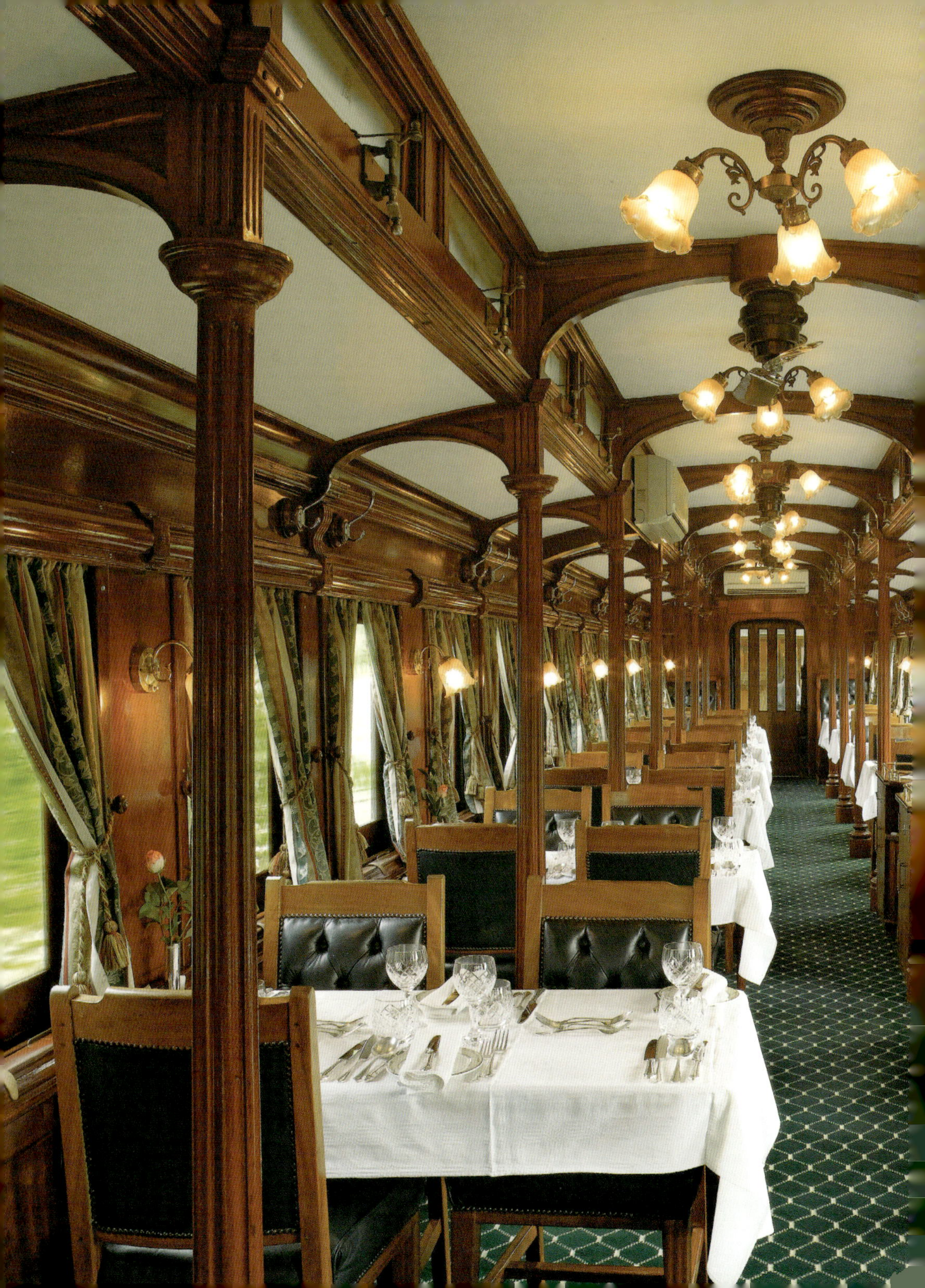

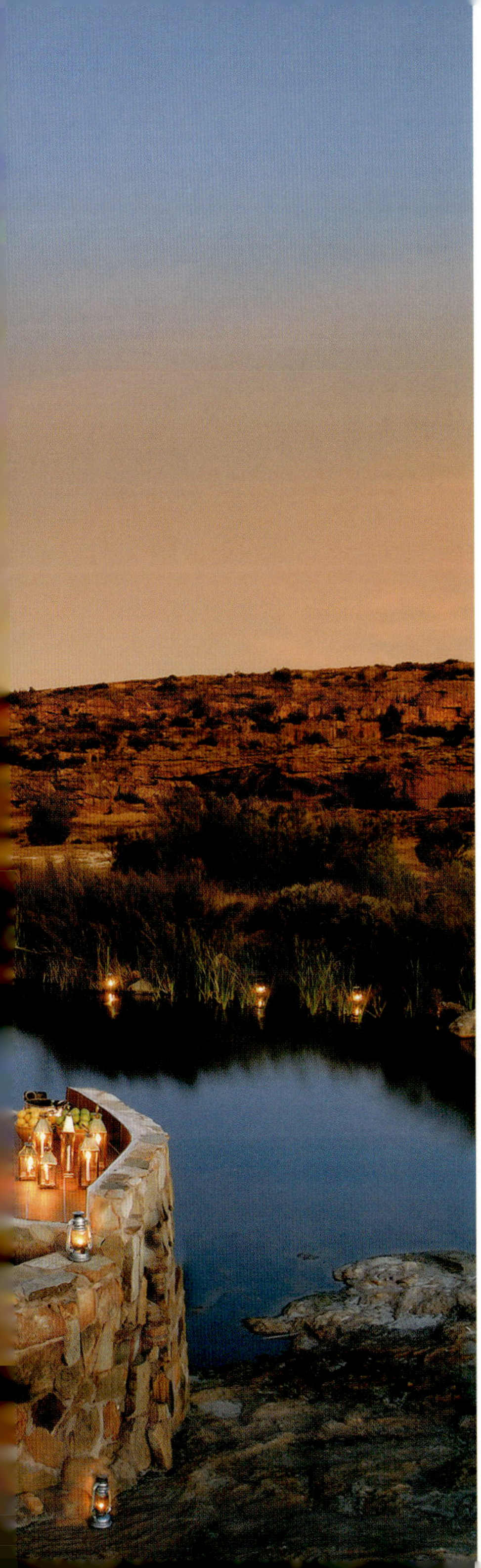

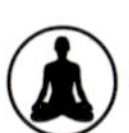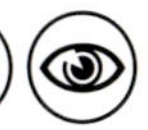

# 부시맨즈 클루프
## Experience Bushman's Kloof Wilderness Reserve

**Location** 남아프리카 웨스턴케이프
**Website** www.bushmanskloof.co.za    **Price** $ $

부시맨즈 클루프의 풀장에서 수영을 하는 것은 어딘지 영적인 데가 있다. 돌로 만든 수영장이 오랜 옛날부터 감탄을 자아내는 풍경의 일부였다는 사실 때문이거나 또는 물이 너무 맑아 공기 중에 둥둥 떠다니는 것 같은 느낌 때문일지도 모른다.

세더버그 산맥의 중심부, 케이프타운에서 차로 세 시간 거리에 위치한 이 야생동물 보호구역은 자연의 경이로움으로 넘친다. 신비로운 풀장 외에도 뾰족뾰족한 바위, 토착 식물 정원, 산지 모두 멸종 위기의 케이프 산 얼룩말을 비롯하여 수많은 야생동물들의 안식처가 되어 주고 있다. 외진 위치와 자연과 밀착된 환경 덕에 부시맨즈 클루프는 삶을 반추하게 만드는 곳이지만, 볼 거리도 많다.

독특한 암벽화 유적 견학이 매일 있는데, 이 유적 또 한 부시맨즈 클루프가 지키고 보존하는 곳이다. 부시맨 부족이 그린 산 풍경은 최대 12만 년 전으로 거슬러 올 라간다. 네이처 드라이브는 야생동물은 물론 매년 봄이 면 색색깔의 케이프 야생화들이 드라마틱하게 물들이는 풍경을 마주할 기회를 선사한다. 전망이 좋은 지점에서 는 음료수가 제공되며, 폭포 옆에 "야생의 아침식사"가 차려진다. 또, 비에도우(Biedouw) 강에서 낚시를 즐기 거나 스파에서 트리트먼트를 즐기며 느긋한 시간을 보 낼 수도 있다.

저마다 독특하게 디자인된 객실에는 욕실과 테라스 가 딸려 있고, 벽난로가 있는 룸도 있다. 그 중에서도 최고는 코로 로지(Koro Lodge)로, 풀장, 셰프, 가이드 까지 딸린 멋진 빌라다. 식사는 유기농 정원과 이 지역 에서 생산한 재료로 만든다. **LP**

← 부시맨즈 클루프 자연보호구역은 최고의 자연 체험을 선사 하는 생태 오아시스다.

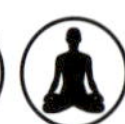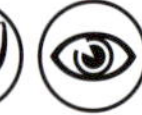

# 컬랜드 호텔 Unwind at Kurland Hotel

**Location** 남아프리카 웨스턴케이프
**Website** www.kurland.co.za   **Price** ⑤⑤

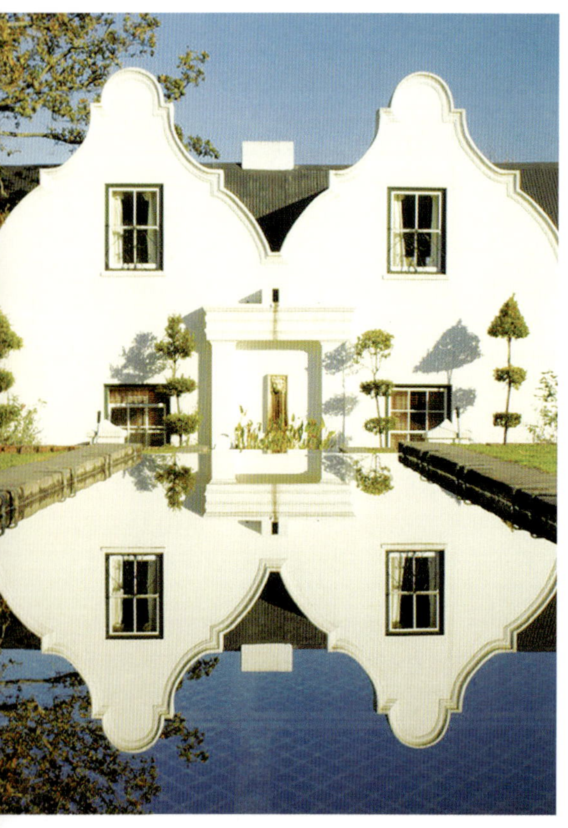

50여 년 전, 피터 베어 남작은 남아프리카 "정원 길"(Garden Route, 웨스턴케이프의 하이델베르그에서 스톰스 강까지 이어지는 아름다운 자연 경관을 일컫는 이름)의 플라텐베르그 베이 근방의 꽤 넓은 낙원을 사들였다. 그는 이 땅에 그가 태어난 발트해 연안의 주(州) 이름을 따 컬랜드라는 이름을 붙였다. 두 세대 후, 그의 손자 부부는 훼손되지 않은 아름다움을 간직하고 있는 네이처스 밸리와 원시 그대로의 치치카마 숲 사이에 위치한 이 목가적인 유산을 초호화 호텔로 탈바꿈시켰다.

700헥타르에 달하는 부지 위에 단 12개의 스위트가 있을 뿐이다. 모든 스위트는 상속받은 가보와 높은 안목의 미술품으로 저마다 독특하게 꾸며져 있다. 느긋한 시간을 보내고픈 이들을 위한 스파, 수영장, 베란다, 서재도 마련되어 있다. 좀더 에너지를 발산하고 싶어하는 사람들을 위해서는 다양한 레저활동이 항시 가능하다.

우선, 이곳은 폴로로 유명하다. 매년 12월에서 4월까지 프로선수들과 애호가들이 컬랜드를 찾는다. 폴로 시즌의 하이라이트는 남아프리카-호주간 국제경기인데, 매년 12월 컬랜드에서 주최한다. 폴로의 'ㅍ'도 모르는 사람들이라도 촛불 아래 저녁식사 전에 충분히 식욕을 북돋워 줄 활동은 많다. 카누, 수상스키, 요트, 서핑도 멀지 않은 곳에서 즐길 수 있다. 좀더 조용한 시간을 원한다면 돌고래와 고래 관찰을 하거나—인도병코돌고래와 남방긴수염고래는 인근 해역에서 흔히 볼 수 있다—뭍에서는 조류 보호구역, 코끼리 보호구역, 원숭이 보호구역이 가까이에 있다. 산악 자전거 또는 가이드와 함께하는 도보 여행도 가능하며, 컬랜드의 유명한 장미 정원을 산책해도 좋을 것이다. **PE**

> "우아한 케이프 더치 건축양식이…
> 고급스러운 실내장식을
> 돋보이게 한다."
>
> 『인디펜던트』

◪ 컬랜드 호텔은 전통 케이프 더치 스타일과 영국 시골의 매력이 결합된 곳이다.

# 프란쵸크 패스 Rent Franschhoek Pass Villa

**Location** 남아프리카 웨스턴케이프
**Website** www.franschhoekpassvilla.co.za　**Price** ⓢⓢ

프란쵸크 밸리는 남아프리카를 여행하는 이들이 종종 '가봐야 할 곳' 리스트 맨 위에 적어 넣는 곳인데, 한 번 가보고 나면 다시 가고 싶은 곳 리스트의 윗줄에 다시 오를 것이니 안심해도 좋다.

프란쵸크 밸리의 입이 떡 벌어지는 아름다움을 말로 표현하기란 매우 어렵다. 뉴질랜드, 알프스, 미국 서부의 절경만을 모아 남아프리카는 물론 지구상에서 가장 전원적인 풍경을 만들어 놓은 듯하다.

그러나 전망 외에도 즐길 것은 많다. 음식과 와인은 프란쵸크 밸리의 핵심인데, 이렇게 와인으로 유명한 나라에서도 가장 오래되고 훌륭한 포도원과 남아프리카 최고로 평가 받는 여러 레스토랑이 서로 경쟁하듯 들어서 있다. 명성이 자자한 프란쵸크 밸리 와이너리의 일부인 프란쵸크 패스 빌라를 찾아가 보자.

프란쵸크 패스의 시원한 비탈길 높이 자리한 이곳은, 독채 호화빌라의 프라이버시를 만끽하며 숨이 멎을 만큼 아름다운 전망을 즐길 수 있다. 부지 내의 포도원과 자연보호구역을 산책하거나 자전거를 타고 누비거나, 아니면 느긋하게 드러누워 놀라운 경치를 감상해도 좋다. 최대 4명까지 묵을 수 있는데, 직접 음식을 만들어 먹어야 하지만 근방에 군침이 도는 메뉴를 갖춘 레스토랑들이 있으니 식사를 직접 해결할 걱정은 필요 없다. 빌라와 와이너리 모두 닉 데이비스가 운영한다. 성공한 인테리어 디자이너인 데이비스와 그의 아내는 빌라의 실내도 아름답게 꾸몄다.

빌라 아래 계곡에는 세계에서 가장 특별한 골프코스 중 하나가 있어, 골프 애호가에게 큰 기쁨일 뿐 아니라 사실상 모든 사람들이 골프를 치고 싶게끔 만든다. 낚싯대를 들고 송어낚시가 가능한 댐으로 가 손수 저녁거리를 마련해서 프란쵸크로 돌아가는 것도 좋을 것이다. **RS**

# 르 카르티에 프랑세 Relax at Le Quartier Français

**Location** 남아프리카 웨스턴케이프
**Website** www.lequartier.co.za　**Price** ⓢⓢ

좀 아는 사람들은 이 호화스런 컨트리 스타일 여관 덕분에 프란쵸크가 웨스턴케이프의 구르메 성지로 떠올랐다고들 한다. 케이프 와인랜즈의 한복판에 있는 이곳은—한때 프랑스 위그노교도들이 모여 살던 곳이었다—주변 환경만큼이나 매력적인 곳이다.

옛 농장 일꾼들의 코티지들은 프랑스 스타일을 담은 쉬크한 휴양지로 탈바꿈했다. 객실들은 허브와 꽃을 심어 놓은 정원 둘레에 배치되어 있는데, 전용 풀장과 전담 버틀러 서비스가 딸려 있는 객실도 있다. 정말 모든 것으로부터 벗어나고 싶다면, 가운데 뜰을 중심으로 거실, 드레스룸, 베란다까지 갖추어진 4개의 스위트가 모여 있는 "더 포 쿼터즈"에 묵도록 하자.

> "더 테이스팅 룸은
> 파인 다이닝의 독자적인
> 정의를 내리고 있다."
>
> 르 카르티에 프랑세 운영진

전용 풀장과 환상적인 객실도 그렇지만 이곳의 진짜 매력은 음식이다. 미슐랭 스타에 빛나는 파인 다이닝 레스토랑(사파리처럼 동물에 중점을 두지 않고, 있는 그대로의 자연을 보기 위해 차를 몰고 드라이브를 나가는 것-역주) "더 테이스팅 룸"은 셰프 마고 얀세의 탁월한 요리 덕에 세계 50대 레스토랑에 이름을 올렸다. 얀세는 케이프 지역에서 생산되는 최고의 농산물과 와인을 활용하여 혁신적인 케이프 프로방스풍 메뉴를 아름다운 배경 속에 선보이고 있다. 4, 6, 8코스 중 원하는 대로 고르면 된다. 호화로운 8코스 식사에는 각각의 코스에 어울리는 서로 다른 와인이 곁들여진다. 좀더 가볍고, 덜 복잡한 식사를 원할 땐 언제라도 거리에 면한 카페 스타일의 "이씨(iCi)"를 찾으면 된다. **AD**

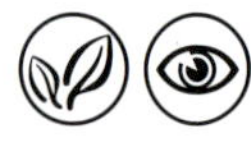

# 커스텐보쉬 식물원
## Explore Kirstenbosch Botanical Gardens

**Location** 남아프리카 웨스턴케이프 케이프타운
**Website** www.sanbi.org/frames/kirstfram.htm　　**Price** ❶

당신이 전문지식을 갖춘 식물학자이건 그저 케이프타운의 열기와 혼잡으로부터 조용히 벗어나고픈 관광객이건, 커스텐보쉬 식물원은 숨막히는 전망에서 목가적인 오아시스까지 모든 것을 선사한다.

　"세계 7대 식물원"으로 꼽히는 커스텐보쉬 식물원은 테이블마운틴의 동쪽 비탈에 자연스럽게 펼쳐져 있다. 아름다운 잔디밭과 부드럽게 흐르는 냇물, 구불구불한 오솔길은 1900년대 초 캠브리지의 식물학자 헨리 해롤드 피어슨의 작품이다. 그러나 그 기원은 1660년대 얀 반 리벡이 이곳을 식민지로 확정 짓고 이제 막 자리잡기 시작한 정착지에 야생 아몬드 생울타리를 심었던 때로 거슬러 올라간다. 비교적 최근에 조성된 120여 헥타르의 부지 군데군데에서 당시 심은 생울타리의 일부를 아직도 볼 수 있다.

　식물원에는 다양한 테마 구역과 산책로가 있어 원하는 대로 선택이 가능하다. 몇 헥타르나 되는 남아프리카의 토종 식물 사이를 이리저리 거닐고 싶다면 파인보스 트레일은 반드시 가 보아야 한다. 그야말로 장관을 이루는 프로테아 플라워 가든이 가장 컬러풀해지는 시기는 겨울이니 기억해 둘 것. 수많은 트레일 중에서도 해골 협곡으로 가는 루트는 식물원을 지나 테이블 산 정상까지 오르는 도보여행객과 등산객들에게 가장 쉽고 인기가 좋은 길이다. 식물원에서 가장 오래된 곳인 델 (Dell)은 잠시 걸음을 멈추고 쉬어가기 좋은 곳이다. 컬러넬 버즈 배스의 맑은 샘물은 징검돌을 돌아 그 아래 작은 연못으로 흐르고, 양치식물과 봉숭아, 가데니아 등이 옐로우우드 나무 아래 가득 피어 있어 무더운 케이프타운의 여름날, 나무 그늘을 얼룩덜룩 물들이고 있다. **SWi**

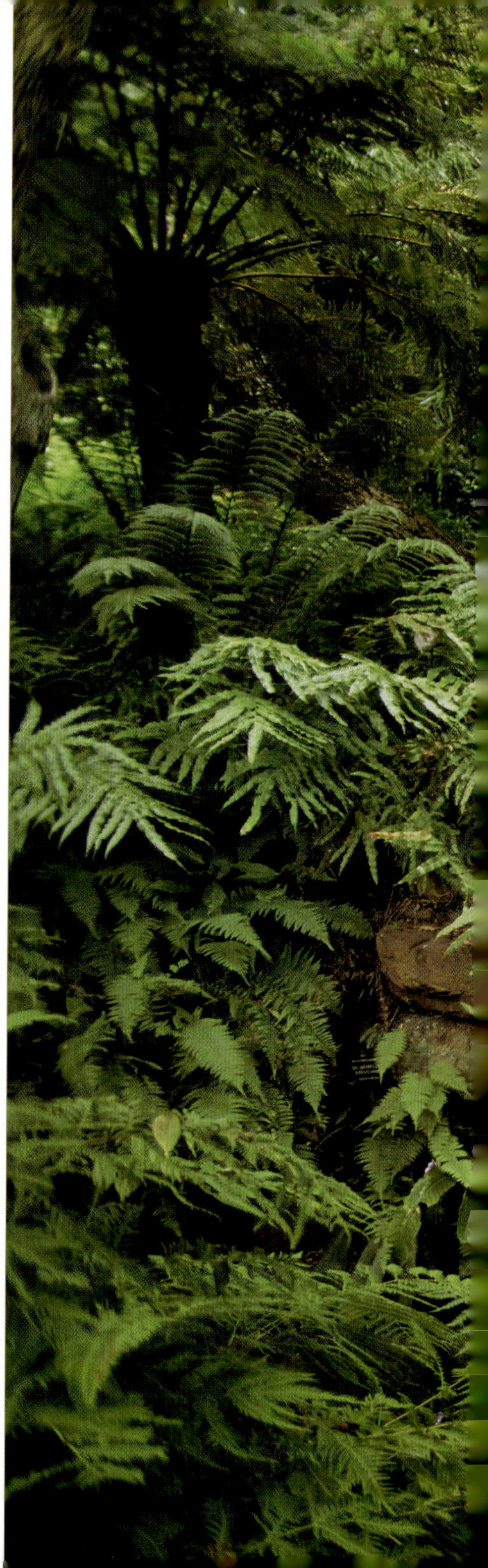

⊡　푸르른 케이프타운의 커스텐보쉬 식물원에는 나무양치류가 무성하다.

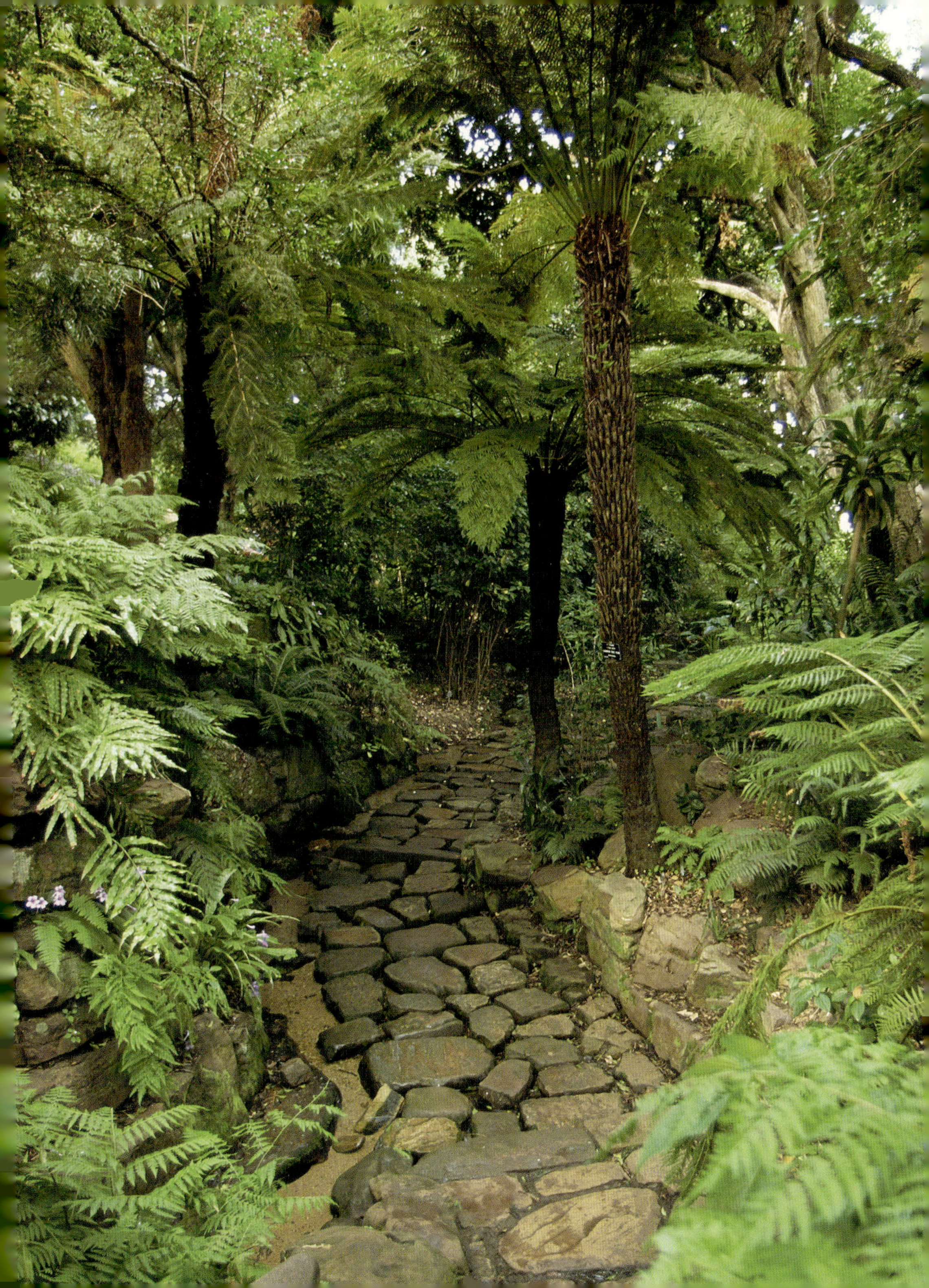

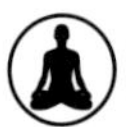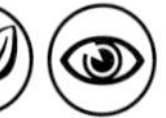

# 캠프스 베이 리트릿
## Stay at Camps Bay Retreat

**Location** 남아프리카 웨스턴케이프 케이프타운
**Website** www.campsbayretreat.com  **Price** 💲💲

세계에서 땅값이 가장 비싼 지역 중 하나에 위치한 이 넓고 럭셔리한 휴양지는 1.6헥타르에 걸쳐 펼쳐져 있다. 라이언즈 헤드와 테이블 산 사이, 평화로운 계곡에 폭 싸여 바람조차 불지 않는 이곳에서는 대서양과 트웰브애포슬스 산맥의 전망을 즐길 수 있다. 완전히 외딴 곳처럼 들리겠지만 케이프타운 도심과 아름다운 사람들로 넘치는 현란한 캠프스 베이에서 불과 몇 분 거리이다. 비교적 넓은 부지를 자랑함에도 불구하고, 유서깊은 얼즈 다이크 매너부터 좀 더 현대적인 데크 하우스까지, 저마다 독특하게 꾸민 객실은 단 15개뿐이다.

완벽하게 조성된 정원 어디서나 풍부한 물을 볼 수 있다. 폭포와 골짜기를 흐르는 냇물, 자연탐사 산책로와 풀장은 밧줄로 엮은 다리로 연결되어 있다. 개를 좋아한다면 이곳에 사는 강아지를 데리고 산책을 하거나, 원예학자의 안내에 따라 거닐면서 부지 내의 자생 식물들에 대해 배울 수도 있다. 젊음을 되찾고 싶다면 페이셜 트리트먼트와 "두 사람을 위한 마사지"를 받을 수 있는 호텔 스파로 가자. 스파에는 세 개의 트리트먼트 룸이 있는데, 그 중 하나는 파도가 부서지는 거리에 위치한 야외 트리트먼트 룸으로, 관목으로 둘러싸여 있다.

호텔 내 레스토랑인 "리트리트 키친"은 정원에서 뜯은 허브로 맛을 낸 고기와 신선한 생선 요리를 선보인다. 바다 위로 지는 석양을 보며 베란다에 앉아 촛불 아래 3코스 디너를 즐기도록 하자. 식사 후에는 셰프가 집에서 직접 담근 맛있는 피노 누아를 맛볼 수 있는 특전이 제공된다.

좀더 활동적인 투숙객들은 산악자전거를 대여하거나 바다에 면한 테니스코트(야간 게임이 가능하도록 조명이 완비되어 있다), 또는 3개의 풀장 중 하나를 골라 수영을 할 수도 있다. **JK**

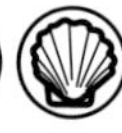

# 빌라 라라
## Relax at Villa Lara

**Location** 남아프리카 웨스턴케이프 케이프타운
**Website** www.villalaracapetown.com  **Price** 💲💲💲

최면을 거는 듯한 파도 부서지는 소리와 이따금 머리 위에서 들려오는 갈매기의 끼룩거리는 소리. 빌라 라라는 마치 『보그』誌의 패션화보 한 장면 같은 모습을 하고 있다. 그도 그럴 것이 빌라 라라의 소유주는 수상경력이 있는 사진작가로, 그 형상과 빛에 대한 애정이 이 스타일리쉬하고 럭셔리한 해변 휴양지에 그대로 반영되었다.

최대 8명까지 묵을 수 있는 빌라에는 3개의 우아한 침실이 있는데, 모두 산지와 대서양의 끝없이 펼쳐진 전망을 선사한다. 또 독채 코티지는 오픈 플랜 실내에 두 개의 침실과 부엌, 휴식 공간 등이 있다. 모든 방에

> "파도소리는 스트레스를 날려버리고
> 프랑기파니의 달콤한 향기는
> 감각을 깨어나게 한다."
>
> 빌라 라라 운영진

는 자연광이 폭포처럼 쏟아져 들어와 창백하고 미니멀한 색상의 실내 장식을 돋보이게 해 준다. 아시아풍 티크목 가구가 비치되어 있고 침대는 더 이상 빳빳할 수 없는 순백색의 침구가 갖추어져 있다.

컴퓨터로 조절하는 조명, 홈시어터, 무선인터넷, 평면 텔레비전 등 이만큼 스타일리쉬한 휴양지라면 빠질 수 없는 최첨단 테크놀로지도 갖추고 있다. 빌라 라라는 스타일을 포기하지 않으면서도 느긋하게 쉴 수 있는 완벽한 공간이다. 바다가 내려다보이는 풀장에서 수영을 하고, 데크에 앉아 파도소리와 프랑기파니 꽃의 아찔한 향기에 취해 꾸벅꾸벅 졸기도 하고, 이 지역 특산 와인을 곁들여 맛있는 바비큐를 즐겨 보자. 바닷가에서 사는 참 맛이란 이런 게 아닐까. **HA**

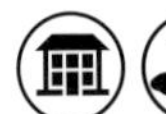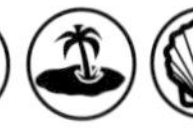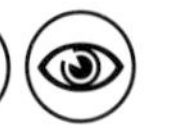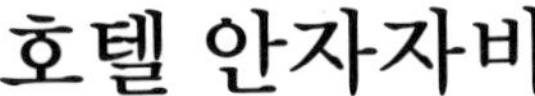

# 호텔 안자자비
Enjoy Hotel Anjajavy

**Location** 마다가스카르 마하장가
**Website** www.anjajavy.com　**Price** $$

토착 야생동물 중 80퍼센트는 지구상의 그 어떤 곳에서도 찾아볼 수도 없을 만큼 너무나 외딴 섬, 일년 내내 햇볕이 비치는 마다가스카르의 북서쪽 해안에 위치한 호화 호텔 안자자비는 "고립"이라는 단어를 전혀 새로운 레벨로 승화시킨다. "땅끝의 반도"를 테마로 하는 이 호텔에 갈 수 있는 방법은 단 하나, 최고의 전망을 자랑하는 저공비행기뿐이다. 서구 기준으로는 4+스타 등급으로 분류되지만, 위치로만 따지자면 이 호텔에 견줄 만한 곳은 거의 없다.

뾰족한 초가지붕에 에어컨이 설치된 25채의 자단목 빌라는 호텔 소유의 새하얀 만(灣)을 따라 서로 멀찍이 떨어져 있다. 침실과 욕실은 물론 거실과 아침식사를 할 수 있는 공간이 따로 있고, 이층에는 손님방도 있다. 위성전화는 리셉션에만 구비되어 있으므로, 녹초가 되어 이곳으로 탈출한 사람들은 휴가기간 내내 빌라 앞 베란다에 걸린 해먹에 누워 느긋하게 쉬기만 하면 된다.

때묻지 않은 아름다운 해변, 200평방미터의 수영장, 훌륭한 요리를 제공하는 레스토랑으로도 모자라 호텔을 둘러싸고 있는 450헥타르의 자연보호구역에는 18,000종—대부분이 토착종이다—의 꽃과 여우원숭이, 극락조, 여러 종의 카멜레온과 같은 동물들이 살고 있다. 여우원숭이들이 뛰노는 호텔 소유의 자연공원 "오아시스"에서 온순하기로 유명한 마다가스카르 야생동물에 둘러싸여 애프터눈 티를 마시는 것은 어떨까.

느긋하게 쉬는 것만으로는 좀이 쑤시는 투숙객들을 위해, 호텔에서는 요트, 스노클링, 심해 낚시 등 수상 레저활동을 마련해 놓고 있다. 또 가이드를 따라 호텔 주변을 둘러보거나 가까운 마을과 시장으로 구경을 나갈 수도 있다. **DaH**

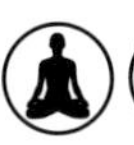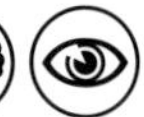

# 20°쉬드
Recharge at 20°Sud

**Location** 모리셔스 그랑 베
**Website** www.20degressud.com　**Price** $$

모리셔스 유일의 부티크 호텔, 뱅 데그레 쉬드(20°Sud)의 시간은 느리게 간다—저녁 7시까지 아침식사가 가능하다. 그래도 대부분의 손님들은 그보다는 상당히 일찍 일어나는 편이다. 사실대로 말하자면 해치울 일이 한둘이 아니다. 윈드서핑과 요트를 즐기는 사람들은 산들바람이 끊임없이 불어오는 거대한 만(灣)과 사랑에 빠질 것이다. 이곳에서 가까운 쿠앙 드 미르, 롱드 섬, 플라트 섬 주위에서는 스노클링과 수상스키, 카약, 패러세일링 등을 멋지게 즐길 수 있다.

점심식사(바다에서 불과 몇 발자국 떨어진 테라스에 차려 준다) 후에는 풀장 가장자리에서 잠시 눈을 붙인

> "육지로 쑥 들어가서 파도가 없고
> 일년 내내 산들바람이 부는
> 거대한 만(灣)을 굽어보고 있다."
>
> 뱅 데그레 쉬드 운영진

후 마사지나 터키탕, 또는 호텔의 전용 해변에서 한가로이 물장구를 치며 시간을 보내도 좋을 것이다. 한낮의 열기 때문에 축축 늘어지는 것이 싫다면 자전거를 타고 호텔 주위의 시골길을 달리거나 북적이는 그랑 베 마을의 명품 숍, 시크한 바를 찾아가 보자. 자전거 타기가 힘에 부친다면 호텔의 셔틀 카누를 이용하면 된다.

바다가 내다보이는 27개의 객실과 2개의 스위트에는 테라스나 발코니가 딸려 있다. 역사적인 분위기를 풍기는 가구들로 저마다 독특하게 꾸며진 객실은 벨기에의 인테리어 디자이너 플라망의 작품이다. 역사 얘기가 나왔으니 말인데, 이 호텔이 보유한 모리셔스에서 가장 오래 된 모터보트 MS 레이디 리스베스를 빼놓을 수 없다. 호텔 소유주 미셸 부르주아의 지시로 공들여 복원된 이 배에서는 한 번에 최대 8명의 승객이 선상만찬을 즐길 수 있다. **PE**

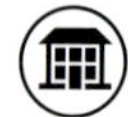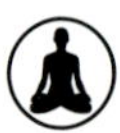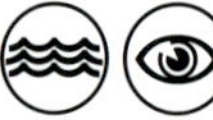

# 르 프랭스 모리스

## Stay at Le Prince Maurice

**Location** 모리셔스 로슈 누아
**Website** www.princemaurice.com   **Price** ⑤⑤

들쭉날쭉한 24헥타르의 후미진 반도에 위치한 르 프랭스 모리스는 고요한 5스타 오아시스로, 세 군데가 넘는 해변과 석호를 보유하고 있다. 최고의 휴양지들을 자랑하는 모리셔스에서도, 놀랍도록 아름다운 부지, 전용 해양 생물 보호구역의 물 위에 말뚝을 박아 세운 여덟 개의 이엉 지붕 방갈로를 포함한 숙박시설 등 천국의 휴양지로 불려도 손색이 없다.

르 프랭스 모리스는 볼품은 없지만 상징성을 지닌 육두구를 로고로 정했다. 육두구는 포르투갈과 네덜란드의 상인들이 "아프리카의 뿔(지도상의 형상에 기인한 이름으로 일반적으로 아프리카 북동부 소말리아 반도와 이곳에 위치한 소말리아, 지부티, 에리트레아, 에티오피아를 가리킨다–역주)"을 돌아가는 전설의 "향신료 길(Spice Route)"를 항해하던 수백 년 전, 모리셔스의 황금기를 떠올리게 해 준다. 그 화려함은 웬만한 5스타 리조트에서도 맛보기 어려운 호젓함과 프라이버시를 제공하는 이 특별한 휴양지에 오늘날까지 살아 있다.

를레 에 샤토 체인에서 최고 등급인 퍼플실드(Purple Shield)를 받은 르 프랭스 모리스는 물 위에서의 하룻밤을 원하는 이들이 꼭 가봐야 할 곳이다. 석호(潟湖)에 기둥을 세우고 지은 방갈로가 있으니 말이다. 물론 마른 땅을 좋아하는 사람들을 위해 야외 온수풀에서 바로 해변으로 연결되는 고급 스위트도 있다. 카약, 윈드서핑, 유리로 바닥을 만든 유람선 여행, 수상스키 등도 무료로 즐길 수 있다. 이웃한 벨 마르 플라쥬 리조트와 함께 사용하는 두 개의 18홀 골프코스에서 골프를 치는 것도 좋다. **BS**

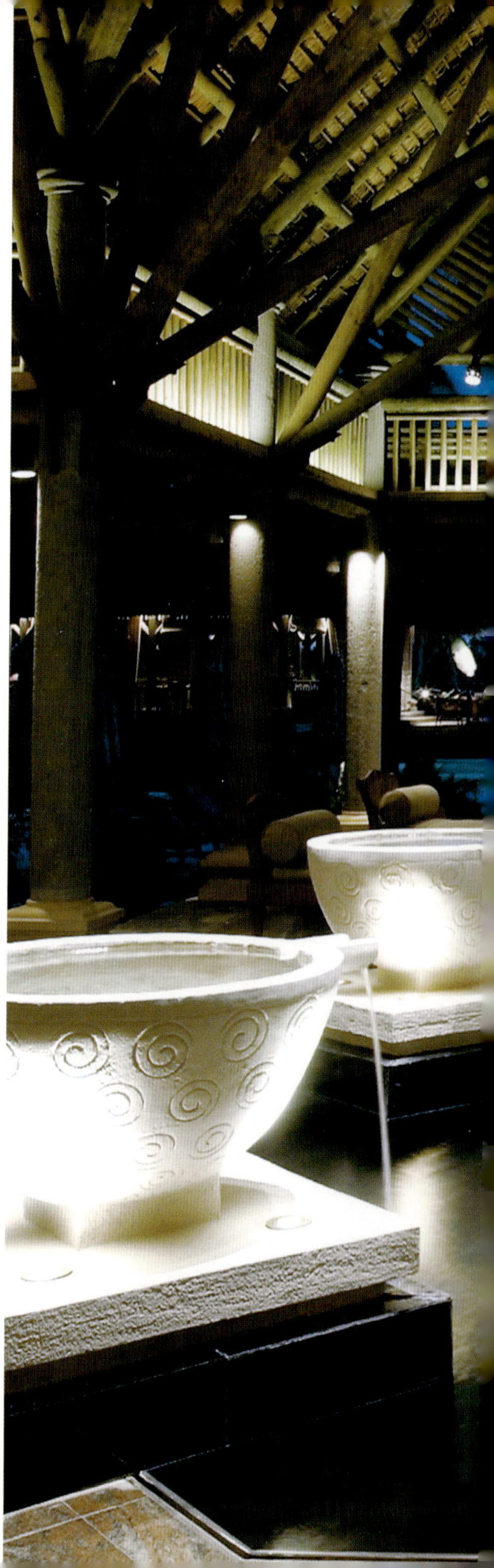

→ 르 프랭스 모리스의 오픈사이드 바와 라운지에서는 석호(潟湖)가 가로지르는 전망을 즐길 수 있다.

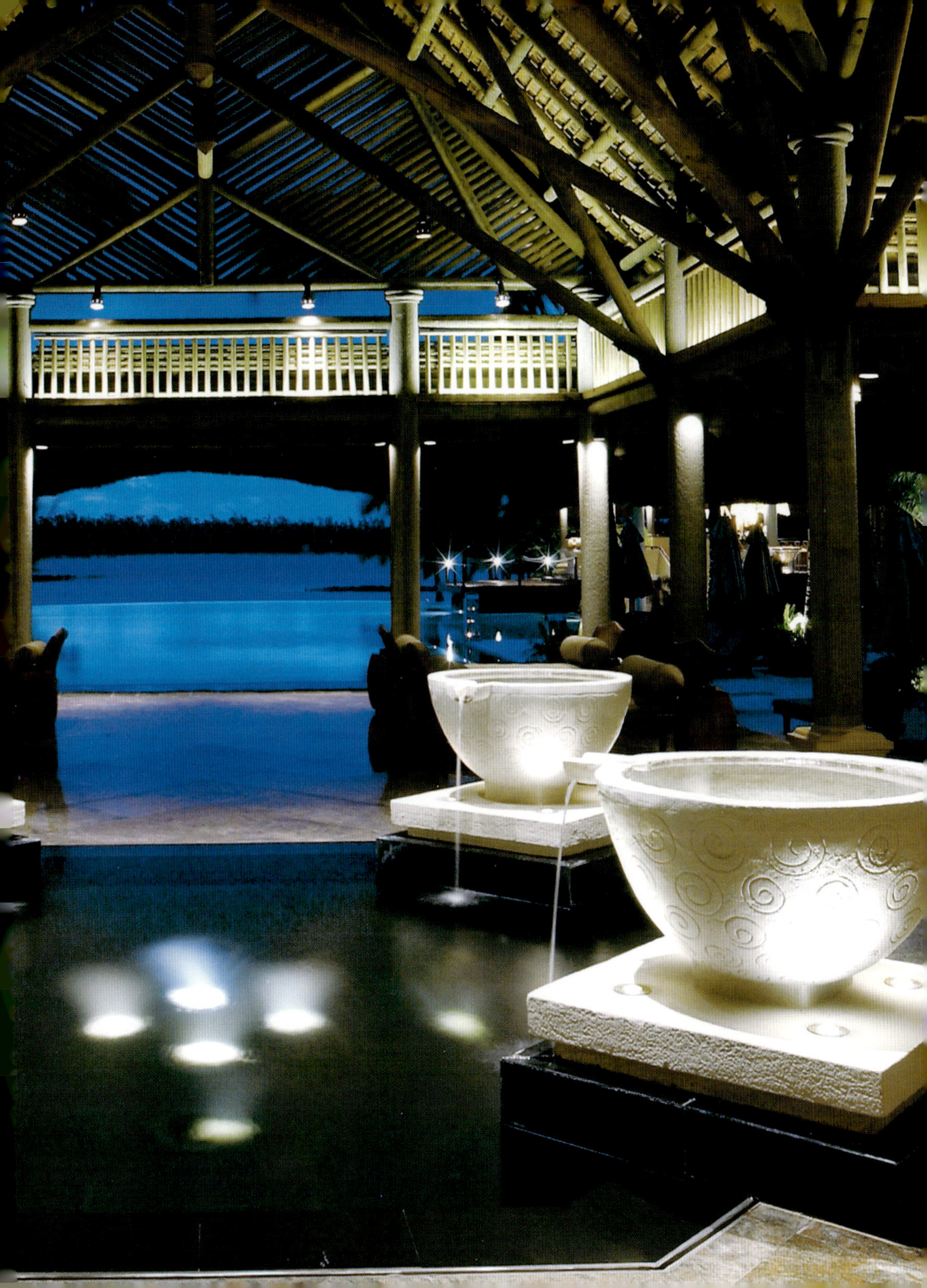

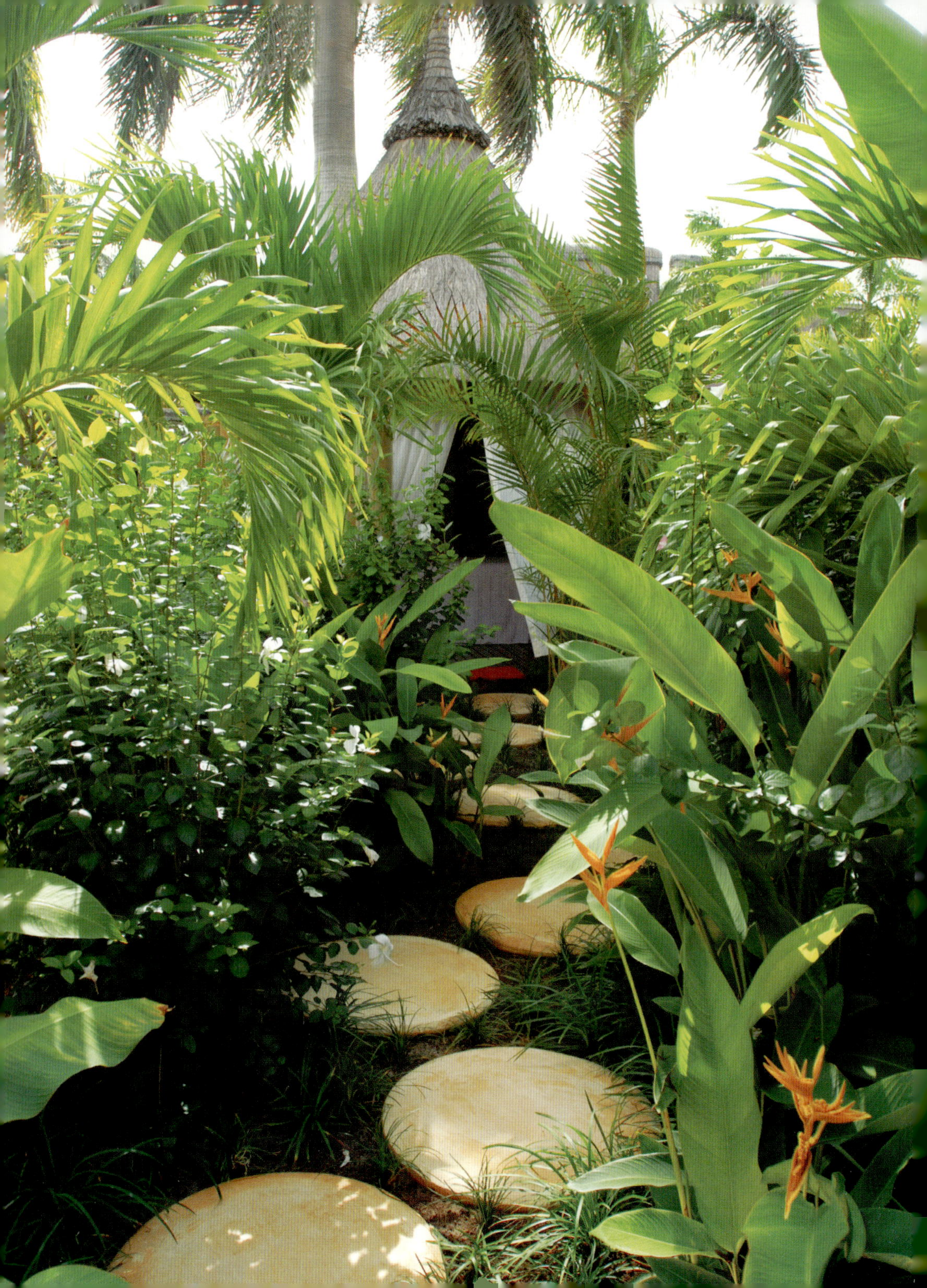

# 보 리바쥬 Unwind at Beau Rivage

**Location** 모리셔스 벨 마르
**Website** www.naiaderesorts.com　　**Price** 💲💲

모리셔스의 동쪽 해안에 위치한 보 리바쥬가 2007년에 12채의 이엉 지붕 빌라를 개장한 것은 그저 의례적인 5 스타 리조트의 새단장 수준이 아니었다. 모리셔스 특유의 문화 용광로를 반영하듯, 중국 도자기와 인도 미술품으로 가득한 이 빌라들은 완벽함과 완전한 사치를 끊임없이 추구하는 보 리바쥬를 대표하고 있다.

앞바다의 산호초와 벨 마르 해변의 백사장을 굽어보는 보 리바쥬는 최고의 열대 휴양지를 자처하는 모리셔스에서도 선두의 위치를 차지하고 있다. 객실은 고급스러운 인테리어에 창문에는 플랜테이션 셔터(plantation shutter, 미늘 살을 댄 덧창-역주)가 달려 있다. 버틀러 서비스와 2,000평방미터의 수영장은 특별히 원하는 때를 제외하고는 다른 사람들과 부대낄 필요가 없게 해 준다. 다이빙에 열광하는 이들을 위해 보트로 불과 10분 거리에 최대수심 34m의 다이빙 사이트가 아홉 군데나 있다. 투숙객들에게는 거의 모든 수상 스포츠가 무료일 뿐 아니라 어린이 전용 수영장과 클럽이 있어 나이에 상관없이 누구나 즐거운 시간을 보낼 수 있다.

동쪽 해안은 모리셔스에서 가장 개발이 덜 된 지역이다. 따뜻한 여름날 저녁나절 산들바람은 물론 점점 더 느끼기 힘들어지는 호젓한 열대 섬의 분위기를 약속한다. 보 리바쥬에서 가장 중요한 것은 손님들에게 최고의 편안함을 선사하는 것이다. 그도 그럴 것이, 손님들이 주변 환경만큼 고요한 단잠을 즐길 수 있도록 "베게 메뉴"를 제공하는 리조트가 몇이나 되겠는가. **BS**

◁ 보 리바쥬 스파의 트리트먼트 텐트는 리조트 자체만큼이나 이국적이고 특별한 느낌을 준다.

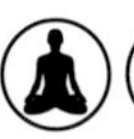

# 원앤온리 Stay in a Tepee at One&Only

**Location** 모리셔스 벨 마르
**Website** www.oneandonlyresorts.com　　**Price** 💲💲

손바느질한 보석을 박은 캔버스 덮개. 금빛과 흰색 거즈로 꾸민 실내. 일찍이 이렇게 화려한 캠핑은 없었다. 이것은 절대 평범한 텐트가 아니다. 영국의 디자이너 아이콘 앨리스 템펄리는 아주 스타일리시한 사람들을 염두에 두고 인도양의 고급 휴양지에 세울 티피를 디자인했다. 안으로 들어가면 파리에서 온 앤티크 유리 샹들리에와 천연 목재를 깐 바닥, 멋들어진 쿠션과 패브릭이 눈길을 끈다.

티피를 예약해서 오붓한 저녁식사와 축하파티, 자유로운 스파 트리트먼트를 즐기도록 하자. 또는 완전히 새로운 경험인 글램프파이어를 시도해 보는 것은 어떨까. 실크 쿠션에 기대 쉬면서 버틀러가 따라 주는 샴페

> "상상력과 스타일을 원동력으로
> 독특한 체험을 제공하는 곳,
> 그 곳이 원앤온리이다."
>
> 헬렌 매커비 - 영. One&Only 부사장

인과 칵테일을 마신 뒤, 부드러운 모래 위에 놓인 낮은 테이블에서 저녁식사를 한다. 불꽃놀이를 구경하면서 남은 저녁시간을 보낸 후 현지 악사들이 연주하는 음악에 맞춰 새벽까지 모래 위에서 춤을 춘다. 사랑이 넘치는 커플이라면 춤 대신 그들만의 티피에서 바닷가재와 캐비어를 음미한 후 스파 트리트먼트를 받아도 좋을 것이다.

미슐랭 스타를 받은 두 명의 셰프 알랭 뒤카스와 비니트 바티아가 이끄는 레스토랑이 있어 고르기 힘들 정도로 다양한 메뉴를 선보인다. 수상 경력을 자랑하는 스파는 물론 수상스키, 윈드서핑, 요트타기, 테니스, 골프 등의 다양한 레저도 언제든지 가능하다. 다만 야자나무 사이에 걸려 있는 해먹에서 느긋하게 빈둥거리거나 그저 퇴폐적인 티피에서 게으름을 피우고픈 유혹을 뿌리치기가 어려울 뿐이다. **AD**

 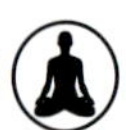 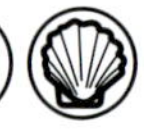 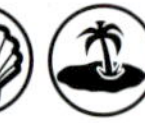

# 샨티 안다나 모리스
## Relax at Shanti Andana Maurice Spa

**Location** 모리셔스 생 펠릭스
**Website** www.shantiananda.com   **Price** $

샨티 아난다 모리스는 찬사가 자자한 "아난다 인 더 히말라야(Ananda in the Himalayas)"의 자매 리조트로 같은 철학을 공유한다. 개개인 맞춤형 스파 프로그램부터 시작해서 전용 파빌리온과 요가 룸에서 진행되는 폭넓은 요가와 명상 프로그램에 이르기까지 웰빙에 대한 이 리조트의 포괄적인 접근이 어디에서나 눈에 띈다.

샨티 아난다 모리스는 산호초가 흩뿌려진 인도양의 장관을 그대로 감상할 수 있는 14헥타르의 열대정원 위에 서 있다. 사실 샨티 아난다 모리스의 철학에서 해변이라는 입지를 빼놓기란 거의 불가능하다. 레스토랑 "페블즈(Pebbles)"부터 바다가 보이는 주니어 스위트까지 거의 모든 곳에서 터키석빛 바다를 볼 수 있다. 두 종류의 객실—럭셔리 빌라와 럭셔리 스위트 빌라—에는 전용 수영장이 딸려 있다. 최상급 프레지덴셜 빌라는 한 발짝 더 나아가 빌트인 월풀 욕조와 증기탕, 더불어 풀장과 푸르른 정원까지 보유하고 있다.

4,645평방미터의 스파는 아유르베다와 서양 스타일 트리트먼트를 자유롭게 구사한다. 아유르베다 판차카르마(아유르베다에서 몸을 정화시켜 준다고 믿는 다섯 가지 절차-역주) 트리트먼트 룸과 더불어 커플을 위한 스파 테라피 스위트, 다목적 트리트먼트 룸, 스크럽 룸, 하이드로테라피 룸 등이 있다. 동서양의 철학과 릴랙스를 이렇게 자연스럽게 연결시킨 리조트와 스파를 찾아보기는 힘들다. 이곳에 도착하면 제일 먼저 라이프스타일 어시스턴트와의 개별 상담을 통해 각자의 니즈와 원하는 바에 따라 맞춤 프로그램을 짜게 된다. **LC**

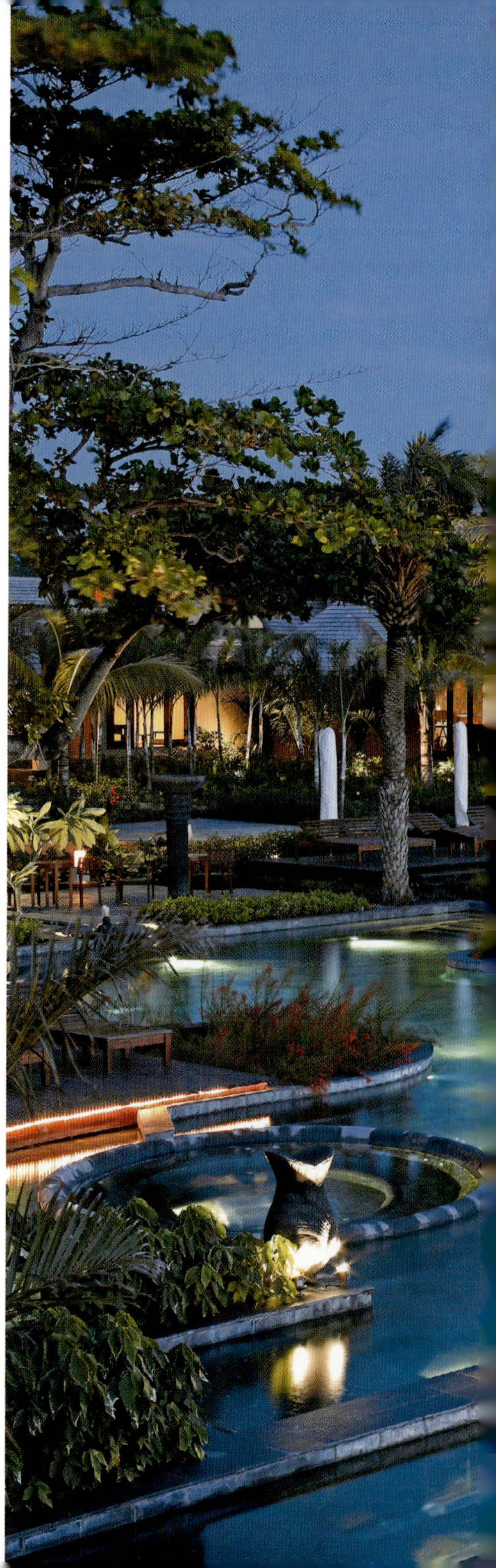

→ 샨티 안다나 모리스는 마음과 몸, 정신을 치유해 주는 관리를 받는다.

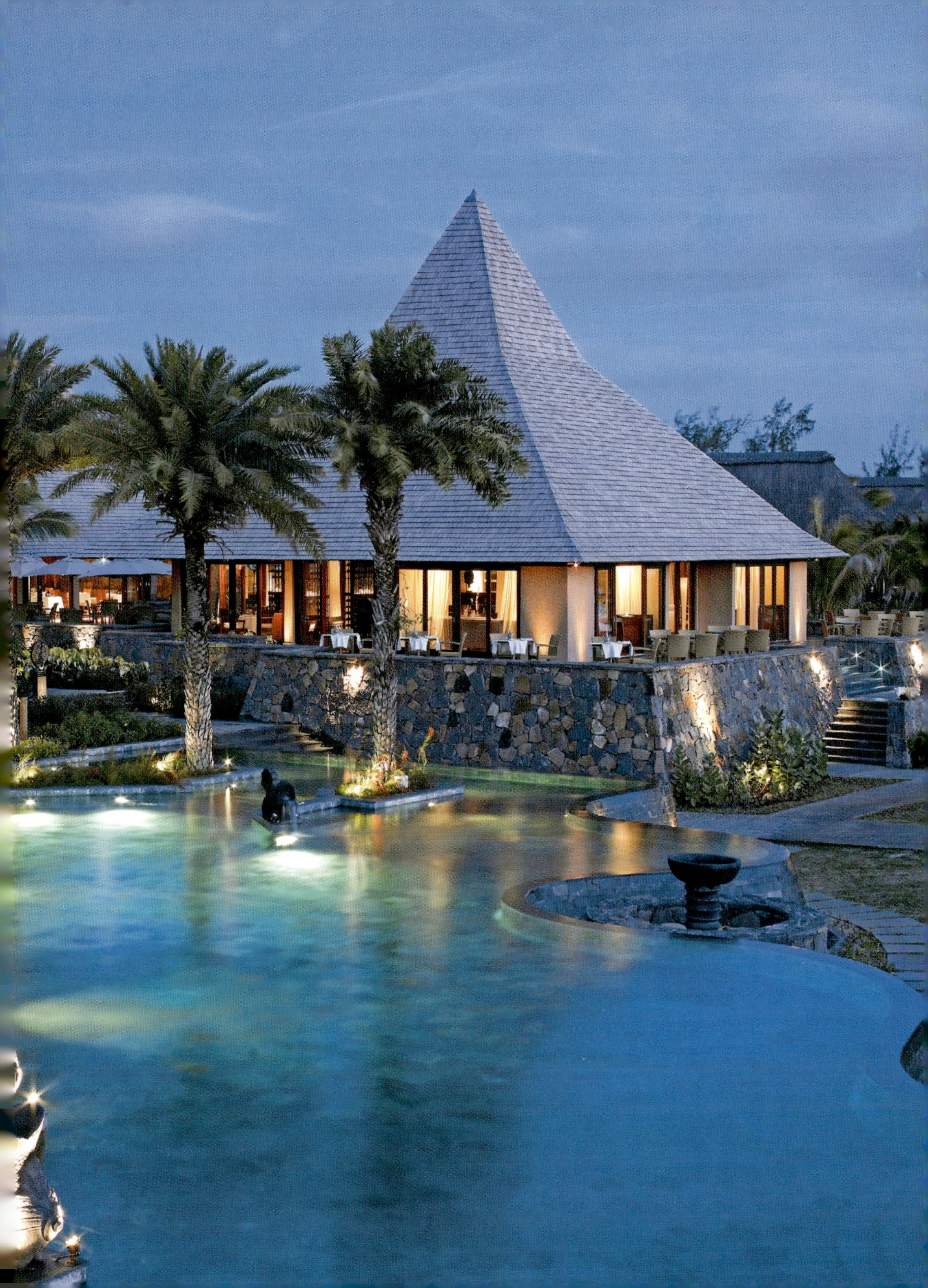

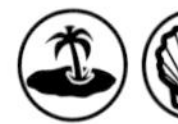  

# 로드리게스 섬 Discover Rodrigues Island

**Location** 모리셔스 로드리게스 섬
**Website** www.mauritius-seychelles.com **Price** ●

로드리게스 섬은 소박한 곳이다. 수도인 포트 마투린에 조차 웅장한 기념물이나 꼭 가봐야 할 박물관은 없다. 교통 체증도 없고 슈퍼마켓엔 늘어선 줄도 없다. 아수라장 같은 현대 도시에서 탈출하기에 완벽한, 바쁠 것이라고는 그야말로 하나도 없는 곳이다.

1528년 이곳에 잠시 들렀던 포르투갈 항해사의 이름을 딴 로드리게스 섬은 공식적으로는 모리셔스 영토이지만 어느 정도 자치권을 행사하고 있다. 하지만 자매 섬인 모리셔스만큼 상업적인 색채가 짙지는 않다. 쇼핑은 토요일 아침의 활력 넘치는 시장에서만 할 수 있다고 보아야 한다.

로드리게스 섬을 찾는 많은 사람들이 물을 건너 코코스 섬으로 나들이를 간다. 밀가루처럼 고운 백사장 위에 카수아리나 나무가 늘어선 이 섬에는 검은등제비갈매기, 흰제비갈매기, 검은제비갈매기 등 수천 마리의 바닷새들이 살고 있다. 또 석순과 종유석이 즐비한 깊이 26m의 파타트 동굴을 탐험하거나, 푸앙뜨 코통에서 그라비에에 이르는 터키석빛 파도가 밀려오는 호젓한 해변을 거닐기도 한다.

숙박 시설로는 동쪽 해안의 조용한 해변에 위치한 코튼 베이 호텔이 있다. 이곳에는 코튼 다이빙 센터도 있어, 가이드가 때묻지 않은 산호초로 이끈다—로드리게스 섬에서 사용하는 피로그는 사람이 젓는 삿대 외의 동력은 사용하지 않기 때문에 산호 역시 훼손을 모른다. 또다른 옵션으로는 크레올 스타일의 무루크 에보니 호텔이 있다. 파노라마처럼 펼쳐진 언덕을 등지고 터키석빛의 석호를 내다보고 있고, 이곳에서도 역시 수상스포츠를 즐길 수 있다. 로드리게스의 진짜 요점은 이곳에서 할 게 별로 없다는 것이고, 할 게 별로 없다는 것은 좋은 것이다. 이 섬은 활발한 활동이 아니라 숨을 몇 번 깊게 들이쉬고 긴장을 풀고 게을러지는 기술을 마스터하는 것이다. **PE**

 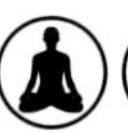  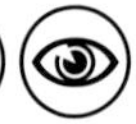

# 마이아 리조트 & 스파 Enjoy Maia Resort and Spa

**Location** 세이셸 앙스 루이
**Website** www.maia.com.sc **Price** ⑤⑤⑤⑤

인도양의 유명한 이웃 섬들에 비해 그다지 눈에 띄지 않는 세이셸 제도, 그 독특한 동식물군과 크리올 스타일 매력으로 질적인 면에서 대부분의 다른 휴양지들을 앞지르는 결과를 낳았다. 화산암과 나무로 지은 마이아 리조트 & 스파는 조용한 마에 섬의 남서쪽 해안에 위치하고 있다.

앙스 루이 해변 바로 위쪽에 자리잡은 30채의 호화로운 빌라는 저마다 독특하게 꾸며져 있다. 초가지붕을 얹은 정자 가까이에 바가 있고, 어마어마하게 큰 데이베드, 아시아풍의 침실를 떠올려 보라. 욕실에는 샤워부스가 따로 있지만, 야외에도 욕조가 있어 이엉 지붕 아래 아로마테라피와 허브 목욕 메뉴에 흠뻑 빠질 수 있

> "세이셸 제도가 왕관이라면,
> 마에 섬은 그 한가운데 박혀 있는
> 보석 같은 존재라고 일컬어진다."
>
> 마이아 리조트 & 스파 운영진

다. 해변에는 바다가 보이는 오션뷰(Ocean View) 빌라들이 언덕 비탈에 아늑하게 서있고, 언덕 꼭대기에 올라앉은 오션 파노라믹(Ocean Panoramic) 빌라에서는 더욱 푸르른 초목과 바다가 한눈에 들어온다. 스파의 라 프레리 트리트먼트는 최고 수준으로, '터치'를 기준으로 선발된 테라피스트들은 교육의 일환으로 매일 아침 명상을 한다.

손님들은 무료로 기공, 요가, 지압도 매일 받을 수 있다. 스노클링과 다이빙은 한마디로 숨이 멎을 정도다. 마이아의 정교한 아시아-프랑스-크레올 레스토랑인 "텍텍(Tec Tec)"에서의 식사도 빼놓을 수 없다. **PS**

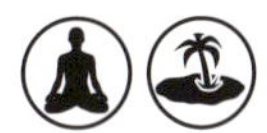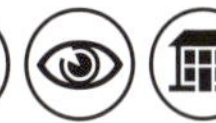

# 라브리즈 아쿰 스파 Relax at Labriz Aquum Spa

**Location** 세이셸 실루엣 섬
**Website** http://www.labriz-seychelles.com **Price**⑤⑤

아름다운 실루엣 섬의 산비탈에 새겨진 열대림 스파 아쿰에는 절대적인 고요감이 감돈다. 외부 세계를 연상시키는 자동차와 기계의 쿵쿵거리는 소리는 이곳에 존재하지 않는다. 다만 마음을 달래 주는 새들의 노랫소리와 에메랄드빛 관목 사이로 불어오는 부드러운 산들바람 소리만 존재할 뿐이다.

아쿰 스파에서는 녹음이 무성한 정글과 터키석 빛깔의 바다에서 영감을 얻은, 실루엣 섬에서 재배하는 재료를 활용한 각양각색의 트리트먼트를 받을 수 있다. 상냥한 테라피스트들이 아주 기꺼이 맞춤 패키지를 만들어준다. 이곳의 시그니처 트리트먼트는 따뜻한 흑설탕과 육두구 스크럽으로 문지르고, 그린 커피와 코코넛 랩으로 몸을 감싼다. 여기에 코코넛 헤어 팩을 해 주는데, 향기가 끝내준다. 현지에서 나는 바닐라와 코코아, 캐슈넛 또한 스파에서 이용된다. 이 외에도 캐비어 재생, 나이를 되돌려 주는 럭셔리 페이셜 필링, 멋부리기 좋아하는 타잔들을 위한 "정글 옴므" 트리트먼트도 있다.

아쿰 스파는 1.5km에 걸쳐 뻗어 있는 해변에 위치한 실루엣 섬의 유일한 리조트 라브리즈 소유이다. 세이셸 크레올어로 "라브리즈"는 "산들바람"을 뜻하는 프랑스어 라 브리즈(la brise)에서 유래했다. 현대적인 빌라와 건물들은 열대의 초목 속에 눈에 잘 띄지 않게 숨어 있고, 자연으로의 회귀를 느낄 수 있는 실외 샤워도 갖춰져 있다.

아로마 스팀룸, 하이트로테라피 풀, 핫텁 등이 갖추어진 스파에서 몇 시간이고 끝날 줄 모르는 호사를 즐기는 것에 더해, 열대 정글 트레킹, 자이언트거북 보호구역 관광과 멋진 다이빙도 가능하다. **LP**

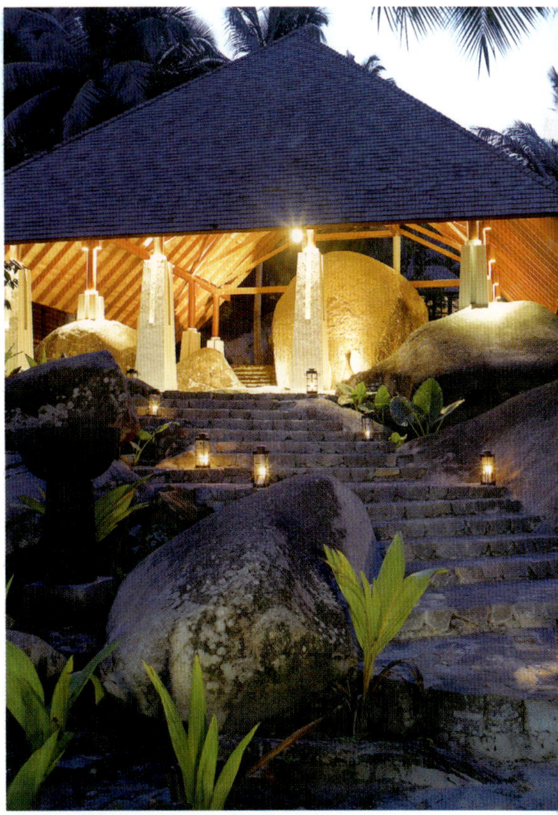

> "(라브리즈 아쿰 리조트는)
> 고대 남반구의 수퍼 대륙 곤드와나의
> 잔해 위에 세워져 있다."
>
> 『세이셸 네이션』誌

↗ 아쿰의 배경은 상당히 독특하다─커다란 화강암 바위 사이에 세운 기둥 위에 여섯 개의 스파 천국이 올라앉아 있다.

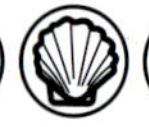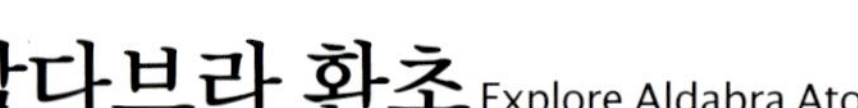

# 알다브라 환초 Explore Aldabra Atoll

**Location** 세이셸 알다브라 환초   **Website** www.aldabra.org
**Price** ❸❸❸

알다브라에는 약 152,000마리의 자이언트거북이 살고 있다—세계에서 가장 많은 숫자이며 갈라파고스에 사는 거북의 수와 비교해도 다섯 배나 많다. 데이비드 아텐보로 경은 이 환초를 "세계의 불가사의 중 하나"라고 했는데, 인도양의 외진 해역에 위치한 고립된 섬인데다 사람이 거주하기 힘든 육상 환경이 더해져 비교적 자연 그대로의 상태로 보존되었기 때문이다. 이곳은 또 초록거북과 대모거북, 붉은목뜸부기(날지 못하는 새로, 인도양에서는 유일하게 알다브라 환초에만 남아 있다)의 서식지이다. 알다브라 환초는 군함새와 쇠군함새의 산란지이기도 하며, 알다브라의 석호 북쪽 가장자리 맹그로브에는 붉은발부비들이 살고 있다.

알다브라 환초는 자연주의자들의 천국이지만 사람이 가기에는 쉽지 않은 곳이다(물론 그 덕분에 이곳의 야생동물들이 아주 잘 살고 있기도 하지만). 마다가스카르 북쪽으로 400km, 세이셸의 수도인 빅토리아에서도 남서쪽으로 1,100km도 넘게 떨어져 있다. 과학자들과 보호구역 관리인들만이 살고 있는 이 섬에 정기 항공편이나 호텔은 없으며, 아주 극소수의 투숙객만 머무를 수 있는 숙박시설에서 머무르기 위해서는 세이셸 아일랜드 재단으로부터 허가를 받아야 한다.

끈질긴 사람들은 대단한 보상을 얻는다—특히 과학적인 취미가 있는 사람들이라면 말이다. 열대 해양 생태계와 거머리말, 맹그로브에 대해 연구하려는 사람들에게 알다브라는 완벽한 자연 연구실을 선사한다. 이곳을 찾는 사람들은 1960년대에 영국 정부가 알다브라에 비행장을 건설하겠다는 계획을 포기하고 영국 학술원에 이 섬의 보유권을 넘겨준 것이 얼마나 대단한 행운이었는지를 실감하게 될 것이다. **PE**

→ 네 개의 큰 산호 섬으로 구성된 알다브라 환초는 산호초로 둘러싸여 있다.

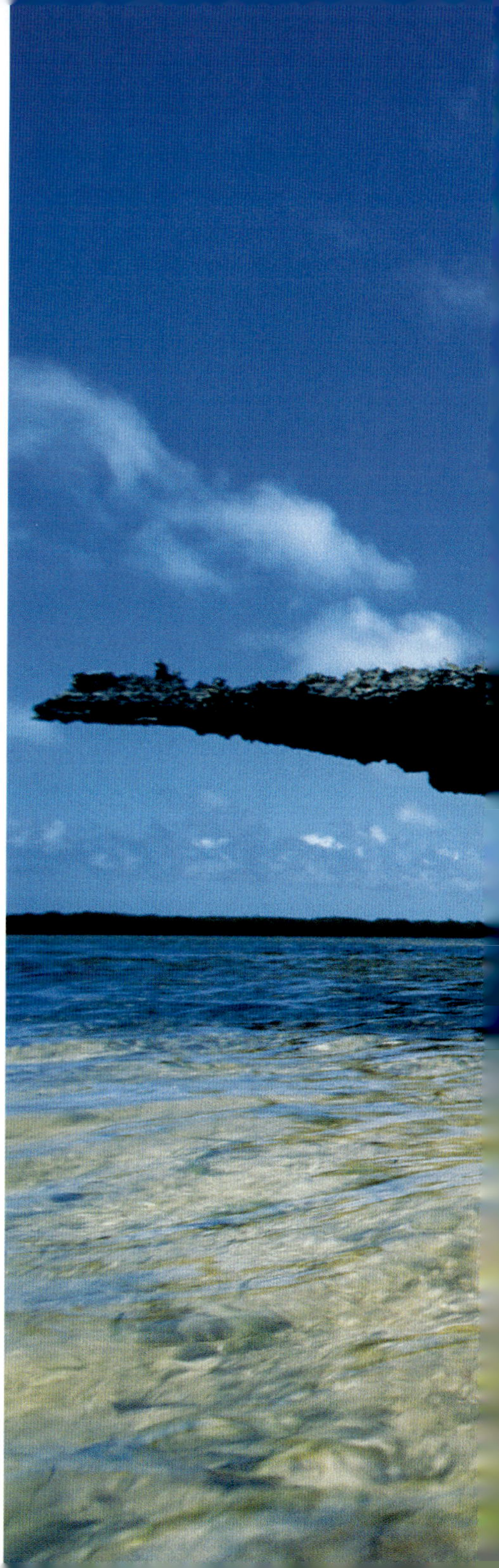

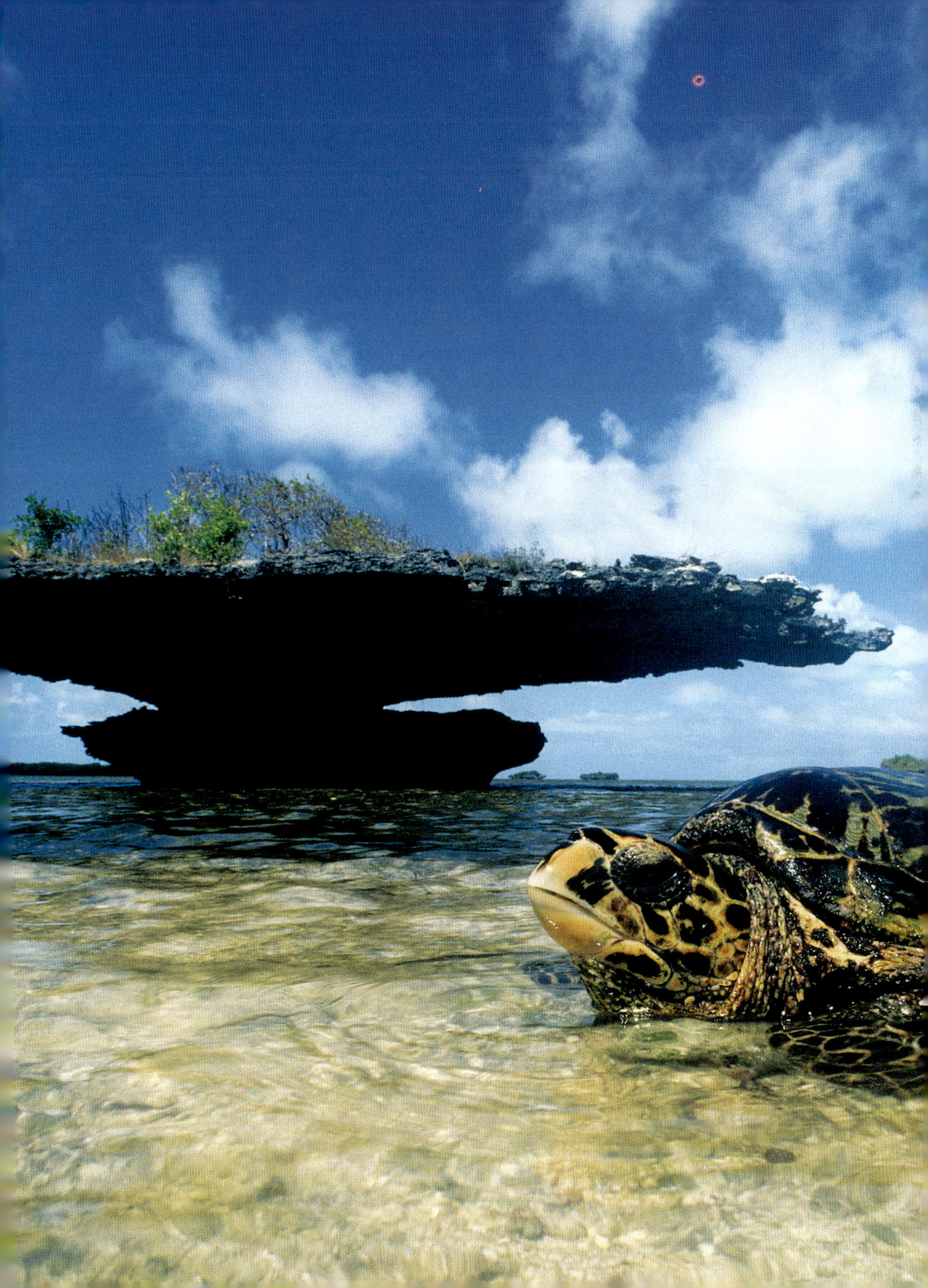

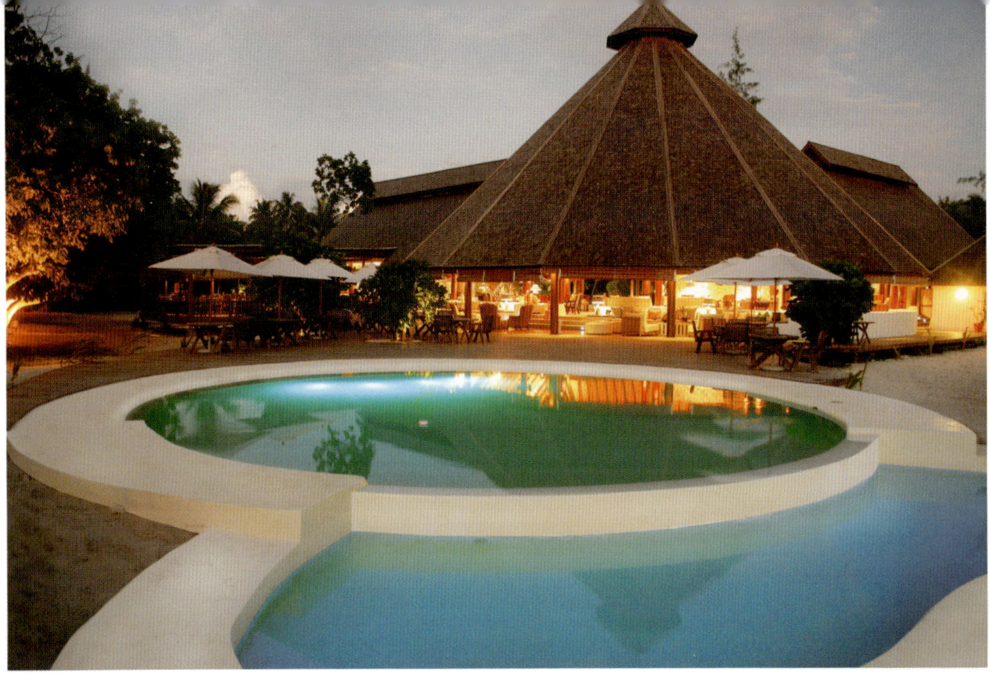

# 드니 섬 Discover Denis Island

**Location** 세이셸 드니 섬   **Website** www.denisisland.com   **Price** ⑤⑤⑤⑤

드니 섬은 무인도에 대한 모든 환상을 한데 모아 압축해 놓은 곳이다. 지도에서 보면 인도양 서쪽에 찍혀 있는 작은 점일 뿐이지만, 가식 없는 소박함의 완벽한 본보기다. 1773년 이 섬을 처음 발견한 프랑스 탐험가 드니 드 트로브리앙(Denis de Trobriant)의 이름을 땄다. 드니 섬에 처음 발을 디딘 트로브리앙은 오늘날과 크게 다르지 않은 다양한 야생동물의 안식처를 발견하였다. 오늘날 이곳을 찾는 사람들은 해변에 서 있는 25채의 코티지에서 크레올 풍의 커다란 침대와 푹신한 팔걸이 의자를 보게 될 것이다. 카수아리나 나무와 코코넛 나무 사이사이에 드문드문 보이는 코티지들은 쉬크하고 로맨틱한 욕실과 야외 샤워, 전용 베란다와 뜰이 딸려 있다.

햇볕을 흠뻑 머금은 이곳에서의 날들은 무엇을 딱히 할 필요 없는 시간들이다. 나만의 해변에서 홀로 느긋하게 지내다가 가끔 작은 풀장에서 더위를 식히거나 좁다란 길을 따라 걸어 오래된 마을과 마을 예배당, 등대를 돌아보는 정도이다. 텔레비전이나 라디오도 없고 평온함을 방해하는 것이라곤 이 섬의 사랑스러운 주민들—몇 마리의 커다란 거북들뿐이다. 좀더 활동적인 이들은 언제나 스노클링과 다이빙 장비의 힘을 빌어 터키석 빛 물속을 탐험할 수 있고—거북, 상어, 가오리가 우글거린다—연중 레저 낚시를 즐길 수 있다. 흔히 잡히는 물고기로는 돛새치, 청새치, 참치가 있고 9월에서 11월 사이에는 고래상어와 노랑가오리를 볼 수 있다.

이 지역 농장에서 생산한 바닐라, 허브, 채소에 닭, 돼지, 소, 메추리까지 다양한 재료를 듬뿍 사용한 맛있는 식사는 신선하리만치 친밀한 분위기이다. 하루는 길고 호화로운 아침과 점심식사, 그리고 느긋한 아 라 카르테 디너를 중심으로 돌아가는데, 저녁식사를 레스토랑에서 할 것인지, 별빛 찬란한 캐노피 아래서 할 것인지 선택하는 것이야말로 가장 힘든 결정일 것이다. 음, 이건 진짜 어려운 결정이다. **LP**

⬆ 자연 그대로의 환경을 간직한 외진 섬 드니는 로맨틱한 탈출을 원하는 이들이 사랑해 마지않는 곳이다.

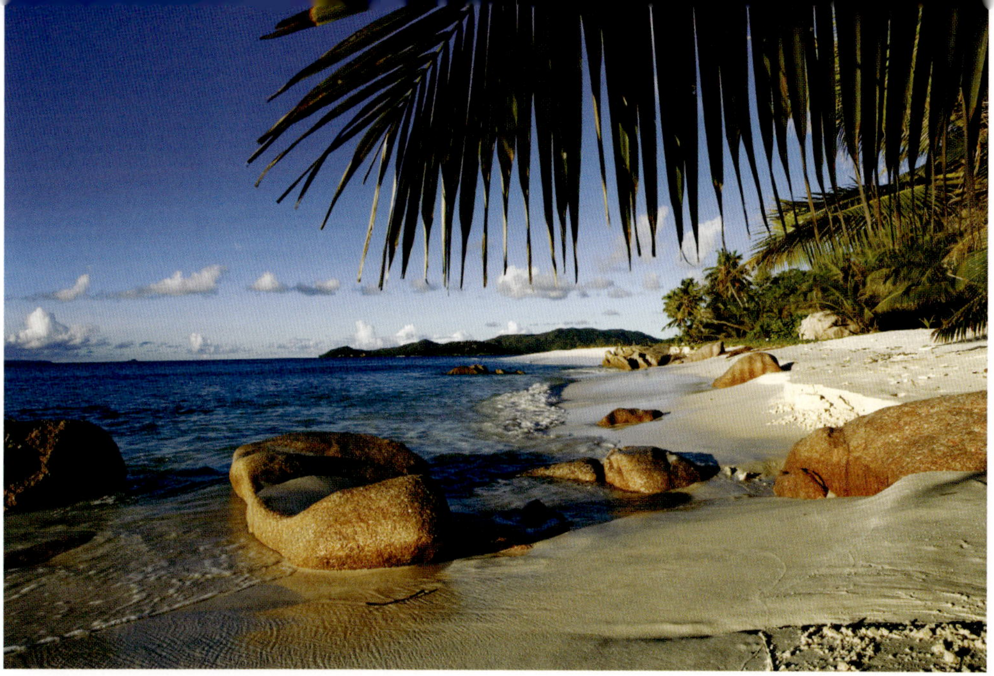

# 커즌 섬 Stay on Cousine Island

**Location** 커즌 섬 세이셸    **Website** www.cousineisland.com    **Price** ⑤⑤⑤⑤

커즌 섬은 작기는 하지만, 독특하고 극적이며 매혹적이리만치 꼭꼭 숨어 있다. 또한 자연 보호구역으로 지정되어 있어 생태학적으로도 중요한 곳이다. 면적 25헥타르, 폭 800m에 불과한 이 섬은 2000년 사유지가 된 후 세이셸의 자연환경 보존을 위해 헌정되었다. 그 결과는 사뭇 인상적이다―수목은 95퍼센트가 토착종이며 5종 이상의 토착 조류가 이곳에 살고 있다. 수목의 나머지 5퍼센트는 자생종 과일나무와 식물이고, 대모거북도 이곳에 보금자리를 꾸민다. 투숙객들은 빛나는 자연의 한복판에 위치한 4채의 빌라에서 지내게 된다.

때묻지 않은 해변에서 30m 거리에 아늑히 자리잡고 있는 빌라들은 주변 환경과 100퍼센트 보조를 맞추고 있다. 건축양식은 프랑스 식민시대풍으로, 가능한 한 현지에서 생산되는 자재를 사용했으며, 최대한 느긋하고 평온하게 쉴 수 있도록 바닥 면적을 넉넉하게 할애했다. 손님들은 담수 풀장과 바다가 내려다보이는, 바람이 잘 통하는 하나뿐인 식당 "더 파빌리온"에서 식사를 한다. 남아프리카 출신의 셰프 아드리안 반 니커크가 지휘봉을 잡고 이 섬에서 생산되는 재료를 활용하여 크레올과 유럽 스타일 음식들을 선보인다.

외래종의 유입을 막기 위해 헬리콥터를 타고 오도록 장려하기 때문에 섬의 고급스러운 느낌이 더욱 두드러진다. 현재까지는 민감한 조류와 그를 뒷받침하는 식물군 모두 온전하게 남아 있다. 여행객들은 또한 나무심기와 거북이 관찰 등 다양한 환경보호 프로그램에 참여해 볼 것을 권유 받는다. 게으름을 피우고 싶은 날에는 스파 "비치하우스 웰니스 리트릿", 해변, 인도양의 단순하고 부드러운 자장가의 유혹에 빠져 보자. **LC**

↑ 커즌 섬의 보기 드문 생태학적 중요성은 자연보호에 큰 관심을 가진 방문객들을 끌어당긴다.

   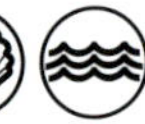

# 프레사트 아일랜드 프라이빗
## Enjoy Frégate Island Private

**Location** 프레가트 섬 세이셸    **Website** www.fregate.com
**Price** 💲💲

지난날 프레가트 섬에 와 본 사람이라면 사나포선에 타고 있었을 것이다. 오늘날 인도양의 이 목가적인 섬 어디에서도 해적은 찾아볼 수 없다. 열대림에서 백사장으로 덮인 작은 만에 이르는 이 섬의 좌우명은 프라이버시—그것도 최대한의 프라이버시이다. 한번에 최대 40명까지 투숙이 가능한 이 작은 화강암 섬은 이 지역에서 가장 한적하고, 가장 인기가 높은 곳 중 하나다. 16채의 탁 트인 빌라는 모두 주변 환경에 녹아들어 있다.

14채는 절벽 꼭대기에 위치해 인도양의 장관을 볼 수 있고, 나머지 2채는 전용 열대 정원 내에 자리잡고 있다. 인테리어 장식은 식민시대풍이며 가구들은 인도양의 무역상들이 여행 중 수집했을 법한 예술품들을 연상시킨다. 모든 빌라에는 전용 풀장과 월풀욕조, 다이닝 룸, 유리 미닫이문과 프랑스문(두 짝으로 된 유리문)이 달려있다. 보통은 문을 활짝 열어 두어 투숙객들이 열대 낙원에 와 있음을 실감하도록 해 준다. 이곳에 상주하는 생태학자와 함께 해안과 정글을 하이킹하며 이 천국을 더 깊은 곳까지 탐험할 수 있다. 암초의 보호를 받는 석호는 다이빙, 수영, 스노클링을 즐기기에 안전하고, 경험이 풍부한 다이버라면 보트를 타고 드라마틱한 다이빙 사이트를 찾아 나설 수도 있다.

폭포가 즐비한 계곡과 담수 풀을 지나야 다다를 수 있는 스펙터클한 더 락 스파 에서는 전신 트리트먼트를 받을 수 있다. 표류어린이클럽에서 아이들이 즐거운 시간을 보낼 동안 어른들은 헬스클럽이나 프라슬랭 섬에서 골프를 즐기거나, 또는 느긋하게 빈둥거리며 이런 곳에서 설거지를 하던 운 좋은 해적들은 어떤 느낌이었을지 공상의 나래를 펴기도 한다. **SH**

⊡ 초가지붕 빌라는 이 지역에서 나는 마호가니와 티크목을 사용하였고 하나같이 스펙터클한 전망을 선사한다.

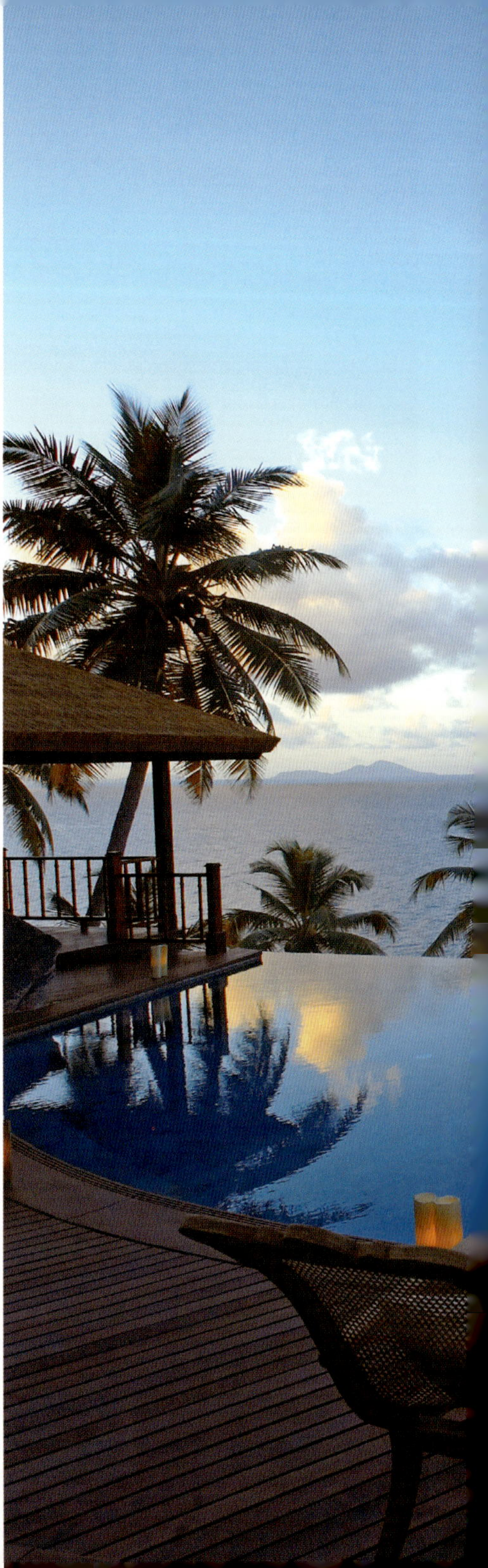

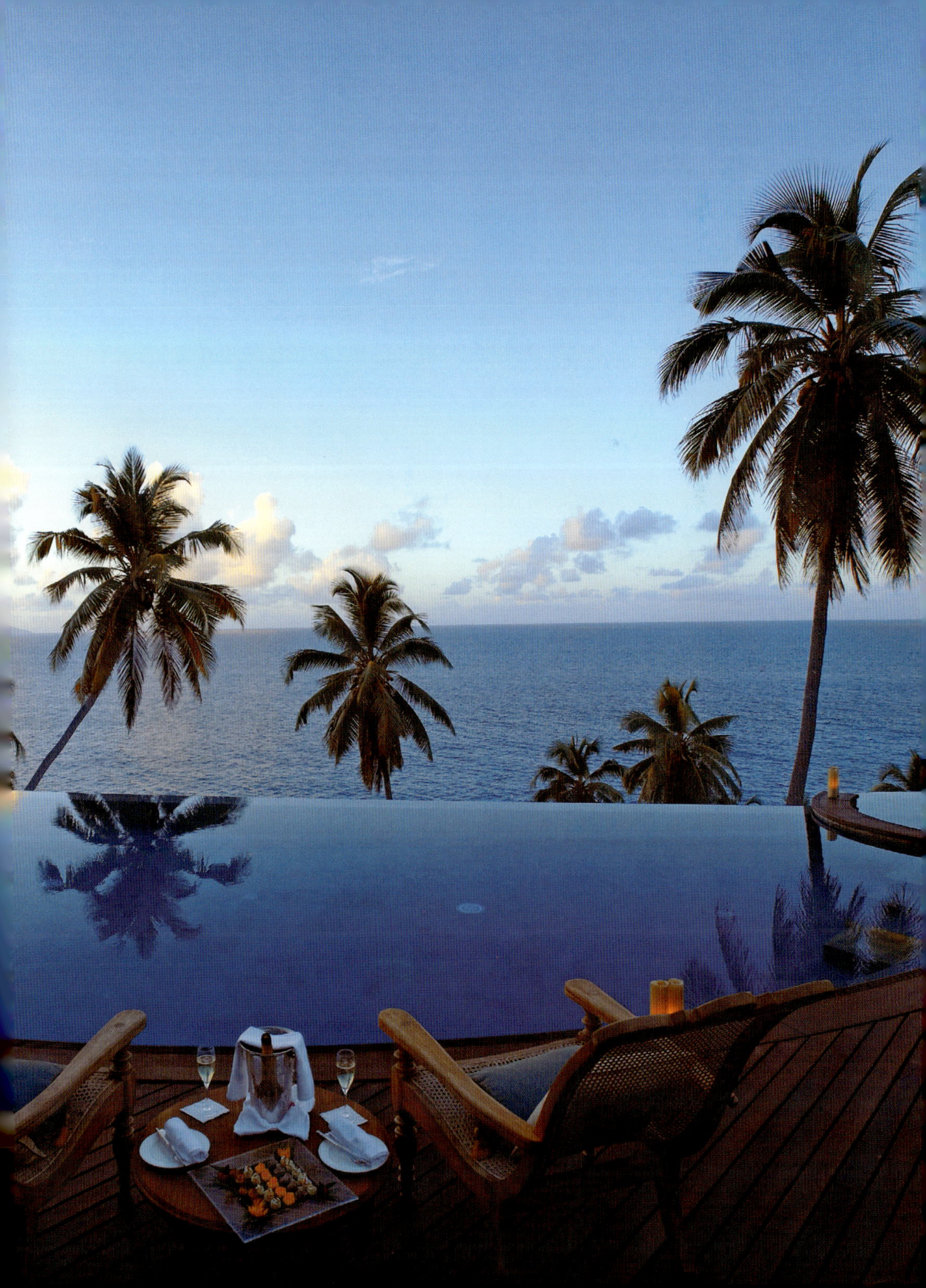

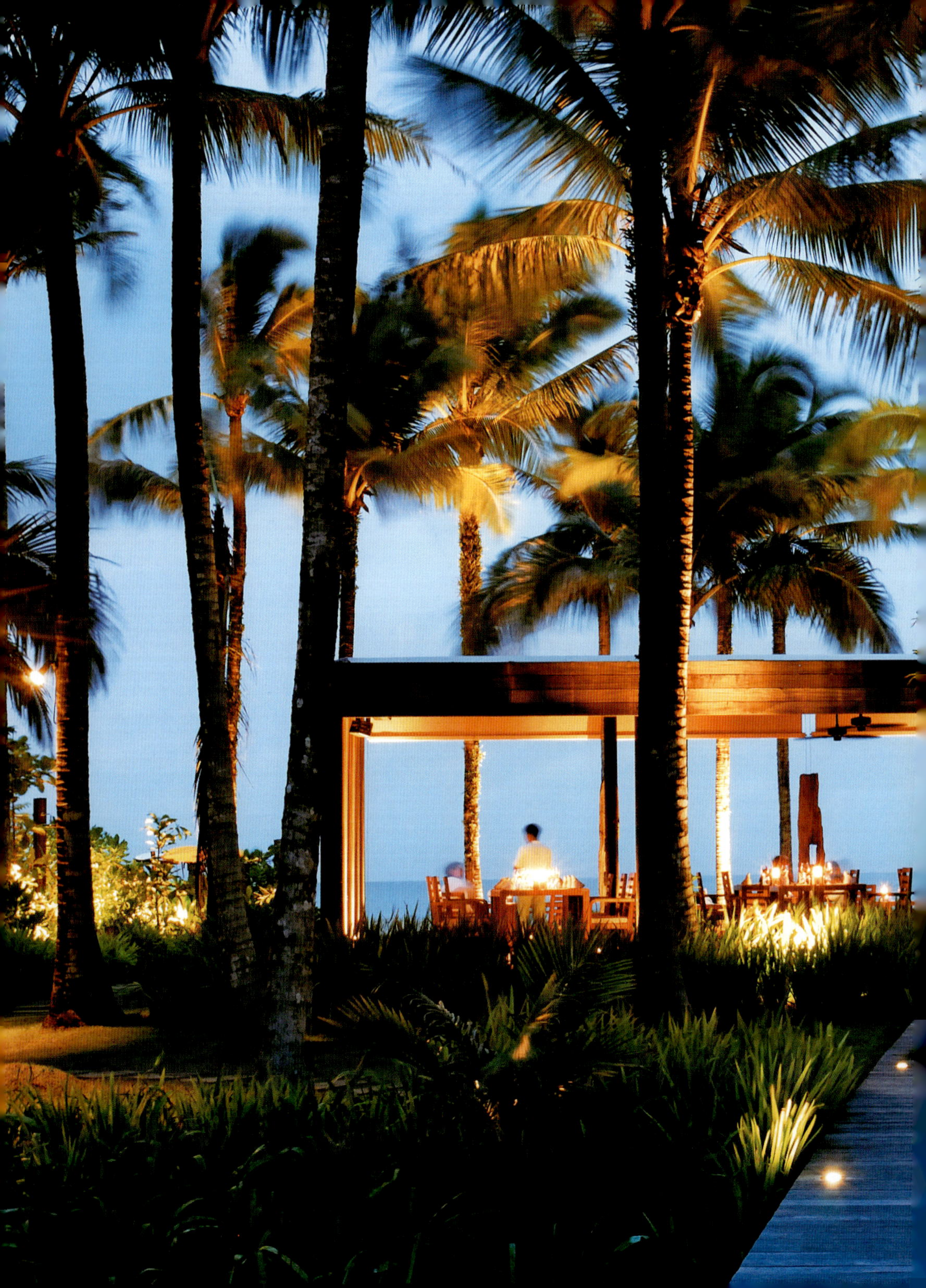

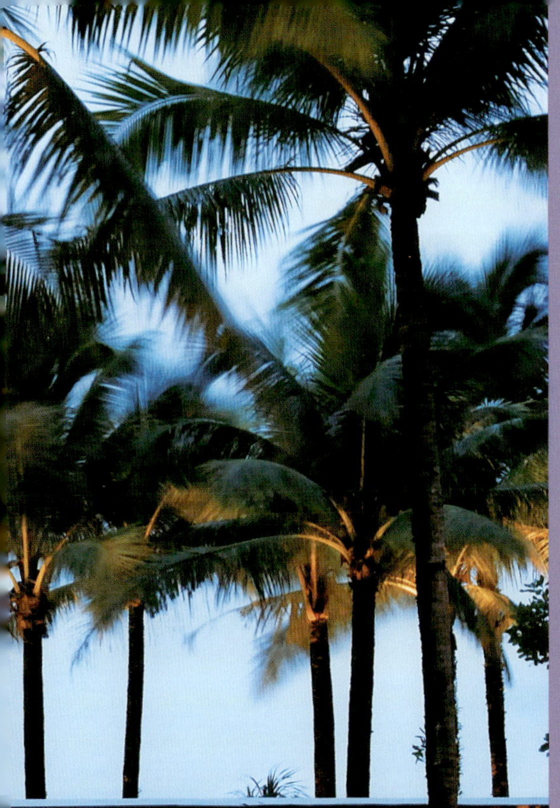

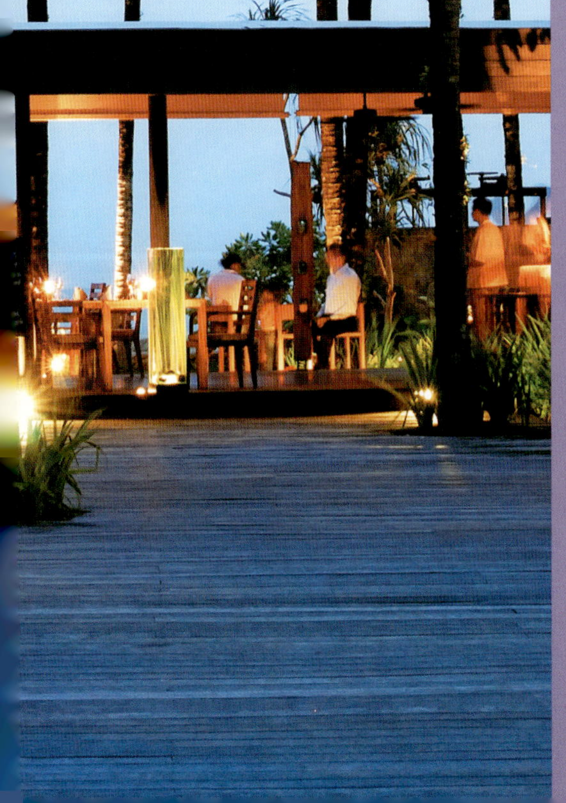

아시아에서 만날 수 있는 다양한 경험의
폭은 그야말로 경이로울 정도이다. 히말라야
산속의 사원에서 머무르거나 캄보디아의
고대 신전을 찾아가보자. 또는 도쿄의
펜트하우스나 홍콩의 럭셔리 스파에서 현대의
대도시가 제공하는 모든 것을 누려볼 수도
있다. 이마저도 부족하다면, 타이의 해변에
고즈넉이 서 있는 로지는 어떤가.

# ASIA

더 사로진, 타이

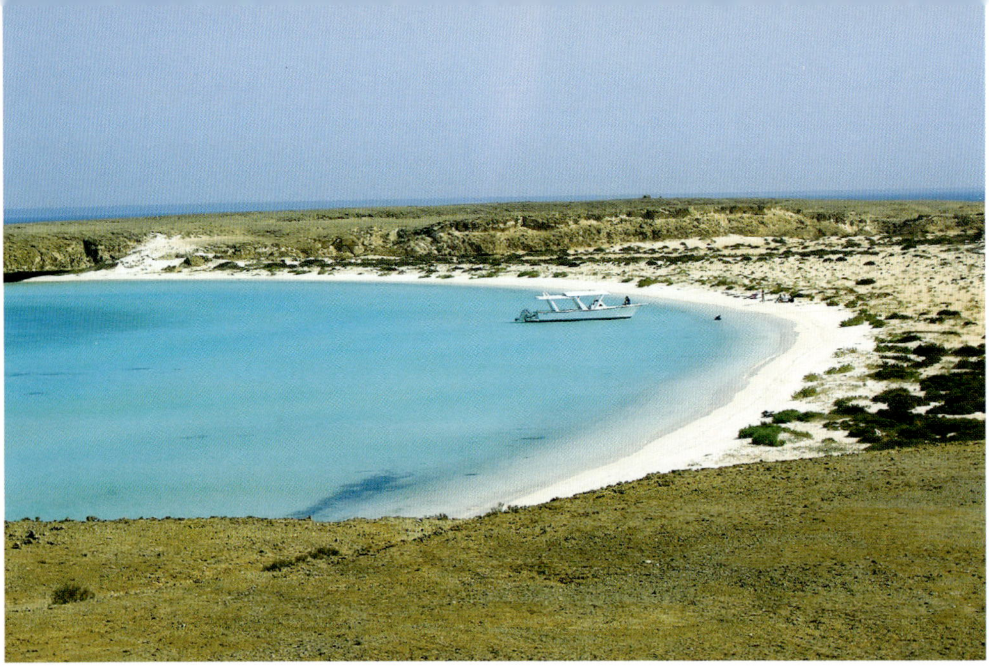

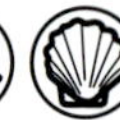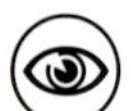

# 파라산 제도 Explore the Farasan Islands

**Location** 사우디아라비아 파라산 제도　　**Website** www.sauditourism.com.sa　　**Price** ❶

홍해는 다양한 동식물의 서식지로 유명하지만, 지난 세월 동안 사우디 왕족과 친분이 있는 이들만이 홍해의 가장 큰 군도 주위의 찬란한 해저 세계에 감탄할 수 있었다. 최근 사우디아라비아가 관광산업에 뛰어들기 시작하면서, 파라산 제도—사우디아라비아 남부의 지잔 항에서 40km 떨어져 있다—는 인간들의 개발 활동에 (적어도 한동안은) 영향을 받지 않은 다이버의 천국으로 알려지게 되었다.

84개의 크고 작은 석회암 섬은 최후의 빙하기 이후 해수면이 올라오면서 생성되었다. 섬 주위의 넓은 면적에 물이 들어차면서 해양 생물이 풍부한 산호초 "정원"이 된 것이다.

이 지역은 현재 자연 보호 구역으로 지정되어 있다. 가장 큰 섬인 파라산 케비르(Farasan Kebir)를 비롯, 3개의 섬에만 주민이 거주하고 있으며, 나머지 섬들은 무인도로 바다거북과 새들의 둥지가 되어 주고 있다. 또 파라산 제도는 사우디아라비아에서 가젤이 가장 많이 살고 있는 곳이기도 하며, 멸종 위기에 처한 듀공의 지구상에 몇 남아 있지 않은 서식지이기도 하다.

이 곳의 관광산업 인프라는 신선하리만치 촌스럽다. 3스타 파라산 호텔—파라산 제도에 있는 유일한 숙박시설—은 공간도 비좁고 시설도 불충분하지만, 먼 곳에서 온 손님들을 기뻐하며 반기는 직원들의 환대가 이러한 단점을 벌충하고도 남는다.

큰 섬들의 텅빈 해변을 걷거나(이 곳에서 보게 되는 생명체의 흔적이라고는 동물들의 발자국과 때때로 호기심 어린 눈으로 당신을 쳐다보는 홍학의 무리뿐이다), 섬 주위의 따뜻한 물에서 돌고래, 노랑가오리, 고래상어와 맞닥뜨릴 때면, 마치 다른 세상에 온 듯한 착각에 빠지게 될 것이다. **DaH**

⬆ 오랜 세월 동안, 오직 사우디 왕족과 그들의 손님만이 파라산 제도 주위에서 다이빙이나 수영을 즐길 수 있었다.

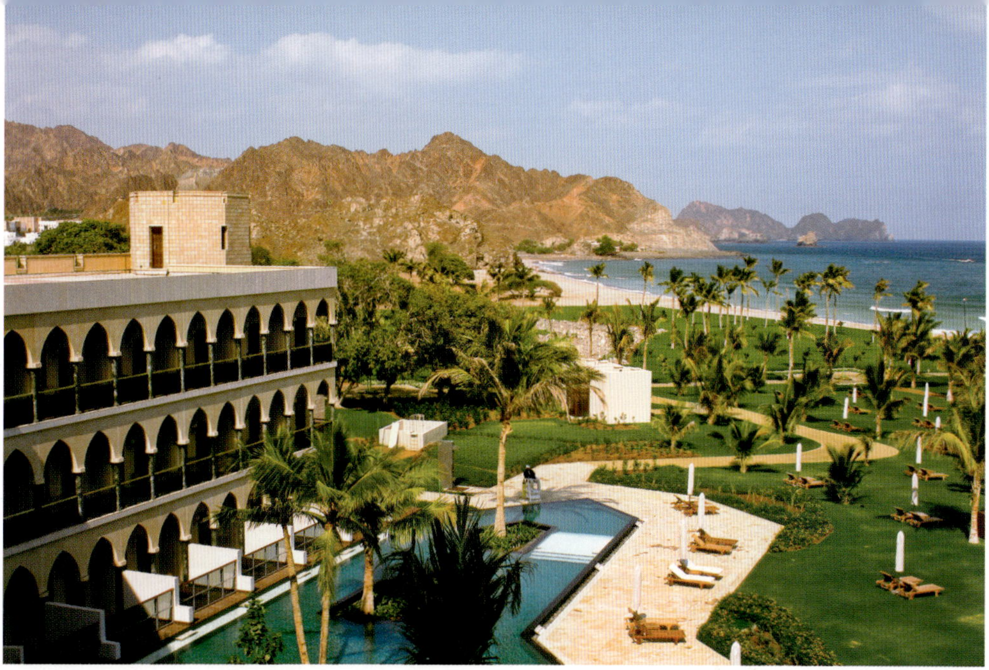

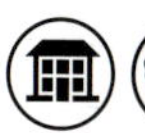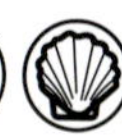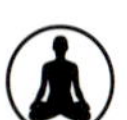

# 알 부스탄 팰리스 호텔 Stay at Al Bustan Palace Hotel

**Location** 오만 무스카트    **Website** www.ichotelsgroup.com    **Price** ⑤⑤

아랍의 군주가 설계한 호텔을 상상해 보라. 그리고 거기에 산더미 같은 황금과 보석과 돈을 던지는 것이다. 그리고 나면 아마 알 부스탄 팰리스 호텔과 비슷한 결과가 나올 것이다. 250개의 객실을 갖춘 이 호텔은 80헥타르의 전용 해변과 푸른 정원 위에 드라마틱한 산 풍경을 배경으로 서 있다. 최근에 개·보수 공사를 마쳤으며, 지나치다 싶을 만큼 심하게 호화로웠던 부분들을 좀 절제하고 대신 더 우아하고 스타일리쉬한 인테리어로 바꾸었다.

그러나 호텔 현관을 보면 절제미라는 말은 도저히 나오지 않는다. 다름 아닌 오만의 술탄이 종종 찾는 곳이니만큼, 이에 걸맞게 화려하기 짝이 없다. 밝은 파랑색과 녹색의 모자이크 타일, 높고 넓은 아트리움을 보면 인터콘티넨탈 호텔 그룹의 회원사라기보다는 모스크에 들어온 것이 아닌가 하는 착각에 빠질 것이다. 반짝이는 거대한 샹들리에가 종유석처럼 천장에 매달려 있으며, 화려하고 정교한 아시아 러그가 대리석 위 이곳저곳에 깔려 있다. 풍성한 컬러와 패브릭을 아낌없이

사용한 객실도 마찬가지로 럭셔리하다. 욕실은 머리끝부터 발끝까지 모두 대리석이며, 축구팀 하나가 다 들어가도 될 정도로 큰 욕조가 있는 방도 있다.

이만한 규모의 호텔에서 기대할 만한 수준의 휘트니스 클럽과, 예술적인 경지의 바디 컨디셔닝 시설, 그리고 사우나와 스팀룸도 갖추어져 있다. 다만, 푹푹 찌는 오만의 전형적인 여름 날씨를 떠올리면 굳이 스팀룸이 필요할지는 의문이다. 차라리 해변이나 아름답게 정돈해 놓은 정원을 산책하면서 적당히 땀을 흘리는 편이 훨씬 기분 좋다. 주변 풍경과 고독을 즐길 수 있으니 말이다. 아라비안 나이트의 판타지를 한번쯤 충족시켜보고 싶다면, 그리고 왕족에 맞먹을 만큼의 돈이 있다면, 부스탄 팰리스야말로 당신을 위한 공간이다. **HA**

↑ 겉으로 보이는 것보다도 훨씬 호화로운 이 호텔은 럭셔리, 그 자체이다.

# 와디 아다이 Drive Through Wadi Adai

**Location** 오만 무스카트에서 와디 샤브까지
**Website** www.gulfleisure.com/wadibashing.htm **Price** Ⓢ

오만 사람들이 "와디 공격"이라 부르는 것을 경험하지 않고는 오만을 여행했다고 할 수가 없다. "와디"란 말라붙은 강바닥을 지칭하며, 기온이 50℃까지 올라가는 오만의 타는 듯한 태양 아래서 강은 생명의 젖줄이라기보다 갈라지고 말라붙은 흙 바닥일 때가 더 많다.

가장 좋은 구간은 와디 아다이를 거쳐 대추야자나무가 바람에 흔들리는 오아시스 마을 마자라까지 가는 길이다. 이 그림 같은 정착지는 거의 성서 시대를 연상시킨다. 빳빳한 흰 옷을 펄럭이며 걷는 주민들과 지레 놀라 뛰어 다니는 염소떼를 볼 수 있다. 뾰족뾰족한 하자르 산맥 동부의 산기슭을 지나 드라마틱한 황무지를 가로지르자. 그리 오래 달리지 않아 포장도로가 끊어지고 해안의 비포장도로가 말라붙은 고대 해저 위를 요동치며 이어진다. 먼지투성이 붉은 산길을 제멋대로 달리면 디하브에 다다른다. 바이트 알 아프리트라는 이름의 거대한 물웅덩이에 맑은 에메랄드빛 물이 찰랑이고 있다. 더 달리면 "절벽 사이의 협곡"이라는 뜻의 와디 샤브가 나온다. 이 와디는 완전히 말라버리는 일은 거의 없기 때문에 물에 들어가서 멱을 감으면서 더위를 식히기에 완벽한 곳이다. 깊은 산골짜기에 위치한 와디 샤브는 나무, 대추야자, 풀이 자라는 청청한 오아시스로, 주변의 바위투성이 지형과 좋은 대비를 이룬다.

사구(砂丘) 드라이브를 경험하려면 사막에서도 시간을 보내봐야 한다. 현대의 베두인족은 이 부드러운 물결 무늬 모래 언덕을 차를 몰고 지나간다. 스릴을 즐기고픈 사람에게 안성맞춤으로, 현기증이 날 것 같은 사구 위로 온몸의 털이 주뼛 설 것처럼 가파르게 올라갔다가, 속이 울렁거릴 만큼 가파르게 다른 쪽 비탈로 굴러 떨어진다. **HA**

↱ 수많은 모래언덕과 바위투성이 황무지에서 길을 잃기 십상이니 현지 가이드를 구하도록 하자.

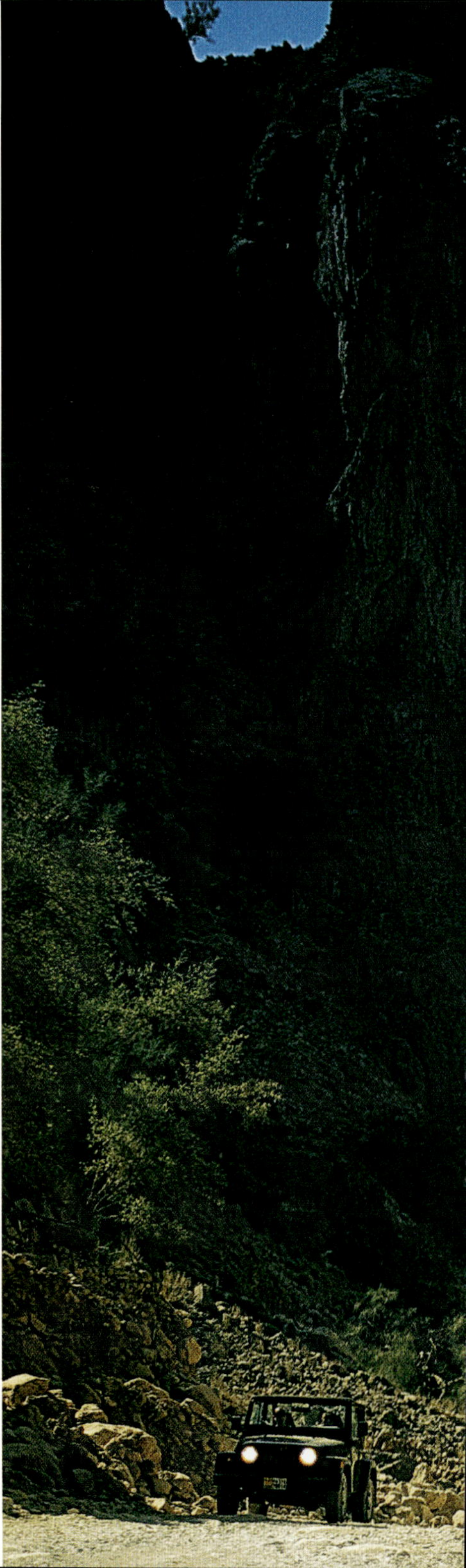

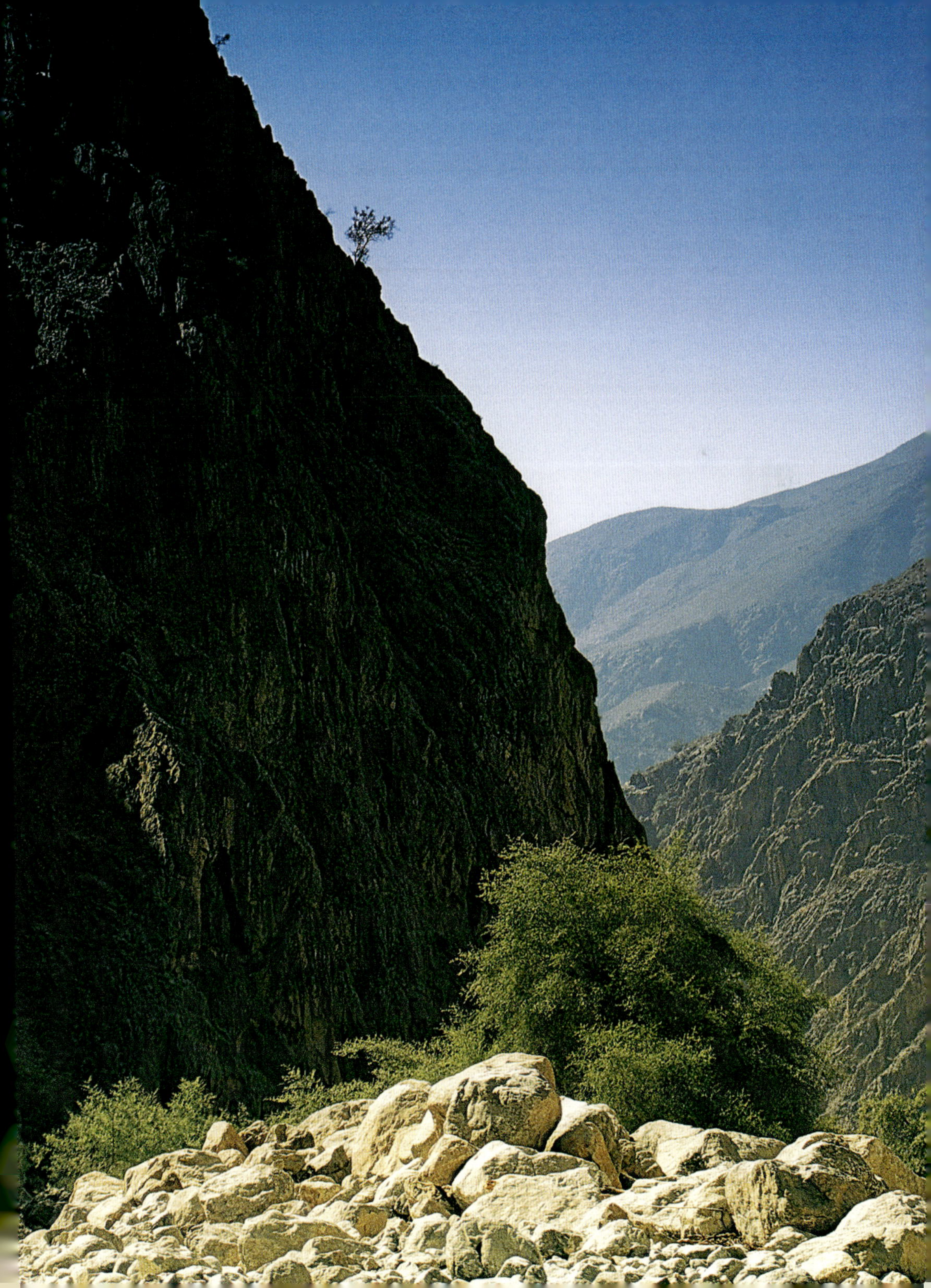

# 술탄 카부스 대모스크 Discover the Sultan Qaboos Grand Mosque

**Location** 오만 무스카트

**Website** www.omanet.om/english/Relegious/grandmosq.asp　**Price** ❗

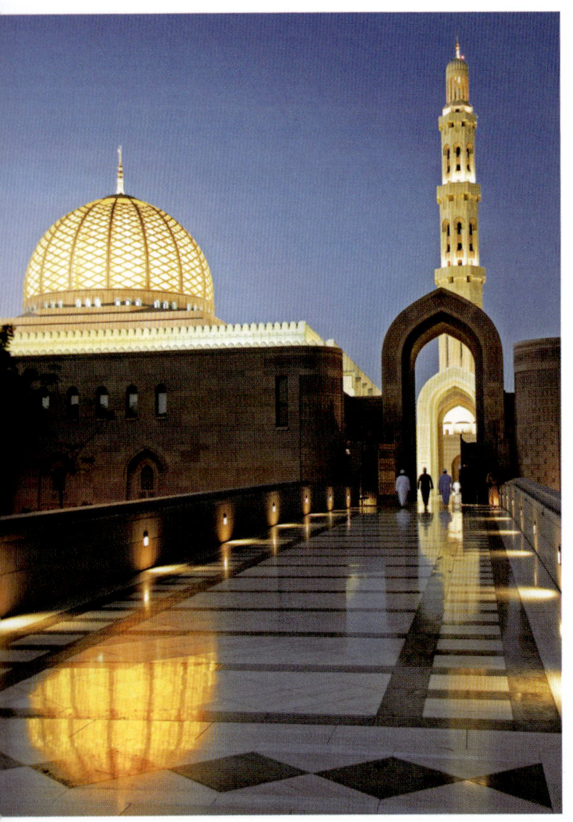

> "세계에서 가장 고요하게 아름다운
> 건축물 중 하나임에 틀림이 없다…
> 매끄럽게 갈고 닦은 대리석."
>
> 마틴 러브, 『옵저버』

수은주가 50℃까지 치솟는 여름의 찌는 듯한 더위 속에서 이글이글 타오르는 태양으로부터 벗어나 휴식을 취하기에 아름다운 술탄 카부스 대모스크보다 더 좋은 곳이 어디에 있겠는가.

전통 이슬람 정원을 걸어 좌우대칭이 완벽한 흰 석조 아치를 지나 눈부시게 새하얀 대리석 안뜰로 들어가자. 한낮에는, 사정없이 내리쬐는 타는 듯한 햇빛이 대리석에 반사되어 아무것도 보이지 않지만, 모스크의 서늘한 성소 안으로 들어서면—정숙한 옷차림이어야 한다—곧 감탄이 절로 나오는 내부의 스펙터클에 시력이 돌아올 것이다.

2001년에 완공된 이 모스크는 사우디아라비아를 제외하면 세계에서 가장 큰 모스크로, 20,000명까지 동시에 수용이 가능하다. 주 예배당은 중앙 돔을 50m의 어찔할 정도의 높이까지 올린 정사각형 모양이다. 돔, 메인 미나렛, 4개의 좌우 미나렛이 이 모스크의 주요 건축 요소이다. 여성들의 예배 공간인 무살라 역시 한꺼번에 750명이 들어갈 수 있다.

입이 다물어지지 않는 70×60m 크기의 기도용 카펫은 세계에서 가장 큰 카펫이다. 600명의 이란 여성들이 4년에 걸쳐 손으로 짰으며, 무게만 해도 21톤이 나가며, 28종류 이상의 염료(모두 식물성이다)를 사용했다. 또 상상도 못할 만큼 어마어마하게 큰 크리스탈 샹들리에도 있다. 스와로프스키 사에서 제작한 것으로, 60만 개의 크리스탈과 1천 개의 전구를 사용한 중앙부가 특히 대단하다. 아부다비에 있는 샹들리에에 다음으로 세계에서 두 번째로 크다.

대모스크의 웅장함과 그 압도적인 수치들에도 불구하고 고요함과 평화, 그리고 차분함을 느낄 수 있는 곳이다. **HA**

◩ 술탄 카부스 대모스크는 20,000명의 신도를 수용할 수 있다.

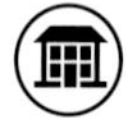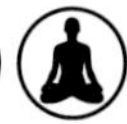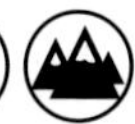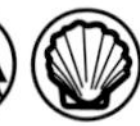

# 지기 베이 Unwind at Zighy Bay

**Location** 오만 무산담 반도
**Website** www.sixsenses.com    **Price** 💲💲💲

수 세기 동안 지기 만(灣)은 오만의 북쪽 끝, 무산담 반도에 숨어 있었다. 현재는 같은 이름의 리조트가 지어져서, 이 곳을 찾는 손님들은 다양한 교통수단―패러글라이딩, 구불구불한 산간 도로, 그리고 돌고래 떼와 전통적인 다우(dhow, 큰 삼각돛을 단 아랍 배) 어선들을 쏜살같이 지나 15분 만에 데려다 주는 쾌속정―중 원하는 대로 선택할 수 있다.

지기 베이는 아라비아 만을 내려다보는 드라마틱한 바위산의 황금빛 모래밭에 서 있다. 전통 오만 건축 양식으로 지어졌으며, 누런 색의 정육면체 건물들이 다닥다닥 붙어 있고, 간혹 야자수가 서 있는 모습은 그다지 미적 감각이 뛰어나다고는 할 수 없다. 그러나 하자르

> "지기 베이에서의 길고, 몽롱하고,
> 햇빛에 젖어 보낸 4일… 완전히… 홀딱
> 반했다는 것을 인정하지 않을 수 없다."
>
> 애너벨 소프, 『옵저버』

산맥의 황량한 아름다움과는 매우 잘 어울린다. 빌라마다 전용 냉탕과 옥외 샤워, 데이베드, 테라스가 갖추어져 있으며, 수화기를 들기만 하면 집사가 언제든지 달려올 것이다. 좀더 쉴 필요가 있다면 스파 "식스 센스"로 가자.

그러나 이 리조트가 제대로 진가를 발휘하는 것은 밤이다. 촛불을 밝힌 통로, 활활 타오르는 횃불로 조명을 대신한 해변의 저녁식사 테이블로 완전히 변신한다. 저녁을 먹고 나면 해변을 따라 산책을 하면서 별이 총총히 떠 있는 먹빛 하늘을 바라본다. 여전히 숨어 있는 보석인 이 곳의 완벽한 평화를 즐기는 것이다. **HA**

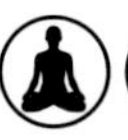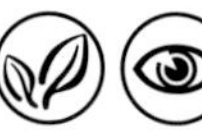

# 알 마하 Relax at Al Maha

**Location** 두바이 아랍에미리트
**Website** www.al-maha.com    **Price** 💲💲

모래에서 솟아오른 영화(榮華)의 대도시 두바이는 중동의 코스모폴리탄 허브이다. 독특하고, 끊임없이 변화하는 이 도시는 모던 건축과 최첨단 디자인의 경연장이다. 이 "황금의 도시"의 번잡한 도심에서 한 시간 정도 달리면 사막의 리조트 알 마하가 나온다. 사막 보존 구역으로 들어가면 다른 행성에 왔다는 게 어떤 느낌인지 알 수 있을 것이다. 두바이의 정신없는 카오스를 맛본 뒤 알 마하는 조용하고 평화로우며, 느긋하게 어슬렁거리는 낙타만이 눈에 들어올 뿐이다. 베두인족의 천막 캠프에서 영감을 받았지만, 알 마하는 사막의 호화로움의 극치를 보여준다.

강렬한 더위 때문에 할 수 있는 일이 많지는 않다. 일찍 일어나서 매 조련장에 구경을 가거나 텐트 밖으로 산책을 나가 이 곳에서 자유롭게 돌아다니는 희귀하고 우아한 사막 영양 오릭스를 찾아보도록 하자. 승마를 좋아한다면 척 보기에도 고귀해 보이는 순종 말의 안장 위에 뛰어올라 아라비아의 로렌스 기분을 내보는 것도 좋다. 좀 귀찮다 싶으면 골프 카트를 타고 텐트로 돌아가면 된다.

낮 시간에는 너무 더워서 아름다운 풍경을 즐기며 쉬는 것 외에는 달리 할 일이 없다. 커다란 침대, 화려한 욕실, 2인용 욕조 등이 갖추어진 퇴폐적이리만치 호화로운 스위트에서 에어컨을 틀어놓고 쉬거나, 황금빛 모래가 내다보이는 전용 풀장에 몸을 담그자. 해가 지면 낙타를 타고 산책에 나서자. 트레킹이 끝나면 샴페인 칵테일이 기다리고 있다. 모래가 희미한 빛 속에서 밝은 오렌지빛으로 변하고, 따뜻한 벨벳 같은 산들바람 속에서 해가 지는 것을 감상하기 위해 커플들이 저마다 자기들만의 모래 언덕을 찾아 흩어진다.

이 곳을 지배하는 분위기는 고독감이다. 마치 〈천일야화〉의 땅에서 완전히 길을 잃은 듯한 느낌이다. 비록 어디까지나 전적으로 자발적이긴 하지만 말이다. **RCA**

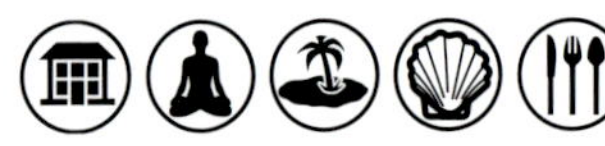

# 버즈 알 아랍 Experience the Burj Al Arab

**Location** 두바이 아랍에미리트    **Website** www.burj-al-arab.com    **Price** ⑤⑤⑤⑤

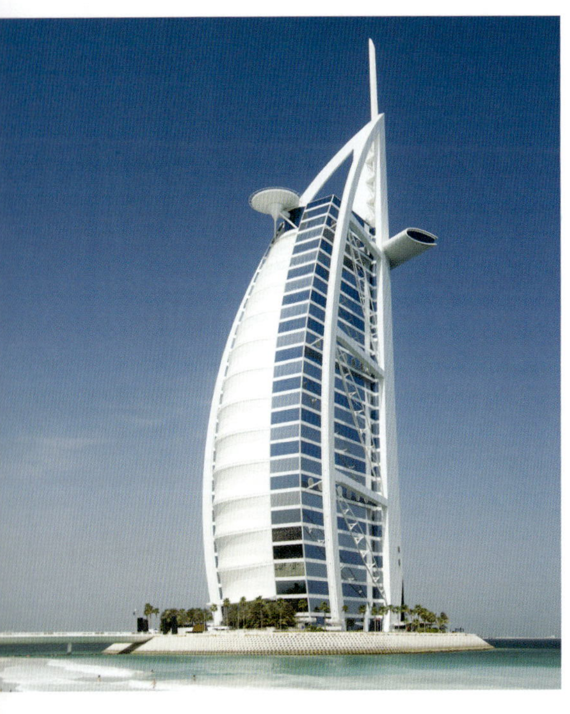

> "두바이에서 가장 유명한 호텔은
> 도저히 믿을 수 없을 정도로
> 호화롭고 사치스럽다."
>
> 「타임아웃」 두바이

⬆ 버즈 알 아랍은 바람을 가득 받아 활짝 부푼 돛—특히 엄청 비싼 요트의 돛 모양으로 지어졌다.

➡ 이 호텔을 묘사하기에는 "호화로움"이라는 단어만으로는 너무나도 부족하다.

세상에는 많은 럭셔리 호텔이 있다. 그리고 버즈 알 아랍이 있다. 현란하고 화려하고 전율을 금할 수 없다—어떤 수식어라도 좋다. 두바이의 아이콘이 된 이 돛단배 모양의 리조트는 그 어떤 표현도 무색한 사치의 벤치마크가 되었다. 1999년 오픈한 이래 많은 이들이 시도했으나 결코 흉내낼 수 없는 호화로움을 완전히 새로운 경지로 끌어올렸다는 평을 받고 있다. 높이가 321m에 달하는 이 호텔은 밤이 되면 드라마틱하고 컬러풀한 조명을 받아 정말로 아름다우며, 해안선에 우뚝 솟아 있는 모습이 마치 스펙터클한 횃불처럼 눈에 확 들어온다.

모든 스위트(이 호텔에는 "룸"이라는 단어가 없다)는 복층이며 월풀 욕조, 거실과 식당, 헌신적인 집사가 딸려 있으며, 엄청난 가짓수를 자랑하는 베개와 목욕 메뉴까지 갖추고 있다. 실내장식이 화려한 것은 말할 필요도 없다. 어떤 스위트에는 나선형 계단, 전용 칵테일 바, 드레싱룸, 당구대까지 있다… 그리고 이런 리스트는 끝도 없다. "지나치다"는 말은 사실상 입에 담을 수가 없으며, 그 호화로움에 기가 질릴 따름이다. 28층에는 헬리콥터 이착륙장이 있으며, 로열 스위트에는 전용 엘리베이터와 영화관, 대리석과 황금으로 만든 계단, 심지어 회전하는 캐노피 베드까지 있다.

정말 매혹적으로 들리지만, 그렇다고 해서 스위트에만 처박혀 있으면 다른 재미를 놓치게 된다. 8층의 "아사완 스파 앤 헬스 클럽"은 입이 다물어지지 않는 두바이 만의 전망을 자랑한다. 흠잡을 데 없이 완벽한 마즐레스 알 바하르 전용 해변은 왕족에게나 어울릴 법하다. 9개의 레스토랑과 바가 있으며, 개중에는 상어 수족관이 딸린 해저 레스토랑도 있다. 이 모든 것으로도 성에 차지 않는다면 요트를 빌리거나 세계적인 수준의 골프 코스에서 드라이버를 휘두를 수도 있다. 세계에서 가장 으리으리한 호텔을 방문하면 정말로 눈이 휘둥그레지게 된다—모든 것이 번쩍이는 황금인데 오죽하겠는가. 두툼한 지갑이나 잊지 말고 가져올 것—그리고 높은 곳에 올라가도 어질어질하지 않을 담력도 함께. **LP**

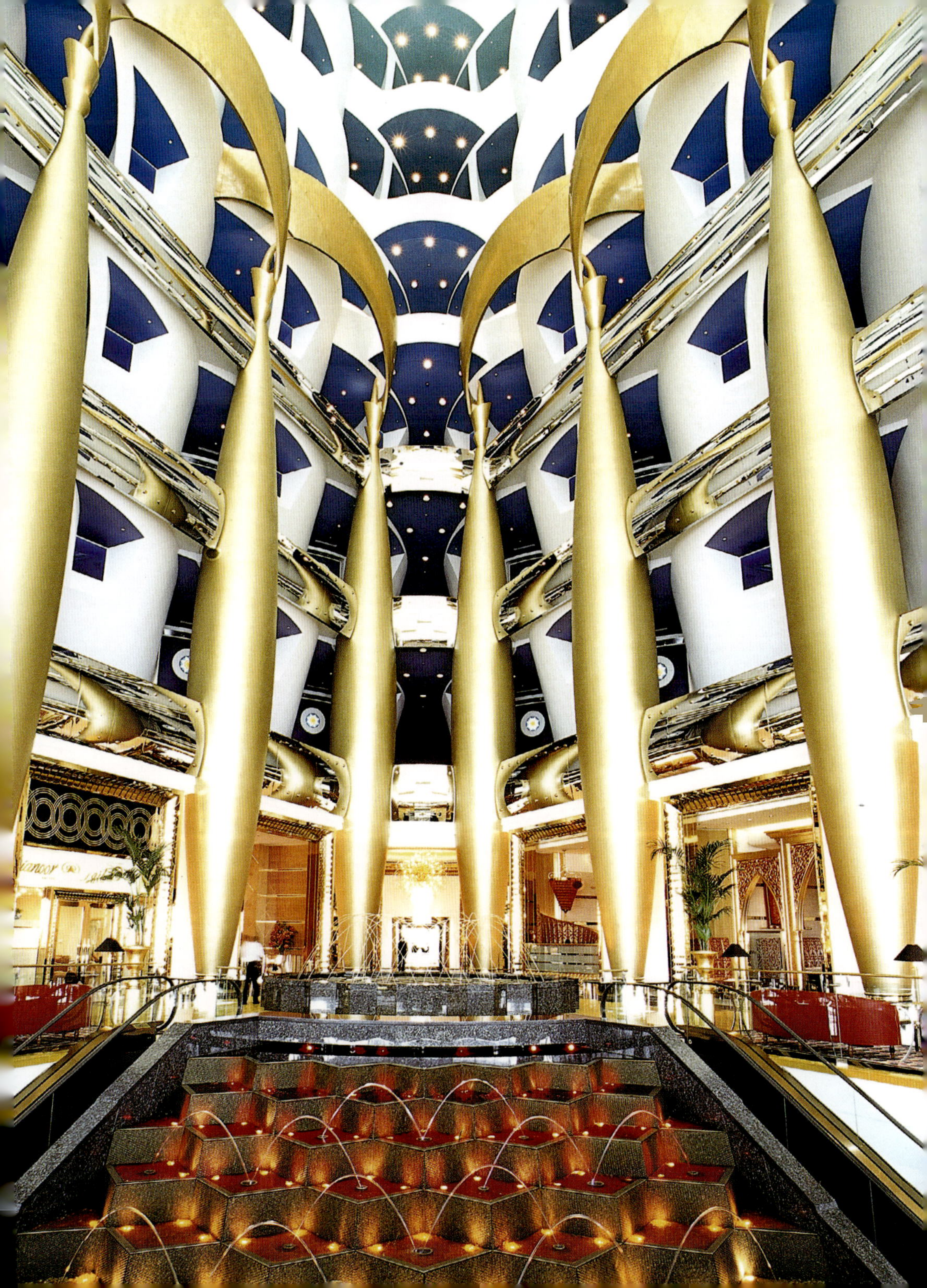

# 낙타 사파리 Go on a Camel Safari

**Location** 두바이 아랍에미리트    **Website** www.nettoursdubai.
com/camel_trek.htm    **Price** 💲💲

두바이는 벌어진 입이 다물어지지 않을 정도로 호화로운 6스타 호텔이 즐비한데다, 자고 일어나면 바다 속에서 또 완전히 다른 건축물이 솟아 올라오는 듯한 울트라모던 휴양지이다. 그러나 에어컨이 없는 곳으로는 한 발짝도 나가려 하지 않는 관광객 인파로부터 벗어나고 싶다면, 그리고 진정한 아라비아를 경험하고 싶다면 낙타 등에 올라타도록 하자.

이 지역의 베두인족들이 "알라의 선물"이라 부르는 낙타는 수 주일 동안 물도 먹이도 없이 위풍당당한 캐러밴을 이루어 붉은 모래 위를 걸어갈 수 있다. 슬리퍼처럼 생긴 발과 안락의자 같은 안장, 부드럽게 흔들리는 걸음걸이. 낙타를 타면 정말로 편안한 여행이 가능하다.

아라비아 사막으로의 낙타 사파리는 대추야자나무와 아카시아가 점점이 서 있고, 모래고양이, 사막토끼, 게르빌루스 쥐 등 보기 드문 사막 동물들이 사는 신비한 야생 자연 속으로 당신을 데리고 갈 것이다. 때때로 졸린 사막 여우가 모습을 드러내기도 하고, 듬직하고 흔들림 없는 낙타가 한 발자국 움직일 때마다 수많은 도마뱀붙이가 재빠르게 움직일 것이다. 해가 지면 베두인족의 전통 요리로 진수성찬을 즐길 수도 있다. 텐트 옆에 카펫을 깔고 팔다리를 쭉 뻗고 있는 동안 눈앞에서 요리가 만들어진다. 그 사이에 사구의 그림자는 점점 길어지고, 붉은 아라비아의 모래가 만들어낸 조각들이 그 모습을 바꾼다.

머리가 맑아지고, 긴 안목이 생기고, 세상에서 나의 위치가 어디인지 알기 위해서 가장 좋은 방법은 높은 산에 오르는 것이라고들 한다. 그러나 사막 예찬자들은 모래언덕이 만들어내는 아름다운 야생 자연 속을 거닐라고 말한다. 지도도 아무 소용이 없는 이 곳은 나 자신을 발견하기에 완벽한 공간이다. **SWi**

➡ 낙타의 등 위는 사막의 위엄과 침묵을 발견하기에 가장 좋은 곳이다.

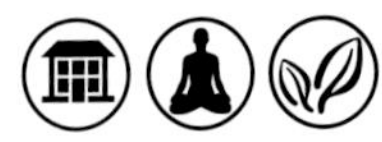

# 바브 알 샴스 Relax at Bab Al Shams

**Location** 두바이 아랍에미리트
**Website** www.jumeirahbabalshams.com   **Price** 💲💲💲

이 환상적인 아라비안 판타지 리조트에서는 럭셔리한 고립감이 느껴지지만, 사실 주메이라 바브 알 샴스는 두바이에서 자동차로 한 시간밖에 걸리지 않는다. 옛 성채를 본따 지은 이 믿기지 않는 리조트는 정말로 독특한 배경에서 사막의 모험을 즐기는 느낌이 든다. 모든 객실은 색깔이 짙은 나무와 부드러운 러그를 깔아 전통 스타일로 단장하였으며, 발코니와 테라스에서는 모래 언덕이 내다보인다. 스위트에는 독립된 마즐리스(아랍어로 "앉는 공간"이라는 뜻) 스타일의 라운지, 레인샤워가 따로 있는 욕실, 욕실과 연결된 커다란 워크인 드레스룸 등이 딸려 있다.

남녀노소 누구나 좋아할 만한 멋진 휴양지이다. 아

> "전통적인 아랍 요새에서
> 영감을 받은… 뒤죽박죽 스타일이
> 매끄럽게 어우러진다."
>
> 매튜 리, 『데일리 텔레그라프』

이들이 키즈 클럽에서 노는 동안, 어른들은 인피니티 풀에 몸을 담그고 저 멀리 모래 언덕 풍경을 감상하거나, 스파 "사토리"에서 사치스런 시간을 보낸다. 6개의 레스토랑과 바가 있어 인터내셔널과 아랍 요리를 모두 맛볼 수 있다. 옥상의 바에서는 칵테일을 홀짝이며 사막 위로 지는 석양을 볼 수 있다.

승마와 낙타 트레킹부터 매 훈련까지 다양한 사막의 모험을 계획해 보자. 또는 사막을 탐험하고, 물결 모양의 모래 위에서 이른 아침을 먹는 건 어떨까.

바브 알 샴스를 떠나는 것이 좋은 이유는 딱 하나밖에 없다. 돌아가는 길에 두바이의 번화한 수크(souk, 아랍권의 시장)에서 금붙이, 가죽제품, 향신료를 쇼핑할 수 있다는 것이다. **AD**

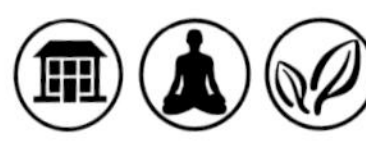

# 로열 미라지 Enjoy the Royal Mirage

**Location** 두바이 아랍에미리트
**Website** www.oneandonlyresorts.com   **Price** 💲💲💲💲

두바이의 주메이라 지역, 아라비아 만을 따라 이어지는 황금빛 모래밭에는 호화로운 호텔들이 줄지어 서 있다. 그러나 도시의 끝없는 번잡함을 피할 수 있는 곳은 오직 한 군데밖에 없다. 원앤온리 로열 미라지의 천국 같은 하맘(hammam, 터키탕)이다.

무어와 아라비아풍으로 지은 로열 미라지의 디자인은 흠잡을 데 없이 완벽하다. 아치와 돔으로 장식한 모래빛 건축물이 새파란 하늘을 배경으로 서 있다. 녹색의 야자수, 분수, 외딴 풀장, 정자, 이국적인 아라비아 스타일이 도처에 깔려 있는 오아시스이다. 동방의 정수를 그대로 간직한 스파는 정교한 디자인의 중앙 돔과 모자이크 타일을 자랑하며, 그 안에 아름다운 전통 하맘이 있다. 처음부터 끝까지 특별한 경험이다. 어딘가 연극적인 구석이 있는 의식이라 할 수 있다. 수증기가 자욱한 축축한 벽 안에서 아름다움과 건강을 증진시키는 것이 하맘의 목적이다. 정해진 목욕과 정화 의식도 있다. 부드러운 면으로 만든 전통 페스테말(pestemal)을 몸에 두르면, 하맘의 마사지사가 피부가 반들반들 빛이 나고 마음이 완전히 느긋해질 때까지 클렌징, 스크럽, 마사지를 해 줄 것이다. 공기가 뜨겁고 무거운 구석으로 가면 희미한 빛을 뚫고 빛 줄기 몇 개가 들어오며, 손전등을 들어 모자이크를 비추어 보자.

끊임없이 흐르는 물, 티 하나 없이 반짝이는 은그릇, 후덥지근한 더위가 사람의 넋을 빼놓다시피 한다. 이렇게 세심한 디테일까지 다 시중을 받는 것도 쉬운 일은 아니니, 카르다몸 차를 마시면서 좀더 빈둥거리도록 하자. 그 향신료의 달콤한 향이란. 도대체 뭘 더 바라는가? **RCA**

➡ 원앤온리 로열 미라지의 모든 것은 몸과 마음의 긴장을 풀도록 설계되었다.

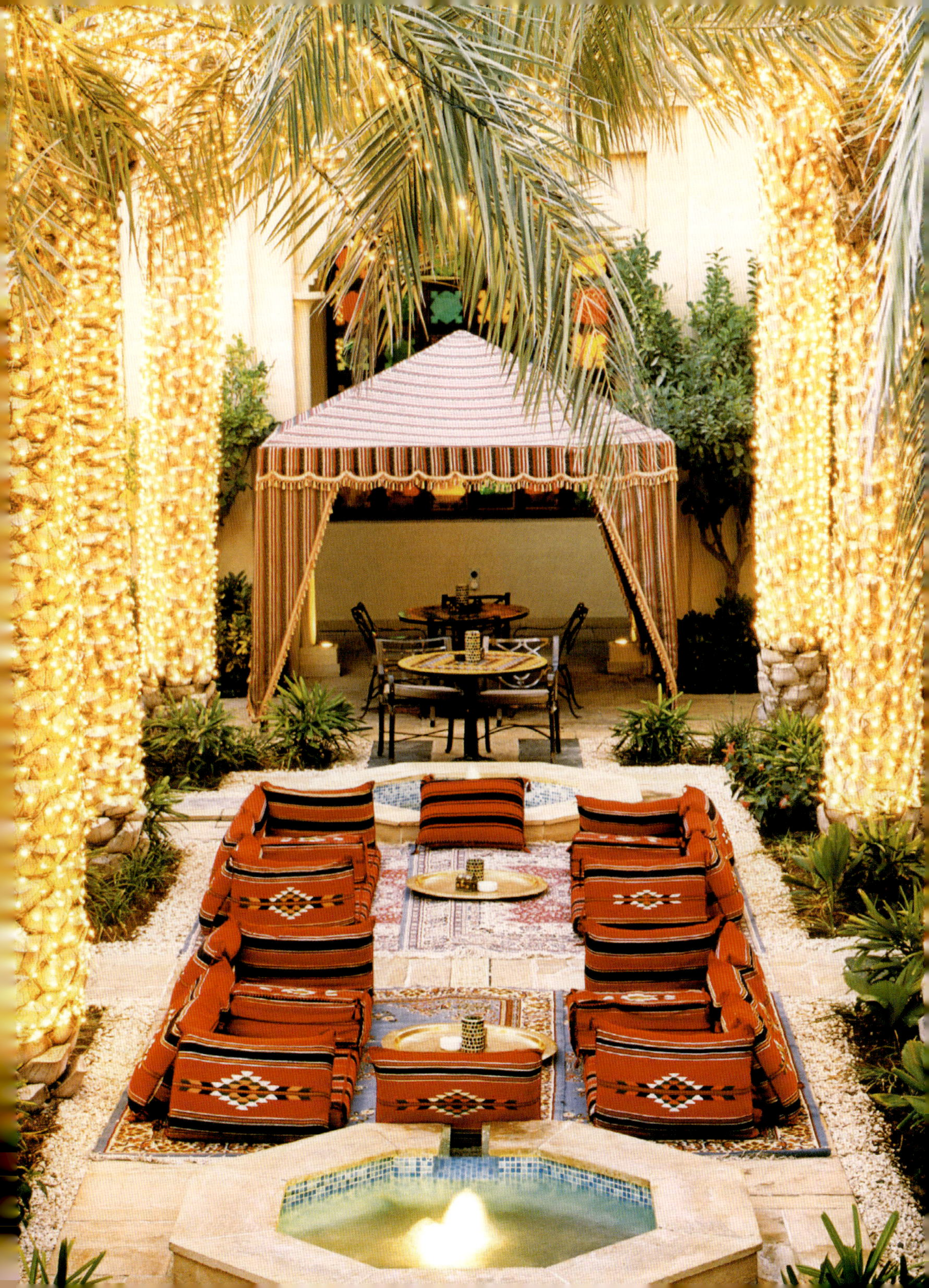

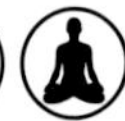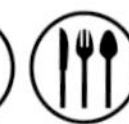

# 샤르크 빌리지
Relax at Sharq Village

**Location** 카타르 도하
**Website** www.sharqvillage.com　　**Price** 🅢🅢🅢

이 웅장한 호텔은 카타르 문화를 직접 경험할 수 있는 환상적인 기회를 선사한다. 샤르크 빌리지에 와서 바닷가 어촌의 잃어버린 세계에 푹 빠져 보자. 도하 만의 바로 이 곳에 예전에는 어부들과 진주조개잡이들이 살았었다. 어업이 변화하면서 마을도 서서히 비어갔다. 그러나 이제 이 땅은 새로운 삶을 얻었다.

샤르크 빌리지는 카타르 국왕의 아이디어로, 카타르 역사에 바치는 살아 있는 헌정물이다. 5년에 걸친 꼼꼼한 기획과 2년의 세심한 공사 끝에, 샤르크 빌리지는 국왕의 대리석 궁전과 안뜰의 빌라—마치 미니어처 부티크 호텔들처럼—그리고 럭셔리 스파를 한데 아우르게

> "해변의 백사장에 자리잡은
> 이곳은… 관능적인 디테일로
> 사람을 취하게 한다."
>
> 멜리사 로시, 『럭셔리 트래블 매거진』

되었다.

객실에는 레바논 삼나무를 정교하게 조각해서 만든 기둥 4개 달린 침대가 놓여 있으며, 리셉션과 공공 공간은 카타르의 가장 오래된 집들에서 사들인 골동품으로 꾸며져 있다. 구식 가옥 사이로 전통 정원을 가로지르는 미로 같은 산책로를 거닐자. 그리고 나서 수크에서 숄이나 귀금속 따위를 사야 한다. 간단한 아랍 과자부터 최고급 디너까지 무엇이든 먹을 수 있는 레스토랑이 있다.

토르세도라(torcedora, 시가 바)에서 손으로 일일이 마는 주문 제작 담배를 즐겨도 좋고 물담배를 피울 수 있는 테라스로 가면 집사가 휘장을 드리운 부스 사이로 미끄러지듯 들어와 시중을 들어 줄 것이다. 베개 위에 기대서 별을 보자. **AD**

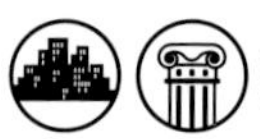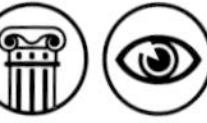

# 야즈드
Explore Yazd

**Location** 이란 야즈드
**Website** www.iranvisitor.com　　**Price** 🅟

진흙 벽돌로 지은 집들과 좁은 골목길이 매력적으로 엉켜 있는 야즈드는 마치 사막에서 솟아오른 것처럼 보인다. 인류가 이곳에 거주한 지도 어느새 3,000년이 다 된다—무덥고 메마른 도시라는 사실을 감안하면, 야즈드 시민들은 시원하게 지내기 위한 천재적인 해결책을 찾아낸 셈이다. 바로 건물 위에 바드지르, 즉 바람 탑을 짓는 것이다. 수직으로 길게 뚫린 구멍이 아주 미세한 바람까지 빨아들여 아래층에 있는 사람들에게 서늘한 공기를 내려보내 준다. 야즈드는 카나트로도 유명하다—구시가지의 진흙 벽돌 집 아래로 오늘날까지도 흐르고 있는 고대의 수로이다. 아치 아래로 이어지는 벽돌 계단을 하나만 내려가면 구경할 수 있다.

사실 야즈드의 긴 역사만으로도 충분히 인상적이다. 지구상에서 인류가 계속 거주해 온 가장 오래된 지역 중 하나로, 1200년대 초, 징기즈칸의 박해를 피해 달아난 예술가와 지식인 들에게는 안전한 피신처였다. 그로부터 약 반 세기 후인 1272년, 마르코 폴로가 이 곳에 왔다. 조로아스터교의 불의 신전에 있는 불은 서기 470년 이후로 한번도 꺼지지 않고 계속 타올랐다고 한다. 야즈드에는 볼거리가 아주 많다—그 중에서도 가장 인상적인 것 중의 하나는 14세기에 지어진 "금요일의 모스크"이다. 정교한 파란 모자이크 장식과 새파란 하늘을 배경으로 서 있는 45m 높이의 미나렛을 놓치지 말자. 그러나 대부분의 방문객들은 느긋하면서도 차분한 야즈드의 분위기만으로도 즐겁다고 한다.

야즈드는 꽤 큰 도시이다—인구가 50만 명 가까이 된다. 그러나 거리를 돌아다니든, 골목길로 들어가 보든, 서늘한 안뜰에서 잠시 쉬든, 풍부한 이란 요리(과자를 포함해서)를 맛보든 간에 삶이 좀더 단순했던 시대로 되돌아가는 듯한 느낌을 받게 될 것이다. **PE**

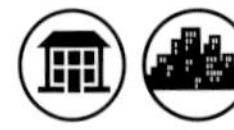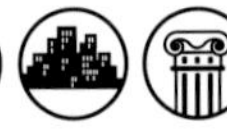

# 압바시 호텔

Enjoy Abbasi Hotel

**Location** 이란 이스파한
**Website** www.abbasihotel.com  **Price** 🚫🚫

페르시아의 옛 수도 한복판에 서 있는 5스타 호텔 압바시는 이스파한의 황금시대를 맛볼 수 있는 곳이다. 약 300년 전, 이슬람이 태어난 이래 가장 위대한 제국을 세우고 2세기 넘게 페르시아를 지배하며 번영하던 사파비 왕조 시대에 지어진 이 호텔은 언제나 여행객들에게 머물 곳을 제공해 주었으며, 원래는 캐러밴이 묵는 큰 여관이었으나, 지금은 중동에서 가장 아름다운 호텔 중 하나이다.

건물의 원래 모양과 그 정수를 그대로 보존하기 위해 세심한 주의를 기울였으며, 먼지투성이 안뜰을 초목과 꽃이 가득한 페르시아풍 정원으로 바꾸어 놓았다.

> "마치 보석처럼 찬란하게
> 아름다운 이란 건축이
> 끊임없이 반짝이고 있다."
>
> 압바시 호텔 운영진

이 정원은 이제 호텔 압바시의 가장 큰 매력 중의 하나이다. 바로 이웃에 위치한 마드레세 차하르—바그 신학 대학의 파란 미나렛과 이슬람식 양파 모양 돔이 테라스를 내려다보고 있다. 이 대학은 18세기 초 이래 이슬람 학자들이 학생들을 가르쳐 온 곳이다.

사랑스러운 정원을 한복판에 품고 있는 건물들은 전형적인 중동의 이완(iwan, 아치를 올린 통로)을 지나 방으로 들어가게 되어 있다. 200개가 넘는 객실은 퀸사이즈 베드와 거실 공간이 있는 아늑한 황토색과 적갈색의 룸부터 정교한 벽지와 돔 천장, 그리고 페르시아 파르쉬(farsh, 카펫)가 깔려 있는 여러 개의 방으로 구성된 호화로운 스위트까지 다양하다. **DaH**

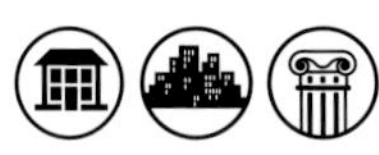

# 부르즈 알 살람 호텔

Stay at Burj Al Salam Hotel

**Location** 예멘 사나
**Website** www.burjalsalam.com  **Price** 🚫🚫

예멘 고원 지대의 심장부에 있는 수도 사나—고도 2,200m—는 아라비아 반도의 숨막히는 더위를 피할 수 있는 아주 기분 좋은 도시이다. 세계에서 가장 오래된 도시 중 하나로, 사나의 구시가지 한복판에 있는 부르즈 알 살람 호텔의 건축 양식과 실내 장식은 마치 고대로 돌아간 듯한 착각에 빠지게 한다.

UNESCO의 감독하에 10년간 전면 복원 공사를 거친 이 "평화의 탑"(부르즈 알 사람을 직역하면 이런 뜻이다)은 예멘의 미학과 유럽의 세련됨이 결합되어 있다. 47개의 룸과 스위트로 구성되어 있으며, 나무로 만든 거대한 아치형 현관이 딸린 아름다운 외관을 자랑한다. 사나의 유서깊은 구시가지에 있는 유일한 일류 호텔이자, 엘리베이터가 설치되어 있는 유일한 호텔이기도 하다. 호텔 레스토랑은 예멘 전통 음식과 서양 요리를 모두 선보이며, 예멘의 전원을 탐방하고 싶어하는 이들을 위해 인근의 마을로 투어도 짜 준다.

부르즈 알 살람의 가장 큰 자산은 구시가지의 환상적인 전망을 즐길 수 있는 옥상 테라스이다. 사나는 중동에서 가장 잘 보존된 구시가지를 자랑하며, 돔과 미나렛, 색색깔의 창문, 찰흙으로 만든 전통 가옥을 볼 수 있다. 사실 예멘의 건축은 중동의 다른 나라의 그것과 사뭇 다르다.

고원 기후에 적합한 건축 자재를 사용하기 때문에 사나는 내륙의 해안 평원이나 사막과는 완전히 다른 건축 양식을 보인다. 높다랗고, 지붕이 평평한 집들은 정교한 프리즈와 섬세하게 조각된 프레임이 마치 고대의 마천루처럼 보이며, 진정 이국적인 휴가 경험을 위한 완벽한 배경이 되어 준다. **DaH**

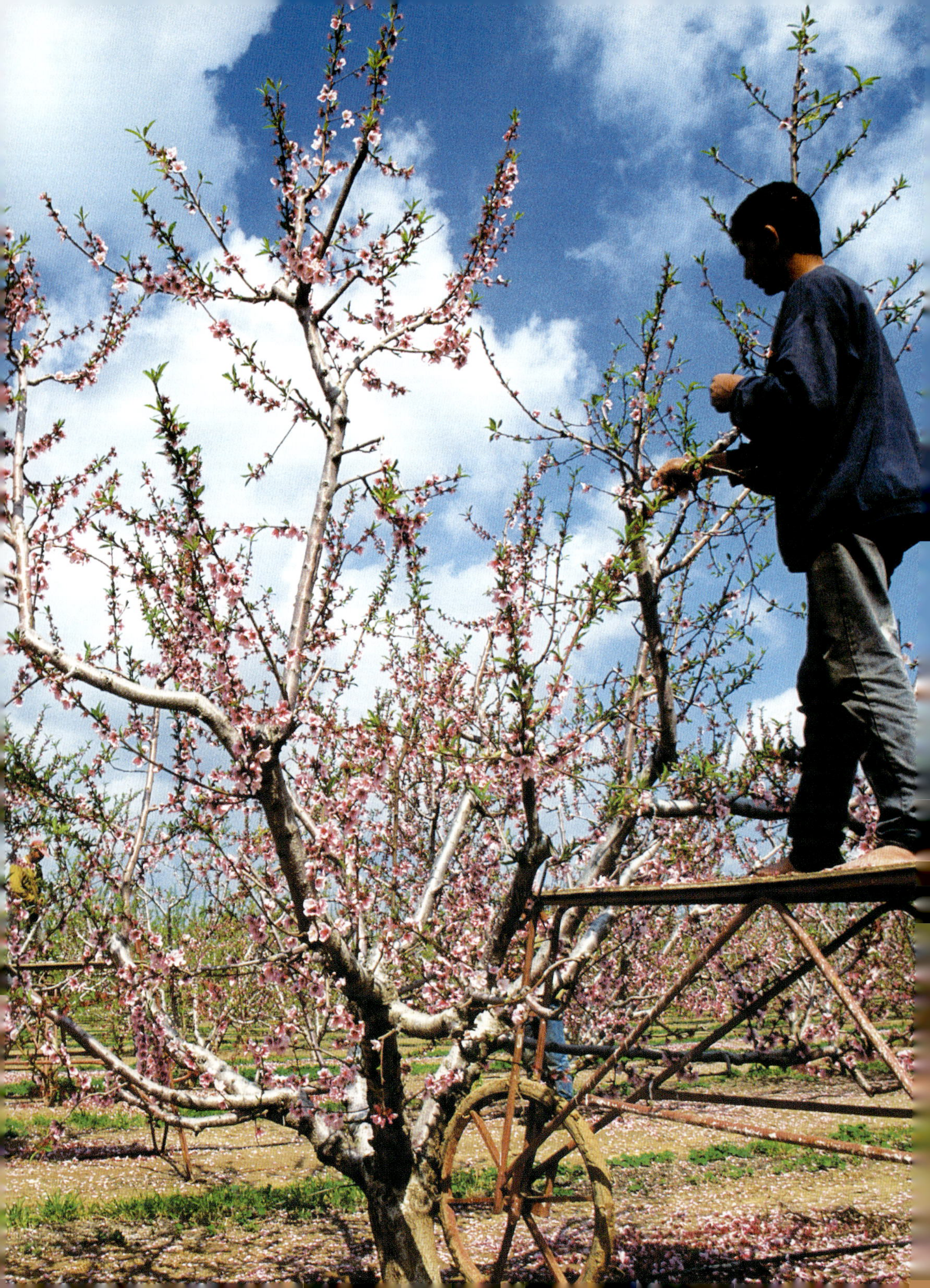

# 키부츠
Experience a Kibbutz

**Location** 이스라엘 엘리아트 근교
**Website** www.kibbutz.org.il/eng/welcome.htm　**Price** ❶

노동 시온주의는 19세기 말 제정 러시아에서 처음 일어났으며, 키부츠 운동의 모태가 되었다. 키부츠 사회주의자들은 옛 조국 이스라엘 땅에서의 육체 노동을 구원의 수단이자 디아스포라로 인한 사회적 제약으로부터 유대인들을 해방시킬 수 있는 매개체로 보았다. 키부츠 운동의 결과 중 하나는 1909년, 갈릴리 호수의 남쪽 끝에 최초의 키부츠(집단 농장)가 세워진 것이다. 1948년 이스라엘이 건국되었을 즈음에는 이미 여러 키부츠가 번영하고 있었다.

오늘날, 농업은 더 이상 키부츠의 존재 이유가 아니다. 엘리아트 북쪽으로 50km 거리에 있는 키부츠 케투라는 민영화를 거부하고 집단 농장 형태로 계속 남아 있는 몇 안 되는 키부츠 중 하나이다. 1973년에 세워진 케투라는 그 주민들이 모두 고학력자들인데다 그 결과 예술적, 기술적으로 뛰어난 결과를 자랑한다는 점에서 눈에 띈다. 키부츠에서는 회계와 수초 재배부터 사진 촬영과 미술까지 다양하며, 다른 휴양지와는 달리 케투라에서는 돈을 쓰는 것이 아니라 버는 것이 가능하다.

자원봉사자들은 2개의 공동 아파트에서 머물게 되며, 무료 숙박과 3끼 식사 외에도 한 달에 65달러의 급여를 받게 된다. 2~6개월 동안 지낼 수 있는 자원봉사자들이 주로 하는 일은 서비스 분야이지만, 농사일을 하거나 어린이들을 돌보는 이들도 있다. 무슨 일을 하든, 키부츠에 살아 보는 경험은 일상 생활에서 만나게 될 그 어떤 것과도 사뭇 다를 것이다. **DaH**

◰ 키부츠에서는 여러 가지 일—예를 들면 승도 복숭아 따기—을 할 수 있다.

# 이스로텔 아가밈
Relax at Isrotel Agamim

**Location** 이스라엘 에일라트
**Website** www.isrotel.co.il　**Price** ❺❺

홍해 해안과 엘리아트 산책로 근처에 "물의 정원 호텔"이라 알려진 아가밈이 있다. 느긋한 분위기를 만끽하고 싶어하는 젊고 한가로운 손님들을 끌고 있다. 풀장에서는 긴장을 풀어주는 음악이 흘러나오고, 바에서는 트로피컬 칵테일을 만들어 주며, 푸른 정원의 야자나무 사이에는 해먹이 매달려 있다.

이스로텔 아가밈은 로맨틱한 휴가를 보내기에 좋은, 아주 인기가 높은 호텔이다. 사랑에 목마른 커플들은 호텔의 시그니처인 워터 룸에서 머물면 된다. 지상층의 룸들은 메인 석호 풀장과 연결된 전용 시냇물로 바로 이어진다. 개인용 데크에서 쉬거나 돌로 만든 아치 아래

> "트로피컬 칵테일, 아늑한 해먹,
> 그리고 아무것도 하지 않을 수 있는
> 자유를 즐겨라."
>
> 이스로텔 아가밈 운영진

로 흐르는 시냇물에 발을 담그자.

아침에 일찍 일어나느라 부산을 떨 필요도 없다. 아침식사는 정오까지 가능하며, 수영장의 바 "온 더 워터"에서 바로 룸서비스를 올려 보내 주기도 한다. 호텔 밖으로 나가 보고 싶다면, 에일라트 위쪽으로 펼쳐진 산속으로 지프 사파리를 떠날 수도 있다. 숨이 멎을 듯 아름다운 사막 풍경을 파노라마 디테일로 볼 수 있는 멋진 기회이다. 에일라트 남쪽은 저 유명한 시바의 여왕이 솔로몬 왕을 만나러 왔을 때 도착했다는 곳이며, 더 북쪽으로 올라가면 1940년대 말, 어린 베두인족 목동이 사해 문서를 발견한 사해의 동굴들을 구경할 수 있다. **AD**

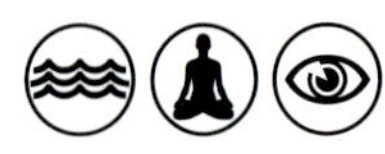

# 사해 Bathe in the Dead Sea

**Location** 이스라엘/요르단　**Website** www.deadsea.co.il
**Price** ⬤

사해는 지구에서 가장 지표면이 낮은 곳이다. 사실 사해는 인근 지역의 가뭄으로 인해 빠르게 사라져가고 있다. 사해의 영적인 본질도 황홀하지만, 세계에서 가장 큰 천연 스파에 둥둥 떠 보는 특별한 경험도 마찬가지다. 사해는 그 공기에도 성경 구절이 스며 있는 것처럼 느껴진다. 그러나 사해는, 평생 한번 올까 말까 한 기회이기 때문만이 아니라, 그 자체만으로 아름다운 한편의 서사시이기 때문에 와 봐야 한다.

천연 스파로서의 사해의 기능은 마이크로 기후, 오존이 짙은 공기, 낮은 습도, 높은 증발압력과 기압, 그리고 자외선이 여과된 건강에 좋은 햇빛의 조화이다. 짭짤하고 광물질이 풍부한 물과 머드는 부드러운 "클

> "사해의 물에 들어가는 것은 독특한 센세이션이다. 몸이 너무나 가뿐하게 둥실 떠올라… 다리를 물에 담그는 것도 쉽지 않다."
>
> 재클린 헤드, 『데일리 메일』

레오파트라 스킨"을 만들어 준다고 한다. 결벽증이 있어서 물고기와 함께 해수욕을 하는 데에 거부감이 든다면, 사해는 완벽한 공간이다. 요르단과 서안(西岸) 사이에는 살아 있는 것이라고는 해초뿐이다.

머드를 씻어내고 예리코, 소돔, 고모라 쪽으로 떠가면서 예루살렘의 하늘을 핏빛으로 물들이며 가라앉는 태양을 바라보자. 세계에서 가장 큰 천연 스파라고 했는데, 이제는 인공 스파 "이슈타르(Ishtar)"도 있다. 몸이 영혼을 담는 그릇이라고 한다면, 이왕이면 서사적인 그릇으로 하자. 바빌론의 공중정원을 염두에 두고 지은 이슈타르는 바빌로니아의 화려함을 그대로 재현한 듯하다. **LGS**

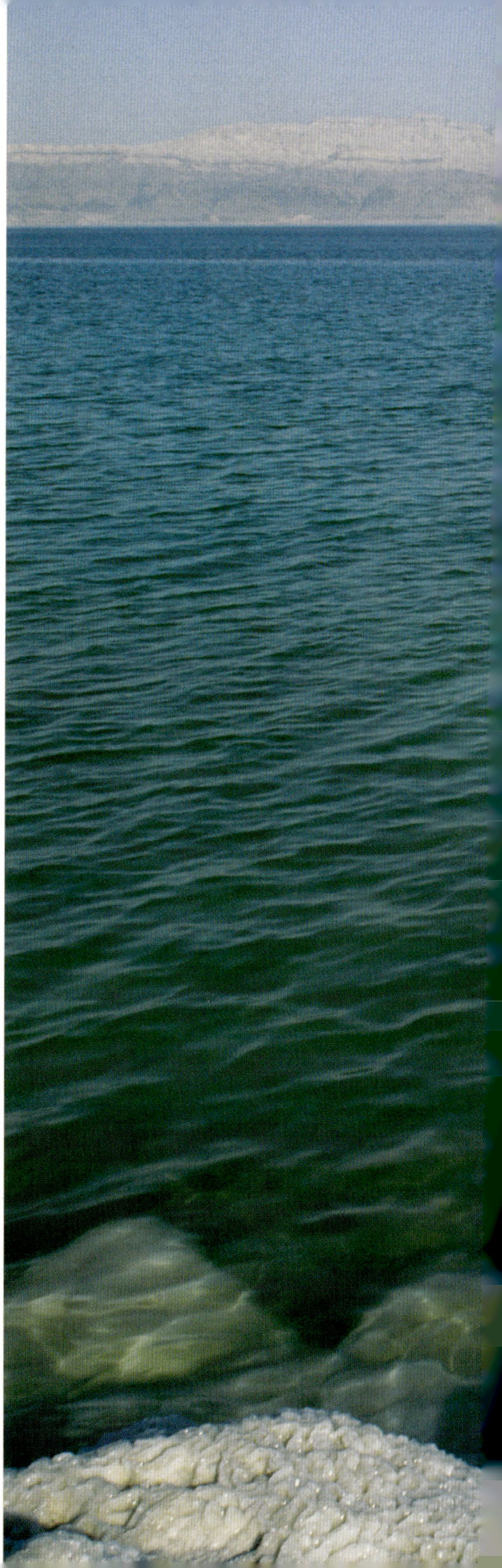

↳ 사해는 염분과 그 밖의 광물질 함량이 너무 높아 가라앉지 않고 수면 위에 둥둥 떠서 누워 있는 것도 가능하다.

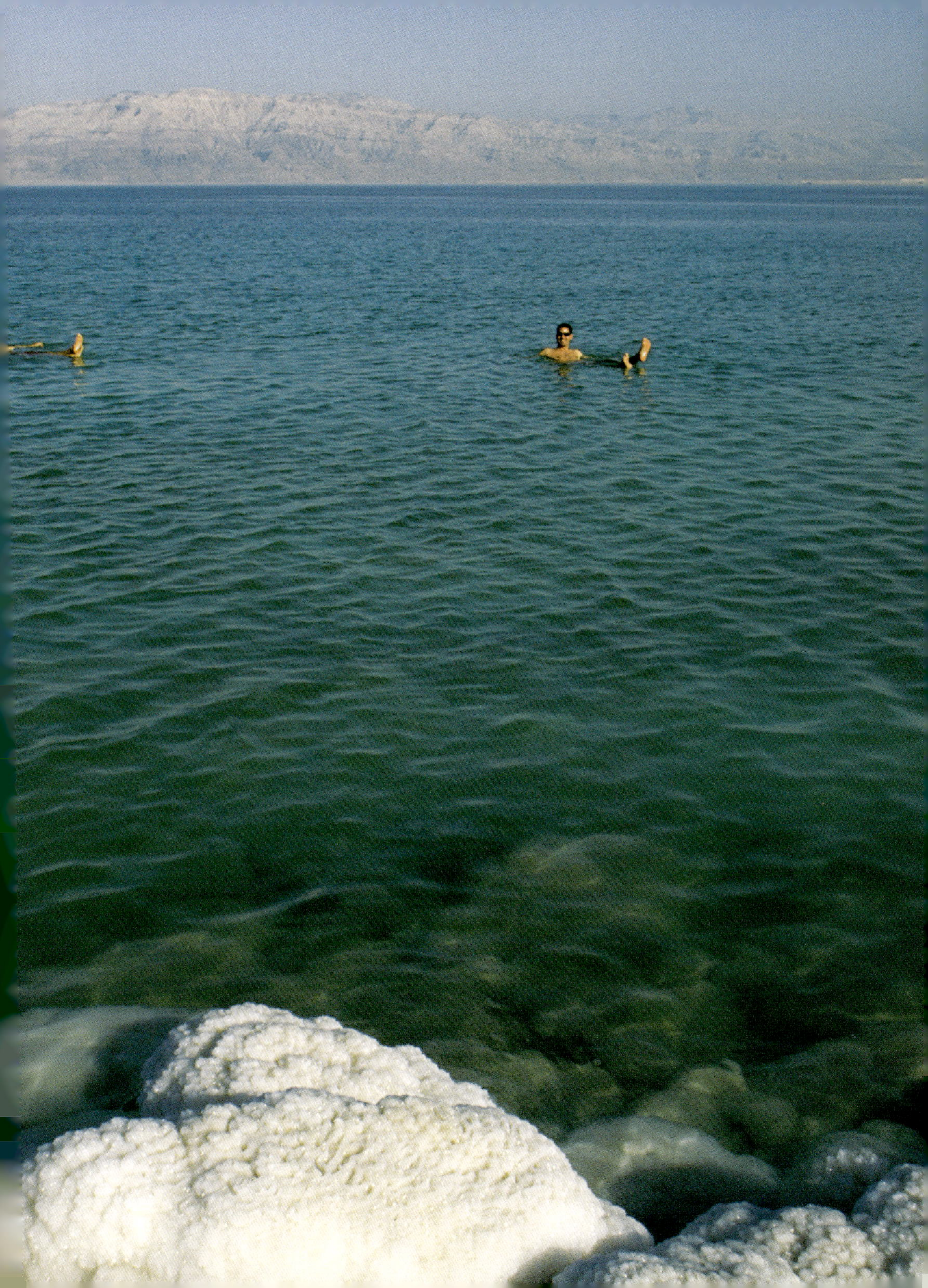

# 페이난 로지 Stay at Feynan Lodge

**Location** 요르단 와디 아라바
**Website** www.rscn.org.jo　**Price** 💲

페이난 로지에 오려면 6시간 동안 하이킹을 하거나, 2시간 반 동안 4륜 구동 자동차를 타고 울퉁불퉁한 길을 달려야 하지만, 그럴 만한 가치가 있는 곳이다. 로지들은 다나 생물관 보호 구역(Dana Biosphere Reserve)의 서쪽 현관이나 다름없다. 영국 왕립 자연보호 협회(RSCN)는 이 독특한 태양열 발전 에코 로지를 지어 관광객들에게 숙박을 제공하고 있다.

해가 저물면, 이 로지는 객실, 테라스, 그리고 식당 주위에서 빛나는 촛불과 마찬가지로, 반짝이는 사막의 신기루로 변한다. 흡사 전통 캐러밴 객주에 들어선 것 같은 착각이 든다. 로지의 녹색 원칙에 따라 이 곳에서 밝히는 촛불 역시 베두인족 여인들이 만든 것이며, 레

> "이 로지는 요르단에서
> 특별한 관광 경험이 가능하게끔 한
> 용감한 시도이다."
>
> 영국 왕립 자연보호 협회

스토랑에서는 전통 베두인 초식 음식을 만들기 위해 이 지역에서 생산한 신선한 재료만을 사용한다. RSCN은 과도한 방목으로 인해 토양이 황폐해지면서 고난을 겪게 된 이 지방의 베두인족에게 지속 가능한 대체 수입원을 제공하고자 이 로지를 지었다. 이 지역에서 생산되는 자재만을 사용했으며, 독특한 아라베스크 양식에 전통적인 어도비 벽돌 기술이 결합했다.

환상적으로 조용한 위치와 놀랄 만큼 아름다운 풍경 때문에 워킹족에게 완벽한 휴양지이다. 또한 고대 로마의 구리 광산과 비잔틴 제국 마을의 유적 등 매혹적인 고고학 보물도 많이 찾아볼 수 있다. **AD**

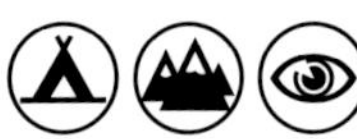

# 와디 룸 Camp at Wadi Rum

**Location** 요르단 와디 룸　**Website** www.baitali.com; www.visitjordan.com　**Price** 💲💲💲

와디 룸은 700평방킬로미터가 넘는 야생 자연으로, 요르단 최고의 볼거리 중 하나이다. 수천년 동안의 바람과 모래가 만들어낸 바위와 절벽이 대성당처럼 우뚝 서 있다. 반(半)유목민들이 지난 수 세기 동안 그래왔듯 이 곳에서 살면서 염소를 친다. 낙타나 지프를 타고, 혹은 걸으면서도 제벨(jebel, 아랍어로 "산")이라 부르는 산지의 드라마틱한 아름다움을 즐길 수 있으며, 등산가들은 운만 좋으면 높이 1,750m에 달하는 절벽까지 올라가 볼 수도 있다.

부족민들은 모험심이 풍부한 여행객들에게 염소털로 짠 천막에서 하룻밤 묵게 해 준다. 이 사막에 쳐 놓은 천막들은 독특한 경험을 선사한다. 부족민들이 손님들에게 라이브 음악, 재미있는 이야기, 진한 아라비아 커피를 대접하는 동안 물담뱃대에서 피어 오르는 연기 줄기가 공기에 배어난다. 또 수영장, 럭셔리한 텐트, 뜨거운 샤워 등의 시설을 갖춘 럭셔리한 바이트 알리(Bait Ali) 같은 숙박시설도 있다. 가이드를 따라 사막으로 나가 사암 산맥으로 둘러싸인 고대의 강바닥에서 촛불, 바비큐, 호화로운 침대를 갖추고 혼자서 별빛 아래 캠프 경험을 할 수도 있다. 이 곳 "달의 계곡"에서는 고대부터 최근 역사까지 전설이 넘쳐난다—아라비아의 로렌스가 제 1차 세계대전 중에 아랍인들이 반란을 일으켰을 때 이 곳에 본거지를 둔 이야기는 흔히 오르내린다.

캠프파이어가 깜박거리고, 험준한 바위와 바람에 깎인 돌들이 빛을 받아 반짝인다. 협곡과 동굴 깊은 곳에서는 4,000년 전 사막민족들이 암벽면에 새긴 그림을 볼 수 있다. 로렌스는 이 지역에서 영감을 받아『지혜의 일곱 기둥』을 저술했으며, 그 풍경을 가리켜 "거대하고, 메아리치고, 하느님 같다"고 말했다. **LD**

→ 드넓게 펼쳐진 기묘한 느낌의 사막이 바로 와디 룸이다.

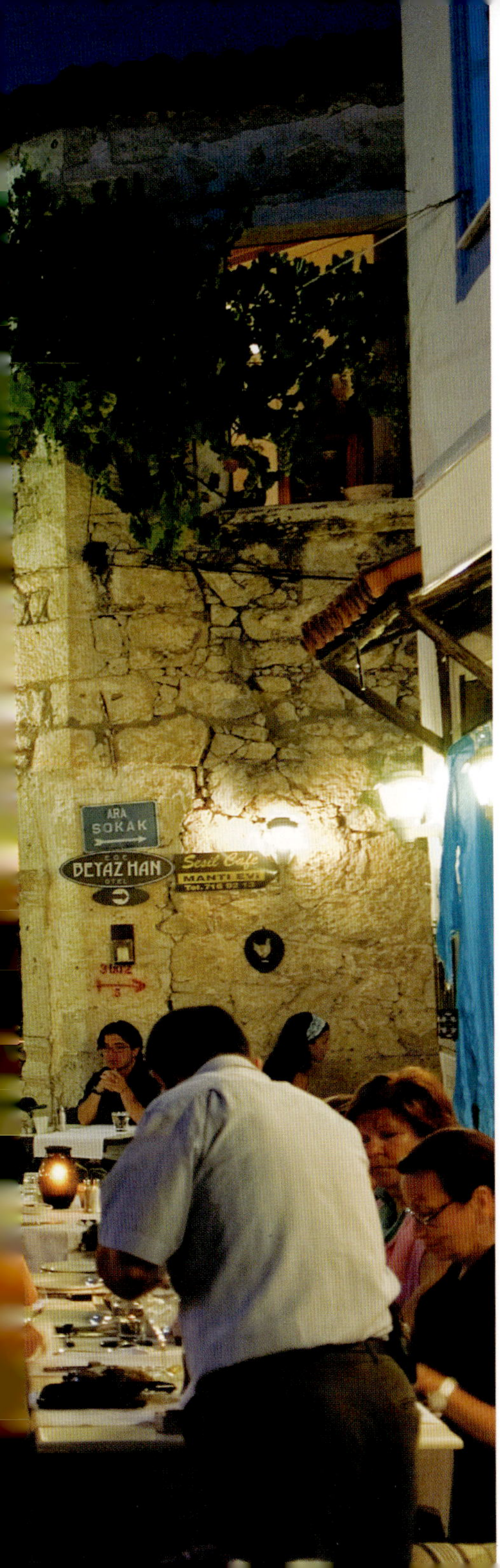

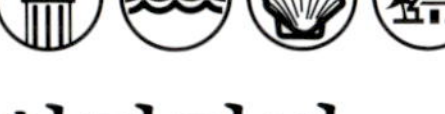

# 알라카티 Explore Alaçati

**Location** 터키 이즈미르　　**Website** www.tasotel.com
**Price** $

터키의 에게해 연안에 위치한 알라카티는 바닷가 바로 안쪽에 있는 유서깊은 그리스 도시로, 가슴이 아플 정도로 우아한 부티크 호텔과 구르메 레스토랑으로 넘쳐나는 곳이다. 모래가 깔린 작은 만(灣)이 있어 윈드서핑족들에게 인기가 좋으며, 최고급 리조트도 즐비하다. 10년 전만 해도 이 곳에는 아무것도 없었다.

2001년, 은퇴한 마케팅 사업가 제이네프 오지스는 시내의 다 허물어져 가는 주택 하나를 고급 호텔로 개조해 보자고 생각했다. 알라카티 타스 오텔(Alacati Tas Otel)은 어마어마한 성공을 거두었으며, 그 결과 이 곳을 모방한 호텔들이 우후죽순으로 생겨났다. 현재까지 모두 36개가 있으며, 지금도 계속 생겨나고 있다.

> "하얗게 칠한 벽,
> 엷은 푸른색의 창틀, 앤티크 가구,
> 그리고 매력적인 장작불."
>
> 『더 타임즈』

다행히도 엄격한 도시 계획법이 있어, 저마다 도시의 건축 양식과 개성을 존중하는 범위 안에서 공사가 이루어진다.

그러나 이 중 그 어느 곳도 타스를 넘어서지는 못했다. 넓은 객실은 매력적으로 꾸며졌으며, 건물 밖에는 벽으로 둘러싸인 평화로운 정원과 한쪽에 떨어져 있는 호젓한 풀장이 있다. 주로 인근 지역에서 생산한 재료를 사용하여 만든 맛있는 음식이 초목이 무성한 테라스에 차려진다. 이 호텔은 조용하고 고요하지만, 도심에서 아주 가깝다. 몇 분만 걸어가면 활기가 넘치는 바와 레스토랑들이 있고, 자동차로 조금만 가면 해변에서 일광욕과 수상스포츠를 즐길 수 있다. **JF**

◁ 이 번화한 거리가 독특한 이유는 사람들을 지켜볼 수 있는 기회가 풍부하다는 것이다.

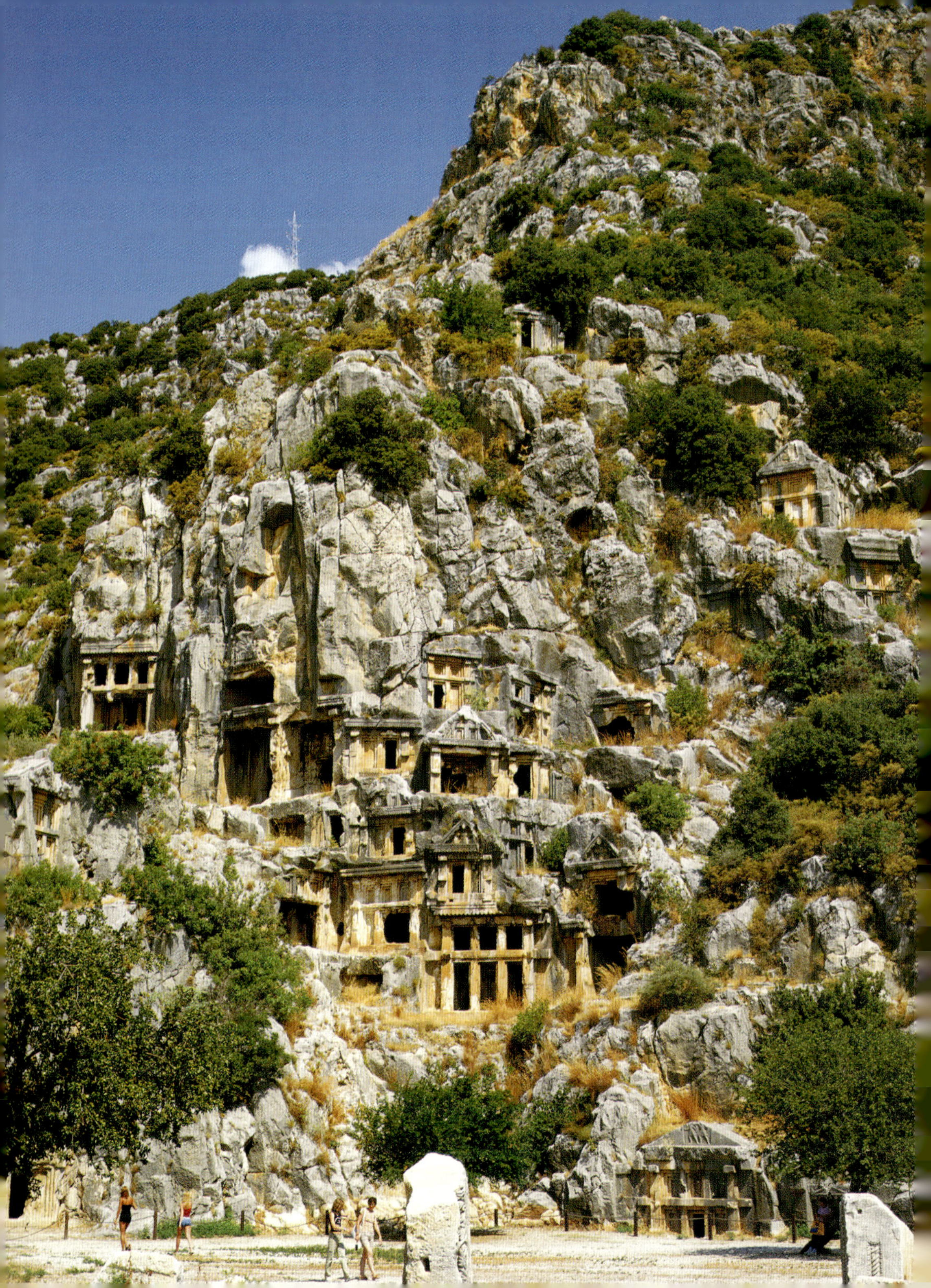

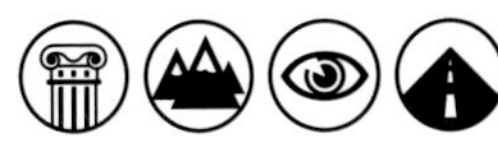

# 리키아 가도 Walk the Lycian Way

**Location** 터키 페티예에서 아나톨리아까지
**Website** www.lycianway.com　**Price** ❶

리키아는 터키의 테케 반도의 옛 이름으로, 남쪽 해안에서 지중해로 불쑥 튀어 나와 있다. 해안을 따라 작은 만(灣)에서 산들이 가파르게 솟아 있어, 숲이 우거진 산비탈을 따라 걷는 이들에게 아름다운 풍경을 선사한다. 리키아 가도는 10년 전에 만들어졌다. 리키아 해안선을 따라 페티예에서 아나톨리아까지 이어지는 509km의 길로, 워킹족들의 편의를 위해 곳곳에 표지가 되어 있다. 루트는 출발점인 페티예 근처에는 그리 어렵지 않지만, 나아갈수록 힘들어져서 꽤 높은 오르막과 내리막도 각오해야 한다.

루트 전체에 도전을 하건, 일부 구간만 맛보건 간에 며칠 동안 스펙터클한 휴가를 즐길 수 있다. 잃어버린 옛 리키아 도시의 유적, 외딴 곳의 예스러운 집, 숲, 바위, 그리고 그 너머로 반짝반짝 빛나는 지중해까지 볼 수 있다. 파타라의 길이 12km 해변으로 바바 다기 산맥의 전망과, 카스와 칼칸 해안을 아우르는, 그야말로 입이 다물어지지 않는 풍경이 압권이다.

도중에 겔리도니아 곶의 등대에서 하룻밤 묵을 수도 있다. 어떤 이들은 기세 좋게 2,388m 높이의 올림포스 산에 도전하기도 한다. 깊고 차가운 협곡에 들어가 물장구를 치거나, 아찔하지만 영원히 기억에 남을 산등성이 길을 걷거나, 까마득히 높은 곳에 위치한 작고 오래된 교회를 발견하는 매니아도 있다. 유럽의 그랑 란도네 기준에 맞춰 100m마다 빨간색과 흰색으로 유럽의 표시가 되어 있다.

이 아름다운 트레일을 탐험하기에 가장 좋은 시기는 봄과 가을이다. 가는 길에 나오는 간편한 펜션이나 조그만 호텔에서 묵을 수 있지만, 마을에서 민박을 하거나 야생 자연에서 캠핑을 하는 쪽이 편할 때도 있다. **SH**

◩ 리키아 가도를 걷다 보면 산비탈을 깎아 이런 조각 무덤을 만든 유적들을 지나가게 될 것이다.

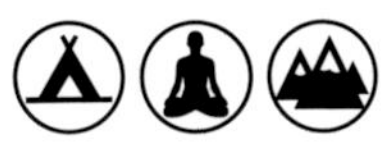

# 후주르 바디시 Camp at Huzur Vadisi

**Location** 터키 리키아
**Website** www.huzurvadisi.com　**Price** ❺❺

"평화로운 계곡"이라는 뜻의 이름을 가진 이 평화로운 리키아의 오아시스에서 한두 주일 머무르는 것은 어떨까. 무화과와 올리브 나무 숲에 둘러싸인 농가를 개조하여 만든 후주르 바디시는 느긋한 스테이와, 산 속 소나무 숲에서의 요가 수련 등 전체의학적인 활동을 즐길 수 있는 곳이다.

천연 돌로 만든 풀장에 몸을 담그거나, 해먹에 누워 달콤한 게으름을 만끽하거나, 호사스러운 마사지를 받으면서 세상 모든 근심 걱정을 잊어버리자. 전통적인—그러나 편의 시설이 완벽하게 구비된—유르트에서 지내게 된다. 그 느긋하고 친절한 분위기와 그룹(주로 20명)이 나홀로 여행객들에게 완벽한 공간이 되어 주며,

> "후주르 바디시에 묵는 것은
> 누군가의 집에 가서
> 환영받는 것과 비슷하다."
>
> responsibletravel.com

다양한 흥미로운 강좌를 듣다 보면 새로운 친구 한두 명은 금세 만들 수 있다. 차분한 침묵 속에서 활기 넘치는 마을 향토 요리를 맛볼 수 있다—때때로 멀리서 들려오는 목동의 피리 소리나, 근처 언덕에 풀어 놓은 염소의 방울 소리를 제외한다면 말이다. 채식 위주인 식단은 이 지역에서 생산한 신선한 재료—견과류, 치즈, 요구르트가 특히 유명하다—를 듬뿍 사용한다.

하루쯤 밖에 나갔다 오고 싶은 유혹을 참을 수 없을 정도로 가 볼 만한 곳도 많다. 느긋한 분위기의 인근 마을 고세크에서 바나 레스토랑을 찾아보자. 나무로 만든 전통 배를 타고 섬을 둘러보거나 수영을 할 수도 있다. 자동차로 한 시간만 달리면 해변의 긴 모래밭이 나온다. 고대 유적, 머드 목욕, 뜨거운 유황 온천을 좋아한다면 달얀으로 갈 것. **JS**

# 보드룸
Dive at Bodrum

**Location** 터키 보드룸
**Website** www.divingturkey.com/dive_bodrum.htm **Price** ❗

터키의 고대 도시 보드룸은 에게 해의 따뜻하고 맑은 물 덕분에 세계 최고의 다이빙 사이트 중 하나이다. 물도 안정적이고, 시계(視界)가 좋은데다 거센 파도나 조류로 인한 문제도 거의 없다.

이 지역의 안전한 만(灣)들은 스쿠버다이빙이나 스노클링을 배우기에 완벽하며, 바로 앞에 떠 있는 바위 투성이 화산섬은 경험이 많은 고수들을 유혹한다. 그러나 이들 섬에는 온천, 동굴, 산호초, 스펙터클한 절벽도 있다. 심지어 난파선 잔해도 있어 고고학에 관심이 있는 이들에게는 정말로 멋진 시간이 될 것이다. 물 속으로 내려갈 때마다 이 지역 고대문명의 수공예품을 보게

> "보드룸 반도 주위의
> 수정처럼 맑은 물에서 다양하고 풍부한
> 해양생물을 찾아보자."
>
> motifdiving.com

될 테니 말이다. 오래된 배 안으로 들어가는 것은 금지되어 있지만, 도기 조각들은 얼마든지 발견할 수 있다. 법적으로 보호를 받고 있는 이런 난파선이 수백 척은 해저에 누워 있으며, 그 중 하나는 세계에서 가장 오래된 것으로 알려져 있다. 구리와 유리 덩어리, 그 밖에 흑단, 호박, 상아 등을 싣고 가다가 침몰한 청동기 시대의 배라고 한다.

해양고고학 회관은 세계에서 가장 큰 해저 고고학 도서관이며, 보드룸 해저 고고학 박물관은 세계에서 가장 큰 규모의 해저 발굴 유물 컬렉션을 자랑한다. 물가에 위풍당당하게 서 있는 15세기의 보드룸 성이 바로 박물관 건물이다. **SH**

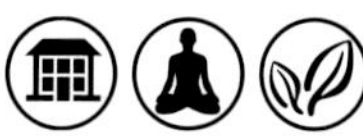

# 아나톨리안 하우스
Stay at Anatolian Houses

**Location** 터키 카파도키아
**Website** www.anatolianhouses.com.tr **Price** 💲💲

로맨틱한 호텔을 추천해 달라고 했는데, 동굴을 들먹인다면 아마 그리 후한 점수를 받지는 못할 것이다—그러니까, 카파도키아에 가 본 적이 없다면 말이다. 거의 달 표면처럼 보이는 이 지역의 기묘한 자연 환경 속에 "요정의 굴뚝"이라고 불리는 거대한 돌기둥이 점점이 늘어서 있다. 이 중 대부분은 현재 호화로운 고급 호텔들이며, 그 중에서도 아나톨리안 하우스는 가장 호화롭고 가장 고급스럽다.

마치 가우디를 연상케 하는 파도 모양으로 모여 있는 굴뚝들이 씨실과 날실처럼 얽혀 아치형 출입구와 원통형 돔과 함께 현대적인 사양을 갖춘 전통적인 스타일을 연출해낸다. 스위트만으로 구성된(룸은 없다) 이 호텔은 실내&옥외 수영장, 스파, 웰니스 센터, 하맘(터키탕), 최고급 레스토랑, 그리고 방대한 와인 셀러를 갖추고 있다. 스타일로 말할 것 같으면 "디자이너 오토만"이라는 수식어가 가장 잘 어울릴 정도로 우아하기 그지없다. 침대에는 모슬린 침구, 벽에는 색색깔의 킬림(평직으로 짠 러그)이 드리워져 있으며, 가구는 앤티크와 모던 디자이너 작품이 적절히 조화를 이루고 있다. 14개의 객실에는 뜨거운 욕조가 구비되어 있다. 한마디로 현대의 동굴 주민들이 원할 만한 것은 다 있다고 보면 된다.

130평방킬로미터에 달하는 이 지역의 독특한 자연 풍경을 더 잘 감상하려면 열기구 투어에 참가하면 된다. 5월부터 9월까지는 매일 하루에 20회씩 투어가 있다. 탑승자에게는 샴페인과 체리 주스를 섞은 "클라우드 나인"이라는 이름의 음료를 돌린다. 이 생경한, 그러나 아름다운 세계를 만끽하기에 적절하게 특이한 음료수이다. **JF**

↱ 카파도키아 주민들은 수 세기 동안 무른 화산암을 파내 주거 공간을 만들어왔다.

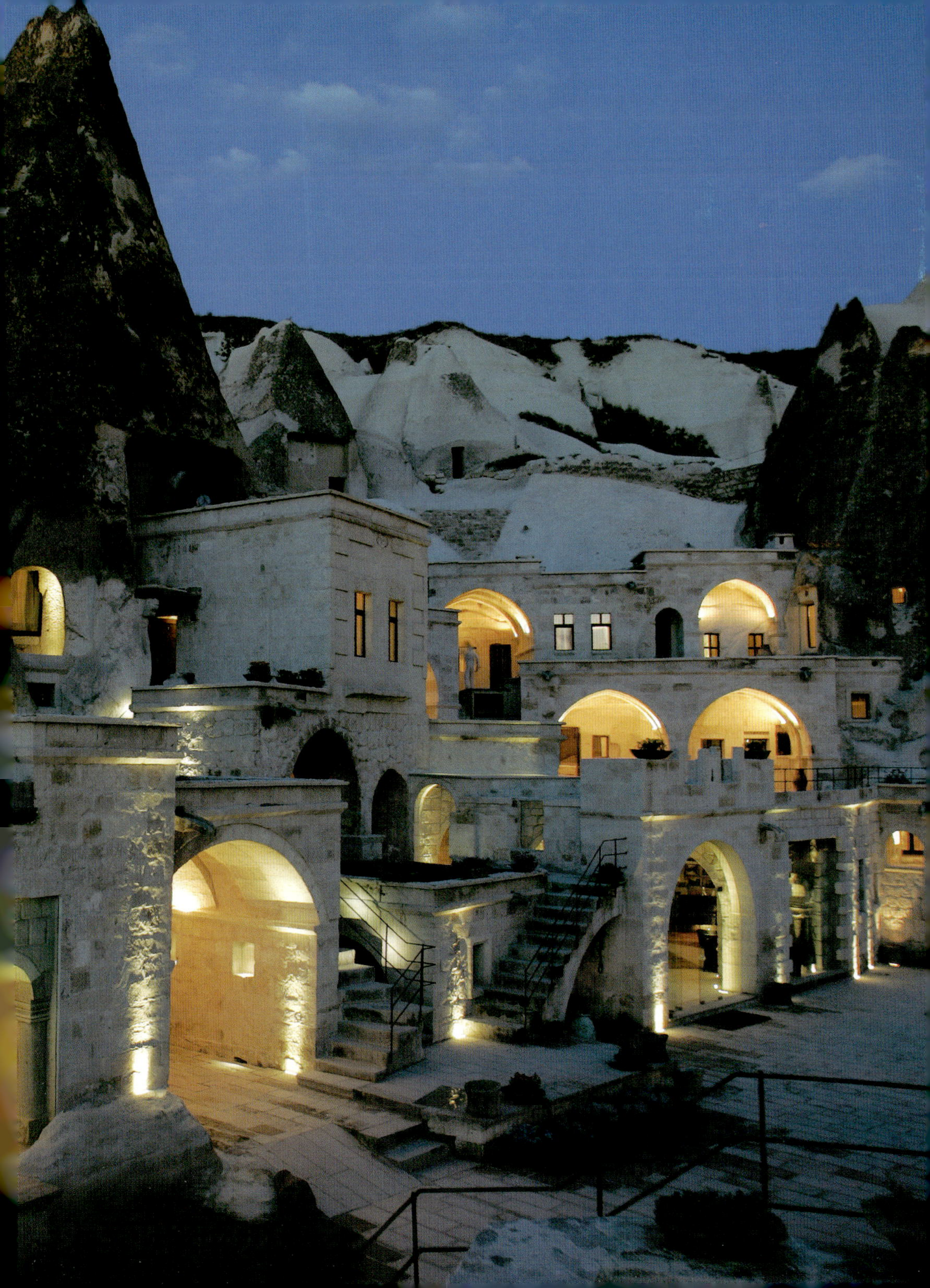

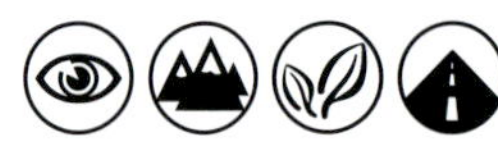

# 카파도키아 열기구 투어
## Take a Balloon Ride over Cappadocia

**Location** 터키 카파도키아
**Website** www.cappadociaflights.com   **Price** ⑤⑤

열기구는 최고의 여행 수단 중 하나이다—바람에 평화롭게 떠가면서 멋진 풍경을 볼 수 있으니 말이다. 카파도키아를 내려다보는 풍경은 특히나 굉장하다. 터키 중부에 있는 이 바위투성이 지역은 세계에서 가장 놀라운 지형을 보여주는 곳 중의 하나이다. 무른 화산암이 풍화되어 기이한 모양의 기둥이나 덩어리가 되었다. 짙은 핑크색부터 노랑색까지 총천연색의 "요정의 굴뚝"이 수백 개나 있으며, 이 중 일부는 열기구로만 볼 수 있다.

해가 뜨기도 전에 버스가 호텔로 데리러 와서 탑승 장소에 내려 준다. 풍선이 다 부푼 다음에 탑승하게 된다. 이륙은 마치 투명 엘리베이터를 타고 공기 중으로 떠오르는 듯한 미묘한 경험이다. 그런 다음 약 90분간 계곡과 바위 위를 날게 된다. 열기구가 부드럽게 착륙하고 나면 샴페인을 곁들인 아침식사로 축하를 나눈다.

카파도키아는 대륙 한복판에 위치하여 일교차가 극심하다. 밤에는 찬 공기가 계곡에 축적된다. 일출 무렵에 시작되는 안정적인 기류 덕분에 일년 내내 거의 매일 열기구 운항이 가능하다. 탑승객들은 철따라 변하는 카파도키아의 팔색조 매력을 즐길 수 있다. 봄철에는 작은 양귀비꽃으로 뒤덮인 들판, 여름에는 무르익은 과일과 꽃, 그리고 가을은 포도의 계절이다.

온 세상이 하얗게 변하는 겨울도 아름답다. 열기구 전문가들은 카파도키아가 전 세계에서 가장 열기구 운항에 적합한 곳이라고 입을 모은다. 예측 가능한 상승 온난 기류 때문에 지면과 가까이 아주 낮게 비행이 가능하다—손을 뻗어 나뭇가지에서 잘 익은 살구를 딸 수 있을 정도로 말이다. **SH**

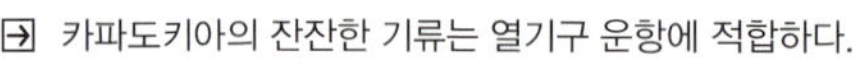
카파도키아의 잔잔한 기류는 열기구 운항에 적합하다.

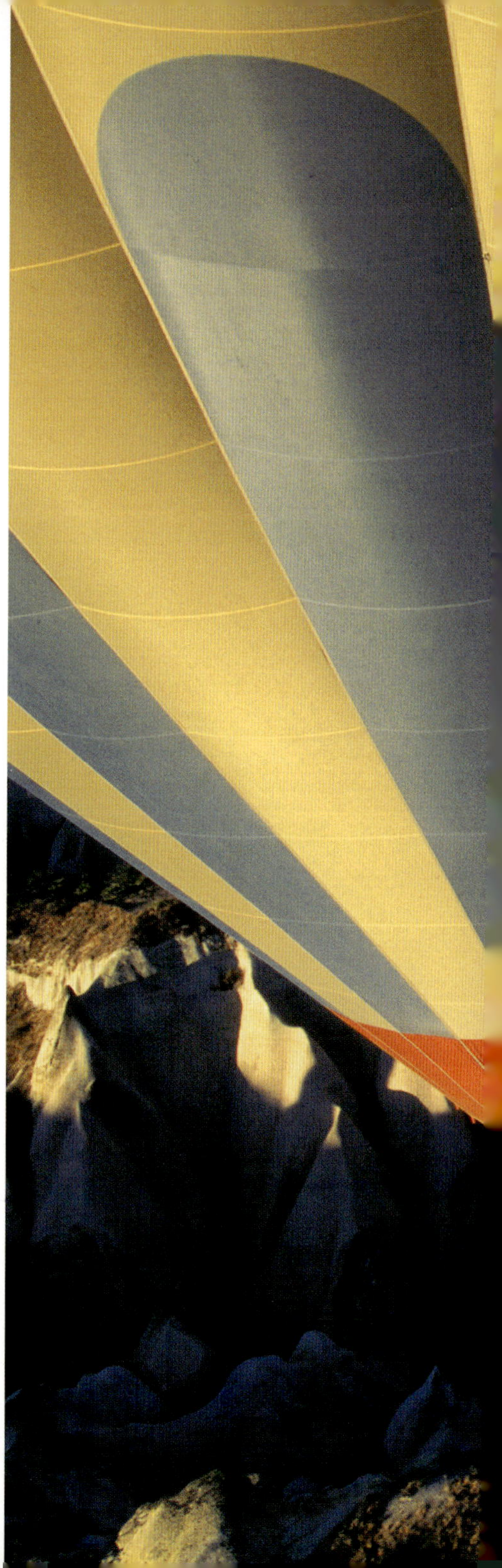

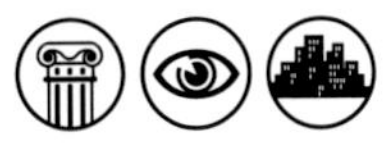

# 술탄아흐메트 모스크
See Sultanahmet Mosque

**Location** 터키 이스탄불
**Website** www.islamicarchitecture.org　　**Price** ⓢ

홍정과 실랑이로 정신 없는 이스탄불 바자 한복판에, 평화와 고요를 경험할 수 있는 곳이 딱 한군데 있다. 이스탄불 시민들이 "블루 모스크"라 부르는 술탄아흐메트 모스크에 들어가 한낮의 뜨거운 햇빛을 피하도록 하자.

모스크 밖에는 뾰족하고 날렵한 미나렛이 하늘을 찌르며, 커다란 돔이 보스포루스 해협을 내려다보며 이스탄불 이 쪽 지역을 지배하고 있다. 모스크의 정원에는 연인들이 벤치에 앉아 분수를 바라보고 있다. 커다란 안뜰을 지나가면 모스크 내부로 이어지며, 낮게 매달린 샹들리에가 섬세하고 정교한 푸른 타일에 빛을 던지고 있다. 서늘하고 고요한 실내와 차분한 분위기가 경탄과 경외감을 불러일으키며, 누구라도 한번은 경험해 볼 만한 가치가 있다.

술탄아흐메트 모스크는 17세기 초에 세워졌다. 건설 당시에 번역상의 오류로 황금 미나렛 하나를 세우는 대신 6개의 미나렛이 세워졌다. "alti(여섯)"과 "altin(황금)"을 혼동한 것이다. 건축가에게는 천만 다행스럽게도, 술탄은 미나렛을 너무나 마음에 들어했고, 덕분에 6개의 미나렛 모두—그리고 건축가도—살아남을 수 있었다. 오늘날, 술탄아흐메트는 터키에서 유일하게 6개의 미나렛을 자랑하는 모스크이다.

과거에도 그랬듯, 이스탄불의 아시아 쪽에서 볼 수 있는 최고의 풍경은 배로 이스탄불로 들어올 때 보이는 전경이다. 멀리서도 스카이라인을 장식하는 모스크의 웅장한 실루엣을 알아볼 수 있다. 황혼 무렵 보스포루스 해협의 크루즈를 타면 된다. **LD**

◲ 이 유서 깊은 모스크는 이스탄불의 상징적인 아이콘이 되었으며, 스카이라인에서 즉시 구별이 가능하다.

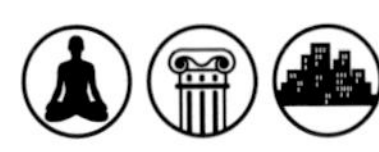

# 카갈로글루 하맘
Visit Cağaloğlu Hammam

**Location** 터키 이스탄불
**Website** www.cagalogluhamami.com.tr　　**Price** ⓢ

카갈로글루 하맘은 1741년, 술탄 마무드 I세에 의해 지어졌다. 오늘날 약 300년의 전통을 이어가고 있는 카갈로글루의 마사지는 이스탄불 시민과 방문객을 막론하고 도시인의 스트레스에 완벽한 해독제가 되어 준다.

남탕과 여탕이 따로 있으며, 알몸을 남에게 보이고 싶어하지 않는 이들을 위한 개인용 욕탕도 있다. 그러나 대부분의 손님들은 "컴플리트 오리엔탈 럭셔리 서비스"를 놓치고 싶어하지 않는다. 대리석 하라렛(hararet, 스팀룸)에서 호사스런 1시간 30분을 보내면 온몸에 활기가 넘치며 부나방처럼 반짝이게 된다. 심지어 하라렛 내부를 둘러보는 것만으로도 릴랙스 효과가

> "카갈로글루는 플로렌스 나이팅게일부터 캐머런 디아즈에 이르기까지, 말 그대로 모든 이의 신경을 어루만져 주었다."
>
> 『가디언』

있다. 서늘한 대리석 벤치에 앉아 수증기를 쐬고 있는 동안 돔 지붕의 별 모양 창문에서 빛줄기가 쏟아져 내린다. 일단 땀을 내고 나면 마사지사에게 이끌려 하라렛 한복판에 있는 팔각형의 기둥받침 위에 눕는다. 이제 전신 각질 제거, 클렌징, 샴푸, 그리고 최고의 피날레로, 달콤할 정도로 녹신녹신한 마사지가 이어진다. 한 순간은 풀어주고, 한 순간은 간지럽히는 듯하고, 또 한 순간은 힘있게 두드려 준다. 그것도 우아한 아치와 운치 있는 기둥에 둘러싸여 말이다. 마사지가 끝날 때쯤이면 몸이 종이 인형처럼 축 늘어질 것이다. 개인용 캐빈으로 돌아와 한숨 자면서 꿈결 같은 시간을 보내도록 하자. 또는 일상으로 돌아가기 전에 예쁜 안뜰에서 한 잔의 사과차를 마시는 것도 좋다. **SWa**

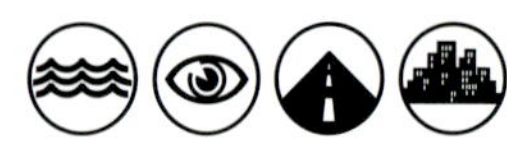

# 보스포루스 해협
Cruise up the Bosphorus Strait

**Location** 터키 이스탄불
**Website** www.toursistanbul.com    **Price** $

이스탄불은 특별하다—유럽과 아시아라는 두 개의 대륙에 걸쳐 있는 유일한 도시이다. 보스포루스 해협의 크루즈는 옛것과 새것, 동양과 서양이 공존하는 이 도시를 경험할 수 있는 완벽한 방법이다.

강을 지그재그로 정신없이 오가는 출퇴근 페리에 뛰어오르거나 수많은 관광 여객선에 끼어 타는 대신, 인파에서 벗어나 개인용 보트에 오르자. 에미노누의 페리 터미널에서 어슬렁거리고 있으면, 곧 호객꾼이 나타나 자기 보트를 타라고 손짓을 해 올 것이다. 그러면 어디로 가고 싶은지, 가서 얼마나 있을 것인지, 언제 멈출 것인지만 결정하면 된다.

> "해안에서 가까운
> 바닷물이 얼면, 케르치 해협
> 전체가 얼어붙는다."
>
> 헤로도토스, 『역사』

금각만에 걸쳐 있는 갈라타 다리 아래를 지나는 도중 400년 된 예니 모스크가 눈에 들어온다. 크고 작은 보트들이 용케도 충돌하지 않고 분주히 오간다.

물가에 어지러이 늘어선 건축물들이 황홀하리만치 매력적이다. 19세기 신고전주의 양식의 돌마바흐체 궁전과 같은 술탄의 왕궁부터 옛 오토만 제국 귀족들의 여름 별장(yalis), 단아한 바로크 풍의 메지디예 모스크에 이르기까지 그 다양함은 끝이 없다. **SWa**

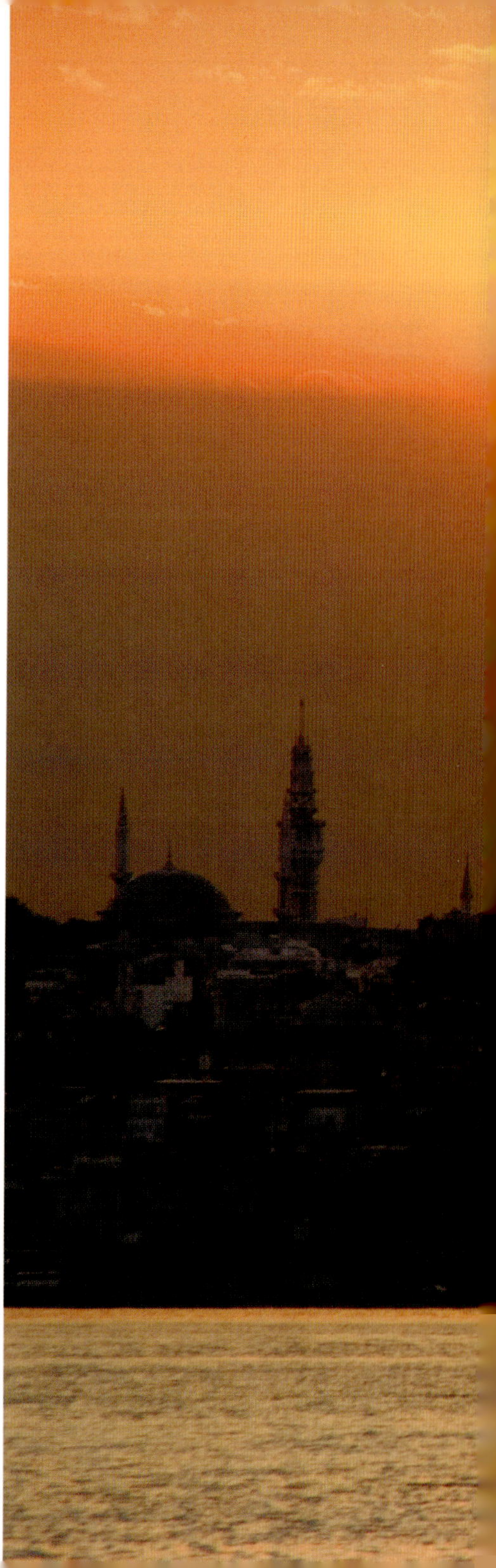

⮕ 아시아와 유럽이 만나 만들어내는 건축학적 메들리가 잊을 수 없는 제방 풍경을 선사한다.

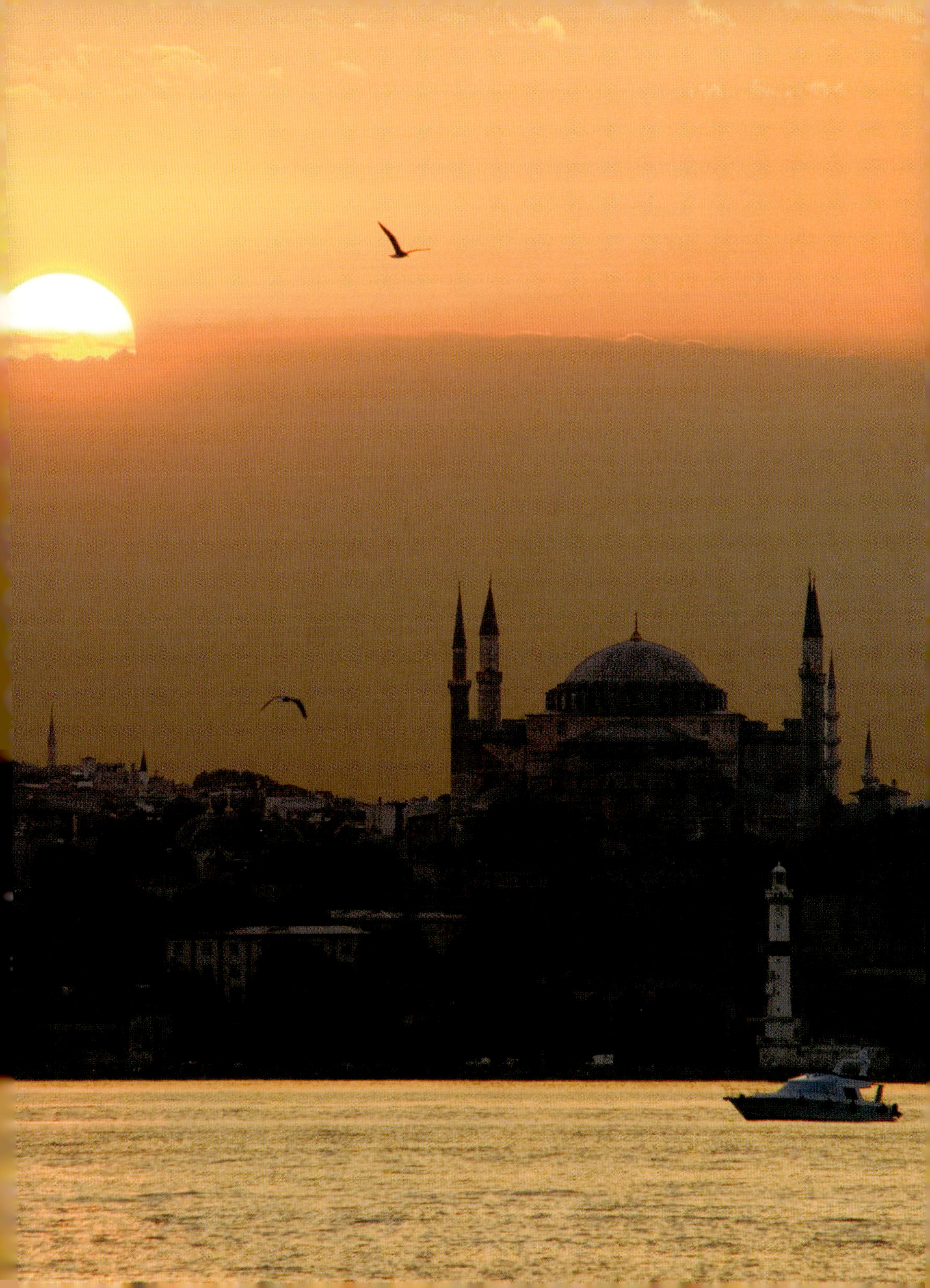

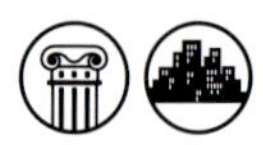

# 톱카피 궁전 하렘 See the Harem at the Topkapi Palace

**Location** 터키 이스탄불　**Website** www.topkapisarayi.gov.tr
**Price** ⑤

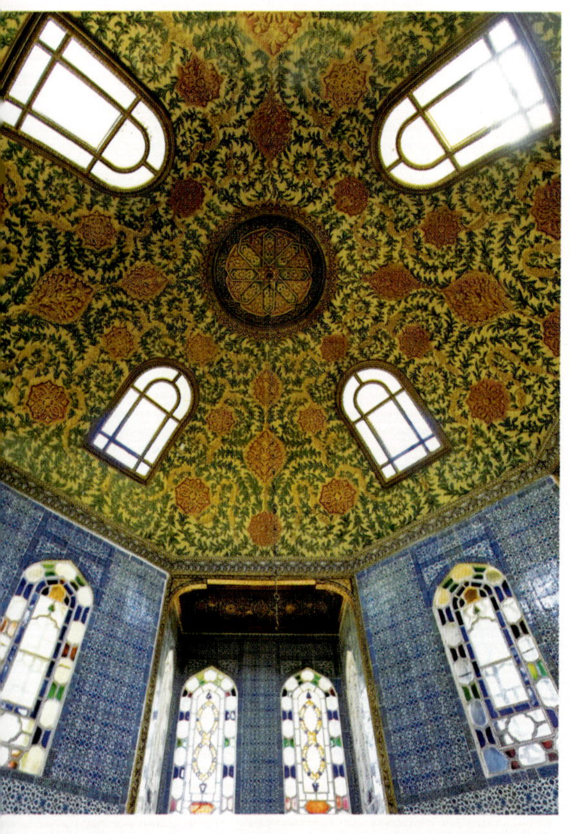



황실의 하렘은 "탈출"이라는 컨셉과는 별로 어울리지 않는 곳이다. 하렘(harem)은 아랍어로 "금지된"이라는 뜻이니 말이다. 16세기 중반에 지어진 톱카피 궁전 하렘은 오토만 제국 술탄의 여성 일원들이 거주하던 공간이었다. 술탄의 규방은 상당한 규모였다—400개가 넘는 호화로운 (혹은 그다지 호화롭지 않은) 방에 술탄의 어머니, 아내들, 그리고 무엇보다도 수많은 첩들(오토만 제국 말기에는 그 수가 800명이 넘었다는 설도 있다)이 살았다.

하렘은 남성성을 거세당한 내관들의 엄격한 통제를 받았다. 외부 세상과의 접촉은 세심한 경호를 받고 있는 출입문, "수레의 문"에서만 가능했다. 하렘 내부는 권모술수의 온상이었다. 후궁들은 술탄의 사랑을 차지하기 위해 서로 다투었고, 자신들의, 그리고 그보다도 자기 아들들의 출세를 도모하고자 하였다. 실제로 수많은 후궁들이 대단한 권세를 누렸으며, 황실을 쥐락펴락하였다. 심지어 아들이 술탄의 보위에 오르면, 꿈에도 그리던 발리드 술탄, 즉 태후의 자리에 앉을 수 있었다.

오늘날에는 거대한 톱카피 궁전—19세기 중반까지 오토만 제국의 궁정이 위치했던—의 가장 매력적인 부분 중 하나인 하렘의 수많은 방들을 돌아볼 수 있다. 아이러니하게도 이 곳의 뜨거웠던 역사를 생각하면, 오늘날의 하렘은 (관광객들의 인파를 제외하면) 고요하고 조용하며, 이스탄불 도심에서 반가운 탈출이 될 것이다. **JF**

◸ 400년 넘는 세월 동안 증축되고 단장된 궁전 곳곳에서 멋진 장인의 솜씨를 구경할 수 있다.

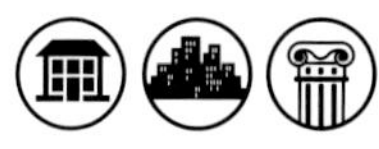

# 아지아 호텔 Stay at A'jia Hotel

**Location** 터키 이스탄불　**Website** www.ajiahotel.com
**Price** $$

과거에는 파샤(pasha), 즉 오토만 제국 고관들의 웅장한 여름 별장이었던 이 호텔은 보스포루스 해협의 아시아쪽 제방에 서 있으며, 활기 넘치는 강 풍경을 즐길 수 있다. 도심에서 한 시간 떨어진 아지아(일본어로 "아시아") 호텔은 번잡한 이스탄불 도심으로부터 완벽한 휴양지가 되어 준다.

객실이 16개뿐인 이 호텔은 이스탄불 안에 나날이 그 숫자가 늘어나고 있는 부티크 호텔 중 하나이다. 원래 그대로의 눈부신 하얀 파사드 안으로 들어가면 깜짝 놀랄 만한 21세기풍 실내가 나온다. 쿨한 컨템퍼러리 장식과 미니멀리즘이 인상적이다. 객실은 화이트와 베이지의 색조가 주를 이루며, 당신이 원할 만한 모든 현

---

> "호텔 장식의 놀랄 만한 순수함이
> 보스포루스의
> 아름다움을 완성한다."
>
> 『하알레레 비자』誌

---

대적인 설비—LCD TV, DVD 플레이어, 무선 인터넷 등등—와 킹사이즈 베드를 갖추고 있다. 그에 못지않게 널찍한 욕실에는 커다란 크림색 대리석 욕조가 놓여 있다.

침실은 환상적인 강 전망을 자랑하며, 마치 보스포루스 위에 떠 있는 듯한 착각이 들게 한다. 수없이 많은 크루즈, 페리, 탱크선, 어선들이 꼬리에 꼬리를 물고 마르마라에서 흑해로 이어지는 보스포루스 해로를 미끄러져 간다. 언제든지 번화한 도심으로 돌아가고 싶을 때는, 호텔 보트를 타면 이스탄불의 유럽 쪽으로 짧지만 매력적인 항해를 즐길 수 있다. **HA**

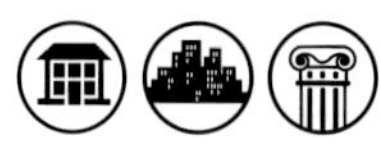

# 시라간 궁전 Relax at Ciragan Palace

**Location** 터키 이스탄불　**Website** www.kempinski.com
**Price** $$$$

두 개의 완전히 다른 대륙에 걸쳐 있는 전설적인 공간, 이스탄불은 황홀하고, 이국적이고, 매력적인 신비의 도시이다. 진정한 의미에서 문화와 건축 양식의 용광로인 이 도시는 한때 비잔티움이라 불렸으며, 콘스탄티노플이라는 또 다른 이름은 좀 기분 나쁘게 들린다.

유서깊은 관광 명소는 모두 이스탄불 구시가지인 에미노누에 몰려 있다. 1459년 술탄 메흐메트 II세가 지은 톱카피 궁전, 그리스 정교회 성당을 1453년에 모스크로 개조한 "세계 8대 불가사의"로 꼽히는 하기아 소피아, 세계 최대의 실내 시장인 그랜드 바자도 이 곳에 있다.

그 카오스를 빠져나와 시라간 궁전으로 들어가 보자. 오토만 제국 최후의 술탄들이 살았던 곳이기도 한 이 궁전은 16세기에 나무로 지어졌다가, 1857년 술탄 압둘아지즈가 대리석으로 재건축하였다. 지금은 럭셔리한 5스타 호텔로, 영국의 찰스 왕세자, 영화배우 엘리자베스 할리, 우마 서먼, 패션 디자이너 조르지오 아르마니 등이 머물르다 갔다. A급 손님들이 원할 만한 건 다 갖추고 있다. 환상적인 풀장과 보트, 헬리콥터 서비스까지 말이다. 보스포루스 해협을 내려다보는 술탄의 스위트는 특히 상상을 초월한다. 화려한 샹들리에, 시대풍의 가구, 그리고 예술 작품으로 장식되어 있으며, 개인 집사 서비스가 제공된다.

레스토랑 "투그라"에서 호화로운 여정을 떠나 보자. 오토만 테이스팅 메뉴는 스파이시한 후무스와 돌마 메즈 애피타이저부터 찐 새우와 새끼양고기 뵈레크까지 전부 맛볼 수 있다. 디저트로는 끈적하고 달콤한 바클라바와 타부크 괴그쉬가 나온다.

오르타쾨이로 드라이브를 가거나 물가에 호화로운 저택과 여름별장이 서 있는 베베크로 나들이를 다녀오자. 단, 호텔 밖으로 한발자국이라도 나가고 싶은 마음이 든다면 말이다. **RCA**

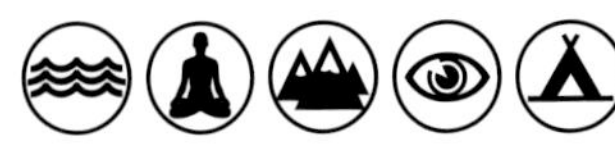

# 라크마노프스키 온천
## Relax at Rakhmanovskie Kluchi Hot Springs

**Location** 카자흐스탄 라크마노프스키 클루치
**Website** www.kazakhstan.orexca.com **Price** ⑤⑤

현대인의 일상에서 되도록 멀리 탈출하고 싶다면, 카자흐스탄 시골보다 더 외진 곳도 찾기 힘들 것이다. 카자흐스탄은 지구상에서 가장 큰 내륙 국가—서유럽 전체를 다 합친 것만큼 크다—지만 그 인구는 1,500만 명밖에 되지 않는다. 그러나 천연 자원이 풍부해서 소비에트 연방 붕괴 이후 경제적으로 번영해왔고, (매우 서서히) 관광국가로서도 자리를 잡아가고 있다.

러시아, 몽골, 중국과의 국경과도 가까운 카자흐스탄 동부의 아라산 강 계곡, 라크마노프스키 온천의 물은 방사성 물질의 분해로 인한 부산물인 라돈을 함유하고 있어 치유 효과가 있다고 알려져 있다. 전설에 의하면 1760년대에 라크마노프라는 이름의 소작농이 사슴 사냥을 하다가 우연히 이 온천을 발견했다고 한다. 상처를 입은 사슴이 뜨거운 물 속으로 들어갔는데 얼마 뒤 완전히 나아서 나왔다는 것이다.

오늘날 이 온천은 등과 관절, 피부병으로 고생하는 사람들이 즐겨 찾는다. 불교 사찰의 유적 위에 세워진 라크마노프스키 클루치 스파는 삼나무 숲과 산지의 초원, 그리고 사람의 손을 타지 않은 호수와 높이가 4,500m에 달하는 산봉우리가 눈에 들어오는 평화로운 고갯길로 둘러싸여 있다.

온천 옆으로 시내가 흐르고 둑 위에 카자흐 유목민들의 펠트 유르트(yurt, 시베리아—중앙아시아 키르기스 지방의 유목민이 사용하는 전통 텐트)가 서 있다. 세계 최고의 오지 중 하나에서 신선한 공기를 들이마시는 것만으로는 충분치 않다고 생각한다면 유목민들과 며칠 지내면서 그들의 일상을 경험해 보는 것도 좋다. 말을 돌보고 어린 암말의 젖을 짜고, 전통적인 유제품과 고기 요리를 준비해 보자—도시의 일상적인 편안함과는 머나먼 경험이다. **DaH**

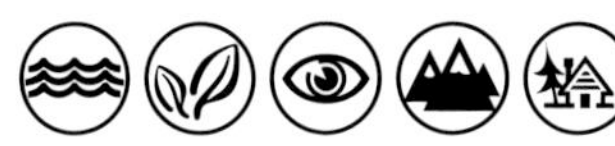

# 달 호수
## Explore Dal Lake by Boat

**Location** 인디아 잠무카슈미르 주 달 호수
**Website** www.kashmir-tourism.net **Price** ⑤

뾰족하고 눈으로 뒤덮인 히말라야 산봉우리로 둘러싸인, 달 호수의 선상 가옥에 닿을 수 있는 유일한 방법은 시카라(shikara, 달 호수에서 사용하는 나무 보트의 일종) 택시를 타고 수정 같은 물 위를 미끄러져 가는 것이다. 분쟁으로 얼룩진 역사를 지닌 이 지방에서, 이 고요한 섬의 방문객들은 오랜 공백기 후에 다시 달 호수로 돌아오고 있다.

호숫가에는 숙박을 제공하는 수상 가옥들이 몇 척 영구적으로 정박해 있는데, 그 중에서도 파크툰 팰리스(Pahktoon Palace)를 추천한다. 8명까지 숙박이 가능하고, 넓은 거실과 독립된 식당이 있으며, 둘 다 통나무

> "카슈미르의 떠 있는
> 궁전들은 이 계곡의 전통과
> 밀접한 연관이 있다."
>
> trekearth.com

를 태우는 난로가 있다. 파크툰의 내부는 매우 화려하다—높은 천장, 샹들리에, 앤티크 가구, 정교하게 조각한 나무 패널 등으로 장식되어 있어 마치 잉글랜드의 위풍당당한 저택에 와 있는 것 같은 착각이 들 정도이다.

친절한 주인이 맛 좋은 카슈미르 커리를 만들어 주는 것은 물론 이 지역의 역사에 대해서도 기꺼이 들려줄 것이다. 갑판에서 모닝 티를 마시면서 물 아래 정원에서 쏜살같이 움직이는 물고기를 향해 독수리가 수직 낙하하는 광경을 감상하자. 지역 주민들이 오크라, 연꽃, 그 밖에 섬에서 자라는 다른 경작물들을 파는 수상 시장을 구경하고 싶다면 일찍 일어날 것. **SB**

→ 카슈미르에서 가장 마법 같은 공간 중 하나, 달 호수 너머 히말라야의 수평선 뒤로 지는 해를 바라보라.

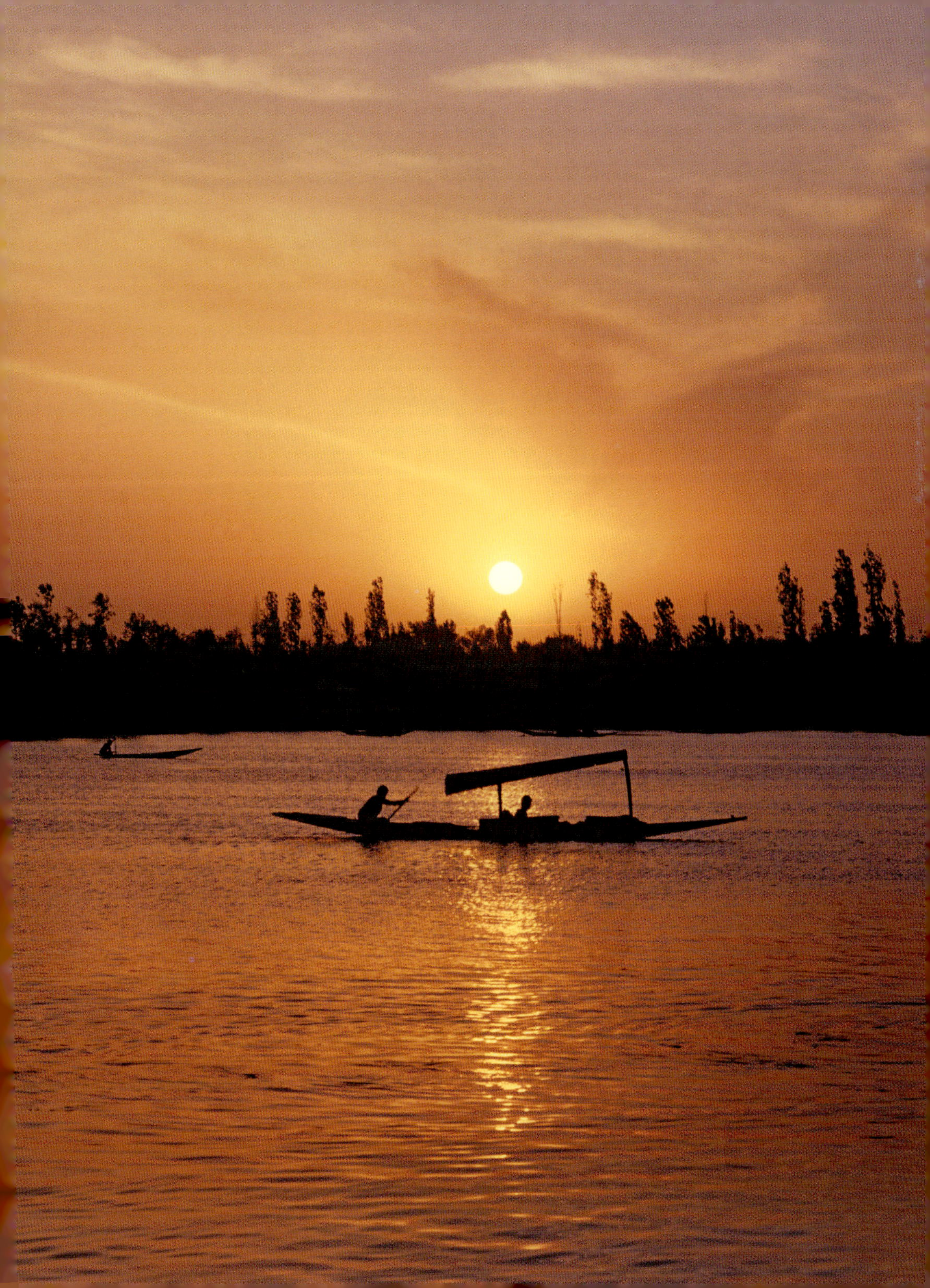

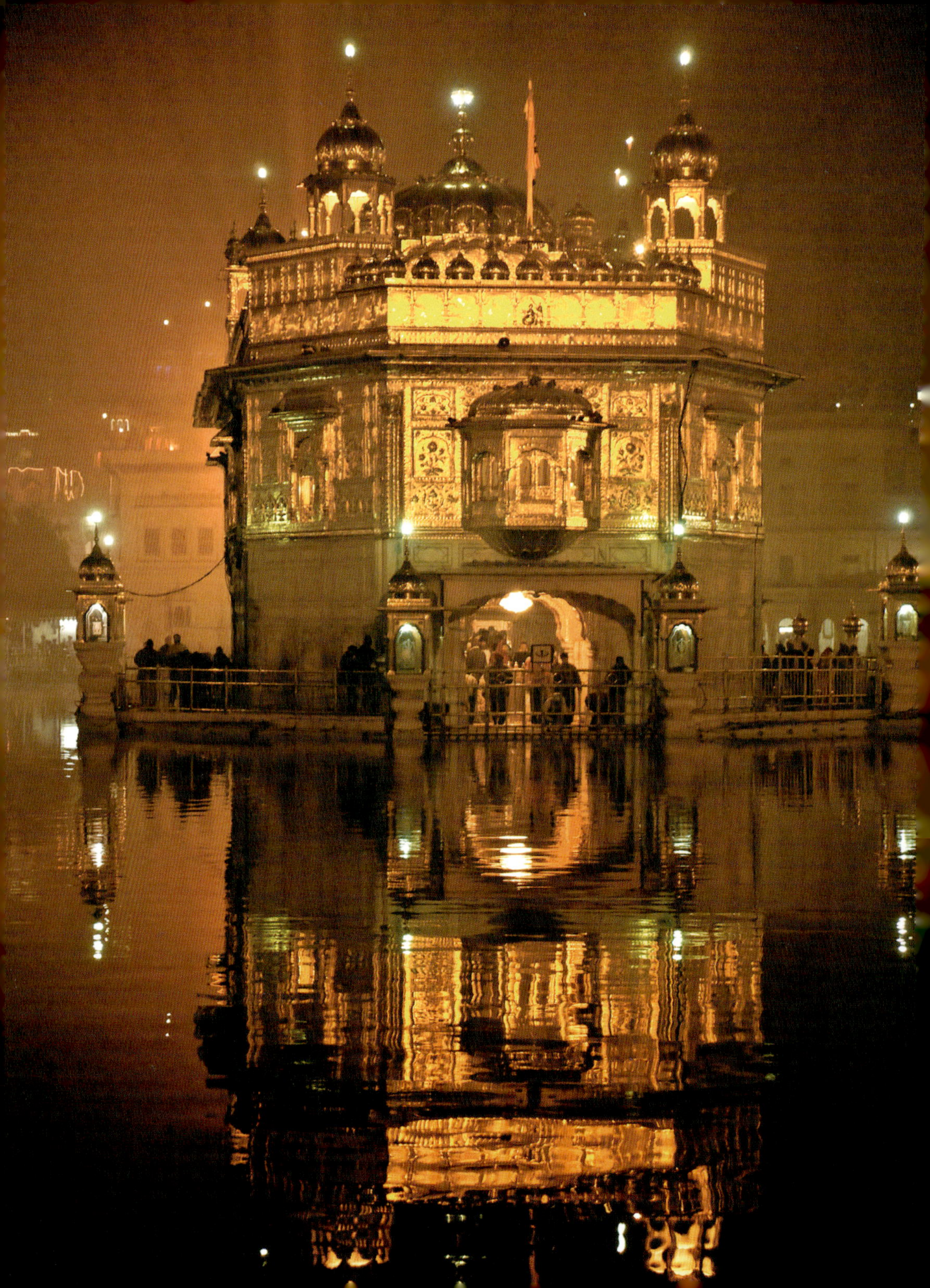

# 암리차르 황금사원
## Visit the Golden Temple

**Location** 인도 펀자브 주 암리차르
**Website** www.amritsar.com  **Price** Ⓢ

펀자브 주의 암리차르에 있는 인공 호수 한가운데로 뻗어 있는 방죽길 끝에 위치한 하르만디르 사히브("신의 집"이라는 뜻)는 황금사원이라는 별칭으로 더 잘 알려져 있으며, 시크교의 가장 중요한 성지이다. 구약 성서의 아브라함은 동서남북 어떤 방향에서 오는 나그네라도 모두 환영하기 위해 천막에 네 개의 출입구를 냈다고 하는데, 황금사원 역시 4개 방향 모두에 출입구가 나 있다. 평등과 관용의 세계적인 상징이자 종교, 인종, 카스트에 관계없이 모든 사람들에게 문이 열려 있는 고요한 예배 공간이다.

1574년에 공사를 시작하여 1604년, 구루 아르잔 데브가 완공하였다. 사원 내부에는 역대 구루들을 기념하는 성소가 있으며, 시크교 역사에서 중요한 일이 있을 때마다 상징적인 역할을 해 온 세 그루의 베르나무가 서 있다. 사원 외벽 정교한 금박과 섬세한 대리석 세공은 란지트 싱 왕(펀자브 지방 시크교도들을 규합하여 19세기 초 시크 왕국을 건설한 왕)에 의해 시작되어 1830년에 완성되었다.

성소 내부의 보석이 박힌 단에는 시크교 경전인 아디 그란트가 새겨져 있다. 파르다크쉬나라는 폭이 넓은 보도가 사원을 둘러싸고 있어, 천천히 한 바퀴 돌면서 그 커스프 문양의 아치와 호화로운 디테일을 감상할 수 있다. 사원의 위치, 접근성, 그리고 깊이 깃들어 있는 평화로움 때문에 사원으로 향하는 방죽길의 시작 부분에 있는 다르샤니 데오리 아치 아래 서기만 해도, 이곳이 세계에서 가장 기념비적인 종교 건축물 중의 하나라는 것을 실감할 수 있을 것이다. **BS**

◱ 황금사원은 이슬람과 힌두교의 문화적, 예술적 전통을 바탕으로 하고 있다.

# 바순티
## Stay at Basunti

**Location** 인도 히마찰프라데시 주
**Website** www.basunti.com  **Price** ⓈⓈ

진짜 낚시광이라면 이미 황금누치(학명 Tor putitora)가 인도에서 가장 귀한 민물고기라는 것을 알고 있을 것이다. 그러나 인도의 히마찰프라데시의 산악 지대에 있는 바순티에서 이틀 밤만 보내면 10kg이 넘는 황금누치를 물통 하나 가득 잡을 수 있다는 것은 알지 못할 것이다.

이 전원적인 휴양지에서 즐길 수 있는 것이 바순티 문 앞에 있는 인공 습지에서의 낚시 하나만은 아니다. 야생 동식물 보호구역의 심장부에 위치하며, 가능한 한 가장 작은 생태학적 공간으로 설계된 이 부티크 휴양지는 객실 6개, 이엉 지붕을 올린 발리 스타일의 요가&명

> "…보석 같은 곳, 몇 달을 찾아
> 헤매도 결코 찾을 수 없는
> 마법 같은 공간."
>
> 『선데이 텔레그라프』

상 센터를 갖추고 있다.

호젓하고 고요함 속에 잠겨 있는 바순티의 2개의 게스트하우스에는 2개의 그늘진 베란다가 딸려 있어, 주변을 둘러싸고 있는 습지의 멋진 전망을 즐길 수 있다. 이 지역에는 다양한 종류의 조류가 서식하고 있다—공식적으로 기록된 것만 약 230종, 그리고 50종이 넘는 물새를 볼 수 있다. 제대로 조류 관찰을 하고 싶다면 이 지역 최고의 조류 서식지인 란세르 섬을 방문해 보는 것을 추천한다. 몬순이 오기 전에 수위가 가장 낮을 때인 봄철에는, 고대 도시 바투 키 라리의 사원—힌두 예술과 건축의 정점이다—이 수면 위로 기묘하게 다시 나타난다. 30분만 걸어가면 전통 마을 카티야르가 나온다. 예스러운 시골 마을과 사람이 망쳐 놓지 않은 숲지가 사랑스러운 조화를 이루고 있는 곳이다. **BS**

  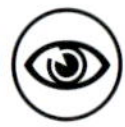 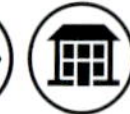

# 심라

## Explore Shimla in the Foothills of the Himalayas

**Location** 인도 히마찰프라데시 주 심라
**Website** www.shimlaindia.net   **Price** ❶

사람의 손이 닿지 않은 히마찰프라데시의 바위투성이 산지는 인도에서도 꼭 한번 방문해 볼 만한 주이다. 펀자브 평원에서 가파르게 솟아오른 산들이 굽어보는 이 곳은 협곡으로 인해 서로 떨어져 있는, 몇 개의 문화적인 특징이 두드러진 고장으로 이루어져 있다.

심라는 히말라야 산기슭 풍경과 라지(Raj, 1947년 이전 영국의 인도 통치 기간)의 빛바랜 비애와 위엄을 감상할 수 있는 환상적인 곳이다. 요즘은 신혼여행지로 인기가 높다. 깎아지른 산등성이를 껴안은, 가파른 길고 좁은 계곡에 선 활기찬 시장부터, 소나무가 늘어선 길을 따라 5km 정도 걸으면 나오는 특별한 총독관저—한때는 이 대륙의 명운을 손에 쥐고 흔들었던—까지 즐길 수 있는 것들이 정말 많다.

와일드플라워 홀은 도회지의 모든 편안함을 희생하지 않고도 진정한 히말라야의 경험을 제공한다. 고도 2,500m에 위치한 8ha의 소나무와 삼나무 숲 한가운데에 자리잡은 5스타 휴양지는 눈덮인 산봉우리, 푸르른 삼림, 깊은 계곡을 내려다보고 있다. 와일드플라워 홀에서는 양궁, 수틀레지 강에서의 급류 래프팅, 승마, 아이스스케이팅 등 일반적인 호텔과는 다른 레저를 즐길 수 있다. 호텔 소유의 헬리콥터를 타고 에베레스트로 당일치기 나들이를 다녀올 수도 있다. 아니면 그냥 소란 피울 필요도 없이 외진 히말라야 계곡에서 뒹굴뒹굴하는 것도 좋다. 심라 산마루에서도 가장 꼭대기에 자리한 하누만 사원에서 석양을 바라보자. 갑자기 어디선가 원숭이들이 튀어나와서는, 당신의 몸에 단단하게 붙어 있지 않은 것은 뭐든 다 떼어내려고 할 것이다. **LB/BS**

➡ 산길은 가이드와 노새의 도움 없이 다니기에는 좀 험할 수 있다.

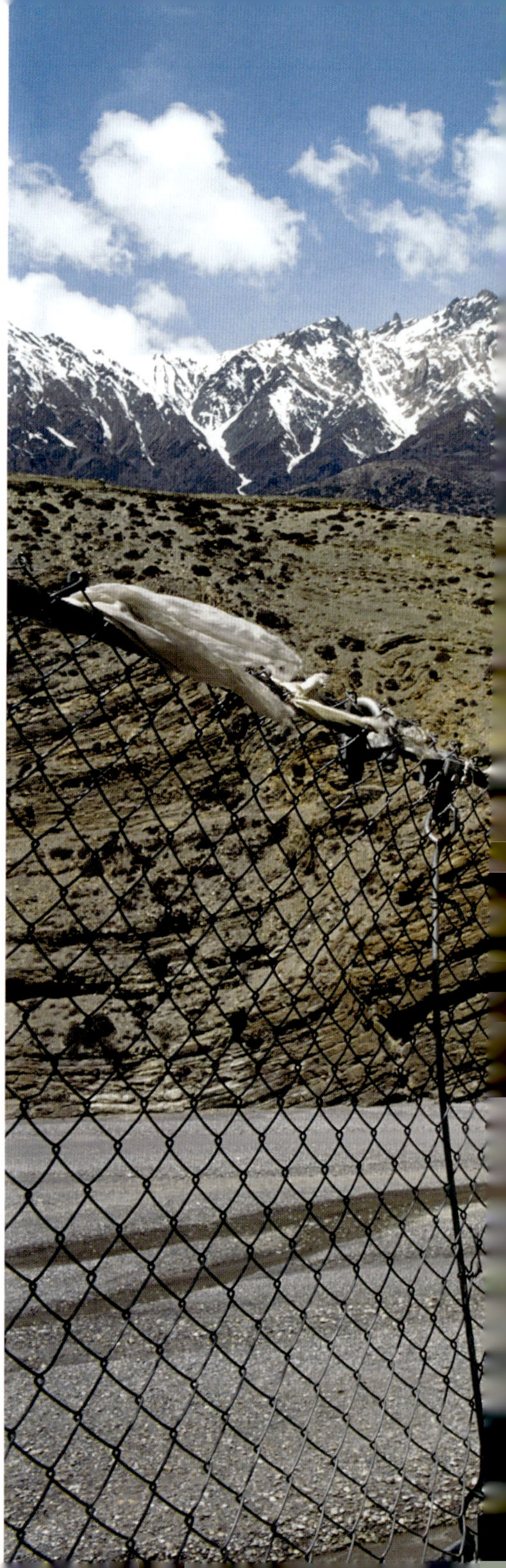

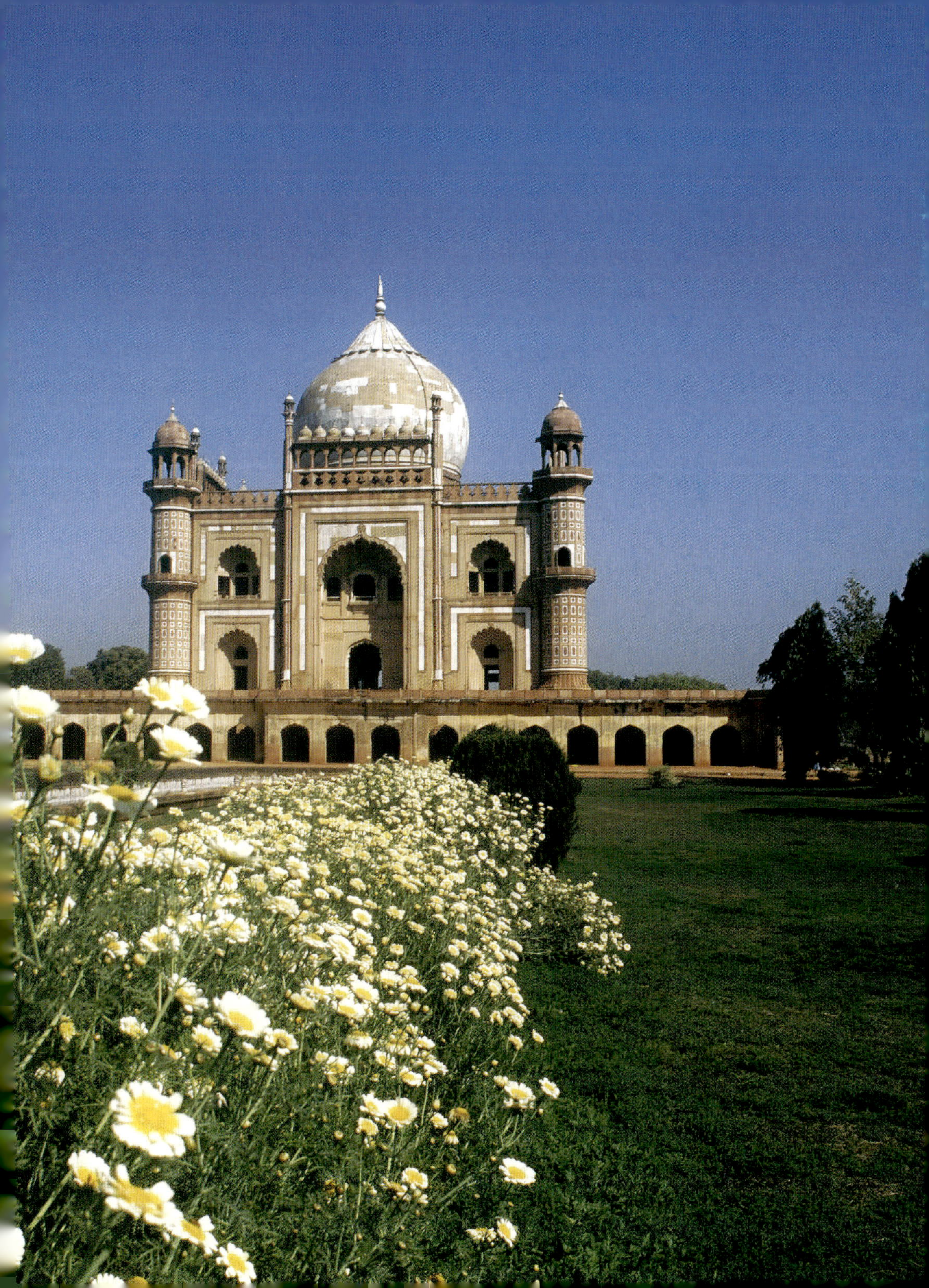

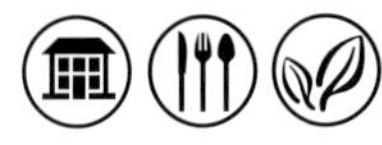

# 오베로이 아마르빌라스
## Relax at Oberoi Amarvilas

**Location** 인도 라자스탄 주
**Website** www.lhw.com/amarvilas  **Price** ⑤⑤

아그라에 대해서는 설명할 필요가 없다. 타지 마할, "붉은 요새"라 불리는 아그라 요새, 그리고 대리석 조각상부터 과자 상자까지 안 파는 것 없이 장사꾼들이 넘쳐나는 거리의 도시이다. 그 전형적인 이미지와는 달리, 타지 마할은 의심할 여지 없이 인류가 창조해 낸 최고의 걸작 중 하나이다. 그 빛나는 마카라 대리석 위에서 빛과 색채가 만들어 내는 마법을 보라. 지금은 분홍색이지만 눈 깜짝할 사이에 따스하고 엷은 황금빛으로 변한다.

오베로이 아마르빌라스에서는 모든 객실에서 타지 마할을 볼 수 있다—사실 타지 마할까지 550m밖에 떨

> "타지 마할의 고향이 진정한 의미의 일류 호텔이 생길 때까지 그토록 오래 기다려야 했다는 것이 믿어지지 않을 뿐이다."
>
> 『콩데 나스트 트래블러』

어져 있지 않다. 이 현대적인 호텔은 건축적으로도 흥미롭다. 지상층 객실과 인도식 정형 정원에 둘러싸인 수영장은 무굴 제국의 군주들이 남긴 기념비적인 건축물에서 영감을 받은 것이다. 5층은 집사들이 있어 원하면 아무 때라도 시원한 음료수를 가져다 준다.

레스토랑은 절대로 놓치지 말 것. 러크나우 궁정의 "덤" 요리에서 영감을 받은 음식이, 그야말로 할 말을 잃게 만든다. 카르다몸 씨앗으로 맛을 내고 감자로 속을 채운 겔라와트 케밥과 타이풍 커리(타이 음식은 인도에서 인기가 매우 높다), 크리미한 달을 곁들인 양고기 커리, 시금치 만두, 사프란으로 맛을 낸 부드러운 양고기 비르야니 등을 먹을 수 있다. 듣기만 해도 군침이 도는 이 요리들은 인도와 프랑스 요리를 퓨전한 셰프의 솜씨이다. **GMD**

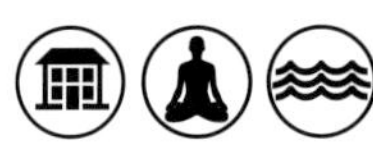

# 아만바그 리조트
## Enjoy Amanbagh Resort

**Location** 인도 라자스탄 주
**Website** www.amanresorts.com/amanbagh  **Price** ⑤⑤⑤

세워진 지 한 세기가 넘은 성벽 안에 자리한 아만바그 리조트는 럭셔리하고 로맨틱한 휴양지이다. 사암을 사용한 쿠폴라(돔 모양의 지붕), 짙은 녹색의 우다이푸르 대리석, 개인용 수영장, 우뚝 솟은 궁전 같은 실내 등 위대한 건축적, 문화적 유산에 경의를 표하고 있다. 분홍색 사암을 주로 사용한, 놀라우리만치 현대적인 건물로 자이푸르의 저 유명한 "분홍 도시"를 연상케 한다.

아만바그는 거의 신기루처럼 대지에서 솟아나 열기와 라자스탄 사막의 먼지로부터 보호해 주는 작고 비옥한, 숲이 우거진 계곡 속에 아늑하게 자리잡았다. 리셉션, 식당, 라운지는 모두 메인 빌딩에 있지만, 스위트의 웅장함이야말로 당신의 기억 속에 영원히 새겨질 것이다. 여기서도 역시 분홍색 사암이 주를 이룬다. 그러나 거대한 천장을 떠받치고 있는 기둥이나, 대리석 한 덩어리를 파서 조각한 욕실 등 다양한 터치를 더했다. 거의 올림픽 경기장 수준인 수영장의 물에는 야자수와 유칼립투스 나무가 비친다. 또 요가, 영기, 기공 테라피와 고급 헤나 트리트먼트까지 다양한 스파 패키지가 준비되어 있다.

아만바그는 그 역사적인 배경 덕분에 더욱 특별하다. 차로 조금만 가면 17세기에 지어진 아자브가라(Ajabgarh) 요새, 라자스탄의 고대 나라야니 마타 사원(1058 C.E.), 사람이 살지 않는 저주받은 도시 반가라(Bhangarh)의 스펙터클한 사원과 정원 유적, 16세기에 세워진 사원 마을 닐칸트 등을 볼 수 있다. 멀지 않은 곳에 있는 호수가 물을 공급하기 때문에 아만바그는 프란기파니 나무와 잘 정돈된 정원을 갖춘 환한 오아시스이다. 이곳을 베이스캠프 삼아 옛 알와르의 전통 마을 사이를 가로지르는 인적이 드문 길을 따라서 이 지방의 풍부하고 다채로운 역사를 탐방하기에 이상적이다. **BS**

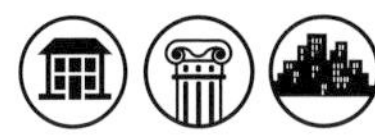

# 람바그 궁전
## Stay at Rambagh Palace

**Location** 인도 라자스탄 주
**Website** www.tajhotels.com　**Price** ⑤⑤

라자스탄 주의 주도 자이푸르에 위치한, 면적 19ha의 부지 안에 서 있는 호화로운 람바그 궁전은 전통적인 라지푸트와 무굴 건축 양식을 결합하여 세워졌다. 우아한 아치가 웅장한 건물을 장식하고 있고, 양쪽 끝에는 정교한 탑이 서 있다. 내부에는 중앙 정원을 빙 두르는 아름다운 산책로가 있어 관광객들과 공작새들이 인도의 따뜻한 햇살을 받으며 거닌다. 완벽하게 정돈된 잔디밭과 부드럽게 물이 떨어지는 분수, 그리고 장식적인 정원이 완벽한 풍경을 만들어낸다.

람바그는 1835년에 처음 지어졌다가, 1925년에 궁전으로 개조되면서 전면 개 · 보수를 거쳐 이곳 주민들

> "람바그를 제외하면, 이 세상 어디에서
> 물이 흐르는 분수가 있는
> 스위트를 찾을 수 있겠는가?"
>
> 『데일리 텔레그라프』

이 "자이푸르의 보석"이라 부르는 걸작으로 다시 태어났다. 1957년에는 다시 인도 최초의 팰리스 호텔로 거듭났다. 객실은 옛 영광을 그대로 간직하도록 충실하게 리노베이션했으며, 투숙객들은 진짜 왕족이 된 듯한 기분을 만끽할 수 있다. 높은 천장과 4개의 기둥 달린 침대가 모든 객실에 한층 웅장함을 더한다. 그 결과 지나칠 정도로 화려한 실내를 볼 수 있다.

휘트니스 센터, 골프 코스, 여러 개의 바와 레스토랑이 있어 호텔 밖으로 나갈 필요가 없지만, 자이푸르의 그림 같은 거리를 놓치는 것은 아깝다. "분홍 도시"라는 로맨틱한 별명은 1853년, 영국 왕세자의 국빈 방문 당시 모든 주민들에게 건물을 분홍색으로 칠하도록 명한 데서 비롯되었다. **JP**

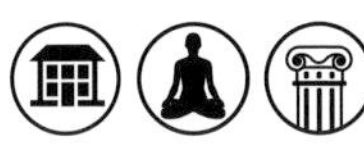

# 니므라나 요새
## Unwind at Neemrana Fort

**Location** 인도 라자스탄 주
**Website** www.neemranahotels.com　**Price** ⑤

아직 무굴 제국이 일어나기 전인 1464년, 마하라자 데비 싱은 알와르 근교에 요새화된 궁전을 짓기 시작했다. 이 건물이 호텔로 개장한 것은 1991년이며, 오늘날에는 인도에서 가장 오래된 헤리티지 리조트이자 라자스탄 건축의 보석 중 하나로 평가 받고 있다. 투숙객들에게는 중세의 아름다움과 옛 라지푸트 왕조의 역사와 전통에 젖어볼 수 있는 기회이다.

조드푸르의 우마이드 바완 궁전이나 메랑가르 요새처럼 라자스탄의 다른 기념비적인 요새나 궁전과 비슷한 규모의 니므라나 요새의 70개 객실의 실내는 각각 테마에 맞게 장식되어 있으며, 호화롭기 그지없는 개인용 발코니가 딸려 있다. 10개의 층으로 이루어진 압도적인 규모에도 불구하고, 건물 남쪽에 지어진 공중정원(anging garden, 낭떠러지의 중턱 등에 만들어 공중에 걸려 있는 것처럼 보이게 한 정원), 궁전 우물 근처의 정원에 있는 지하 11층의 층계 우물(Stepwell, 일련의 층계를 내려가야 물이 나오는 우물. 인도 서부에서 흔히 볼 수 있다), 로마풍의 아치와 둥글게 휘어진 계단 등 사랑스러운 건축적 장식도 많다. 뉴델리에서 130km 밖에 떨어지지 않은 니므라나 요새 리조트는 인도의 팰리스 호텔 중에서 비교적 접근이 용이한 편이며, 뉴델리에서 가장 가까운 라자스탄 궁전이다.

이 호텔은 4개의 윙으로 나뉘어 있으며, 객실은 모두 아름다운 전통 인도풍으로 꾸며져 있다. 끌로 조각한 벽으로 둘러싸인 수영장은 물론 모든 시설이 완벽하게 구비된 헬스 스파가 있어, 아유르베다 테라피 같은 전통 트리트먼트를 제공한다. 요새 이곳 저곳을 살펴볼 수 있는 가이드 투어가 매일 있으며, 리조트 밖으로 나가고 싶은 생각이 들지는 모르겠지만 낙타 사파리와 트레킹, 그리고 인근 지역으로의 당일치기 나들이도 얼마든지 계획할 수 있다. **BS**

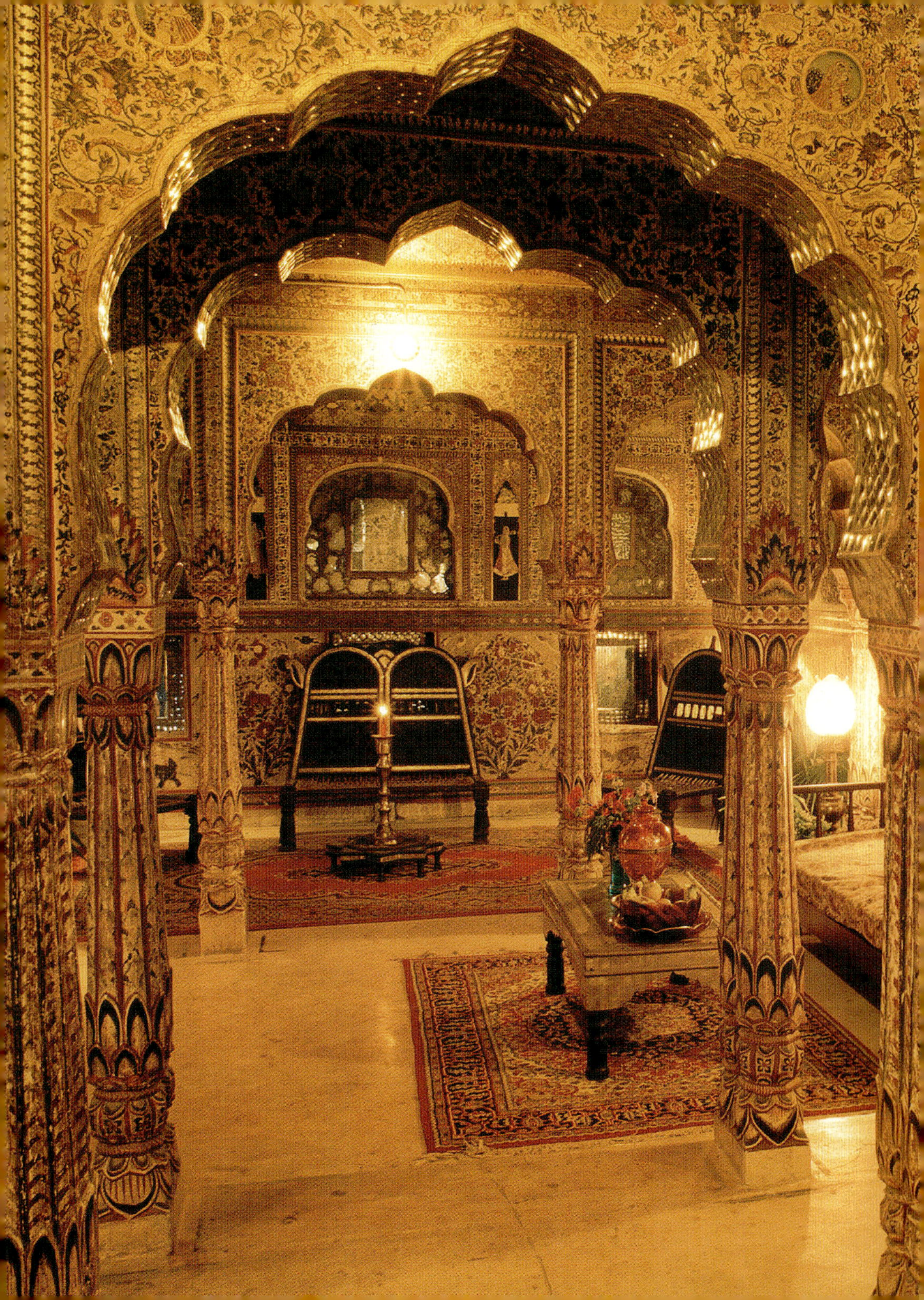

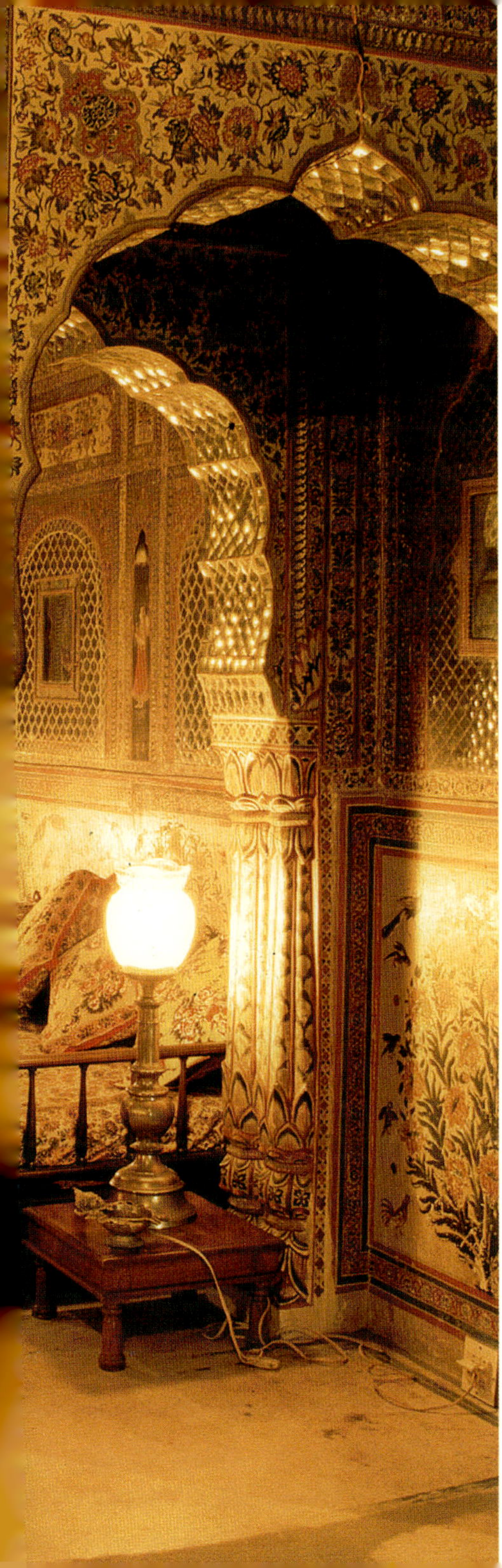

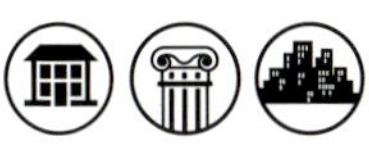

# 사모드 하벨리 Relax at Samode Haveli

**Location** 인도 라자스탄 주    **Website** www.samode.com
**Price** $ $

이 숨은 보석은 번잡하기 짝이 없는 자이푸르 "분홍 도시"의 옛 성벽 안, 먼지투성이 뒷골목을 따라 내려간 곳에 아늑하게 자리잡고 있으며, 벌집처럼 정신 없는 도회지의 분주함과 소음으로부터 고요한 오아시스가 되어 준다. 150년 전, 사모드 왕가의 별장으로 지어진 이 웅장한 옛 저택은 1988년 헤리티지 호텔로 개조되었다. 이후 아는 사람들 사이에서는 세계에서 가장 멋진 호텔 중 하나로 입소문이 났다.

부겐빌레아 꽃으로 둘러싸인 이 웅장한 건물은 1940년대에 결혼식을 위해 건설된 경사로를 따라 들어가면 정교하게 타일을 붙인 문이 딸린 스펙터클한 현관에 다다르게 된다. 호화로운 장식은 벽화와 프레스코로 뒤덮인 호텔 내부까지 이어진다. 좁은 복도와 어두운 계단이 만들어내는 미로의 끝에는 놀랍게도 매력적인 안뜰이 끝없이 펼쳐진다. 그 중에서도 가장 예쁜 곳은 중앙 안뜰로, 석류나무, 꽃, 장식용 연못이 곳곳에 있으며, 장난꾸러기 원숭이들이 돌아다닌다.

개성 넘치는 22개의 객실은 모두 모양이 다르며 디자인도 독특하다. 보석을 좋아하는 이들을 위해 바닥부터 천장까지 거울로 모자이크한 스위트도 있다. 모로코 타일로 장식된 거대한 옥외 풀은 입을 다물지 못할 정도로 아름다우며, 주위에는 크고 편안한 간이 침대와 월풀 욕조, 그리고 어린이를 위한 풀장도 있다. 식당은 꽃과 춤추는 소녀들이 그려진 정교하고 화려한 공간이다. 더 차분한 분위기를 원한다면 스태프들이 꽃과 나무가 넘치는 푸르른 정원에서 촛불 아래 로맨틱한 식사를 준비해 줄 것이다. **JK**

⬅ 모든 객실은 오래된 돌 아치, 라자스탄 골동품, 대리석 욕실 등 지극히 호화롭다.

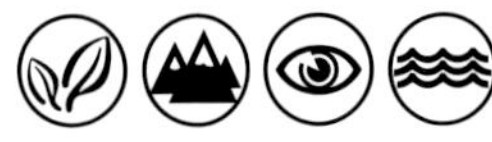

# 마르와리 인 라자스탄
## Ride Marwari in Rajasthan

**Location** 인도 라자스탄 주
**Website** www.thetharmarwarisafari.com　**Price** ⑤⑤

어린이들이 신나게 떠들면서 먼지투성이 거리로 모여든다. 마을 여인들은 머리에 인 커다란 물동이로 중심을 잡으면서 길 가장자리로 걷는다. 남자들은 머리를 숙이고 합장하며 인사를 대신한다. 이곳은 분주한 도시나 일반적인 버스 투어에서는 만날 수 없는 라자스탄의 또 다른 일면이다. 말을 타고 비포장 도로를 걸으면서 인도인들의 일상을 엿볼 수 있는 곳이 바로 여기다.

100년 전, 라지푸트족의 주요 이동수단은 말이었다. 심지어 왕과 귀족도 충실한 말에 올라타는 것을 좋아한다. "그 누구도 라지푸트 사람을 말에서 떼어놓을 수 없다"는 말이 괜히 생긴 것이 아니다. 예를 들면 마르와리는 라지푸트 왕족들이 특히 좋아하는 종(種)이다. 라자스탄에서만 찾아볼 수 있는 용감무쌍한 군마(軍馬)로, 그 아름다운 자태로도 인기가 높다. 안으로 말린 특이한 모양의 귀 외에도 우아한 품위로 널리 알려졌다. 오늘날까지도 마르와리종 말은 라자스탄에서 부와 권력을 상징한다. 따라서 말을 타고 트레킹을 하는 것은 여전히 "왕들의 고장"이라 불리는 이 지역을 돌아보는 데에 가장 알맞은 방법이다.

이렇게 아름다운 말을 타는 낭만도 낭만이려니와, 한때 마하라자들이 말을 타고 지나갔던 바로 그 고대 루트를 따라 "진짜" 라자스탄을 경험할 수 있는 가장 확실한 방법이다. 화려하게 장식된 사원과 대리석으로 지은 성을 보라. 아직 투어리즘에 물들지 않은 시골 마을에 잠시 멈춰서 달콤한 차이를 마시자. 호수와 강가를 따라, 그런 다음에는 주니퍼와 자카란다 나무 숲을 가로질러 말을 몰자. 번잡한 도시의 소음과 혼잡함은 잊어버리자—이곳에서 걱정해야 할 유일한 교통 체증은 줄을 지어 천천히 집으로 돌아가고 있는 염소떼이다. 인도를 경험하는 독특하고 보람있는 방법이다. **JP**

# 와일더니스 캠프
## Enjoy Wilderness Camp

**Location** 인도 라자스탄 주
**Website** www.rohetgarh.com　**Price** ⑤

인도에서도 외딴 곳을 찾아가고 싶다면, 타르 사막을 추천한다. 라자스탄 서부, 모래로 뒤덮인 구릉지대로, 이 럭셔리한 캠프의 궁극적인 배경이기도 하다. 숨막히게 아름다운 일출과 일몰, 그리고 끝없이 펼쳐진 사구(砂丘)를 가로지르는 트레킹을 즐길 수 있다.

야생자연은 정말로 인상적인 천막 캠프로, 편안한 침대와 타일로 장식한 욕실이 딸려 있다. 발 아래는 부드러운 러그가 깔려 있고, 럭셔리한 패브릭과 윤기가 흐르는 아름다운 티크목 가구가 와일더니스 캠프를 더욱 빛낸다. 이엉 지붕을 올리고 석고로 내부를 장식한 전통 식당을 추천한다. 식사가 끝나면 이 사막 속 환상

---

> "우아한 천막이
> 산들바람에 휘날리며,
> 거친 사막과 이국적인 대비를 이룬다."
>
> 『구르메 트래블』誌

---

나라의 마법에 빠져보자. 낮에는 낙타나 말에 올라 트레킹을 나서자. 오지 부족을 방문하거나 야생 동식물을 관찰하러 나가 보자. 이 캠프를 관리하는 싱 가족은 내부 장식에서부터 스태프들의 따뜻한 환영에 이르기까지 특별한 터치로 전통적인 라자스탄을 느낄 수 있도록 최선을 다한다.

궁극의 로맨틱한 사막 휴양지로, 일상의 모든 것에서 탈출하기에 완벽한 장소이다. 촛불을 밝혀 놓은 라운지는 모래바다에서 하루를 보낸 뒤 반가운 음료수 한 잔을 즐기기에 이상적이다. 무엇보다도, 이곳에 와서 평화와 고요에 젖어보라. 귀에 들리는 것은 새들의 노랫소리와 지나가는 목동들의 부드러운 음성뿐. 이렇게 외진 사막에서 보는 별은 지구상 그 어떤 곳보다 아름답다는 것도 놓치지 말 것. **AD**

# 치하트라 사가르
Camp at Chhatra Sagar

**Location** 인도 라자스탄 주
**Website** www.chhatrasagar.com　**Price** ⑤⑤

자이푸르와 조드푸르 같은 정신없이 바쁜 도심 한가운데에서, 이 럭셔리한 캠프는 그저 고요할 따름이다. 원래는 한 세기 넘게 이 근처 대지를 소유해 온 니마지 가문의 사냥용 별장으로 지어졌으며, 11개의 화려하게 장식된 텐트가 새들이 우글거리는 거대한 저수지를 내려다보고 있다. 이 전원 속 낙원은 밀, 겨자, 목화, 칠리 등을 심어 놓은 푸른 밭과 가축이 풀을 뜯는 초원 한가운데에 자리잡고 있어, 숙박객들이 자유롭게 주변을 탐험할 수 있다.

　몇몇 마을을 제외하면 이 캠프는 라자스탄 최고의 오지라 할 만하다. 5스타 호텔에서 기대하는 모든 편안함과 자연의 로맨스가 결합했으며, 일일이 손으로 꿰맨 텐트에는 냉온수가 모두 나오는 돌로 지은 욕조와 선풍기, 언덕진 시골 풍경과 영양들이 모이는 호수를 내다보는 베란다가 딸려 있다. 손으로 직접 칠한 바닥은 전통 헤나 디자인으로, 특히 몬순기가 지나간 뒤 텐트를 다시 세울 때 가장 멋지다. 새벽에 일어나 테라스로 차를 한 잔 주문한 뒤 일출을 감상하자. 인근 언덕 꼭대기에서 칵테일을 마시며 하루를 마치고, 밤하늘의 별을 바라보자. 저녁식사는 오픈에어 다이닝 텐트의 촛불 아래서 하게 된다. 아늑한 화톳불가에 앉아 마을의 옛날 이야기를 들으면서 밤을 마무리한다.

　캠프를 운영하는 사람은 인심 좋고 매력적인 두 형제와 그 아내들이다. 부지 내에서 재배한 재료로 전통에 따라 집에서 요리한 음식은 라자스탄 최고로 꼽힌다. 심지어 손님들을 위한 요리 강좌도 있다. 그 밖에 지프 사파리, 자연관찰 산책, 조류 관찰 등을 즐길 수 있다. 니마지 가족은 호수에서 요트를 타거나, 인근 마을을 방문하여 주민들이 수공예품이나 도자기 만드는 것을 구경할 수 있도록 기획해 준다. 느긋하게 쉬기만 하는 것에 싫증이 났다면, 저수지를 빙 둘러싼 트랙을 따라 조깅을 할 수도 있다. **JK**

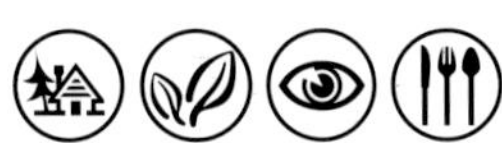

# 데오가르 마할
Stay at Deogarh Mahal

**Location** 인도 라자스탄 주
**Website** www.deogarhmahal.com　**Price** ⑤⑤

라자스탄 중부의 데오가르 마할은 인도에서도 그 역사적 유산을 가장 잘 보존하고 있는 곳으로 꼽힌다. 언덕과 사막에 둘러싸인 이곳에서의 짧은 여가는 마치 시간을 거슬러 올라온 듯한 착각에 빠지게 한다. 위태롭게 한데 얽혀 있는, 구불구불한 복도와 좁고 가파른 계단은, 350년 전 이 궁전을 지은 건축가들이 약탈을 노린 침략자들을 혼란에 빠뜨리려고 고안해 낸 교묘한 술책이다.

　성채는 이 부근에서 가장 부유한 가문들이 거주한 저택이었으며, 객실 중 다수는 장식용 거울 타일—예전에는 보석만큼이나 사치스러운 장신구로 여겨졌다—로

> "(데오가르 마할은) 모든 면에서
> 환상적이다—차분하면서도
> 거부할 수 없을 정도로 섹시하다."
>
> 『태틀러』

덮인, 당시의 호화로운 내부를 그대로 간직하고 있다. 성채의 벽에는 원래의 그림이 그대로 남아 있다.

　데오가르 마할은 투숙객들에게 모던 호텔의 모든 편의를 제공한다. 풀장, 스파 센터, 작은 헬스클럽, 훌륭한 레스토랑이 역사적인 경험에 현대적인 안락함을 더한다. 지프 사파리, 사막 산책, 빈티지 자동차 드라이빙 등도 즐길 수 있다. 매일 저녁 옥상 테라스에 올라가면, 그의 조상들이 그래왔듯 별 아래서 칵테일을 홀짝이며 어린 라자스탄 무희들의 연예를 지켜보고 있는 호텔 소유주인 베르바드라 싱 춘다와트(줄여서 "V.B."로 부른다)를 만날 수 있다. 실제로 인상적인 호화로움과 손에 잡힐 듯한 역사 유산보다도, 데오가르 마할의 최고 장점은 그 따뜻함과 친밀함이다. **JD**

# 셍 사가르 요새 Relax at Seengh Sagar Fort

**Location** 인도 라자스탄 주
**Website** www.deogarhmahal.com　　**Price** 💲💲

인도에서도 가장 다채로운 사막 주(洲)인 라자스탄 한복판, 인도에서 조용한 시간을 보내기에 가장 좋은 곳 중의 하나가 있다. 객실 4개짜리 럭셔리 빌라로 개조된 옛 섬 요새이다. 시간 감각이 사라진 듯한 마법 같은 공간으로, 큰 어치와 잉꼬 울음소리가 아침이면 인도의 시 가지를 채우는 자동차 소리를 대신한다. 비가 많이 내리는 해에는 호수가 요새를 에워싸 배로만 접근이 가능해지며, 그 고요한 고독감이 더욱 깊어진다.

4개의 스위트는 생기 넘치는 라자스탄 색채와 패브릭으로 독특하게 장식했으며, 호수가 내다보이는 개인용 발코니가 있다. 그러나 셍 사가르가 기본으로 돌아가는 여행이라고 생각하지는 말 것. 각 객실은 그 어떤 현대적인 호텔보다 훌륭한 내부 편의—가득 찬 미니바, 에어컨, 필요하면 언제든지 도와주는 직원들—를 갖추고 있다. 오픈에어 테라스에서 호박빛 석양을 바라보거나, 덩굴식물들이 여기저기 뻗어 있는 중앙 안뜰의 거대한 인도멀구슬나무 아래서 칵테일을 마시거나, 천국에나 어울릴 법한 아유르베다 마사지를 받자. 이 모든 것에 싫증이 난다면 셍 사가르의 자매 호텔인 데오가르 마할—5km밖에 떨어져 있지 않다—을 통해 사막 산책, 승마, 지프 사파리, 사원 방문 등에 참가할 수 있다. 셍 사가르의 주인인 란디르 싱지와 시간을 보내는 것도 좋다—성채의 매력적인 역사와 인도 군에서 현역으로 복무할 당시의 이야기를 들려줄 것이다(총에 맞은 상처에 대해서 물어보기만 하면 그 다음은 자동으로 나온다).

한 가족이나 한 무리의 친구들이 독점 렌트할 수 있을 만큼 작지만, 커플들이 저마다 프라이버시를 침해받지 않고 즐길 수 있을 만큼 크다—사실 인도에서는 이것이 가장 중요한 포인트이다. **JD**

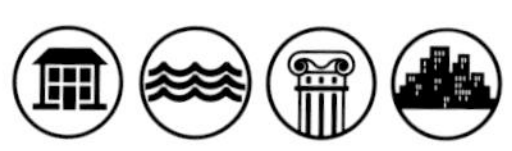

# 파테 프라카시 Unwind at Fateh Prakash

**Location** 인도 라자스탄 주 우다이푸르
**Website** www.hrhhotels.com　　**Price** 💲💲

라자스탄은 과거 마하라자의 어마어마한 부를 과시하기 위한 궁전이나 사원이 전혀 필요하지 않지만, 우다이푸르 시는 그 화려함으로 가득하다. 그 심장부에 파테 프라카시 궁전이 있다. 수많은 작은 탑, 발코니, 돔이 딸린 이 궁전은 로맨틱한 피콜라 호반에 위풍당당하게 서 있으며, 아라발리 산맥과 맞닿아있다.

12세기 초, 마하라나 파테 싱 통치 하에 세워졌으며 과거에는 오직 왕족의 유흥을 위한 공간이었다. 인도가 영국에서 독립하고, 예전처럼 정부에서 매년 돈을 받을 수 없게 되자, 마하라자들은 도저히 이런 개인 영지를 유지하는 것이 불가능하게 되었다. 이들이 궁전을 개방하고 관광객들이 뿌려대는 달러에 눈을 돌린 것은 놀랄

> "만약 피콜라 호수가 베네치아에 있었다면,
> 베네치아인들은 이렇게 말했을 것이다.
> '피콜라를 보기 전엔 죽을 수 없다.'"
>
> 루드야드 키플링, 『남작의 편지』

일도 아니다.

메인 건물의 객실은 진귀한 그림, 정교한 샹들리에에, 특정 시대 양식의 가구 등 원래의 실내 장식을 그대로 간직하고 있다. 숙박객들은 마하라니(마하라자의 부인)가 개인 소장한 크리스탈—의자, 테이블, 침대 등등—컬렉션을 감상할 수도 있다. 그러나 이 호텔의 화룡점정은 가장 최근에 증축한 도브코트 윙이다. 좀더 현대적인 분위기의 스위트는 가트(Ghat, (특히 인도에서) 강, 호수 등의 물로 바로 이어지는 계단) 건너 이루 말할 수 없이 아름다운 호수 풍경과 피콜라 호반의 명물 레이크팰리스 호텔의 전경을 감상할 수 있다—사막의 태양이 언덕 뒤로 사라질 때 선셋 테라스에서 보는 것이 가장 좋다. **SG**

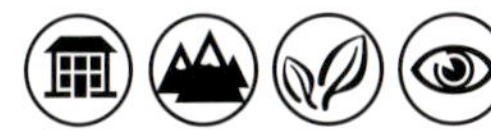

# 데비 가르 Relax at Devi Garh

**Location** 인도 라자스탄 주
**Website** www.deviresorts.com   **Price** 💲💲

돔, 아치, 작은 탑, 발코니, 웅장한 벽—이 옛 성채는 저 멀리 산속 들판에서 솟아오른 인도 제국의 유산처럼 보인다. 인도 북서부 우다이푸르에서 차로 45분 정도 걸리는, 꽤나 한적한 지역으로 보이지만, 데비 가르는 세계 최고의 호텔 중 하나이다.

18세기에 지어진 요새 안으로 들어가면, 마치 21세기로 순간 이동을 한 듯한 기분이 든다. 새하얀 대리석, 유리벽, 시크한 패브릭이 만들어내는 깔끔한 선을 도저히 놓칠 수가 없다. 침실은 널찍하고, 유리와 대리석을 사용한 욕실은 호화롭기 그지없다. 밝은 색깔의 실크 드레이프와 그릇에 담아 놓은 꽃잎, 이 지역 예술가들의 작품이 에어컨, 거대한 플라즈마 TV, DVD 플레이어와 완벽한 조화를 이룬다. 심지어 "베개 메뉴"도 있으며, 39개 스위트의 벽은 준보석을 박아 넣어 장식했다. 고대 인도가 느껴지는 컨템퍼러리 럭셔리라고나 할까.

14개 층에 걸친 미로 속에서 올드와 뉴가 너무나 완벽하게 결합하여, 아라발리 산맥이 내다보이는 옛 발코니에서 햇볕을 쬐면서 무선 인터넷을 즐기는 것이 전혀 어색하지 않다. 호화로운 스위트에서 한 발짝 걸어 나오면, 5개의 실내 정원, 촛불을 밝힌 칵테일 바, 환하고 현대적인 헬스클럽 등 인상적인 공공 공간이 기다린다. 손님들은 초록색 대리석 수영장으로 뛰어들거나 해가 뜰 무렵 옥상에서 요가를 할 수 있다.

호텔 밖으로 나오는 발걸음이 떨어질지는 모르겠지만, 낙타 사파리, 스펙터클한 트레킹 트레일, 가이드 투어—물론 운전사가 딸려 있는—도 즐길 수 있다. **SH**

⬈ 레스토랑 "더 파빌리온"에서는 환상적인 산 파노라마를 즐길 수 있다. 그 음식으로 말할 것 같으면 세계적인 찬사를 받고 있다.

"호화롭고 세련된 미니멀리즘으로 무장한 데비 가르는 리조트 밖으로 한 발짝도 나갈 수 없게 만든다."

『콩데 나스트 트래블러』

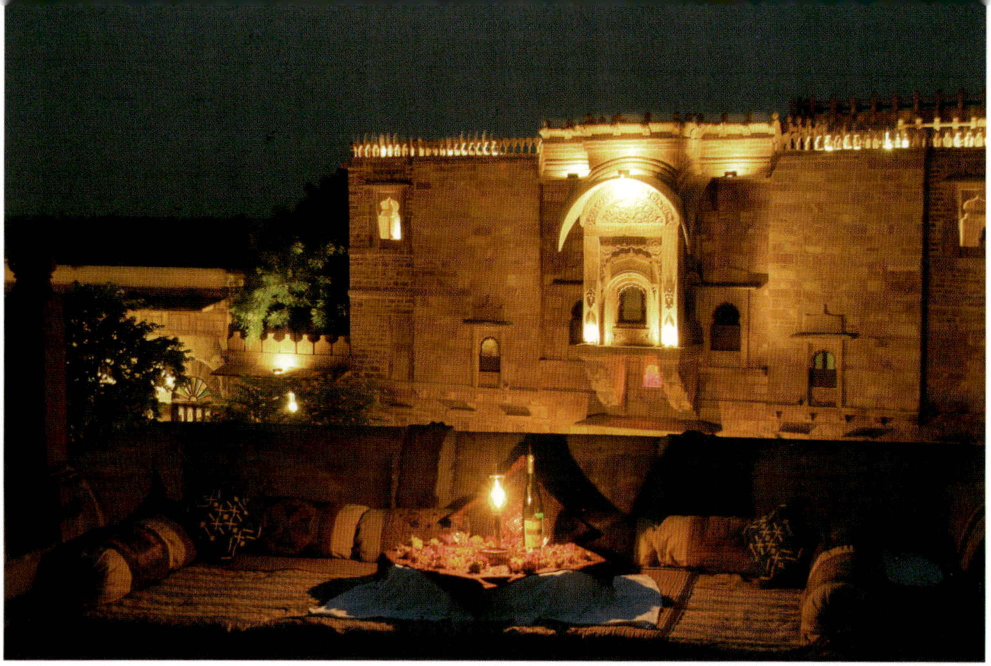

# 찬와 요새 Stay at Fort Chanwa

**Location** 인도 라자스탄 주    **Website** www.fortchanwa.com    **Price** ⑤

루니의 찬와 요새는 영국의 스타 제레미 아이언스가 라자스탄에 올 때 즐겨 찾는 휴양지이다. 그는 조드푸르의 시장에서 쇼핑을 즐기며, 이곳에서 결혼식 의상을 재활용해서 만든 금색과 은색의 마르와리 침대 커버와 사랑에 빠졌다고 한다.

이 요새는 1894년, 시(時)를 사랑했던 총리 카비라지 무라리단지에 의해 세워졌다. 그는 조드와르의 마하라자 자스완트 싱 II세로부터 봉지를 받고 그 대신, 만약 대가 끊길 경우 성의 소유권을 왕가에게로 넘기겠다고 합의했다. 실제로 1940년대에 찬와 요새는 주인이 바뀌었고, 현재는 조디푸르 마하라자의 아들이 운영하고 있다.

조디푸르의 왕가는 찬와를 멋진 부티크 호텔로 개조했다. 객실 중 일부는 총리의 궁정 겸 홀로 쓰였던 외부 안뜰에 있다. 지금은 궁정은 레스토랑으로, 홀은 바로 바뀌었지만 말이다. 객실 일부는 S자형 창틀에 색유리를 끼워 넣어 정말로 매력적이다. 저녁 식사 시간에 세레나데를 부르는 작은 밴드는 수 세대에 걸쳐 이 성의 귀족들을 위해 노래를 불러온 이들이다.

루니 읍내를 돌아다니며 주민들의 일상을 들여다보는 것은 환상적인 경험이 될 것이다. 빨간 터번과 하얀 도티스(dhotis, 남자들이 아랫도리를 가리기 위해 둘러 입는 천)를 두른 마르와리 유목민들이 염소, 양, 낙타떼를 몰고 거리를 메운다. 주변 거리에서는 주민들이 쇠똥으로 만든 화분을 팔고 있다. 어떤 집의 안뜰에서는 눈먼 수송아지에게 맷돌을 돌리게 하여 요리에 널리 쓰이는 겨자씨 기름을 만들고 있다. 때때로 머리끝부터 발끝까지 하얀색 옷을 입은 떠돌이 대장장이가 마을에 와서 냄비 따위를 고쳐주곤 한다. 루니는 인도에서 정말 보기 드문 곳이다—진정한 고요함의 오아시스이자, 그 라이프스타일은 현대의 손길이 전혀 닿지 않은 것 같다. **GMD**

↑ 우아한 옥상의 테라스가 웅장한 인도 성채 건축을 보완해 준다.

# 타지 레이크 팰리스 Enjoy Taj Lake Palace

**Location** 인도 라자스탄 주     **Website** www.tajhotels.com     **Price** $$$

우다이푸르, 피콜라 호수의 한복판에 떠 있는 타지 레이크 팰리스는 사치와 낭만에 바치는 빛나는 헌사이다. 250년 전, 마하라나 자가트 싱이 세운 이 "향락의 궁전"이 제공하는 안락함과 럭셔리함은, 물론 세계의 다른 호텔에서도 경험할 수 있는 것이긴 하겠으나, 그 위치 때문에 더욱 돋보일 수밖에 없다. 우선 이 호텔은 호수에 둘러싸여 있고, 그 호수는 산으로 둘러싸여 있다. 우다이푸르의 번잡한 시가지까지는 보트로 2분밖에 걸리지 않지만, 일단 면적 1.6ha의 섬에 발을 딛기만 하면 그 평화로움에 저절로 미소를 띠게 된다.

83개의 객실은 저마다 테마가 있지만, 넓은 스위트가 특히 웅장하다. 특히 매력적인 곳은 허니문 스위트로, 빨강, 초록, 노랑으로 꾸민 실내에 스테인드글라스 창을 채택했다. 천장에는 섹스용 그네까지 매달려 있다. 더 작은 객실들은 창 밖으로 불과 1m 정도 떨어진 곳에서 호수의 물결이 벽을 때리고 있어, 마치 망망대해의 럭셔리한 요트를 타고 있는 기분이 들 정도이다. 모든 객실에는 24시간 개인용 집사가 딸린다.

작은 조각 정원, 3개의 환상적인 레스토랑, 바, 럭셔리 스파 등이 있어 절대로 이 섬을 떠나고 싶은 생각이 들지 않게끔 한다. 그러나 모험심이 있는 손님이라면 옛 왕의 의식용 바지선을 타고 호수 위에서 음식, 술, 전통 음악을 즐길 수 있다. 레이스가 하늘하늘한 프라이버시 베일이 드리워진 보트를 타고, 호수 위에서 로맨틱한 시간을 보낼 수도 있다.

비수기에 가서 일반 객실("럭셔리 룸"이라 부른다)에 머물면 더욱 잊지 못할 시간을 보낼 수 있다. 타지에서는 만약 체크인할 때 더 윗등급의 객실이 비어 있으면, 언제든지 업그레이드를 해 주는 정책을 채택하고 있다. **JD**

⬆ 새하얀 대리석과 모자이크 빌딩은 마치 피콜라 호수에 떠 있는 것처럼 보인다.

# 우다이 빌라스 팰리스
## Stay at Udai Bilas Palace

**Location** 인도 라자스탄 주
**Website** www.udaibilaspalace.com **Price** ⑤

호화로운 인도 궁전에서 하루 이틀 묵으면서 마하라자가 된 듯한 상상에 빠져 보자. 가이브사가르 호숫가 제방 위에 위풍당당하게 자리잡은 이 헤리티지 호텔은 라자스탄 남부, 유명 관광지와는 좀 떨어진 곳에 위치한다.

19세기에 마하라왈 우다이 싱지가 세운 우다이 빌라스 팰리스는 둥가푸르의 마하라자인 라지푸트 왕가의 소유였으며, 오늘날까지도 왕가의 일원들이 거주하는 공간이다. 최근에 수리를 마친 호텔은 원래의 매력을 아직도 많이 간직하고 있다—벽지는 50년쯤 되었지만 여전히 상태가 훌륭하다. 미니어처 그림, 정교한 벽화, 조각된 돌 등은 라지푸트 왕가의 풍부하고도 다채로운 문화적 유산을 보여준다. 푸르스름한 회색 건물은 상상할 수 있는 만큼 웅장하며, 조각한 돌기둥과 대리석을 입힌 아치로 장식되어 있다. 건물의 심장부에는 매력적인 안뜰, 풀장, 그리고 섬세하게 조각한 정자가 있다. 호수 자체도 평화롭고 마치 마법 같다. 왜가리, 황새, 해오라기 같은 조류가 우글거리므로 느긋하게 보트를 타고 구경에 나설 수도 있다.

호텔의 널찍한 객실과 스위트는 모두 개성적인 스타일로 꾸며져 있지만, 화려한 발코니와 마호가니 가구, 아름다운 실내 장식은 공통이라 할 수 있다. 가장 웅장한 스위트에는 바닥에 거울을 깔았다. 크리스탈 샹들리에가 달린 우아한 연회용 홀에서 저녁 식사를 하게 된다. 긴 대리석 테이블은 표면을 파서 물이 흐르게 하고, 그 위에 촛불과 꽃을 둥둥 띄웠다.

유혈 스포츠를 혐오한다면, 이곳은 적당하지 않을지도 모른다. 라지푸트 왕족들은 명성이 자자한 사냥꾼들로, 식당 벽에는 박제 트로피가 줄지어 걸려 있으니 말이다. **JK**

# 우다이빌라스
## Enjoy Udaivilas

**Location** 인도 라자스탄 주
**Website** www.oberoihotels.com **Price** ⑤⑤⑤

위대한 16세기와 17세기 왕궁에서 영감을 받은 우다이빌라스는 기둥, 계단형 정원, 장식용 아치, 벽감을 조합해 놓은 거대한 아상블라주로, 손님들은 이곳에서 럭셔리의 세계에 젖어들게 된다.

오베로이 그룹의 회원사인 이 위풍당당한 호텔은 아라발리 산맥을 배경으로 피콜라 호수 너머 우다이푸르의 명소인 자그만디르, 자그니와스 궁전을 바라보고 있다. 옛 라자스탄 왕궁을 재창조한 이 호텔에서는 그 어느 것 하나 소홀히 다루어지지 않았다. 손으로 조각한 기둥이 줄지어 선 오픈에어 주랑, 수작업으로 제작한 거대한 벽화, 금박으로 처리한 정교한 쿠폴라와, 빛나

> "라자스탄에서
> 볼 수 있는 현대 인도 건축의
> 가장 멋진 예 중 하나."
>
> concierge.com

는 하얀 대리석으로 만든 장식용 분수 등.

대다수의 객실은 벽으로 둘러싸인 개인용 안뜰이 딸려 있으며, 고전적인 라지푸트 양식의 벽을 파서 만든 의자와 테이블로 장식되어 있다. 일부 객실에서는 해자형 수영장과 바로 연결되어 있어, 호수 너머 호텔 소유의 야생동식물 보호구역—면적 8ha로 멧돼지, 공작새, 인도얼룩사슴 등이 서식한다—의 전망을 감상하며 수영을 즐길 수 있다.

궁극의 사치인 코히누르 스위트는 안뜰과 풀장, 그리고 우다이푸르 시티 팰리스가 숨막히는 전경을 모두 갖춘 하나의 독립된 세계이다. 호텔 내의 반얀트리 스파는 어마어마하게 넓은 트리트먼트 룸에서 아로마테라피부터 아유르베다에 이르기까지 다양한 메뉴를 제공한다. **BS**

# 오르차
## Discover Orcha

**Location** 인도 마디아프라데시 주
**Website** www.spiritualjourneys.net/Venues/orcha.htm **Price** ❗

부산한 잔시 도심으로 이어지는 주 도로에서 벗어난 곳에 아늑하게 자리잡은 오르차 마을은 그 이름과 너무나 잘 어울리는 곳이다("오르차"는 "숨어 있는 곳"이라는 뜻이다). 16세기와 17세기에 세워진 왕궁과, 정교한 장식용 첨탑이 딸린 사원으로 이루어져 있다. 1500년대 초부터 20세기 중반까지 인도 중부의 넓은 지역을 지배했던 분델라 씨족은 그림같이 아름다운 베트와 강에 떠 있는 이 섬을 자신들의 수도로 삼았다. 오늘날 왕궁에는 마카크 원숭이밖에 살지 않지만, 오랜 세월이 흘렀음에도 불구하고 건물들은 그대로 살아남아 평화로운 주변 풍광과 완벽한 조화를 이루고 있다.

마을의 중심은 경탄이 저절로 나오는 제한지르 마할 궁전으로, 17세기 초 무굴 제국의 제한지르 황제가 오르차를 방문한 것을 기념하기 위해 세워졌다. 궁전의 꼭대기 층에 올라가 창문도 없는 텅 빈 방에 서면 주위를 에워싸고 있는 푸르른 녹지의 아름다운 풍경을 감상할 수 있다. 또 부드럽게 쏟아지는 강물에서 빨래를 하고 있는 주민들을 볼 수도 있고, 조류 관찰이 취미라면 하늘에서 빙빙 돌고 있는 독수리들을 좀더 가까이에서 보면서 즐거워할 것이다. 바로 옆에 있는 라지 마할 궁전은 정교한 벽화들이 있으며, 강의 오른쪽 둑에 위치한 읍내와는 완전히 떨어져 있다. 마을 이쪽에 있는 사원들은 여전히 주민들이 드나들며, 인도 북부의 과밀화된 도시 밖에서 힌두교도의 삶을 볼 수 있는 좋은 기회를 선사한다.

고대의 건축물이 자연의 아름다움을 더욱 돋보이게 하는 오르차는 그 시각적인 매력 때문에라도 찾아올 가치가 충분하고도 남는다. 그러나 인도에서도 이 매력적인 지역을 발견한 관광객은 거의 없으며, 이 마을은 인도의 혼잡한 도시들과는 완전한 반대라는 것을 생각하자. 그 모든 것에서 벗어나고플 때를 위한 환상적인 공간이다. **DaH**

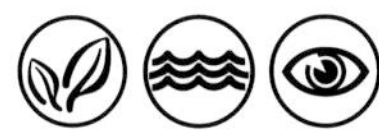

# 카나 국립공원
## Visit Kanha National Park

**Location** 인도 마디아프라데시 주
**Website** www.kanhanationalpark.com **Price** ⑤

지리학적으로 인도의 중심에 위치한 마디아프라데시 주는 전 세계 호랑이의 22퍼센트가 서식하는 울창한 삼림으로 덮여 있다. 호랑이를 구경할 수 있는 가장 좋은 장소는 카나 국립공원으로 푸른 대나무와 사라나무 숲, 탁 트인 초원, 그리고 셀 수 없이 많은 시내가 숨막힐 정도로 아름다운 자연 풍경을 만들어낸다. 얼마나 아름다운지 루드야드 키플링이 이곳을 방문한 뒤 영감을 받아 소설『정글북』을 썼을 정도이다.

1955년 국립공원으로 지정되었으며, 동물들을 보호하기 위해 여러 보존 프로그램을 시행하고 있다. 덕분에 공원 안을 어슬렁거리는 호랑이, 브라싱가(거의 멸

> "언뜻 보면,
> 케이퍼빌리티 브라운이 설계한
> 잉글랜드의 공원 같다."
>
> 린 바버, 『옵저버』

종하다시피한 사슴의 일종), 가우르(인도산 큰 들소), 그리고 표범들의 개체수가 꾸준히 늘고 있다. 카나의 야생동식물을 구경하기에 가장 좋은 때는 3월부터 7월이다. 기온이 오르면서 동물들이 숲속의 은신처에서 나와 물가로 몰려들기 때문이다. 매일 아침 호랑이를 추적하는 경비대원들은 대체로 어디로 가야 호랑이를 볼 수 있는지 잘 알고 있다. 조류 관찰자도 멋진 시간을 보낼 수 있다―위풍당당한 공작새가 특히 눈에 띈다.

인도에서 가장 큰 국립공원으로 아시아 전체에서 가장 보존 상태가 좋은 축에 속한다. 카나에 오면 지구상에서 가장 매력적인―그리고 슬프게도 가장 위험에 처한―동물들을 만나는 독특한 경험을 할 수 있다. **DaH**

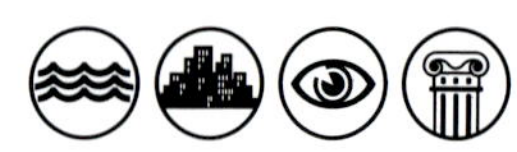

# 갠지스 Discover the Ganges

**Location** 인도 우타르프라데시 주 바라나시
**Website** www.varanasicity.com/ganges-ghats.html **Price** ❶

갠지스는 생명줄이다. 강고트리에서 시작하여 수백 킬로미터에 걸쳐 타는 듯한 인도 북부의 초원 지대를 구불구불 가로질러 벵골만으로 흘러간다. 갠지스는 믿음의 뿌리이기도 하다. 갠지스는 신성한 강이고, 갠지스 유역에서 가장 신성한 곳은 시바 신의 도시로 알려진 바라나시(또는 베나레스)이다. 힌두교 순례자들은 바라나시로 와서 갠지스 강물에 몸을 담근다—모든 죄를 씻는 의식이다. 바라나시는 길한 죽음을 맞이할 수 있는 곳이기도 하다. 바라나시에서 이승을 떠나면 모크샤, 즉 영원한 윤회의 굴레를 벗을 수 있기 때문이다.

삶과 죽음의 가장 친밀한 의식이 눈앞에서 거행된다. 가트—강으로 바로 이어지는 계단—위에서는 빨래를 하고, 기도를 하고, 요가 수련을 하고, 크리켓을 하고, 면도를 하고, 거지에게 돈을 주며 좋은 업을 쌓는다. 바로 옆에서는 물소들이 얕은 물에서 뒹굴고, 장작불 위에서는 시신을 태운다. 신앙심 깊은 순례자들과 은둔 성자들이 관광객과 그들이 뿌리는 달러에 목을 매는 주민들과 어깨를 스친다. 불행하게도, 이는 이 신성하기 이를 데 없는 장소가 가짜 성인과 바가지 씌우는 상인이 판치는 곳이기도 하다는 사실을 의미한다. 미로 같은 거리에는 암표상이 관광객에게 달라붙는다.

이 모든 것을 피하려면, 이른 새벽에 보트를 타고 나서야 한다. 보트가 강 하류로 미끄러져 내려가노라면 스피커에서 흘러나오는 만트라 독경 소리가 점점 희미해지며 결국은 산들바람에 실려 사라져버린다. 유일한 소리는 노가 움직이는 소리뿐이다. 그 옆으로 촛불을 밝힌 제물이 마치 샛별처럼 어둠 속에 떠내려간다. 그리 오래지 않아 여명이 찾아오고, 강이 마법 같은 빛에 물든다. 순례자들이 떠오르는 아침 햇빛 속에서 예배를 올리기 위해 나타나고, 삶은 다시 계속된다. **LB**

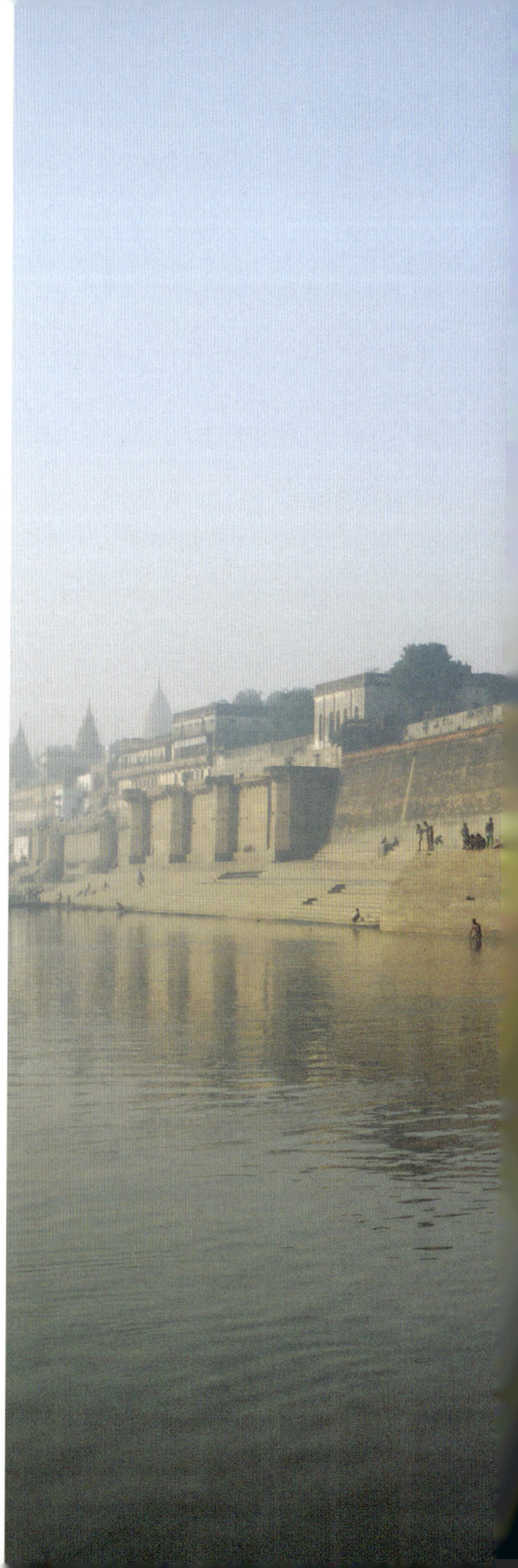

➡ 위대한 갠지스 강은 마법 같은 공간이다. 속(俗)과 성(聖)이 공존하는 인생의 수레바퀴의 중심이다.

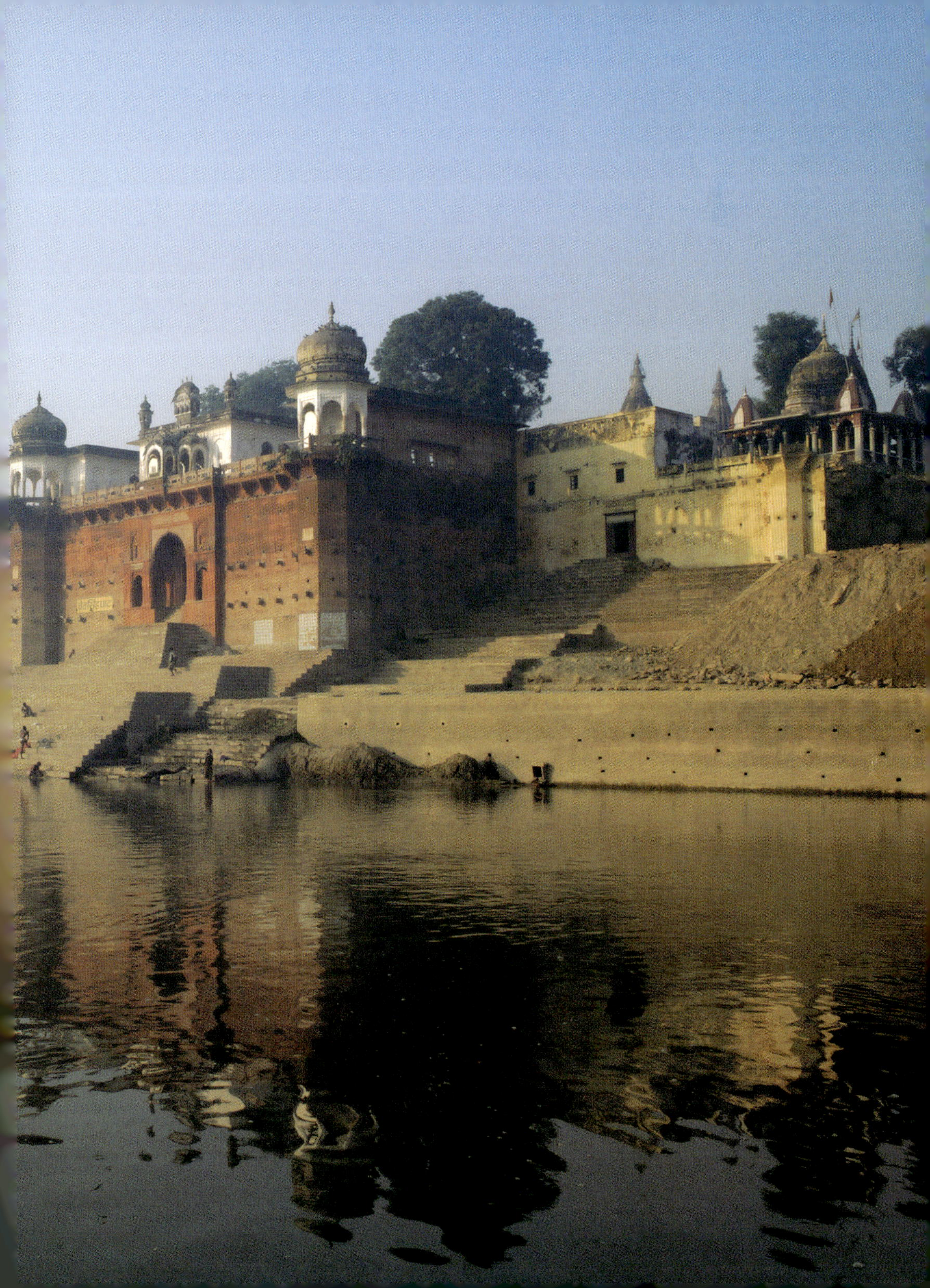

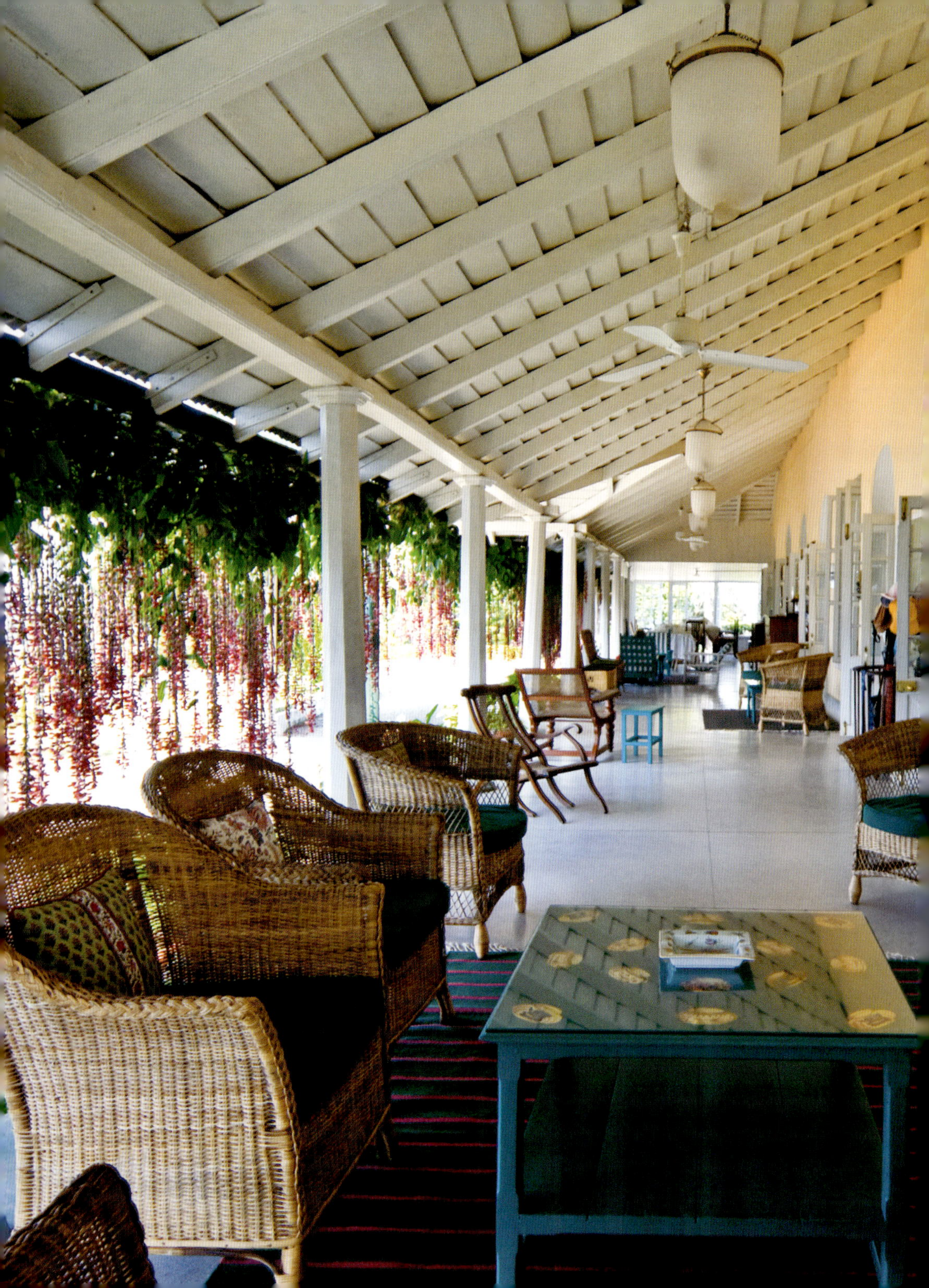

  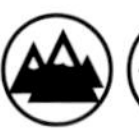 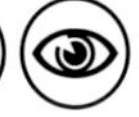

# 글렌번 티 에스테이트
Visit Glenburn Tea Estate

**Location** 인도 서벵골 주 다질링 근교
**Website** www.glenburnteaestate.com   **Price** 💲💲

1860년 스코틀랜드 차 농장주에 의해 세워진 글렌번은 면적 646ha의 차 재배지로, 개인 소유 삼림, 찻잎 따는 사람들이 사는 마을, 그리고 2개의 강으로 이루어져 있다. 로맨틱한 식민지 시대 베란다에서 느긋하게 차 한 잔을 마시며 히말라야와 미라의 불상—글렌번 맞은편 언덕에 서 있는 청동상—이 보이는 풍경을 즐기자.

농장주가 살았던 방갈로는 개조되어 현재는 4개의 스위트에 12명이 투숙할 수 있다. 가장 인기 있는 스위트는 "플랜터 스위트"로 기둥 4개 달린 환상적인 스페인산 마호가니 침대와 트왈 드 주이로 꾸민 실내를 자랑한다. 프라이버시가 더 중요하다면 개인용 라운지와 베란다가 딸린 코티지도 있다. 아니면 렁기트 강변의 글렌번 로지에서 캠핑을 하는 것도 좋다(이곳에서는 밤에 오직 등유 램프만을 켠다). 음식은 독창적이면서도 맛있다. 찻잎 파코라, 바라밀 열매로 만든 코프타 커리, 티베트의 모모, 그리고 녹차 아이스크림을 맛볼 수 있다. 허브와 채소는 직접 재배하며, 정원에는 스위트피, 재스민, 장미가 가득 피어 있다.

노동집약적인 옛 방식이 거의 변하지 않은 공장 내부를 견학하고, 오렌지 과수원과 인근의 수도원까지 포함하여 농장에서 하루 종일 하이킹을 즐기자. 다질링, 칼림퐁, 미리크까지는 지프를 타고 가면 그리 오래 걸리지 않는다. 만약 밖으로 나가고 싶지 않다면 결혼한 이래 줄곧 글렌번 차 농장에서 일해 온 여주인 니나가 시중을 들어 줄 것이다. 크리스마스와 신년을 축하하기에 좋은 곳으로, 다질링 시내보다 고도가 915m나 낮아 그 반만큼도 춥지 않다. **CSJ**

⬅ 글렌번 티 에스테이트의 베란다에서 멋진 산 풍경을 즐기면서 애프터눈 티를 마시자.

# 윈더미어 호텔
Stay at Windamere Hotel

**Location** 인도 서벵골 주 다질링
**Website** www.windamerehotel.com   **Price** 💲💲

고도 2,100m가 넘는 히말라야 산기슭에 구세계 영국의 마지막 유물 중 하나가 남아 있다. 실제로 이곳에 발을 들여놓는 순간, 1940년대 잉글랜드 영화 세트장으로 들어온 듯한 착각에 빠질 것이다.

우선은 가는 방법부터 살펴보자. 가장 좋은 방법은 바그도그라까지 비행기로 가서, 다질링의 유명한 차밭과 산지를 6시간 동안 지그재그로 가로질러 올라가는 증기 기관차, 일명 "장난감 기차"를 타는 것이다. 다소 겁이 나겠지만, 일단 도착만 하면 나머지 시간은 마치 꿈처럼 흘러갈 것이다. 체크인을 하고 나면 우선 애프터눈 티를 대접받는다—웨하스처럼 얇은 오이 샌드위

> "친츠 커튼, 애프터눈 티,
> 갈퀴발 달린 욕조가 딸린
> 윈더미어는 정말 특별한 곳이다."
>
> 톰 포치, 「데일리 텔레그라프」

치와 다질링 티가 나온다. 오후 5시 30분이 되면 객실에는 석탄불이 지펴지고, 침대에는 뜨거운 물병을 넣는다. 이 정도로 고도가 높으면 밤에 정말 춥기 때문이다. 색이 바랜 사진과 그림들이 벽을 장식하고 있다.

여름에는 네팔의 무희들이 벽으로 둘러싸인 정원에서 공연을 하는 동안, 브랜드 펀치와 파이를 먹는다. 이곳에서 보이는 풍경의 끝에는 세계에서 세 번째로 높은 산, 캉첸중가(8,578m)가 서 있다. 해가 진 뒤에는 테라스의 화로에 불을 피워 저녁식사 하러 가는 길이 춥지 않다. 숙박료에는 세 끼가 모두 포함되어 있지만, 시간에 맞춰야 한다. 촛불 아래 저녁식사는 정말 멋지다. 네팔과 티베트풍이 가미된 영국-인도식 요리 후에 수프가 나온다. 바에서 블랙독 위스키 한 잔을 마시고 자리 가면 된다. **GMD**

# 캘커타
Explore Calcutta

**Location** 인도 서벵골 주 캘커타
**Website** www.calcutta-tours.com　**Price** 〇

캘커타 시가지는 카오스 그 자체여서 처음 인도를 찾는 여행자라면 충격에 빠질 것이다. 어마어마한 인파가 움직이는 정신 없는 도시로, 후글리 강을 건너는 녹슨 페리 위에도 출퇴근하는 사람들이 가득하다. 무거운 짐을 진 노동자들이 까마득하게 높은 하오라 다리 위로 움직이고, 노숙자 가족들은 거대한 교차로 옆에서 하루를 시작한다. 큰 슬럼이 있고, 멋진 식민지 시대 건축물은 너무 황폐해서 어떻게 아직까지 똑바로 서 있는지 궁금할 지경이다. 그러나 캘커타의 아름다움 속에서 멋지다기보다는 흉물스러워 보인다.

무굴 제국의 역사가 감도는 델리와는 달리 캘커타는 비교적 신식 도시로, 300년 전 영국이 세운 무역항이다. 이 시대의 유산 중 일부는 흥미로우면서도 가슴 아픈 장소들로, 도심의 무자비한 카오스로부터 한숨 돌릴 수 있는 곳들이다. 캘커타의 폐라고 불리는 마이단의 녹지는 소와 크리켓 치는 사람들이 돌아다니는 고요한 곳이다. 빅토리아 기념관은 라지 예술의 기념물을 모아 놓은 새하얀 대리석 건물이다. 나무 아래 특별한 무덤이 늘어선 평화로운 사우스 파크 스트릿 공동묘지에서 묘비명을 읽고 있노라면 과거가 되살아나는 듯한 느낌이 든다.

또다른 식민시대의 유산으로 현재는 캘커타 엘리트의 집합지인 톨건지 클럽의 빛바랜 객실에 들자. 한때 영국인들의 전원 휴양지였던 톨리는 지금은 거대한 도시 속에 파묻혀 있으며, 아름다운 나무와 식물들로 둘러싸인 드넓은 녹색의 오아시스이다. 로열 캘커타 골프 클럽은 영국 외에서는 가장 오래된 골프 클럽이다. 여기서는 식민지 시대 풍의 풀장에서 수영을 할 수 있고, 크로켓도 칠 수 있고, 조랑말을 타고 흙길을 걷거나, 아니면 그저 그 느긋한 분위기와 공간에 젖으면 된다. **LB**

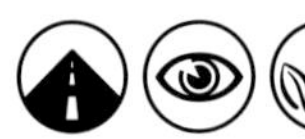

# 데칸 오딧세이
Ride the Deccan Odyssey

**Location** 인도 마하라슈트라 주
**Website** www.deccanodyssey.com　**Price** 〇〇

전체 길이가 10만 킬로미터가 넘는 인도의 철도 네트워크는 세계 최대 규모 중 하나이다. 인도 국영철도회사가 소유한 약 23만 량의 객차와 8,300량의 기관차는 매일 19,000회 이상을 달린다. 데칸 오딧세이 호는 그 중에서도 가장 여객수가 많은 노선이다.

마하라슈트라 주를 가로질러 이웃의 고아 주로 내려가, UNESCO 세계유산인 아잔타와 엘로라 석굴 등 인도의 명소들을 거친다. 또 푼 터프 클럽(Pune Turf Club)에서 하이 티(High Tea, 오후 5시에 반에 차와 빵, 버터, 케이크를 먹는 티 타임)를 마시거나, 간파티 풀레의 인적 드문 해변을 찾아 지난 수백 년간 그랬던

> "대부분의 관광객들은
> 꿈도 못 꾸는 진짜 인도를
> 경험할 수 있다."
>
> 리타 쿡, 작가

것과 똑같이 살고 있는 인도인들의 일상의 리듬을 엿볼 수도 있다. 그러나 데칸 오디세이에 오르는 진짜 이유는 기차 자체를 경험하기 위해서이다.

객차는 공작새를 조각하고 금을 씌운 웅장한 세계로, 호화로운 안락의자가 놓여 있다. 각 객차마다 개인 발렛이 딸려 있다. 대개는 낮시간을 최대한 활용하기 위해 밤 기차를 타게 된다. 식사는 지역 향토 요리가 주를 이루며, 모든 승객용 객차에는 바닥 전체에 카펫이 깔려 있고 욕실이 설치되어 있다. 2개의 프레지덴셜 스위트와 2개의 식당차, 밤에는 댄스 플로어로 변신하는 컨퍼런스 객차, 사이버 카페, 심지어 미니 헬스클럽과 스파 객차도 있다. **BS**

# 판차바티
## Relax at Panchavatti

**Location** 인도 고아 주
**Website** www.islaingoa.com　**Price** 💲💲

본토와 다리로 연결되어 있는 고아 주의 코르주엠 섬에 판차바티가 서 있다. 루루 반 담이라는 이름의 벨기에 여성이 직접 설계한 저택이다. 고아의 해변과 북적이는 인파를 경험한 뒤 과일나무, 열대 식물, 잔디가 깔린 정원이 펼쳐진 10ha의 부지는 반가운 변화이다.

이 집은 각종 식물이 가득한 안뜰을 중심으로 지어졌으며, 아늑하고 널찍한 라운지에는 골동품이 즐비하다. 로맨틱한 베란다로 나가 바깥의 논밭과 마푸사 강의 그림 같은 풍경을 감상하자. 4개의 현대적인 침실에는 돌 바닥과 덧문이 달린 창, 그리고 흥미로운 예술 작품, 화려한 테이블, 호화로운 리넨 침구가 갖추어져 있다. 싱싱한 꽃이 가득 꽂혀 있는 커다란 항아리가 부지 곳곳에 놓여 있다. 세심하게 고안한, 건강하고 맛있는 식사는 꽃과 생생한 색깔의 천을 사용해 멋지게 차려진다—촛불이 유일한 조명인 베란다나 정원의 테이블에서 다른 손님과 함께 먹는다.

루루와 함께 매일 사티아난다 요가(비하르 요가의 일파로 명상을 중시하는 요가 아사나) 수련에 참여할 수도 있고, 요가를 모르면 가르쳐 달라고 하면 된다. 신선한 과일과 채소 혼합물을 사용하여 아유르베다 마사지나 페이셜 트리트먼트를 해 주는 테라피스트도 있다. 또 수많은 산책로와 렌트용 자전거도 있다. 해변이 그립다면 자동차로 30분만 가면 고아 주 최고의 해변이 나온다.

그러나, 도대체 누가 밖으로 나가고 싶어하겠는가? 멋진 풀장 끝에서 햇빛을 받고 있는 가네시 동상을 한번 보라. 그저 나무 아래에서 햇볕을 즐기고, 해먹에서 뒹굴거리고, 베란다에서 차를 마신다—이곳의 주인이 된 것처럼 행세하면 되는 것이다. **CSJ**

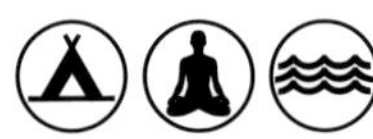

# 바크티 쿠티르
## Unwind at Bhakti Kutir

**Location** 인도 고아 주
**Website** www.bhaktikutir.com　**Price** 💲

고아 주 남부, 파올렘 해변에서 200m 정도 떨어진 이 히피 마을은 "자연으로 돌아가자"라는 모토 아래 당신과 당신 내면의 영혼을 이어 준다는 사명을 안고 있다. 우선 보트를 타고 곶에서 바다로 나가 돌고래떼를 구경하거나 걸어서는 닿기 어려운 해변으로 가자. 오후에는 해먹에 누워서 낮잠을 즐기자. 황혼이 지면, 숲으로 가서 습한 야외 공기 속에서 향과 촛불에 둘러싸여 요가 수업에 참여하자. 심플한 오두막집에서 잠든다—다만 모기장은 잊지 말 것. 이곳에는 현대 문명의 편의는 하나도 없고, 심지어 어떤 것들은 직접 챙겨와야만 한다.

영혼을 좀더 고양시키고 싶다면 갠지스에서 유명한

> "모기떼, 어두운 복도,
> 그리고 자연으로 돌아가는
> 경험을 기대하라."
>
> 『뉴욕타임즈』

요가 수행자가 운영하는 요가 수업도 있고, 집중적인 3일 혹은 6일짜리 명상 코스도 있다. "열반으로의 여행"이라는 이름의 이 명상 코스는 마음을 비우고 모던 라이프에 좀더 잘 대응할 수 있도록 인도 명상의 비밀 기법을 가르쳐 준다.

오두막집은 옛 고아 마을의 지도를 참고로 설계하였으며, 이 지역에서 얻을 수 있는 자재로 지어졌다. 환경에 대한 관심이 많은 곳으로, 단순한 생태학에 지나는 것이 아니다—물론 오두막집마다 재래식 화장실이 있기는 하지만 말이다. 종업원들 역시 모두 지역 주민으로, 그 중에는 진짜 아유르베다 마사지를 해 주는 여성도 있다. 중앙 레스토랑에서 제공되는 식사는 채식이다. 단순한 기쁨—이것이 바크티 쿠티르의 정신이다. **LD**

# 티라콜 요새 Stay at Fort Tiracol

**Location** 인도 고아 주　**Website** www.forttiracol.com
**Price** ⑤⑤

과거에 포르투갈 식민지였던 고아 주에는 과거 유럽의 지배를 받았던 흔적이 곳곳에 남아 있다. 하얗게 칠한 웅장한 건물 사이에서 티라콜 요새는 특별한 공간이다. 이 헤리티지 호텔은 아라비아 해와 티라콜 강 위로 솟아 있는 절벽 꼭대기에 서 있으며, 빽빽한 야자 플랜테이션을 내려다보고 있다.

티라콜 요새의 즐거움 중의 하나는 그 규모이다. 객실이 7개밖에 되지 않아서, 건물 전체가 내 것이 된 듯한 기분을 만끽할 수 있다. 위엄있는 금색과 하얀색, 검은색 덕분에 고압적이고, 흠잡을 데 없이 디자인된 느낌이 든다. 평화롭고 조용한 것이 좋다면, 티라콜 요새가 적격이다. 사람의 손이 닿지 않은 해변 풍경, 요가와

> "해바라기처럼 노란 건물과
> 타일을 바른 차양이
> 포르투갈의 알가르베를 연상시킨다.."
>
> 『트래블+레저』誌

마사지, 해안 크루즈나 돌고래 관찰을 나갈 수 있는 개인용 보트 등과 함께 느긋한 시간을 보내자. 저녁에는 별빛 아래 야외에서 저녁식사를 한다.

해가 지면, 고아 주의 다른 곳에서 머무르는 관광객들이 하늘이 발그레한 핑크색으로 물들고 밤의 어둠이 밀려드는 가운데 칵테일을 마시기 위해 몰려든다. 원래 침략자를 몰아내기 위해 세워진 이 요새는 이제, 무리진 부겐빌레아 꽃으로 수북하게 덮인 18세기의 놋쇠 난간에서 바다를 내려다볼 수 있는 위쪽 성벽으로 방문객을 끌어당기고 있다. 이곳에 올라가는 것도 모험 그 자체이다. 울퉁불퉁한 비포장 도로를 걸어가 케림 해변에서 곧 부서질 듯한 페리를 타자. 운이 좋으면 뱃사공이 직접 배를 몰아 볼 수 있도록 해 줄 것이다. **LD**

# 빌라 리버 캣 Relax at Villa River Cat

**Location** 인도 고아 주　**Website** www.villarivercat.com
**Price** ⑤

고아 주 북부에 위치한 이 부유한 히피 파라다이스 옆의 해변에서는, 해안에 우글거리는 암표상이나 행상보다 알을 낳고 있는 바닷거북을 만날 확률이 더 높다. 창의적인 마인드의 여행 애호가인 리누 세갈이 운영하는 빌라 리버 캣은 고아 주 북부의 오지, 울퉁불퉁한 비포장 도로에서 벗어나 야자수 숲 깊숙이 묻혀 있는 전원적인 건축물이다.

빌라 리버 캣은 호텔이라기보다는 휴식처에 가깝다. 마당에서는 리누의 개와 고양이 들이 놀고 있고, 해먹과 간이 침대가 산들 바람을 맞고 있다. 주인의 세심한 손길이 이곳에서의 시간을 더욱 특별하게 만든다. 빌라 리버 캣을 처음 방문한 손님들은 물론, 이곳을 찾는 예술가들이나 극작가들에게도 마찬가지이다. 욕실에는 선명한 색깔의 타일을 발랐고―여기는 인도라는 것을 잊지 말 것―현관 홀에는 벽에 인형극용 인형이 걸려 있으며, 시바 신과 다른 신의 조각상이 당신을 지켜보고 있다.

음식도 스펙터클하기는 마찬가지이다. 레스토랑 "미아우(Miau)"에서는 강물이 흐르는 소리를 들으며 신선한 허브, 과일, 스파이스, 맛있는 유기농 쌀, 그리고 홈메이드 커리를 맛볼 수 있다. 그늘에서 뒹굴거리는 게 성미에 맞지 않는다면, 리누가 수영하러 자신이 좋아하는 석호에 데려가 주거나, 망원경으로 별을 보여 주거나, 몇몇 주변 볼거리를 찾아 갈 수 있도록 길을 알려 줄 것이다. 한 가지는 확실하다. 고아의 이쪽 지방은 야광막대나 귀가 멍멍해지는 테크노가 어울리는 다채로운 곳은 아니라는 것이다. 잔잔한 후미에서 물에 손을 담그고, 나무에 열린 코코넛 열매를 세고, 이른 아침에 그날 잡은 고기를 배에 싣고 돌아오는 어부들을 구경하는 곳이다. **LD**

→ 빌라 리버 캣 근처의 해변은 스펙터클하며, 관광객은 한 명도 보이지 않는다.

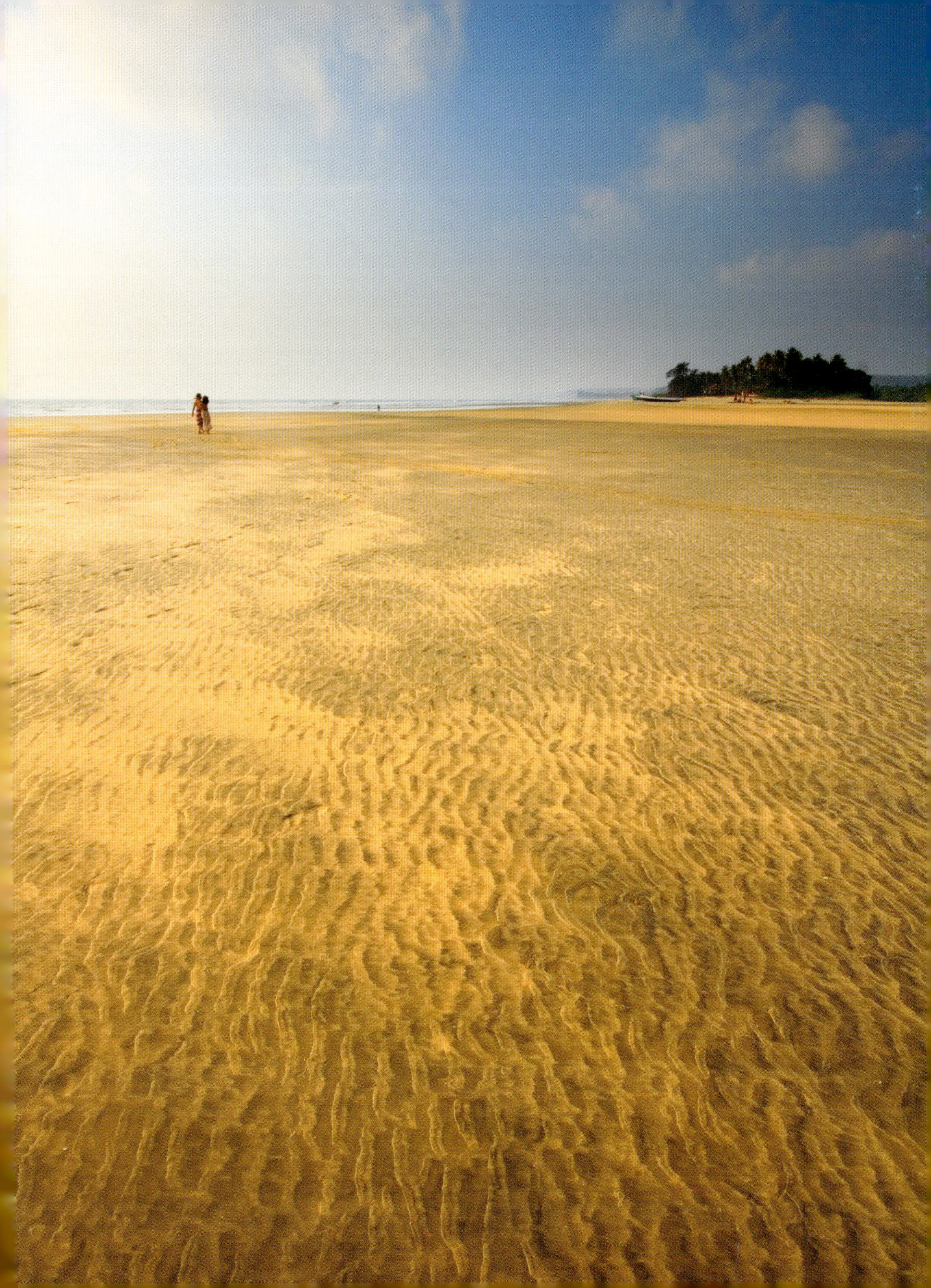

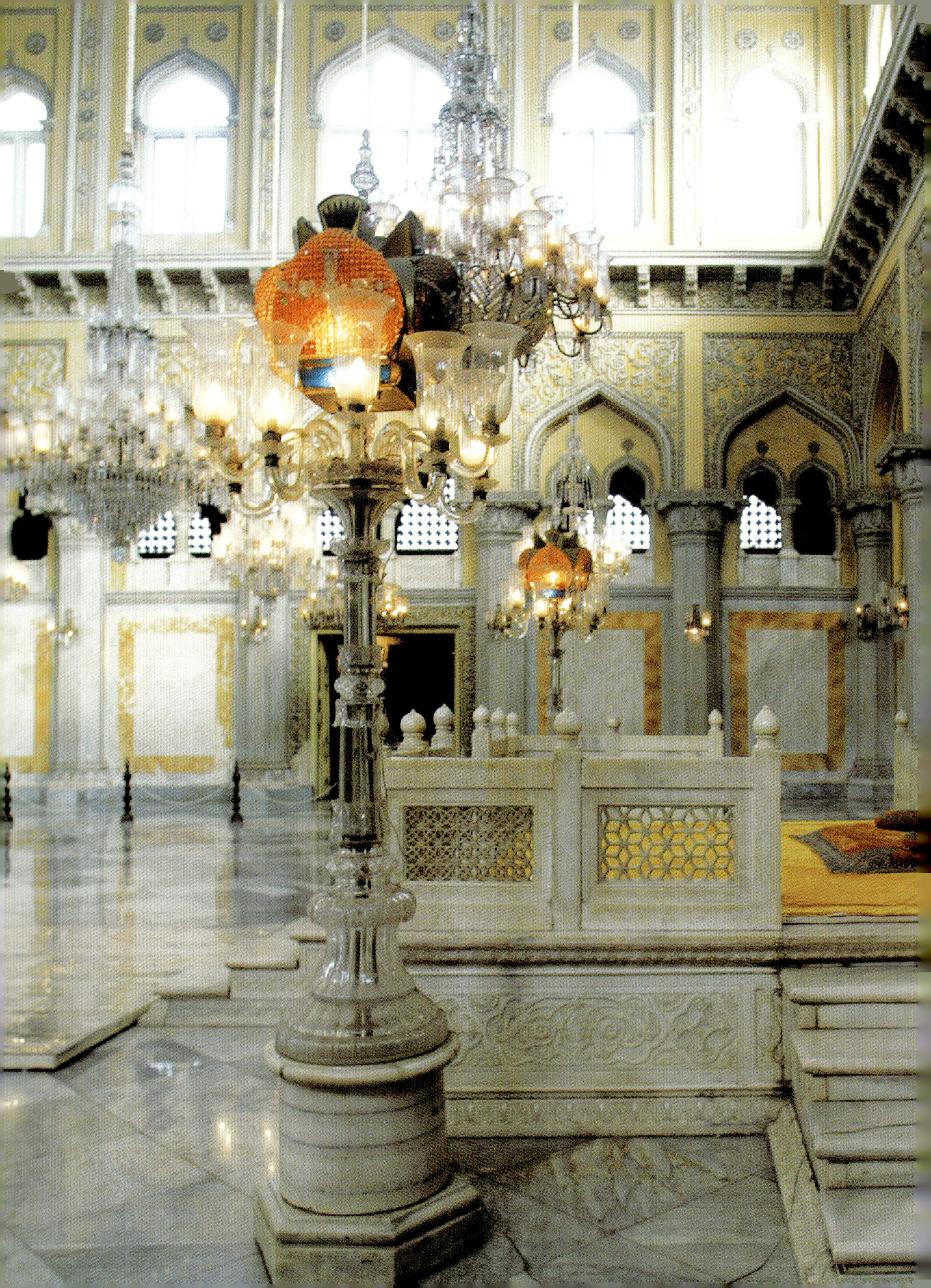

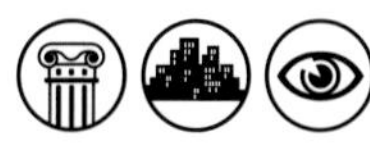

# 차우마할라 팰리스

Visit Chowmahalla Palace

**Location** 인도 안드라프라데시 주
**Website** www.chowmahalla.com **Price** $

차우마할라 팰리스는 보는 이의 숨을 멎게 만든다. 하이데라바드의 옛 시가지 한복판, 번쩍거리는 팔찌 가게와 사리 상점이 즐비한 광란의 라아드(Laad) 바자에서 엎어지면 코 닿을 거리에 위치한 이 궁전은 고요함의 오아시스이다. 대지의 아름다움을 가리고 있는, 나무로 만든 커다란 정문으로 걸어 들어가면, 새로운 세계가 펼쳐진다. 한때 하이데라바드의 군주였던 니잠 가문의 거처였던 이곳에는 5ha의 부지 위에 18세기 말에 지어진 4개의 궁전이 서 있다. 차우(Chow)는 "넷", 마할라(mahalla)는 "궁전들"이라는 뜻이다.

방문객이 가장 먼저 눈치채는 것은 프랑기파니의 달콤한 향기이다. 북쪽 안뜰의 기둥과 아치에 그 하얀 꽃이 어우러지고, 그 옆을 흐르는 잔잔한 수로에 그 광경이 비친다. 이 고요한 환경에서 새 소리와 분수에서 물이 흐르는 차분한 소리가 차르미나르 모스크 주위의 시끄러운 자동차 소음을 대신한다. 안뜰을 천천히 거닐며 그 평화로운 순간을 하나도 놓치지 말고 즐기자. 그리고 나서 웅장한 킬와트, 또는 두르바르 홀에 들어가면 또다시 입이 다물어지지 않는다. 주위의 웅장함에 익숙해지려면 시간이 좀 필요하다. 니잠 가는 그 스타일리쉬한 호화로움 속에서 종교 의식과 연회를 베풀곤 했다.

대규모 개 · 보수 공사를 거쳐 2005년 개장하였으며, 사진과 초상화로 가득한 박물관과 대기실에서는 니잠 가의 웅장한 라이프스타일을 엿볼 수 있다. 또한 궁중 여인들의 삶에 대한 전시도 열리고 있는데, 그 중에서도 두루 셰하바르와 닐로우페르가 가장 미인으로 꼽힌다. **SWa**

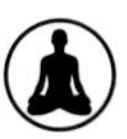

# 스와스와라

Unwind at SwaSwara

**Location** 인도 카르나타카
**Website** www.swaswara.com **Price** $$

옴 해변의 쌍둥이 만(灣)을 내려다보는 코코넛 과수원과 논밭 속에 자리잡은 스와스와라는 요가와 명상으로 영혼의 젊음을 되찾아 주고 자아의 내적 경험을 다시 연결해 주는 곳이다. 이곳에서는 자기 인식으로의 접근이 매일매일의 의식과 식사 준비부터 에어컨이 설치된 이 지역 콘칸 양식의 빌라 설계에 이르기까지 모든 것을 결정한다. 발코니 역시 요가 수행을 염두에 두고 만들어졌으며, 서재는 마음의 수련을 위한 프라이버시를 보장한다. 중급자들을 위해서는 10일짜리 고대의 긴장 이완 방법을 응용한 "판차카르마" 코스가 있어 몸과 마음, 영혼을 다시 짜 맞출 수 있다.

> "평화와 고독이 배어나오는 공간이 있다… 당신이 어떤 존재인지를 진정으로 기억할 수 있는 곳이다."
>
> 『태틀러』

스와스와라는 환경적으로도 진보적인 리조트이다. 바이오 가스 컨버터는 유기물이 부패할 때 발생하는 가스를 변환시켜 요리에 쓸 수 있게 해 준다. 또 빗물 정화시설도 있다. 식사는 식이요법에 가까우며, 개개인의 필요와 체질에 맞게 나온다. 육류 대신 신선한 해산물과 인근 농장에서 재배하는 채소를 쓴다. 면적이 12ha에 달하는 이곳에서는 시간이 느리게 흐르는 것 같다. 산책로를 따라 약용으로 쓰이는 관목이 심어져 있다. 오직 옴 해변의 파도 소리만이 들리며, 스와스와라에 서식하는 긴꼬리 랑구르 원숭이, 도마뱀붙이, 물총새들이 이 평화로운 자아 발견으로의 여정에 당신과 함께할 것이다. **BS**

←  벨기에제 크리스탈 샹들리에가 높은 스투코 천장과 서늘한 대리석 바닥 사이의 공간 전체를 채우고 있는 것처럼 보인다.

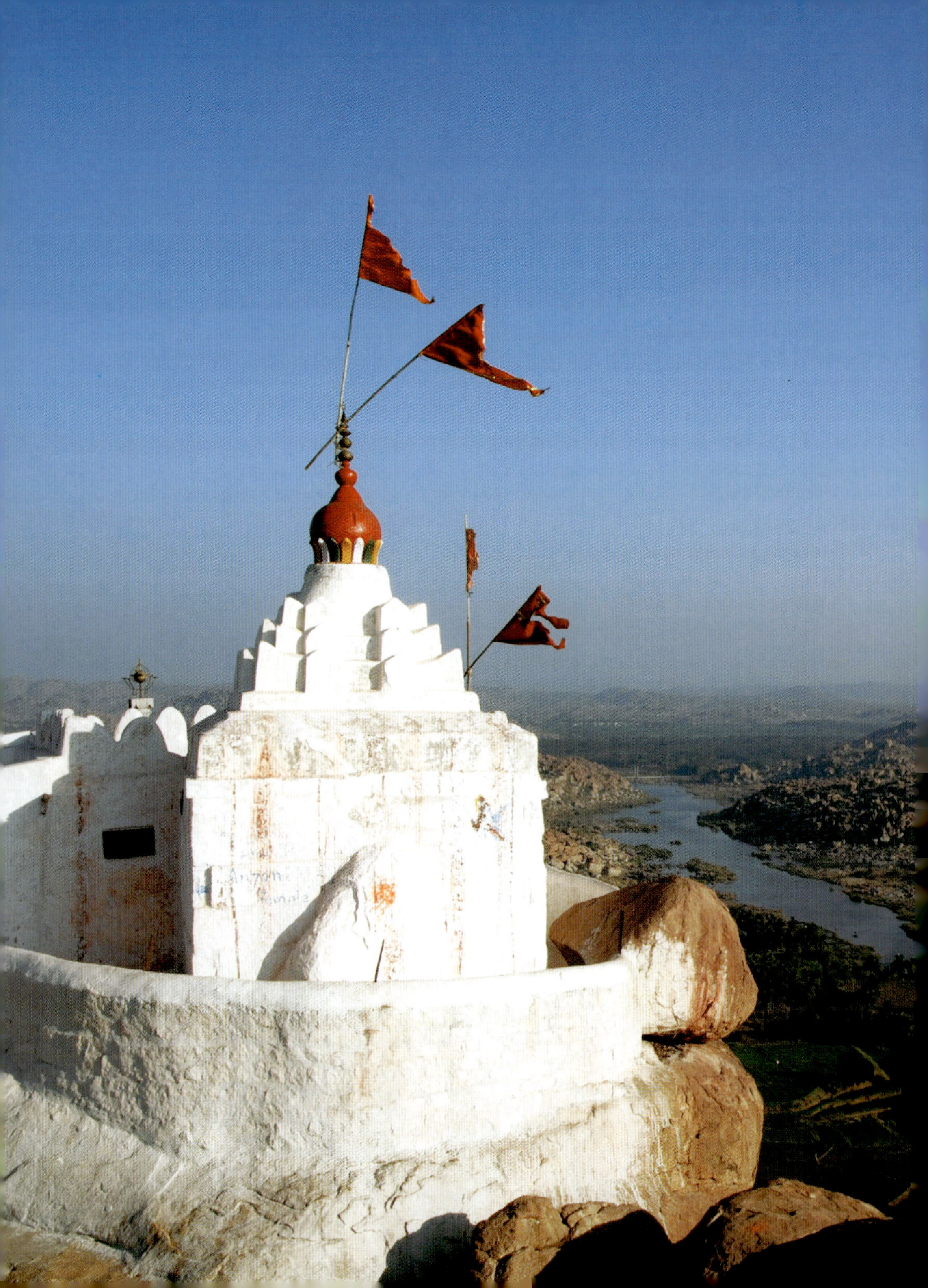

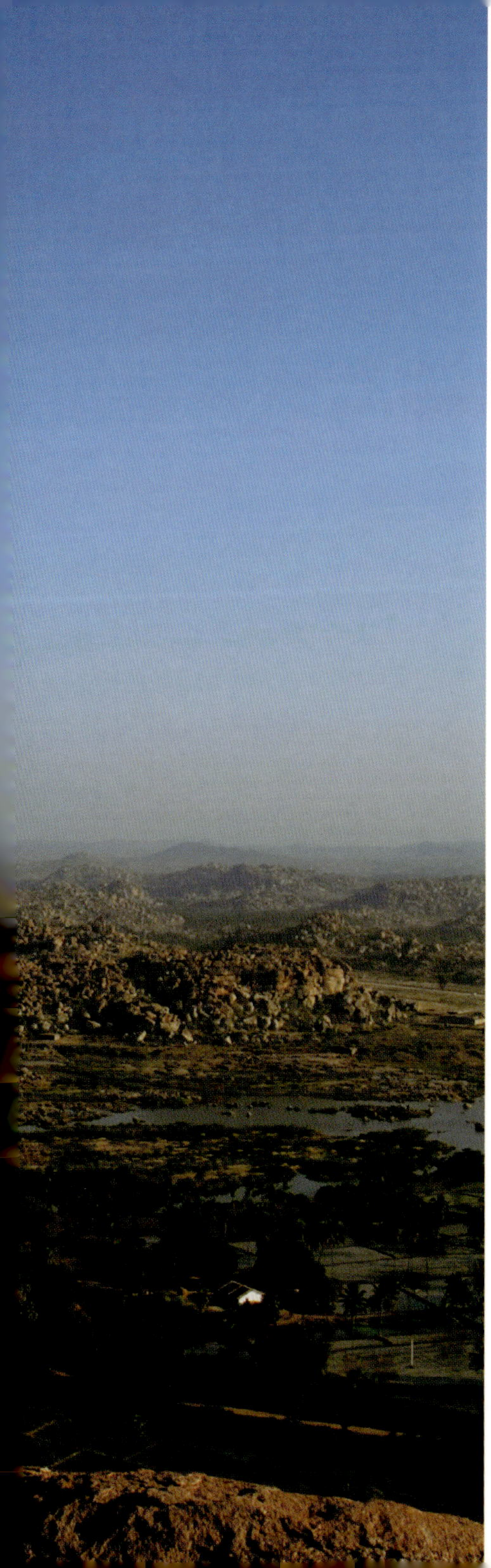

# 하누만 사원 Explore Hanuman Temple

**Location** 인도 카르나타카 주
**Website** www.hampi.in/sites/Anjaneya_Hill.htm   **Price** ●

중세 힌두 제국의 수도이자 UNESCO 세계유산인 함피의 무덥고 습한 도심에서 안자네야 언덕 위의 하누만 사원까지 가는 길은 쉽지 않다. 시장에서 출발하여 구불구불한 길을 따라 강까지 간다. 그 옆에는 힌두교의 신들이 새겨진 사암 동굴이 보인다. 뱃사공 소년에게 삯을 지불하면 작고 둥근 배에 태워 줄 것이다. 강 하류로 내려가는 동안 수평선에서 눈을 떼지 말자. 언덕 위에서 하얗게 빛나는 무언가가 목적지를 보여 줄 것이다. 함피의 하누만 사원이다. 함피에 있는 모든 사원 중에서 영원히 기억에 남을 곳이다.

들판을 가로질러 오솔길을 따라 걷노라면 마을 아이들이 연필이나 푼돈을 달라고 달려든다. 언덕 기슭에 다다르면, 당신이 어떤 처지에 놓였는지 깨닫게 될 것이다. 땅콩 장수가 한 사람 보이고, 산꼭대기까지 지그재그로 이어지는 수백 개의 새하얀 계단 위에는 원숭이들이 잽싸게 뛰어다닌다. 힌두 성자, 순례자, 관광객이 타는 듯한 태양 아래 헉헉거리며 계단을 오르고 있다. 계단을 다 오르려면 무려 45분이 걸린다. 정상에 도착하면 사원 내부에는 조명이 번쩍이며, 향과 맨발 냄새가 난다. 이곳은 원숭이 신인 하누만이 태어났다고 전해지는 곳이다—특히 라마 신을 숭배하는 신도에게 중요한 성지이다.

꼭대기에서는 이 지역 풍경이 한눈에 들어온다. 곳곳에 바위가 흩어진 넓은 평야, 코끼리 사육소, 무너진 궁전 정원, 이 풍경을 가로질러 날아가는 하얀 따오기 떼, 그리고 강에 걸린 옛 돌다리의 유적 등을 모두 볼 수 있다. 이 지방의 모든 색채가 눈앞에 펼쳐지며, 거의 완전한 평화와 고요를 맛볼 수 있다—오렌지색 깃발이 펄럭이는 소리와 원숭이들의 가벼운 발소리를 제외하면 말이다. **LD**

◧ 원숭이 신 하누만에게 바치는 작고 하얀 사원은 계단을 오르는 고생을 감수할 가치가 있다.

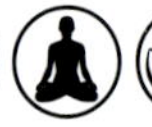

# 슈레야 Relax in Style at Shreya's

**Location** 인도 카르나타카 주 방갈로르
**Website** www.shreyasretreat.com  **Price** $$

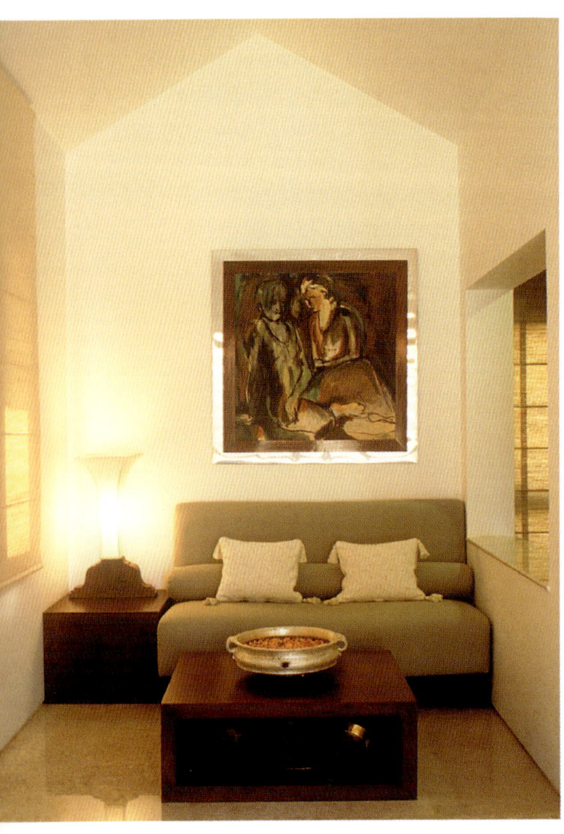

분주한 대도시 방갈로르 외곽에 위치한 전원적인 요가 휴양지 슈레야에 머문다는 것은, 자아를 찾기 위한 여행을 떠나는 것과 같다. 10ha가 넘는 흠잡을 데 없는 조경 정원에 둘러싸인 슈레야는 인도 남부에서 가장 큰 야외 요가 정원은 물론, 드넓은 채소 정원과 벼 논이 있어 손에 흙을 묻히는 경험도 할 수 있다. 지속 가능한 농업의 원리에 대해 배울 수도 있고, 어색함을 던져버리고 이웃 마을의 아이들과 놀면서 동심으로 돌아갈 수도 있고, 절묘한 위치에 걸어 놓은 해먹에서 느긋하게 쉴 수도 있다.

캔버스 천막과, 정원이 딸린 돌 오두막이 25m 코스의 산소공급 자유형 수영장 주위에 아무렇게나 흩어져 있다. 모두 개인용 베란다가 딸려 있으며, 완벽한 프라이버시가 보장될 수 있도록 서로 멀찍이 떨어져 있다. 유기농 정원에서 재배한 재료로 만든 구르메 채식 식사는 공동 식당이나 따뜻한 밤에는 야외에서도 먹을 수 있다. 메뉴는 모두 슈레야의 건강 프로그램과 개개인의 체질 및 목표를 보완할 수 있도록 세심하게 짜인다.

마사지 트리트먼트에는 근육 조직을 집중적으로 관리하는 발리풍 오일 테라피와, 반사요법과 지압에 초점을 맞춘 전통 타이 테크닉이 포함되어 있다. 슈레야에서 가장 중요한 것은 내면의 여정이다. 내적 평화, 자기 인식, 그리고 고대 인도의 심오한 철학과의 만남을 추구하는 여행 말이다. **BS**

> "인도 요가에서는 처음으로,
> 우주의 축복과의
> 결합의 잠재력을 느꼈다."
>
> 루시 엣지, 작가

▣ 슈레야는 5스타 럭셔리 환경에서 요가 수행을 하고 싶어하는 이들을 위한 곳이다.

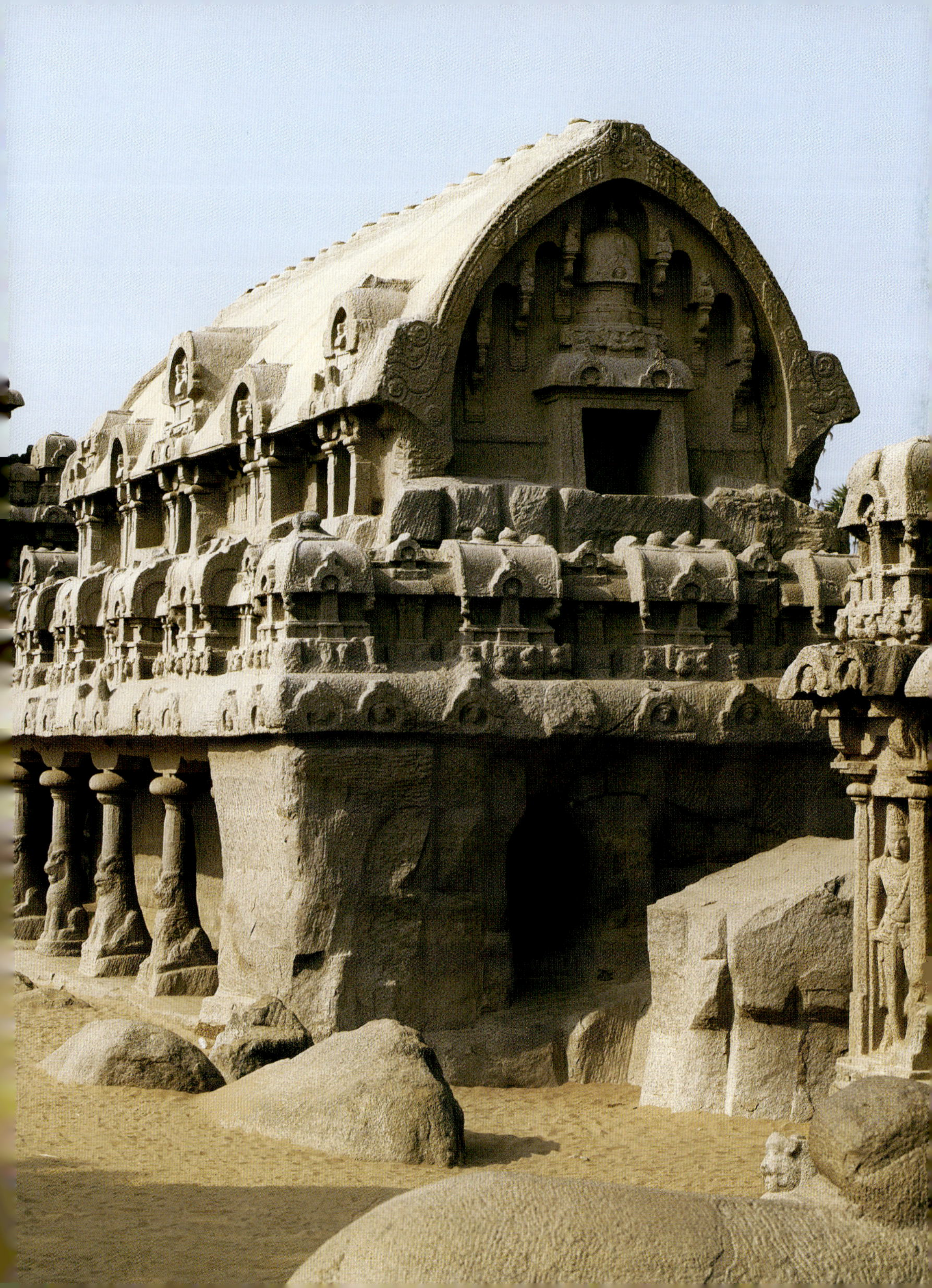

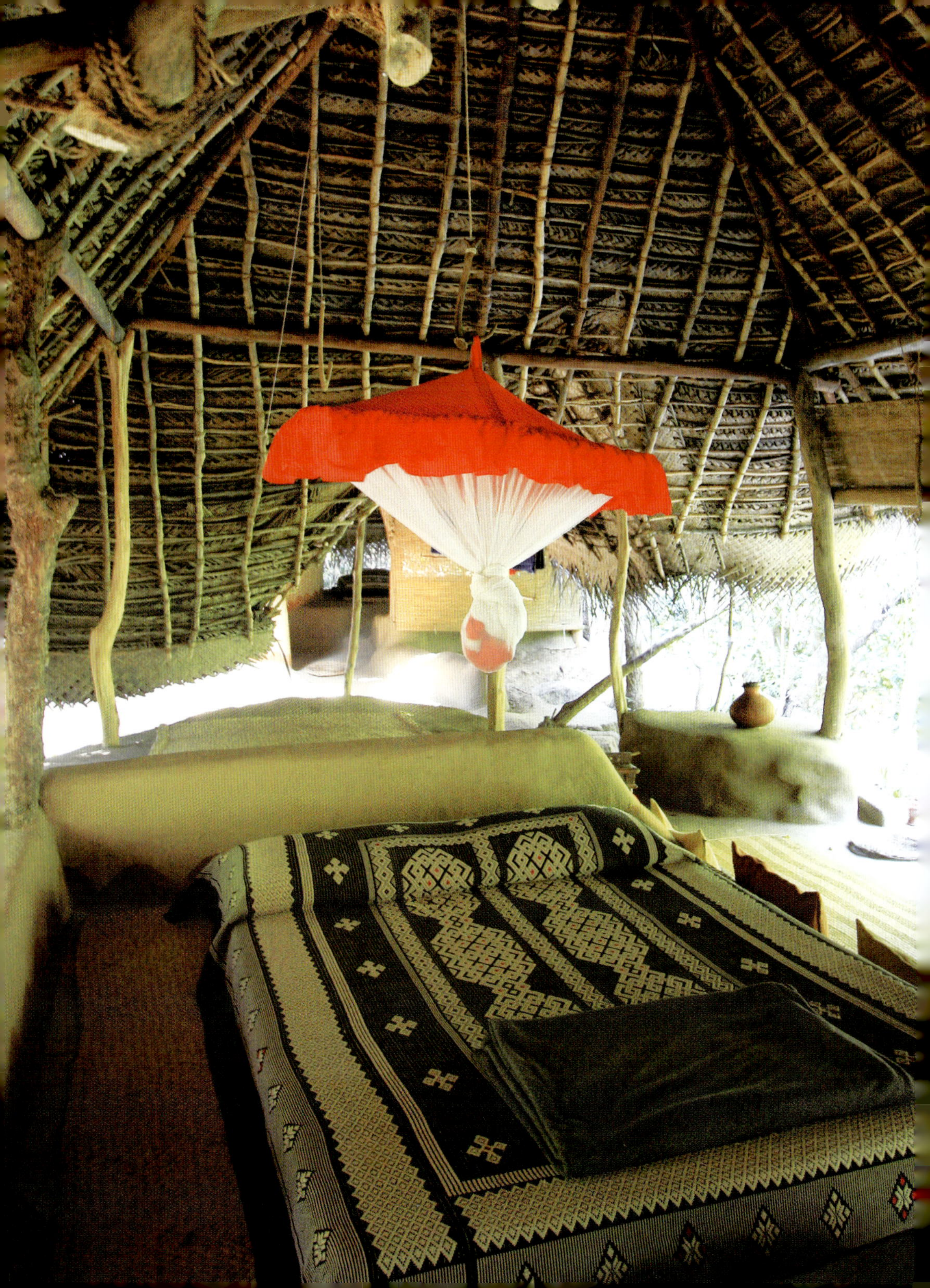

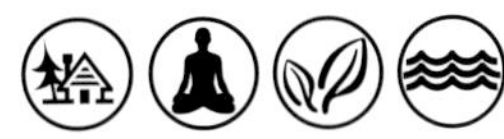

# 울포타
Stay at Ulpotha

**Location** 스리랑카 엠보가마
**Website** www.ulpotha.com  **Price** ⑤⑤

신성한 고대도시들이 모여 있는 스리랑카 중부의 한 구석에 울포타가 자리잡고 있다—요가를 수련하고 아유르베다 트리트먼트를 받을 수 있는 완벽한 곳이다. 이곳은 수천년 동안 순례지였으며, 오늘날에는 현대 사회가 주는 스트레스를 씻어 버리는 평화와 고요를 선사하는 곳이다. 수많은 손님들이 이 곳을 가리켜 "지구상의 낙원"이라고 부른다. 그리고 그 이유를 이해하기 위해서는 상상력을 그리 많이 활용할 필요가 없다. 이 마을은 산으로 둘러싸여 있으며, 연꽃으로 덮인 호수와 에메랄드빛 논을 아우르는 풍경을 자랑한다.

울포타는 유기농 농장 안에 위치하고 있으며, 식사를 하고 요가 강좌가 열리는 중앙 파빌리온을 중심으로 하는 에코투어리즘의 선구자적인 실험이다. 5스타 럭셔리도 없고, 잠은 어도비 벽돌로 지은 오두막에서 잔다. 그러나 느긋한 하우스 파티 분위기, 맛있는 홈메이드 베지터리언 커리와 삼발, 그리고 아유르베다 트리트먼트 프로그램을 즐길 수 있다. 오두막은 이 지역에서 직접 짠 침구와 컬러풀한 쿠션으로 꾸며져 있으며, 메인 하우스의 방들은 4개의 기둥 달린 침대와 골동품, 성상(聖像)들로 장식되어 있다. 그릇에 물을 담아 띄워 놓은 꽃잎의 그윽한 향기와 향을 태우는 냄새가 공기를 채우고 있다. 밤에는 기름 등불과 횃불이 길을 밝힌다—이 모든 것이 환상적인 "세상의 모든 것에서 벗어나는" 경험을 맛보게 해 준다.

11월부터 3월까지, 그리고 6~7월의 6주간만 개장하는 울포타는 문을 닫는 기간 동안에는 농장으로서의 역할에 충실한다. 요가 강좌는 매일 열리며, 주변 전원을 거니는 것도 가능하지만, 그냥 누워서 그 분위기에 젖는 것만으로도 충분하다. **AD**

⬅ 무언가 완전히 색다른 것을 원한다면 숲 혹 호수 한가운데에 위치한 기울어진 나무 오두막에서 머물러 보자.

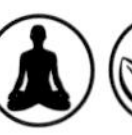

# 아유르베다 파빌리온스
Enjoy Ayurveda Pavilions

**Location** 스리랑카 네곰보
**Website** www.ayurvedapavilions.com  **Price** ⑤⑤

마리골드와 프랑기파니 꽃잎이 물그릇에 떠 있고, 선향의 매력적인 냄새가 축축한 공기를 적신다. 아유르베다 파빌리온에서 가장 중요한 것은 "릴랙스"이며, 그 증거는 어디서나 찾아볼 수 있다—사색에 잠긴 듯 똑똑 떨어지는 물방울 소리부터 의사가 처방하는 치유 트리트먼트에 이르기까지 말이다.

12개의 빌라가 스리랑카 전통 마을 스타일로 지어져 있으며, 침실은 천장이 높고 실내외에 모두 욕실이 있으며, 그늘진 안뜰 정원과, 단단한 나무 의자로 꾸며진 아늑한 베란다가 딸려 있다. 스리랑카 서부 해안의 야자수가 늘어선 황금빛 해안까지는 걸어서 몇 분 걸리지

> "스리랑카 사람들은 2,500년 동안
> 아유르베다 치유의
> 전통을 수련해왔다."
>
> 『샌프란시스코 크로니클』

않는다. 굽이치는 파도에 뛰어들면 온 몸에 활기가 돌아올 것이다.

아유르베다 의사와 면담을 한 뒤 쑤시는 팔다리에 허브를 섞은 뜨거운 오일을 바르고 부드럽게 마사지를 한다. 지저귀는 새소리, 또는 정원에서 동네 악사가 연주하는 달콤한 시타르(기타 비슷한 남아시아 악기) 소리가 들려온다. 이 헬스 리조트는 고대 아유르베다 의학과 시술로 등 통증이나 관절염, 편두통, 피부 질환 같은 현대의 질병들을 치료한다. 심지어 레스토랑에서도 신선한 과일과 채소, 그리고 인근 해역에서 잡은 해산물로 만든 아유르베다 메뉴를 제공한다. 요가, 명상, 음악 테라피 강좌가 있으며, 고요한 정원 한가운데에 있는 풀장 옆에서 꽃나무들에 둘러싸여 쉬기만 해도 좋다. **AD**

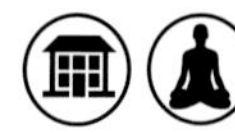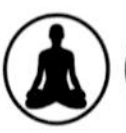

# 바르베린 리프 Unwind at Barberyn Reef

**Location** 스리랑카 베루왈라
**Website** www.barberynresorts.com  **Price** 💲💲

5,000년의 역사를 자랑하는 인도 전승 의학 "아유르베다"(산스크리트어로 "삶의 지식"이라는 뜻)는 몸과 마음의 균형을 되찾아 준다는 이유로 서방에서도 점차 인기를 얻고 있다.

스리랑카 남서부의 황금빛 해안에 위치한 바르베린 리프 호텔은 아유르베다 의학의 선구자 중 하나이다. 이 리조트는 2004년 동남아시아를 덮친 쓰나미 재해 이후 수 개월에 걸쳐 대규모 개·보수 공사를 거쳤다. 현재는 75개의 아름다운 객실을 자랑하며, 그 중 일부는 바로 바다를 마주보고 있고 테라스나 발코니가 딸려 있다. 손님들은 의사와의 상담, 스페셜 식단, 개개인 맞춤형 프로그램 등이 포함된 아유르베다 패키지를 선택할

> "이 땅에서 전해지는 특별한 기운이 있다―마치 젊음을 되돌려주는 일종의 아우라를 지니고 있는 듯 하다."
>
> 『네이션 뉴스페이퍼』

수 있다. 여기에 매일 마사지사 두 명이 해 주는 마사지와 디톡스 트리트먼트도 더할 수 있다.

사치를 누리고 다시 젊어진다는 게 무슨 의미인지를 제대로 알려주는 곳이다. 아유르베다는 제껴 놓고, 이 호텔에서 가장 잊을 수 없는 또 하나의 요소는 그 위치이다. 야자수로 둘러싸인 산호초와 해변은 문자 그대로 그림처럼 아름다우며, 느긋하게 수영이나 일광욕을 즐기기에 제격이다. 손님들은 요가, 명상, 요리 강좌 같은 프로그램에도 참여할 수 있고, 그냥 빈둥거리면서 해안선의 아름다운 풍경을 감상하며 쉬기만 해도 좋다. 해변에는 사랑스러운 아 라 카르테 레스토랑이 있어 차와 음료수를 마실 수 있다―수평선 위로 지는 해를 바라보며 칵테일을 홀짝거릴 수 있는, 마법 같은 공간이다. **LC**

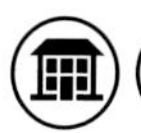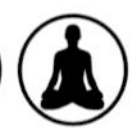

# 아만갈라 Recharge at Amangalla

**Location** 스리랑카 갈레
**Website** www.amanresorts.com  **Price** 💲💲

아만 호텔 체인에 속해 있는 아만갈라는 400년 된 갈레 요새에 자리잡고 있다. 갈레의 그윽한 옛 구역으로 식민시대 골동품, 화려한 카프탄, 수공예품 따위를 파는 부티크 숍들을 어슬렁거릴 수 있는 곳이다. 그러나 아마 밖으로 나가기보다는 안에 머무르면서 호텔에서 직접 키운 망고 벨리니 칵테일을 홀짝이며 훌륭한 스태프들의 일대일 서비스를 받는 쪽이 훨씬 더 근사할 것이다.

아만갈라는 식민시대 네덜란드 군 기지였으며, 후에는 140년 동안 뉴오리엔탈 호텔이라는 이름으로 영업을 해왔다. 그 역사적 유산은 세심하게 보존되었다. 티크목으로 만든 바닥, 4개의 기둥 달린 침대, 옷을 보관하는 페타가마 궤, 그리고 플랜터 의자에 앉아서 마시는 아라크 사우어 칵테일까지 무엇 하나 매력적이지 않은 것이 없다. 저마다 다른 디자인으로 개성 있게 꾸민 29개의 객실에는 우아한 덮개와 싱싱한 꽃이 가득 꽂혀 있는 커다란 꽃병이 놓여 있다. 그 중에서도 가장 인기가 높은 방은 8번 스위트인데, 중앙 계단 꼭대기에 있으며, 바다와 요새를 아우르는 환상적인 전망을 즐길 수 있다. 점심과 저녁 식사로는 먹음직스러운 유럽 요리는 물론 매일 바뀌는 스리랑카 밥과 커리가 푸짐하게 나온다.

좀더 적극적으로 쉬고 싶다면, 커다란 옥외 수영장과 그늘이 드리워진 데이베드가 있다. 바닥에 나무를 깐 암발라마에서는 요가, 명상, 기공 수련 등에 참가할 수 있다. 뉴오리엔탈 호텔 시절에는 상점들이 늘어서 있던 곳에 스파 "바스(Baths)"가 있다. 작지만 아늑한 하이드로테라피 풀과 냉탕, 스팀 룸, 사우나 등이 있으며 벽에서 움푹 들어간 곳에 켜 놓은 촛불로 부드러운 분위기를 자아낸다. 신경 써서 채용한 테라피스트들이 세계 곳곳에서 유래한 럭셔리한 트리트먼트를 제공한다. 심지어 아유르베다 프로그램도 경험할 수 있다. **CSJ**

➦ 아만갈라는 쿨하고 차분하며, 더 작은 호텔에서나 기대할 수 있는 친밀한 분위기가 가득하다.

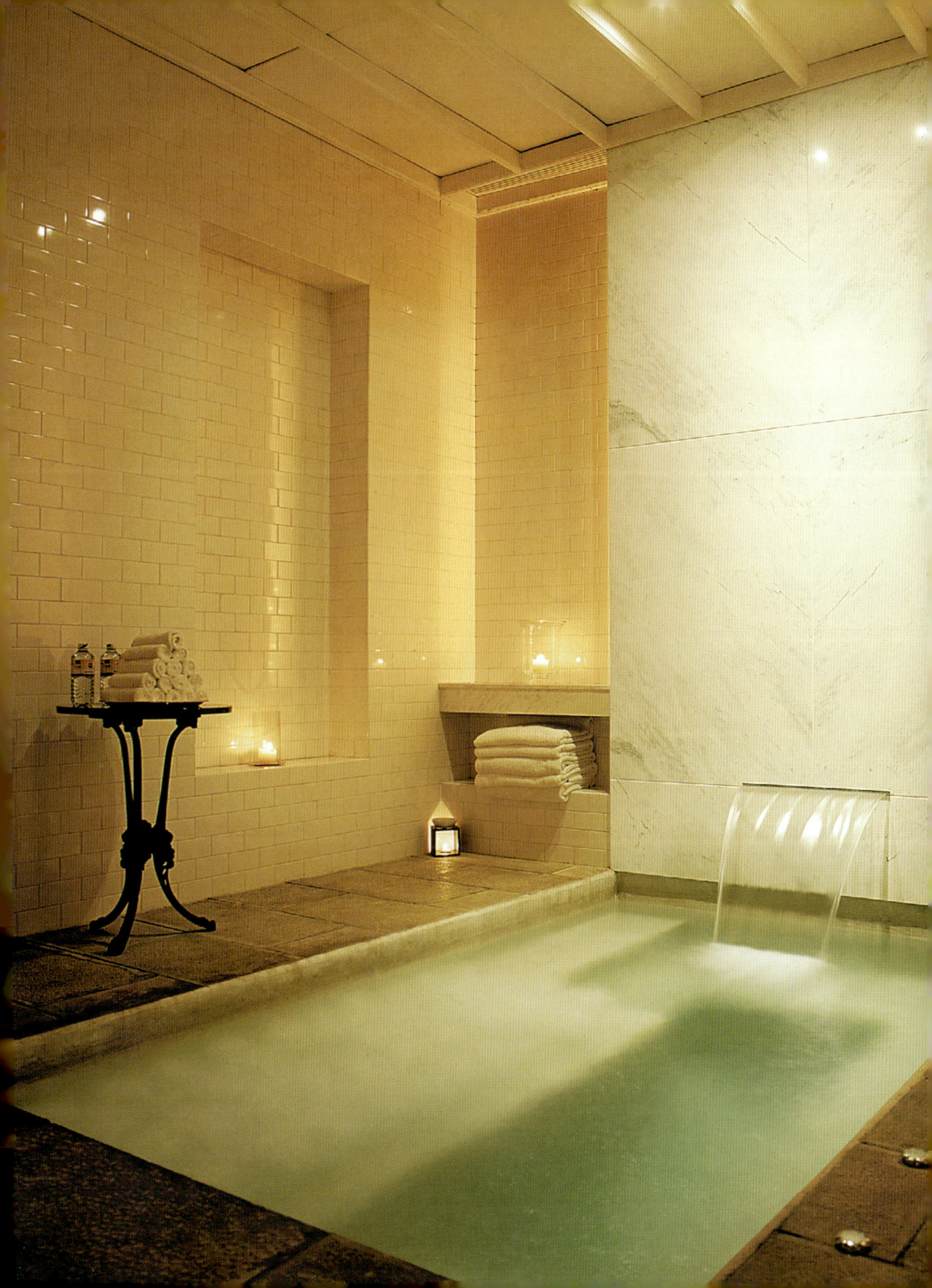

# 리버 하우스 Enjoy River House

**Location** 스리랑카 발라피티야
**Website** www.taruvillas.com **Price** ⑤⑤

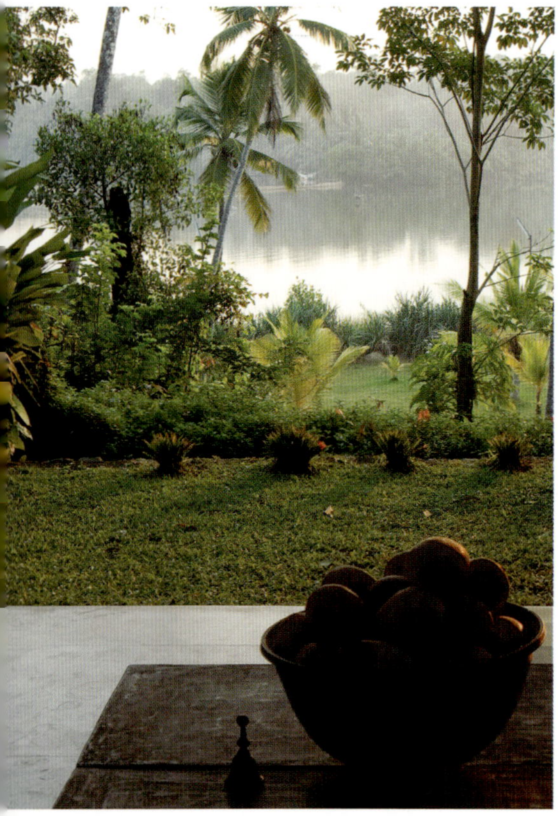

리버 하우스는 스리랑카 남서부 해안, 벤토타 외곽의 좁은 길을 약 800m쯤 올라간 곳에 위치해 있다. 모퉁이를 돌면, 풀이 무성한 언덕 위에 아늑하게 자리잡고 있는 아름다운 집이 눈에 들어온다. 야자 나무 그늘 아래 마두 강가(Madhu Ganga) 강을 내려다보고 있다. 3헥타르의 푸른 개인 정원 안에 서 있는 리버 하우스는 바깥 세상과 완전히 차단되는, 진정한 의미의 휴양지이다. 이 스타일리쉬하고 고요한 낙원을 만들어낸 사람은 패션 디자이너 나얀타 폰세카로, 그 재능을 건축에서도 십분 발휘하였다. 키툴 나무나 자크 나무처럼 스리랑카 원산 목재를 두루 사용하였으며, 세심하게 고른 골동품들이 수작업으로 제작한 복제 가구들과 조화를 이룬다.

손님들은 오픈 베란다의 고리버들 소파 위에 앉아 태피스트리, 덮개, 럭셔리한 카펫에 둘러싸여 느긋한 시간을 보낼 수 있다. 5개의 호화로운 스위트는 스리랑카의 별자리 이름을 따서 지었다. 카냐와 싱게 스위트에는 서양의 웬만한 호텔 방만한 침대가 놓여 있으며, 툴루와 다누 스위트는 서로 연결이 되어 있어 가족들이 머무르기에 안성맞춤이다. 메인 하우스에서 조금 떨어져 있는 마카라 스위트는 강과 가깝다. 각각의 스위트에는 전용 정원이나 테라스가 있으며, 실내 혹은 옥외 냉탕이나 풀장이 딸려 있다.

벽으로 둘러싸인 부지 내에 머물거나, 아니면 5분 거리인 전용 비치 하우스에 묵을 수도 있다. 인피니티 풀에 들어가서 수영을 즐기거나, 전용 해변에 가거나, 모터보트를 타러 가자. 빌라로 돌아와 레스토랑이나 정원에서 군침이 도는 요리로 저녁 식사를 하자. 세심하면서도 사려깊은 서비스는 완벽한 프라이버시를 보장한다. **AD**

> "컨셉도 디자인도 특별하며,
> 스리랑카에서 가장 아름다운
> 휴양지 중 하나이다."



◪ 리버 하우스는 조류 관찰가와 어부들의 낙원인 평화로운 마두(Madhu) 어귀에 맞닿아 있다.

# 머드하우스 Stay at the Mudhouse

**Location** 스리랑카 아나마두와
**Website** www.themudhouse.lk   **Price** ⑤⑤

아나마두와 마을은 스리랑카 서부에 위치하며, 콜롬보 북쪽으로 두어 시간이면 갈 수 있다. 웅장한 파라마칸다 바위 사원뿐 아니라 사원 기슭에 위치한 외진 숲 속 휴양지로도 알려진 곳이다. 저마다 다르게 설계된 오두막들이 24헥타르의 우림 지대에 흩어져 있는 머드하우스는 고독하지만 아름다운 입지와 잘 어울린다.

천연 자재만을 사용해서 지은 오두막들은 현대적인 미학과 전통 수공예를 결합시켰으며, 그 디자인 역시 일반적인 스리랑카 가옥부터 트리하우스까지 다양하다. 오두막마다 실내 욕실, 옥외 샤워, 식당이 딸려 있으며, 명상과 요가를 위한 공간도 있다. 그러나 이 곳이 에코 휴양지라는 것도 잊지 말 것. 전기가 없기 때문에 밤에

> "기둥 위에 외딴 로맨틱 오두막이 있다…
> 4개의 기둥 달린 침대에는 커튼이
> 드리워져있고, 호수 풍경을 즐길 수 있다."
>
> 『가디언』

는 촛불과 전등을 사용해야 하며, 덕분에 그 시적인 매력이 한층 배가된다.

부지의 일부는 유기농 농장으로 사용하고 있으며, 머드하우스의 식탁에 올라오는 대부분의 과일과 채소를 이 곳에서 생산한다. 손님들은 과일을 따는 작업을 도울 수도 있고, 자전거와 보트 투어, 인근 조류 서식지에서의 새 관찰, 그리고 고대 도시 안라다푸라, 야파후와, 판두라스누와라 관광 등을 즐길 수도 있다. 머드하우스는 진정한 의미에서 숨어 있는 보석이며, 주변의 아름다운 자연경관과 자연스럽게 녹아든다는 점에서 더욱 빼어나다. **DaH**

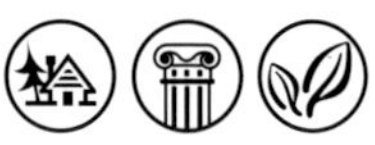

# 파라다이스 팜 Unwind at Paradise Farm

**Location** 스리랑카 키툴갈라
**Website** www.paradisesrilanka.com   **Price** ⑤⑤

스리랑카의 차 재배 지역은 인기있는 관광지이다. 관광객들은 그 고요한 분위기를 즐기고, 스리랑카의 환상적인 차가 정확히 어떻게 재배되는지를 눈으로 확인한다. 이 지방의 심장부에 위치한 파라다이스 팜은 그 중에서도 유난히 두드러진다. 기업 소유가 아닌 독립 유기농 녹차 재배농장으로 모든 수익은 노동자들에게 환원하며, 규모도 작고 공동체 중심적이다.

파라다이스 팜의 빌라 자체도 주변에 숲 이외에는 아무것도 없는 전원적인 휴양지이다. 예술가, 문인, 그리고 정신없이 달리는 뚝뚝(전동 인력거)과 곳곳이 움푹 패어있는 도로로부터 벗어나 평화와 조용함을 누리고 싶은 이들 모두에게 인기가 높다. 메인 빌라에는 2개의 더블베드룸이 있으며, 그 뒤로 2개의 방갈로가 더 있다. 비록 5스타 럭셔리 숙박시설은 아니지만, 자연으로의 완벽한 회귀를 즐길 수 있는 휴양지이다. 이 곳에서 머무는 것도 월드뷰 국제기금을 통해 이 지역 주민에게 지속 가능한 농업 교육을 제공하고, 수익을 지역 공동체에 환원하는 일도 된다. 점심과 저녁으로는 스리랑카 전통 커리가 나오고, 아침식사에는 숲에서 딴 신선한 과일과 맛있는 팬케이크를 먹을 수 있다.

탁 트여 있는 빌라의 인피니티 풀에서 바라보면 우림 지대와 땅 위로 날아오르는 바닷새들이 눈에 들어온다. 풀장 가장자리에 등나무로 만든 흔들 의자를 놓고 앉아 책을 읽거나 쿠션에 파묻혀 빈둥거리자. 맑은 날에는 스리랑카의 신성한 산 중의 하나인 스리 파다("아담의 봉우리"라는 별명으로도 알려져 있다)와 파르스름한 실안개가 끼어 있는 언덕배기, 그리고 녹색의 플랜테이션이 보인다. 물소가 풀을 뜯고, 원숭이가 장난을 치고, 밤에는 나방들이 날아다닌다. 빌라에서 정글 속으로 길이 나 있어서, 계피를 재배하는 향신료 정원을 지나 가이드와 함께 표범 발자국을 따라갈 수도 있다. **LD**

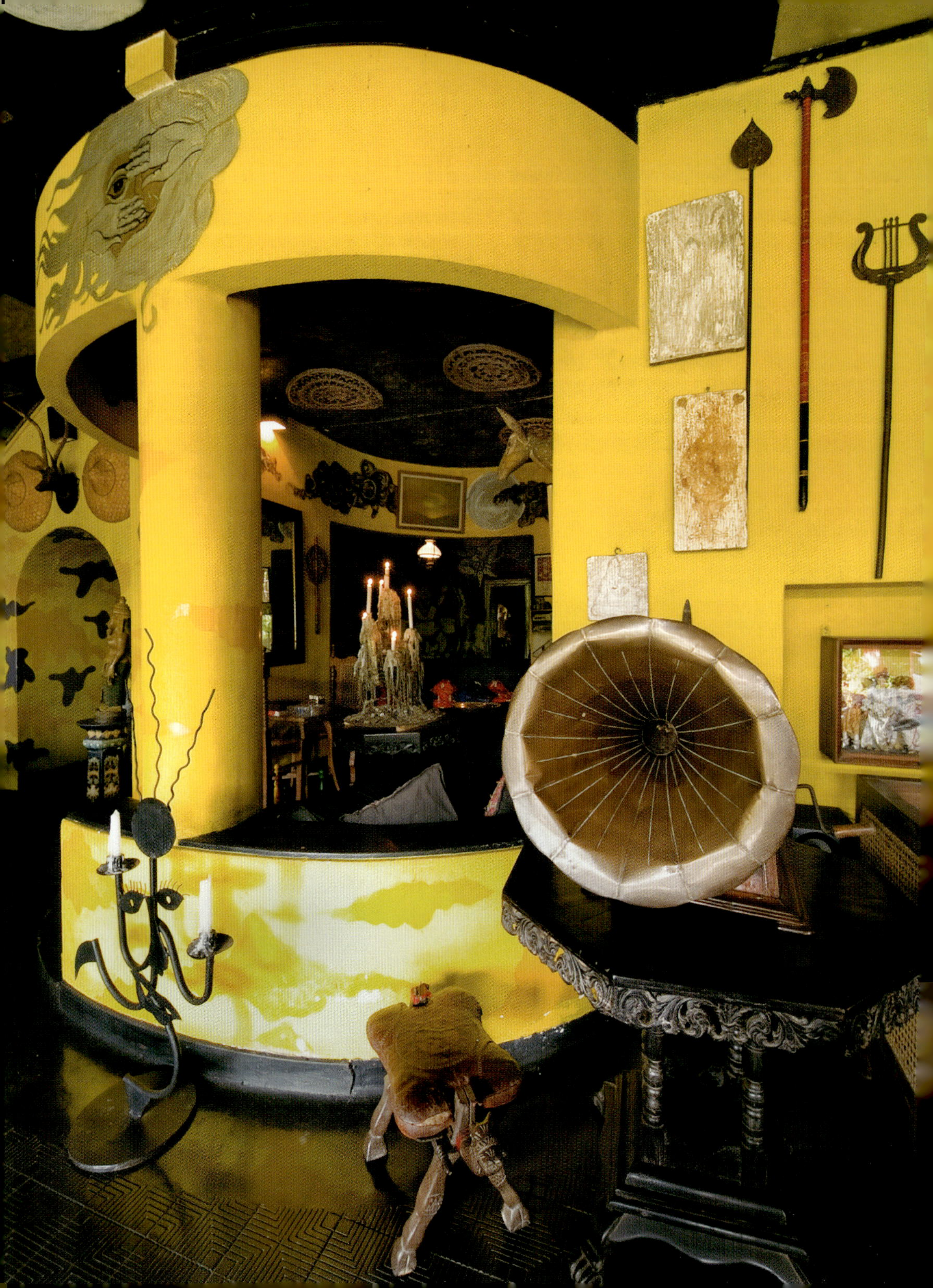

# 헬가스 폴리 Relax at Helga's Folly

**Location** 스리랑카 칸디
**Website** www.helgasfolly.com　**Price** ⑤

웨일즈의 록밴드 "스테레오포닉스"는 헬가스 폴리를 너무나 사랑한 나머지, 이 곳에서 잊을 수 없는 하룻밤을 보낸 뒤 헬가스 폴리에 대한 노래를 짓기까지 했다. 앤티크, 보석, 온갖 잡동사니를 파는 가게들로 가득한 번잡한 도시 칸디 바로 외곽의 언덕 위에 자리잡고 있다. 그러나 이 모든 것에서 벗어나기에 이상적인 공간이기도 하다. 셀레브리티들이 이곳을 즐겨 찾는 것도 놀랄 일은 아니다.

촛농이 똑똑 떨어지는 어스름한 촛불과 부드러운 등불의 어스름한 빛 아래 퇴폐적이고 금지된 느낌이 든다. 19세기의 아편굴과 물랭루즈가 만났다고 상상하면 틀림없을 것이다. 손님들은 아늑한 소파, 푹신한 쿠션, 앤티크 가구, 꽃병, 어두운 색깔의 벨벳 드레이프로 꾸며진 공간에서 느긋한 시간을 보낸다. 화려한 색으로 칠한 벽에는 전설적인 헐리우드 스타들의 사진과 그림, 사진작품이 걸려 있다. 개중에는 이 곳 주인 헬가—커다란 선글라스와 말도 안 되는 모양의 모자를 쓴, 정말 대단한 괴짜—의 가족 사진도 있다. 제멋대로 퍼져버린 건물은 퀴퀴한 냄새가 나고 먼지투성이지만, 이것마저 그 매력에 일조한다. 침실도 분위기는 비슷하다.

호텔 밖에는 빽빽한 녹색의 정글이 두서없이 엉킨 채 펼쳐져 있다. 수영장 주위에는 요정 조각상들이 둘러서 있어 아이들이 아주 좋아한다. "방을 나오기 전에 문과 창문이 제대로 닫혀 있는지 확인하시오"라는 표지판이 있다. 호텔측에서는 원숭이들의 손버릇까지 책임지지 않기 때문이다. 이 말썽꾸러기들은 나무 위에 웅크리고 있다가 아침식사 시간이 되면 떼지어 몰려드니, 야외에서의 식사는 다시 생각해 볼 것. 이 기묘한 휴식처에서 어떤 시간을 보내든, 결코 잊을 수 없는 경험이 될 것이라는 것만은 확실하다. **JK**

# 트리 탑스 로지 Enjoy Tree Tops Lodge

**Location** 스리랑카 모네라갈라 지구
**Website** www.treetopsjunglelodge.com　**Price** ⑤

트리 탑스 정글 로지는 스리랑카의 얄라 국립공원과 아라하트 칸다 산맥 사이에 위치한 웰리아라 숲속에 자리잡고 있다. 야생 동물—특히 정글에 사는 161종의 조류와 야생 코끼리—을 보고 듣기에는 완벽한 장소다. 새끼와 함께 있는 어미 코끼리를 발견하는 것은 정말로 마법 같은 경험이다.

기본적인 숙박시설은 있다. 이 지역 가옥처럼 찰흙과 쇠똥, 나무를 사용하여 지은 간단한 오두막에서 지내면서 우물물로 몸을 씻는 것이다. 달빛 아래 별을 바라보며 트레킹을 한 뒤 정글에서 들려오는 소리에 귀를 기울이며 잠들고, 새 지저귀는 소리에 하루를 시작한다.

트리 탑스는 동식물 애호가들만을 위한 공간은 아니

> "정글을 들여다볼 수 있는 최적의 입지… 야생 자연의 소음으로 가득한 분위기."
>
> ecohotelsoftheworld.com

다. 스태프들이 근처에 있는 돌로 지은 불교 사원—다행히도 관광객들이 많이 찾지 않는—으로 데려가 주기도 한다. 나무를 땐 불에 채소를 요리하며, 아유르베다 약초학의 비밀을 알고 있는 요리사들이 정글에서 자라는 허브와 향신료를 사용하여 수프와 커리를 만들어준다. 야생 동물 관찰은 계절에 크게 좌우되는데다, 우기냐 건기냐도 매우 중요하다. 그러나 해먹에 누워 빈둥거리면서 느긋한 시간을 보내거나 환상적인 풍경을 감상하는 것은 언제든지 가능하다—당신이 상상할 수 있는 21세기의 도시인의 삶에서 가장 먼 경험 아니겠는가. **CK**

◄ 헬가스 폴리의 실내 장식은 전통과 보헤미안이 뒤섞여 있다.

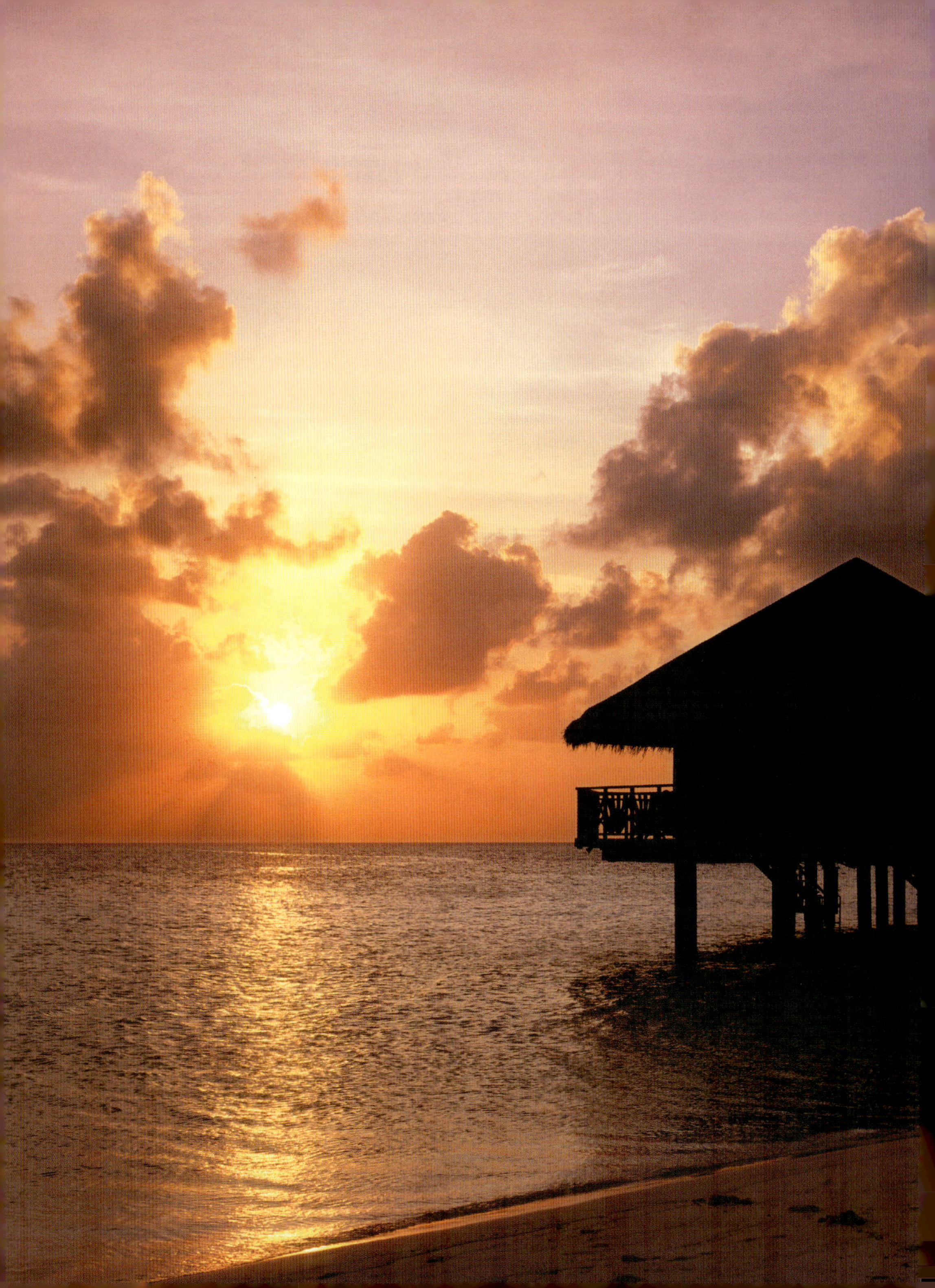

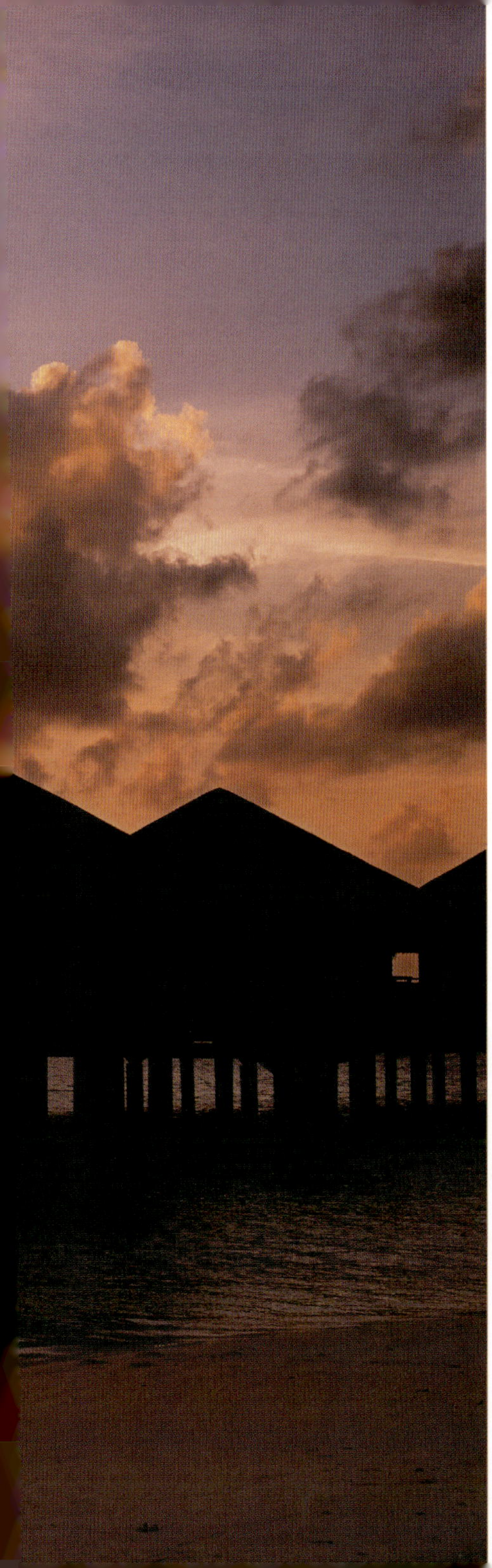

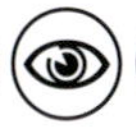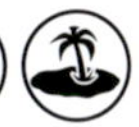

# 바로스 Experience Baros

**Location** 몰디브 바로스  **Website** www.baros.com
**Price** $ $

이것은 천국의 정의(定義) 그 자체이다. 황금빛 햇빛에 끝없이 물든 백사장의 섬을 둘러싸고 있는 터키석빛 석호. 작은 해먹. 하얀 해안선. 부드럽게 흔들리는 야자수. 언제 어디서 셔터를 눌러도 감탄을 금할 수 없는 휴가철 사진이 나올 것이다.

몰디브는 공기부터 다르다. 1m만 나가면 바다인 경우가 다반사이고, 주민이라고는 휴식을 갈망하는 이들을 위한 럭셔리 숙박시설과 스파가 전부이다. 말레 공항에 도착하면, 전용 수상비행기나 보트로만 외딴 휴양지로 갈 수 있다. 잔잔한 물 위를 25분 정도, 장난꾸러기 돌고래 무리나 날치떼를 구경하며 나아가면, 어느새 나만의 로빈슨 크루소 섬의 낙원에 도착해 있다.

바로스는 노던 환초(Northern Atoll)에서 가장 외지고 가장 깨끗한 섬 중 하나이다. 전용 데크에서 하루 종일 졸거나, 수정처럼 맑은 물에서 스킨스쿠버다이빙을 즐기거나, 스파 "아쿠움(Aquum)"에서 완벽한 사치에 젖어 보자. 또는 선셋 크루즈, 일일 심해 낚시, 달빛 아래 해변에서의 식사도 잊을 수 없는 경험이 될 것이다.

우선은 맨발로 거닐면서 나만의 해변을 찾아야 한다. 분가루 같은 모래 위에 누워 빈둥거리거나 잠깐 해저 탐험을 해 보자. 발레리나 같은 노랑가오리, 또는 쏜살같이 지나가는 열대어 무리를 만날 수 있을지도 모른다. 아, 그리고 몰디브에서는 다음과 같은 진리가 있다. "노 뉴스, 노 슈즈(no news, no shoes)." **SWi**

←  환상적인 석양과 사람의 손길이 닿지 않은 풍경을 자랑하는 바로스는 진정한 휴양의 완벽한 모델이다.

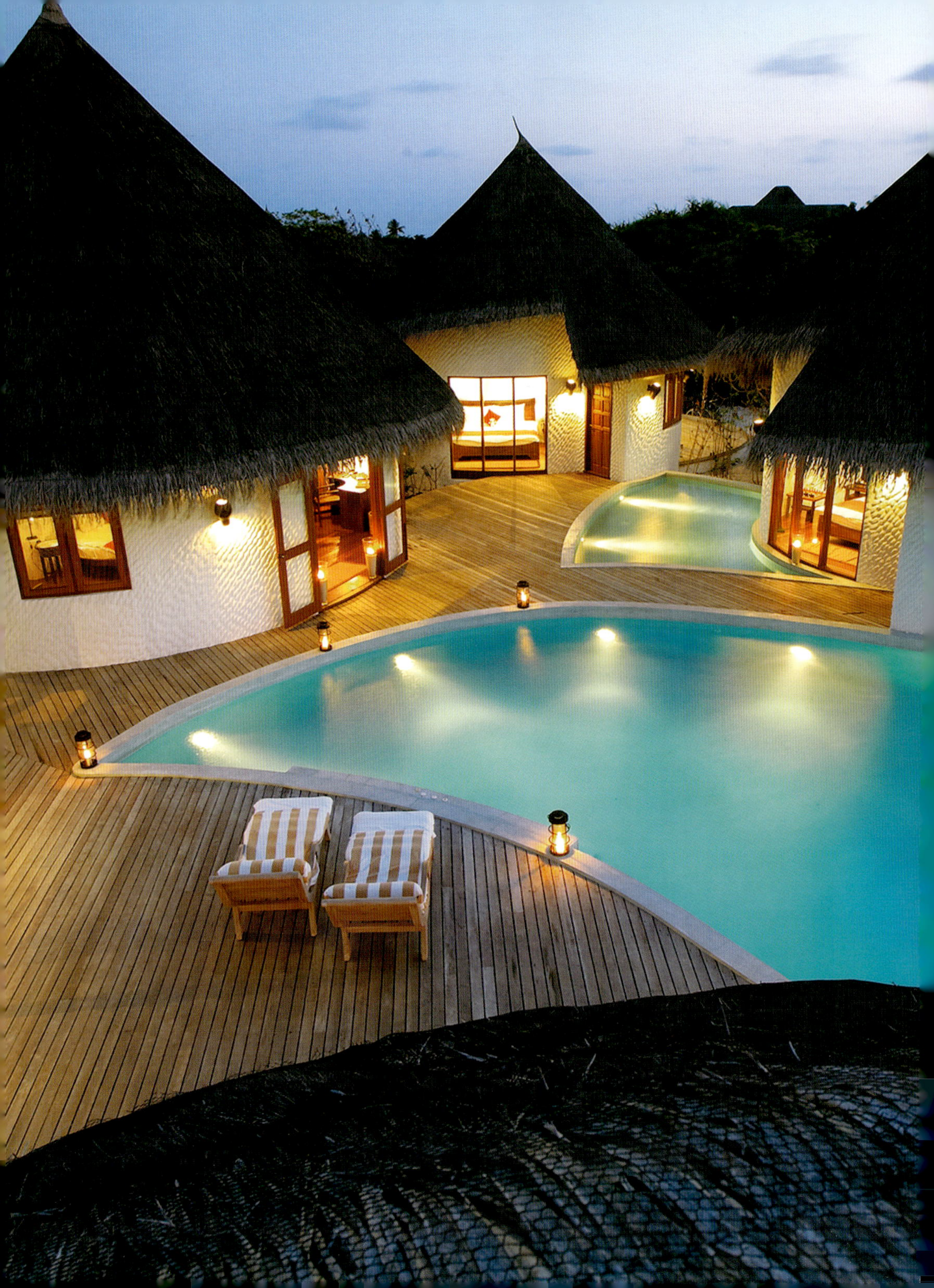

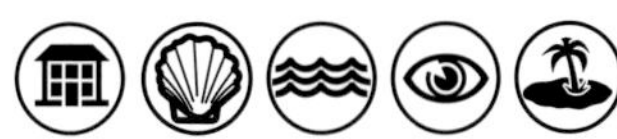   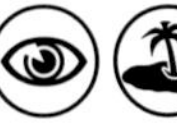

# 호텔 도나쿨리 Stay at Hotel Dhonakulhi

**Location** 몰디브 하아 알리푸 환초
**Website** www.island-hideaway.com　　**Price** ⑤⑤⑤

1,000개의 로빈슨 크루소 섬. 서로 다른 깊이와 끝없이 반짝이는 파란색의 석호. 호텔 도나쿨리는 바로 이런 배경 속에 서 있다—과거에는 무인도였던 하아 알리푸 환초에서 최고의 입지를 자랑한다. 이 리조트는 푸른 초목으로 둘러싸여 있으며, 럭셔리한 빌라는 인도양의 파도가 테라스까지 밀려온다. 전용 비치가 딸려 있고, 개인 풀장까지 갖춘 몇몇 오두막은 야외 욕실에서 자연으로 돌아온 럭셔리의 하이라이트를 느낄 수 있다. 손님들은 이 파라다이스에서 한 발짝도 나가고 싶지 않겠지만, 만약을 위해 일급 레스토랑, 젊음을 돌려 주는 스파, 예술적인 경지의 다양한 미디어 설비도 있다.

꼭 스노클링광들만 몰디브를 찾는 것은 아니다. 하루이틀 정도 다이빙 스쿨에 다녀 보는 것도 좋겠지만, 수족관처럼 맑은 물 속을 첨벙거리며 걷는 것만으로도 산호초의 물고기를 충분히 볼 수 있으니 말이다. 코코넛 나무 아래 앉아 두 다리를 쭉 뻗고 쉬거나, 바다가 내려다보이는 전용 야외 트리트먼트 룸에서 마사지를 받자.

도나쿨리는 사람의 손길이 전혀 닿지 않은 주변 풍경 덕분에 몰디브의 수많은 리조트 중에서도 단연 두드러진다. 섬의 95퍼센트는 미개발 상태로 남아 있기 때문에 방문객은 몰디브의 순수한 자연이 발산하는 아름다움을 만끽할 수 있다. 심지어 환초 전체에 딱 하나뿐인 선착장마저 산호초의 물길을 두 개로 나누어 천연항으로 쓰고 있다. **SWi**

# 도니 미길리 Relax at Dhoni Mighili

**Location** 몰디브 아리 환초
**Website** www.scottdunn.com　　**Price** ⑤⑤⑤⑤

말레 남서쪽, 아리 환초의 도니 미길리 섬은 어딘가 특별하다. 직접 예약이 가능한 유일한 몰디브 섬이자, 섬 위의 휴양지와 배 위의 숙박, 두 가지 모두를 경험할 수 있는 독특한 럭셔리를 제공하기 때문이다. 수상비행기를 타고 가야 하는 이 섬에는 터키석빛 바다에서 불과 9m 거리에 6개의 해변 방갈로가 서 있으며, 그 중 2개에는 전용 냉탕이 딸려 있다. 이 곳에서 보내는 시간을 더욱 특별하게 하는 것은, 바로 24시간 대기중인 몰디브인 집사이다. 이들은 원하는 것은 무엇이든 마련해 준다—그것이 개인 다이빙 레슨이건, 완벽한 마르티니 칵테일이건, 청혼을 하기 위한 최적의 공간이건 관계없이 말이다.

> "몰디브는
> '인도양의 진주'라는 이름이
> 전혀 아깝지 않다."
>
> 몰디브 리뷰 웹사이트

야자수와 산호 해변, 맑고 따뜻한 바다가 만들어내는 이 낙원에서 전용 도니(dhoni, 길이 20m의 몰디브 전통 보트)에 누워 하루를 보내자. 해가 지면 집사가 별빛 아래 저녁식사를 준비해 줄 것이다. 이엉 지붕을 올린 방갈로에서 하룻밤을 보내거나 도니에서 파도가 들려 주는 자장가를 들으며 잠들자.

낮에는 크루즈를 타고 사람의 발길이 닿지 않은 모래톱을 찾아 수영을 즐기거나, 산호초의 색색깔의 해양 생물을 보며 감탄하면 된다. 이국적인 산호초 주변에서는 회색암초상어, 맨타레이, 심지어 거대한 고래상어까지 볼 수 있다. 소수의 행운아들에게, 도니 미길리는 마침내 발견한 낙원이다. **LD**

궁극의 호젓함을 위해 디자인된 오두막 모양의 레지던스는 널찍한 전용 공간을 자랑한다.

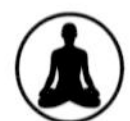  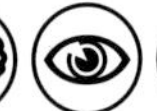 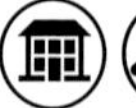 

# 후바펜 푸시 해저 스파
Enjoy Huvafen Fushi Underwater Spa

**Location** 몰디브 노스 말레 환초
**Website** www.huvafenfushi.com　**Price** ⑤⑤⑤⑤

포르투갈 국토만한 면적의 반투명 터키석빛 바다에 펼쳐져 있는 몰디브는 지구 온난화로 인해 해수면이 지속적으로 상승하여 150년 후에는 지도에서 사라져 버릴 것이라고 한다. 그러니 갈 수 있을 때 가 보는 것이 좋을 것이다. 그리고 지금 간다면 꿈꾸는 자들을 위한 섹시하고도 평화로운 리조트, 후바펜 푸시를 선택하도록 하자.

드문드문 흩어져 있는 43개의 스타일리시하고 현대적인 워터 방갈로 중 어느 것을 선택해도 흠 잡을 데 없이 완벽한 럭셔리를 즐길 수 있다. 바닥을 유리로 만들어서, 차가운 칵테일을 마시면서 해양 생물을 구경할

> "황혼 속에서 집사가
> 맨타레이에게 먹이를 주고 있다.
> 아이들이 환성을 올린다."
>
> 『하퍼스 바자』

수 있는 방갈로가 있는가 하면, 욕실에 거대한 월풀 욕조가 있고, 얇은 유리벽 한 장을 사이에 두고 끝없이 펼쳐진 석호 풍경을 오롯이 혼자 감상할 수 있는 방갈로도 있다. 밖으로 나가면 데크에서 나체 수영을 즐기거나, 데이베드에 드러누워 빈둥거리거나 전용 냉탕에 뛰어들어 더위를 식힌다.

바다 위에 기둥을 박고 그 위에 세운 스파에는 해저 트리트먼트 룸이 있어서 머리 마사지를 받는 동안 열대어들과 눈을 마주칠 수 있다. 랩, 스크럽, 페이셜, 마사지를 사용한 다양한 "의식"을 체험할 수 있다. 요가와 명상 수련도 가능하며, 심지어 "웰니스 멘토"까지 상주하고 있다. 밤에는 색색깔의 광섬유로 불을 밝힌 인피니티 풀에서 수영을 즐기다가 말레이시아풍 해수 풀장 "로뉴 베요"에 뛰어들자. 물 위에 둥둥 떠 있으면 얼마나 몸이 가뿐한지 모른다. **CSJ**

   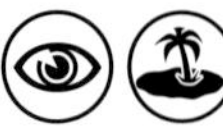

# 원&온리 리티 라
Stay at One&Only Reethi Rah

**Location** 몰디브 노스 말레 환초
**Website** www.oneandonlyresorts.com　**Price** ⑤⑤⑤

미끈한 길이 16m의 요트를 타고 원&온리 리티 라에 도착하면, 지구상에 이 곳보다 더 아름다운 곳이 있을 수 있을까 하는 의심마저 든다. 당신이 상상할 수 있는 가장 부드러운 모래 주위로 반짝이는 석호가 에워싸고 있으며, 널찍한 럭셔리 빌라들이 해변에 점점이 늘어서 있거나 물 위에 떠 있다.

이 리조트의 모든 것은 단 한 마디, "와우!"로 요약된다. 정말 놀랄 만한 공간으로, 라 바(Rah Bar)에서는 칵테일을 홀짝거리고 있는 화려한 셀레브리티도 심심찮게 만날 수 있다. 빌라에는 커다란 데크에 신비한 검은색의 인피니티 풀이 설치되어 있으며, 서늘한 데이베드가 놓여 있다. 실내에는 PDP TV와 거대한 침대가 구비되어 있으며, 욕실에는 일반적인 욕실보다 세 배는 높은 천장 아래, 바닥을 파서 욕조를 만들었다—정말 왕이나 왕비에게나 어울릴 법하다.

이 곳에는 할 일이 별로 없다. 그리고 이거야말로 이 축복받은 방문객들을 행복하게 한다. 매력적인 물에 뛰어들어 수영, 스노클링, 다이빙을 하자. 물 위에서는 낚시, 젠 스타일의 스파 트리트먼트, 그리고 꿈 같은 일광욕을 즐기면 된다. 저녁에는 잘 차려입은 손님들이 메인 레스토랑, 일식 타파 퓨전 레스토랑, 중동 비치 레스토랑 등에서 맛있는 음식을 먹는다. 섬 안에서 돌아다닐 때는 골프 카트나 자전거가 주요 교통 수단이며—이게 바로 몰디브식이다—덕분에 12개의 환상적인 해변을 좀더 쉽게 발견할 수 있다. "리티 라"가 도대체 무슨 뜻인지 궁금하다면, "예쁜 섬"이라는 뜻이다. 정말 이렇게 과소평가적인 이름을 붙여도 되는 건지. **LP**

→ 뻔뻔스러울 정도로 럭셔리한 리티 라 리조트의 디자인에는 부족한 데를 눈을 씻고 찾을래야 찾을 수가 없다.

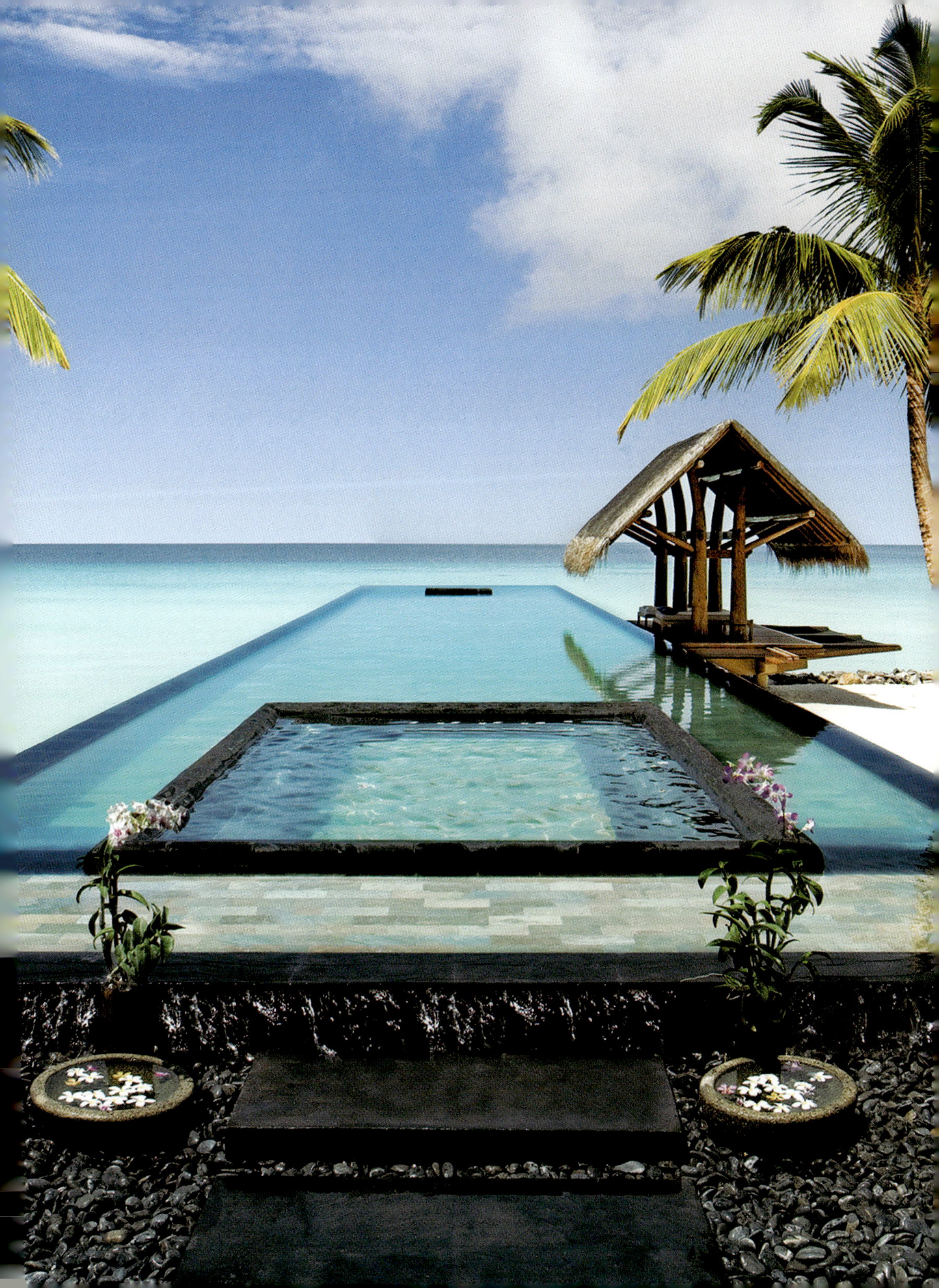

# 치트완 국립공원 Ride an Elephant Through Chitwan National Park

**Location** 네팔 치트완 국립 공원
**Website** www.chitwannationalpark.org  **Price** $

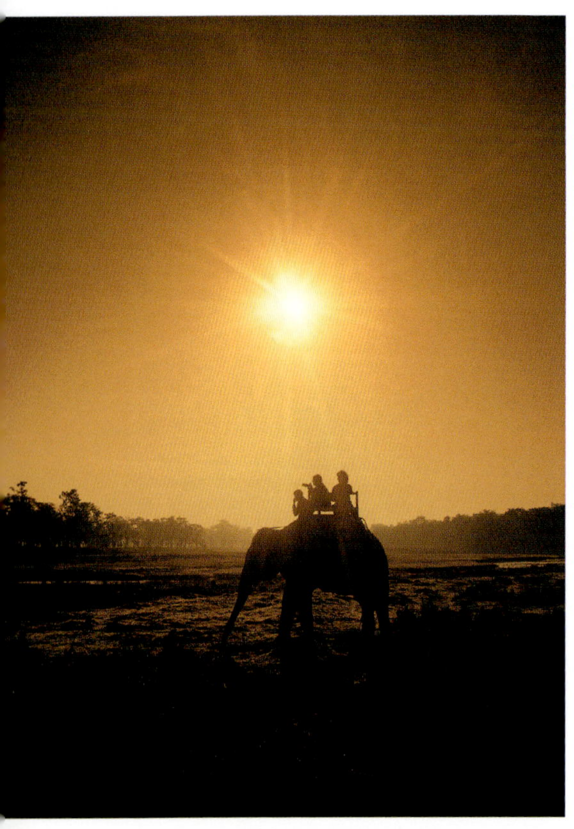

희귀한 인도코뿔소와 벵골호랑이의 서식지인 치트완은 1973년 국립공원으로 지정되었다. 현재는 UNESCO 세계유산으로, 40종이 넘는 포유동물과 450여 종의 조류가 살고 있다. 그리고 이 동물들을 구경하는 가장 좋은 방법은 바로 코끼리 등에 타고 돌아다니는 것이다. 국립공원 내의 민간 관리소가 소유한 코끼리들은 커다란 나무 안장(howdah) 위에 네 사람까지 올라탈 수 있도록 훈련 받았으며, 조련사인 파히트(pahit)가 목 위에 앉아 맨발로 코끼리의 귀를 간질이며 방향을 지시한다. 코끼리가 숲과 빽빽한 풀섶을 가로질러 느릿느릿 걸어가는 동안, 그 움직임에 리듬을 타면서 때때로 머리 위로 뻗은 나뭇가지를 피하기 위해 고개를 숙여야 한다. 동물들은 코끼리가 다가와도 놀라지 않기 때문에, 비교적 가까이에서 코뿔소를 관찰할 수도 있고, 그 선사시대의 형상과 갑옷을 입은 듯한 거죽을 완벽한 높이에서 볼 수 있다. 느림보곰과 표범, 멧돼지, 사슴도 종종 보인다. 심지어 이 공원에 남아 있는 약 100마리의 호랑이 중 한 마리가 수풀 속에 교묘하게 숨어 있는 것을 볼 수도 있다.

나라야니 강에 가까워지면, 갠지스강 돌고래가 숨을 쉬기 위해 수면으로 불쑥 나타났다 사라지는 모습을 찾아보자. 인도늪악어, 그리고 멸종 위기에 처해 있는 가비알도 발견할 수 있을지 모른다. 강에서 조금 안전한 지점에 다다르면 코끼리 목욕시키는 일을 도울 수도 있다. 코끼리들은 목욕을 아주 좋아하며, 아이들처럼 물 속에서 노는 것을 매우 좋아한다. 강에서 코끼리 등 위에 앉아 있노라면, 조련사의 지시에 맞춰 코로 물을 뿌리거나, 물 속에 잠겨 등에 탄 이를 떨어뜨려서 흠뻑 젖게 할 것이다. 마지막 재주는 우아한 작별인사이다— 조련사의 "나마스테!"에 맞춰 코를 우아하게 말아 접는다. **SWa**

> "유일한 소리는 매미의 울음소리,
> 그리고 간간히 들려오는
> 코끼리 조련사의 음성."
>
> 레슬리 다우너, 『데일리 텔레그라프』

◤ 황혼 풍경은 숨이 멎을 듯 아름답지만, 하루 중 어느 때라도 경이로운 자연 경관을 만날 수 있다.

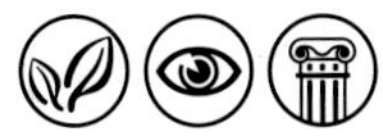

# 가든 오브 드림 See the Garden of Dreams

**Location** 네팔 카트만두
**Website** www.asianart.com/gardenofdreams    **Price** $

고대 힌두 사원, 불교의 사리탑, 네와르 왕궁들이 도시의 혼잡과 공해 속에서 하나둘씩 무너져 가고 있는 카트만두에 새로운 성소가 생겼다. 그 이름도 어울리는 가든 오브 드림은 관광객들로 북적이는 타멜(Thamel) 지구에서 엎어지면 코 닿을 거리다.

여행, 원예, 예술을 사랑했던 야전 사령관 케셰르 슘샤르 라나는 1920년대에 이 정원을 처음 조성하였다. 유럽의 영향을 받은 퍼골라와 사잇길, 조각상, 에드워드 양식의 파빌리온이 조화를 이루는 이 정원은 그의 열정의 증거이자 진정 아름다운 하나의 작품이었다. 1964년 장군이 세상을 떠난 뒤 오랜 세월 동안 방치되어 있던 이 정원은 2002년 네팔-오스트리아 공동 프로젝트

> "록 콘서트 불가.
> 결혼식 불가.
> 패션쇼 불가."
>
> 괴츠 하그뮐러, 가든 오브 드림 수석 건축가

로 복원을 시작하였다.

오늘날 가든 오브 드림은 카트만두 심장부에 자리한 우아한 오아시스이다. 등나무와 부겐빌레아가 퍼골라 위로 넝쿨을 뻗고 있으며, 야자나무와 대나무가 서늘한 그늘을 만들어준다. 목련, 동백, 진달래가 화려한 색깔을 뽐낸다. 분수, 작은 해자, 그리고 연꽃이 핀 연못은 정원 전반에 흐르는 고요한 분위기를 한층 더한다. 세심하게 복원된 3개의 파빌리온은 로맨틱한 신고전주의 웅장함을 가미시킨다.

이 곳에서는 시간이 눈 깜짝할 사이에 흘러간다. 야외 원형극장의 계단에 누워 독서삼매경에 빠져 보자. 정원 중심부를 내려다보는 비밀 정원에 숨는 것은 어떤가. 아름다운 식물과 조각상에 감탄하며 오솔길을 걷는 것도 좋다. **SWa**

# 네팔 Balloon over Nepal

**Location** 네팔 카트만두
**Website** www.adventuresnepal.com    **Price** $

열기구를 타는 것은 살면서 가장 믿기지 않는 경험 중의 하나가 될 것이다. 하늘로 떠오르면 가열기의 굉음이 잠잠해지고, 서서히 고도를 높여가는 동안 고요가 찾아온다. 그리고 나서는 바람에 몸을 맡기고 부드럽게 떠밀려 가기만 하면 된다.

그러나 최고는 역시 전망이다. 거의 침묵에 가까운 조용함 속에 저 아래 풍경들이 사라져가는 동안 당신은 새나 비행기처럼 하늘 높이 떠 있지만 경이로운 풍경에서 주의를 분산시킬 날개나 엔진 소리는 어디에도 없다.

열기구을 타고 내려다보기에 네팔만큼 아름다운 곳도 드물다. 해가 뜰 무렵 이미 열기구도 땅에서 떠오른다. 유서깊은 마을 바크타푸르(Bhaktapur)의 붉은 지붕 위를 출발하여 카트만두 계곡을 향해 간다. 푸른 언덕과 계단식 지형 곳곳에 테라코타 건물이 다닥다닥 붙어 있으며, 금을 입힌 사원의 첨탑이 떠오르는 햇살에 찬란하게 빛난다.

그러나 가장 경이로운 절경을 보려면 아직 조금 기다려야 한다. 맑은 날에는 에베레스트 산에 올라 끝없이 펼쳐진 히말라야 산맥을 구경하기에 가장 쉽고, 가장 평온한 방법이다. 걸리는 것 없는 조망으로 둘러싸여, 거대한 바위산의 눈덮인 산봉우리 사이를 천천히, 그러나 가볍게 빠져나가게 된다. 고사인탄, 푸르비-갸추, 가우리-산케르에서 크호바르-바마레, 초모랑마, 간충 캉까지 이어지는 환상적인 경관은 경탄을 자아내는 한 편의 드라마와도 같다.

고리버들로 만든 거대한 누에고치가 천천히 계곡의 계단식 논에 내려앉으면, 호기심 많은 인근 마을 사람들이 도대체 하늘에서 무엇이 떨어졌나 보려고 모여들지도 모른다. **SWi**

# 드와리카 Stay at Dwarika's Hotel

**Location** 네팔 카트만두
**Website** www.dwarikas.com　**Price** $$

이 평화로운 휴양지는 네팔의 수도 카트만두 시가지의 먼지와 혼돈으로부터 멀찍이 떨어진 높은 담장 뒤에 숨어 있다. 드와리카 호텔은 다닥다닥 붙어 있는 네와르 양식의 건물로 이루어져 있으며, 그 사이사이로 자갈이 깔린 안뜰과 조각한 기둥, 전통적인 모양의 창문이 보인다. 확실히 이곳은 올드와 뉴가 인상적인 조화를 이루는 곳이다. 살아 있는 박물관의 유산과 문화가 짙게 배어나지만, 푸르고 로맨틱한 느낌도 난다.

드와리카는 네팔의 문화를 보존하여 후세에게 남겨 주고자 했던 한 사람의 비전이 현실이 된 곳이다. 고(故) 드와리카 다스 셰르파는 카트만두에서 헐리고 있는 옛 건물에서 나오는 고대 목공 장식과 테라코타를 수

> "드와리카에 견줄 만한 호텔은
> 지구상 어디에도
> 없을 가능성이 높다."
>
> 『타이판』誌

집했다. 오늘날 드와리카 호텔의 안뜰에는 세심하게 보존된 말라족 예술과 건축을 찾아볼 수 있다. 드와리카의 공로가 인정돼, 이 호텔은 즉석 목각 공예 워크숍을 주최하고 건축물에 전통 조각 기술을 사용했다는 점에서 PATA(아시아-태평양 관광협회) 헤리티지 어워드를 수상하였다. 모두 74개의 호화로운 룸과 스위트가 있으며, 저마다 독특한 개성을 자랑한다. 핸드메이드 네팔 가구와 손으로 무늬를 찍은 전통 직물로 장식된 객실은 어마어마하게 럭셔리하다. 사려깊은 스태프가 원하는 것은 무엇이든 이루어 주는 동안, 레몬 밤과 향, 갓 자른 꽃의 신선한 향기가 가득한 공기를 들이마시기만 하면 된다. 정원에서 느긋하게 쉬거나 풀장에서 수영을 하고, 레스토랑 "크리슈나르판"으로 가서 진수성찬을 즐기자. **AD**

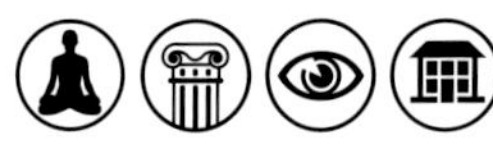

# 코판 사원 Visit Kopan Monastery

**Location** 네팔 카트만두
**Website** www.kopan-monastery.com　**Price** $

도착하자마자 "살상 금지, 거짓말 금지, 성행위 금지"를 통보하는 곳도 많지 않다. 또 "숙박 시설"이 손님에게 침낭, 손전등, 벌레약 등을 가져오라고 한다는 것도 아마 금시초문일 것이다. 그러나 코판은 럭셔리 호텔도, 고급 리조트도 아니며, 육체의 쾌락을 전혀 허용하지 않는 영적인 휴식처이다. 코판 사원에서의 라이프스타일은 여러 면에서 이 곳을 가장 완벽한 "도피처"로 만들어준다. 확실히 정신의 정화와 스트레스 완화를 위한 모든 재료가 있는 곳이기는 하다.

코판 사원은 히말라야 산기슭 높은 곳에 서 있으며, 주로 네팔과 티베트에서 온 360명의 승려들이 수양하고 있다. 인근에는 남매 격인 카초에 가킬 링(Khachoe Ghakyil Ling) 사원도 있다. 이 곳에는 380명의 여승들이 거주하고 있다. 이 두 사원은 고요하고, 종교적이고, 철학적인 오아시스를 만들어내며, 매년 전 세계에서 수백 명의 방문객들이 찾아온다.

손님들은 명상 강좌에 참여하거나 기초 불교 교리를 배운다. 1주일짜리부터 몇 년이 걸리는 강의도 있다. 이 곳에 왔다가 다시 돌아가지 않는 이들도 있다. 사원 안에서는 엄격한 규칙이 적용된다. 남녀의 숙소는 분리되어 있으며 술, 약, 담배는 전면 금지다. 아침 6시 30분에 기상하여 밤 9시에는 잠자리에 들어야 한다. 예불은 한 차례도 빠짐없이 모두 참석하는 것이 원칙이며, 반일 침묵도 지켜야 한다.

잠은 공동 객실이나 요사채에서 자게 되며, 침구는 제공되지 않는다. 11월부터 3월까지는 아주 추워지므로 유념할 것. 사원의 부엌에서 단순하지만 풍부한 채식 식단을 준비하며 하루에 3번, 모두가 한 자리에 모여서 먹게 된다. **SH**

⊡ 코판 사원처럼 외지고 고립되어 있으면서, 영적으로 충만한 공간도 그리 많지 않을 것이다.

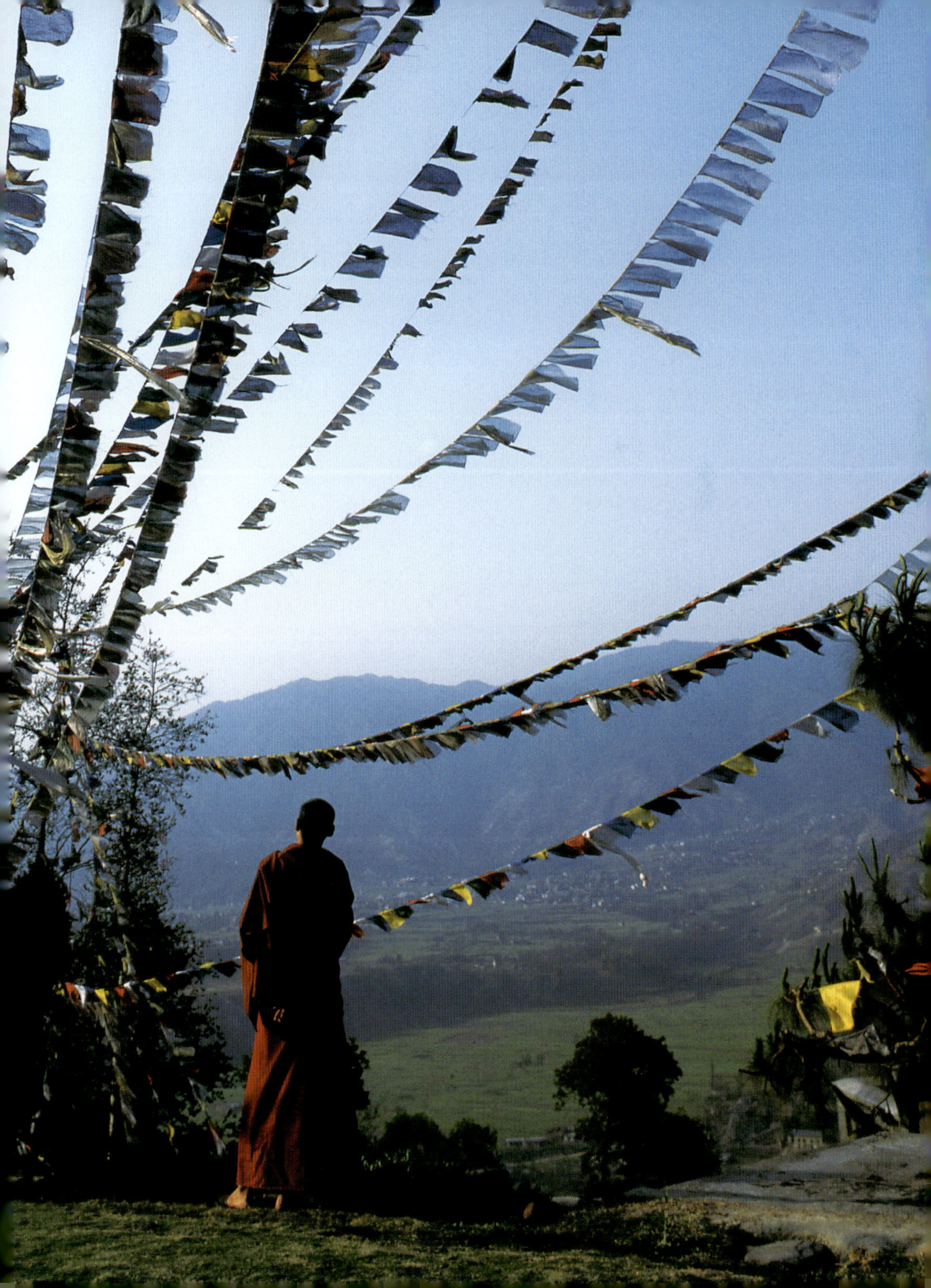

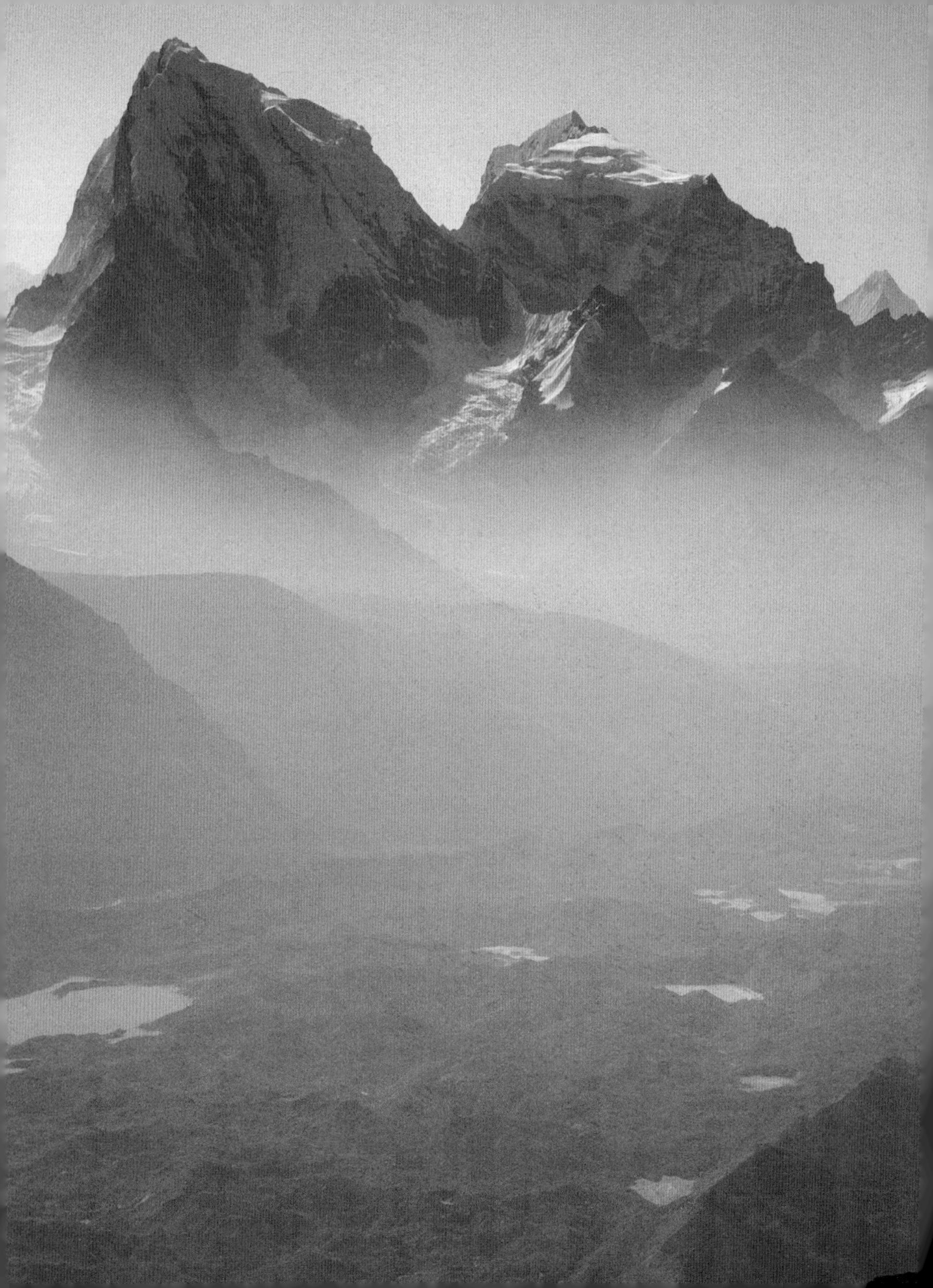

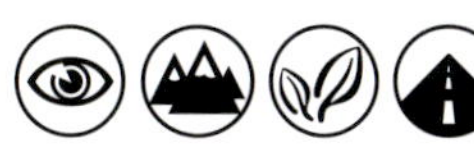

# 교쿄 리 Trek to Gokyo Ri

**Location** 네팔 솔루 쿰부
**Website** www.nepaltrailblazer.com　**Price** ⑨⑨⑨

에베레스트 산 정상은 분명히 궁극의 도피처가 되어 줄 것임에 틀림이 없다. 하지만 등반에 필요한 트레이닝이라든지 위험은 대부분의 일반인들이 감당하기 쉽지 않은 수준이니, 대신 교쿄 리로 12일간 트레킹을 떠나서 세계에서 가장 높은 산 위로 지는 석양에 감탄해 보는 것은 어떨까. 이 곳, 네팔의 솔루 쿰부 지방에서는 그 등산 기술로 이름이 높은 매력적인 셰르파족과, 히말라야 심장부의 숨막히게 아름다운 자연 경관을 만날 수 있다.

트렉 자체는 전문적인 등반 기술을 필요로 하지는 않는다. 그러나 교쿄 리의 정상은 고도가 5,350m에 달하므로, 고산병으로 고생하지 않으려면 시간이 필요하다. 장비를 운반해 줄 짐꾼과 길을 안내해 줄 가이드를 고용하거나, 여행사를 통해서 투어를 예약하자. 그래야 도중에 탈진하거나 길을 잃을 위험 없이 트레킹을 즐길 수 있다. 저녁에는 티하우스나 로지에서 네팔인들의 따뜻한 환대를 경험해 보자—럭셔리와는 거리가 멀지만, 난로 앞에서 느긋하게 쉬면서 야채와 쌀로 만든 전통 음식 달 바트(dhal bhat)로 원기왕성한 식사를 하자. 온몸에 활기를 돌게 하는 쿠크리 럼주 한잔도 빼놓을 수 없다.

산속 마을 교쿄는 반짝이는 두드 포카리(Dudh Pokhari) 호반에 있다. 이 호수 위로 2시간 가량 올라가면 교쿄 리에 닿는다. 이 곳에서는 높이 8,000m가 넘는 고봉 4개—에베레스트, 초오유, 로체, 마칼루?가 하늘을 배경으로 거대한 다이아몬드처럼 빛나는 풍경을 볼 수 있다. 지구상에서 가장 높은 산봉우리에 쌓인 눈 위로 태양이 만드는 눈부신 황금빛 그늘이 불타는 붉은색, 그리고 마침내 베이비 핑크색으로 변해 가는 것을 보고 있노라면 숨이 차고 손끝으로 추위가 파고드는 것은 금방 잊어버리게 될 것이다. **SWa**

◧ 교쿄 리에서는 경이로운 산봉우리, 까마득히 높은 산길, 빙하를 볼 수 있다.

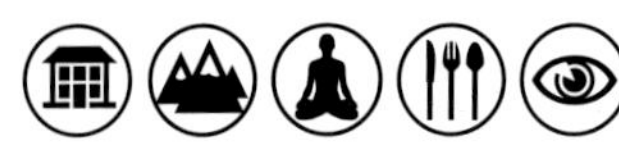

# 아만코라 Stay at Amankora

**Location** 부탄 파로   **Website** www.amanresorts.com
**Price** ⊖⊖⊖⊖

히말라야 트레킹이 구르카족 가이드 뒤를 따라 터덜터덜 걸으면서 밤에는 얼어붙을 듯한 추위 속에 텐트에서 잠드는 이미지라면, 다시 한번 생각해 보라. 다른 방법도 있으니 말이다. 최근에 아만 리조트 그룹은 부탄 최초의 럭셔리 호텔이자 최초의 외국인 벤처 기업인 아만코라를 개장하였다. 부탄의 가장 높은 산봉우리인 자말하리(Jamalhari)는 빽빽한 소나무숲으로 둘러싸인 그림 같은 마을을 내려다보고 있다.

아만코라는 바로 이 자말하리 봉 기슭의 스펙터클한 풍경 속에 서 있다. 이 휴양지는 5개의 독립적인 럭셔리 시설로 구성되어 있다. 가장 크고 가장 인상적인 로지는 전원적인 분위기와 현대적인 감각이 성공적인 조화

> "단순하고 절제된 건물 외관과는 달리…
> 실내로 들어서면 서사적인 규모와
> 화려함을 만날 수 있다."
>
> 마이크 카터, 「옵저버」

를 이루고 있다. 바로 언덕 위에 있는 17세기 요새 유적의 모양을 본떠 흙을 굳혀서 만든 6개의 집에 모두 24개의 침실이 있다. 그러나 가장 큰 매력은 역시 입이 다물어지지 않는 산 풍경으로, 거실에서 가장 잘 보인다.

파로 계곡은 부탄의 수많은 트레킹로의 출발점으로, 우뚝 솟은 산과 깊은 계곡, 계단형 논, 수수밭, 그리고 울창한 숲 곳곳에 서 있는 작은 마을들이 만들어내는 스펙터클한 풍경을 자랑한다. 하루 종일 트레킹을 한 후에 뻐근한 근육을 풀어 줄 필요가 있을 때, 아만코라의 로지에 있는 스파에서 다양한 릴랙스 트리트먼트를 받을 수 있다. **HA**

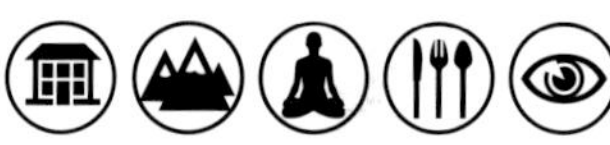

# 우마 파로 Relax at Uma Paro

**Location** 부탄 파로   **Website** www.uma.como.bz
**Price** ⊖⊖

히말라야 산속 부탄 왕국 높은 곳에 위치한 우마 파로는 영적 고요의 탐구와도 같다. 이 럭셔리 부티크 호텔은 부탄의 섬세한 전통과 현대적인 요소를 조합시켜 그 풍경만큼이나 빼어나게 아름다운 휴양지를 만들어냈다. 요가와 명상수련의 고요함에 초점을 맞추고 있는 이 곳에서의 스테이는 초월적이다.

이 호텔은 15ha의 숲이 우거진 언덕 비탈에 서 있는 센트럴 로지와 9개의 빌라로 이루어져 있다. 룸은 소나무 숲과 멀리 우뚝 솟아 있는 산봉우리를 내다보고 있으며, 그 중에서도 투베드 빌라가 하이라이트이다. 옥외 핫스톤 욕조와 모닥불을 피울 수 있는 구덩이가 있는 노천 안뜰이 있다. 하나같이 미끈하고 모던한 룸은 손으로 채색한 밝은 색조의 벽화 디자인과 둘이 보다가 하나가 죽어도 모를 전망을 자랑한다.

이 불교 왕국은 요가와 명상에 중점을 두고 있으며 서늘하고, 신선하고, 오염을 모르는 산 공기는 프라나야마(요가 호흡법)에 제격이다. 이 곳에서 머무르는 시간을 최대한 편안하게 해 줄 스태프가 24시간 대기하고 있으며, 스파 "샴발라"에서는 영적, 물리적 요소를 모두 중요시 하는 트리트먼트로 당신의 영혼을 가라앉게 해 준다. 돌 욕조 테라피는 심장 박동수를 늦추고 긴장을 풀도록 도와 주는 수많은 테라피 중 하나일 뿐이다. 레스토랑 "부카리"는 야크고기 버거부터 차이로 만든 핫초콜렛과 이 고장 주민들이 즐겨 먹는 누들 수프에 이르기까지, 부탄 전통 요리에서 영감을 얻은 별미를 선보인다. 사실 부탄이라는 나라 자체가 찾아가기 쉬운 것이 아닌데, 이미 호텔에 도착하기도 전부터 모든 입국허가, 비자, 항공편까지 필요한 것은 무엇이든 준비해 주므로, 마음을 놓아도 된다. 호텔 스테이라기보다는 영적인 경험에 더 가깝다. **LD**

➦ 우마 파로의 럭셔리한 실내는 부탄에서의 하이킹을 마치고 느긋하게 쉬기에 최적의 장소임을 말해 준다.

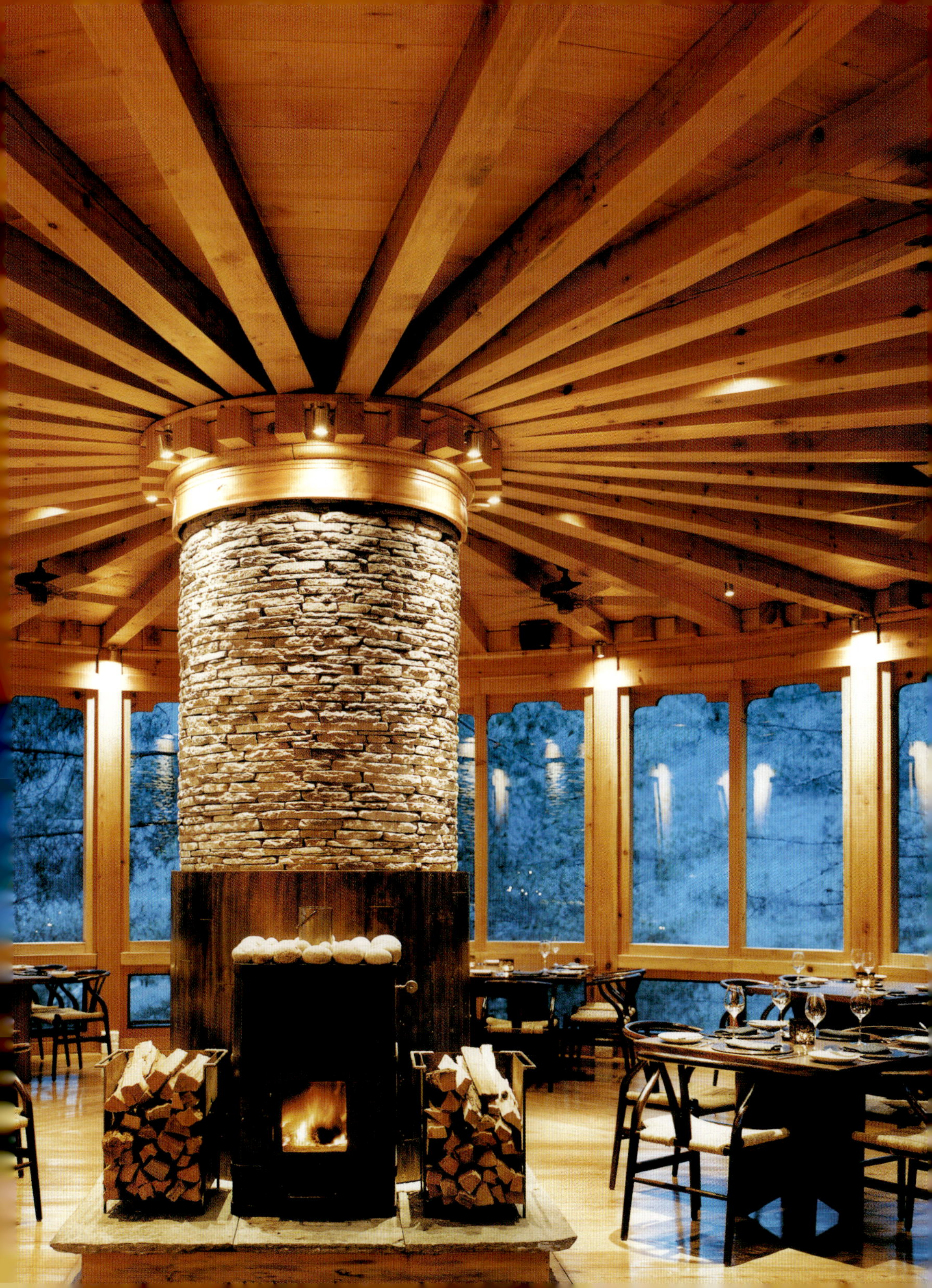

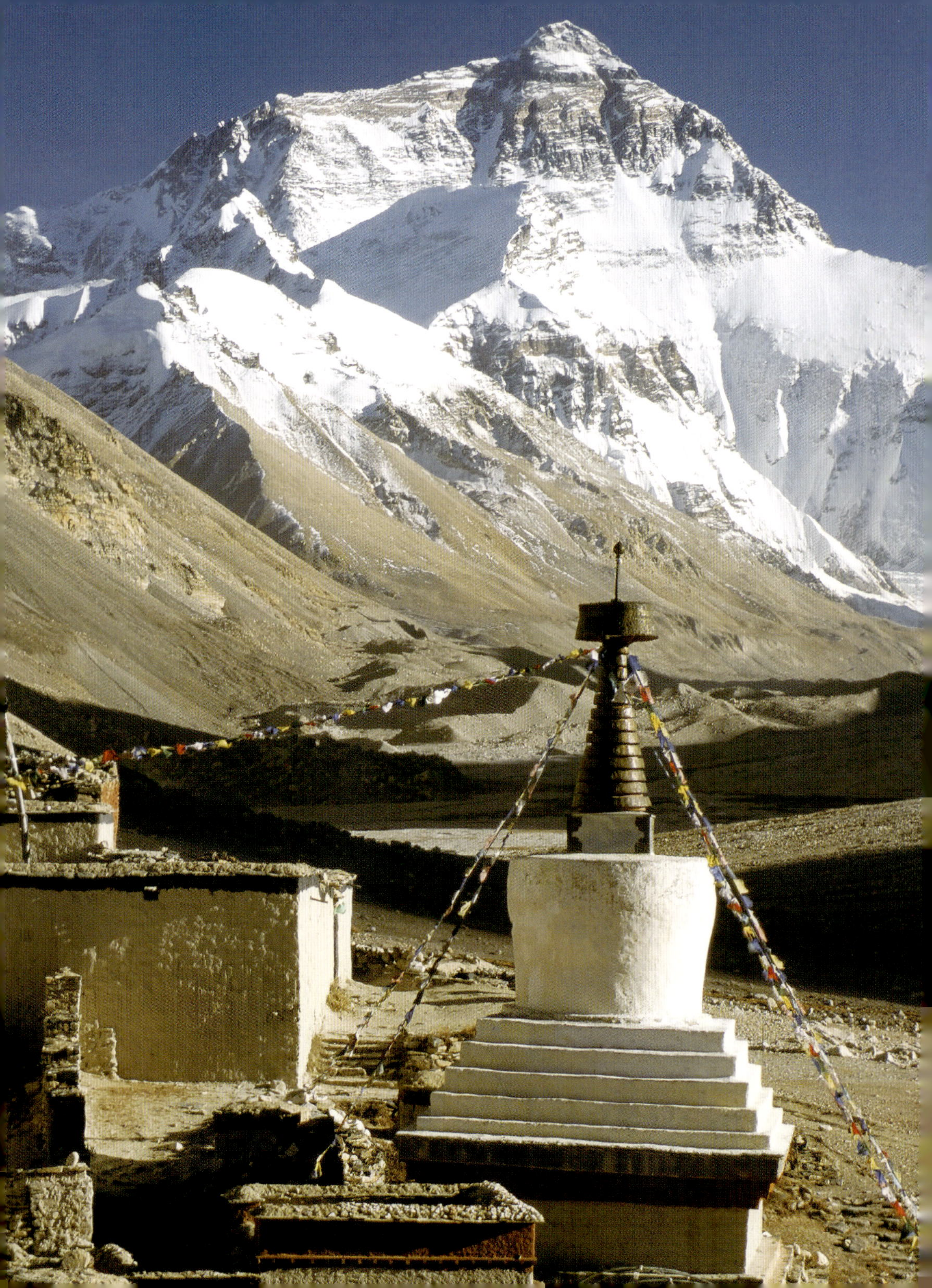

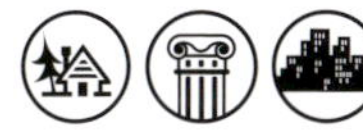

# 레드 캐피탈 클럽
## Experience the Red Capital Club

**Location** 중국 베이징
**Website** www.redcapitalclub.com.cn　**Price** ⑤⑤

베이징의 토종 고급 호텔에 하룻밤 묵어 보라. 자본주의의 고향은 중국이 아닐까 의심이 들기 시작할 것이다. 그 어디에도 뒤지지 않을 만큼 크고, 요란스럽고, 개성이라고는 찾아볼 수 없이 번쩍거린다. 그러나 레드 캐피탈 클럽은 완전히, 정말로 완전히 다르다.

이전에는 공산당 고위 간부의 집이었는데, 청 왕조 때 지어진 멋진 쓰허위안을 공산주의 선전 활동에 바치는 철의 사원으로 개조한 곳이다. 소박한 주택가 동시 지우탸오에 마치 숨어 있는 것처럼 자리잡고 있으며, 방이 5개밖에 안 되는 작은 건물이다. 중앙 안뜰을 내다보고 있는 방들은 아름답게 꾸며져 있다—비단을 덮은 침대와 실내 장식, 그 밖에 당 고위 간부의 마음에 들 만한 것들을 생각해 보라. 매력적이긴 하지만 아무래도 마음에 걸린다면, 집 주인의 첩들이 기거하던 2개의 안뜰 중 하나에 머물러 보자. 정교한 청 왕조풍의 침대가 놓여 있는 침실은 이 호텔에서 가장 로맨틱하니 말이다.

전반적으로 역사적인 분위기가 감돌지만, 인터넷과 TV처럼 21세기에 양보한 문명의 이기들도 있다. 중국과 소련 사이가 험악했던 1969년에 건설된 방공호는 와인 바로 개조되었다. 비좁은 지하 터널을 통해서만 들어갈 수 있으며, 혁명 기념물들이 벽을 뒤덮고 있다. 옆방에서는 옛 선전 영화를 틀어 주고 있다. 식사는 바로 이웃에 있는 근사한 "레드 캐피탈 클럽" 레스토랑에서 하게 된다. 마오쩌둥과 덩샤오핑이 가장 좋아했다던 요리도 일부 맛볼 수 있다. 한때 마오쩌둥의 부인 소유였던 리무진을 타고 베이징을 한 바퀴 도는 크루즈로 하루를 마무리한다. **HA**

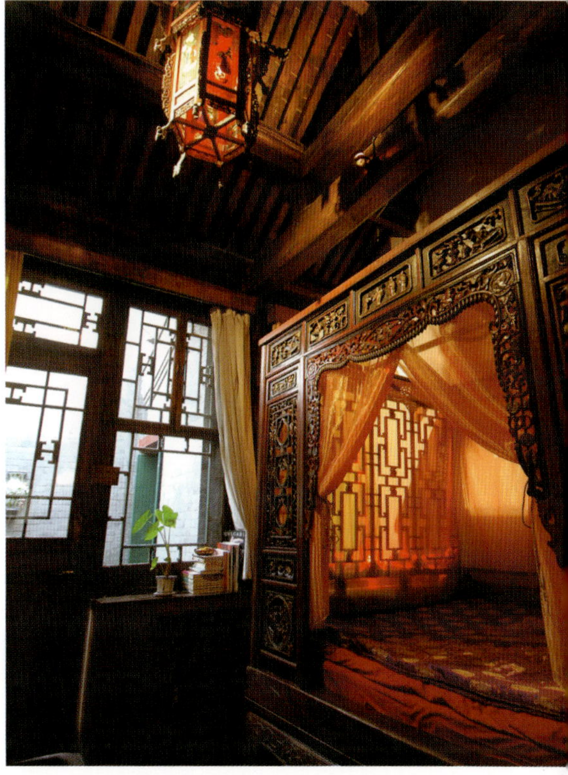

"옻칠한 벽과 문이 붉게 빛나고,
안뜰은 전통 암석 정원의 분위기가
물씬 배어나온다."

travelintelligence.com

↗ 객실을 가득 채우고 있는 앤티크 중에는 버마에서 코끼리로 실어온 후궁의 침대도 있다.

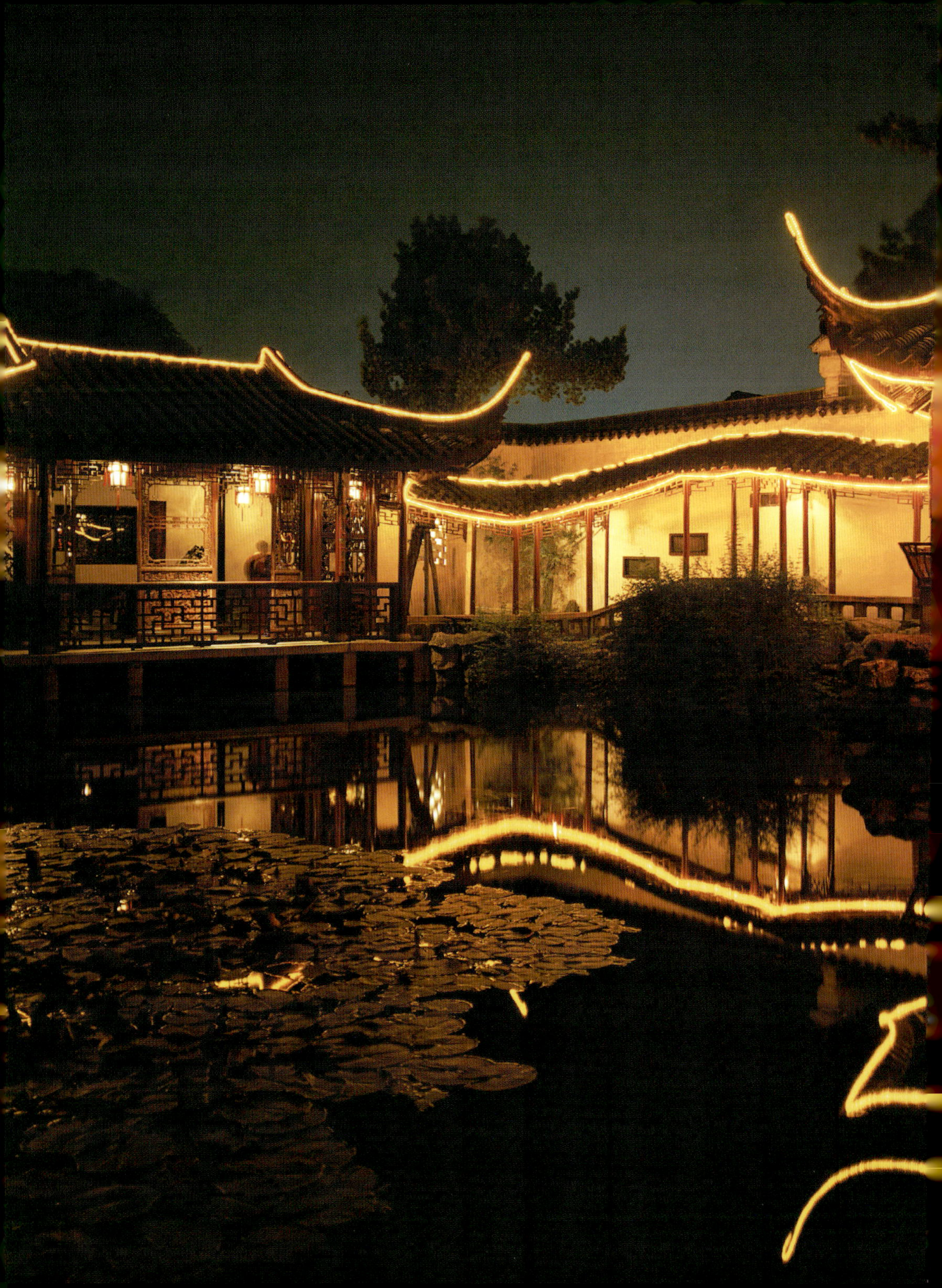

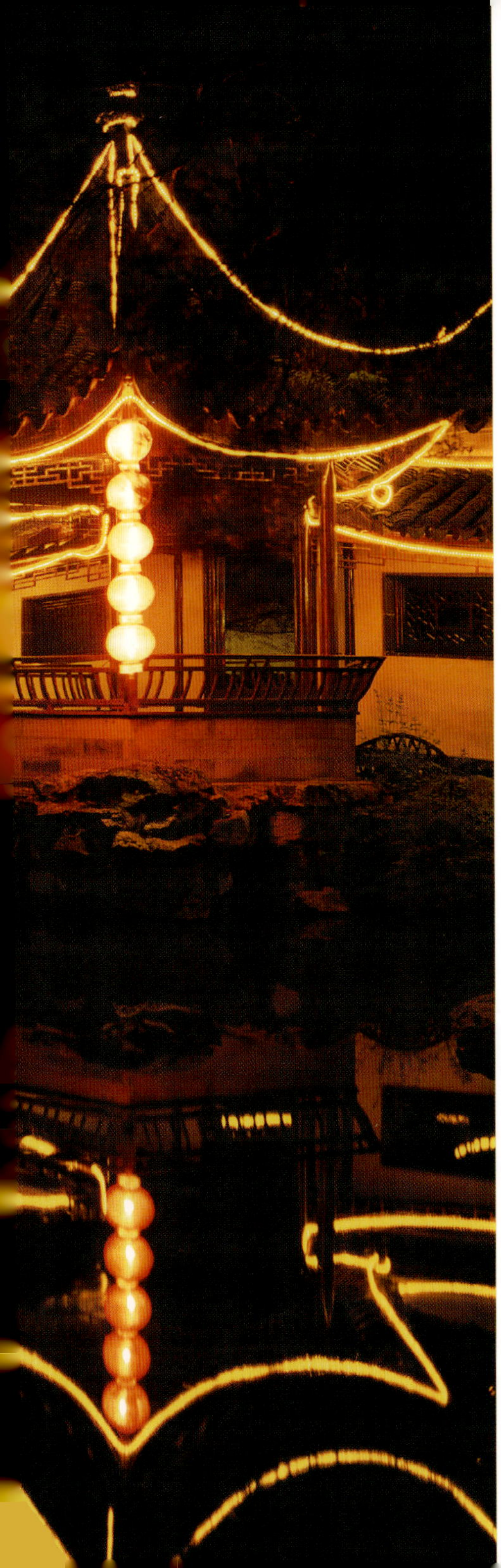

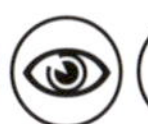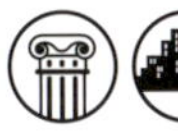

# 쑤저우의 정원
Visit the Gardens of Suzhou

**Location** 중국 장쑤 성 쑤저우   **Website** www.chinavista.com/suzhou/tour/garden.html   **Price** $

쑤저우는 운하, 다리, 그리고 저 유명한 정원들로 가득한 유서 깊은 주옥과도 같은 도시이다. 중국 비단 생산의 중심지인 쑤저우는 수 세기 동안 학자, 관료, 상인들에게 인기 높은 주거지였다. 여가를 아름다움으로 채우고자 했던 이들은 도시 생활의 번잡함에서 탈피할 수 있는 개인 정원을 짓기 시작했다.

쑤저우에는 한때 200개가 넘는 개인 정원이 있었으며, 저마다 자연 풍경과 조화롭게 어우러지도록 설계되었다. 바위, 연못, 나무, 정자를 세심하게 배치하여 어디에서 보든 완벽한 조망을 추구하였다. 오늘날 이 정원 중 절반도 채 살아남지 못했지만, 명나라 때 지어진

> “매우 위대하고 고귀한 도시…
> 1,600개의 돌다리 아래
> 갤리선이 지나다닌다.”
>
> 마르코 폴로, 탐험가, 쑤저우에 대하여

쥐정위안 등 규모가 큰 정원은 대중에 공개되고 있다. 대나무, 분재, 졸졸 소리를 내며 흐르는 맑은 시내, 섬세하게 조성한 바위 사이의 웅덩이, 추녀가 하늘을 향한 정자 등이 빛을 발하고 있다. 정원 중 절반 정도는 물을 풍부하게 사용하였고, 과거 선비들이 눈비 속에서도 전망을 즐길 수 있도록 정교한 격자 복도를 만들어 놓았다.

쥐정위안과 함께 쑤저우를 대표하는 정원인 류위안은 예술적인 설계를 자랑하며, 긴 복도를 서예 작품으로 장식하고 있다. 11세기에 세워진 창랑팅은 오래된 멋진 나무들이 많아 볼 가치가 있다. **PE**

← 왕시위안은 가로와 세로, 물과 뭍, 음과 양의 조화를 보여 준다.

# 황산 See Mount Huangshan

**Location** 중국 안후이성 황산   **Website** www.huangshantour.com   **Price** ❶

황산(黃山)의 72개 봉우리는 1천 년이 넘는 세월 동안 관광 명소였다. 화가와 시인 들이 시대를 초월하여 이곳에 몰려들어 험준한 화강암과 비틀린 소나무를 보고 영감을 얻었다.

체력이 웬만큼만 되어도 비좁은 케이블카—황산은 중국 국내에서도 손꼽히는 관광지이다—를 탈 필요 없이 곳곳에 길이 잘 표시되어 있는 등산로를 따라 정상에 오를 수 있다. 짧지만 가파른 동쪽 계단은 길이가 8km, 서쪽 계단은 그보다 두 배는 되고 못지않게 힘들지만, 대신 빼어난 풍경을 선사한다. 그러나 어느 쪽을 선택하든, 산꼭대기의 여관과 음식점에 물자를 나르는 거칠고 강단 있는 짐꾼 외에는 사람과 마주칠 일이 거의 없

> "황산은 '중국에서
> 가장 아름다운 산'으로
> 알려져 있다."
>
> UNESCO 세계유산 위원회

을 것이다. 인기가 좋은 산꼭대기의 패키지 투어 루트와는 달리 기분 좋은 고독을 즐길 수 있다. 맑은 날에는 특히 스펙터클한 전망을 만끽할 수 있다.

그러나 수백 년 동안 사람들이 이 곳을 찾은 것은 햇빛을 보고자 함이 아니다—구름을 보기 위해서다. 안개가 자욱한 날이면 눈 앞에 아무것도 보이지 않는 것 같다. 바로 그때 안개가 기류에 밀려 조금씩 움직이기 시작한다. 마치 마법처럼, 솜사탕 같은 뿌연 장막 뒤에서 거친 바위 봉우리가 모습을 드러내기 시작한다. 그리고는 몇 초 동안, 부드러운 백색의 바다 위에 신비롭게 떠 있다. 구름이 다시 한번 움직이면 이 환상적인 풍경도 다시 모습을 감춘다. **PE**

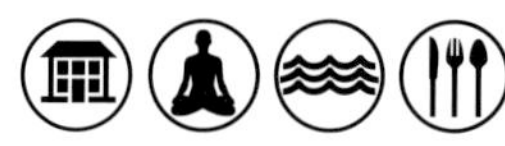

# 후춘 Enjoy Fuchun

**Location** 중국 상하이   **Website** www.fuchunresort.com   **Price** ❸❸

항저우의 초현실적으로 아름다운 산들, 안개가 자욱한 호수들, 그리고 차 농장으로 둘러싸인 후춘 리조트는 매우 평화롭지만, 놀랍게도 항저우나 상하이 같은 번화한 대도시들과 아주 가깝다. 아무나 갈 수 없는 이 호반의 고급 리조트는 이런 종류의 시도로는 중국 최초이며, 전원적인 시골 생활을 조용하고도 럭셔리하게 재해석하였다. 70개의 호수와 정원 전망 객실과 전용 풀장이 딸린 12개의 빌라 모두 젠(禪) 스타일의 주거 공간이 특징이다. 마음을 차분하게 가라앉혀 주는 중성적인 색조로 꾸몄으며, 짙은 티크목 가구가 더해져 한낮의 더위와 습기로부터 반가운 휴식처를 제공한다.

이 리조트는 이 고장 풍경을 그린 700년 전 원나라 시대 그림에서 영감을 받아 세워졌으며, 풍경화의 몽환적인 느낌을 성공적으로 담아냈다. 평화와 고요가 지배하는 후춘의 철학은 느긋하게 쉬고, 새로운 생기를 불어넣는 것이다. 시간을 내서 스파에서 몸과 마음을 어루만져 주는 트리트먼트를 받아 보자. 항저우 전통에서 영감을 얻은 "비단 누에고치 패키지"나 발리에서 온 테라피스트들이 피부를 아기처럼 보드랍게 가꾸어 주는 진주 스크럽은 어떨까. 서늘하고 검은 수영장에 뛰어들어 더위를 식히거나, 화강암으로 만든 3개의 야외 월풀 욕조에 몸을 담그고 고독과 침묵을 만끽할 수도 있다.

내면에 숨어 있는 히피 기질을 그림처럼 아름다운 물가의 베란다에서 열리는 요가와 태극권 강좌에서 발휘해 보는 것도 좋을 것이다. 골프광들은 호텔 부지 내에 있는 18홀 골프 코스에 환성을 올릴 것이다. 물론 2개의 테니스 코트도 있다. 허기가 몰려오면 수상 경력을 자랑하는 레스토랑 "T8"에 가서 훌륭한 동서양의 요리를 즐기도록 하자. "아시안 코너"에서는 다양한 향토 요리를 맛볼 수 있다. **HA**

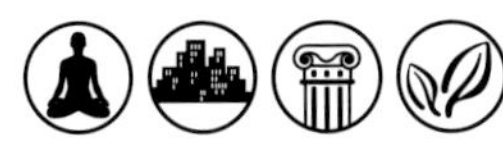

# 여명의 태극권 Join in Tai Chi at Dawn

**Location** 중국 상하이   **Website** www.chenqiang.net
**Price** ❶

상하이의 화려한 바와 고층 레스토랑에서 너무 늦게까지 흥청대지 말 것. 아침 일찍 일어나야 이 도시의 보다 매력적인 볼거리—바로 새벽녘에 시민들이 태극권을 하는 모습을 구경할 수 있으니 말이다. 딱히 정해진 장소가 있는 것은 아니다. 옛 프랑스 조계지(租界地)의 거리와 골목길을 어슬렁거리다 보면 곧 사람들이 모여있는 것을 발견하게 될 것이다. 작은 구식 카세트테이프에서 흘러나오는 음악에 맞춰 네다섯 명의 동네 노인들이 천천히 팔다리를 움직인다.

시내의 녹지 아무데나 골라 가 보면 수백 명의 사람들이 태극권을 하고 있는 풍경을 보게 된다. 푸싱 공원의 장미 화단 곁에, 손을 머리 위로 올리며 홀로 집중하

> "태극권은 동양의 지혜나
> 무언가 이국적인 것을 의미하지 않는다.
> 당신 자신의 감각의 지혜이다."
>
> 충리앙 알 후앙, 태극권 지도자

고 있는 대머리 노인이 있다. 다른 이들은 보통 무리 지어 수련을 한다—단순히 태극권만 하는 것이 아니다. 약 50여 명이 대오를 지어 시끄러운 테이프레코더 소리에 맞춰 에어로빅을 한다. 멋진 머리 모양을 한 여인들이 부채 춤을 추고, 몇 미터 떨어진 곳에서는 젊은이가 노인에게 검술 지도를 받고 있다. 새장을 손에 든 노인들이 비틀거리며 걸어와서는 새장을 나뭇가지에 걸고 벤치에 앉아 잼 병에 담아온 녹차를 홀짝인다.

확실히 사교적인 장면이자, 어쩐지 번잡한 현대 상하이를 초월하는 광경이기도 하다. 이 미끈하고 에너지로 들끓는 세련된 도시에서 이런 전통이 아직도 남아 있는 것이다. 정말로 일찍 일어나서 눈으로 봐야 한다는 말밖에는 해 줄 수가 없다. **PE**

# 싼야 난샨 Stay at Sanya Nanshan

**Location** 중국 하이난   **Website** www.treehousesofhawaii.com/nanshan.html   **Price** ❸❸

하이난 섬은 중국에서 가장 남쪽에 있는 성으로 세계에서 두 번째로 큰 바다섬이다. 남중국 해의 따뜻한 물, 내륙의 산지, 온화한 기후, 수 킬로미터나 뻗어 있는 백사장 덕분에 중국인들은 이곳을 "동방의 하와이"라고 부른다. 섬의 남쪽, 야룽 만에 서 있는 도시 싼야 근처의 해변에서 돌아와 숲의 나무들이 만들어내는 휘장을 올려다보고 있노라면, 하이난 남쪽 해안선의 내륙지역이야말로 트리하우스를 짓기에 안성맞춤인 곳이라는 것을 깨닫게 될 것이다.

정확하게 말하면 4개의 트리하우스가 있으며, 모두 세심하게 고른, 옹기종기 모여 있는 타마린드 나무 위에 안전하게 자리잡고 있다(타마린드 나무는 보통 트리하우스를 올려놓는 용도보다는 그 조밀하고 내구성이 좋은 목재로 더 유명하지만 말이다). 싼야 난샨의 트리하우스들은 주변의 숲에 너무나 완벽하게 녹아들어 있어, 마치 보호색의 변장을 하고 있는 듯하다. 각각의 트리하우스는 밧줄과 나무판자로 만든 복도로 연결되어 있다. 전기는 있지만, 샤워를 하려면 조금 걸어가야 한다. 트리하우스라는 특성상 그리 넓지는 않지만, 매우 깔끔하고 편안하며, 저 멀리 바다의 스펙터클한 전망을 즐길 수 있다. 복층인 "빅 비치 인 더 스카이(Big Beach in the Sky)"에는 최대 6명까지 투숙이 가능하며, 단 2명을 위한 "비치 클럽 트리하우스(Beach Club Treehouse)"는 바로 코앞이 해변이다.

인근의 싼야 난샨 불교 문화 관광 지구는 1959년 중화인민공화국 창립 이래 세워진 최대의 불교 사원으로, 하이난에 왔다면 반드시 봐야만 한다. 27ha의 부지 위에 당나라 후기 건축 양식을 채택한 빼어난 건물들과 아름다운 국보 관음상이 서 있다. 싼야 난샨 해상관음상을 만드는 데 무려 100kg의 금, 은, 옥이 들었다고 한다. **BS**

# 르웨탄 호수
Explore Sun Moon Lake

**Location** 타이완 중부 르웨탄 호수 **Website** www.sunmoon lake.gov.tw/sun.aspx?Lang=EN **Price** ❶

타이완 중부, 고도 760m에 위치한 르웨탄 호수의 에메랄드빛—그리고 종종 안개가 자욱한—물은 극동의 고요함과 자연의 아름다움을 함축하고 있는 듯하다. 동그라미와 초승달 모양의 호수 두 개가 연결되어 있어 르웨탄(日月潭)이라는 이름이 붙었다. 산으로 둘러싸인 타이완 최대의 호수는 타이완에서 가장 인기가 높은 관광 명소 중 하나이기도 하다.

이 근방은 타이완에서 가장 그 수가 적은 원주민 부족인 타오족(邵族)의 거주 지역이다. 타오족은 르웨탄을 둘로 나누고 있는 섬 "랄루"에 그들 조상들의 영령들이 머물고 있다고 믿는다. 이 섬에는 20년 넘게 "월하노인의 정자(月下老人亭)"로 불리는 단체 결혼식장이 있었는데, 1999년 대지진 때 섬의 다른 시설과 함께 무너지고 말았다. 이제는 예스러운 작은 섬만이 호수를 지키고 있다.

한편 그림처럼 아름다운 호반 도로에는 20세기에 지어진 전통 양식의 사찰과 같은 공원이 줄지어 있다. 그중 "공작새 공원"에는 200마리가 넘는 공작이 그 화려한 자태를 뽐내며 자유롭게 돌아다닌다. 한편 타오족 주거지인 "이타 타오(伊娜達)"에서는 타오족 전통 문화에 대한 흥미로운 통찰을 제공하는 전시회며 공연이 풍부하다. 그러나 아무래도 르웨탄 호수에 간다는 것은 동북아시아의 풍경화를 연상시키는 고요한 풍경을 즐기기 위함이다. 게다가 타이완은 열대 기후에 속하기 때문에 일년 내내 날씨 걱정을 할 필요가 없다. 호수에서의 수영이 금지되어 있기 때문에 더욱 평화롭다. 수면 위에서 호젓한 한때를 보내며 주위를 둘러싸고 있는 산들의 환상적인 숲 풍경을 보면서 감탄하려면 역시 나룻배가 제격이다. **DaH**

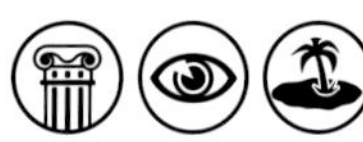

# 티엔탄 대불과 포린선사
Visit Big Buddha and Po Lin Monastery

**Location** 홍콩 란타우 **Website** www.discoverhongkong. com; www.plm.org.hk **Price** ❶

상업도시 홍콩의 이미지는 잠시 잊어버려라. 페리를 타고 란타우 섬으로 가면 거대한 좌불이 눈에 들어온다—세계 최대의 옥외 청동 불상이자 홍콩에서 평화로운 오후를 보내기에 가장 좋은 곳이다.

이 대불은 1906년에 지어진 포린선사에 있다. 산 아래 있는 버스 정류장에서 내리면 청동 불상이 자애로운 미소를 띠며 당신을 내려다보고 있다. 여기서부터 그 엄청난 계단을 다 올라갈지 말지는 어디까지나 선택 사항이다. 꼭대기에 올라가면 색색깔의 깃발이 휘날리고 있다. 자질구레한 기념품을 파는 노점상을 구경하거나 박물관에 들어가 보자. 절 안에는 석가모니 진신사리

---

> "해, 달, 진리—이 세 가지는
> 감춰도 감추어지지
> 않는다."
>
> 석가모니

---

가 있는데, 누가 보느냐에 따라 신비롭게 그 색깔이 변한다고 한다. 대불을 보고 있는 것만으로도 내면의 평화가 발산되는 것을 느낄 수 있다—그러나 우연의 결과는 아니다. 처음부터 모든 것이 설계에 감안되어 있었던 것이다—앉아 있는 자세는 흔히 "연꽃 자세"라 불리는 결가부좌, 이목구비는 널찍하고 차분하여 고요함 그 자체이다. 들어 올린 오른손은 중생의 두려움과 우환을 몰아내는 시무외인, 아래로 내려 다리 위에 올려놓은 왼손은 중생이 원하는 모든 것을 다 베풀어 준다는 여원인의 수인을 맺고 있다. 번잡스러운 도심으로 돌아가기 전에, 잠시 숨을 돌리며 부처님의 고요한 얼굴과 평화로운 분위기에 잠겨 보자. **LD**

→ 포린선사의 청동대불은 인간과 자연, 사람과 종교 사이의 조화로운 관계를 상징한다.

# 스리 캐멀 로지 Camp at Three Camel Lodge

**Location** 몽골 고비 사막
**Website** www.threecamellodge.com  **Price** Ⓢ

몽골의 고비 사막에 있는 이 럭셔리한 야생 자연 캠프에 자유로운 영혼들이 지친 머리를 뉘일 수 있다. 구르반사이칸 국립공원, 아름다운 고비–알타이 산맥의 그늘 아래 자리한 스리 캐멀 로지는 주변의 숨이 멎을 만큼 아름다운 사막 풍경과 완벽한 조화를 이루고 있다.

5,400만년 된 화산 노두로 둘러싸여 고비 사막 바닥에 45개의 게르(ger, 몽골족의 이동식 집)와 눈에 띄는 멋진 본관이 서 있다. 유목민들의 집처럼 손으로 직접 지은 이 게르도 전원적이고, 널찍하고, 아늑하다. 내부에는 장작을 때는 난로와 손으로 칠한 나무 침상, 그리고 이 지역에서 만든 가구가 있다. 게르 하나에 4명까지 투숙이 가능하며 태양열판으로 24시간 전기를 공급한다. 인근 지역 장인들의 솜씨인 본관은 몽골 불교 건축 양식으로, 못을 하나도 쓰지 않고 지어졌다.

스리 캐멀 로지는 진정한 의미의 에코 휴양지이다—태양열과 풍력을 사용하여 야간 조명과 24시간 온수 공급이 가능하며, 동물의 배설물을 연료로 사용한다. 사막의 야생 자연 한복판이라는 외딴 위치 때문에 화산 노두에 새겨진 산양, 아이벡스(길게 굽은 뿔을 가진 산악지방 염소), 영양의 암벽화를 보기에 완벽한 장소이다. 또 이곳을 지나 가축을 돌보러 가는 현대의 유목민들을 만날 수도 있다. 고비–알타이 산맥 기슭으로 하이킹을 가거나, 사구(砂丘) 사이로 낙타 트레킹에 도전해 보자. 또 전설의 "불타는 절벽", 바얀작(Bayanzag)으로 공룡 화석을 찾으러 가거나 말을 타고 계곡을 달릴 수도 있다. 해가 지면, 느긋하게 기대 앉아 스펙터클한 밤하늘이 사막 위로 내려앉는 모습을 감상하자. **AD**

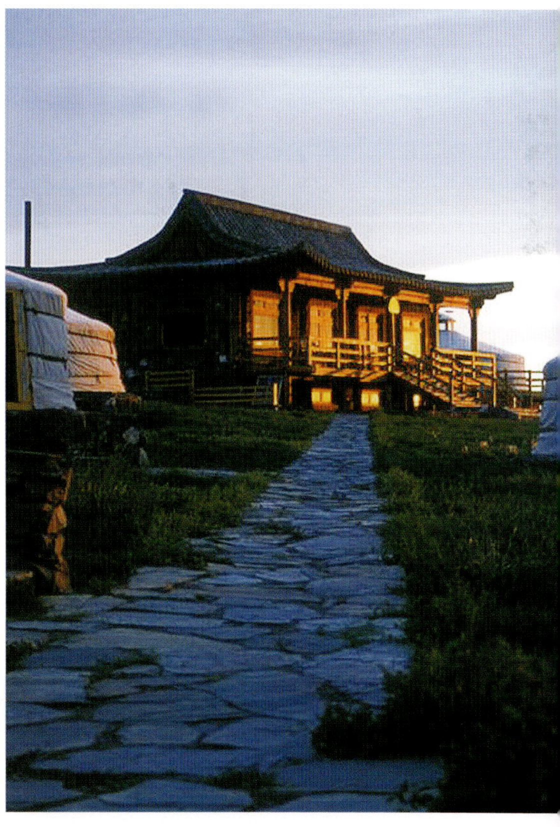

> "세계에서 가장 황량한
> 지역 중의 하나인 고비 사막에서
> 최고의 환대를 받는다."
>
> 『인디펜던트』

↗ 밤이 되면 나무 포치와 돌로 만든 테라스에서 사막 너머 끝없이 펼쳐진 스텝 풍경에 빠져든다.

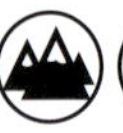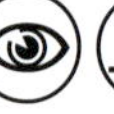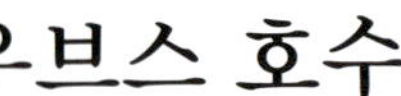

# 우브스 호수
## Discover Lake Khövsgöl

**Location** 몽골 흡수굴
**Website** www.mongoliatourism.gov.mn   **Price** ◑

몽골에서 가장 아름답고 가장 교통이 용이한 명소 중 하나인 우브스(흡수굴) 호수는 숲이 우거진 언덕과 꽃이 가득 핀 초원으로 둘러싸여 있다. 드라마틱한 호리골 사리닥 산맥이 굽어보는, 수정처럼 맑은 물은 몽골에서 가장 크고 가장 깊은 호수를 이루며, 지구상에 존재하는 담수의 2%를 차지한다고 한다. 우브스 호수는 또 전 세계에서 가장 원시 상태에 가까운 호수 중 하나이기도 하다. 그 물은 너무나 맑아 아무런 정수 과정을 거치지 않고 그대로 마실 수 있을 정도이다.

시베리아 사루기 낚시를 하거나, 유목민 가족이 어떻게 순록을 돌보는지 배워 보자. 하트갈과 항크 사이를 오가는 페리선을 타고 흡수굴 국립공원을 구석구석 탐방해 보자. 흡수굴 국립공원은 캘리포니아의 옐로우스톤 국립공원보다도 넓으며, 아이벡스와 엘크부터 늑대, 갈색 곰까지 다양한 야생 동물이 살고 있다. 또 이곳은 시베리아에서 날아오는 철새들이 잠시 쉬었다 가는 곳이기도 하다. 제대로 조류 관찰을 하고 싶다면 방한을 위해 펠트를 두르고 장작을 때는 전통 난로로 난방을 하는 아늑한 유르트에서 하룻밤을 지내자.

대부분 짠물 호수인 사막 지대에서, 우브스 호수가 신성한 존재로 여겨지는 것도 무리는 아니다. 이 지역에는 도로가 거의 없고, 주민들의 교통 수단은 말이다. 기온이 뚝 떨어지고 호수가 얼어붙는 겨울철에는 말이 끄는 썰매에 물건을 가득 싣고 얼음 위를 달려 시베리아 국경지대로 가서 교역을 한다. 그러나 겨울의 하이라이트는 누가 뭐래도 한겨울에 얼어붙은 호수 위에서 열리는 얼음 축제이다. 유목민 장사들이 힘을 겨루는 얼음씨름과 줄다리기, 그리고 썰매와 스케이트 경주를 구경하자. **AD**

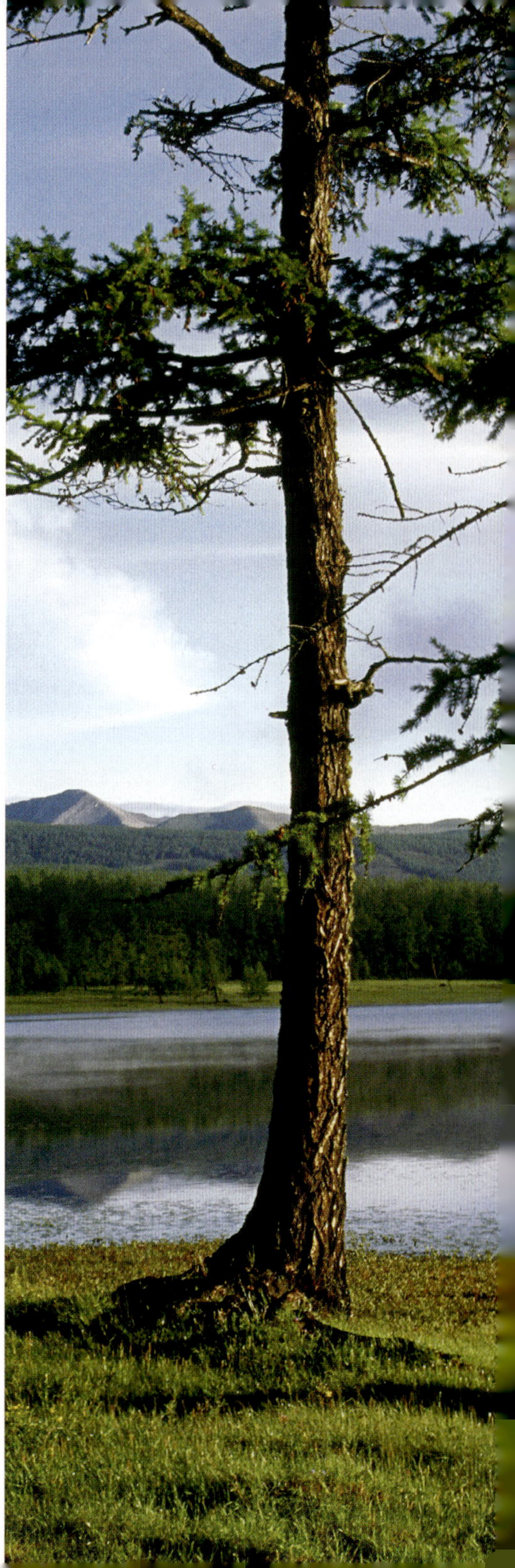

⊡ 세계의 17개 고대 호수 중 하나인 우브스 호수는 생긴 지 200만 년이 넘는다.

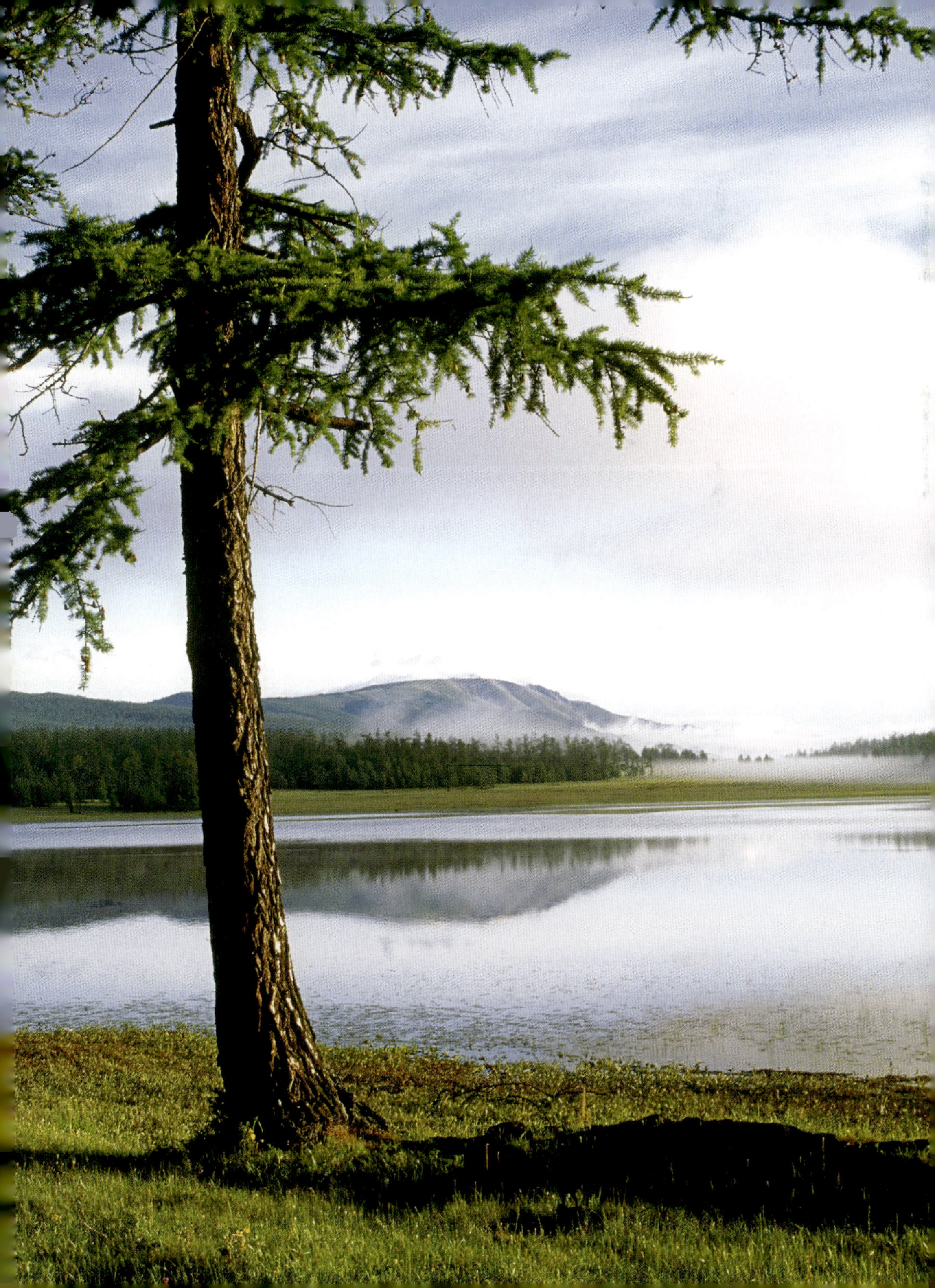

# 카무이왓카 폭포 See Kamuiwakka-no-taki

**Location** 일본 홋카이도
**Website** www.japan-guide.com/e/e6851.html　**Price** ❗

카무이왓카노타키 온천 폭포는 홋카이도의 시레토코(知床) 반도의 거친 산 속에 위치하며, 독특한 입욕 체험을 할 수 있는 곳이다. "카무이왓카"는 홋카이도 원주민인 아이누어인데 직역하면 "신들의 물"이라는 뜻으로, 세계의 불가사의 중의 하나이다.

희미한 유황 냄새를 풍기며 깊은 화산 지형에서 솟구쳐 오르는 물이 수많은 분출구를 지나 수로로 뿜어져 나와 자욱한 수증기를 뒤에 남긴 채 숲지를 가로지른다. 여러 개의 맑은 못에서 그 부글부글 끓는 물보라 속으로 들어가 목욕을 할 수 있는데, 그 중에서 가장 높은 곳에 있는 물이 가장 뜨겁고 가장 아름답다. 물이 약산성이라 몸을 담그는 순간 아주 조금 베이거나 까진 상처도 따끔거릴 테지만, 일단 적응이 되면 환상적으로 몸의 긴장과 피로가 싹 풀린다. 카무이왓카 폭포의 물에는 건강에 좋은 성분이 들어 있다고도 한다.

일본인들은 이렇게 완전히 늘어지는 상태를 가리켜 "삶은 문어" 같다고 하는데, 그다지 매력적인 표현은 아니지만 걱정할 필요는 없다. 절대 물에서 나가고 싶지 않을 것이다. 숲 근처에서 콸콸 흐르는 물소리를 자장가 삼아 쉬자. 카무이왓카의 물은 바닥과 소용돌이 지점이 가장 차고 수면에 가까울수록 따뜻하다. 일본의 대부분의 온천과는 달리 수영복을 입고 들어갈 수 있는데, 주변의 바위가 매우 미끌미끌하므로 제대로 된 신발을 신는 것은 필수이다.

일단 폭포에서 나오면 시레토코 국립공원 내에도 볼거리가 아주 많다. 스펙터클한 전나무, 자작나무, 참나무 숲도 그 중 하나이다. 또 수많은 유명 온천이 있는데, 노보리베츠 온천은 일본 최고의 공공 온천 중 하나이다. 또 여전히 활동 중인 활화산도 많은데 그 중 타루마에 산은 1982년 마지막으로 폭발하였다. **HA**

# 아오니 온센 Relax at Aoni Onsen

**Location** 일본 아오모리 현
**Website** www.onsenexpress.com　**Price** Ⓢ

전원적인 매력을 뿜어내는, 외딴 아오니(靑荷) 온센에서는 일본 북부에서 가장 운치있는 온천욕 경험을 할 수 있다. "램프노야도"라는 별명으로도 불리는데, 수십년째 전기 없이 운영하고 있기 때문이다. 심지어 오늘날까지도 온천을 즐기러 오는 손님들의 발아래를 밝혀 주는 것은 기름 등불뿐이다. 손님들은 이 곳에서 평화로운 고독에 감싸이게 된다.

겨울에 오게 되면 온통 눈으로 뒤덮여, 들리는 소리라고는 산에서 내려오는 냇물이 부드럽게 흐르는 소리뿐이다. 남녀혼탕인 노천탕은 한쪽이 그대로 자연으로 트여 있어 콸콸 쏟아지는 폭포를 감상할 수 있다. 한편 남탕과 여탕이 구분되어 있는 실내탕은 인근 강의 전경이 마음을 차분히 가라앉혀 준다. 온천 애호가들 사이에서 가장 인기가 높은 온천 중의 하나인 아오니는 핫코다산(八甲田山) 가까이, 시라카미 산지(白神山地)의 작은 계곡 깊숙한 곳에 자리잡고 있다. 전통 료칸은 1931년, 온천 물의 치유 효능을 찾아 이곳에 온 시인 니와 요우가쿠(丹羽洋岳)가 처음 문을 열었으며, 모두 32개의 방이 있다. 오늘날에도 이 료칸에서는 가인의 평화롭고 예술적인 혼이 그대로 남아 있는 듯하다. 다다미 방의 미닫이 문을 열면 암석 정원과 예쁜 연못이 눈에 들어온다.

이 외진 휴양지는 우리가 잊어버린 시대로의 회귀와도 같다. 마치 수도원에 온 것 같은 환희를 느낄 수 있는 곳이다. 추녀에는 고드름이 매달려 있고, 겨울의 파르스름한 새벽빛이 설원을 물들이면, 타닥타닥 소리를 내는 난롯불 주위에 아늑하게 몸을 웅크리고 시간을 보내는 것 외에는 할 일이 아무것도 없다. 겨울이 아니라면 주변 산으로 하이킹을 가서 사슴, 흑담비, 영양 등을 구경할 수 있다. **AD**

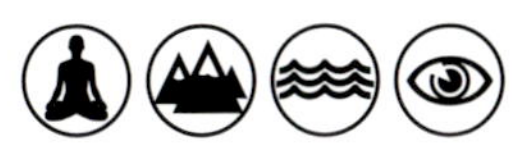

# 자오 온센 Unwind at Zao Onsen

**Location** 일본 야마가타 현
**Website** www.zao-spa.or.jp/english   **Price** ⑤

노천탕이 이보다 더 멋질 수 있을까. 자오 국립공원 입구에 위치한, 자오 온센에서도 가장 큰 다이로텐부로(大露天風呂)는 200명이 들어갈 수 있을 정도로 크다. 이 전원적인 온천탕의 하이라이트는 부글부글 거품이 올라오는 노천탕 3개로, 협곡 깊숙이 자리잡고 있어 숲으로 뒤덮인 산지의 스펙터클한 풍경을 감상할 수 있다.

서기 110년경에 발견되었다고 하는 자오 온천은 일본의 토호쿠(東北) 지방에서 가장 오래된 3대 온천 중 하나이다. 이 지역에 전해 내려오는 전설에 의하면, 몸에 화살을 맞은 병사가 우연히 이 곳에 왔다가 화살을 뽑고 상처를 온천 물로 씻었더니 기적적으로 치유되었다고 한다. 이후 자오의 온천수는 그 치유 효능으로 유명해졌다. 우유처럼 뿌연 물은 강산성으로, 온도가 52°C까지 유지되며, 오늘날까지도 피부질환과 위장 장애에 효력이 있는 것으로 알려져 있다.

자오 마을은 그 전통적인 매력과 거의 선(禪)에 가까운 고요함을 간직해왔다. 입욕을 마친 뒤에는 등롱을 밝혀 놓은 거리를 거닐며 길 양쪽에 늘어선 낡은 료칸들을 구경하자. 자오까지는 신칸센 야마가타(山形) 역에서 버스로 한번에 올 수 있으며, 온천 애호가들은 물론 스키어들에게도 인기가 높다. 눈이 내리면 마을 전체가 동화 속 눈의 나라로 변신하며 "스노우 몬스터"라 불리는 통째로 얼어버린 나무들(樹氷)이 볼 만하다. 일본에서 가장 오래된 스키 리조트 중 하나인 자오산(藏王山)은 높이가 1,220m에 달한다. 용감한 이들은 길이 300m, 경사 38도의 요코쿠라(橫倉) 겔렌데에 도전해 볼 것. 물론 로맨틱한 야간스키를 위해 불을 밝혀 놓은 피스트에서 훨씬 느긋하게 스키를 즐길 수 있는 옵션도 있다. **AD**

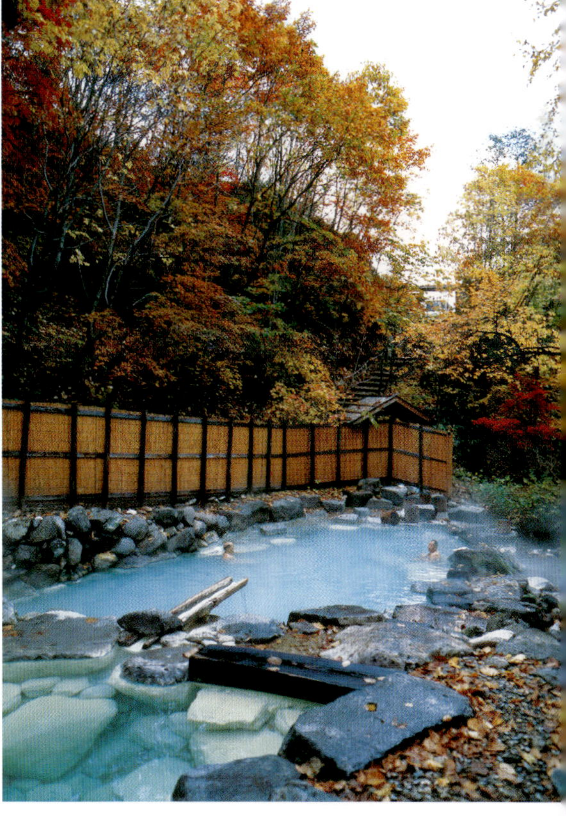

> "탕 밖에서 몸을 완전히 씻고 들어갈 것.
> 온천에 비눗물을 떨어뜨리는 것은
> 가장 용서받을 수 없는 결례이다."
>
> 데이비드 앳킨슨, 『인디펜던트』

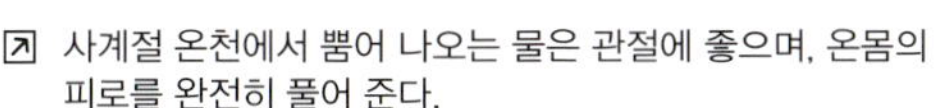
↗ 사계절 온천에서 뿜어 나오는 물은 관절에 좋으며, 온몸의 피로를 완전히 풀어 준다.

# 닛코 Discover Nikko

**Location** 일본 도치기 현    **Website** www.nikko-jp.org/english/index.html
**Price** $

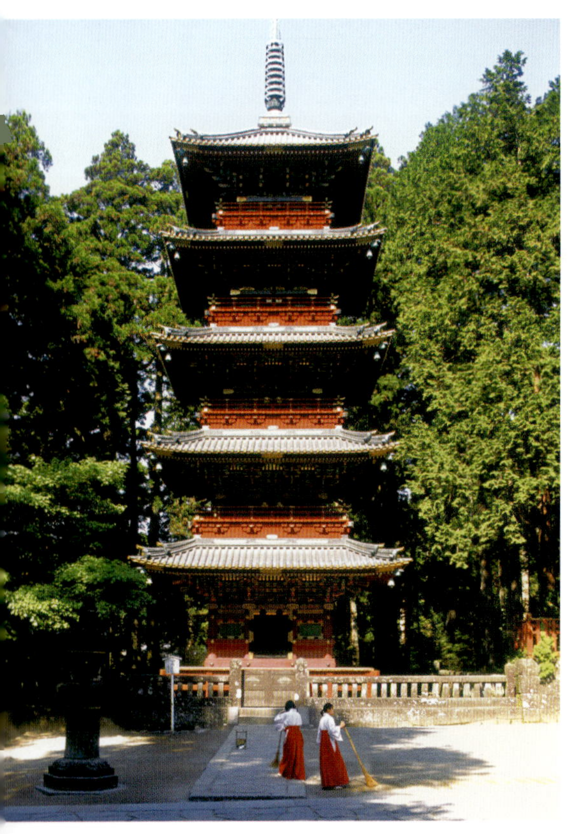

일본 북부, 산속의 운치있는 사원들로 향하는 입구에 깩깩거리는 원숭이 떼가 모여 있다. 되도록 이 짐승들을 잘 피해서 숲 속의 계단을 끝까지 올라가면 766년에 창건된 린노지(輪王寺)가 눈앞에 나타난다. 본당은 에도 시대의 보물로 가득하며, 밖에는 아름다운 19세기 조경 정원이 있다.

더 깊숙이 들어가면 정교한 석등과 무덤, 탑, 그리고 이를 드러내고 사나운 눈으로 방문객을 노려보고 있는 사무라이 상들로 둘러싸인 사원이 더더욱 스펙터클한 모습을 드러낸다. 에도 막부의 3대 쇼군인 도쿠가와 이에미츠의 유골을 봉안하고 있는 이에미츠뵤타이유인(家光廟大猷院)은 특히 멋지다. 붉은색과 금색의 일련의 정교한 산문을 지나가야 한다.

닛코는 높은 산속에 위치한 외진 입지 때문에, 일본의 다른 절이나 사원과는 매우 다른 맛을 느낄 수 있다. 고요한 숲은 일본 고유의 신토(神道) 신앙이 피부에 와 닿는 완벽한 배경으로, 무언가 마술적인 것이 존재하고 있다는 느낌을 떨쳐버리기가 힘들다.

주칠을 한 유서깊은 다리 신쿄(神橋)과 닛코 식물원도 매우 아름답다. 인근 난타이산의 옛 용암 자국을 따라 흐르는, 광물질이 풍부한 엷은 푸른색의 간만가후치는 강변을 따라 석상들이 늘어선 길이 나 있어 그림처럼 아름답다. **CW**

"닛코에 작은 사원을 짓고
나를 신으로 모셔라.
나는 평화의 수호자가 되리라."

쇼군 도쿠가와 이에야스, 1542~1616

⬈ 5층 목탑은 닛코에서 볼 수 있는 입이 벌어지도록 멋진 건축물 중의 하나이다.

# 세이요 긴자 호텔 Stay at Seiyo Ginza Hotel

**Location** 일본 도쿄　　**Website** www.seiyo-ginza.com
**Price** ⑤⑤

세이요 긴자 호텔의 신중한 옆모습은 매우 섬세하다. 이곳을 찾는 손님들은 일본 황족, 연예계의 유명인, 또는 부유한 CEO 들로, 그 조용하고 절제된 럭셔리를 매우 마음에 들어한다. 세이요는 활기 넘치는 밤문화의 중심지인 긴자의 고급 쇼핑가와, 분주한 니혼바시 금융가 사이에 위치한 울트라모던한 건물이다.

이 호텔에 묵게 되는 선택받은 손님들이 널찍하고 사람이 별로 없는 로비에 들어서면 각각 개인용 데스크로 안내되어 편안한 의자에 앉아 체크인을 하게 된다. 모던하고 딱 떨어지는 스타일이지만, 더 깊숙이 들어가 보면 아늑한 호화로움을 발견하게 된다. 전통적으로 꾸민, 그러면서도 개성적인 디자인의 객실로 가는 중간중

> "일본 최초의 24시간 개인
> 버틀러 서비스로 이 호텔의
> 속물적인 매력이 한층 더해졌다."
>
> 『뉴욕타임즈』

간에 커다란 생화 꽃꽂이들이 눈에 들어온다. 가장 화려한 방에는 17세기 병풍과 기둥이 4개 달린 침대, 넓은 식당이 딸려 있다. 세이요 긴자의 욕실은 일본에서 가장 넓다고 소문이 나 있다. 대부분은 대리석을 풍부하게 사용했으며, 증기욕조, 샤워부스, 워크인클로짓, 럭셔리 세안용품, 다양하게 고를 수 있는 목욕가운 등이 비치되어 있다.

손님들은 밥을 어디서 먹을까 고민하게 될지도 모른다. 컨템퍼러리 프랑스 음식을 선보이는 시그니처 레스토랑과 수상 경력을 자랑하는 이탈리안 레스토랑, 그리고 미식 그 자체인 일식 레스토랑이 있다. 간식이 생각난다면 베이커리로 가자. 주문을 받아 그때그때 만드는 초콜렛, 쿠키, 패스트리를 맛볼 수 있다. **SH**

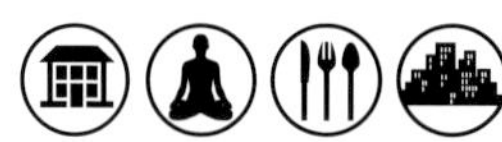

# 더 페닌슐라 도쿄 Enjoy the Peninsula

**Location** 일본 도쿄　　**Website** http://tokyo.peninsula.com
**Price** ⑤⑤⑤

2007년 말, 더 페닌슐라 도쿄가 문을 열 때까지, 도쿄의 5스타 호텔들은 대개 다소 허름한 지역에 위치해 있었으며, 명품으로 차려입은 도쿄 시민들은 보다 쉬크한 지역에 있는 호텔을 간절히 원하고 있었다. 도쿄에서 가장 럭셔리한 쇼핑가에서 한 블록 떨어진 곳에 자리잡은 더 페닌슐라 도쿄는 그 가격에 완벽하게 어울리는 곳으로, 믿기지 않을 정도로 고급스러운 오아시스이다.

널찍하고 모던한 로비에는 머리카락처럼 가늘고 섬세한 유리 조각들이 바닥에 닿을 정도로 늘어진 거대한 샹들리에 아래 도쿄에서 가장 세련된 여성들이 모여 잔잔한 피아노 연주를 배경 삼아 애프터눈 티를 즐긴다. 창밖으로는 황거(皇居)가 내려다보인다—더 페닌슐라가 지어지기 전에는 황거가 이쪽 각도에서 한번도 눈에 띈 적이 없다. 객실도 아주 넓고—도쿄가 얼마나 비좁은 곳인지를 감안하면 상당히 인상적이다—호텔 안에만 5개의 레스토랑이 있다. 그 중에서도 꼭대기층에 있는 "피터"는 슬릭하고 모던한 라인, 인상적인 도시 전망, 그리고 아페리티프와 시가를 즐기기에 완벽한 분위기를 자랑하는 최고급 레스토랑이다. 마치 영화 세트 속에 들어와 앉아 있는 기분이며, 실제로도 헐리우드의 유명 인사들이 자주 들르는 곳이다. 이 곳에서 마시는 칵테일만으로도 구름 위에 떠 있는 기분이 든다.

호텔 2층에 있는 광둥요리 레스토랑 "헤이 펑 테라스" 역시 또다른 특별한 풍경을 선사한다—주방 한복판에 있는, 유리로 둘러싸인 식사 공간 "셰프스 테이블"이 그것이다. 이 외에도 3개의 별실이 더 있다. 이 모든 것에 럭셔리한 스파, 개인기사가 딸린 롤스로이스, 최고급 보석점, 훌륭한 파티세리 등이 더해져 페닌슐라는 그 자체로 휘황찬란할 수밖에 없다. 이곳에 있는 것만으로도 제트족이 된 듯한 기분이 든다. **LD**

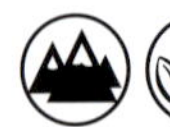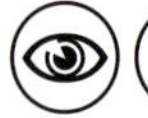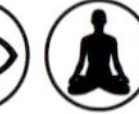

# 하코네 국립공원
Visit Hakone National Park

**Location** 일본 카나가와 현  **Website** www.japaneseguest
houses.com/db/hakone  **Price** $

하코네 국립공원은 일본의 후지하코네이즈 국립공원을 구성하는 5개의 국립공원 중 하나로, "아시"라는 애정 어린 별칭으로도 불리는 아시노호를 중심으로 펼쳐져 있다. 아시노호는 웅장한 후지산의 완벽한 전망을 즐길 수 있는 곳으로 일본인들이 존경하는 장소이다. 도쿄에서 당일치기로 여행을 다녀오고 싶은 이들에게 인기가 높은 관광지이기도 하다.

화산지대에 위치한 하코네는 온천, 헬스 리조트, 스파, 트리트먼트 센터로 유명하다. 이 주변 지역은 오랫동안 마법의 힘이 있는 것으로 알려져 있어, 젊음을 되찾고 싶어하는 이들이 수천 명씩 구름처럼 몰려든다. 트리트먼트 호텔 중 하나를 미리 예약하지 않았다고 해서 걱정할 필요는 없다. 그래도 일본차를 마시며 청주 목욕을 할 수 있다. 하코네코와키엔유넷상은 온천 스파 리조트 겸 워터 파크로 1년 내내 개방되어 있으며, 코마가타케(2956m) 산과 칸무리가타케 산봉우리로 트레킹을 다녀온 뒤 한숨 돌리며 피로를 풀기에 완벽하다. 장수를 원하는 사람은 오와쿠다니로 가야 한다. 모락모락 피어오르는 유황 냄새가 진동을 하는 뜨거운 온천에 달걀을 삶으면, 색깔이 검게 변하고 살짝 유황 맛이 난다. 그 냄새를 참을 수 없다면, 달걀 하나에 수명이 7년씩 늘어난다고 한다.

또 하코네 습지 식물원(箱根?生花園)과 야외 미술관도 있어, 피카소, 로댕, 미로 같은 현대 거장들의 작품을 전시하고 있다. 그러나 아시노호를 보면 이 모든 것들이 모두 빛을 잃는다. 뒤에는 눈덮인 후지산, 앞에는 하코네 신사의 선명한 붉은 토리이—신성한 곳, 또다른 세계로 통하는 관문—가 서 있는 마치 꿈 같은 풍경이다. **LM**

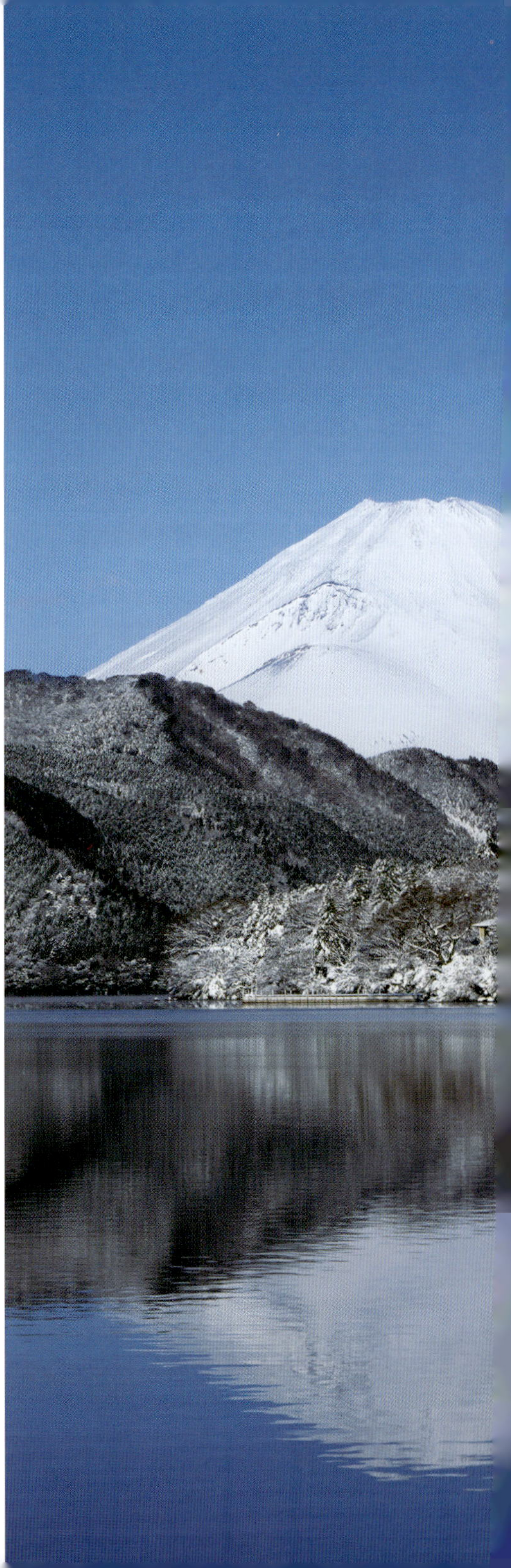

➡ 아시노 호수 너머로 높이 3,776m의 후지산이 웅장한 자태를 드러낸다.

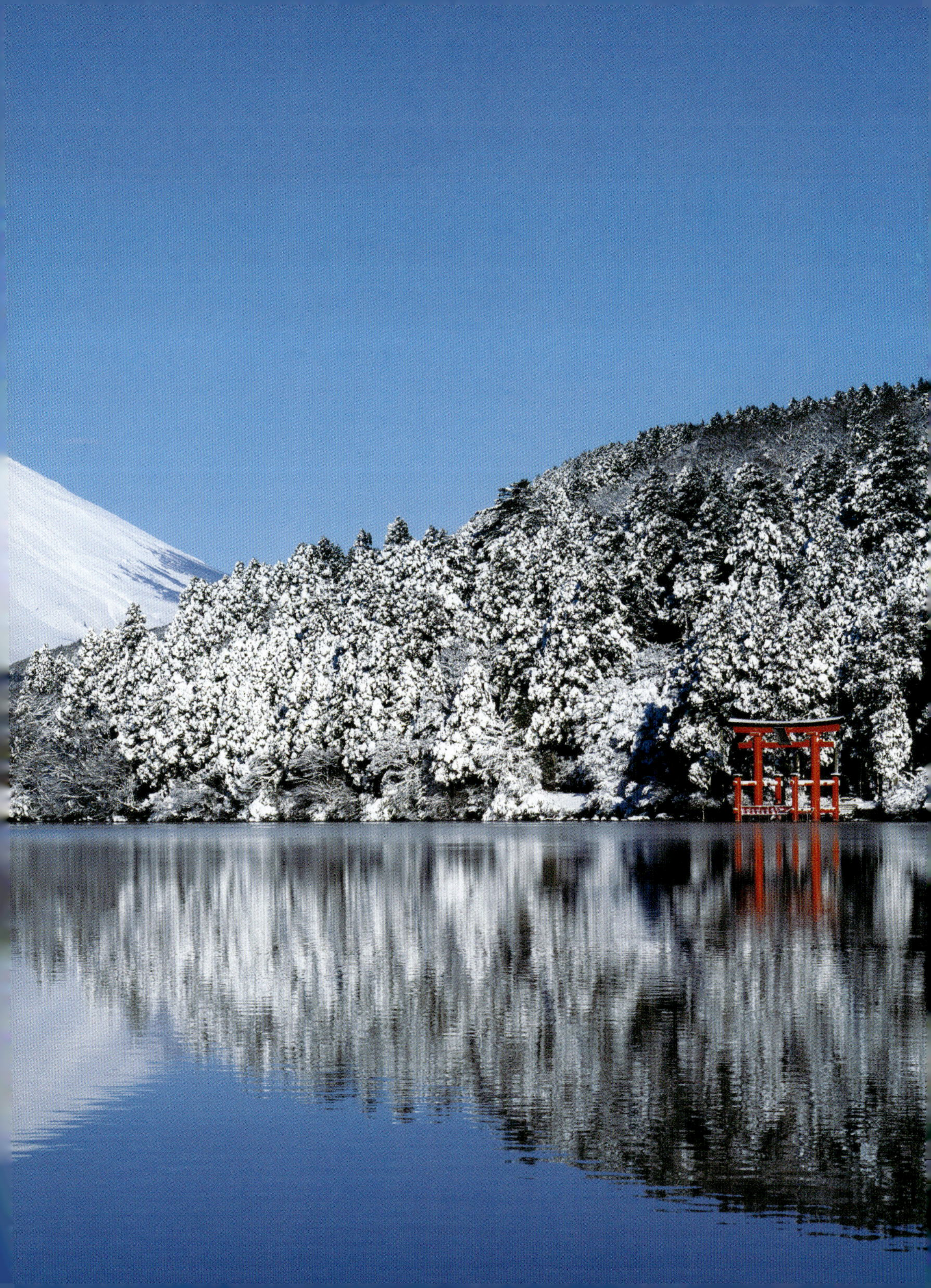

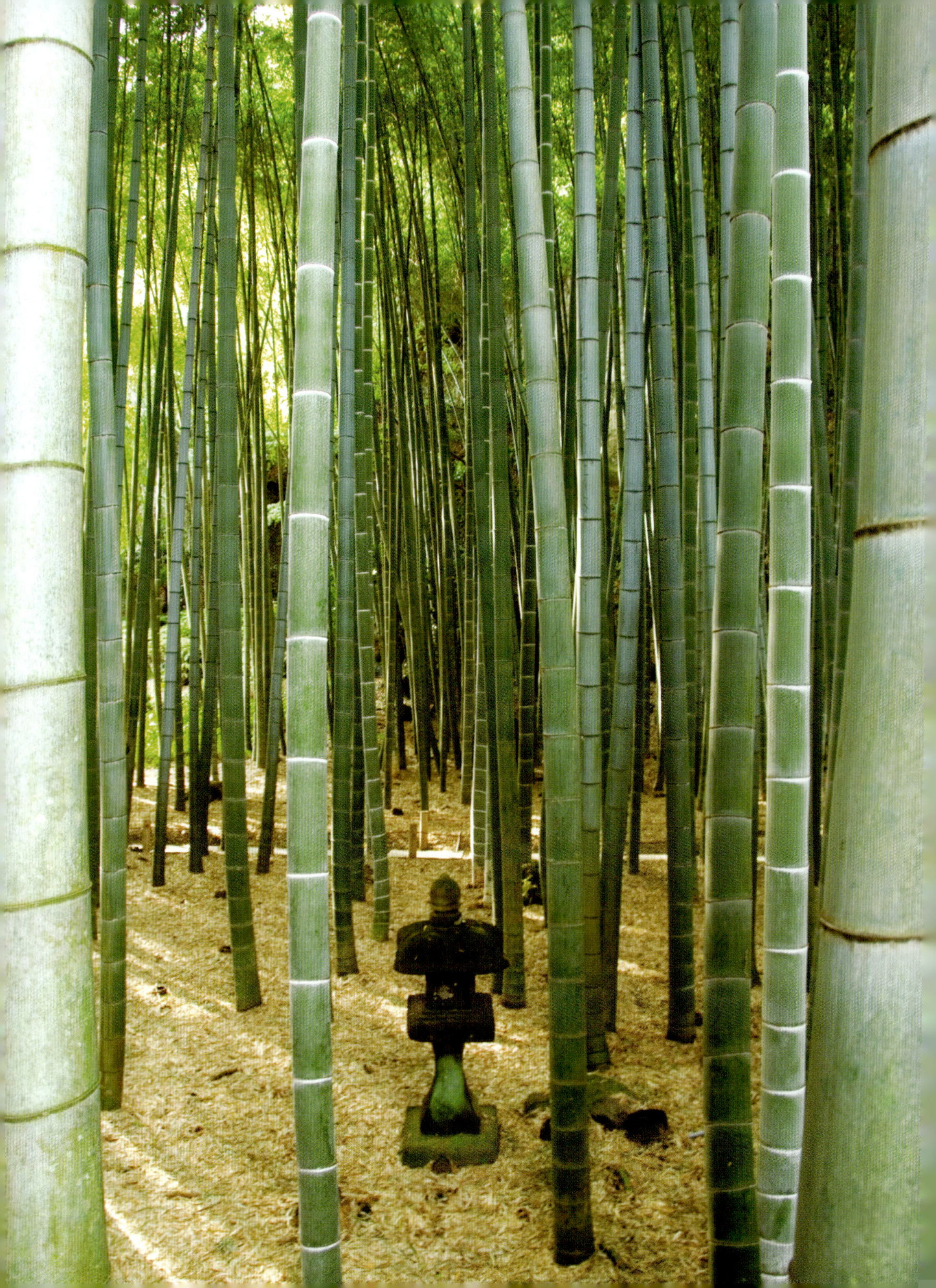

# 카마쿠라 Explore Kamakura

**Location** 일본 카나가와 현
**Website** www.asahi-net.or.jp/~qm9t-kndu   **Price** ❶

이 한적한 도시는 도쿄에서 불과 50km밖에 떨어져 있지 않지만, 마치 완전히 다른 세계에 온 듯한 느낌이다. 보는 사람이 어찔할 정도로 하늘 높이 솟아 있는 고층 빌딩도 없고, 가라오케의 네온사인도 없다. 카마쿠라는 1185년부터 1333년까지 카마쿠라 막부의 소재지로 사실상의 수도였으며, 당시에는 세계에서 네 번째로 큰 도시였다. 역사의 향취에 흠뻑 젖어 있는 이 도시는 현대의 "수도" 개념과는 정반대다. 도쿄에서 몰려온 당일치기 관광객들이 시원한 바닷바람을 즐기며 절과 신사들을 구경한다. 카마쿠라는 동, 북, 서, 삼 면이 산으로 둘러싸여 있고 남쪽은 사가미 만을 향해 트여 있어, 천연 요새와도 같다. 수백 년 전 전성기 때와 마찬가지로 오늘날에도 드라마틱하기는 마찬가지다. 그 랜드마크는 역시 도시를 내려다보고 있는 거대한 청동 대불이다.

13세기 카마쿠라는 불교 니치렌종의 요람이기도 했다. 니치렌종을 창시한 니치렌은 사실 카마쿠라 사람은 아니지만, 당시의 정치적 중심지였던 카마쿠라로 와서 설법을 하였고, 그 이후 카마쿠라와 니치렌은 뗄레야 뗄 수 없는 이름이 되었다.

카마쿠라를 가장 잘 볼 수 있는 방법은 토케이지에서 출발해서 숲길을 걸어 올라가 코토쿠인에 닿는 약 세 시간의 도보 코스이다. 제니아라이벤자이텐 신사로 가서 동전을 씻는 의식에 참여해 본 뒤 도중에 있는 다른 절과 신사에도 들러 보자. 보랏빛 붓꽃과 무성한 매화나무를 지나는 동안 들려오는 소리라고는 나이팅게일의 울음소리뿐이다.

카마쿠라는 고대 역사로만 유명한 곳은 아니다. 해변과 갓 구운 센베이를 파는 상점 거리로도 유명하다. 바삭한 센베이를 하나 사서 입에 물면 진짜 일본의 맛을 경험할 수 있다. **AD**

↵ 호코쿠지(報國寺)의 대나무 숲은 그 아름다움과 고요함으로 유명하다.

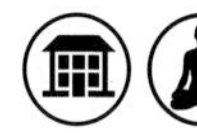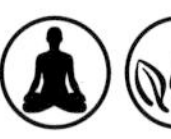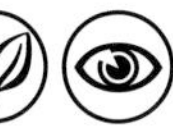

# 호시노야 Unwind at Hoshinoya

**Location** 일본 나가노 현
**Website** www.hoshinoya.com   **Price** ❸❸

일찍이 호시노야보다 온천욕이라는 의식이 더 숭고했던 곳은 없었다. 새로 문을 연 스타일리쉬한 호시노야 리조트는 전통적인 의미의 "온센"이 아니다—21세기 그 자체이다. 지열을 사용한 그린에너지로 온돌 난방을 하고, 주변 풍경 역시 확연히 현대적이다. 바닥에는 일본에서 수없이 본 다다미 대신 짙은색 나무와 돌을 깔았다. 노천탕, 미로처럼 얽혀 있는 천장이 낮은 실내탕을 거쳐 수중 조명을 설치한 "명상탕"으로 가보자. 마음을 차분하게 가라앉히는 음악이 뜨거운 물과 유황 냄새 자욱한 수증기와 어우러져 잊지 못할 경험을 선사한다.

밖으로 나오면 초목이 푸르른 테라스와 폭포가 오감의 향연을 제공한다. 리조트를 에워싸고 있는 카루이

> "어떤 온천 여관이든지
> 가장 중요한 것은
> 그 위치와 온천수의 질이다."
>
> 에비사와 히로시, 건축가 겸 디자이너

자와의 우거진 단풍나무 숲은 가을이 되면 환상적인 황금빛과 진홍색으로 물든다. 혼슈의 중앙부, 나가노에서 가까운 이 리조트는 작은 강 주위에 코티지들이 흩어져 있다. 똑같은 룸은 하나도 없다. 객실마다 딸린 전용 욕조에서는 강이 내려다보이며, 버튼만 누르면 온천수가 콸콸 쏟아져 나온다. 벽은 차분한 녹차색이며, 침실은 대성당을 연상케 하는 웅장한 천장이 볼 만하다.

온천 외에도, 가이드를 따라 숲속으로 에코 투어를 가거나 밤에는 별 관찰을 할 수도 있다. 도서관에서 맘에 드는 책을 골라 하루 종일 웅크리고 지내거나, 나무로 지은 다실 "차야"에서 다른 손님과 함께 아침운동을 해 보는 것은 어떨까. 호시노야는 온천 낙원이다. **AD**

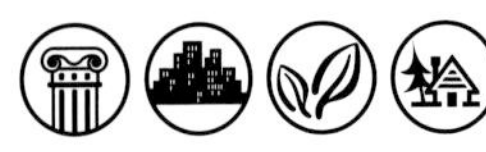

# 묘렌지
Stay in Myoren-ji Temple

**Location** 일본 교토
**Website** www.pref.kyoto.jp/visitkyoto/en　**Price** $

일본에 한번도 가본 적이 없는 사람이라면 아마 럭셔리한 호텔을 먼저 떠올리겠지만, 일본에 대해 좀 알고, 또 번잡한 인파에서 벗어나 조용하게 쉬고 싶은 사람은 수많은 슈쿠보(宿坊)를 찾을 것이다. 슈쿠보란, 절이나 사원에서 손님들에게 제공하는 숙사인데, 꼭 종교적으로 관심이 없어도 상관없다. 동북아시아의 전통 종교 문화를 체험해보고 싶은 이들이라면 종교에 관계없이 누구든지 환영이다. 손님들은 이 곳에서 선종 불교의 좌선에 대해서도 배울 수 있다.

옛 수도 교토에 있는 묘렌지(妙蓮寺)는 13세기에 창건된 니치렌종 사찰로, 그림 같은 풍경 속에서 기본적인 숙식을 제공한다. 조용한 지역에 위치해 있으나 교토 도심까지도 걸어갈 수 있는 거리로, 객실은 미닫이문 장지의 그림들이 볼만하며 바닥에는 다다미가 깔려 있다. 화장실은 승려들과 다른 손님들과 공동으로 사용하며, 욕실은 공동목욕탕뿐이다. 그러나 기본적으로 이곳에 머무는 것 자체가 럭셔리한 스테이가 목적은 아니다. 8개의 전각 중 하나의 앞에 환상적인 암석 정원이 있으며, 평화로운 주위 환경이 불편함을 상쇄하고도 남는다.

오래된 건물의 정교한 건축미와 일본의 오랜 전통의 직접적인 체험이 더해져 "일탈"이라는 표현이 아깝지 않은 경험을 선사할 것이다. **DaH**

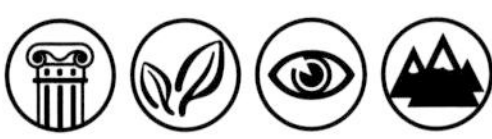

# 후시미 이나리 신사
Visit Fushumi Inari Shrine

**Location** 일본 교토
**Website** www.japan-guide.com　**Price** !

교토 남부, 이나리(稲荷)산을 오르는 단풍나무가 늘어선 아름다운 숲길은 지난 1,300년간 일본인들의 순례길이었다. 그러나 이 자연의 아름다움을 곧바로 가로지르며 더욱 인상적인 풍경을 만들어내는 것은 바로, 사람의 손으로 만든 토리이 길이다.

붉은 주칠을 한 토리이가 산기슭부터 꼭대기의 후시미 이나리 신사까지 구불구불 이어진다. 약 4km에 이르는 길을 걸어 올라가다 보면 고요한 연못과 작은 폭포, 아름다운 묘지들이 즐비하다. 마음대로 자유롭게 걸어다닐 수 있으며 일년 365일 24시간 개방되어 있다. 꼭대기까지 올라가는 데 넉넉잡아 약 2시간 정도 걸리

> "숲속의 토리이 터널 속을 거닐어보자…
> 해가 저물기 시작하면
> 마법과도 같은 경험이 된다."
>
> sacred-destinations.com

는데, 정상에 오르면 스펙터클한 교토 시내 전경이 한눈에 들어온다. 한낮에 보든, 네온사인이 휘황한 밤중이든 똑같이 멋지다.

이 길은 계절에 따라 저마다 다른 매력을 뽐낸다. 여름에는 녹음이 짙은 숲과 토리이가 반가운 그늘을 만들어주며, 겨울에는 토리이가 눈을 막아 주어 안전하게 산을 오를 수 있다. 여름에는 녹색을 배경으로 선명한 주홍색, 겨울에는 순백을 바탕으로 한 드라마틱한 레드. 어느 쪽이든 황홀한 것은 마찬가지다. **CW**

→ 토리이는 일본 전역에서 흔히 볼 수 있지만, 후시미 이나리에서는 10,000개가 넘는 토리이가 줄지어 서 있는 장관을 만나게 된다.

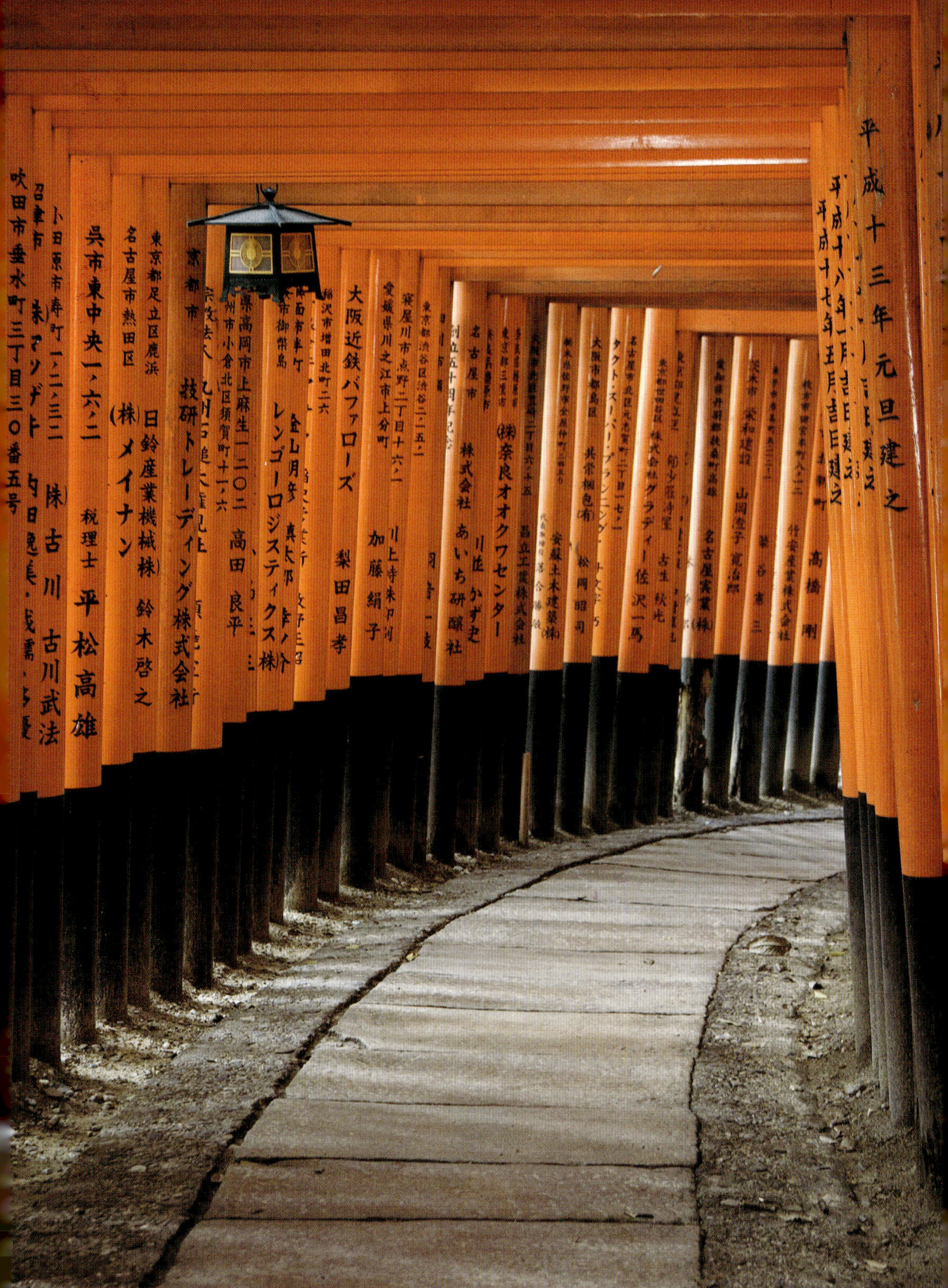

平成十三年元旦建之
平成十八年一月吉日建之
平成十七年五月吉日建之
愛媛県川之江市上分町
川上寺末戸川
加藤絹子
大阪近鉄バファローズ
梨田昌孝
稲沢市増田北町二六
金山月参
レンゴーロジスティクス株
高田 良平
県高岡市上麻生一二〇二
州市小倉北区須賀町十一六
京都市
技研トレーディング株式会社
東京都足立区鹿浜
日鈴産業機械株
鈴木啓之
名古屋市熱田区
株メイナン
呉市東中央一・六・二
税理士 平松高雄
小田原市寿町一・二・三二
株古川 古川武法
吹田市垂水町三丁目三〇番五号

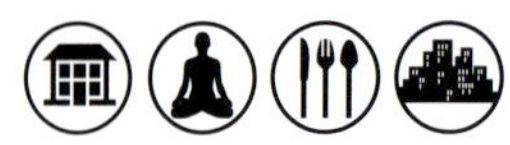

# 히이라기야 료칸 Experience Hiiragiya Ryokan

**Location** 일본 교토
**Website** www.hiiragiya.co.jp/en　**Price** 💲💲

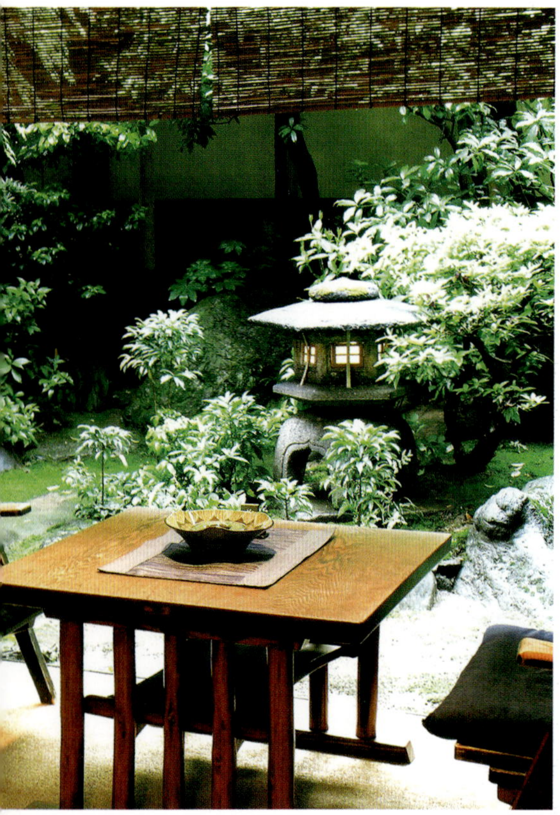

> "옛 일본의 고요함을 애달프게
> 다시 떠올린 곳은…
> 히이라기야에서였다."
>
> 카와바타 야스나리, 작가

당신이 공식적으로 죽었다는 말을 들어도 놀라지는 말 것. 아마 유카타를 입을 때 오른쪽 깃이 위로 올라오게 입는 실수를 했을 것이다—기모노는 오른쪽 깃이 위로 올라가면 죽은 사람에게 입히는 것이 되니, 다시 고쳐 입으면 된다.

히이라기야는 300년 넘는 세월 동안 스타일과 전통 손님 접대의 절정을 보여온 유서깊은 료칸이다. 자세히 보면 긴 흙벽에 과거 봉건 영주들이 말을 매어두던 말뚝이 아직도 남아 있다. 물론 다 지나간 옛날 일이지만, 전통은 계속 이어져 내려온다—6대째 가업을 잇고 있는 히이라기야의 서비스는 잘 벼린 일본도처럼 털 끝만치의 오차도 허용하지 않는다. 일단 도착하면 허리를 깊숙이 숙이는 인사가 수없이 오간 뒤 전담 나카이가 방으로 안내할 것이다. 일본에서는 방의 크기를 말할 때 다다미 몇 장짜리, 라고 표현하는데, 어찌됐건 가장 큰 방은 7명까지 숙박이 가능하다. 뜨거운 물이 몇 시간이나 식지 않고 찰랑이는 멋진 삼나무 욕조가 딸린 방도 있다.

실내는 간소하지만, 가장 작은 디테일까지 세심하게 신경을 썼다. 그 분위기를 해치지 않기 위해 아예 TV조차 없는 방도 있다. 하지만 손님들은 목욕을 하고 맛있는 음식을 먹느라 바빠서 TV가 있는지 없는지 신경쓸 틈조차 없다. 예술의 경지라 할 수 있는 전통 카이세키 료리는 그 하이라이트인데, 그 전에 완전히 위를 비워두어야 하며, 약간의 모험심도 필요하다. 료칸은 까다로운 예절 때문에 결례를 저지를 기회가 넘쳐나는 공간이기도 하지만, 일단 그 분위기에 젖어서 느긋하게 긴장이 풀리고 나면 유카타를 입고, 딸깍딸깍 게다 소리를 울리면서 돌아다니는 게 얼마나 재미있는지를 알게 될 것이다. 나카이가 욕조에 물을 받아주고, 이부자리를 펴주고, 필요하다면 유카타를 입혀주기까지 한다. **TM**

◹ 히이라기야("호랑가시나무 집"이라는 뜻)는 일본 료칸의 정수를 맛볼 수 있는 곳이다.

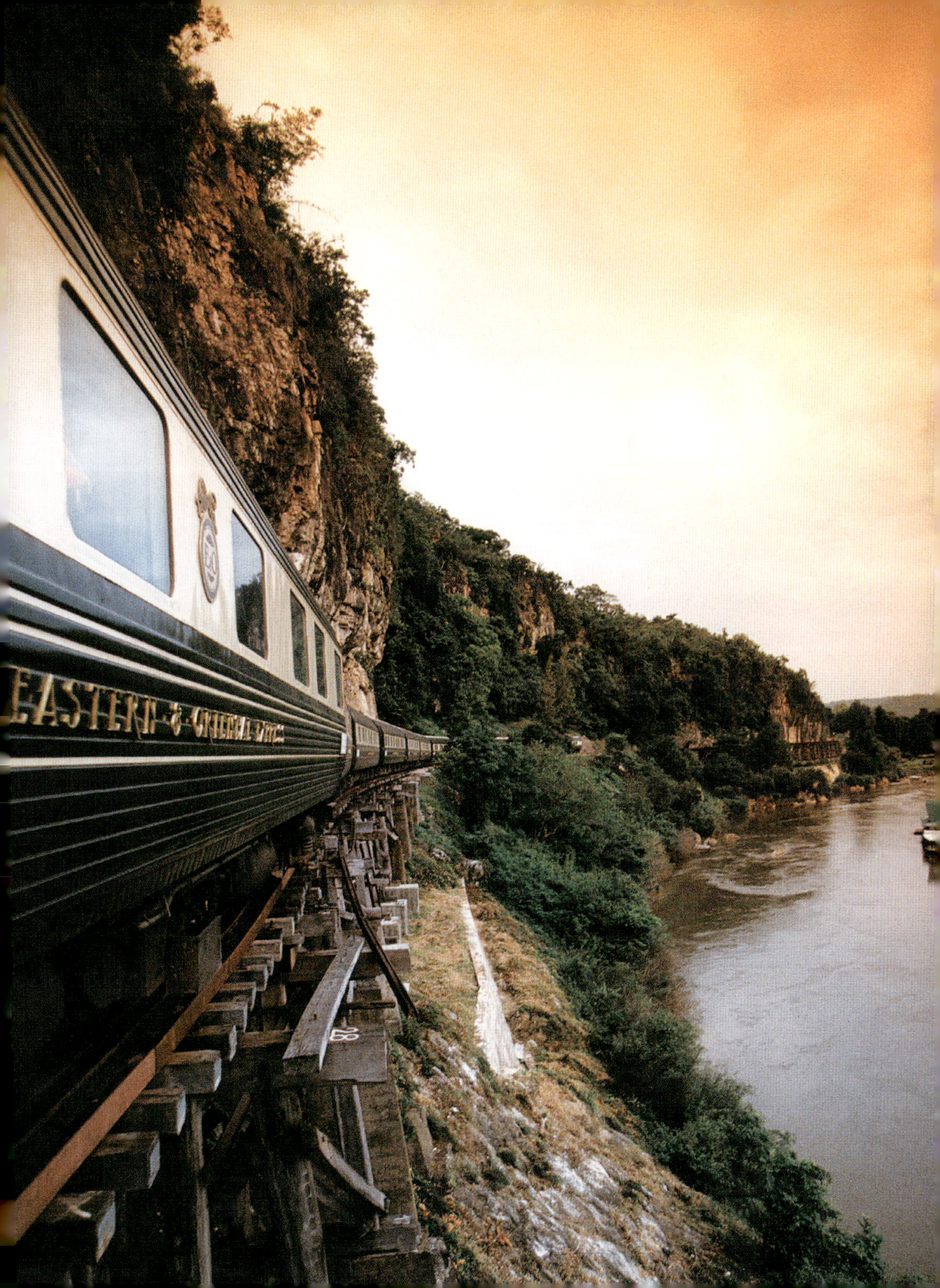
EASTERN & ORIENTAL EXPRESS

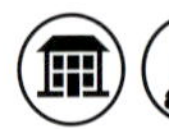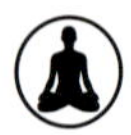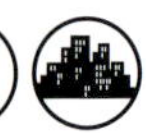

# 수코타이 Stay at Sukhothai

**Location** 타이 방콕　**Website** www.sukhothai.com
**Price** 💲💲

어떤 호텔은, 그 지방의 정수를 너무나도 교묘하고 완벽하게 담아내서, 손님이 문 밖으로 한 발짝도 나갈 필요를 느끼지 못하게끔 한다. 마천루로 유명한 방콕의 트렌드를 완전히 무시한 수코타이의 나지막한 건축은 수련이 떠 있는 연못과 푸른 정원 속에서 빛을 발한다.

"부티크"라는 말이 유행이 되기 훨씬 전에, 안목이 있는 여행객들을 매료시킨 수코타이는 최근 우후죽순 생기고 있는 모방 아류의 코를 납작하게 한다. 소용돌이 같은 방콕의 도심에서 벗어나 한 발만 들여놓으면, 완전한 고요 속에 감싸이게 된다―사실 방콕에서는 이것만으로도 이미 대단하다. 걸어다니는 것이 아니라 소리없이 미끄러져 다니는 것 같은 우아한 스태프들은 이 오아시스의 화룡점정이다.

타이 왕조의 첫 번째 수도였던 수코타이의 이름을 딴 이 호텔은 그 장식에서부터 타이의 황금시대를 재현하고 있다. 건물의 내외관 스타일링은 대칭을 이루는 열주, 리플렉션 풀, 오픈에어 아케이드, 그리고 황동, 티크목, 대리석, 섬세한 패브릭 등 모두 옛 타이 왕조의 궁정 살롱에서 영감을 얻은 것이다. 레스토랑 "셀라던(Celadon)"에서는 연꽃이 가득한 연못가에서 야외 식사를 즐길 수 있다. 최근 재단장을 마친 "스파 보타니카(Spa Botanica)"는 25m 크기의 인피니티 풀 옆에서 타이 마사지를 제공한다. 7층짜리 호텔 건물의 단순한 디자인 덕분에 풀장 위에 전혀 그림자가 생기지 않는다는 것은 보너스다―방콕에서는 보기 드문 경우지만 말이다. 방콕에는 이런 말이 있다―남의 눈에 띄면서 부러움을 사고 싶으면 오리엔탈 호텔로 가라. 그러나 이 모든 것에서 벗어나고 싶다면, 수코타이로 가라. **TM**

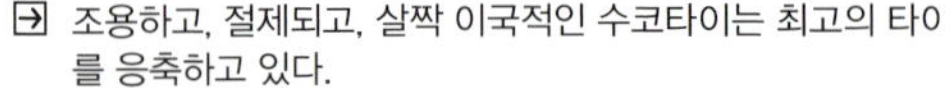

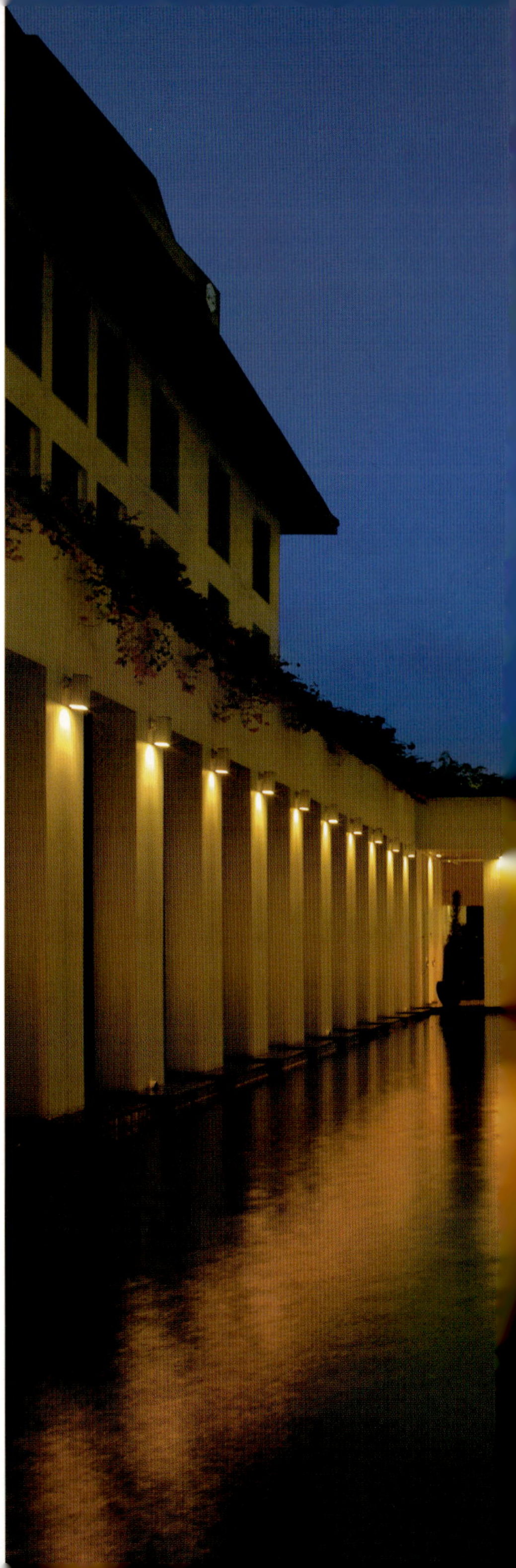

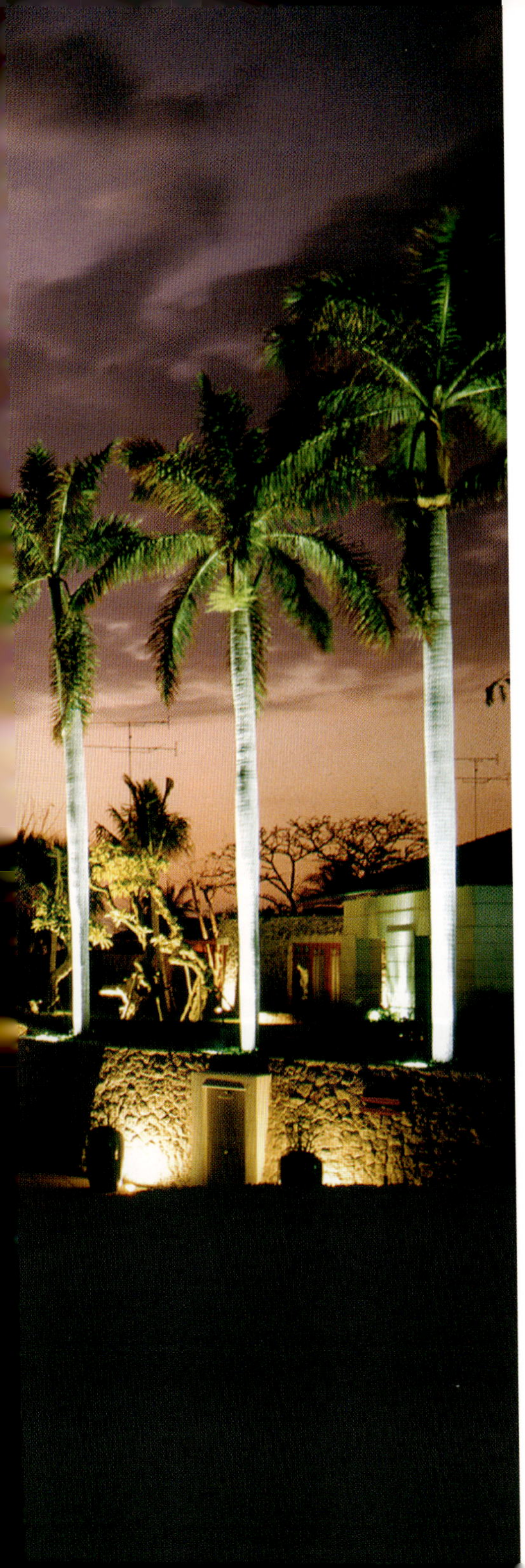

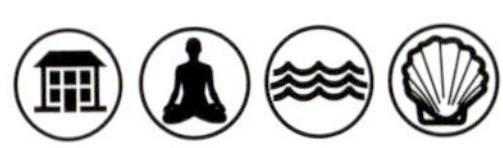

# 치바-솜 Unwind at Chiva-Som

**Location** 타이 프란브리  **Website** www.chivasom.com
**Price** 💲💲💲

치바-솜은 아무나 갈 수 없는 고급 휴양지로, 왕족, 유명인사, VIP들이 단골 손님이다. 후아 힌(Hua Hin)과 프란부리(Pranburi)의 세계적인 해변 리조트 사이에 위치한 치바-솜은 스파 리조트의 별 중의 별이다. 일단 휴대폰과 노트북은 금지다. 완벽한 평화를 간절히 원하는데 옆 사람이 전화기를 붙잡고 시끄럽게 떠들어댔던 경험이 있는 사람이라면 누구나 이해할 것이다.

시암 만의 백사장에 서 있는 이 럭셔리한 리조트는 바다를 내다보는 룸과 스위트, 수영장으로 구성되어 있다. 우아한 타이풍 정자가 잘 정돈된 녹색 정원과, 맑고 파란 하늘이 비치는 호수와 마주보고 있다. 마스터 셰프들은 리조트 내의 유기농 정원에서 재배한 신선한 재료를 사용하여 창의적인 구르메 메뉴를 선보인다. (회향을 깔고 그 위에 허브로 감싸 구운 흰살 생선에 사프란 소스를 곁들인 뒤 초콜렛 케이크가 후식으로 나온다면 어떨까?)

손님들은 럭셔리한 마사지와 뷰티 트리트먼트를 받거나, 댄스를 배우거나, 아쿠아에어로빅, 수상스포츠(바다 카약 포함!), 필라테스, 요가, 태극권, 타이 복싱을 즐길 수 있다. 와추(Watsu) 트리트먼트는 젠 지압을 변형한 것으로, 특수 설계된 온수 풀장에서 쉽고 리드미컬한 동작으로 스트레칭과 매니퓰레이션(manipulation, 뼈나 관절을 올바른 위치에 맞추는 것)을 하여 차원이 한층 높은 릴랙스를 맛볼 수 있다. 마지못해 스파에서 나오면, 인근 후아 힌에 쇼핑을 가서 최고급 타이 실크와 조각품을 사거나, 믿기지 않는 가격으로 옷을 맞춰 입는 것도 가능하다. **MN**

◀ 치바-솜은 "삶의 안식처"라는 뜻이다─완벽한 공간을 위한 완벽한 이름이다.

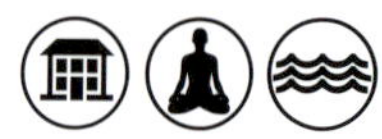

# 사로진 Stay at the Sarojin

**Location** 타이 카오 락
**Website** www.sarojin.com  **Price** $ $

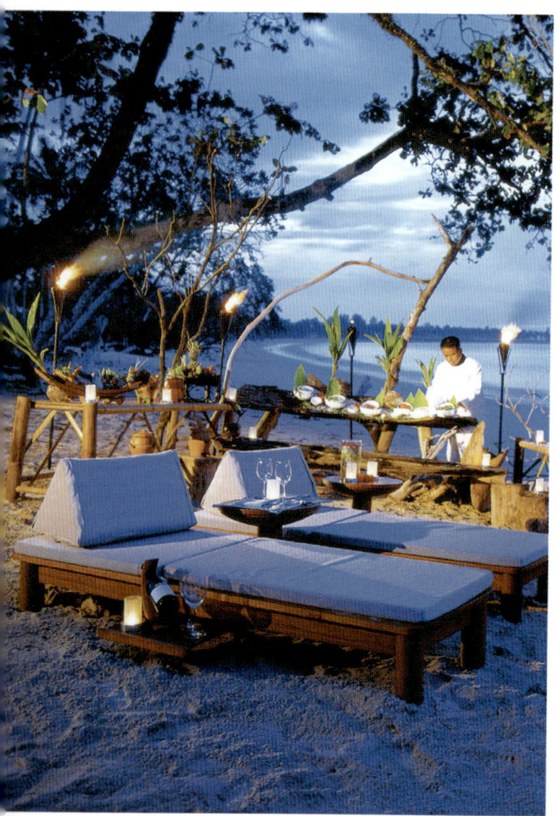



사로진 주변에는 시간이 멈춘 듯한 기운이 감돈다. 그 한가운데에 서 있는 오래된 무화과나무는 커다랗고 위풍당당한 존재로, 한편으로는 석호, 다른 한편으로는 바다를 굽어보며 우뚝 솟아 있다. 이 나무가 부드럽게 비치는 평화로운 연꽃 연못은 영원과 자연을 상징하는 또 하나의 심볼이다.

사로진의 전체 면적은 4헥타르로, 전용 모래 해변까지 소유하고 있다. 56개의 레지던스에서는 다양한 개성적인 터치—전용 정원, 선데크, 2인용 욕조, 야외 폭포 샤워, 냉탕과 스파 풀장 등등—를 볼 수 있다. 컨템퍼러리 아시안 스타일로, 7개의 2층짜리 건물들이 주변 풍경에 완벽하게 녹아들었다. 침실 1개짜리 가든 레지던스에는 타이 라운지와 전용 테라스가, 14개의 풀 레지던스에는 냉탕과 일광욕 정원이 딸려 있다. 위층에 위치한 럭셔리한 사로진 스위트에는 에어컨이 설치된 정자와 야외 릴랙스 유수풀이 있다. 그러나 이러한 럭셔리는 시작에 불과하다. 스파 "패스웨이즈(Pathways)"는 자연 풍광과 하나가 되며, 안다만 해의 파도 소리가 잔잔한 배경음악이 되어 준다.

버려진 코코넛 과수원과 바다를 굽어보고 있는 사로진에서는 스노클링, 스쿠버다이빙, 석호 낚시, 드라마틱한 석회암 섬들로 유명한 팡가(Phang Nga) 만에서의 바다동굴 카누까지 다양한 레저를 즐길 수 있다. 온천에 가거나 코끼리 등을 타고 트레킹을 하거나, 아니면 그냥 야생동물을 관찰하면서 시간을 보내도 좋다. 럭셔리 보트 "레이디 사로진(Lady Sarojin)" 호를 통째로 빌리거나 타이 요리 강좌에 참여하거나, 폭포 옆에서의 점심식사는 사로진과 그 풍경을 즐기는 특히나 마법 같은 방법이 될 것이다. **PS**

↖ 해변에서 퍼스널 셰프가 당신만을 위해 준비해 주는 저녁식사는 사로진에 머무르는 특전 중 하나이다.

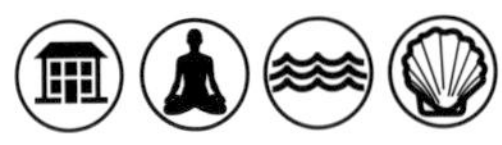

# 베란다 리조트 Enjoy Veranda Resort

**Location** 타이 펫차부리
**Website** www.verandaresortandspa.com　**Price** 💲💲

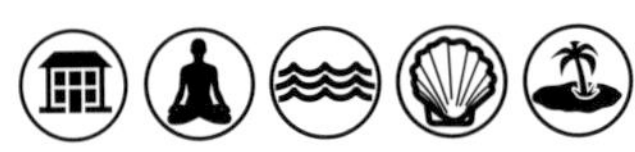

# 반 탈링 감 Relax at Baan Taling Ngam

**Location** 타이 코사무이
**Website** www.baan-taling-ngam.com　**Price** 💲💲

후아 힌은 방콕에서 남쪽으로 200km 떨어져 있으며, 타이에서 가장 오래된 해변 리조트이다. 1920년대에 타이 국왕 라마 VII세가 이곳에 궁전을 지으면서 인기가 높아졌으며, 오늘날에도 타이 왕실의 일원들은 후아 힌에서 휴가를 보낸다.

놀랍게도, 세월이 흐르면서 후아 힌은 점점 더 매력적이고 화려해졌다. 해변의 백사장과 고급 호텔, 양쪽에 바와 레스토랑이 빼곡히 들어선 구불구불한 거리—이 중 일부는 제방을 따라 바다로 이어진다—가 방문객들을 유혹한다. 대규모 야시장의 노점 사이를 돌아다니며 보석부터 캐시미어 슈트, 실크 실내복에 이르기까지 무엇이든 살 수 있다. 싼 값에 근사한 물건을 찾기 쉬우니, 이곳에 올 때는 빈 여행가방으로 오는 것이 좋다.

트렌디한 베란다 리조트 & 스파는 후아 힌 외곽에 위치하므로, 분주한 마을에서 벗어나 조용히 쉴 수 있다. 13개의 풀 빌라 스위트와 84개의 룸은 놀랄 만큼 모던한 미니멀리즘 건축 양식을 보여준다. 타이 만을 내다보는 스펙터클한 바다 전망과 옥외 욕조, 월풀 욕조를 제공한다. 베란다에서는 물이 무엇보다 중요하다. 스파에서는 뷰티 트리트먼트나 마사지 트리트먼트를 받으며 느긋하게 긴장을 풀 수 있다. 객실에서 내다보이는 중앙 안뜰의 인공 연못은 밤에는 촛불 빛을 받아 은은하게 반짝인다. 워터 커튼이 멋진 인피니티 풀 주위에는 마루를 깐 데크와 인공 해변이 있어 야외 식사가 가능하다.

이 정도 수준의 리조트라면 당연하겠지만, 음식도 훌륭하다. 해산물 퓨전 요리와 신선한 파인애플과 코코넛을 사용하여 짭짤하고 새콤한 창의적인 요리를 맛보도록 하자. 인파에서 벗어난 첨단 유행의 호텔을 원한다면, 베란다가 적격이다. **CK**

코사무이의 반 탈링 감 리조트&스파의 시그니처 인피니티 풀은 타이만과 앙 통(Ang Thong) 국립 해양 공원의 비길 데 없는 전망을 선사한다. 새파란 바다부터 석회암섬, 남서쪽 해안을 따라 펼쳐진, 정글로 뒤덮인 언덕배기까지 한눈에 들어오는 바에서 칵테일을 홀짝이자.

언덕 비탈에 자리잡은 코코넛 플랜테이션 안에 위치한 반 탈링 감의 객실은 전통 타이 스타일로 꾸며졌으며, 궁륭형 천장, 티크목 가구, 풍성한 밀랍염색 실크 등으로 장식되었다. 경목재를 깐 바닥에는 윤기가 흐른다. 테라스에서는 저 멀리 만(灣)까지 내다보이며, 정원은 열대의 향긋한 꽃들이 연출하는 온갖 색채의 향연이다. 언덕 높이 서 있는 클리프 빌라들은 가장 드라마틱한 풍경을 자랑한다.

악사들이 고전 타이 음악을 연주하는 레스토랑 "반 찬트라"에서 바닥에 앉아 상에 차려지는 타이 음식을 맛보거나 인피니티 풀 가장자리나 불타오르는 횃불로 둘러싸인 해변처럼 로맨틱한 배경에서 둘만의 저녁식사를 하는 건 어떨까. 전용 백사장이나 7개의 풀장 중 하나에서 하루를 보낸 뒤, 스파로 향한다. 전통 마사지를 받고 허벌 스팀룸에서 긴장을 풀고 느긋한 시간을 보내거나, 꽃잎으로 가득한 욕조에 몸을 담근다.

해변 너머 해양 공원으로 다이빙을 가거나 윈드서핑이나 카약을 즐겨도 좋다. 또는 내륙으로 눈을 돌려 폭포와 바위투성이 절벽이 있는 정글을 탐사하거나 코끼리 트레킹에 도전해 보자. 물론 리조트에서 그토록 평화로운 시간을 보낼 수 있는데, 밖에 오랫동안 나와 있고 싶지는 않겠지만 말이다. **AD**

# 카말라야 Recharge at Kamalaya

**Location** 타이 코사무이    **Website** www.kamalaya.com
**Price** ⑤⑤

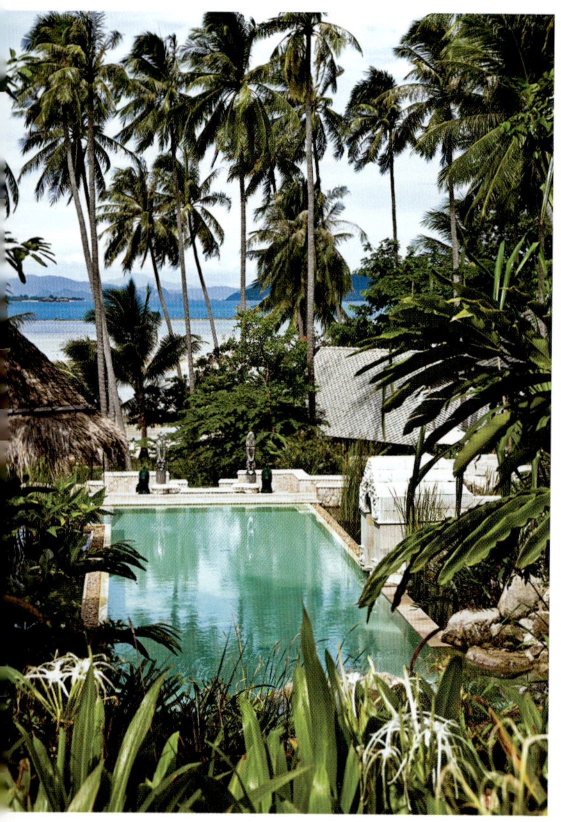

타이 만에 떠 있는 열대의 섬 코사무이. 카말라야는 건강의 성소이자 전체의학 스파이다. 그 이름은 "연꽃"을 의미하는 카말(kamal)과 인간의 영혼을 펼치고 자라게 하는 고대 상징인 "알라야(alaya)"의 합성이다. 카말라야의 모든 것—음식, 환경, 그리고 기공, 태극권, 명상, 요가, 티베트 공(gong) 테라피, 영혼의 춤 등 수많은 건강 프로그램에 이르기까지—은 영혼을 살찌우는 것이 그 목적이다. 즉, 내면의 평화를 찾기 위한 공간이라는 뜻이다.

백사장이나, 연꽃이 가득 피어 있는 연못과 폭포 속에 자리잡은 수영장 가장자리에서 느긋한 시간을 보내자. 또는 온탕과 냉탕에 번갈아가며 뛰어들 수도 있다. 우아하게 설계된 센터는 넓은 오픈 스페이스가 있어 숨막힐 듯 아름다운 풍경을 감상할 수 있으며, 손님들에게 주변의 자연과 하나가 된 듯한 느낌을 받게 한다. 동서양의 전체의학과 보완 테라피를 중점으로 하고 있으며, 디톡스, 체중감량, 지친 심신에 활력을 불어넣는 다양한 트리트먼트를 제공한다. 인도 두부(頭部) 마사지, 기내장 복부 마사지, 중국 전통 침술, 쑥뜸, 부항 등을 받을 수 있다. 음식도 역시 동서양의 퓨전으로, 다양한 허브 드링크와 약효가 있는 차도 맛볼 수 있다.

그저 단순히 주위 풍광을 즐기든지, 요가의 효험을 시험해보든지, 고요감과 공동체 의식이 깔려 있으며, 카말라야를 떠난 후에도 그 평화로운 느낌은 계속 머물러 있을 것이다. **CK**

---

"카말라야의 철학은
이곳을 떠날 무렵이면 행복하고, 건강하고,
마음이 편안해야 한다는 것이다."

티파니 다크, 「더 타임즈」

---

◪ 카말라야 스파는 언덕 꼭대기, 화강암 바위와 나무들 사이에 서 있으며, 산과 바다를 아우르는 스펙터클한 풍경을 자랑한다.

# 카르마 사무이 Stay at Karma Samui

**Location** 타이 코사무이　　**Website** www.karmasamui.com
**Price** ⑤⑤⑤

대부분의 사람들이 휴양지에서 가지고 돌아오는 것은 구릿빛 피부, 추억, 그리고 아마도 달빛 아래 달콤한 약속일 것이다. 카르마 사무이는 그 이상을 선사한다. 타이 요리 강좌만으로도 잊지 못할 휴가를 보낼 수 있다—셰프들이 거리의 시장을 데리고 돌아다니며 재료 하나하나를 설명해주고, 가장 좋은 재료를 고르는 법을 알려주며, 리조트로 돌아와서 타이의 진짜 풍미를 재창조하는 것을 도와주니 말이다.

카르마 사무이는 36개의 풀 빌라 어디에서나 멋진 바다 전망을 만끽할 수 있도록 설계된 5층의 계단형 대지 위에 서 있다. 빌라마다 당신의 솜씨를 시험하기 위한 최첨단 부엌을 갖춘 오픈플랜 파빌리온이 딸려 있

> "한 마디로, 5스타 호텔의 모든
> 편의로 둘러싸인 당신만의 집을
> 가지고 있는 것과 같다."
>
> 수잔 쿠로사와, 『디 오스트레일리안』

다. 문을 양쪽으로 활짝 열고 오픈에어 안뜰과, 저 너머 망망한 바다로 이어지는 환상적인 인피니티 풀을 구경하자.

이 리조트는 최고급 타이/아시안 레스토랑으로 꼽히는 "파드마"로 코사무이 전체에서 유명하다. 좀더 친밀한 경험을 원한다면 프라이빗 셰프들이 빌라 테라스에서 바비큐를 준비해주기도 한다. 매달 "미니스트리 오브 사운드"의 DJ들이 달빛 파티를 열며, 신나는 시간을 보낸 뒤에는 "차크라 스파 앤 웰니스 센터"로 가서 다양한 트리트먼트를 풀며 피로를 풀자. 이 모든 것이 코사무이의 여흥과 쇼핑 수도인 차웽(Chaweng) 비치에서 자동차로 5분 거리에 있다는 것이 놀라울 따름이다. **PS**

# 나파사이 Unwind at Napasai

**Location** 타이 코사무이　　**Website** www.napasai.com
**Price** ⑤⑤

배낭여행객들에게 오랫동안 사랑을 받아온 코사무이는 레오나르도 디카프리오가 출연한 컬트 영화 〈더 비치〉 덕분에 세계적으로 유명해졌다. 몰려드는 관광 인파에도 불구하고 시암 만의 이 작은 파라다이스 섬은 그 아이덴티티와 영혼을 그대로 간직하고 있다. 코사무이는 대규모 관광산업을 끌어들이기보다는 자연의 아름다움을 그대로 지키기 위해 노력해 왔으며, 심지어 어떤 건물도 야자나무의 키보다 더 높이 올릴 수 없도록 규정하고 있다. 그러나 이곳에는 나 프라 라른 사원이나 대불상—섬의 북쪽 끝에 있는 웅장한 황금 불상—같은 문화적인 볼거리와, 특별한 다이빙을 즐길 수 있는 곳으로 유명한, 숨막힐 듯 아름다운 국립 해양 공원 같은 놀라운 자연 경관도 풍부하다.

매남(Maenam)에 있는 나파사이는 오리엔트익스프레스 호텔 그룹이 운영하고 있으며, "모든 것에서 벗어날 수 있는" 완벽한 휴양지이다. 럭셔리, 릴랙스, 그리고 한없이 친절한 스태프. 이 모든 것을 누릴 수 있는 곳이 바로 나파사이다. 열대의 휴양지에서 꿈 꿀 만한 것들은 무엇이든지 있다—반 타이(Ban Tai) 해변과 타이 만을 굽어보는 인피니티 풀과 환상적인 커리와 팟타이 같은 최고의 타이 요리를 선보이는 레스토랑 "라 타이"는 특히 인상적이다. 순수한 사치를 경험하고 싶다면 이 지역에 자생하는 허브와 동양 철학을 응용한 트리트먼트를 제공하는 호화로운 스파로 가자. 상쾌한 타이 마사지나 열대과일과 꽃을 사용한 전체의학 트리트먼트를 받아보라. 무너졌던 심신의 건강에 균형이 돌아오는 것을 느낄 수 있을 것이다. 팔라 바디 마사지는 기의 순환을 원활하게 해준다.

바다 전망을 자랑하는 타이풍 빌라들은 7ha의 부지에 흩어져 있으며, 코코넛야자, 캐슈, 잭프루트, 망고나무가 즐비하다. 물론 타이 특유의 상냥한 분위기와 찬란한 태양도 잊으면 안 된다—이 이상 뭘 더 바라겠는가? **RCA**

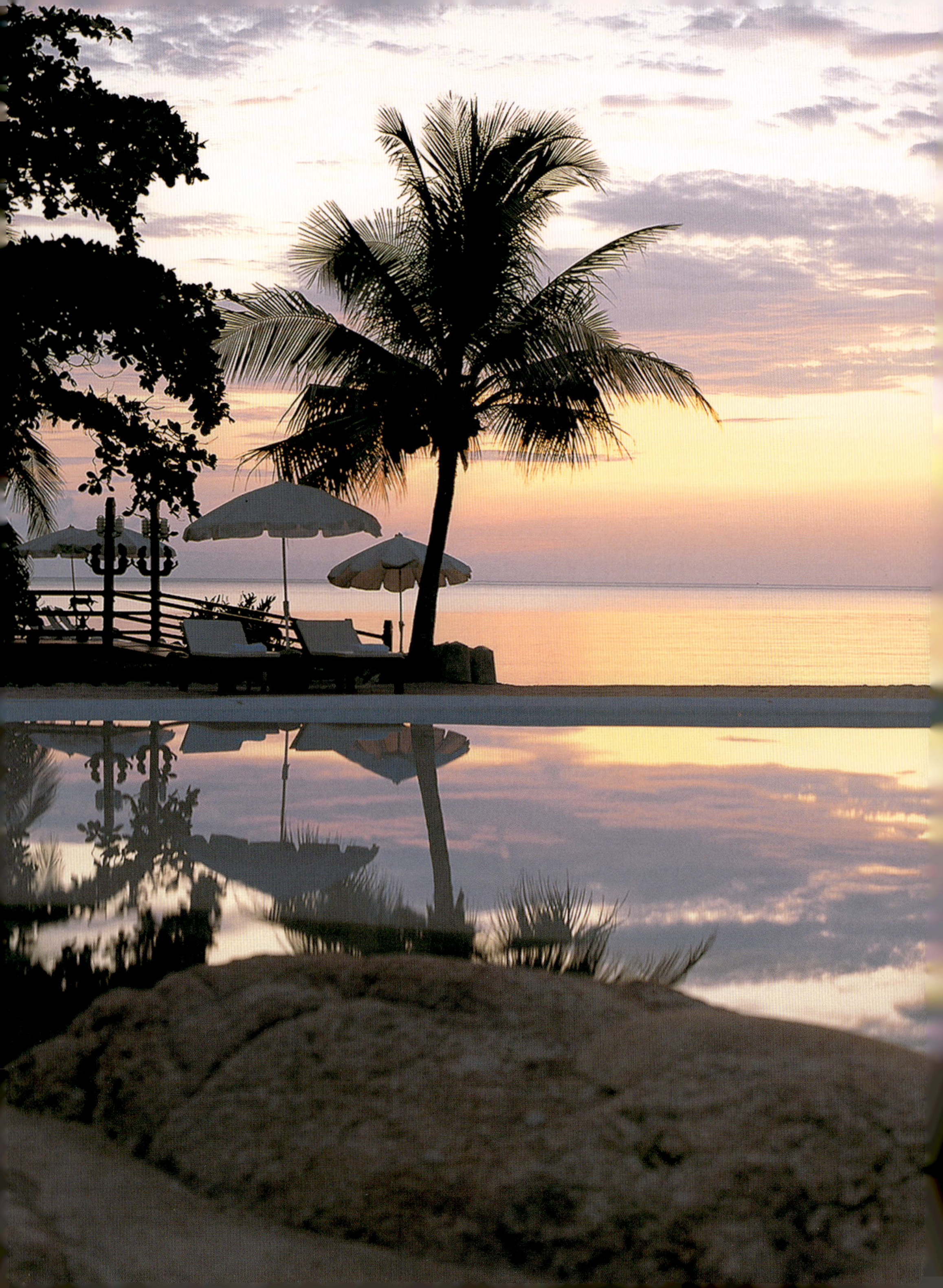

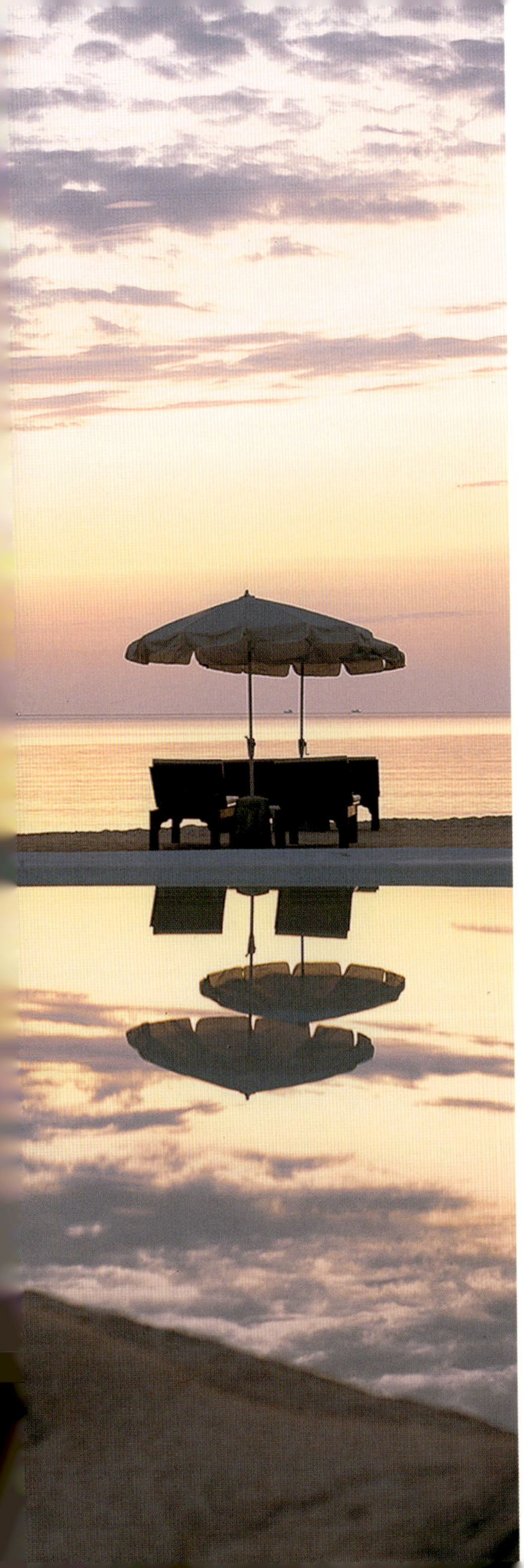

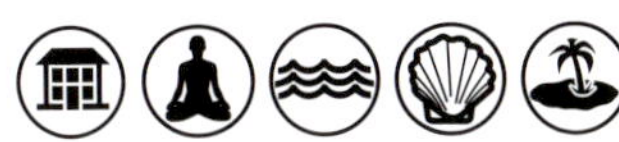

# 통사이 베이 Discover Tongsai Bay

**Location** 타이 코사무이  **Website** www.tongsaibay.co.th
**Price** ⑤⑤⑤⑤

통사이 베이에서는 아웃도어 레저가 처음이자 끝이다. 아름답게 디자인된 룸들은 실내 면적만한 오픈에어 테라스가 딸려 있어, 시원한 바닷바람과 입이 딱 벌어지는 바다 풍경을 언제든지 가까이서 즐길 수 있다. 티크목으로 지은 그랜드 빌라들은 만(灣) 오른쪽 언덕배기로 쏙 들어가 있다. 꽃잎을 가득 띄운 야외 욕조에 몸을 담그고 석양을 감상하거나, 하얀 커튼이 드리운 정자에서 별빛 아래 잠을 청하자. 풀 빌라들은 야자수가 늘어선 정원으로 둘러싸인 15m 규격의 개인용 냉탕이 딸려 있다—일광욕 후에 뛰어들어서 열기를 식히기에 완벽하다.

훈트라쿨 집안이 운영하고 있는 통사이 베이는 코사무이 섬에서는 유일하게 가족이 운영하는 5스타 리조트이다. 쉽게 짐작이 가겠지만 따뜻한 서비스와 환대를 받을 수 있다. 새파란 바다로 떨어지는 경사진 해변에서 조용한 곳을 찾아 쉬거나, 2개의 풀장 중 하나에서 더위를 물리치자. 요트항해, 카누, 윈드서핑, 스노켈링을 즐기거나 1주일에 2번 있는 칵테일 파티에서 훈트라쿨 가족을 만날 수도 있다. 리조트에만 있는 게 싫증났다면—절대 그럴 일은 없겠지만—가까운 왓 프라 야이로 가서 태양 아래 빛나는 대불상을 구경하고 오자. 저녁에 돌아오면 아 라 카르테 레스토랑 "셰프 촘스"에서 진짜배기 타이 요리를 맛보거나, 초승달 모양의 풀장을 굽어보는 언덕 위에서 최대 20명의 손님만을 받는 "더 버틀러스"에서 좀더 친밀한 분위기를 즐길 수도 있다.

해변의 낙원 "프라나 스파"에서는 현대인의 스트레스를 날려버릴 수 있다. 몸과 마음을 가라앉혀 주는 트리트먼트와 생기를 불어넣어주는 마사지, 그리고 환상적인 오픈에어 꽃잎 목욕도 빠트릴 수 없다. **AD**

◰ 호젓한 백사장을 내려다보고 있는 리조트는 외부인이 들어올 수 없는 해안의 동북쪽에 아늑하게 자리잡고 있다.

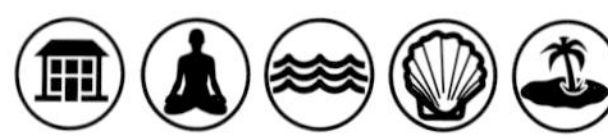

# 더 생추어리 Stay at the Sanctuary

**Location** 타이 코 팡안
**Website** www.thesanctuarythailand.com   **Price** $

하아드 티엔(Haad Tien) 해변에 있는 생추어리에 가려면 스피드보트 두 대가 필요하지만, 이런 외진 위치가 오히려 매력을 더한다. 매일 요가, 명상, 태극권, 타이 전통 신앙 여행, 그리고 바닷가의 환상적인 해산물과 채식 레스토랑까지, 몸과 마음을 모두 살찌우는 완전한 휴양지라고 할 수 있다.

세계 각지에서 찾아온 손님들은 단식과 정화 프로그램에 참여한다. 자기 나이보다 훨씬 어려 보이는 단식 수련가 문(Moon)의 지도 하에, 매일 정해진 시간에 약초 환약을 먹고, 매일 몸 안의 노폐물을 완전히 비워낸 뒤, 마침내 레스토랑의 다채로운 생식 메뉴로 정상적인 식사를 다시 할 수 있게 된다. 해안에서 걸어갈 수 있는

> "오두막 하나로 시작해서⋯
> 해변을 내려다보는
> 드넓은 리조트가 되었다."
>
> 『타임』誌 (아시아판)

거리에서 마사지도 받을 수 있으며, 스파 "생추어리"에서는 태닝을 하기 전에 파인애플로 스크럽을 해 준다.

밤이 되면 레스토랑은 손님들이 현관에 벗어 놓은 플립플롭, 해먹 위에서 반짝이는 불빛, 절대 지루해지지 않는 배경음악 덕분에 약간 로스앤젤레스 분위기가 느껴진다. 저녁 식사가 끝나면 불 서커스가 나와서 공연을 하며, 매주 금요일에는 해변의 유명한 파티—인근 하아드 린(Haad Rin)의 전설적인 보름달 파티에 비하면 훨씬 얌전하고 더 기분 좋은—에서 동이 틀 때까지 춤을 춘다. 이곳에 일하러 왔다가 아예 눌러앉은 서양인도 몇 명 있는데, 이 세상에서 가장 행복한 사람들처럼 보인다. **JS**

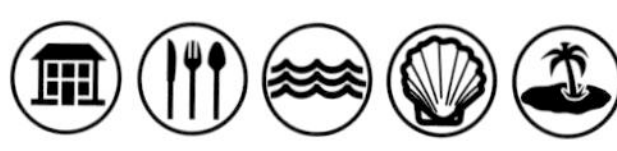

# 아만푸리 Relax at Amanpuri

**Location** 타이 푸켓
**Website** www.amanpuri.com   **Price** $$$

비포장도로조차 벗어난 곳에 있는 검소하고 엄격한 성소인 아만푸리에서는 숨어 있는 통로, 미닫이 문, 교묘한 위장 효과가 즉각적인 젠(禪)을 창조해낸다—안다만 해를 엿보고 있는 잿빛 판암 풀장에서 하늘에 닿을 듯한 바다 전망 객실에 이르기까지 일종의 영원한 무한함이 느껴지는 곳이다. 일상의 긴장에서 회복될 수 있는 궁극의 휴양지로, 바다, 새, 나뭇잎이 만들어내는 소리가 마치 너덜너덜해진 영혼에 연고를 발라주는 것 같다. 작은 나뭇조각들로 만든 바닥 덕분에 발 아래에도 나무가 있다. 정글 속 둔덕 높은 곳에 자리잡은 이곳에서 당신은 왕이다—아무 것도 당신을 방해할 수 없다. 소리없이 간식을 차리기 위해 오는 스태프들과 코를 킁킁대러 어그적어그적 다가오는 도마뱀붙이를 제외하면 말이다.

이곳은 또다른 의미의 그라운드제로이다—공간감과 깊은 배려만이 이곳을 지배한다. 아만푸리는 푸켓 섬에서 유일하게 전용 해변을 소유한 리조트이다. 잿빛 바위로 둘러싸인 황금빛 초승달 모양 해변이 마치 디자인해놓은 것 같다.

아만푸리의 레스토랑은 푸켓 최고로 꼽힌다. 리조트와 마찬가지로 레스토랑 역시 은근함, 웰빙, 호화로움의 교과서이다. 이탈리아 메뉴는 남반구의 진주만 모아놓은 것이다. 밤에는 잉크를 쏟아놓은 듯한 바다 전망이 압권이다. 전용 해변, 숨어 있는 홀, 나무 위에서의 사색만으로도 부족하다면, 바로 이웃하고 있는 아만푸리의 프라이빗 레지던스는 어떨까. 외부 세계와의 완벽한 단절과 동시에 수영장부터 오락실, 그리고 수많은 침실까지 다양한 공간을 혼자서 소유할 수 있으니 말이다. 뭐든지 필요한 것이 있으면 퍼스널 스태프가 바로 해결해 준다. 아만푸리는 "평화의 공간"이라는 뜻이며, 그 이름에 전혀 모자람이 없다. **VG**

→ 바깥 세상과 차단된 낙원, 아만 리조트의 플래그쉽 휴양지.

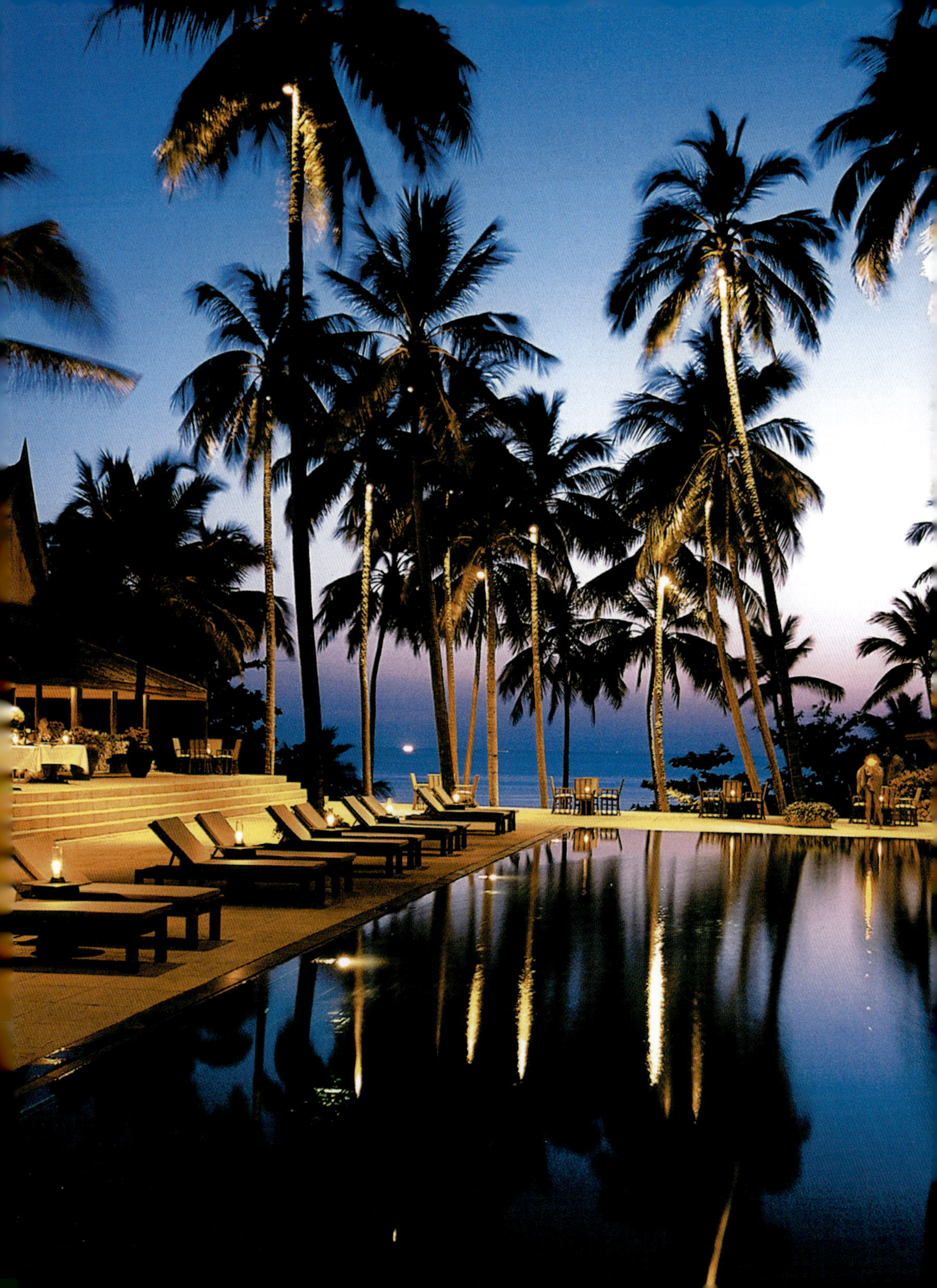

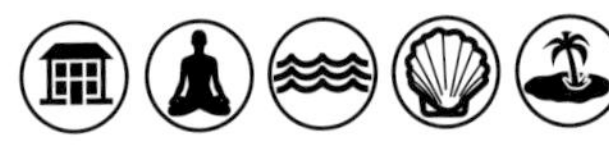

# 스리 판와 Relax at Sri Panwa

**Location** 타이 푸켓
**Website** www.sripanwa.com  **Price** ⑤⑤⑤

이 열대 섬 휴양지는 스타일은 유지하면서 외부 세계와의 완벽한 단절을 원하는 이들을 위한 궁극의 안식처이다. 푸켓의 판와 곶이 한눈에 들어오는 파노라마 풍경을 자랑하며, 인파에서 벗어나 휴식과 릴랙스를 즐길 수 있는 완벽한 공간이다.

높이 40m 절벽 위에 자리잡고 있는 빌라들이 안다만 해의 새파란 물을 굽어보고 있다. 타이 기후에 딱 맞게 설계되어, 실내와 실외 모두 최고의 쾌적한 시간을 보낼 수 있다. 테라스에는 일광욕을 위한 파빌리온과 욕조, 시원하게 더위를 식혀주는 레인 샤워까지 구비되어 있다. 삼면을 천장부터 바닥까지 유리로 덮은 침실은 문만 열면 마사지용 버블이 분출되는 인피니티 풀로 바로 이어진다. 입이 딱 벌어지는 경관을 즐기기 위해 침대에서 기어나올 필요조차 없다. 이 부티크 레인포레스트 리조트의 시크한 빌라들은 천연 자재와 호화로운 패브릭을 사용하였다. 홈 시네마 시스템 같은 하이테크도 빠짐없이 갖추어져 있으며, DJ가 편집한 뮤직 채널이 포함된 엔터테인먼트 시스템에 이르기까지 모든 디테일 하나하나를 세심하게 신경쓴 흔적이 보인다.

빌라 너머로는 전용 해변, 헬스클럽, 테니스코트, 조깅과 자전거 트레일까지 갖춘 부지가 펼쳐져 있다. "사이 스파"에서는 타이와 스웨덴 마사지 트리트먼트를 받을 수 있으며 테라피 목욕도 할 수 있다. 언덕 꼭대기 풀장 가장자리에 있는 빌라에는 트렌드를 선도하는 레스토랑 "바바"가 있어 싱싱한 생선과 해산물을 재료로 한 멋진 타이 메뉴를 선보인다. 파빌리온에서 따로 식사를 할 수도 있다.

아무리 빌라에서 꼼짝하기 싫더라도, 바에는 꼭 가봐야 한다. 온몸의 긴장을 느긋하게 풀어주는 칵테일을 마시고 리조트 소속 DJ가 틀어주는 음악에 귀를 기울인다. 그런 다음 빌라로 돌아가서 달빛 아래 나만의 풀장에서 한밤중의 수영을 즐기면 된다. **AD**

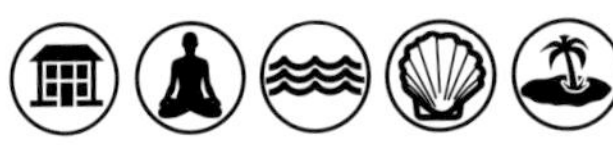

# 본 아일랜드 Discover Bon Island

**Location** 타이 푸켓
**Website** www.sixsenses.com  **Price** ⑤⑤

홀로 열대 섬에 머무르면서 럭셔리 호텔의 온갖 호사도 누리고 싶다면 에바손 푸켓의 본 아일랜드로 가자. 리조트에서 멀찍이 떨어진 작은 섬으로 여유로움, 고요함, 호젓함이 보장된 축복 같은 낙원이다.

디자인으로 유명한 에바손 리조트는 전형적인 타이 풍으로 아름답게 펼쳐져 있으며, 반짝이는 짙은 색 목재와 인공 연못이 볼만하다. 색색깔의 그네 소파가 바람에 흔들리며, 커다란 등불이 빛을 발한다. 리셉션 뒤쪽으로는 야자수와 섬 풍경이 보인다. 해변은 그림처럼 완벽하지만, 진짜 즐거움은 나만의 섬을 갖게 된다는 것이다. 정글 속에 기둥을 세우고 그 위에 지은 본 아일랜드 유일의 스위트는 안다만 해와 주변 섬들의 완벽한

> "들어서는 순간, 외부 세계와 단절된다.
> 고요함이 자라는 왕국에
> 발을 들여놓는 것과 같다."
>
> 『스파 아시아』誌

전망을 자랑한다. 일광욕과 식사를 할 수 있는 테라스가 딸려 있는 스위트는 이엉을 올린 지붕과 나무로 만든 디테일 덕분에 럭셔리한 트리하우스 느낌이 난다. 노천 욕실이 있어 야외에서 주변 풍광을 즐기며 뜨거운 물에 몸을 담글 수 있으며, 실내로 들어가면 티 하나 없이 새하얀 침대 위에 모기장이 드리워져 있어 로맨틱하기 그지없다. 오두막에는 모든 현대적인 설비가 다 갖추어져 있으며, 전화로 스피드 다이얼을 누르면 언제든지 집사가 응답한다.

색색깔의 리본이 바람에 흩날리는 보트를 타고 에메랄드빛 바다를 건너는 나들이도 특별하다. 잠깐 나와서 흠잡을 데 없는 스파에서 트리트먼트를 받고, 해변의 입안이 불타는 것처럼 매운 그린 커리를 먹고 돌아오면 된다. **RCA**

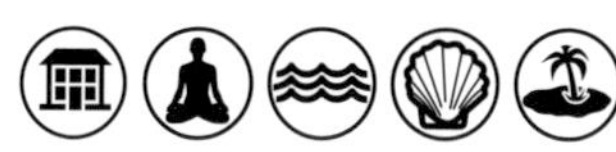

# 트리사라 Experience Trisara

**Location** 타이 푸켓
**Website** www.trisara.com    **Price** ⑤⑤⑤

타이에서 가장 큰 섬인 푸켓은 2000년대 이후 나날이 인기가 높아지고 있는 관광지이다. 서쪽 해안의 수많은 모래해변이 이 지역의 아름다움을 망가뜨린 무자비한 개발업자들에게 희생되었는데, 유일한 예외가 트리사라 럭셔리 리조트 & 스파다. 트리사라는 푸켓 국제 공항에서 불과 15분 거리의 전용 만(灣)에 위치한다.

16ha의 아늑한 열대림과 대정원 속에 자리잡고 있는 리조트는 바다를 내다보는 42개의 스위트와 빌라로 구성되어 있으며, 이들 모두 저마다 전용 인피니티 풀이 딸려 있다. 넓이가 120평방미터나 되는 스위트도 스위트지만, 빌라는 그보다 두 배나 넓다. 빌라와 스위트 모두 에어컨, TV, DVD 플레이어, 티크목 선데크, 브로드밴드 인터넷, 야외 샤워가 딸린 널찍한 욕실, "당신이 지금까지 자 본 중에 가장 아늑한 침대"로 스타일링한 커다란 침대가 갖추어져 있다.

해변을 내려다보는 메인 레스토랑에서는 야외에서 식사를 하면서 타이 음식과 서양 음식을 모두 맛볼 수 있다. 해안 쪽으로 더 내려간 곳에 있는 레스토랑 "트리사라 그릴(Trisara Grill)"은 저녁식사 때 문을 열며, 실내와 야외, 원하는 곳에서 육류와 해산물 그릴을 제공한다. 엔터테인먼트로 말할 것 같으면, 모터 요트를 골라 인근 만들을 탐방할 수 있다. 전조등을 설치한 2개의 테니스코트와 도서관 역시 호텔의 일부이다. 언덕 위쪽, 빌라보다 더 높은 곳에 있는 스파는 높은 수준의 트리트먼트로 유명하며, 덕분에 완벽한 휴가를 보낼 수 있다.

이곳에서 머무르면서 떠나고 싶어하지 않는 이들을 위해 좋은 소식이 있다. 12개의 레지던스 빌라(침실 2개짜리부터 5개짜리까지 다양하다) 중 하나를 구입하면 아예 이곳을 떠날 필요가 없다. **DaH**

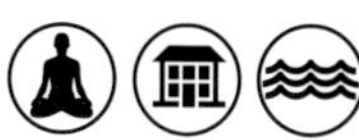

# 수안 모크 Stay at Suan Mokkh

**Location** 타이 수랏타니
**Website** www.suanmokkh-idh.org    **Price** ⑤

불교 명상에 대해 아는 것이 거의 없는 이들에게 10일간의 명상 수련 휴가를 선사하는, 타이에서 단 두 군데뿐인 명상 센터 중의 하나인 수안 모크는 극동 철학에 대한 직접적인 지식을 얻기에 이상적인 곳이다. 이렇게 짧은 시간 동안 서양인들이 마주하게 되는 어려움 역시 과소평가해서는 안 된다. 실제로 참가자의 70퍼센트가 깨달음으로 이어지는 좁은 문을 통과하지 못하고 중도에 포기한다.

수안 모크에서의 하루는 새벽 4시에 시작한다. 남녀가 분리되어 있는 숙소의 짚으로 짠 깔개에서 일어나 넓은 안뜰에 있는 커다란 콘크리트 수조로 향한다. 여기에 빗물을 모아두었다가 샤워 대신 대충 물을 끼얹어 몸

> "명상은 기력과 헌신,
> 결단과 원칙을 필요로 한다…
> 쉽지 않다."
>
> 수안 모크 운영진

을 씻는 것이다. 30분 후, 그 날의 첫 독경이 시작된다. 그런 다음 약 2시간의 요가 수련 뒤 명상 수련이 시작된다. 불교 교리에 대한 담화와 또다시 명상 수련, 그리고 정해진 일들이 하루 종일 계속된다. 중간중간에 간단하지만 맛있는 식사가 세 차례 제공된다.

하루의 프로그램은 밤 9시에 끝나며, 10시에는 기숙사의 전기가 나간다. 다행히도, 참가자들은 값싼 식사 외에는 다른 비용을 거의 지불하지 않는다. 여기에 열대 자연 풍경은 덤이다. 지금까지 살아왔던 것과 근본적으로 다른 문화를 경험하고픈 이들에게는 이 모든 것이 매우 매력적일 것이다. **DaH**

# 앙코르 Discover Angkor

**Location** 캄보디아 앙코르
**Website** www.angkorwhat.net  **Price** ●

15세기 이래 버려져 있었던 앙코르—한때는 세계 최대의 도시였다—는 무자비한 우림지대에 먹혀 버린, 고대부터 내려온 힌두 사원들로 가득한, 마치 꿈 같은 고고학 공원이다. 캄보디아 생태의 심장부라 할 수 있는 톤레사프 호수와 강줄기 바로 북쪽에 위치한 앙코르는 1993년 UNESCO 세계 유산으로 지정되었으며, 이때부터 원뿔 모양의 사원들을 구경하러 오는 관광객의 수가 기하급수적으로 증가했다. 실제로, 역사적으로 중요한 언덕 위의 프놈 바켕(Phnom Bakheng)은—공원 내의 수많은 다른 구조물과 마찬가지로—앙코르에서 가장 중요한 이 와트(wat, "사원") 너머로 석양이 지는 광경을 보기 위해 매일 3,000명이 넘는 관광객이 계단을 오르는 바람에 위태로울 지경이다.

그러나 앙코르에는 세계 최대 규모의 종교 건축물이라는 것 이상의 가치가 있다—현대 캄보디아의 상징이 되었으며, 캄보디아 국기에까지 등장하게 된 것이다. 앙코르에서도 가장 보존 상태가 좋은 사원 앞에 모여 있는 관광 인파에서 벗어나면 1,000개가 넘는 성소를 보게 될 것이다. 어떤 것은 크고, 어떤 것은 작다. 어떤 것은 관광객에게 인기가 높고 어떤 것은 그렇지 않다. 어떤 것들은 그저 돌무더기에 불과하지만, 어떤 것들은 거대한 나무가 그 벽에 균열을 일으킬 정도로 웅장한 유적이다.

앙코르의 면적은 40,000ha가 넘으며, 단체 버스 투어에 참가하거나 자동차를 렌트하거나, 아니면 운전수가 딸린 오토바이를 빌릴 수도 있지만, 가장 좋은 것은 자전거를 대여해서 비포장 도로를 따라 어느 누구도 발견하지 못한 나만의 장소를 찾아보는 것이다. **DaH**

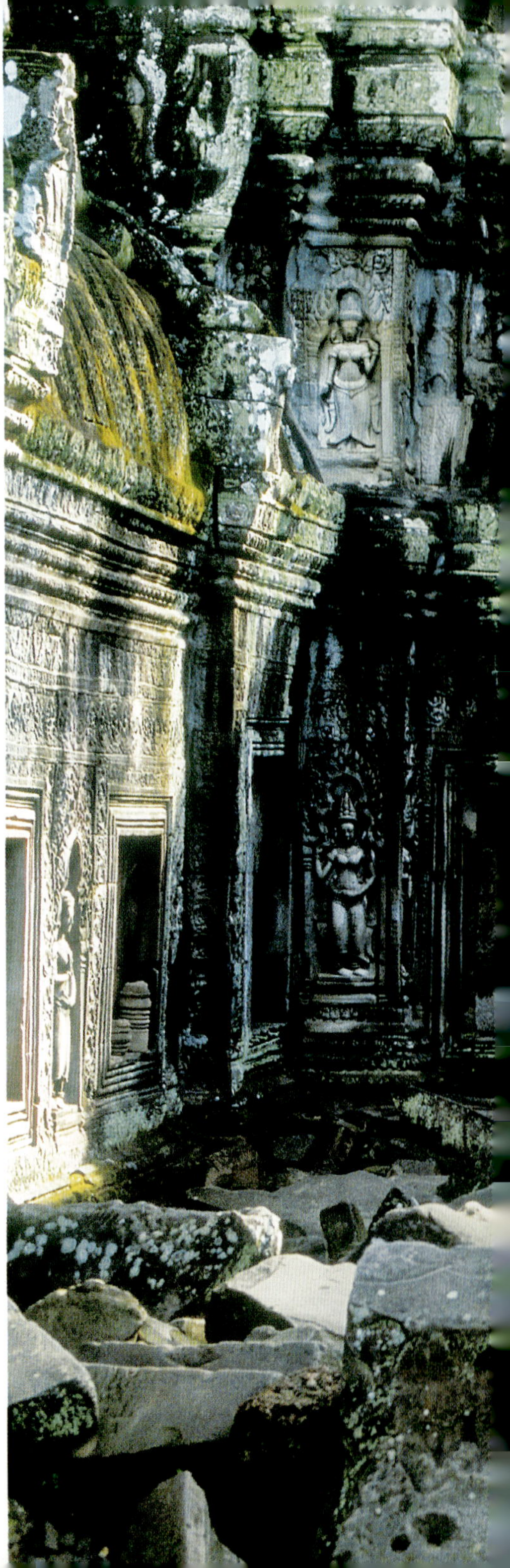

⊡ 사원의 파사드를 뒤덮고 있는 나무 뿌리가 마치 세월을 잊은 듯한 묘한 분위기를 자아낸다.

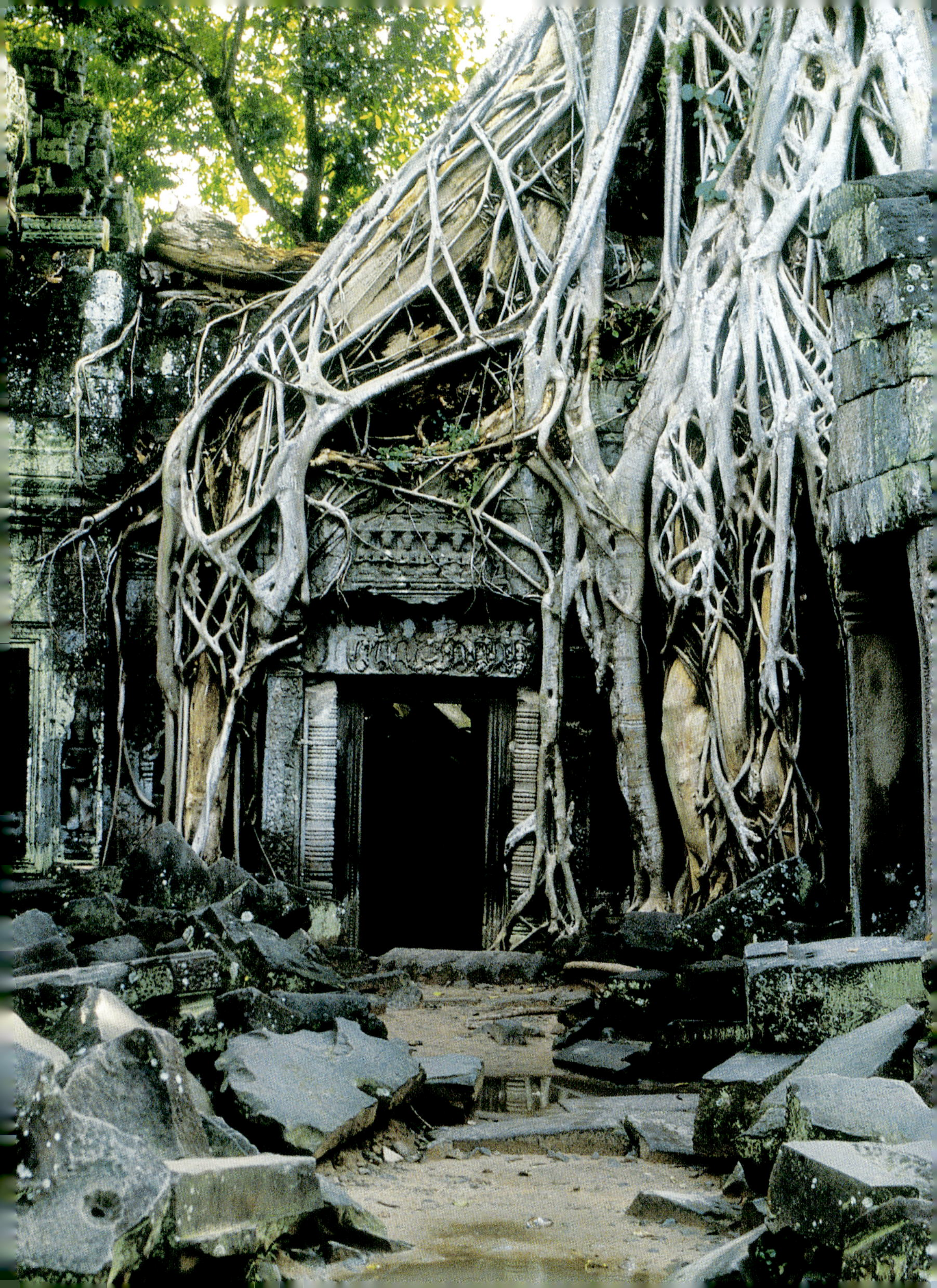

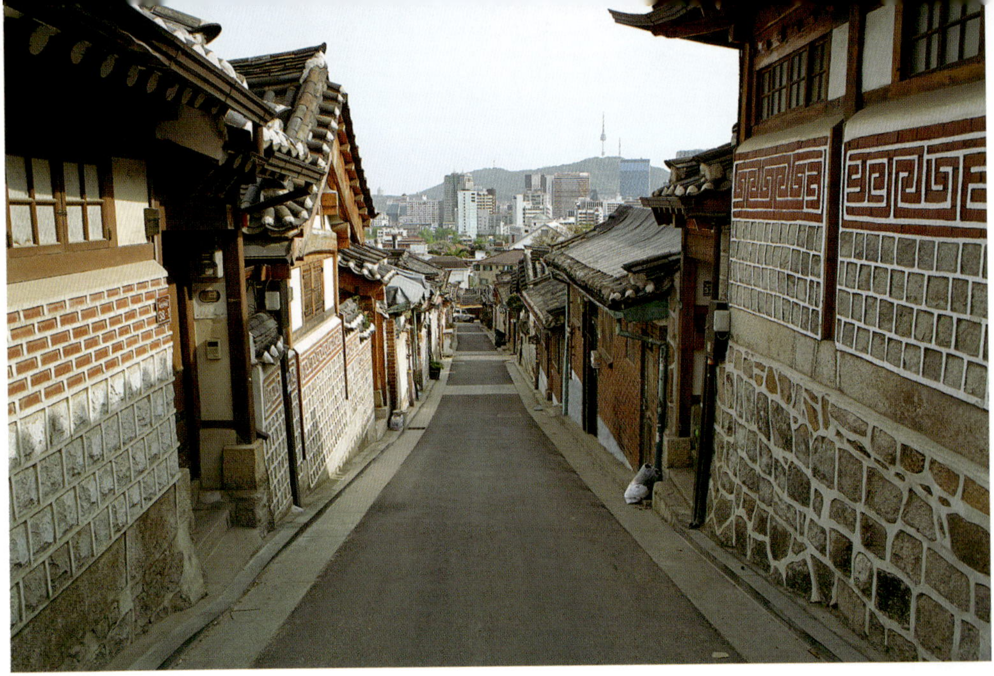

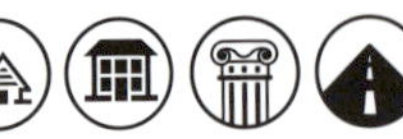

# 북촌 Bukchon

**Location** 서울특별시 종로구 가회동 일원    **Website** http://bukchon.seoul.go.kr    **Price** Ⓢ

첨단의 고층 건물 가득한 서울 도심 한복판으로 시간을 거꾸로 돌린 듯 전통 한옥들이 옹기종기 모여 있다. 도심을 흐르는 청계천과 종로의 북쪽 방면이라는 의미를 지닌 북촌 한옥마을은 600년 서울 역사를 상징하는 장소다. 가회동, 재동, 계동, 원서동, 삼청동, 안국동, 인사동 등으로 구성된 지역은 약 900여 채의 전통 한옥들이 보존되고 현재에도 주민들이 살아가는 생활 터전이다. 조선시대에는 왕족과 최고위급 관료들이 거주하는 고급 주택 지역이었고 일제강점기 많은 변형이 있었지만 안국동 윤보선 가옥 등 일부는 옛 모습을 간직하여 서울 지역의 생활변천사를 살펴 볼 수 있다.

무엇보다 서울을 찾는 여행객이라면 북촌의 게스트하우스 시설 이용을 추천한다. 전통 부적과 민화를 전시하고 체험하는 가회박물관을 시작으로 자수박물관, 매듭박물관 등 한국의 전통을 살펴 볼 수 있는 전시장이 풍부하고 오래된 식당과 현대적 카페테리아 공간이 함께하는 삼청동 거리에서는 과거와 현재를 관통하는 멋과 맛의 여행을 즐길 수 있다. 대표적 전통문화 관광지역인 인사동과 경복궁, 창덕궁, 창경궁, 종묘, 광화문과 청계천 등 서울을 상징하는 탐방 지역들이 도보로 찾아 갈 수 있는 거리에 위치하여 가장 편리하고 효율적인 서울 여행을 즐길 수 있는 장소가 된다. 전통 한옥을 활용한 북촌문화센터에서는 외국인을 포함한 방문자들의 여행정보와 문화해설사의 북촌 안내가이드 프로그램 운영 등 소중한 여행정보를 얻을 수 있다.

북촌의 게스트하우스들은 각기 나름의 특색있는 문화 체험 프로그램과 한국 전통 음식 등을 준비하고 있어 홈페이지에서의 정보를 확인한 후 여행자의 취향에 알맞은 숙소를 선택하는 것이 중요하다. 사전 예약 또한 필수이다. **JMY**

북악을 닮은 기와지붕들이 나란히 있는 가회동 31번지 골목길을 따라 걸으며 기와지붕 너머로 보게 되는 서울 시내 풍경은 북촌을 둘러보는 또다른 묘미이다.

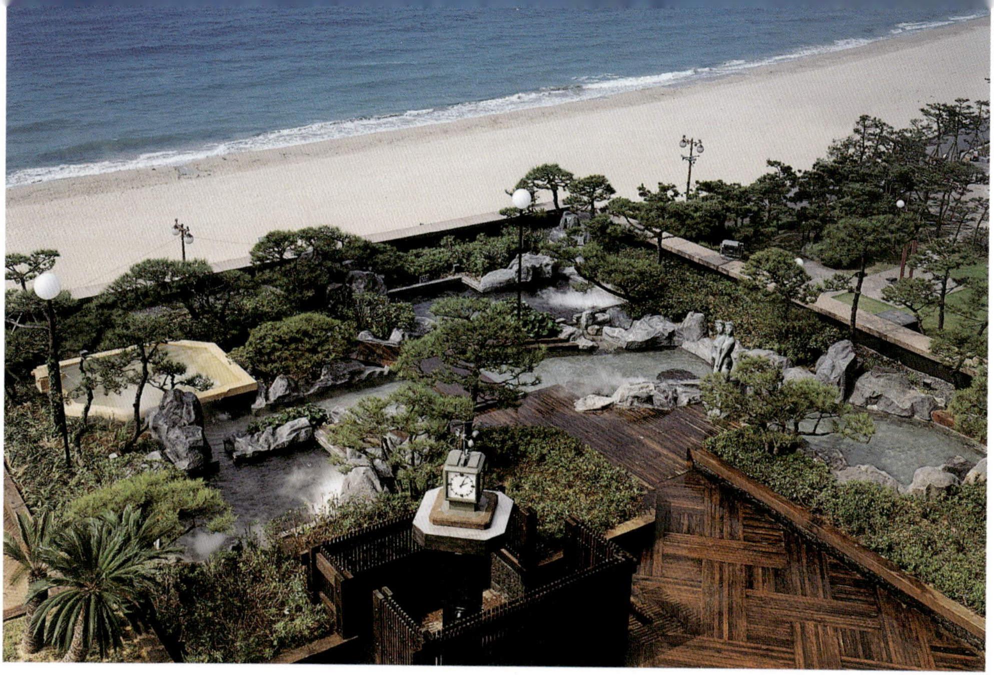

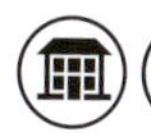

# 파라다이스호텔 부산 Paradise Hotel Busan

**Location** 부산 해운대구 중동 1408-5　　**Website** http://www.paradisehotel.co.kr　　**Price** 💲💲

부산 해운대는 자타가 인정하는 대한민국 최고의 해수욕장이다. 부드러운 해안선을 따라 바다와 하늘이 어우러지는 모습은 부산을 상징하는 경관으로 사랑받는다. 해운대의 가장 멋진 위치에 파라다이스호텔 부산이 자리하고 있다. 부산을 대표하는 특1급호텔이다 .

1987년 개관한 호텔은 본관과 신관으로 구성되어 있으며 2007년에는 본관 시설의 전면 개, 보수를 마쳐 트렌디한 인테리어 감각을 느낄 수 있다. 총 객실528개, 11개의 레스토랑 및 라운지, 노천온천과 수영장, 면세점 등 최고의 시설을 갖추고 있다. 세계 고급 호텔들만이 가입할 수 있는 LHW(The Leading Hotels of the World)연맹 부산 유일의 회원으로 럭셔리한 호텔로 손꼽힌다.

호텔 입구에 들어서면 만날 수 있는 로비라운지는 고급스러운 분위기와 함께 탁 트인 간결한 시야를 따라 천혜의 해운대 절경을 한 눈에 담는 아름다움이 있다. 해변 측 객실에는 해운대 바다가 한 눈에 들어오는 개별 발코니 시설을 갖추고 있으며 푸른 바다 경관은 사계절 이용 가능한 노천온천과 호텔 주변의 드넓은 정원에서도 감상할 수 있다. 호텔 곳곳에서 유명 작가들의 작품을 감상 할 수 있는 것 또한 이 호텔의 상징이다.

파라다이스호텔에서 가족 또는 연인과 함께하는 저녁 시간이라면 해운대 해수욕장과 인근 송정 해수욕장을 연결하는 야트막한 고갯길을 놓치지 말자. 솔숲 사이 은은한 조명을 따라 걷는 이곳의 이름은 문탠(Moontan) 로드. 달빛을 받으며 즐겨보는 '월광욕(月光浴)'은 고개마루 해월정에서 바라보는 바다의 아름다운 야경으로 절정을 이룬다.

고개 위 멋진 카페를 찾아 맛보는 차 한 잔도 잊지 못할 추억을 선물한다. **JMY**

🚩 유명 조각가의 작품과 깔끔하게 정돈된 정원 속에 있는 노천온천은 사계절 모두 이용 가능하다. 해운대의 풍경과 함께 즐길 수 있는 파라다이스의 노천 온천은 휴식의 또 다른 즐거움을 준다.

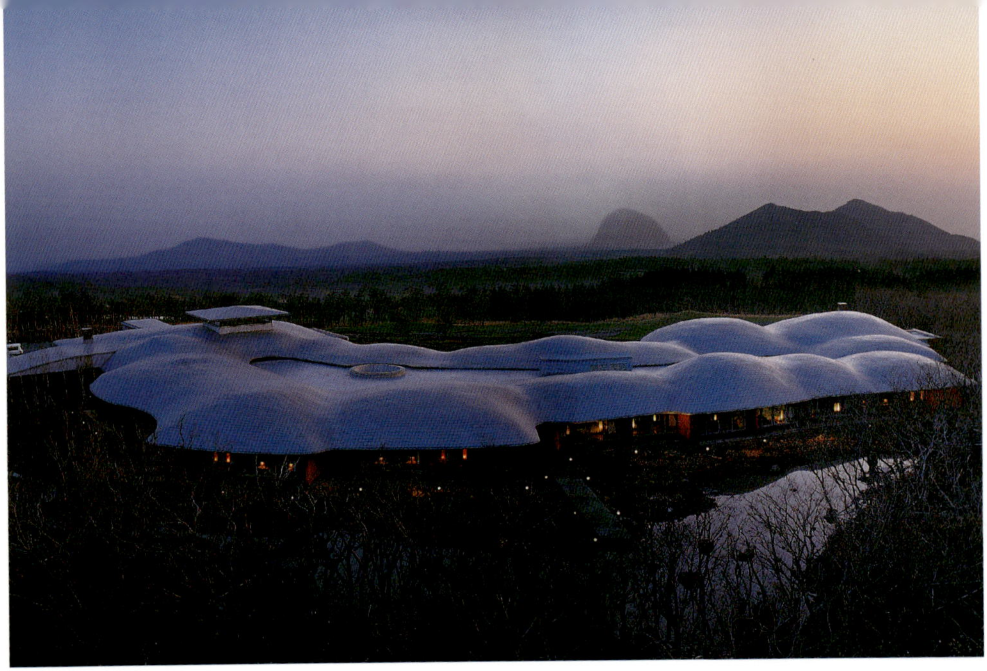

# 포도호텔 Podo Hotel

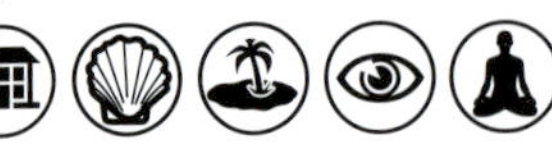

**Location** 제주특별자치도 서귀포시 안덕면 상천리 산 62-3 **Website** http://www.thepinx.co.kr/podohotel **Price** $ $

유네스코 세계자연문화유산으로 지정된 제주도의 자연을 가장 세련되고 편안하게 바라 볼 수 있는 장소를 선택하라면 이곳을 추천하고 싶다. 자연의 아름다움을 동양적 세련미로 단장한 건물은 하늘에서 바라본 모습이 마치 탐스럽게 영글어진 포도송이를 닮아 그 이름이 지어졌다.

제주 오름과 초가지붕의 부드러운 곡선을 주제로 만들어진 26개의 객실은 인공적 장식을 최대한 배제하여 제주의 생태를 표현한다. 더하여 객실에서 즐길 수 있는 아라고나이트 온천욕은 건강과 미용의 효과를 겸비한 최상의 휴식을 제공한다.

포도호텔은 세계적 예술가이자 건축가인 재일교포 이타미 준이 설계하였다. 그는 포도호텔과 이어지는 핀크스 골프 클럽하우스, 최고급 타운하우스인 비오토피아와 미술관, 방주교회의 자연친화적 설계로 2003년 프랑스 예술문화훈장 슈발리에를 수상하였다. 그의 작품은 자연과의 공생을 중요시하여 계절에 따라 변화하는 제주의 풍경을 현대건축으로 표현하고 있다.

작은 소품 하나까지 섬세한 배려를 담고 있는 포도호텔의 내부는 하늘을 향하여 열려 있는 실내정원 케스케이드에서 절정을 이룬다. 호텔 내부와 외부가 연결되는 이곳은 주변을 흐르는 작은 물길이 감싸는 자리로 계절 따라 다른 식물이 연출하는 분위기가 동양 전통 정원의 성숙한 아름다움을 현대 건축의 세련미로 표현한 걸작이다.

도시의 소음을 씻어내는 완전한 휴식을 위하여 제주를 찾는다면 포도호텔은 가장 적절한 장소이다. 제주 최고의 맛으로 미식 여행자들에게 소문난 레스토랑의 음식 또한 놓치기 아쉽다. **JMY**

⬆ 제주의 오름과 초가집을 모티브로 만들어져 하늘에서 내려다보니 한 송이의 포도 같다 하여 이름 붙여진 포도 호텔이다. 프랑스 예술문화훈장을 수상한 이타미 준의 국립기메동양미술관 '전통과 현대'에서 메인 작품으로 전시될 만큼 예술성이 높은 건축물로서 그 자체가 작품이고 갤러리 같은 호텔이다.

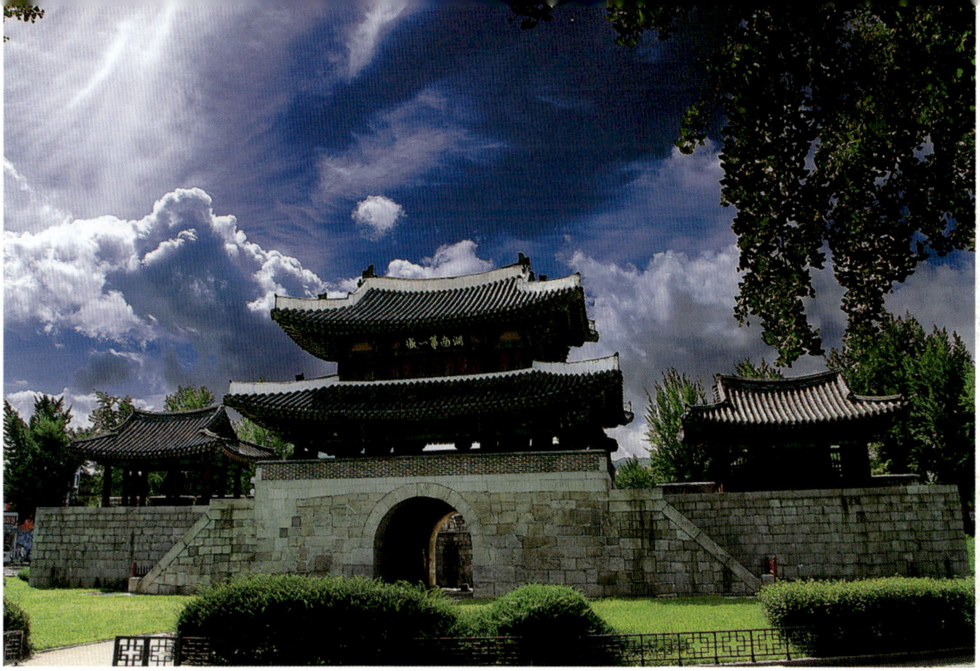

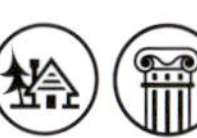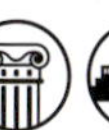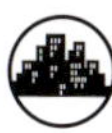

# 전주 한옥마을 Jeonju Hanok Maul

**Location** 전라북도 전주시 완산구 교동·풍남동 일대    **Website** http://hanok.jeonju.go.kr    **Price** $

전주 한옥마을은 인위적으로 조성한 한옥마을과는 격이 다르다. 사람들이 전주 한옥마을을 찾아오는 이유도 그 '살아 있는 맛' 때문이다.

삐걱거리는 대문을 열고 들어서면 마당 한쪽에선 빨래가 말라가고 있고, 울타리 없는 꽃밭에선 수선화, 봉선화, 백일홍, 국화가 철따라 피어난다. 불쑥 찾아온 손님을 보고 게으른 흰둥개가 가끔씩 컹컹 짖어대는, 그런 고즈넉한 마을이다.

한옥마을에 오면 일단 가방을 질러 메고 걸을 준비부터 하는 것이 좋다. 낮은 기와집 사이로 구불구불 나 있는 골목길을 걷다 보면 소살소살 옛이야기들이 흘러나오는 듯하다. 그렇다고 해서 밋밋한 생활가옥만 모여 있는 것은 아니다.

한옥생활체험관, 전통술박물관, 전통공예품전시관, 전통한방체험센터 같은 관람·체험 시설도 서운치 않게 들어서 있고, 부채, 한지, 목공예 분야의 명인들이 직접 기거하면서 교육도 하는 '명인들의 집'도 골목 구석구석에 자리 잡고 있다. 슬쩍 들어가 구경을 청해도 야박하게 거절하는 사람은 없다.

한옥마을의 정취는 '태조로'에서부터 시작된다. 태조 어진을 모시고 있는 '경기전' 앞에서 일직선으로 걷다 보면 한옥마을을 한눈에 내려다 볼 수 있는 '오목대'로 이어진다. 오목대로 올라가는 길은 산책로가 잘 조성되어 있어 쉬엄쉬엄 걷기에 딱 알맞다.

한옥마을은 아무리 천천히 걸어도 한두 시간이면 충분히 둘러볼 만한 작은 마을이지만 그 속에 담긴 깊이와 멋은 쉬 가늠하기 힘들다. 경기전, 전동성당, 학인당 등 조선시대부터 근현대사에 이르는 다양한 건축물을 보는 재미도 덤으로 얻을 수 있다. 이러한 재미와 가치 때문에 전주 한옥마을은 2010년도 '한국관광의 별'로 지정되기도 했다.

↑ '풍패의 남쪽'을 뜻하는 전주 '풍남문'은 조선 왕조의 발상지인 전주성 4대문 가운데 지금까지 남아 있는 유일한 보물급 문화재이다.

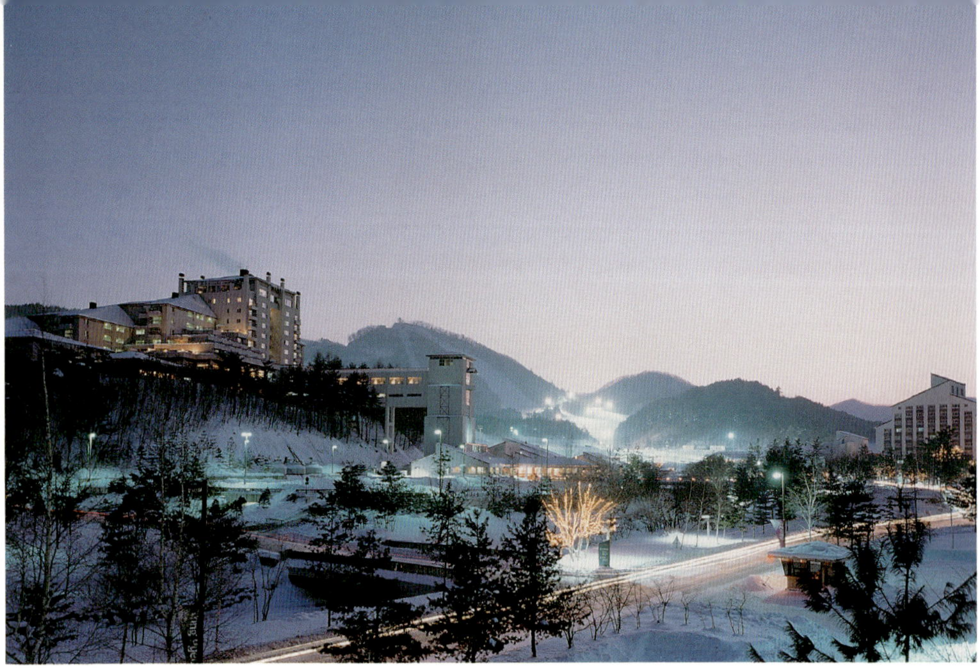

# 용평리조트 Yongpyong Resort

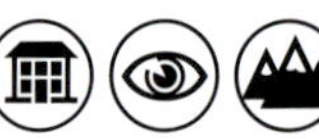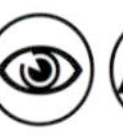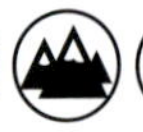

**Location** 강원 평창군 대관령면 용산리 130   **Website** http://www.yongpyong.co.kr   **Price** $$

강원도 평창 지역은 대한민국 자연의 허파 같은 곳이다. 첩첩 산으로 둘러싸인 계곡은 맑은 물과 공기를 흘려보내고 고산지대 드넓은 초원은 청정 농산물을 사람에게 선사한다. 생명의 기운을 한반도 이곳저곳으로 전달하는 맑고 푸른 땅이다.

1975년 평창을 가로지르는 태백산맥 줄기 발왕산(1,458m) 기슭으로 우리나라 최초의 스키장이 문을 열었다. 설원을 가르며 겨울을 즐기는 스키의 아름다움을 부러워하고 꿈꾸었던 사람들에게 새로운 겨울 스포츠 문화의 시작을 알리는 사건이었다. 이제는 매년 천만 인구가 즐기는 대중적 문화가 되었고 수많은 스키장이 전국으로 자리하지만 현재도 용평스키장과 리조트는 대한민국 겨울 스포츠의 중심 장소로 인정받는다.

용평리조트 스키장의 가장 큰 장점은 자연환경에 있다. 연평균 250m의 적설량을 보이고 평균기온이 낮아 11월부터 이듬해 4월까지 스키를 즐길 수 있는 국내 최적의 조건을 자랑한다. 소규모 관광호텔로 시작된 리조트 등 주변시설은 국제스키연맹(FIS) 공인을 받은 5면의 슬로프를 포함하여 총 28면의 슬로프가 있으며 호텔, 콘도, 유스호스텔로 구성된 총 2,268 객실의 숙박시설 및 수영장, 레스토랑 등 다양한 부대시설을 완비한 거대 종합 리조트로 발전하였다. 퍼블릭코스(9홀)의 대중골프장과 18홀의 용평골프클럽, 버치힐골프클럽 18홀이 함께 자리하고 있어 사계절을 아우르는 종합 레저 스포츠의 메카가 되었다.

리조트 주변 지역은 천혜의 자연 관광자원이 함께한다. 오대산 국립공원과 대관령 목장지대 등 고산지대를 시작으로 한반도의 중부를 가로지르는 한강의 최상류인 동강이 흐르고 있어 산과 강이 어우러지는 경관이 환상적이다. 무공해 농축산물과 청정자연을 고향을 찾은 듯 즐길 수 있는 수많은 농촌체험마을 또한 매력적이다. **JMY**

⬆ 대한민국 겨울 스포츠의 메카를 넘어 가족 구성원 모두의 연령대에 어울리게 즐기고 쉴 수 있는 사계절 종합 복합 레저타운이다.

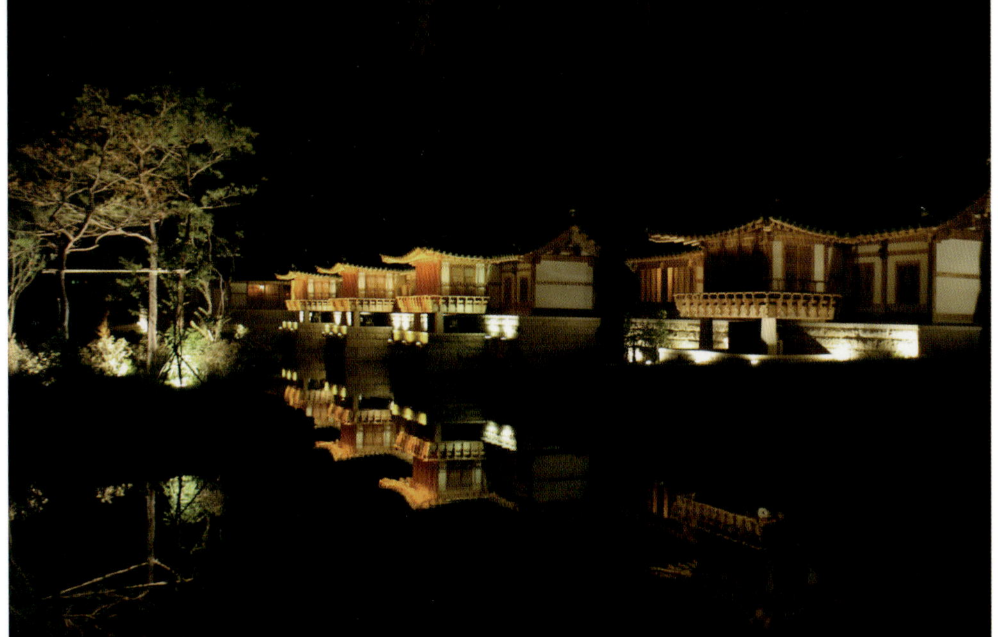

# 라궁 Ragung(Millennium Palace Resort & Spa)

**Location** 경북 경주시 신평동 719-70　**Website** http://www.smpark.co.kr　**Price** 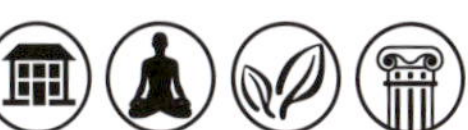

고대 한반도 삼국시대를 평정하고 통일신라의 찬란한 문화를 완성한 신라는 '천년의 왕국'이라 불린다. 오랜 시간(B.C 57~A.D 935) 동안 축적된 문화의 역량은 수도 서라벌 지역을 중심으로 놀랍도록 많은 유산을 남겼다. 거대한 야외박물관을 연상시키는 경주는 2000년 도시 전체가 UNESCO 세계문화유산으로 지정되었다. 신라왕실과 불교문화를 중심으로 구분된 다섯 곳의 경주 역사유적 지구는 주요 지역만을 둘러보아도 3, 4일의 시간이 필요하다. 2010년 새롭게 세계문화유산으로 지정된 경주 양동마을까지 둘러본다면 탐방의 범위와 시간은 더없이 길어질 것이다. 경주는 모든 사람들에게 결코 놓치지 말아야 할 탐방지로 추천하고 싶은 대한민국 역사 문화의 대표도시다.

'신라밀레니엄파크'는 신라의 문화를 압축적으로 살펴 볼 수 있는 최적의 장소가 되는 역사 체험 공간이다. 신라 귀족 마을 재현단지의 관람뿐 아니라 전통문화의 이해를 돕는 다양한 체험과 화려한 공연 프로그램이 상설 운영되어 과거로의 시간여행을 가능케 한다.

'신라밀레니엄파크'의 일부인 '라궁'은 한옥 특유의 기능성과 전통의 멋을 현대적 감각으로 재해석하여 만들어진 100여 개의 화랑으로 이어진 궁궐 양식의 특급 호텔 시설이다. 각각의 객실 구조는 독립된 전통가옥의 형식을 갖추고 있다. 마루를 중심으로 거실, 온돌방, 침실 등의 공간이 구분되어 독특한 한옥의 구조를 느낄 수 있다. 'ㅁ'자형 기와지붕으로 둘러 싸인 하늘을 바라보는 노천탕 시설이 객실마다 마련되어 사계절 최고급 알칼리성 온천욕을 즐기는 특별함을 제공한다. 문고리와 전등 등 작은 부분까지 한국 전통의 아름다움을 표현한 정성이 아름답다. 투숙객만을 위한 전용 시설로 전통 한정식을 즐길 수 있는 식당 공간도 매력적이다.

라궁과 마주보는 언덕의 한옥단지는 1664년 건립된 전통가옥 '숙재헌'이다. 350여 년 세월의 무게가 담겨있는 한옥을 찬찬히 살펴보자. **JMY**

⬆ 라궁의 후원은 투숙객의 휴식 및 산책로로 이용되며 은은한 조명으로 야경이 아름답다.

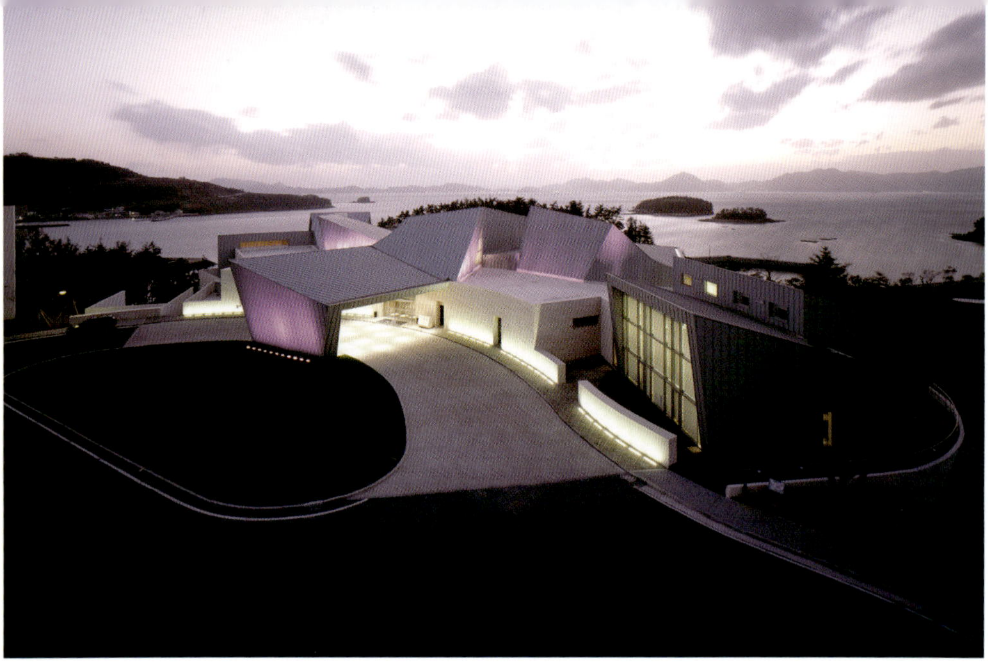

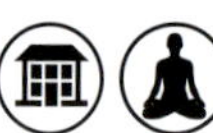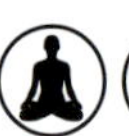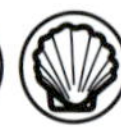

# 힐튼 남해 골프 & 스파 리조트 Hilton Namhae Resort

**Location** 경상남도 남해군 남면 덕월리 산 35-5  **Website** http://www.hiltonnamhae.com  **Price** $$

한반도의 남도 바다는 아름답다. 푸르른 바다 위로 옹기종기 피어나듯 자리하는 다도해의 작은 섬들이 어울리는 경관은 아름답다는 말로 표현이 부족하다. 남해대교의 건설로 육지와 연결된 섬, 남해는 그중에서 가장 아름답다.

400여 년 전 임진왜란 당시 나라의 운명을 구한 충무공 이순신 장군은 남해 앞바다 노량해전에서 파란만장한 생을 마감하였다. 역사 속 장소는 시간과 물결 따라 아픔을 지워내고 놓칠 수 없는 관광의 명소만을 남겨 놓았다. 금산 보리암은 바다와 하늘을 한눈에 담는 남도 최고의 수려한 풍경이고 산비탈 경사를 따라 층층으로 자리하는 다랭이논의 정취는 대한민국 자연경관을 상징한다. 해양심층수 온천의 따뜻함과 청정바다가 전하는 풍부한 먹거리 또한 매력적이다. 남해 읍내에서 시작되는 77번 해안도로는 남해의 바다를 벗 삼아 즐기는 최고의 드라이브 코스다. 상주해수욕장까지 연결되는 도로의 중심에 아름다운 리조트가 자리한다.

힐튼 남해 리조트는 자연과 어우러지는 휴식을 제공하는 멋진 보금자리다. 전체 22만 평, 18홀 코스의 골프장은 지중해를 연상시키는 쪽빛 바다를 배경으로 펼쳐지는 푸른 색 그린의 경관이 환상적이다.

남도 바다 물결이 육지로 올라온 듯 지형의 흐름을 따라 자리하는 150객실 스위트룸 리조트와 20개의 그랜드 빌라는 골프장과 바다를 바라보는 포근한 휴식을 제공한다. 특히 그랜드 빌라는 2층 구조의 독립 건물 내부로 개인 수영장과 정원이 준비되어 더욱 고급스러움을 자랑한다.

품격 높은 레스토랑과 야외 수영장, 연회장, 회의실, 바다를 조망하는 티 하우스 등 부대시설도 훌륭하지만 이 리조트의 특별한 매력은 최고급 수준의 스파 시설이다. 바다와 하늘을 바라보며 즐기는 실내외 스파와 더불어 즐기는 다양한 테라피 프로그램으로 진정한 휴식의 기쁨을 느낄 수 있다. **JMY**

⊠ 현대적이면서 자연 그대로인 듯한 디자인이 절묘한 조합을 이루고 있으며 18홀의 PGA 챔피언쉽 골프 코스와 최고급 스파 시설을 갖추고 있다.

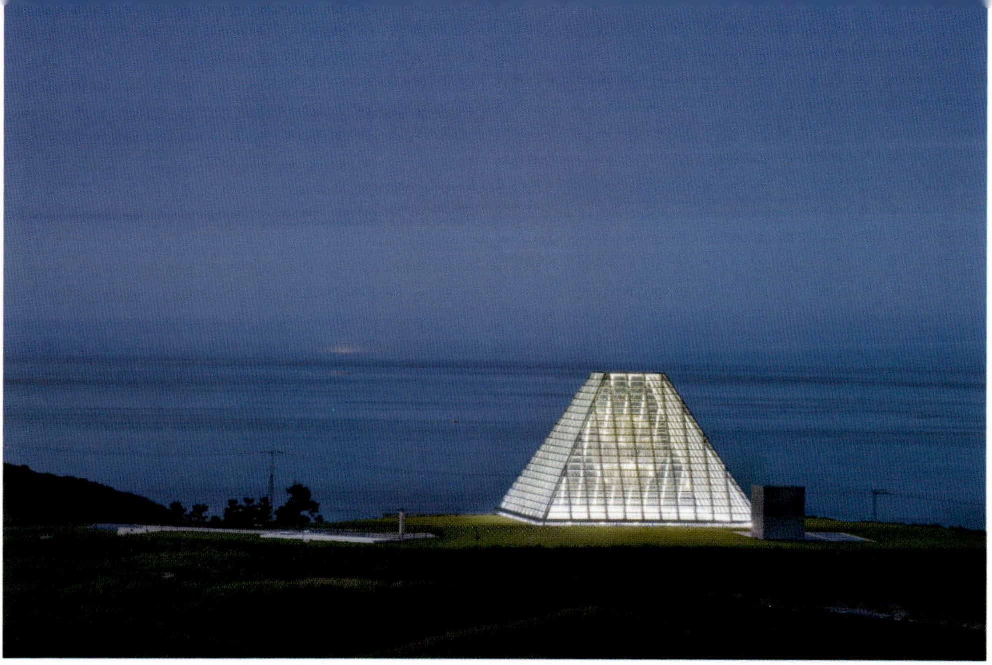

# 휘닉스 아일랜드 Phoenix Island

**Location** 제주도 서귀포시 성산읍 고성리 172    **Website** http://www.phoenixisland.co.kr    **Price** ⑤⑤

UNESCO 세계자연유산인 제주도는 생물권보전지역이자 세계지질공원으로 동시에 인증 받는 유일의 장소다. 섬 전체가 인류문화의 보물로 보호되어야 할 가치를 지닌다. 어느 곳 하나 지나칠 수 없는 아름다움을 간직하지만 제주 동쪽 해안을 바라보는 작은 언덕 섭지코지와 분화구 성산일출봉은 자연의 감동을 느끼게 하는 특별함이 있다. 섭지코지를 배경으로 자리하는 휘닉스 아일랜드는 자연과 인공의 가장 멋진 조화를 보여주는 제주의 대표적 휴식의 장소가 아닐까 생각된다. 단순하게 보이는 작은 조형물의 위치까지 조화를 위한 세심한 배려가 찾아오는 사람들의 탄성을 자아내게 만든다.

리조트 시설인 '벨라테라스'와 최고급 별장 형태의 빌라 '힐리우스'를 중심으로 만들어진 공간은 세계적 건축가이자 미술가인 마리오 보타와 안도 타다오의 작품 세상이다. 돌과 흙, 햇살과 바다, 그리고 제주의 바람을 상징하는 건축물들은 바라보는 것만으로 아름다움의 감동을 준다.

전망대 식당과 테라스 가든으로 구성된 글라스 하우스, 유리 피라미드 형태의 독특한 구조로 휘트니스 센터와 수영장 등을 담고 있는 아고라 등도 특별하지만 제주의 깊은 곳으로 열려 있는 듯 기하학적인 모습을 한 지니어스 로사이는 휘닉스 아일랜드의 이념을 상징한다.

공간의 체험을 통하여 사람들의 마음속에 기억되는 건물을 구상하였다는 안도 타다오의 의도는 자연과 호흡할 수 있는 고품격 명상센터로 표현되었다. 길게 뻗어나는 현무암 사잇길로 타원형의 꽃밭을 따라 걸어가는 입구는 생소함을 느끼게 만들지만 건물 내부에서 바라보는 제주 자연의 모습들은 어머니의 품속에서 느끼는 편안함을 준다. 진정한 휴식의 감흥을 경험할 수 있다. 바다를 바라보는 숙소 주변 야생화와 억새가 어우러지는 경관 사이를 걸어보자. 환상적이다. **JMY**

⬆ 스위스의 건축가 마리오 보타가 설계한 멤버스 클럽하우스 아고라. 유리 피라미드 형태의 야간 조명이 주변 자연 경관과 어우러져 환상적인 풍경을 연출한다.

# 다타이 Relax at Datai

**Location** 말레이시아 랑카위
**Website** www.ghmhotels.com　**Price** ⑤⑤⑤

랑카위의 태고적 열대우림 속에 아름답게 감싸여 있는 다타이는 진정한 휴양 낙원이다. 랑카위 섬에서도 비교적 개발이 덜 된 북쪽 해안에 위치하고 있으며, 안다만 해를 바라보는 호화로운 모래밭이 그 앞에 펼쳐져 있다. 푸르른 정글을 배경으로 아늑하게 자연에 녹아들어 있는 이 멋진 리조트는 오픈에어 산책로, 파빌리온, 물속의 기둥을 박아 세운 오두막 같은 빌라들을 갖추고 있으며, 주변의 녹색 환경과 야생 동식물은 손가락 하나대지 않고 살아 숨 쉬게 그대로 두었다. 끽끽거리는 원숭이와 커다란 날다람쥐가 이 나무에서 저 나무로 뛰어다니고, 도마뱀붙이와 도마뱀은 햇빛이 잘 드는 곳에서 빈둥거리고 있다. 이 곳 주민인 환경보호 활동가가 리

---

*"다타이 만은 랑카위 섬에서도*
*최고의 해변—새하얀 모래와*
*정글로 덮인 절벽을 자랑한다."*

앤드류 캐치폴, 『가디언』

---

조트를 에워싸고 있는 처녀우림 속 거친 길을 누비며 자연 탐사 산책을 시켜 주면서 새와 박쥐를 보여준다.

　이 화려한 리조트에서의 스테이는 정말로 호화롭다. 보스 사운드 시스템, 몰튼 브라운 화장품, 손님 한 명한 명의 이름을 전부 기억하는 스태프들까지. 오픈에어 레스토랑에서 최고급 타이 요리를 먹고 싶다면 물에 기둥을 박아 만든 레스토랑 "파빌리온"으로 가자. 오픈에어 스파로 슬슬 걸어가면 따뜻한 돌 마사지부터 아로마테라피 발 각질 제거까지 시그니처 트리트먼트를 받을 수 있다. 리조트의 골프 코스는 한쪽은 안다만 해, 다른 한쪽은 마트 친캉 산맥으로 가로막힌 열대우림 속에 그림처럼 펼쳐져 있다. 움직이는 걸 좋아하는 사람이라면 자전거를 빌리자—자동차를 거의 찾아볼 수 없는 섬을 탐방하기에 최고의 방법이다. **JK**

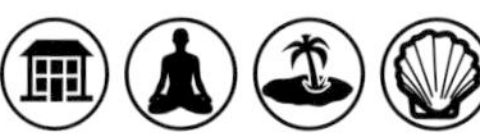

# 팡코르 라우트 Unwind at Pangkor Laut

**Location** 말레이시아 팡코르
**Website** www.pangkorlautresort.com　**Price** ⑤⑤

페닌슐라 말레이시아(말레이시아 국토 중 말레이 반도에 위치해 있는 지역. "말라야"라고도 함)의 서쪽 해안에 위치한 팡코르 라우트 리조트는 1994년 개장하였다. 이 리조트를 세운 사람은 다름 아닌 성악가 루치아노 파바로티인데, 파바로티는 이 섬을 보고 한눈에 사랑에 빠져 "신께서 어떻게 이렇게 아름다운 낙원을 만드실 수 있단 말인가" 하고 감탄했다고 한다. 팡코르 라우트의 아름다움은 그저 겉으로 보이는 게 전부가 아니다. 스타일도 스타일이려니와 최고급 시설과 훌륭한 서비스를 경험할 수 있다. 럭셔리한 객실 중에서도 가장 화려한 곳은 파바로티 스위트이다. 침실 2개짜리 우아한 스위트로 천장을 열 수 있는 욕실과 바다를 내려다보는 널찍한 발코니가 딸려 있어, 열대우림 높은 곳에서 굽어보는 섬의 최고 전망을 즐길 수 있다.

　우아하고 현대적인 레스토랑 "피셔맨즈 코브"에서 맛있는 향토 요리를 먹자. 여기서는 스파 빌리지 정원에서 기른 허브 등 직접 재배한 재료만을 사용하여 신선한 해산물 요리를 선보인다. 그러나 진짜로 특별한 무언가를 원한다면 레스토랑보다도 빌라, 또는 별빛 아래 에메랄드 만의 백사장에서 프라이빗 다이닝의 호사를 누리도록 하자.

　팡코르 라우트에서의 느긋한 삶은 스파 빌리지에서도 이어진다. 천연 자원과 치유 의학의 역사가 풍부한 이 지역에서 영감을 얻은 온갖 종류의 트리트먼트를 받을 수 있다. 전통 말레이시아 마사지로 말할 것 같으면, 오랫동안 두드리고 주무른 뒤, 계피와 시트로넬라를 포함한 이 지역 자생 식물로 만든 특별한 오일을 발라주는데, 몸 깊숙한 곳의 피로까지 싹 풀리는 것 같다. 그러나 진짜 호사의 절정은 "벨리안 스파 파빌리온"에서의 스파 체험이다. 야외 월풀 욕조와 요가 파빌리온, 낮잠을 즐길 수 있는 정자, 스팀 룸, 그리고 프라이빗 트리트먼트 공간이 있다—놓쳤다간 틀림없이 후회할 것이다. **HO**

# 페렌티안 제도 Explore Perhentian Islands

**Location** 말레이시아 페렌티안 제도
**Website** www.perhentian.com.my   **Price** Ⓢ

페렌티안 제도는 말레이시아의 동쪽 해안에 떠 있으며, 해변 휴양지가 얼마나 완벽할 수 있는지를 보여주는 곳이다. 두 개의 섬 중에서 고르도록 하자. 더 큰 쪽인 페렌티안 베사르는 가족 휴가나, 좀더 조용히 휴식을 즐기고 싶어하는 이들에게 적당하다. 페렌티안 케실은 예산에 민감한 배낭여행객이 즐겨 찾는 곳이다. 어느 섬이든, 어느 쪽이든 야자나무이 늘어선 해변이 몇 군데나 있다. 해변에서 구부러진 길을 따라 정글로 덮인 내륙으로 들어가면 숙박 시설을 고를 수 있다.

대부분의 방문객은 며칠 동안 야자나무 아래 늘어져서 빈둥거리기 위해 이 곳을 찾지만, 그 외에도 할 수 있는 것이 몇 가지 더 있다. 스노클링과 다이빙이 대표

> "페렌티안 제도는 정말 멋진 곳이다…
> 길도 없고, 대규모 관광도 없고…
> 정말 축복 같다."
>
> 잭 바커, 『인디펜던트』

적인 예로, 다이빙 학교 간의 경쟁 덕분에 페렌티안은 세계에서 가장 싼값에 다이빙을 할 수 있는 곳이기도 하다. 산호초 주변에서는 초록 거북과 검정지느러미상어를 볼 수 있으며, 그 외에도 조개, 뱀장어, 바다뱀, 갑오징어 등이 흔히 나타난다. 가이드와 함께 하는 정글 트레킹도 가능하며, 혼자서 물에 나가보고 싶다면 카약을 빌릴 수도 있다.

어쩔 수 없는 일이겠지만, 이 섬들도 점차 개발에 노출되고 있다. 특히 페렌티안 케실의 롱 비치에는 점차 이런저런 건물이 들어서고 있다. 다른 해변에는 기껏해야 리조트 하나, 어떤 해변은 아예 인공적인 것이 하나도 없는 곳도 있다. 2월부터 10월까지의 성수기에는 정말로 사람이 많다. **JD**

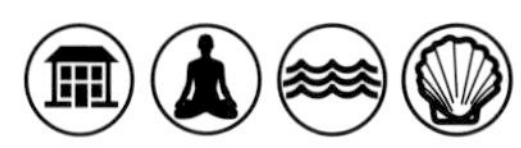

# 아리아니 Recharge at the Aryani

**Location** 말레이시아 테렝가누
**Website** www.thearyani.com   **Price** Ⓢ

옛 술탄의 왕궁에서 영감을 얻은 아리아니는 전통 성채 양식으로 지어졌으며, 전반적으로 고전 말레이 건축 양식을 보여주고 있다. 말레이시아에서 해안선이 가장 길고 백사장, 해양 공원, 최고급 스노클링과 다이빙 사이트가 많은 동쪽 해안에 위치한 아리아니는 따뜻한 남지나해 가장자리, 쿠알라 테렝가누의 어촌에 자리잡고 있다.

이 곳은 긴장을 풀기 쉽고 즉각적으로 자연과 하나가 될 수 있는 환상적인 휴양지이다. 믿기지 않는 마사지나 페이셜 트리트먼트를 받으며 꿈 속에 떠 있는 듯한 기분을 맛보자. 원시적인 새하얀 풍경 속에서 트리트먼트를 받고 싶은 스파 공주라면, 다른 곳이 더 나을지도 모른다. 코코넛나무의 커다란 잎, 바나나 나무, 열대 꽃 사이에 자리잡고 있는 아리아니의 스파 "헤리티지"는 옛 말레이 건물을 원래 그대로의 느낌대로 복원한, 물 속에 박은 말뚝 위에 떠 있는 나무 오두막이기 때문이다. 나무로 만든 벽 사이의 작은 틈으로 싱싱한 꽃 향기가 흘러 들어오며, 타일을 발라 차가운 느낌이 드는 트리트먼트 룸 대신 럭셔리한 트리 하우스에 들어와 있는 듯한 기분이 든다. 여기서는 산소 페이셜 트리트먼트를 받을 필요가 없다. 창문으로 들어오는 신선한 바닷바람과 이국적인 향기가 알아서 트리트먼트를 해 주기 때문이다.

바닥의 쿠션 위에 누워 마사지와 스크럽을 받으며 허브, 스파이스, 과일, 꽃으로 생기를 되찾자. 향긋한 재스민, 열대 목련, 장미 꽃잎이 가득한 옥외 욕조에 몸을 담그고 있는 동안, 그늘을 만들어 주는 프랑기파니 관목 잎 너머로 파도가 해안에 와서 부딪힌다. 그런 다음 풀라우 비치 클럽에서 아리아니의 시그니처 음료인 시원한 레몬그라스 티를 홀짝이자. 아리아니의 부유하고 귀족적인 분위기는 술탄이 된 듯한 기분이 들게 만든다. **SjD**

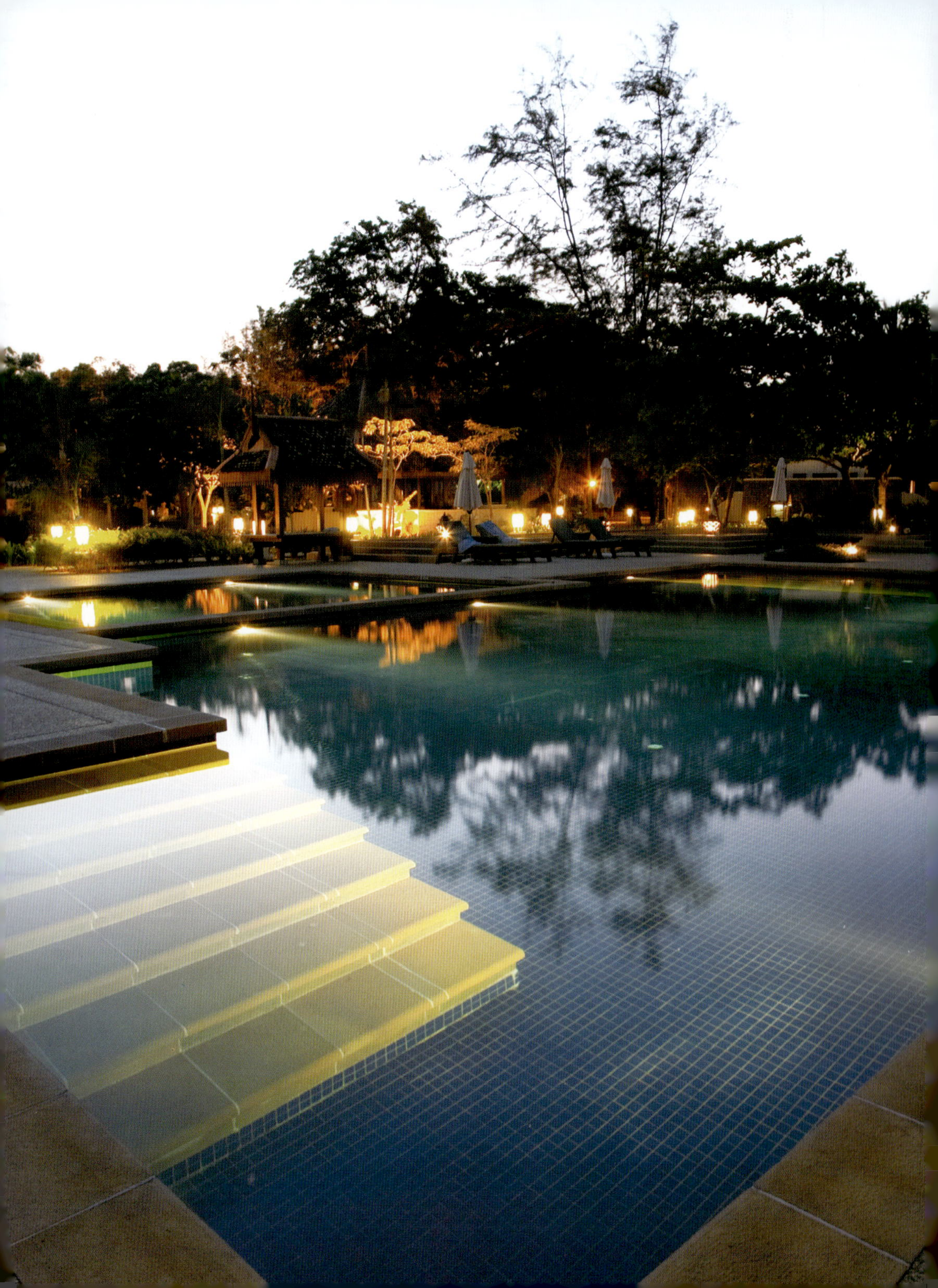

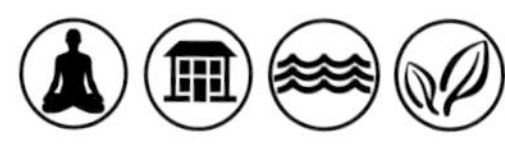

# 탄종 자라 Relax at Tanjong Jara

**Location** 말레이시아 테렝가누
**Website** www.tanjongjararesort.com  **Price** 💲💲

탄종 자라 리조트에서는 말레이시아의 역사에 젖어 보는 것이 가능하다. 고대 수키무르니 철학이 영혼의 정화, 건강 웰빙을 증진시켜 준다. 그 중에서도 역시 수상 경력을 자랑하는 호화로운 "스파 빌리지"가 제일이다.

옛 말라카 술탄의 시대 이래 수 세대에 걸쳐 전해내려 온 트리트먼트 비법이 현대인의 필요에 맞게 되살아났다. "아삼 로젤"은 히비스커스의 빨간 꽃의 치유력을 사용한 릴렉스 마사지, 크리미한 스크럽, 몸에 활력을 되찾아 주는 차로 얼굴의 혈색을 좋게 하고 신장 기능을 향상시켜 준다. 전통적인 말레이시아 마사지, 꽃잎 목욕, 향기 그윽한 스팀 룸이 모든 긴장을 사라지게 한다.

말레이시아의 동쪽 해안에 위치한 탄종 자라는 바다를 바라보는 17ha의 부지 한가운데 자리잡고 있다. 야자나무로 둘러싸인 객실은 말레이시아의 왕들이 살았던 17세기 왕궁에서 영감을 받았다. 이 지역 장인들이 손으로 만든 티크목 바닥과 높은 천장은 열대의 뜨거운 더위로부터 시원한 휴식처를 제공한다. 정오에는 그날 바다에서 잡아온 싱싱한 생선이 도착했음을 알리는 종이 울린다. 강 위에 자리잡고 있는 레스토랑 "디 아타스 순게이"에서 맛있는 향토 요리를 맛보거나, 해변에서 횃불 아래에서 저녁식사를 즐길 수 있는 생선 요리 레스토랑 "넬라얀"으로 가자.

주변 자연에는 발견할 것이 너무나 많다. 강에서 낚시를 하거나, 자전거를 타고 인근 마을을 돌아보거나, 정글 트레킹을 나서 이 지방에서 가장 높은 폭포까지 가보자. 또는 리조트의 셰프와 함께 말레이시아 쿠킹 클래스에 참여해 보자. 멸종 위기에 처한 자이언트장수거북이 알을 낳기 위해 가까운 해변으로 올라오고, 사람의 발길이 닿지 않은 섬은 낙원이나 다름없다. **AD**

[illegible]ём 7개의 환상적인 스파 트리트먼트 파빌리온은 고요한 정원과 풀장으로 둘러싸여 있다.

# 구눙 물루 Discover Gunung Mulu

**Location** 말레이시아 구눙 물루
**Website** www.mulupark.com/index.htm  **Price** 💲

말레이시아령 보르네오 섬 북부, 해안 도시 미리(Miri)에서 비행기로 2시간 정도 걸리는 구눙 물루 국립공원은 UNESCO 세계 유산으로, 땅 위와 땅 아래 모두에서 환상적인 풍경을 자랑한다. 열대우림으로 뒤덮인 이 공원에는 세계 최고의 절경을 자랑하는 동굴들이 있다—그 중에는 세계 최대의 지하 동굴인 사라왁(Sarawak) 동굴도 있는데, 길이가 700m, 높이가 70m나 된다.

과학자들은 이 공원의 지하에 있는 통로를 300km까지 파악하여 기록했으나, 방문객들은 가이드 동반 하에 정해진 동굴 4개만 관람할 수 있다. 난이도에 따라 분류되어 있는데, 사라왁 동굴이 가장 까다롭다고 알려져 있다. 사라왁 동굴 투어에 참여하려면, 동굴 탐사 경

> "종유석이 매달린
> 놀랄 만한 동굴들… 힘들여
> 구경할 만한 가치가 있다."
>
> 벤 데이비스, 『데일리 텔레그라프』

력이 있어야 하지만, 좀더 쉬운 다른 3개의 동굴 중 하나만 다녀와도 조건을 충족할 수 있으니 아쉬워할 필요는 없다.

이 지역 지형을 구성하는 석회암 산맥이 지표면 아래 물 때문에 침식되면서, 땅 위로 가파르게 솟아오르거나 푹 꺼진다. 공원 관리본부에서는 다양한 가이드 투어를 제공하고 있으며, 하이라이트로는 세계에서 가장 긴 나무 위 산책로인 "물루 캐노피 스카이워크(Mulu Canopy Skywalk)", 구눙 아피(Gunung Api) 근처에서 솟아오른 면도날처럼 날카로운 카르스트 지형 "피너클(Pinnacles)"의 스펙터클한 풍경이 있다. **DaH**

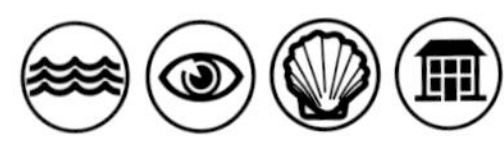

# 랑카얀 섬 Dive at Lankayan Island

**Location** 말레이시아 사바 주 랑카얀 섬
**Website** www.lankayan-island.com   **Price** 💲💲

말레이시아령 보르네오 섬 해안, 술루(Sulu) 해의 외로운 섬 랑카얀 아일랜드 다이브 리조트에 가까워지면, 정말로 "모든 것을 다 떠나온 듯한" 느낌이 들기 시작한다. 새파란 물을 가르며 파도 사이로 90분 동안 스피드보트를 달리면 낙원의 섬이 눈에 들어온다. 만조 때 면적이 4ha인 이 리조트는 야자나무로 둘러싸여 있으며, 해안에는 새하얀 모래가 깔려 있다. 이 섬은 너무 작아서 15분이면 해안 일주가 가능하다.

객실은 이엉 지붕을 올리고 티크목으로 만든 오두막으로, 전망을 즐길 수 있는 널찍한 발코니가 딸려 있다. 해변의 모래 위에는 단단한 목재로 만든 의자가 놓여 있어, 느긋한 오후를 보낼 수 있다. 객실 앞의 나무마다

> "다이빙 사이트는 믿기지 않을 정도로 다채로운 동물군을 자랑한다… 그리고 고래상어가 정기적으로 등장한다.."
>
> diveborneo.com

해먹이 매달려 있다. 완만하게 경사진 해변에서 따뜻한 바닷물로 들어가 수영을 즐기자. 그런 뒤 제방으로 걸어가 광대물고기부터 새끼 상어, 거대한 불가사리까지 수백 종의 열대어가 우글거리는 물 속을 들여다보자. 섬은 해양 보존 지역의 보호 구역 내에 위치하고 있어, 제트스키나 파워보트 레이싱, 낚시는 허용되지 않는다. 대신 다이버들에게는 완벽한 곳이다. 산호초나 해저 난파선을 탐방해 보고 노랑가오리, 해우, 바라쿠다 등을 찾아보자.

성수기가 되면 초록바다거북과 대모거북이 이 섬으로 올라와 알을 낳는다. 물 아래에서 어슬렁거리는 작은 검정지느러미상어를 구경하며 오픈에어 테라스에서 저녁을 먹자. **AD**

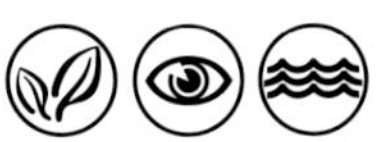

# 타빈 야생동식물 보호구역 See Tabin Wildlife Reserve

**Location** 말레이시아 사바 주
**Website** www.tabinwildlife.com   **Price** 💲

말레이시아령 보르네오 섬에 있는 사바 주, 타빈 야생동식물 보호구역의 디프테로카프 숲은 지구상에서 최고의 생물학적 다양성을 자랑하는 곳이다. 오랑우탄 외 8종의 영장류와 이 지역에서 가장 몸집이 큰 포유류 3종—수마트라 코뿔소, 아시아 코끼리, 그리고 템바다우, 밴팅(동남아 원산의 물소)—이 서식하고 있으며, 야생 동식물의 보존에 결정적인 역할을 하고 있다.

12만 헥타르가 넘는 보호구역 내에는 7개의 머드 화산과 짠물 샘이 있는데, 샘물의 광물질 함량이 높아 공원 내에 사는 수많은 동물이 모여든다. 머드 화산은 포유류와 조류가 모두 자주 오가는 곳으로, 이 지역의 동물군을 관찰하기에 이상적이다. 실제로, 조류관찰자들은 타빈에서 하루 종일 지내면서 220여 종의 조류를 찾아보곤 한다.

비교적 외진 위치임에도 불구하고 접근성도 용이한 편이다(사바 주의 주도인 코타 키나발루에는 국제 공항이 있다). 또 현대적인 설비를 갖춘 안락한 숙박시설도 있다. 총 20개의 호텔—이 중 절반은 강가에, 나머지 10개는 언덕에 있다—덕분에 야생 자연 속에서 지낸다고 해서 꼭 불편할 필요는 없다. 티끌 하나 없이 깨끗한 목조 방갈로에는 더블베드가 놓여 있으며, 뜨거운 샤워가 가능한 개인 욕실과, 굳이 가까이 가지 않아도 주위의 원시림을 바라볼 수 있는 아늑한 발코니가 딸려 있다. 타빈 야생동식물 보호구역은 21세기의 편의를 희생하지 않고도 야생 자연을 경험할 수 있는 이들에게 완벽한 곳이다. **DaH**

# 키나발루 국립공원 Explore Kinabalu National Park

**Location** 말레이시아 사바 주
**Website** www.sabahparks.org.my  **Price** ❶

높이 4,095m. 말레이시아에서 가장 높은 산봉우리가 자랑스럽게 키나발루 국립공원을 내려다보고 있다. 이 공원이 특별한 이유는 산 정상 부근의 아고산대(亞高山帶) 식물군부터 저지대의 열대 경목림까지 다양한 기후를 보여주기 때문이다. 이러한 다양성 덕분에 6,000종이 넘는 식물이 번창하고 있으며, 이 중 다수는 키나발루 안에서만 볼 수 있다. 이러한 이유 때문에 키나발루 국립공원은 2000년에 UNESCO 세계유산으로 지정되었다.

아마도 공원에서 가장 유명한 식물은 사바 주의 공식 꽃인 래플시아일 것이다. 아홉 달에 한번, 단 며칠간만 꽃을 피우는데, 오랫동안 기다릴 가치가 있다. 래플시아는 세계에서 가장 큰 꽃으로, 오렌지빛을 띄는 빨간 점박이 꽃은 크기가 약 1m나 된다. 보기에는 멋질지 모르지만, 냄새는 끔찍하다. 래플시아는 "시체 식물"이라는 불명예스러운 별명이 붙어 있는데, 썩은 고기 냄새를 풍겨 파리가 모여든다.

화강암 비탈을 올라가는 정상으로의 트레일은 힘들기는 하지만 하이킹족들에게 인기가 높다. 정상 근처에 있는 산장에서 하룻밤을 머물며 이틀에 걸쳐 공략하는 쪽을 추천한다. 밤나무와 참나무 숲에서 시작하는 트레일은 선명한 노란색의 민들레와 이국적인 난초꽃이 양쪽에 피어 있다. 고도가 높아지면서 초목의 수가 줄어든다. 다양한 낭상엽(囊狀葉) 식물과 벌레를 잡아먹는 보기 드문 볼(bowl) 모양의 꽃이 보인다. 정상에서 가까워지면 나무를 거의 볼 수가 없다. 대신 이끼와 억센 풀이 바위투성이 비탈을 덮고 있다. 산꼭대기에 오르면 보르네오 섬의 최고 전경을 감상할 수 있다. **JP**

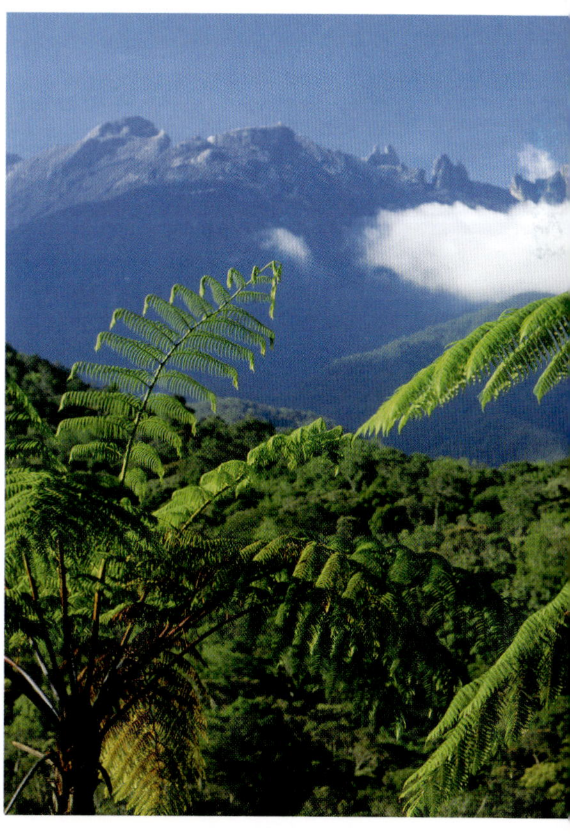

> "(키나발루에는) 온천과 나비 농장,
> 거북 외에도 1,000종이 넘는
> 난초가 서식하고 있다."
>
> 레슬리 리더, 『데일리 텔레그라프』

↗ 뾰족뾰족한 정상이 구름에 가려 있는 키나발루 산은 사바의 스카이라인을 지배하고 있다.

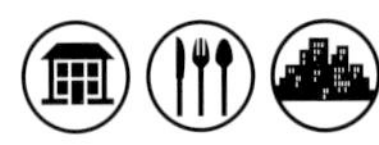

# 풀러튼 호텔
Unwind at Fullerton Hotel

**Location** 싱가포르
**Website** www.fullertonhotel.com  **Price** ⑤⑤

풀러튼 호텔의 휘황찬란한 "포스트 바에서 소용돌이치는 리찌 마르티니를 마시는 것이야말로 싱가포르에 "도착"한 기분을 만끽할 수 있는 최고의 방법이다. 싱가포르의 아이콘인 멀라이언(머리는 사자이고 몸은 물고기인 싱가포르의 상징) 상과 호텔 현관 앞으로 구불구불 흘러가는 은빛 싱가포르 강 덕분에 아주 특별한 기분이 드는 호텔이지만, 포스트 바의 시그니처 마르티니야말로 가장 인상적이다. 비교적 최근에 세워진 풀러튼 호텔은 아시아의 톱 호텔 리스트 상위권에 혜성처럼 등장한 이래, 그 지위를 계속 유지하고 있다.

1920년대 작품인 고전적인 건축 양식—눈에 띄는

---

> "풀러튼 호텔의 인피니티 풀은 싱가포르 강을 내려다보고 있으며, 도시의 스카이라인의 환상적인 전망을 선사한다."
>
> 『콩데 나스트 트래블러』

---

도리아식 기둥과 코니스, 격자 천장으로 장식된—은 둘째치고, 정말 대단한 것은 훌륭한 시설과 퍼스널 서비스이다. 첨단 기술을 제대로 도입했다. 필리프 스타르크가 디자인한 욕실에 설치된 가젯에 이르기까지 말이다. 진짜 게으른 사람이라면 침대 옆에 있는 세련된 컨트롤 패널에 군침을 흘릴 것이고, 만약 향수병을 느낀다면 IT 컨시어지가 멀티미디어 트롤리를 밀고 와서 웹캠을 설치해 줄 것이다. 심지어 랩탑 충전을 위한 전력 아울렛도 있다.

그 누구라도 일생에 한번은 풀러튼 같은 호텔에 묵어 봐야 한다—단 하룻밤이라도 말이다. 소문에 의하면 풀러튼의 프레지덴셜 스위트는 여왕에게나 어울리는 공간이라고 한다. **TM**

# 부나켄 국립 해양 공원
Explore Bunaken National Marine Park

**Location** 인도네시아 순다 주 술라웨시 섬
**Website** www.divetheworldindonesia.com  **Price** ⑤

지구상에서 최고의 해양 생물 다양성을 자랑하는 부나켄 국립 해양 공원은 술라웨시 섬의 북쪽에 위치하며, 다이버들의 낙원이다. 89,000헥타르의 바다 위에 나인, 실라덴, 만테하게, 마나도 투아, 부나켄 섬이 떠 있다. 주변 해역에는 필리핀 전국에서 볼 수 있는 것과 같은 수의 어류가 서식하고 있으며, 인도양-태평양 서부에 서식하는 해양 생물의 70%가 이 곳에 있다.

공원 내에는 바라쿠다, 돌고래, 기흉상어, 노랑가오리, 거북, 심지어 고래와 듀공까지 살고 있다. 이 지역에는 또 70속(屬)의 산호초—하와이의 10속과 비교해 보라—가 자라고 있다. 부나켄 섬의 가파른 산호초 벽에는 야생 해양 생물이 우글거린다. 이 산호초들은 밤에는 특히 더 아름답다. 낮 동안에는 거의 볼 수 없는 수많은 동물이 갑자기 모습을 드러내기 때문이다.

공원 내의 5개 섬에는 약 20,000명의 주민이 살고 있으며, 이들 중 대다수는 직업 어부로, 때때로 고기를 잡기 위해 폭발물을 사용하는 등 과격한 방법도 서슴지 않는다. 인도네시아 정부는 1991년 이 곳을 국립 공원으로 지정하여 이러한 과도한 남획과 생태계에 유해한 포획 방식을 금지하였다. 방문객들이 내는 입장료는 주민들에게 대체 수입원을 제공하고, 이 특별한 생태계를 보존하는 데 쓰인다. 북술라웨시수상스포츠연맹(NSWA)은 해양 생물을 보호하는 것은 물론 관광으로 인한 금전 수익을 주민들에게 환원하고 있다. NSWA 소속 다이빙 사이트를 이용하는 것만으로도 이 지역을 보존하는 데 일조할 수 있는 것이다. **DaH**

⊡ 수심이 1,570m에 달하는 맑은 열대의 바닷물이 전 세계의 다이버들을 유혹한다.

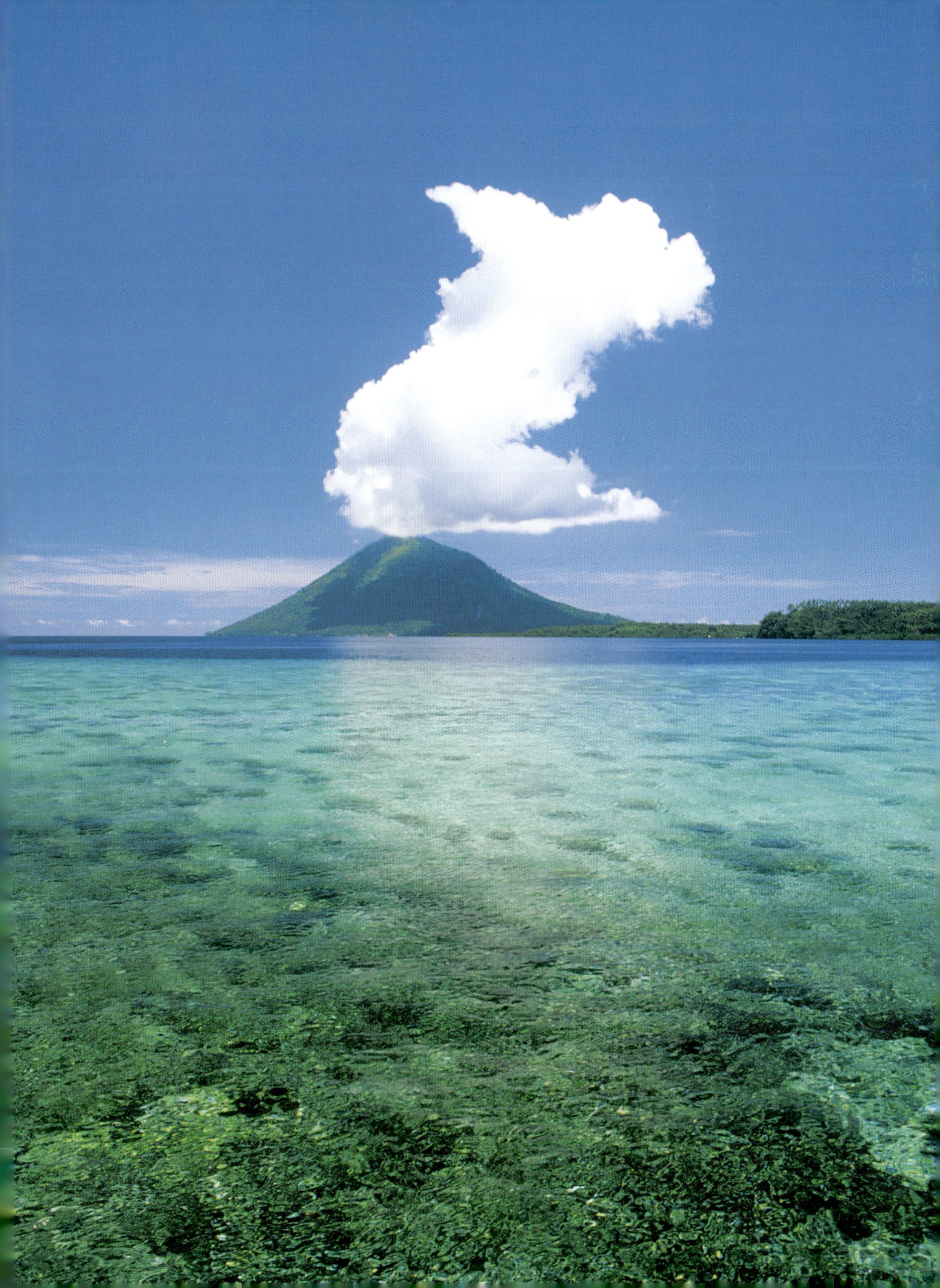

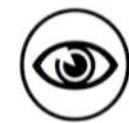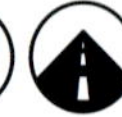

# 구눙 르우제르 국립공원
Trek Through Gunung Leuser National Park

**Location** 인도네시아 수마트라 섬　**Website** www.geocities.com/rainforest/4466/leuser1.htm　**Price** $

수마트라 섬—섬 전체가 인도네시아 영토인 섬 중에서는 가장 면적이 큰—의 구눙 르우제르 국립공원은 100km 넘게 뻗어 있는 화산 부킷 바리산(Bukit Barisan) 산맥 주위의 여러 자연 보호 구역으로 이루어져 있다. 부킷 바리산 산맥의 가장 높은 봉우리(3,381m) 이름을 딴 구눙 르우제르 국립 공원에는 사람의 접근이 불가능한 가파른 지형이 많아 수마트라 오랑우탄—2종의 오랑우탄 중 몸집이 더 작고 더 희귀한—같은 멸종 위기에 처한 동물의 안식처가 되고 있다. 이 지역에 서식하는 수마트라 오랑우탄의 수는 약 5,000마리 정도로 추정되며, 부킷 라왕(Bukit Lawang)에 있는 오랑우탄 재건 센터에서는 이 멋진 영장류를 좀더 가까이에서 볼 수 있다.

이 지역은 또 오랑우탄, 악어, 코뿔소, 코끼리, 호랑이가 한 공간에서 사는 곳이기도 하다. 또 지형의 고도 차가 크기 때문에 다양한 식물종이 서식하고 있다. 지형을 덮고 있는 다양한 형태의 산림—저지대의 우림부터 너도밤나무 숲과 늪지, 그리고 더 높이 아고산지대 숲까지—만 봐도 그렇다.

이 방대한 면적을 다 돌아보려면 트레킹 투어에 참여하는 것이 가장 좋다. 수 시간짜리 투어부터 2주짜리까지 다양하며, 숙박은 동굴 속의 텐트나 강가의 간단한 방갈로에서 해결한다. 이 공원의 환상적인 생태다양성—동물만 자그마치 700종이 넘는다—을 감안하면 사람의 손이 닿지 않은 야생 자연과 우리가 알고 있는 인공 세계의 대비를 제대로 감상하기 위해 시간적 여유를 가지고 머무르는 쪽을 추천한다. **DaH**

⇥ 수마트라 세계유산 구역의 열대우림 유산 내에 있는 3개의 국립공원 중 하나.

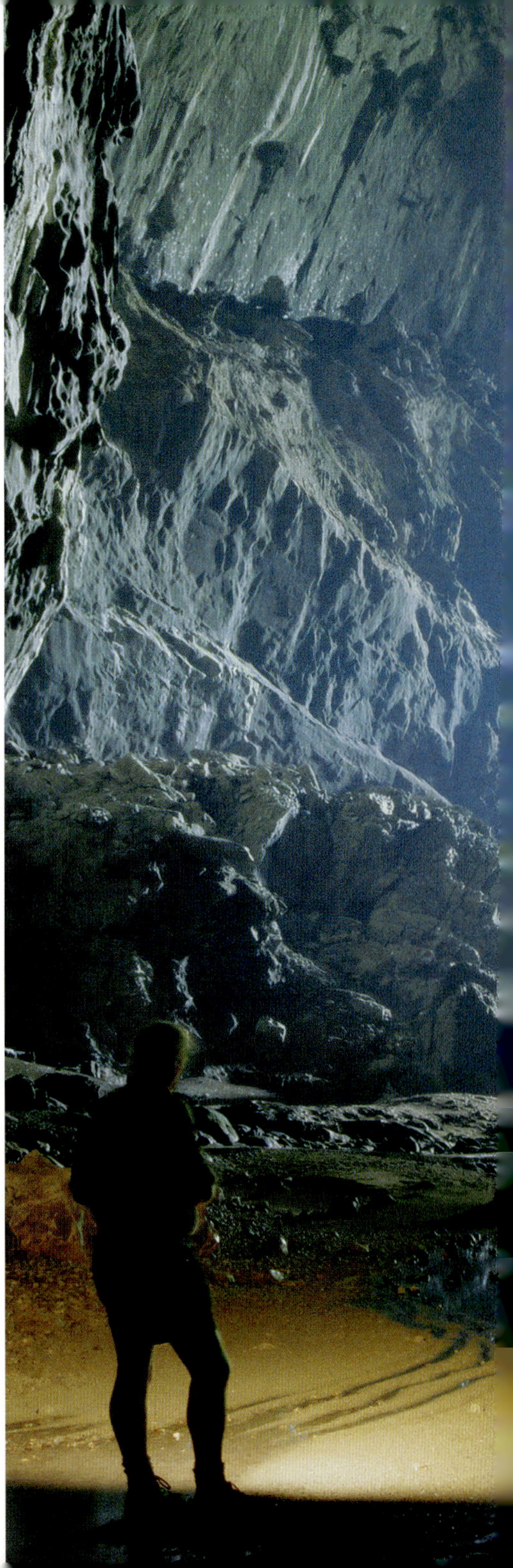

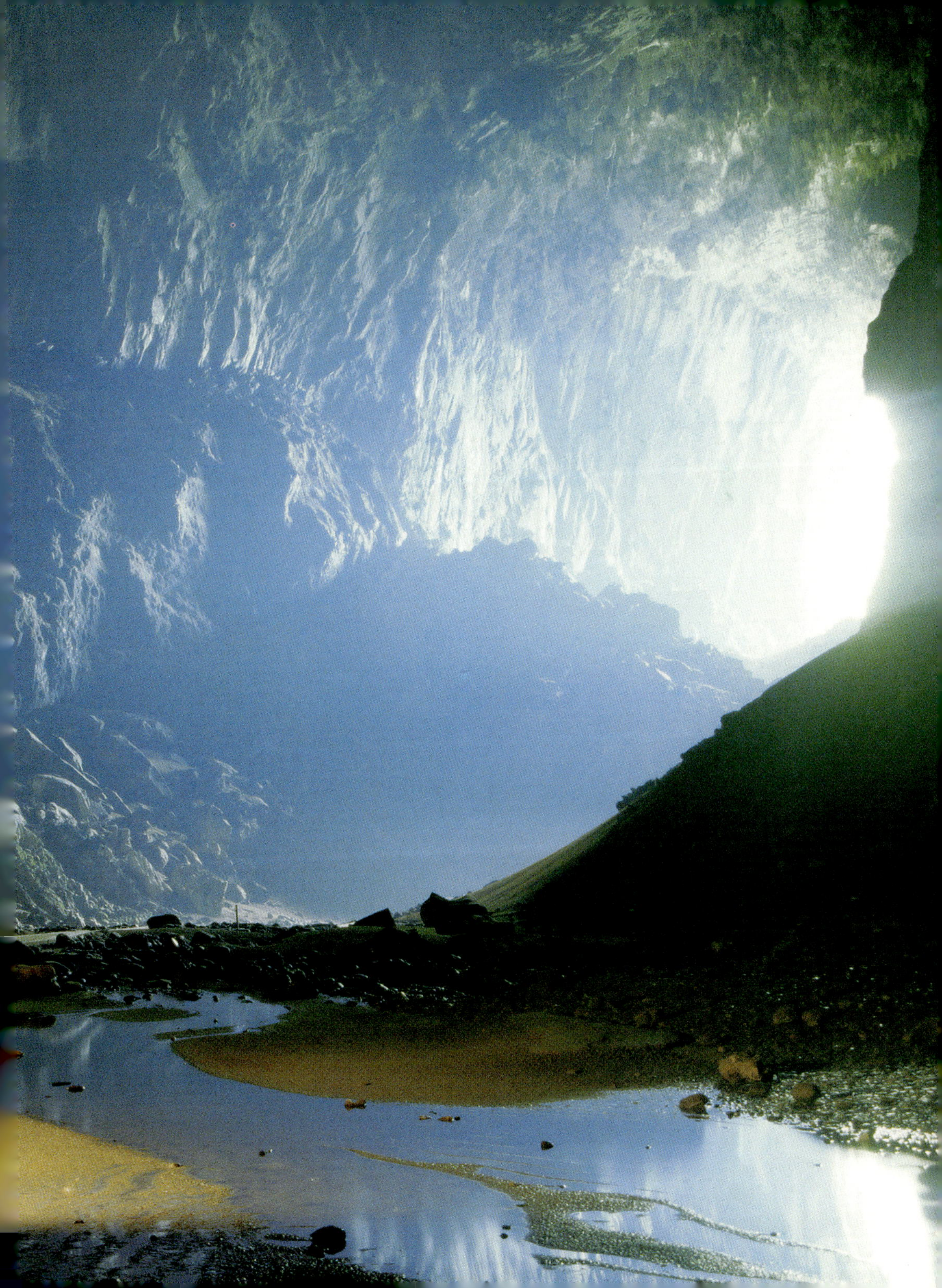

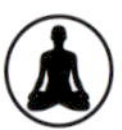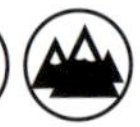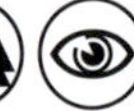

# 아만지워 Stay at Amanjiwo

**Location** 인도네시아 자바 섬
**Website** www.amanresorts.com  **Price** $$$$

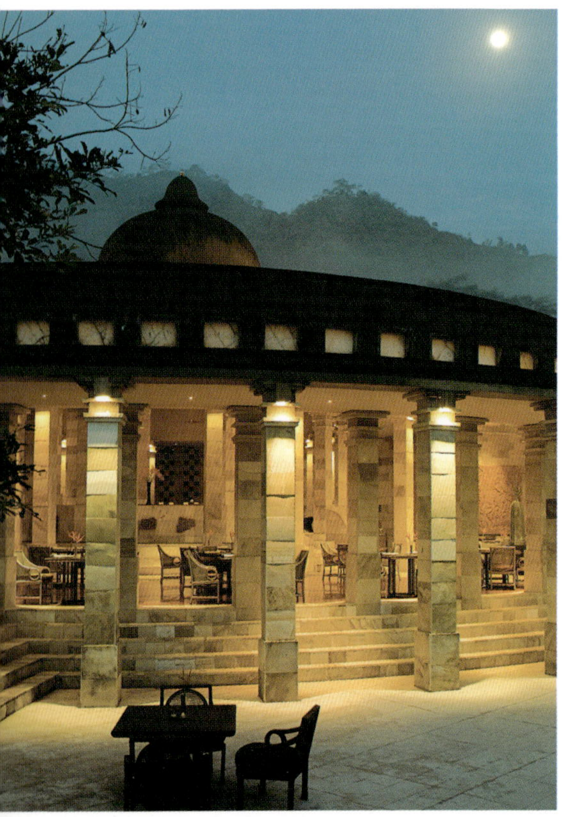

> "아만지워의 건축양식은
> 보로부두르의 유서깊은 웅장함을
> 완벽하게 보완한다."
>
> 『데일리 텔레그라프』

8세기에 지어진 보로부두르 사원은 세계에서 가장 큰 불교 성소로, 보기만 해도 숨이 멎을 듯한 거대한 둥근 석회암 덩어리 맞은 편에 서 있다. 그 뒤로는 메노레 언덕이 솟아 있으며, 멀리 화산에서 연기가 뭉게뭉게 피어오른다. 전반적으로 깊은 고요함이 깃들어 있는 이곳은 바로 아만지워이다—아마도 세계에서 가장 영적인 휴양지일지도 모르겠다.

다른 손님들이 조용한 곳을 찾아 명상을 하거나 삶의 의미를 토론하고 있는 모습을 보아도 놀라지 말 것. 자바 섬 중부의 녹색 전원 속에 자리잡은 아만지워는 고대 유적 한가운데라는 경이로운 배경 덕분에 진지한 사색의 욕구가 일어나는 곳이니 말이다. 심지어 이 눈부신 경관을 화폭에 담고 싶은 이들을 위해 스위트마다 수채 물감을 구비해 놓았다. 그러나 수도승들에게 어울리는 금욕과는 거리가 먼 곳이다. 34개의 스위트는 위엄 있는 기둥으로 둘러싸인 침대와 손으로 조각한 가구가 갖춰져 있다. 대부분 전용 풀장이 딸려 있으며, 하나같이 성스러운 산, 언덕, 또는 보로부두르 사원의 전망을 자랑한다. 또 40m에 달하는 인피니티 풀이 들판의 논까지 이어져 있는 열주로 둘러싸인 풀 클럽과 고요한 분위기의 식당, 바도 있다. 스파에서는 전통적으로 자바의 공주가 혼례식 전날 밤에 받았다는 왕실의 "만디 룰루르" 트리트먼트를 체험할 수 있다.

이 정도는 인상적이라고 할 수도 없다. 사롱(말레이시아, 인도네시아 등지에서 남녀 구분 없이 허리에 둘러 입는 천)을 두른 마을 소녀들이 장미 꽃잎을 뿌려 주며, 수마트라 코끼리를 타고 다기(Dagi) 언덕을 돌아볼 수도 있다. 손님들은 문자 그대로 축복 받은 기분을 간직한 채 아만지워를 떠나게 될 것이다. **LP**

◸ 우뚝 솟은 돌기둥과 신비한 아우라를 지닌 아만지워는 웅장한 사원 같은 외관을 자랑한다.

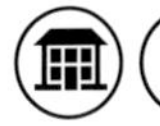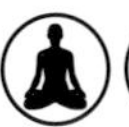

# 와카 강가 Relax at Waka Gangga

**Location** 인도네시아 발리
**Website** www.wakagangga.com　　**Price** ⑤⑤

인도양을 내려다보는 계단식 논 위에 서 있는 와카 강가는 우아함, 호젓함, 럭셔리가 마법처럼 조화를 이루고 있다. 이 지역에서 생산되는 자재로 만든 10개의 고급 자연 방갈로와 6개의 빌라로 구성되어 있으며 리조트의 에코 원칙은 환경관광 상을 수상할 정도로 철저하다. 한쪽에는 매끈한 벼논이, 다른 한쪽에는 검은 모래 해변이 바다로 이어지지만, 때때로 심한 암류가 있어 수영을 하기에는 적당치 않다. 인근 마구간에서 말을 빌려서 모래해변을 달려 발리 남부에서 가장 신성한 성소 중 하나인 타나 롯(Tanah Lot) 사원으로 가 보자.

와카 강가는 어디까지나 릴랙스를 위한 곳이다. 웬만한 다른 호화 리조트에는 당연히 있을 법한 현대 문명의 이기는 없는 것도 있지만, 대신 모든 근심 걱정을 잊어버리고 어떻게 릴랙스할 수 있는지를 가르쳐 준다. 칠하지 않은 나무, 이 지역 특산 패브릭, 알랑알랑 잔디 지붕, 잘 다듬은 판암으로 만든 빌라와 풍성한 꽃들이 주변 경관과 아름답게 어우러진다. 전원적인 분위기이지만, 에어컨 같은 기본적인 설비는 다 갖추어져 있으며, 디럭스 킹사이즈 베드, 벽난로, 커다란 소파, 바닥을 파서 만든 욕조, 정원 샤워, 옥외 선데크는 전객실 공통이다. 공용 공간에는 아트 갤러리, 도서관, 스파, 요가 수련장이 있다—모두 남아 있는 피로와 스트레스마저 완벽하게 없애 준다.

바에서는 석양을 감상하며 칵테일을 마신 뒤, 절벽 가장자리에 위치한 환상적인 전망을 자랑하는 레스토랑에서 맛있는 발리 요리의 성찬을 즐기자. 스펙터클한 풍경은 왜 발리의 별명이 "신들의 섬"인지를 절로 이해하게 해 준다. **PS**

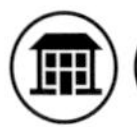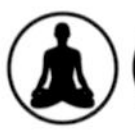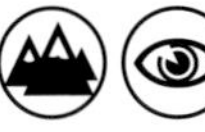

# 알릴라 우부드 De-stress at Alila Ubud

**Location** 인도네시아 발리
**Website** www.alilahotels.com/Ubud　　**Price** ⑤⑤

발리의 문화적 수도라 할 수 있는 우부드에서 10분 거리에 모든 스트레스를 녹여버리는 듯한 아름다운 오아시스가 있다. 고요하고 외진 언덕 위 리조트 알릴라 우부드에 도착하면 외부 세상은 몇억 광년은 떨어져 있는 것처럼 느껴진다. 그 환상적인 주위 풍경을 십분 활용하는 동시에 발리의 전통 산간 마을을 재현하는 것을 목적으로 설계하였다.

56개의 룸과 8개의 빌라로 구성되어 있으며, 이곳에 머무는 것은 바깥 세상에 작별을 고하고, 평화와 고요의 이상적인 내면 세계로 발을 들여놓는 것과 같다. 일단 객실부터 시작해서, 스트레스를 풀 수 있는 방법이 너무나 많다. 지상층의 객실은 전용 정원 테라스가 딸

---

> "에메랄드빛 인피니티 풀은
> 세계에서 가장 아름다운
> 풀 중 하나로 꼽힌다."
>
> 「데일리 텔레그라프」

---

려 있으며, 몸을 상쾌하게 하고 활기를 불어넣어 주는 오픈에어 샤워와 욕실이 있어 원하는 만큼 자연에 가까워질 수 있다. 객실을 빙 에워싼 전용 발코니에서 내려다보는 전경은 그야말로 입이 다물어지지 않는다.

스파 "알릴라"의 마사지는 말할 필요도 없이 환상적이며, 24시간 개방하는 도서관이 있고, 룸서비스로 느긋하게 방에서 식사를 할 수도 있다. 산간 마을 킨타마니와 인근 테갈랄랑의 계단식 논을 돌아보는 투어도 가능하다. 주변의 화산 풍경은 영원한 위엄이 느껴지는 것은 물론 수백만 년 전 이러한 자연을 창조해낸 냉엄한 힘을 상기시킨다. 한마디로 알릴라 우부드는 당신 자신과 단 둘만의 시간을 보낼 수 있는 완벽한 공간이다. **PS**

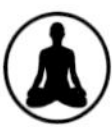

# 가자 미나 Stay at Gajah Mina

**Location** 인도네시아 발리
**Website** www.gajahminaresort.com  **Price** Ⓢ

이 작고 단순한 휴양지는 그림처럼 아름다운 발리 섬의 남서쪽 해안의 외진 구석, 관광 리조트들과는 멀찍이 떨어진 벼논과 사원들 사이에 서 있다. 9개의 지중해풍 빌라가 친밀한 분위기의 해변 부티크 호텔을 구성하고 있다. 향긋한 꽃과 커다란 나비가 날아다니는 정원에 서서 가자 미나의 전용 검은 모래 해변과 뾰죽뾰죽한 화산암을 굽어보고 있다. 이 화산암들은 동굴이 숭숭 뚫려 있고 고대의 암각화도 찾아볼 수 있다. 손님들은 풀이 무성한 절벽 꼭대기나 벼논, 코코넛 과수원, 30km에 걸쳐 뻗어 있는 텅빈 모래 해변을 돌아본다. 좀더 에너지가 넘친다면 산악 자전거 트레일을 따라 카카오 플랜테이션을 가로질러 인근 화산까지 가 볼 수도 있다. 또 거칠고 힘센 파도를 타고 서핑을 즐겨도 좋다.

빌라로 돌아오면, 벽으로 둘러싸인 개인정원에서 평화롭고 한적한 시간을 보내자. 테라스가 딸려 있어 바위투성이 해안과 논밭이 내려다 보인다. 방갈로 역시 마찬가지로 심플한 분위기이다—화산암, 코코넛나무, 티크목 같은 천연 자재와 인도네시아 골동품, 커다랗고 안락한 침대, 스테인드글라스, 그리고 전용 베란다에 푹신하게 앉아 파도를 구경할 수 있는 라운지 의자로 꾸며져 있다. 야자나무가 서 있는 풀장 가장자리, 이엉 지붕을 얹은 파빌리온에서 전통 발리 마사지를 받으면서 더욱 늘어질 수도 있고, 새들이 지저귀는 소리와 향긋한 꽃에 둘러싸여 요가 수련을 할 수도 있다.

음식은 가자 미나의 또다른 하이라이트 중 하나이다. 풍부한 유기농 채소와 싱싱한 해산물을 듬뿍 사용한 레스토랑 메뉴는 발리 향토 요리와 프랑스인인 호텔 주인의 영향이 독특한 조화를 이룬다. 바나나꽃 커리나 초록고추 소스에 조리한 마히마히 물고기가 별미이다. **SH**

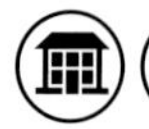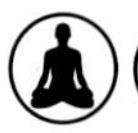

# 템복 발리 Experience Tembok Bali

**Location** 인도네시아 발리
**Website** www.spavillage.com/tembokbali  **Price** ⓈⓈ

우뚝 솟은 산봉우리와 검은 화산 해변, 그리고 반짝이는 사파이어빛 인도양이 빚어내는 숨막히게 아름다운 풍경 속에 자리잡은 스파 빌라 리조트 템복 발리는 스파 애호가들의 메카라고 해도 과언이 아니다. 발리풍 스파는 단순히 향락적인 호사에 그치지 않고, 고대 치유 의학의 유산이 녹아들어 있다. 스파는 몸은 물론 마음과 영혼까지 정화시켜 주며, 사람의 손이 닿지 않는 발리 북부의 이 리조트야말로 바로 이러한 목적을 위해 존재하는 곳이다.

손님 한 사람 한 사람에게 맞춤형 프로그램을 제공하며, 이는 리조트에 도착하는 그 순간부터 시작된다. 템복 발리에 온 것을 환영하는 발마사지를 받게 되며,

---



---

균형, 창의, 활기 3종류의 "발견의 길" 중 하나를 선택하게 된다. 목공예부터 바구니 짜기, 가이드의 지도를 받는 명상 수련, 스쿠버다이빙에 이르기까지 모든 것을 하나의 프로그램으로 짤 수 있다.

영성에 초점을 맞추고 있지만, 인생의 가벼운 즐거움들도 포기할 필요는 없다. 커다란 인피니티 풀 옆에서 칵테일을 마실 수도 있고, 레스토랑 "완틸란"에서는 매일 해산물과 계절 유기농 채소로 만든 스펙터클한 성찬이 펼쳐진다. 스위트와 빌라 모두 흠 잡을 데 없이 럭셔리하다. 또 발리의 전통 배를 타고 선셋 크루즈를 나가 하늘을 찌르는 구눙 아궁 산을 보고 감탄할 수도 있다. 무엇보다도 이 리조트는 발리의 고대 문화를 중시하고 있어 한결 더 멋지다. **LP**

# 켈리무투 산맥 See Kelimutu Mountain

**Location** 인도네시아 플로레스 섬
**Website** www.bali-travel-online.com　**Price** ❶

자바 섬 동쪽, 인도네시아의 소(小)순다 제도에 속해 있는 플로레스 섬은 여러 가지 이유로 유명하다. 우선 이 섬 원산인 큰들쥐와 난쟁이 코끼리가 있다. 또 최근 고고학자들이 "실제로 존재했던 호빗"—평균 신장이 1m밖에 되지 않으며, 피그미족의 선조 격으로 추정되는—의 유해를 발굴해냈다.

켈리무투 산은 전 세계에서 일출을 보기에 가장 좋은 곳 중의 하나이다. 정상에는 3개의 화산 호수가 있으며, 보기 드문 지구화학적 조건 때문에 이 호수들의 물은 색깔이 바뀐다. 제일 서쪽에 있는 "늙은이들의 호수"는 물이 파랗다. 그 옆에 있는 "처녀총각들의 호수"는 녹색이며, 화산의 남동쪽에 있는 "마법에 걸린 호수"는 물이 붉은색이다. 시간이 흐르면서 물의 산성도가 오르내리고, 그에 따라 물의 색깔도 변하게 되는 것이다—하루는 녹색이었다가 그 다음날에는 검은색, 커피색, 그 다음날에는 밝은 파란색이 되기도 한다. 충적된 광물질이 호수로 흘러들어 더욱 다양한 색깔을 만들어내며, 플로레스 섬은 일반적인 원칙이 적용되지 않는 곳이라는 이론을 다시 한번 확인시켜 준다.

방문객들은 새벽 일찍 일어나 차를 몰고 산으로 가서, 꼭대기까지 계단을 걸어 올라가야 하지만, 그럴 만한 가치가 충분히 있다. 황량한 화산 풍경 속, 이 세상이 아닌 듯한 경관 위로, 색색깔의 물을 등지고 떠오르는 태양을 바라보는 것은, 분명히 특별한 경험이다. 어떤 이들은 이 호수들을 가리켜 "신의 물감 단지"라고 부르기도 하고, 어떤 이들은 이들이 세계의 불가사의 리스트에 올라야 한다고도 한다. 몇 시간이고 앉아서 그 광경을 바라보고 있어도 지루해지지 않는다. **LD**

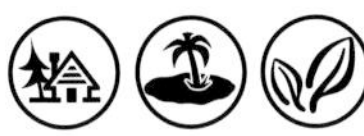

# 니히와투 Discover Nihiwatu

**Location** 인도네시아 숨바 섬
**Website** www.nihiwatu.com　**Price** ❸❸

숨바 섬은 한때 부족 간 서로 죽고 죽이는 정벌이 드물지 않았던, 사나운 전사들의 섬으로 알려져 있었다. 전투가 끝나고 나면 적의 머리는 전리품이나 다름없었고, 마을에 있는 "해골 나무"에 걸어 전시하곤 했다. 이런 피비린내 나는 풍습은—다행스럽게도—이미 역사 속으로 사라졌지만, 인도네시아 동부의 이 작은 섬에는 여전히 매력적인 문화가 남아 있으며, 숨바 주민들은 전통적인 생활 방식과 부족 내부의 단결을 매우 중요시 여긴다.

니히와투 리조트는 지역 공동체를 헌신적으로 원조하여 높은 평가를 받고 있는 곳으로, 방문객들은 석기 시대 유적부터 수 세기 동안 변하지 않고 남아 있는 마

---

> "이 리조트는
> 서핑족 사이에서
> 유명하다."
>
> 『콩데 나스트 트래블러』

---

을에 이르기까지 이 섬 주민들의 역사를 배울 수 있게 된다. 니히와투는 고급 열대 휴양지로 고대 숨바인들은 상상도 못했을 럭셔리를 즐길 수 있는 곳이다. 에어컨이 설치된 널찍한 방갈로가 단 7개, 이엉 지붕을 얹은 침실 2개짜리 빌라가 3개이다. 모두 인도네시아 장인들이 이 지역에서 생산되는 자재만을 사용해서 지었다. 스타일은 현대적이다. 벽과 문을 유리로 만들어 그 숨막힐 듯 아름다운 풍경을 십분 활용하였다.

섬을 탐방하는 것 외에도 서핑이나 다이빙, 낚시 같은 보다 현대적인 여가도 보낼 수 있다. 전원적인 옥외 거실이나 절벽 위에 있는 바는 느긋한 섬 분위기를 완성한다. 풀장과 정글 스파, 수상스포츠 센터도 있다. **LP**

---

◱ 켈리무투 산 위의 호수들이 뿜는 서로 다른 색깔은 지질학자들과 관광객 모두를 매혹시킨다.

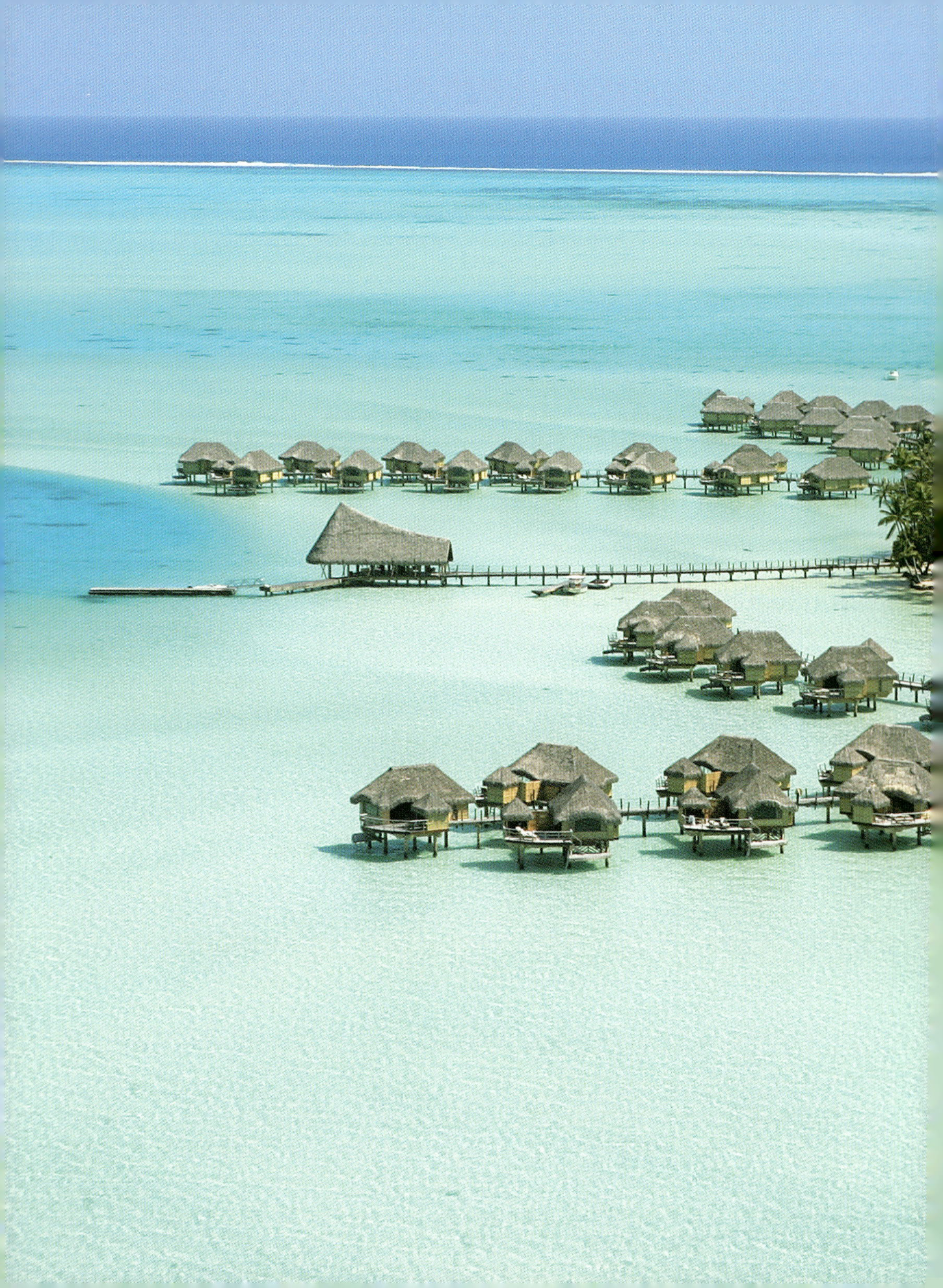

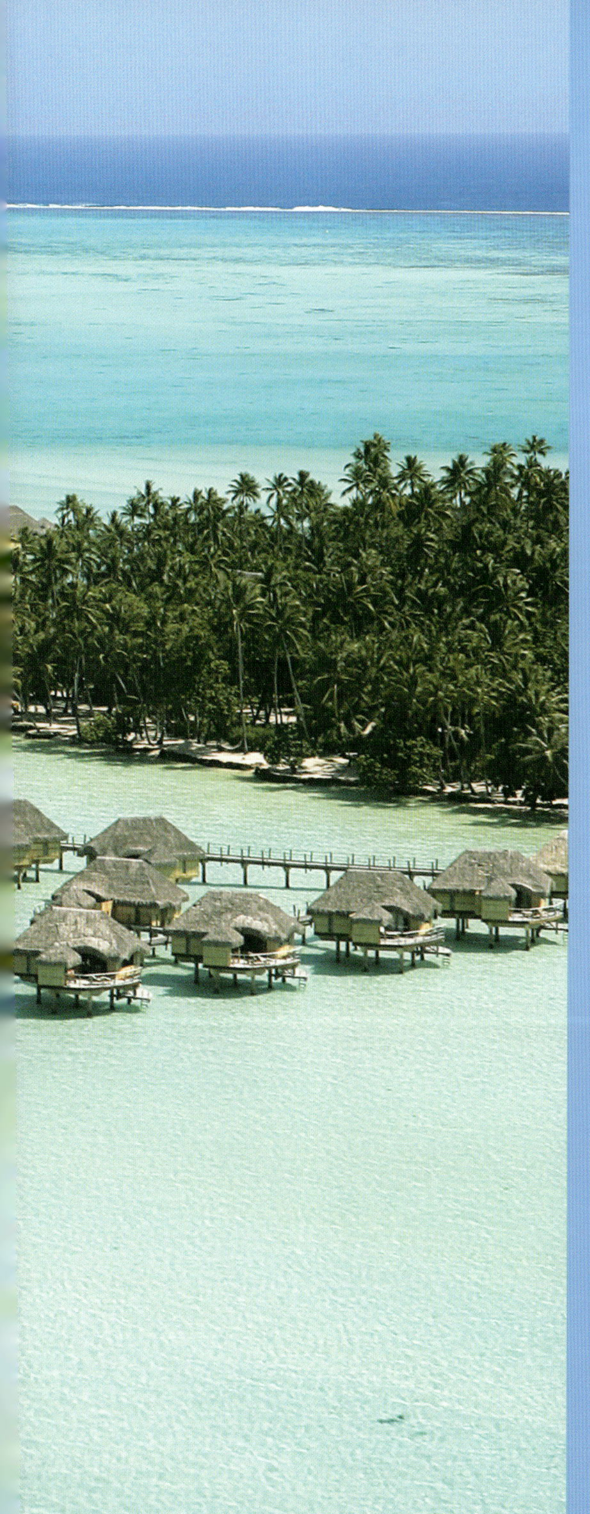

보라보라나 쿡 제도의 지상 낙원에
발을 들여놓든, 보기만 해도 황홀한
오스트레일리아의 아웃백을 여행하든,
뉴질랜드의 럭셔리한 마운틴 로지에
머무르든, 오세아니아에는 매혹적인
휴양지가 너무나 많다. 한 주는 조용한
해변에서 휴식을 취하면서, 다음 한 주는
내륙의 정글을 탐험하며 양쪽의 매력을
모두 만끽하는 건 어떨까.

OCEANIA

← 르 타하아, 프렌치폴리네시아

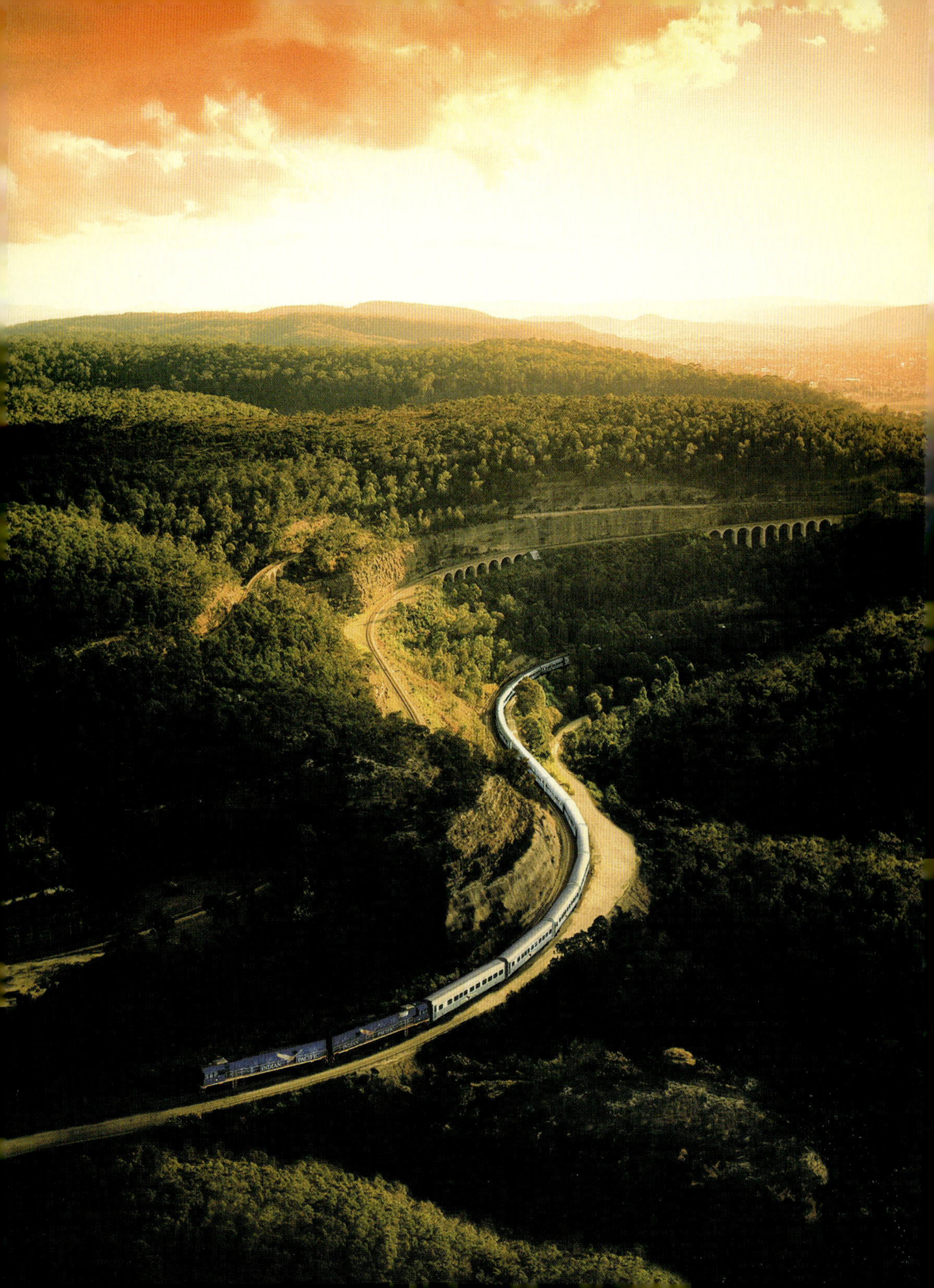

# 인디언 퍼시픽 열차
Ride the Indian Pacific Train

**Location** 오스트레일리아 퍼스에서 시드니까지
**Website** www.trainways.com.au   **Price** ⑤⑤

야생 캥거루떼, 끝없이 펼쳐진 사막 평원, 푸른 안개 속에 잠겨 있는 산—이것들은 모두 지구상에 남아 있는 최후의 대륙 횡단 철도로 여행하면서 볼 수 있는 극히 일부일 뿐이다. 한쪽 해안에서 다른쪽 해안을 향해 칙칙폭폭 달려가는 인디언 퍼시픽 호는 65시간—사흘 낮 사흘 밤—동안 4,352km를 주파하는, 세계에서 가장 긴 철도 노선 중 하나이기도 하다. 시드니의 센트럴 스테이션을 떠나 덜컹덜컹 교외 지역을 벗어나 드라마틱한 블루마운틴 산악지대를 따라 구불구불 올라간다. 블루마운틴이라는 이름이 붙은 이유는 유칼립투스 나무에서 솟아오르는 기이한 푸른 안개 때문이다. 오지 마을 브로큰힐에서 잠깐 정차한다. 작고 외진 광산촌으로, 그 자연경관을 사랑한 수많은 예술가들이 이곳에 자리 잡고 작품 활동을 하고 있다. 그런 다음 마치 사막처럼 황량한 널라버 평원을 가로질러 전체 노선 중에서 가장 긴 직선 구간—자그마치 478km를 번개같이 질주한다.

도중에 야생 낙타, 에뮤, 캥거루, 웜뱃, 앵무새 등 다양한 야생 동물을 구경할 수 있다. 오스트레일리아산 쐐기꼬리수리를 찾아보자. 날개폭이 2m에 달하는 맹금류로 인디언 퍼시픽 호의 엠블럼이기도 하다. 객실은 편안하며 침대차와 일반 객차로 나뉘어 있다.

오스트레일리아의 이쪽 끝에서 저쪽 끝까지 여행하기에 65시간은 너무 긴 시간처럼 들릴지도 모른다(시드니에서 퍼스까지 비행기를 타면 5시간 만에 도착한다). 그러나 인디언 퍼시픽 열차를 타면 온실 효과 감축에도 참여하는 셈이 되고, 일생에 한번 구경할 수 있을까 말까 한 풍경을 질리도록 볼 수 있다. **JK**

◁ 인디언 퍼시픽 호가 광활한 오스트레일리아 대륙을 가로지르고 있다.

# 닝갈루
Snorkel in Ningaloo

**Location** 오스트레일리아 웨스턴오스트레일리아 주 닝갈루 해양공원
**Website** www.environment.gov.au   **Price** ⑤

스노클링 애호가라면, 웨스턴오스트레일리아 주 해안에 위치한 닝갈루 해양공원으로 가야 한다. 여기서는 세계에서 가장 큰 물고기—고래상어와 함께 헤엄을 칠 수 있다. 이 거대한 해양 동물은 몸길이 12m, 무게는 14톤까지 나가지만, 다행히 다이버들을 먹어치우거나 하는 습성은 없다. 플랑크톤과 크릴 새우 등을 주로 먹는 거름식 섭식자이다.

닝갈루 산호초—대부분은 오염도가 낮아 원시 상태 그대로 남아 있다—는 고래상어가 정기적으로 모여드는, 지구상에 두 군데밖에 남아 있지 않은 장소 중의 하나이다. 매년 3월부터 6월까지, 이곳에 오면 그 장

> "닝갈루 산호초는…
> 이 지역의 빼어난
> 자연 유산의 핵심이다."
>
> UNESCO 세계 유산 위원회

관을 볼 수 있다. 닝갈루 산호초는 혹등고래와 맨터레이, 대모거북, 녹색의 붉은바다거북의 번식지이기도 하다. 닝갈루 산호초는 그 길이가 322km에 달한다. 면적 243ha의 닝갈루 해양 공원은 1987년, 닝갈루 산호초를 보호하기 위해 설립되었다. 500종이 넘는 어류와 200종이 넘는 산호가 닝갈루에 살고 있다—뿐만 아니라 놀랍게도 방문객들은 산호초의 해양 생물들을 아주 가까이에서 볼 수 있다. 해안에서 가까운 덕분에 얕은 석호를 둘러싸고 있는데, 가족끼리 스노클링을 하거나 수영에 서투른 사람에게 적당하다. 선명한 색깔의 클라운피쉬, 타이거피쉬, 말미잘 등도 볼 수 있다. 물에 들어가고 싶지 않은 사람들은 바닥이 유리로 만들어진 보트를 타고 투어를 하거나 고래 관찰을 나갈 수도 있다. **LD**

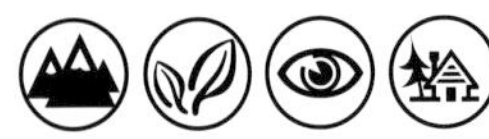

# 킴벌리 Enjoy the Kimberley Region

**Location** 오스트레일리아 웨스턴오스트레일리아 주 킴벌리
**Website** www.elquestrohomestead.com.au　**Price** ❗

웨스턴오스트레일리아 주의 킴벌리 지방은 세계에서 가장 스펙터클한, 외딴 바위투성이 풍경을 자랑한다. 거의 캘리포니아만한 면적으로, 영국보다 3배나 크며, 푸눌룰루(UNESCO 세계 자연 유산이다), 미첼 폭포, 길이가 660km에 이르는 환상적인 깁 리버 방목로 등 숨막힐 듯 아름다운 자연 경관을 자랑한다.

엘 퀘스트로 야생 공원은 챔벌린 협곡 꼭대기에 걸쳐, 물고기, 거북, 악어가 우글거리는 강 위에 펼쳐져 있으며, 그 면적이 40만 헥타르가 넘는다. 풀장과 테니스코트 위로 폭포처럼 펼쳐진 푸르른 열대 정원에 둘러싸인 농가에는 7개의 객실이 있다. 모두 2007년 시드니의 인테리어 디자이너 파이크 위더스에 의해 현대적으로 단장하였으며, 저마다 서로 다른 테마로 꾸며졌다. 자노타 소파, 모던한 이탈리아산 오토만, 등나무 줄기로 짠 의자, 목가적인 오스트레일리아 수공예품이 놓여 있다. 챔벌린 스위트는 욕조가 딸린 야외 발코니가 있고, 빙 둘러싼 베란다에서는 파노라마 풍경을 감상할 수 있다.

엘 퀘스트로의 진짜 하이라이트는 어찔할 정도로 다양한 레저를 즐길 수 있다는 것이다. 보트를 타고 챔벌린 협곡을 돌아볼 수도 있고, 인근의 제베데 온천에서 느긋하게 쉴 수도 있고, 승마를 즐길 수도 있으며, 헬리콥터를 타고 킴벌리 협곡을 둘러볼 수도 있다. 숙박료에 여러 투어 비용이 포함되어 있지만, 원한다면 더 다양한 모험을 예약하여 참여할 수 있다. 미리미리 폭포로 구르메 피크닉을 가거나 헬리피싱 투어를 갈 수도 있다. 엘 퀘스트로가 기꺼이 나서서 기획해 줄 것이다. 킴벌리의 자연 경관에 감탄하고 돌아오면 셰프가 맛있는 음식으로 당신을 흥분시킬 것이다. 절벽 위의 툭 튀어나온 바위 위에 서 있는 야자수 아래에서 식사를 할 수도 있다—다만 절벽 아래 있는 악어들을 조심할 것. **PS**

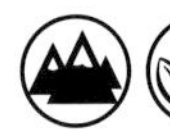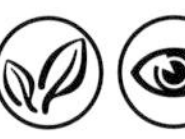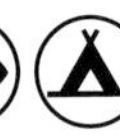

# 푸눌룰루 Explore Purnululu

**Location** 오스트레일리아 웨스턴오스트레일리아 주 푸눌룰루 국립공원
**Website** www.westernaustralia.com　**Price** Ⓢ

세계 자연 유산으로 등재된 푸눌룰루 국립공원("벙글벙글"이라는 별명으로도 알려져 있다)은 오스트레일리아의 그랜드캐년이라 불린다. 웨스턴오스트레일리아 주의 쿠누누라(Kununurra)와 홀스 크리크(Halls Creek) 사이에 위치한 면적 24만 헥타르의 자연 절경으로, 높이 300m가 넘는 벌집 모양의 카르스트(석회암지대에서 석회암이 빗물에 녹아 형성된 특징적인 지형) 산이 수없이 많다. 침식된 사암 봉우리가 곳곳에 서 있는 평원은 그 자체도 해발 고도가 305m나 된다.

평원은 숲지와 풀로 덮여 있으며, 서쪽은 가파른 바위이다. 이 바위투성이 지형은 대부분의 외국인 관광객들에게는 거의 알려져 있지도 않던 1987년에 국립공원

> "(벙글벙글은) 그저 독특하기
> 그지없을 뿐 아니라, 숨 막힐 정도로
> 기묘하고, 완벽하게 불가해하다."
>
> 마크 목슨, 여행 작가

으로 지정되었다. 2군데에 캠프장이 있어 기본적인 숙식을 해결할 수 있다. 쿠라종(Kurrajong) 캠프장은 방문객 센터에서 북쪽으로 7km 떨어진 곳에 있으며, 왈라디(Wlardi) 캠프장은 남쪽으로 12km 지점에 위치한다.

이 공원에는 수많은 기암괴석들이 있는데, 그 중에서도 에치드너 채즘(Echidna Chasm), 피카니니(Piccaninny), 프록홀(Frog Hole), 캐서드럴 협곡(Cathedral Gorges)이 유명하다. 오늘날에도 접근이 쉬운 곳은 아니며, 해외에서는 거의 알려지지 않은 이 특별한 자연 절경은 정신 없는 일상 환경에서 벗어나고 싶은 이에게 완벽한 공간이다. **DaH**

➡ 푸눌룰루의 벌집 모양 언덕. 특유의 줄무늬가 독특하다.

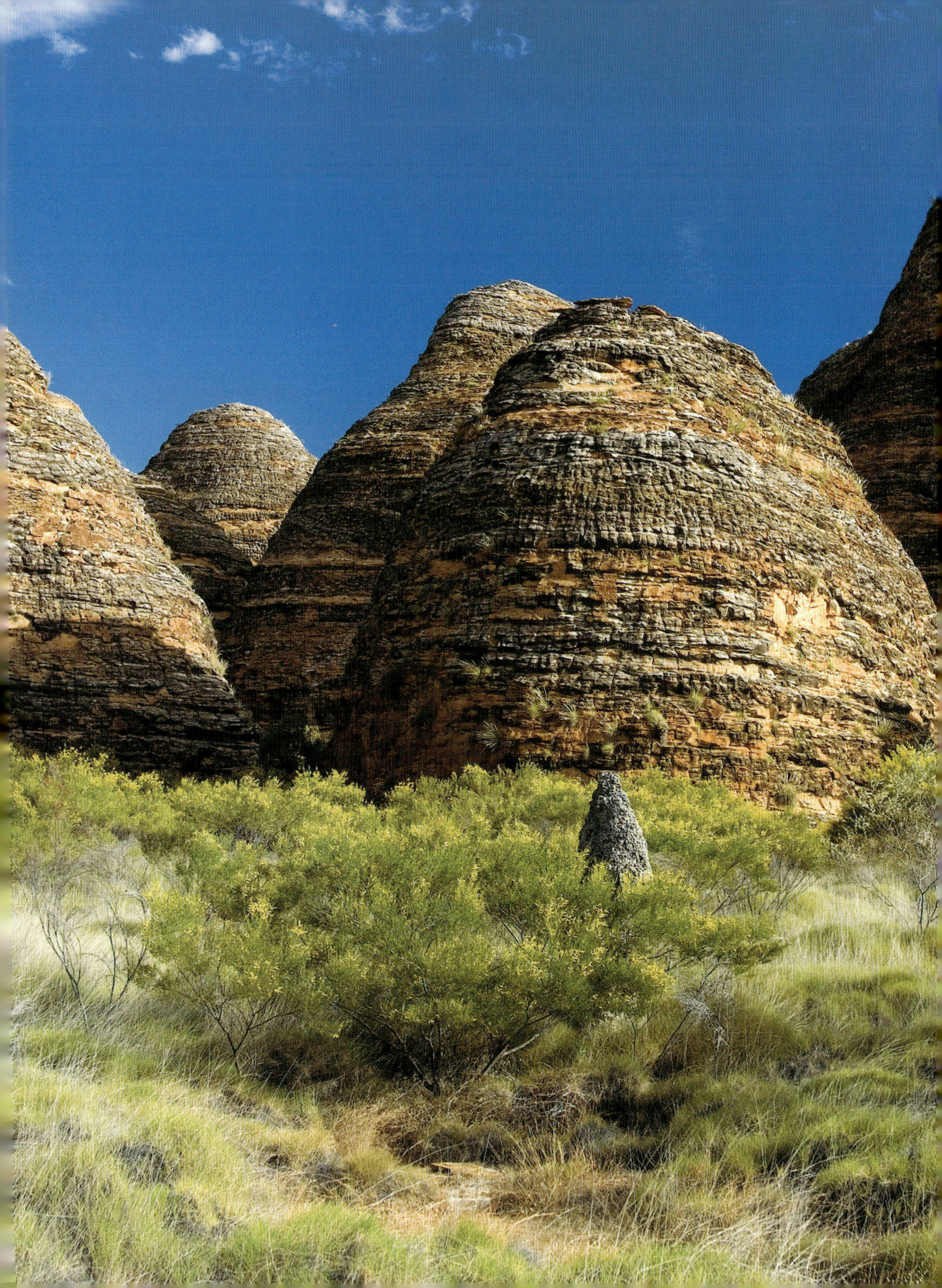

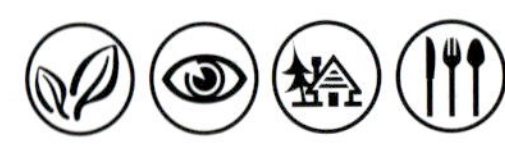

# 바무루 평원 Enjoy Bamurru Plains

**Location** 오스트레일리아 노던 준주 바무루 평원
**Website** www.bamurruplains.com  **Price** ⓢⓢⓢ

스윔 크리크 스테이션의 경계 내, 카카두 국립공원의
서쪽 가장자리에서 그리 멀지 않은 곳에 외로운 바무루
평원이 펼쳐져 있다. 노던 준주의 주도인 다윈에서 비
행기로 25분 걸리며, 궁극의 오스트레일리아 아웃백을
체험할 수 있는 곳이다.

목재와 물결 모양으로 골이 진 쇠로 지은 방갈로는
원형 그대로의 전원적인 매력과 소박한 사치가 결합되
어 있으며, 붉은 토양 위에 해질녘에 돌아다니는 물소
떼가 들어오지 못하도록 높이 올린 목재 플랫폼 위에 지
었다. 올빼미, 맹금류, 검은왕박쥐, 개구리, 매미 울음
소리를 벗삼아 개인용 발코니에 느긋하게 드러누워 저
녁 시간을 즐기자. 12월부터 3월까지, 매년 찾아오는 몬

> "바무루 평원은
> 사파리의 정수를
> 오스트레일리아식으로 풀어냈다."
>
> 『디 오스트레일리안』

순이 티모르 해에서 불어오면, 왜가리, 푸른 날개의 웃
는물총새, 거위 등 수많은 조류들이 날아온다. 이 모든
것을 개인용 프로펠러선이나 단체 사파리로 편하게 볼
수 있다.

5스타 셰프가 군침이 도는 식사를 준비해 준다. 굴,
바라문디, 물소고기 필레 등 바무루의 특산물이 접시
위에 올라온다. 바무루의 9개 방갈로는 서로 충분히 떨
어져 있어, 프라이버시가 확실하게 보장된다. **BS**

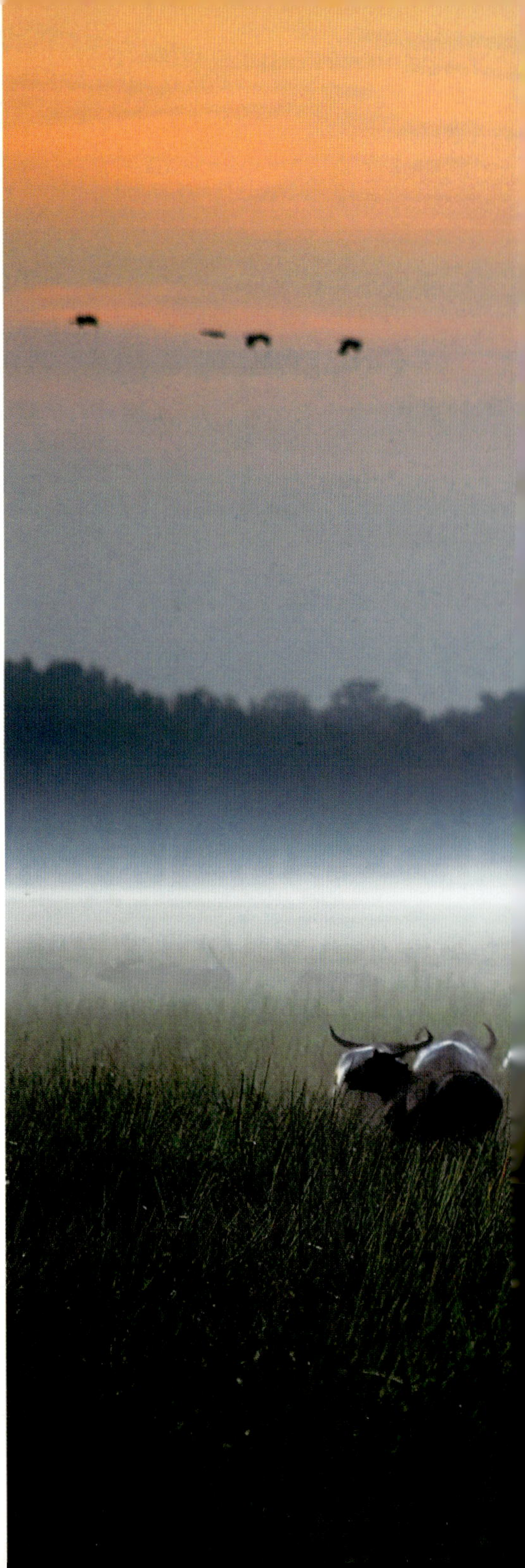

↱ 이곳에서 맛볼 수 있는 아웃백 경험은 더 건조하고, 바위가
많은 지방의 그것과는 확실히 다르다.

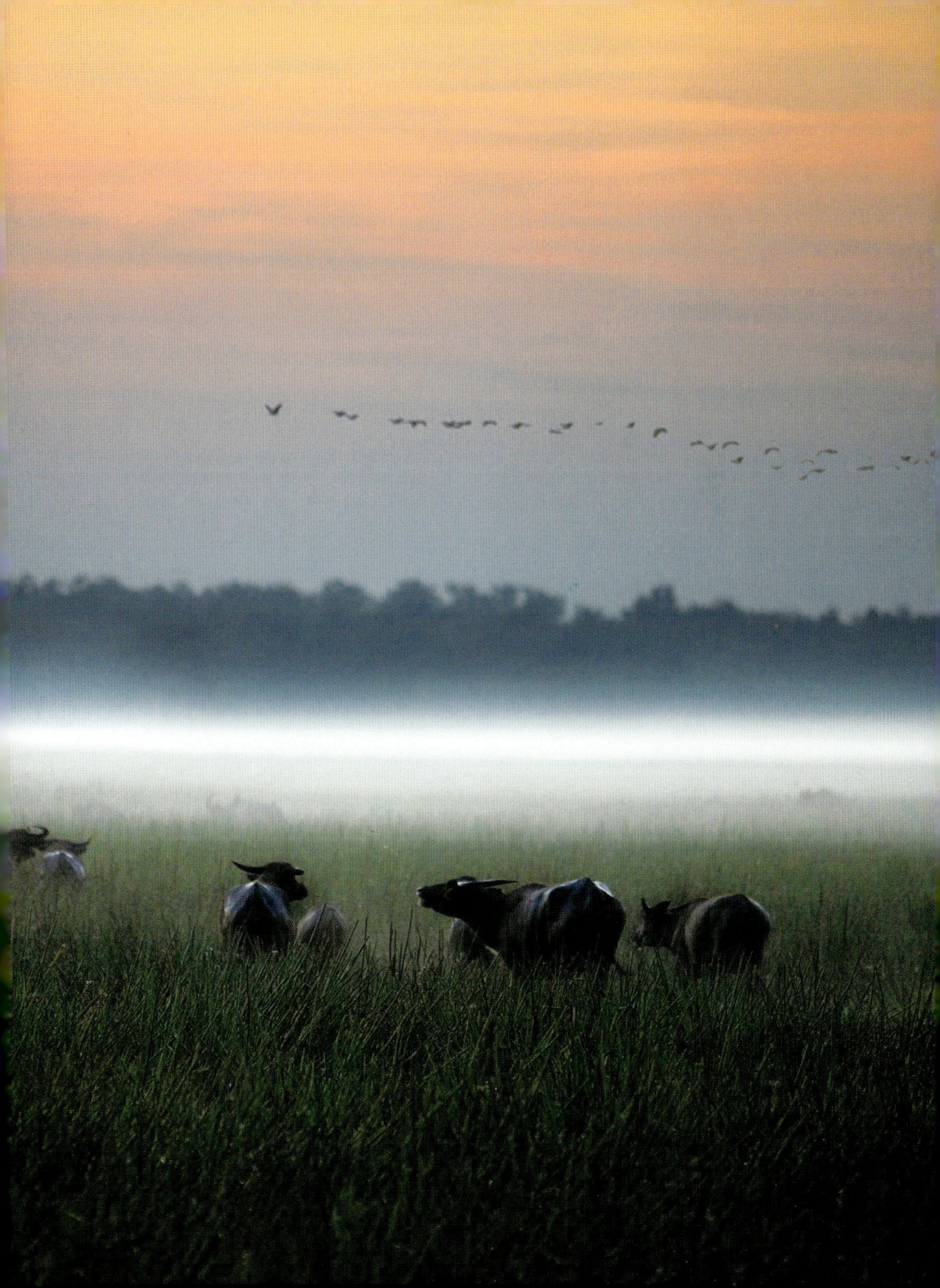

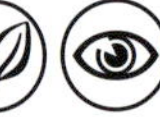

# 아넘 랜드 Explore Arnhem Land

**Location** 오스트레일리아 노던 준주 아넘 랜드
**Website** www.australianexplorer.com/arnhem_land.htm　**Price** $

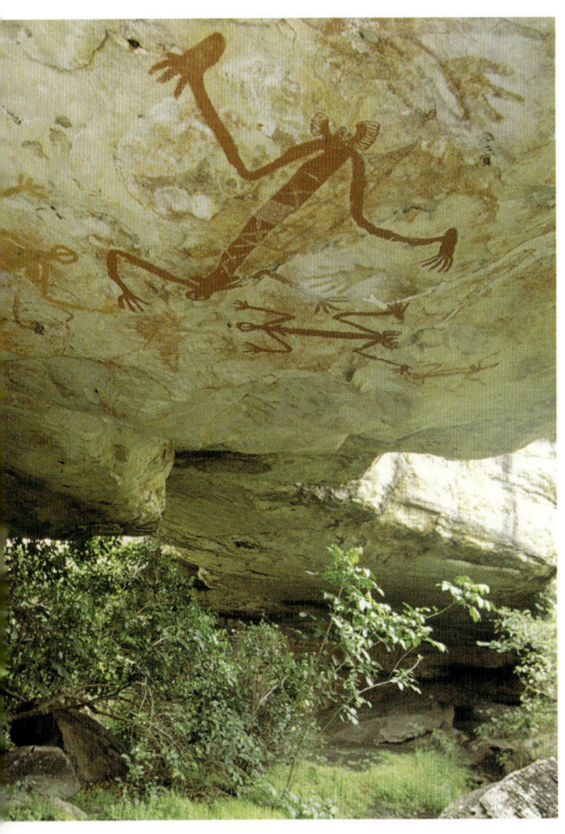



94,000평방킬로미터에 걸쳐 펼쳐져 있는 아넘 랜드는 오스트레일리아의 노던 준주 동북부에 위치하며, 이제는 몇 남아 있지 않은 오스트레일리아 원주민 거주지 중 하나이다. 어보리진(Aborigine)이라 불리는 오스트레일리아 원주민들의 고대 주거지를 보호하기 위해 아넘 랜드의 지정된 관광 구역에서도 정해진 숫자의 인원만이 입장이 가능하다.

5월부터 10월까지, 입장 허가를 받은 관광객들은 거의 사람이 살지 않는 코버그(Cobourg) 반도—가릭 구낙 발루(Garig Gunak Barlu) 국립공원으로도 알려져 있다—의 일부 구역을 탐방할 수 있다. 주도 다윈에서 동쪽으로 이틀 정도 걸리는 곳에 위치하며, 드라마틱한 해안선과 사람의 손이 닿지 않은 모래 해변이 있어 하이킹 족들의 낙원이나 마찬가지이다. 상업 목적의 어업이 금지되어 있는 코버그의 석호와 산호초에는 해양 생물이 넘쳐나며, 해안을 따라 레저 낚시—배낚시와 뭍낚시 모두—를 즐길 수 있는 지점이 여럿 있다. 더 동쪽으로 가면 고브(Gove) 반도의 열대림과 원시 상태 그대로의 해변이 그림 같은 풍경을 자랑한다.

한편 코버그 반도의 바로 남쪽에 있는 아열대 사반나에는 200종이 넘는 조류와 왈라비, 딩고(오스트레일리아산 들개), 거북, 나무뱀, 그리고 지구상에서 가장 큰 파충류인 인도 악어도 서식하고 있다.

이 지역에서는 고대 암석화도 볼 수 있다. 보라데일(Borradaile) 산 근처에 있는 암석화는 자그마치 50,000년 된 것이다. 아넘 랜드 곳곳에 있는 방문객 센터는 관광객에게 원주민의 문화적 업적에 대한 정보를 제공한다. 오스트레일리아 원주민은 어보리진의 가장 유명한 악기인 디제리두를 발명한 것으로 세계적으로 유명하다. **DaH**

⬈ 이 지역은 지구상에서 어보리진 암석 예술이 가장 많이 모여 있는 곳 중의 하나이다.

# 론지튜드 131° Camp at Longitude 131°

**Location** 오스트레일리아 노던 준주 울루루-카타추타 국립공원
**Website** www.longitude131.com.au　**Price** ⑤⑤⑤⑤

에코 투어리즘이라고 하면 일단 재래식 변기가 떠오를 지도 모른다. 론지튜드 131°로 와보라. "에코"라는 단어에서 느껴지는 남아 있는 선입견이 순식간에 사라져 버릴 것이다.

수상 경력을 자랑하는 이 럭셔리 야생 캠프는 오스트레일리아의 "붉은 심장"에 위치하며, 환경친화적일 뿐 아니라, 격하게 로맨틱한 휴양지이기도 하다. 울루루-카타추타 국립공원의 가장자리에서 가까운 외딴 사구(砂丘) 꼭대기에 자리잡고 있는데, 저 유명한 울루루(에어즈 록 이라고도 한다)에서 10km밖에 떨어져 있지 않다. 15개의 럭셔리한 텐트에는 에어컨까지 설치되어 있으며, 널찍한 돌바닥과 중성적인 흙빛 실내 장식, 그

---

> "럭셔리한 텐트 객실에서
> 오스트레일리아 '붉은 심장'의
> 완벽한 풍경을 감상할 수 있다."
>
> 폴 마일스, 『데일리 텔레그라프』

---

리고 예술의 경지에 가까운 욕실이 구비되어 있다.

초기 탐험가들과는 달리 론지튜드의 투숙객들은 5스타 럭셔리에 익숙한 사람들이다. 침대 옆의 스위치만 딸깍 누르면, 블라인드가 올라가고 해뜰녘과 해질녘의 울루루의 스펙터클한 풍경을 볼 수 있다. 여름에는 서늘하고 겨울에는 따뜻하도록 세심하게 설계되어, 열펌프식 에어컨으로 온도 조절이 완벽하게 가능하다. 또한 신선함을 강조하는 최고의 현대 오스트레일리아 요리를 선보이는 레스토랑도 있다. 경험이 풍부한 가이드와 함께 에코 산책을 즐기거나, 예술가들의 공동체를 방문해 보거나, 천문학자가 주최하는 야외 디너에 참석하며 야생 자연과 어보리진 문화에 푹 잠겨 보자. **HA**

# 베다라 Enjoy Bedarra Beach House

**Location** 오스트레일리아 퀸즐랜드 주 베다라
**Website** www.bedarrabeachhouse.com.au　**Price** ⑤⑤⑤

상점도, 레스토랑도 없다. 텔레비전도 없고 휴대폰이 터지는 곳도 제한되어 있으며, 주민도 별로 없다. 오스트레일리아의 그레이트배리어리프에 위치한 열대 섬 베다라에 온 것을 환영한다. 이곳은 아무의 눈에도 띄고 싶지 않은 사람들을 위한 완벽한 휴양지이다. 던크 섬에서 보트로 20분 걸리는 베다라 섬은 오직 물길로만 올 수 있으며, 진정한 의미의 은둔, 프라이버시, 사치를 제공한다.

그 원시 상태 그대로의 해안선을 따라 비탈에 핀 히비스커스와 프랑기파니 꽃이 그윽한 향기를 뿜어내며, 베다라 비치 하우스로 이어지는 구불구불한 길가를 화려한 색채로 물들인다. 베다라 섬의 푸르른 우림 속 높이 나무들 사이에 자리잡은 베다라 비치 하우스는 정말로 로맨틱한 휴양지이다. 엄격한 성인 전용 정책으로 어린이들은 들어올 수 없다―건축가가 설계한 파빌리온은 그 위치를 눈부시게 활용하여, 목재 데크와 커다란 화강암 바위 같은 자연 환경에 아늑하게 녹아들었다. 실내 장식은 퀸즐랜드 스타일에 아시아풍이 더해졌다. 마스터 침실에는 킹사이즈 침대와 깃털 베개가 구비되어 있으며, 욕실에는 우림을 향해 열려 있는 냉탕이 있다. 2곳의 전용 해변―야자수가 늘어선 초승달 모양의 두릴라 만과 설탕가루 같은 모래가 가득 펼쳐진 쿠물 만―까지는 엎어지면 코닿을 거리이다.

베다라 비치 하우스에는 손님에게 사전에 미리 쇼핑리스트를 요청해서, 손님이 도착할 때에 맞춰 찬장과 냉장고를 가득 채워 놓는다―신선한 해산물부터 열대과일, 와인과 샴페인에 이르기까지 필요한 것은 무엇이든 있다. 비치 하우스의 해먹에 누워 빈둥거리거나 책을 읽으면서 오후를 보내다가, 싫증이 나면 패들 스키(한 사람이 앉아서 양쪽으로 노를 젓는 소형 보트)를 타고 섬을 돌아보자. **JK**

 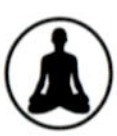  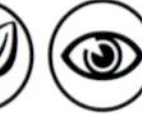

# 데인트리 에코로지 & 스파
Relax at Daintree Ecolodge and Spa

**Location** 오스트레일리아 퀸즐랜드 주 데인트리 우림지대
**Website** www.daintree-ecolodge.com.au　　**Price** 💲💲

헐리우드 스타들이 사랑해 마지않는 이 레인포레스트 스파는 퀸즐랜드의 케언스에서 자동차로 90분 거리에 있다—그리고 이곳만 있는 것이 아니다. 우림 속을 거닐 수 있는 이 작은 로지와 스파는 어보리진 예술과 15개의 스타일리시한 트리하우스 빌라의 전주곡에 불과하며, 그 모든 것으로 여러 차례 상도 받았다.

　이 로지가 그토록 특별한 이유는 무엇일까? 일단 그 위치부터 남다르다. 세계에서 가장 오래된(약 1억 3,500만 년) 인간이 거주하는 우림지대의 심장부에 자리잡고 있으며, 이곳을 제외하면 지구상 어디에서도 볼 수 없는 희귀 생물이 13종이나 존재하고, 그 외에도 열대 조류, 청개구리, 파충류들이 무수히 서식한다. 이 로지는 12ha의 부지 위에 서 있으며, 주위 환경을 원시 상태 그대로 보존하는 것은 물론 어보리진의 역사적 유산을 보호하기 위해서도 끊임없이 노력하고 있다. 친절하게 설명해 주는 가이드와 함께 산책하면서 이 지역에 서식하는 벌레와 약효가 있는 나무에 대해서도 배울 수 있다. 명상과 요가를 위한 특수 데크가 설치된 폭포가 있어, 어보리진 스타일 결혼식과 어보리진 미술 강좌에 사용되기도 한다.

　역시 가장 큰 매력은 스파다. 어보리진으로부터 영감을 받았으며 영혼의 치유를 뜻하는 "와와-카우바" 철학에 주목하고 있다. 우림에서 자라는 베리류를 사용한 트리트먼트가 유명하며, 자체 브랜드인 "데인트리 에센셜즈" 제품을 즉석에서 구입할 수도 있다. 빌라 자체도 에코와 모던의 완벽한 조화이다—인터넷과 케이블 TV, 상상할 수 있는 모든 현대적인 편의 시설은 물론 월풀 욕조와 휘장이 드리워진 럭셔리한 침대, 그리고 대나무 캐노피와 어보리진 예술 작품들이 놓여 있다. **LD**

▣ 에코 로지의 스타일리시한 레스토랑 "줄라임바(Julaymba)"에서는 향토 요리와 담수 석호의 전망을 즐길 수 있다.

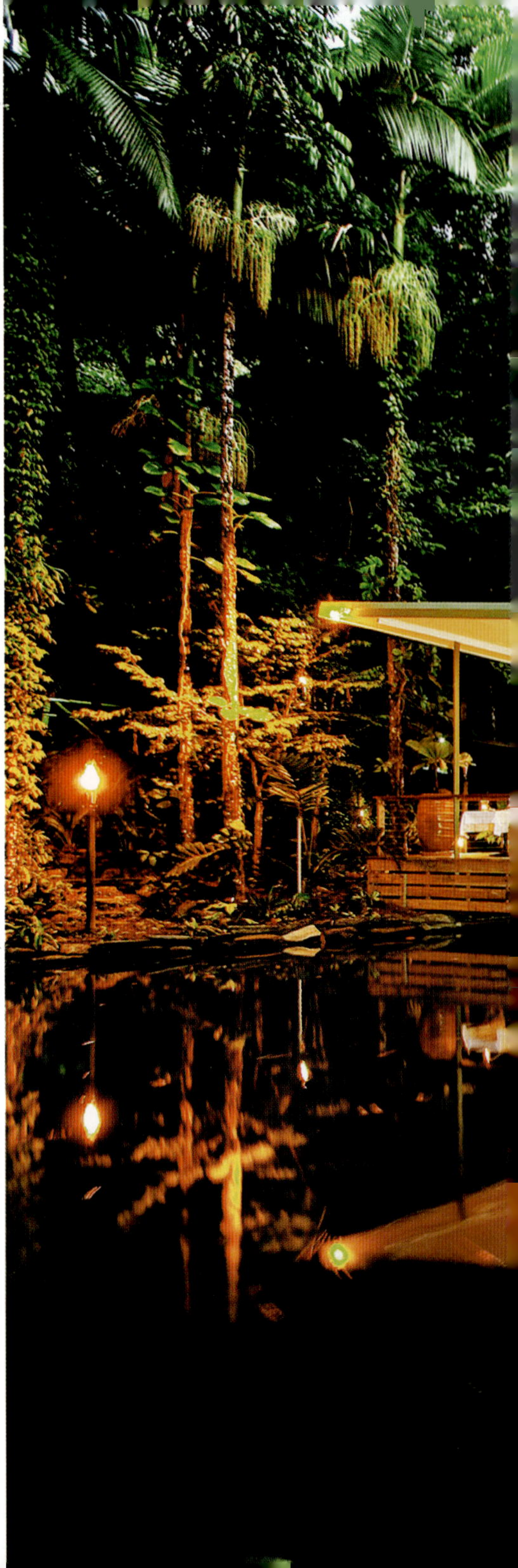

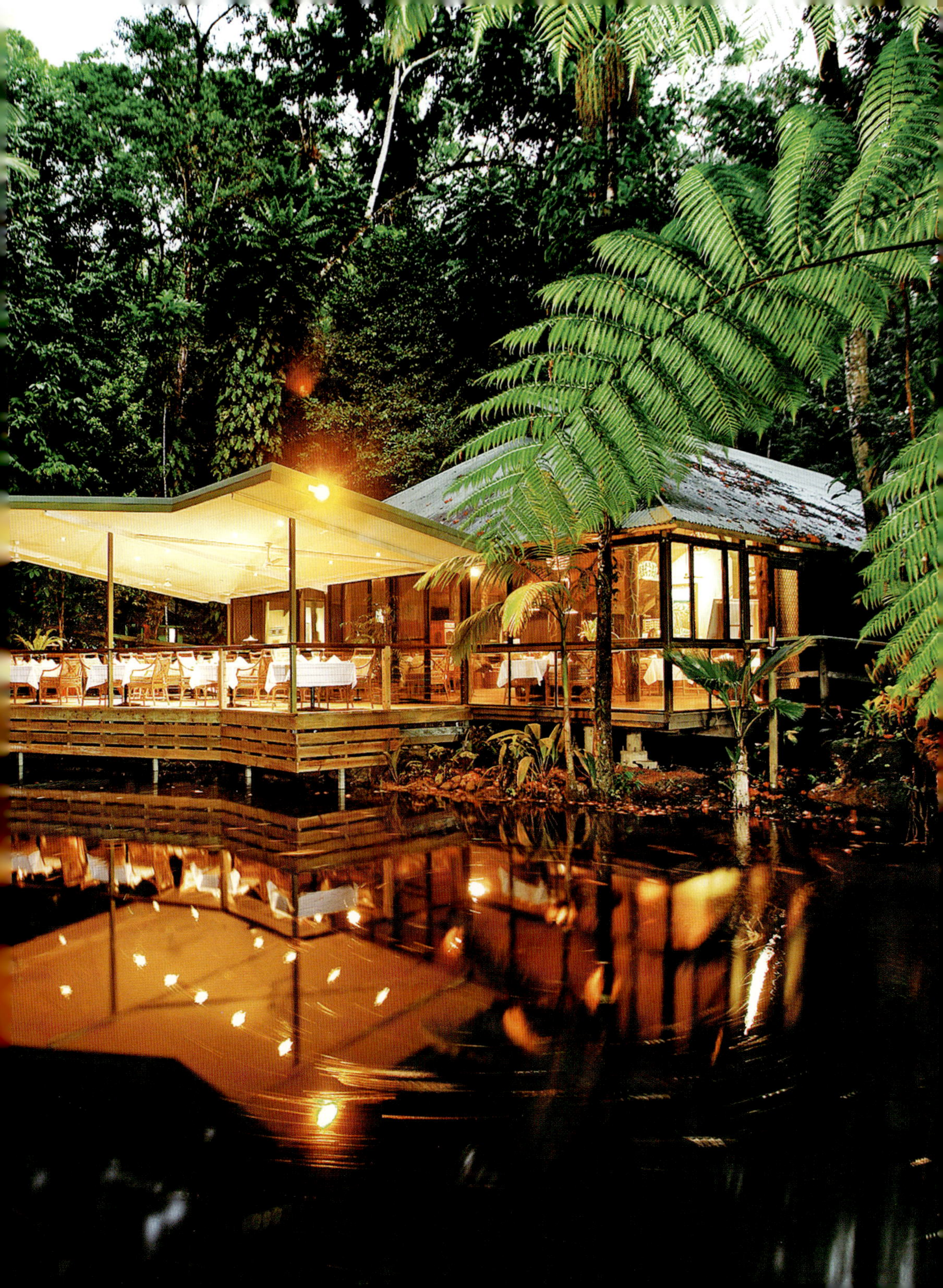

# 쿠란다 관광 열차
### Ride the Kuranda Scenic Railway

**Location** 오스트레일리아 퀸즐랜드 주 케언스에서 쿠란다까지
**Website** www.kurandascenicrailway.com.au　**Price** $

1882년 기획되어 9년 뒤 건설된 쿠란다 관광열차는 원래 퀸즐랜드 북부의 케언스와 쿠란다를 연결하여, 식량과 그 외 생필품이 떨어진 주석 광산의 광부들을 돕고자 하는 것이 목적이었다.

울창한 정글과 높이가 300m나 되는 가파른 바위가 가장 큰 장애 요인이었다. 주로 아일랜드인과 이탈리아인이 많았던 건설 노동자들은 고작 75km의 노선을 위해 15개의 터널을 파고 수십 개의 교량을 놓아야만 했다. 이 위험한 엔지니어링 프로젝트의 와중에 수많은 노동자들이 목숨을 잃었다. 오늘날 관광객들은 기차가 쿠란다를 향해 달리는 동안, 케언스와 스토니 크리크

> "역사적인 쿠란다 관광 열차는
> 산을 올라 폭포와
> 골짜기를 지나간다."
>
> 제이 캐닝, 『데일리 텔레그라프』

폭포(Stoney Creek Falls)의 드라마틱한 풍경을 감상하며 훨씬 느긋한 여행을 즐길 수 있다.

쿠란다 마을에는 원주민들이 10,000년 넘게 살아온 우림지대 일부가 포함되어 있다. 오늘날 쿠란다는 1915년에 세워진 그림같이 아름다운 기차역과 스카이레일 레인포레스트 케이블카(Skyrail Rainforest Cableway)로 가장 유명하다. 이 케이블카를 타면 UNESCO 세계유산에 등재된 열대우림과 스펙터클한 배런 폭포(Barron Falls)를 공중에서 감상할 수 있다. 지구상에서 가장 오래된 우림지대의 일부를 탐험하기 위한 다양한 패키지 상품이 출시되어 있으며, 편안한 기차나 곤돌라를 타고 여행할 수 있다. **DaH**

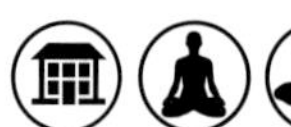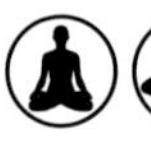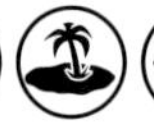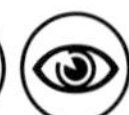

# 덩크 섬
### Stay at Dunk Island

**Location** 오스트레일리아 퀸즐랜드 주 덩크 섬
**Website** www.dunk-island.com　**Price** $$

덩크 섬에서 수천년 동안 살아온 반진족과 지루족은 이 섬을 "쿠나글레바"—즉 "평화와 풍요의 섬"이라 부른다. 탐험가 캡틴 쿡에 의해 덩크 섬으로 불리게 된 이 섬은 퀸즐랜드 주 북부, 그레이트배리어 리프 가까이에 떠 있으며, 완벽한 백사장과 열대 정원, 처녀 우림을 자랑하는, 오스트레일리아에서 가장 아름다운 리조트 섬이다.

케언스에서 비행기로 40분밖에 걸리지 않지만, 단골 손님들은 미션 비치에서 페리를 타고 온다. 오는 동안 물 속에 손을 담그고, 돌고래, 바다거북, 듀공, 그리고 기동 중인 고래떼가 있나 둘러보기도 한다. 덩크 섬은 그 빼어난 자연 경관 때문에 국립공원으로 지정되었으며, 그 중에는 271m 높이의 쿠탈루 산도 있다. 꼭대기에서 내려다보면, 점점이 섬이 떠 있는 터키석빛 바다가 눈앞에 펼쳐지며, 산호초가 마치 목걸이처럼 걸려 있다. 우림에서는 율리시즈 나비, 혹은 블루 마운틴 나비라고도 불리는 아름다운 무지갯빛 나비를 볼 수 있다. 날개폭이 14cm나 되는 이 나비는 자연 애호가들의 사랑을 독차지한다.

이 리조트는 오스트레일리아의 호텔&리조트 기업인 보이지스가 운영하고 있으며, 모든 현대적인 편의시설이 구비되어 있다. 스노클링이나 다이빙을 즐길 수 있도록 그레이트배리어리프까지 데려다 줄 보트부터 테니스 코트, 예술가들의 거주 지역 방문, 심지어 요트 여행까지 말이다. "더 스파 오브 피스 앤 플렌티"는 수련이 떠 있는 연못 근처에서 엘레미를 사용한 트리트먼트를 제공한다. 몸과 마음을 차분하게 가라앉히는 케어를 받으면서 잠자리들이 날아다니는 것을 구경하면 된다. 서비스는 최고급이다. **LD**

→ 덩크 섬의 리조트보다 더 천국 같은 해변 휴양지는 찾아보기 힘들다.

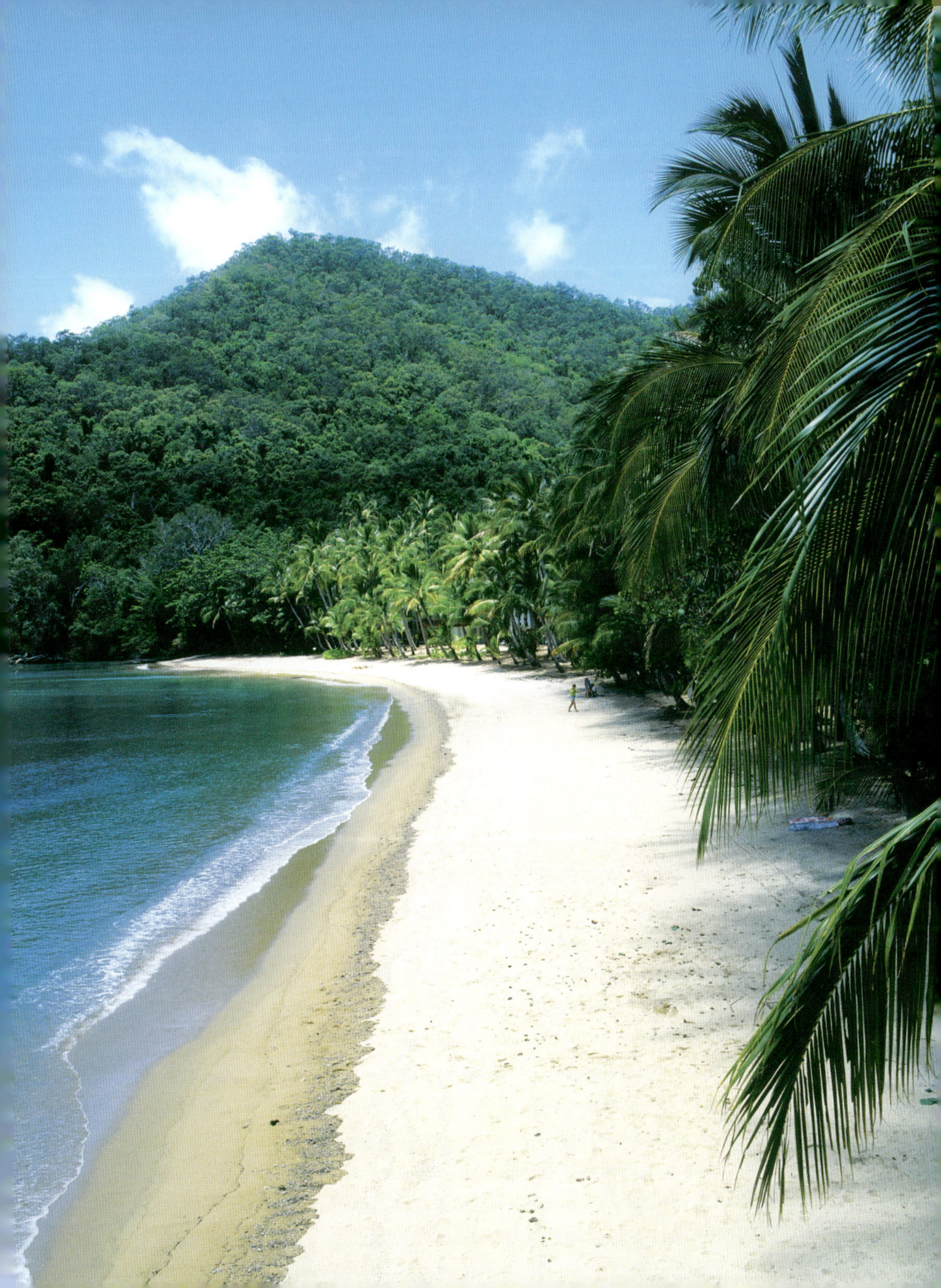

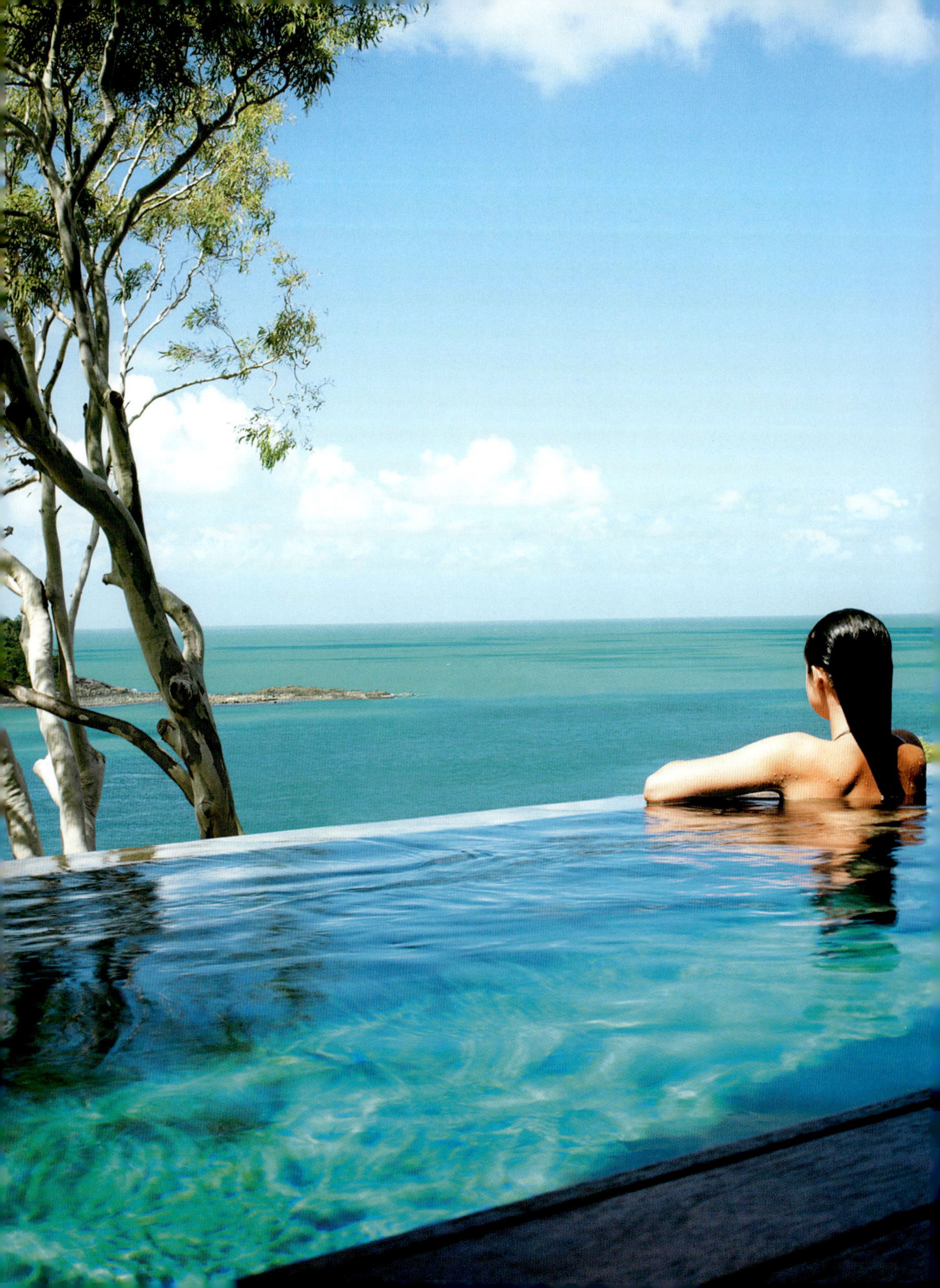

# 콸리아 Stay at Qualia

**Location** 오스트레일리아 퀸즐랜드 주 휘트선데이 제도
**Website** www.qualia.com.au　**Price** ⑤⑤⑤

콸리아는 오스트레일리아식 휴식의 전형이다. 이 지역의 나무와 돌을 사용하여 조화롭게 지은 휴양지로, 그레이트배리어리프라는 위치를 뽐낸다. 손님들은 유칼립투스 나무 사이에 드문드문 서 있는 리워드 파빌리온(Leeward Pavilions)이나 윈드워드 파빌리온(Windward Pavilions) 같은 휴식처에 머무르면서, 넓은 목조 데크와 인피니티 풀에서 뒹굴거리며 관광 엽서에나 나올 법한 풍경을 즐기면 된다.

　"콸리아"는 라틴어에서 유래했으며, 감각 경험의 집합체를 의미한다. 콸리아에서 "감각"은 살아 숨쉬는 것처럼 다가온다—터키석빛 물과 푸르른 녹색의 퀸즐랜드 해안선이 시각을 자극하며, 자갈이 깔린 해안으로 밀려오는 파도 소리와 유칼립투스 잎의 향기가 공기를 채운다. 투숙객들은 스노클링이나 스쿠버다이빙을 하면서 이곳에 사는 특별한 해저 생물들을 가까이에서 관찰할 수도 있다. 미각의 센세이션도 빼놓을 수 없다—예를 들면 레스토랑 "롱 파빌리온"에서 코랄 해를 내려다보며 구르메 식사를 하거나, "페블비치"에서는 물가에서 격식을 벗어 던진 오스트레일리아식 요리를 먹자.

　세계적인 수준의 스파 역시 감각 경험의 일부이다. 가볍게 내리치는 마사지가 축복처럼 다가온다. 로마식 욕탕에 몸을 담그거나 몸에 활기를 불어넣는 스위스 샤워(Swiss Shower, 세 군데 이상의 방향에서 분사되는 샤워 시스템)를 즐기자. 또는 스팀룸이나 오픈에어 요가, 명상 파빌리온 등을 이용할 수도 있다. 이곳을 지배하는 감각은 평화와 조화이며, 성인 전용이라 더욱 조용하다. 돈을 좀더 뿌리고 싶다면, 개인용 요트나 헬리콥터를 빌려서 주변을 돌아본다면 금상첨화다. **LP**

◨ 인피니티 풀에서 보는 풍경은 환상적이다. 마치 다른 세계에 와 있는 것 같다.

# 파라다이스 만 Enjoy Paradise Bay

**Location** 오스트레일리아 퀸즐랜드 주 휘트선데이 제도
**Website** www.paradisebay.com.au　**Price** ⑤⑤⑤

코럴 해의 잔잔한 물을 지나 그 이름에 어울리는 파라다이스 만(灣)에 다다르면, 푸르른 녹색 산봉우리가 그 깊은 하늘빛 물에서 드라마틱하게 솟아 있고, 믿기지 않을 정도로 새하얀 모래 해변은 꿈에서나 볼 수 있을 법한 풍경을 만들어낸다. 오스트레일리아의 퀸즐랜드 해안, 사우스롱 섬의 가장자리에 위치한 파라다이스 베이 아일랜드 에코 에스케이프는 휘트선데이 제도의 74개 섬 가운데 가장 특별한 이를 위한, 가장 지속 가능한 리조트이다.

　한번에 16명의 숙박객만을 받으며, 환경적 비용을 고려하는 동시에 섬 휴양지가 선사할 수 있는 모든 럭셔리를 제공한다. 오직 이 지역에서 생산되는 자재만으로

> "해밀턴 섬의 북쪽 끝에 위치한,
> 완벽하게 외진
> 유토피아"
>
> 『콩데 나스트 트래블러』

지어진 이 에코투어리즘 리조트는 100% 대체에너지만을 사용하며, 재활용이 가능한 것은 모두 재활용된다. 물가에 있는 방갈로는 심플하지만 우아하게 꾸며져 있다. 하나같이 킹사이즈 침대, 욕실, 태양광 조명이 구비되어 있다.

　리조트를 둘러싸고 있는 국립공원의 울창한 관목 숲을 자유롭게 돌아다니거나, 리조트 소유의 요트를 타고 인근의 크고 작은 만들을 항해하거나, 리조트의 코앞에 펼쳐져 있는 그레이트배리어리프의 따뜻한 물에서 스노클링을 즐긴다. 저녁식사는 옥외에서 별이 빛나는 밤하늘 아래에서 먹는다. 멋진 와인과 이야기가 통하는 사람들이 더해져 번잡한 일상에서 벗어나 행복을 느낄 수 있는 시간이다. **LM**

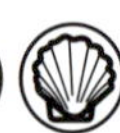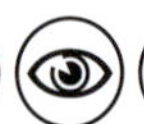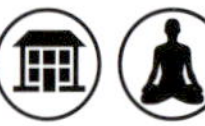

# 헤이먼 섬 Experience Hayman Island

**Location** 오스트레일리아 퀸즐랜드 주 휘트선데이 제도
**Website** www.hayman.com.au  **Price** ⑤⑤⑤⑤

보트 크루즈로 헤이먼 섬—그레이트배리어리프에서도 가장 선망의 대상인 섬 휴양지—에 간다면, 깊고 푸른 바다에서 솟아오른 매력적인 군도의 놀랄 만한 아름다움을 목격하게 될 것이다. 이곳에서는 24시간 대기 중인, 호들갑스럽지 않은 서비스에 의해 모든 것이 이루어진다. 8개의 레스토랑 가운데에는, 1주일에 한번 셰프의 테이블에서 푸드와 와인 전문가들과 함께 생기 넘치는 대화를 나눌 수 있는 곳도 있다. 발코니나 베란다에 촛불을 밝혀 놓고 보다 친밀한 분위기에서 저녁을 먹을 수도 있고, 외딴 해변에서 구르메 바구니로 식사를 할 수도 있다.

스파 차크라에서는 완벽한 사치와 릴랙스가 가능하다. 전원적인 배경에서 럭셔리한 트리트먼트를 받을 수 있으며, 명상 룸과 습식 트리트먼트 룸, 헬스클럽과 휘트니스 센터가 모두 갖추어져 있다. 운동을 한 뒤에는 방이나, 스위트, 빌라, 혹은 펜트하우스로 돌아와 고요한 가운데 휴식을 취하면 된다.

사랑스러운 열대 정원 내부에 위치한 리트릿 윙에서는 자연 식물군을 찾아볼 수 있다. 다른 객실에서도 헤이먼의 몽환적인 수영장, 아주 엷은 노란색의 모래해변, 짙은 청색의 석호로 나갈 수 있으며, 또는 높은 위치에서 코럴 해와 다른 섬의 풍경을 조감도처럼 감상할 수 있다. 모든 객실은 마음을 가라앉히는, 아름다울 정도로 사려 깊은, 고전적인 디자인을 보여준다.

헤이먼은 세계에서 가장 위대한 자연 절경 중 하나—즉 환상적인 그레이트배리어리프로 통하는 관문이다. 바다 카약, 고래 관찰, 낚시 등을 모두 즐길 수 있으며, 그 외에도 수없이 많은 옵션이 있다. 골프, 테니스, 세계에서 가장 깨끗한 해변인 화이트헤븐으로의 피크닉이 모두 가능하다. **VG**

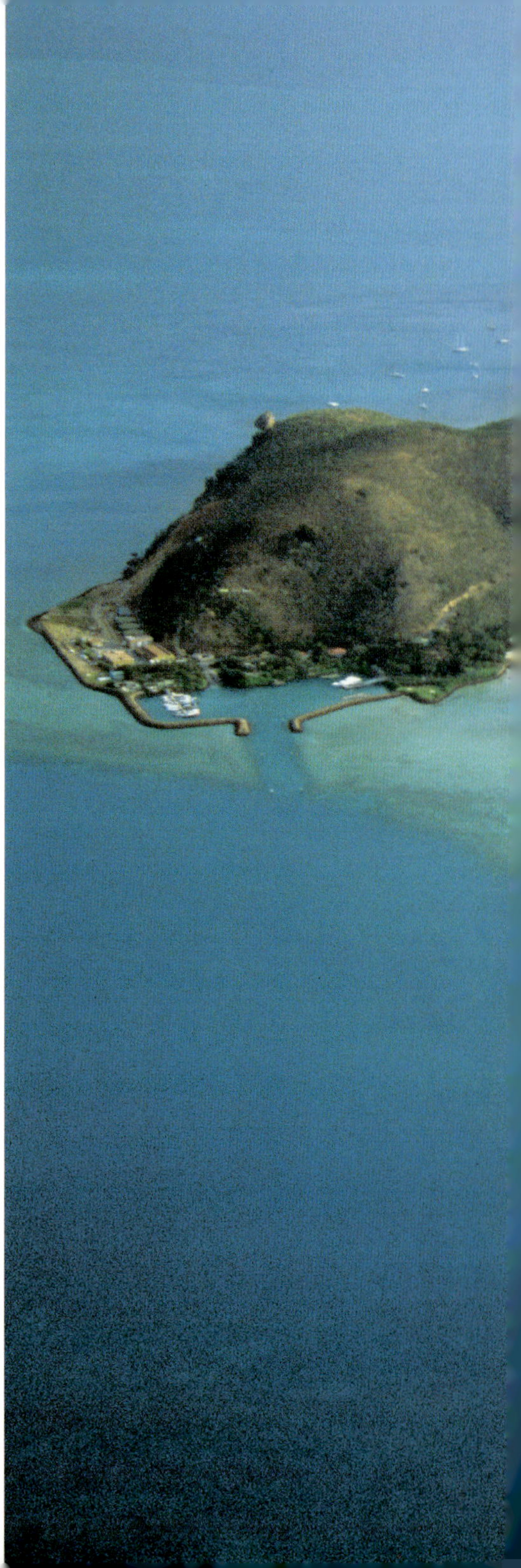

⊡ 헤이먼은 이 세상의 끝에 위치한 푸르른 열대 섬의 낙원을 보여준다.

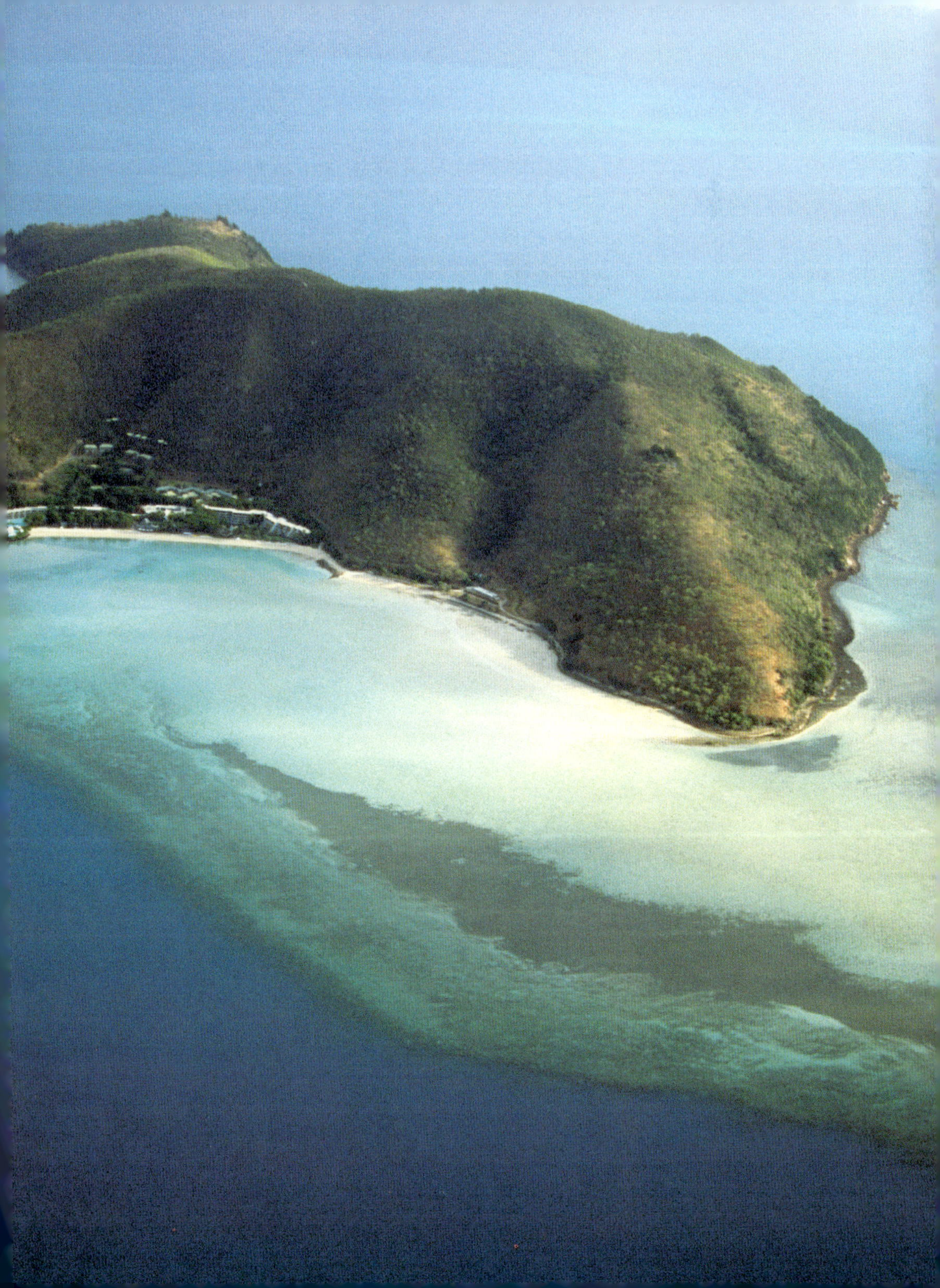

# 시브리즈 하우스
Stay at Seabreeze House

---

**Location** 오스트레일리아 퀸즐랜드 주 타운오브1770
**Website** www.seabreeze1770.com　**Price** ⑤⑤⑤⑤

1770년 5월 23일, 탐험가 캡틴 제임스 쿡은 해군 소위로 이곳에 처음 발을 딛었다. 오늘날 타운오브1770은 퀸즐랜드 주가 탄생한 곳으로 알려져 있다. 이 위대한 잉글랜드 항해가는 강, 산호초, 석호가 섞여 있는 이 땅을 한번에 알아보았을 것이다. 퀸즐랜드는 오늘날까지도 문명에 의한 훼손이 덜한 편인데, 여기에는 시브리즈 하우스처럼 생태 보존에 관심이 많은 휴양지들의 주의 깊은 개발 노력도 한몫 했다.

647ha에 달하는 원시상태의 자연 보호 구역 내에 위치한 시브리즈 하우스는 쿡과 소수의 탐험대가 처음 뭍을 밟았던 버스터드 만에서 몇 분밖에 걸리지 않는 애

---

> "자연 애호가들은 붉은바다거북을
> 볼 수 있는 레드록(Red Rock) 트레일에서의
> 하이킹을 사랑할 것이다…"

시브리즈 하우스 운영진

---

그니스 워터스에 있는 몇몇 해변 휴양지 중 하나이다. 세심하게 설계된 건물을 둘러싸고 있는 부지는 주위의 식물에 전혀 거부감 없이 녹아든다. 침실에는 킹사이즈 침대와 이집트산 면 시트가 구비되어 있으며, 욕실에는 바닥을 파서 만든 거대한 욕조가 있다. 12m 레인의 수영장에서는 코랄 해의 하늘빛 물과 그레이트배리어리프의 석호와 산호초가 내다보인다.

세계 최고의 스노클링 사이트 중 하나로 꼽히는 피츠로이 리프 석호에서 꼭 수영을 해 볼 것. 타운오브1770에서 보트로 80분밖에 걸리지 않으며, 2,500종의 해양 생물을 만날 수 있다. 또는 시브리즈가 소유한 선체 길이 23m의 수퍼요트를 타고 석호의 잔잔한 물 위에서 하룻밤을 보낼 수도 있다. **BS**

# 프레이저 섬
Visit Fraser Island

---

**Location** 오스트레일리아 퀸즐랜드 주 프레이저 섬
**Website** www.fraserisland.net　**Price** ❶

길이 126km, 너비 15km의 프레이저 섬은 세계에서 가장 큰 모래섬으로 야생마들의 생태 낙원이다. 밤에는 수많은 딩고가 긴 울음소리를 내고, 8월부터 10월까지는 남극에서 8,000km 넘게 헤엄쳐 온 셀 수 없이 많은 혹등고래 떼가 지나가는 것을 볼 수 있다. 이곳에는 정말 모래가 많다—길이가 120km나 되는 해변도 있다. 그러나 수영을 하기에 적당한 곳은 아니다—조류가 심한데다, 심지어 얕은 물에도 위험한 뱀상어가 서식하고 있기 때문이다. 인디아 헤드에 가면 뱀상어들이 파도를 타고 헤엄치고 있는 모습을 볼 수 있다.

프레이저 섬에서의 가장 흔한 이동 방법은 사륜구동차에 올라타서 단단한 모래 해변 위를 달리는 것이다. 해변에 착륙하려는 비행기가 눈에 들어오면 요령껏 피할 것. 섬 안쪽에는 조용한 처녀우림은 물론 맑은 물이 찰랑거리는 짙은 녹색의 원시 호수가 100개도 넘는다—이 중 일부는 사구(砂丘)로 둘러싸여 있다. 어보리진들은 프레이저 섬을 "아름다운 여인"이라는 뜻의 "크가리(K'Gari)"라고 부른다. 이 섬을 창조한 영령이 그 아름다움에 감탄한 나머지, 아무에게도 가르쳐 주지 않고 오직 자신만이 야생 동식물을 벗삼아 이곳에 머물렀다는 전설이 남아 있다.

맥킨지 호수 호반의 모래사장은 순수한 실리카에 가까워서 머리를 감거나, 양치를 하거나, 보석을 닦거나, 심지어 피부의 각질 제거에도 좋다. 그러나 딩고는 조심해야 한다. 일단 해가 지면 땅에 뿌리를 박지 않은 것은 무엇이든 먹어치우니 말이다. 프레이저 섬의 딩고들은 오스트레일리아 동부에 남아 있는 최후의 순수 딩고이다—따라서, 무엇을 하던 간에 이들의 먹이는 되지 말 것. **LB**

수 킬로미터에 걸쳐 뻗어 있는 프레이저 섬의 환상적인 해변. 관광객은 거의 한 사람도 보이지 않는다.

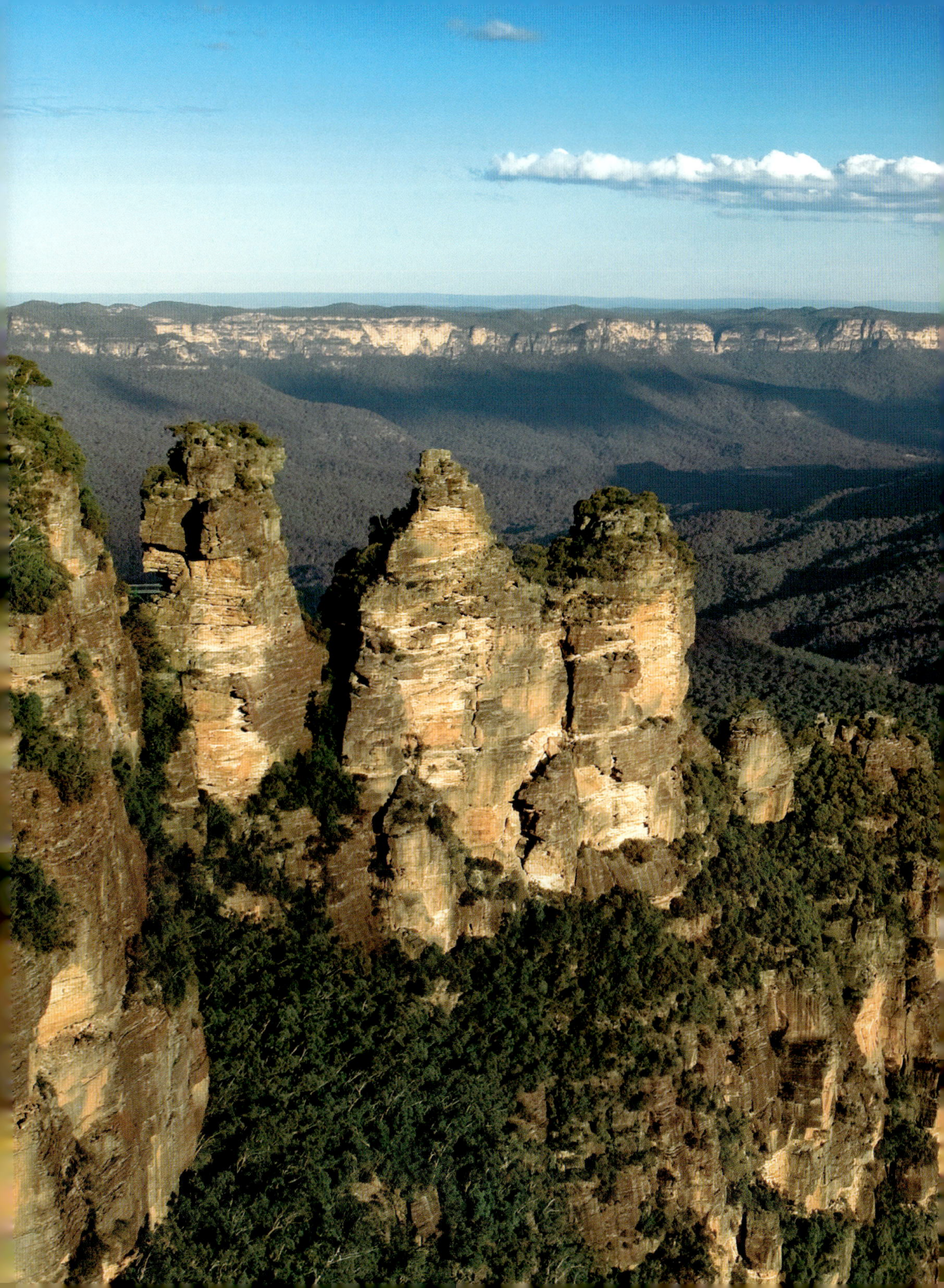

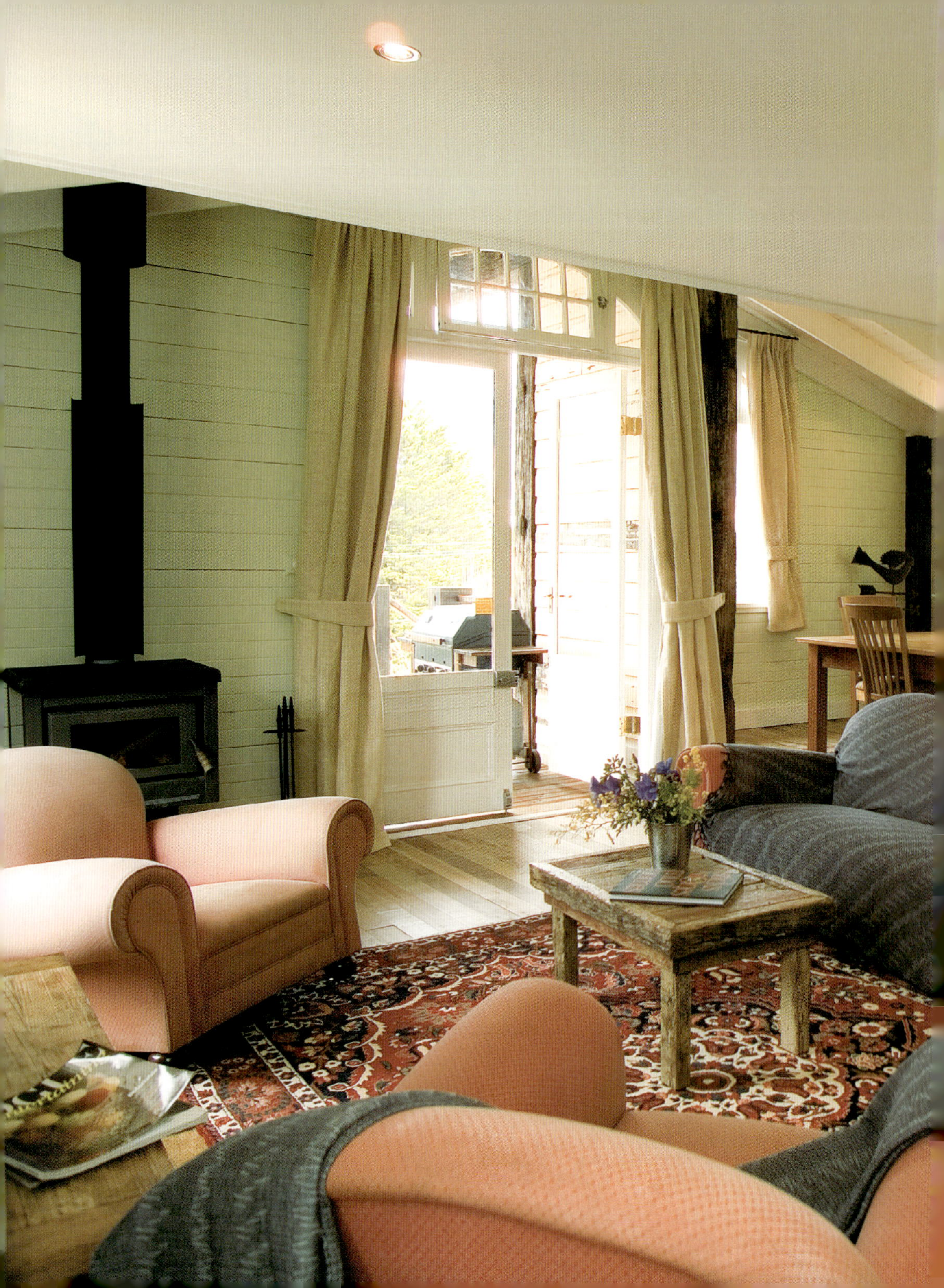

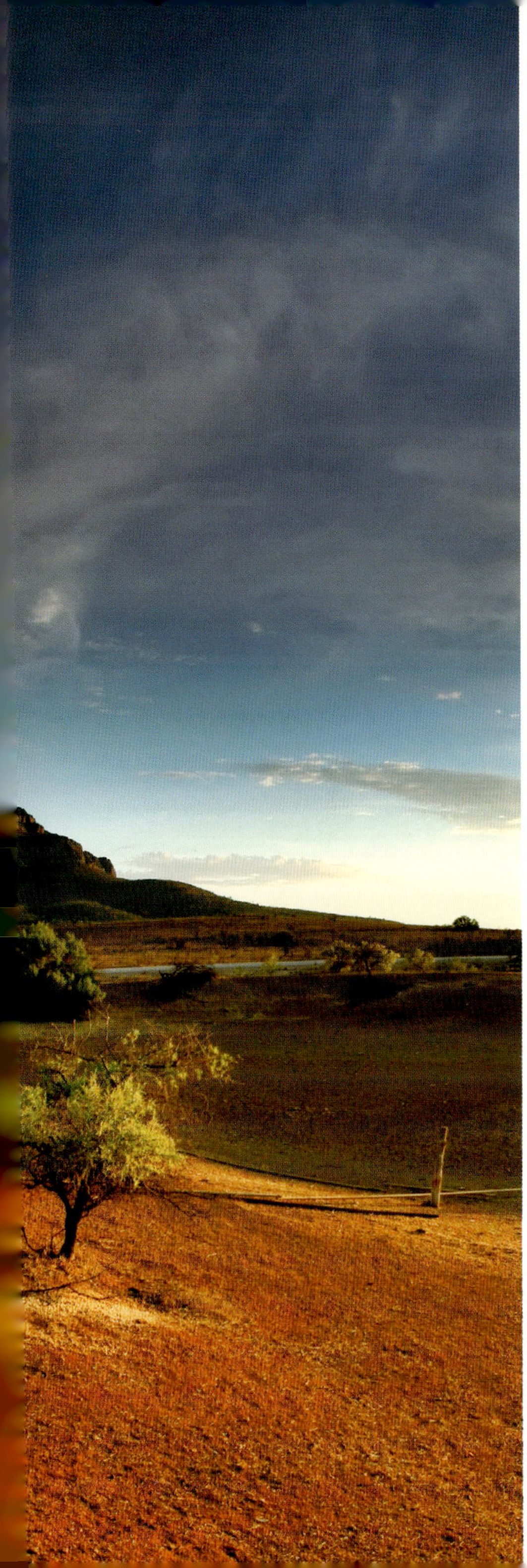

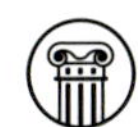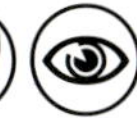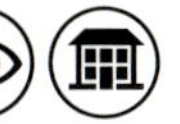

# 론슬리 파크 스테이션
Visit Rawnsley Park Station

**Location** 오스트레일리아 사우스오스트레일리아 주 윌피나 파운드
**Website** www.rawnsleypark.com.au　**Price** 🅢🅢

론슬리 파크 스테이션은 여전히 운영중인 양(羊) 농장으로 윌피나 파운드에 있다. 웅장한 플린더스 산맥의 한복판에 있는 오래되고 침식된 산들에 둘러싸인 곳으로, 아들레이드 북쪽으로 435km 떨어진 오스트레일리아의 아웃백에 위치한다. 3,000ha의 공원은 외부 세계와의 완벽한 차단이 무엇인지를 말해 준다—이곳에서는 무엇이든 하고 싶은 대로 해도 무어라 할 사람이 없다. 사람의 손길이 닿지 않은 관목 숲길이 온 방향으로 그물처럼 펼쳐져 있으며, 지구에서 가장 건조한 대륙에 살고 있는 동식물과 자연 풍광을 볼 수 있는, 영원히 잊지 못할 경험을 허락할 것이다.

오늘날 론슬리 파크는 털이 많은 사우스오스트레일리언 메리노종 양을 사육하는 농장 중에서도 최고급 양털을 생산하는 곳이다. 1968년부터 방문객들에게 양털 깎기 관람을 허가해 왔으며, 오늘날에는 양 사육보다도 관광이 주수입원일 정도로 인기가 높다. 숙박은 캐러밴이나 가장 기본적인 시설부터 플린더스 산맥의 손님 접대가 어떤지 그 정점을 경험할 수 있는 최고의 에코 로지까지 다양하다. 윌피나 파운드를 내려다보는 숨막힐 듯 아름다운 풍경을 자랑하는 로지들은 회반죽을 바른 짚벽으로 천연 단열을 하여 이 지역의 극단적인 기온차에 대비한다. 처마 밑의 커다란 베란다는 그늘이 충분하다—안에는 윤을 낸 나무바닥과 대성당에 견줄 만한 천장, 그리고 커다란 침대가 있어 내집처럼 편안하게 쉴 수 있다. 심지어 침대 위로 슬라이딩 캐노피가 있어, 별이 총총히 뜬 밤하늘을 구경하고 싶으면 밀어젖히기만 하면 된다. 매년 20,000명이 넘는 관광객들이 이곳에 와서 초기 개척민들이 살았던 오스트레일리아를 경험하는 것도 우연이 아니다. **BS**

↩ 오스트레일리아 아웃백에 위치한 론슬리 파크 스테이션에서는 거친 개척민의 삶을 체험해 볼 수 있다.

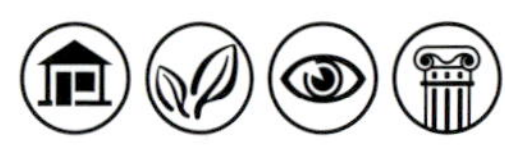

# 폴탈로크 스테이션
## Recharge at Poltalloch Station

**Location** 오스트레일리아 사우스오스트레일리아 주 레이크 알렉산드리나
**Website** www.poltalloch.com  **Price** ⓈⓈ

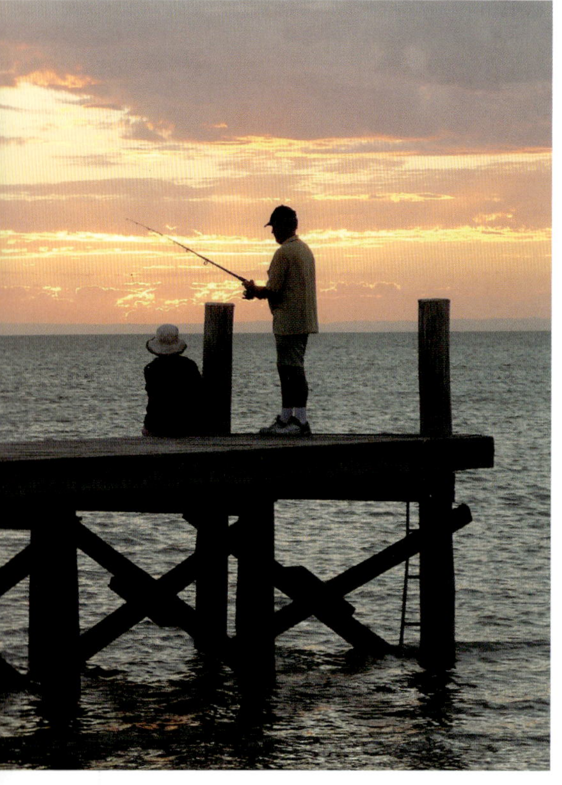

> "1839년에 세워져 대대로 물려 내려온⋯
> 폴탈로크는 자급자족이 가능한
> 하나의 마을과 같다."

마크 치퍼필드, 『데일리 텔레그라프』

1829년, 탐험가 찰스 스터트는 47일째 머레이 강을 내려오며 오스트레일리아 신화 속의 내륙해를 찾고 있었다. 마침내 사우스오스트레일리아의 알렉산드리나 호수의 물가에 닿았을 때, 그는 자신이 그토록 찾아 헤매던 것을 찾았다고 확신했다. 오늘날에는 유서깊은 폴탈로크 스테이션에서 머무르는 방문객이라면 누구나 스터트가 보았던 것과 똑같은 풍광을 감상할 수 있다.

폴탈로크에 묵는 즐거움은 이곳에 도착하기 훨씬 전부터 시작된다. 아들레이드 힐즈의 무성한 녹지에서 동쪽으로 내려오면 땅이 평평해지면서 드넓은 초원과 작은 염전이 나타난다. 마을은 거의 눈에 띄지 않고, 목장의 경계를 나타내는 끝없이 펼쳐진 울타리만이 유일한 사람의 흔적이다. 폴탈로크 스테이션은 알렉산드리나 호수의 물가에 위치하며, 다양한 부속건물과 노동자들이 살던 코티지는 예스러운 숙박 시설로 변신했다. 운더리 라이더스 코티지, 스테이션 핸즈 코티지, 그리고 오버시어즈 코티지는 오스트레일리아의 사회적, 건축학적 유산이 결합된 진귀한 아상블라주이다. 작은 디테일 하나까지 모두 살아남을 수 있었던 데에는 폴탈로크의 외진 위치와 역사 보존에 대한 주인의 열정도 큰 역할을 했다.

폴탈로크의 목공방과 대장간에는 박물관 하나를 세워도 될 만큼 많은 유물이 남아 있다. 낡은 자물쇠를 열고 들어서면 큰 낫, 목판 바이스, 오래된 약병, 그리고 그 밖에 수천 개가 넘는 수공예품이 과거 개척민들의 시대를 오늘날까지 생생하게 보여준다. 거대한, 이중 아치의 양털 깎는 헛간은 오스트레일리아에서는 폴탈로크에만 존재한다. 오스트레일리아에서 가장 독특한 휴양지 중 하나로 불려도 손색이 없는 곳이다. **BS**

◹ 폴탈로크 스테이션에서는 아름다운 자연 풍광은 물론 오스트레일리아의 개척 시대를 경험할 수 있다.

# 헤드 로지
Unwind at Moonlight Head Lodge

**Location** 오스트레일리아 빅토리아 주 오트웨이 국립공원
**Website** www.moonlighthead.com　**Price** ❺❺❺❺

빅토리아 주의 문라이트 헤드 로지는 오트웨이 국립공원을 내려다보고 있는 고급 휴양지이다. 오트웨이 국립공원은 빅토리아 주에서 가장 큰 국립공원으로 40만 헥타르가 넘는 해안지대의 관목 숲으로 이루어져 있다. 유칼립투스 나무와 농경지(그리고 수많은 오스트레일리아 원산의 야생동물들)로 둘러싸인 이 모던한 로지들은 외부와 동떨어진 위치에서 프라이버시와 고요한 평화를 제공한다.

건축에는 재활용이 가능한 자재로만 골라서 사용했으며, 인테리어는 세련된 가구와 세속적인 장식이 예쁘게 어우러졌다. 진품 예술 작품, 앤티크 페르시아 러그,

> "건물은 매우 세심한 피조물로,
> 그 손바닥을 서서히 펴 보이는,
> 미니멀리즘의 걸작이다."
>
> 프랜시스 히버드, 「하퍼스 바자」

모던한 이탈리아산 아르테미데 조명이 독특한 조화를 이루고 있다. 청회색 사암으로 만든 환상적인 욕실에는 올림픽 수영 경기에나 어울릴 법한 사이즈의 욕조가 있어 몸을 담그고 유리 천장을 통해 하늘의 별을 감상할 수 있다.

공간만큼이나 세련된 서비스도 빼놓을 수 없다—특별한 식사를 원한다면? 셰프가 알아서 해 줄 것이다. 낚시를 가고 싶다거나, 헬리콥터를 타고 싶다거나, 바다 밑 보물을 찾으러 다이빙을 하고 싶다면? 문제 없다. 리조트의 흠잡을 데 없는 어드벤처 파트너들 덕분에, 저녁에는 프로페셔널 천문학자와 함께 은하수를 관찰하거나, 남대양에서 불어오는 폭풍을 볼 수도 있다. 이 모든 것들이 아름다운 자연 풍경 속에서 가능하다—아침을 먹는 동안 캥거루나 쿠카부라도 심심찮게 눈에 들어온다. **PS**

# 빅토리아 비니야즈
Ride Through the Victoria Vineyards

**Location** 오스트레일리아 빅토리아 주 모닝턴 반도
**Website** www.onedge.com.au　**Price** ❺

모닝턴 반도는 포트필립(Port Phillip)의 아늑한 해변과 남쪽으로는 탁 트인 바다가 만들어내는 그림처럼 아름다운 풍경 때문에 인근 멜버른 사람들이 즐겨 찾는 곳이다. 이 지역의 언덕들은 대부분 농경지인데, 특히 와인 투어가 발달하였다. 그러나 이 비옥한 구릉지대를 가로지르는 투어는 말을 타고 해야 하기 때문에 너무 취하는 것은 좋지 않다. 말이 나왔으니 말인데, 승마 센터이자 투어 기획사인 스프링 크리크 팜(Spring Creek Farm)—한적한 레드 힐(Red Hill)과 쇼어햄(Shoreham) 마을을 둘러싸고 있는 매력적인 포도밭 근처에 위치한다—은 승마 초보자와 숙련자 모두에게 안전한 말을 대여하기 때문에 안심해도 된다.

이 지역에는 오스트레일리아 최고의 와이너리가 많으며, 투어 중에 적어도 그 가운데 두 군데는 둘러보게 된다. 다양한 길이의 투어가 있으므로 마음 내키는 대로 선택할 수 있다. 좀 짧은 코스로는 8종류의 서로 다른 와인을 생산하는 작고 기분 좋은 맨튼스 크리크 비니야드(Manton's Creek Vineyard)를 거쳐, 티갤런트(T' Gallant) 와이너리를 방문하는 여정을 추천한다. 티개런트에서는 이 지역의 대표 품종인 고급 피노 그리지오를 생산한다.

조금 더 길게 둘러보고 싶다면, 레드 힐 에스테이트(Red Hill Estate)에서 와인 시음과 점심식사를 한 다음 다른 인근 와이너리, 예를 들면 몬탈토(Montalto)나 턱스 릿지(Tucks Ridge)로 가면 된다. 물론 어린이들은 술을 마실 수 없지만, 승마 투어에는 얼마든지 참여할 수 있다. 술을 마시든 안 마시든, 이 아름다운 반도 위의 포도밭을 가로지르며 신나는 하루를 보낼 수 있는 것은 확실하다. **DaH**

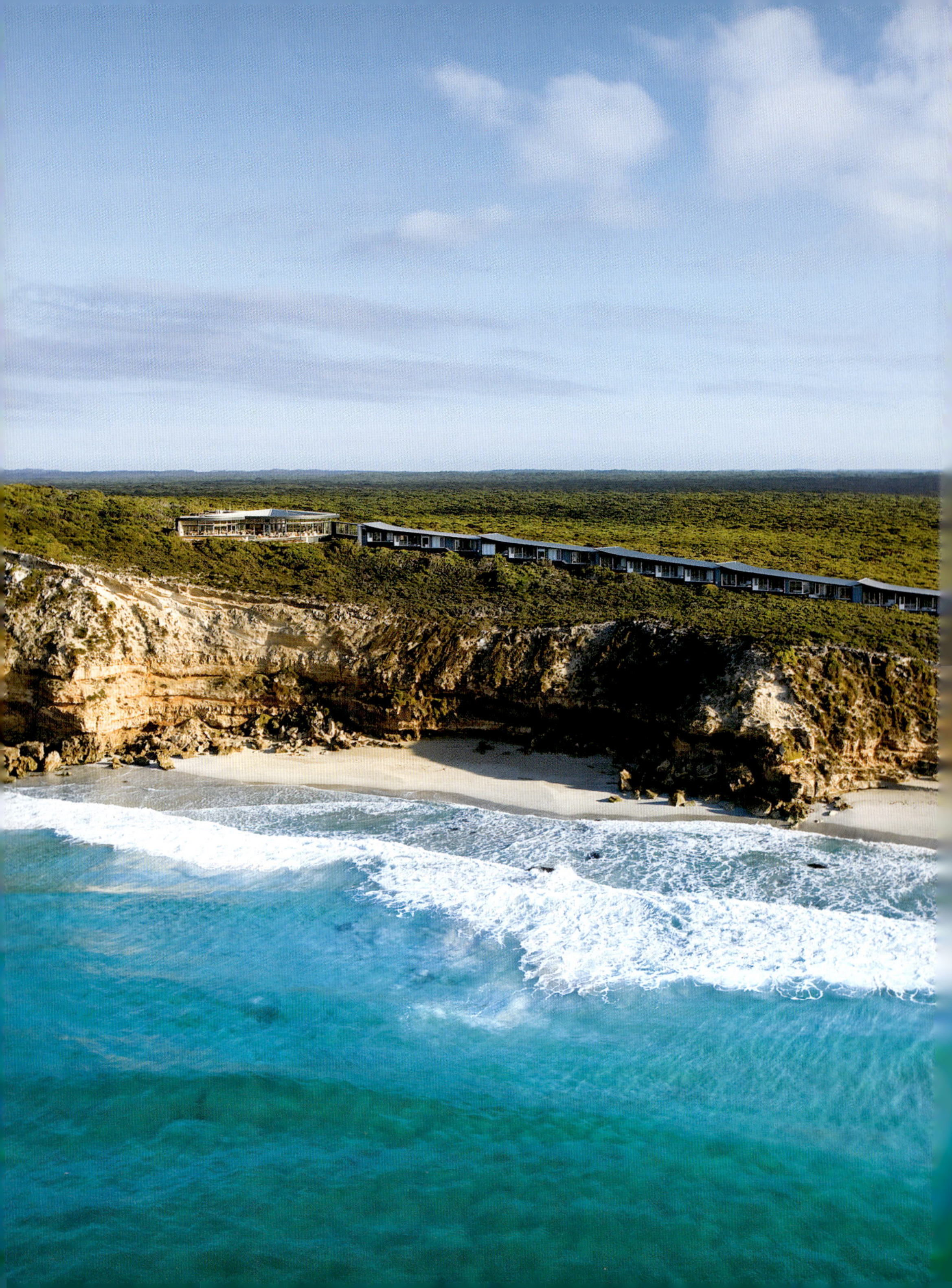

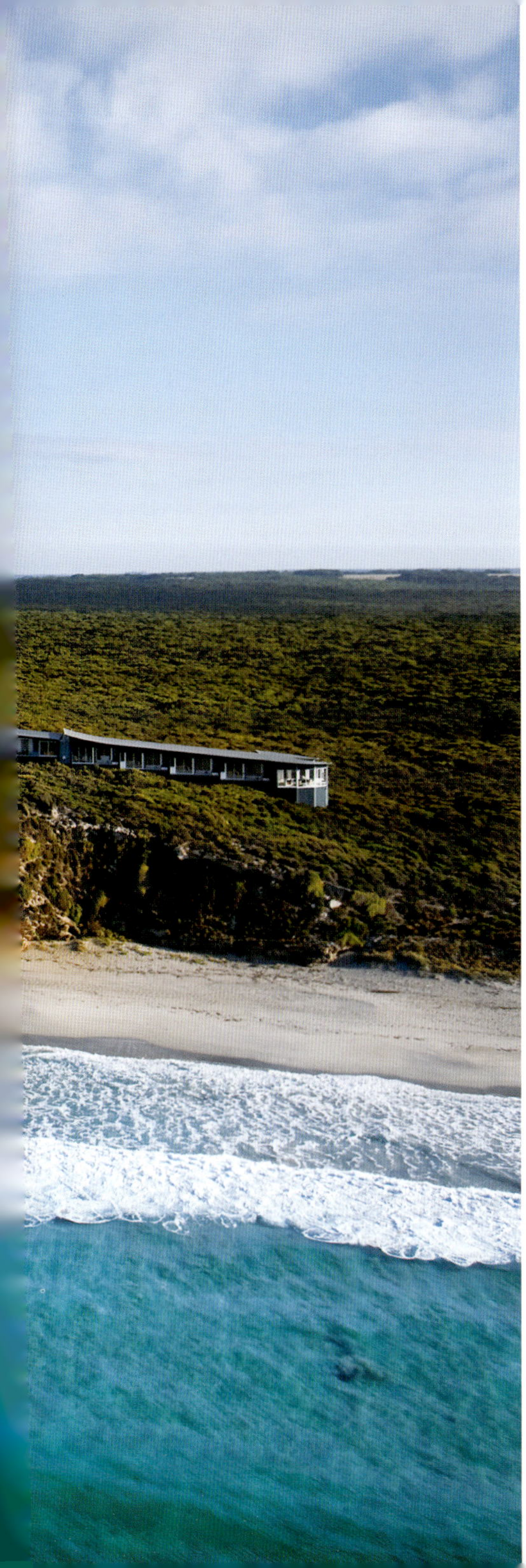

# 캥거루 섬 Stay on Kangaroo Island

**Location** 오스트레일리아 사우스오스트레일리아 주 캥거루 아일랜드
**Website** www.southernoceanlodge.com.au    **Price** ⑤⑤⑤

거칠고, 사람의 손이 닿지 않은 캥거루 섬의 야생 자연과 남극 사이에는 아무것도 없다. 캥거루 섬에 도착하는 순간, 싱싱한 유칼립투스 향과 일종의 동떨어진 느낌이 동시에 찾아온다. 이곳은 오스트레일리아판 갈라파고스라고 생각하면 된다. 이 섬에만 21개의 자연 보존 지역과 국립공원이 있으며, 온갖 동식물이 넘쳐난다. 해변은 바위투성이이며, 모래언덕과 깎아지른 듯한 절벽으로 둘러싸여 있다. 그 중 일부는 야생 바다사자와 작은 펭귄이 무리지어 사는 서식지이기도 하다. 그 위로 바람과 소금물이 기이한 모양으로 조각해 놓은 화강암 노두가 내려다보고 있다. 끝없이 펼쳐진 관목 숲에 이따금 패독이나 산불 길만 눈에 들어오는 곳으로, 캥거루, 왈라비, 주머니쥐, 바늘두더지, 코알라 등이 모습을 드러낸다. 밤이 되면 캥거루나 왈라비가 예고도 없이 도로 위를 쏜살같이 지나가므로, 운전을 하는 것은 마치 범퍼카나 다름이 없다.

이곳 주민들은 서두르는 법이 없다―이 섬에 사는 그 누구도 개인 공간에 대해 문제 삼지 않는다. 면적 4,500평방킬로미터에 인구는 3,000명밖에 되지 않는다. 어보리진이 이곳에 거주했을 확률도 희박하다―1802년 플린더스가 캥거루 섬을 일주했을 때, 나무를 태운 흔적이 없으며, 캥거루도 인간의 존재의 영향을 받지 않았음을 알게 되었다. 그래서 탐험대는 곤봉으로 캥거루 몇 마리를 잡아 잔치를 벌이고 이 섬을 "캥거루 아일랜드"라 명명하였다.

서던 오션 로지는 캥거루 섬의 외진 동쪽 구석, 외로운 핸슨 만의 절벽 위에 뱀처럼 늘어져 있는 나지막한 궁전이다. 공공 부지가 워낙 넓어 마치 매우 쿨한 공항 터미널에 있는 듯한 느낌이 든다. 캥거루 섬의 야생 자연을 탐방하기 위해 머무르기에 환상적인 곳이다. **LB**

◁ 울퉁불퉁한 절벽 위에 자리잡은 서던 오션 로지는 아름다운 바다 전망을 자랑한다.

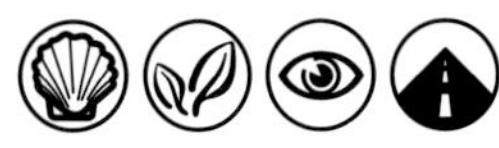

# 파이어스 만 Hike Around Bay of Fires

**Location** 오스트레일리아 태즈메이니아 주 파이어스 만
**Website** www.bayoffires.com.au  **Price** ⑤⑤

파이어스 만은 오염되지 않은 야생 그대로의 풍경을 보여준다. 비날롱 만부터 에디스톤 포인트까지 뻗어 있는 해안선의 부분부분을 따라, 정말로 특별한 하얀 모래 해변이 펼쳐져 있다.

가이드와 함께 나흘 동안 파이어스 만을 걸으면 태즈메이니아 최고의 명물—맛있는 향토 요리, 서늘한 기후에서 재배한 와인, 그리고 숨이 멎을 듯 아름다운 풍경—을 볼 수 있게 된다. 이 하이킹 투어는 최대 10명의 참가자와 최소 2명의 가이드가 함께 하기 때문에, 개개인이 세심한 배려를 받을 수 있다. 먹고, 마시고, 걷는 것 외에(하루에 최대 13km까지 걷는다) 휴식을 취하거나 아름다운 바다에서 스노클링을 하거나, 앤슨스 강에

> "아주 멀리서부터 아주 가까이까지,
> 바다는 복잡하면서도 야생적인,
> 무수히 많은 즐거움을 선사한다."

앤솔로지 트래블러스 컬렉션 웹사이트

서 카약을 즐길 시간도 주어진다.

안으로 쑥 들어간 해변과 바위투성이 곳이 인상적인 불더 포인트가 출발점이다. 첫째 날 밤은 모래언덕에 서 있는 캠프에서 보내게 되는데, 물가와 얼마나 가까운지 침대에서 손을 뻗으면 물고기를 잡을 수 있을 정도이다. 보통 이 "텐트"들은 캔버스 천으로 지붕을 씌웠지만, 바닥은 목재를 깔았다. 나머지 이틀 밤은 베이오브파이어스 로지—스타일리쉬하면서도 지속 가능한 숙박 시설의 벤치마크—에서 묵게 된다. 모래 언덕 사이에 야트막하게 자리잡은 이 로지는 일단 탄소 배출량이 적다. 빗물을 받아서 저장했다가 사용하며, 모든 조명은 태양열 발전이다. 도움이 될 뿐 아니라, 손님들이 환경에 녹아들 수 있도록 해 준다. **GC**

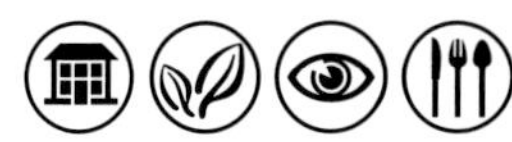

# 아일링턴 호텔 Relax at Islington Hotel

**Location** 오스트레일리아 태즈메이니아 주 호바트
**Website** www.islingtonhotel.com  **Price** ⑤⑤

아일링턴 호텔을 대충이라도 둘러본 회계사라면 우려를 금할 수 없을 것이다. 객실 하나의 실내 장식 비용이 거의 람보르기니 한 대 값에 맞먹으니 말이다. 하지만 걱정할 필요는 없다. 수많은 볼거리와 매력적인 서비스에 잠겨 있는 손님들의 모습을 상상하기란 어렵지 않기 때문이다.

아일링턴 호텔은 2006년 1월 개장했는데, 태즈메이니아 주지사 제임스 밀른 윌슨 경이 살았던 1847년 섭정시대 양식의 저택을 개조하여 호텔로 만들었다. 개인 저택을 객실 11개짜리 럭셔리 호텔로 바꾸는 것은 온갖 종류의 앤티크 컬렉션 덕분에 가능했다고 해도 과언이 아니다—예를 들면 그랜드 하우스 룸에는 루이 XV세 시대에 만들어진 의자, 비더마이어 양식의 테이블, 중국 장롱, 오스트리아에서 제작한 침대가 놓여 있다. 또 피카소, 브렛 휘틀레이, 주 밍의 예술 작품들, 짐 톰슨의 패브릭, 그리고 풍부한 장서를 자랑하는 도서관도 있다.

킹사이즈 베드, 전용 욕실, 뒤쪽에 조명을 설치한 대리석 패널, 환상적으로 깊은 욕조, 온돌 난방이 되는 화강암 바닥은 모든 객실 공통이지만, 방마다 독특한 개성을 자랑한다. 실제로 호텔 주인들은 특별한 맞춤형 호텔을 만들어내는 데 일조했다. 아일링턴에는 아름다운 온실이 있어, 연못과 그 너머로 정형 정원이 있는 테라스로 이어진다. 호텔 뒤편에서는 숲이 우거진 웰링턴 산이 보인다. 황혼 무렵이면 테라스에서는 무료 음료와 카나페가 제공된다. 아침에는 스타일리쉬한 공개 주방에서 신선한 태즈메이니아산 재료를 사용한 프랑스 농가풍의 호화로운 아침식사를 준비한다. 심지어 주문하면 셰프가 아침식사를 따로 만들어 주기도 한다. 단, 저녁식사와 함께 마실 와인을 고를 때에는 시간이 좀 필요하다—아일링턴의 셀러는 자그마치 1,000병이 넘는 와인을 소장하고 있으니 말이다. **GC**

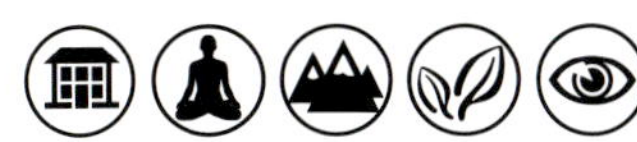

# 크래들 마운틴 로지 Unwind at Cradle Mountain Lodge

**Location** 오스트레일리아 태즈메이니아 주 크래들 마운틴
**Website** www.cradlemountainlodge.com.au   **Price** 💲💲

UNESCO 세계유산의 가장자리에 위치한 알파인 스파와 아늑한 오두막으로 구성된 크래들 마운틴 로지에서의 녹색 라이프는 럭셔리 그 자체이다. 안개가 자욱한 거울 같은 호수와 험준한 바위투성이 산봉우리로 둘러싸인 이 에코 인증 휴양지에서는 자연과 하나가 되는 것이 하나도 어렵지 않다.

안락한 오두막 중 일부는 데크에 핫텁이 있고, 라운지에는 저녁 나절의 차가운 산 공기를 막기 위해 벽난로에 장작불을 땐다. 만약 이런 풍경에도 싫증이 난다면, 스파 "월드하임"은 더욱 환상적인 전망을 선사한다. 트리트먼트 룸은 바닥에서 천장까지 유리로 덮여 있으며, 바로 옆에 있는 "생추어리" 릴랙스 공간에는 오픈에어 핫텁에서 숲 풍경의 파노라마를 즐길 수 있다.

로지의 녹색 기준에 맞춰 식사 메뉴 역시 이 지역에서 생산되는 최고의 재료만을 사용하며, 친절한 스태프들이 방대한 셀러에서 오스트레일리아 와인을 추천해준다. 맛있는 음식과 와인을 좋아하는 이들은 매년 3일 동안 열리는 "테이스팅 앳 더 탑" 구르메 이벤트를 특히 사랑해 마지 않을 것이다. 여기에는 부티크 와인 생산자, 포도 재배자, 핸드메이드 치즈 생산자 들이 참가한다.

이 지역은 또 남녀노소를 불문하고 하이킹족의 천국이기도 하다. 도브 호수에서 카누를 타거나, 산악자전거를 빌려 비포장도로를 탐험해 보는 것도 좋다. 지역 주민인 가이드의 도움을 받으면 왈라비, 주머니쥐, 심지어 "태즈메이니아 악마"라고도 불리는 주머니곰 등 토착 동물들을 더 가까이서 볼 수도 있다. 또는 스파에서 느긋하게 마사지를 즐기면서 창 너머 숲 속을 돌아다니는 이런 동물들을 찾아볼 수도 있다. **AD**

"크래들보다는 크레이터라는 이름이 더 잘 어울린다—바위투성이 산봉우리로 둘러싸인 스펙터클한 분화구 말이다."

『데일리 텔레그라프』

↗ 외진 그러나 럭셔리한 캐빈들이 요정 동화에나 나올 법한 오래된 숲 속에 아늑하게 묻혀 있다.

# 메도우뱅크 에스테이트
Enjoy Meadowbank Estate

**Location** 오스트레일리아 태즈메이니아 주 메도우뱅크
**Website** www.meadowbankwines.com.au    **Price** Ⓢ

메도우뱅크 에스테이트는 단순한 포도밭이 아니다. 수상경력을 자랑하는 레스토랑과 푸드&와인 숍, 아트 갤러리, 심지어 콘서트 프로그램까지 갖추고 있다—이 모든 것이 호바트의 물가에서 자동차로 15분 거리에서 가능하다니 놀랍지 않은가.

그 위치로 말할 것 같으면 이건 센세이션에 가깝다. 레스토랑의 거대한 창문으로 콜 리버 밸리와 바릴라 베이 어귀가 보인다. 이 곳에서는 역사도 맛볼 수 있다. 예를 들면 레스토랑의 기둥들은 태즈메이니아 선박들의 밸러스트로 쓰였었다. 레스토랑의 컨셉은 양이 작은 향토 요리—훈제 장어와 감자 팬케이크, 더널리산(産) 굴,

> "언덕 위에 서서 포도밭과 11,000여 마리의 복슬복슬한 메리노 양떼를 보고 있노라면 영혼이 차분하게 가라앉는 것 같다."
>
> 존 벨, 「데일리 텔레그라프」

킹피쉬 세비체 등—에 와인이 곁들여진다. 각각의 요리에 맞게 와인도 글라스로 주문할 수 있다. 재료의 대부분은 콜 리버 밸리 인근에서 생산한 것으로, 메뉴도 거의 매일 바뀌다시피 한다. 한편 셀러 입구에 만들어 놓은 숍에서는 메도우뱅크의 대표 와인을 6종까지 무료로 시음할 수 있다. 메도우뱅크에서는 정기적으로 태즈메이니아 실내악단이나 태즈메이니아 재즈 기타리스트의 콘서트를 열고 있다—한 마디로 이 곳에서는 태즈메이니아 자체가 하나의 독특한 테마인 것이다.

그러나 이 모든 것의 시발점은 와인이었다. 이 곳에 최초로 포도를 심은 것은 1974년이었다. 처음에는 자기가 마실 몇 병만 만들 생각이었지만, 기대 이상의 성과가 나면서 점점 규모가 커지게 되었다. 오늘날 메도우뱅크는 부러울 만큼 다양한 종류의 와인을 생산하고 있다. **PE**

# 와인글라스 베이
Discover Wineglass Bay

**Location** 오스트레일리아 태즈메이니아 주 프레이시넷 국립공원
**Website** www.wineglassbay.com    **Price** ❗

와인글라스 베이는 태즈메이니아에서 가장 곡선미가 아름다운 곳이다. 이 곳에서도 가장 아름다운 것은 와인글라스의 가장자리 모양을 한 백사장이다. 그러나 놀랍게도 이곳에는 개발의 흔적을 찾을 수 없다. 1.5km 넘게 뻗어 있는 해변에 건물도, 상업 시설도 보이지 않는다.

와인글라스 베이는 태즈메이니아의 동쪽 해안, 프레이시넷 국립공원이라 불리는 반도에 위치한다. 이 지역에 처음 발을 디딘 유럽인은 네덜란드인 아벨 타스만이었을지 모르지만, 프레이시넷 반도라는 이름이 붙은 것은 19세기 초, 프랑스인들에 의해서였다. 해저드 산맥이라 불리는 위풍당당한 화강암 산맥이 공원을 굽어보고 있다. 마치 도로 건설 자체를 어렵게 만들기 위해 서 있는 일종의 보디가드 같다. 와인글라스 베이로 갈 수 있는 교통편은 아무것도 없다.

트레일 시작점에도 해변까지 어떻게 가야 하는지 아무 지시도 없다. 대신 교묘하게 닦은 길이 화강암 지대와 숲 사이로 조각한 것처럼 나 있다. 해저드 산맥의 가장 높은 봉우리 사이에 끼어 있는 등성이로 트레일이 가파르게 이어진다. 걷다 보면 이 지역 원산인 로젤라 앵무새, 부채 모양 꼬리를 가진 뻐꾸기, 그리고 왈라비도 볼 수 있다. 만(灣)이 처음으로 눈에 들어오는 곳도 바로 이 산등성이의 전망대이다. 이렇게 높은 곳에서는 1.5km 가량 떨어진 해변에서 파도가 마치 숲까지 닿을 듯이 곡선 모양으로 굽은 모래밭에 와서 부딪히는 풍경을 볼 수 있다. 유칼립투스 나무 때문에 파르스름한 안개가 피어올라 반짝이는 터키석빛 물과 대비를 이룬다. 그 풍경은 전 세계 어떤 해변과 견주어도 뒤지지 않는다. **GC**

▣ 해변의 모래는 마치 누군가 정기적으로 관리하고 있는 것처럼 새하얗다.

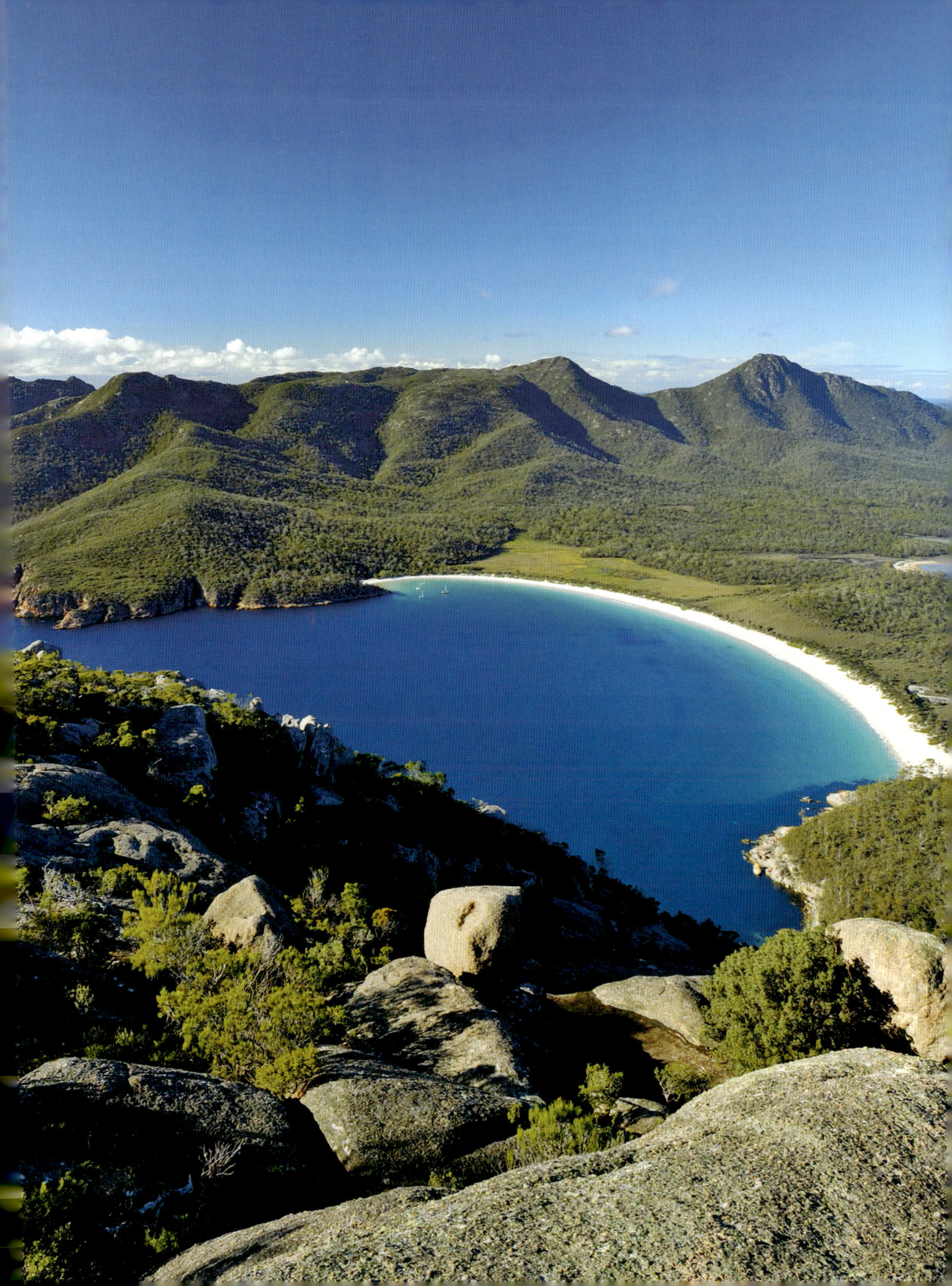

# 이글스 네스트 Relax at Eagles Nest

**Location** 뉴질랜드 북섬 베이오브아일랜즈
**Website** www.eaglesnest.co.nz　　**Price** ⑨⑨⑨

뉴질랜드 베이오브아일랜즈의 유서깊은 도시 러셀에서 걸어서 갈 수 있는 거리에 위치한 이글스 네스트는 사유지인 반도에 자리잡고 있다. 거의 외부와 차단된 면적 30헥타르의 부지로 둘러싸인 이 럭셔리 리조트는 단 5개의 독채 빌라로 구성되어 있다.

　이 리조트는 지극히 현대적인 스타일로 지어졌지만, 정원과 임시 숙소는 완벽하게 자연 환경에 녹아들도록 했다. 각각의 빌라는 모던과 앤티크 실내 장식, 이 지역 예술가들의 진품 작품, 그리고 당신이 필요로 할지도 모를 모든 설비로 저마다 개성있게 꾸며졌다. 사이즈도 제각각이다—제일 작은 빌라에서는 2명, 제일 큰 빌라는 8명까지 숙박이 가능하다. 그러나 모두 널찍하고, 천연광이 아낌없이 들어온다. 에어리(Eyrie)와 이글스피릿(Eagle Spirit) 룸에는 18m짜리 인피니티 풀이 딸려 있지만, 퍼스트라이트템플(First Light Temple)은 신혼여행에 완벽한, 보다 로맨틱한 분위기를 선사한다. 2층짜리 새이크리드스페이스(Sacred Space)는 이글스 네스트를 대표하는 빌라로, 3개의 스위트, 거실, 전용 영화관, 그리고 요청에 따라 집사와 퍼스널 트레이너까지 딸린다. 유리로 만든 샤워부스가 갖추어져 있고, 바닥에는 난방이 들어오는, 크롬과 대리석으로 만든 반짝이는 욕실은 시선을 사로잡는 수많은 디테일 중 하나일 뿐이다.

　시설은 잠시 제쳐 두고, 풍경 자체도 숨막힐 듯 아름답다. 베이오브아일랜즈는 세계적으로 유명하며, 144개가 넘는 섬을 탐방할 수 있는 곳이다. 대어 낚시, 요트, 다이빙, 산악자전거, 하이킹, 헬리콥터 탑승 등을 경험할 수 있으며, 지루해질 틈이 없다. 이글스 네스트에는 모든 것이 다 있다. **PS**

↱ 디자인은 단순하다—유리벽, 널찍한 데크, 전용 풀장. 그러나 그 효과는 그야말로 위풍당당하다.

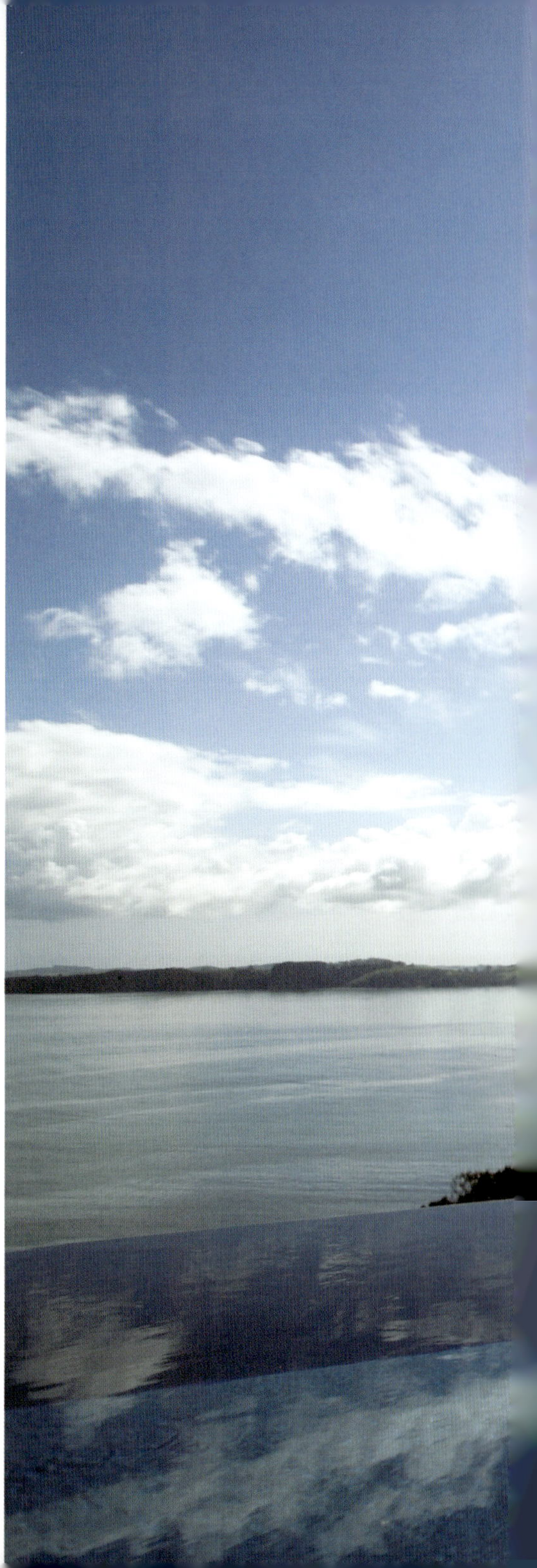

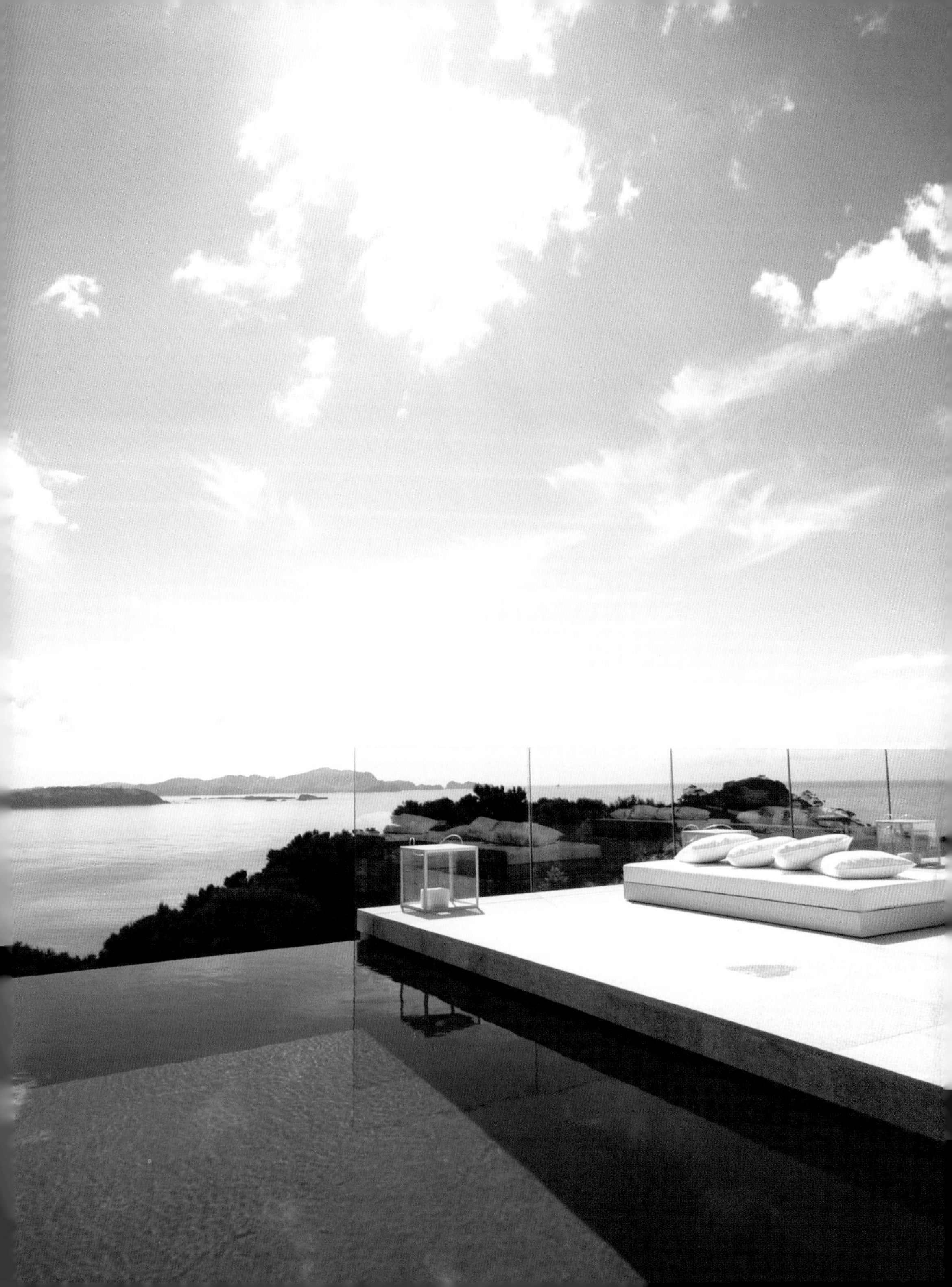

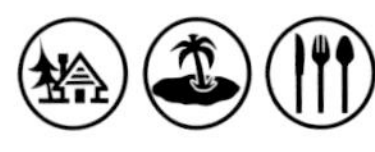

# 오롱고 베이 Stay at Orongo Bay

**Location** 뉴질랜드 북섬 베이오브아일랜즈
**Website** www.thehomestead.co.nz   **Price ⑤⑤**

오롱고 베이 홈스테드는 누구도 따라올 수 없는 입지를 자랑한다. 베이오브아일랜즈의 오롱고 만의 맑은 초록색 아열대 바다를 내려다보는 아름다운 전망을 즐길 수 있기 때문이다. 1860년대에 나무로 지은 2층짜리 농가 주택으로 역사 유적 트러스트(역사적인 가치를 가진 건축물이나 유적 보전을 목적으로 하는 뉴질랜드의 비영리 위탁사업체)의 원조를 받아 완전히 재건되었다. 그 결과는 역사적인 중후함을 지닌 호텔로, 오스트리아 빈티지 그랜드 피아노부터 손으로 조각한 빅토리아 양식의 긴 의자, 목욕 가운이 걸려 있는 욕실, 폭신한 타월, 토착 식물로 만든 스킨케어 크림에 이르기까지 작은 디테일 하나하나에도 세심한 주의를 기울였다. 공동 소유

---

> "건강한 유기농
> 구르메 럭셔리에 관심이 많은
> 홈과 호텔의 독특한 결합."

오롱고 베이 소유주

---

주인 크리스 스워넬과 마이클 후퍼는 둘 다 와인과 요식업 경력이 있으며, 이는 그 훌륭한 구르메 메뉴를 한번 보기만 해도 여지없이 알 수 있다. 유기농 바나나, 구아바, 파파야, 키위, 인근에서 재배한 다양한 종류의 채소, 그리고 멋진 뉴질랜드 와인 메뉴를 상상해 보라.

돌고래의 천연서식지에서 함께 수영을 하고, 키가 큰 항해용 요트로 크루즈를 즐기고, 잔디밭에서 크로켓과 볼을 할 수도 있다. 핀란드식 사우나와 냉탕 욕조도 있고, 요청하면 마사지도 받을 수 있다. 뉴질랜드 최초의 수도였던 러셀도 그리 멀지 않다. 마오리족 혼혈인 크리스는 친절하게 마오리족 역사를 가르쳐 줄 것이다. 역사, 문화, 자연, 그리고 삶을 편안하게 하는 것들이 모두 하나에 녹아들어 있다. **PS**

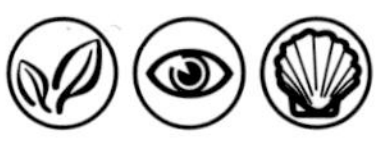

# 카우리 숲 See the Kauri Forests

**Location** 뉴질랜드 북섬 카우리 숲
**Website** www.doc.govt.nz   **Price ❶**

뉴질랜드 북섬의 카우리 소나무는 그냥 큰 것이 아니라, 정말로 어마어마하다. 어찌나 큰지, 1880년대에는 상당히 진취적인 정신의 소유자였던 한 가족—부모 2명과 13명의 자녀—이 썩은 나무 기둥 속에 집을 짓고 들어가 살기까지 했다. 이들은 그들의 "트리 하우스"에서 14년을 살았다.

14년이야 카우리 소나무에게는 눈 깜짝할 사이밖에 되지 않는다. 이 거대한 나무들은 수천년씩 살기도 하니 말이다. 노슬랜드(Northland)의 서쪽 해안에 있는 가장 큰 나무는 나이가 1,250~2,500년쯤 된 것으로 추정되고 있다. 로마인들이 대제국을 건설하느라 정신이 없었을 무렵, 지구 반대편의 뉴질랜드 한켠에서는 이 나무가 평화로이 자라고 있었던 것이다. 그리고 로마 제국은 더 이상 존재하지 않지만, 이 나무는 아직도 있다. 이 나무는 타네 마후타, 즉 "숲의 주인"이라고 불리며, 키가 48m나 된다. 둘레가 14m나 되는 줄기는 수많은 가지 위로 곧게 우뚝 서 있으며, 꼭대기 근처에서 가지들이 분수처럼 퍼진다. 울퉁불퉁하고 옹이투성이이며 그 존경을 받아 마땅한 지위와는 어울리지 않게 개성이 넘친다. 심지어 나무에는 별로 관심이 없다고 하는 이들조차 절로 숙연해지는 경관이 아닐 수 없다.

조금 더 가면 테 마투아 은가헤레—"숲의 아버지"—가 거대한 뿌리를 내리고 있다. 테 마투아 은가헤레는 타네 마후타처럼 키가 크지는 않지만, 지름이 5m 가까이 되는 그 줄기는 정말 대단하다.

사실 뉴질랜드 북부에는 이들보다 더 큰 나무도 많았지만, 슬프게도 19세기~20세기 초의 벌목 사업과 고무 무역의 희생양이 되고 말았다. 그러나, 뉴질랜드의 노슬랜드를 지나가는 이라면 누구나 잠시 차를 멈추고 험하지 않은 오솔길이나 판자를 깐 길을 따라 산책을 즐기며 이 위풍당당한 카우리 소나무들을 구경해 봐야 한다. **PE**

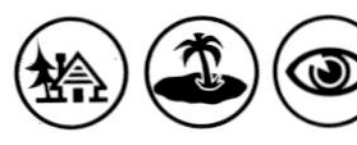

# 딜러모어 로지 Enjoy Delamore Lodge

**Location** 뉴질랜드 하우라키 만 와이헤케 섬
**Website** www.delamorelodge.com　**Price** ⑤⑤⑤

와이헤케 섬은 경작지, 숲, 해변, 포도밭, 올리브 과수원이 그림처럼 아름답게 섞여 있다. 물결처럼 굽이치는 해안선을 따라가던 시선이 멈추고, 오우하나케 만의 언덕배기에 아늑하게 자리잡은 딜러모어 로지가 눈에 들어온다. 이 지역 건축가 론 스티븐슨과 주인 로슬린 바넷-스토리는 지중해 건축양식과 마오리 심볼리즘을 결합하여 마추(matsu, 뼈로 만드는 마오리족의 전통 낚시바늘) 모양의 로지를 지었다.

4개의 스위트 모두 오우하나케 만의 파노라마 풍경을 자랑한다. 파티오에서 칵테일을 홀짝이거나 럭셔리한 버블 욕조로 들어가거나 끝없이 변하는 하우라키 만의 푸른빛에 감탄하자. 구부러진 층계를 미끄러져 내려

---

> “(딜러모어 로지는)
> 아름답고 친밀하며, 최고의
> 바다 전망을 선사한다.”
>
> 『보그 트래블』

---

가면 널찍한 라운지와 식당이 나온다. 셰프 애런 스미스는 호텔 정원에서 재배한 재료로 요리를 만든다. 세계적으로 유명한 와이헤케 섬의 포도밭과 올리브 과수원은 매년 열리는 푸드&와인 축제에서 진가를 발휘한다. 애런에게 정중하게 부탁하면, 와인 셀러에서 스페셜 빈티지를 골라 줄 것이다. 심지어 낚시를 나갔다가 당신의 “마추”가 운이 좋았다면, 잡은 고기를 주고 요리해 달라고 할 수도 있다.

이 곳에서는 요트, 다이빙, 카약, 낚시 등을 즐길 수 있으며, 그 신선한 섬 공기를 들이마시는 것만으로도 내면이 고요해지는 것 같은 느낌이 든다. 호텔의 스파와 동굴 같은 월풀 욕조에 한번 다녀오면 그나마 남아 있었던 스트레스조차 싹 사라지고 만다. **PS**

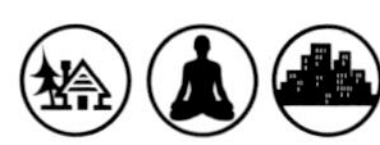

# 코터 하우스 Unwind at Cotter House

**Location** 뉴질랜드 북섬 오클랜드
**Website** www.cotterhouse.com　**Price** ⑤⑤

코터 하우스는 1847년 영국에서 온 이민자 조셉 뉴먼에 의해 지어졌다. 아이러니하게도, 그리고 비극적이게도, 술이라고는 한 방울도 입에 대지 않던 뉴먼은 1892년 위스키 광고판이 머리 위로 떨어지면서 사망하고 만다. 오늘날, 이 섭정시대 양식의 유서 깊은 건축물은 근현대 미술 컬렉션과 빼어난 앤티크가 어깨를 나란히 하고 있는 환상적인 호텔로 쓰이고 있다.

사랑스러운 정원은 오클랜드와 뉴질랜드의 젊은 예술가들의 쇼케이스나 다름없으며, 대부분의 작품은 그 자리에서 구입이 가능하다. 하루 동안 즉석 예술 작품 수집을 했다면, 객실에서도 시간을 좀 보내야 하지 않겠는가. 그 호화로운 실내 장식이 예술 작품 못지않게 놀랍기 그지없다. 주로 클래식한 프랑스풍으로 환상적인 앤티크가 시선을 잡아끄는 윈도우 트리트먼트를 상쇄한다. 1892년에 만들어진 무도회장은 오늘날에도 사교 행사나 가끔 있는 결혼식 장소로 쓰인다. 현재 코터 하우스의 주인인 글로리아 푸파르-월브리지의 프랑스풍 아침식사는 저택 그 자체만큼이나 유명하다.

현재는 멋진 셀러까지 갖추고 있는 코터 하우스는 당신이 기대하는 모든 비즈니스 서비스를 제공하며, 베이비시팅 서비스나 의사 왕진 서비스 같은 개인적인 편의도 빠지지 않는다. 인생이 더 편리해지는 것은 바랄 수가 없을 정도이다. 스태프들은 프랑스어, 스페인어, 포르투갈어, 중국어, 한국어 등 다양한 언어를 구사하므로, 혹시 말이 통하지 않을까 걱정할 필요는 없다. 이토록 환상적으로 느긋하고 우아한 환경 속에서, 야외 온수 풀장이나 월풀욕조에 몸을 담그거나, 필라테스, 킥복싱 등으로 몸에 에너지를 불어넣거나, 몇 가지 요가 동작을 연습한 뒤 골프를 나가는 것은 어떨까. 궁극의 런치 데이트를 위해서 근처에 있는 하우라키 만의 섬 중 하나로 헬리콥터를 타고 날아갈 수도 있다. **PS**

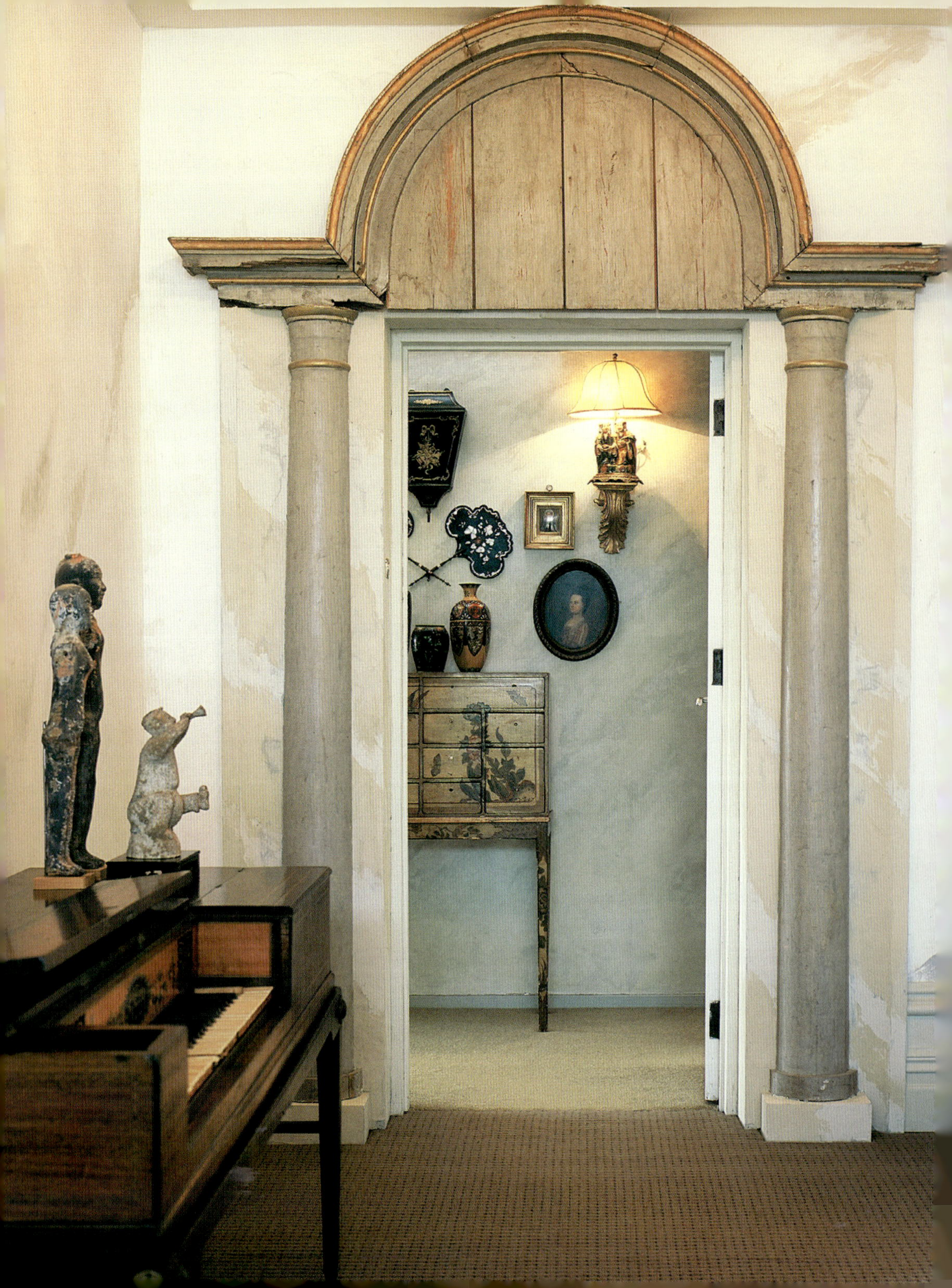

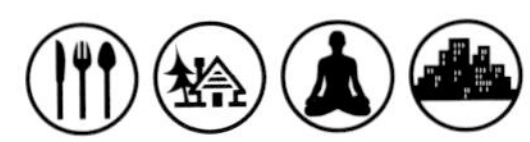

# 몰리스 Stay at Mollies

**Location** 뉴질랜드 북섬 오클랜드
**Website** www.mollies.co.nz　**Price** ⑤⑤⑤

몰리스는 1870년대에 지어진 인상적인 건축물이다. 성악 교사인 프랜시스 윌슨과 오페라 무대 디자이너 스테펀 피츠제럴드가 완전히 개·보수하여, 오클랜드 시내 최고의 5스타 부티크 호텔로 만들어냈다.

이 멋진 건물 안에 13개의 럭셔리 스위트와 아파트가 있다. 윗층의 스위트에는 우아한 발코니가 딸려 있으며, 아랫층의 룸은 아름답게 정돈된 정원으로 트여 있다. 앤티크와 현대적인 터치로 꾸며진 룸은 전반적으로 전형적인 오클랜드풍이며, 심지어 크기가 작은 스튜디오 룸에도 욕실과 전망을 즐길 수 있는 안뜰 정원이 딸려 있다. 저녁식사는 온실에서 꽃에 파묻혀 할 수도 있고, 자기 스위트에서 느긋하게 할 수도 있다. 레스토랑 “다이닝 룸”은 구르메 요리와 최고급 뉴질랜드 와인으로 전국적으로 유명하다. 몰리스는 여러 번 수상 경력이 있으며, “다이닝 룸”만 따로 놓고 봐도 최근 오클랜드 최고의 레스토랑 중 하나로 선정되었다.

그 모든 칼로리를 태워 없애려면 스파 “이스트 데이(East Day)”로 가서 페이셜, 마사지, 그 밖의 수많은 아유르베다와 전체의학 트리트먼트를 받아야 한다. 세인트메리 만에 있는 이 보석 같은 리조트는 이 세상에서 둘도 없는 수준의 서비스를 제공한다. 도서관은 자그마하기는 하지만 흠잡을 데 없는 장서 컬렉션을 자랑한다. 수화기만 들면 언제든지 세심한 스태프가 달려올 거라는 사실을 알고 있기에, 스위트의 문을 닫고 혼자서 보내는 시간이 더욱 느긋하다. **PS**

← 오클랜드 초대 시장의 관저였기 때문에 더 웅장한 분위기를 자아내는지도 모른다.

# 푸카 파크 Unwind at Puka Park

**Location** 뉴질랜드 북섬 코로만델
**Website** www.pukapark.co.nz　**Price** ⑤⑤

푸카 파크의 손님들은 실안개가 자욱한 열대우림을 가로지르는, 삐걱대는 나무 통로를 통해 객실로 안내된다. 아침에는 나무로 만든 발코니에 나가 나뭇잎 사이로 풍경을 내다본다. 상당히 스펙터클한 경관이다—길고 텅 빈 모래 해변과 태평양의 파도가 북쪽으로 더 많은 숲과 언덕을 향해 구불구불 사라지고 있다. 푸카 파크는 코로만델 반도의 아름다운 야생 자연 속에 위치하고 있다. 파우아누이 위쪽, 가파른 녹색 산비탈에 자리 잡고 있으며, 오클랜드에서 자동차로 2시간밖에 걸리지 않지만, 10헥타르의 무성하고 푸른 초목이 감싸 안고 있어, 도시는 마치 지구 반대편쯤에 떨어져 있는 것 같다.

> “아름다운 뉴질랜드 자생 관목
> 한가운데에 전원적이고 매우
> 특별한 휴양지가 있다.”
>
> escapenewzealand.com

푸카 파크 리조트는 수상 경력을 자랑하는 레스토랑을 보유하고 있다. 벽난롯가 또는 바다를 굽어보는 데크 위에서 식사를 하도록 하자. 손님들은 칵테일 바에서 믿기지 않을 정도로 부드러운 소파에 파묻혀 창문마다 들어오는 멋진 전망을 즐긴다. 또 푸카의 헬스클럽, 풀장, 스파로 향해도 좋다. 담이 큰 손님들은 나무와 나무 꼭대기를 잇는 특별히 설계된 하이로프 코스에 도전해 볼 수도 있다. 특히 “스카이 플렁지” 구간은 너비가 230m나 되는 계곡 위에 걸려 있다. 인근 섬을 둘러볼 수 있는 보트 투어와, 더 스펙터클한 전망을 원하는 이들을 위한 400m 높이의 파우아누이 산 정상까지 이어지는 도보 트레일도 있다. **SH**

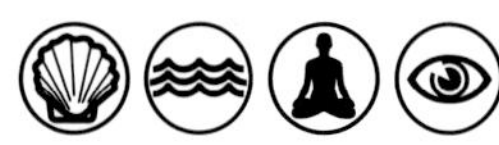

# 핫워터 비치
Enjoy Hot Water Beach

**Location** 뉴질랜드 북섬 코로만델
**Website** http://mercurybay.co.nz/index.php  **Price** 🟠

커다란 구덩이를 파고 숨어들어 가는 것은 사실 추천할 만한 일은 아니다—코로만델 반도의 동쪽 해안에 있는 핫워터 비치에 있는 것이 아니라면 말이다.

뉴질랜드는 단층선이 십자 모양으로 교차해 있다. 수 세기에 걸친 지각 판의 이동과 화산 활동으로 수증기가 자욱한 광물성 호수와 부글부글 끓는 머드 웅덩이로 이루어진 지열 낙원을 만들어냈다. 핫워터 비치는 끝없이 펼쳐진 그림 같은 황금 모래 해변이다. 한쪽은 새빨간 꽃을 피우는 포후투카와 나무 숲, 다른 한쪽은 거품이 뜬 아쿠아마린빛 바다로 둘러싸여 있다.

코로만델 반도의 해안선 전체가 숨막힐 정도로 아름답지만, 그 중에서도 이 해변이 특별한 이유는, 비등점 이상의 온도로 끓고 있는 지하 호수 위에 위치하기 때문이다. 마침 편리한 위치에 자연적으로 나 있는 깊은 틈으로 펄펄 끓는 강물이 뿜어 오른다. 이 뜨거운 물이 태평양의 차가운 물을 만나면, 물 속에서 수증기 기둥이 솟구치는 것을 실제로 볼 수 있다. 하루에 두 시간, 간조 앞뒤로는 뜨거운 물이 핫워터 비치의 황금빛 모래 위로 쏟아진다. 이때는 모래를 조금만 파도 염분, 칼슘, 마그네슘이 풍부한 물이 솟아난다. 조금 더 깊게 파면, 물이 모래 구덩이를 가득 채운다. 나만의 스파 풀장을 손수 만든 것이나 다름 없다. 이제는 확 식어버린 물은 그래도 온도가 64℃나 된다. 필요하면 바닷물을 섞어 좀더 식힌다. 이제 들어앉아 몸을 담그고 근육을 풀어주자. 핫워터 비치는 조석의 차가 심한데다 역조가 종종 문제를 일으키기 때문에, 언제나 밀물에 주의를 기울여야 한다.

온천은 연중 계속 나온다. 특별한 경험을 원한다면 밤시간에 해변으로 가자. 나만의 온천을 판 뒤 물 속에 들어가 검은 밤하늘을 가로지르는 별똥별을 바라보도록 하자. **JP**

# 폴리네시안 스파
Relax at Polynesian Spa

**Location** 뉴질랜드 북섬 로토루아
**Website** www.polynesianspa.co.nz  **Price** 🟢

마오리족 전설에 의하면, 제사장 가토로이랑기는 추위가 찾아오자 통가리로 산 정상에 올라가 기도를 올렸다. 마오리족의 신화 속 고향인 하와이키의 신들은 땅속 깊은 곳의 불기둥을 내려 주었다. 최근의 과학 연구에 따르면 로토루아(Rotorua)의 왕성한 지열 활동의 원인은 지각 판의 이동이라고 한다.

부글부글 거품을 내며 끓어오르는 머드, 델 정도로 뜨거운 간헐천, 맑은 광천 덕분에 로토루아는 100년 넘게 인기있는 관광지였으며, 폴리네시안 스파는 이 천연 자산을 릴랙스의 오아시스로 변신시켰다. 폴리네시안 스파에는 26개의 뜨거운 광천이 있으며, 이 중 다수

---

*"물에서 피어오르는 수증기가 몽환적인 분위기를 만들어내며, 머드 랩을 하기 전의 완벽한 준비 단계가 되어 준다."*

『랜치 & 코스트』 매거진

---

는 로토루아 호수를 내려다보고 있다. 1878년 타우랑가에서 이 곳까지 80km를 걸어와 손수 판 온천 웅덩이에 손을 넣고 관절염을 치료한 마호니 신부의 이름을 딴 "프리스트 스파(Priest Spa)" 풀은 물이 약산성이라 지친 근육, 통증, 관절염, 류머티즘을 가라앉혀 주는 것으로 유명하다.

다른 풀들은 약알칼리성이다. 그 중 호화로운 "레이크 스파(Lake Spa)"에서는 2개의 폭포 옆에서 따뜻한 물에 몸을 담그고 빈둥거릴 수도 있다. 가족용 스파, 성인전용 스파, 가장 가까운 사람하고만 목욕을 즐기고 싶어하는 개인 전용 스파도 있다. 뉴질랜드의 마누카 허니, 뉴질랜드 키위, 로토루아 떼르말 머드를 사용한 트리트먼트도 빼놓을 수 없다. **PE**

# 후카 로지
## Unwind at Huka Lodge

**Location** 뉴질랜드 북섬 타우포
**Website** www.hukalodge.com　**Price** ⓢⓢ

제 2차 세계대전 이후에 지어진 나지막한 건물들은 멀리서 보면 크게 특별해 보이지 않지만, 나무들 사이로 보이는 한적한 로지는 사실 세계 최고의 럭셔리 호텔 중 하나이다. 후카는 수많은 국제 수상 경력을 자랑하며, 숙박인 명부에는 누구나 알 만한 이름들이 즐비하다. 그 중에서도 한 사람은 언급하고 지나가야겠다―영국 여왕 엘리자베스 II세가 이 곳에 5번 왔었다.

이쯤 되면 이 호텔이 정교하고도 호화로운 디자인, 시설, 장식을 자랑한다는 사실을 굳이 말할 필요도 없을 것이다. 음식, 서비스, 세심한 스태프 모두 완벽하다. 물론 숙박비 역시 환상적으로 비싸다. 20개의 객실 모두 바로 몇 미터밖에 떨어지지 않은 강을 향해 오픈되어 있다. 많은 손님들이 거대한 유리문을 열어둔 채로, 와이카토 강의 물소리를 자장가 삼아 잠든다.

타닥타닥 소리를 내며 타오르는 벽난로 위에 걸어놓은 영양의 머리, 타탄 러그, 가죽 소파, 나무널을 댄 벽 등이 느긋한 사냥용 별장 테마를 만들어내고 있다. 격식을 갖춘 식당 또는 강가에 놓인 둘만의 테이블에서 길게 늘어진 고사리 아래 잔디 위를 뒤뚱뒤뚱 걸어가는 오리떼를 보면서 환상적인 저녁식사를 하자.

후카 로지는 뉴질랜드 북섬의 한복판에 위치하며, 타우포 호수에서 가깝다. 손님들은 타우포 또는 와이트 섬의 화산까지 나들이를 다녀올 수 있다―물론 헬리콥터로 말이다. 이 정도 수준의 호텔에서 와이카토 강 위로 45m 높이의 번지 점프를 하거나, 후카 폭포 아래에서 온몸의 털이 쭈뼛 설 듯한 제트보트를 탈 수 있는 것도 여기가 뉴질랜드니까 가능한 일이다. **SH**

# 트리탑스 로지
## Stay at Treetops Lodge

**Location** 뉴질랜드 북섬 베이오브플랜티
**Website** www.treetops.co.nz　**Price** ⓢⓢⓢ

트리탑스 로지 앤 와일더니스 익스피리언스는 지구상에서 가장 사람의 손이 닿지 않은 자연 풍광 중 하나이다. 1,000헥타르가 넘는 사유지 안에 위치하며, 이 지역의 처녀림을 이루고 있는 800년 된 나무들로 둘러싸인 이 에코-로지 주위는 모두 세심하게 관리하고 있는 사냥용 & 야생 동물 서식지여서, 제물낚시꾼들은 샘에서 흘러나온 7개의 시내에서 야생 송어를 얼마든지 잡을 수 있다.

주인인 존 색스의 일생의 꿈이었던 이 로지는 짓는 데에만 8년이라는 시간이 걸렸다. 로토루아는 마오리족의 고향이자, 전 세계 송어 낚시의 수도라고 할 수 있는

---

> "트리탑스는… 고요함, 아름다움,
> 그리고 최고의 풍경과 친밀한 교감을
> 즐길 수 있는 곳이다."
>
> 빅토리아 홈우드, 『데일리 텔레그라프』

---

곳이다. 생태에서 영감을 얻은 트리탑스 로지의 건축 양식 역시 이 지역 개척의 역사를 반영하고 있다.

훌륭한 음식은 트리탑스에서 매우 중요한 역할을 한다. 재능 넘치는 셰프들이 최고급 사냥 육류와 이 지역에서 생산한 재료를 사용하여 맛있고 건강에도 좋은 요리를 만든다. 물론 최고급 뉴질랜드 와인도 곁들여진다. 트리탑스에서의 야생 자연 체험 중에는 즉석 송어 낚시, 4개의 호수 탐방, 그리고 70km에 이르는 어드벤처 트레일 등이 있다. 그 밖에 포토그래피 사파리, 헬리콥터 투어, 스펙터클한 폭포로의 럭셔리 트레킹, 자동차 드라이브 등도 빼놓을 수 없다. 물론, 느긋하게 기대 앉아 자연이 만들어내는 온갖 소리를 들으며 빈둥거릴 수도 있다. 심지어 "놓쳐버린 놈"에 대해서 중얼거리는 어부들의 목소리가 멀리서 바람을 타고 들려오기까지 한다. **PS**

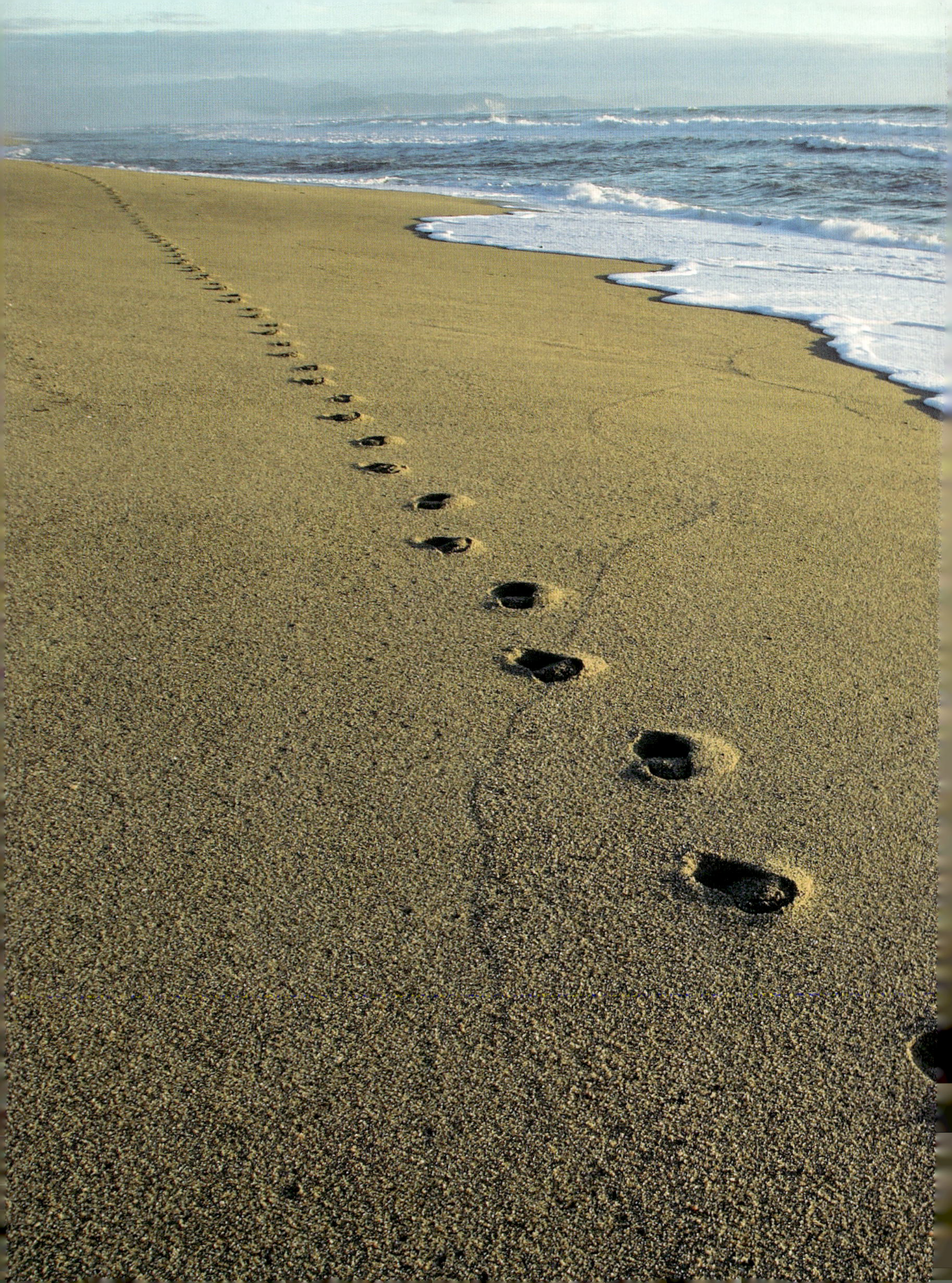

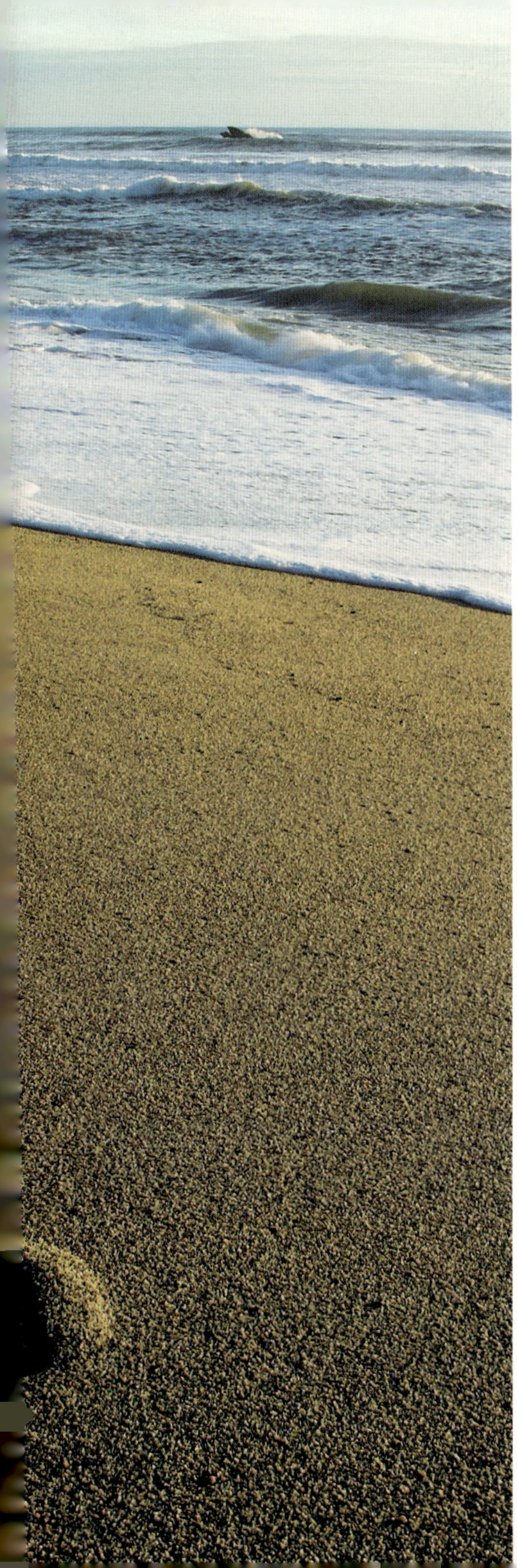

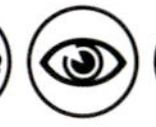

# 카라메아 Visit Karamea

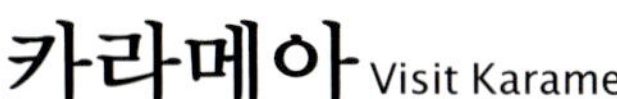

**Location** 뉴질랜드 남섬 카라메아
**Website** www.karameainfo.co.nz　**Price** ⬤

카라메아는 도로가 끊기는 곳이다. 이 곳을 지나면, 관목 숲밖에 아무 것도 없다. 그리고 사람들이 이 곳을 찾는 이유는 그 관목 숲 때문이다. 카라메아는 카후랑기 국립공원을 가로지르고 해안의 백사장을 따라 이어지는, 그림처럼 아름다운 길이 80km 헤피 트랙의 종점이다.

원한다면 하이킹은 건너뛰고 자동차로 올 수도 있다. 카라메아까지 올라오는 도로도 환상적으로 아름답긴 마찬가지다. 푸르른 녹색의 캐노피가 유목(流木)이 간간이 눈에 띄는 기나긴 해변을 마주하고 있다. 파도는 은빛으로 반짝인다. 숙박은 라스트 리조트나 카라메아 빌리지 호텔을 이용하면 된다. 호텔 주인이 뱅어살

> "카라메아는 저 유명한
> 헤피 트랙—환상적인 바위투성이
> 트레일의 시작(또는 끝)이다."
>
> viewpoints.com

을 으깨 만든 패티와 이 지역 특산 맥주 한 조끼를 권할 것이다.

카라메아는 작고 한적한 마을이지만, 할 수 있는 것이 아주 많다. 카약을 탈 수도 있고, 장다리물떼새, 흑조, 검은머리물떼새, 청왜가리 등이 서식하고 있는 강어귀에서 조류 관찰을 할 수도 있다. 멀리까지 하이킹 가는 게 싫다면, 적어도 환상적인 헤피 트랙을 잠깐 걸어 보기라도 하자. 카라메아 종점에서는 해안선을 따라 위풍당당한 니카우야자나무가 머리 위로 우뚝 솟아 있다. 그 해안선으로 말할 것 같으면 반짝이는 물거품과 구불구불한 만(灣), 그리고 바위투성이 해변으로 가득하다. **PE**

⬅ 카라메아 주위의 자연풍경은 매우 다양하지만, 사람의 손이 닿지 않은 기나긴 해변은 언제라도 볼 수 있다.

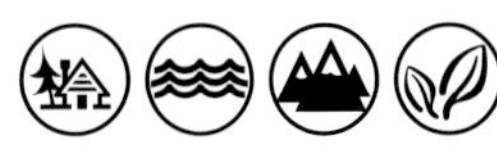

# 히든 밸리 로지 Enjoy Hidden Valley Lodge

**Location** 뉴질랜드 남섬 포루아 호수
**Website** www.hiddenvalleylodge.co.nz   **Price** $

1923년, 뉴질랜드의 그레이 밸리 뒤편에 작은 나무집이 지어졌다. 1953년 이 집은 포루아(Poerua) 호수에서 몇 킬로미터 떨어진 곳으로 옮겨졌으며, 이후 43년간 소규모 가톨릭 신도 공동체가 사용하였다. 1996년, 이 작은 성당은 입찰에 붙여졌고, 현재의 주인들이 사들였다. 지금은 뉴질랜드 토착 고사리가 무더기로 자라는 작은 언덕 위에 서서 송어가 우글거리는 포루아 호수를 굽어 보고 있다.

뉴질랜드산 목재를 사용해 내부를 대대적으로 재단장했는데, 스테인드글라스 같은 원래의 디테일은 최대한 보존하였다. 히든 밸리 로지는 7명까지 숙박이 가능하다. 손님들은 포루아 호반에서 외부 세계로부터의 완

---

"로지 주위의 관목 숲과 산 속에는
야생 붉은사슴이 뛰놀고
산꼭대기에는 샤무아가 보인다."

히든 밸리 로지 운영진

---

벽한 단절을 즐길 수 있다. 호수의 한쪽은 사유지이고, 다른 한쪽은 뉴질랜드 환경보호국이 관리하고 있으니 말이다.

낚시꾼들은 호수와 주변 하천에 득실대는 브라운송어에 환성을 올린다. 또는 로지가 보유하고 있는 카약을 타고 물로 나가 이 지역의 풍부한 조류를 관찰할 수도 있다. 야생 거위, 케어앵무새, 백조, 좀처럼 볼 수 없는 흰 두루미까지 말이다. 히든밸리 로지는 뉴질랜드 서해안의 바위투성이 자연의 아름다움을 탐구할 수 있는 훌륭한 베이스 캠프다. 크라이스트처치에서 출발하면 깎아지른 듯한 협곡을 따라 눈덮인 산봉우리 아래로 드라이브를 즐길 수 있다. **BS**

# 와일더니스 로지 Stay at Wilderness Lodge

**Location** 뉴질랜드 남섬 아서스패스
**Website** www.wildernesslodge.co.nz   **Price** $

서던알프스 산맥의 눈덮인 봉우리들이 수평선 위로 위풍당당하게 솟아 있다. 그 기슭에는 와이마카리리 강이 은빛 리본처럼 구불구불 흘러간다. 이런 풍경 덕분에 아서스패스의 와일더니스 로지는 궁극의 에코 휴양지가 되었다.

1996년에 세워진 와일더니스 로지는 목재와 골이 진 철로 지은 우아한 건물로, 나무를 베어낸 공터를 보완할 겸, 그 주변 풍경에 완벽하게 녹아 들어갈 수 있도록 설계하였다. 20개의 "마운틴 뷰" 룸은 실내도 간소하다—문밖에만 나서면 그토록 스펙터클한 풍광이 펼쳐지는데 괜히 호화롭게 장식해봤자 정신만 사나울 뿐이다. 4개의 "알파인 로지"는 조금 더 럭셔리하다. 너도밤나무 숲 속에 자리잡은 빌라들은 산을 내려다보고 있으며 가스 벽난로와 스파 욕조가 갖추어져 있다. 텔레비전이나 인터넷이 없기 때문에, 진짜 볼거리는 밖에 있다. 이 로지는 면적이 2,400ha에 달하는 자연 보호 구역 안에 있으며, 실제로 양을 목축하고 있는 농장이기도 하다. 주인인 앤과 게리는 열정적인 환경보호주의자로, 더 남쪽으로 모에라키 호숫가에 있는 원조 와일더니스 로지의 소유주이기도 하다.

와일더니스 로지를 에워싸고 있는 미로 같은 트랙들은 하이킹족에게 낙원과도 같다. 신선한 공기와 사람의 손이 닿지 않은 숲을 한껏 들이마시고, 이곳에 서식하는 방울새와 케어앵무새를 찾아보도록 하자. 또 인근의 피어슨 호수에서 카누를 타거나 밤하늘 아래 별 관찰을 나가 남십자성을 찾아보는 등 다양한 경험을 할 수 있다.

이 곳에서 그리 멀지 않은 아서스패스 국립 공원을 탐방해 보는 것은 어떨까. 수정처럼 맑은 물에서의 송어 낚시부터 산꼭대기 피크닉까지, 뉴질랜드의 독특하고 다양한 풍경을 즐길 수 있다. 아침에는 해변에서 뒹굴거리고, 오후에는 우림지대에서 트레킹을 하고, 다음 날에는 얼음 동굴 속으로 들어가자. **JP**

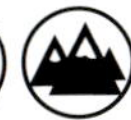

# 트랜즈알파인 열차 Ride the TranzAlpine Train

**Location** 뉴질랜드 남섬 크라이스트처치에서 그레이마우스까지
**Website** www.tranzscenic.co.nz **Price** $

세계 최고의 단거리 열차 여행 TOP 10에 꼽힌 트랜즈알파인은 매일 동쪽 해안의 크라이스트처치를 출발해 서던알프스 산맥을 가로질러 서해안의 그레이마우스까지 달린다. 전체 여정에 걸리는 시간은 단 4시간에 불과하지만, 그 짧은 시간 동안 뉴질랜드에서 가장 웅장한 풍경 중 일부를 볼 수 있다.

트랜즈알파인은 기관차 2량, 객차 9량, 그리고 간식과 음료를 제공하는 식당차로 구성되어 있다. 열차의 맨 뒤에 달린 오픈에어 객차는 사진을 찍기에 이상적인 플랫폼이다. 스펙터클한 루트는 와이마카리리 리버를 따라 넓고 평평한 캔터베리 평원을 달려간다. "층계(the Staircase)"라는 애정어린 별명으로 불리는 5개의 구름다리를 건너 아서스패스(Arthur's Pass)라는 작은 마을에 잠깐 정차했다가 서해안을 향해 가파른 내리막길이 시작된다. 세계에서 가장 단단한 바위층을 뚫은 길이 8.5km의 오티라 터널은 토목 공학의 거의 서사적인 걸작으로, 공사 기간만 16년이 걸렸다. 이 터널은 224km의 트랜즈알파인 전체 여정에서 지나게 될 16개의 터널 중 하나일 뿐이다. 만약 아서스패스 국립공원에서 하이킹을 하고 있다면, 도중에 열차에 올라탈 수도 있다. 필리스틴 산에서는 급경사 때문에 속도가 현저히 줄어든다.

서던알프스 산맥의 서쪽 비탈은 구름이 자욱한 짙은 숲지대로 동쪽의 드넓은 자갈 비탈과 평원과는 극적인 대비를 이룬다. 이런 풍경을 보고 있노라면 당연히 배가 고파진다. 돌아오는 기차를 타기 전에 그레이마우스의 블랜치필즈 베이커리에서 고기 파이를 먹어 보도록 하자. **BS**

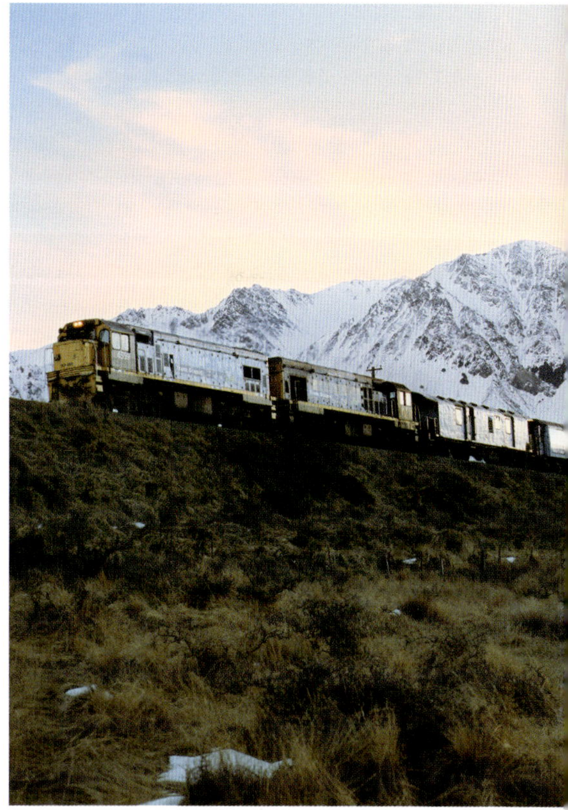

"다양한 풍광이 협곡이 만들어내는 미로를 삼켜버린다… 계곡은 빽빽한 너도밤나무 숲으로 덮여 있다."

「가디언」

↗ 열차가 톨리스 산맥을 올라가는 동안 주위 풍경의 아름다움에 넋을 잃게 될 것이다.

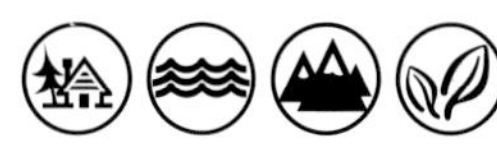

# 하푸쿠 로지 Relax at Hapuku Lodge

**Location** 뉴질랜드 남섬 카이쿠라
**Website** www.hapukulodge.com    **Price** 💲💲

뉴질랜드 남섬의 동쪽 해안에 위치한 숨막히게 아름다운 하푸쿠 로지는 진정 가족을 위한 공간이다. 1982년, 샌프란시스코 베이에 있는 디자이너 저택을 뒤로 하고 토니 윌슨은 동생 마이클, 피터, 피터의 아내 새라와 함께 윌슨 어소시에이츠라는 회사를 만들었다. 그 결과물이 망가마누 만의 물을 굽어보는 면적 48ha의 사슴 농장 한가운데에 자리잡은 거의 예술적인 경지의 컨트리 로지이다.

1천여 그루의 올리브 나무부터 훌륭한 메뉴에 이르기까지 하푸쿠 로지의 모든 것이 윌슨 가족의 작품이다. 객실 6개짜리 메인 로지와 5채의 럭셔리 트리하우스로 구성되어 있다. 마누카 과수원를 내려다보는 트리

---

> *"전반적인 효과는 발랄하고*
> *자연스럽다… 난파선 판타지를*
> *현실로 만들기에 완벽하다."*
>
> 『어비스』誌

---

하우스는 철제 대들보 위에 세웠으며 구리로 만든 지붕 널 등 이 지역의 특색이 잘 살아나는 외부 장식이 볼 만하다. 카이쿠라 시워드 산맥의 눈덮인 산봉우리와 철썩이는 태평양 파도가 한눈에 들어오는 전망은 말할 필요도 없다.

트리하우스는 전원풍과는 거리가 멀다. 킹사이즈 침대에는 최고급 침구가 구비되어 있으며, 이 지역에서 생산된 목재를 손으로 조각한 가구를 들여놓았다. 화장실은 거대한 녹색 프로스트 글라스 뒤에 숨어 있으며, 유리벽 샤워부스는 파노라마 바다 풍경을 제공하는 개인 전용 데크로 바로 이어진다. 윌슨 가족은 숙박객 한 명당 이 지역 원산 나무 한 그루를 심는다. 지금까지 11,000그루의 나무가 심어졌고, 지금 이 순간에도 계속 늘어나고 있다. **BS**

# 폭스 빙하 Walk the Fox Glacier

**Location** 뉴질랜드 남섬 웨스틀랜드 국립공원
**Website** www.foxguides.co.nz    **Price** 💲

19세기의 뉴질랜드 총리 윌리엄 폭스 경의 이름을 딴 이 빙하는 여름철이면 하루에 1,000명이 넘는 관광객이 찾아온다. 뉴질랜드의 남섬에 위치하며, 세계에서 가장 접근이 용이한 빙하 중의 하나이다. 남알프스에서 생성된, 뉴질랜드 서해안에서 가장 긴 이 빙하는 13km를 내려와 폭스 강에서 끝난다. 지구 온난화로 인해 점점 후퇴하고 있는 세계의 수많은 빙하들과 달리, 폭스 빙하는—그 독특한 깔대기 모양 덕분에—1980년대 중반 이래 하루에 1m씩 전진하고 있다. 수면 위로 드러나 있는 부분은 크기가 크라이스트처치 면적과 비슷하며 해안으로 가까워질수록 점점 더 뾰족해진다.

폭스 빙하 위를 거니는 방법은 여러 가지가 있는데, 어느 쪽이나 매우 신난다. 과거의 빙하 전진으로 인해 다시 자라난 관목지를 거쳐 낮은 쪽에서부터 접근할 수도 있고, 헬리콥터를 타고 외진 위쪽부터 시작할 수도 있다. 등산용 아이젠을 잊지 말 것. 얼음동굴, 터널, 세락(빙하가 급한 경사를 내려올 때 갈라진 틈과 틈이 교차해서 생기는 얼음덩어리) 등을 탐사하게 될 테니 말이다. 경험이 풍부한 가이드가 얼음을 패서 계단을 만들어주기 때문에, 걸음을 떼기가 한결 쉬울 것이다. 빙벽 등반은 4명이 한 조가 되어 가이드 1명과 함께하게 되며, 로프와 벨트에 단단하게 의지해서 거의 수직에 가까운 벽을 올라가는 동안 아드레날린이 마음껏 흐르게 내버려두자. 폭스 강 계곡 바닥을 따라 빙하 표면까지 이어지는 가이드 투어도 있다.

폭스 빙하는 웨스틀랜드 국립공원에 속해 있으며 UNESCO 세계유산으로도 지정되어 있다. 폭스 빙하 위를 걷는다는 것은 1928년 폭스 호텔이 세워지면서 시작된 전통이 당신에게도 이어진다는 것을 의미한다. **BS**

# 스튜어트 섬 Explore Stewart Island

**Location** 뉴질랜드 포보 해협 스튜어트 섬
**Website** www.stewartisland.co.nz　**Price** ❶

주민들이 말하길, 스튜어트 섬에 가는 방법에는 두 가지가 있다고 한다—한 시간 동안 뱃멀미에 시달리거나 20분 동안 순수한 공포에 사로잡히거나. 포보 해협은 이 매력적인 외딴 섬과 뉴질랜드 남섬을 갈라놓고 있으며, 파도가 높기로 악명이 높다. 그러나 인버카길에서 비행기를 타도 안락한 비행을 즐기기에는 너무 아쩔하다.

스튜어트 섬은 좀 용기를 내 볼 만한 가치가 있다. 이 섬의 주민은 겨우 400명 안팎으로, 대부분 오반(Oban)에 거주한다. 해안선은 725km에 달하지만, 도로는 19km밖에 되지 않는다. 라키우라 국립공원이 섬 전체 면적의 85퍼센트를 덮고 있으며, 열정적인 하이킹족들도 감히 꿈 꿀 수 없을 정도로 트레일이 많다. 길이

> "이 섬은 키위 새를
> 볼 가능성이
> 가장 높은 곳이다."
>
> 캐시 마크스, 『인디펜던트』紙

128km의 북서쪽 순환도로는 완주하는 데 12일이 걸린다. 그만한 자신이 없다면 이삼일밖에 안 걸리는 라이쿠라(Raikura) 트랙 쪽을 선택하면 된다.

며칠 걸리는 마라톤이건, 가이드와 함께하는 몇 시간 산책이건, 스튜어트 섬에서는 파란 고사리와 섬세한 난초꽃이 자라는 리무나무와 카마히나무의 자생림을 가로질러 처녀해변을 따라 걷게 된다. 스튜어트 섬은 조류 관찰로도 유명하다. 그리고 본토보다는 맹금류가 적다. 카카앵무새, 투이새, 방울새 등을 모두 볼 수 있으며, 새벽녘이면 새들의 합창이 들려온다. 앞바다에서는 알바트로스, 가마우지, 파란 펭귄 등이 보이며, 희귀한 노란눈 펭귄도 정기적으로 모습을 드러낸다. **PE**

# 마당 Visit Madang Province

**Location** 파푸아뉴기니 마당
**Website** www.pacificislandtravel.com　**Price** ❶

제 2차 세계대전 당시 완전히 파괴되다시피 한 그림처럼 아름다운 해안 도시 마당은 재건을 거쳐, 지금은 외국인 관광객들이 가장 많이 찾는 파푸아뉴기니의 관광지가 되었으며, 종종 남태평양에서 가장 예쁜 도시라는 찬사를 받는다. 마당은 여러 섬들을 굽어보고 있는데, 그 중 다수는 여전히 활동중인 화산섬이다. 이 섬들이 검은 모래 해변을 자랑하는 반면, 열대우림이 바위투성이 산들을 뒤덮고 있는 본토 쪽은 원시 상태 그대로의 새하얀 해변으로 둘러싸여 있다.

이 지역은 특히 홍해나 그레이트배리어 산호초에 맞먹는 아름다운 해저 세계로 유명하다. 눈부신 산호 정원에는 야생 해양생물이 우글거리며, 맑은 물속의 스펙터클한 급경사면이 전 세계의 다이버들을 매혹한다. 바다 깊은 곳에서 녹슬어 가는 인공 구조물에 더 관심이 많은 이들은 마당 바로 북쪽의 보지아(Bogia) 해역에 가라앉아 있는 34척의 2차 대전 당시의 난파선에 띌 듯이 기뻐할 것이다. 해안선을 빙 돌아가며 가라앉은 배와 비행기의 잔해를 찾아볼 수 있으며, 더 내륙 쪽으로 들어가면 습지와 고산지대에서 볼 수 있는 초원들이 풍경을 지배한다. 해변 바로 너머로는 바닐라와 코코넛, 카카오 플랜테이션이 수없이 들어서 있으며, 가파른 절벽을 등지고 있는 마당 항구는 남태평양 전체에서 가장 아름다운 항구일 것이다.

그 천연의 아름다움과 괜찮은 인프라스트럭처—그리고 바닷가에 서 있는 리조트들—에도 불구하고, 파푸아뉴기니는 아직 관광객이 그리 많이 찾는 곳은 아니다. 북적이는 거리 시장에 나와 있는 물건들도 외국인 손님보다는 이곳 주민을 상대로 한 것들이다. 이런 상큼한 순수함과 아름다운 풍경이 결합하여 완벽한 휴식처를 만들어낸다. **DaH**

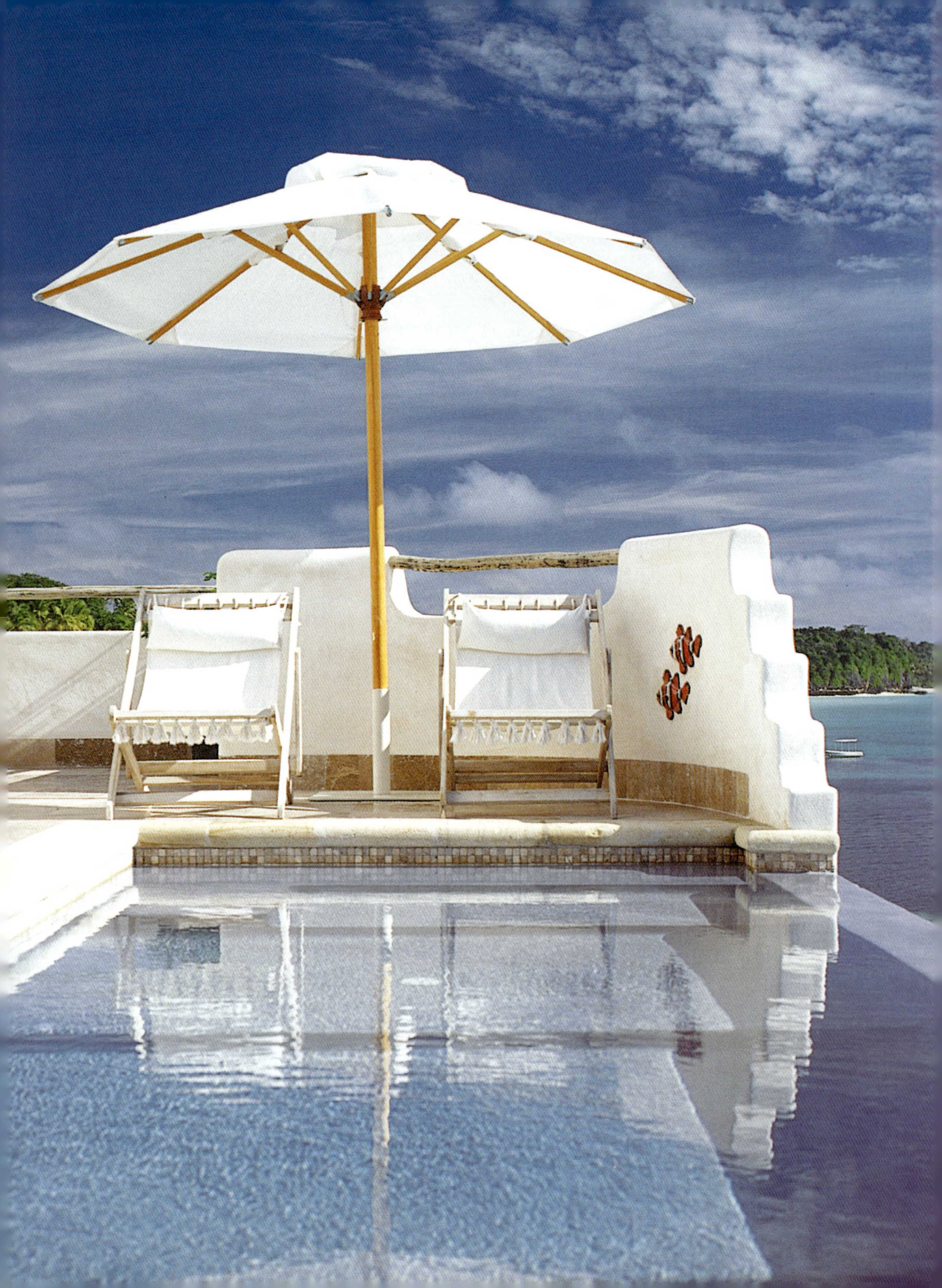

# 바투엘레 섬 Discover Vatulele Island

**Location** 피지 바투엘레 섬
**Website** www.sixsenses.com　**Price** ⑤⑤⑤

막 도착한 손님들이 해변의 정글 속에 숨어 있는 부레에서 하나둘씩 모습을 드러낸다. 시차도 털어낼 겸, 바투엘레 아일랜드 리조트의 내부 커뮤니케이션을 시험해 보기로 한다. 무엇이든―말그대로 "무엇이든"―원하는 것이 있다면, 백사장 위의 전용 깃대에 깃발을 올리기만 하면 된다. 유니폼을 입은 맨발의 웨이터가 모래를 가로질러 종종걸음으로 뛰어올 것이다. 깃발이 장대 위로 오르락내리락하는 사이 시원한 프랑스 샴페인부터 신선한 해산물 스낵까지 무엇이든 눈앞에 펼쳐진다.

산호초를 따라 유명한 다이빙과 스노클링 사이트가 있지만, 이 리조트의 특징은 느긋하게 빈둥거리면서 보내는 시간이다. 맨발의 금융인들과 휴가 중인 셀레브리티들이 오픈사이드 부레에서 다른 손님들과 어울려 저녁을 먹는 곳이다―그 편안한 따뜻함 속에서 자존심 따위는 봄눈 녹듯 녹아버리고 만다. 이 섬은 "공동 협력"과 "지속 가능"의 아우라를 발하고 있다. 이 지역 전통 양식을 빌려온 건축, 바다에서 갓 잡아온 물고기와 리조트 내의 유기농 정원에서 직접 재배한 신선한 채소로 만드는 요리가 좋은 예다. 아, 그리고 다른 럭셔리 리조트들과는 달리 반투엘레의 스태프들은 손님들을 "사장님"이나 "선생님" 따위로 부르지 않는다. 모두가 서로를 오래 알아왔던 것처럼 이름으로 부른다.

피지 공항을 이륙한 작은 비행기가 단 25분의 스펙터클한 비행을 마치고 수풀 속에 난 활주로에 내려앉으면, 미소띤 마을 주민들이 비행장에 모여 환영의 노래를 불러준다. 시니컬한 손님들이 돈을 받고 노래를 부르냐고 물어보기도 하는데, "우리 섬에 온 것을 환영하는 거에요."가 그들의 대답이다. **SH**

# 코스라에 섬 Canoe at Kosrae Island

**Location** 미크로네시아 연방 코스라에 섬
**Website** www.kosraevillage.com　**Price** ⑤

코스라에 섬은 미크로네시아 연방에서도 가장 개발되지 않은 섬이다. 괌의 남서쪽, 캐롤라인 제도의 최동단에 위치한 섬으로, 매우 화려한 원양 항로의 역사를 자랑한다. 마샬 제도의 바누아투에서 온 뱃사람들이 최초의 정착민이었다고 한다.

이들은 이 인근 최초의, 그리고 가장 용감한 탐험가들이었다. 수백년 동안 고래잡이 어부, 상인, 해적 들이 번갈아 드나들었다. 19세기 남태평양의 악명 높은 해적 불리 헤이스(Bully Hayes)가 섬에 묻어둔 보물이 아직까지 발견되지 않았다는 전설도 있다.

당연히, 가장 좋은 탐험 방법은 보트이다. 산호초로 다이빙이나 스노클링을 나갈 수도 있지만, 진짜 즐거움

---

"산호초 모니터링 프로젝트에 참여해 다이빙을 하거나, 천 짜는 법을 배우거나, 코코넛으로 훈제한 와후 물고기 요리를 먹자."

『내셔널 지오그래픽』

---

은 섬의 남쪽 끝에 있는 우트웨-왈룽 해양공원이다. 전통 카누를 타고 둘러보는 동안, 법으로 보호 받고 있는 맹그로브 수로들이 숲과 생태계의 특별한 풍경을 선사한다. 배 위에서 열대우림 속의 고대 돌 유적을 구경할 수도 있고, 고립된 해변에 가 볼 수도 있으며, 저 유명한 불리 헤이스의 배가 난파한 지점에 가 볼 수도 있다.

천천히 노를 저어 걸어서는 갈 수 없는 섬의 이 곳 저 곳을 탐방하고, 맑은 물에서 스노클링을 하면서 수면 아래의 건강한 산호초들을 관찰하는 기회를 놓치지 말자. **LD**

◁ 최고급 럭셔리와 해변에서 조개를 줍는 아이들의 천진함이 바투엘레를 최고의 위치로 올려놓았다.

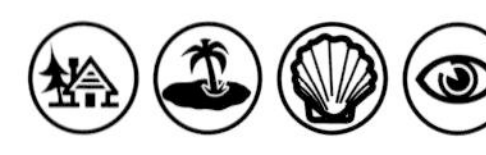

# 에투 모아나
Unwind at Etu Moana

**Location** 쿡 제도 아이투타키
**Website** www.etumoana.com　　**Price** ⑤⑤

아이투타키의 전원적인 공항에 들어서면, 낙원에 잘못 들어온 것이 아닌가 하는 의심이 들 정도이다. 현대 사회에 전혀 물들지 않은 이 단순한 구조물은 감미로운 전통 음악과 손으로 만든 화환의 진한 향기로 가득하다.

자동차로 조금만 달리면 에투 모아나가 나온다—쿡 제도에서 가장 큰 산호초 중 하나에 위치한 부티크 리조트이다. 8개의 빌라로 구성되어 있으며, 설탕 같은 모래가 깔린 긴 해변과 태평양 석호의 따뜻하고 맑은 물로 둘러싸인, 완벽한 입지를 자랑한다. 폴리네시아 스타일의 빌라들은 하나같이 이엉 지붕을 얹었으며, 지붕이나 벽의 통나무가 그대로 겉으로 드러나 있다. 티크목 가

> "에투 모아나는
> 녹음이 무성하다. 사실,
> 정원은 정말 환상적이다."
>
> 이본 반 동겐, 『리스너』誌

구와 빳빳한 리넨이 실내를 채우고 있다. 전용 정원과, 럭셔리한 야외용 가구로 꾸민 그늘이 진 널찍한 베란다도 있다.

에투 모아나의 소유주와 직원들은 얼마나 명랑한지 모른다—도무지 근심 걱정이 없는 것 같다. 화산암과 다채로운 정원으로 둘러싸인 전용 풀장 옆에서 맛있는 아침식사를 하자. 아너스티 바(직원이 상주하지 않는 바)도 있다. 에투 모아나에서 조금만 걸어가면 아이투타키 최고의 레스토랑들이 나오므로, 촛불 아래에서 여러 맛있는 향토 요리를 맛볼 수 있다. 로맨틱한 빌라에서 느긋한 시간을 보낼 것인지, 섬 주민들의 삶을 엿보거나 이 매력적인 낙원의 위와 아래에 존재하는 다양한 문화를 탐방해 볼 것인지는 전적으로 당신의 선택이다. **JH**

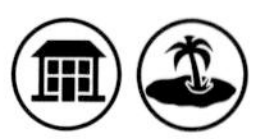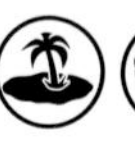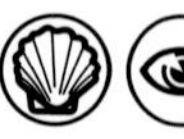

# 보라보라 라군
Relax at Bora Bora Lagoon Resort and Spa

**Location** 모투 투푸아 보라보라
**Website** www.boraboralagoon.com　　**Price** ⑤⑤⑤

공기에는 히비스커스 향이 짙게 배어 있고, 원시 상태에 가까운 해변에는 야자나무가 줄지어 서 있는 이 작은 낙원에서는 아담과 이브도 에덴 동산에 돌아온 듯한 기분이 들 것이다. 보라보라 라군 리조트 & 스파는 반짝이는 터키석빛 석호에 떠 있는 고대 화산의 일부인 외딴 섬, 모투 투푸아에 자리잡고 있다.

이 작은 섬에는 길도 없고, 마을도 없고, 밤문화도 없다. 손님들은 그저 느긋한 럭셔리의 세계 속으로 뛰어드는 수밖에 도리가 없다. 폴리네시아 스타일의 방갈로는 판단 나무 잎을 엮은 이엉 지붕과, 윤기가 흐르는 나무로 치장한 실내가 눈길을 끈다. 물 위에 세운 말뚝 위에 앉아 있는 44개의 방갈로는 유리로 만든 커피테이블에 앉아 바다를 바라보면서 해양 생물에게 먹이를 줄 수 있다.

이국적인 물웅덩이, 폭포, 백합으로 둘러싸인 바닷가의 스파는 더욱 고요하다. 코코넛 밀크와 싱싱한 꽃으로 목욕을 한 뒤, 드라마틱한 트리트먼트 룸—두 그루의 거대한 반얀 나무 캐노피 아래 서 있는 오두막—에서 마사지를 받는다. 테라피스트들은 자생 식물, 꽃, 과일을 사용한 폴리네시아 제품을 사용하는데, 피부와 헤어에 효과가 좋은 것으로 유명하다. 신혼여행객들은 더블 마사지 룸에서 나란히 누워 트리트먼트를 받은 뒤 이국적인 레인 샤워를 즐길 수 있다. 서로의 눈빛에 그윽하게 빠져 있는 데 싫증이 났다면 스쿠버다이빙을 할 수 있을 정도로 깊은 담수 풀장으로 향해도 좋다. 그 밖에도 스노클링, 카약, 상어 먹이 주기 투어, 선셋 크루즈도 즐길 수 있다. **JK**

→ 보라보라 섬의 사화산 봉우리는 지구상에서 볼 수 있는 가장 멋진 자연경관 중 하나이다.

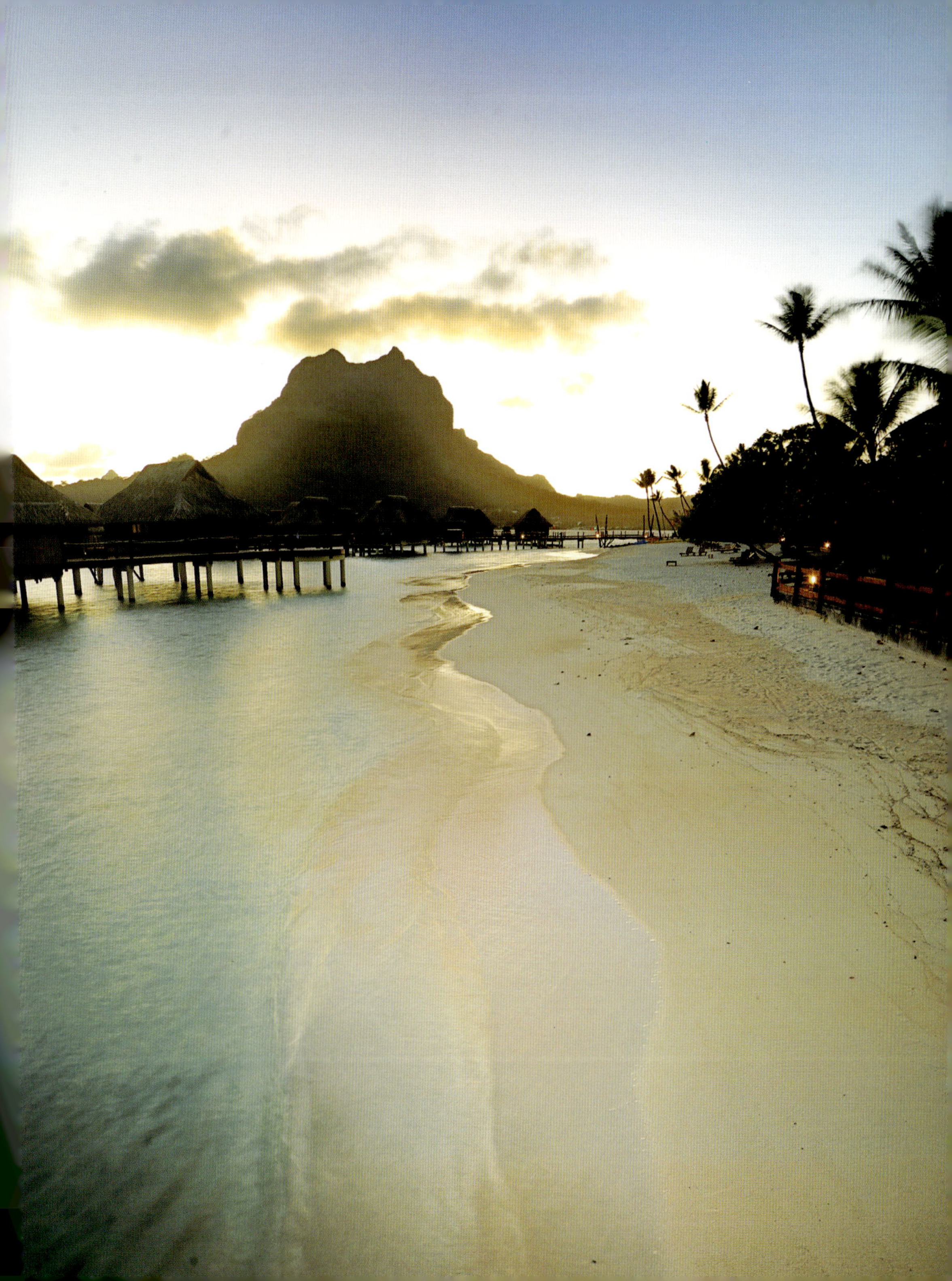

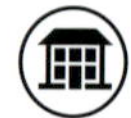  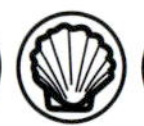 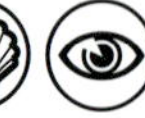

# 르 타하아 Relax at Le Taha'a

**Location** 프랑스령 폴리네시아 타하아
**Website** www.letahaa.com   **Price** $$$

이처럼 "핫"한 신혼여행지를 찾기란 쉽지 않다. 르 타하아 프라이빗 아일랜드 & 스파는 궁극의 휴양지로, 프랑스령 폴리네시아의 반짝이는 물에 둘러싸여 있다. 타히티 서쪽, 230km에 위치한 이 꽃 모양의 섬은 섬 자체가 하나의 산호초이다. 농부들이 수박, 바닐라, 코코야자를 재배하는 부드러운 산지의 기슭에 펼쳐져 있는 이 리조트는 모래 해변이 있는 작은 모투(motu), 즉 미니 섬들로 에워싸여 있다.

12개의 서늘하고 널찍한 비치 빌라가 있으며, 모두 전용 풀장이 딸려 있다. 빌라들은 하나같이 전통 폴리네시아 스타일로 꾸며졌으며, 바닥에는 나무를 깔고 이엉 지붕을 올렸다. 정말 특별한 무언가를 원한다면, 물 위에 떠 있는 스위트에서 머물도록 하자. 산호 정원에서 스노클링을 하거나, 백사장에서 느긋하게 뒹굴거리거나, 석호와 보라보라 섬이 한눈에 들어오는 전망을 즐기거나, 환상적인 스파 "마네아"에서 호사를 누리면서 하루를 보낸다. 작은 호수와 석호의 구불구불한 물 사이, 코코넛 과수원 그늘에 자리잡고 있는 스파는 주변 환경에 완벽하게 녹아들기 위해 천연 자재만을 사용하였다. 폴리네시아 마사지나 순수 천연 오일과 에센스를 사용한 트리트먼트를 받아 보자.

무엇을 하든 간에 공기 중에 감도는 진한 바닐라 향—전통 타히티의 일상의 향이라 할 수 있다—에서 벗어날 수 없다. 태평양 한복판에 떠 있는 조그만 섬일 뿐이지만, 훌륭한 음식을 맛볼 수 있는 곳이기도 하다. 섬 한복판, 나무 사이에 숨어 있는 고급 레스토랑 "오히리"에서 멋진 식사를 하면서, 먹는 동안 타히티 무희들의 공연을 감상하자. 아, 이것이야말로 축복이다. **AD**

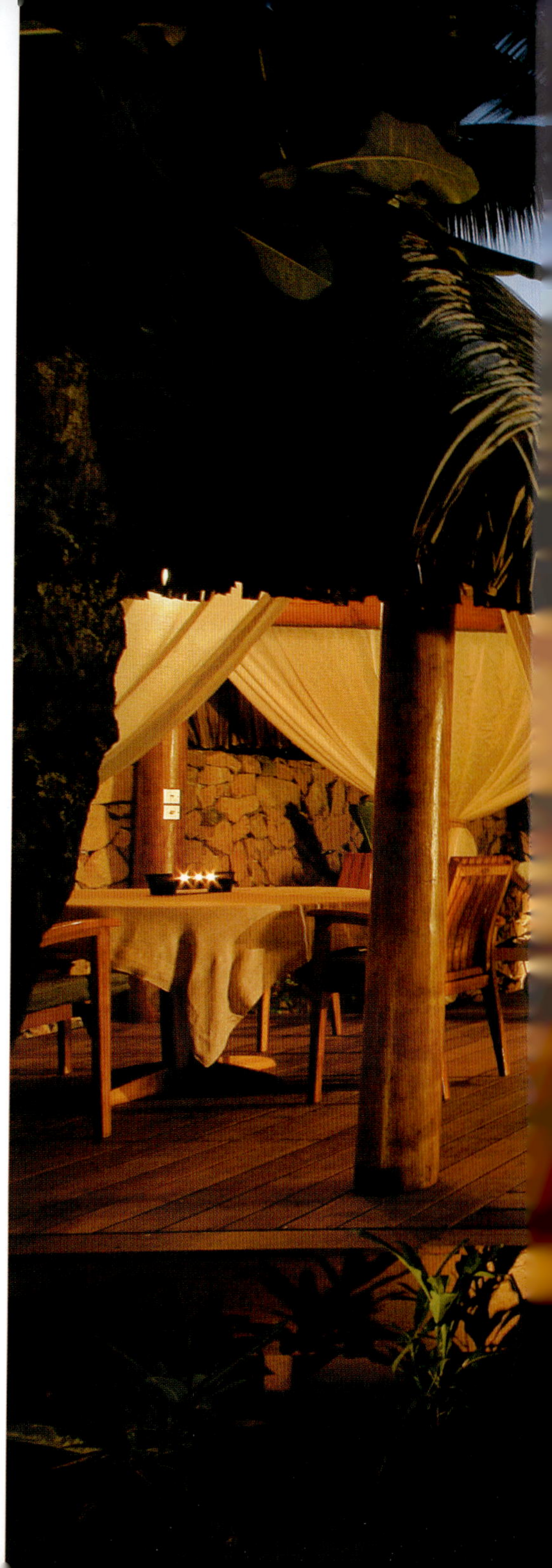

해변의 빌라들은 전용 풀장과 열대 정원이 딸려 있으며, 돌벽으로 둘러싸여 있다.

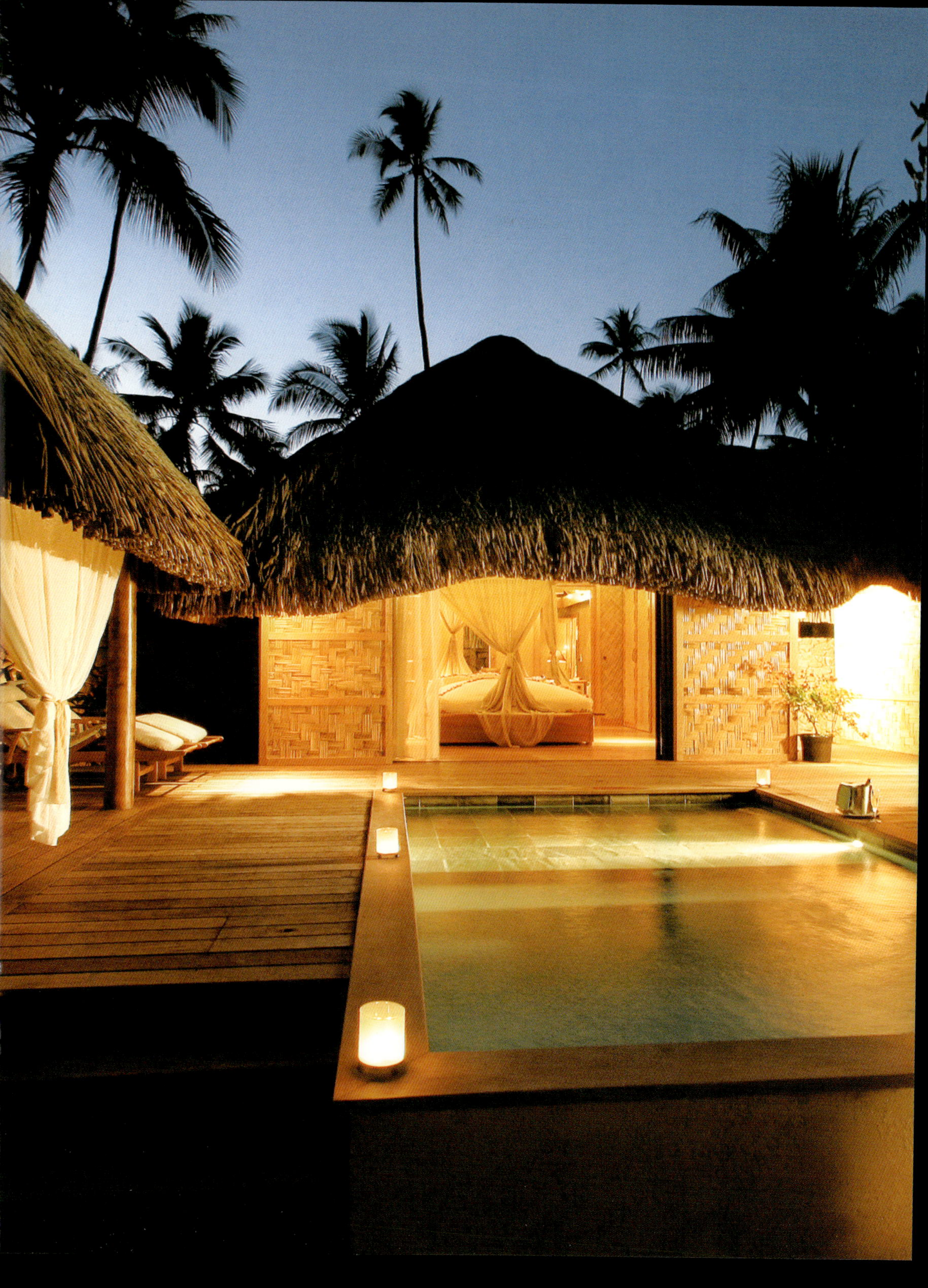

# 버진 갈락틱 호를 타고 우주 여행 Fly into Space with Virgin Galactic

**Location** 우주    **Website** www.virgingalactic.com    **Price** $$$$

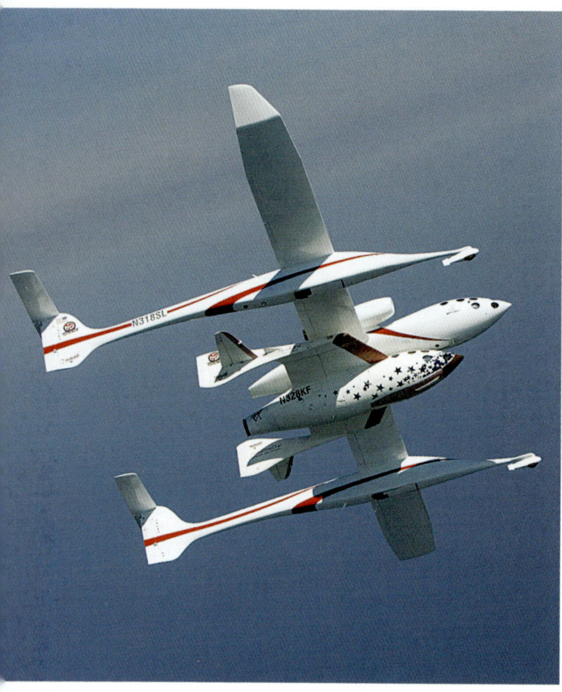

> "우리는 수천 명의 우주 여행
> 선구자들에게 '마지막 프런티어'를
> 현실로 만들어 주었다."
>
> 월 와이튼, 버진 갈락틱 회장

↑ 우주선 "화이트 나이트 앤 스페이스쉽 원" 호와 그 모함(母艦).

→ 이런 광경은 말로 표현하기가 쉽지 않다. 저 안에 앉아 창밖을 바라보고 있다고 상상해 보라.

가장 수수께끼 같고 신비로운 공간을 가로질러 달리는 상상을 해 보자—바로 매일 밤 하늘을 올려다보면 볼 수 있지만 실제로 손을 뻗어 본 사람은 많지 않은 우주 말이다. 별을 지나쳐 결코 지워지지 않을 추억을 남길 처녀 여행에 나서는 것을 상상해 보라. 떠나 본 사람이 거의 없는 궁극의 탈출을 상상해 보라. 신참내기 우주조종사들이 외계로 떠나는 기회를 잡은, 스탠리 큐브릭 풍의 판타지이다.

사실 아직 탐험된 지역이 거의 없는 세계에서 리처드 브랜슨의 플래그그십 우주선은 새로운 상업 우주 경쟁의 첨단에 서 있다. 뉴멕시코 주 로스웰 근교에 있는 우주선 기지—(또다른 의미에서) 다른 세상에서 온 천재인 필리프 스타르크가 설계했다—에서 내리면, 2명의 조종사와 5명의 동료 승객을 만나게 된다. 중력과 상식을 모두 거부하는 이 모험은, 하늘 위로 솟아올라 별을 지나 우주로 나아가는 동안 무중력의 센세이션을 경험하게 해 준다. 약 2시간 반밖에 걸리지 않지만, 이 짧은 시간이 당신의 인생을 영원히 뒤바꾸어 놓을 것이다.

3일간의 트레이닝을 거치는 동안 모든 것을 다 점검받게 된다. (사실 우주여행이란, 아무리 완벽하게 준비를 한다 해도 완벽한 준비가 불가능하다.) 하늘이 파랑에서 연보라, 다시 인디고블루에서 블랙으로 변하는 동안 과거 우주 탐험가들이 떠났던 길을 당신도 따라가게 된다. 부드럽고 매끄럽게 은하를 향해 이륙하고 지구가 발 아래로 멀어지면서, 기묘하고 당황스러운 침묵이 모두를 삼킨다.

우주 여행은 지극히 소수만이 누릴 수 있는 특권이다—비용이 최소한 20만 달러는 드니 말이다. 미래, 과거, 그리고 인간의 존재의 모든 신비를 대표하는 여행이라 할 수도 있겠다. 앞으로 북극광을 뚫고 날아가는 여정도 기획 중이라고 한다. 누가 아는가? 언젠가 어느날, 우리도 별 사이를 지나 궁극의 탈출을 경험할 수 있을지. **VG**

# 찾아보기

**안젤라 디워(AD)**는 자주, 널리 여행을 다니는 여행작가 겸 사진작가이다. 인도와 극동 지방 전문가로 미국과 영국에서 트래블 가이드, 소비자와 무역 잡지에 기고하고 있다.

**앤디 모스(AM)**는 영국의 여행 작가이다.

**배리 스톤(BS)**은 오스트레일리아 시드니에 살고 있는 여행작가이다. 충동적으로 여행을 떠나는 그는 지리, 역사, 건축에 대한 책들을 공동으로 집필하기도 했다. 자신이 떠돌아다닌 이야기를 시드니 선-헤럴드, 더 캔버라 타임즈 등 오스트레일리아 유수 신문에 기고하였다.

**크리스타벨 딜크스(CD)**는 포클랜드 전쟁과 함께 드라마틱하게 떠났던 아르헨티나로 20년 만에 돌아왔다. 1982년 가족과 함께 팜파스 가장자리에 살던 딜크스는 아르헨티나 남자와 사랑에 빠졌다. 2002년, 아르헨티나로 돌아왔을 때에는 야생 자연과 멋진 사람들과 사랑에 빠졌고, 그 후 아르헨티나는 줄곧 그녀에게 꿈의 땅이다.

**캐롤 킹(CK)**은 프리랜서 작가로 잉글랜드 런던과 이탈리아 시칠리아의 작은 마을을 오가며 살고 있다. 그 전에는 스페인 마드리드와 아르헨티나 부에노스아이레스에서도 살았던 적이 있다. 타고난 방랑벽 때문에 우간다에서 고릴라를 쫓아다닌 적도 있고, 스리랑카의 애덤스피크 봉을 오른 적도 있으며, 폴란드의 소금광산에도 가보고 쿠바에서 시가를 입에 물기도 했다고 한다.

**크리스 모스(CM)**는 아르헨티나에서 10년을 살았다. 2008년 〈Patagonia: A Cultural History〉를 출간했다.

**캐롤라인 밀스(CFM)**는 12년간 잡지 편집자, 그 후 2년째 프리랜서 작가로 일하고 있다. 유럽 여행 전문가로 특히 비교적 사람들이 잘 모르는 장소와 정원에 대해 글을 쓴 프렌치 매거진, 더 타임스, 프랙티컬 모터홈, 프랑스 매거진, 그레이트 브리티시 푸드 등 영국의 다양한 매체에 기고해 왔으며, 현재는 또다른 여행서를 집필 중이다.

**클레어 릭비(CR)**는 영국의 작가 겸 편집자로 홍콩, 쿠웨이트, 브라질, 미국 등지에서 거주했다. 현재는 아르헨티나에 살고 있으며, Timeout's Buenos Aires for Visitors 誌의 편집자이다.

**캐롤라인 실거-존스(CSJ)**는 스파와 휴양지 전문가로 〈Body and Soul Escapes〉와 〈Body and Soul Escapes: Britain and Ireland〉의 작가이다. UAE의 더 내셔널, 영국의 데일리 텔레그라프, 더 타임스, 가디언, 콩데 나스트 트래블러, 완더러스트, 레드, 사이콜로지스 같은 잡지와 신문에 정기적으로 칼럼을 게재하고 있다. 데본에 살고 있는 그녀는 영국 남서부의 해안 길을 걸을 때가 가장 행복하다고 한다. www.carolinesylgerjones.co.uk

**크리시 윌리엄스(CW)**는 반은 영국인, 반은 이탈리아인으로 전 세계를 돌아다니며 여행해왔다. 이탈리안 매거진, 레드 가이드 플로리다, 웨딩 앤 허니문 등 영국의 다양한 여행 잡지와 주영 포르투갈 상공회의소에 기고하고 있다.

**데이빗 앳킨슨(DA)**은 잉글랜드 체스터에 살고 있는 여행 작가이다. 옵저버, 선데이 텔레그라프, 데일리 익스프레스 紙에 기고하고 있으며, 〈Bolivia: The Bradt Travel Guide〉의 작가이며, 완더러스트 誌에 쓴 볼리비아 관련 기사는 라틴 아메리카 관광협회(LATA)가 선정한 2008년 올해의 기사로 선정되었다. www.atkinsondavid.co.uk

**데이빗 허터(DaH)**는 독일에서 태어나 십대에는 잉글랜드와 프랑스에서 잠시 살기도 했다. 고등학교를 졸업한 뒤 이탈리아로 이주해 별 열의 없이 경제학을 공부하다가 결국 포기했다. 2년 뒤 잉글랜드로 돌아와 미들섹스 대학교에서 문예창작과 종교학을 공부하였다. 유럽, 중동, 오스트랄라시아 등을 두루 여행했으며, 현재는 런던에 살면서 프리랜서 작가 겸 편집자로 일하고 있다.

**다니엘 닐슨(DN)**은 프리랜서 기자 겸 가이드북 편집자이다. 포포투, CNN 트래블러, 더 와이어 등에 글과 사진을 기고해왔으며, 타임아웃에서 나온 가이드 5권을 편집하기도 했다.

**엘리노어 파크먼(EP)**은 영국의 옵저버 紙를 비롯한 여러 신문에 여행 기사를 게재해 왔다. 토리노에 사는 동안 지금의 남편을 만났다. 지금은 남편과 두 딸과 함께 런던에 살고 있다.

**그렉 클라크(GC)**는 오스트레일리아의 작가로 오스트레일리아와 아시아의 여러 잡지에 정기적으로 기고하고 있다. 선데이 타임스에서 일할 무렵에는 런던의 이스트엔드에 살았던 적도 있다. 여행을 하거나 기사를 쓰지 않을 때에는 딸들과 함께 집 주위에 살고 있는 요정들을 찾으러 나간다.

**자일스 맥도너(GMD)**는 예전에는 파리에 살았으며, 15년 동안 파이낸셜 타임스에 럭셔리한 휴양지에 대한 기사를 써 왔다. 현재는 식도락 전문가로, 독일와 오스트리아의 "월드 와인 상" 심사위원도 맡고 있다. 맥도너는 더 타임스, 가디언, 스펙테이터, 뉴 스테이츠맨, 그리고 최근에는 스탠드포인트에 기고해 왔으며, 1988년 글렌피디치 스페셜 어워드를 수상하였다. 13권의 책을 출간했는데, 그 중 대부분이 독일에 대해서 쓴 책이다.

**헬렌 아놀드(HA)**는 17년의 경력을 자랑하는 여행·푸드 저널리스트이다. 옵저버, 하이 라이프, 스코틀랜드 온 선데이, 트래블 위클리, 워먼&홈, 패밀리 서클, 하퍼스 와인&스피리츠, 제스트, 이브 같은 다양한 신문과 잡지에 원고를 기고했으며, 또한 오리엔트 익스프레스 그룹, 이지젯, 토머스 쿡 등의 기업고객을 위한 글쓰기도 해왔다. 1992년 1년간 세계일주를 경험한 뒤 역마살이 단단히 들어버려, 중동의 오만에서 줄곧 거주하다가 최근 런던에 정착하여 남편과 아이들과 함께 살고 있다.

**헬렌 오키라(HO)**는 프리랜서 여행 작가이다. 캘리포니아에서 살다가 현재는 런던 북부에 거주하고 있다. 가디언, 옵저버, 타임아웃 등 다양한 매체에 기고하고 있다.

**이스메이 앳킨스(IA)**는 야생적인 콘월 서부에 살고 있는 여행 작가 겸 편집자이다. 인디펜던트, 러프가이드, 타임아웃 등 다양한 매체에 기고하고 있으며, 타임아웃에서 출간하는 가이드북을 정기적으로 편집하고 있다. 라틴 아메리카에 오랜 세월 푹 빠져 있었던 그녀는 하바나, 멕시코 시골, 부에노스아이레스에서 살았었다.

**제인 아처(JA)**는 프리랜서 여행 기자로 영국의 손꼽히는 크루즈 작가 중한 명이다. 매주 텔레그라프 온라인판에 칼럼을 쓰고 있으며, 데일리 텔레그라프, 하우스앤가든, 콩데 나스트 트래블러 등에 기고해왔다.

**조 코울리(JC)**는 카나리아 제도의 테네리페에 살고 있는 여행 작가이다. 선데이 타임스, 뉴욕 포스트, 콩데 나스트 트래블러 등 다양한 매체에 기고해왔다. 그의 첫 번째 책 〈More Ketchup than Salsa〉는 2007년 영국 여행작가 협회가 선정한 최고의

여행서로 뽑혔다.

**제임스 더스턴(JD)**은 트래블 위클리, 인디펜던트, 디 익스프레스 같은 다양한 매체에 기고해왔다. 성장기를 동아프리카에서 보냈고, 사춘기 때 1년은 일본에서, 그리고 십대의 마지막은 인도와 사랑에 빠지지 않으려고 애를 쓰며 보냈다—물론 실패해서, 현재는 인도 뭄바이 한복판에서 살고 있다.

**주디 달리(JED)**는 영국의 여행작가로 포르투갈 매거진, 그리스 매거진, 디 이탈리안 매거진에 많은 글을 기고해왔다. 프리랜서 작가가 되기 전까지는 스패니시 홈스 매거진의 특집 담당 편집자였다. 최근 첫 번째 소설을 탈고했다.

**제스 다비(JDA)**는 과거 BBC 매거진스 기자로 일하다가 (〈Eve and Vegetarian Good Food〉의 작가였다) 프리랜서 특집 작가로 전향하였다. 이비자, 짐바브웨, 아일랜드 등지에서 성장기를 보냈으며, 런던 남서부에 정착하여 남자 셋과 딕비라는 이름의 개 한 마리와 함께 살고 있다.

**조 풀먼(JF)**은 10년 넘게 여행작가로 일하면서 러프 가이즈, 론리 플래닛, AA, 캐도건 같은 국제적인 가이드북 출판사들에 기고하였다. 코스타리카, 벨리즈, 런던, 잉글랜드, 파리, 베를린, 베네치아, 라스베가스 등의 가이드북을 썼으며, 이탈리아, 터키, 중앙 아메리카, 카리브해 등의 가이드북에도 글을 실었다. 현재는 잉글랜드 런던에 살고 있다.

**제인 하농(JH)**은 2007년 여성들의 여행기를 모아 엮은 〈More Sand in My Bra〉에 첫 번째 단편이 수록되었고, 사이콜로지스 誌에도 기고해왔다. 에섹스에 살고 있는 그녀는 24개의 직업을 가진 프리랜서 작가로, 34개 국을 탐방했으며, 뉴욕과 오스트

레일리아에서 살면서 일한 적이 있다.

**재닌 켈소(JK)**는 잉글랜드 런던에 살고 있으며, 트래블러 위클리와 다양한 여성잡지에 기고해왔다. 특히 라틴 아메리카를 9개월 동안 여행한 뒤이 곳에 특별한 열정을 지니고 있다. 그 밖에 그녀가 관심을 지닌 지역으로는 카리브해와 폴란드가 있다. 대학 시절에는 2년 동안 여름을 미국의 뉴욕, 콜로라도, 메릴랜드에서 보내면서 일을 했다. 여행 중에 암벽 등반, 서핑, 스키, 스카이다이빙 같은 익스트림 스포츠를 즐기기도 한다.

**정민용(JMY)**은 대학과 대학원에서 역사학과 관광학을 전공하였다. 자연과 역사, 문화유산을 아우르는 문화탐방프로그램의 기획과 저술 작업을 진행하였다. (주)앨리스여행사의 이사로 재직 중이며, 저서로는 『기분 좋은 1박2일-동해안편, 산계곡편』(공저), 『걷고 싶은 거리여행-서울편』, 『죽기 전에 꼭 가봐야 할 국내여행 1001』(공저)이 있다.

**자키 패터슨(JP)**은 여행 작가 겸 특집 작가로 뉴질랜드, 오스트레일리아, 영국에서 15년 넘게 신문과 잡지에 글을 기고해왔다. 낙하산을 타고 퀸즐랜드 북부 해변에 착륙한 적도 있고, 잠비아의 잠베시 강 위로 번지점프를 해 본 적도 있으며, 북극해의 빙산들을 사이에서 수영도 해 봤다고 한다.

**제시카 스톤(JS)**은 쿠바계 미국인으로 마이애미에서 자랐으며 뉴욕에서 언론학을 공부하였다. 뉴욕 타임즈, 더 타임스, 가디언, 멘즈헬스 같은 세계의 여러 매체에 글을 기고해왔다. 런던에 살면서 웹사이트 Ripelondon.com을 운영하고 있다.

**제임스 윌리엄스(JW)**는 런던에 살고 있으며, 그리스 전문 여행 작가로 다양한 영국 잡지들에 글을 기고하고

있다. 열대의 무인도부터 아테네의 한적한 구석까지 지구촌에 안 가 본 곳이 없다.

**캐스린 파머(KF)**는 15년 동안 법률 서적 출판사에서 일했다. 아이들이 어릴 때 잠시 쉬다가 지금은 프리랜서 작가로 일하면서 영국의 다양한 매체에 글을 기고하고 있다.

**리디아 벨(LB)**은 런던에 살고 있으며, 하퍼스 바자 誌의 여행 담당 부편집장이다. 스코틀랜드, 스페인, 그리스, 인도, 오스트레일리아 등에서 거주한 (또는 빈둥거린) 경험이 있다.

**루시아 코크로프트(LC)**는 러프 가이드 출간을 위해 스페인 각지를 여행했으며, 럭셔리 트래블 매거진의 스페인 담당자였다. 최근에는 바디앤소울에 글을 기고했으며, 이지젯 인플라이트와 오버시즈 리빙 매거진에도 글을 쓰고 있다.

**로라 딕슨(LD)**은 패션 잡지와 여행 매체에 스타일, 여행, 트렌드에 대한 글을 쓰고 있다. I-escape.com에 부티크 호텔 리뷰를 게재했으며, 선데이 타임즈 트래블 매거진, 선데이 익스프레스, 비즈니스 라이프 등에 기고하고 있다. 영국 여행작가 협회 회원이다.

**리사 제라드-샤프(LGS)**는 수상 경력이 있는 기자이자 여행작가로 파리, 브뤼셀, 로마, 토스카나에서 살았다. 현재는 런던에서 살고 있으며, 보그 誌 특파원으로 일하고 있다. 대부분의 시간을 여행하면서 특집기사거리를 찾거나 영국 및 해외 언론에 실을 글을 쓰면서 보낸다.

**리사 존슨(LJ)**은 벨기에 브뤼셀에서 3년 동안 더 불레틴 誌의 예술 담당 기자로 일하다가 분야를 여행으로 바꾸었다. 불어, 독일어, 스페인어로 글을 쓴다. 지금은 잉글랜드 런던에 살고 있으며, 콩데 나스트 트래블러,

하우스앤가든, 레드, 이브닝스탠다드, 가디언, 스펙테이터, 데일리 메일 등의 매체에 기고하고 있다.

**린다 맥코믹(LM)**은 뉴스 웹사이트 〈Environmental Graffiti〉의 주임 기자이자 편집자이며 EcoTravelLogue.com의 콘텐츠 에디터이기도 하다. 세계 각지를 여행하면서 잠시 오스트레일리아에 뿌리를 내리기도 했으나, 현재는 런던에 살고 있다. 단, 끊임없이 바르셀로나로 이주하겠다고 주변사람들을 협박하고 있다.

**리사 폴렌(LP)**은 영국 런던에 살고 있으며, 경험이 풍부한 기자이다. 럭셔리 여행과 셀레브리티 마켓이 그녀의 전문 분야이다. 스타, OK!(핫 스타즈) 등의 잡지에서 특집 담당 편집자로 일했던 그녀는 데일리 익스프레스, 나우, 클로저, 쉬, 그 밖의 다양한 항공사 기내지에 기고하고 있다.

**마틴 리(ML)**는 세계의 산악 지역의 모험과 문화를 탐험하는 데 엄청난 열정을 품고 있다. 잉카 제국의흥망을 따라 안데스 산맥을 여행한 이야기 〈Inca Trails〉과 〈Adventure Guide to Scotland〉의 작가이기도 하다.

**마리 니콜슨(MN)**은 와이트 제도에 살고 있으며 여러 차례 수상 경력을 자랑하는 작가다. 가디언, 더 타임스, BBC히스토리, 완더러스트, 그 밖의 메이저 항공사 기내지에 글을 기고해왔으며, 온라인 여행 전문지 www.suite101.com의 동아시아 담당 특집 작가이다.

**닉 브루노(NB)**는 영국과 이탈리아 혼혈인 저널리스트로, 스코틀랜드와 이탈리아를 오가며 살고 있다. 다양한 매체에 글과 사진을 기고하고 있으며, 최근 저서 〈 Naples and Amalfi Coast〉가 풋프린트 출판사에서 간행되었다.

**니콜라 스미스(NS)**는 프리랜서 저널리스트로 잉글랜드 콘월에서 살고 있다. 더 타임스, 뉴질랜드 월드, 코스트, 콘월 투데이 등의 다양한 매체에 기고하고 있다.

**올리비아 맥킨더(OM)**는 여행과 라이프스타일 저자로 지면, 온라인, 텔레비전 방송 원고 등을 쓰고 있다. 현재 영국에 자신만의 NLP 휴양 센터를 건립하려고 기획 중이다.

**폴리 에반스(PE)**는 런던에 살고 있는 여행 작가로, 인디펜던트 온 선데이, 완더러스트, 콩데 나스트 트래블러, 푸드앤와인 등에 글을 써오고 있다. 또한 〈It's Not About the Tapas 〉, 〈Mad Dogs and an English-woman〉 등 여행서 5권을 펴냈다.

**폴 설리번(PS)**은 베를린에 거주하고 있는 작가 겸 사진작가로 여행과 음악이 전문 분야이다. 인디펜던트, 옵저버, 뮤직 먼슬리, 플라이 유럽, 내셔널 지오그래픽 뮤직, BBC 매거진 등의 다양한 매체에 기고하였다. 〈A Hedonist's Guide To Berlin〉, 〈Marrakech & Prague〉, 〈Time Out Italy〉, 〈Cool Camping France〉, 〈Cool Camping Europe〉 등의 여행 가이드를 출간하였다.

**로리 브로건(RB)**은 영국의 저널리스트로 남아메리카를 두루 여행한다.

**로웨나 카-앨린슨(RCA)**은 토론토 스타부터 런던 메트로, 엘르, 하퍼스 바자, OK!에 이르기까지 온갖 매체에 글을 기고해왔다. 부에노스 아이레스부터 마우이와 모스크바를 거쳐 방콕까지 여행했으며, 자기 집이 프랑스인지 영국인지 아직도 결정을 내리지 못하고 있다. www.carrallinson.com

**리처드 시들(RS)**은 수상 경력이 있는 영국의 비즈니스 저널리스트다. 예전에는 트래블 위클리 誌의 에디터였으

며, 현재는 하퍼스 와인&스피리츠 誌의 데이터로 전 세계를 여행하고 있다.

**로저 세인트피엘(RsP)**은 그 길고 화려한 여행작가 겸 브로드캐스터 인생에서 125개국을 방문했다. 또한 33권의 책을 썼고, 개중에는 베스트셀러가 된 여행 가이드는 물론 자전거와 음악에 관한 책도 있다.

**샘 볼드윈(SB)**은 일본, 어드벤처, 윈터스포츠, 그리고 특히 사람들이 즐겨 찾지 않는 곳이 전문이다. Snow Sphere.com의 편집자로, 가디언, 스코츠맨, 풋프린트 시리즈에도 기고하고 있다. 몇몇 스키와 스노보드 잡지에도 글을 싣고 있다.

**샐리 돌링(SD)**은 영국의 프리랜서 여행 작가이다. 테이크 어 브레이크 매거진 및 그와 비슷한 잡지들에 정기적으로 기고하고 있으며, 2006년 비지트 USA 미디어 트래블 어워드를 수상하였다. 잊지 못할 호텔들과 독특한 리조트를 찾아내는 것이 주특기이다. www.sallydowling.co.uk

**사이 그레이(SG)**는 잇치 U.K. 시티 가이드북의 편집자로 글쓰는 일을 시작했다. 50개가 넘는 국가를 여행했으며, 푸드와 여행에 대한 블로그를 jamieoliver.com에 올리기도 했다. 블로그에 올렸던 내용을 보강해서 조만간 책으로 펴낼 예정이다.

**사이먼 헵틴스탈(SH)**은 영국의 작가, 저널리스트, 브로드캐스터이다. 여행작가로 일한 첫해에 23개국을 여행했으며, 일일 최다개국 방문기록 (12개국)으로 기네스 북에 올랐던 적도 있다. 그러나 그의 궁극의 휴양지는 잉글랜드 월트셔의 시골에 있는 조용한 집이다.

**새라 도슨(SjD)**은 브라이튼에 살고 있는 저널리스트, 작가, 요가 강사로 건강 여행(스파, 전체의학/요가 휴가, 테라피/트리트먼트)과 라이프스타일 특집 기사를 다수의 국내외 언론에 기고하고 있다. 가디언부터 레드 매거진까지 다양한 언론에 기사가 실렸다. www.sarahdawsonjournalist.com

**쇼타 메인(SM)**은 셔틀랜드에서 태어났으며, 재키 誌의 팝 에디터로 글쓰는 일을 시작하여, 법조계와 정치계에서 그다지 흥미롭지 않은 시간을 보낸 뒤 다시 언론으로 컴백했다. 스코틀랜드와 이탈리아를 오가며 살고 있으며, 최근 〈Footprint Guide to Venice and the Veneto〉를 출간했다.

**솔렌지 핸도(SoH)**는 프로페셔널 여행작가이다. 여러 차례 수상 경력을 자랑하며, 세계의 다양한 매체에 글을 기고하고 있다. 영국 여행 작가 협회와 여행작가 연합 회원이다.

**수디 피곳(SP)**은 새로운 식도락 경험을 찾아 전 세계를 돌아다니고 있다. 수디는 TIME, FT 하우투스펜드잇, 하이라이프, 센추리온, 딜리셔스, 더 굿 푸드 가이드 등 세계의 다양한 매체들에 푸드, 레스토랑, 여행에 대한 글을 기고하고 있다.

**수 왓(SWa)**은 런던에 살고 있으며 프리랜서 여행작가이다. 대학 시절 1년 동안 아프리카 여행을 한 것이 계기가 되어 주로 아프리카 전문 작가이다. 트래블 아프리카 매거진에 정기적으로 글을 기고하고 있으며, 가디언, 이탤리 매거진 같은 영국의 매체에도 글을 쓰고 있다.

**스테파니 윌슨(SWi)**은 교사로 일하던 시절 유럽과 터키를 두루 여행하였다. 지금은 교직을 접고 여행 작가로 글을 쓰고 있다.

**팀 로크(TL)**는 국립공원, 워킹, 영국의 여러 지방, 유럽의 철도 여행, 뉴잉글랜드와 타이 가이드에 이르기까지 다양한 주제로 글을 쓰고 있다. 또 지속가능한 여행 컨설턴트이자 굿 퍼브 가이드의 편집자이기도 하다. 잉글랜드 남동부의 르위스에 살고 있다.

**테레사 마컨(TM)**은 인생이란 하나의 빅 어드벤처라고 생각한다. 파나마에서 펄다이빙을 하거나 베네치아의 곤돌리에에게 팁을 얻기도 한다. 20개가 넘는 국내외 신문, 가이드북, 잡지에 글을 기고해왔다. 홍콩에 살았던 적이 있어서 세계를 떠도는 와중에 종종 아시아로 돌아가곤 한다.

**티나 월쉬(TW)**는 여행과 라이프스타일 전문 프리랜서 기자이다. 가디언, 선데이 타임스, 데일리 메일 등에 글을 기고해왔으며, 돌링 킨더슬리 아이위트니스 가이드 시리즈 집필에도 참여하였다.

**빅토리아 길(VG)**은 영국의 채널파이브, 미스터&미세스 스미스, 선데이 타임스 등의 매체에서 작가, 브로드캐스터, 기자로 활약하고 있다. 진정한 의미의 떠돌이로 런던 하이게이트에서 살고 있다. 2009년 〈Cityspots Fez〉를 출간했다.

**웬디 고머살(WG)**은 10년 동안 데일리 메일에서 일하다가 2000년 프리랜서로 전향했다. 현재는 여행작가로, 메일 온 선데이, TravelMail.co.uk, ABTA 매거진, 스코츠맨 매거진, 데일리 메일, 제스트, 가디언 등 다양한 신문, 잡지, 웹사이트에 글을 기고하고 있다.

사진출처

Every effort has been made to credit the copyright holders of the images used in this book. We apologize for any unintentional omissions or errors and will insert the appropriate acknowledgment to any companies or individuals in subsequent editions of the work.

**2** Johnny Stockshooter / Photolibrary.com **20** Little Good Harbour **22** Pep Roig / Alamy **24** Inn on the Lake **25** Stefan Wackerhagen **26** AlaskaStock / Photolibrary.com **27** Buddy Mays / Alamy **29** Clayoquot Wilderness Resort **30** Poets Cove **31** Mowgli Frere / Frere Images **32** All Canada Photos / Alamy **34** Fairmont Chateau **36** Baker Creek Chalets **38** AndrC Kedl **39** AndrC Kedl **41** All Canada Photos / Photoshot **45** John Shaw / Photoshot **47** Michael S. Lewis/Corbis **48** Sundance **51** The Point **54** Wave Hill Gardens **55** Gramercy Park Hotel **56** Waldorf-Astoria and Waldorf Towers **58** Della Huff / Alamy **60** East Brother Light Station **62** Calistoga Ranch **63** Spa Vitale **64** Philip Lee Harvey / Getty **68** Radius Images / Photolibrary.com **71** All Canada Photos / Photoshot **73** Cody Duncan / Alamy **75** Mii Amo **76** Mowgli Frere / Frere Images **77** Ml Sinibaldi / Photolibrary.com **80** The Setai **85** Rod McLean / Alamy **86** Kevin Spreekmeester / Photolibrary.com **88** David Muench/Corbis **89** Peter French / Photolibrary.com **90** nik wheeler / Alamy **92** Esperanza Resort **93** Las Ventanas Al Paraiso **94** Blaine Harrington III / Alamy **96** One&Only Palmilla **98** Cuixmala **102** Hemis / Alamy **103** M. Timothy O'Keefe / Alamy **104** Esencia **107** La Lancha **108** Nitun Reserve **111** Blancaneaux **112** Stephen Frink Collection / Alamy **115** Mowgli Frere / Frere Images **116** Christabelle Dilks **118** Bob Stefko / Getty **122** IML Image Group Ltd / Alamy **125** Musha Cay **126** Parrot Cay **128** Danita Delimont / Alamy **130** Alex Bartel / Photoshot **133** Rolf Nussbaumer / Alamy **134** The Caves **137** Biras Creek **138** Jean-Marc Lecerf (Ocean Images) / Photoshot **140** Rodger Klein / Photolibrary.com **143** La Samanna **144** Tom Bean/Corbis **147** Tim Larsen-Collinge / Photoshot **148** Rock Cottage **150** Jade Mountain **153** Jean-Marc Lecerf (Ocean Images) / Photoshot **154** Charlie Knight / Alamy **156** Palm Island **157** L'Anse aux Epines **161** Pies Specifics / Alamy **162** Jose Enrique Molina / Photolibrary.com **164** Arco Digital Images / Tips **165** Rosemary Calvert / Photolibrary.com **167** Andoni Canela / Photolibrary.com **169** Vidler Vidler / Photolibrary.com **170** Hotel Monasterio **173** Jason Rothe / Alamy **176** Image Brokers / Photoshot **178** De Agostini / Photoshot **179** Worldwide Picture Library / Alamy **180** Interfoto / Alamy **185** Villas de Trancoso **186** Fasano Hotel **188** Robert Harding Picture Library Ltd / Alamy **190** Frédéric Soreau / Photononstop / Tips **193** Ponta dos Ganchos **194** Frédéric Soreau / Photononstop / Tips **197** Sunset / Tips **198** Elqui Domos **200** Secret Ranchito **201** Hemis / Photoshot **203** Cephas Picture Library / Alamy **205** Christabelle Dilks **207** Martin Harvey / Photoshot **209** Javier Etcheverry / Alamy **210** Eduardo Longoni/Corbis **212** Christabelle Dilks **214** Estancia El Colibrí **219** Faena Hotel **221** Christabelle Dilks **223** Christabelle Dilks **225** Christabelle Dilks **227** Ismay Atkins **229** David Tipling / Photoshot **230** Castello di Vicarello **233** blickwinkel / Alamy **235** StockPile Collection / Alamy **236** Gregory Gerault / Photolibrary.com **238** Danita Delimont / Alamy **240** Blue Lagoon **243** Chad Ehlers / Tips **244** Hotel Kakslauttanen **246** Snow Castle **248** Finland Tourist Board **250** Arctic-Images/Corbis **251** Hans Strand/Corbis **252** Nordic Light Hotel **255** Yasuragi **256** Frank Chmura / Alamy **261** OJPhotos / Alamy **262** Park Hotel Kenmare **264** Temple County retreat **267** John Warburton-Lee Photography / Alamy **268** Ard Nahoo **269** O fabulous **271** Belle Isle Castle **272** Radius Images / Alamy **275** Derek Croucher / Alamy **276** Rua Reidh Lighthouse **278** Paul Glendell / Alamy **281** Alistair Petrie / Alamy **285** Hebridean Princess **286** The Witchery **289** james jagger / Alamy **291** Steve Peake, St. Curig's Church **292** Eco Retreat **295** Mint Photography / Alamy **296** Les Gibbon / Alamy **299** Roger Coulam / Alamy **303** Le Manoir **304** Oxford Picture Library / Alamy **307** The Victoria **311** james kerr / Alamy **313** Ellen Rooney / Photolibrary.com **314** Terry Williams / Getty **316** Alamy **319** SenSpa **322** Royal Crescent Hotel **325** Lundy Island Tourism **328** ImagesEurope / Alamy **331** Marc Hill / Alamy **332** way out west photography / Alamy **334** Arco Digital Images / Tips **338** Liz Garnett / Alamy **341** Island of Rugen **342** Carsten Koall/Stringer / Getty **345** 68images 68images / Photolibrary.com **348** Bildagentur RM / Tips **351** Martin Rugner / Photolibrary.com **353** imagebroker / Alamy **356** Camille Moirenc / Photononstop / Tips **358** Yann Guichaoua / Tips **359** Arco Digital Images / Tips **361** Steve Vidler / Photolibrary.com **365** S.Nicolas / Photolibrary.com **367** TTL Images / Alamy **368** Bateau Simpatico **371** Roy Rainford / Photolibrary.com **375** Picture Contact / Alamy **376** Tristan Deschamps / Tips **379** Hemis / Photoshot **380** Robert Harding Picture Library Ltd / Alamy **383** Yann Guichaoua / Tips **384** A. Demotes / Tips **387** Jupiter Images / Agence Images / Alamy **389** Les Fermes de Marie **392** Marion Bull / Alamy **397** Emmanuel Lattes / Alamy **399** Papilio / Alamy **400** Abbaye de Sainte Croix **402** tbkmedia.de / Alamy **405** Hemis / Photolibrary.com **406** Le Couvent des Minimes Spa **408** Horse and Ventures **412** Arco Digital Images / Tips **417** Piotr & Irena Kolasa / Alamy **419** Dumrath Dumrath / Photolibrary.com **421** imagebroker / Alamy **422** Liebes Rot-Fluh Hotel **425** Corbis / Photolibrary.com **426** Bella Tola **427** The Lodge **428** Riffelalp Resort **431** Lisa Pollen **433** Daniele Comoglio / Alamy **434** CuboImages srl / Alamy **437** Brian Lawrence / Photolibrary.com **438** L'Albereta **441** Vigilius **442** Roy Rainford / Photolibrary.com **444** Bauer Palladio **446** David Noton Photography / Alamy **449** Mark Bolton / Photolibrary.com **453** Silwen Randebrock / Photolibrary.com **457** Arco Digital Images / Tips **459** The Travel Library Limited / Photolibrary.com **460** Todi Castle **463** La Posta

Vecchia **465** Sue Watt **467** Sextantio Albergo Diffuso **468** Vito Arcomano / Alamy **471** Regina Isabella **475** Villa Rufolo **476** La Masseria San Domenico **479** Bruno Morandi / Photolibrary.com **480** JTB Photo Communications / Photoshot **484** Juan Carlos Munoz / Photolibrary.com **486** ROBIN SMITH / Photolibrary.com **488** Gonzalo Azumendi / Photolibrary.com **490** Westend61 / Photoshot **491** Hostal Sa Rascassa **492** Gavin Hellier / Photolibrary.com **497** The Travel Library Limited / Photolibrary.com **498** Visual&Written SL / Alamy **503** Parador de Ubeda **504** Image Brokers / Photoshot **507** Ignasi Rovira / Photolibrary.com **509** Hemis / Photoshot **511** Imagesource / Photolibrary.com **514** Hoopoe Yurt Hotel **516** Jesus Sierra / Photolibrary.com **518** Parador de Granada **521** Canabi Hugo / Photolibrary.com **524** Abama **527** David Robertson / Alamy **531** Michael Howard / Photoshot **532** John Ferro Sims / Alamy **535** Mark Edward Smith / Tips **537** Michael Krabs / Photolibrary.com **541** Ruth Tomlinson / Photolibrary.com **543** Cephas Picture Library / Alamy **544** Reid's Palace **546** MIXA Co. Ltd. / Photolibrary.com **549** terry harris just greece photo library / Alamy **550** Jon Arnold Images / Photolibrary.com **553** Raga Raga / Photolibrary.com **555** Matthew Smith / Alamy **556** Max Stuart / Alamy **557** Elixir Spa **559** Photononstop / Tips **560** Terry Harris Just Greece photo library / Alamy **562** R Matina / Photolibrary.com **564** Elounda Peninsula **566** Andrea Matone / Alamy **571** Jon Sparks / Alamy **572** Johnny Greig Travel Photography / Alamy **573** Pucic Palace **574** Villa Dubrovnik **576** Croatian National Tourist Board **578** CuboImages srl / Alamy **581** Wilmar Photography / Alamy **583** Richard Nebesky / Photolibrary.com **586** blickwinkel / Alamy **589** Jan Wlodarczyk / Alamy **591** Padaste Manor **592** Ellen Rooney / Photolibrary.com **595** Aflo Co. Ltd. / Alamy **596** Wolfgang Kaehler / Alamy **599** Wolfgang Kaehler / Alamy **601** Wolfgang Kaehler / Alamy **602** Shompole **605** Maison M.K. **607** Amanjena **608** Ethel Davies / Photolibrary.com **611** Caravanserai **612** john angerson / Alamy **616** Alan Keohane **619** TTL Images / Alamy **621** Sylvain Grandadam / Photolibrary.com **623** Egyptian Tourist Authority, Gardel Bertrand/hemis.fr **624** Body Philippe / Photolibrary.com **629** Andrew Plumptre / Photolibrary.com **631** Pepeira Tom / Photolibrary.com **632** Shompole **634** J Marshall - Tribaleye Images / Alamy **635** Greystoke Mahal **637** Craig Lovell / Eagle Visions Photography / Alamy **638** Chumbe Island Coral Park **640** Selous Project **642** Demelza Cloke / Alamy **645** Azura **646** Reinhard Dirscherl / Photolibrary.com **648** JL Photography / Alamy **651** Nigel Dennis / Photolibrary.com **653** www.namibweb.com, the online guide to Namibia and Elena Travel Services **655** John Warburton-Lee / Photolibrary.com **656** Abu Camp **658** Photononstop / Tips **660** Steve Vidler / Photolibrary.com **665** Earth Lodge **669** Ariadne Van Zandbergen / Alamy **671** Thanda Reserve **672** Rovos Rail **676** Bushman's Kloof Wilderness Reserve & Retreat **678** Kurland Hotel **681** Robert Cundy / Photolibrary.com **685** Le Prince Maurice **686** Trevor Neal / Alamy **689** Shanti Andana Maurice Spa **691** Labriz Aquum Spa **693** Sunset / Tips **694** Denis Island **695** Cousine Island **697** Frégate Island Private **698** The Sarojin **700** Farasan Islands Tourism **701** FotoLibra **703** Paul Thuysbaert / Photolibrary.com **704** Widmann Widmann / Photolibrary.com **706** Amanda Hall / Photolibrary.com **707** Martin Kreuzer / Photolibrary.com **709** isifa Image Service s.r.o. / Alamy **711** Hemis / Photoshot **714** Hanan Isachar/Corbis **717** Hanan Isachar / Photolibrary.com **719** Jon Arnold Images Ltd / Alamy **722** Images&Stories / Alamy **724** Robert Harding Picture Library Ltd / Alamy **727** Anatolian Houses **729** Andrea Pistolesi / Tips **732** Renato Valterza / Photolibrary.com **735** Dennis Cox / Alamy **736** Michele Falzone / Photolibrary.com **739** Indiapicture / Alamy **740** Luciano Mortula / Alamy **743** Image100 / Photolibrary.com **747** Brand X Pictures / Photolibrary.com **750** Samode Haveli **755** John Henry Claude Wilson / Photolibrary.com **756** Fort Chanwa **757** Mark Hannaford / Photolibrary.com **761** John Henry Claude Wilson / Photolibrary.com **762** Dave Pattison / Alamy **767** Ben Pipe / Alamy **768** Noah Seelam/Stringer / Getty **770** Kathleen Watmough / Aliki image library / Alamy **772** Shreya's **776** Sally Dowling **779** Richard Ashworth / Photolibrary.com **780** Douglas Peebles Photography / Alamy **783** Amangalla **784** Angela Dewar **786** Helga's Folly **788** Eye Ubiquitous / Photoshot **790** Hotel Dhonakulhi **793** One&Only **794** Horizon International Images Limited / Alamy **797** Look Die Bildagentur der Fotografen GmbH / Alamy **798** Royal Geographical Society / Alamy **801** Uma Paro **802** Tony Waltham / Photolibrary.com **807** Red Capital Club **808** Susan Seubert / Photolibrary.com **813** Adina Tovy / Photolibrary.com **814** Jia **817** Camel Lodge **819** Bruno Morandi / Photolibrary.com **821** Zao Onsen **822** Demetrio Carrasco / Photolibrary.com **825** JTB Photo / Photolibrary.com **826** Kuba Noto / Alamy **829** Boe Oote / Photolibrary.com **830** Hiiragiya Ryokan **833** Four Seasons Tented Camp **835** Orient Express **837** Sukhothai **840** Chiva Som **842** The Sarojin **844** Kamalaya **846** Tongsai Bay **849** Amanpuri **853** Rob Henderson / Photolibrary.com **864** Giles Robberts / Alamy **867** Robert Francis / Photolibrary.com **869** David W. Hamilton / Tips **871** Tony Waltham / Photolibrary.com **872** Amanjiwo **875** Lisa Pollen **878** Michael Freeman/Corbis **880** Le Taha'a **882** Indian Pacific **885** FotoLibra **887** Bamurru Plains **888** Roberto Rinaldi / Photolibrary.com **891** Daintree Ecolodge and Spa **893** Iconsinternational. Com / Alamy **894** Qualia **897** aeropix / Alamy **899** Jochen Knobloch / Photolibrary.com **903** Yann Guichaoua / Tips **904** Old Leura Dairy **908** David Messent / Photolibrary.com **910** William Robinson / Alamy **912** Poltalloch Station **914** Southern Ocean Lodge **917** Cradle Mountain Lodge **919** Alistair Scott / Alamy **921** Eagles Nest **924** Mollies **928** Jim Harding / Photolibrary.com **931** TranzAlpine Train **934** Vatulele Island **937** Bora Bora Lagoon Resort **939** Le Taha'a **940** Virgin Galactic **941** Virgin Galactic

감사의 글

Quintessence would like to thank the following picture
libraries, and in particular the individuals named:

Tim Kantoch/Photolibrary.com

Tim Harris/Photoshot

Katja Rowedder and Charles Montgomery/Tips

Maria Kuzmin/Alamy

Gwyn Headley and Yvonne Seele/FotoLibra

John Moelwyn-Hughes/Corbis

Hayley Newman/Getty

Quintessence would also like to thank the following
individuals for their assistance in producing this book:

Helena Baser

Robert Dimery

Rebecca Gee

Lucinda Hawksley

David Hutter

Fiona Plowman